알루미늄 합금 구조물 용접 가이드북

ALUMINUM ALLOY WELDING

HANDBOOK

저자소개

정점진
용접 기술사 / 명장

1978년 ~ 2020년 ㈜한화에어로스페이스 근무
2021년 ~ 2025년 ㈜지성큐앤텍 근무
1998년 프랑스 ALSTOM(BELFORT) — 고속전철 알루미늄 용접 구조물 제작 기술 연수
2002년 미국 LINCOLN ELECTRIC — 차기 기동장비 알루미늄 용접 구조물 개발 기술 연수
2021년 독일 GDELS — 군용 교량 장비 알루미늄 용접 구조물 제작 기술 연수
2020년「국방 용접 규격 TACOM」발간
2013년「알루미늄 용접의 현장 기술」발간
2000년「용접 기술사 실무」발간

알루미늄 합금 구조물 용접 가이드북

초판 인쇄 | 2025년 10월 20일
초판 발행 | 2025년 10월 30일

저 자 | 정점진
발 행 인 | **조규백**
발 행 처 | 도서출판 **구민사**
(07293) 서울특별시 영등포구 문래북로 116, 604호(문래동 3가 46, 트리플렉스)
전 화 | (02) 701-7421
팩 스 | (02) 3273-9642
홈페이지 | www.kuhminsa.co.kr

신고번호 | 제2012-000055호 (1980년 2월 4일)
I S B N | 979-11-6875-637-3 (93390)

값 | **37,000원**

추천사

알루미늄과 그 합금은 친환경 리사이클 재료로써, 이들 재료가 가진 낮은 비중과 높은 열전도성 등의 물성으로 인해 용융가공이 어려울 뿐만 아니라 합금원소의 선택적 증발에 의한 기계적 성질이 크게 변하는 등 많은 문제점을 가지고 있습니다. 그러나 1990년 초경부터 일본 등 기술 선진국에서는 지구상에서 가장 많은 원소 중 하나인 Al과 그 합금화에 의한 친환경 재료로서의 높은 활용 가능성을 인지하고, 범국가적인 차원에서 산업군에 널리 보급될 수 있도록 폭넓은 지원을 해왔습니다.

당시 오사카대학 석사 및 박사과정에 재학하던 본인은 순알루미늄에서부터 A5000, A6000 및 A7000번 계열의 합금에 이르기까지 아크 및 레이저 열원에 의한 기공의 형성 메커니즘을 규명하고 억제하기 위해 키홀과 유기 플라스마의 동적 거동의 상호 관련성을 초고속도 영상 관찰과 X-선 투과영상 계측에 의해 규명할 수 있었습니다. 또한 레이저 유기 플라스마에 의한 음향신호와 광신호의 동시 계측으로 실시간 결함 발생의 모니터링을 가능하게 함으로써 이들 합금의 활용성을 산업계에 널리 전하고 있습니다.

최근 한국에서도 전기자동차의 확산은 차체의 경량화를 위한 알루미늄 합금의 활용을 크게 늘리고 있으며, 방위산업 분야에서도 항공기, 미사일, 기동차량 등 다양한 분야에서 알루미늄 수요가 지속적으로 증가하고 있습니다. 이러한 흐름은 연구개발과 제품 생산 전반에서 보다 정확하고 신뢰성 있는 기술자료에 대한 수요로 이어지고 있으며, 실무자의 성과 또한 이러한 자료 활용 능력에 따라 평가받는 시대가 되었습니다.

이 책은 알루미늄의 재질 특성과 용접성은 물론, 제작 과정에서의 열화 현상, 작업자 교육 및 훈련에 이르기까지 폭넓은 내용을 포함하고 있습니다. 특히 알루미늄 응용 용접에 필수적인 원소의 기능적 역할, 수동 공기구의 활용법, 현장에서 실제로 관찰할 수 있는 각종 용접결함의 사진을 페이지가 허락하는 범위 내에서 상세히 수록하여, 독자들이 쉽게 이해할 수 있도록 실무자 중심의 현장 맞춤형 구성으로 집필되었습니다.

저자인 정점진 명장은 산업계에서 활동하면서 실무 현장과의 접점을 늘 고민해 왔으며, 1978년 대우중공업 창원공장(현 한화에어로스페이스)에 입사하여 알루미늄 박판의 MIG 용접을 접한 이래, 알루미늄 용접기술의 개발과 보급에 힘써왔습니다. 특히 알루미늄 후판 구조물에서 발생하는 용접 결함과 변형 문제 해결을 위한 노력은 지금까지도 이어지고 있습니다.

이 책에서는 용접재료에 포함된 합금원소의 특성과 보관 및 준비 과정, 펄스 아크에 대한 최신 정보를 반영하였으며, MIG 용접 관련 내용을 보완하고 용접사 적용규격 중심으로 내용을 정리하였습니다. 1978년 MIG 공정의 국내 도입에서부터 지난 45년간의 축적된 경험과 해외 연수를 통해 습득한 기술과 노하우를 체계적으로 정리한 점이 돋보입니다.

정점진 명장은 최근 병마와 싸우면서도 오랜 세월 속에서 얻어진 자신만의 노하우를 글로서 남기기 위해 기능장과 용접기술사로서 그리고 진정한 이 분야의 명장으로서 집필에 최선을 다하는 모습이 가슴을 뭉클하게 합니다. 모든 출판물의 해석과 평가는 독자의 몫이며, 그 평가는 훗날에야 가능할 것입니다. 일반적으로 가이드북이라고 하면 두꺼운 책, 그저 참고로만 사용하면서 보관하는 책이라는 인상을 주기도 합니다만, 이러한 선입견이 배제되고 현장 실무자들에게 맞춤형 지침서로써 널리 활용되었으면 하는 마음 간절합니다.

국립한국해양대학교 교수

김종도

추천사

조선산업과 K-방산이 주도하는 우리나라 용접구조물 생산 환경의 급격한 변화와 발전은, 오랜 기간 축적된 국내 용접기술이 세계 무대에서 빛을 발하는 계기가 되었습니다.
알루미늄 합금은 경량성과 우수한 기계적 특성으로 인해 항공 및 군사 분야에 주로 활용되어 왔으나, 철강에 비하여 연구 인력과 일반 기술자들의 접근성과 인식이 상대적으로 낮았습니다. 최근 AI 등의 첨단기술 활용에도 불구하고 국내에서는 알루미늄 용접에 대한 연구 설계부터 생산 현장의 실무까지 체계적으로 정리된 지침서가 부족한 실정입니다.

이 책에서는 알루미늄 용접의 심화 내용을 다루며, 특히 알루미늄 합금 계열별 대표 소재의 용접성과 특성을 중점적으로 분석하였습니다. 대표적으로 5083 합금 구조물의 용접 후 어닐링 생략, 7xxx 계열 용접부의 응력 부식 균열 방지 대책, 2xxx 계열 합금 용접 시 균열 방지 기술 등을 심도 있게 다루고 있습니다.

저자는 최근 군용 교량 제작 관련 해외 기술 연수를 통해 알루미늄 박판 용접에서 소재 준비작업에 활용되는 다양한 수동 공구들을 생산성 향상과 원가절감 측면에서 접목하였습니다. 또한 응용 용접 기술이 숙련된 작업자의 손끝에서 완성되는 만큼, 한화에어로스페이스에서 국방 용접규격에 따라 용접사 인증시험을 주관하며 쌓은 기술 노하우와 기량 향상을 위한 유익한 자료들도 책에 풍부하게 수록하였습니다.

본서의 저자는 한화에어로스페이스에서 45년간 쌓아온 풍부한 시공 경험과 이론적 지식을 결합하여 알루미늄 용접 기술의 독창적인 체계를 수립하였으며, 이를 집대성하여 한 권의 책으로 완성하게 되었습니다. 용접 기술의 발전을 염원하는 한 사람으로서 본서의 발간에 기쁜 마음으로 이 추천사를 올립니다.

한화에어로스페이스 상무

안홍규

산업 환경이 급격히 변화함에 따라 용접 기술 역시 세계적으로 눈부신 발전을 이루어왔습니다. 그러나 알루미늄은 항공기 및 군사 분야에 주로 사용됐기에 철강에 비해 일반 기술자들의 접근성과 인식이 낮은 편이며, 국내에서는 알루미늄 용접에 관한 실무 중심의 체계적인 지침서가 여전히 부족한 실정입니다. 이에 따라 실무자들은 알루미늄 용접에 직면할 때 미국이나 유럽에서 발간된 외국 문헌에 의존할 수밖에 없는 현실입니다.

1978년 대우중공업 창원공장(현 한화에어로스페이스)에 입사하여 처음으로 6061 박판에 대한 MIG 용접을 접하며 알루미늄 용접 기술 개발에 매진하게 되었습니다. 이후 1984년 방산 본부 설립과 함께 5083 알루미늄 후판의 용접과 독일산 사이리스터 방식의 Pulse MIG 용접기 도입을 계기로, 알루미늄 후판 구조물의 용접 결함과 변형을 해결하기 위한 노력을 지속해 왔습니다. 이 과정에서 회사의 엔지니어와 용접사들이 외국 서적을 탐독하고 해외 기술 연수와 수많은 현장 경험을 통해 쌓아온 기술력은 오늘날 국내 알루미늄 용접을 선도하는 기반이 되었습니다.

2000년에는 용융 용접이 어려운 항공기 소재인 2519 합금을 활용한 용접구조물 개발에 착수하였으며, 균열 방지와 연신율 확보를 위한 용접봉, 용접기, 보호 가스 그리고 숙련 용접사 교육 등 다양한 해결 방안을 모색하였습니다. 이어 2021년에는 군용 교량 장비 관련 외국 기술 연수를 통해 7020 소재의 용접 특성과 대형 알루미늄 구조물의 용접관리 기법을 익히면서 알루미늄 용접 기술의 어려움과 체계적 정리가 절실함을 다시금 절감하였습니다.

본서는 1984년, 알루미늄 구조물의 양산을 앞두고 영국과 독일에서 연수를 마친 기술자들이 작성한 「알루미늄 용접 연수보고서」를 기반으로 집필하였습니다. 「알루미늄 용접의 현장 기술」에서는 용접재료의 합금 원소 특성, 저장 및 준비 과정, 펄스 아크에 대한 최신 정보를 추가하였으며, MIG 용접을 중점적으로 보완하고 대중성이 낮은 스터드 용접은 생략하였습니다. 또한 용접사 관련 내용은 적용 규격 중심으로 재편성하였습니다. 1978년 MIG 용접의 국내 도입부터 지난 45년간의 경험 그리고 외국 연수를 통해 습득한 기술들을 정리하고자 하였습니다.

Preface

머리말

이 책은 알루미늄 용접을 처음 접하는 초급 엔지니어와 용접사들이 이해하기 쉽도록 재료(Material), 기계(Machine), 방법(Method), 사람(Man)의 4M 구성요소를 기준으로 편집하였으며, 특히 용융 용접인 MIG 및 TIG 공정에 중점을 두었습니다. 향후 알루미늄 용접 기술의 발전과 기술 전파에 기초 자료로 활용되기를 기대합니다.

아울러, 1980년대 초 알루미늄 용접의 기틀을 마련해주신 김사훈, 도진영, 조정관 선배님께 깊은 존경을 표하며, 1990년대 중반부터 고강도 알루미늄 용접 분야에서 함께 고민하고 노력해 주신 양광하님, 권영경님께도 감사드립니다. 또한 이 책의 출간을 격려하고 지원해주신 (전)부경대학교 조상명 교수님, (전)한국폴리텍대학 오동수 교수님, 링컨일렉트릭 이정훈 지사장님, 베스트에프에이 김유찬 대표님, 한화에어로스페이스 김홍진님께도 감사의 마음을 전합니다.

끝으로, 올해 초부터 시작된 투병 과정에서 원고 집필에 집중할 수 있도록 치료를 도와주신 이호섭 교수님과 내용 정리에 함께 해준 정해상 박사, 이 책의 출판을 위해 도움을 주신 도서출판 구민사 조규백 대표님과 곁에서 헌신해준 아내에게 진심 어린 고마움을 전합니다.

2025년 10월

용접기술사 / 명장
정점진

CHAPTER 01

알루미늄 용접재료

CHAPTER 02

용접장비

CHAPTER 03

용접법

CHAPTER 04

용접사

알루미늄 용접재료

01

CHAPTER 01

알루미늄 용접재료

일반적으로 "용접"이라 하면, 철강을 기반으로 한 선박이나 건축 구조물의 제작을 먼저 떠올리게 된다. 그러나 최근 산업 전반에서는 내식성과 경량화의 요구가 높아지면서, 항공기 소재, 군사 장비, 화학 플랜트 등에서 널리 사용되는 경합금 계열, 특히 알루미늄 합금의 활용이 급격히 증가하고 있다. 한때 '부드럽고 약한 금속'으로 인식되던 알루미늄은 오늘날 다양한 고기능 장비에 적용되며, 경량 구조재료로

서 중요한 위상을 차지하고 있다.
이 단원에서는 알루미늄의 일반적 특성과 더불어 미국 알루미늄협회(AA) 및 유럽 표준위원회(CEN)의 규격과 명칭 체계를 살펴본다. 또한, 열처리 및 비열처리 알루미늄 합금의 재질별 특성과 용접 시의 주요 특징, 실제 작업에서의 취급 방법, 그리고 동일 재질 및 이종 재질 간의 용접봉 선택 기준에 대해서도 구체적으로 다룰 예정이다.
참고로, 본문 중 일부 자료는 원본의 단위를 충실히 반영하기 위해 inch 단위로 표기된 부분이 있음을 미리 알려드린다.

1 개요

알루미늄은 지각 중에 규소 다음가는 다량으로 존재하는 금속으로 자연 상태의 금속으로 존재하지 않고, 많은 다른 구성 형태로 지표면에 존재한다. 가장 많은 것은 보크사이트로 적출 방법은 두 가지로 구성되었다. 먼저 광석으로부터 산화알루미늄(Al_2O_3; 알루미나)을 분리하고, 두 번째로 알루미나를 950~1000℃에서 빙정석(Na_3AlF_6)의 전기적인 환원을 한다. 이때 알루미늄에 규소, 철(Fe)과 같은 5~10%의 불순물을 넣는다.
순도 99.9%에 가까운 알루미늄은 국소 용해 기술이나 전기적 공정을 통해 정제된다. 순 알루미늄은 기계적 강도가 낮아 건축 분야에서는 제한적으로 사용되며, 일반적으로는 구리(Cu), 망간(Mn), 마그네슘(Mg), 규소(Si), 아연(Zn) 등과 합금되어 사용된다. 최초의 알루미늄 합금은 Al-Cu 계열로, 1910년경 석출경화(시효 경화) 현상이 발견되며 개발되었으며, 이는 초기 항공 산업에서 탄소강 대비 무게가 약 1/3임에도 유사한 강도를 가진 소재로 활용되었다. 알루미늄 합금의 본격적인 발전은 제2차 세계대전 중 항공기의 구조 부품 및 외피(skin) 재료로 채택되면서 시작되었고, 이는 알루미늄 구조재의 장점과 함께 TIG 및 MIG와 같은 불활성 가스를 사용하는 아크 용접 기술의 발전과 맞물려 더욱 가속화되었다. 이러한 용접법은 플럭스를 사용하지 않고도 높은 용접 강도를 확보할 수 있게 하였다.

알루미늄은 비중이 2.7로 공업용 금속 중 마그네슘 다음으로 가벼우며, 주조가 쉽고 다양한 금속과의 합금성이 뛰어나며 상온 및 고온 가공도 쉽다. 대기 중에서도 우수한 내식성을 가지며, 전기 및 열전도성이 높아 산업 전반에 널리 사용된다. 판재, 선재, 포일, 분말 등의 다양한 형태로 가공되어 조립식 주택, 빌딩, 수술용 칼, 주방용기, 벌크 운반선, 항공기 구조물, 철도 차량, 파이프라인, 압력용기 등에 사용된다. 특히 포일은 산업용 포장재로, 봉재와 파이프는 전기 부품 및 콘덴서 관에, 분말은 방청제, 도료, 폭약 제조 등에 활용된다.

2 알루미늄 특성

알루미늄과 그 합금은 고유한 특성의 조합을 통해 다양한 분야에서 폭넓게 활용된다. 부드럽고 연성이 뛰어나 포장용 호일부터 고도의 성능이 요구되는 정밀 설계 구조물에 이르기까지, 알루미늄은 가장 다재다능하면서도 경제적인 금속재료 중 하나로 평가받고 있다. 실제로 구조용 금속 가운데 알루미늄 합금은 강철에 이어 두 번째로 널리 사용된다.

알루미늄은 점진적으로 부식되어 사라지는 철의 산화와 달리, 자연 상태에서 산화 저항성을 지닌다. 알루미늄 표면이 공기 중 산소와 접촉하면, 두께가 극히 얇은(수 μm 수준) 불활성 산화막이 형성되며, 이 산화막은 내부 금속을 추가적인 산화로부터 보호한다. 이 산화막은 투명하고 견고하여 육안으로는 거의 보이지 않으며, 손상되더라도 즉시 다시 형성되어 자기 치유적 보호 기능을 수행한다. 이러한 산화막은 철의 녹과는 달리 벗겨지지 않기 때문에 새로운 금속 표면이 외부 환경에 노출되지 않는다.
알루미늄은 공기 및 깨끗한 물과 반응하여 표면에 산화알루미늄(Al_2O_3)을 생성하지만, 이는 매우 안정된 상태로 남아 내부로의 추가 산화를 억제한다. 특히 적절한 합금 설계와 열처리를 통해 알루미늄은 물, 염분, 다양한 화학적 및 물리적 환경 아래서도 우수한 내식성을 유지할 수 있다.
또한 알루미늄은 다양한 가공 방식에 쉽게 적용될 수 있다는 점에서 큰 장점이 있다. 주조, 압연, 압출, 스탬핑, 스핀 성형 등 모든 금속 성형 방식에 적합하며, 얇은 호일부터 복잡한 형상의 압출 프로파일에 이르기까지 원하는 형태로 가공할 수 있다. 이처럼 알루미늄은 종종 가공성이 낮은 저가 금속과도 경쟁할 수 있는 실용성과 경제성을 지니며, 주물공(foundrymen)과 제조 기술자에게 매우 매력적인 재료로 자리 잡고 있다.
알루미늄은 면심입방격자(FCC) 구조로 그 성질은 표 1.1과 같다.

표 1.1 실온에서 알루미늄과 철의 비교

특성	알루미늄(Al)	철(Fe)
결정격자	면심입방(FCC)	체심입방(BCC)
용해열 J/g	397	272
산화물	Al_2O_3	FeO, FeO_2O_3, Fe_3O_4
산화물 용융점 ℃	2050	1400, 1455, 1600
전기전도도 mΩ mm^2	36	8.3
열팽창계수 1/℃	24×10^{-6}	12×10^{-6}

화학적으로 대부분 유기산에는 안정하나 포름산(formic acid), 수산(oxalic acid)에는 침식된다. 무기산에는 침식되나 묽은 황산 및 80% 이상의 진한 초산(nitric acid), 황산암모니아에는 내구성이 크다. 중성 분위기에서는 안정하나 염소(Cl)를 함유한 것에는 부식된다. 깨끗한 물에는 잘 부식되지 않고 맥주, 우유, 주류(liquors)에도 안정하다. 기타 Cl, Br, I, Hg 및 그 염류(salts)에 심하게 침식되나 황

(S)에 대해서는 매우 강하다.

- 비중이 작아도 강도가 높아 중량/강도 비율에서 가볍고도 강한 재료 특성
- 여러 형상의 단면을 가진 자재를 프레스(press)로 쉽게 제작할 수 있고, 가공성도 우수하다.
- 내구성, 특히 해수 분위기에서 부식 저항이 높은 합금을 얻을 수 있다.
- 극저온에서도 기계적 성질이 저하하지 않는다.
- TIG와 MIG 용접으로 대부분의 합금을 쉽게 용접할 수 있다.

표 1.2의 철강과 비교하여 알루미늄의 주요 물리적 화학적 성질은 아래와 같으며, 내용은 용접에서 철강과 알루미늄의 중요 차이점을 보여준다.

표 1.2 알루미늄 합금과 일반 금속재료의 물리적 성질 비교

구분 / 종류	밀도 (g/cm³)	용융점 (℃)	비열 (cal/g/℃)	열전도도 (cal/cm³/℃)	팽창계수 (×10⁻⁶ ℃)	Young's 율 (kg/cm³)
순 Al	2.7	660	0.22	0.52~0.54	24	6500
Al 5083	2.66	595~640	0.23	0.31	25	7000
Al 6061	2.71	580~650	0.22	0.37	24	7000
Al 7075	2.80	640	0.23	0.29	24	7200
연강	7.86	1500~1527	0.11	0.12	12	21000
스테인리스강	7.9	1400~1427	0.14	0.04	17	20300
황동	8.33	885	0.09	0.26~0.30	19	12300
구리	8.92	1083	0.092	0.94	16.5	10300

- 금속과 그 산화물의 용융점이 다르다. 철강 산화물은 대부분 금속 용융점 아래 또는 아주 가까이에서 녹는다. 산화알루미늄은 용융점이 2060℃로, 알루미늄보다 1400℃가 높다.
  따라서 용접 때 재료 표면에 생성된 산화피막 제거가 필요하며, 특히 브레이징, 가스 용접은 플럭스를 사용하여 제거해야 한다.
- 알루미늄에서 산화막은 높은 결집력과 내구력 및 자기 회복력이 있다. 이것은 알

루미늄 합금에 우수한 부식 저항으로 부가적인 표면 처리 없이 노출된 곳에 사용한다.

- 변형과 좌굴을 결정하는 용접 때 불리한 조건인 열팽창계수는 철강의 2배, 용융금속의 응고 수축률(6.5%)이 철강(2.2%)의 2.9배 크기로 용접 변형 발생이 쉬우며, 합금에 따라 고온(응고)균열이 발생하기 쉽다.
- 알루미늄 열전도계수는 철강의 3배로 이것은 알루미늄 용접에서 철강보다 훨씬 더 집중된 강렬한 열원이 필요하다. 특히, 너무 빠른 열 손실로 융합 부족을 만드는 후판의 용융 용접에 더욱 필요하다.
- 용융온도는 철강의 약 43%, 비열이 2배, 용접 잠열이 1.5배 크기 때문에 국부가열이 어렵고, 재료를 용융하기 위해 다량의 열을 급속하게 공급해야 한다.
- 알루미늄은 높은 전기전도도를 가졌다. 구리의 63%, 철강의 약 4배로 전기 저항용접 열을 사용하는 스폿 용접에서는 단점이다.
- 알루미늄은 온도상승에 따라 철강과 달리 색상의 변화가 없어 용융 발생에 관해 판단을 어렵게 한다. 철강에서 알루미늄 용접 전환 때 용접사에게 적당한 재훈련이 필요하다.
- 알루미늄은 아크 쏠림의 문제가 없는 비자성체이다.
- 알루미늄의 탄성계수는 철강의 3배이다. 충격 에너지를 많이 흡수하는 그런 하중에서 철강보다 3배의 힘을 갖는다.
- 알루미늄은 온도 저하에 따른 노치 인성의 손실로부터 견디는 것을 뜻하는 면심입방격자 구조로 대부분의 알루미늄 합금은 온도 저하에 따라 인장강도와 연성의 향상을 보여준다.

  실제 5083은 -200℃ 구간에서 연신이 60% 증가한다. 이 격자구조는 딥드로잉, 압출 제품 생산에 대해 성형성이 매우 우수하다.
- 알루미늄은 가열과 냉각에서 특수온도에서 상변화 또는 격자 변형에 견디는 철강과 달리 격자구조가 변하지 않는다. 철강은 급속냉각으로 경화강을 만들지만, 냉각 비율의 변화는 알루미늄 합금에서 효과가 없거나 적다.
- 대부분의 알루미늄 합금은 용접열에 의해 열영향부(heat affected zone)가 연화

되어 용접부의 강도가 열처리하지 않은 연질 모재와 비슷한 크기를 나타낸다.

2.1 생산 형태 및 합금 종류[1)]

알루미늄 합금은 일반적으로 가공합금(Wrought Alloys)과 주물합금(Cast Alloys)의 두 범주로 구분되며, 각 범주는 속성 개발 메커니즘에 따라 세분된다. 많은 합금은 고용체 상 용해도(solubility)에 따라 열처리에 반응하며, 이러한 처리에는 용체화 열처리, 담금질, 그리고 석출 또는 시효경화가 포함된다. 이와 같은 열처리는 가공합금과 주물합금 모두에 적용할 수 있다.

가공형 알루미늄은 압연 시트, 판재, 봉, 와이어, 포일 형태로 제공되며, 열간 및 냉간 가공이 사용된다. 알루미늄은 가공성과 연성이 뛰어나 복잡한 단면(I빔, H빔, 앵글, 채널, T-단면, 파이프, 튜브 등)의 압출에 적합하며, 열간 및 냉간 단조는 단순 형상을 빠르고 경제적으로 제조하는 방법으로 널리 활용된다. 특히 정밀단조는 뛰어난 표면 마감, 정밀한 치수 공차, 최적의 입자 구조, 우수한 기계가공성 등을 제공한다.

한편, 대표적인 주물 방법에는 왁스형 주조, 사형 주조, 영구 금속 주형, 다이캐스팅의 네 가지가 있으며, 고유동성이 요구되는 경우 사형과 왁스형 주조가 사용된다. 열처리 가능한 Al-Si계 합금은 금속 주형에 자주 적용되며, 왁스형 주조 및 다이캐스팅은 매끄러운 표면과 정밀한 공차를 제공하여 항공우주 산업에서 널리 사용된다.

많은 가공 합금은 속성 개발을 위해 다양한 어닐링 절차와 함께 기계적 변형에 따른 가공경화(work hardening)에 의존한다. 이러한 합금은 일반적으로 열처리보다는 작업 경화에 의해 강도를 증가시키며, 이들 합금을 가공경화형 합금이라 한다. 반면, 일부 주물 합금은 열처리에 반응하지 않는 특성이 있으며, 용체화나 석출경화와 무관한 상태, 즉 주조 상태 그대로 또는 열적으로 수정된 상태에서만 사용된다.

알루미늄 합금의 명확한 구분과 식별을 위해 가공 및 주물 합금에 대한 명명법이

1) Alloying:Understanding the Basics J.R. Davis, p351-416 Davis,p351-416DOI:10.1361/autb2001p351

개발되었으며, 미국에서는 알루미늄협회(Aluminum Association, AA)의 명명 체계가 가장 널리 사용된다. 이 시스템은 가공합금과 주물합금에 각각 다른 명명법을 적용하지만, 전체 체계를 단순화하기 위해 합금을 계열(series)로 구분한다. 특히 가공합금은 4자리 숫자 체계를 사용하여 합금계열을 식별한다.

- 1xxx: 제어된 비합금(순수) 조성, 주로 전기 및 화학 산업에서 사용
- 2xxx: 구리가 주요 합금원소인 합금이지만, 특히 마그네슘과 같은 다른 원소를 지정할 수 있음.
  2xxx 시리즈 합금은 항공기에 널리 사용되며, 높은 강도(항복강도 최대 455MPa)가 평가됨.
- 3xxx: 망간이 주요 합금원소인 합금, 건축용 및 다양한 제품의 일반 용도 합금으로 사용
- 4xxx: 실리콘이 주요 합금원소인 합금, 용접봉 및 브레이징 시트에 사용
- 5xxx: 마그네슘이 주요 합금원소인 합금으로, 보트 선체, 건널 판자(gangplanks) 및 해양 환경에 노출된 기타 제품에 사용
- 6xxx: 마그네슘과 실리콘이 주요 합금원소인 합금으로, 일반적으로 건축용 압출재 및 자동차 부품에 사용
- 7xxx: 아연이 주요 합금원소인 합금(구리, 마그네슘, 크롬 및 지르코늄과 같은 다른 원소를 지정할 수 있음), 항공기 구조부품 및 기타 고강도 적용 분야에 사용.
  7xxx 시리즈는 가장 강한 알루미늄 합금으로, 항복강도≥500MPa가 가능하다.
- 8xxx: 기타 조성을 특징짓는 합금. 8xxx 시리즈 합금에는 상당량의 주석, 리튬 또는 철이 포함될 수 있다.
- 9xxx: 향후 사용을 위해 예약됨
  열처리(석출경화 가능한) 알루미늄 합금을 구성하는 가공 합금에는 2xxx, 6xxx, 7xxx 및 일부 8xxx 합금이 포함된다. 가공 알루미늄 합금에 사용되는 합금 첨가물과 강화 기구(strengthening mechanism)의 다양한 조합은 표 1.3과 같다.

표 1.3 강화기구에 따른 가공 알루미늄 합금의 분류

합금 시스템	알루미늄 시리즈	합금 시스템	알루미늄 시리즈
가공경화 합금		석출경화 합금	
Pure Al	1xxx	Al-Cu	2xxx
Al-Mn	3xxx	Al-Cu-Mg	2xxx
Al-Si	4xxx	Al-Cu-Li	2xxx
Al-Mg	5xxx	Al-Mg-Si	6xxx
Al-Fe	8xxx	Al-Zn	7xxx
Al-Fe-Ni	8xxx	Al-Zn-Mg	7xxx
		Al-Zn-Mg-Cu	7xxx
		Al-Li-Cu-Mg	8xxx

3 재료 규격과 명칭

3.1 명칭 표준

알루미늄 합금을 제품 형태로 구분하면 가공용(판, 조, 관, 봉, 선, 형재, 단조품 등)과 주물(사형, 금형, 다이캐스팅)로 된다. 알루미늄 합금의 종류는 재질, 즉 화학성분에 의해 구분되고 가공용과 주물의 요구 성질이 달라 그 재질에 따라서 종류도 다르다. 가공용과 주물은 다른 계통의 기호로 나타낸다.

가공과 주물용 알루미늄 합금의 두 종류는 화학성분, 최종 템퍼 명칭의 기본합금과 계통으로 세분한다. 템퍼 명칭은 합금상태를 동일시하는 것에 사용한다. 즉, 합금의 냉간가공 양은 열처리 상태 또는 변환된다. 많은 종류의 가공용 합금이 각국의 규격으로 제정되었으나, 미국 알루미늄협회의 AA 기호가 널리 사용된다. 이들 기호의 대조, 사용 형상 등을 표 1.4에 나타낸다.

표 1.4 주물용 알루미늄 합금의 나라별 기호의 비교

JIS			미국			영국	독일	일반명	사용 형태
명칭		기호	Alcoa	ASTM	SAE	BS	DIN		
Al 합금 주물	1종A	AC 1A	195	C 4A	38	LM11	G-AlCu4Ti		사/금형
	2종A	AC 2A	(108)	–	(330)	–	–	lautal	사/금형
	2종B	AC 2B	319	SC64C	329	LM4	G-AlSi6Cu4	lautal	사/금형
	3종A	AC 3A	13	–	–	LM6	G-AlSi12	silumin	사/금형
	4종A	AC 4A	–	–	–	(LM9)	G-AlSi10Mg	γ -silumin	사/금형
	4종B	AC 4B	(333)	(SC94A)	331	LM24	G-AlSi7Cu3	동함유 silumin	사/금형
	4종C	AC 4C	356	GA70A	323	(LM8)	(G-AlSi5Mg)		사/금형
	4종D	AC 4D	355	SC51A	322	LM16	G-AlSi5Cu1		사/금형
	5종A	AC 5A	142	CN42A	39	LM14	–	Y합금	사/금형
	7종A	AC 7A	214	G4A	320	LM5	(G-AlMg5)	hydronalium	사/금형
	7종B	AC 7B	220	G10A	324	LM10	G-AlMg10	hydronalium	사/금형
	8종A	AC 8A	A132	SN122A	(321)	LM13	–	Lo-Ex	금형
	8종B	AC 8B	D132	(SC103A)	332	–	–	Lo-Ex	금형
Al 합금 다이캐스팅	1종	ADC 1	A13	S12A	305	LM20	GD-AlSi12	silumin	다이캐스팅
	3종	ADC 3	A360	SG100A	309	–	GD-AlSi10		
	5종	ADC 5	218	G8A	–	–	GD-AlMg8	hydronalium	
	6종	ADC 6	–	–	–	–	–		
	7종	ADC 7	43	S5C	304	–	–		
	10종	ADC10	A380	SC84A	306	LM24	GD-AlSi6Cu3	동함유 silumin	
	12종	ADC12	–	SC114A	303	(LM2)	–		

유럽 표준위원회(CEN)의 명명 체계에서는 가공용 알루미늄 합금에는 4자리 숫자, 주물 합금에는 5자리 숫자를 사용하며, 이는 전반적으로 ISO 체계와 같은 방식을 따른다. 한편, 미국에서는 알루미늄협회(Aluminum Association, AA)에서 정한 방식에 따라 합금 성분을 4자리 숫자로 표기한다. 이 명명 방식은 1970년대 초 미국 알루미늄협회가 발행한 국제 명칭 체계에서 제안된 협정에 기반한다.

CEN 체계에 명시된 화학성분은 같은 합금일 경우 미국 알루미늄협회 등록 내용과 일치한다. 그러나 용접 엔지니어들이 마주치는 일반적인 문제 중 하나는, 합금 성분을 확인할 때 다른 명칭 체계를 사용하는 경우이다. 이러한 혼란을 줄이고 명확한 식별을 돕기 위해 표 1.5와 표 1.6에는 EN 규격과 대응되는 비교 명칭 표가 제공된다.

표 1.5 가공 생산품의 주요 합금 EN 명칭(EN 573)

BS EN 숫자 명칭	BS EN 화학 명칭	온도(℃) 액상	온도(℃) 고상	온도(℃) 용융범위
	Al 99.99	660	660	0
AW-1080A	Al 99.8			
AW-1070A	Al 99.7			
AW-1050A	Al 99.5	635	659	24
AW-1200	Al 99.0	645	658	13
AW-1350	Al 99.5			
AW-2014	Al Cu4SiMg	510	635	125
AW-2017(A)	Al Cu4SiMg(A)			
AW-2024	Al Cu4Mg1			
AW-3003	Al Mn1Cu			
AW-3103	Al Mn1	645	655	10
AW-3004	Al Mn1Mg1			
AW-3005	Al Mn1Mg0.5			
AW-3105	Al Mn0.5Mg0.5			
AW-4006	Al Si1Fe			
AW-4007	Al Si1.5Mn			
AW-4043A	Al Si5	577	630	53
AW-4047A	Al Si12	577	585	8
AW-5005	Al Mg1(B)			
AW-5040	Al Mg1.5Mn			
AW-5049	Al Mg2Mn0.8			
AW-5050	Al Mg1.5(C)			
AW-5251	Al Mg2	625	650	25
AW-5052	Al Mg2.5			
AW-5056A	Al Mg5	575	630	55
AW-5154A	Al Mg3.5(A)	595	640	45
AW-5454	Al Mg3Mn			
AW-5554	Al Mg3Mn			
AW-5356A	Al Mg5			
AW-5556A	Al Mg5.2MnCr			
AW-5754	Al Mg3			
AW-5182	Al Mg4.5Mn0.4			
AW-5083	Al Mg4.5Mn0.7			
AW-5086	Al Mg4			
AW-6061	Al Mg1SiCu	575	640	45
AW-6063	Al MgSi	605	655	50
AW-6082	Al MgSiMgMn	600	650	50
AW-7005	Al Zn			
AW-7020	Al Zn4.5Mg1			
AW-7021	Al Zn5.5Mg1.5			
AW-7022	Al Zn5Mg3Cu			
AW-7075	Al Zn5.5MgCu			
AW-8011(A)	Al FeSi(A)			

3.2 합금원소

주요 합금원소는 Cu, Si, Mn, Mg, Li, Zn이며 Ni, Cr, Ti, Zr, Sc와 같은 원소는 특수한 성질을 위해 적은 양으로 첨가된다. 다른 원소들은 원치 않는 적은 양의 불순물로 존재하며 이 원소는 잔류 원소 또는 부유물로 기계적 성질에 유익하지 않고, 알루미늄 생산자는 그들 산물로부터 제거해야 한다. 합금원소의 주요 효과는 다음과 같다.

- Mg과 Mn은 고용체 강화 효과를 통하여 강도를 증가시키며, 가공경화 능력을 향상한다.
- Cu는 실질적인 강도 증가와 석출경화를 일으키고, 연성과 용접성, 부식 저항을 감소시킨다.
- Si는 연성과 강도를 증가시키며, Mg과 조합하여 석출경화를 일으킨다.
- Zn은 강도의 실질적 증가와 석출경화를 일으키고, 응력부식의 원인이다.
- Fe는 순 알루미늄에 강도를 증가시키며, 일반적으로 잔류 원소이다.
- Cr은 응력부식 저항을 증가시킨다.
- Ni은 고온 강도를 개량한다.
- Ti, Zr은 특히 용접봉의 입자 정제 원소에 사용된다.
- Li은 영률과 강도의 실질적인 증가와 석출경화를 제공하고, 밀도를 감소시킨다.
- Sc는 시효경화에 의해 실질적인 강도 증가를 시키며, 특히 용접금속의 입자 정제 원소이다.
- Pb와 Bi는 기계적 합금의 조성에 자유롭고 값싼 도움을 준다.

표 1.6 주물 생산품의 주요 합금 EN 명칭

BS EN 숫자 명칭	BS EN 화학 명칭	NSI 명칭	온도(℃)		
			액상	고상	용융범위
–	Al 99.5	–	640	658	18
AC-46100	Al Si10Cu2Fe	–	525	570	45
AC-45400	Al Si5Cu3	319	504	615	111
AC-51300	Al Mg5	B.535.0	580	642	62
AC-44100	Al Si12	–	567	579	12
AC-43100	Al Si12Mg	A360	550	575	25
	Al Mg10	520	445	597	152
	Al Cu10Si2Mg	222	525	625	100
AC-48000	Al Si11MgCu	A332	538	560	22
AC-45300	Al Si5Cu1Mg	355	537	620	83
–	Al Si5	443	–	–	–
AC-47000	Al Si12CuFe	413	565	575	10

BS EN 숫자 명칭	BS EN 화학 명칭	NSI 명칭	온도(℃)		
			액상	고상	용융범위
AC-45000	Al Si6Cu4Zn	308	520	615	95
AC-45400	Al Si5Cu3Mn	319	525	625	100
AC-46500	Al Si8Cu3Fe	A380	520	580	60
AC-42000	Al Si7Mg	A356	550	615	65
-	Al Si9Cu3Mg	F332	520	580	60
AC-46600	Al Si5Cu3		525	605	80
	Al Si19CuMgNi		520	625	105
	Al Si23CuMgNi		520	770	260
	Al Si17Cu4Mg	A390	505	650	145
AC-71000	Al Zn5Mg	712	570	615	45
	Al Cu4Ni2Mg2				
	Al Si2CuFeNi				
	Al Cu2Si1NiMnFe				
	Al Cu4Ti				
	Al ZN5Mg				

3.3 AA 및 CEN 명칭 체제

알루미늄 합금은 주조 후 가공(압연, 압출, 인발 등)에 의해 경화하고, 이것을 어닐링하면 연화한다. 또 열처리(퀜칭, 템퍼링)로 경화하는 합금도 있다. 성능의 변화는 경화, 연화 또는 이들 조합에 의해서 얻어지는 것으로, 같은 합금에서도 처리 상황에 의해 기계적 성질 등의 성능이 다르다. 이 처리상태를 나타내는 것이 재질별 기호이다.

JIS, Alcoa, AA, BS 등 각국의 규격에 사용되고 있는 주요 재질별 기호의 대조 및 그들 처리상태를 표 1.7에 나타낸다. 이들 재질별 기호는 합금 기호 뒤에 붙임표(hyphen)를 하고 붙인다. 예를 들면, 1100-O은 1100을 어닐링한 것을, 6061-T6은 6061을 퀜칭한 후 템퍼링한 것을, 또 AC4C-F는 알루미늄 합금 주물 4종 C의 주조 그대로의 것을 나타낸다.

표 1.7 각국의 재질 기호와 처리상태

JIS	AA	BS	처리상태
*F	F	M	제조 그대로(압출, 주조 등)
R	–	–	열간압연 그대로(두꺼운 판 경우)
*O	O	O	연질(어닐링한 것, 가공재)
1/4H	H12, H22, H32	1/4H	1/4 경화(hard)
1/2H	H14, H24, H34	1/2H	1/2 경화(hard)
3/4H	H16, H26, H36	3/4H	3/4 경화(hard)
H	H18, H28, H38	H	경화(full hard)
*T21	T2	O	어닐링(주물)
T3	T3	WD	퀜칭 후 냉간가공
–	T31	–	퀜칭 후 약 1% 가공해서 교정가공
T36	T36	–	퀜칭 후 약 6% 냉간가공
*T4	T4	W	퀜칭 후 상온시효
T42	T42	–	퀜칭 후 상온시효(수요자 요청)
*T5	T5	P	열간가공(또는 주조) 후 냉간가공 후 템퍼링
*T6	T6	WP	퀜칭 후 템퍼링
T62	T62	–	퀜칭 후 템퍼링(수요자 요청)
–	T7	–	퀜칭 후 안정화 처리
–	T8	WDR	퀜칭 후 냉간가공 후 템퍼링
–	T81	–	퀜칭 후 약 1% 가공 후 교정과 템퍼링
–	T86	–	퀜칭 후 약 6% 냉간가공 후 템퍼링
–	T9	–	퀜칭 후 템퍼링 후 냉간가공

주) * 주물에도 사용

3.3.1 AA 명칭

(1) 가공용 알루미늄 합금(wrought aluminium alloys)

미국 알루미늄협회(AA: aluminum association)가 제정한 것으로 근원은 구 Alcoa 기호이다. 알루미늄 합금 명칭은 표 1.8과 같이 4단위 숫자로 구성되며 첫째 자리는 주 합금원소를 표 1.9와 같이 나타낸다. 둘째 자리는 본래 합금의 개량(modification) 또는 순 알루미늄의 경우 불순물 허용 한도를 표시한다. 0은 본래 합금, 1~9는 개량된 것을 의미한다. 개발(시험) 중인 것은 맨 앞에 x를 삽입하고, 표준화가 된 경우에는 이를 제거한다.

표 1.8 알루미늄 합금의 명칭(AA 협회 기준) 설명

구분 / 설명	첫째 자리	둘째 자리	마지막 두 자리
예	4	x	xx
의미	주 합금원소	개량(modification)	합금 종류
내용	• 비열처리 합금: 최초 강도는 합금원소의 고용강화 효과에 따라 증가하고, 냉간 가공하여 강도를 증가시킨다. • 열처리 합금: 최초 강도는 Cu, Zn, Mg, Si의 합금원소 첨가에 따라 증가하고 열처리 때 석출경화 기구에 의하여 증가	0: 본래 합금 1~9: 개량종	1xxx 계열은 소수점 이하의 순도 예: 1060(99.60%)

1xxx 계열 이외에는 마지막 두 자리가 합금의 종류(구 Alcoa 기호의 S)를 표시하고 새로운 합금이 개발될 때마다 xx01부터 차례로 번호를 부여한다. 1xxx(순 알루미늄) 계열에서는 알루미늄의 순도를 나타내며 소수점 이하의 값을 나타낸다. 예를 들면 3003은 3S, 5052는 52S, 2218은 B18S를 또 1050은 순도 99.50% 이상의 순 알루미늄(1S)을, 1100은 99.00% 이상의 순도가 있는 알루미늄(2S)을 나타낸다. 클래드(clad)의 경우 숫자 앞에 Alclad로 표시해서 Alclad 2024로 표시한다. AA 기호는 비교적 논리적으로 미국에서는 Alcoa 등의 큰 회사는 물론 연방 규격, 군 규격, ASTM, SAE도 이것을 채택하고 있다.

표 1.9 가공용 알루미늄 합금의 주 합금원소

합금	원소	비고	합금	원소	비고
1xxx	Al (99.00% 이상)	비열처리	5xxx 6xxx	Mg Mg, Si	비열처리 열처리
2xxx	Cu	열처리	7xxx	Zn	열처리
3xxx	Mn	비열처리	8xxx	기타	–
4xxx	Si	비열처리	9xxx	예비	–

(2) 주물용 알루미늄 합금(casting aluminium alloys)

주물용 알루미늄 합금은 표 1.10처럼 3자리 시스템에 소수점 값으로 표시된다. 첫째 자리는 주 합금원소를 표 1.11처럼 나타낸다. 다음 두 자리는 순도 또는 합금 종류를 나타내며 마지막 자리는 소수점 다음에 표시하여 제품 형태를 나타낸다(0: 주물, 1: ingot). 본래 합금의 개량 또는 불순물 한도의 변경은 맨 앞에 A~Z의 문자를 표시하여 나타낸다(I, O, Q, X는 제외).

표 1.10 주물용 알루미늄 합금의 명칭(AA 협회 기준) 설명

구분 / 설명	문자	첫째 자리	둘째, 셋째 자리	마지막 자리
예	A~Z	4	xx	.x
의미	개량(modification) I, O, Q, X는 제외	주 합금원소	순도 또는 합금 종류	제품 형태 0: 주물, 1: 잉곳

표 1.11 주물용 알루미늄 합금의 주 합금원소

합금	원소	합금	원소
1xx.x	99.00% 이상의 Al	6xx.x	미사용
2xx.x	Cu	7xx.x	Zn
3xx.x	Si(Cu 또는 Mg 첨가)	8xx.x	Sn
4xx.x	Si	9xx.x	기타
5xx.x	Mg		

용융 및 가공 후 주물 사양 요구사항을 준수하는 화학 반응이 발생해야 한다. 주물 조성에 대한 합금계열은 다음과 같다.

- 1xx.x: 제어된 비합금(순수) 조성, 특히 로터 제조용
- 2xx.x: 구리가 주요 합금원소인 합금. 다른 합금원소를 지정할 수 있음
- 3xx.x: 실리콘이 주요 합금원소인 합금. 구리 및 마그네슘과 같은 다른 합금원소가 지정됨

  3xx.x 시리즈는 생산된 모든 성형 주물의 약 90%를 차지함

- 4xx.x: 실리콘이 주요 합금원소인 합금
- 5xx.x: 마그네슘이 주요 합금원소인 합금
- 6xx.x: 미사용
- 7xx.x: 아연이 주요 합금원소인 합금. 구리와 마그네슘과 같은 다른 합금원소를 지정할 수 있음
- 8xx.x: 주석이 주요 합금원소인 합금
- 9xx.x: 미사용

열처리 주물 합금에는 2xx, 3xx 및 7xx 시리즈가 포함된다.

표 1.12 및 1.13에는 대표적인 가공 및 주물 알루미늄 합금의 공칭 조성이 나열되어 있다. 다만, 이 표에 수록된 조성들은 전체 개발된 합금 조성 중 일부에 해당하는 소수의 예시임을 유의해야 한다. 실제로 500개 이상의 알루미늄 합금 조성 및 지정 번호가 Aluminum Association Inc.에 등록되어 있다.
한편, 가공 및 주물 합금으로 구현할 수 있는 강도 범위에 대한 정보는 표 1.23 및 1.24에 제시하였다. 이들 표는 다양한 알루미늄 합금이 제공할 수 있는 기계적 특성 범위를 보여준다.

표 1.12 일반적인 가공 알루미늄 합금의 제품 형태 및 공칭 구성[2)]

AA 번호	제품(a)	조성, %							
		Al	Si	Cu	Mn	Mg	Cr	Zn	Others
1050	DT	99.50min	–	–	–	–	–	–	–
1060	S,P,ET,DT	99.60min	–	–	–	–	–	–	–
1100	S,P,F,E,ES,ET,C,DT,FG	99.00min	–	0.12	–	–	–	–	–
1145	S,P,F	99.45min	–	–	–	–	–	–	–
1199	F	99.99min	–	–	–	–	–	–	–
1350	S,P,E,ES,ET,C	99.50min	–	–	–	–	–	–	–
2011	E,ES,ET,C,DT	93.7	–	5.5	–	–	–	–	0.4Bi;0.4Pb

2) Alloying:Understanding the Basics J.R. Davis, p351-416 Davis,p351-416DOI:10.1361/autb2001p351

AA 번호	제품(a)	조성, %							
		Al	Si	Cu	Mn	Mg	Cr	Zn	Others
2014	S,P,E,ES,ET,C,DT,FG	93.5	0.8	4.4	0.8	0.5	–	–	–
2024	S,P,E,ES,ET,C,DT	93.5	–	4.4	0.6	1.5	–	–	–
2036	S	96.7	–	2.6	0.25	0.45	–	–	–
2048	S,P	94.8	–	3.3	0.4	1.5	–	–	–
2124	P	93.5	–	4.4	0.6	1.5	–	–	–
2218	FG	92.5	–	4.0	$\frac{1}{4}$	1.5	–	–	2.0Ni
2219	S,P,E,ES,ET,C,FG	93.0	–	6.3	0.3	–	–	–	0.06Ti;0.10V;0.18Zr
2319	C	93.0	–	6.3	0.3	–	–	–	0.18Zn;0.15Ti;0.10V
2618	FG	93.7	0.18	2.3	–	1.6	–	–	1.1Fe;1.0Ni;0.07Ti
3003	S,P,F,E,ES,ET,C,DT,FG	98.6	–	0.12	1.2	–	–	–	–
3004	S,P,ET,DT	97.8	–	–	1.2	1.0	–	–	–
3105	S	99.0	–	–	0.55	0.50	–	–	–
4032	FG	85.0	12.2	0.9	–	1.0	–	–	0.9Ni
4043	C	94.8	5.2	–	–	–	–	–	–
5005	S,P,C	99.2	–	–	–	0.8	–	–	–
5050	S,P,C,DT	98.6	–	–	–	1.4	–	–	–
5052	S,P,F,C,DT	97.2	–	–	–	2.5	0.25	–	–
5056	F,C	95.0	–	–	0.12	5.0	0.12	–	–
5083	S,P,E,ES,ET,FG	94.7	–	–	0.7	4.4	0.15	–	–
5086	S,P,E,ES,ET,DT	95.4	–	–	0.4	4.0	0.15	–	–
5154	S,P,E,ES,ET,C,DT	96.2	–	–	–	3.5	0.25	–	–
5182	S	95.2	–	–	0.35	4.5	–	–	–
5252	S	97.5	–	–	–	2.5	–	–	–
5254	S,P	96.2	–	–	–	3.5	0.25	–	–
5356	C	94.6	–	–	0.12	5.0	0.12	–	0.13Ti
5454	S,P,E,ES,ET	96.3	–	–	0.8	2.7	0.12	–	–
5456	S,P,E,ES,ET,DT,FG	93.9	–	–	0.8	5.1	0.12	–	–
5457	S	98.7	–	–	0.3	1.0	–	–	–
5652	S,P	97.2	–	–	–	2.5	0.25	–	–
5657	S	99.2	–	–	–	0.8	–	–	–
6005	E,ES,ET	98.7	0.8	–	–	0.5	–	–	–
6009	S	97.7	0.8	0.35	0.5	0.6	–	–	–
6010	S	97.3	1.0	0.35	0.5	0.8	–	–	–

AA 번호	제품(a)	조성, %							
		Al	Si	Cu	Mn	Mg	Cr	Zn	Others
6061	S,P,E,ES,ET,C,DT,FG	97.9	0.6	0.28	–	1.0	0.2	–	–
6063	E,ES,ET,DT	98.9	0.4	–	–	0.7	–	–	–
6066	E,ES,ET,DT,FG	95.7	1.4	1.0	0.8	1.1	–	–	–
6070	E,ES,ET	96.8	1.4	0.28	0.7	0.8	–	–	–
6101	E,ES,ET	98.9	0.5	–	–	0.6	–	–	–
6151	FG	98.2	0.9	–	–	0.6	0.25	–	–
6201	C	98.5	0.7	–	–	0.8	–	–	–
6205	E,ES,ET	98.4	0.8	–	0.1	0.5	0.1	–	0.1Zr
6262	E,ES,ET,C,DT	96.8	0.6	0.28	–	1.0	0.09	–	0.6Bi;0.6Pb
6351	E,ES	97.8	1.0	–	0.6	0.6	–	–	–
6463	E,ES	98.9	0.4	–	–	0.7	–	–	–
7005	E,ES	93.3	–	–	0.45	1.4	0.13	4.5	0.04Ti;0.14Zr
7049	P,E,ES,FG	88.2	–	1.5	–	2.5	0.15	7.6	–
7050	P,E,ES,FG	89.0	–	2.3	–	2.3	–	6.2	0.12Zr
7072	S,F	99.0	–	–	–	–	–	1.0	–
7075	S,P,E,ES,ET,C,DT,FG	90.0	–	1.6	–	2.5	0.23	5.6	–
7175	S,P,FG	90.0	–	1.6	–	2.5	0.23	5.6	–
7178	S,P,E,ES,C	88.1	–	2.0	–	2.7	0.26	6.8	–
7475	S,P,FG	90.3	1.5	–	–	2.3	0.22	5.7	–

(a) S, 시트; P, 플레이트; F, 호일; E, 압출 막대, 막대 및 와이어; ES, 압출된 형태; ET, 압출 튜브; C, 냉간 가공된 로드, 바 및 와이어; DT, 인발 튜브; FG, 단조품

표 1.13 주물에 사용되는 일반적인 알루미늄 합금의 명칭 및 공칭 구성[3)]

AA 번호	제품(a)	조성, %				
		Cu	Mg	Mn	Si	Others
201.0	S	4.6	0.35	0.35	–	0.7 Ag,0.25Ti
206.0	S or P	4.6	0.25	0.35	0.10(b)	0.22Ti,0.15Fe(b)
A206.0	S or P	4.6	0.25	0.35	0.05(b)	0.22Ti,0.10Fe(b)
208.0	S	4.0	–	–	3.0	–
242.0	S or P	4.0	1.5	–	–	2.0Ni
295.0	S	4.5	–	–	0.8	–
96.0	P	4.5	–	–	2.5	–
308.0	S or P	4.5	–	–	5.5	–
319.0	S or P	3.5	–	–	6.0	–
336.0	P	1.0	1.0	–	12.0	2.5Ni
354.0	P	1.8	0.50	–	9.0	–
355.0	S or P	1.2	0.50	0.50(b)	5.0	0.6Fe(b),0.35Zn(b)
C355.0	S or P	1.2	0.50	0.10(b)	5.0	0.20Fe(b),0.10Zn(b)
356.0	S or P	0.25(b)	0.32	0.35(b)	7.0	0.6Fe(b),0.35Zn(b)
A356.0	S or P	0.20(b)	0.35	0.10(b)	7.0	0.20Fe(b),0.10Zn(b)
357.0	S or P	–	0.50	–	7.0	–
A357.0	S or P	–	0.6	–	7.0	0.15Ti,0.005Be
359.0	S or P	–	0.6	–	9.0	–
360.0	D	–	0.50	–	9.5	2.0Fe(b)
A360.0	D	–	0.50	–	9.5	1.3Fe(b)
₩380.0	D	3.5	–	–	8.5	2.0Fe(b)
A380.0	D	3.5	–	–	8.5	1.3Fe(b)
383.0	D	2.5	–	–	10.5	–
384.0	D	3.8	–	–	11.2	3.0Zn(b)
A384.0	D	3.8	–	–	11.2	1.0Zn(b)
390.0	D	4.5	0.6	–	17.0	1.3Zn(b)
A390.0	S or P	4.5	0.6	–	17.0	0.5Zn(b)
413.0	D	–	–	–	12.0	2.0Fe(b)
A413.0	D	–	–	–	12.0	1.3Fe(b)
4430	S	0.6(b)	–	–	5.2	–
A443.0	S	0.30(b)	–	–	5.2	–
B443.0	S or P	0.15(b)	–	–	5.2	–
C443.0	D	0.6(b)	–	–	5.2	2.0Fe(b)
514.0	S	–	4.0	–	–	–
518.0	D	–	8.0	–	–	–
520.0	S	–	10.0	–	–	–
535.0	S	–	6.8	0.18	–	–
A535.0	S	–	7.0	0.18	–	–
B535.0	S	–	7.0	–	–	–
712.0	S or P	–	0.6	–	–	–
713.0	S or P	0.7	0.35	–	–	–
771.0	S	–	0.9	–	–	–
850.0	S or P	1.0	–	–	–	–

(a) S, 모래 주물; P, 영구 주형 주물; D, 다이캐스팅. (b) 최대

3) Alloying:Understanding the Basics J.R. Davis, p351-416 Davis,p351-416DOI:10.1361/autb2001p351

3.3.2 CEN 합금 명칭[4]

(1) 합금원소 식별

알루미늄 합금 확인을 위한 CEN 체계에는 두 가지 방법이 있으며, 알루미늄협회와 ISO에 의해 채용된 명칭 숫자에 근거하고, 다른 하나는 화학성분에 근거한다. 유럽체계의 상세는 EN 573 규격에 포함되어 있다(표 1.14). 이것은 다음의 4부분으로 나눈다.

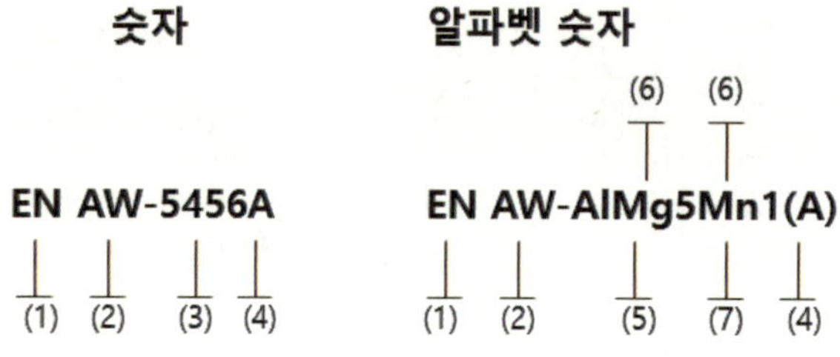

1) 표준
2) 모재 + 공급형태
3) 1 자릿수 : 합금계열 명칭
   두 번째 자리 : 합금의 개량
4) 개량
5) 주 합금원소
6) 명목상의 내용
7) 추가 합금원소

가장 일반적인 합금 명칭은 다음과 같다.

EN AW-5456A 또는 EN AW-5456A [AlMg5Mn1(A)].

예외적으로 알파 숫자 명칭을 선택할 수 있다.

EN AW-AlMg5Mn1(A).

표 1.14 알루미늄 가공용 합금(분류)에 대한 표준 개요

표준 내용	DIN EN 표준	비고
분류 Systematic		
- 숫자 지정시스템	573-1	국가표준 DIN 17007
- 영문 지정시스템	573-2	국가표준 DIN 1700

4) Aluminum and Aluminum alloys I EWE-3 / 2.25 Page 1

- Part 1 명칭 체계 숫자
- Part 2 기본 명칭 체계의 화학기호
- Part 3 화학성분을 위한 서술 규칙
- Part 4 생산의 형태

유럽체계에서 접두사 'AB'는 재용융을 위한 잉곳을, 'AC'는 주물 제품을, 'AM'은 주물 전용 합금, 'AW'는 가공제품을 표시한다. 가공 합금 확인에는 4가지 숫자로 첫 번째 숫자 1~9는 주요 합금원소를 다음에 표시한다.

- AW 1xxx – 상업적인 순 알루미늄
- AW 2xxx – Al-Cu 합금
- AW 3xxx – Al-Mn 합금
- AW 4xxx – Al-Si 합금
- AW 5xxx – Al-Mg 합금
- AW 6xxx – Al-Mg-Si 합금
- AW 7xxx – Al-Zn-Mg 합금
- AW 8xxx – 다른 원소(예: Li, Fe 등)
- AW 9xxx – 배당된 합금 그룹이 없음

상업적인 순 합금의 경우를 제외하고는 마지막 3자리 숫자는 특정 합금의 단순 증명과 단순한 임의의 숫자이다. 순 알루미늄의 경우 마지막 두 자리 숫자는 0.01%에 가장 가까운 제품의 최소 알루미늄 백분율을 지시한다. 예를 들면, AW-1098(99.98% Al), AW-1090(99.90% Al). 두 번째 아라비아 숫자는 불순물 조정의 정도를 표시한다. 0은 불순물의 자연적인 제한을 지시하고 1~9의 숫자는 합금원소 또는 개별적 불순물의 하나 및 그 이상의 특수한 조정이다.
주물 합금의 성분 분류는 36가지가 있으며, 11개 분과에 따라 분류된다. 언급 가치가 있는 합금 29가지는 Al-Si 체계에 기초한다.

- AC 2 1xxx – Al Cu

- AC 4 1xxx – Al SiMgTi
- AC 4 2xxx – Al Si7Mg
- AC 4 3xxx – Al Si10Mg
- AC 4 4xxx – Al Si
- AC 4 5xxx – Al Si5Cu
- AC 4 6xxx – Al Si9Cu
- AC 4 7xxx – Al Si(Cu)
- AC 4 8xxx – Al SiCuNiMg
- AC 5 1xxx – Al Mg
- AC 7 1xxx – Al ZnMg

가공 합금에서 3번째 4번째 아라비아 숫자는 그룹과 임의의 특수합금을 확인한다. 현장 용접 엔지니어에게 관계없는 전문 합금은 숫자 9에 따르는 접두사 'AM'과 같으며, 두 번째, 세 번째 숫자는 주요 합금원소의 원자번호이다. 예를 들면 Si의 14, Cu의 29, 나머지 2자리 아라비아 숫자는 발생순서와 합금 등록의 순서에 발행한다. 예를 들면, Al–Si 전문 합금은 AM 91404라고 부른다. 4번째로 Al–Si 합금으로 등록되었다는 것을 확인할 수 있다.

3.3.3 템퍼 명칭

합금의 기계적 성질은 그들의 화학성분과 상태, 예를 들면 풀림, 냉간가공, 석출경화 효과에 따른다. 이 상태는 명백해야 하고 용접 엔지니어나 설계자에게 명료하고 분명하게 증명해야 한다. (CEN에서 개발된) 접미사 체계는 합금의 열처리 상태 또는 변화된 가공경화의 양을 증명한다. 정밀한 상태의 증명을 하나 또는 다수의 문자에 의해 표시하며, 기본 명칭은 표 1.15와 같다.

표 1.15 열처리 합금의 템퍼 명칭

명칭	개요	적용
–F	제조 상태 (as fabricated)	• 열적 조건이나 가공경화에 대한 특별한 조절 없이 제작한 제품(기계적 성질 제한이 없음)
–O	어닐링, 재결정	• 가장 낮은 강도의 어닐링한 제품이다. • 가공용 합금의 최고연화 • 이것은 특정한 열처리 지시의 접미사가 있다.
–H	가공경화 (냉간가공)	• H는 요구 기계적 성질을 달성하기 위해 열처리를 수행하는 것과 냉간 가공 양을 증명하는 최소한 두 숫자가 항상 따른다.
–W	용체화 열처리	• 용체화 열처리 후 노내 온도(자연시효)에서 석출경화하는 합금에 적용된다. 이것은 자연시효 기간의 지시 시간에 의해 따른다. 예: W1h
–T	열처리	• 안정 상태 생산의 시효를 한 합금을 증명한다. • T는 특정한 열처리 증명의 하나 또는 다수가 항상 따른다.

'T' 명칭은 시효경화 합금에 적용된다. 기본 열처리를 뜻하는 첫 번째 숫자는 표 1.16과 같다. 더 많은 숫자는 열처리 또는 냉간가공의 변화 지시 명칭에 첨가한다. 예를 들면, Tx51, 510, 511, 52 또는 54의 모든 지시 합금은 완성 금형의 재냉각(restriking cold) 또는 스트레칭과 같은 냉간가공에 의한 열처리 후 응력제거이다. 이 첨가 숫자는 역시 'W'로 지시된 합금의 템퍼 상태 지시에 사용된다.

표 1.16 열처리 알루미늄 합금의 열처리(T) 표시

명칭	개요	적용
T1	제조공정의 높은 온도에서 냉각 후 자연시효	주물이나 압출과 같은 제조공정의 높은 온도에서의 냉각 속도가 자연시효에 따른 강도 증가에 영향을 미치는 제품
T2	자연시효와 냉간가공, 높은 열성형 공정으로부터 냉각	연성 개선과 치수 안정을 위하여 어닐링한 주물품
T3	용체화 열처리 후 냉간가공과 자연시효 용해 어닐링–퀜칭–냉간가공–자연시효	강도 증가를 위하여 냉간가공하였거나 평면교정에서의 냉간가공 효과가 기계적 성질 한도에 영향을 미치는 제품

명칭	개요	적용
T4	용체화 열처리 후 자연시효 용해 어닐링 - 퀜칭 - 자연시효	용체화 처리 후 냉간가공하지 않거나 평면교정에서의 냉간가공 효과가 기계적 성질 한도에 영향을 못 미치는 제품
T5	제조공정의 높은 온도에서 냉각 후 인공시효 Tx51 스트레칭을 통한 응력회복 Tx52 냉간 압축을 통한 응력회복	주물이나 압출과 같은 제조공정의 높은 온도에서의 냉각한 후 기계적 성질이나 치수 안정성을 개선하기 위하여 인공시효한 제품
T6	용체화 열처리 후 인공시효 용해 어닐링 - 퀜칭 - 최고 강도의 인공시효	용체화 처리 후 냉간가공하지 않거나 평면교정에서의 냉간가공 효과가 기계적 성질 한도에 영향을 못 미치는 제품
T7	용체화 열처리 후 과시효 또는 안정화 용해 어닐링 - 퀜칭 - 과시효	특정한 특성을 조절하기 위하여 최대강도는 약간 저하되나 안정화한 제품
T8	용체화 열처리와 냉간가공 후 인공시효 용해 어닐링 - 퀜칭 - 냉간가공 - 최고 강도의 인공시효	T3 동일
T9	용체화 열처리와 인공시효 후 냉간가공	강도 증가를 위하여 냉간가공한 제품
T10	제조공정의 높은 온도에서 냉각, 인공시효 후 냉간가공	주물이나 압출과 같은 제조공정의 높은 온도에서 냉각하여 인공시효한 후 강도 증가를 위하여 냉간가공한 제품

인공시효인 T7 템퍼 명칭은 과시효 합금으로 지시하는 두 번째 숫자에 의해 어느 정도 보충된다. 다른 숫자는 부족한 상태의 확인에 사용되며, 냉간가공 등의 정도를 증가시킨다. 이 명칭의 정규의 상세는 EN 515 '알루미늄과 알루미늄 합금–가공제품–템퍼 명칭'[5]에 포함되어 있다.

JIS, BS의 1/4H, 1/2H, 3/4H, H는 가공 또는 어닐링의 정도를 바꾸는 것에 의해 그들에 상당하는 것이 만들어지지만, 미국에서는 그 이력, 즉 경화 방법을 알 수 있듯이 표 1.17과 같은 재질별 기호를 사용하고 있다.

5) EN 515 판재에 가장 많이 사용되는 야금학적 템퍼링

표 1.17 비열처리 합금의 템퍼 명칭

명칭	개요	적용
-O	어닐링, 재결정	• 가공용 합금의 최고 연화
-F	가공 상태 (as fabricated)	• 열적 조건이나 가공경화에 대한 특별한 조절 없이 제작한 제품(기계적 성질 제한이 없음)
-H1	가공경화	• 별도의 열처리 없이 원하는 강도를 얻기 위해 가공경화한 제품 • 뒤에 2, 4, 6, 8을 붙여서 경화의 정도를 나타냄
-H2	가공경화 후 부분 어닐링	• 원하는 강도보다 약간 높게 가공 경화하여 부분 어닐링시켜 강도를 원하는 수준으로 저하한 제품(#1) • 강도와 경도를 요구 정도에 약하게 하려고 낮은 온도에서 어닐링하거나 요구보다 더 경화된 합금에 적용한다. • 뒤에 2, 4, 6, 8을 붙여서 경화의 정도를 나타냄
-H3	가공경화 후 안정화 처리	• 가공경화 후 낮은 온도로 열처리하여 인장강도는 약간 저하하지만 연성을 증가시켜 안정화한 제품(#2) • 안정화는 제조의 완결 또는 중간에 낮은 온도의 열처리에 적용된다. • 연성이 시간과 함께 약화하는 변형경화합금의 안정화를 개선한다. • 뒤에 2, 4, 6, 8을 붙여서 경화의 정도를 나타냄
-H4	가공경화와 인공처리	• 경화 작용을 달성하거나 인공 고온건조의 일부로서 낮은 온도의 열처리를 조건으로 하는 합금이다.

주) #1: 실온에서 시효 연화하는 합금은 H2 템퍼가 H3 템퍼와 같은 최소의 인장강도를 갖고, 기타 합금은 H2 템퍼가 H1 템퍼와 같은 최소의 인장강도를 갖고 신율은 약간 높다.
#2: 안정화 처리가 없는 경우 실온에서 시효 연화하는 제품에만 적용함

'H' 후의 첫 번째 숫자는 기본 상태를 증명한다. 'H' 후의 2번째 숫자는 합금에서 가공경화 양을 지시한다. 가공경화의 정도는 H1~3 다음에 숫자로 표시하며 8을 완전 어닐링 후 약 75%의 냉간 수축(cold reduction)한 것과 같은 인장강도를 갖는 것으로 하고 (따라서 가장 높은 강도와 경도 상태로 연성은 매우 낮고 그 이상의 냉간가공은 균열의 원인이 된다) 0을 어닐링 상태로 한다. 0~8 사이에는 1~7의 숫자를 삽입하여 그 정도를 표시하며(냉간 수축 50℃ 이하에서 실시), 어닐링 합금의 강도에 기초한다. O 상태와 H18 상태, 예를 들어 H14 합금은 완전 경화와 풀림 상태 사이의 중간이며, H12는 O와 H14 사이의 중간이다. 거기에는 최소 10MPa의 H8을 초과한 극한 인장강도인 H9 상태이다.

H×2 : $\frac{1}{4}$ 경화(hard) 예) H12 냉간 압연 - $\frac{1}{4}$ hard

H×4 : $\frac{1}{2}$ 경화(hard) 예) H14 냉간 가공 - $\frac{1}{2}$ hard,

예) H24 냉간 가공 - 회복 어닐링 - $\frac{1}{2}$ hard

H×6 : $\frac{3}{4}$ 경화(hard)

H×8 : 완전 경화(full hard)

※ 참고: H3 템퍼의 경우에는 안정화 처리 전의 냉간가공 정도를 둘째 자리에서 나타내며, H2 템퍼의 경우에는 부분 풀림 후에 남아있는 냉간가공 정도를 나타낸다.

'H' 후의 3번째 숫자는 강제적이지는 않으며, 두 번째 숫자 또는 합금의 다른 특성 효과에 의해 증명되는 특정한 온도에 도달하기 위해 특수조정 요구 합금에 사용된다(표 1.18, 표 1.19 참조). 그런 특성의 예는 부식 저항의 박락, 튜브의 시임 용접 또는 최종 템퍼 후의 부가적인 가공에 도달한다. 예를 들어, 엠보싱(embossing) 가공공정이 해당한다.

상용되고 있는 알루미늄 합금의 재질별 대표적 기계적 성질을 가공용 합금은 표 1.20(비열처리 합금) 및 표 1.21(열처리 합금)에 나타냈으며, 주물에 대해서는 표 1.22에 나타냈다.

표 1.18 3자리의 H 템퍼(ANSI H35.1)[6]

템퍼	적용	비고
O	약한 어닐링 Soft annealed	
H111	H11 템퍼보다 적은 양의 가공경화가 요구되는 제품 스트레칭과 평탄을 통해 약한 어닐링 및 약간의 냉간가공	모든 가공용 알루미늄 합금에 적용
H112	기계적 성질에 제한이 없는 경우 가공경화이나 열처리의 특별한 조절 없이 제조공정 중 템퍼를 얻는 제품 열간압연 상태 제어를 통해 기계적 강도가 약간 증가	
H311	H31 템퍼보다 적은 양의 가공경화가 요구되는 제품	4% 이상의 Mg을 함유한 가공용 알루미늄 합금
H321	H32 템퍼보다 적은 양의 가공경화가 요구되는 제품	
H323 H343	응력부식 균열에 대한 저항성을 증가시키기 위하여 특별히 제작된 제품	

6) EN 515 판재에 가장 많이 사용되는 야금학적 템퍼링

표 1.19 무늬 또는 양각 무늬 강판(patterned or embossed sheet)

무늬 강판 또는 양각 무늬 강판	제조 근원 (fabricated from)
H114	0
H124, H224, H324	H11, H21, H31
H134, H234, H334	H12, H22, H32
H144, H244, H344	H13, H23, H33
H154, H254, H354	H14, H24, H34
H164, H264, H364	H15, H25, H35
H174, H274, H374	H16, H26, H36
H184, H284, H384	H17, H27, H37
H194, H294, H394	H18, H28, H38
H195, H295, H395	H19, H29, H39

표 1.20 가공용 알루미늄 합금(비열처리 합금)의 대표적 기계적 성질

AA 합금 명칭	재질별	인장강도 (MPa)	내력 (MPa)	연신율(%)		경도(H_B)
				1.6mm 판	ϕ13mm 봉	10/500/30
1050	O	78	29	40	–	–
	1/2H(H14)	118	88	10	–	–
	H(H18)	157	137	5	–	–
1100	O	88	39	35	45	23
	1/2H(H14)	127	118	9	20	32
	H(H18)	167	147	5	15	44
5052	O	196	59	25	30	47
	1/2H(H34)	255	206	10	14	68
	H(H38)	284	255	7	8	77
5056	O	284	147	–	35	65
	H(H38)	412	343	–	15	100
3003	O	108	39	30	40	28
	1/2H(H14)	157	147	8	16	40
	H(H18)	196	186	4	10	55
5005	O	118	39	25	–	28
	1/2H(H14)	157	147	6	–	41
	H(H18)	196	186	4	–	51
5154	O	235	118	27	30	58
	1/2H(H34)	284	225	13	16	73
	H(H38)	323	265	10	–	80
5083	O	284	147	22	22	67
	F	294	157	20	21	–
	1/4H(H32)	314	216	16	16	82

표 1.21 가공용 알루미늄 합금(열처리 합금)의 대표적 기계적 성질

AA 합금 명칭	재질별	인장강도 (MPa)	내력 (MPa)	연신율(%)		경도(H_B)
				1.6mm 판	ϕ13mm 봉	10/500/30
6061	O	118	59	25	30	30
	T4	235	137	22	25	65
	T6	304	274	12	17	95
6063	O	88	49	–	–	25
	T4	157	88	22	–	–
	T5	186	147	12	15	60
	T6	235	206	12	15	73
6151	T6	323	294	–	17	100
2014	O	186	98	–	18	45
	T3	441	284	20	–	–
	T4	431	274	18	20	105
	T6	480	431	10	13	135
2017	O	176	69	–	22	45
	T4	421	274	–	22	105
2018	T6	412	314	–	12	110
2117	T4	294	167	–	27	70
2024	O	186	78	20	22	47
	T3	480	343	18	–	120
	T36	490	392	13	–	130
	T4	461	323	20	19	120
2025	T6	392	255	–	19	110
2218	T6	412	314	–	12	110
4032	T6	372	314	–	9	120
7075	O	225	98	17	16	60
	T6	568	500	11	11	150

표 1.22 알루미늄 합금 주물의 대표적 기계적 성질

합금 명 JIS	재질별	금형 시편				사형 시편			
		인장강도 MPa	내력 MPa	연신 %	경도 H_B	인장강도 MPa	내력 MPa	연신 %	경도 H_B
AC1A	F	167	49	14	50	157	49	9	45
	T6	314	167	12	80	255	157	5	75
AC2A	F	216	137	3	70	176	137	2	55
	T6	323	274	2	90	284	265	1	80
AC2B	F	225	78	1	65	176	88	1	55
	T6	294	196	1	90	235	157	1	80
AC3A	F	186	78	13	50	157	69	8	45
AC4A	F	206	108	6	60	147	69	5	50
	T6	294	245	4	90	274	235	2	80
AC4B	F	225	157	2	75	167	137	1	60
	T6	294	206	2	90	206	157	1	80
AC4C	F	206	108	9	55	137	78	3	55
	T5	216	137	6	55	127	108	2	55
	T6	265	196	6	85	216	157	4	75
AC4D	T6	284	186	4	90	235	167	3	80
AC5A	F	245	167	3	85	196	157	1	80
	T21	206	118	3	65	167	108	1	65
	T6	314	265	1	110	245	225	1	90
AC7A	F	265	108	20	60	225	98	12	50
AC7B	T4	333	186	16	75	323	176	16	70
AC8A	F	216	137	2	80	–	–	–	–
	T5	265	216	1	90	–	–	–	–
	T6	294	274	1	110	–	–	–	–

3.4 적용 분야

알루미늄 합금은 많은 적용 분야에서 경제적이다. 자동차 산업, 항공 우주 산업, 기계, 가전제품 및 구조물 건설, 조리 도구, 전자 장비 하우징 커버, 극저온 적용 분야용 압력용기 및 기타 수많은 분야에서 사용된다. 표 1.59와 표 1.74는 각각보다 일반적으로 사용되는 가공 및 주물 합금의 일반적인 적용 분야를 나열한다.

다양한 종류의 가공 및 주물 합금으로 달성할 수 있는 강도 범위는 표 1.23과 표 1.24와 같다.

표 1.23 다양한 가공 알루미늄 합금(wrought aluminum alloys)의 강도 범위

알루미늄 협회 시리즈	합금 조성의 종류	강화 방법	인장강도 범위	
			MPa	ksi
1xxx	Al	냉간가공	70-175	10-25
2xxx	Al-Cu-Mg(1-2.5%Cu)	열처리	170-310	25-45
2xxx	Al-Cu-Mg-Si(3-6%Cu)	열처리	380-520	55-75
3xxx	Al-Mn-Mg	냉간가공	140-280	20-40
4xxx	Al-Si	냉간가공(일부 열처리)	105-350	15-50
5xxx	Al-Mg(1-2.5%Mg)	냉간가공	140-280	20-40
5xxx	Al-Mg-Mn(3-6%Mg)	냉간가공	280-380	40-55
6xxx	Al-Mg-Si	열처리	150-380	22-55
7xxx	Al-Zn-Mg	열처리	380-520	55-75
7xxx	Al-Zn-Mg-Cu	열처리	520-620	75-90
8xxx	Al-Li-Cu-Mg	열처리	280-560	40-80

표 1.24 다양한 주물 알루미늄 합금(cast aluminum alloys)의 강도 범위

합금 시스템(AA 명칭)	인장강도 범위	
	MPa	ksi
열처리 및 주물 합금(다양한 템퍼)		
Al-Cu(201-206)	353-467	51-68
Al-Cu-Ni-Mg(242)	186-221	27-32
Al-Cu-Si(295)	110-221	16-32
Al-Si-Cu(319)	186-248	27-36
Al-Si-Cu-Mg(355, 5%Si, 1.25%Cu, 0.5%Mg)	159-269	23-39
Al-Si-Mg(356, 357)	159-345	23-50
Al-Si-Cu-Mg(390, 17%Si, 4.5%Cu, 0.6%Mg)	179-276	26-40
Al-Zn(712, 713)	241	35
열처리 불가 다이캐스트 합금		
Al-Si(413, 443, F temper)	228-296	33-43
Al-Mg(513, 515, 518, F temper)	276-310	40-45
열처리 불가 영구 주형 주물 합금		
Al-Sn(850, 851, 852, T5 temper)	138-221	20-32

3.5 주어진 적용에 적합한 판재 품질을 선택하는 방법[7)]

기계적 강도 값(주로 정적 강도 값인 $Rp_{0.2}$ 및 Rm)은 기계적 부하에 따라 구성 요소의 치수 산정에 사용된다. 이때, 설계 시에는 구성 요소가 처할 수 있는 다양한 조건—예를 들어 부식, 열화, 마모, 오염의 위험, 작동 온도, 적용 기준 등을 함께 고려해야 한다.

또한, 가공 조건도 중요한 요소로, 일반 가공인지, 고강도 가공 또는 비대칭 가공인지에 따라 설계가 달라질 수 있으며, 최종 제품의 치수 공차와 더불어 해당 구성 요소가 완전 가공품인지, 또는 압연 마감 상태로 사용할 것인지도 판단해야 한다. 용접이 수반될 경우, 용접 부하와 성형 또는 후속 작업 조건을 고려해야 하며, 양극산화막 처리가 필요한 경우에는 장식 목적인지 기능 목적인지에 따라 설계 조건이 달라진다. 또한, 압연 마감 상태나 소재 두께에 따라 기타 표면 처리 방법도 결정된다. 예를 들어, 치수 설계 시 강도 요건을 충족하면서도 사용할 수 있는 최소 두께를 선택하는 것이 중요하며, 제품의 가용성 역시 함께 고려되어야 한다. 표 1.25에는 이러한 다양한 조건을 반영한 소재 선택 기준의 예를 정리했다.

표 1.25 자주 사용하는 소재 선택 기준의 예시

최종 적용	→ 판재 제품
엄격한 치수 공차	– 최적의 치수 안정성 – 최적의 평탄도
압연하지 않은 표면의 장식용 요구사항	– 최적화된 두께 공차 – 최적화된 표면 품질
• 장식용 요구사항에 압연하지 않은 표면의 양극산화 처리	– 최적화된 표면 품질
• 장식용 요구사항에 가공 면의 양극산화 처리 등등	– 판재 표면의 최적화 양극산화 처리 품질 – 판 두께에 걸쳐 최적화된 양극산화 처리 품질

7) Korean Seminar for Aluminum Plate & Heat Treatment, November 26, 2013

그림 1.1은 주어진 적용에 대한 요구사항의 전체 항공기 구조에 대한 제품의 완성 범위를 나타낸 것이다.

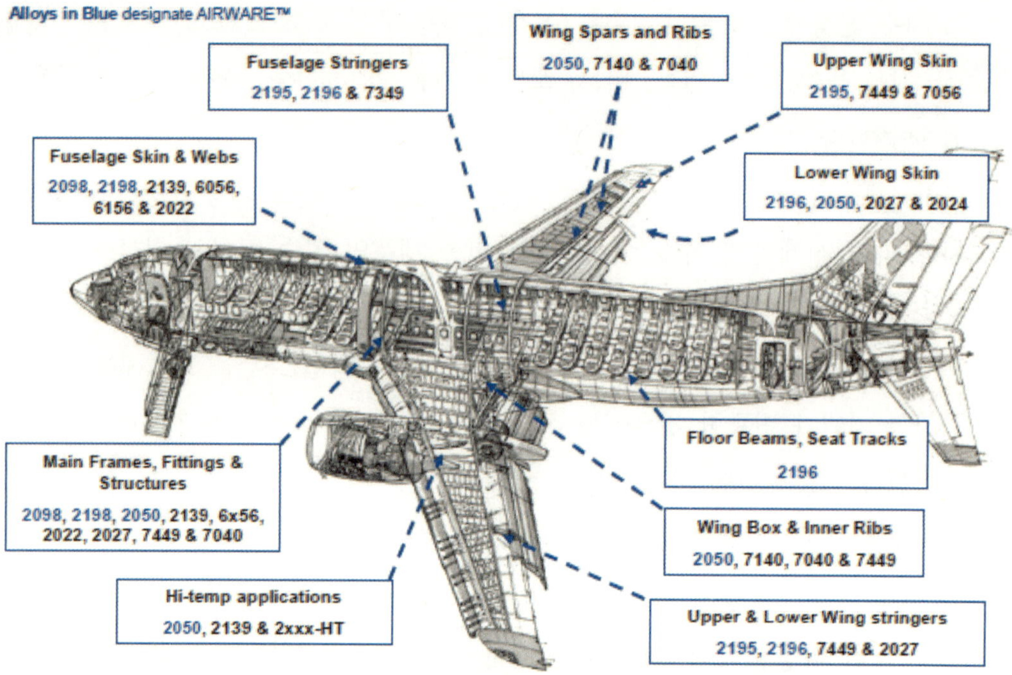

그림 1.1 전체 항공기 구조에 대한 제품의 완성범위

4 용접 야금

4.1 개요

이상적인 용접부(용접금속, 열영향부 및 인접 모재)는 모재와 같은 특성인 완벽한 이음 구성을 의미한다. 알루미늄과 그 합금의 이상적인 용접을 달성하기에는 약간의 문제점들이 있으며, 다음의 내용을 포함하는 결함과 특징은 특성을 잃어버리는 원인이 된다.

- 가스 기공
- 산화 함유물 및 산화막
- 응고(열간) 균열
- 융합 부족
- 용접부와 열영향부의 강도 감소
- 부식 저항 감소
- 전기 저항 감소

4.2 강화구조(strengthening mechanisms)

알루미늄 합금에 적용할 수 있는 강화기구는 다섯 가지로 구분한다. 입자 크기 조정, 고용체 합금, 제2상 형태, 변형경화(냉간가공) 및 석출 또는 시효경화이다.

4.2.1 금속의 구조

금속의 원자들은 규칙적인 3차원 배열 구조를 이루며, 이를 공간 격자(space lattice)라고 한다. 이 구조에서 원자는 단단한 고체 상태의 구형 입자로 상상할 수 있으며, 이러한 배열의 기본 단위는 단위 셀(unit cell)로 표현된다. 단위 셀은 가장 작은 반복 단위로, 일반적으로 정육면체 형태를 가지며, 각 모서리에 원자가 위치한다. 금속의 대표적인 결정구조에는 체심입방격자(BCC: Body-Centered Cubic), 면심입방격자(FCC: Face-Centered Cubic), 그리고 조밀육방격자(HCP: Hexagonal Close-Packed)의 세 가지가 있으며, 이들 구조는 그림 1.2에 도식화되어 있다. 각 결정구조는 금속의 물리적 성질을 결정하는 주요 요인이다. 예를 들어, FCC 구조를 가진 알루미늄은 저온에서도 높은 인성과 연성을 나타내며, 가공이 쉽다. 실제로 단일 결정이 형성되더라도, 일반적인 금속은 다수의 작은 결정 입자들로 이루어진 다결정 구조를 가지게 된다. 각 입자는 내부적으로 규칙적인 결정 구조를 유지하지만, 입자들 사이의 경계면에서는 결정 방향이 불일치하며, 이러한 입자 크기와 경계 특성은 금속의 전체적인 성질에 큰 영향을 미친다.

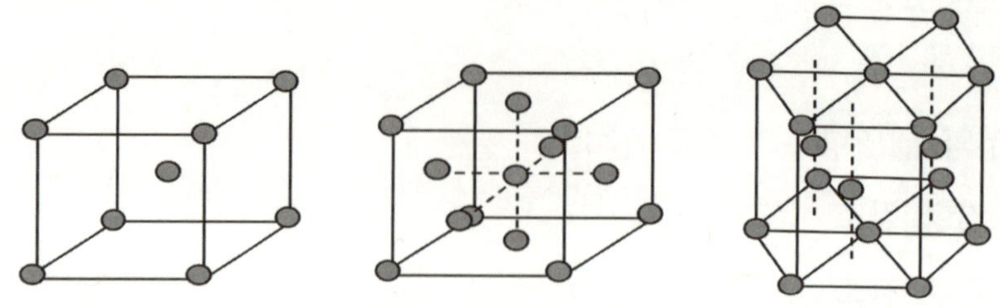

(a) 체심입방격자 (b) 면심입방격자 (c) 조밀육방격자

그림 1.2 금속의 3가지 결정 유형

4.2.2 입자 크기의 조정

입자 크기 제어는 저합금강 및 C/Mn 강에서 노치 인성과 강도 조절, 그리고 열간균열 위험의 감소를 위해 널리 활용되지만, 알루미늄 합금에서는 일반적으로 강도 조절 목적으로 사용되지 않는다. 일반적으로 입자 크기가 커지면 재료의 항복강도와 극한강도는 감소하며, 항복강도 σy는 Hall-petch 방정식의 입자 크기와 관련된다.

$\sigma_y = \sigma_I + \kappa_y d^{-1/2}$(d는 평균 입자 크기 σ_I 및 κ_y는 금속 상수)

이 관계는 그림 1.3에 나타낸다.

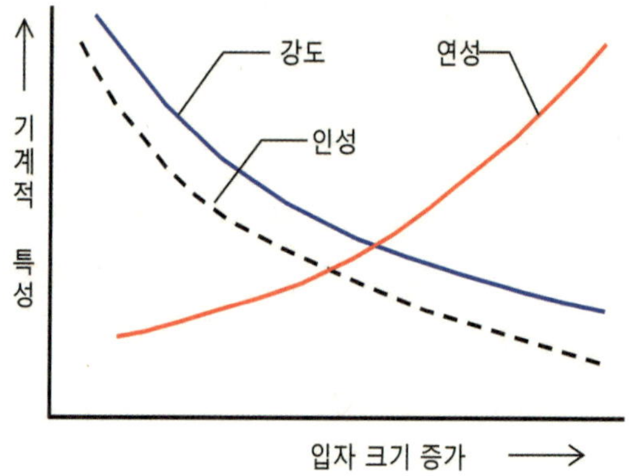

그림 1.3 연성, 인성, 강도와 입자 크기의 일반적인 관계

이 이론의 실제 적용 예로, 용접 시 입자 성장으로 인해 열영향부(HAZ) 주변에서 강도 손실이 빈번히 발생한다. 특히 용접금속의 강도 저하는 모재보다 증가한 입자 크기와 주물 조직의 형성에 기인한다. 그러나 알루미늄 합금의 경우, 입자 성장에 따른 강도 감소는 다른 우세한 영향들에 비해 중요도가 낮다.

그런데도, 작은 입자는 큰 입자보다 열간균열에 대한 저항성이 높기 때문에, 입자 크기는 균열 저항성 측면에서 중요한 변수이다. 이러한 미세입자 형성을 촉진하기 위해 Ti, Zr, Sc 등의 원소가 첨가되며, 이들은 용접부 응고 시 미세한 핵 형성 중심으로 작용하여 균일하고 미세한 결정립 분포를 유도한다. 이들 미세입자는 용융 상태에서 고체 상태로 전이되는 과정에서 핵 생성 입자로 작용한다.

4.2.3 고용체 강화(solid solution strengthening)

일반적으로 금속의 강도를 높이기 위해 순수 금속만을 사용하는 경우는 드물다. 순금속은 대부분의 공학적 요구를 충족하지 못하기 때문에, 목적에 따라 다른 원소들과 혼합하여 합금으로 사용된다. 이러한 합금원소의 종류와 함량은 요구되는 특성에 맞춰 신중하게 선택되고 조정된다.

합금이란, 액상 상태의 금속(용매 금속)에 하나 이상의 합금원소(용질)를 용해시킨 야금학적 고체 상태의 물질이다. 합금이 냉각되어 응고되면, 고용체 상태로 유지될 수 있는 조성의 한계를 넘어 존재할 수 있으며, 이때 결정구조는 고용도의 제한에 도달하게 된다. 미세조직 수준에서 고용도가 제한되는 경우, 제2의 상 또는 다른 구성 요소가 나타나게 된다. 이 제2상은 금속 간 화합물, 순수한 합금원소 또는 제2의 고용체 형태로 존재할 수 있다. 이러한 제2상의 형성은 금속의 강도와 경도 향상에 기여하며, 예로는 Al-Cu 합금에서의 $CuAl_2$(구리-알루미니드), Al-Si 합금에서의 규소(Si), 철강에서의 탄화철(Fe_3C)과 같다. 이러한 상들은 합금의 기계적 성질을 개선하는 핵심적인 강화기구로 작용한다.

고용체 합금(solid solution alloy)은 합금원소(용질)가 기지 금속(용제) 내에 완전히 용해된 상태를 말한다. 고용체 합금은 침입형과 치환형의 두 가지 형태로 나뉘며, 이는 그림 1.4에 도식화되어 있다. 침입형 고용체(interstitial)는 작은 용질 원자가 용제 원자 사이의 틈에 들어가는 구조이고, 치환형 고용체(substitutional)는 용질 원자가 용제 원자를 직접 대체하는 형태이다. 이 경우, 용질 원자의 직경은 용제 원자에 비해 약 ±15% 이내여야 한다. 이러한 합금원소의 첨가는 격자구조를 변형시키고, 격자 내부에 변형을 유도하여 인장강도를 증가시키는 효과가 있다. 그러나 동시에 원자면 사이의 슬립을 방해함으로써 합금의 연성(ductility)은 감소하는 경향이 있다. 많은 원소가 알루미늄에 합금이 되지만 용접성 또는 강도의 개선을 가져다주는 것은 소수에 불과하다. 중요 원소로 유동성과 강도를 증가시키는 것은 Si, 매우 높은 강도를 주는 것은 Cu, 강도와 부식 저항을 개선하는 것은 Mg, 강도와 연성을 개선하는 것은 Mn, Mn 또는 Cu와 조합한 Zn은 강도 개선과 용접으로 잃어버린 강도의 회복에 유용하다.

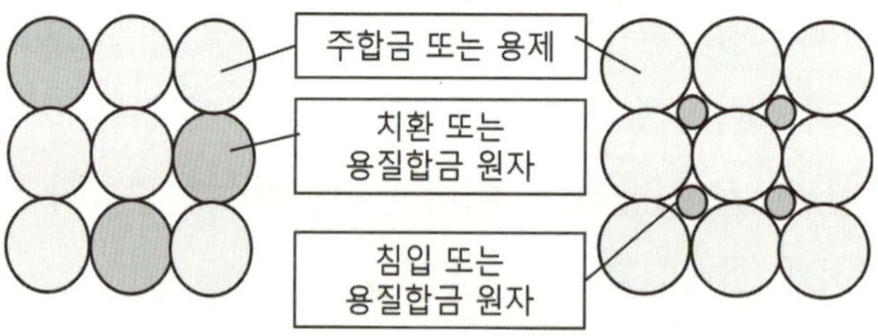

그림 1.4 **합금 틈새와 치환의 개요도**

4.2.4 냉간가공 또는 변형경화(cold working or strain hardening)

냉간가공(cold working), 가공경화(work hardening) 또는 변형경화(strain hardening)는 열처리를 통해 강도를 증가시킬 수 없는 합금에 적용되는 중요한 강화 공정이다. 이 공정은 기계적 에너지의 투입에 의해 금속의 형상이 변형되며, 동시에 강도가 증가한다.

금속이 변형될수록(그림 1.5 참조) 점차 경화되어 강해지지만, 그에 따라 연성은 감소하게 된다. 또한, 변형이 계속될수록 더 큰 변형 저항력이 필요하며, 일정 수준 이상의 변형에 도달하면 금속은 더 이상 가공할 수 없는 상태, 즉 파단에 이를 정도로 취약한 상태에 도달하게 된다.
그림 1.6은 비열처리형 알루미늄 합금에서 냉간가공률과 항복강도 간의 관계를 보여주는 그래프로, 가공량이 증가할수록 항복강도도 증가하는 경향을 나타낸다.

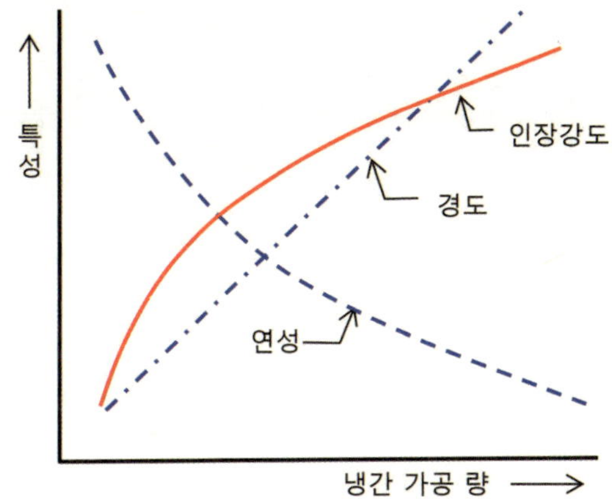

그림 1.5 **인장강도, 경도, 연성의 냉간가공의 영향**

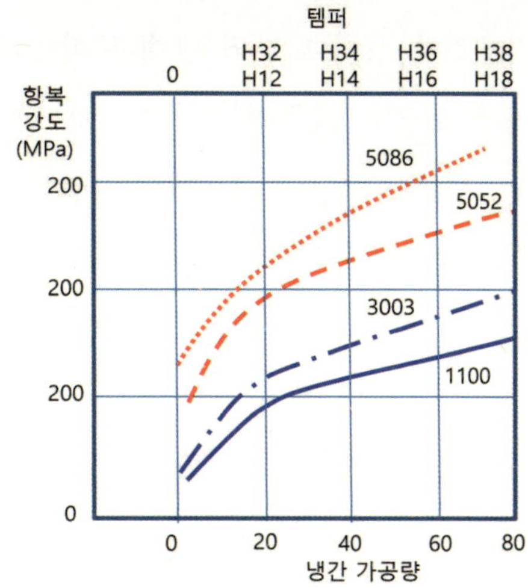

그림 1.6 **항복강도, 냉간 가공량 및 합금 함량의 관계**

냉간가공(cold working)이 이루어지면 강도 증가에 상응하여 다른 기계적 성질이 저하되는 현상이 발생한다. 이는 가공 과정에서 금속 입자가 가공 방향으로 연신되며, 우선적인 배열 방향과 높은 내부응력이 형성되기 때문이다. 냉간가공의 주요 결과로 내부응력 축적, 강도 증가 및 연성 감소, 전기전도도의 저하, 열팽창계수의 증가, 부식 저항성, 특히 응력부식균열(SCC) 저항의 감소, 아주 미세한 수준의 밀도 감소와 같은 변화가 동반된다. 이러한 변화는 재료 내부 구조의 불균일성과 변형 축적에 기인한다. 특히, 냉간가공된 재료는 용접 시 훨씬 큰 변형량을 나타내며, 이는 가공으로 인한 낮은 연성과 잔류응력의 영향 때문이다.
냉간가공된 금속이 가열되면 일정 온도에 도달하여 내부응력이 완화되고 회복(recovery)이 일어난다. 이 단계에서는 금속의 물리적 특성이 대부분 복구되지만, 입자 구조나 기계적 성질에 큰 변화는 없다. 온도가 더욱 상승하면 냉간가공된 영역에서 재결정(recrystallization)이 시작된다. 이는 가공으로 변형된 결정구조가 자유롭게 배열된 새로운 결정립으로 대체되면서, 연성이 증가하고 강도는 감소하게 된다. 이때 형성되는 재결정립은 일반적으로 냉간가공 이전보다 더 미세한 결정립 크기를 갖는다. 이러한 미세조직의 정제는 열처리와 가공 조건의 조합과 선택에 의해 조절되며, 금속재료의 성질을 향상시키는 중요한 수단이다. 금속의 재결정이 완료되어 원래의 기계적 특성이 회복된 상태를 어닐링(annealing)이라 하며, 이는 비냉간가공 상태의 금속으로 되돌리는 과정으로 정의된다.

재결정온도 이상의 고온에서는 형성된 새로운 결정립이 주변의 다른 입자들을 흡수하면서 성장하게 된다. 이때 입자 크기는 가열 온도와 노출 시간에 따라 영향을 받으며, 결과적으로 미세조직은 거친 입자 구조로 변화한다. 이러한 조대립(grain coarsening)은 일반적으로 용접성과 기계적 성질 측면에서 바람직하지 않은 특성으로 작용한다. 즉, 입자가 거칠수록 강도 저하와 취성 증가 등의 부정적인 영향이 발생할 수 있다.

4.2.5 석출(시효)경화(precipitation(age) hardening)

두 가지 이상의 상이 미세조직 내에 공존할 수 있으며, 이는 상 형성 체계에 따라 다양한 형태로 존재한다. 상의 기하학적 형상은 상들 간의 상대적인 양과 조성 관계에 따라 결정되며, 일부 상은 입자 내부에 미세하게 분산되거나, 입자 경계에 국한된 형태로 나타난다.

경화에 기여하는 상(hardening phase)은 시간과 온도 조건, 특히 냉각 속도와 온도 변화에 따라 고용도(solubility) 내에서 감소할 수 있다. 일반적으로 용질은 온도가 높을수록 더 많은 양이 용해되므로, 온도가 낮아질수록 고용도는 감소하고, 이에 따라 용질이 석출되어 상을 형성하게 된다. 이 현상은 마치 소금이 찬물보다 뜨거운 물에 더 잘 녹는 것과 같은 원리로 이해할 수 있다. 즉, 온도 저하에 따라 과포화 상태가 형성되며, 이는 석출경화와 같은 강화 메커니즘의 기초가 된다.

온도가 낮아지면 용해 상태는 포화에 도달하게 되고, 이에 따라 소금의 결정이 석출되기 시작한다. 금속에서도 이와 유사한 현상이 나타나며, 이는 기계적 특성을 결정하는 핵심 요소인 석출경화 합금의 미세구조를 형성하는 데 활용된다.

금속 합금에서의 석출경화(또는 시효경화)는 먼저, 제2상이 고용체(matrix) 내에 충분히 용해될 수 있을 만큼 높은 온도로 가열하는 과정에서 시작된다. 이후 금속은 공기 중에서 냉각하거나, 합금계에 따라 적절한 냉각속도를 확보하기 위해 물속에서 급랭(퀜칭)하게 된다. 특히 알루미늄 합금의 경우 대부분 매우 빠른 냉각 속도가 필요하므로 수냉(물속 퀜칭)을 실시한다.

이러한 급속냉각의 목적은 제2상이 냉각 중 석출될 시간을 차단함으로써, 과포화 고용체 상태를 형성하는 데 있으며, 이는 이후 시효처리(aging)를 통해 원하는 기계적 특성을 유도하는 기초가 된다. 제2상(secondary phase)은 준안정 상태의 과포화 고용체 내에서 존재하며, 이후 석출을 통해 형성되어 금속의 강화에 기여한다. 이러한 석출 과정은 시효(aging)라고 하며, 일반적으로 낮은 온도에서 합금을 가열하여 수행된다. 이때 생성되는 제2상은 매우 미세한 크기로 형성되며, 원자 수준에서의 확산에 의해 분포된다. 이러한 미세입자는 일반적인 금속 조직학적 관찰 기법(광학 현미경 등)으로는 식별이 어려우며, 전자현미경 수준의 분석이 필요할 수 있다. 석출(precipitation)은 금속 내에 미세한 제2상을 형성하여 매우 높은 인장강도를 부여하는 과정이며, 이 효과는 금속이 변형되기 전까지 지속해서 유지된다. 그러나 강도 증가에 따라 연성은 점차 저하되는 경향이 있다.

시효처리를 지속해서 가열하거나 너무 높은 온도에서 수행하면, 합금은 과시효(over-aging) 상태에 도달하게 되며, 이때 형성되는 석출물은 조대하고 거친 금속학적 구조를 가지게 된다. 이에 따라 인장강도는 감소하지만, 대신 연성은 증가하게 된다. 과시효처리는 금속이 어닐링된 상태와 유사한 기계적 특성을 나타낼 때까지 이어질 수 있다.

한편, 냉각 속도가 지나치게 느릴 경우, 과포화 고용체 상태를 유지하지 못하고 석출이 응고 중에 발생하게 된다. 이 경우 입자 경계에 조대하고 불균일한 석출물이 형성되며, 결과적으로 기계적 성질은 일반적인 어닐링 상태의 금속과 유사한 수준으로 제한된다. 이러한 열처리 사이클과 미세조직 구조의 변화는 그림 1.7에 도식화되어 있다.

이 장에서는 결정구조, 경화 기구 그리고 열처리 방법 등 알루미늄 합금의 강화에 영향을 미치는 기본 원리와 기법들을 간략히 소개하였다.

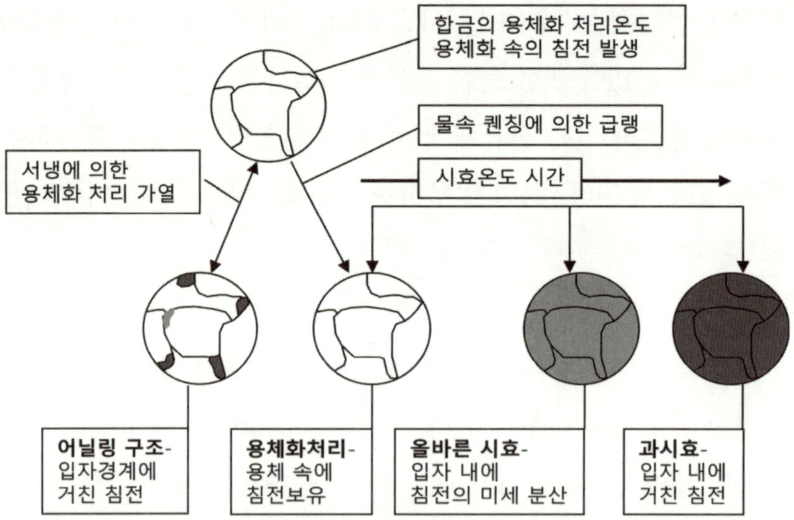

그림 1.7 시효경화(석출) 열처리 사이클과 용체화 처리의 개략도

표 1.26은 냉간가공, 시효경화, 고용체 강화 효과를 정리한 것으로, Mg과 같은 합금원소의 첨가 효과를 중심으로 설명된다. 예를 들어, 4.5% Mg를 포함한 5083 합금(항복강도 약 115MPa)은 거의 순수 알루미늄에 해당하는 1060 합금(약 28MPa)

표 1.26 여러 알루미늄 합금의 기계적 성질의 개요

합금	상태	내력(MPa)	극한강도(MPa)	연신율(%)
1060	O	28	68	43
1060	H18	121	130	6
5083	O	155	260	14
5083	H34	255	325	5
6063	O	48	89	32
6063	TB(T4)	100	155	15
6063	TF(T6)	180	200	8
2024	O	75	186	20
2024	TB(T4)	323	468	20

주) 극한강도 UTS: ultimate tensile strength

에 비해 고용체 강화로 강도가 현저히 향상된다. 또한, 가공경화와 시효경화에 따른 강도 증가는 어닐링(O) 상태에서 적절한 가공이나 열처리를 가한 후에 확인되며, 이러한 처리 조건은 합금의 강도와 연성 모두를 향상하는 데 기여한다.

4.2.6 합금화 및 2차 상(Second-Phase) 구성 요소[8)]

합금화의 주요 목적은 강도, 경도, 마모 저항성, 크리프(creep) 저항성, 응력 완화 특성, 피로 저항성 등을 향상하는 데 있다. 이러한 특성에 미치는 효과는 사용되는 합금원소의 종류와 조합, 그리고 합금 상 다이어그램, 응고 조건, 열기계적 이력(thermomechanical history), 열처리 및 냉간가공에 의해 형성되는 미세조직 및 하부 구조에 밀접하게 관련되어 있다.

예를 들어, 어닐링된 초순도 알루미늄의 인장 항복강도는 약 10MPa에 불과하지만, 일부 열처리된 상업용 고강도 알루미늄 합금은 550MPa를 초과하는 항복강도를 갖는다. 이는 5배 이상의 강도 증가로, 알루미늄의 물리적 야금학이 실용적으로 달성할 수 있는 대표적인 성과를 보여준다.

이론적으로는 690MPa 이상의 항복강도를 가진 고강도 알루미늄 합금도 생산이 가능하지만, 이러한 합금은 파괴 인성(fracture toughness)이 낮아, 항공기나 기타 주요 구조물과 같은 응용 분야에는 적합하지 않은 경우가 많다.

상업용 알루미늄 합금의 강도를 향상하기 위해 가장 널리 사용되는 합금원소는 구리(Cu), 마그네슘(Mg), 망간(Mn), 실리콘(Si), 아연(Zn)이다. 이들 원소는 특히 냉간가공, 열처리 또는 이 둘이 결합된 변형경화(strain hardening)와 함께 적용될 때 강도 증가에 효과적이다(그림 1.8 참조).

이러한 원소들은 모두 알루미늄 내에서 상당한 고체 용해도를 가지며, 온도가 증가할수록 용해도도 함께 증가하는 경향이 있다. 이러한 용해도 특성은 열처리 시 고용체 상태 형성과 석출경화의 기초가 되며, 관련 변화는 그림 1.9에 도식화되어 있다.

---

8) Alloying:Understanding the Basics J.R. Davis, p351-416 Davis,p351-416DOI:10.1361/autb2001p351

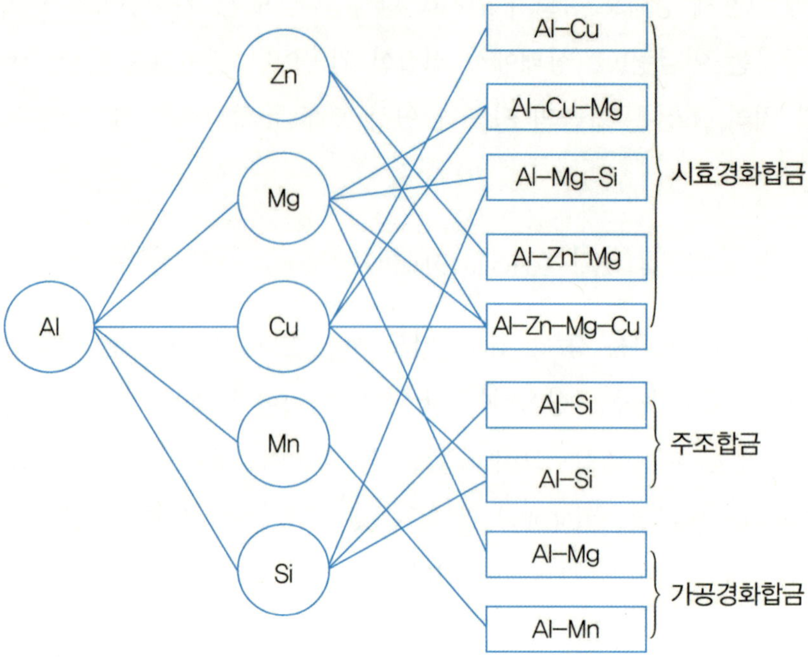

그림 1.8 **주요 알루미늄 합금**

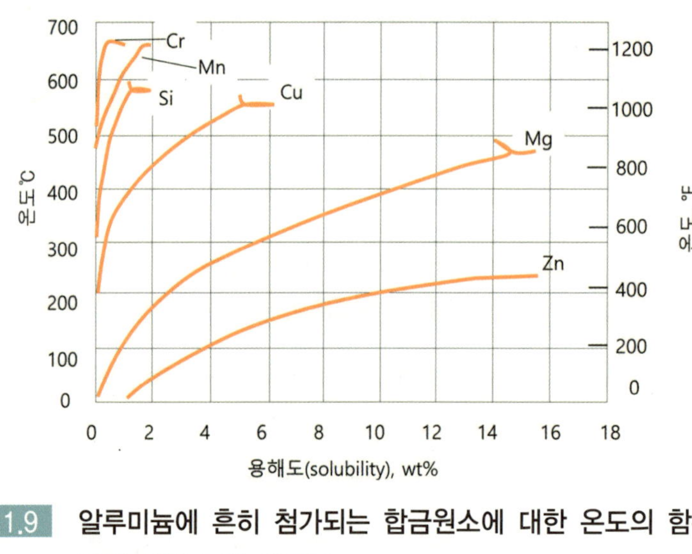

그림 1.9 **알루미늄에 흔히 첨가되는 합금원소에 대한 온도의 함수로서의 평형 이원 고체 용해도**

고용체를 형성하는 합금원소의 경우 그 강화 효과는 용질 원자와 용매인 알루미늄(Al) 원자 사이의 원자 반경 차이가 클수록 증가하는 경향이 있다(표 1.27 참조).

이 외에도 전자 결합 계수(electronic bonding factor)는 고용체 강화에 영향을 미치는 중요한 요소 중 하나이다.

고용체 내에 여러 종류의 용질 원소가 존재할 경우, 그들의 전체적인 강화 효과는 단일 첨가보다 다소 작을 수 있으며, 한 용질의 원자 반경이 Al보다 크고, 다른 하나는 작을 경우 또는 두 원소 모두 Al보다 크거나 작을 때도 강화 효과는 유사한 수준을 나타낸다.

한편, 망간(Mn)은 이진 고용체 합금에서 강도 향상에 매우 효과적인 원소이지만, 상업용 알루미늄 합금에서는 Mn 대부분이 석출되어 고용체 내에 남는 양이 적기 때문에, 실질적인 강도 기여도는 제한적이다. 이는 상업적 압연 공정 등의 제조 이력에 기인한 결과이다.

표 1.27 초순도 알루미늄의 주요 용질 원소 강도에 대한 고용체 효과

성분	원자 반경의 차이, $r_x - r_{Al}$ %(a)	강도/첨가값(b)							
		항복강도/% 첨가(c)				인장강도/% 첨가(d)			
		MPa/at.%	ksi/at.%	MPa/at.%	ksi/at.%	MPa/at.%	ksi/at.%	MPa/at.%	ksi/at.%
Si	−3.8	9.3	1.35	9.2	1.33	40.0	5.8	39.6	5.75
Zn	−6.0	6.6	0.95	2.9	0.42	20.7	3.0	15.2	2.2
Cu	−10.7	16.2	2.35	13.8	2.0	88.3	12.8	43.1	6.25
Mn	−11.3	(e)	(e)	30.3	4.4	(e)	(e)	53.8	7.8
Mg	+11.8	17.2	2.5	18.6	2.7	51.0	7.4	50.3	7.3

(a) 원자 반경의 백분율 차이가 증가하는 순서대로 나열됨.
(b) 일부 속성과 첨가 백분율 관계는 비선형적이다. 일반적으로 더 작은 첨가물의 단위 효과가 더 크다.
(c) 1%(원자 또는 중량 기준) 합금 첨가에 대한 항복강도(0.2% 오프셋) 증가.
(d) 1%(원자 또는 중량 기준) 합금 첨가에 대한 극한 인장강도 증가.
(e) 1at.%의 망간은 용해되지 않는다.

고용체 강화에 주로 사용되는 주요 상업용 알루미늄 합금계는 Al-Mg 계열로, 일반적으로 0.5~6중량%의 마그네슘(Mg)을 포함하며, 종종 냉간가공과 결합하여 강도를 더욱 향상한다. 이러한 합금에는 입자 및 아입자(subgrain) 구조를 제어하기 위해 소량의 크롬(Cr)이나 망간(Mn)과 같은 전이 원소가 첨가되며, 경우에 따라 지르코늄(Zr)도 사용된다. 또한, 제조 공정상 철(Fe)과 실리콘(Si)과 같은 불순물이 금속간화합물 형태로 존재하는 것이 일반적이다.

그림 1.10은 Al-Mg 상업용 합금에 대한 마그네슘 함량의 증가가 항복강도와 인장신장률에 미치는 영향을 나타낸다. 이를 통해 고용체 내 Mg의 강화 효과가 시각적으로 확인된다.

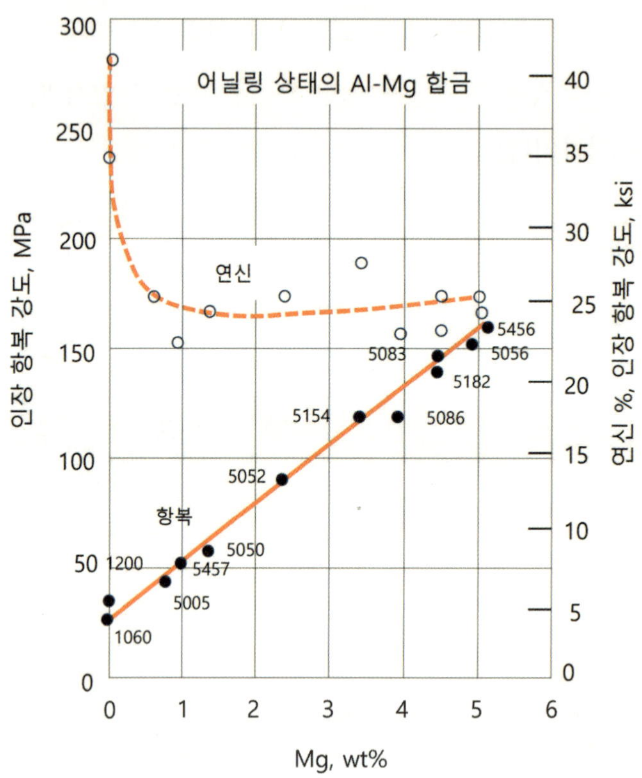

그림 1.10 **일부 상업용 알루미늄 합금의 인장 항복점, 강도 신율 및 마그네슘 함량 간의 상관관계**

철(Fe), 실리콘(Si), 마그네슘(Mg), 구리(Cu), 망간(Mn), 크롬(Cr) 등은 고체 용해도가 낮아 알루미늄 합금에서 주로 2차상(secondary phase) 형성하며, 이러한 상은 강도와 경도 향상에 기여한다. 실리콘은 응고 중 또는 이후 석출되어 강화에 도움을 주며, 2차상 강화 효과는 고용체 강화와 유사하지만, 단위 중량당 효과는 낮다.

대표적인 금속간화합물에는 $Al_{12}(Fe,Mn)_3Si$(Fe, Mn, Si 포함), $Al_2Cu_2Mn_3$(Cu, Mn 포함), $Al_{12}Mg_2Cr$(Mg, Cr 포함) 등이 있으며, 이들은 대부분 불규칙한 형태로 결정립계 또는 수지상 구조 사이에 형성된다.

주물 주괴에서 망간과 크롬은 과포화된 준안정 고용체 상태로 존재하며, 이를 적절히 예열하면 복합상 석출을 유도하여 미세조직 안정화와 가공성을 향상할 수 있다. 이러한 분산입자(dispersoid)는 재결정과 입자 성장을 억제하지만, 석출경화 효과는 제한적이다.

예열로 인한 석출 반응의 진행 정도는 전기전도도 측정으로 간접 평가할 수 있으며, 고용체, 2차상, 분산입자는 각각 부가적인 방식(additive manner)으로 합금의 강도에 기여한다. 이 상호작용은 어닐링된 Al-Mg-Mn 합금의 예시(그림 1.11)를 통해 설명된다.

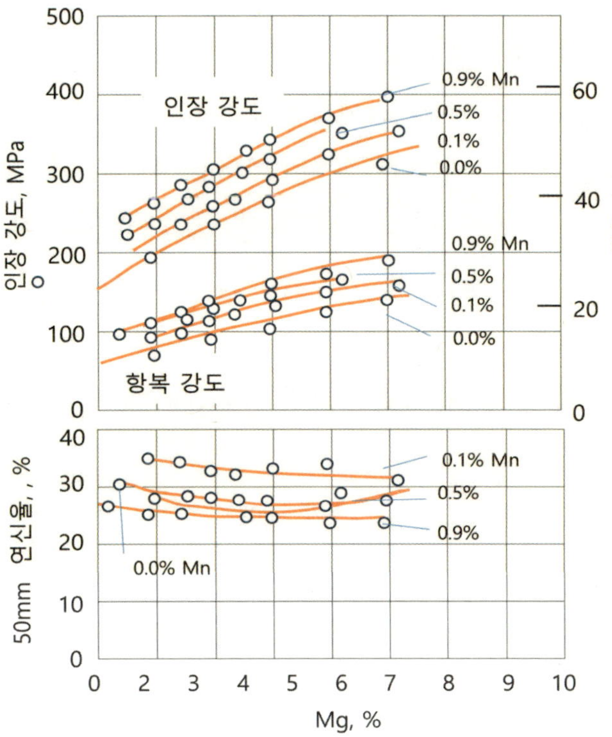

그림 1.11 13mm 두께의 어닐링(O 템퍼) 판 형태의 Al-Mg-Mn 합금의 인장 특성

4.2.7 특정 합금원소 및 불순물의 영향[9)]

알루미늄 합금의 기계적, 물리적, 화학적 특성은 조성과 미세구조에 따라 달라진다. 순수 알루미늄에 선택된 원소를 첨가하면 그 특성과 유용성이 크게 향상된다. 이 때문에 알루미늄에 대한 적용 분야에서는 하나 이상의 원소 첨가물을 갖는 합금을 활용한다. 알루미늄에 사용되는 주요 합금 첨가물은 구리, 망간, 실리콘, 마그네슘 및 아연이다. 이러한 원소의 총량은 합금 조성의 최대 10%를 구성할 수 있다(모든 백분율은 달리 언급되지 않는 한 중량 백분율로 표시됨). 불순물 원소도 존재하지만, 총 백분율은 일반적으로 알루미늄 합금에서 0.15% 미만이다.

중요한 합금원소와 불순물은 주요 효과에 대한 간략한 검토가 나열되어 있다. 일부 효과, 특히 불순물과 관련된 효과는 문서로 만들어지지 않았으며, 특정 합금이나 조건에만 해당한다.

(1) 크롬 Chromium

크롬(Cr)은 상업용 순도 알루미늄에서 5~50ppm 수준의 미량 불순물로 존재하며, 전기저항률에 큰 영향을 미친다. 크롬은 Al-Mg, Al-Mg-Si, Al-Mg-Zn 계열 합금에 자주 첨가되며, 보통 0.35% 이하의 함량으로 제한된다. 이 한계를 초과할 경우 망간(Mn), 철(Fe), 티타늄(Ti) 등 다른 원소와 함께 조대한 상(coarse phase)을 형성할 가능성이 크며, 전이 금속의 총 함량이 많을수록 허용 한계는 더 낮아진다. 또한, 주물 합금에서는 과잉 크롬이 포정 석출(peritectic precipitation)을 통해 슬러지(sludge)를 생성할 수 있다.

크롬은 확산 속도가 매우 느리며, 가공재 내에서 미세하고 균일한 분산 상(dispersoid)을 형성한다. 이러한 분산 상은 핵 형성과 결정립 성장을 억제하며, Al-Mg 합금의 결정립 성장, 그리고 Al-Mg-Si 및 Al-Zn 합금의 열간가공 또는 열처리 중 재결정화를 방지하는 역할을 한다. 그 결과, 응력부식균열에 대한 감도를 줄이고, 인성을 향상하는 섬유질 조직(fibrous structure) 형성을 도와준다.

9) Alloying:Understanding the Basics J.R. Davis, p351-416 Davis,p351-416DOI:10.1361/autb2001p351

고용체 내에 용해된 크롬과 분산 상으로 존재하는 크롬은 모두 합금의 강도를 소폭 증가시키는 효과가 있다. 다만, 열처리 합금에서는 경화 단계에서 생성되는 석출상이 기존의 크롬 상 입자에 석출되는 경향이 있어, 담금질 감도(quench sensitivity)를 증가시키는 단점이 있다. 또한 크롬은 양극산화 시 노란색 필름을 형성하는 특성을 갖는다.

(2) 구리 Copper

일반적으로 다른 첨가물과 함께 2~10% Cu를 함유한 Al-Cu 합금은 중요한 합금군을 형성한다. 주물 및 가공 Al-Cu 합금은 모두 용체화 처리 및 그에 따른 시효에 반응하여 강도와 경도가 증가하고 연신율이 감소한다. 강화는 존재하는 다른 구성 요소의 영향에 따라 최대 4~6% Cu 사이에서 이루어진다. 다양한 열 조건에서 Al-Cu 합금 시트의 특성은 그림 1.12에 정리되어 있다. 이원 Al-Cu 합금의 시효 특성은 다른 시스템보다 더 자세히 연구되었지만, 실제로 상업용 이원 Al-Cu 합금은 거의 없다. 대부분의 상업용 합금에는 다른 합금원소가 포함되어 있다.

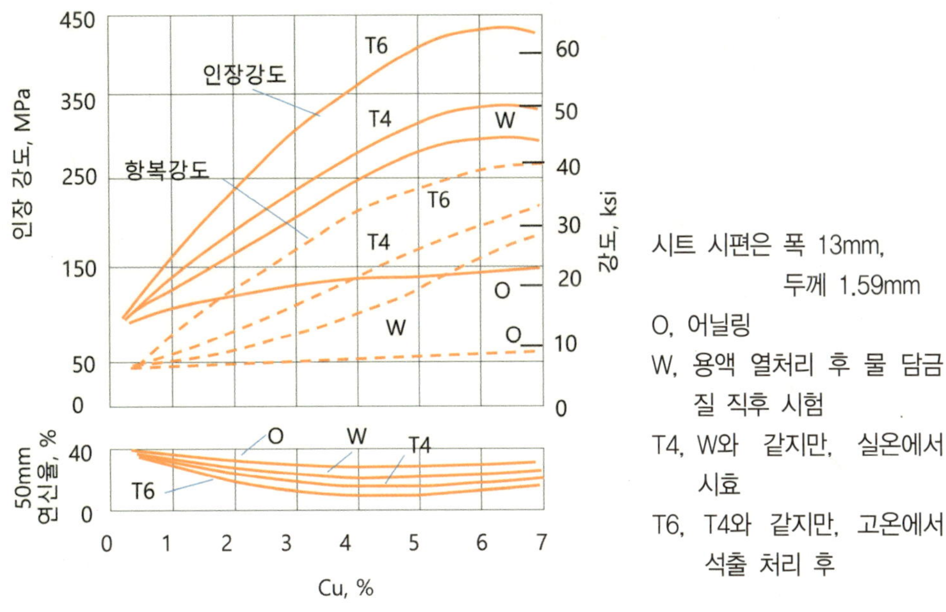

그림 1.12 고순도, 가공 알루미늄-구리 합금의 인장 특성

(3) 구리-마그네슘

Al-Cu 합금에 마그네슘을 첨가하는 주요 이점은 용체화 열처리 및 담금질 후 강도가 증가한다는 것이다. 이러한 유형의 특정 합금으로 만든 가공 재료에서는 실온에서 시효가 발생하면 높은 연성과 함께 강도가 증가한다. 인공시효에서는 강도, 특히 항복강도의 추가 증가를 얻을 수 있지만, 인장 신율이 크게 손실(sacrifice)된다. 주물 및 가공 Al-Cu 합금 모두에서 약 0.5% Mg 정도가 시효 특성을 변화시키는 데 효과적이다. 가공제품에서 강도에 대한 마그네슘 첨가 효과는 시효 전 냉간 가공을 통해 인위적으로 시효된 재료에서 최대화될 수 있다(그림 1.13).

그림 1.14에서 볼 수 있듯이 냉간 가공은 마그네슘 첨가 여부와 관계없이 자연시효된 Al-Cu 합금의 강도에도 영향을 미친다. Al-Cu 합금의 내식성에 대한 마그네슘의 영향은 제품 유형과 열처리에 따라 다르다.

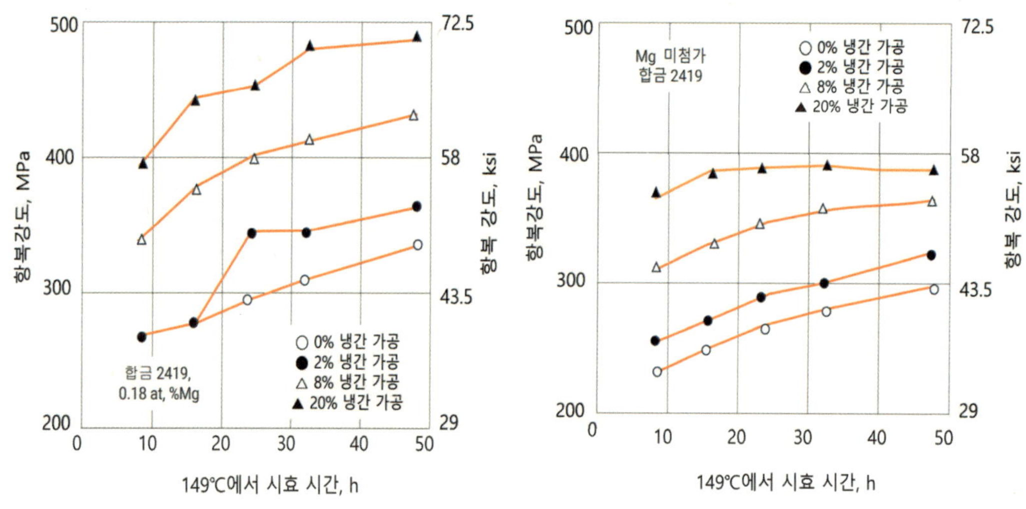

(a) 0.18 at.% Mg 첨가 합금의 경우, 149℃에서 시효에 따른 항복강도 반응에 대한 냉간 가공의 효과.

(b) Mg를 첨가하지 않은 합금의 경우, 149℃에서 시효에 따른 항복강도 반응에 대한 냉간 가공의 효과.

그림 1.13 합금 2419에 대한 냉간 가공 및 Mg 첨가 효과

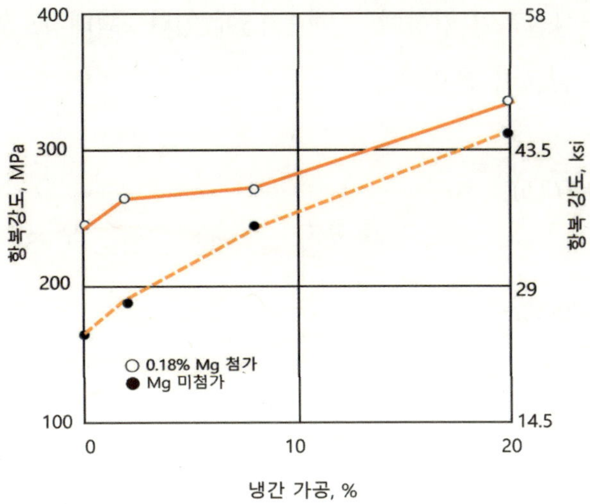

그림 1.14 **자연시효된 재료에서 알루미늄–구리 합금 2419의 항복강도에 대한 냉간 가공의 영향**

① 구리–마그네슘 및 기타 요소

철을 함유한 주물 Al–Cu–Mg 합금은 치수 안정성과 향상된 거동(bearing) 특성과 고온에서의 고강도와 경도가 특징이다. 그러나 가공 Al–4%Cu–0.5%Mg 합금에서 0.5%만큼 낮은 농도의 철은 실리콘 함량이 철을 α FeSi 성분으로 묶는 데 필요한 것보다 적으면 열처리 조건에서 인장 특성을 낮춘다. 이 경우 과잉 철은 구리와 결합하여 Cu_2FeAl_{27}을 형성하여 열처리 효과에 사용할 수 있는 구리의 양을 감소시킨다. 철과 결합할 만큼 충분한 규소가 존재하면 특성에는 영향이 없다. 또한 실리콘은 마그네슘과 결합하여 Mg_2Si 석출물을 형성하고 시효경화 과정에 기여한다.

은(Silver)은 열처리되고 시효된 Al–Cu–Mg 합금의 강도를 많이 증가시킨다. 니켈은 높은 온도에서 주물 및 가공 Al–Cu–Mg 합금의 강도와 경도를 향상한다. 0.5%Ni 첨가는 실온에서 열처리된 Al–4%Cu–0.5%Mg 합금의 인장 특성이 낮아진다.

망간을 함유한 합금은 상업용 고강도 가공 Al–Cu–Mg 합금의 가장 중요하고 다양한 시스템을 형성한다. 0.5%Mg를 함유한 Al–Cu 합금의 인장 특성에 망간이 미치는 실질적인 영향이 그림 1.15에 있다. 최대강도와 연성을 모두 제공하는 조성은 없음이 분명하다.

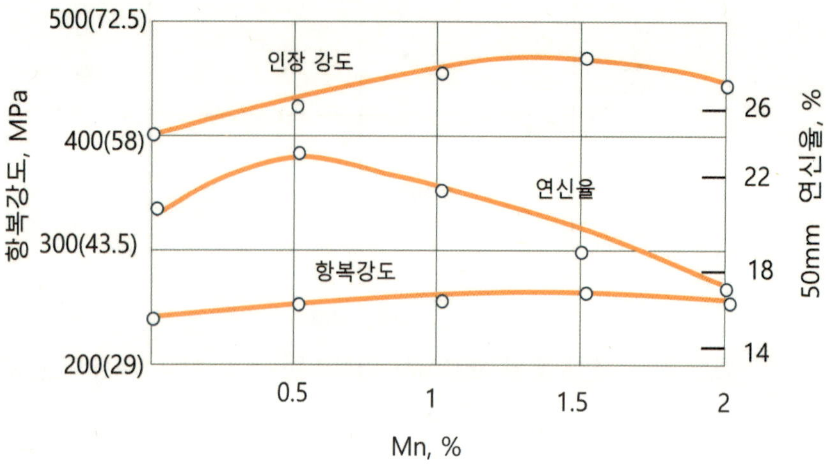

그림 1.15 525℃에서 열처리한 Al-4%Cu-0.5%Mg 합금의 인장 특성과 망간 함량 간의 관계

일반적으로 인장강도는 마그네슘과 망간의 개별적 또는 동시 증가에 따라 증가하고, 항복강도 역시 증가하지만 그 정도는 더 적다. 인장강도, 특히 항복강도의 추가 증가는 열처리 후 냉간 가공 시 발생한다. 망간과 마그네슘을 첨가하면 Al-Cu 합금의 제조 특성이 감소하고, 망간도 연성을 잃게 된다. 따라서 이 원소의 농도는 상업용 합금에서 약 1%를 초과하지 않는다. 가공된 Al-4%Cu-0.5%Mg 유형의 합금에 코발트, 크롬, 몰리브덴을 첨가하면 열처리의 인장 특성이 증가하지만, 망간보다 뚜렷한 이점을 제공하는 것은 없다.

자동차 산업에서 요구되는 성형성을 제공하려면 기존의 2024, 2014 유형 합금보다 구리 함량이 낮은 합금이 필요했다. 이 목적을 위해 개발된 구리-마그네슘 합금은 2002와 2036 변형이다. 이는 허용 가능한 성형성, 우수한 점 용접성, 합리적인 융합 용접성, 우수한 내식성 및 Lüders 라인(Lüders lines)이 없음을 갖는다. 페인트 경화(paint-baking) 사이클은 최종 기계적 특성을 부여하기 위한 석출 처리 역할을 한다.

② 구리 및 미량 첨가물

가공 형태에서 관심 있는 합금계열은 알루미늄과 그 합금의 재결정온도를 높이는 것으로 알려진 여러 금속, 특히 망간, 티타늄, 바나듐 또는 지르코늄을 소량 포함하는 합금이다. 이러한 성질의 합금은 높은 온도에서도 그 특성을 잘 유지하고, 쉽게 제조되며, 주물 및 용접 특성이 좋다. 그림 1.16은 실온에서 그리고 두 가지 다른 기간 동안 315℃에 노출된 후 Al-0.3% Mn-0.2%Zr-0.1%V 합금에 대한 3~8% Cu의 효과를 보여준다. 이 온도에서 시간에 따른 강도의 작은 감소에 반영된 것처럼 특성의 안정성에 주목해야 한다.

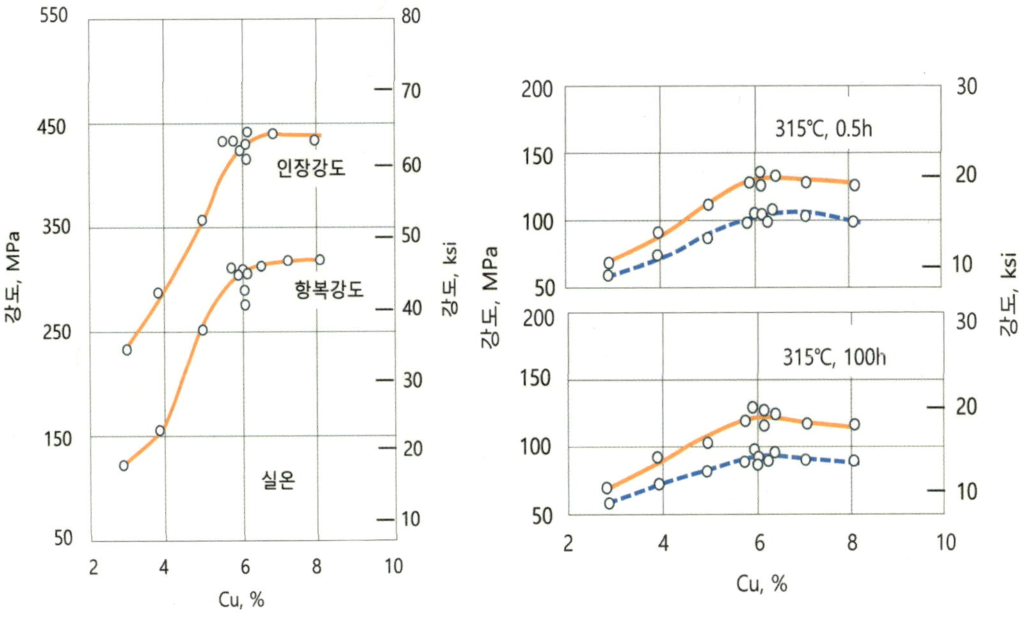

그림 1.16 T6 템퍼의 Al-0.3% Mn-0.2% Zr-0.1%V 합금에서 구리 함량에 따른 인장 특성 변화

(4) 철 Iron

철은 알루미늄에서 발견되는 가장 흔한 불순물이다. 이는 용융 알루미늄에 대한 용해도가 높아서 생산의 모든 용융 단계에서 쉽게 용해된다. 고체 상태에서 철의 용해도는 매우 낮다(~0.05%). 따라서 이 양 이상으로 알루미늄에 존재하는 대부분의

철은 알루미늄 및 종종 다른 원소와 결합한 금속간 제2상으로 나타난다. 제한된 용해도로 인해 약간의 강도 증가(그림 1.17)와 적당한 온도에서 더 나은 크리프 특성을 제공하는 전기 전도체에 사용된다.

철은 가공제품의 입자 크기를 줄인다. 8006과 같이 삼원 공정(ternary eutectic) 함량에 가까운 철과 망간의 합금은 실온에서 강도와 연성의 유용한 조합을 가질 수 있으며 고온에서도 강도를 유지할 수 있다. 이러한 특성은 미세하게 분산된 철이 풍부한 두 번째 상에 의해 안정화되는 미세입자 크기에 기인한다. 고온에서 강도를 높이기 위해 Al-Cu-Ni 합금 그룹에 철이 추가된다.

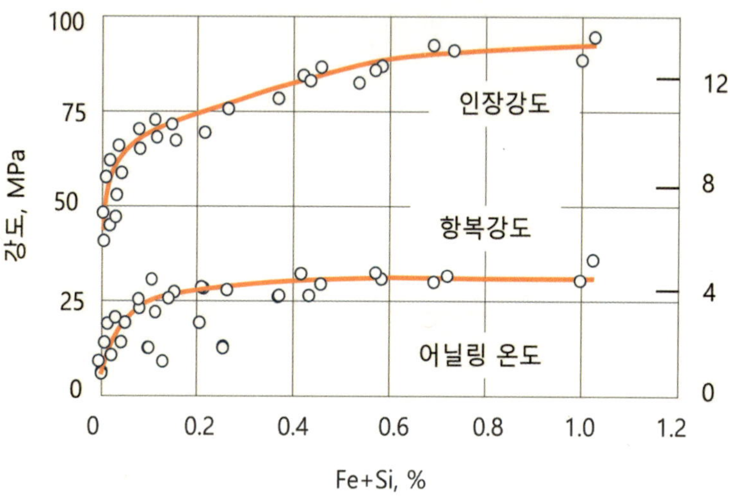

그림 1.17 **철 및 실리콘 불순물이 알루미늄의 인장강도 및 항복강도에 미치는 영향**

(5) 리튬 Lithium

리튬의 불순물 수준은 수 ppm 정도이지만, 5ppm 미만의 수준에서는 습한 조건에서 알루미늄 포일의 변색(청색 부식)을 촉진할 수 있다. 미량의 리튬은 용융 알루미늄의 산화 속도를 많이 증가시키고 가공제품의 표면 특성을 변경한다. 이원 알루미늄-리튬 합금은 시간이 지나면 경화되지만, 상업적으로 사용되지는 않는다. 현재 관심은 7xxx 합금과 비슷한 강도로 열처리될 수 있는 Al-Cu-Mg-Li 합금에 있다. 또한 밀도는 감소하고 계수(modulus)는 증가한다. 이러한 유형의 합금은 일관성 있고 규칙적인 $LiAl_3$ 석출물의 부피분율이 높다. 탄성계수를 증가시키는 것 외에도 응력 강도의 중간 수준에서 피로균열 성장 저항이 증가한다.

(6) 마그네슘 Magnesium

마그네슘은 5xxx 시리즈 합금의 주요 합금원소이다. 알루미늄의 최대 고용도는 17.4%이지만, 현재 가공 합금의 Mg 함량은 5.5%를 초과하지 않는다. 마그네슘은 입자간 균열과 응력부식에 취약한 양극성 상(Mg_5Al_3, Mg_5Al_8)으로 결정립 경계에 우선하여 석출된다. 최대 5% Mg를 함유하고 적절하게 제작된 가공 합금은 일반적인 사용 시 안정적이다. 마그네슘을 첨가하면 연성을 과도하게 감소시키지 않으면서 알루미늄의 강도가 눈에 띄게 증가한다. 내식성과 용접성이 좋다. 어닐링된 상태에서 마그네슘 합금은 변형 중에 Lüders 선을 형성한다.

① 마그네슘-망간

가공 합금에서 이 시스템은 가공경화 조건에서 높은 강도, 높은 부식 저항성 및 우수한 용접 특성을 갖는다. 마그네슘이나 망간의 양이 증가하면 제조가 더 어려워지고 열간압연 중에 균열이 발생하는 경향이 증가한다. 특히 미량의 나트륨이 존재하면 더욱 그렇다. 망간 첨가의 두 가지 주요 장점은 마그네슘 상의 석출이 구조 전반에 걸쳐 보다 일반적이며, 주어진 강도 증가에 대해 망간은 더 낮은 마그네슘 함량을 허용하고 합금에 더 높은 수준의 안정성을 보장한다는 것이다. 다양한 마그네슘 및 망간 농도에서 13mm 판의 인장 특성은 O 템퍼의 경우 그림 1.11에, 가공경화 템퍼의 경우 그림 1.18에 있다. 마그네슘이 증가하면 인장 강도가 1% 증가할 때마다 약 35MPa씩 증가한다. 망간은 마그네슘보다 약 2배 더 효과적이다.

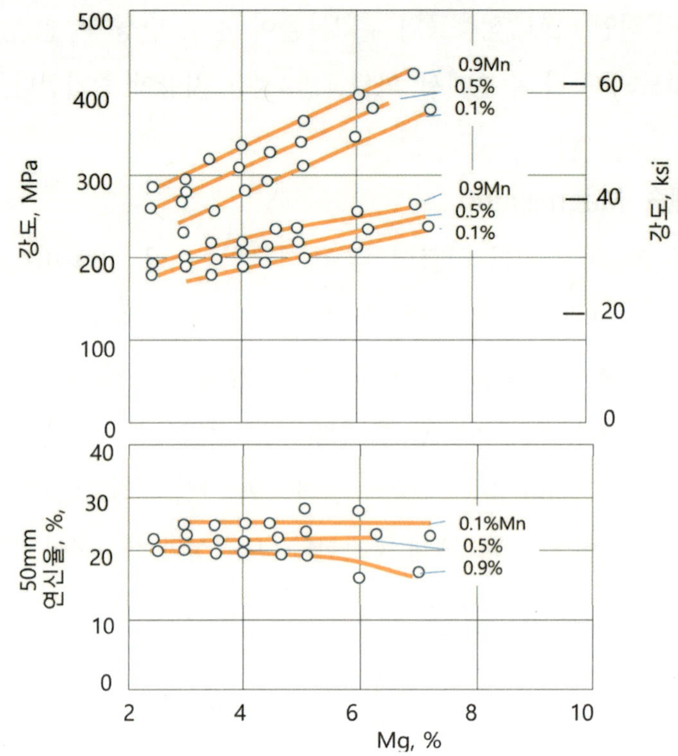

그림 1.18 H321 템퍼의 13mm 알루미늄-마그네슘-망간 판의 인장 특성

② 마그네슘-실리사이드 Magnesium-Silicide

6xxx 그룹의 가공 합금은 Mg_2Si를 형성하는 대략적인 비율, 즉 1.73:1로 마그네슘과 실리콘을 각각 최대 1.5%까지 포함한다. Mg_2Si의 최대 용해도는 1.85%이며 이는 온도에 따라 감소한다. 시효경화에 따른 석출은 Guinier-Preston(G-P) 영역의 형성과 매우 미세한 석출물에 의해 발생한다. 2xxx, 7xxx 합금의 경우만큼 크지는 않지만 둘 다 이러한 합금에 강도를 증가시킨다.

Al-Mg_2Si 합금은 세 그룹으로 나눌 수 있다.

Ⅰ그룹에서는 마그네슘과 실리콘의 총량이 1.5%를 초과하지 않는다. 이들 원소는 거의 균형 잡힌 비율로 존재하거나 실리콘이 약간 과잉되어 있다. 이 그룹의 전형적인 유형은 6063이며, 압출 건축 프로파일에 널리 사용된다. 쉽게 압출할 수 있는 이 합금은 Mg_2Si가 1.1% 함유되어 있다. 용체화 처리 온도가 500℃를 조금 넘는 온도와 낮은 담금질 감도로 인해 적당한 강도, 양호한 연성과 우수한

내식성을 얻을 수 있는 합금이다.

Ⅱ 그룹은 1.5% 이상의 마그네슘과 실리콘 및 0.3% Cu와 같은 기타 첨가물을 함유하며 이는 T6 템퍼의 강도를 증가시킨다. 망간, 크롬, 지르코늄과 같은 원소는 입자 구조를 제어하는 데 사용된다. 구조용 합금 6061과 같은 이 그룹의 합금은 T6 템퍼의 Ⅰ그룹보다 약 70MPa(10ksi) 더 높은 강도를 달성한다. Ⅱ 그룹의 합금은 Ⅰ그룹보다 더 높은 용체화 처리 온도가 필요하며 담금질에 민감하다. 따라서 일반적으로 별도의 용체화 처리 후 급속 담금질 및 인공시효가 필요하다.

Ⅲ 그룹은 처음 두 그룹과 겹치는 양의 Mg_2Si를 포함하지만, 실리콘이 상당히 과잉이다. 0.2% Si를 초과하면 0.8% Mg_2Si를 함유한 합금의 강도가 약 70MPa(10ksi) 증가한다. 과잉 실리콘의 양이 많을수록 덜 유익하다. 그러나 과잉 마그네슘은 Mg_2Si의 용해도를 낮추기 때문에 Mg_2Si 함량이 낮은 경우에만 유익하다. 과도한 실리콘 합금에서는 실리콘이 경계로 분리되어 재결정된 구조에서 결정립계 파괴가 발생한다. Mn, Cr, Zr을 첨가하면 열처리 중 재결정화를 방지하여 Si의 효과를 상쇄한다. 이 그룹의 일반적인 합금은 6009, 6010, 6351이다. 이 계열의 합금(6262)에 납과 비스무트를 첨가하면 기계가공성이 향상된다. 이 합금은 쾌삭합금으로도 사용되는 2011보다 내식성이 우수하다.

(7) 망간 Manganese

망간은 1차 알루미늄에 흔히 존재하는 불순물로, 그 농도는 일반적으로 5~50ppm이다. 저항력이 감소한다. 망간은 고용체 또는 미세하게 석출된 금속간 상으로 강도를 증가시킨다. 내식성에 악영향을 미치지 않는다. 망간은 일반적인 불순물이 존재할 때 알루미늄에 대한 고용도가 매우 제한적이지만 냉각 주물에서 용액에 남아있으므로 첨가된 망간의 대부분은 큰 잉곳에서도 용액에 실질적으로 유지된다. 추가로 강도를 높이고 결정립 구조를 제어하는 데 사용된다(그림 1.19).

망간의 효과는 재결정온도를 높이고 열간가공에서 섬유 구조의 형성을 촉진하는 것이다. 분산된 석출물로서 회복 속도를 늦추고 입자 성장을 방지하는 데 효과적이다.

망간 석출물은 열처리 합금의 담금질 감도를 증가시킨다.

망간은 또한 침상이나 판형(acicular or of platelike) 철 성분의 모양을 교정하고 취성 효과를 감소시키는 데 사용된다. 최대 1.25% 수준까지 망간은 단독으로 또는 마그네슘과 함께 첨가되는 3xxx 시리즈 합금의 주요 합금 첨가물이다. 이 합금 시리즈는 음료 용기와 일반 유틸리티 시트(utility sheet)에 대량으로 사용된다. 높은 수준의 가공경화 후에도 이러한 합금은 심하게 성형된 캔 본체를 생산하는 데 사용된다.

망간, 철, 크롬 및 기타 전이 금속의 결합 함량은 제한되어야 한다. 그렇지 않으면 주물 중 이송 시스템이나 잉곳 섬프(ingot sump)의 용융물에서 큰 1차 금속간 결정이 석출된다. 합금 3003 및 3004에서 철과 망간 함량은 주물 중 1차 (Fe, Mn)Al_6의 형성을 방지하기 위해 각각 약 2.0%와 1.7% 미만으로 유지되어야 한다.

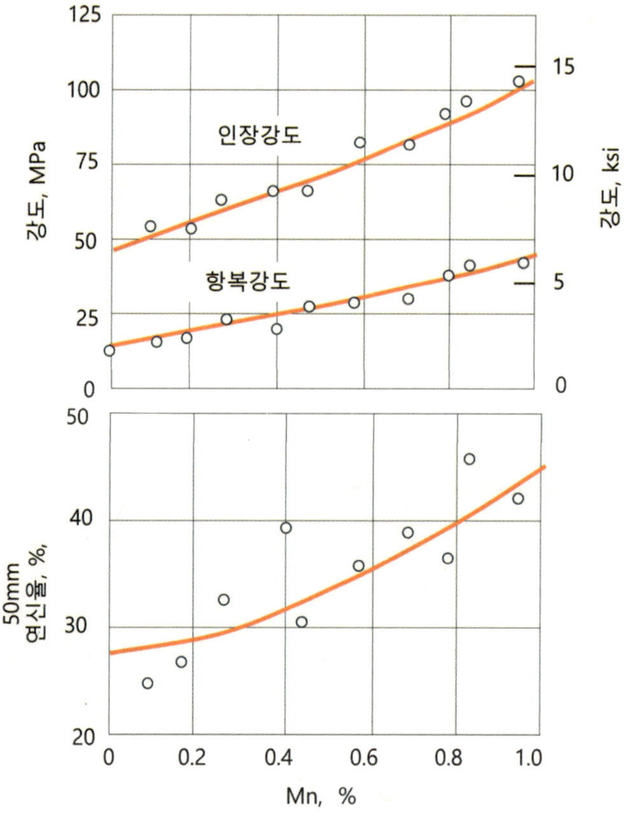

그림 1.19 565℃ 물에서 담금질한 99.95% Al, 1.6mm 두께의 가공 시편의 인장 특성에 대한 망간의 영향

(8) 니켈 Nickel

알루미늄에서 니켈의 고용도는 0.04%를 초과하지 않는다. 이 양을 초과하면 일반적으로 철과 결합하여 불용성 금속간 화합물로 존재한다. 니켈(최대 2%)은 고순도 알루미늄의 강도를 높이지만, 연성을 감소시킨다. 이성분 Al-Ni 합금은 더 이상 사용되지 않지만, 고온에서 경도와 강도를 향상하고 팽창 계수를 줄이기 위해 Al-Cu 및 Al-Si 합금에 니켈을 첨가한다. 니켈은 1100과 같은 희석 합금에서 공식(pitting corrosion)을 촉진한다. 높은 중성자 흡수로 인해 원자로용 합금에서는 제한되지만, 다른 분야에서는 고압 증기에 대한 내식성을 향상시키기 위해 철과 함께 첨가하는 것이 바람직하다.

(9) 실리콘 Silicon

실리콘은 철 다음으로 전해 상업용 알루미늄에서 불순물 수준이 가장 높다(0.01~0.15%). 가공 합금에서 Si은 최대 1.5% 수준의 Mg과 함께 사용되어 6xxx 시리즈 열처리 합금에서 Mg_2Si를 생성한다.

고순도 Al-Si 합금은 최대 3% Si까지 고온 경화가 가능하며, 가장 중요한 범위는 0.17~0.8% Si이지만 Si(0.5~4.0%)을 첨가하면 Al-Cu-Mg 합금의 균열 발생 가능성이 감소한다. 실리콘 함유 합금에 소량의 마그네슘을 첨가하면 열처리가 가능해지지만, Mg_2Si 형성에 필요한 것보다 과도한 마그네슘이 이 화합물의 고용도를 급격히 감소시키기 때문에 열처리할 수 있는 것은 아니다. 실리콘의 개질은 공정 및 아공정 합금에 나트륨을 첨가하고 과공정 합금에 인을 첨가함으로써 달성될 수 있다. 브레이징 시트용 클래딩으로 사용되는 가공 합금에는 최대 12% Si가 첨가된다. 마모적용 분야에 사용되는 과공정 주물 합금에는 최대 23% Si가 포함되어 있다. 약 5% Si를 함유한 합금은 양극산화 처리하면 검은색을 띠며 장식용으로 사용된다.

(10) 인과 황 Phosphorus and Sulfur

인은 상업용 알루미늄에 함유된 미량 불순물(1~10ppm)이다. 용융된 알루미늄에 대한 용해도는 매우 낮으며(660℃에서 ~0.01%) 고체에서는 상당히 작다. 인은 알루미늄-인화물이 1차 실리콘의 핵으로 작용하여 실리콘을 정제하고 가공성을 향상하는 과공정 Al-Si 합금의 개질제로 사용된다. Al-P 화합물은 수증기와 반응하여 포스핀(PH_3)을 생성한다.

상업용 알루미늄에는 황이 0.2~20ppm 정도 존재한다. 황은 아공정 및 과공정 Al-Si 합금을 모두 변형하는 데 사용될 수 있다고 보고되었다.

(11) 티탄 Titanium

10~100ppm Ti이 상업용 순도 알루미늄에서 발견된다. 티타늄은 알루미늄의 전기전도도를 저하하지만, 용융물에 붕소를 첨가하여 불용성 TiB_2를 형성함으로써 그 수준을 줄일 수 있다. 티타늄은 주로 알루미늄 합금 주물과 잉곳의 결정립 미세화제로 사용된다. 단독으로 사용은 용융상태를 유지하는 시간과 재용해를 반복함에 따라 티타늄의 효과가 감소한다. 붕소가 용융물에 존재하거나 주로 TiB_2로 결합된 붕소를 포함하는 모합금으로 첨가되면 결정립 미세화 효과가 향상된다. 티타늄은 용접봉 와이어에 흔히 첨가되는 재료이다. 이는 용접 구조를 개선하고 용접 균열을 방지한다. 또한 일반적으로 시트나 압출 잉곳의 주물 중에 단독 또는 TiB_2와 함께 첨가되어 주물 입자 구조를 개선하고 균열을 방지한다.

(12) 바나듐 Vanadium

상업용 알루미늄에는 일반적으로 10~200ppm V가 있으며 전도성을 낮추기 때문에 일반적으로 붕소와 전기 전도체 합금에서 석출된다. 평형 다이어그램의 알루미늄 끝은 포정법이므로 금속간 화합물 $VA1_{11}$은 응고에 대한 결정립 미세화 효과를 가질 것으로 예상되지만, 티타늄 및 지르코늄보다 효율성이 떨어진다. 바나듐에 의해 재결정온도가 높아진다.

(13) 아연 Zinc

Al-Zn 합금은 오랫동안 알려져 왔지만, 주물 합금의 고온균열과 가공 합금의 응력부식 균열에 대한 민감성으로 인해 사용이 줄어들었다. 다른 원소를 포함하는

Al–Zn 합금은 가공 알루미늄 합금 중에서 가장 높은 인장 특성 조합을 제공한다. 이러한 Al–Zn 합금은 상업적으로 점점 더 많이 사용되고 있다. 알루미늄에 아연이 있으면 용액 잠재력이 향상하므로 보호 클래딩(7072)과 희생 양극에 사용된다.

① 아연–마그네슘 Zinc–Magnesium

Al–Zn 합금에 Mg을 첨가하면 이 합금 시스템의 강도 잠재력이 발달하는데, 특히 3~7.5% Zn 범위에서 그렇다. 마그네슘과 아연은 $MgZn_2$를 형성하는데, 이는 이원 Al–Zn 시스템에서 발생하는 것보다 열처리에 대한 반응이 훨씬 더 크다. 가공 Al–Zn 합금의 강도는 Mg을 첨가함으로써 상당히 향상된다. 냉수 담금질한 1.6mm 시트에서 $MgZn_2$ 농도를 0.5%에서 12%로 증가시키면, 인장강도와 항복강도가 지속해서 증가한다. $MgZn_2$를 위해 필요한 것보다 Mg을 초과하여(100% 및 200%) 첨가하면 인장강도가 더욱 증가한다(그림 1.20 참조).
부정적인 측면에서, 아연과 마그네슘을 모두 더 많이 첨가하면 알루미늄의 전반적인 내식성이 감소하여 응력부식과 박리에 대한 적절한 저항성을 유지하기 위해 미세구조, 열처리와 구성에 대한 엄격한 제어가 종종 필요하다.

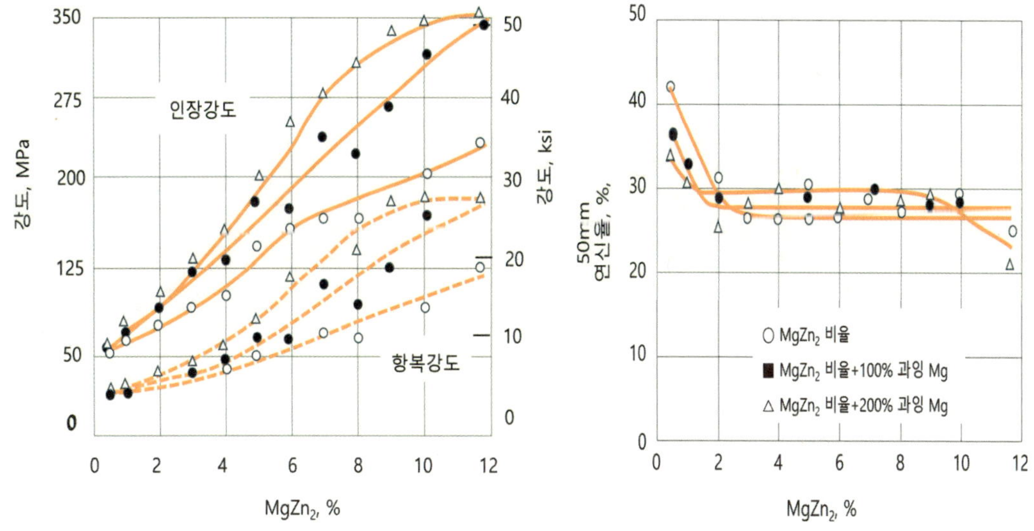

그림 1.20 $MgZn_2$ 및 과잉 Mg을 함유한 $MgZn_2$의 가공 95% Al의 인장 특성에 미치는 영향; 1.59mm 시편, 470℃ 물에서 담금질

예를 들어, 합금에 따라 응력부식은 다음 중 일부 또는 전부에 의해 제어된다.

- 과시효
- 용액 처리 후 냉각 속도
- 지르코늄과 같은 첨가물을 사용하여 비재결정 구조 유지
- 구리 또는 크롬 첨가물
- 아연-마그네슘 비율을 3:1에 가깝게 조정

② 아연-마그네슘-구리 Zinc-Magnesium-Copper

작지만 중요한 양의 크롬 및 망간과 함께 Al-Zn-Mg 시스템에 구리를 첨가하면 시중에서 가장 높은 강도의 알루미늄 기반 합금이 생성된다. 이러한 조성의 대표적인 그룹들의 특성은 여러 가지 용액 및 시효처리 후 각각에 반응하여 그림 1.21에 나타나 있다.

이 합금 시스템에서는 아연과 마그네슘이 시효 과정을 제어한다. 구리의 효과는 과포화 정도를 증가시키고 $CuMgAl_2$ 상의 핵 형성을 통해 시효 속도를 증가시키는 것이다. 구리는 또한 열처리에서 담금질 감도를 증가시킨다. 일반적으로

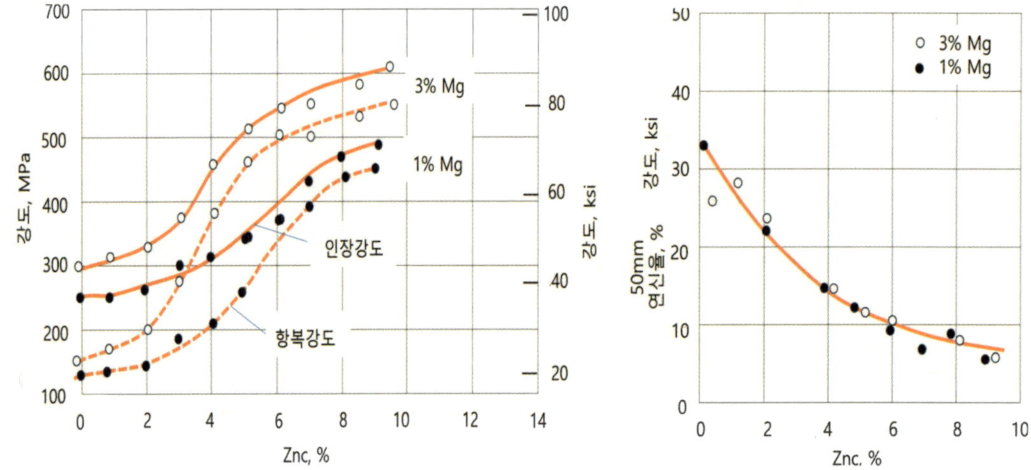

1.6mm 두께 시트. 495℃에 열처리된 1% Mg 합금, 460℃에 열처리된 3% Mg 합금.
모든 시편은 찬물에 담금질하고 135℃에서 12시간 동안 시효

그림 1.21 **1.5% Cu와 1%와 3% Mg를 함유한 알루미늄 합금에 대한 아연의 영향**

구리는 Al-Zn-Mg 합금의 일반적인 부식에 대한 저항성을 감소시키지만 응력 부식에 대한 저항성을 증가시킨다. 크롬 및 지르코늄과 같은 미량 합금 첨가물은 기계적 특성 및 내식성에 현저한 영향을 미친다.

(14) 지르코늄 Zirconium

0.1~0.3%의 지르코늄 첨가는 회복 및 재결정화를 억제하는 금속간 입자의 미세한 석출물을 형성하는 데 사용된다. 특히 Al-Zn-Mg 계열에서 점점 더 많은 합금이 재결정온도를 높이고 가공 제품의 결정립 구조를 제어하기 위해 지르코늄 첨가물을 사용한다. 지르코늄을 첨가하면 이 합금 계열이 유사한 크롬 첨가에 비해 담금질에 덜 민감해진다. 고온 성형 중에 필요한 미세한 하부 구조를 유지하기 위해 일부 초소성 합금에는 더 높은 수준의 지르코늄(0.3 및 0.4%)이 사용된다. 주물 입자 크기를 줄이기 위해 지르코늄 첨가물이 사용되었지만, 그 효과는 티타늄보다 적다. 또한, 지르코늄은 티타늄과 붕소 첨가의 결정립 미세화 효과를 감소시키는 경향이 있으므로 지르코늄 함유 합금의 결정립 미세화를 위해 더 많은 티타늄과 붕소를 사용해야 한다.

4.2.8 합금화가 부식 거동에 미치는 영향[10)]

알루미늄은 기전력 계열(electromotive force series)에서 위치가 나타내는 것처럼 열역학적으로 반응성이 있는 금속이다. 구조용 금속 중에서는 베릴륨과 마그네슘만이 더 반응성이 높다. 알루미늄은 표면에 강력하게 결합한 장벽 산화막 덕분에 뛰어난 내식성과 상업적으로 주요한 금속 중 하나로 사용되고 있다. 주변 온도에서 공기 중에서 형성되는 일반적인 표면 막은 두께가 약 5nm(50Å)에 불과하다. 손상되면 이 얇은 막은 대부분 환경에서 즉시 재형성되어 알루미늄을 부식으로부터 계속 보호한다. 자체 수리가 불가능한 조건에서 막이 제거되거나 손상되면 부식이 발생한다. 알루미늄 합금의 내식성은 야금학적 변수와 환경적 변수에 따라 달라진다. 부식에 영

10) Alloying:Understanding the Basics J.R. Davis, p351-416 Davis,p351-416DOI:10.1361/autb2001p351

향을 미치는 야금학적 변수는 구성, 열처리(적절한 템퍼 선택), 기계적 가공이다. 이는 미세구조를 결정하는데, 이는 국소 부식이 발생하는지와 공격 방법을 결정한다. 화학적 및 물리적 환경 변수는 모두 부식에 영향을 미친다. 환경의 화학적 영향은 구성과 중금속 이온과 같은 불순물의 존재에 따라 달라진다. 물리적 변수는 온도, 움직임과 교반의 정도, 압력이다. 알루미늄 부식을 일으킬 수 있는 또 다른 물리적 변수는 누설 전류(교류 또는 직류)의 존재이다.

부식에 영향을 미치는 변수가 많으므로 알루미늄의 적합성을 특정 제품이나 환경만을 기준으로 고려할 수는 없다. 불순물 흔적, 작동 조건, 장비 설계 및 합금 미세구조에 대한 자세한 지식이 필수적이다. 이전에 성공적인 서비스 적용에서 얻은 경험이 가장 귀중하다.

(1) 1xxx 가공 합금

순수 알루미늄(99.00% 이상)은 다른 알루미늄 합금보다 내식성이 뛰어나다. 높은 산성 또는 알칼리성 용액에서는 빠른 용해가 발생하지만, pH 4~9의 산화물 안정 범위에서 알루미늄은 표면의 물 얼룩과 국부적인 구멍 부식만 겪게 된다. 순수 알루미늄은 입계 부식, 박리 또는 SCC와 같은 더 심각한 형태의 국부 부식을 일으키지 않는다.

1xxx 시리즈의 가공 알루미늄은 이러한 제품을 생산하는 데 사용되는 제련소 등급 또는 정제된 알루미늄에 천연 불순물로 존재하는 여러 원소의 최대 개별, 결합 및 총 함량을 설정하는 구성 사양을 준수한다. 알루미늄 1100, 1135는 최소 및 최대 지정된 구리 함량을 갖는다는 점에서 이 시리즈의 다른 알루미늄과 다소 다르다. 모든 1xxx 구성의 내식성은 매우 높지만, 많은 조건에서 합금 함량이 증가함에 따라 약간 감소한다. 철, 규소, 구리가 가장 높은 비율로 존재하는 원소이다. 구리와 실리콘 일부는 고용체 상태이다.

존재하는 2차 상 입자에는 Fe 또는 Fe과 Si(Al_6Fe, Al_3Fe 및 $Al_{12}Fe_3Si_2$)가 포함되어 있으며 모두 알루미늄 기지(matrix)에 음극이다. 이러한 입자가 표면에 존재하면 그 위의 산화막은 얇거나 존재하지 않는다. 이러한 불순물에 의해 생성된 국소

세포는 전도성 액체 표면의 공식 공격을 촉진한다. 그러한 부식 부위의 수와 크기는 2차 상 입자의 면적 분율에 비례한다.

모든 불순물 원소가 1xxx 시리즈 알루미늄 합금의 내식성에 해로운 것은 아니며, 해로운 원소는 일부 합금 유형의 저항성을 감소시킬 수 있지만, 다른 합금에는 나쁜 영향을 미치지 않는다. 따라서 불순물 원소에 대해 설정된 사양 제한은 특정 적용 분야에서의 효과보다는 다양한 적용 분야에서 일관되고 예측할 수 있는 내식성 수준을 유지하는 데 기반을 두는 경우가 많다.

(2) 2xxx 가공 합금과 2xx.x 주물 합금

구리가 주요 합금원소인 2xxx 가공 합금과 2xx.x 주물 합금은 훨씬 적은 양의 구리를 함유한 다른 계열의 합금보다 부식에 대한 저항력이 낮다. 이 유형의 합금은

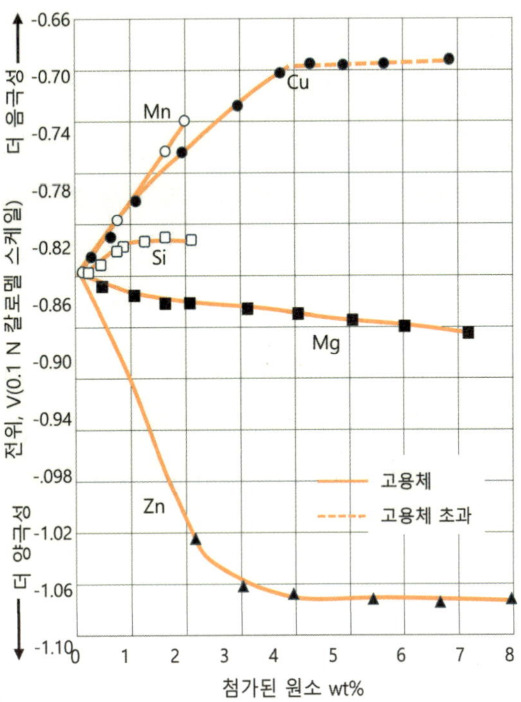

열처리와 담금질된 고순도 이원 합금 용액에 대한 가능성이 있다.
53g/L NaCl + 3g/L H_2O_2 용액에서 측정되었으며 25℃로 유지되었다.

그림 1.22 알루미늄의 전해액 전위에 대한 주요 합금원소의 영향

최초의 열처리 고강도 알루미늄 기반 소재로, 1919년 독일에서 개발된 두랄루민(Duralumin)으로 거슬러 올라가며 이후 미국에서 합금 2017로 생산되었다(그림 1.130 참조). 이러한 합금으로 만들어진 얇은 시트 대부분은 알클래드 복합재(alclad composite)로 생산되지만 많은 적용에서 더 두꺼운 시트 및 기타 제품에는 보호 클래딩이 필요하지 않다.

부식에 대한 전기화학적 영향은 두 가지 요인, 즉 고용체 내 Cu양의 변화에 따른 전극 전위의 더 큰 변화(그림 1.22)와 일부 조건에서 고용체 농도의 불균일성 존재로 인해 다른 많은 유형의 합금보다 이러한 합금에서 더 강할 수 있다. 그러나 Cu 함량이 증가함에 따라 감소하는 일반적인 부식 저항성은 이러한 고용체 또는 2단계 용액-전위 관계에 주로 기인하는 것은 아니다. 일반적인 내식성의 감소는 부식으로 인해 합금 표면에 미세한 Cu 입자 또는 필름이 형성되어 생성된 갈바니 전지(galvanic cells)에 기인한다. 부식이 진행됨에 따라 처음에 용액에 들어간 Cu 이온은 합금에 다시 도금되어 금속성 Cu 음극을 형성한다. Cu 이온의 환원과 Cu 존재에서 O_2 및 H^+ 환원 반응의 효율성 증가는 부식 속도를 증가시킨다.

이 합금은 변함없이 용체화 열처리되며 자연시효 또는 석출 열처리 템퍼에 사용된다. 우수한 열처리 방법을 사용하여 이러한 템퍼를 개발하면 내식성에 대한 전기화학적 영향을 최소화할 수 있다. 담금질 속도와 인공시효 온도 및 시간 모두 최종 제품의 내식성에 영향을 미칠 수 있다. 인공시효 2xxx 합금의 주요 강화 단계는 Mg가 1% 미만인 합금의 경우 $CuAl_2$(예: 2014, 2219), Mg 함량이 1%를 초과하는 합금의 경우 $CuMgAl_2$(예: 2024, 2034), 리튬이 있는 경우의 $CuLiAl_2$(예: 2090), Mg_2Si이다. Cu 함량이 낮은 합금(예: 2008, 2117).

(3) 가공 알루미늄-리튬 합금

리튬을 첨가하면 알루미늄 합금의 밀도가 감소하고 탄성계수가 증가하므로 알루미늄-리튬 합금은 주로 항공우주 분야에서 기존 고강도 합금을 대체할 수 있는 좋은 후보가 된다. Al-Cu-Mg-Li 시스템을 기반으로 하는 2xxx 및 8xxx 시리즈 합금이 모두 개발되었다.

리튬을 함유한 최초의 알루미늄 합금 중 하나는 2020이다. T6 템퍼의 이 합금은 최대 175℃(350°F)까지 우수한 강도 특성이 있는 구조용 합금으로 1957년에 상업적으로 출시되었다. 합금 7075-T6보다 계수(modulus)는 8% 더 높고 밀도는 3% 더 낮다. 합금 2020은 파괴 인성이 상대적으로 낮아서 항공기에 거의 사용되지 않았다. 새턴 V 발사체의 2단인 새턴 S-Ⅱ의 추력구조에 사용됐다.

최근에 등록된 두 가지 리튬 함유 합금은 2090과 8090이다. T8 유형 템퍼의 합금 2090은 7075-T6보다 박리에 대한 저항성이 더 높으며 SCC에 대한 저항성은 비슷하다(참조 23). 기계적 특성 목표의 조합을 충족시키기 위해 개발된 합금 8090의 내식성은 인공시효 정도와 미세구조의 강력한 기능이다. 합금 8090은 일반적으로 대기 노출 시 우수한 박리 저항성을 나타낸다.

리튬은 반응성이 높지만, 알루미늄에 최대 3% Li를 첨가하면 3.5% NaCl 용액에서 고용체의 점식 전위(pitting potential)가 양극 방향으로 약간만 이동한다. 여러 이원 및 삼원 알루미늄-리튬 합금에 대한 광범위한 부식 조사에서 δ상(AlLi)의 형성을 촉진하는 미세구조의 변형이 3.5% NaCl 용액에서 합금의 내식성을 감소시키는 것으로 나타났다. δ상의 핵 생성과 성장에 대한 이해가 이들 합금의 부식 거동을 이해하는 데 핵심이라는 결론이 나왔다.

(4) 3xxx 가공 합금

3xxx 시리즈의 가공 합금(Al-Mn, Al-Mn-Mg)은 내식성이 매우 높다. Mn은 알루미늄 고용체, 초미세 입자의 석출물, $Al_6(Mn,Fe)$ 또는 $Al_{12}(Mn,Fe)_3Si$ 상의 더 큰 입자에 존재하며, 둘 다 고용체 기지(matrix)와 거의 같은 용액 전위를 갖는다. 따라서 이러한 구성성분은 부식이 시작되는 중요한 부위가 아니다. 순수 알루미늄과 마찬가지로 3xxx 합금은 더 심각한 형태의 국부 부식을 일으키지 않으며 공식 부식이 발생하는 주요 부식 유형이다. 이러한 합금은 조리와 식품 가공 장비, 화학 장비, 높은 내식성을 요구하는 다양한 건축 제품에 널리 사용된다.

(5) 4xxx 가공 합금 및 3xx.x 및 4xx.x 주물 합금

원소 Si은 4xxx 시리즈의 가공 합금, 브레이징 및 용접 합금, 3xx.x 및 4xx.x 시리즈의 주물 합금에서 2단계 구성 입자로 존재한다. Si은 수백 밀리볼트만큼 알루미늄 고용체 기지(matrix)에 음극을 띠며, 대부분의 Si 함유 합금에서 상당한 부피 비율을 차지한다. 그러나 이러한 합금의 내식성에 대한 Si의 영향은 Si 입자가 고도로 분극되어(highly polarized) 있다는 사실로 인한 낮은 부식 전류 밀도로 인해 미미하다.

3xx.x 주물 합금의 내식성은 Cu 함량(일부 조성에서는 5%까지 높을 수 있음)과 불순물 수준에 의해 크게 영향을 받는다. 특정 기본 합금의 변형에는 불순물에 대한 제한이 더 엄격하여 내식성과 기계적 특성에 도움이 된다.

(6) 5xxx 가공 합금 및 5xx.x 주물 합금

5xxx 시리즈의 가공 합금(Al-Mg-Mn, Al-Mg-Cr 및 Al-Mg-Mn-Cr)과 5xx.x 시리즈의 주물 합금은 내식성이 높다. 이는 다양한 건축 자재, 화학 처리 및 식품 취급 장비뿐만 아니라 해수 노출과 관련된 적용 분야에서의 사용을 부분적으로 설명한다.

Mg이 고용체로 남아 있거나 기지(matrix) 전체에 균일하게 분산된 Al_8Mg_5 입자로 부분적으로 석출되는 양으로 존재하는 합금은 일반적으로 상업적으로 순수한 알루미늄만큼 부식에 강하다. 이 합금은 또한 염수와 탄산나트륨 및 아민과 같은 일부 알칼리성 용액에 대한 내성이 더 강하다. 거의 연속적인 입계 Al_8Mg_5 석출물을 생성하고 입자 내에 석출물이 거의 없는 조건에서 약 3% 이상의 Mg을 함유한 가공 합금은 박리 또는 SCC에 취약할 수 있다. 이러한 고Mg 가공 합금에 대해 템퍼가 개발되어 입자 내에 광범위한 Al_8Mg_5 석출물이 있는 미세구조를 생성하여 이러한 민감성을 제거한다.

크롬을 함유한 5xxx 합금에서 이 원소는 초미세 석출물인 $Al_{12}Mg_2Cr$로 존재한다. 이들 합금의 Mn은 초미세 입자와 더 큰 입자로서 $Al_6(Mn,Fe)$ 형태이다. 이러한 석출물과 입자는 이들 합금의 내식성에 부정적인 영향을 미치지 않는다.

(7) 6xxx 가공 합금

적당히 높은 강도와 매우 우수한 내부식성으로 인해 6xxx 시리즈(Al-Mg-Si)의 열처리 가공 합금은 다양한 구조, 건축, 해양, 기계 및 공정 장비 적용 분야에 매우 적합하다. 석출경화의 기초가 되는 Mg_2Si 상은 이온성 화합물이고 알루미늄에 대해 양극성일 뿐만 아니라 산성 용액에서도 반응성이라는 점에서 독특하다. 그러나 고용체 상태에서든 초미세 석출물 상태에서든 Mg_2Si는 전극 전위에 미미한 영향을 미친다. 이러한 합금은 일반적으로 열처리된 상태에서 사용되기 때문에 주요 합금 원소나 결정립 구조를 제어하기 위해 첨가되는 보충 Cr, Mn, Zr로 인해 해로운 영향이 발생하지 않는다. 이들 합금의 강도를 증가시키는 Cu 첨가는 내식성에 미치는 영향을 최소화하기 위해 소량으로 제한된다. 0.5%보다 높은 Cu 수준에서는 일부 템퍼(예: T4, T6)에서 일부 입계 부식이 발생할 수 있다. 그러나 이러한 입계 부식은 박리 또는 SCC에 대한 민감성을 초래하지 않는다.

6xxx 합금의 Mg과 Si 함량이 균형을 이루면(Mg_2Si만 형성하는 비율로) 대부분의 상업 환경에서 입계 침투에 의한 부식이 가볍다. 합금에 Mg_2Si를 형성하는 데 필요한 것 이상으로 Si이 포함되어 있거나 높은 수준의 음극 불순물이 포함되어 있으면 입계 부식에 대한 민감성이 증가한다.

(8) 7xxx 가공 합금 및 7xx.x 주물 합금

7xxx 가공 합금 및 7xx.x 주물 합금에는 다양한 수준의 강도를 나타내는 조합의 Mg 또는 Mg+Cu와 함께 주요 Zn 첨가물이 포함되어 있다. Cu를 함유한 물질은 가장 높은 강도를 가지며 50년 이상 동안 주로 항공기 적용 분야의 건축 자재로 사용되었다. 이 시리즈의 Cu가 없는 합금은 다음과 같은 특성이 있다. 우수한 인성, 가공성, 성형성, 용접성이 좋다. 이러한 무Cu 합금의 사용은 최근 몇 년 동안 증가했으며 현재는 자동차 적용 분야(예: 범퍼), 군용 차량의 구조 부재 및 장갑판, 기타 운송 장비의 구성 요소를 포함한다.

7xxx 가공 및 7xx.x 주물 합금은 Zn 함량으로 인해 1xxx 가공 알루미늄 및 기타 알루미늄 합금에 양극(anodic)이다. 이는 SCC에 가장 취약한 알루미늄 합금 중 하

나이다. 그러나 적절한 합금과 템퍼를 선택하고 적절한 설계, 조립 및 적용 시 주의 사항을 준수하면 SCC를 피할 수 있다.

Cu가 없는 가공 7xxx 합금의 일반적인 부식에 대한 저항성은 양호하며 가공 3xxx, 5xxx 및 6xxx 합금의 저항성과 비슷하다. 7049, 7050, 7075, 7178과 같은 7xx.x 시리즈의 Cu 함유 합금은 Cu를 함유하지 않은 같은 시리즈의 합금보다 일반적인 부식에 대한 저항성이 낮다. 모든 7xxx 합금은 2xxx 합금보다 일반 부식에 대한 저항력이 더 높지만, 다른 그룹의 가공 합금보다 저항력이 낮다.

Al-Zn-Mg-Cu 유형의 가공 및 주물 합금에 포함된 Cu는 일반적인 부식에 대한 저항성을 감소시키지만, SCC에 대한 저항성 측면에서는 유리하다. 구리는 이러한 합금이 과도한 강도 손실 없이 더 높은 온도에서 석출될 수 있도록 하여 높은 강도와 SCC에 대한 우수한 저항성을 결합한 T73 템퍼를 개발할 수 있게 한다.

(9) 추가 합금원소의 효과

논의된 합금 시스템을 정의하는 주요 요소 외에도 상업용 알루미늄 합금에는 특별한 특성을 제공하는 다른 요소가 포함될 수 있다. 납과 비스무트는 칩 파손 및 기타 가공 특성을 개선하기 위해 2011 및 6262 합금에 첨가된다. 니켈은 고온용으로 개발된 가공 합금 2018, 2218, 2618과 고온에 노출되는 피스톤, 실린더 블록 및 기타 엔진 부품에 사용되는 특정 3xx.x 주물 합금에 첨가된다. 850.0 그룹의 주물 알루미늄 베어링 합금에는 주석이 포함되어 있다. 모든 경우에 이러한 합금 첨가물은 기지(matrix)에 음극(cathodic)인 구성 상(constituent phases)을 도입하고 수성 식염수 매체의 부식에 대한 저항성을 감소시킨다. 그러나 이러한 합금은 부식되지 않는 환경에서 자주 사용된다.

4.2.9 합금화가 가공에 미치는 영향[11)]

(1) 성형성 Forming

재료의 성형성은 파손이 시작되기 전에 특정 공정에서 재료가 변형될 수 있는 정도이다. 알루미늄 시트 또는 알루미늄 형상은 일반적으로 국부적인 넥킹(Necking)이나 연성 파괴로 인해 파손된다. 넥킹은 주로 가공경화 및 변형 속도 경화와 같은 벌크(bulk) 재료 특성에 의해 좌우되며 성형 공정에 따른 변형 경로에 결정적으로 의존한다. 희석 합금에서는 냉간 가공, 시효경화, 총 결함, 큰 입자 크기 및 고용체 내 합금원소의 존재로 인해 넥킹 또는 한계 변형 정도가 감소한다. 연성 파괴는 입자의 미세한 기공(voids)의 핵 생성 및 연결과 좁은 전단 밴드의 변형률 집중으로 인해 발생한다. 파손은 일반적으로 국소적인 넥킹보다 더 큰 변형에서 발생하므로 일반적으로 네킹이 억제될 때만 중요하다.

파손이 발생하는 일반적인 예는 작은 반경 굴곡부, 노치 또는 절단된 가장자리 근처의 심각한 인발(drawing), 아이어닝(ironing) 및 늘리기(stretching)에서 발생한다. 우수한 성형성을 갖는 합금을 개발하는 데 상당한 진전이 있었지만, 일반적으로 이러한 기반만으로는 합금을 최적화할 수 없다. 성형된 부품의 기능도 고려해야 하며, 강도 및 기계 가공 용이성과 같은 기능적 특성의 개선은 종종 합금의 성형성을 감소시키는 경향이 있다.

고용체 합금원소(종종 냉간 가공과 결합(coupled))로 강화되는 주요 합금은 0.5~6wt% Mg 범위의 Al-Mg(5xxx) 계열 합금이다. 그림 1.10은 대부분의 일반적인 Al-Mg 상용 합금의 항복강도 및 인장 신율에 대한 고용체 내 Mg의 영향을 보여준다. 소량의 Mg을 첨가하면 인장 신율이 초기에 많이 감소한다.

Mg과 Cu를 첨가하여 형성 한계가 감소하는 것은 용질 원자가 전위로 이동하는 경향(변형 시효)과 관련이 있는 것으로 보인다. 이는 전위가 용질 원자에 의해 고정되는 낮은 변형률에서 가공경화를 증가시키는 경향이 있지만 큰 변형률에서는 가공경화를 감소시킨다. 소량의 Mg나 Cu도 변형경화 속도를 감소시켜 균일한 연신 후에

11) Alloying:Understanding the Basics J.R. Davis, p351-416 Davis,p351-416DOI:10.1361/autb2001p351

발생하는 유용한 확산 넥킹의 양을 감소시킨다. 희석 합금의 Zn은 가공경화 또는 넥킹에 거의 영향을 미치지 않으며 변형 시효를 유발하지 않는다.

철, 규소 및 망간과 같이 일반적인 가공 온도에서 낮은 고체 용해도를 갖는 원소는 2차상 입자 형태로 존재하며, 변형경화 또는 변형 속도 경화에 거의 영향을 미치지 않으므로 넥킹 거동에 상대적으로 작은 영향을 미친다. 그러나 그림 1.23과 1.24에 표시된 것처럼 두 번째 단계 입자는 파괴에 큰 영향을 미친다. 이러한 예에서 Fe, Ni, Mn 함량의 증가는 파괴를 촉진하는 미세한 입자의 수를 증가시킨다. Mg을 첨가하면 유동 응력이 높을수록 금속간 입자에서 기공(voids)이 형성되고 성장하는 데 도움이 되기 때문에 파괴 변형률이 추가로 감소한다. 고용체의 Mg은 변형률이 전단 밴드(shear bands)로 국지화되는 것을 촉진하여 고도로 국지화된 변형률의 얇은 평면에 기공을 집중시킨다.

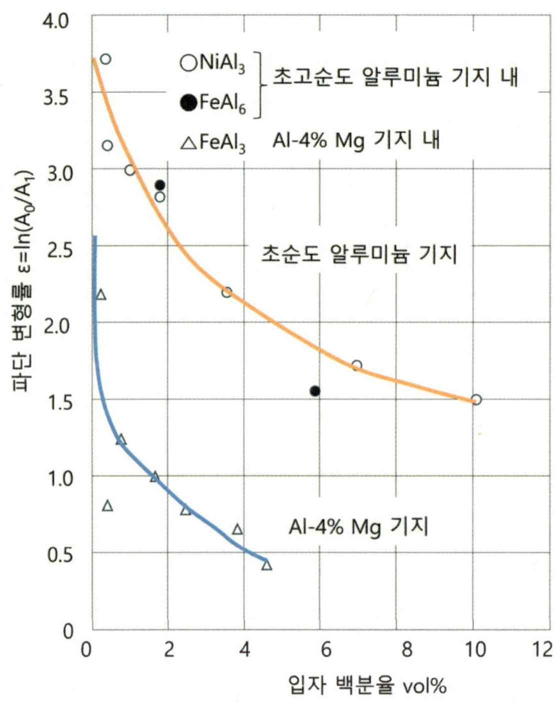

그림 1.23 **미크론 크기의 금속간 입자의 부피 백분율 분율과 매트릭스 구성이 5mm 직경 인장 시편의 파단 변형률에 미치는 영향. A0: 초기 단면적, Af: 파단 면적**

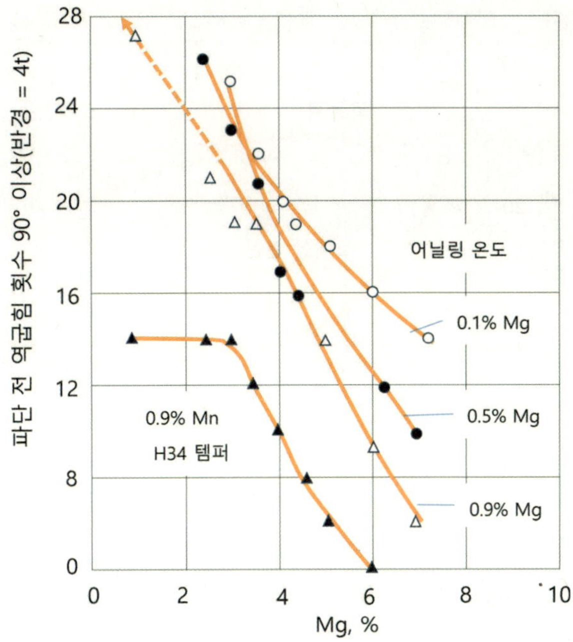

그림 1.24 **1.6mm 두께의 시트에서 어닐링 및 H34 템퍼링에서 알루미늄 합금의 성형성에 미치는 마그네슘 및 망간의 영향**

석출강화 합금은 일반적으로 자연시효(T4) 조건 또는 어닐링(O) 조건에서 형성되지만, 넥킹 및 파괴 한계가 모두 낮은 피크 강도(T6) 조건에서는 매우 드물게 형성된다. 그림 1.25에서는 합금 2036(2.5%Cu-0.5% Mg)에 대한 일부 성형 특성에 대한 광범위한 석출물 구조의 영향을 보여준다. 2xxx 및 6xxx 시리즈의 대부분 석출강화 합금에 대해 유사한 모양의 곡선을 그릴 수 있다.

그림 1.25의 특성은 시트 인장 시편에서 얻은 것으로 먼저 용체화 처리한 다음 실온에서 350℃ 범위 온도에서 시효처리했다. 이는 고용체(담금질)에서 T4 및 T6 템퍼를 거쳐 다양한 정도의 과시효 및 석출물 응집에 이르기까지 광범위한 구조를 생성했다.

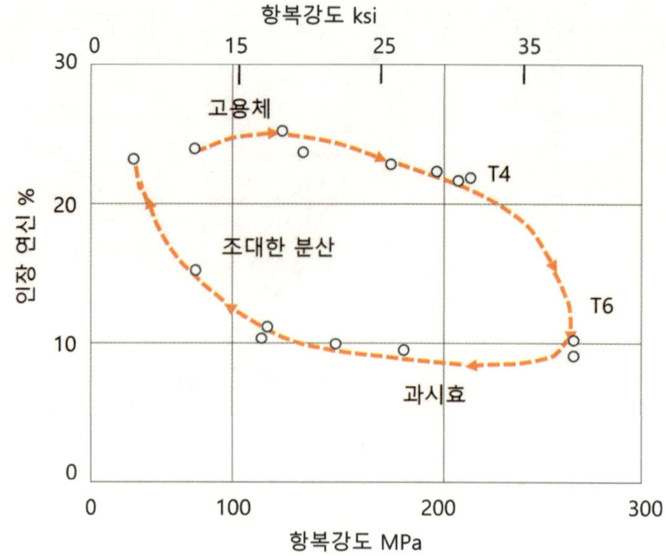

그림 1.25 합금 2036의 항복강도 및 신장에 대한 석출의 영향

(2) 단조 Forging

상업용 순도(또는 더 높은 순도) 알루미늄은 광범위한 온도에서 복잡한 모양으로 쉽게 가공될 수 있다. 많은 알루미늄 합금은 쉽게 가공할 수 있지만, 합금원소를 추가하면 유동 강도가 증가하기 때문에 난도가 높아지는 경향이 있다. 구조의 연속성을 방해하는 불연속 상의 형성도 가공성에 부정적인 영향을 미친다. 변형 강도가 높을수록 압력 요구사항이 증가하는 반면, 개별 단계는 흐름을 덜 균일하게 만들고 균열 가능성을 높인다. 고용체 강도를 많이 증가시키는 합금 첨가물은 Cu, Mg, Si이다. 크롬, 망간, 티타늄, 바나듐, 지르코늄은 불용성 상(insoluble phases)을 형성한다. 이러한 원소의 존재는 고온에서 알루미늄을 강화하지만, 고체 용해도가 높은 원소보다 효과가 작다. 저용해성 원소가 충분한 양으로 존재하면 거대한 1차 입자가 형성될 수 있다. 이러한 입자는 가공 또는 기타 열간 작업 중에 국부 균열을 촉진할 수 있다. 그림 1.26은 370~455℃ 범위에서 가공성에 대한 몇 가지 일반적인 첨가물의 효과를 보여준다. 이 그림은 변형 저항으로 측정한 가공성이 표시된 온도 및 합금 범위에 대해 거의 선형임을 나타낸다. 균열 자유도에 의해 측정된 가공성은

합금에서 초기 용융이 일어나는 온도 근처나 그 온도에서 갑자기 떨어진다.

합금 함량이 낮은 건전한 알루미늄 직접 냉각 주괴(direct-chilled ingot)는 주물 상태로 가공될 수 있다. 합금 함량이 높은 경우 가공 전에 잉곳을 균질화하는 것이 일반적으로 유리하며, 일부 고함량 합금, 두꺼운 단면 및 복잡한 마감 형상의 경우 가공에 더 적합한 균일한 구조를 얻기 위해 스톡(stock)을 열간압연, 압출 또는 사전 가공하는 것이 바람직할 수 있다. 고용체를 최대화하고 나머지 성분을 구형화하려면 열처리를 사용해야 한다.

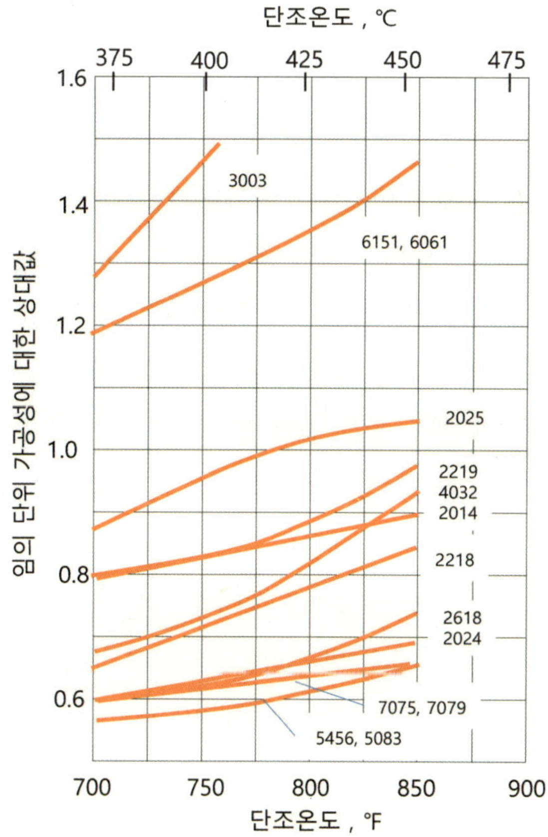

수직적 척도는 생산 경험에서 추정된 흡수 에너지 단위당 변형을 기반으로 한다.

그림 1.26 다양한 알루미늄 합금의 상대적 가공성에 대한 온도의 영향

(3) 가공 Machining

순수한 비합금 알루미늄은 상대적으로 부드럽고 연성이 있으며, 절삭 공구에 잘 달라붙어 구성 인선(builtup edge)과 긴 칩을 형성하는 경향이 있다. 거친 표면과 두꺼운 버(heavy burrs)가 발생하지 않도록 하려면 특별한 가공 기술이 필요하다. 알루미늄을 합금하면 가공성이 향상된다. 합금을 열처리할 수 있거나, 가공경화 가능하게 만드는 고용체 원소는 알루미늄 기지(matrix)의 경도를 증가시켜 절삭 공구의 구성 인선(builtup edge), 버 형성, 가공 표면의 거칠기와 찢어짐, 칩 길이를 줄인다. 용액 외부의 요소는 칩 브레이커 역할을 하여 칩 길이를 줄일 수 있다. 납이나 비스무트와 같은 원소는 작은 불용성 소구체를 형성하며 효과적인 칩 브레이커이다. 충분한 양(일반적으로 각각 약 0.5%)으로 존재하는 경우 납과 비스무트는 가공 속도를 높이고 절삭유의 필요성을 줄인다. $CuAl_2$ 또는 $FeAl_3$와 같은 금속간 화합물은 절삭 공구의 수명을 크게 줄이지 않으면서도 칩 브레이커 역할을 한다. 그러나 실리콘이나 크롬, 망간을 포함하는 복잡한 금속간 화합물과 같은 매우 단단한 구성 요소는 효과적으로 칩 브레이커 역할을 하는 동시에 공구 수명을 눈에 띄게 단축한다. 과공정 알루미늄-실리콘 주물 합금에 일차 실리콘이 존재하면 공구 수명 측면에서 특히 해롭지만 동시에 매우 짧은 칩이 생성되고 공구 구성 인선(edge buildup) 축적이 최소화되며 가공 표면 조도가 우수하다. 나트륨, 스트론튬, 안티몬, 인 원소도 주물 미세구조에 영향을 주기 때문에 가공성에 영향을 미친다. 나트륨, 스트론튬 또는 안티몬은 공정(eutectic) 실리콘 형태를 침상 또는 바늘 모양에서 매우 미세한 레이스(lacy) 또는 구형 구조로 변경하여 수정한다. 인은 과공정 합금의 1차 실리콘을 정제하여 크기를 약 10:1로 줄인다. 개질(Modification)과 정제 모두 공구 수명을 크게 늘리는 경향이 있다.

요약하면, 가장 열악한 가공 특성을 갖는 합금은 합금 함량이 낮고 가장 부드러운 상태에 있다. 냉간 가공, 합금 농도 증가 및/또는 열처리는 모두 합금을 경화시키고 공구의 구성 인선을 줄이는 경향이 있다. 용액 밖의 요소와 구성성분은 칩 브레이킹을 촉진한다. 특히 크고 정제되지 않은 단단한 구성품은 공구 수명을 크게 단축할 수 있다.

(4) 용접 Welding

알루미늄은 다양한 접합 공정을 사용할 때 이해해야 할 몇 가지 화학적 및 물리적 특성이 있다. 용접에 영향을 미치는 특정 특성은 산화물 특성, 용융 알루미늄의 수소 용해도, 열적, 전기적 및 비자성적 특성, 가열 시 색상 변화 없음, 다른 금속과 합금화하여 발생하는 광범위한 기계적 특성 및 용융온도이다.

① 열처리 불가 합금

이러한 저강도에서 중간 강도의 열처리 불가 합금에서 석출물 형성 원소가 없다는 것은 용접성을 고려할 때 긍정적인 속성이 된다. 석출경화에 필요한 합금 첨가물(예: Cu–Mg, Mg–Si) 중 다수가 용접 작업 중 열 영향 구역(HAZ) 제거(liquidation)로 인해 발생하는 열 균열을 초래할 수 있기 때문이다. 또한 열처리 불가 합금에서 HAZ가 석출물의 조대화 또는 용해로 인해 손상되지 않기 때문에 접합 효율이 더 높다. 이는 두꺼운 접합 지역(lands) 또는 용접 후 열처리의 필요성을 없애고 용접된 구조물을 용접된 그대로의 상태로 사용하는 것을 선호한다.

② 2xxx 시리즈 합금

2xxx 시리즈 합금은 주요 합금 첨가물로 구리를 사용하여 강도는 높지만, 대부분의 다른 알루미늄 합금보다 내식성이 다소 낮다. 이러한 합금 중 다수는 비교적 우수한 고온 강도도 가지고 있다. 강도를 높이기 위해 마그네슘도 2xxx 시리즈 합금에 첨가되지만, 용접 균열 민감도가 더 높아진다. 합금 2024는 가장 높은 강도의 2xxx 합금 중 하나이며 항공기 산업에서 광범위하게 사용된다. 그러나 2024의 1.5% 공칭 Cu 함량은 용접 균열 민감도가 높아 용접성을 방해한다. 2014, 2219, 2519와 같이 Mg 수준을 제어한 합금은 우수한 용접성이 필요한 적용 분야에 사용된다. 일반적으로 이러한 합금은 우수한 기계가공성을 제공하지만 다른 열처리 알루미늄 합금보다 성형성이 떨어진다.

③ 6xxx 시리즈 The 6xxx series

마그네슘과 실리콘을 함유한 6xxx 시리즈 합금은 다른 열처리 알루미늄 합금과 관련하여 적당한 강도와 우수한 내식성을 제공한다. 쉽게 압출되기 때문에 광범위한 구조적 모양과 시트 및 플레이트 제품으로 제공된다. 이러한 합금의 다재다능함은 가장 일반적으로 사용되는 알루미늄 합금 중 하나인 6061에 표현되어 있다. 일반적으로 6xxx 합금은 성형성과 용접성이 우수하다.

④ 7xxx 시리즈 The 7xxx series

7xxx 시리즈는 모든 알루미늄 합금 중에서 가장 높은 강도를 제공하지만, 알루미늄-리튬 합금이 이 주장에 도전하고 있다. 7xxx 합금의 고강도는 아연, 마그네슘, 그리고 종종 구리를 합금 첨가하고, 제어된 열 및 기계적 처리를 결합하여 달성한다. 7xxx 시리즈 합금에서 Cu는 Zn과 Mg과 결합하여 강도를 증가시키지만, 용접 균열에 대한 민감성이 증가하여 용접성을 방해한다. 명목상 5.6% Zn, 2.5% Mg, 1.6% Cu를 함유하는 합금 7075는 이 시스템에서 일반적으로 사용되는 합금이지만 용접 균열에 대한 경향이 있다. 합금 7004, 7005, 7039는 고강도와 우수한 용접성이 필요한 적용 분야를 위해 설계되었다. 이러한 합금은 용접 균열에 대한 민감성을 줄이는 제한된 양의 구리를 함유하고 있다. 7xxx 시리즈의 중요한 특징 중 하나는 이러한 합금의 HAZ가 용접 후 실온에서 자연시효되거나 석출강화될 수 있는 능력이다. 이로 인해 용접 특성은 용접 후 최대 30일 동안 계속 향상된다.

(5) 브레이징 Brazing

① 모재

일반적으로 모재로 사용되는 비열처리 가공 합금은 표 1.28에 있다. 가장 성공적으로 브레이징되는 합금은 1xxx, 3xxx 시리즈와 5xxx 시리즈의 저마그네슘 합금이다. 5083, 5086, 5154, 5456과 같이 Mg 함량이 더 높은 합금은 용접봉의 습윤성이 낮고 침투가 과도하므로 일반적인 플럭스 방법으로 브레이징하기

표 1.28 일반적인 알루미늄 합금의 용융범위 및 납땜성

합금	용융범위		브레이징성(a)
	℃	℉	
비열처리 가공용 합금			
1350	646-657	1195-1215	A
1100	643-657	1190-1215	A
3003(b)	643-654	1190-1210	A
3004	629-652	1165-1205	B
5005	632-652	1170-1205	B
5050	627-652	1160-1205	B
5052	593-649	1100-1200	C
열처리 가공용 합금			
6053	593-652	1100-1205	A
6061	593-649	1100-1200	A
6063	616-654	1140-1210	A
6951(c)	616-654	1140-1210	A
7005	607-649	1125-1200	B
주물 합금(d)			
443.0	574-632	1065-1170	B
356.0	557-613	1035-1135	B
710.0	596-646	1105-1195	B
711.0	604-643	1120-1190	A

(a) A. 일반적으로 모든 상업적 절차로 브레이징 가능
B. 절차를 개발하고 브레이징 이음의 성능을 확인하기 위한 예비 시험이나 시험을 정당화하는 특수 기술이나 특정 적용 분야에서 브레이징 가능
C. 제한된 브레이징성
(b) 일반 및 브레이징 시트의 코어로 모두 사용 가능
(c) 브레이징 시트의 코어로만 사용 가능
(d) 모래 및 영구 금형 주물만 가능

가 더 어렵다. 대부분의 상업용 열처리가 불가능한 가공 합금의 고상선 온도 아래에서 녹는 용접봉을 사용할 수 있다.

일반적으로 브레이징되는 열처리가 가능한 가공 합금은 6xxx 시리즈이다. 2xxx, 7xxx 시리즈의 알루미늄 합금은 녹는점이 너무 낮아 일반적으로 브레이징할 수 없다. 클래딩 재료로만 사용되는 7072 합금과 7005 합금은 예외이다. 595℃ 이상의 고상선 온도를 갖는 합금은 알루미늄-실리콘 용접봉을 사용하여 쉽게 납땜할 수 있다.

브레이징 가능한 주물 알루미늄 합금에는 여러 가지가 있으며, 이는 표 1.28에 용융범위와 브레이징 가능 정도와 함께 나열되어 있다. 가장 쉽게 브레이징 가능한 것은 710 및 711 합금과 같이 고상 온도가 높은 합금이다.

② 용접봉

알루미늄 브레이징용 상업용 용접봉은 7~12% Si를 함유한 Al-Si 합금이다. 구리와 아연을 첨가하여 부식 저항성을 다소 희생하면서도 더 낮은 녹는점을 얻는다. 알루미늄의 진공(플럭스리스) 브레이징용 용접봉은 일반적으로 산화막 개질을 강화하고, 습윤을 촉진하고, 챔버 내 산소 함유 가스의 분압(partial pressures)을 낮추기 위해 Mg을 함유한다. 알루미늄에 가장 자주 사용되는 브레이징 용접봉의 조성과 고상선, 액상선, 브레이징 온도는 표 1.29에 있다.

표 1.29 알루미늄 합금에 사용되는 브레이징 용접봉의 조성, 고상선, 액상선 및 브레이징 온도 범위

AWS 분류	구성(a) %						온도					
							고상		액상		브레이징	
	Si	Cu	Mg	Zn	Mn	Fe	℃	℉	℃	℉	℃	℉
BAlSi-2	6.8-8.2	0.25	-	0.20	0.10	0.8	577	1070	613	1135	599-621	1110-1150
BAlSi-3(b)	9.3-10.7	3.3-4.7	0.15	0.20	0.15	0.8	521	970	585	1085	571-604	1060-1120
BAlSi-4	11.0-13.0	0.30	0.10	0.20	0.15	0.8	577	1070	582	1080	582-604	1080-1120
BAlSi-5(c)	9.0-11.0	0.30	0.05	0.10	0.05	0.8	577	1070	591	1095	588-604	1090-1120
BAlSi-6(d)	6.8-8.2	0.25	2.0-3.0	0.20	0.10	0.8	559	1038	607	1125	599-621	1110-1150
BAlSi-7(d)	9.0-11.0	0.25	1.0-2.0	0.20	0.10	0.8	559	1038	596	1105	588-604	1090-1120
BAlSi-8(d)	11.0-13.0	0.25	1.0-2.0	0.20	0.10	0.8	559	1038	579	1075	582-604	1080-1120
BAlSi-9(d)	11.0-13.0	0.25	0.10-0.5	0.20	0.10	0.8	562	1044	582	1080	582-604	1080-1120
BAlSi-10(d)	10.0-12.0	0.25	2.0-3.0	0.20	0.10	0.8	559	1038	582	1080	582-604	1080-1200
BAlSi-11(e)	9.0-11.0	0.25	1.0-2.0	0.20	0.10	0.8	559	1038	596	1105	582-604	1080-1120

(a) 주요 합금원소. (b) 0.15% Cr을 포함한다. (c) 0.20% Ti를 포함한다.
(d) 진공에서 사용할 경우, 고상선 및 액상선 온도 범위가 다르다. (e) 0.02-0.20%

(6) 납땜 Soldering

① 가공 합금

모든 알루미늄 합금을 납땜할 수 있지만, 합금 구성은 납땜 용이성, 납땜 유형, 사용 방법 및 조립품의 궁극적인 서비스 수용성에 큰 영향을 미친다. 주요 가공 알루미늄 합금의 상대적 납땜성은 다음과 같다.

- 뛰어난 납땜성: 1100, 1200, 1235, 1350, 3003
- 우수한 납땜성: 3004, 5357, 6003, 6061, 6063, 6101, 6151, 6253, 6951, 7072, 8112
- 적정한 납땜성: 2011, 2014, 2017, 2018, 2024, 2025, 2117, 2214, 2218, 2225, 5050, 7005
- 부족한 납땜성: 5052, 5056, 5083, 5086, 5154, 5254, 5356, 5652, 7075, 7178, 7277

1%를 초과하는 Mg를 함유한 합금은 유기 플럭스와 만족스럽게 납땜될 수 없으며, 2.5%를 초과하는 Mg를 함유한 합금은 반응 플럭스와 납땜하기 어렵다. 5% 이상의 Si를 함유한 합금은 플럭스 방법으로 납땜하기가 어렵다.

0.5% 이상의 Mg를 함유한 알루미늄 합금은 용융된 주석 땜납에 의해 입자간 침투가 발생할 수 있다. 아연은 또한 알루미늄-마그네슘 합금에 입계로 침투하지만, 일반적으로 마그네슘 함량이 0.7%를 초과할 때까지는 침투 정도가 중요하지 않다. 마그네슘 함유 합금에 사전 응력을 가하면 용융된 땜납에 의한 입계 침투가 악화한다. 납땜하기 전에 조립품(assembly)의 응력을 완화하면 이 현상을 줄일 수 있다. 그러나 고상선 온도가 370℃ 이상인 고온 아연 또는 아연-알루미늄 납땜을 사용하는 경우 용융납땜이 알루미늄 표면과 접촉하기 전에 비열처리 합금에서 완전한 응력 완화가 발생한다. 열처리 합금에서 부분적인 응력 완화가 발생하여 납땜 침투가 감소한다.

Al-Mg-Si 합금은 이원 Al-Mg 합금보다 입계 침투에 덜 민감하고 이원 Al-Si 합금보다 납땜성이 더 좋다. 주요 합금원소로 구리나 아연을 함유한 알루미늄 합금은 일반적으로 상당한 양의 다른 원소를 함유하고 있다. 대부분의 이러한 합금은 땜납에 의해 입계 침투가 발생하며 일반적으로 납땜되지 않는다. 그러나 고합금 재료의 납땜성은 알루미늄 합금 클래딩을 사용하거나 표면을 도금함으로써 향상될 수 있다.

열처리 합금은 자연적으로 형성되는 것보다 더 두꺼운 산화막(heavier oxide)을 형성한다. 이는 납땜을 방해할 수 있다. 열처리 합금의 경우 일반적으로 납땜하기 전에 표면을 화학적으로 사전 처리해야 한다.

② 주물 합금

대부분의 주물 합금에 존재하는 상당한 양의 합금원소는 이러한 원소가 납땜에 용해될 가능성을 높여 젖음 용량과 모세관 작용을 감소시킨다. 따라서 주물 합금은 그룹으로서 납땜성이 좋지 않다. 용융납땜의 침투를 줄이기 위해 납땜 온도에서의 시간을 최소한으로 유지해야 한다. 주물 표면을 전기 도금하면 납땜 침투를 제어하고 납땜 젖음 용량과 모세관 작용을 개선하여 납땜이 쉬워진다. 주물 표면의 거칠기, 미세한 공동(cavity) 또는 기공(porosity)은 플럭스를 가두어 플럭스 제거를 어렵게 만들 수 있다. 영구 금형, 석고 금형 및 다이캐스팅은 일반적으로 납땜에 좋은 표면 상태를 제공한다. 그러나 다이캐스팅은 315℃ 이상의 온도에 노출되면 표면에 부풀음(blistering)이 생기기 때문에 일반적으로 고온 납땜이 불가능하다. 대부분의 다이캐스팅 합금은 높은 비율의 실리콘과 끈기 있는 산화막을 함유하고 있어서 젖기 어렵고 일반적으로 플럭스 없는 방법으로 납땜한다.

납땜에 비교적 쉬운 젖음(wetted)은 세 가지 알루미늄 주물 합금은 443.0, 443.2 및 356이다. 반응성은 낮지만, 납땜이 가능한 주물 합금은 213.0, 710.0 및 711.0이다.

4.3 알루미늄 합금의 열처리(heat treatment of Al alloys)

순 알루미늄은 대부분 공학적 적용에서 전위의 이동이 쉬워 너무 낮은 강도를 가지고 있다. 전위 이동의 감소 목표를 하는 강도 개선(Strength improvement)은 변형경화(냉간가공), 고용체, 석출(시효)경화의 3가지이다.

표 1.30은 열처리 및 비열처리 합금의 강도 개선 방법을, 표 1.31에는 상용되는 알루미늄 합금의 강도를 요약하여 나타냈다.

표 1.30 열처리/비열처리 합금의 강도 개선 방법

	Series	주합금 원소	전위 이동에 의해 강도 증가				템퍼 명칭
			변형경화	용질원소	석출		
정제 합금 EN-AW	1xxx	None	×			비열처리 합금	O,Hxxx
	3xxx	Mn	×	×			
	4xxx	Si	×	×			
	5xxx	Mg	×	×			
	2xxx	Cu	×	×	×	열처리 합금	Txxx
	6xxx	Mg+Si	×	×	×		
	7xxx	Zn+Mg+(=Cu)	×	×	×		
	8xxx		×	×	×		

표 1.31 알루미늄 합금의 강도 요약

합금계열		경화유형	탬퍼	극한 인장강도 Rm [Mpa]
				0 100 200 300 400 500 600
1xxx	Al	없음	O, H111	
		변형	H12, H14···	
5xxx	Al-Mg	없음	O, H111	
		변형	H12, H14···	
6xxx	Al-Mg-Si	열처리 (용체화처리-퀜칭-시효)	T6	
2xxx	Al-Cu		T3, T4	
7xxx	Al-Zn-Mg		T6	
	Al-Zn-Mg-Cu		T6	

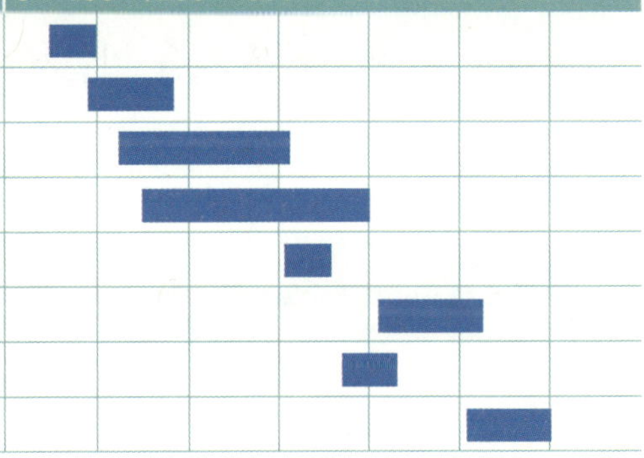

알루미늄 합금의 열처리는 넓은 의미에서 알루미늄 합금을 가열하는 모든 처리, 즉 다음과 같은 처리를 의미한다.

(1) 주괴의 조직을 균질로 하기 위해 장시간 가열하는 처리

침적(soaking), 균질화 열처리(homogenizing), 예열(preheating) 등을 말한다.

(2) 주괴를 열간가공(압연, 압출, 단조 등)하기 위해 가열하는 처리

재열처리(reheating) 등을 말한다.

(3) 가공 또는 다음 (4)의 열처리로 경화한 재료를 연화시키기 위해 가열하는 처리

어닐링 등을 말한다.

(4) 재료의 강도를 높이기 위해 가열(냉각에도 관계)하는 처리

용체화 처리(solution heat treatment) 또는 퀜칭(quenching)과 템퍼링(artificial 또는 temper)이 이것에 해당한다.

(5) 재료의 성능을 안정시키기 위해 가열하는 처리

안정화 처리(stabilizing treatment) 등을 말한다.

그러나 통상 열처리라 하면 (4)의 퀜칭, 템퍼링 및 이들에 관련한 처리, 즉 재료의 강도를 높이기 위한 처리를 말하고, (3)의 어닐링을 포함하는 것도 있다. 알루미늄 합금에서는 열처리 합금과 비열처리 합금으로 나누며, 이 경우의 열처리 합금이란 앞서 설명한 (4), 즉 퀜칭 또는 템퍼링 또는 이 양자에 의해서 경화하는 성질을 갖는 것이고, 그렇지 않은 것을 비열처리 합금이라고 한다(표 1.32 참조).

표 1.32 가공용 알루미늄 합금의 열처리 조건

구분	합금 명 (AA)	어닐링 온도[1) (℃)	퀜칭 온도 (℃)	템퍼링	
				온도(℃)	시간(hr)
비열처리 합금	1080	약 350	없음	없음	없음
	1070	약 350			
	1050	약 350			
	1100	약 350			
	3003	약 410			
	5005	약 350			
	5154	약 350			
	5052	약 350			
	5056	약 350			
	5083	약 350			
	5257	약 350			

구분	합금 명 (AA)	어닐링 온도[1] (℃)	퀜칭 온도 (℃)	템퍼링	
				온도(℃)	시간(hr)
열처리 합금	2014	약 350	495~505	약 175	약 8
	2017	약 350	495~505	–	–
	2117	약 350	495~510	–	–
	2018	약 350	500~520	약 170	약 10
	2218	약 410	500~520	약 170	약 10
	(2618)	약 350	520~530	약 165	12~20
	2024	약 350	490~500	약 190	8~16
	2025	약 350	510~520	약 170	약 12
	4032	약 350	505~520	약 170	약 12
	6151	약 350	510~525	약 170	약 12
	6061	약 350	515~530	약 175	6~10
	6063	약 350	약 520	약 175 [3]	3~8 [3]
	7075	약 410	460~490	약 120	약 24
	2011	약 350	520~530	약 160	약 14
	7005	약 410 [2]	약 450	약 120	약 24

주) 1) 완전 어닐링 경우 1.4.3.1 어닐링 참조
2) 서냉
3) T5(템퍼링만 하는 경우 약 205℃×1~2hr도 사용한다.)

4.3.1 가공용 합금의 열처리(heat treatment for wrought aluminum)

알루미늄 합금은 경화 기구(hardening mechanism)에 따라 열처리와 비열처리 합금 두 가지로 구분된다.

비열처리 합금의 최초 강도는 Mn, Si, Fe, Mg 등과 같은 합금원소의 고용강화 효과에 따라 달라진다. 여기에는 1xxx, 3xxx, 4xxx, 5xxx가 포함된다. 이것은 가공경화할 수 있으므로 냉간가공하여 강도를 증가시킨다. 냉간가공의 정도는 템퍼 명칭으로 표시한다(표 1.15 참조). 일반적으로 비열처리 합금은 열영향부의 성질 변화가 적어 용접성과 이음 효율이 우수하고, 내 응력부식 균열성도 양호하다.

열처리 합금에 속하는 계열은 2xxx, 6xxx, 7xxx이며 중요 합금의 조성과 기계적 성질을 표 1.21에 나타내었다. 이 합금의 최초 강도는 Cu, Zn, Mg과 Si와 같은 합금원소의 증가에 따라 증가한다. 이러한 합금원소는 단독 또는 2개 이상이 조합

되어 온도가 저하함에 따라 고용도가 감소한다. 따라서 이 계열의 합금은 열처리하게 되면 석출경화 기구에 의하여 강도가 증가하게 된다. 그림 1.27은 판재의 압연에서 비열처리 합금(1xxx, 5xxx)의 강도 개선의 모형도를 나타내었다.

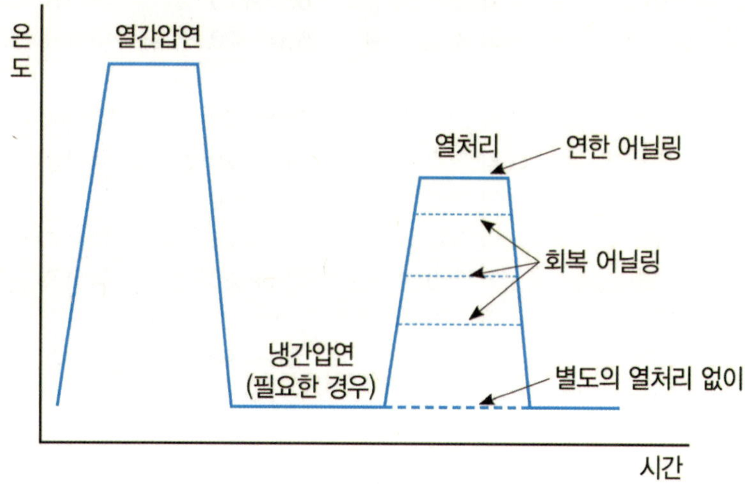

그림 1.27 **판재의 압연[12]에서 비열처리 합금(1xxx, 5xxx)의 강도 개선 모형도**

(1) 어닐링(annealing)

가공 또는 열처리로 경화한 재료를 가열하면 가열온도가 상승함에 따라서 재료는 연화한다. 그 모습을 가공경화한 1100 판에 대해 그림 1.28에 나타냈다. 즉, 연화는 100℃ 부근에서 시작하여 200℃를 지나고서 급격히 증가하고, 약 300℃ 이상에서는 그다지 변하지는 않는다. 가열해서 연화시키는 처리를 '어닐링'이라 한다(그림 1.27 참조).

어닐링은 재료의 이력에 따라 다르지만, 300℃ 이상 가열하면 좋고, 일반적으로 표 1.32의 어닐링 온도가 사용된다. 어닐링의 가열시간은 재료가 일정한 온도에 달하고서 약 30~60분이며, 가열 후의 냉각은 열처리 합금 이외는 그 빠름에 관계하지 않으므로, 노 중 냉각할 필요는 없고, 노 외에서 공랭하면 좋다. 노의 사용률 면에서도 바람직하다.

12) Constellium, Korean Seminar for Aluminum Plate & Heat Treatment, November 26, 2013

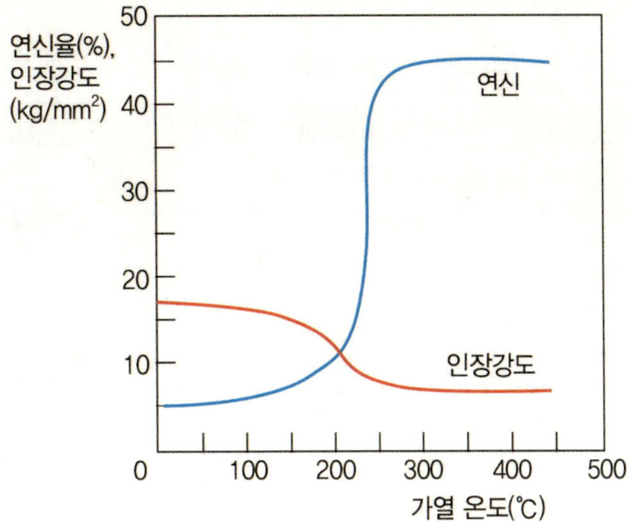

그림 1.28 **1100의 연화 곡선**

과도한 고온 또는 장시간 가열하면 결정립 조대화와 기계적 성질이 열화하고 또 결 거칠기가 생기므로 주의가 필요하다. 또 재료에 유지류(가공에 사용한 윤활유 등)가 붙어 있으면 어닐링뿐 아니라 가열처리를 할 때 유지류의 불완전연소로 재료의 표면이 변색하는 수가 있다. 이것의 예방은 가열 전에 재료를 탈지하면 좋다.

열처리 합금에도 단지 가공으로 경화한 것을 어닐링하는 경우는 비열처리 합금의 경우와 같아도 좋지만, 열처리 또는 열처리와 가공으로 경화한 것을 어닐링하는 경우에는 통상 어닐링 온도보다 고온(약 410℃)에서 적어도 1시간 가열하는 것이 필요하고, 냉각 속도도 너무 빠르면 충분히 연화하지 않으므로 250℃ 정도까지는 15~30℃/hr 정도의 속도로 냉각하고 그 후의 냉각은 빨라도 좋다. 따라서 250℃ 정도까지는 노 중에서 냉각하는 것이 보통이다. 이와 같은 열처리 합금의 어닐링을 '완전 어닐링(complete annealing)'이라 한다. 특수한 어닐링으로서는 다음과 같은 것이 있다. 그림 1.29는 5083 H111(열간압연 판의 연화 어닐링)과 5083 H24(반경화, 회복 어닐링 판)의 공정도를 나타내었다.

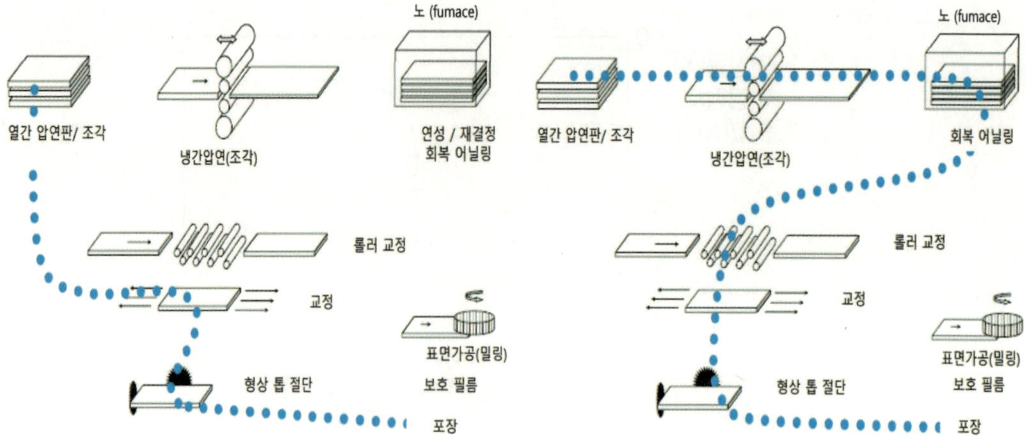

그림 1.29 5083 H111 제조: 열간압연 판의 연화 어닐링 / 5083 H24 제조: 반경화, 회복 어닐링 판

① 부분 어닐링(저온 어닐링, partially annealing)

앞에서와 같이 어닐링에 의한 연화의 정도는 가열 온도, 시간 등에 의해 변하므로 이것을 가감하면, 즉 온도를 낮게 하고 시간을 짧게 하면 충분히 어닐링한 것과 가공경화한 것과의 중간 성능의 것이 얻어진다. 이와 같은 어닐링을 '부분 어닐링(partially annealing)'이라 하고 표 1.17의 H2 처리가 이것에 해당한다. 부분 어닐링의 조건은 재료의 가공 상태, 요구 성능 등에 따라 상당히 다르므로 미리 시험해서 적정한 조건을 정할 필요가 있다.

② 순간 어닐링(flash annealing)

성형가공을 하는 재료는 일반적으로 어닐링한 것이 사용되지만 어닐링 후의 결정립이 크면 성형 가공한 때에 결 거침(orange peel)이 생기는 수가 있어 결정립이 작고 연화된 재료가 바람직하다. 이 같은 경우에 하는 어닐링 법으로 순간 어닐링이 있다. 이 처리법은 통상의 어닐링 온도보다 훨씬 높은 온도(450~550℃)에 재료를 단시간(30초~3분) 가열하는 방법으로 이것에 의해 재료는 통상의 어닐링 온도보다 상당한 고온(400~500℃)에 가열되지만, 시간이 매우 짧아 결정립이 작고 연화한 것이 얻어진다.

순간 어닐링은 통상의 어닐링 노를 사용해도 되지만 작업능률이 낮으므로 일반적으로는 전용 노가 사용된다. 이 노는 터널식 컨베이어 노로, 노를 일정의 고온으로 가열해 두고 재료는 컨베이어를 따라 노 속을 통과한다. 노 온도, 컨베이어 속도 등을 조절해서 소요의 성능을 얻도록 하면 좋다.

순간 어닐링은 단시간에 재료 전체가 같은 온도로 되는 것이 필요하므로 일반적으로는 얇고 단순한 형상의 것, 예를 들면 박판, 박관 등에만 적용된다. 이 방법은 가열시간이 짧아 공기 중에서 하여도 산화가 적으나 광택을 잃어버린다.

회복 어닐링 템퍼(H2X)는 같은 강도 수준에서 냉간 압연한 템퍼(H1X)보다 더 연성을 얻을 수 있다. 회복 어닐링 특성(H2X)은 안정된 기계적 특성이고, 여기서(H1X) 템퍼가 장기에 약간의 연화를 표시할 수 있다(그림 1.30 참조).

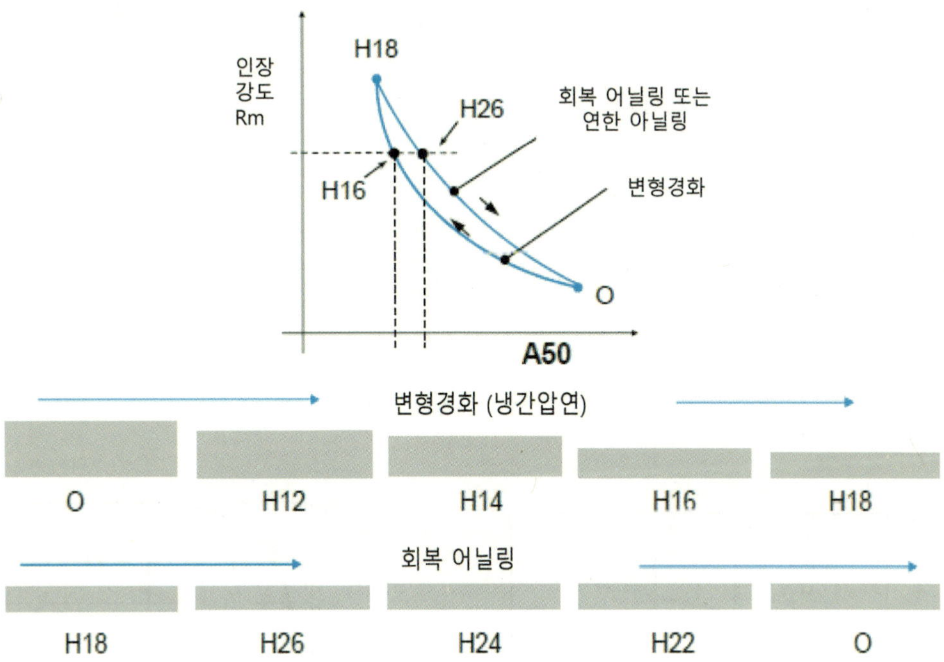

그림 1.30 변형경화와 회복 어닐링 개념도

(2) 퀜칭(용체화 처리) 및 시효경화와 템퍼링

고용체 경화(Solid Solution Hardening)는 금속의 강도를 향상하는 대표적인 강화 기구로, 알루미늄과 같은 연성 금속의 기계적 특성을 개선하는 데 널리 활용된다. 이 기법은 외부 원소(용질 원자)를 알루미늄 결정격자에 도입하여 전위의 이동을 방해함으로써 소성변형을 어렵게 만들고, 결과적으로 재료의 항복강도와 인장강도를 증가시킨다.

고용체 경화에는 두 가지 주요 유형이 있다.

- 치환형 고용체(Substitutional Solid Solution): 용질 원자가 모체 원자의 위치를 대체하여 격자에 변형을 일으킨다.
- 간섭형 고용체(Interstitial Solid Solution): 작은 용질 원자가 모체 원자 사이의 빈 곳에 들어가 격자에 변형을 일으킨다. 이러한 격자 변형은 전위의 이동을 방해하여 재료의 강도를 증가시킨다.

열처리로 알루미늄 합금이 연화하는 원리를 간단히 설명하면, 경화 요소로 되는 첨가성분(예를 들어, Al-Cu계 합금의 Cu)이 알루미늄에 고용하는 온도(고용온도) 이상으로 재료를 가열하고 그 온도에서 급랭, 즉 퀜칭에 의해 경화 요소를 고용한 채(과포화)로 상온에 가져오고 이 경화 요소의 석출로 경화시키는 것이다. 즉, 용체화 처리의 목적은 고용할 수 있는 합금원소를 녹여 급속한 퀜칭으로 실온에서 과포화 고용체를 만드는 것이다(그림 1.31 참조).

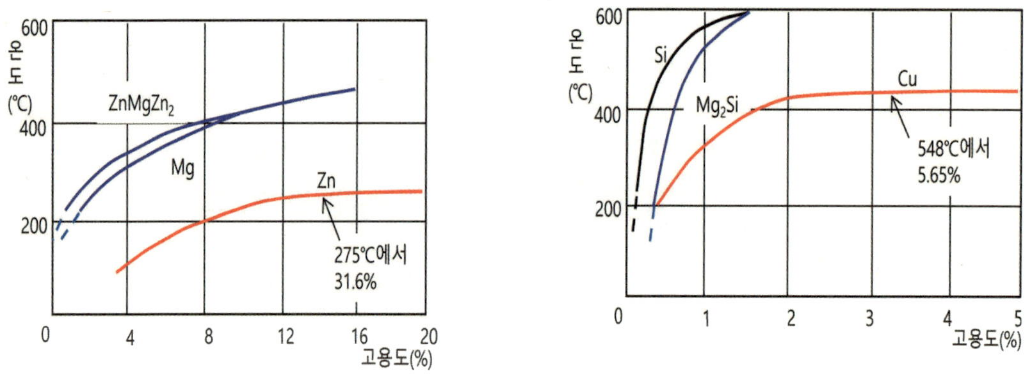

그림 1.31 주요 합금원소의 온도에 따른 고용도 변화

퀜칭한 재료는 경화 요소가 과포화로 고용해 있고 이 상태는 상온에서는 불안정하며 과포화의 고용체에서 제2상(G. P. 영역, 중간상 등)을 석출해서 안정하게 된다. 이 석출 때문에 퀜칭재는 경화하지만, 석출에는 시간이 필요하다. 이와 같은 시간의 경과와 함께 경화하는 현상을 '시효경화(age hardening)'라 하고 상온에서 시효가 진행하는 경우를 상온시효(aging room temperature) 또는 자연시효, 조금 고온에서 진행하는 경우를 고온시효, 인공시효 또는 템퍼링(precipitation heat treatment 또는 temper)이라 한다.

인공시효(Artificial Aging) 동안의 강도 변화는 시효처리를 상온이 아닌 95~205°C의 온도에서 수행하여 석출 속도를 가속화하는 방법으로 강도와 경도는 시간에 따라 다음과 같은 변화를 보인다(그림 1.32 참조).

- 초기 시효 단계: 미세한 석출물(예: GP존)이 형성되며, 강도와 경도가 급격히 증가한다.
- 최적 시효 시간: 강도와 경도가 최고치에 도달한다.
- 과시효 단계(Overaging): 석출물이 성장하고 응집되어 전위 방해 효과가 감소하여 강도와 경도가 다시 감소한다.

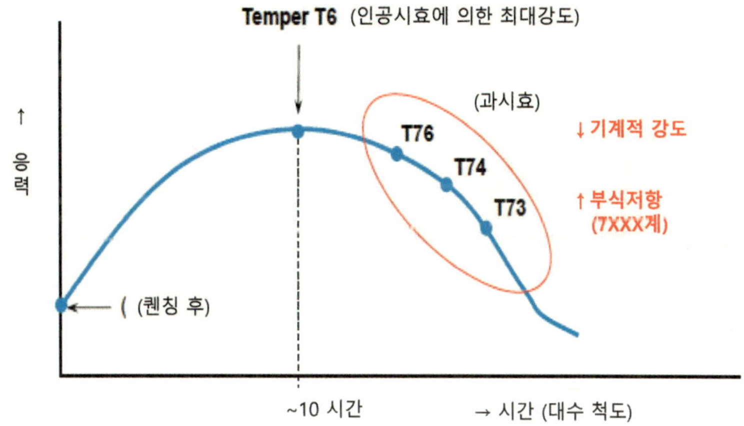

그림 1.32 인공시효(Artificial Aging) 동안의 강도 변화

퀜칭은 열처리 작업의 가장 중요한 조작이다. 퀜칭은 재료를 고용온도 이상으로 가열해서 경화 요소를 고용체화하고 급랭하므로 '용체화 처리'라고도 부른다. 알루미늄에서 용체화 처리는 합금원소를 고온에서 고용체 상태로 완전히 녹인 후 급냉(quenching)하여 상온에 고용체 상태로 유지시키는 열처리 공정이다. 주로 석출경화형 알루미늄 합금(예: 2xxx, 6xxx, 7xxx 계열)에서 적용되며, 이후 시효처리(aging)를 통해 강도를 증가시키는 전처리 과정으로 사용된다.

석출경화 처리는 다음의 주요 3단계를 거친다. 그림 1.33은 알루미늄 합금의 열처리 모식도를 나타내었다.

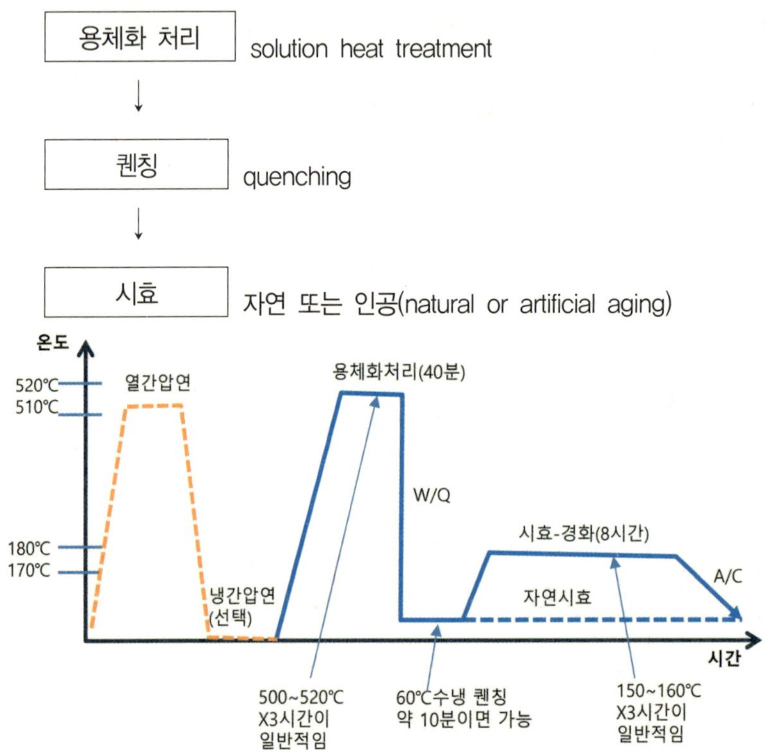

그림 1.33 Al 합금의 열처리 모식도[13]

13) Constellium, Korean Seminar for Aluminum Plate & Heat Treatment, November 26, 2013

석출경화 열처리의 첫 단계는 용체화 처리이다. 용체화 처리 온도는 용해도 곡선보다 될 수 있으면 높은 온도로 하는데, 이때 부분 용해가 일어나지 않는 온도에서 하도록 한다. 보통 480~520℃가 적당하다. 유지 시간은 제품의 형상, 야금학적 구조에 따라 달라지는데 사형 주물품은 12시간 이상, 금형일 때 조직이 미세하므로 8시간 정도로 한다.

가공용 합금은 주물품보다는 적은 시간이 요구되며, 냉간가공한 것이 열간가공한 것보다는 적은 시간이 필요하다. 판재의 침적 시간(soaking time)은 보통 10~30분이면 되나, 두께가 두꺼운 경우에는 수 시간이 필요한 때도 있다(통상 1시간/25mm).

용체화 처리 온도에서 급속히 냉각(퀜칭)하면 용질 원자가 용액 내에 남는 불안정한 구조가 되며 퀜칭 재료는 퀜칭 직후는 그렇게 단단하지 않지만, 즉시 경화를 시작한다. 합금은 이 상태에서 즉시 가공할 수 있다. 퀜칭 후 수분 이내에 용질 원자가 매우 미세한 입자로 석출하게 되므로 강도는 증가하게 된다. 시효 경화(석출 속도)는 상당한 시간이 필요하지만 이러한 석출 속도는 합금의 종류에 따라 달라지며, 어떤 것은 실온에서 급속하고 균일하게 석출 과정이 진행되어 4일 정도면 최대 강도를 얻게 된다. 이 과정을 자연시효라 한다.

경화 속도를 나타내는 상온시효 경화 곡선의 일례를 2024와 7075에 대해 그림 1.34에 나타낸다. 7075는 2024에 비해 경화 속도가 작고 2024는 거의 1일로 대부분 시효가 끝나고 T4의 상태로 되지만 7075는 1개월에서 1년이 지나도 시효가 완전하게 끝나지 않는다.

Mg과 Si 또는 Mg, Zn을 함유한 합금은 실온에서 상당히 오랫동안 시효한다. 이처럼 상온에서는 쉽게 시효가 끝나지 않을 때는 약간 높은 온도(120~200℃)로 가열하면 안정화하여(시효가 촉진되어) 최대 강도를 얻을 수가 있다. 이 촉진 처리가 인공시효(고온 시효) 또는 석출 열처리(precipitation heat treatment), 템퍼링이라 한다. 가공용 열처리 합금의 템퍼는 표 1.16에 따라 표시한다.

퀜칭을 위해 가열하는 온도를 '퀜칭 온도'라 한다. 이 온도는 재료의 고용온도 이상이면 좋지만, 너무 높으면 국부적으로 용해해서 조직에 결함이 생기고 경화도 충분히 되지 않는다. 합금의 종류, 즉 경화 요소로 되는 첨가성분의 종류와 양에 의해 고용온도는 정해진다. 퀜칭 온도는 이 고용온도와 국부용해가 시작하는 온도와의 사이지만 실용 합금에서는 경화 요소 이외의 성분도 여러 가지 첨가되어 있어 적당한 퀜칭 온도는 그렇게 넓은 범위는 아니다. 이런 점을 고려한 주요 가공용 합금의 퀜칭 온도를 표 1.32에 나타내었다. 또한, 표 1.32에는 템퍼링 온도 및 시간에 대해서도 나타냈다.

7075 등은 템퍼링에 의해 단시간 시효경화한다. 템퍼링에 의한 경화는 가열온도와 시간에 따라 다르다. 그 일례로서 2014의 템퍼링 경화 곡선을 그림 1.35에 나타낸다.

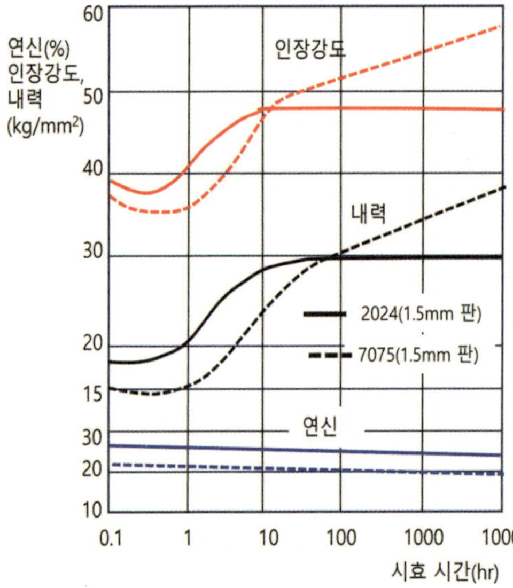

그림 1.34 2024, 7075의 상온시효 경화 곡선

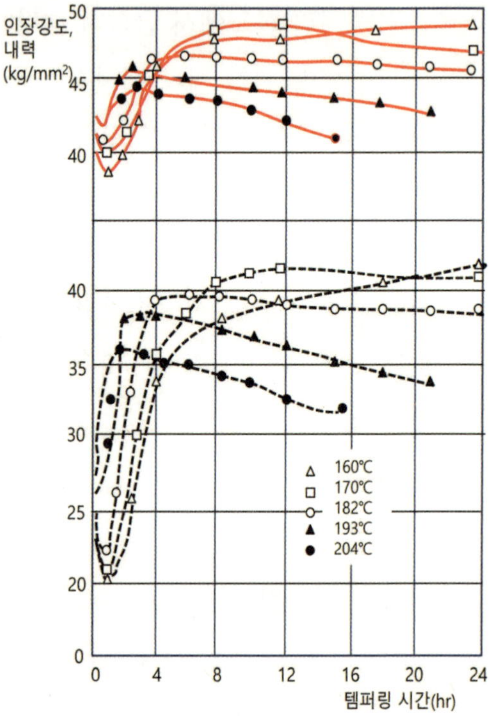

그림 1.35 2014의 각 온도에서 템퍼링 경화 곡선

일반적으로 템퍼링 온도가 높으면 강도는 단시간에 증가하지만, 그 최고치는 그렇게 높지 않고, 유지 시간이 증가하면 오히려 저하하고, 템퍼링 온도가 낮으면 경화

에는 다소 시간이 필요하지만, 강도가 높은 것이 얻어지고 또 유지 시간이 길어도 강도는 거의 저하하지 않는다. 이들 현상은 가열온도에 의해 제2상의 석출 방법이 다르기 때문이고, 따라서 합금의 종류별로 표 1.32와 같이 각각 적당한 템퍼링 온도와 시간이 있다.

템퍼링은 유지 시간이 퀜칭에 비해 비교적 길어 형상, 치수에 의한 유지 시간의 차이가 중요하지 않으므로 매우 다른 경우를 제외하고 같은 재질의 경우 형상, 치수와 관계없이 일반적으로 동시에 하여도 지장이 없다. 또 템퍼링 종료 후의 냉각 속도도 경화 정도에 영향이 없으므로 어닐링 경우와 같이 노에서 꺼내어 공랭하면 좋다. 퀜칭 직후 또는 템퍼링 전은 재료가 그다지 경화하여 있지 않으므로 굽힘 등의 성형 가공을 이 사이에 하면 좋고, 그 후의 상온시효 또는 템퍼링에 의해 강도가 높은 것이 얻어진다.

한편 퀜칭 후의 상온보다도 낮은 온도로 유지한 경우는 일반적으로 석출이 억제되어 시효경화는 거의 진행하지 않는다. 예를 들면, 2014, 2017, 2024는 어느 것도 −20℃에서는 약 1주 후에도 퀜칭 직후의 경도와 그다지 변하지 않고 또 0℃에서는 약 10시간 후에 경화가 시작되지만, 그 후의 경화 속도는 대단히 느리다. 이와 같은 현상은 '지효'라 하고 퀜칭 후의 시효를 억제하고 싶을 때, 예를 들면 성형가공과 리베팅을 하면 좋은 방편이다. 특히 2117은 0℃ 이하로 유지하면 시효 경화하지 않으므로 퀜칭 후 즉시 냉장고 등에 보관해 두고 리베팅 때에 꺼내서 사용하면 부드러우므로 리베팅이 쉽고 또 그 후의 상온시효는 약 1주 정도에서 완료하고 경화한다. 이 때문에 2117은 지효성 리벳재로 이용되고 있다.

퀜칭 온노로 가열하는 시간, 즉 유지 시간은 노 온도가 일정한 온도로 되어도 재료 전체가 일정한 온도로 도달하는 데는 두꺼운 것일수록 시간이 걸리며, 경화 요소가 완전히 고용하는 데는 다소 시간이 필요한 것으로 재료의 두께에 따른 최소 유지 시간의 기준이 정해져 있다. 표 1.33은 최소 유지 시간의 기준을 나타내었으며 유지 시간은 이 표보다 다소 길어도 지장은 없다(clad sheet 제외).

표 1.33 최소 유지 시간의 기준

재료 두께 (mm)	최소 유지 시간(분)	
	염욕 노	공기 노
0.5 이하	10	20
0.5~0.8	15	25
0.8~1.6	20	30
1.6~2.3	25	35
2.3~3.2	30	40
3.2~6.4	35	55
6.4~12.7	45	65
12.7~25.4	60	90

일정한 유지 시간이 지나면 재료를 노에서 꺼내어 수중에 투입하며, 이 사이의 조작은 되도록 빨리할 필요가 있다. 이것이 늦으면 재료가 소정의 퀜칭 온도보다 저하하고, 또 그 사이에 경화 요소가 일부 석출하므로 소요의 성능이 얻어지지 않는다. 그 일례를 2024에 대해 그림 1.36에 나타낸다.

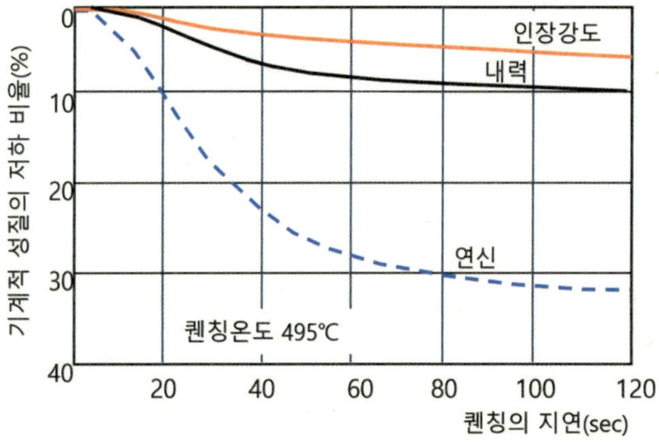

그림 1.36 2024의 퀜칭의 지연이 시효경화 후의 기계적 성질에 미치는 영향

이 경우 지연이 10분 이상부터 기계적 성질이 저하하고 특히 내력, 연신이 감소한다. 또 경화 요소가 일부 석출하면 조직이 불균일하게 되고 이 때문에 내식성이 저하하는 수도 있어 주의가 필요하다. 퀜칭의 지연으로서는 표 1.34의 정도까지는 허용된다.

표 1.34 허용되는 퀜칭의 지연

재료 두께(mm)	허용되는 지연(초)
0.4 이하	5
0.4~0.8	7
0.8~2.3	10
2.3 이상	15

퀜칭의 냉각 속도는 되도록 큰 것이 좋다. 따라서 냉각수는 일반적으로 20℃ 이하의 물이 사용되고, 퀜칭을 하는 재료에 대해 충분한 양을 준비해서 퀜칭 완료 후의 수온이 40℃를 넘지 않는 것이 좋다. 냉각 속도는 재료의 용적, 특히 두께에 따라 변하며 그 일례를 그림 1.37에 나타낸다. 판 두께가 증가함에 따라서 냉각 속도가 저하하며, 400℃ 부근에서 냉각의 지연이 보인다. 이것은 재료의 표면에 수증기 막이 형성되어서 냉각을 방해하기 때문이고, 이 같은 경우에는 물을 교반하거나, 강하게 흘리든가, 재료를 강하게 움직이든지 하면 막을 수 있다.

냉각 속도가 시효 후의 성능에 미치는 영향을 7075에 대해 그림 1.38에 나타내지만, 냉각 속도는 내력에 대한 영향이 특히 크고, 평균 냉각 속도가 200℃/sec 이상이 아니면 충분한 성능이 얻어지지 않는다.

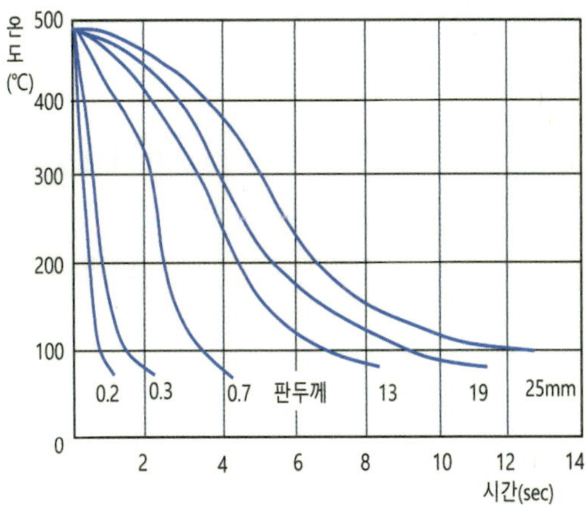

그림 1.37 여러 두께의 판재를 냉수 중에 퀜칭한 경우의 냉각 곡선

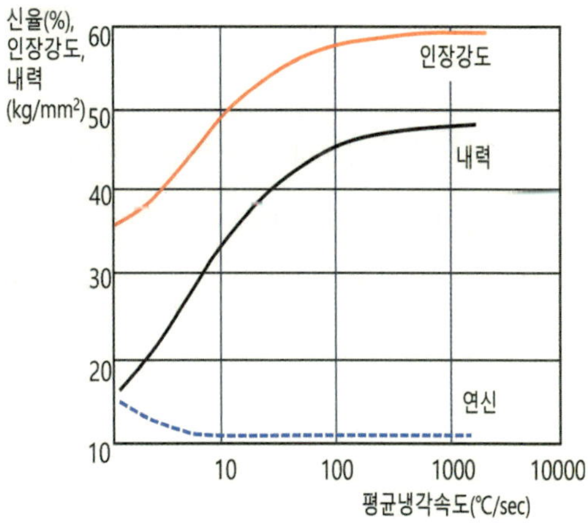

그림 1.38 7075의 기계적 성질에 미치는 냉각 속도의 영향

단조품 등에서는 균열과 변형을 방지하기 위해서 냉각 속도를 내리는 것이 필요한 때도 있고 이와 같은 때에는 온수 또는 비등수(boiling water)를 사용한다. 특수한 경우의 퀜칭으로는 재퀜칭, 클래드강의 퀜칭(quenching of clad sheet), 열간가공에서의 퀜칭이 있다. 그림 1.39는 열처리 합금 시트와 판재의 마무리 열처리 인공시효 공정을 나타냈다.

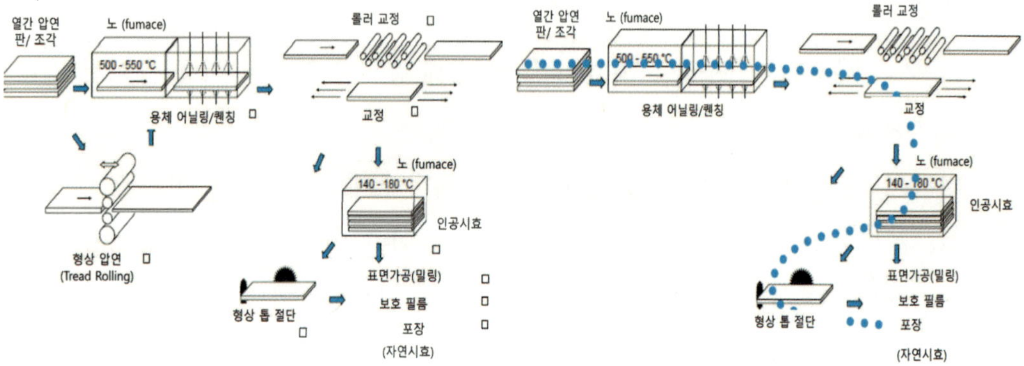

그림 1.39 열처리 합금(2xxx, 6xxx, 7xxx) 및 6061-T651 판재의 열처리 공정도[14)]

(3) 열처리와 가공경화

알루미늄의 가공경화(냉간가공) Strain hardening(cold working)은 금속을 상온에서 변형시켜 전위밀도를 증가시키고, 전위 간의 상호작용을 통해 전위의 이동을 방해하여 강도를 향상하는 강화기구이다. 이러한 냉간가공은 비열처리 합금에서 주로 사용되며, 대표적인 예로 H12, H14, H16 등의 템퍼(Temper) 상태가 있다. 그림 1.40은 5005 알루미늄 합금의 템퍼 상태에 따른 항복강도, 인장강도, 경도, 연신율의 변화를 시각적으로 표시한 것이다.[15)] 그림 1.41은 비열처리 합금(1xxx, 5xxx) 냉간압연과 열간압연 공정도를 나타낸 것이다.

14) Constellium, Korean Seminar for Aluminum Plate & Heat Treatment, November 26, 2013
15) Aluminium Alloy 5005-Properties, Applications, Fabrication, Machinability and Weldability, https://www.azom.com

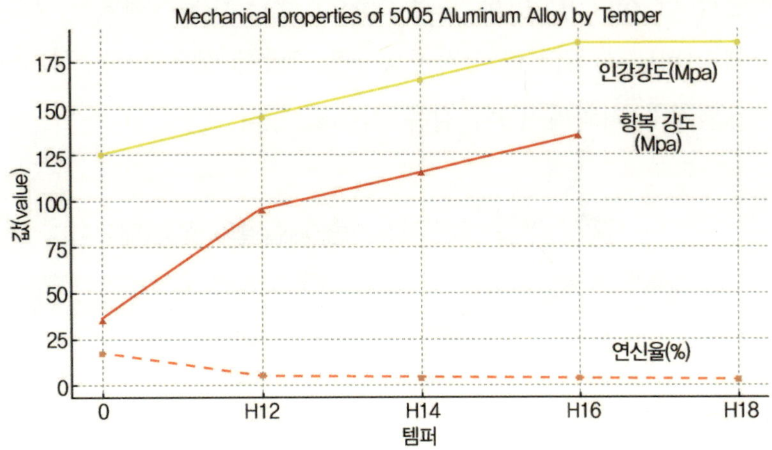

그림 1.40 **5005 알루미늄 합금의 템퍼 상태에 따른 항복강도, 인장강도, 경도, 연신율의 변화**[16)]

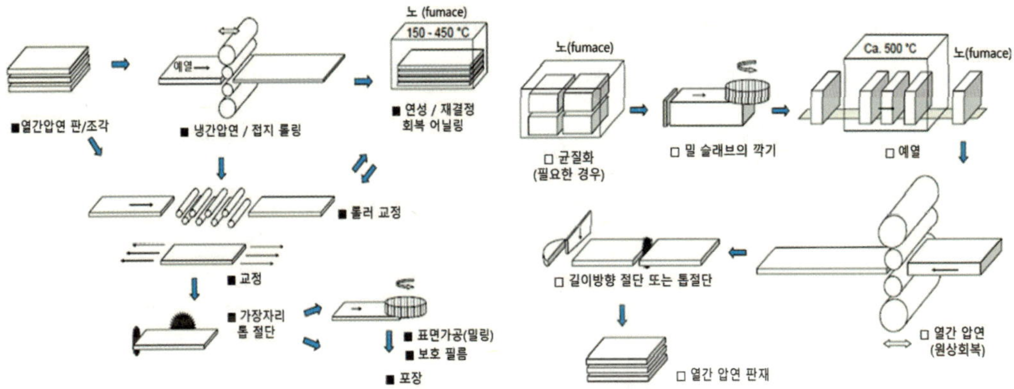

그림 1.41 **비열처리 합금(1xxx, 5xxx) 냉간압연과 열간압연 공정도**

열처리 합금은 열처리(퀜칭, 상온시효, 템퍼링)와 가공경화를 적당히 조합함으로써 열처리만의 성능보다 더욱 뛰어난 것이 얻어진다. 예를 들면, 판, 관, 봉 등에서 퀜칭 후 상온시효하고서 냉간가공한 것(T3)은 단지 퀜칭 후 상온시효시킨 것(T4)보다 높은 성능을 나타내고, 또 퀜칭 후 냉간가공하고서 템퍼링을 한 것(T8)은 단지 퀜칭

16) Aluminium Alloy 5005-Properties, Applications, Fabrication, Machinability and Weldability, https://www.azom.com

후 템퍼링을 한 것(T6)보다도 훨씬 성능이 높다. 이들 예로서 2024 판의 경우를 표 1.35에 나타낸다. 열처리와 가공경화를 조합한 것으로서는 상기 T3, T8 처리가 자주 사용되지만 이외에 T9와 같은 처리도 있다.

표 1.35 **2024의 각종 재질별의 성능(대표치)**

재질별	인장강도(MPa)	내력(MPa)	연신율(%)
T4	461	323	20
T3	480	343	18
T36	500	392	13
T6	470	392	10
T81	480	451	6
T86	519	519	6

(4) 안정화 처리(stabilizing treatment)

Al–Mg계 합금(5052, 5056 등)은 냉간가공 후 상온에 내버려 두면 시일의 경과와 함께 서서히 인장강도가 저하하고 연신이 증가하는 경향이 있다. 그 일례를 Al–6%Mg 합금(5xxx)의 H14재의 경우에 대해 그림 1.42에 나타낸다.

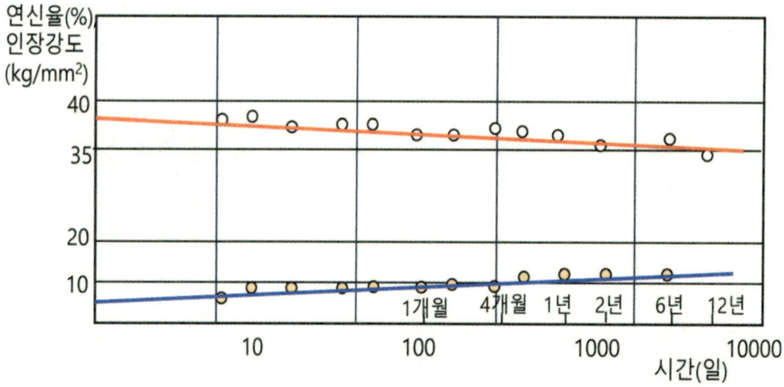

그림 1.42 **Al–6%Mg 합금 1/2H(H14)의 경년변화**

이 경향은 일반적으로 Mg 함량이 많을수록 또 가공도가 높을수록 현저하다. 이처럼 시일의 경과와 함께 연화하는 현상을 '시효연화(age softening)'라 하고,

Al-Mg계 합금의 경우에는 가공경화한 재료를 120~180℃에 수 시간 가열로 약간 연화하지만, 그 후는 성능이 변화하지는 않는 안정한 상태의 것이 얻어진다. 이 가열처리를 '안정화 처리'라 하고, H3의 재질별 기호로 나타낸다. 따라서 냉간가공에 의해서 H12, H14, H16, H18로 한 것을 안정화 처리하면 각각 H32, H34, H36, H38로 되는 것이다. 표 1.36에 가공경화 재료를 안정화 처리(H3 처리라고도 한다) 한 경우의 성능변화 일례를 5005, 5056에 대해 나타낸다.

표 1.36 H3 처리에 의한 성능변화(대표치)

재료	재질별	인장강도(MPa)	내력(MPa)	연신율(%)
5005 판(1.6mm)	H14	157	147	6
	H34	157	137	8
5056 봉(ϕ13mm)	H18	431	402	10
	H38	412	343	15

H2 처리(부분 어닐링)한 경우는 물론 H3 처리할 필요는 없다. 또한, T7 처리는 퀜칭 후 안정화 처리를 한 것이지만, 이 경우의 안정화 처리는 통상의 퀜칭 온도보다 약간 고온으로 가열해서 퀜칭에 의한 변형을 보다 적게 하기 위한 처리이고, 이것은 H3 처리의 안정화 처리와는 내용이 달라 주의가 필요하다.

4.3.2 주물용 합금의 열처리

(1) 어닐링

주물용 합금을 어닐링해서 사용하는 것은 별로 없지만, 어닐링하면 약 350℃에서 2~4시간 가열 후 공랭하면 좋다. 가열시간이 가공재에 비해 약간 긴 것은 주물은 조직이 불균일하기 때문이다. 주물의 경우 어닐링은 연화시키는 것만이 목적이 아니고 주조 때의 잔류변형을 제거하기 위해 하는 것이 많다. 이때에는 T21의 기호로 나타낸다.

(2) 퀜칭

주물용 합금의 퀜칭은 원리, 조작 모두 가공재 경우와 완전히 같고 합금에 따른 고용온도 이상으로 가열 후 물 등으로 급랭하면 좋다. 표 1.37에는 템퍼링 온도와 시간을 나타낸다.

표 1.37 알루미늄 주물용 합금의 열처리 조건

합금 명		재질	퀜칭		템퍼링	
Alcoa	JIS		온도(℃)	시간(hr)	온도(℃)	시간(hr)
195	AC 1A	T6	약 515	6~12	약 160	약 6
–	AC 2A	T6	약 500	6~12	약 160	약 6
–	AC 2B	T6	약 500	6~12	약 160	약 6
–	AC 4A	T6	약 515	6~12	약 170	약 10
–	AC 4B	T6	약 500	6~12	약 160	약 6
356	AC 4C	T5	–	–	약 225	약 8
		T6	약 520	6~12	약 160	약 6
355	AC 4D	T6	약 525	8~12	약 155	약 5
142	AC 5A	T6	약 510	4~6	약 200	약 6
220	AC 7B	T4	약 425	20 이상	–	–
A132	AC 8A	T5	–	–	약 175	약 16
		T6	약 520	3~8	약 170	약 16
D132	AC 8	T5	–	–	약 200	약 8
		T6	약 520	3~8	약 170	약 16

※ 애큐래드법은 1966년 미국의 GM사가 발표. accurate(정밀), rapid(신속), dense(조밀)한 주물을 얻는 방법

가열시간이 긴 것은 주물은 조직이 불균일하고 경화 요소를 완전히 고용하는 데에 시간이 필요한 것, 또 질량이 큰 것이 고려되어 있기 때문이다. 또 냉각수로서는 통상 65~100℃의 것이 사용하는데 이것은 퀜칭 후의 잔류변형과 변형을 적게 한다. 또한, 다이캐스팅용 합금은 일반적으로 열처리하지 않는다. 다이캐스팅은 주조 때 공기 등이 미세한 기포로서 함유되므로 이것을 가열하면 기포가 팽창해서 표면에 나타나 부풀음(blister)이 생긴다. 그러나 최근 애큐래드법(Acurad process)이라

하는 기포가 거의 생기지 않는 새로운 다이캐스팅 방법이 개발되어 다이캐스팅도 열처리할 수 있다.
퀜칭에 의해 변형한 경우는 퀜칭 직후는 비교적 연신이 있으므로 시효 전에 가능한 한 빨리 교정하면 좋다.

(3) 시효경화와 템퍼링

주물용 합금의 시효경화와 템퍼링도 가공재의 경우와 같다. 템퍼링의 조건에 대해서는 표 1.37에 표기하였다. 합금에 의해서는 특히 퀜칭하지 않아도 주조 때의 급랭 때문에 퀜칭 효과를 나타내는 것이 있고(AC 4C, 8A 등), 이 경우에는 퀜칭만을 하는 처리법(T5)도 하고 있다.

4.4 알루미늄 용접성 문제

알루미늄 합금을 용접할 때 가장 문제가 되는 것은 균열의 발생이다. 따라서 알루미늄 구조물을 용접할 때는 균열을 방지하기 위해서 모재와 용접봉의 적절한 선택이 무엇보다도 중요하다. 다음에 중요한 용접결함은 기공으로서 이 기공과 균열은 알루미늄의 용접기술이 개발된 이래로 계속 문제가 되어왔다. 강도가 높은 합금을 사용하는 경우에는 유용하나 이와 같은 용접결함의 방지와 이의 대책이 더욱 중요하게 된다.

4.4.1 알루미늄과 그 합금의 기공

기공은 용융 용접금속에서 용해되어 응고 분리된 가스로부터 발생하여 용접금속에 제한된 문제이며, 응고된 용접금속 안의 기포 형태이다. 그림 1.43처럼 기공의 크기는 아주 작은 미세기공으로부터 직경 3~4mm의 범위이다.
알루미늄 합금의 용접 때 발생하는 기공의 주요 원인은 수소(H)로 추정된다. 기공 발생 원인을 알아내기 위하여 급랭시킨 주물품의 기공 발생 원인을 고찰하는 방법을 사용할 수 있으나 용접부의 수소 발생 원인은 그 수가 많고 용접반응의 열역학은 주물보다 더욱 복잡하다. 수소가 기공 발생의 주요 원인이지만 용접 때 이의 감소 또는 제거는 아직도 많은 문제가 남아있다.

그림 1.43 25.4mm 판재의 MIG 필릿 용접부 기공

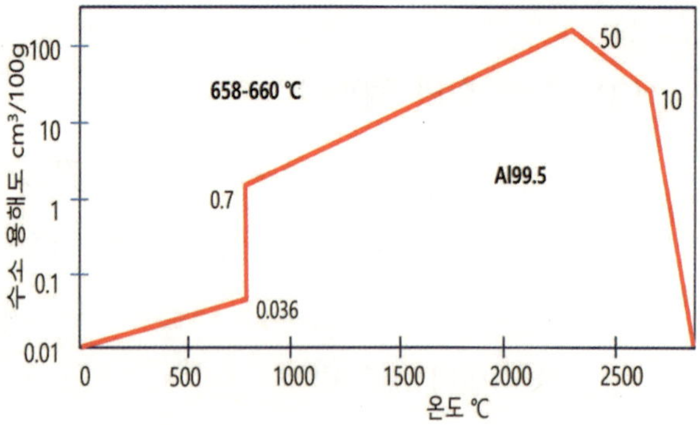

그림 1.44 알루미늄의 수소 용해도

그림 1.44에서처럼 고체상태의 알루미늄에서 수소의 용해도는 매우 낮아 융점 바로 아래에서 약 0.036cc/100g 정도가 된다. 이러한 수소의 용해도는 용융 알루미늄에서는 급증하게 되며, 용융점에서 0.7cc/100g이 되며, 온도가 상승할수록 더욱 증가하게 된다. 따라서 용융상태의 용접부가 응고할 때는 용해 한도인 0.036cc/100g보다 더욱 많은 수소가 존재하게 되며 이는 가스 기포로서 방출하게 된다. 이것은 응고 때 약 20배 정도의 용해도를 감소해주고, 현저한 용해도의 감소는 알루미늄 용접에서 기공 방출을 매우 어렵게 한다. 이 기포가 고체 금속 내에 갇히게 되면 기공이 있는 용접부가 되는 것이다.

용착금속 내의 기공뿐만 아니라 열영향부 내에도 기공이 생길 수 있는데, 이것은 모재 또는 용접 작업으로부터 가스의 석출이 열영향부의 입계나 결함부에서 일어나기 때문으로 알려져 있다. 내압의 증가도 기공을 형성하는데 이의 형성 기구는 부풀음(blistering)과 팽창(swelling)과 관계가 있다. Mg 함량이 증가하고 용접 속도가 늦을수록 열영향부의 기공은 증가하게 된다.

용접부 내의 수소 발생 원인은 이처럼 많은 발생 원인으로 인하여 기공 형성의 정확한 기구를 알기가 어려운 것이다. 용접부 기공의 생성(수소 발생) 원인은 다음과 같다.

- 모재나 용접봉 내의 내부 수소
- 모재와 용접봉의 표면의 수산화물(hydroxide)이나 오염물
- 실딩 가스 내의 오염물(물)

그림 1.45는 MIG 용접에서 공기 중의 가스인 N_2, O_2, H_2O를 흡수하여 기공의 형성 과정을 나타낸 것이다. 여기에서 토치 경사각이 과도하거나, 실딩 가스 유량이 과도하거나, 전극 팁이 소손되거나 하는 것이 실제 작업에서 많이 발생한다.

표 1.38은 기공 발생에 관여하는 인자를 사람(Man), 기계(Machine), 방법(Method), 재료(Material)의 4M 관점에서 나열한 것이다. 용융지의 휘저음으로 인한 펄스 용접이 CV 모드보다 우수하고, 전기적 접촉 관점에서 콘택트 길이가 긴 것이 아크가 안정되고, 실딩 가스의 순도와 적절한 유량과 용융지를 재용융시켜 가스가 빠져나올 수 있도록 하는 오실레이션 기법이, 단일 가스보다는 혼합 가스가 기공의 발생이 적다.

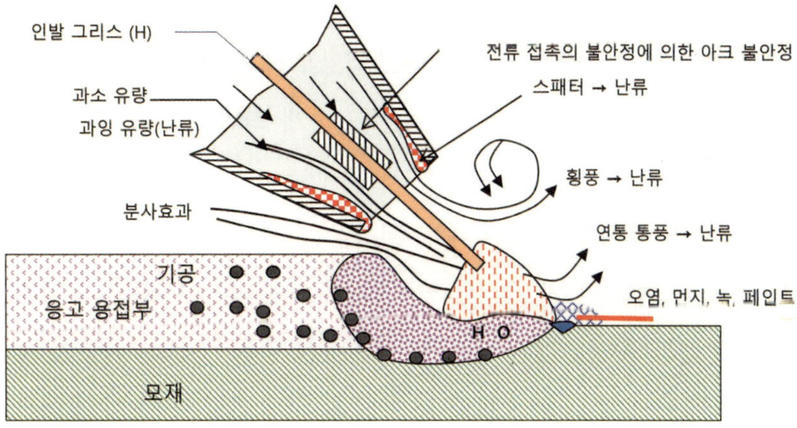

그림 1.45 MIG 용접의 가스(공기 중의 N_2, O_2, H_2O) 형성 과정도

표 1.38 기공 발생 기여도

사람(Man)	기계(Machine)	방법(Method)	재료(Material)
• 숙련도 • 수동이 자동보다 크다. • 신체 조건 • 바람(횡풍) • 용접기 내부 먼지 등 • 작업환경	• CV 모드가 펄스보다 크다. • 공랭식이 수랭식보다 크다. • Slop가 크면 발생이 크다. • 아크 길이 • Arc control • 콘택트 팁 길이가 짧으면 크다. • Gas 누설 • 토치 노즐의 과열 • 가스 공급 시스템	• MIG가 TIG보다 크다. • 토치 노즐 내 Spatter • 이음의 틈새 • CTWD • 용접 전류 및 전압 • 용접 속도 • 실딩 가스 순도 및 유량 • 직선 운봉이 오실레이션 기법보다 크다. • 층간 청결	• 용접재료는 6xxx, 7xxx, 2xxx이 5xxx보다 크다. • Gas hose 및 Liner 재질 • Gas nozzle 냉각 길이 • 단일 가스가 혼합가스보다 크다. • 소재 보관 • 오염 및 산화막 • 용착금속 성분 및 수분

(1) 모재 또는 용접봉

최근 사용하는 주조법에 따르면 모재나 용접봉 내에는 거의 수소가 없게 된다. 그러나 실제로 가스의 수준을 낮게 하려고 항상 가스 빼기(degas)를 할 수는 없으며, 용융 알루미늄이 공기와 접촉하게 되면 수소가 침입하게 된다.

주물 내의 기공(pore)은 판재나 봉재로 가공할 때 납작해지나, 수소는 늘어난 기공 형상으로 남게 된다. 또한, 과포화된 고체로부터 원자 수소가 기공으로 이동되기도 한다. 이러한 종류의 가스가 용접으로 침입하게 되면 응고할 때 갇히게 되어 기공을 형성하거나 방출된다. 이것이 방출하게 될 때는 직접 아크로 들어가 이온화하여 다시 용액 상태의 용접부로 들어가게 된다.

Al–Mg 합금 판에서의 가스는 용접부의 기공에 많은 영향을 미치지만, 상용 판재(plate)나 용접봉에서는 많은 기공을 발생시킬 만큼 충분한 가스가 없다. 그것은 모재나 용접봉에서의 수소 함량보다 용착금속 내의 수소량이 더 많아 기공의 발생 영향이 적다.

2219와 2014에 있어서 기공의 발생은 실딩 가스 내의 수분 함량이 가장 큰 요인이며, 그 다음은 합금원소, 금속 불순물, 수소 함량의 순서가 되며, 수소 함량의 증가는 용접부의 기공을 증가시킨다.

용착금속 내 기공의 크기와 분포는 용착금속의 성분에 따라 달라진다. 용착금속 내에는 합금 성분이 많고 적어지는 부분, 즉 편석이 일어나게 되는데 기공은 주로 합금 성분이 적어지는 부분에 형성된다. 용착금속 내의 수소의 띠 모양 편석은 용착금속의 중앙 부분, 즉 최종적으로 응고하는 부분에서 생기게 된다. 이것은 응고 중에 수소가 용해도가 높은 용융 부분으로 재분포되는 것을 잘 설명해준다. 그러나 이 부분에서도 수소의 양이 많고 적어지는 부분이 생기게 되는데 이것은 전술한 편석에 의한 것이다.

결론적으로는 모재와 용접봉 내의 수소 함량이 높은 경우 용접부에 기공을 발생시키지만, 이것은 주요 요인이 아니다. 그리고 이러한 기공의 형성은 용착금속 내의 합금원소가 미세 편석이 일어나기 때문이다.

MIG 용접에서 와이어와 모재의 재질이 맞지 않을 때의 현상은 다음과 같다.

- 스패터가 많이 발생한다.
- 기공이 발생한다.
- 용착효율이 적다(85~95% 정도).
- 용접부 과열 현상이 발생한다(용접 속도가 느려 열이 집중되고 비드가 볼록하게 됨).

(2) 모재와 용접봉의 표면 조건

기공 발생의 주요 원인은 모재와 용접봉의 표면 조건으로 알려져 있다. 알루미늄은 산소와의 친화력이 높아 쉽게 산화하며, 이 산화물에는 수분이 함유되어 있다. 합금원소도 표면의 산화물로부터 들어오는 수분량에 영향을 미친다. Mg나 Na과 같은 활성 합금원소를 포함하고 있는 알루미늄 합금은 수소를 발생시킬 수 있는 수산화물을 형성한다. 따라서 Mg 함량이 증가할수록 기공의 발생 경향은 높아지게 된다. Al-Mg 합금이 Al-Mg-Si 합금보다는 기공의 양이 적은 것은 Al-Mg-Si 합금이 더 활성이 높은 표면을 갖고 있기 때문이다. 5xxx(AMg6) 합금과 용접봉의 수분이 용접부에 기공을 발생시키는 주요 원인이며, 용접 전에 인산이나 알칼리 욕(alkaline bath)에 산 세척한 직경이 큰 용접봉을 사용하는 것이 기공 발생을 최소화할 수 있다. 또한, 모재도 알칼리 용액에 산 세척하고 와이어 브러싱 또는 스크래핑하는 것이 좋다.

용접봉 내의 화학 화합물의 수소가 TIG 용접 때 수소의 주요 원인이 된다. 따라서 용접봉에 의한 기공 형성을 방지하기 위한 다음의 품질관리 절차가 필요하다.

- 표면 긁기(nick, gouge cold lap)의 검사
- 표면 접촉저항의 측정
- 불꽃 시험(flame test): 용접봉을 환원성 산소-아세틸렌 불꽃으로 가열한 후 용접봉에 잔류하는 표면 필름의 두께를 상대평가(육안검사)
- 용접봉의 현미경 조직검사
- 용착금속의 파단검사

용착금속의 기공에 미치는(3003 모재) 표면 조건은 MIG 비드 쌓기에서 용접열로 인해 오염물이 아크 바로 앞에서 증발하므로 영향이 적다. 6061 판재를 용접 전에 판재를 건식으로 가공한 것은 에칭(etching)하고 브러시한 판재와 비교하여 기공의 양이 현격히 감소한다.

결론적으로 모재와 용접봉의 표면 조건은, 특히 수소화물을 포함하고 있는 경우 용접부에 기공을 많이 형성시킨다. 그러나 모재의 경우는 용접열로 인하여 수소가 제거되므로 기공이 형성될 가능성이 용접봉보다 더 적다.

(3) 실딩 가스

① 실딩 가스 기능

가스 금속 아크 용접 실딩 가스는 용접 소모품으로 중요한 역할을 한다. 실딩 가스의 주요 기능은 주변 공기의 나쁜 영향으로부터 용해와 가열 금속 및 텅스텐 전극을 보호하고 아크에 적합한 조건을 제공하는 것이다. 공기는 용융 또는 가열된 금속과 접촉하면 공기 중의 산소가 금속을 산화 또는 텅스텐 전극을 파괴하고, 질소는 기공 또는 용접금속의 취성과 공기 속의 습기는 기공을 발생할 수 있다.

실딩 가스 조성은 용융 전극으로부터 만든 스패터의 양 및 크기에 영향을 주는 용융지의 금속 이행에 영향을 미친다. 또한, 용접 비드, 용접 형상, 용접 속도에

영향을 주고 합금원소(재료 강도에 영향) 또는 비드 표면에 산화물 형성, 번-오프에 따른 큰 기공을 생성하게 한다. 용접 실딩 가스는 불활성 또는 활성으로, 불활성 가스는 아크와 용융지에서 화학적 반응을 하지 않으나 활성은 그렇지 않다.

GMAW나 GTAW 중에 사용되는 실딩 가스의 중요한 기능은

- 대기로부터 용융지를 보호
- 아크 플라스마 생성
- 아크 안정성과 GMAW의 금속 이행 특성에 영향
- 용접공정의 생산성 영향이 있다.

알루미늄 용접에 사용되는 일반적인 가스는 표 1.39에 근거한다.

표 1.39 실딩 가스 구성의 선택과 이온 가전압

가스 종류	특성	이온 가전압(eV)
Argon	불활성 "cool"	15.76
Helium	불활성, "hot"	24.59
Nitrogen	일반적인 불활성	14.50

용접 때 실딩 가스는 고온 용융지와 고온 전극의 산화를 방지함으로써 용접금속의 이행양식, 아크 안정성 및 용접부의 품질을 좌우한다. 즉, 실딩 가스 종류에 따라 비드 외관 및 단면 모양, 스패터 발생량, 용접 속도, key hole 생성, 용접봉으로부터 모재로의 성분 금속의 이행량(recovery) 등에 영향을 미치며, 지온 취성 강도 등 기계적 강도에도 영향을 미친다.
아크 분위기 중에 수분이 있는 경우가 기공의 발생에 가장 중요한 원인이 된다. 이러한 현상은 특히 아크가 불안정할 때 생기기 쉬우며, 기공은 He-Ar 혼합 가스를 사용할 때 최소가 된다. 노점(dew point)이 −51℃보다 낮으면 기공이 거의 없고, −50℃보다 더 높은 경우는 급격히 증가한다(그림 1.46 참조). 높은 품질의 용접은 순도가 높은 가스를 사용하여야 하며, 노점은 -51℃(39ppm 물) 이하가 되어야 한다.

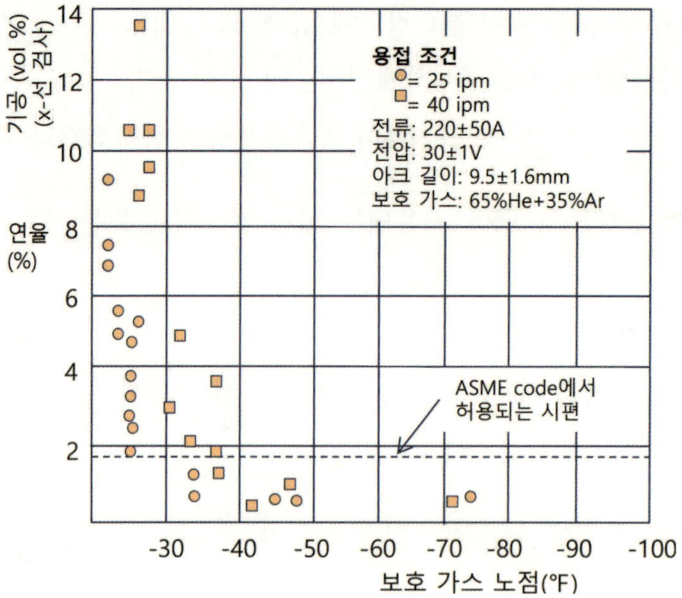

그림 1.46 기공 형성에 미치는 실딩 가스의 노점과 용접 속도의 효과

2219-T87의 용접 때 오염된 가스(산소, 질소와 He)와 수분에 의한 결함, 기공, 기계적 성질, 야금학적 특성에 미치는 효과는 다음과 같다.

- 수소 함량이 증가하면 기공의 양도 증가한다.
- 수분이 증가하면 기공도 증가한다.
- 산소함량이 증가하는 경우 기공의 양은 증가하지 않고 다소 감소한다.
- 질소함량의 증가는 기공에 거의 영향이 없다.

250ppm 정도의 오염이 되어야 용접 품질이 크게 떨어지며, 실딩 가스의 오염은 여러 가지 효과를 유발하여 기공뿐만 아니라 표면의 변색, 아크의 불안정과 언더컷 등이 일어나기 쉽다.

아르곤 실딩 가스가 불량일 때의 현상은 다음과 같다.

- 용접부에 그을음이 많이 발생하고, 용접 표면이 검거나 산화된 상태가 발생한다.
- 비드 폭이 좁고, 용접 때 클리닝(cleaning) 상태가 불량하다.
- 스패터가 많이 발생하고, 기공이 비드의 양면에 부상하며, 용입 부족 현상이 발생한다.

- 용입과 용착이 불가능하고, 전류가 상승하여도 모재가 용융하지 않는 상태가 발생한다.
- 비드의 면이 거칠고, 산화된 상태가 발생한다.

② 실딩 가스 내 수분과 기공 발생

그림 1.47은 실딩 가스 내에 포함된 포화 공기의 비율과 그로 인한 수소 함량 사이의 관계를 나타낸 것이다. 예를 들어, 21.1℃에서 헬륨 가스에 수분으로 포화된 공기가 0.6% 유입될 경우, 실딩 가스 내 수소 함량은 약 250ppm에 이르게 되며, 이는 심각한 기공 형성으로 이어진다.

기공을 방지하기 위해서는 용융지에 도달하는 가스의 순도가 유지되어야 하며, 이를 위해 가스공급 시스템의 호스 손상, 이음부 누설, 오염 가능성 등을 정기적으로 점검해야 한다. 특히, 장시간 사용하지 않은 토치 내부에 수분이 응결되면 기공의 원인이 될 수 있으므로, 토치는 건조한 불활성 가스로 포장 보관해야 한다. 가스공급 시스템의 국부적인 오염 문제는 작업 전 토치 점검을 통해 미연에 방지할 수 있다. 주요 원인으로는 오링(O-ring) 손상, 납땜 이음부 누설, 오염된 호스 등이 있으며, 이들은 실딩 가스 내 미세한 수분이나 공기 침투로 이어져 기공을 유발한다.

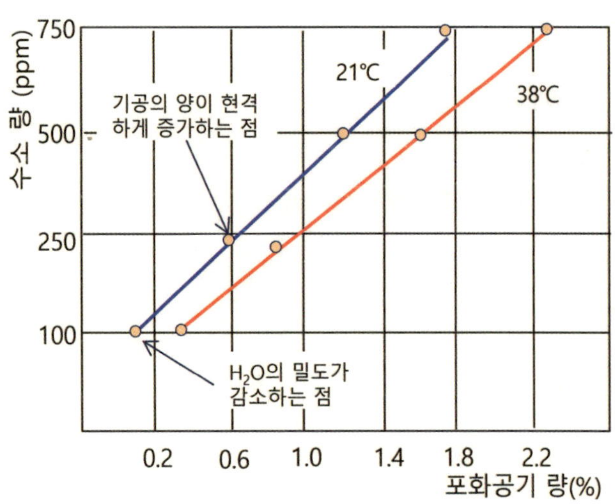

그림 1.47 포화상태의 공기 오염으로부터 용접부에 미치는 수분의 부피

특히 주말 이후의 첫 용접 작업에서는 기공 발생이 빈번하다. 이는 장시간 사용하지 않은 동안의 시스템 내부 오염 때문으로, 용접 전 짧은 시간 동안 가스를 흘려 시스템 내부를 세척하는 것이 효과적이다. 이때 와이어 드라이브 롤을 느슨하게 조정하면 가스 흐름 안정화에 도움이 된다.

③ 가스공급 방식과 호스 재질의 영향

가능한 경우, 실린더나 금속 배관을 통한 개별 가스공급보다 벌크 탱크 시스템을 사용하는 것이 바람직하다. 벌크 공급은 고순도의 안정적인 가스를 제공하며, 실린더 공급에 비해 누설 및 오염의 가능성이 작다. 실린더는 나사나 플랜지 연결 부위에서 누설이 발생할 수 있고, 납땜 또는 용접 방식이 구조적으로 더 우수하다. 가스공급 호스 역시 기공 발생의 중요한 원인 중 하나이다. 일부 플라스틱 호스는 다공성이 높아 대기 중 수분이 침투할 수 있으며, 이에 따라 내부에 수분이 응축되어 실딩 가스 내에 미세기포를 생성할 수 있다. 표 1.40은 Ar 가스 호스의 노점(Dew point) 측정값을, 표 1.41은 호스 재질별 수분 투과 특성을 보여준다. 최근 연구에 따르면, 합성고무 및 일반 플라스틱 호스는 높은 다공성을 가지며, Polytrifluoro-chloroethylene(폴리트로플로-염화에틸렌)과 같은 재질은 가장 낮은 다공성을 나타낸다. 최상의 방법은 금속 재질 호스를 사용하는 것이며, 부득이하게 플라스틱 호스를 사용하면 직경이 작고 길이가 짧은 제품을 선택하고, 기기 연결부와의 직경 일치를 확보해야 한다.

표 1.40 Ar 가스 호스의 노점 측정치

구분	비닐 호스			경질 테플론 호스	
길이	1m	10m	11m	10m	11m
End 수	2	2	6	2	6
50ℓ/min	−60℃	−49.5℃	−49℃	−64℃	−63.5℃
30ℓ/min	−58.5℃	−47℃	−46℃	−61.5℃	−63℃
10ℓ/min	−50.5℃	−38.5℃	−37.5℃	−50℃	−55℃

☞ 가스의 노점은 −51℃ 이하로 관리되어야 한다.

표 1.41 가스 호스의 수분 침투성

침투성	명칭	호스 성분
높음	천연고무	Isoprene(인조고무)
↓	합성고무	Polychloroprene
	PVC(폴리염화비닐)	Polyvinylchloride
		저밀도 Polyethylene
		Polypropylene
		고밀도 Polyethylene
	테플론(불소수지)	Polytetrafluoreethylene
낮음		Polytrifluoro-chloroethylene

안정된 용접조건, MIG 용접법에 있어서 순조로운(smooth) 용접봉의 송급, 적절한 가스 유량, 방풍 등도 보호 분위기 내에 수분이 유입되는 것을 방지해 줄 수 있다. 혼합비율 허용오차는 가스업계의 일반적인 절차를 적용하고 있다. 부피 기준으로 5% 미만에서 발생하는 단일 구성 요소의 공차는 지정된 부피에서 ±0.5%이며, 5~50%의 허용 오차는 지정된 값의 ±10%이다.

MIG 용접은 아르곤이나 헬륨 또는 이들의 혼합물인 불활성 가스를 사용한다. MIG 용접은 주로 알루미늄과 그 합금, 구리와 그 합금, 기타에 사용된다. 실딩 가스 사용에서 그림 1.48처럼 유량이 너무 적으면 공기가 침입하고, 유량이 지나치면 난류가 되어 공기를 흡수하고, 토치의 경사가 과대하면 또한 공기를 흡입하는 원인이 된다.

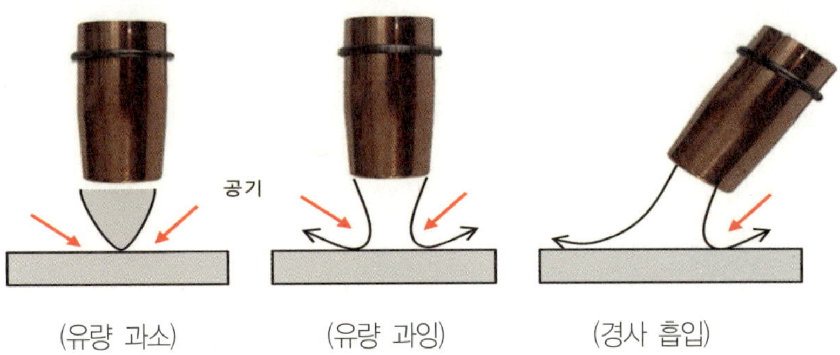

그림 1.48 유량의 과소와 과잉, 토치 경사각에 따른 공기 흡수 모형도

표 1.42처럼 GTAW의 실딩 가스 유량의 층류 범위를 유지하기 위해 큰 노즐은 증가시키고 작은 노즐은 감소시켜야 한다.

표 1.42 GTAW 실딩 가스 유량 측정

노즐 크기	내경(mm)	표준 콜렛 ℓ/min	가스 렌즈 ℓ/min
4	6.4	2–5	2–7
6	8	5–9	5–12
8	12.7	7–12	7–12
10	15.8	9–14	9–17

표 1.43은 가장 많이 사용하는 용접용 실딩 가스의 등가 유량을 나타낸 것으로 면적식 유량계의 가스 유량 측정을 실험 비교한 것이다.

표 1.43 면적식 유량계의 가스 유량 측정 실험 비교(단위: ℓ/min)

Ar	He	CO_2
5	15	4
10	30	9
15	47	14
20	63	18
25	80	24
30	95	28

Ar	He	CO_2
35	95	33
40	125	38
45	142	43
50	158	47
55	173	52
60	190	57

(4) 용접조건의 영향

용접조건은 용융지의 크기, 온도, 냉각 속도에 영향을 미치며, 아크 분위기가 변화되어 주변의 공기를 흡입시켜 기공 발생에 영향을 미친다. 이는 용접 입열이 작으면 냉각 속도가 빠르게 되고 기공이 많이 발생한다.

- 하향용접 때 용접전류, 전압을 변화시키면 전압 변화에 따른 기공은 별 차이가 없으며 입열이 증가하면, 즉 전류값을 증가시키면 기공이 감소한다.
- 수평 용접 때는 전압의 증가에 따라 기공이 감소한다.

• 알루미늄 용접은 가능한 아래 보기 용접 자세를 취하는 것이 좋다. 이는 작업자의 피로가 작고 기공 발생이 적으며 융합 불량을 방지할 수 있다.

① 용접 토치의 높이 영향은 그림 1.49에서처럼 토치각도(α)가 수직, 전진 10°, 20°, 30°, 후진 10°로 구분하여 높이를 5mm 간격으로 측정한 결과 토치 높이는 10~15mm가 기공 발생이 가장 적다.
토치각도가 0°인 경우는 토치 높이가 5mm부터 30mm까지 용접할 수 있지만, 토치각이 전진각 10°, 20°, 30°로 변하면 용접할 수 있는 토치 높이가 좁아지며 기공이 현격히 증가한다. α=0일 때 하향용접은 토치 높이가 높은 경우 수평 용접과 같이 기공이 많으며 D=15mm 이하일 때는 하향이 수평 용접보다 기공이 훨씬 적다.

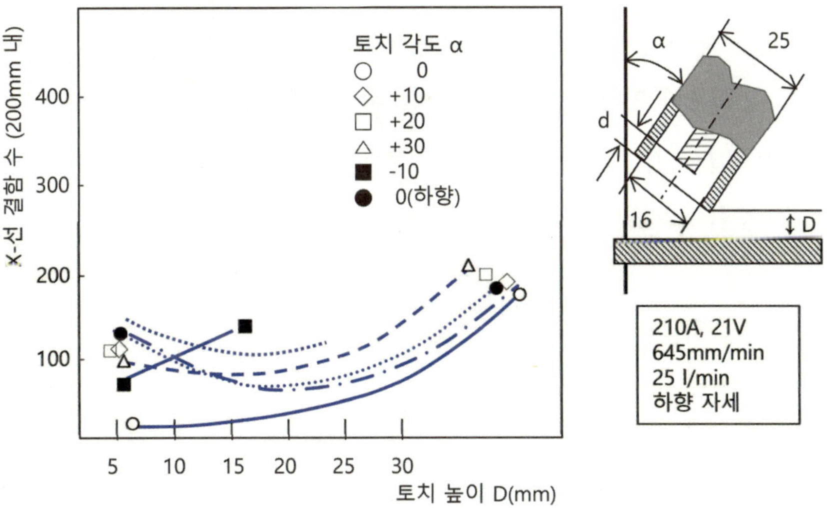

그림 1.49 **토치 높이와 기공의 관계**

혼합 실딩 가스에서 실제 적용한 토치 높이의 변화는 그림 1.50처럼 토치 높이가 10~15mm일 때 기공 발생이 가장 적었으며, 토치각도 0°에서 토치 높이는 5~30mm까지 가능하였다.

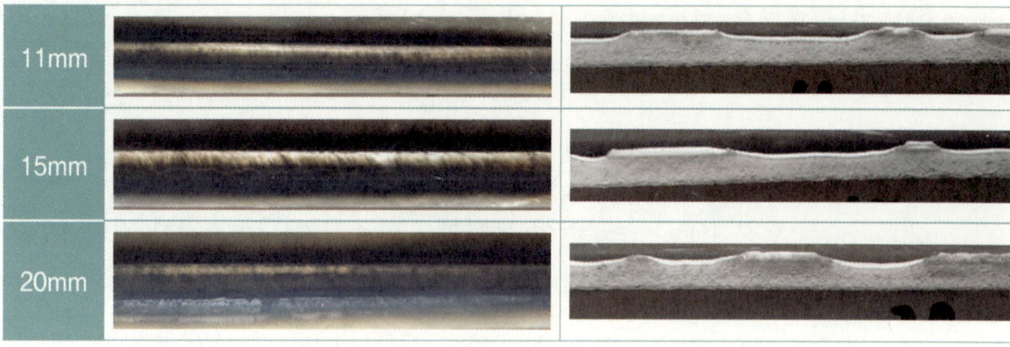

참고: igm Robot, Fronius 용접기, 실딩 가스 He75%-Ar25%, 필릿, A5083, 두께 25mm, 용접봉 ER5356, Φ1.6

그림 1.50 **용접 토치-작업물 간 거리 변화와 기공 발생 경향**

② 토치각의 영향은 토치각 0°에서 전진 10°의 사이가 기공이 가장 적다. 하향용접 때 토치 높이가 10mm일 때 가장 기공이 적다(그림 1.51).

실제로 적용한 알루미늄 7039 용접 변수조정 시험에서 그림 1.52처럼 토치각이 0°~10°일 때가 기공이 적었으며, 용접 토치의 전진각이 직각에 가까운 후진 용접과 용접 토치와 작업물 간 거리 10mm가 기공이 적었다.

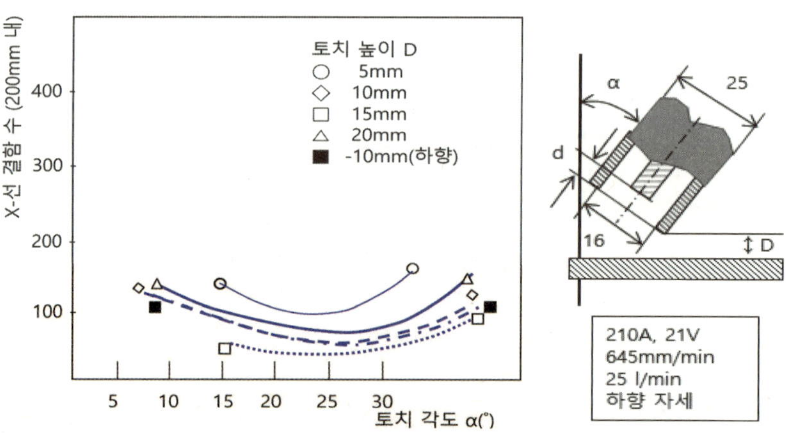

그림 1.51 **토치각도와 기공의 관계**

참고: Lincoln 용접기, Ar 가스, X-Groove, A7039, 두께 25mm, 용접봉 ER5356, Φ1.6, 용접 자세 2G

그림 1.52 용접 토치의 전진 각도의 변화와 기공 발생 경향

③ 토치 상하각의 영향은 수평 용접 때 토치 상하각을 약간 주면 좋은 결과를 얻을 수 있다(그림 1.53). 또한, 그림 1.54처럼 클리닝 폭도 차이가 크게 난다.

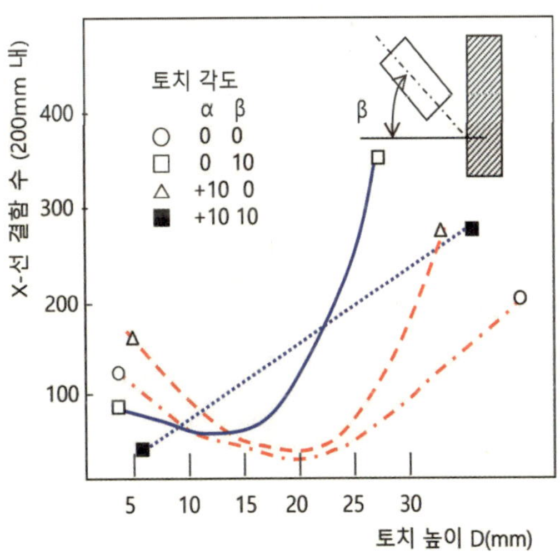

그림 1.53 토치 상하각과 기공의 관계(수평)

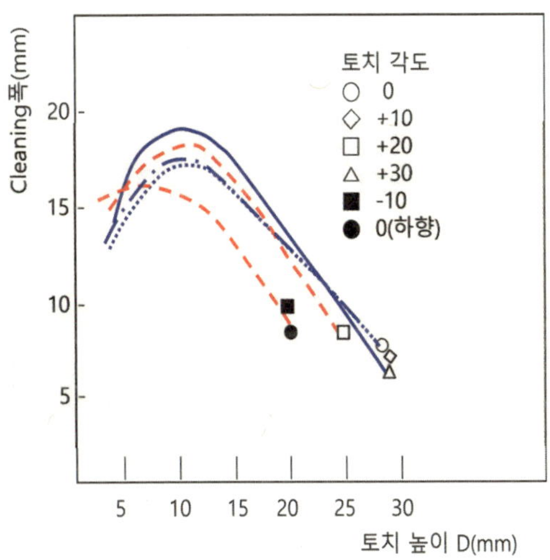

그림 1.54 토치 높이와 Cleaning 폭

④ 토치 높이는 10mm가 가장 좋으며 그 이상일 때는 각도에 따라 기공 발생의 빈도가 높게 된다(그림 1.55). 이는 실딩 가스의 흐름 방향이 흐트러져 주변 공기

의 흡입을 유도함으로써 발생하는 현상으로 추정할 수 있다. 가스 노즐과 콘택트 팁 간의 거리는 0~5mm 이내일 때 기공의 염려가 가장 적다.

⑤ 실딩 가스 유량은 18~30ℓ/min일 때 기공 발생이 가장 적다. 요약하면 토치 높이 10mm, 토치각 0~전진 10°, 팁 길이 0~5mm, 유량 20~30ℓ/min가 가장 기공이 적다(그림 1.56). 하향용접 자세보다 수평 자세 용접이 기공이 훨씬 많다. 표 1.44는 가스 노즐의 크기에 따른 적정 유량을 나타내었다.

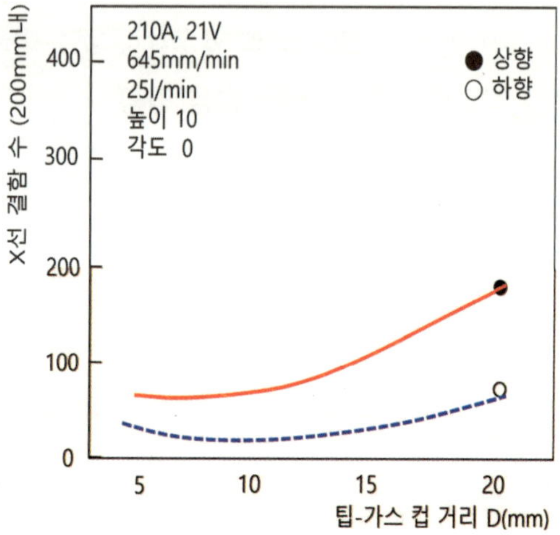

그림 1.55 팁과 가스 컵 거리에 따른 기공

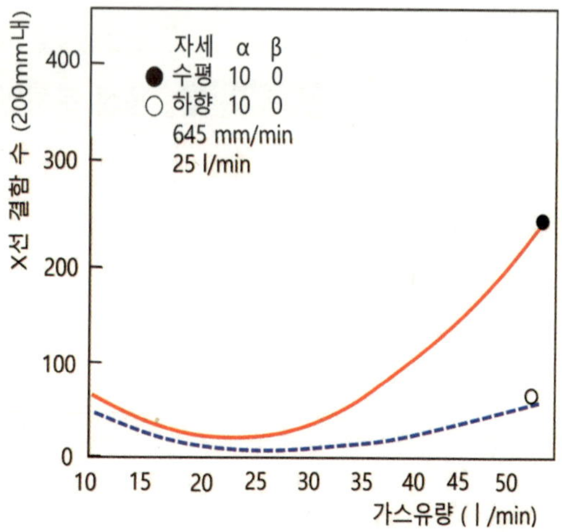

그림 1.56 Ar 가스 유량과 기공

표 1.44 노즐 크기와 가스 유량

재료 두께 (mm)	가스 노즐 직경(mm)	가스 유량(ℓ/min)	
		Ar	He
~1	9.5	3.4	7.5
1~3	9.5	4.5	9.5
3~5	12.5	5.6	11.8
5~9	12.5	7.0	14.2
9~12	16.0	8.0	16.5
12~	25.0	12.0	21.0

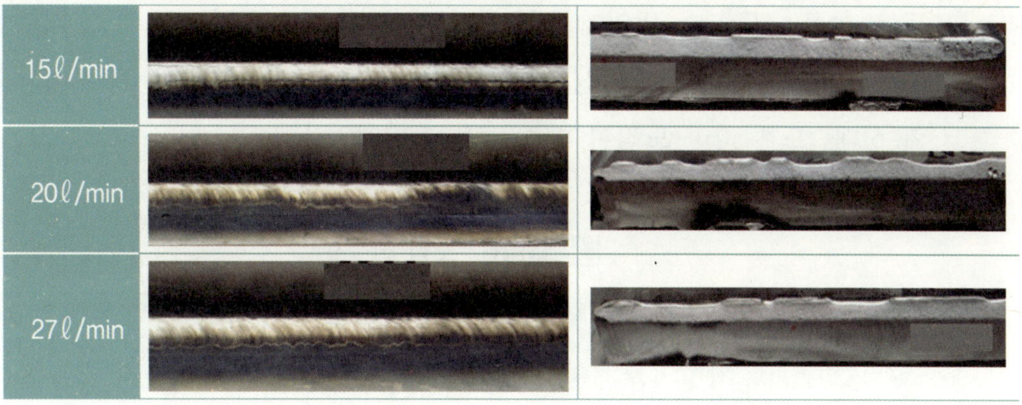

참고: igm Robot, Fronius 용접기, 실딩 가스 He75%-Ar25%, 필릿, A5083, 두께 25mm, 용접봉 ER5356, Φ1.6

그림 1.57 용접부 실딩 가스 양의 변화와 기공 발생 경향

실제 적용한 가스 유량 변화에서 그림 1.57처럼 실딩 가스 유량이 18~30ℓ/min일 때 기공 발생이 가장 적었다.

⑥ 환경조건의 영향으로 작업장 주변의 바람은 그림 1.58에서처럼 수평 용접 때 A 방향은 2m/sec, B 방향은 3m/sec, C 방향은 1.5m/sec까지 용접힐 수 있지만 C' 방향이 기공 발생이 현저하다. 하향 용접 때는 C'의 영향은 크게 기공 발생을 시키지 않는다. 용접부의 기공은 특히 수평 자세 용접 때 진행 방향의 아랫부분에서 부는 수직 바람은 큰 영향을 끼치며, 실딩 가스 유량 증가는 다소 바람의 영향을 감소시킨다. 따라서 바람은 1.5m/sec 이하로 규제하고 용접 진행 방향의 수직 바람은 0.5m/sec 이하여야 한다.

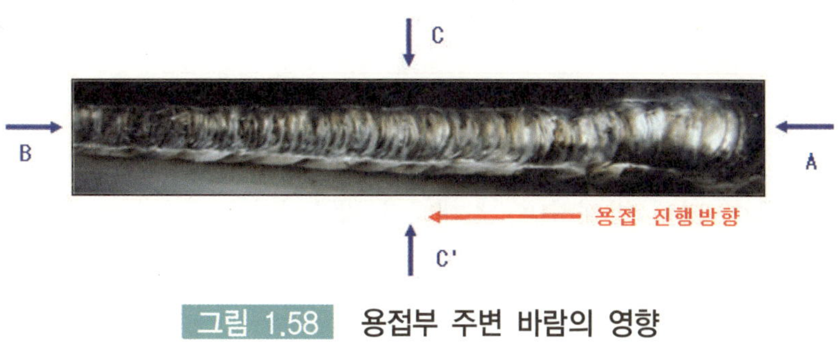

그림 1.58 용접부 주변 바람의 영향

⑦ 또한, 높은 습도 때는 와이어 송급 중의 라이너(liner) 또는 가스 호스 내부 면에 흡착된 수분에서 기공이 발생된다. 표 1.45는 노점(이슬점) 산출표로 대기 온도와 상대습도에 따라 노점이 다른 것을 나타내었다.

표 1.45 노점 산출표

상대습도(%)	대기 온도(℃)									
	-5	0	5	10	15	20	25	30	35	40
90	-6.5	-1.3	3.5	8.2	13.3	18.3	23.2	28	33	38.2
85	-7.2	-2	2.3	7.3	12.5	17.4	22.1	27	32	37.1
80	-7.7	-2.8	1.9	6.5	11.6	16.5	21.0	25.9	31	36.2
75	-8.4	-3.6	0.9	5.6	10.4	15.4	19.9	24.7	29.6	34.5
70	-9.2	-4.5	0.2	4.5	9.1	14.2	18.6	23.3	28.1	33.5
65	-10	-5.4	-1.0	3.3	8.0	**13**	17.4	22	26.8	32
60	-10.8	-6.5	-2.1	2.3	6.7	11.9	16.2	20.6	25.3	30.5
55	-11.6	-7.4	-3.2	1.0	5.6	10.4	14.8	19.1	23.9	38.9
50	-12.8	-8.4	-4.4	-0.3	4.1	8.6	13.3	17.5	22.2	27.1
45	-14.3	-9.6	-5.7	-1.5	2.6	7.0	11.7	16	20.2	25.2
40	-15.9	-10.8	-7.3	-3.1	0.9	5.4	9.5	14	18.2	23
35	-17.5	-12.1	-8.6	-4.7	-0.8	3.4	7.4	12	16.1	20.6
30	-19.0	-14.3	-10.2	-6.9	-2.9	1.3	5.2	9.2	13.7	18

주) 이슬점: 소재 표면에 수분이 응축되는 온도(출처: http://paintncoatings.com/)
예: 대기 온도가 20℃이며 상대습도가 65%인 경우 노점은 13℃이다.

작업장에서 상대습도 80% 이상은 기공이 현저히 증가하므로 여름철의 습도관리를 위해 제습기(에어컨)와 히터를 병행하여 습기를 제거하는 것이 효과가 크다.

모재에 습기가 많을 때의 현상은

- 용융지에 클리닝 상태가 불량하게 된다.
- 그을음이 많이 발생하며, 스패터가 발생한다.
- 미세한 기공이 발생한다.

모재 온도가 낮을 때의 현상은

- 급랭으로 인하여 변형 및 균열이 발생한다.
- 용접부 주위에 수분 생성으로 인하여 기공이 발생한다.
- 후판 용접 때에는 용접이 곤란하며 스패터가 발생한다.

⑧ 용융지 온도를 증가시키는 아크 전류의 증가는 용융금속에서 수소 흡수의 비를 증가시킨다. 역으로 입열을 증가시키는 아래 보기 용접 자세는 용접으로부터 흡수율을 초과하는 가스 방출 비율로 기공이 감소하고, 용접부의 낮은 응고 속도는 용접부 바깥의 기공(수소)을 허용한다. 이것은 용접 속도의 감소로 나타난다. 아크 전압 또는 아크 길이를 증가시키면 용융금속이 오염에 노출되어 기공이 증가한다. 용접 전류가 부적당할 때의 현상은 다음과 같다.

전류가 높을 때

- 스프레이(spray) 이행의 과대 발생으로 용입 부족 현상이 나타난다.
- 용접부의 과열로 인하여 표면이 산화된다.
- 언더컷(under cut)과 기공이 발생한다.

전류가 낮을 때

- 글로블러(globular) 금속 이행이 발생한다.
- 스패터가 많이 발생한다.
- 용입이 부족하고 비드가 거칠며, 용융이 되지 않는다.

또한, 아크가 길어지면

- 보호 작용이 안 된다.
- 용입 및 용착이 불량하게 된다.
- 그을음이 많이 발생한다(공기가 침입).
- 클리닝 작용이 불량해진다.
- 언더컷과 기공이 발생한다.

용접 기공의 양은 다른 요건이 같으면 용접열에 의해 달라지는데, 이때 기공의 형성은 핵 형성과 성장에 따라 이루어지게 된다. 용접 속도(입열)에 의한 기공 발생량의 변화를 그림 1.59에 나타내었다. 이때 실딩 가스는 수분에 오염된 것을 나타내었다.

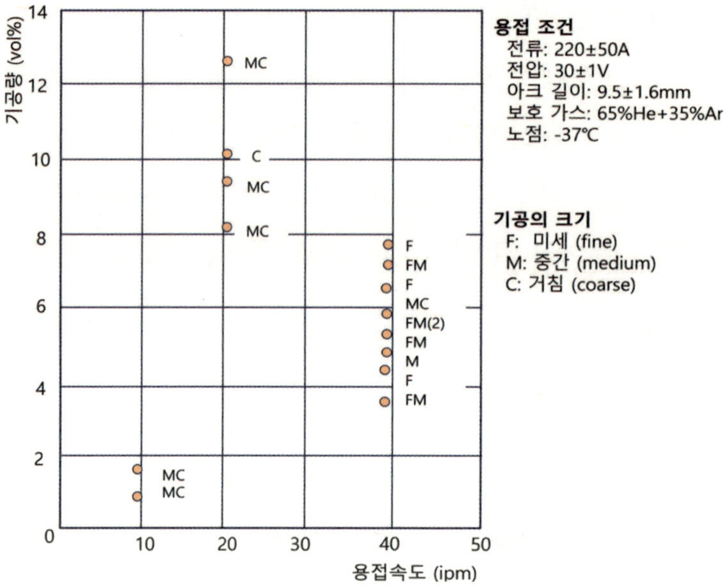

그림 1.59 기공 형성에 미치는 용접 속도의 영향

⑨ 용접 속도가 25cpm일 때는 기공이 거의 발생하지 않고, 63cpm에서는 상당히 큰 것이, 그리고 100cpm에서는 중간 크기의 기공이 발생하였다. 따라서 용접부 내의 기공의 크기와 분포는 기공의 핵 형성과 성장에 필요한 시간에 따라 달라지는 것을 알 수 있다.

실제로 적용한 용접 속도 변화는 그림 1.60처럼 50~70cpm에서 기공은 안정적이며, 낮은 용접 속도는 용입과 빠른 용접 속도는 기공에 영향을 주는 것으로 파악되었다.

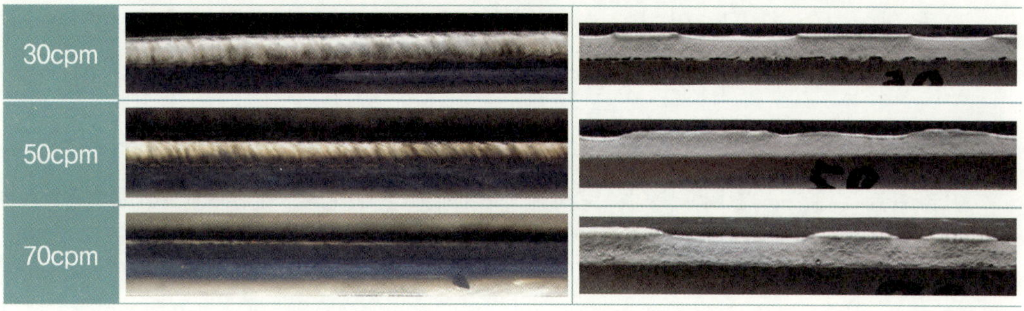

참고: igm Robot, Fronius 용접기, 실딩 가스 He75%-Ar25%, 필릿, A5083, 두께 25mm, 용접봉 ER5356, Φ1.6

그림 1.60 용접 속도 변화와 기공 발생 경향

⑩ 용접 입열에 영향을 받는 용융지 온도는 용접부 기공 형성의 원인이 된다. TIG 용접 때 입열을 일정하게 하고 용접 속도를 333cpm에서 533cpm으로 증가시키면 용융지 온도는 850℃에서 766℃로 감소한다. 이처럼 용접 속도가 증가하면 기공의 양은 1.07cc/100g에서 0.27cc/ 100g으로 감소하게 된다. 이와 같은 기공의 감소는 용융지 내에 들어간 수산화알루미늄은 아크에 직접 작용하여 들어가지 않으면 탈수되지 않기 때문이다. 따라서 기공이나 산화물이 없는 용접부를 만들기 위해서는 최대 용융지 온도가 800℃를 넘지 않고, 용융지 내의 용융금속에 머무는 시간(dwell time)을 가능한 한 짧게 하고 냉각 속도를 크게 하는 것이 필요하다.

(5) 기타 영향

기공은 가스 용접에서 가장 낮은 경향이 있다. 용접봉을 사용했을 때 와이어의 오염 때문에 기공의 정도는 증가하는 경향이 있다. TIG는 와이어 오염의 수소에 기인하는 MIG보다 기공 정도가 낮다. TIG 용접 와이어는 보푸라기가 없는 천으로 깨끗하게 하고, 사용 전에 기름을 제거한다. 이렇게 한 와이어는 맨손으로 취급하지 말고 깨끗한 장갑으로 해야 하며, 와이어를 깨끗한 상태로 저장하고, 짧은 시간에 용접한다. 또한 MIG 용접 와이어 송급 장치의 토치 라이너 입구에 와이어를 청소할 수 있는 것을 설치하면 와이어는 깨끗하게 된다.

모든 와이어의 최고는 와이어 인발 작업 때 표면에 압착된 산화막과 오염을 제거하는 것이다. 와이어의 제조 방법은 표 1.46과 같이 크게 2가지 방법이 있으나 대부분 압출 방식을 택하고 있다. 이 방법은 산화피막, 윤활유의 혼입을 막을 수 있으며 고품질을 얻을 수 있다. 또한, 탈지용 세척제로는 삼염화 에틸렌(trichloroethylene)을 사용한다.

표 1.46 용접 와이어 제조공정

제조방법	Billet 형상	공정
압연 방식	각형 Billet	φ9~φ6.5(어닐링) – φ3.5(표피제거) – φ3.33~φ1.6 – 탈지
압출 방식	원형 Billet	φ9 ———— φ2.8 ———— φ1.6 – 탈지

와이어 저장 시간 경과에 따른 품질변화 시험을 와이어 제조 후 1개월~1년으로 분류하여 용접 후 시험한 RT 결과는

- 8~12개월 지난 와이어는 기공 발생이 많고, A(입고 그대로 보존, 용접 직전 개봉하여 사용), B(1번 용접 후 재포장하여 다음 용접 때 개봉하여 사용), C(1번 용접 후 그대로 방치 후 사용) 보존 방법에 따른 와이어는 5개월까지는 A 와이어가 가장 우수하나, 그 이후는 B, C 와이어와 차이가 별로 없다.
- 이음 효율은 5개월까지는 좋으나, 12개월 경과는 강도가 저하되며, A가 B, C보다 좋다.
- RT와 굽힘시험 결과는 RT A급은 80~90%가 굽힘시험에 합격하였으나 B급은 70%, C급은 35% 정도의 합격률을 나타낸다.
- 인장강도에서의 RT A급과 C급은 약 20% 차이가 난다.

따라서 와이어 제조공정 중 피막 제거는 표면 가스를 제거하는 역할을 하며, 초음파 세척은 다른 세정방법보다 우수하고, 개봉 와이어는 6개월 이내에 사용하도록 한다. 모재의 청결 역시 기공 수준을 낮게 하는 데 매우 중요하다. 기름 제거는 물론이고 수화물을 만드는 산화막 제거를 위해 스테인리스 와이어 브러시를 사용한 기계적인

클리닝을 계속해야 한다. 기름 제거와 와이어 브러시 후 짧은 기간(통상 4시간 이내)에 용접해야 한다.

전처리 절차에 따른 기공 발생 경향은 그림 1.61과 같으며, 전처리 후 용접까지의 적치 시간의 영향인 그림 1.62는 가공 면 그대로의 시편을 일정 기간 방치 후 2차 처리한 결과를 보여준다. 결과에 따르면 기계 가공 면 그대로는 1개월을 내버려 두어도 기공에 별 영향을 미치지 않지만, 화학 처리를 한 경우에는 와이어 브러시의 유무에 따라 3~7일 경과 후에는 기공 발생이 증대된다. 그러나 화학 처리 면을 그라인딩(Al_2O_3 paper) 처리하면 기공이 많이 감소한다.

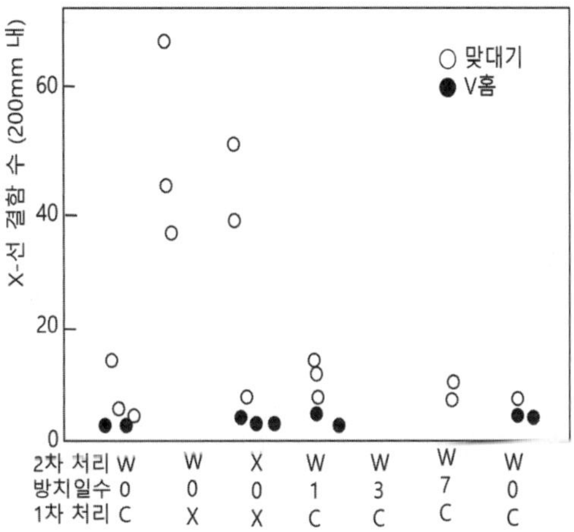

그림 1.61 직경 2mm 이상의 기공 수

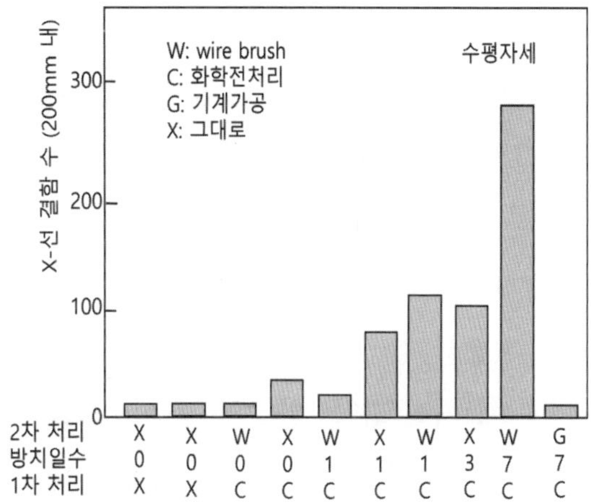

그림 1.62 방치 일수에 따른 기공의 영향

화학 처리 영향은 공정 중 용액의 농도, 온도, 침전시간의 적절한 조정은 매우 어렵다. 그러나 NHO_3 용액처리는 일정하게 하고 NaOH의 농도, 침전시간을 변화시켜 시험한 결과 NHO_3 처리를 하지 않은 면은 기공이 대폭 증가하였다.

따라서 기계 가공 면 그대로보다는 화학 처리 면의 기공 발생이 많으며, 화학 처리 면에 와이어 브러시를 하면 기공이 현저히 감소하며, 화학 처리 모재를 3~7일 지난 용접은 기공의 대폭 증가가 나타나며, 기계 가공 면은 1개월 경과 후도 별 영향이 없다. HNO_3 처리는 화학 처리 때 필수공정이며 10%, 60~70℃ NaOH 용액에 1분 침전 때 가장 기공이 작게 나타난다. 클리닝 폭은 화학 처리한 모재가 가장 넓으며, 용입 깊이는 기계 가공 면이 와이어 브러시 면보다 우수한 것 같은 와이어 송급 속도로 용접하여도 용접 전류 값이 표면 처리 모재에서는 다소 감소하는 데 영향을 받는다.

마지막으로 기공의 근원은 알루미늄에 용해된 수소이다. 고상에서 수소의 용해도가 낮아도 모재에 용접 문제를 주기에 충분하다. 이것은 가공생산에는 없지만, 용접 또는 소결 생산에 일어난다. 이런 이유로 다수의 구매자는 일반적으로 2ppm 수소 한도 지시를 조건으로 지정한다. 모재에 수소가 존재했을 때 기공의 존재는 불가피하다.

알루미늄 용접부의 기공 발생은 모재의 전처리 상태, 가스의 순도, 용접 와이어의 관리상태, 와이어 송급 장치의 청소상태, 용접 자세, 공기 중의 습도, 바람의 영향, 용접조건 등 복합적 요인으로 발생된다. 표 1.47은 기공의 원인 및 대책을 나타내었다.

MIG 용접 때 기공 발생을 방지하기 위하여 용접사가 지켜야 할 사항은 다음과 같다.

- 송급 롤러 및 토치의 팁, 도관, 라이너 등의 청소를 주 2회 이상 실시한다.
- 전처리(화학) 완료된 부품은 3일 이내에 용접 완료가 가능하게 하고, 반드시 그라인더(sand paper grinding)를 실시한 후 용접한다(그림 1.63).

그림 1.63 **전처리(화학) 및 그라인더 작업**

표 1.47 MIG 용접에서 기공의 생성 원인과 대책

구분	주요 인자	대책
가스 및 공기의 혼입	• 고전류에 기인하는 용융지의 교란 • 필릿/루트의 부분 용입으로부터 가스의 팽창 • 가스 호스 노후(공기 침입)	• 낮은 전류 사용, 용접 속도 감소, 토치각도 변화 • 완전용입 용접 사용, 필릿 용접 루트에 틈새 허용, 높은 입열 사용
수소	• 와이어 표면의 기름, 불순물, 산화막 • 롤러, 라이너의 오염 • 습기 찬 실딩 가스 • 가스의 순도가 99.99% 이하일 때 • 토치 내의 냉각수 누수 • 모재의 오염, 그리스, 산화막 • 용융지 앞의 비산된 입자	• 깨끗한 양질의 와이어로 바꾼다. • 사용 직전까지 포장을 개봉하지 않는다. • 용제로 롤러를 닦고 라이너를 교체한다. • 가스 노점 확인, −50℃ 이상의 병은 교체한다. • 토치 교체 또는 수리한다. • 모재 청결 • 스패터 최소화
와이어 송급	• 롤러의 미끄러짐(slip) • 라이너의 과도한 굽힘 • 라이너 및 팁의 손상, 크기가 틀림	• 롤러 홈을 맞게 하고 압력을 증가한다. • 와이어 도관을 직선이 되게 한다. • 라이너와 팁을 바꾼다.
용융지의 냉각 속도	• 용접부의 열 방출 속도가 너무 빠름 • 용융지의 유동성, 점도, 빠른 응고 • 뒤판(back plate)의 온도 • 뒤판 홈의 결합 • 너무 낮은 입열, 용융지 점성,	• 용접전류를 높이거나, 속도를 낮춘다. • ER4043보다 유동성이 낮은 용접봉을 사용한 경우 예열은 용융지의 유동성을 증가시킨다. • 가열된 뒤판은 기공을 감소시킨다. • 뒤판은 얇고 넓은 홈이 깊고 좁은 것보다 좋다. • He+Ar 실딩 가스 대체
기타	• 과도한 위빙 • 고온 다습한 작업장 • 실드 불량 • 와이어 건조 불량 • Al 작업장 주위에 철강(steel) 작업 • 가스 공병 잔압이 낮음	• 직선 비드 또는 오실레이션 비드 기법 적용 • 습도 80% 이하, 온도 10℃ 이상으로 관리한다. • 실드 불량 원인 조치 • 건조로 사용 와이어 건조(45℃) • 작업장을 분리한다. • 용기내 잔압을 1.5 kgf/cm² 이상으로 관리

• 토치의 가스 컵(gas cup or nozzle)에 부착된 스패터를 제거하여 실딩 가스가 층류(laminar flow) 상태로 흐르도록 한다(그림 1.64).

그림 1.64 **가스 컵에 부착된 스패터와 스패터 부착으로 인한 가스 실드 상태 불량**

- 용접부는 가능한 아래 보기를 실시하며, 수직 상향 용접도 기공 발생이 감소한다. 과대 구속력이 가해지는 용접 이음부는 균열 발생 우려가 있으므로 주의하여야 한다. 또한 수평 필릿 용접 때는 가능한 한 토치의 진행각을 0°로 줄여서 용접하고, 팁과 가스 컵의 거리도 3~5mm로 하는 것이 좋다.
- 용접 때 주위에 바람의 감각을 느낄 때는 바람의 근원을 차단한 후 용접한다.
- 용접기 및 토치의 모든 이음부는 정확히 고정해야 하며, 특히 가스 컵과 가스 호스의 고정 상태를 확인해야 한다.
- 가스의 노점은 -51℃(TACOM에서는 -52.7℃) 이하로 관리하여야 하며, 공급망 내의 압력은 최소 6bar를 유지해야 한다. 그림 1.65는 가스 노점 측정기를 나타냈다.
- 가스 호스는 고무호스를 가능한 한 사용하지 않는 것이 좋다.
- 가접부는 반드시 비드를 제거하고 용접한다(그림 1.66). 이는 가접부에 기공이 많이 발생하기 때문이다.

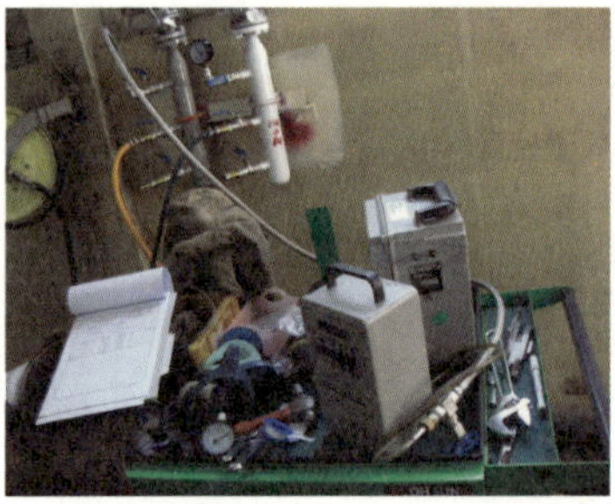

그림 1.65 **노점 측정기**

그림 1.66 **알루미늄 용접부의 가접부**

• 토치 사용률(duty cycle)을 준수하여 실딩 가스가 토치의 가열로 보호 상태에 영향을 미치지 않도록 연속 사용을 피한다. 수냉 토치를 사용한다(그림 1.67).

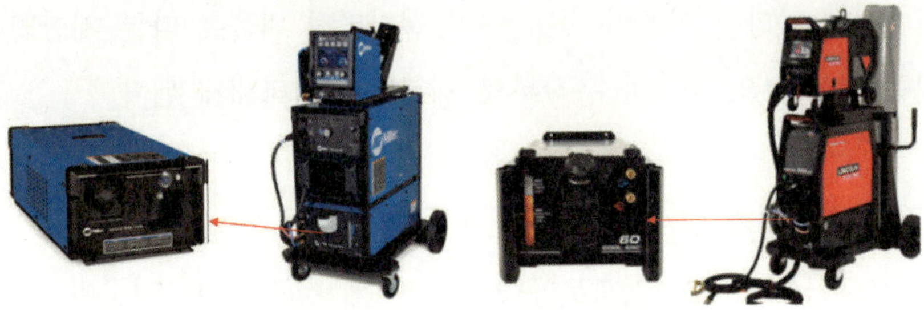

그림 1.67 **수냉 토치용 냉각수 탱크**

• 용접부를 손이나, 기름 묻은 장갑으로 만지지 않도록 한다(그림 1.68).
• 와이어 브러시의 보존 상태에 유의하여야 한다.
• 용접 이음부의 틈새가 있을 때는 아크 중심부를 와이어 직경만큼 두꺼운 모재측을 향하여 용접한다.

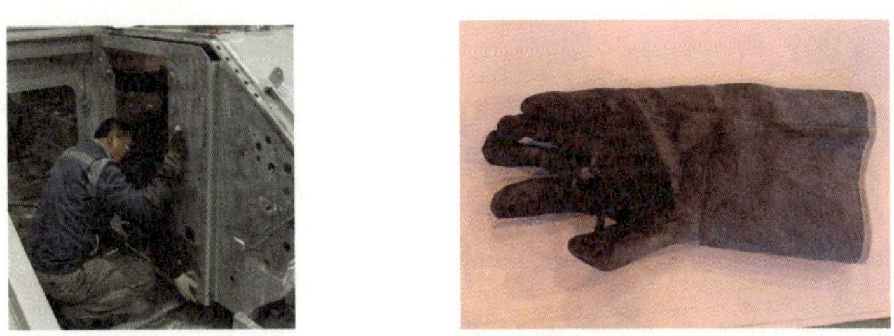

그림 1.68 **오염된 장갑**

4.4.2 기공에 의한 용접부 기계적 성질의 변화

알루미늄 용접부에 발생하는 결함은 기공, 융합 불량(lack of fusion), 용입 부족(lack of penetration), 균열(crack) 등이다. 특히 기공은 다른 모재에 비하여 알루미늄에서는 가장 발생빈도가 높으며, 기공의 주요 원인은 용착부 내부의 수소이다. 이 기공은 기공의 크기, 분포상태, 발생 위치, 기공의 형상 등에 따라 용접부의 이음 강도에 크게 차이가 나게 된다.

참고로 기공의 상태를 평가하는 방법으로는

- 방사선 투과 시험에 따른 등급
- 파단면에 나타난 기공의 면적 대비 전단면적 비율에 따른 계산법
- 기공 발생 부의 부피와 용착부의 체적비로 나타내게 된다.

(1) 기공이 정하중 및 연성에 미치는 영향

일반적으로 금속이 구조적으로 균일하고 두께도 균일하며 기공이 한 평면 내에 있는 경우에는 단면적이 감소함에 따라 이음의 인장강도도 감소한다. 그러나 실제적인 용접에서는 이와 같은 이상적인 조건이 존재하지는 않는다.

용접보강(weld reinforcement)은 공간(void)이 있는 부분의 단면적을 증가시키며, 용접금속은 구조적으로 그리고 정성적으로 불균일하다. 또한, 기공은 그 형상이 선형 또는 분산형태 등으로 되어있으며, 그 위치도 다양하게 된다. 따라서 기공에 의한 강도의 변화는 기공의 양을 측정함으로써만 결정할 수 있다. 예를 들면, 매우 미세한 기공은 방사선 투과 시험으로 측정할 수 없으며, 단면에 대한 현미경 검사에 의하여 그 양을 측정할 수 있는 것이다.

대부분의 용접 엔지니어는 기공의 양이 합격 수준 이하일 때 인장강도에 거의 영향을 미치지 않는 것으로 알고 있다. 이러한 견해는 결함이 있는 용접부의 사용 중 거동에 대한 관찰, 기공이 있는 용접부에 대한 시험, 기타 금속과 알루미늄 용접부에 대한 기공의 영향에 관한 연구 등에 기초한 것이다. 그러나 아직도 특정한 모재와 용접봉을 사용할 때 허용되는 기공 수준이 규정되지 않아 신뢰성 있는 설계자료 등으로 이용할 수 없다.

인장강도, 항복강도, 신율에 기공이 미치는 영향은 표 1.48과 같다. 표에서처럼 중간 정도의 기공 및 비드 표면의 큰 기공은 인장강도에는 큰 영향을 미치지 않지만, 신율이 약 10% 감소하는 상태이며 루트의 큰 기공은 인장강도가 약 16%, 신율은 약 40%의 저하를 나타낸다.

표 1.48 주요 용접결함에 따른 5083 이음 효율(ER5356)

결함 종류	이음 효율(%)		
	항복강도	인장강도	신율
무결함	100	100	100
용입 과대	100	100	100
미세한 기공	100	100	97
중간 정도 기공	99	100	90
비드 표면의 큰 기공	100	100	90
각장 부족	93	88	74
각장 부족 및 용입 과다	90	89	68
루트부 큰 기공	100	84	61
언더컷	77	81	66
용입 불량(1 pass)	82	65	55
용입 불량(multi pass)	86	81	72
선상 기공(linear porosity)	88	60	58
융합 부족	58	40	16
용입 부족	48	32	23

두께 2.5~6.4mm(TIG)와 4.8~12.7mm(MIG)인 2014-T6의 용접부의 성질에 대한 기공의 영향은 방사선 투과 시험 0~5등급 기공은 강도의 변화가 거의 없으며, 그림 1.69에서처럼 1~5등급에서보다는 0~1등급에서 그 강도가 더 높다. 6~7등급에서는 강도가 현격히 저하한다.

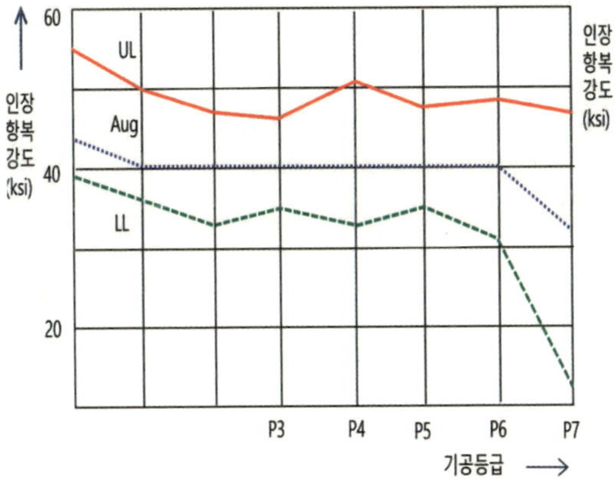

그림 1.69 2014-T6합금 용접부의 기공 등급에 따른 횡 방향 인장강도의 변화

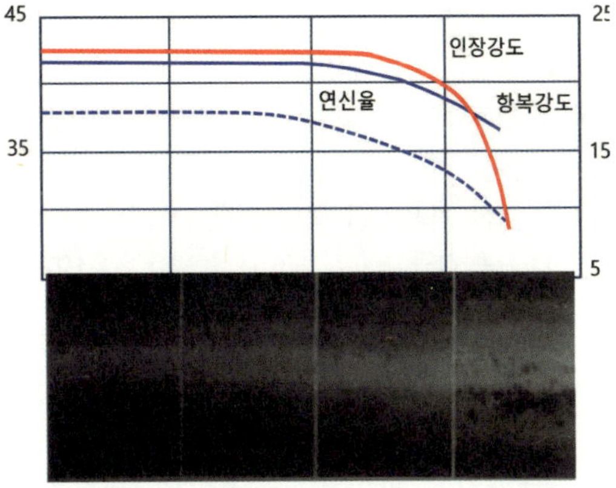

그림 1.70 5083-H113/5356의 정적 인장 특성에 미치는 기공의 영향

강도의 변화는 일반적으로 그림 1.70과 같은 결과를 나타낸다. 즉, 5083 합금 MIG 용접부는 상당량의 기공이 있어도 기계적 성질의 변화가 거의 없으며, 특정량 이상이 되면 급격히 강도가 감소하게 된다.

두께 1.8~4.8mm의 2014-T6와 6061-T6를 4043 용접봉으로 TIG 용접한 기공과 어긋남(mismatch)의 영향은 2014-T6를 용접한 그대로의 상태에서는 어긋남과 기공은 강도가 저하하며, 특히 어긋남에 의한 강도 저하가 더 심하다. 기공은 두께가 얇은 모재에서 더 강도가 저하하는 효과가 있다. 6061-T6를 용접 후 열처리한 경우는 2024-T6보다는 그 효과가 작으며, 어긋남과 기공이 증가함에 따라 강도는 저하한다.

표 1.49는 기공의 크기를 세 가지로 분류하여 크기 및 분포상태를 분류, 이음 효율을 비교한 표이다. 작은 기공의 국부적 분포상태나 비드가 볼록한 상태는 이음 효율에 별다른 변화가 없지만, 볼록한 비드를 없앤 경우는 이음 효율이 약 10% 저하되었다. 큰 기공이 있는 경우는 비드 외관 형상과 관계없이 10~30%의 이음 효율 저하가 나타난다.

표 1.49 이음 효율에 미치는 기공의 영향

결함 종류	볼록 비드		볼록부 제거	
	인장강도(MPa)	이음 효율(%)	인장강도(MPa)	이음 효율(%)
무결함 국부 분포	282	100	263	93
기공 A급	282	100	257	91
분산 기공 B급	282	100	255	90
분산 기공 C급 국부 분포	257	91	250	88
기공 C급	199	71	195	69

그림 1.71은 JIS RT 분류와 이음 효율의 관계의 실험치이다. 그림에서처럼 JIS B급까지는 볼록 비드 형상의 이음은 이음 효율에 별다른 영향을 미치지 않지만 볼록 비드를 없앤 이음에서는 B급부터 이음 효율의 저하가 나타난다. 또 결함과 인장 및 굽힘시험 결과는 그림 1.72~74에 나타낸다.

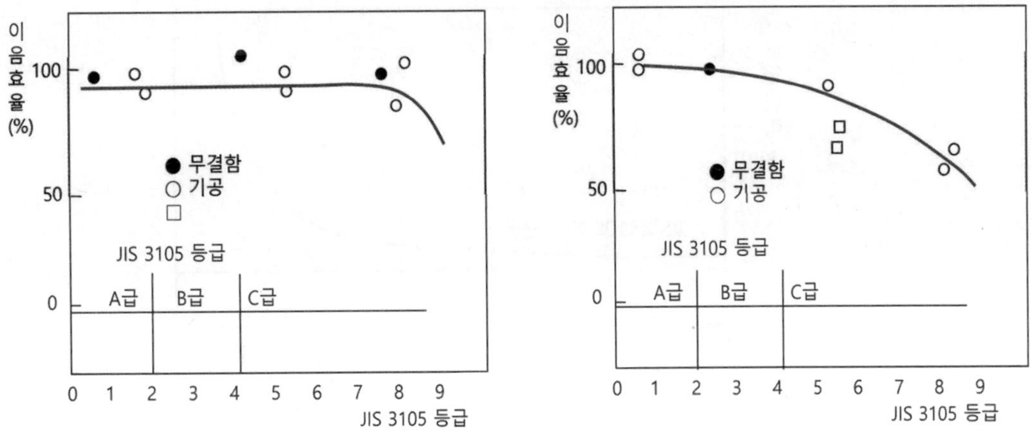

(1) 볼록 비드　　　(2) 볼록 비드 제거

그림 1.71 **RT 등급과 이음 효율의 관계**

그림 1.72는 인장강도 및 신율의 관계를 결함 수에 따라 나타낸 그래프이다. 인장강도는 결함 C급에서도 완만한 곡선을 그리지만, 신율은 B급에서는 그다지 저하하지 않으나 C급은 현격히 저하되고 있다. 그림 1.73은 굽힘시험 때 균열이 발생할 때까지의 최대 굽힘량을 결함 수와 비교한 그래프이다. 이 결과는 그림 1.70의 신율 저하와 거의 같은 곡선을 그리고 있다.

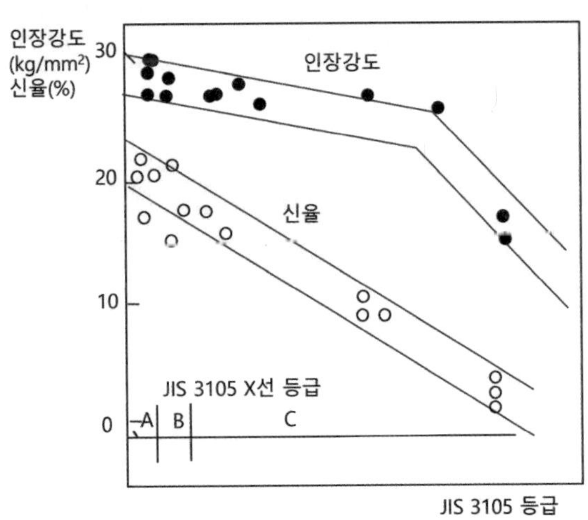

그림 1.72 **결함 수와 인장강도, 신율의 관계**

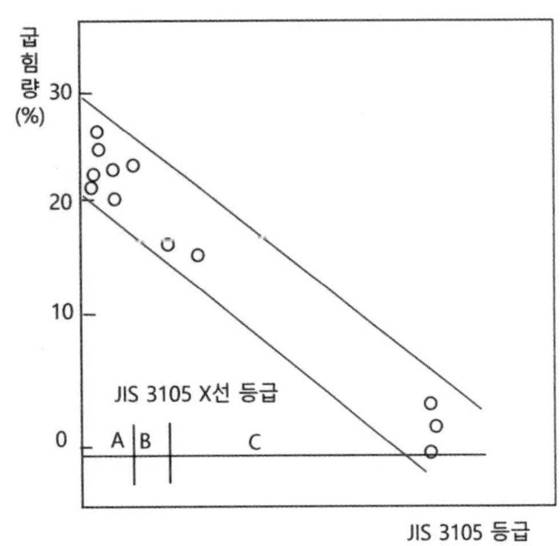

그림 1.73 **자유 굽힘에 의한 결함 수와 최대 굽힘량 관계**

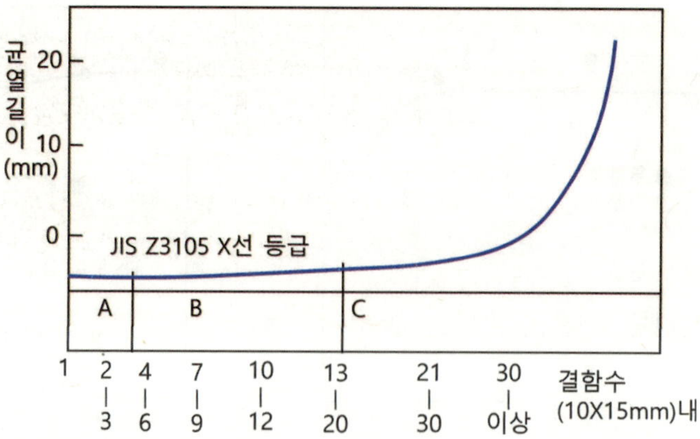

그림 1.74 굽힘시험 때 결함 수와 crack 길이의 관계

그림 1.74는 굽힘과 균열의 길이를 결함 수에 비교한 그래프이다. RT B급 합격범위는 3mm 이내이지만 결함 수 30 이상은 전체가 균열이 발생한다.

표 1.50은 두께 9.6mm Al5083 판을 E5356 용접봉으로 실딩 가스의 노점을 변화시켜 용접시험을 한 결과이다. 이 결과 항복강도는 그다지 변화하지 않으나, 인장강도는 약 3%의 저하가 나타나며 굽힘시험도 불합격되었다.

표 1.50 기공 체적 비율과 인장 및 굽힘시험 결과

노점 ℃	기공 체적률 %	인장강도 MPa	항복강도 MPa	신율 %	굽힘시험	RT
21.7	4.2	229	147	7.5	×	×
19.0	4.0	222	149	7.3	×	×
1.9	3.6	241	143	8.5	×	×
7.2	2.9	248	152	10.0	O	×
−13.8	1.1	267	157	13.0	O	O
−42.2	0.16	267	156	13.2	O	O
−60.6	0.03	268	156	15.0		O

(2) 동하중에 미치는 영향

두께 3.2mm의 5456-H343 합금 용접부의 기공이 피로 수명에 미치는 영향은 10^5과 10^6에서의 피로 강도는 기공의 정도에 따라 거의 영향이 없고, 10^6이 넘으면 기공의 영향이 현저하다. 두께 6.4mm의 2014-T6/4093과 2219-T87/2319 용접하여 강도에 미치는 기공의 영향을(방사선투과 시험과 시험 후 단면검사로 0~4등급, 시편은 세로 방향과 가로 방향으로 인장시험을 행하고 피로시험은 가로 방향) 그림 1.75와 그림 1.76에 2219-T87/2319의 가로 방향 인장시험 결과를 나타내었다.

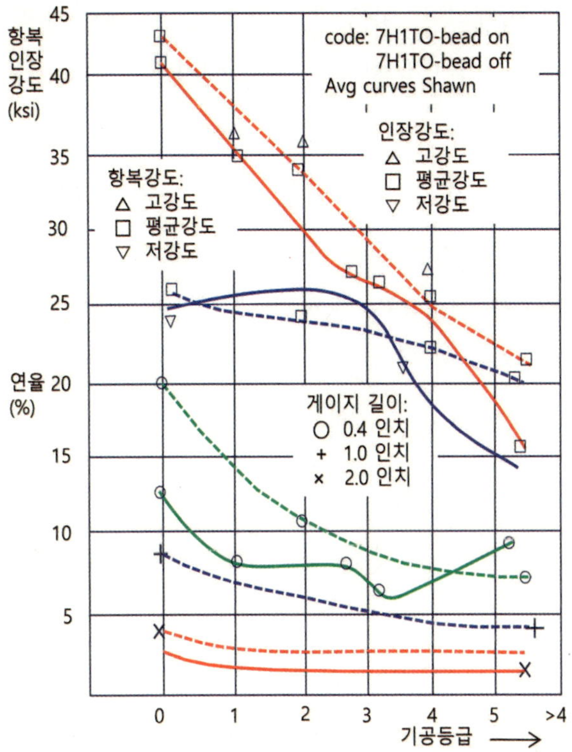

그림 1.75 2014-T6(두께 6.4mm)의 기공에 따른 기계적 성질의 변화

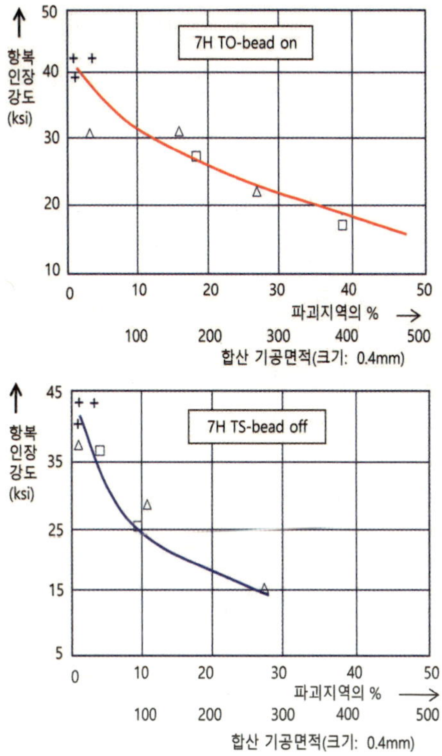

그림 1.76 2219-T87의 강도 대 기공 면적에 따른 기계적 성질의 변화

그림 1.75에서 인장과 연신율은 짧은 두께(short gage length)에서 특히 기공의 증가에 따라 급격히 저하하며, 항복강도는 거의 변화가 없다. 또한, 세로 방향에서는 가로 방향보다는 기공에 의한 기계적 성질의 저하가 심하지 않으며, 피로 수명은 기공에 따라 매우 심하게 변한다.

정하중과 비교하면 피로 반복 하중에 대한 용접부의 강도는 비드 돌출 부분의 육성 각도에 따라 차이가 크게 난다. 따라서 비드 돌출 높이를 완만한 둥근 형상을 만들어 주면 동하중 및 정하중에 견디는 강도가 좋다. 돌출 높이는 후판 용접 때 3mm 이하로 규제하는 것이 바람직하다.

결론적으로 용접강도에 미치는 기공의 영향은 아직도 완벽히 정립되지 않았으나, 정적강도 및 연성에 대하여 기공은 신율에 가장 큰 영향을 미치며, 다음에 인장강도, 항복강도 순이며 굽힘은 신율과 비례한다. 재료에 관한 사항은 5000 계열보다 2000, 7000 계열이 기공에 따른 강도 저하가 심하다. 2급 이상의 기공은 강도에 무관하다.

기공에 의한 피로 특성의 변화에 대한 자료는 매우 한정되어 있으며, 이에 의하면 기공은 인장강도보다 피로 특성에 더욱 심한 저하를 가져오는 것으로 알려져 있다. 피로 강도에 대하여 과대한 비드 돌출은 기공보다 훨씬 피로 강도에 악영향을 미친다. 삭제된 비드 시편은 기공이 강도 저하에 영향을 미치며 표면의 큰 기공도 피로 강도에 영향을 미친다. 따라서 돌출 비드를 매끄럽게 그라인딩하는 것이 피로 강도에 향상을 가져온다.

4.4.3 균열(cracking)

알루미늄 합금의 용접균열은 1944년에서 1950년까지 영국의 Birmingham 대학의 연구진에 의하여 주로 연구되었고, 이 연구는 주로 열간균열의 기구와 합금 성분의 영향에 대하여 이루어졌으며, 현재에도 열간균열 해석의 기본이 되고 있다.

알루미늄 합금 용접 때에 발생하는 균열은 크게 다음의 2가지로 나눈다.

- 열간균열(hot cracking): 고상선(solidus) 이상에서 생김
- 냉간균열(cold cracking): 고상선 이하에서 생김

이 두 가지 중에서 주로 발생하는 것은 열간균열이며, 그 특성은 고상선 온도 이상에서 발생하여 입계 간에 생기는 것이다. 이것은 용착금속과 열영향부에서 생기게 된다.

(1) 열간균열(hot cracking)

열간균열은 순금속에는 일어나지 않고 합금체계에서 일어나는 용접 문제이다. 그것은 알루미늄 합금뿐만 아니라 철강, Ni, Cu 합금에서도 일어난다. 기본 기구는 합금체계에서 금속 응고 기능의 모든 것과 같다. 알려진 것처럼 이것은 고온균열 기구이며, hot cracking, hot fissuring, hot shortness, liquation cracking, centerline cracking 등으로 또는 solidification cracking으로 불린다.

순금속에 합금원소의 첨가는 순금속으로부터 합금의 응고 온도 변화의 원인이 되며 다른 많은 상(고용체, 공정점, 금속간화합물)을 만든다. 이들 상태의 변화와 각각 상의 관계 비율은 상-선도에 표시되며 합금의 가장 낮은 용융점은 어떤 온도에서 응고되는 공정의 구성으로 된다. 비공정 구성의 다른 하나는 과 범위의 응고이다. 그림 1.77에서 크기가 작고 가장 낮은 용융점 성분은 고체 미립자가 성장하여 응고한 정면의 입자 경계에 침입하는 것을 보여준다.

최종 성분은 용융점이 가장 낮고, 공정점은 하나로 형성된다. 이 응고 과정에서의 결과는 인접하는 덴드라이트(dendrite) 사이에, 즉 입자 경계를 따라 멈추게 될 때까지 덴드라이트 응고에 침입하는 합금 성분의 가장 낮은 용융점이 된다. 만약 저용융점과 공정(eutectic)이 차이가 있으면 수축과 냉각 금속의 많은 부분이 입자 경계를 따라 액 막에서 부피와 용융점이 충분하게 커진다. 결과는 그림 1.78에 나타낸다.

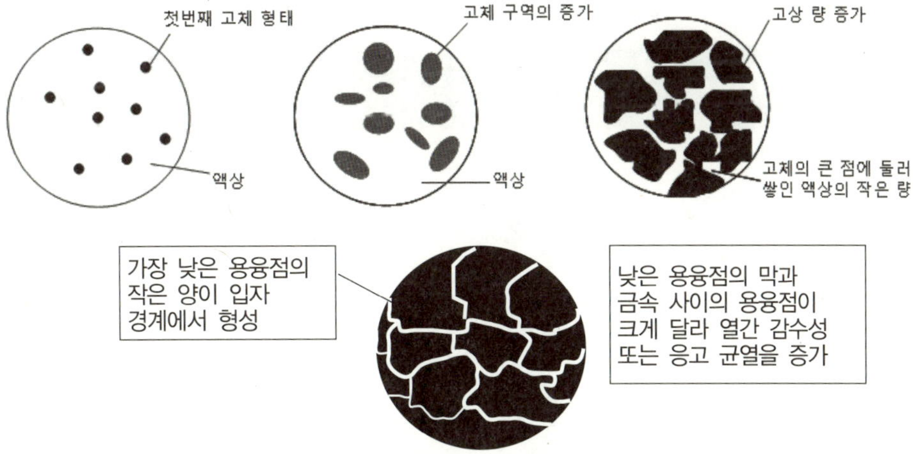

그림 1.77 금속의 응고

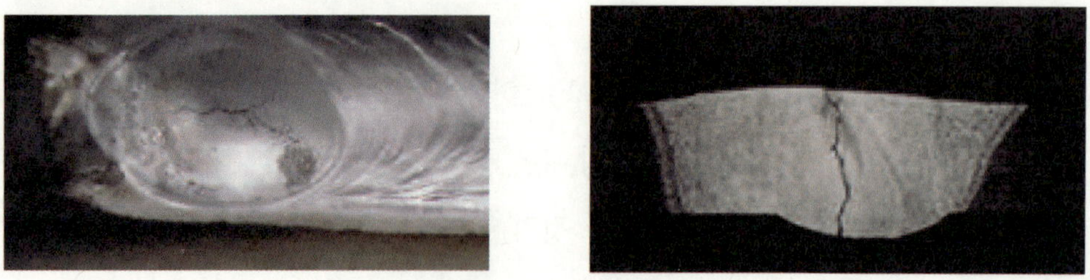

(a) A5083/ER5356 MIG 용접 크레이터 균열 (b) A6082 두께 3.2mm/4043 용접봉 TIG 용접

그림 1.78 응고 균열의 결과

첫 응고 형성물 덴드라이트는 원자 스스로 부착하는 핵 형성의 단위격자로 성장하며 이웃한 것에 충돌할 때까지 크기가 증가한다. 이것이 충돌하는 점은 입자 또는 결정체, 인접 덴드라이트 사이에 경계가 된다. 공정점을 제외한 넓은 응고 온도 범위에서 합금체계 대부분이 가장 높은 용융점(또는 응고 온도)의 첫 번째 금속을 제외한 이 효과는 대부분의 금속에서 원소나 불순물을 떠돌게 하는 원인이 된다. 철강과 니켈합금에서 유황은 저융점의 황화물 공정이 형성되는 좋은 예이다.

알루미늄 합금에서 상당히 낮은 응고점의 공정 범위 형태의 합금원소 첨가에는 신중해야 한다. 균열 시험은 열간균열의 높은 위험을 가진 합금에서 성분의 범위와 고온 취성 범위의 조건에 확정된다. 일반적 합금원소의 고온 취성 범위는 표 1.51에 보여준다.

표 1.51 고온 취성 범위와 공정점 특성

합금 체계	고온 취성 범위 성분(%)	공정점	
		온도(℃)	성분(%)
Al-Si	0.5~1.2	577	12.6
Al-Cu	2.0~4.0	548	33
Al-Mn	1.5~2.5	658	1.5
Al-Mg	0.5~2.5	450	36
Al-Zn	4.0~5.0	381	94
Al-Fe	1.0~1.5	655	2
Al-Li	불채용	596	7.5
Al-Ni	불채용	640	8.7

이 결과는 표준 균열 시험으로 나타난다. 이 시험은 주어진 균열 상태의 조정 아래에서 용접 길이 방향 하중에 설계되며, 길이는 특수합금에 시험되는 균열 감수성에 측정된다. 이것은 합금에 감수성의 지시 등급과 고온 취성 범위의 특성을 결정한다. 이음 구성 부분의 간격은 이음의 희석량에 영향을 준다. 희석은 용접하는 동안 용접 금속에 모재의 용해량으로 시작된다. 그림 1.79에 나타낸 것처럼 넓은 간격의 루트 패스는 낮은 희석을, 좁은 간격은 높은 희석을 준다.

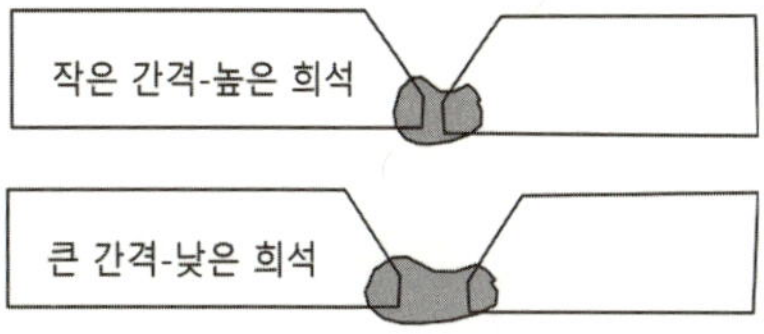

그림 1.79 **루트 간격의 영향**

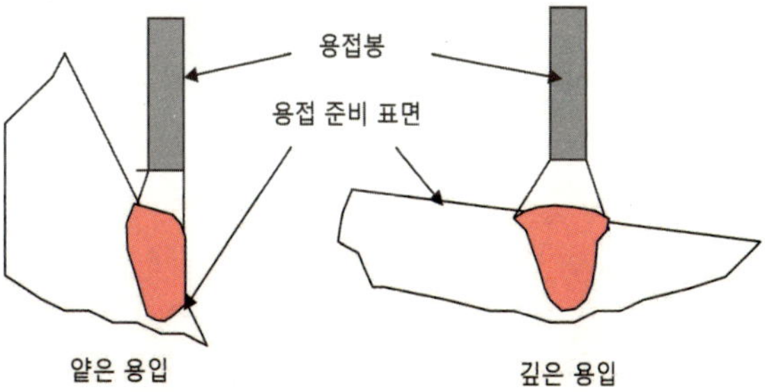

그림 1.80 **희석에 있어 용접봉 각도의 영향**

그림 1.80에서처럼 경사각의 급경사 용접에서 용접봉 각도의 변화로 얇고 넓게 된 것이 더 낮은 희석을 준다. 용접방법 또는 용접변수의 변화는 특히 용접전류는 용입과 희석에 영향을 준다. 현장 작업 관점에서 경사각 용접을 하는 의미는 열간균열 방지를 위해 이음의 조립과 용접변수를 철강 용접의 경우보다 더 주의 깊게 조정해야 한다.

알루미늄 합금은 고 · 저합금 둘 다 만족하며 열간균열의 높은 저항과 감수성에 최고인 모두를 나타낸다. 낮은 등급의 합금에서 작은 양의 공정은 입자 경계의 액상 막 내에서 매우 얇거나 불연속된 결과이다. 액상 막의 강도는 식으로부터 파생된다.

$$F = \frac{k\gamma A}{t}$$

(F= 액상균열에 요구되는 힘, k=상수, ϒ=액상/고상 계면의 장력, A=횡단면 면적, t=액막 두께)

따라서 액막 두께 t를 증가시키면 필름의 균열에 요구되는 힘 F는 감소한다. 균열에 요구되는 힘이 증가하면 균열 형성을 채우고 내부로 흐르는 충분한 공정이 된다. 따라서 균열 감수성을 떨어뜨리면 균열은 스스로 고쳐지는 균열 예방 구조의 결과이다. 이것은 열영향부 액상 균열 감수성의 합금을 용접할 때 매우 유용하다. 그림 1.81에 그래프로 나타낸 것과 같은 곡선의 형상을 보여준다.

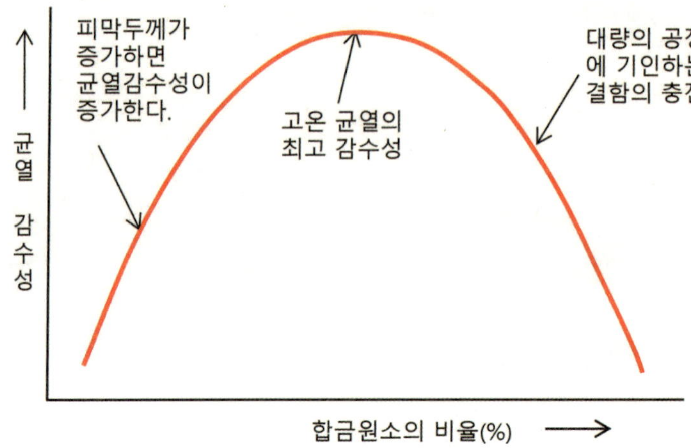

그림 1.81 균열 감수성의 일반적인 도해

이것의 예는 성분 변화에 매우 민감한 용접금속의 균열 감수성이다. 모재와 용접봉이 일치하지 않는 알루미늄 합금 용접은 매우 많고 중요한 현실로 거기에는 많은 다른 요소가 용접금속 성분에 영향을 주며, 모재 성분과 용접봉과는 별개이다.

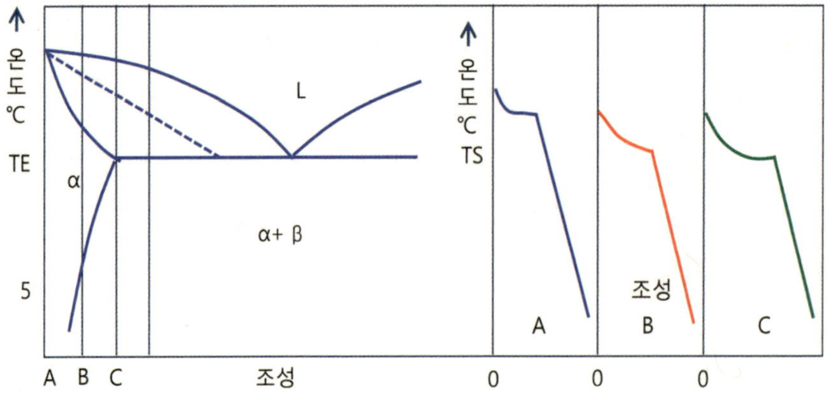

그림 1.82 공정반응의 평형 상태도와 온도 변화에 따른 강도의 변화

고상선 온도에서의 Al–Si 합금의 인장 특성에서 그림 1.82의 조성 C의 온도에 대한 강도를 보면 온도가 공정 온도 T_E까지 상승하면 강도는 점점 저하하여 T_E 바로 아래 온도에서 특정 값을 나타내게 된다. T_E를 넘어서게 되면 고상은 액상에 의해 둘러싸이게 되며, 이것은 남는 고상 결정의 교합(interlocking) 효과와 고상 사이의 좁은 공간에서 액상의 공정이 점성을 가지기 때문이다.

온도가 상승하면 액상의 양은 점차 증가하여 강도는 감소하며, 액상과 고상이 공존하는 특정한 온도에서 '0'이 되게 된다. 이러한 온도를 '결합온도(coherency temperature)'라 한다. 조성 A와 B도 최초의 액상이 될 때 강도는 저하되며, 결합온도에 도달하면 '0'이 된다. 그러나 조성 C에서와 같은 강도의 급격한 저하는 일어나지 않는다. 이것은 공정 온도에서 액상의 급격한 형성이 일어나는 공정반응이 조성 A와 B에서는 일어나지 않기 때문이다.

Al–Si계의 자료를 정리한 그림 1.83에서 고상과 결합온도 사이의 온도 차(hot short range)를 Si 함량에 대하여 표시하였다. 이 곡선에 의하면 고온 취성 온도 범위는 점차 증가하여 Si 함량이 1.8%일 때 최댓값을 나타내며, 평형 상태의 Si의 최대 고용도인 1.65%와 비슷한 값이 된다. Si 함량이 더욱 증가하면 고온 취성 범위는 감소하여 아주 낮은 값이 된다.

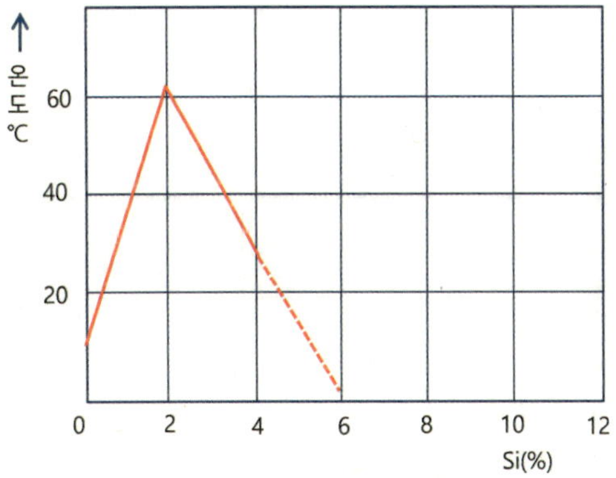

그림 1.83 Al–Si 합금의 고온 취성 온도 범위

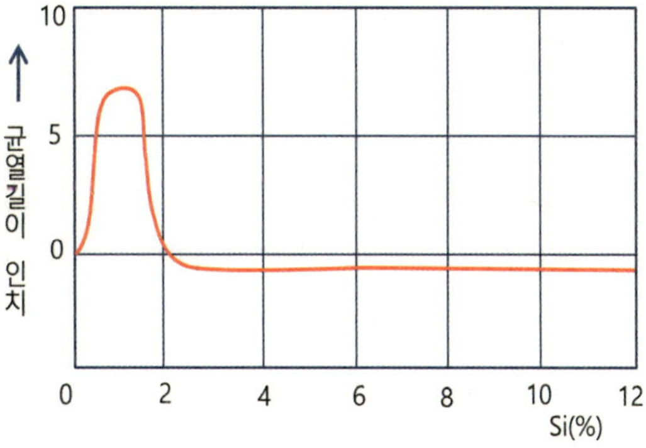

그림 1.84 Al–Si 합금의 링 주물 및 용접부의 균열

고온 취성에 관하여 링 주물(ring casting)과 구속 용접을 이용한 Al-Si 합금에 관한 결과를 그림 1.84에 나타냈다. 링 주물과 구속 용접의 균열 곡선은 고온 취성(hot- shortness) 온도 범위 곡선과 그 형상이 유사하다. 그러나 최고 균열 경향은 최고 고온 취성 온도 범위보다는 약간 낮은 Si 함량(약 0.8%)에서 일어난다. 이것은 링 주물과 구속 용접에서는 냉각이 급속히 일어나 평형상태가 되지 못하기 때문이다. 급격한 냉각조건에서는 최대 고용도는 낮아지며, 최고 균열은 낮은 Si 함량에서 일어나게 된다.

고온 취성 범위 폭의 감소뿐 아니라 액상의 공정'회복(healing)'도 열간균열을 감소시키는 것으로 알려져 있다. 특정 양의 액상보다 더 많은 액상이 존재할 때는 고상 결정 간의 초기 균열이 형성될 때 액상이 이곳으로 유입되어 균열이 회복되며, 용착금속의 공정이 균열을 방지한다.

많은 수의 2원 알루미늄 합금의 열간균열에 관한 구속 용접시험 결과를 그림 1.85에서 그림 1.91까지 나타내었다. 그림 1.85, 그림 1.86, 그림 1.87에 나타낸 Al-Si, Al-Cu, Al-Mg계 합금은 비슷한 결과를 보여준다. 이것은 단순한 2원 공정 합금이며 응고 범위가 넓다.

Singer의 원리에 의하면 균열의 양이 최대가 되는 것은 고상과 액상의 온도 구배가 최대가 될 때이며, 이것은 특정한 평형 조건으로 합금원소의 고용 한도가 최대가 되는 조성과 일치한다. 합금원소의 양이 많은 고합금의 경우에는 공정의 양이 증가하며, 균열의 양이 감소하는 것은 최초로 공정이 형성되는 점과 일치한다.

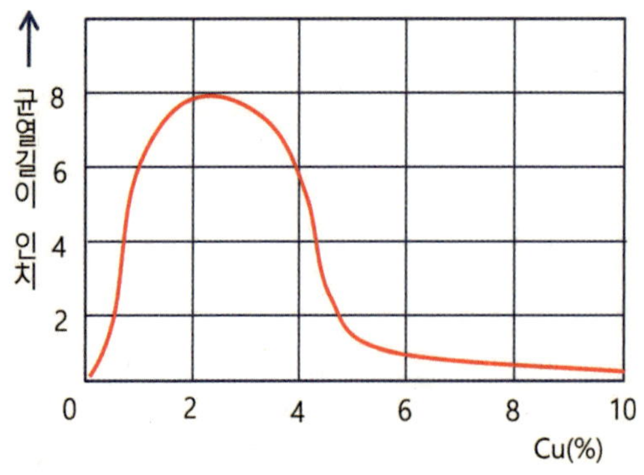

그림 1.85 Al-Cu 합금 구속 용접의 균열

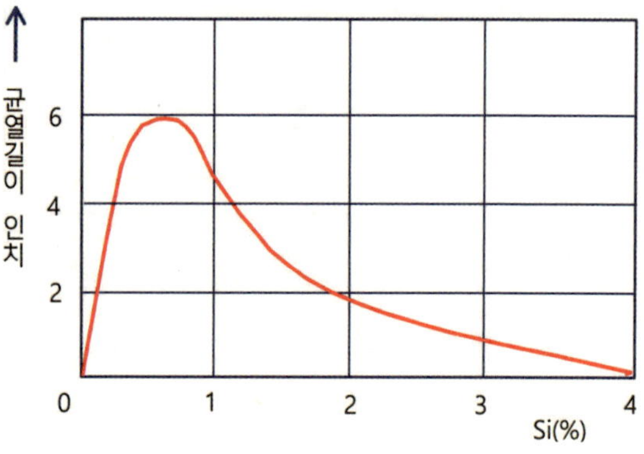

그림 1.86 Al-Si 합금의 구속 용접의 균열

그림 1.88과 그림 1.89에는 Al-Fe의 Al-Mn 합금을 나타내었는데, 응고 범위가 매우 좁으므로 고온 취성 범위는 무시할 정도로 작다. 따라서 이 합금의 구속 용접 시험에 의한 고온 균열의 양은 매우 작게 된다. Al-Zn 합금의 경우에는 20%의 Zn까지는 공정이 존재하지 않는다. 이 합금의 구속 용접시험에 의하면 균열량의 감소가 없다(그림 1.90 참조). 따라서 단순 2원 합금에 적용되는 원리로 Al-Zn 합금의 이와 같은 현상을 설명할 수가 없다.

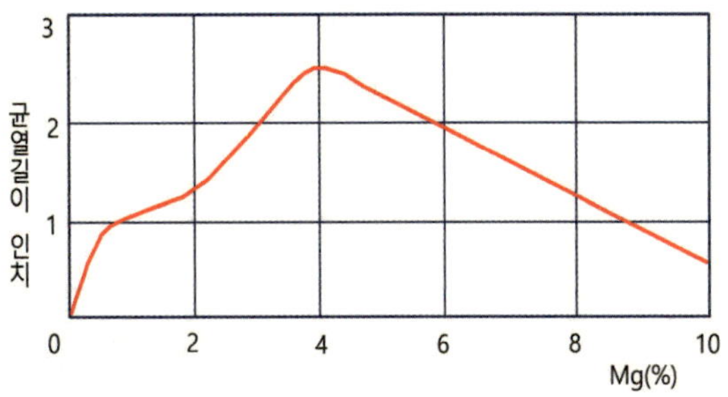

그림 1.87 Al-Mg 합금의 구속 용접 균열

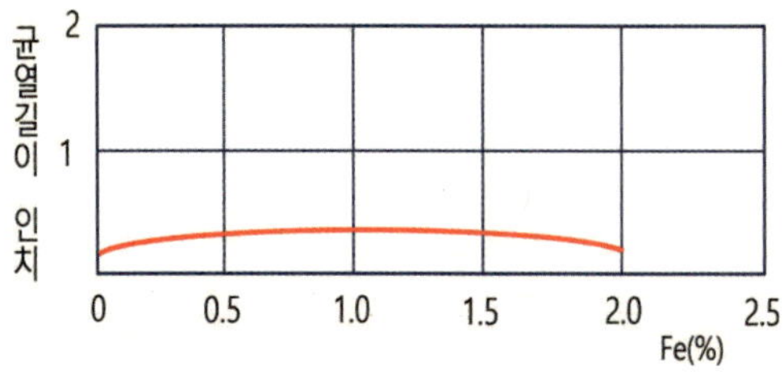

그림 1.88 Al-Fe 합금의 구속 용접 균열

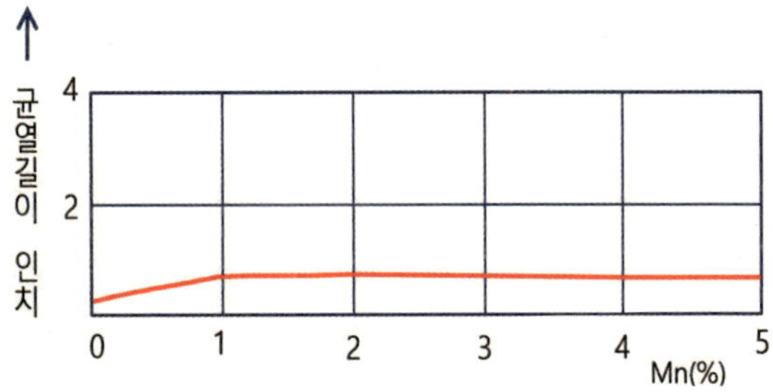

그림 1.89 Al-Mn 합금의 구속 용접 균열

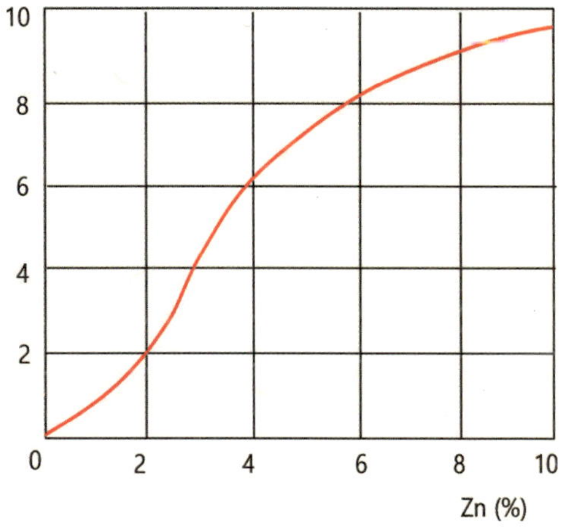

그림 1.90 Al-Zn 합금의 구속 용접 균열

Al-Mg-Si 합금의 균열이 최대로 되는 것은 Mg-Si의 농도가 1%가 될 때이다. 그림 1.91에서 보는 바와 같이 이 합금의 거동은 Al-Si, Aa-Cu, Al-Mg합금과 유사하다. 이것은 Al-Mg_2Si의 유사 이원합금의 평형 상태도에서부터 예측할 수 있다. 단순 2원 합금의 균열 선도는 기타 합금원소의 첨가에 따라 상당히 변화하게 된다. Al-Fe-Si 합금의 구속 용접 균열시험 결과(restrained weld cracking test)를 그림 1.92에 나타냈다. Al-Si 2원 합금에 Fe가 첨가됨으로써 균열의 개시가 지연되었고, 최대로 균열이 생기는 양이 감소하며, 또한 최대균열 발생점이 Si 함량이 높은 쪽으로 이동되었다.

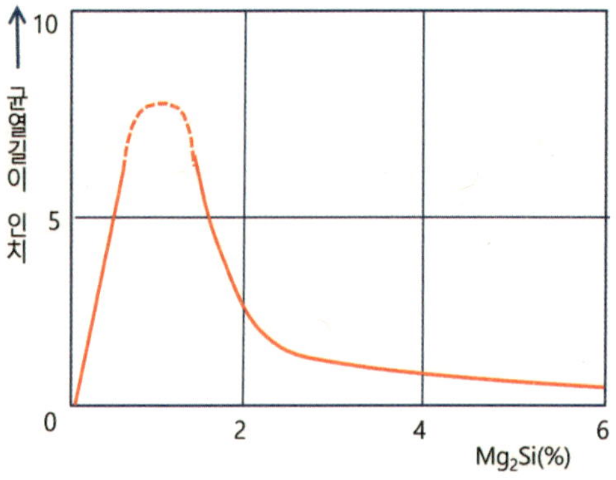

그림 1.91 Al-Mg_2Si 합금의 구속 용접 균열

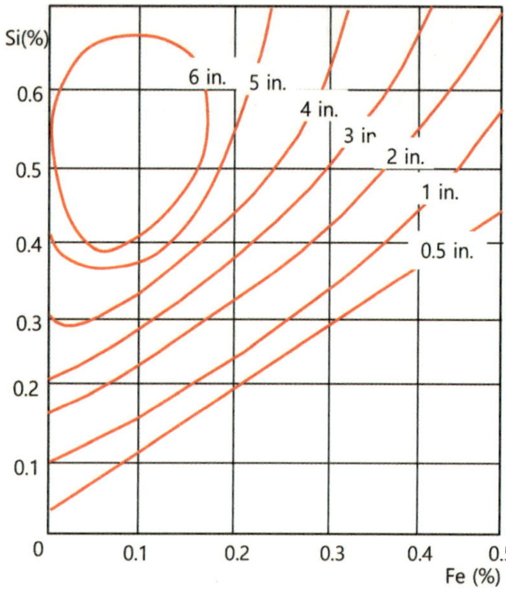

그림 1.92 구속 용접의 균열

Al-Zn-Mg 합금의 균열 선도를 그림 1.93과 그림 1.94에 나타내었는데, 이때 Cu의 첨가량은 각각 0.5%와 0%이었다. 균열 선도는 용접 때 균열이 문제가 될 수 있는 합금 조성을 나타내 준다. 또한, 용접봉 선택할 때 지침이 될 수 있다.

균열이 생기기 쉬운 모재는 용접 때 균열에 대한 민감성이 적은 용접봉으로 희석해 줄 필요가 있다. 용접봉 선택 외에도 많은 요소에 의하여 용접 때 발생하는 균열의 양이 달라질 수 있다.

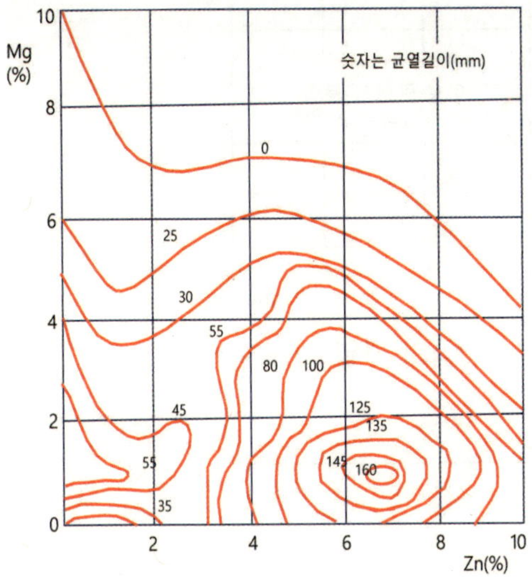

그림 1.93 Al–Mg–Zn 합금 링 주물의 균열선도

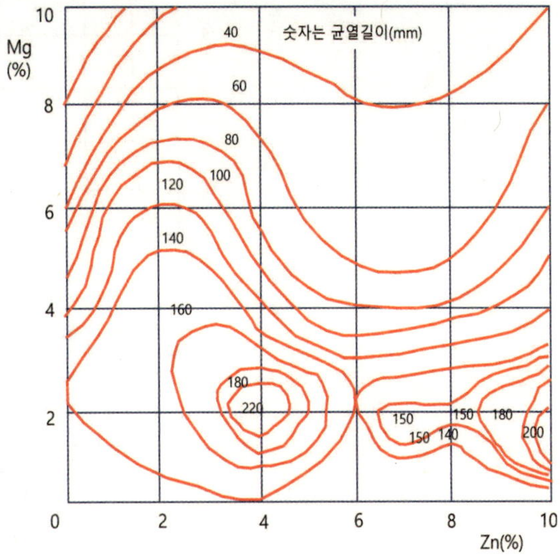

그림 1.94 Al–Mg–Zn 합금 링 주물의 균열선도(0.5%Cu 첨가)

용접방법에 따라서도 열간균열이 생기는 정도가 심하게 변화한다. 가스 용접과 TIG 용접으로 Al–Si 합금을 구속 용접 시험한 결과를 그림 1.95에 비교하여 나타냈다. MIG에 의한 용접이 TIG보다 용접 입열이 낮으므로 MIG에 의한 용접이 그림 1.96에서처럼 균열의 양이 적다.

알루미늄 용착금속에 입자 미세화 원소를 첨가함으로써 열간균열을 현저히 감소시킬 수 있다. Ti의 함량을 0.5%로 증가시켜 Al–Zn–Mg–Cu 합금의 균열을 감소시킬 수 있으며, Zr을 입자 정제 원소로 사용할 수 있다. Al–Zn–Mg 필릿 용접 때 0.1~0.15%의 Zr을 첨가하여 열간균열을 감소시킬 수 있다.

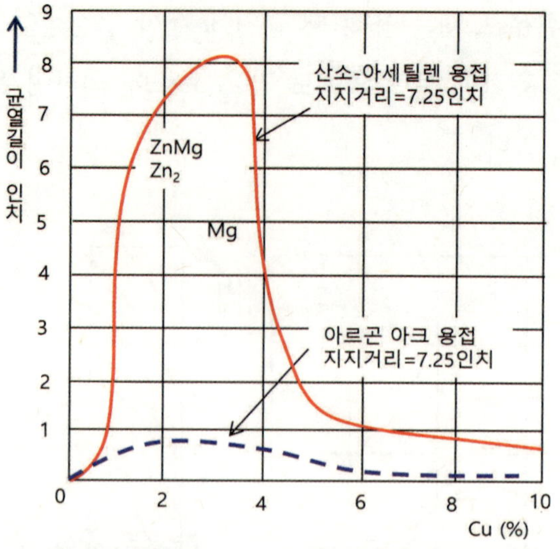

그림 1.95 Al-Cu 합금의 균열 곡선

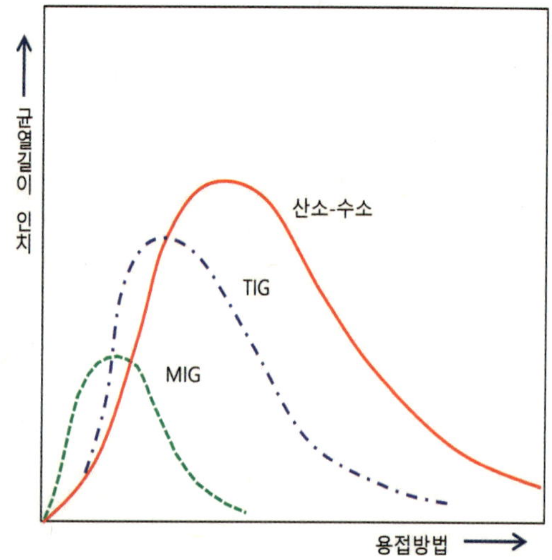

그림 1.96 용접 방법에 따른 균열의 정도

균열 감수성이 높은 합금은 필릿 용접을 연속으로 하고, 낮은 경우에는 단속 용접을 한 두 종류의 시험 결과의 그림 1.97에 나타내었다. Al-Mg 합금의 Mg 함량 변화에 따라 연속 및 단속 용접 때 발생하는 균열의 경향은 단속 용접 때 균열 발생이 높은 것을 알 수 있다.

실딩 가스의 조성을 바꿈으로써 나타나는 균열의 발생 경향에 대하여 100% Ar과 65%He+35%Ar으로 변화시켰을 때의 균열 곡선을 그림 1.98에 나타내었다.

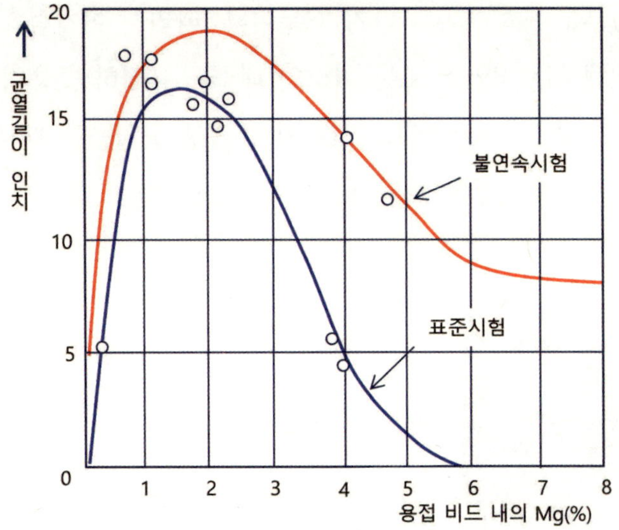

그림 1.97 Al-Mg 합금의 Mg 함량에 따른 균열 곡선(필릿 용접)

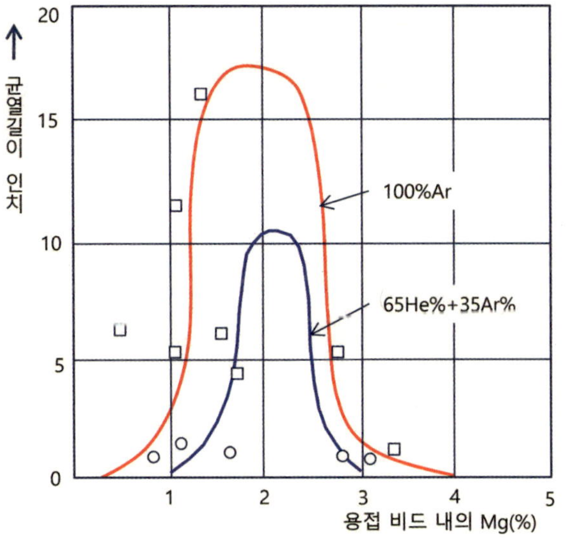

그림 1.98 실딩 가스에 따른 균열 곡선

열영향부의 용접 끝의 균열에 의해서도 고온 취성이 달라진다. 2024- T4 용접부의 인장강도가 상당히 분산되어 있고, 연성이 낮은 것은 열영향부 내의 공정 용해와 미세균열 때문이다. 필릿 용접부의 열영향부에서 열간균열은(2014모재/ER4043) 입계를 따라 부분 용해가 일어나기 때문이다. 따라서 이처럼 과열된 부분의 범위를 좁게 하기 위해서는 저입열 또는 최소의 패스를 용접하면 용접 끝의 균열을 감소시킬 수 있다. 그림 1.99는 2519-T87의 용접부 균열을 나타냈다. A2519 Ring의 Crack 방지는 설계단계에서 직경을 Φ75mm 이상 되도록 하여야 한다.

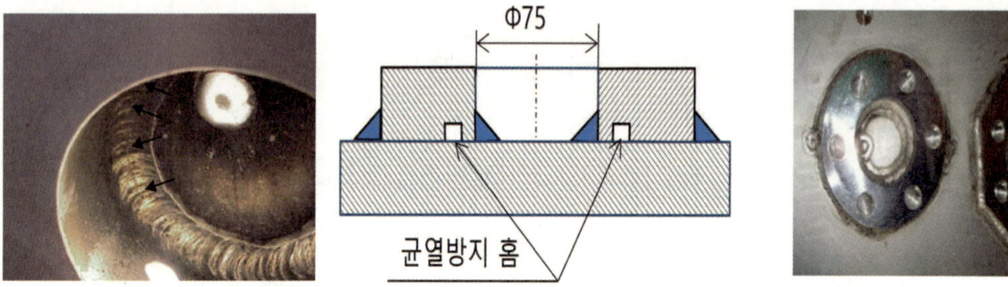

그림 1.99 ER2319/2519-T87 용접부 균열과 방지대책

따라서 열간균열이 발생하면 다음의 한 개 또는 그 이상을 조치해야 한다.

- 응고 중 매우 미세한 입자의 형성에 핵 행위를 하는 Ti, Zr, Sc와 같은 원소를 첨가하여 작은 입자로 한다. 용접봉은 Ti 또는 Zr이 합금된 것을 사용한다.
- 용융지의 조성 조정은 고온 취성 범위가 아닌 합금을 만들기 위해, 용접봉을 첨가한다.
- 고온 취성 범위 밖의 용접금속 조성은 용접봉의 충분한 첨가를 위해 이음의 끝과 간격을 준비한다.
- 가장 빠른 용접 속도를 사용한다. 빠른 속도는 열간균열 범위 안에서 용접 시간을 감소시킨다. 고속 용접은 역시 열영향부의 크기를 감소시키고 이음 단면의 응력을 축소한다.
- 큰 용적, 단층 쌓기 대신에 빠른 용접 속도, 작은 용적의 다층 쌓기 절차를 사용한다.
- 잔류응력을 최소화하고 억제하는 순서의 조합과 용접을 선택한다.

- 열간균열 범위에 있는 동안 압축력 안에서 용접을 유지하기 위해 외부의 힘을 사용한다.
- 모재에 아주 가까운 용융점의 용접봉을 선택한다.

(2) 냉간 균열(cold cracking)

모든 용착금속의 균열이 열간에 일어나는 것이 아니고 때로 냉간에서도 균열이 발생한다. 저온균열은 조성, 현미경조직, 그리고 냉각 때의 구속력 등에 의하여 달라진다. 이러한 냉간 균열은 합금 성분이 입계 바깥쪽에서 적어져 입계 강도가 감소하기 때문에 생기게 된다. 또한, 이것은 제2상(second phase)이 연속적인 입계를 형성할 때 발생하게 되며, 금속간화합물이 액상에서 석출되어 입계를 약하게 만들고 용접 응고 때 발생하는 수축 응력으로 인하여 입계가 파단하게 되는 것이다. 따라서 합금원소 양이 많은 합금은 냉간 균열이 일어나기 쉬우며, 적은 것은 열간균열이 일어나기 쉽게 된다.

이러한 현상을 그림 1.100의 Al-Cu-Mg-Si 합금에서 나타내었다. 냉간 균열은 입열이 높을 때 발생하기 쉬우며, Al-Zn-Mg을 용접한 것을 보면 TIG 용접은 열간균열만 나타나고 가스 용접에서는 냉간과 열간 균열이 모두 발생하게 된다. 냉간 균열은 고상선 이상의 온도에서 발생한 미세한 균열 때문에 생성될 수도 있다. 융합 불량과 기공 사이의 냉간 균열이 예이다. 이러한 균열 일부는 입자 사이에 나타나며, 나머지는 입자 관통이다.

또한, 가스 함량에 의해서도 균열이 생기는 것이 달라질 수 있다. 가스 함량이 높은 용접부가 응고할 때 가스는 고상에서 액상으로 이동하게 되는데 이것은 액상이 용해도가 높기 때문이다. 결과적으로 응고 때에 가스 압력을 형성하여 취약한 입자간 공정(inter granular eutectic)이 깨질 수 있는 것이다.

이러한 냉간 균열의 발생 기구는 열영향부에서 생기는 균열에도 같이 적용할 수 있다. 고상 선에서의 균열은 수소가 입자 사이 또는 입자 내부 결함으로 석출되기 때문에 내압이 형성되어 입자 간 균열이 생기게 되는 것이다. 중간온도 균열은 입계 석출로 인하여 입계 부근에 합금 성분이 적어져 강도가 저하하기 때문에 생기게 된다. 저온균열은 용접결함으로 인하여 단면적이 감소하고 따라서 수축 응력을 견디지 못하므로 생기게 된다.

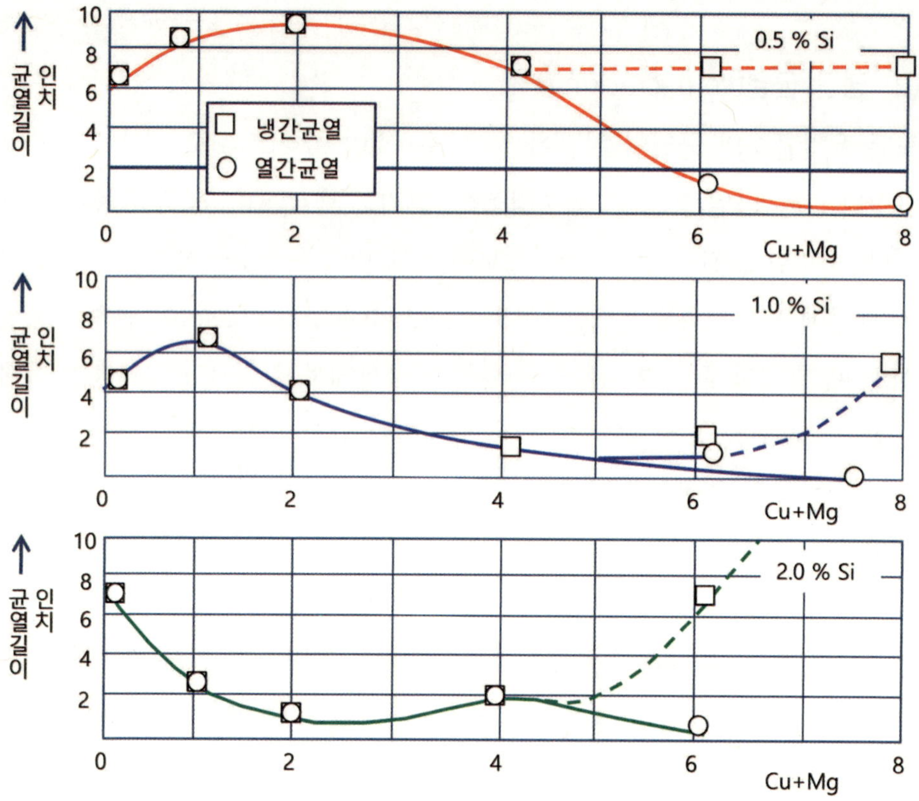

그림 1.100 Al-Cu-Mg-Si 합금의 구속 용접부의 균열 곡선

(3) 알루미늄 합금에서의 용접 균열의 비교

고강도 알루미늄 합금 2xxx, 5xxx, 6xxx, 7xxx 계열의 균열 발생 경향을(Dowd에 의한 T-이음 시편) 용접봉의 종류를 다양하게 사용하여 산출한 것을 그림 1.101에 용접난이도에 따라 모재와 용접봉의 조합을 분류하여 나타내었다. 여기에서는 균열 길이가 모재의 인장강도에 비례하여 용접강도가 양호한 것이 균열이 발생하는 경향도 적게 된다.

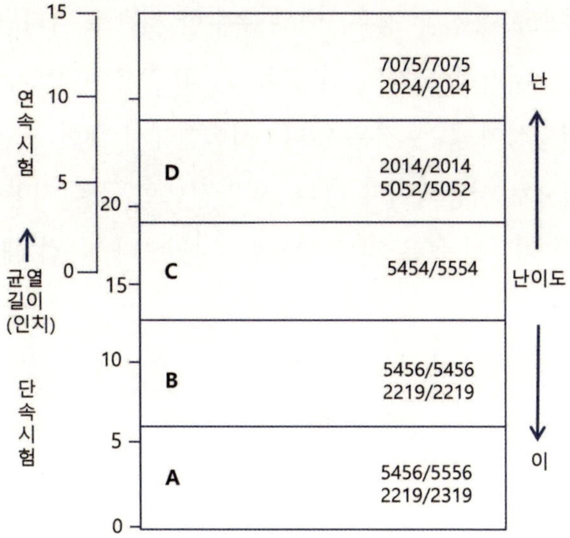

그림 1.101 용접 균열과 용접난이도 관계

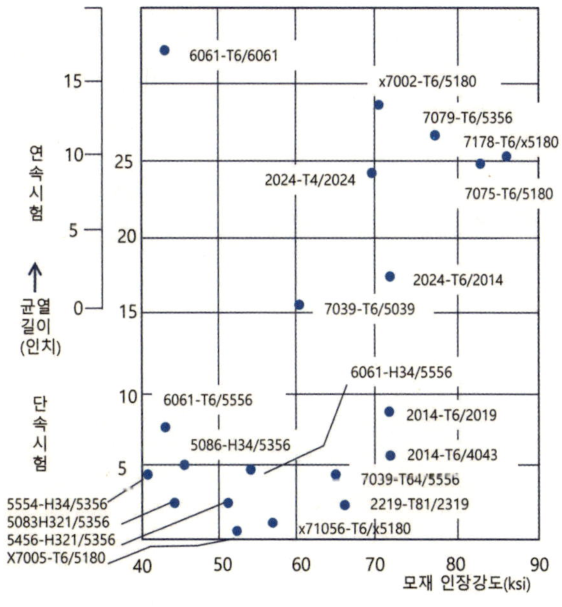

그림 1.102 모재 인장강도에 대한 모재/용접봉 균열 감수성

그림 1.101에 의하면 Al-Mg계 합금인 5xxx 계열과 최근에 개발된 Al-Zn-Mg 합금은 균열에 대한 저항성이 상당히 좋은 것을 알 수 있다. 특히 Mg이 없는 Al-Cu계 합금인 2219와 Cu가 없는 Al-Zn-Mg계 합금의 강도와 균열 저항성은

Al-Mg 용접봉으로 용접할 경우, 매우 우수한 것으로 나타난다. 또한, 그림 1.102에서 알 수 있는 것처럼 모재의 인장강도가 480MPa(696ksi)를 넘는 합금 중에는 균열에 대한 저항성이 좋은 것은 없다. 시험실에서 행한 균열 시험 결과는 단지 균열 경향의 지침으로 사용되어야 한다. 일반적으로 균열 저항성이 낮은 것을 사용하는 것이 좋으며, 이것이 높은 것도 사용할 수 있으나, 용접 때 세심한 주의를 기울여야 한다.

예를 들면, 7039/5039 용접은 구속력이 높은 경우에도 균열 없이 용접할 수 있다. 그러나 과도한 구속 상태에서 용접할 때는 균형 잡힌 이음을 사용하고, 용접 수축 때문에 판재가 회전(rotation)되지 않도록 하는 용접 절차가 필요하다. 또한, 크레이터 균열은 반드시 다음 용접 직전에 제거하여야 한다.

반면에 특정한 시험실 시험에 의하여 균열 경향이 낮은 것도 현장에서는 균열이 심하게 발생할 수 있다. 예를 들면, 6061/4043은 균열 감수성이 매우 낮으나, 과도한 구속 상태의 용접은 현장에서는 균열의 문제가 된다. 이처럼 시험실에서 산출한 낮은 균열 감수성의 모재와 용접봉을 사용하는 것은 용접 균열을 피하는 첫 번째 단계가 된다. 전술한 바와 같이 균열의 발생 기구는 용접방법과 조건에 따라서 달라질 수 있어 균열 감수성이 낮은 합금의 경우에도 적절한 용접 절차에 따라 용접해야 한다.

그림 1.103은 Al-Mg(5xxx) 합금의 용접부의 균열 감수성을 나타냈고 Mg와 Si 함량이 2.5% 이상일 때 균열 감수성이 저하하며, 그림 1.104는 모재 재질에 따른 용접봉을 사용하지 않거나 제살 용접과 추천 용접봉으로 용접한 균열의 결과를 나타낸 것이다.

6061의 경우 제살 용접 또는 모재 성분 용접봉이 균열 감수성이 매우 민감하다. 그림 1.105의 그래프는 재료 종류에 따른 합금 성분의 첨가 비율에서 균열 감수성을 보여준 것으로 Al-Cu(2xxx)의 합금 첨가 범위에 따른 균열 감수성이 범위가 넓어 용접이 어렵다는 것을 보여준다.

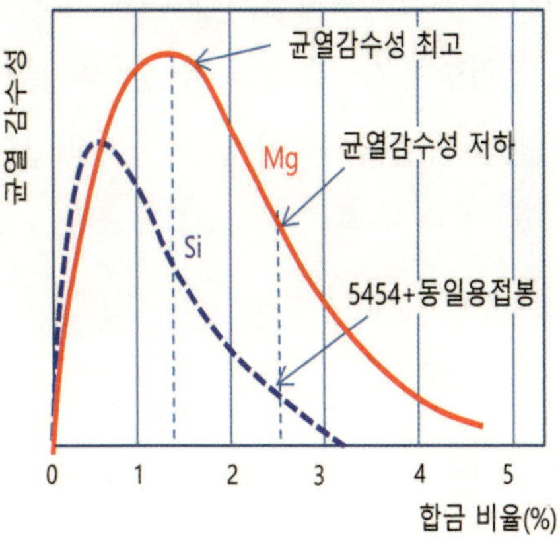

그림 1.103 Al–Mg 용접부 균열 감수성

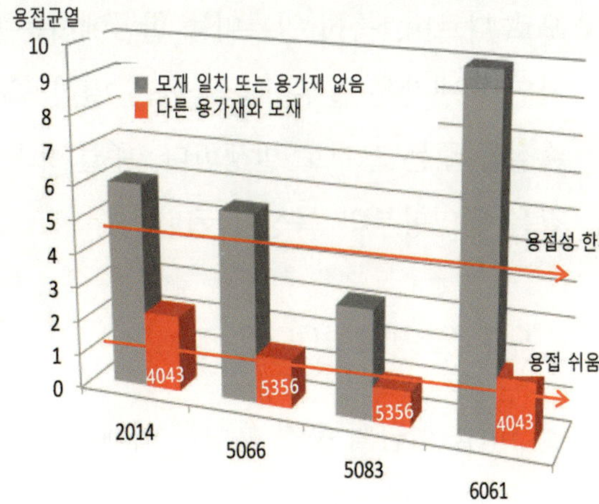

그림 1.104 재질별 추천 용접봉의 균열 감수성

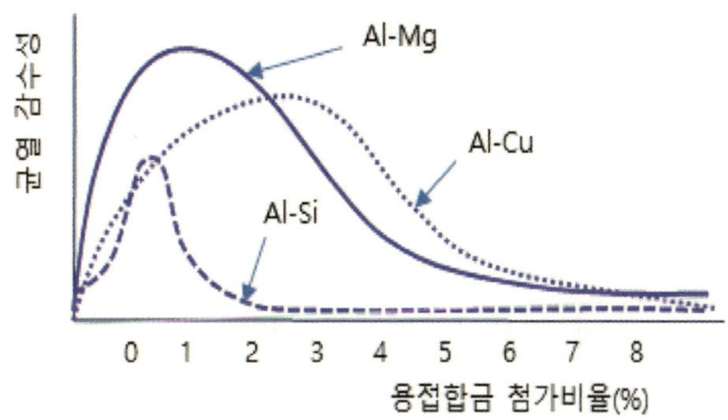

그림 1.105 재질별 균열 감수성 관계

4.5 용접에 기인하는 강도 손실

이음에 용접구성 효과를 주기 위해 높은 온도로 가열하며, 융융 용접의 경우 모재의 용융점보다 높게 성분 융합이 가능하도록 함께 합쳐준다. 용접열은 용접 이음에서 용접금속, 모재의 열영향부와 불영향부의 명확한 세 개의 구역으로 전도된다. 열영향부는 합금체계에 따라 특수한 성질의 구역 안에서 다시 세분한다. 한 번 또는 그 이상의 가열과 냉각 사이클의 특성을 갖는 열영향부는 불영향 모재와는 근본적으로 다르며, 특히 알루미늄 합금에서는 냉간가공 또는 석출경화에 의해 강화된다. 가열과 냉각은 알루미늄의 높은 열전도도로 열영향부가 넓게 되어 강도의 상당한 손실을 주는 크기로 발생한다. 주물 또는 풀림 상태 합금을 용접했을 때의 모재와 같은 열영향부의 특성이 된다.

4.5.1 열영향부의 조직

알루미늄 합금의 용접 특성을 이해하기 위해서는 먼저 열영향부의 구조에 대하여 알아야 한다. 열영향부의 구분은 열처리 합금의 경우에는 석출경화 부분의 변화가 일어난 부분, 비열처리 합금의 경우에는 가공경화 부분의 연화가 일어난 부분으로 할 수 있다. 실제로 열영향부에서는 입자 성장, 재결정, 석출 등의 야금학적 변화가 일어나게 되며, 통상 MIG나 TIG 용접에서는 이 부분의 폭이 6.4mm 정도가 된다. 일반적으로 열처리 합금의 용접부는 그림 1.106과 같이 크게 다섯 가지 부분으로 나눈다.

① 용접부(weld zone): 모재와 용접봉이 혼합된 미세한 입자의 주조조직을 나타낸다. 이 부분의 특성과 열처리는 사용된 용접봉의 종류에 따라 달라진다. 반자동 용접과 같이 입열이 낮은 경우에는 냉각이 급속하게 되어 용체화 처리된 상태가 되므로, 시효에 의해 강도가 증가하게 된다.

② 과열부(over heat zone): 이 부분의 폭은 매우 좁고, 미세성분이 용해하여 조대한 망상으로 모이게 된다. 이 부분은 강도와 연성이 낮아 미세한 균열이 생기기 쉬우며 입계부식과 응력부식 균열이 발생할 위험이 있다. 모재 부분이 용해하여 용접 너겟을 이루는 용융 역(fusion zone)과는 다른 부분이다.

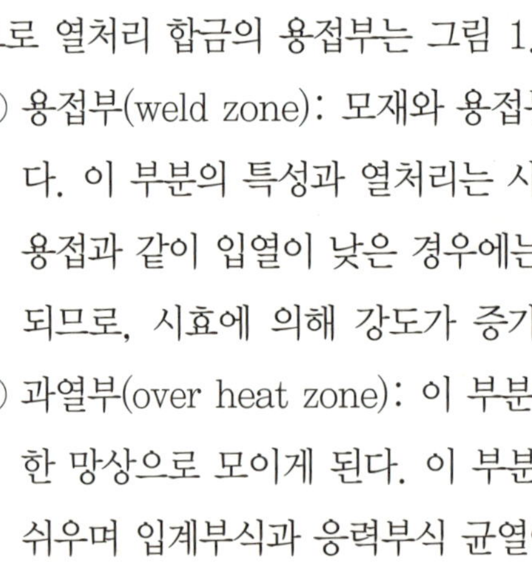

그림 1.106 **열처리 합금 용접부 명칭**

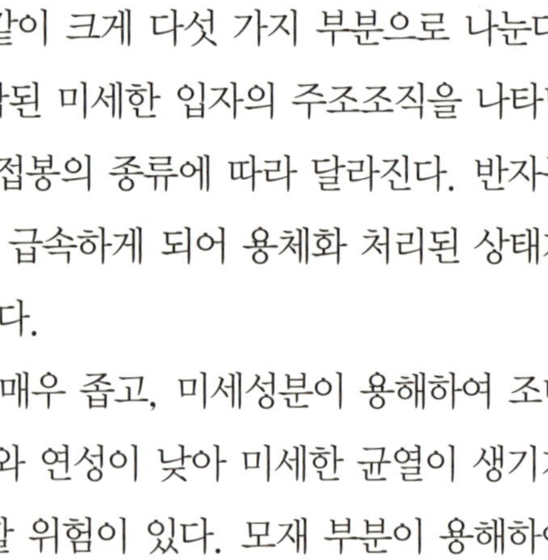

그림 1.107 **비열처리 합금 용접부 명칭**

③ 고용체부(solution zone): 용체화 온도 범위에서 급랭되어 시효되는 부분

④ 부분 어닐링과 과시효부(partial annealed and over aged zone): 용접열로 인하여 과시효가 일어날 수 있는 조건의 부분 어닐링과 석출이 발생하는 정도로 석출되는 부분

⑤ 불영향부(unaffected zone): 용접열로 인한 현미경조직의 변화가 일어나지 않는 부분

비열처리 합금의 용접부는 그림 1.107과 같이 다음의 3부분으로 나눈다.

① 용접부(weld zone): 모재와 용접봉이 혼합된 미세한 주조조직이 나타나는 부분

② 어닐링부(annealed zone): 가공경화된 부분이 용접열로 인하여 재결정과 입자 성장이 일어나는 부분으로서 입자 성장은 용접부에서 거리가 감소할수록 커진다.

③ 불영향부(unaffected zone): 용접열로부터 영향을 받지 않은 모재 부분

4.5.2 용접금속

응융 용접의 용접금속은 모재와 용접봉 혼합의 주물 구조로 이루어져 있다. 이 용접부의 특성은 침전 입자 크기와 품질, 성분에 달려 있다. 이것은 그들 안에서 모재와 용접봉 성분, 희석의 양, 용접 품질과 용접사, 응고 속도가 변화시킨다. 2xxx 용접봉 계통을 제외하고는 시효경화 능력이 없다.

희석뿐만 아니라 모재는 시효경화를 일어나게 하는 것이 가능하다. 빠른 응고 속도는 입자 크기가 미세하여 응고 속도가 느린 것보다 기계적 성질이 향상된다. 그러므로 작은 용접 비드가 일반적으로 큰 용접 비드보다 성질이 우수하며, 열간균열의 저항성이 높다. 루트 패스의 경우 용접 비드 단면이 아무리 작아도 위험이 많이 증가한다. 따라서 구속 응력의 억제를 수반하는 것이 요구된다.

용접금속의 특성 개선에 할 수 있는 것은 매우 작다. 고용체 강화는 유용하고 고강

도 용접금속에 적합한 용접봉의 선택이 중요하다. 용접금속의 일반적 법칙은 자신이 주조 또는 풀림 상태의 모재 특성과 일치시키는 것이다. 냉간가공은 용접으로 이것을 일치할 수 없는 모재의 강도를 증가시키는 것에 사용된다. 따라서 용접금속의 가장 낮은 강도는 설계에서 허용과 보상되어야 한다.

용접 후 시효경화한 석출경화 합금의 약간은 용접금속의 강도 증가가 가능하고, 합금원소에서 위에 언급한 석출경화를 가져다주는 것들을 포함해 용접금속에 제공한다. 이 열처리의 효과는 용접봉의 성분과 희석에 영향을 준다. 예를 들면, 6061 계열 합금에 AC-TIG 단일 패스 용접의 4043 용접봉은 용접 후 시효 상태에서 약 294MPa의 극한 인장강도를 가져다주며, 4043 용접봉의 MIG 다층 용접은 약 196MPa에 가깝다. Mg 0.2%를 포함하는 4643에 4043 용접봉으로 바꾸면 용접 후 시효경화 후에 AC-TIG 용접에 어울리는 강도를 개선하게 된다. 이것은 알루미늄 합금 용접의 일관된 조정과 용접봉의 올바른 선택의 중요한 예시이다.

4.5.3 열영향부(heat affected zone)

앞서 언급한 주조 또는 풀림 상태의 합금은 열영향부의 큰 강도의 손실 없이 용접하게 될 것이며, 모재에 일치하는 용접강도를 준다. 그 때문에 합금은 냉간가공에 의해 강도가 향상되거나 석출경화는 열영향부의 강도 손실 없이 튼튼하게 될 것이다.

냉간가공 합금은 열영향부의 재결정에 기인하는 강도의 손실을 준다. 재결정은 열영향부 온도가 200℃ 이상에서 일어나기 시작하고, 그림 1.108에서처럼 300℃ 이상에 발생하는 완전 풀림에서 계속해서 증가한다. 이것은 냉간가공된 1xxx 합금에서 열처리 온도 범위와 양의 다른 것을 보여주고, 강도의 큰 손실 결과인 풀림 열처리하는 방법을 보여준다. 이 결과는 TIG 용접된 5xxx 합금을 그림 1.109에 나타낸다.

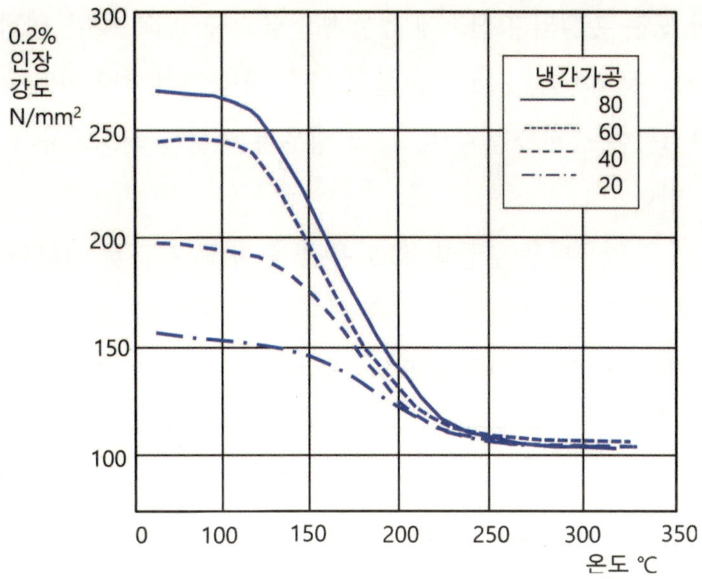

그림 1.108 냉간가공과 강도에서 풀림 온도의 효과

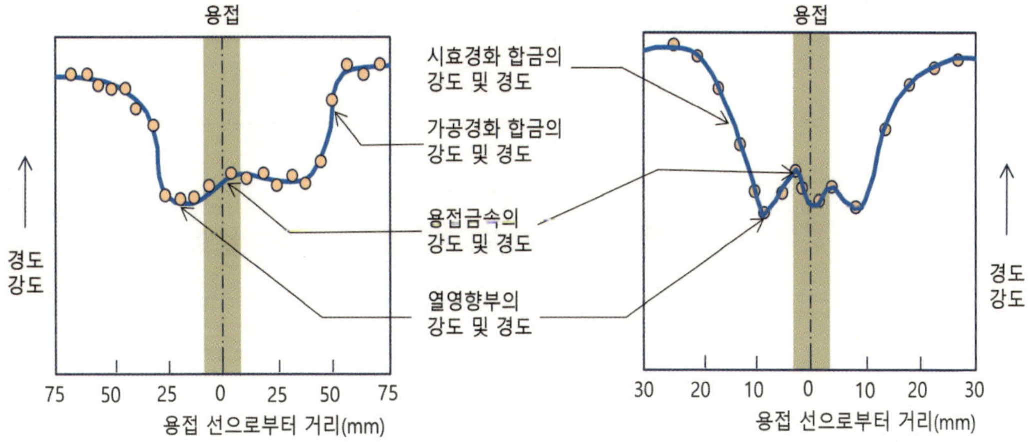

그림 1.109 냉간가공 합금의 용접 효과

그림 1.110 6061 T-6 용접 후 시효 경화 합금의 용접 효과

열처리 합금에서 비슷한 그림을 볼 수 있으며 이것은 가공경화 합금보다 좀 더 복잡하다. 그러나 인장강도에서 유사한 손실을 볼 수 있고, 손실은 2xxx 합금에서는 석출의 용해가 원인이며, 6xxx와 7xxx 합금에서는 석출의 과시효 또는 거친 입자가 원인이다. 이 효과는 그림 1.110에 나타낸다.

마지막으로 강도 감소의 원인은 용융지에서 합금원소의 손실이다. 대체로 용접하는 동안 산화 또는 손실되며 산소에 높은 반응을 하는 Li과 낮은 비점의 Mg 등은 효과가 작더라도 문제이다. Mg의 손실은 MIG 용접에서 최악이며, 때때로 용접 끝을 따라 거무스름한 침전물을 주며, Li의 경우는 손실을 최소화하기 위해 가스 실딩에 주의해야 한다.

그림 1.111은 알루미늄 합금의 TIG 용접 후 경도 분포를 나타내었다. 그림 1.112는 용접 전(AW: As-Welded) 및 용접 후 시효(PWA: Post-Weld Aged) 조건에서 6061-T4 및 T6에 대한 경도와 거리 관계를 나타내었다.

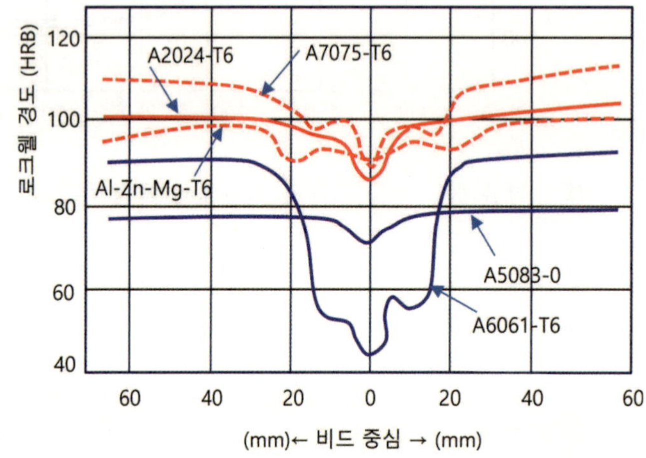

그림 1.111 Al 합금 TIG 용접 후 경도 분포

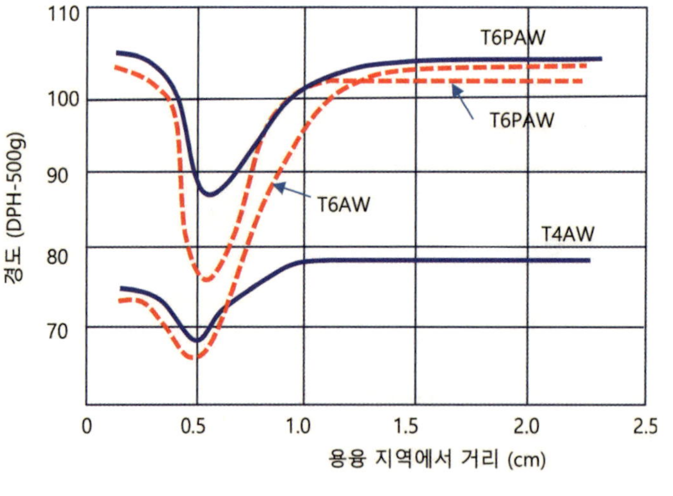

그림 1.112 AW(As-Welded) 및 PWA(Post-Weld Aged) 조건에서 6061-T4 및 T6에 대한 경도와 거리

4.6 용접부의 기계적 성질

용접부의 기계적 성질에 관한 관심은 적용에 따라 달라질 수 있으며, 소재나 용접방법 선택, 또는 설계 허용치의 수립을 위하여 이에 대해 비교를 할 수 있다. 이 중에서 설계기준이 기계적 성질에 관한 관심을 결정하는 데 가장 중요하다. 따라서 여기에서는 단축(uniaxial) 인장 특성, 노치 인성, 피로 특성에 관하여 설명한다.

이 단원에서 나타낸 값은 보통 얻을 수 있는 값의 높은 쪽을 수록하였으며, 이를 설계 목적으로 사용해서는 안 된다. 항공 분야에서 주로 사용되는 설계허용 개념과 유사한 것은 신중한 기초에 의하여 설계특성을 수립할 필요가 있으며, 반복하여 얻을 수 있는 값을 상당 기간 시험한 후에 사용해야 한다. 대부분의 알루미늄 합금에 있어서 최고의 기계적 성질은 적절한 조건으로 자동 용접으로서 얻을 수 있다. 용접의 허용도가 커질수록 이에 의한 기계적 성질은 나빠지게 된다.

그림 1.113은 비열처리 합금의 홈 용접 전후의 인장강도 특성을 나타낸 것으로 5083-H116이 용접 후 강도의 변화가 작다. 이는 다음의 그림 1.114에서도 같은 내용을 보여주고 있다.

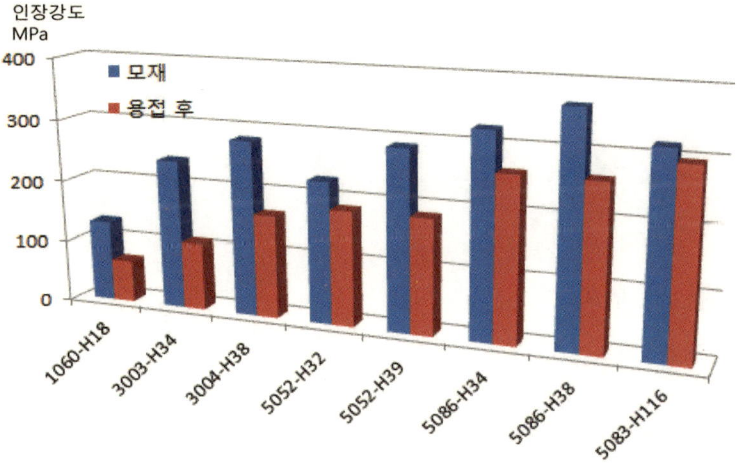

그림 1.113 비열처리 합금의 홈 용접의 일반적인 인장강도 특성

4.6.1 인장 특성

전술한 바와 같이 고강도 합금의 용접부 특성은 여러 가지 요인에 따라 달라진다. 따라서 사용된 용접 절차와 소재의 명확한 규정 없이 다른 합금에 대한 특성을 확정 지어 비교하는 것은 매우 어렵고 위험한 일이다. 예를 들면, 표 1.52에 아래의 변수를 서로 다르게 하여 8개의 다른 합금을 실온에서 인장 시험한 결과를 나타내었는데, 이를 보면 그 값이 상당히 큰 범위로 변화하는 것을 알 수 있다.

표 1.52 용접조건과 후열처리에 의한 실온에서의 인장시험 결과

합금과 템퍼	두께 mm	인장 특성의 범위						이음 효율 (%)	
		UTS(MPa)		Y.S(MPa)		신율(%)			
		최소	최대	최소	최대	최소	최대	최소	최대
2014–T6	2.3	355	448	287	408	1.5	2.3	74	94
2024–T86	2.3	366	451	329	429	1.1	0.9	70	86
7106–T6	3.2	365	412	260	344	4.8	6.3	81	92
7106–T6351	9.5	362	390	285	342	2.2	–	83	90
7139–T6	3.2	380	423	262	345	4.8	6.0	82	91
7139–T6351	9.5	375	416	295	358	1.8	2.6	80	89
7002–T6	3.2	340	368	239	303	4.5	4.8	85	92
7075–T6	1.6	351	434	324	379	1.5	1.7	61	76
	3.2	344	441	310	400	1.0	1.0	60	77
7178–T6	1.6	393	448	386	420	0.8	1.3	65	74
	2.3	372	517	317	503	1.5	1.0	61	85
	3.2	386	503	358	468	1.0	1.0	63	83

① 용접방법의 변화

a. 아크가 짧음

b. 직류 정극(DCEN)

c. 직류 역극(DCEP)

d. 냉각 또는 냉각되지 않은 구속기구(hold down fixture)의 사용

② 용접봉의 변화

③ 용접 후열처리의 변화

용접조건과 후열처리의 변화에 따라 이음 효율은 상당히 달라진다. 그림 1.114에는 모재와 용접부의 강도를 합금 종류별로 상호 비교하여 나타내었으며, 여기에 나타낸 자료는 모재의 강도가 낮은 순서로 정리하였다.

그림 1.114에 나타낸 합금 중에서 균열 감수성 면에서 용접성이 좋은 합금의 최대

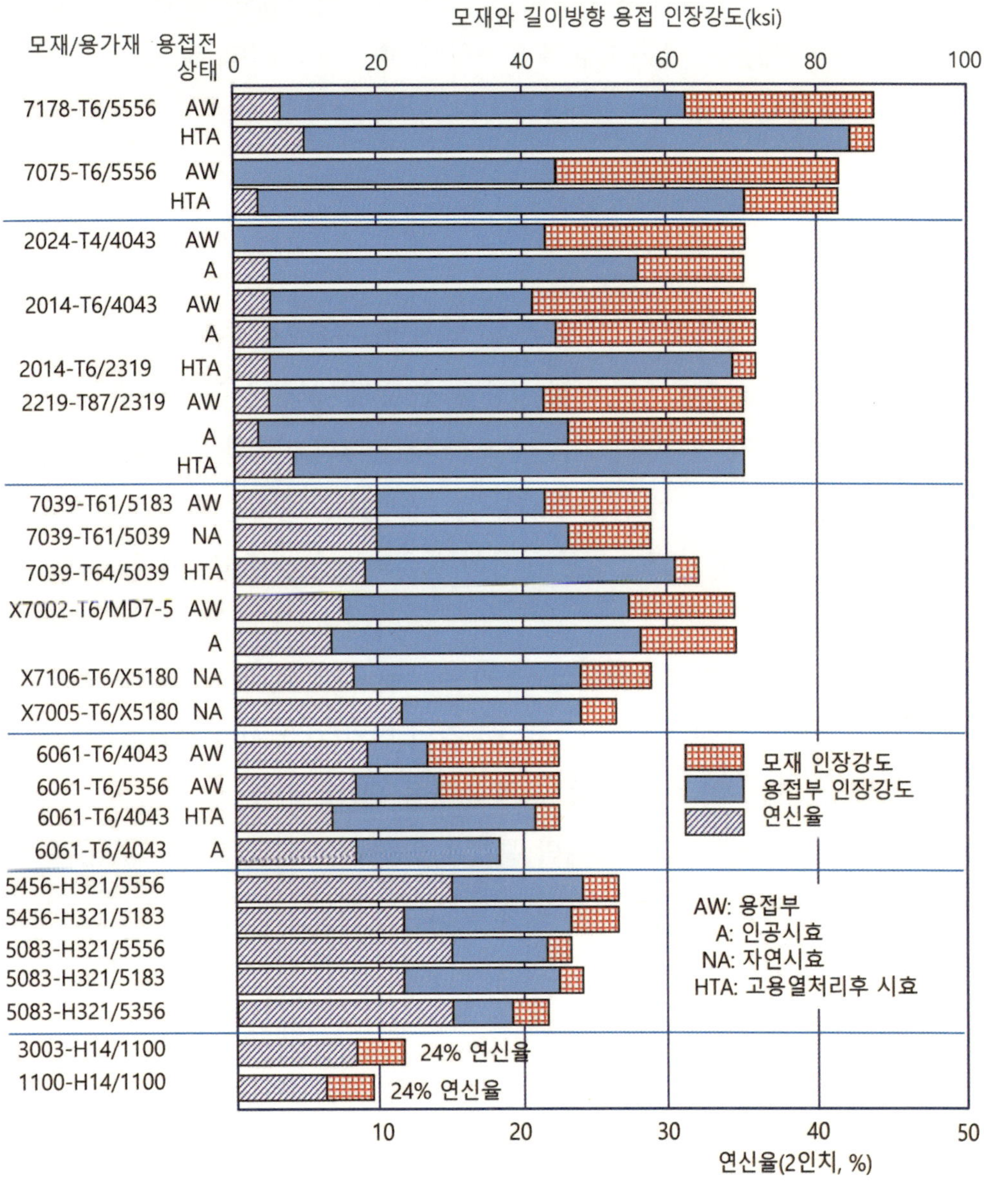

그림 1.114 실온에서의 모재와 용접부의 인장강도 비교

용접강도(후열처리가 없는 경우)는 약 343MPa이 된다. 이것은 7039/5039로서 용접 후 자연시효된 상태로 평균 인장강도가 350MPa가 된다. 2219/2319를 용접 후에 인공시효하면 용접강도는 7039/5039보다는 약간 낮은 309MPa 정도가 되나 2219 모재의 강도는 상당히 높다. 그 밖의 실험용 Al-Zn-Mg 합금과 특정 Al-Mg 합금의 용접강도는 2219/2319와 비슷하나 모재의 강도가 7039보다는 낮다.

연신율로 나타내는 용접부의 연성은 Al-Zn-Mg 합금(7039 포함)이 2219보다 높고, 7039 경우에는 Al-Mg 합금과 비슷하다. 따라서 5083과 5456 대신에 7039를 장갑판재로 대체 사용하는 것이다.

4.6.2 저온 인장 특성

알루미늄 합금은 액체 불소, 액체 수소, 액체 헬륨을 포함하는 저온 상태에서 사용하거나 보관하는 용기로 안전하게 사용할 수 있다. 보통 저온 용기를 설계할 때는 실온의 특성에 따라 실시한다. 이는 온도가 낮을 때의 인장과 피로 특성이 실온보다 더 높기 때문이며, 따라서 실온에서의 강도 개념으로 설계할 때 별도의 안전계수가 보장되는 것이다. 표 1.53에 각종 합금의 실온과 저온(-196℃)에서의 인장 특성을 나타내었다.

알루미늄 합금의 저온 특성을 그림 1.115에 나타내었다. 각 그림에는 세로 방향과 가로 방향에서의 특성을 나타내었고, 이 값의 범위는 각 시험 결과를 토대로 한 것이다. 그림 1.115에서는 다음과 같은 경향을 알 수 있다.

- 판의 세로 방향과 가로 방향에의 특성은 -269℃까지 같은 띠(band)를 형성함
- 시험온도가 낮아짐에 따라 인장 및 항복강도가 증가하며 평균 연신율은 큰 변화가 없다.
- 시험온도가 낮아짐에 따라 인장과 항복강도의 차이가 증가한다.

표 1.53 알루미늄 합금판의 홈 용접 때의 실온과 저온에서의 평균 인장 특성

용접봉	모재	두께 mm	실온			저온 -196℃		
			T.S MPa	Y.S MPa	신율%	T.S MPa	Y.S MPa	신율%
1100	1100-H112	25.4	76	41	26.5	152	55	31.0
	3003-H112	25.4	110	48	24.0	227	69	31.0
2319	2219-T81, T87	1.6	276	172	5.2	379	200	3.8
	2219-T81, T87 [a]	1.6	324	248	3.2	434	296	4.0
	2219-T62 [b]	1.6	393	282	4.8	510	351	7.0
4043	6061-T6	25.4	179	103	12.0	262	124	7.5
	6061-T6 [b]	25.4	296	262	2.0	365	317	3.0
5052	5052-H112	25.4	200	90	18.0	310	110	25.0
5154	5052-H112	25.4	200	90	15.0	310	110	26.0
	5154-H112	25.4	220	96	17.0	331	110	27.5
	6061-T6	25.4	172	96	13.0	282	131	22.0
	6061-T6 [b]	25.4	241	186	5.5	351	220	5.5
5183	5083-0	9.5	289	-	-	-	-	-
	5083-H113	9.5	296	-	-	-	-	-
5356	5086-H32	22.2	262	131	16.0	358	138	17.0
5456	5456-0	31.8	296	145	13.0	393	165	18.0
	5456-H321	25.4	317	207	6.8	-	-	-
5554	5454-H32	22.2	227	117	18.0	372	152	29.0
5556	5083-H113	22.2	282	145	12.5	413	165	20.0
	5456-0	9.5	317	-	-	-	-	-
	5456-H321	22.2	303	152	13.0	406	179	14.5

주) a: 용접 후 시효처리, b: 열처리 및 용접 후 시효처리

2219-T81과 T87은 2014-T6와 유사한 특성이나, 2219-T81의 강도는 약간 낮다. 그러나 2219는 용접성이 더 좋고, 저온에서 이음 효율이 약간 더 높다(그림 1.115a 참조).

5083과 5456 합금의 강도 특성은 판재와 시트 간에 차이가 크다(1.115b와 c 참조). 또한, 이 값은 2xxx와 7xxx 합금보다는 낮다. 그러나 5083과 5456은 -196℃

에서도 이음 효율이 매우 우수하다.

그림 1.115e의 7079-T6의 강도 특성은 실온에서는 인장강도의 연신율이 균일하다. -196℃와 -253℃에서는 인장강도의 분산이 매우 심한 것을 알 수 있다. 이것으로 저온에서의 노치 인성이 상당히 낮아질 수 있다. 저온에서 이러한 특성과 이음 효율이 낮아 이 합금은 저온에서의 구조물로는 사용하지 않는다.

7039-T6 시트와 판재의 특성은(그림 1.115f) 실온과 저온에서의 강도가 7079-T6보다는 낮으나, 6061-T6보다는 높다(그림 1.115d 참조). 또한, 실온에서의 이음 효율은 양호하며, -196℃에서는 더욱 양호하게 된다.

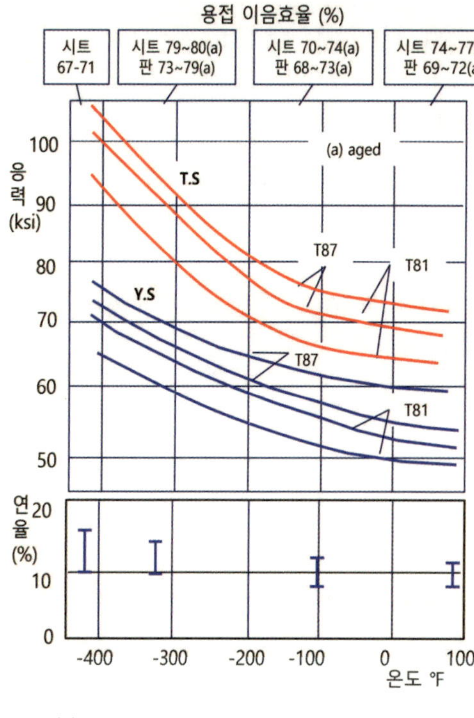

(a) 2219-T81, -T87 sheet and plate

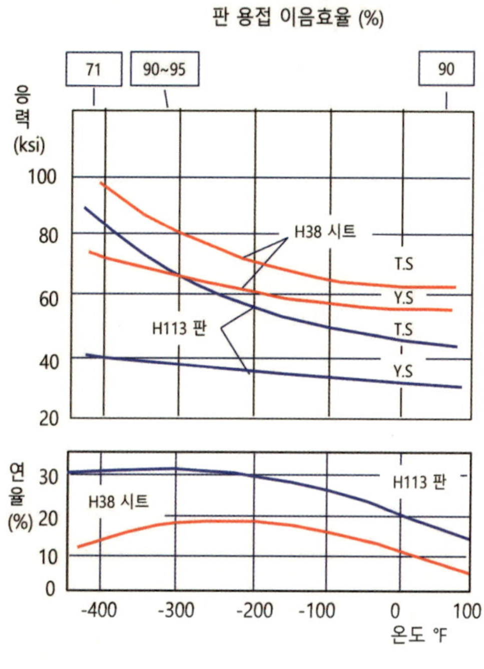

(b) 5083-H38, -T113 sheet and plate

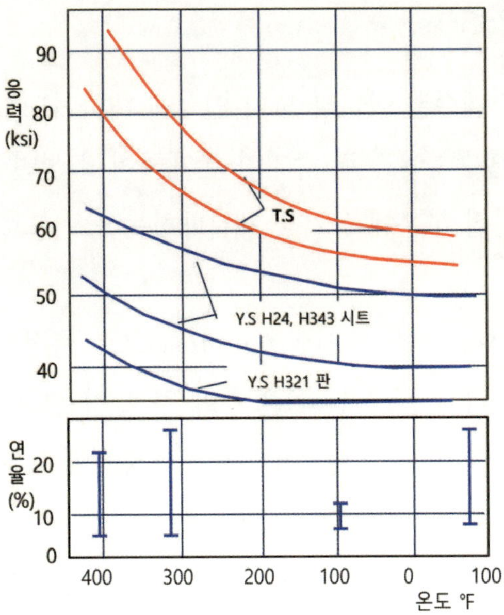

(c) 5456–H24, –H343, H321 sheet and plate

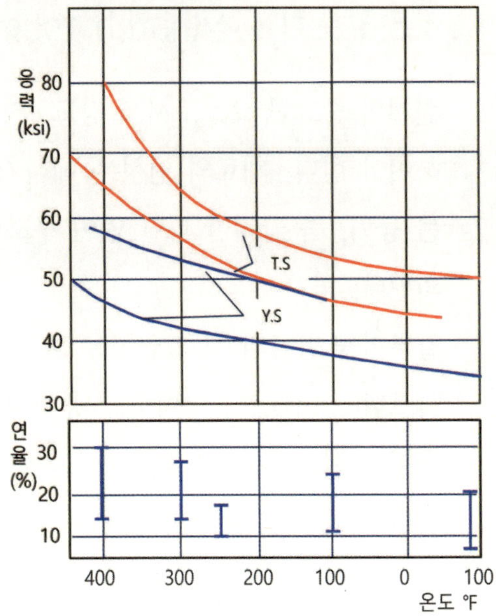

(d) 6061–T6 sheet plate and bar

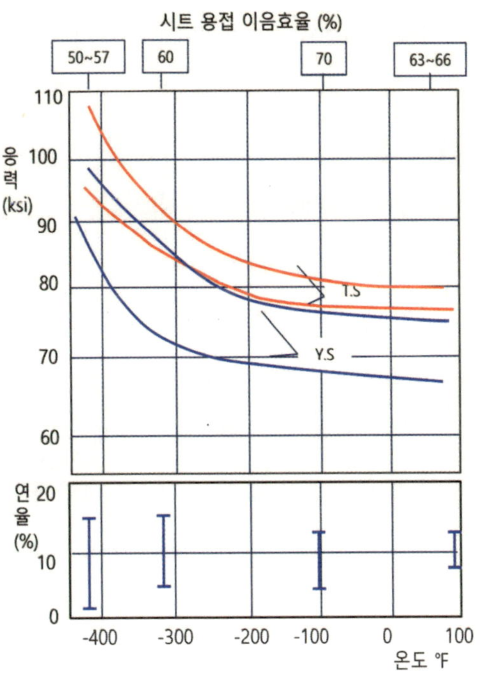

(e) 7079–T6 sheet and plate

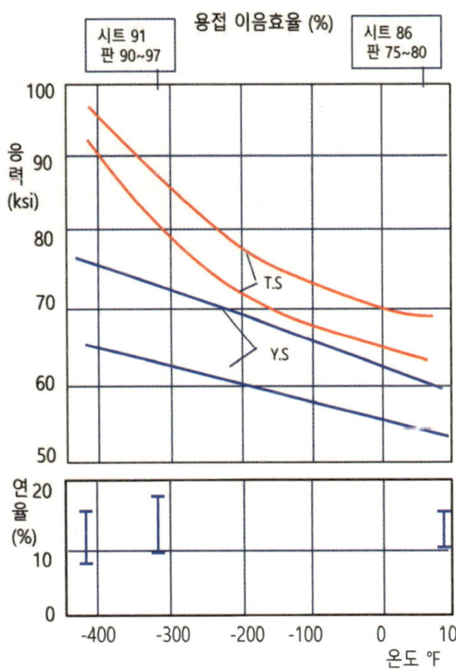

(f) 7039–T6 sheet and plate

그림 1.115 **알루미늄 합금의 저온에서의 인장 특성과 이음 효율**

4.6.3 노치 인성(notch toughness)

설계의 중요한 요소로서 고강도, 저 안전계수뿐 아니라 노치 인성에 대하여도 고려하여야 한다. 재료의 인성은 에너지를 흡수하여 응력 증가가 존재하여 소성변형되는 능력, 즉 급격한 파단 없이 구조의 인접 부분에 응력을 재분배하는 능력으로 정의된다.

알루미늄 합금의 노치 인성은 노치 인장시험의 찢기 시험(tear test)으로 측정하며, 샤르피(charpy)나 아이조드 충격시험(Izod impact test)은 강에 주로 사용되나 알루미늄에는 사용하지 않는다. 후술한 충격시험은 파단-천이온도 측정에 유용하나, 알루미늄은 천이온도가 없어서 알루미늄 합금의 인성을 측정할 때는 이를 사용하지 않는 것이다. 그러나 예비균열 샤르피 시험(precracked charpy test)은 알루미늄 합금 용접부의 파단부의 상대 에너지 측정 때 이용되는 예도 있다.

노치 인장 시험편으로 응력 증가 존재 하에서 소성변형되는 능력을 측정한다. 노치 인장강도 대 항복강도 비율, 즉 노치 항복 비율(notch-yield ratio)이 커질수록 응력집중 하에서 소성변형을 할 수 있는 능력이 향상되게 된다. 또한, 노치 대 비노치 인장강도 비율, 즉 노치-인장비율도 인성을 측정하는 기준으로 사용될 수 있다. 표 1.54에 −196℃까지의 알루미늄의 노치-인장시험 자료를 나타내었다.

용접되지 않은 상태에서는 실온에서 노치 감수성(notch sensitivity)이 가장 낮은 것은 5xxx 계열 합금으로서 노치-인장의 비가 높은 5083과 5086이다. 실온에서의 2xxx 계열 합금의 노치-인장비는 항복강도 범위 274~494MPa에서는 0.85~0.98 사이이며, 항복강도가 이보다 증가하면 급격히 감소하게 된다(그림 1.116 참조). 반면에 동일 합금의 노치-항복비는 항복강도가 274~494MPa 범위에서는 항복강도 저하에 따라 거의 직선적으로 감소한다. 또한, 그림에서 보는 바와 같이 7079, 7075, 7178 등은 2xxx 계열 합금보다 노치 감수성이 낮다.

표 1.54 저온에서 알루미늄 합금의 노치 감수성

시험 온도℃	합금 템퍼	형태	성질			합금 템퍼	형태	성질		
			UTS MPa	Kt	UTS 비율			UTS MPa	Kt	UTS 비율
21 −79 −196 −253	2219 −T62	S	420 458 537 636	8.0	0.93 0.88 0.86 0.79	2219 −T81	S	445 480 564 668	8.0	0.97 0.93 0.94 0.82
21 −73 −196 −253	2219 −T87	S	487 526 609 716	6.3	0.99 0.98 0.97 0.92	5086 −H34	S	329 337 451 657	6.3	1.02 1.03 0.95 0.75
24 −196 −253	5083 −H113	P	335 451 620	13.5~15	1.26 1.07 0.81	5456 −H343	S	401 531 567	〉17	0.84 0.69 0.72
24 −196	7075 −T6	−	566 690	〉17	0.83 0.42	7079 −T6	S	534 653	〉17	0.92 0.64
−253			780	〉17	0.36		−	792	〉17	0.57
24 −196 −253	7178 −T6	−	620 742 848	〉17	0.58 0.33 0.26	7039 −T61	P	400 565 675	15	1.30 1.04 0.80

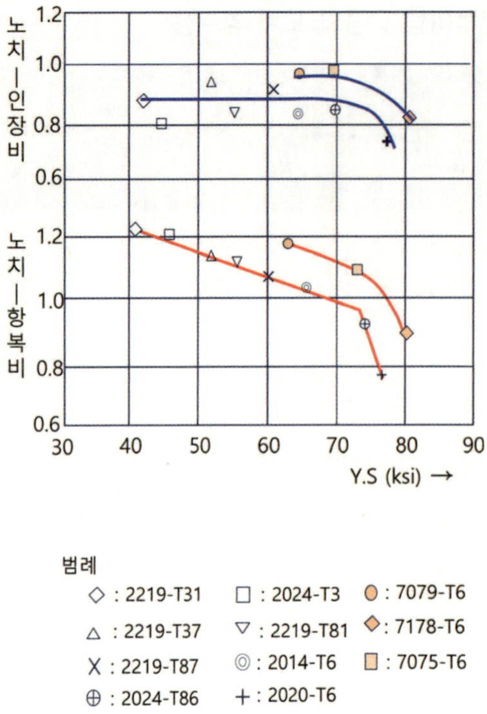

그림 1.116 Al 합금의 실온 노치 감수성

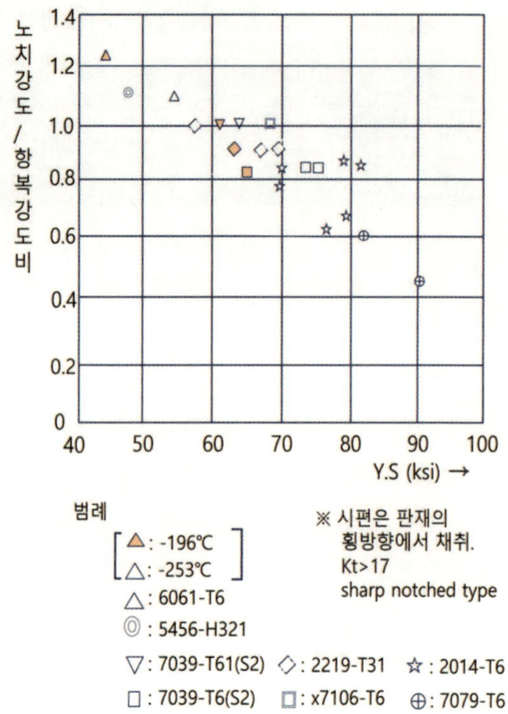

그림 1.117 Al 합금의 저온(−196℃, −253℃) 노치 감수성

노치 인장시험의 찢기 시험으로 알루미늄 용접부의 파단 결과를 표 1.55와 표 1.56에 나타냈다. 실온 이하의 저온에서도 노치 감수성이 비교적 양호한 합금은 2219, 5083, 5086, 6061, 7039, 7106 등이 있으며, 이것은 표 1.55와 그림 1.117에서도 알 수 있다. 그러나 온도가 -196℃ 이하가 되면 7075, 7076, 7178-T6에서 보는 바와 같이 노치 감수성은 증가하게 된다.

표 1.55의 모재와 용접봉으로 용접한 시험편을 ϕ12.7mm 환봉에 60°V, 0.13mm 루트 반경 노치 가공한 후 시험하였다(Kt〉16). 보통 용접부의 노치–항복비로 나타내는 노치 인성은 강도가 증가함에 따라 감소한다. 단, 4043 합금의 경우는 강도가 비교적 낮은 수준에서는 노치–항복비가 낮아 예외가 된다. −196℃에서의 노치–항복비는 실온과 거의 같거나 약간 높다.

표 1.56의 결과는 60°, 0.03mm 노치 반경(Kt〉17)인 선단 노치 시트(edge

notched sheet) 시험편으로부터 얻은 것이다. 이 결과에 따라 모재 조성에 따른 노치 특성을 알 수 있다. 예를 들면, 5456/5556은 7079와 7178 합금보다는 노치-항복비가 높다. 또한, 6061/4043은 2014와 7075 합금보다 노치-항복비가 높다.

표 1.55와 표 1.56에 의하면 용접부의 노치 인장강도는 인장, 항복강도와 마찬가지로 온도가 저하함에 따라 증가한다. 표 1.55에 나타낸 비열처리 합금 용접부의 노치-항복비는 그림 1.117에 나타낸 모재의 노치-항복비보다 일반적으로 약간 더 높다. 이것은 침전(as-deposited) 상태의 용접부는 어닐링 상태의 모재와 비슷하므로 열처리된 모재보다는 노치 인성이 더욱 높기 때문이다.

표 1.56의 2219/2319 용접부의 노치-인장비는 -253℃에서 0.85 이상으로서 알루미늄 용접부에서 요구되는 특성에 부합된다.

표 1.55 실온, -196℃에서 알루미늄 합금판의 용접부 노치 시편 인장시험 결과

용접봉	모 재	실 온		-196℃	
		NTS/TS [a]	NTS/TYS [b]	NTS/TS	NTS/TYS
1100	1100-H112 3003-H112	1.53 1.41	2.92 2.99	1.41 -	4.03 -
4043	6061-T6 6061-T6 [e]	1.05 0.98	1.81 1.10	0.87 0.90	1.86 1.02
5052	5052-H112	1.13	2.36	0.99	2.79
5154	5052-H112 5154-H112 6061-T6 6061-T6 [e]	1.10 1.05 1.35 1.20	2.34 2.35 2.41 1.57	1.00 0.88 - -	2.76 2.54 - -
5356	5086-H32	1.07	2.17	0.92	2.38
5456	5456-0	0.93	1.87	0.85	1.95
5554	5454-H32	1.16	2.30	0.97	2.35
5556	5083-H113 5456-H321	1.02 1.01	1.97 2.01	0.93 0.89	2.26 2.00
5039 [f]	7039-T61	1.01	1.68	0.93	1.50

주) a. NTS/TS 노치 인장강도 = 노치 인장강도 ÷ 인장강도
b. NTS/TYS 노치-항복비 = 노치 항복강도 ÷ 인장항복강도
c. Kt≥16 ϕ12.7mm 둥근 시편
d. 모든 비율은 표 1.36의 자료를 기초로 한 것임
e. 용접 후 열처리 및 시효처리
f. Kt=15 ϕ12.7mm 둥근 시편의 시험 결과

표 1.56 실온, -196℃, -253℃에서의 두께 3.2mm 합금판 용접부 기계적 성질(층 용접)

용접봉	모재		세로 방향						가로 방향					
	합금-템퍼	Temp ℃	인장강도 ⓒMPa	이음항복강도 ⓐMPa	연율 50.8mm,%	노치인장강도ⓑ MPa	ⓑ/ⓒ	ⓑ/ⓐ	인장강도 ⓒMPa	이음항복강도 ⓐMPa	연율 50.8mm,%	노치인장강도 ⓑMPa	ⓑ/ⓒ	ⓑ/ⓐ
2319	2219-T37	RT	288	163	4.0	252	0.88	1.28	294	189	4.0	264	0.90	1.40
		-196	404	245	6.3	340	0.84	1.38	386	252	4.0	344	0.89	1.30
		-253	403	300	2.0	375	0.93	1.25	384	295	1.6	372	0.97	1.26
		RT	298	358	1.3	410	1.01	1.12	294	263	2.3	283	0.96	1.03
		-196	376	300	7.5	503	1.02	1.15	368	308	1.7	362	0.99	1.18
		-253	434	426	7.5	542	0.88	1.07	391	332	1.0	378	0.99	1.14
2319	2219-T62	RT	417	300	7.5	410	0.98	1.37	415	295	9.2	400	0.96	1.36
		-196	518	426	7.5	503	0.95	1.41	508	352	6.4	482	0.96	1.37
		-253	424	403	4.0	508	0.96	1.39	547	393	4.3	513	0.92	1.30
		RT	303	210	2.7	326	1.08	1.50	311	212	3.6	303	0.99	1.46
		-196	374	274	4.3	388	1.04	1.40	400	218	4.7	404	0.98	1.59
		-253	441	413	–	408	0.92	1.18	413	286	2.0	408	1.02	1.14
	2219-T87	RT	312	225	2.0	287	0.93	1.27	303	214	4.7	305	0.99	1.43
		-196	408	269	3.0	371	0.91	1.38	405	218	4.1	386	0.95	1.59
		-253	454	243	2.3	398	0.83	1.38	429	288	4.3	406	0.95	1.12
4043	2014-T3	RT	344	286	2.8	327	0.95	1.14	328	163	1.6	341	1.02	1.25
		-196	421	419	2.4	395	0.94	1.13	389	328	1.3	393	1.03	1.29
		-253	453	433	2.7	423	0.93	0.93	420	404	0.5	442	1.06	1.09
		RT	378	375	—	364	0.97	0.97	340	340	—	337	0.98	0.97
		-196	433	433	—	422	0.97	0.97	391	402	—	420	1.03	1.01
		-253	461	429	—	437	1.02	1.10	462	466	—	449	0.98	0.96
	2014-T6	RT	319	260	2.8	309	0.96	1.13	—	—	—	—	—	—
		-196	420	322	2.2	315	0.75	0.98	—	—	—	—	—	—
		-253	413	351	1.2	351	0.85	1.00	—	—	—	—	—	—
4043	6061-T6	RT	222	160	5.3	235	1.06	1.47	—	—	—	—	—	—
		-196	327	196	10.5	262	0.80	1.32	—	—	—	—	—	—
		-253	451	220	10.8	288	0.64	1.31	—	—	—	—	—	—
	7075-T6	RT	320	310	1.0	300	0.94	0.97	—	—	—	—	—	—
		-196	360	355	1.0	291	0.81	0.80	—	—	—	—	—	—
		-253	448	448	—	274	0.61	0.61	—	—	—	—	—	—
5556	5456-H321	RT	358	225	13.0	444	1.05	1.67	356	209	8.5	426	1.0	1.71
		-196	439	260	15.6	411	0.93	1.58	435	247	9.5	393	0.98	1.63
		-253	407	341	5.8	411	1.01	1.20	428	448	5.0	448	0.69	1.01
	5456-H343	RT	358	212	7.0	367	1.03	1.73	426	207	7.1	441	1.01	1.71
		-196	407	235	6.5	406	1.00	1.70	439	236	7.2	397	0.93	1.03
		-253	405	266	6.0	413	1.02	1.95	420	270	6.5	396	0.99	1.10
	7097-T6	RT	418	291	1.5	364	1.04	1.25	344	290	1.3	395	1.11	1.32
		-196	394	374	1.2	408	1.04	1.09	378	393	1.3	409	-	1.13
		-253	394	—	0.7	435	1.10	1.10	438	415	1.0	462	0.77	0.79
	7178-T6	RT	442	351	1.3	365	0.93	1.03	320	320	—	342	1.06	1.06
		-196	368	368	—	410	1.10	1.11	375	376	—	373	1.04	1.04
		-253	383	383	—	343	0.90	0.90	389	389	—	307	0.99	0.79

ⓐ 2인치 게이지 길이 옵셋(2-inch gage length offset) = 0.2 percent

ⓑ 시트 시료(sheet specimen) kt 17

ⓒ 0.25 옵셋 도달 전 파손(Failed before reaching 0.25 offset)

찢기 저항(tear resistance)은 알루미늄 구조물에서 균열이 발생한 후 이것이 전파되는 것에 대한 상대적인 저항력을 측정할 때 사용된다. 즉, 이 시험은 균열을 전파하는 데 필요로 하는 에너지를 직접 측정한다. 그림 1.118에는 찢기 시험편을 나타내었으며, 또한 낮고 높은 찢기 시험 저항력을 가진 시편의 찢기 시험 하중 대 변형(deformation)의 곡선을 나타내었다.

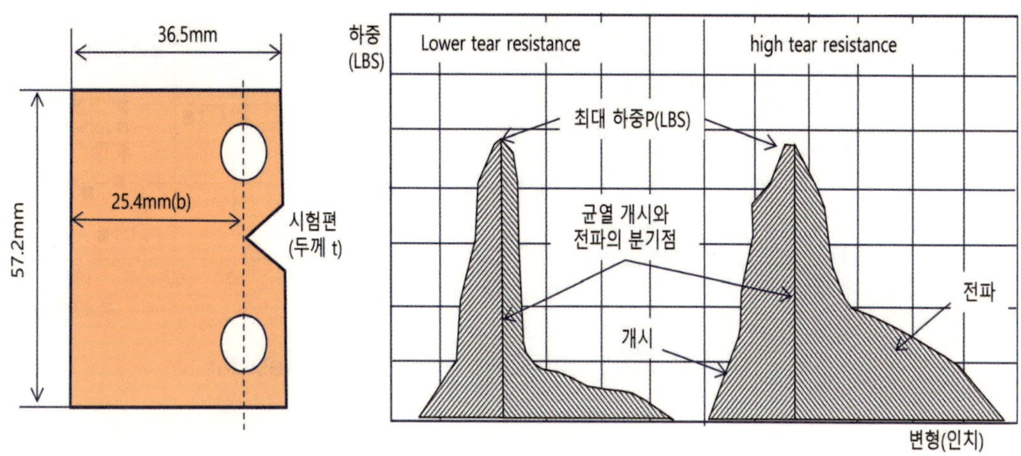

그림 1.118 Tear-test 하중 대 변형 곡선의 재현

찢기 시험 결과는 자동기록 하중(autographic load) 대 변형 곡선의 면적을 측정하여 산출한다. 균열의 발생과 전파에 요구되는 에너지는 최고 하중(peak load)의 좌 · 우측의 각각의 면적으로 측정할 수 있다. 그림 1.119에는 용접하지 않은 알루미늄 합금의 저온에서의 찢기 시험자료를 나타내었다. 이것은 여러 가지 합금의 템퍼에 따른 상대적인 인성을 비교하는 데 유용하다. 일반적으로 Al-Mg 합금(5xxx)이 인성이 좋다.

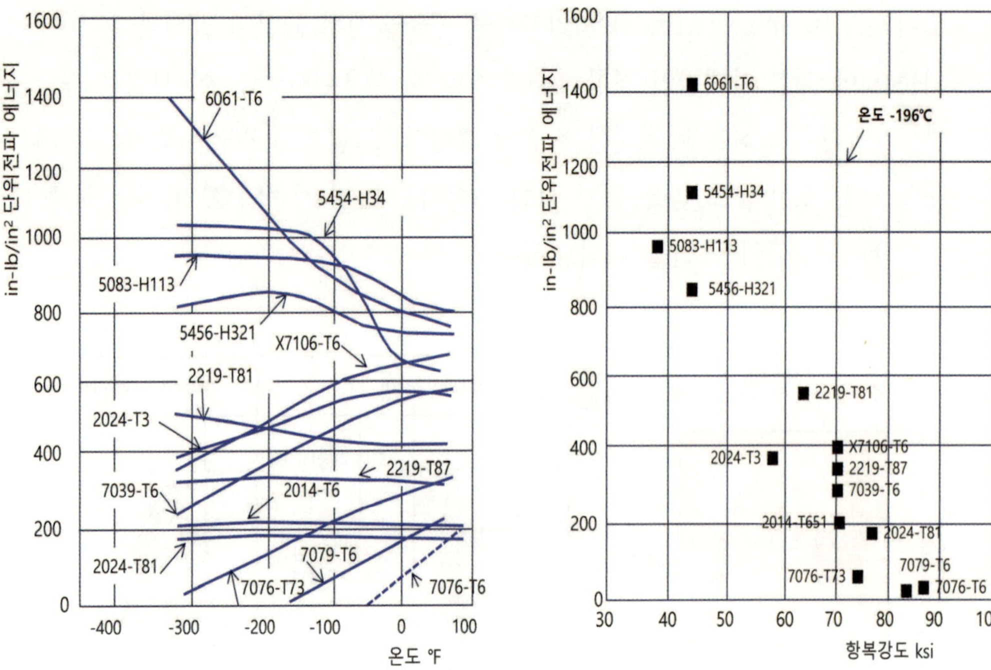

그림 1.119 **알루미늄 합금판의 tear resistance**

또한, 그림 1.119의 우측은 모재의 항복강도에 따른 −196℃에서의 단위 전파 에너지(unit propagation energy)를 나타내었다. 이 그림에서 보는 바와 같이 균열전파에 요구되는 에너지는 합금의 강도가 증가함에 따라 감소한다. 또한, 2219, 7106, 7039 등이 강도와 인성이 양호한 것을 알 수 있다.

알루미늄 용접부와 모재의 실온에서의 단위 전파 에너지를 비교는 5xxx 계열의 합금이 찢기 저항이 가장 높으며, Mg 함량이 높아짐에 따라 이는 감소하게 된다. 2319 용접부는 시효 또는 열처리 후 시효처리한 상태가 용접한 상태보다 찢기 저항이 높게 된다. 6061/4043 용접부를 열처리 및 시효처리를 하면 찢기 저항이 감소한다. 대부분의 용접부의 −196℃에서의 찢기 저항은 실온에서와 거의 같거나 더 높다.

4.6.4 피로 특성(fatigue properties)

용접한 이음의 피로 거동은 용접 비드의 형상에 따라 달라진다. 덧붙임(reinforcement)의 형상으로 인하여 가스 용접이 아크 용접한 것보다 피로 특성이 좋으며, TIG 용접이 MIG 용접보다 양호하다. 용접 덧붙임을 제거한 경우는 맞대기 이음에서 내부 결함이 매우 중요하게 된다.

두께 10.2mm 5456-H321 판재의 세로 방향 용접부의 피로 강도는 용접 열영향부를 피이닝(peening)하여 증가시킬 수 있다. 쇼트(shot)나 망치 피이닝을 하면 표면에 압축응력이 생기게 되어 피로 강도가 증가하게 된다. 피이닝에 의한 피로 강도의 증가는 열응력 제거에 의한 것보다 더 크다.

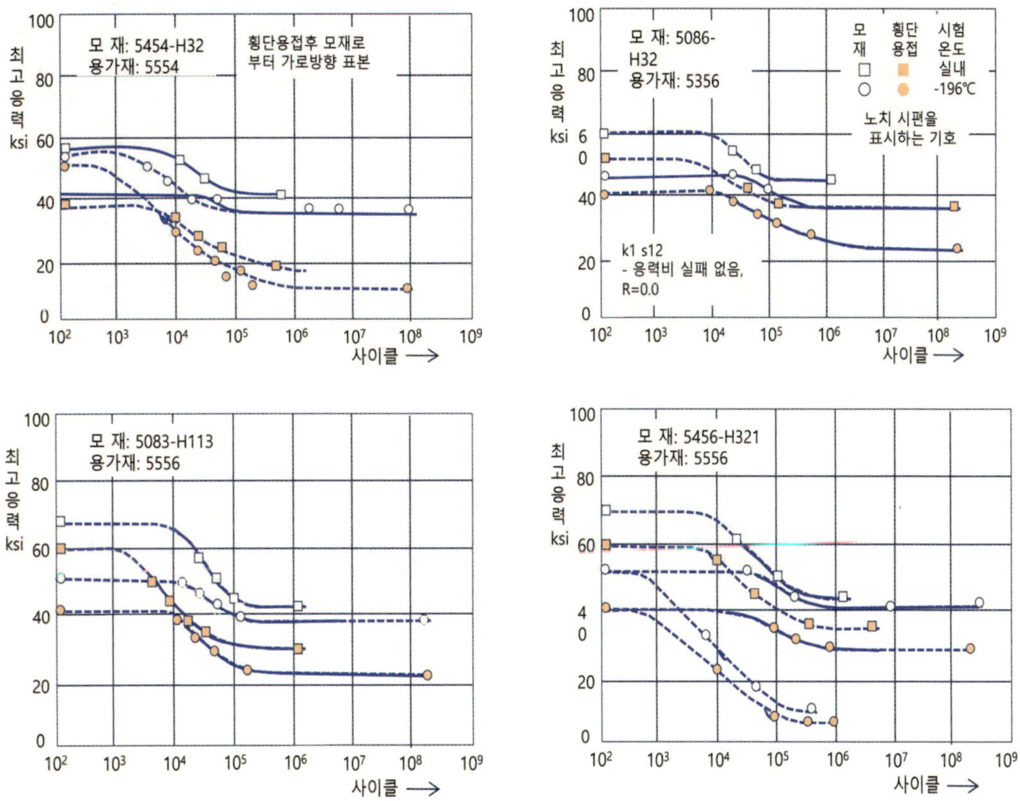

그림 1.120 두께 22.2mm Al-Mg 합금 판의 홈 용접부의 응력-피로 곡선(GMAW)

그림 1.120에는 4종류의 5xxx 계열 Al-Mg 합금의 모재와 용접부의 상대적 피로 특성을 나타내었다. 용접 가능한 2xxx와 5xxx 계열의 피로 강도 곡선을 그림 1.121에 나타내었다. 온도가 감소함에 따라 피로 강도가 증가하게 되며, -196℃와 -253℃ 사이에서 최대 증가가 일어난다. 용접 시편도 이와 같은 거동을 나타내나 모재보다는 피로 강도가 다소 낮게 된다.

6061-T6, 5154-H34, 5086-H32, 5454-H34의 피로 특성을 상호 비교한 결과 아래 보기 자세로 용접한 5xxx 계열 합금의 100000cycle에서의 피로 강도는 약 100MPa 정도로서 서로 비슷하다. 반면에 6061-T6 용접부의 피로 강도는 75MPa 이다. 용접 자세를 아래 보기에서 수직 자세로 바꾸면 피로 강도는 감소하게 된다.

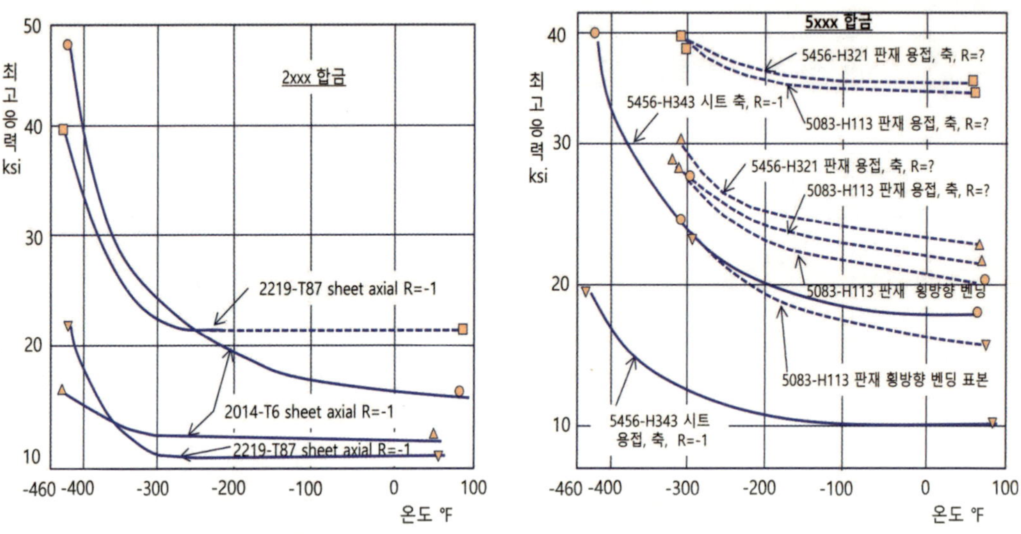

그림 1.121 저온에서의 알루미늄 합금의 10^6cycle의 피로 강도

4.7 응력부식 균열(stress corrosion crack)

응력부식 균열은 부식과 균열을 일으킬 수 있는 인장 응력의 복잡한 상호작용이다. 응력부식은 금속이 입계와 같은 연속적인 경로를 따라 선택적 부식이 일어나고, 이 경로에 수직 방향으로 작용하는 표면의 인장 응력이 있는 경우에만 발생하게 된다.

알루미늄 합금의 응력부식 균열은 입계를 따라서 일어나는 특성이 있다. 그러나 고강도 합금에서 일어나는 모든 입계간 부식이 전부 응력부식인 것은 아니다. 예를 들면, 6061-T6는 응력 없이도 이처럼 부식될 수 있다. 대부분의 합금은 세로 방향, 즉 가공용 합금에서는 가공 방향에서는 응력부식 균열에 대한 저항력이 크고, 두께 방향에서는 표면에 평행(long-transverse)에서 더 나쁘게 된다. 따라서 응력부식 균열에 대한 저항력을 방향에 따라 큰 것부터 나열하면 다음과 같이 된다.

L(길이 방향) 〉 TL(횡 방향) 〉 TS(두께 방향)

4.7.1 모재

알루미늄 합금의 내응력 부식 균열 특성을 표 1.57에 상호 비교하여 나타내었다. 이 표는 재료 선택 때 첫 번째 단계로서 가치가 있으나, 상세한 내용을 더 검토하여야 한다. 이에 대한 것은 합금계열별로 아래에 기술한다.

(1) 2xxx 계열

이 계열의 합금은 주 합금원소가 Cu로서 이것이 석출하여 고강도를 얻을 수 있는 것이다. 알루미늄 합금에서 Cu와 같은 귀금속이 존재하게 되면 알루미늄의 일반 및 공식(pitting)을 가속한다. 합금이 부식되면 Cu는 국부적인 음극을 형성하여 재침적(redeposited)된다. 이것은 일반적인 부식을 일으키는 연속적인 양극-음극의 전환(switching)을 방지한다. 이러한 종류의 부식은 응력부식 균열이 진행되는 동안 총체적 파괴(total failure)를 일으킬 수 있으며, 어떤 경우에는 응력부식 균열이 발생하기 전에 파괴를 일으킬 수 있다.

또한, 이 합금은 입계간 부식이 일어난다. 내응력 부식균열을 위하여 행한 열처리는 입계간 부식에 대한 저항력을 주지 않으며 이와 반대의 경우도 마찬가지이다. 따라서 이 두 가지 종류의 부식을 최소로 하기 위해서는 강도 특성을 적절히 하는 것이 필요하다.

표 1.57 알루미늄 합금의 내 응력부식 균열성

합금	상업적 예	템퍼	응력/균열비
가공, 변형경화(wrought, strain hardened)			
순 Al	1100	all	1
Al-Mn	3003	all	1
Al-Mg	5005, 5050, 5154	all	1
Al-Mg	5356	controlled	2
Al-Mg-Mn	3004, 3005, 5454	all	1
Al-Mg-Mn	5086	all	2
Al-Mg-Mn	5083, 5456	controlled	2
Al-clad	3003, 3004	all	1
가공, 열처리(wrought, heat treated)			
Al-Mg-Si-Cu	6061, 6262	all	2
Al-Mg-Si	6063	all	1
Al-Si-Mg	6151, 6351	all	2
Al-Mg-Si-Cu	6066, 6070, 6071	-T6	2
Al-Cu	2219	-T3	4
Al-Cu	2219	-T8	1
Al-Cu-Mg	2024	-T3, -T4	4
Al-Cu-Mg	2024	-T6	3
Al-Cu-Mn-Mg	2014	-T4, -T6	4
Al-Cu-Li	2020	-T6	3
Al-Zn-Mg	7001, 7002, 7005 7006, 7038, 7039 7106, 7139	-T6, -T64	4
Al-Zn-Mg	7005, 7038, 7039 7106, 7139	-T61, -T53, -T63	3
Al-Zn-Mg	7001	-T75	2
Al-Zn-Mg-Cu	7075, 7079, 7178	-T6	4
Al-Zn-Mg-Cu	7075	-T73	2
Al-clad	2014, 2219, 6061, 7075	all	1
주물(cast)			
Al-Mg	214, 218, Almag 35	as cast	1
Al-Mg	220	-T4	4
Al-Si-Mg	356, A356, 357, 358 359, Tens 50	all	1
Al-Si-Cu	319, 333, 380	as cast	2
Al-Si-Cu	355, C355, X354	-T6,-T61	2
Al-Cu-Si	195, B195	-T6	4
Al-Zn-Mg	Tern alloy 7	-T6	4
Al-Zn-Mg	40E	as cast	4
Al-Zn-Mg-Cu	A612, 612	as cast	1

(2) 5xxx 계열

표 1.57에서 보는 바와 같이 이 계열의 가공경화 합금은 정상적인 조건에서는 응력부식 균열에 대한 저항력이 양호하다. 또한, 해수 조건으로서의 일반 또는 공식에 대한 내식성도 매우 우수하다. 그러나 특정 템퍼에서는 응력부식 균열에 대한 민감성 문제가 되는 경우가 있다.

(3) 6xxx 계열

이 합금은 Mg과 Si가 주 합금원소이며 응력부식 균열에 대한 저항력이 양호하다. 또한, 일반 또는 공식 부식에 대하여도 강하다. 그러나 특정 템퍼에서는 입계간 부식이 일어나 응력 하에서는 파괴가 일어날 수도 있다. 강도는 2xxx와 7xxx 계열보다는 낮다.

(4) 7xxx 계열

알루미늄 합금 중에서는 강도가 가장 높으나, 가장 응력부식 균열이 일어나기 쉽다. 단, 7001-T75와 7075-T73은 예외가 된다. 즉, 이 두 합금은 내응력 부식 균열성이 높으며 7075-T73은 시험실에서 시험한 결과 매우 양호한 결과를 얻어 판재, 압출, 단조품 등으로 사용되고 있다. 그러나 7075-T73은 T6보다 강도가 15% 정도 낮게 된다.

7001-T75와 7075-T73은 항복강도의 50%와 75%에서 두께 방향으로 입계간 응력부식 균열이 생기게 되며, 이것은 그 크기가 매우 작아 30일 정도 지난 후 현미경으로만 관찰할 수 있다. 또한, 공식이 일어난 곳에서 발생하나 현격한 성장은 없게 된다. 많은 작은 균열은 표면 응력을 방출하여 균열 전파 속도를 감소한다.

Cu의 함량이 거의 없는 최근의 Al-Zn-Mg 합금은 T6 템퍼에서는 응력부식 균열이 일어나기 쉬우나 T61, T53, T63 처리하면 감소하게 된다. 이 합금은 Al-Zn-Mg-Cu 합금보다 강도는 낮으나 용접성이 양호하다.

4.7.2 용접의 영향

응력부식 균열이 일어나기 쉬운 고강도 합금을 용접하게 되면 많은 문제가 생기게 된다. 즉, 용접 잔류응력은 응력부식 균열을 일으킬 수 있는 응력을 제공하며, 용접부의 주조조직과 열영향부는 부식경로가 되고, 희석 때문에 합금 조성이 달라질 수 있다. 또한, 템퍼가 용접열 사이클에 의하여 변화하게 되는 것이다.

(1) 2xxx 계열

이 계열에서는 2219가 용접할 수 있는 고강도 합금으로서 T8 상태에서 용접한 그대로 또는 용접 후 시효처리를 하면 내응력 부식 균열성이 양호하게 된다(표 1.57 참조). 용접 후에 시효처리를 하는 것이 열영향부의 기계적 성질을 균등하게 하고, 개선할 수 있으므로 이것이 더 바람직하다.

이때의 템퍼는 T81과 T87이 좋다. 2219-T42의 용접한 그대로와 용접 후 시효처리한 것을 염수 분무 시험하면 용접 비드에 국부적인 부식이 일어나는 것을 알 수 있다. 그리고 2219-T62를 같은 조건으로 시험하는 경우는 용접부에 부식이 일어나지 않는다. 이것은 두께 3.2mm 판재를 TIG 및 MIG 용접하여 300시간 동안 시험 분위기에 노출시켰다.

2219와는 달리 2014는 완전 열처리 상태인 T6 템퍼에서 응력부식 균열이 일어나기 쉬우며 이것은 Bell Aerosystems에서 두께 3.2mm의 2014-T6를 4043으로 자동 TIG 용접하여 약한 소금 용액에 시험한 결과 입증되었다. 용접 후 시효처리한 것은 155시간 만에 파괴가 일어났으며, 용접한 그대로의 것은 291시간 경과 후에도 양호한 것으로 나타났다. 상기 시험으로부터 2014-T6 용접부를 부식 분위기 중에 두는 경우는 용접한 그대로 사용하는 것이 바람직하다는 것을 알 수 있다. 이때의 시험 응력은 207MPa이었다.

(2) 5xxx 계열

5xxx 계열 용접부의 내응력부식 균열성이 양호하다. 두께 3.2mm의 5083 합금을

수동 TIG 용접하면 내응력 부식 균열성이 매우 우수하다. 5083보다 Mg 함량이 낮은 5086도 내응력 부식 균열성이 양호하다. Zn 함량이 높은 용접봉으로 5083을 용접한 경우는 해수 중과 약한 소금 용액에서 응력부식 균열이 일어나기 쉽다.

(3) 6xxx 계열

이 계열의 용접부는 모든 템퍼에서 내응력 부식 균열성이 양호하다.

(4) 7xxx 계열

일반적으로 7xxx 계열 합금은 그림 1.122처럼 응력부식 균열이 일어나기 쉽다. 용접으로 인하여 응력부식 균열성이 증가하지는 않으나 용접 후 열처리하면, 이 경향이 증가하게 된다.

Al-Zn-Mg 합금은 두께 방향에서 응력부식 균열이 일어나기 쉬워 문제가 되고 있다. 브레이징한 후 용접봉으로 5180을 사용하여 용접하는 것이 7005의 내식성이 최고가 된다. 5356이나 5556 용접봉으로 용접한 7005 용접부를 용접 후 인공시효하게 되면 응력부식 균열이 생기기 쉽다. 또한, 전술한 용접봉으로 용접한 7106 용접부도 같은 결과가 생긴다.

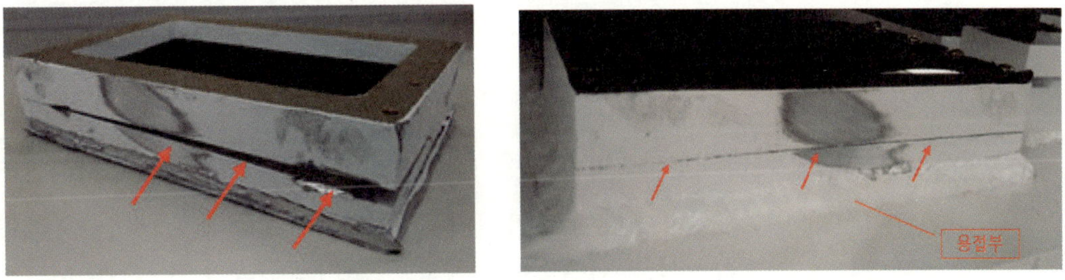

그림 1.122 7039 용접부의 응력부식 균열

알루미늄 합금 7039 소재는 용접부를 제외한 절단 가장자리(모서리)가 노출될 때는 그림 1.123처럼 버터링(Buttering bead) 용접해야 한다(TACOM12472301_Aluminum, 3.2 모재의 준비).

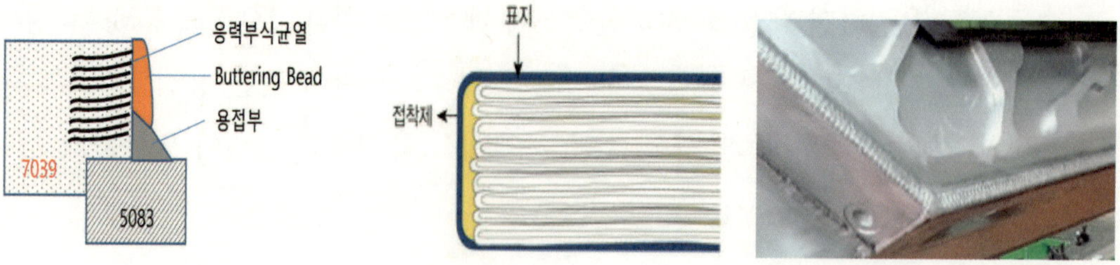

그림 1.123 7039의 Buttering bead(책 제본의 예와 비교)

7106–T6와 7106–T63판을 5180 용접봉으로 맞대기 용접을 하면 이음 항복강도의 70~75%로 응력을 가해도 내응력 부식 균열성은 매우 우수하다. 그러나 해수와 같은 양호한 전해물질은 용접부 바로 옆의 열영향부를 선택 부식시키게 된다. 이것은 용접 후에 W나 T63 템퍼로 용접한 후에 시효처리(T63)하면 피할 수 있다. 용접 후의 시효처리는 강도를 증가시키는 반면에 내응력 부식 균열성이 다소 저하되며, 그 결과로서 응력부식 균열 없이 사용할 수 있는 용접부의 인장 응력 수준의 용접한 그대로의 상태보다 별로 이득이 없게 된다.

용접봉을 5180로 사용하여 용접한 7002–T6, 7106–T63, 7139–T6와 7139–T6351 합금을 용접 후 시효처리하면 응력부식 균열성이 증가한다. 반면에 7038과 7039/Al–Mg 또는 Al–Mg– Zr 용접부는 용접 후 시효처리하여도 응력부식 균열성이 증가하지 않는다.

두께 3.2mm의 7075–T6와 7178–T6 합금을 5080으로 용접한 것의 응력부식 균열성을 표 1.58에 나타내었다. 이 합금을 100℃에서 24시간 동안 시효처리하면 응력부식 균열성의 변화 없이 강도를 증가시킬 수 있다. 그러나 100℃에서 1주일 동안 시효처리하면 응력부식 균열성이 커지게 된다. 일반적으로 2단계 시효처리를 하면 내응력부식 균열성이 증가한다. 예를 들면, 7178 합금은 100℃에서 8시간 동안 시효처리한 후, 162.8℃에서 3시간 동안 처리하는 것이 좋다. 기타 다른 몇 개의 장시간 시효처리는 큰 영향을 미치지 못한다.

표 1.58 7075-T6와 7178-T6 용접부의 응력부식 균열시험 결과

(두께: 3.2mm, DCEN-TIG 용접, 용접봉: 5080)

용접 후 시효	시험 전 특성			부하 응력 MPa	파괴 날짜		노출 후 강도 손실% a)		
	T.S MPa	Y.S MPa	신율 %		표면 인장	루트 인장	응력		응력 없음
							표면	루트	
7075									
none	347	–	1.0	173	ok, 84	ok, 84	12	9	7
100℃에서 24시간	389	–	0.5	195	ok, 84	ok, 84	16	14	7
100℃에서 1주일	433	411	1.3	298	4	3	100	100	–
100℃에서 1주일b)	448	–	0.5	224	4	ok, 84	100	27	13
100℃에서 4시간 +157℃에서 8시간	429	406	0.8	90	3	ok, 84	100	31	13
100℃에서 8시간 +163℃에서 3시간	465	413	1.2	233	3	ok, 84	100	58	8
7178									
none	391	367	1.0	196	ok, 84	ok, 84	30	32	44
100℃에서 24시간	442	–	0.8	221	ok, 84	ok, 84	39	35	34
100℃에서 1주일	436	–	0.5	298	1	1	100	100	–
100℃에서 1주일 c)	490	–	0.5	245	52	24	100	100	24
100℃에서 4시간 +157℃에서 8시간	446	–	1.0	223	ok,84	ok, 84	42	38	6
100℃에서 8시간 +163℃에서 3시간	493	475	1.0	246	83	ok, 84	100	29	11

주 a) 2개 시편의 평균치, b) 응력 수준이 다름
c) 3.5% NaCl 용액에서 12주 동안 교차 침지 시험한 결과임

5 가공용과 주물용 알루미늄 합금의 특성 및 용접특징

5.1 비열처리 합금(non-heat treatable alloy)

가공 합금 종류 Wrought Alloy Classes는 앞서 설명한 대로, 알루미늄 합금은 일반적으로 합금 명칭 시리즈로 그룹화된다. 가공 합금 그룹의 일반적인 특성은 아래와 같다. 가공 알루미늄 합금의 강도 범위, 공칭 조성 및 적용 분야는 각각 표 1.12, 1.20, 및 1.59에 있다.

5.1.1 순 알루미늄(1xxx 시리즈)

1xxx 계열은 순 알루미늄(순도 99.00% 이상)으로서 주요 불순물은 Fe와 Si이다. Fe와 Si는 강도를 약간 증가시키나 다른 비열처리 합금보다 그 강도가 상당히 낮다. 제련공정으로부터 적은 양이지만 Zn, Mn, Cu 등 잔류 원소를 감소시켜야 한다. 최고 수준의 불순물은 특정한 순도에 변화를 주어야 한다.
예를 들면, 1098(Al99.98)은 0.02%(0.01% Si, 0.006% Fe, 0.0035% Cu, 0.015% Zn으로 구성)에 만족하는 최대 불순물을 포함한다. 1050 합금은 최대 0.05%의 불순물을 함유한다. 이 합금의 불순물의 고순도 등급은 낮은 선광을 완전히 용해한 것이다.

표 1.59 가공 알루미늄 합금의 선택된 적용 분야[17]

합금	설명 및 선택된 적용	합금	설명 및 선택된 적용	합금	설명 및 선택된 적용
1100	상업적으로 순수한 알루미늄은 화학적 공격과 풍화에 대한 저항력이 매우 높다. 가격이 저렴하고 연성이 있어 딥 드로잉이 가능하며 용접이 쉽다. 화학 처리 장비 등 고순도 용도에 사용된다. 명판, 팬 블레이드, 연도 라이닝, 판금 작업, 스펀 할로레어 및 핀 스톡에도 사용 가능	3105	주거용 사이딩, 이동식 주택, 빗물 운반용 제품, 판금 작업, 가전제품 부품 및 트림, 자동차 부품, 건축 제품, 전자 제품, 핀 스톡, 가구, 병원 및 의료 장비, 주방 장비, 레저용 차량, 트럭과 트레일러	5454	모든 유형의 용접 어셈블리, 탱크, 압력 용기에 사용된다. ASME 코드는 205℃까지 승인되었다. 뜨거운 아스팔트 도로 유조선 및 덤프 차체의 트럭 운송에도 사용된다. 과산화수소 및 화학물질 저장 용기용
1350	전기 전도체	5005	양극산화 처리가 필요한 응용 분야에 지정된다. 양극산화 코팅은 3003보다 깨끗하고 색상이 가볍다. 가전제품, 기구, 건축, 우수한 전기 전도성을 요구하는 응용 분야, 자동차 부품, 용기, 일반 판금, 하드웨어, 병원 및 의료 장비, 주방 장비, 명판 및 해양 응용 분야에 사용된다.	5456	모든 유형의 용접 어셈블리, 저장 탱크, 압력 용기 및 해양 부품에 사용된다. 최고의 용접 효율성과 접합 강도가 요구되는 곳에 사용된다. 65℃ 이하의 온도로 제한된다.
2011	나사 기계제품. 가전부품 및 트림, 군수품, 자동차, 전자, 패스너, 하드웨어, 기계 부품				
2014	트럭 프레임, 항공기 구조물, 자동차, 실린더 및 피스톤, 기계 부품, 구조 2017 나사 기계제품, 피팅, 패스너, 기계 부품			5657	양극산화 처리된 자동차 및 가전제품 트림 및 명판용
2017	나사 기계제품, 피팅, 패스너, 기계 부품	5052	3003보다 강하지만 중간 온도에서 쉽게 성형할 수 있다. 용접성 및 내식성이 우수하다. 용도에는 압력 용기, 팬 블레이드, 탱크, 전자 패널, 전자 섀시, 중간 강도 판금 부품, 유압 튜브, 가전제품, 농업 응용 분야, 건축 용도, 자동차 부품, 건축 자재, 화학 장비, 컨테이너, 조리기구, 패스너, 하드웨어,	6061	성형성, 용접성, 내식성, T형 강도가 우수하다. 트럭 부품, 철도 차량, 파이프라인, 해양 응용 분야, 가구, 농업 응용 분야, 항공기, 건축 응용 분야, 자동차 부품, 건축 자재, 화학 장비, 덤프 차체, 전기 및 전자 응용 분야, 패스너, 펜스 와이어, 팬 블레이드, 일반 판금, 고속도로 표지판, 병원 및 의료 장비,
2024	고강도 구조용으로 사용된다. T형 템퍼의 가공성이 우수하다. 작업성이 양호하고 내식성이 양호하다. Alclad 2024는 2024의 높은 강도와 상업적으로 순수한 클래딩의 내식성을 결합한다. 트럭 바퀴, 많은 구조적 항공기 응용				

17) Alloying:Understanding the Basics J.R. Davis, p351-416 Davis,p351-416DOI:10.1361/autb2001p351

합금	설명 및 선택된 적용
	분야, 기계용 기어, 나사 기계 제품, 자동차 부품, 실린더 및 피스톤, 패스너, 기계 부품, 군수품, 레크리에이션 장비, 나사와 리벳에 사용된다.
2219	고온(최대 315℃)에서 구조적으로 사용된다. 고강도 용접물
3003	가장 인기 있는 범용 합금. 1100보다 강하며 성형성과 용접성은 같다. 판금 작업, 스탬핑, 연료 탱크, 화학 장비, 컨테이너, 캐비닛, 냉동고 라이너, 조리기구, 압력 용기, 건축자 하드웨어, 저장 탱크, 농업 응용 분야, 가전제품 부품 및 트림, 건축 응용 분야, 전자 제품, 핀 스톡, 팬 장비, 명판, 레크리에이션 차량, 트럭과 트레일러, 그리기 및 회전에 사용된다.
3004	판금 작업, 저장 탱크, 농업 응용 분야, 건축 자재, 컨테이너, 전자 제품, 가구, 주방 장비, 레크리에이션

합금	설명 및 선택된 적용
	고속도로 표지판, 병원 및 의료 장비, 주방 장비, 해양 응용 분야, 철도 차량, 레저용 차량, 트럭과 트레일러
5056	케이블 외장, 마그네슘용 리벳, 스크린 와이어, 지퍼, 자동차 애플리케이션, 펜스 와이어, 패스너
5083	높은 용접 효율성과 최대 접합 강도가 요구되는 모든 유형의 용접 어셈블리, 해양 부품 및 탱크에 사용된다. 최대 65℃(150° F)의 압력 용기와 다양한 극저온 응용 분야, 교량, 화물차, 해양 부품, TV 타워, 굴착 장치, 운송 장비, 미사일 부품 및 덤프 트럭 본체에 사용된다. 좋은 내식성
5086	일반적으로 5083과 같은 유형의 응용 분야, 특히 응력 부식이나 대기 부식에 대한 내성이 중요한 응용 분야에 사용된다.

합금	설명 및 선택된 적용
	주방 장비, 기계 부품, 무기, 레크리에이션 장비, 레크리에이션 차량 및 저장 탱크를 포함한 광범위한 구조 응용 분야 및 용접 조립품에 사용되는 우수한 범용 합금
6063	파이프 난간, 가구, 건축 압출재, 가전제품 부품 및 트림, 자동차 부품, 건축 제품, 전기 및 전자 부품, 고속도로 표지판, 병원 및 의료 장비, 주방 장비, 해양 응용 분야, 기계 부품, 파이프, 철도 차량, 레크리에이션 장비, 레크리에이션 차량, 트럭과 트레일러에 사용된다.
7050	항공기 및 기타 구조물의 고강도 합금, 군수품 및 레크리에이션 장비에도 사용된다.
7075	가장 높은 강도를 요구하는 항공기 및 기타 응용 분야에 적합하다. Alclad 7075는 7075의 강도 장점과 상업적으로 순수한 알루미늄 클래드 표면의 내식성을 결합한 제품이다. 기계 부품과 병기에 사용된다.

1100 합금은 내식성과 가공성이 양호하여 강도가 낮아도 되는 화공처리 장비 탱크와 파이프 등에 사용된다. 순도 99.00% 이상의 알루미늄은 특히 전기 및 화학 분야

에서 많은 적용 분야가 있다. 이러한 등급의 알루미늄은 우수한 내식성, 높은 열 및 전기전도도, 낮은 기계적 특성 및 우수한 가공성이 특징이다. 변형경화를 통해 적당한 강도 증가를 얻을 수 있다.

합금 명	특성	용도	용접성	가공성	내식성	전도성	표면처리
1050	강도는 떨어지나 내식성이 가장 우수, 열 및 전기 전도성 우수	전기용 도체, 열교환기 부품, 용접선 장식품, 인쇄판, 반사판, 화학성 공업용 tank	A	D	A	A	A
1100			A	D	A	A	A

용접 관점에서 합금은 응결범위가 없고, 단일 패스 미세구조는 용접 열에 의한 효과가 없다. 1200(Al99.0)과 같은 순도가 낮은 합금은 단지 불순물 원소의 소량을 용해할 수 있고, 금속 응고, 금속간화합물($FeAl_3$형) 형태의 용해에 생기는 철 대부분을 용해할 수 있다. Si는 Al-Fe-Si 상으로 형성된 3원 또는 3원소 혼합의 다량의 원소로 존재한다. 기본적인 Si에 구속되지 않고 만족하는 높은 Si가 형성된다. 이 상(phase)의 모두는 약간의 고용 경화의 속성과 상의 분산으로 강도를 증가하는 것에 기여한다.

그림 1.124 1050 알루미늄 파이프(출처: 제이에스알루미늄, jsal.kr)

1200과 같은 풀림 처리된 낮은 순도 알루미늄의 맞대기 이음 응융 용접 구조상의 용접 효과는 3가지 구역으로 산출된다. 영향을 받지 않은 모재는 Fe-Al-Si 입자의 세밀한 분산과 함께 가공 금속구조의 미세입자가 된다. 열영향부는 입자 경계에 따라 저용융점 성분의 부분적인 용융지역 부근을 제외하고는 미세구조에 큰 변화는 없다. 약간의 강도 손실의 결과인 빈 부분은 입자간 수축을 잠시 남긴다. 풀림과 약해진 구조는 냉간가공 합금에서 또한 강도의 손실을 준다. 용접금속은 주물 구조이다. 용접봉은 입자 경계에 위치하고 최종 응고하는 저용융점 구성성분(Fe-Al-Si) 모재와 명목상 조성은 같다. 표 1.60은 비열처리 합금의 조성과 기계적 성질을 나타냈다.

표 1.60 비열처리 합금의 조성과 기계적 성질

합금	화학성분(#1)								기계적 성질(#2)			
	Si	Fe	Cu	Mn	Mg	Cr	Zn	Ti	temper	T.S MPa	Y.S MPa	신율 %
1100	1.0	Si+Fe	0.20	0.05	–	–	0.1	–	H14	124	117	9
3003	0.6	0.7	0.20	1.0~1.5	–	–	0.1	–	H14	152	145	8
3004	0.30	0.7	0.25	1.0~1.5	0.8~1.3	–	0.25	–	H34	241	200	9
5050	0.40	0.7	0.20	0.10	1.0~1.8	0.10	0.25	–	H34	193	165	8
5052	0.45	Si+Fe	0.10	0.10	2.2~2.8	0.15~0.35	0.1	–	H34	262	214	10
5083	0.40	0.40	0.10	0.3~1.0	4.0~4.9	0.05~0.25	0.25	0.15	H321	317	227	16
5086	0.40	0.50	0.10	0.2~0.7	3.5~4.5	0.05~0.25	0.25	0.15	H32	289	207	12
5154	0.45	Si+Fe	0.10	0.10	3.1~3.9	0.15~0.35	0.20	0.20	H34	289	227	13
5454	0.40	Si+Fe	0.10	0.5~1.0	2.4~3.0	0.05~0.20	0.25	0.20	H34	303	241	10
5456	0.40	Si+Fe	0.10	0.5~1.0	4.7~5.5	0.05~0.20	0.25	0.20	H321	351	255	16

주: #1: 범위로 표시되지 않은 값은 최대치임.
#2: 두께가 1.6mm인 sheet의 값임

5.1.2 Al-Mn 합금(3xxx 시리즈)

망간은 3xxx 시리즈 합금의 주요 합금원소로 Mn으로 통상 사용하는 것은 1~1.5%

Mn을 함유한 3003 합금이다. Fe와 함께 Mn이 있는 경우에 이것은 비교적 용해가 되지 않으므로 이 합금의 현미경조직은 많은 수의 크고 작은 입자가 분포하게 된다. 알루미늄에서 Fe는 Mn의 불순물 용해도가 존재할 때 매우 낮다. 용접 또는 주물로부터 냉각 속도는 과포화된 용해에서 약간의 Mn을 남겨두기 위해 매우 빨라야 한다. 가공제품에 적용되는 그 이상의 처리에서 Mn은 $FeMnAl_6$와 같은 석출 원인이 되며, 이 석출은 경화 분산에 기인하는 강도 증가를 준다. 결합하지 않는 Fe와 Si 불순물은 Al-Fe-Si상의 불용해성으로 존재한다.

용접구역은 순 알루미늄과 유사하며 주요 차이점은 석출 성분이다. 용접열은 순 알루미늄의 구조에서 같은 효과를 주며, 입자 경계를 따라 석출 조정과 냉간가공 합금의 풀림 지역에 강도 손실을 준다.

3004 합금은 Mn에 Mg을 더 첨가하여 강도를 증가시킨 합금이다. 이와 같은 3xxx 합금은 1100 합금과 유사한 곳에 사용하며, 약간 강도가 높은 곳에 사용한다. 이 합금은 일반적으로 열처리할 수 없지만, 1xxx 시리즈 합금보다 약 20% 더 강도가 높다. 망간의 제한된 비율(최대 약 1.5%)만 알루미늄에 효과적으로 첨가할 수 있기 때문에 망간은 소수의 합금에서만 주요 원소로 사용된다. 그러나 이 중 하나인 인기 있는 3003 합금은 우수한 가공성이 필요한 중간 강도 적용 분야의 범용 합금으로 널리 사용된다.

3103(AlMn1) 합금은 비슷한 응고 범위에도 불구하고 순 알루미늄보다 열에 약하다. 실제 열간균열은 드물지만, Cu(3003 합금) 또는 Mg(3004, 3005, 3105 합금)를 포함하는 합금은 열간균열에 더욱 민감하다. 용접균열은 가스 용접을 했을 때 가끔 나타나며, 이것은 적합한 용접봉 성분의 사용 때문에 쉽게 막을 수 있다.

합금명	특성	용도	용접성	가공성	내식성	전도성	표면 처리
3003	강도, 가공성, 내식성 우수	복사기, printer drum, 에어컨, 튜브	A	D	A	B	A

5.1.3 Al-Si 합금(4xxx 시리즈)

이 계열은 주 합금원소가 Si로서 평형 상태도는 공정형이다. Si의 첨가에 따라 액상 온도(액상에서 최초의 고체가 형성되는 온도)가 660℃(0% Si)에서 575℃(11.6% Si: 공정점)로 감소하게 된다. 용융점 577℃, 11.7% Si의 2원 공정으로 형성된 Al-Si 합금은 Si에서 Al과 Al에서 Si의 노 내 온도에서 최고 0.8% 고용체의 2개의 상이며 금속간화합물은 아니다. 공정 정제에 작은 양의 Na를 첨가하며, 경화 분산 개선 때문에 강도를 증가시킨다. 작은 양의 Fe까지도 이 효과의 감소를 위해 Mn을 첨가하지만, 인성을 심하게 저하할 수 있다.

4xxx 시리즈 합금의 주요 합금원소는 실리콘으로, 취성을 일으키지 않고 용융범위를 상당히 낮추기에, 충분한 양(최대 12%)으로 첨가할 수 있다. 이러한 이유로 알루미늄-실리콘 합금은 용접 와이어와 모재(base metal)보다 낮은 용융범위가 필요한 알루미늄 접합용 브레이징 합금으로 사용된다.

이 시리즈의 대부분의 합금은 열처리할 수 없지만, 열처리 합금을 용접하는 데 사용하면 후자의 합금 성분 중 일부를 흡수하여 열처리에 제한적으로 반응한다. 상당한 양의 실리콘을 함유한 합금은 양극산화 마감을 적용하면 짙은 회색에서 검은(charcoal)색으로 변하므로 건축용 적용 분야에 수요가 많다. 합금 4032는 열팽창 계수가 낮고 내마모성이 높으므로 가공 엔진 피스톤 생산에 적합하다.

그림 1.125 4043 용접봉(MIG: Lincoln electric & TIG: AlcoTec)

이처럼 4xxx 계열은 Si 첨가에 따라 취성 없이 융점을 저하할 수 있어 모재보다 낮은 융점이 요구되는 브레이징 용접봉(brazing filler metal)으로 많이 사용된다. 높은 유동성과 낮은 열간균열 민감성으로 일반적으로 내균열성이 좋은 용접봉은 Al-Si 합금에 많이 있다.

4xxx 시리즈는 매우 높은 유동성으로 주물용에 넓게 사용되며, 가끔 석출경화를 주기 위해 Cu와 Mg을 합금하고, 고온 특성 개선을 위해 Ni을 합금한다. 또한, 이 합금은 열처리가 안 되나 모재로부터 희석(dilution)이 일어나 열처리가 되기도 한다. 가공용 알루미늄 합금으로서는 4xxx 계열이 거의 없으나 주물용 알루미늄 합금(열처리와 비열처리 합금)에서는 Si가 중요한 합금원소이다.

합금명	특성	용도	용접성	가공성	내식성	전도성	표면처리
4032	내열, 내마모성 우수	piston, cylinder head	B	B	C	D	A

5.1.4 Al-Mg 합금(5xxx 시리즈)

5xxx 시리즈 합금의 주요 합금원소는 마그네슘이다. 주요 합금원소로 사용하거나 망간과 함께 사용하면 중간에서 높은 강도의 가공경화 합금이 생성된다. 마그네슘은 경화제로서 망간보다 상당히 효과적이며, 약 0.8% Mg는 1.25% Mn과 같으며 상당히 더 많은 양으로 첨가할 수 있다. 이 시리즈의 합금은 우수한 용접 특성과 해양 환경에서의 내식성을 가지고 있다. 그러나 응력 부식 균열에 대한 취약성을 피하려고 고마그네슘 합금에 허용되는 냉간 가공량과 안전한 작동 온도(operating temperatures, 작동 온도가 ~65℃ 이상인 경우, ~3.5% 이상)에 특정 제한을 두어야 한다. 그림 1.126은 5xxx 시리즈에서 더 일반적으로 사용되는 합금 간의 관계를 보여준다.

Mg의 알루미늄에서의 최대 고용도는 공정온도(451℃)에서 14.9%이다. 이 용해 온도는 온도가 200℃로 감소함에 따라 2.9%로 급격히 저하하게 된다. Cu나 Zn과 같은 원소와 마찬가지로 온도 저하에 따른 고용도의 감소가 일어나므로 열처리 효과, 즉 석출경화가 일어나게 된다. 그러나 Mg의 경우에는 9~10% Mg 이하에서 석출경화 효과가 미세하므로 5xxx 계열은 비열처리 합금으로 분류되며, 경화 기구는 Mg의 고용체 경화(solid solution strengthener)이다. Mg은 현저한 강화 효과가 있어 Mg 0.8% 첨가가 1.25% Mn 첨가와 같은 효과가 있으며, 상당량까지 첨가할 수 있다. 따라서 Al-Mg계 합금은 3xxx 계열보다 강도가 상당히 높다.

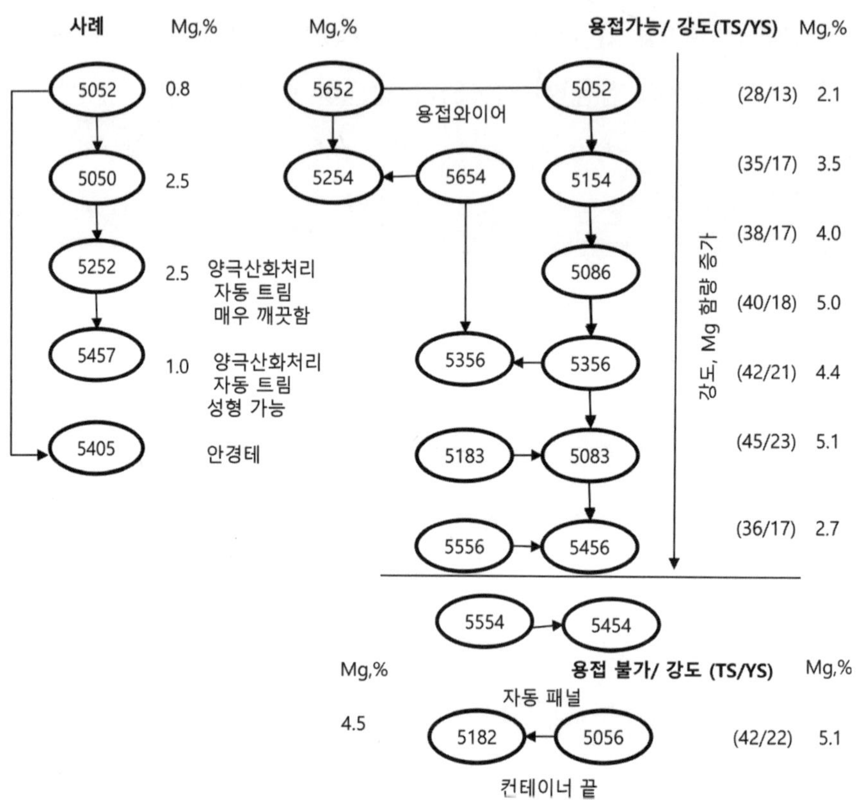

※인장강도(TS)와 항복강도(YS)는 ksi 단위이다.

그림 1.126 **5xxx 시리즈(Al-Mg)에서 일반적으로 사용되는 합금 간의 관계**[18)]

Mg은 고용체 강화에 필요한 양을 제공하기 위해 알루미늄에 약 5%까지 용해할 수 있다(Mg 함량이 높으면 강도가 높아진다). Mg의 양은 주위 온도의 평형상태 아래

18) Alloying:Understanding the Basics J.R. Davis, p351-416 Davis,p351-416DOI:10.1361/autb2001p351

에서 약 1.4% 용해될 수 있으며, 높은 Mg을 함유하는 합금은 가열되고 서냉되면 용해로부터 생기는 Mg의 경향이 항상 있음을 뜻한다. 이 반응은 매우 완만하며 용접에서 기계적 강도가 감소하는 냉간가공 합금에서 미세구조를 변화시킨다.

5xxx 계열은 Al-Mg 금속간화합물 상이 입계에 과도하게 석출되지 않을 때는 내식성이 양호하다. 그러나 3.5% 이상의 Mg을 함유한 합금을 심하게 가공하거나 65℃ 이상에서 사용하는 경우 Al-Mg 상이 과도하게 석출하여 응력부식 균열이 일어나기 쉽다. 표준 Al-Mg 합금은 Fe와 Si 불순물을 갖고, 주로 경화 분산에 의한 강도를 더욱 증가하기 위해 0.4~0.7% Mn을 첨가하며, Mn 대신에 Cr을 첨가하기도 한다. 0.2% Cr은 Mn 0.4%와 동등하다. Fe는 $FeMnAl_6$로 형성, Si는 Mg-Si 형태(Mg_2Si)의 Mg과 함께 결합되며, 대부분 불용해성이다.

모든 Mg 합금은 용접열에 의해 변화되는 미세구조로 되어있다. 풀림 상태인 5083의 5356 용접봉으로 용접한 맞대기 용접의 미세구조는 다음의 특징을 보여준다. 모재는 Al-Fe-Si-Mn의 거친 미립자와 Mg_2Si_3와 함께 혼합된 미세 석출의 강도 분산으로 알루미늄에 Mg의 고용체 기반의 미세입자 구조가 된다. 열영향부 온도는 약 250℃ 이상 일어나며 Mg_2Si_3은 거친 융합 형태가 된다. Mg_2Si_3의 약간은 약 400℃에서 재용융되어 용접으로 완료되고, 560℃보다 높은 온도에서는 부분용융이 일어나고, 공동화 수축의 원인이 된다. 용접금속은 Mg_2Si와 같은 불용해성 금속간화합물 미립자의 알루미늄에 Mg이 과포화 용해된 주물구조이다. 용접금속의 냉각 속도는 일반적으로 Mg_2Al_3의 석출을 막기 위해 충분히 빨라야 한다.

Al-Mg 용접금속의 강도는 일반적으로 동일 조성의 풀림된 가공 모재에 아주 가깝고, 풀림된 상태에서 최소한 같은 이음 강도를 달성하기가 쉽다. Mg 4% 이상 모재의 맞대기 이음은 풀림된 모재 합금보다 낮은 이음 강도를 때때로 나타낸다. MIG 용접에서 이것은 아크에서 Mg의 손실에 기인하고, 5556 합금과 같은 용접봉 사용이 바람직하다.

5083은 일반적으로 유사한 조성의 용접봉과 함께 용접된다. 왜냐하면, 높은 Mg 함유는 부식응력 균열의 위험을 증가시킨다. 입자 경계를 따라 Mg_2Al_3의 연속적인 망상조직은 입간 부식으로부터 응력부식에 민감한 합금을 만든다. 합금은 80℃보다 높은 온도에 장기간 노출시 민감할 수 있다. Mg 함유의 중간부식 환경에 이 온도 이상 또는 기간은 최고 3%로 제한해야 한다. 이 상태 기간의 합금은 5251 또는 5454 형태가 일반적이며, 5554 용접봉으로 용접한다. 양면 다층 용접에서 5% Mg 용접봉은 열간균열의 위험감소를 위해 루트 패스에 사용하며, 덮고(capping) 채우는 패스는 5554 용접봉으로 한다.

그림 1.127 5xxx 재질의 장갑차(출처: 한화에어로스페이스)

Mg 1~2.5% 사이에 함유하는 5xxx 합금은 응용 용접과 동일 조성의 용접봉 용접은 열간균열에 민감하다. 따라서 3.5% Mg보다 더 많은 합금의 용접봉을 사용해야 한다. 또한, 5xxx 계열은 냉간가공 후 안정화 처리를 하지 않는 경우 시효 연화가 일어나게 된다. 이것은 Al-Mg 금속간화합물 상이 고용체로부터 석출되어 일어나며, 강도 저하(특히 항복강도)와 신율 증가가 동시에 일어난다. 이러한 시효 연화 현상은 12년 정도의 긴 기간 동안 일어난다. 따라서 Al-Mg 합금은 H3 템퍼로 주로 사용하며, 이 처리로 인하여 약간 강도가 저하한다.

5xxx 계열은 비교적 강도가 높고, 용접성이 우수하며, 내식성이 좋고 실온 및 저온에서 연성이 좋다. 5083과 5086 합금은 용접구조물, 즉 포가(gun mount), 구조탑, 트레일러 차체 등에 사용된다. 특히 5086은 65℃ 이하의 내화 압력용기에 많이 사용한다. 5xxx 계열에서 가장 많이 사용하는 합금은 5083으로서 장갑차와 저온에서 사용하는 대형탱크 제작에 주로 사용된다.

5xxx 계열의 합금 중에서 강도가 가장 높은 것은 Mg 함량이 높고, Mn이 첨가된

5083, 5086과 5456 합금이다. 다음으로 강도가 높은 것은 Mg이 약간 떨어지고, Mn이 첨가된 5454이다. 이 4종류의 합금이 강도, 연성, 그리고 내식성이 좋고, 균열에 대한 저항성이 높아 고강도 구조물에 가장 많이 사용하게 된다.

합금명	특성	용도	용접성	가공성	내식성	전도성	표면처리
5005	가공성, 내식성 우수	방충망, 건축용 내외장재	A	C	A	D	A
5052	중강도, 용접성, 내식성 우수	차량용재, 선박용재	A	C	A	D	A
5056	내식성, 절삭성 우수	카메라 경통, 통신기기 부품	A	C	A	D	A
5083	내식성, 용접성 우수	해상구조물, 저온용 tank, 압력용기	A	C	A	D	A
5086	고강도, 내식성 우수	선박용재	A	C	A	D	A

Al-Mg 용접부의 균열 감수성은 Mg 함량이 1.5% 이상이 되면 감소하게 된다. 즉, Mg 함량이 1.5%일 때 균열 감수성이 가장 크게 된다. Mg 함량이 2.5~3%가 될 때 균열 감수성이 매우 낮아 용접이 쉽다. 따라서 Mg 함량이 2.4~3.0%인 5454 합금이 Al-Mg계 합금 중에서는 모재 조성의 용접봉을 사용하는 경우 균열 감수성이 가장 크게 된다.

Al-Mg계 합금의 용접부의 기계적 성질에 대한 자료는 2xxx와 7xxx의 그것에 비하여 상당히 오래된 것이다. 5454 합금은 Ti 개량(Ti-modified) 5554 용접봉으로 용접할 경우 용접성이 양호하며, 특히 고온이나 내응력부식 균열성이 요구되는 경우에 많이 사용한다.

균열에 대한 위험성을 최소로 하고, 강도를 최대로 하기 위해서는 5356 용접봉이 좋다. 5454-H34/5554 용접부의 평균 인장강도는 274MPa 정도이며, 항복강도와 연신율은 137MPa, 19%가 된다. 이 용접부의 인장강도는 5454-H34 모재의 인장강도 295MPa보다 약간 낮으나 풀림 상태의 모재보다는 높다(5454-0의 인장강도 247MPa, 항복강도 117MPa).

고강도 합금인 5083, 5086과 5456은 5556, 5183, 5356 용접봉으로 용접을 할 수 있으며 5356으로 용접할 경우가 균열에 대한 저항성이 가장 크다. 보통 Al-Si계 합금인 4043 용접봉을 사용하지 않게 되는데, 이것은 2.5% 이상의 Mg을 함유한 Al-Mg계 합금은 4043으로 용접하는 경우 취성이 높은 Mg_2Si가 형성되어 강도와 연성이 저하되기 때문이다. Al-Mg계 합금의 가로 방향 용접(transverse weld) 인장 특성을 표 1.61에 나타내었다.

표 1.61 Al-Mg계 합금의 용접부의 기계적 성질

모재	두께 mm	용접 방법	덧살 용접	용접봉	T.S MPa	Y.S MPa	신율 %	파단 위치
5083-H115	31.8	GMAW	off	5556	302	158	16.5	용접부
5083-H115				5183	302	161	12.4	
5456-H321				5556	336	176	14.6	
5456-H321				5183	320	176	11.4	
5083-F	12.7		–	5183	274	154	19.2	–
				5356	265	126	18.8	
5456				5183	267	131	28.7	
				5356	260	130	17.8	
5086-H34	3.2				276			F.L
	2.4	GTAW	–	5356	290	–	–	HAZ
5083-H113	6.4				278			F.L

5083과 5086 합금을 5183 용접봉으로 MIG와 TIG 용접할 경우, 이음 효율은 모재의 템퍼에 따라 80~100%가 된다. 5083의 평균 가로 방향 인장강도는 291MPa이며, 5086은 266MPa이 된다. Al-Mg계 합금 중에서 가장 강도가 높은 5456 합금은 5556 용접봉을 사용할 경우, 균열 없이 쉽게 용접할 수 있다. 5456-H321/5556의 평균 인장강도, 항복강도, 연신율은 348MPa, 191MPa, 13.3%가 된다. AMg6(5xxx) 합금은 균열이 생기기 쉬운 합금은 아니나, 박벽 구조물(thin-walled shell)을 용접할 때는 균열이 생기기 쉽다. 이음의 어긋남(joint mismatch)이 생기면, 두 번째 패스의 용접열로 인하여 첫 번째 패스에서 균열이 생기게 되며,

특히 용접 속도가 빠를수록 이것이 현저하게 된다. 따라서 균열을 방지하기 위해서는 단일 패스(single pass) 용접이 요구된다. AMg6 합금의 용접 후 냉각 속도에 따른 효과는 용접 이음의 강도는 플레이트 폭에 따라 감소하게 되는데 이것은 냉각 속도가 감소함에 따라 용접부 내에 기공이 생기게 되고, 조대한 입자의 석출, 그리고 고용체 내의 Mg 함량이 감소하기 때문이다. 따라서 단일 패스 용접 때 판재 폭은 두께의 6~10배보다 작아서는 안 된다.

5.1.5 5083-H116 합금의 기계적 특성 및 예민화성에 대한 어닐링 온도의 영향[19)]

5083-H116 알루미늄 합금의 기계적 특성 및 예민화성에 대한 어닐링 온도의 영향은 기계적 특성이 어닐링 시간보다 어닐링 온도에 더 예민화(sensitization)하다는 것을 나타낸다. 합금의 기계적 특성은 250~350℃ 사이에서 어닐링 시 급격히 악화되었다. 5083-H116 알루미늄 합금은 48시간 동안 175℃의 어닐링 온도에서 예민화해지고 입계 부식에 취약해졌다. b상 입자의 분포와 모양은 예민화에 현저한 영향을 미쳤다. 230~250℃의 온도에서 10~30분 동안 노출하면 5083-H116 합금의 예민화가 효과적으로 향상될 수 있다.

Al-Mg 합금의 강도는 Mg 함량이 증가함에 따라 증가하지만, 어닐링 공정 중 온도를 높이면 Al-Mg 합금의 강도가 낮아진다는 것은 잘 알려져 있다. 또한 Mg 함량이 증가하면 강도가 향상될 수 있지만 내식성은 감소할 수 있다. IGC 및 SCC에 의해 5xxx 시리즈 알루미늄 합금을 예민화하려는 여러 연구에서 이들 합금의 임계 예민화 온도는 약 175℃였다.

어닐링된 5083-H116 합금의 기계적 특성은 변형된 미세구조의 특성과 밀접한 관련이 있다. 200℃ 이하에서 어닐링하면 극한 인장강도(UTS)와 항복강도(YS)가 약

19) Effects of annealing temperature on the mechanical properties and sensitization of 5083-H116 aluminum alloy, Ren-Yu Chen1, Hsiao-Yeh Chu2, Cheng-Chyuan Lai3 and Chih-Ting Wu4

간 감소하고 균일한 연신율이 증가한다는 것을 보여준다. 200~250℃ 사이에서 균일 연신율은 18%에서 19%로 현저하게 증가하는데, 이는 200℃에서의 미세구조 변화를 반영하며, 이는 전위 하부 구조 치수의 약간의 변화와 전위 재배열에 기인한다. 인장 특성은 250~350℃ 사이에서 실질적으로 변하며, 재결정으로 인해 UTS와 YS의 급격한 하락이 발생한다. UTS와 YS의 안정적인 값은 주로 재결정 구조의 형성으로 인해 350~550℃ 사이에서 얻을 수 있다.

따라서 기본 연화 공정은 250~350℃의 온도 범위로 제한된다. 350~550℃ 사이의 어닐링에서 얻은 유사한 경도 값은 재결정된 입자의 조대화가 경도에 미미한 영향을 미친다는 것을 나타낸다. 따라서, 어닐링된 샘플의 경도는 재결정립의 조대화 속도보다는 재결정립의 비율에 의해 명백히 지배된다. 결과적으로 안정화를 위한 유효 온도 범위는 200~250℃이다.

어닐링 온도가 5083-H116 알루미늄 합금의 기계적 특성과 예민화성에 영향은

- 250℃ 이하의 온도에서 어닐링된 5083-H116 합금의 기계적 성질은 약간만 변화하지만 250~350℃ 사이에서 어닐링하면 기계적 성질이 급격히 악화한다.
- 5083-H116 합금의 기계적 성질은 어닐링 시간보다 어닐링 온도에 더 예민하다.
- 48시간 동안 175℃의 어닐링 온도에서 예민화 범위에서 어닐링되면 합금이 예민화되고, IGC에 예민화해진다. b상 입자의 분포와 모양은 예민화에 현저한 영향을 미친다.
- 230~250℃의 온도에서 10~30분 동안 노출하면, 5083-H116 합금의 예민화성을 효과적으로 향상할 수 있다.

5.1.6 개질된(modified) 5083 알루미늄 합금의 어닐링 거동[20)]

개질된 5083 알루미늄 합금의 어닐링 거동은 125~375℃의 온도 범위에서 다양한 유지 시간으로 연구되었다. 결과는 어닐링 유지 시간에 비해 어닐링 온도가 기계적

20) Annealing behavior of a modified 5083 aluminum alloy, Shuangping Lin, Zuoren Nie, Hui Huang, Bolong Li, College of Materials Science and Engineering, Beijing University of Technology, Beijing 100124, China, Shuangping Lin, Zuoren Nie *, Hui Huang, Bolong Li,

및 내식성 특성에 더 민감한 것으로 나타났다.

5083 알루미늄 합금은 높은 강도 대 중량 비율, 적절한 내식성 및 초탄성으로 인해 자동차, 해양, 건설 산업의 다양한 응용 분야에 널리 사용된다. 그러나 합금의 강도는 구조용 재료로 사용될 만큼 높지 않다. Al-Mg 합금은 주로 마그네슘 원소에 의한 고용강화로부터 강도를 얻으며, 마그네슘이 증가할수록 강도가 향상된다. 알루미늄 합금의 강도를 증가시키는 효과적인 대체 방법은 La, Ce, Y, 특히 Sc와 같은 적절한 합금원소를 첨가하는 것이다.

일반적으로 5083 알루미늄 합금은 장기간 사용하면 연화될 것으로 알려져 왔으며, 안정적인 특성을 얻으려면 냉간압연 후 어닐링이 필요하다. 이러한 합금의 기계적 특성과 부식 거동은 미세구조 변화에 따라 열처리를 통해 수정될 수 있다.

어닐링 온도가 인장 특성에 미치는 영향에서 유지 시간이 2시간인 개질(modified) 5083 알루미늄 합금의 인장 특성에 대한 어닐링 온도의 영향이 그림 1.128에 나와 있다. 125C에서 어닐링(그림 1.128)하면 강도가 약간 감소하고, 회복 과정을 통해 균일한 연신율이 상당히 증가한다.

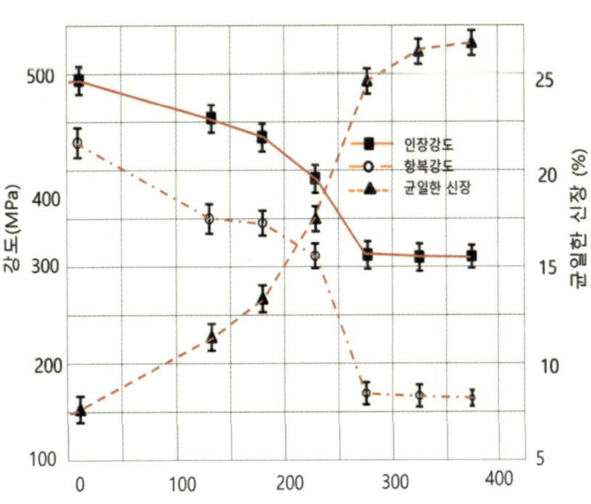

그림 1.128 83% 감소율로 냉간압연된 5083+Er Al 합금의 인장강도, 항복강도 및 균일 연신율과 같은 기계적 특성에 대한 어닐링 온도의 영향(0은 냉간압연을 나타냄)

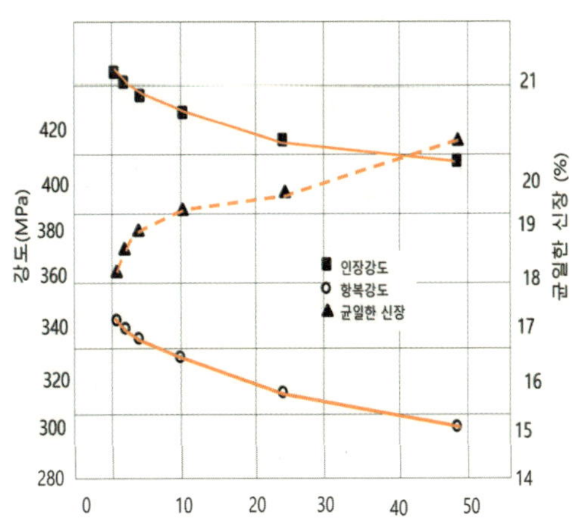

그림 1.129 83% 감소로 냉간압연된 5083+Er Al 합금의 인장강도, 항복강도 및 균일 연신율과 같은 225℃에서의 기계적 특성에 대한 어닐링 시간의 영향

그림 1.128에 표시된 인장 특성은 175℃에서 어닐링하는 동안 미세구조 변화를 반영한다. 즉, 175℃ 어닐링에 의해 TS가 460MPa에서 440MPa로 약간 감소한 것은 어닐링 동안 전위밀도가 거의 변하지 않았기 때문이지만, 회복 중 전위의 재배열은 균일한 연신율이 11.5%에서 13.5%로 증가한 원인이 된다.

그림 1.128에서 볼 수 있듯이 어닐링 온도 225~275℃에서 기계적 특성의 중요한 변화가 발생한다. 어닐링 온도가 225~275℃로 증가함에 따라 균일 연신율은 18%에서 25%로 매우 증가하는 반면 TS는 20% 급격하게 감소한다.

275℃ 이상의 어닐링 온도(그림 1.128)에서 개질된 5083 알루미늄 합금의 기계적 특성은 같은 수준으로 유지되는 반면 균일한 연신율은 큰 변화가 없으며, 이는 어닐링 온도가 275℃에서 375℃로 증가함에 따라 유사한 미세구조를 나타낸다.

등온 어닐링에서 개질된 5083 알루미늄 합금의 어닐링 거동에 대한 위의 온도 분석에서 그림 1.129는 서로 다른 어닐링 시간에 따라 225℃에서 어닐링된 합금의 기계적 특성은 인장강도가 약간만 감소한 것으로 나타났다. 이는 어닐링 시간이 어닐링 온도에 비해 덜 민감하다는 것을 나타낸다. 균일 연신율은 어닐링 시간이 1시간에서 48시간으로 증가함에 따라 17.2%에서 19.2%로 약간 증가하는 반면 TS는 7%만큼 천천히 감소하는데 이는 전위 하위 구조의 재배열이 거의 변하지 않았기 때문이다.

심각한 변형이 있는 반연속 냉간 주조 방법으로 주조된 에르븀 변형 5083 알루미늄 합금의 미세구조 및 특성에 대한 어닐링 거동은

- 어닐링 온도는 어닐링 유지 시간에 비해 기계적 특성과 내식성에 더 민감하였다.
- 회복 중에 225℃ 미만의 온도에서 어닐링된 합금의 기계적 특성에는 거의 변화가 없다. 기계적 성질은 재결정 공정에 따라 어닐링 온도 225~275℃에서 많이 감소한다. 온도상승에 따른 인장강도 감소 및 연성의 증가는 회수 및 재결정 과정과 Mg 원자 농도 감소에 의해 달성되었다.
- 기계적 성질과 내식성의 좋은 조합을 얻을 수 있는 적절한 어닐링 온도와 유지 시간이 있다. 둘 다 합금 기지의 전위 상태와 변경된 합금의 간기에 의해 영향을 받는다.

5.2 열처리 합금(heat treatable alloy)

5.2.1 Al-Cu 합금(2xxx 시리즈)

구리는 2xxx 시리즈 합금의 주요 합금원소이며, 종종 마그네슘이 보조 첨가물로 사용된다. 이러한 합금은 최적의 특성을 얻기 위해 용액 열처리가 필요하다. 용체화 열처리(solution heat-treated) 조건에서 기계적 특성은 저탄소강과 유사하고 때로는 이를 능가한다. 어떤 경우에는 석출(precipitation) 열처리(시효)를 사용하여 기계적 특성을 더욱 증가시킨다. 이 처리로 항복강도가 증가하고 이에 따라 신장이 감소한다. 인장강도에 미치는 영향은 크지 않다.

2xxx 시리즈의 합금은 대부분의 다른 알루미늄 합금만큼 내식성이 좋지 않으며, 특정 조건에서는 입계 부식이 발생할 수 있다. 따라서 이러한 시트 형태의 합금은 일반적으로 고순도 알루미늄, 6xxx 시리즈의 마그네슘-실리콘 합금 또는 1% Zn을 함유한 합금으로 클래딩된다. 일반적으로 각 면의 총 두께의 2~5%인 코팅은 코어 재료의 전기 화학적 보호를 제공하여 내식성을 많이 증가시킨다.

2xxx 시리즈의 합금은 특히 높은 강도 대 중량 비율이 있어야 하는 부품 및 구조물에 적합하며, 트럭과 항공기 휠, 트럭 서스펜션 부품, 항공기 동체 및 날개 스킨, 구조부품 및 최대 150℃의 온도에서 우수한 강도가 필요한 부품을 만드는 데 일반적으로 사용된다. 그림 1.130은 2xxx 시리즈에서 가장 일반적으로 사용되는 합금 중 일부 간의 관계를 보여준다.

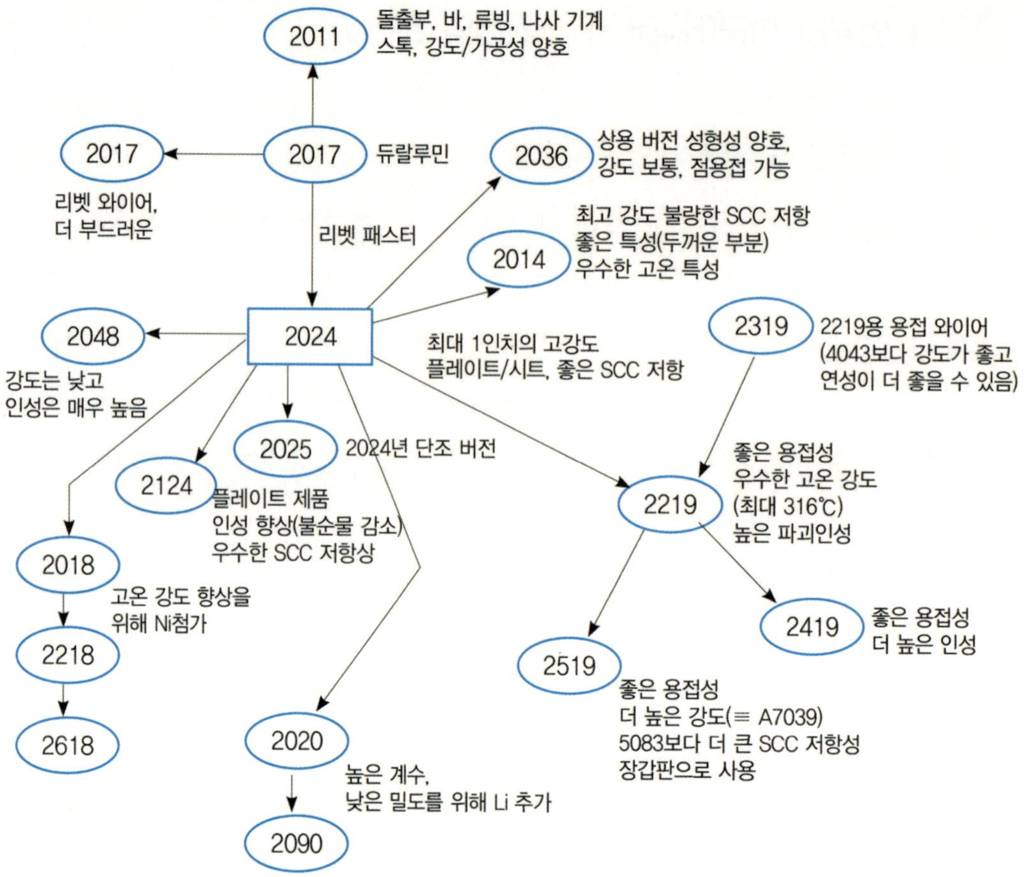

그림 1.130 2xxx 계열(Al–Cu)에서 일반적으로 사용되는 합금 간의 관계[21)]

이 계열은 주 합금원소가 Cu로 가장 오래된 열처리 합금이다. Al–Cu 합금은 Cu의 고용체 조성으로 알루미늄에 강도의 증가를 준다. 그러나 강도 증가의 대부분은 구리 알루미니드($CuAl_2$)의 석출 형성이 원인이다. 이 완전한 석출은 미세입자로 입자 내에서 초현미경적 석출을 균등 분배하고 시효 열처리의 세밀한 조절의 고용체 처리로 달성한다. 풀림 상태에서 거친 석출은 입자경계를 따라서 형성되고 거친 초현미경적 석출 상태의 과시효이다. 합금 강도의 경우 둘 다 시효상태보다 약하다. Al–Cu 합금은 약 2~4% 구리가 포함되어 이 성분은 열간균열의 극도의 민감성으로 그만큼 수년간에 걸쳐 2xxx는 용접이 어렵다고 말한다. 6% 또는 그 이상 구리

21) Alloying:Understanding the Basics J.R. Davis, p351–416 Davis,p351–416DOI:10.1361/autb2001p351

의 증가는 그들이 형성된 열간균열의 뒤쪽 채움에 유효한 공정(eutectic)의 큰 양 때문에 용접성이 현저하게 개선되었다. 알루미늄에서 Cu의 최대 고용 한도는 공정 온도(548℃)에서 5.65(5.8%)%이다. 이 Cu 주위 입자경계에 거친 석출 또는 미세 입자 안에서 Al-Cu 상(phase Cu-Al_2)의 경화 미립자의 포화된 고용체로 존재한다. 이 고용도는 온도가 실온으로 떨어짐에 따라 0.2% 이하로 떨어진다.

시효경화 구조에서 용접의 효과는 석출이 재 용해되며, T6 상태 합금의 극한 인장 강도보다 50% 작게 회복한다. 2219 합금의 용접성은 인공시효로 잃어버린 강도를 약간 회복하나 보통 연성의 감소를 동반한다. 이 합금의 최고 결과는(완전 제조 구조상 흔하진 않지만) 완전 용체화 처리와 용접 후 시효에 의해 얻는다. 용접성이 낮은 합금 2014는 역시 열처리로 인장강도가 약간 회복된다. 그러나 개량은 2219 경우와 같이 크지는 않고, 연성에 있어 큰 감소를 나타낸다. 2319와 같은 유사 성분의 용접봉이 유효하며, 용접금속 강도는 열영향부의 특성과 일치할 수 있다.

2xxx 계열에서 2014, 2017, 2024와 2219 합금은 주로 판재로 사용되며, 2618과 2218 합금은 고온 강도를 개선하기 위하여 Ni을 첨가한 단조 합금이다. 통상 두랄루민(duralumin)이라고 하는 2014, 2017, 2024 합금은 Cu를 4.0~4.5% 포함하고 있으며 시효경화를 위하여 0.5~1.5%의 Mg를 포함하고 있다.

2017 합금은 인공시효가 되지 않으므로 자연시효한 상태(T4)로 사용하며 2014는 인공시효한 상태(T6)로만 사용한다. 2024 합금은 T4, T6 또는 냉간가공 후 인공시효한 상태(T81, T87)로 사용한다. 2024와 2014는 항공기 구조에 주로 사용하며, 2014 합금은 특히 용접용 미사일에 많이 사용된다.

2219는 2xxx 계열 중 최근에 개발된 합금으로서 다른 두랄루민에 비하여 Cu가 6.3%로 비교적 높으며 약간의 Ti, V, Zr을 함유하고 Mg은 없다. 또한, T3와 T8로 주로 사용하며 2014-T6보다 강도는 약간 떨어지나 용접성이 우수하여 2014 합금 대신에 용접 미사일과 추진 로켓(booster)에 주로 사용한다.

합금명	특성	용도	용접성	가공성	내식성	전도성	표면처리
2011	쾌삭성 우수	volume shaft, 광학 부품, 기계 나사	D	A	D	D	C
2014	단조성 우수, 고강도	항공기 부품, 트럭 프레임, 유압 부품	C	B	D	D	C
2017			B	B	D	D	C
2117	내열성 우수	rivet, piston	B	B	D	D	C
2024	고강도	구조재, 볼트, 너트, 항공기 용재	C	B	D	D	C
2218	단조성, 내마모성 우수	VTR, DAT, head drum	C	B	D	D	C

알루미늄 합금의 꽃이라 불리는 두랄루민은 구리와 마그네슘 및 그 외 1~2종의 원소를 알루미늄에 첨가하여 시효경화성을 가지게 한 고력알루미늄 합금으로서 1906년 9월 독일인 A. 빌름(Wilm, A)이 발명하였으며, 그가 소속된 뒤렌(Duren) 금속 회사의 이름과 알루미늄을 따서 두랄루민으로 명명하였다.

그림 1.131 2xxx 계열 용접구조물(출처: 한화에어로스페이스)

두랄루민이 비행기 재료로 사용된 후 두랄루민의 개량은 비행기의 발달을 촉진했으며, 빌름의 두랄루민보다 강력한 초두랄루민이 여러 종류 개발되었다. 초두랄루민 중에서 오늘날 사용되는 A2024는 미국에서 개발한 것으로, 빌름이 발명한 두랄루민보다 마그네슘이 1% 정도 많으며, 불순물로 함유된 규소는 경화에 관계되는 경우도 있고, 인장강도는 빌름의 것보다 20% 정도 높아 항공기 바깥 면의 재료로 사용된다. 그러나 두랄루민은 구리가 섞여 있어 알루미늄 합금 중에서도 내식성이 좋지 않은 단점을 가지고 있다. 표 1.62는 가공용 알루미늄 열처리 합금의 조성과 기계적 성질을 나타내었다.

표 1.62 가공용 알루미늄 열처리 합금의 조성과 기계적 성질(A.A)

합금 번호	화학성분 [1]									기계적 성질				
	Si	Fe	Cu	Mn	Mg	Cr	Ni	Zn	Ti	템퍼	T.S MPa	Y.S MPa	신율 %	형태
2014	0.5~1.2	1.0	3.9~5.0	0.4~1.2	0.2~0.8	0.1	–	0.25	0.15	T6	482	413	13	P
2017	0.8	1.0	3.5~4.5	0.4~1.2	0.2~0.8	0.1	–	0.25	–	T4	427	276	22	P
2024[2]	0.5	0.5	3.8~4.9	0.3~0.9	1.2~1.8	0.1	–	–	–	T3, T4	482 468	344 324	18 20	S
2219[3]	0.2	0.3	5.8~6.8	0.2~0.4	0.02	–	–	–	0.02~0.1	T62 T81 T87	413 455 475	276 351 393	10 10 10	S
2618	0.25	0.9~1.3	1.9~2.7	–	1.3~1.8	–	0.9~1.2	0.9~1.2	0.04~0.1	T6	413	344	9	F
2218	0.9	1.0	3.5~4.5	0.20	1.2~1.8	0.1	1.7~2.3	1.7~2.3	–	T72	331	255	11	F
6061	0.4~0.8	0.7	0.15~0.4	0.15	0.8~1.2	0.04~0.35	–	0.25	0.15	T4 T6	214 310	145 276	25 17	P
6071	1.1~1.9	0.5	0.15~0.4	0.4~1.0	0.8~1.4	0.1	–	0.25	0.15	T6	393	358	10	S
7002	0.2	0.4	0.5~1.0	0.05~0.3	2.0~3.0	0.1~0.3	–	3.0~4.0	0.15	T6	462	393	12	P
7001	0.35	0.4	1.6~2.6	0.2	2.6~3.4	0.18~0.4	–	6.8~8.0	0.2	T6	675	627	9	P
7075	0.5	0.7	1.2~2.0	0.3	2.1~2.9	0.18~0.4	–	5.1~6.1	0.2	T6	572	503	11	S
7079	0.3	0.4	0.4~0.8	0.1~0.3	2.9~3.7	0.1~0.25	–	3.8~4.8	0.1	T6	537	468	14	P
7178	0.5	0.7	1.6~2.4	0.3	2.4~3.1	0.18~0.4	–	6.3~7.3	0.2	T6	606	537	11	P
7275[4]	0.04	0.03	1.65	0.3	2.84	0.22	–	5.6	0.05					

표 1.62 가공용 알루미늄 열처리 합금의 조성과 기계적 성질(A.A) (계속)

합금번호	화학성분[1]									기계적 성질				
	Si	Fe	Cu	Mn	Mg	Cr	Ni	Zn	Ti	템퍼	T.S MPa	Y.S MPa	신율 %	형태
7003	0.35	0.35	0.1	0.1~0.5	0.9~1.6	0.05~0.2	–	4.3~5.3	0.2					
7005[5]	0.35	Si+Fe	0.1	0.2~0.7	1.0~1.8	0.06~0.2	–	4.2~5.0	0.15	T6	351	289	13	
7004			0.1	0.3non	1.8non	–	–	4.3non	–	T6	386	351	14	
7007[6]	0.4	Si+Fe	0.25	0.4	1.4~2.2	0.05~0.25	–	6.0~7.0	0.01~0.06					
7038	0.2	0.35	0.1	0.1~0.35	3.0~4.0	0.05~0.25	–	4.0~5.0	0.1					
7106[7]	0.35	Si+Fe	0.1	0.1~0.4	1.7~2.8	0.06~0.2	–	3.7~4.8	0.01~0.06	T6	393	303	6	
7039	0.3	0.4	0.1	0.1~0.4	2.3~3.3	0.15~0.25	–	3.5~4.5	0.1	T61 T64	400 448	331 379	14 13	P P

주: 1) 범위가 아닌 것은 최대치임. 2) 기타 금속 0.05~0.15V. 3) 기타 금속 0.10~0.25Zr
4) 기타 금속 0.002Be. 5) 기타 금속 0.08~0.2Zr. 6) 기타 금속 0.05~0.25Zr.
7) 기타 금속 0.08~0.25Zr

벌지 시험(bulge test)에서 2024/4043 용접재는 용접 직후 0.1% 신율에서 인장강도 275MPa를 나타내며, T4 열처리 후에는 1% 신율에서 384MPa로 증가한다. 2024-T3 모재에 2014, 2017, 2024를 용접한 뒤 T6 처리하면 인장강도 370MPa, 항복강도 309MPa, 연신율 약 6%로, 이는 모재 강도 466MPa에 비해 상당히 낮다.

2014 합금은 주로 미사일에 용접되어 사용되며, 2024보다 용접성 및 용접강도가 우수하지만 2219보다는 열등하다. 주로 2319 용접봉이 사용되며, 때때로 4043이나 2014도 사용된다. 균열시험 결과, 4043은 균열이 발생하지 않았고, 2319는 70mm, 2014는 100mm의 균열이 나타났다. 2014 용접부의 벌지 시험 결과, 열처리 시 인장강도가 2024보다 높고, 모재인 2014-T6(480MPa)와 유사한 수준을 나타낸다(표 1.63 참조).

표 1.63 2014의 벌지 시험 결과

모재/용접봉	조건	인장강도(MPa)	신율(%)
2014/2319	용접상태	289	0.1
2014/2319	T6	489	2.0
2014/2014	T6	413	0.9
2014/4043	T6	434	0.4

2519-T87 알루미늄 합금의 용접성[22] 에 대해 살펴보면, 1980년대 중반, 알코아는 7039-T64 및 5083-H131의 단점을 보완하고자, 방탄 성능, 응력부식균열 저항성(SCC), 인장강도를 향상시킨 석출경화형 Al-Cu-Mg계 합금인 2519-T87 (MIL-A-46192, 구 CW34)을 개발하였다. 이 합금은 미 육군 경전투 차량에 사용되는 기존 방호재보다 우수한 용접성과 기계적 특성을 보이며, 32mm 두께 GMAW 이중 V홈 완전용입 용접부로 구성된 시험편은 MIL-STD-1946 탄도시험도 통과하였다. 해당 시험에 사용된 판재 및 용접봉의 화학 조성은 표 1.64와 표 1.65에 제시되어 있다.

표 1.64 알루미늄 합금의 화학분석

	무게 %										
	Cr	Cu	Fe	Mg	Mn	Ni	Si	Ti	V	Zn	Zr
2519-T87	-	5.60	0.15	0.19	0.28	0.007	0.06	0.06	0.05	0.07	0.1900
5083-H131	0.08	0.06	0.29	4.50	0.64	0.004	0.09	0.02	0.03	0.03	-
7039-T64	0.19	0.05	0.20	2.87	0.24	0.240	0.10	0.02	0.01	4.25	0.006

22) MTL TR 88-47, WELDABILITY OF 2519-T87 ALUMINUM ALLOY, AD-A203 519, JACK H. DEVLETIAN, SANDRA M. DeVINCENT, and STEVEN A. GEDEON, MATERIALS PRODUCIBILITY BRANCH, December 1988

표 1.65 알루미늄 용접봉의 화학조성

	무게 %											
	Be	Cr	Cu	Fe	Mg	Mn	Ni	Si	Ti	V	Zn	Zr
2319	0.0008	–	6.3	0.30	0.02	0.3	–	0.20	0.15	0.10	0.10	0.18
4043	–	0.10	0.5–1.3	1.0	0.8–1.3	–	0.5–1.3	11–13.5	–	–	0.25	–
4145	–	0.15	3.3–4.7	0.8	0.15	0.15	–	9.3–10.7	–	–	0.20	–
5356	–	0.05–0.2	0.10	0.40	4.5–5.5	0.05–0.2	–	0.25	0.05–0.2	–	0.10	–

GMAW 용접에는 직경 1.6mm의 2319, 4043, 4145, 5356 용접봉이 사용되었으며, 입열 수준은 994J/mm 및 394J/mm였다. 실딩 가스로는 100% Ar 외에 75%He-25%Ar 혼합 가스가 사용되었고, 후자는 용착률을 약 30% 향상하며 용융 결함도 감소시켰다. 전기저항률이 높은 용접봉일수록 용착률이 높았으며, 순서는 5356 〉 4043 〉 2319 〉 4145로 나타났다.

용접부의 인장강도는 자체 및 이종재(5083) 모두에서 우수하였고, 연신율은 다소 낮았지만 단면 감소율(RA)은 6~20%로 양호하였다. 저입열 조건과 시효처리(204℃)는 항복강도와 경도를 소폭 향상했다. 시효처리는 204℃에서 수 시간 유지하거나, 535℃에서 용체화 처리 후 급랭한 뒤 추가 시효처리를 통해 수행되었다. 이때, 자연시효만으로도 경도가 일정 수준 증가하였고, 인공시효 시에는 추가적인 경도 상승이 확인되었다. 표 1.66은 19mm 및 32mm의 2519-T87+2319 TIG 용접부의 기계적 특성을 나타내었다. 그림 1.132는 용접봉 종류, 입열 조건, 실딩 가스, 시효처리에 따른 극한 인장강도(UTS)를 나타낸다. 그림 1.133은 같은 용접 시리즈에 대한 연신율 결과를 나타낸다.

표 1.66 19mm 및 32mm의 2519-T87+2319 TIG 용접부의 기계적 특성

용접 번호	용접봉	실딩 가스	판 두께(mm)	UTS(ksi)	2%YS	RA(%)	신율(%)
2	2319	75He-25Ar	19	43.2	26.5	21.8	5.0
13	2319	75He-25Ar	32	44.8	30.2	17.9	3.8
8	4043	75He-25Ar	19	39.6	27.7	8.6	3.0
16	4043	75He-25Ar	32	38.8	26.1	19.9	3.5
4	2319	100Ar	19	43.4	27.3	17.3	3.6
17	2319	100Ar	32	45.3	32.1	11.6	2.9

그림 1.132 2519-T87과 2519-T87 용접부의 최대 인장강도

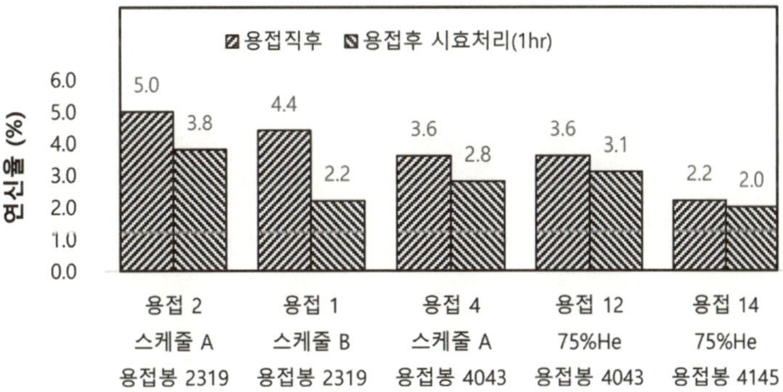

그림 1.133 2519-T87과 2519-T87 용접부에 대한 연신율

고온균열 저항성은 용접봉과 실딩 가스 조성에 크게 영향을 받았다. 2319는 기계적 성능은 뛰어나나 고온균열에는 다소 취약했으며, 특히 높은 구속 조건에서 균열이 일부 발생하였다. 4043과 4145는 고온균열 저항성이 우수하였고, 특히 4043은

5083과의 이종 용접에서도 균형 잡힌 기계적 특성을 보였다. 반면, 5356은 고온균열에 매우 취약하여 2519-5083 루트 패스에서 반복적으로 균열이 발생하였다. 냉각 속도는 모재 두께가 증가함에 따라 빨라졌으며, 기계적 성질에 미치는 영향은 제한적이었다. 특히, 2519 용접금속은 열처리 후 모재와 유사한 석출경화 반응을 보였으나, 5083쪽에서는 이러한 반응이 미약했다. 이는 마그네슘이 구리와 달리 응집구역을 형성하지 못하기 때문이다.

용접금속의 강도는 합금 조성에 따라 결정되며, 4043은 가장 낮고, 2319는 높은 수준의 강도를 보였으며, 4145는 그 중간 정도였다. 5356은 연성은 뛰어나지만, 강도와 고온균열 저항성이 떨어져 사용에 부적합하다. 저입열 용접은 수지상 간격(DAS)을 줄여 인성과 강도를 동시에 개선하는 데 기여한다.

2519-T87과 5083-H131의 이종재 용접은 Alcoa와 군용 규격(MIL-A-46192)에서 일반적으로 권장되지는 않으나, 4043 용접봉을 사용하면 우수한 기계적 성능이 확보될 수 있었다. 자연시효와 인공시효는 유사한 효과를 나타내며, 저입열 조건에서 더 강한 경화 반응이 발생한다. 용접금속의 강도는 합금 조성에 따라 달라지며, 4043은 가장 약하고, 2319는 강하지만 4145보다는 단단하지 않다. 2519와 5083의 이종 용접 시 마그네슘 희석은 경도 증가에 기여하며, 템퍼 비드는 전체 경도 차이를 완화하는 역할을 한다.

그림 1.134의 모서리 접합부 형상과 그림 1.135의 이중 V 홈 접합 형상은 MIL-STD-1945 방탄 시험을 통과한 구조이며, 실제 군용 시편 제작에도 적용되었다.

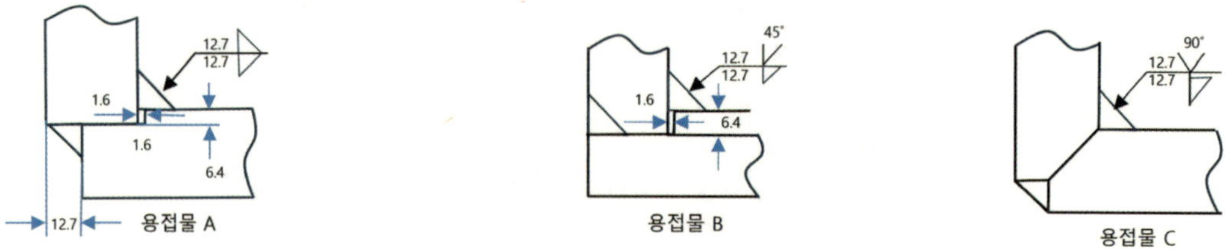

그림 1.134 **모서리 접합부 용접 형상. 접합부 A와 B는 MIL-STD-1945의 방탄 시험을 통과**[23)]

---

23) MTL TR 88-47은 1988년에 Army Materials Technology Laboratory, Watertown, Massachusetts

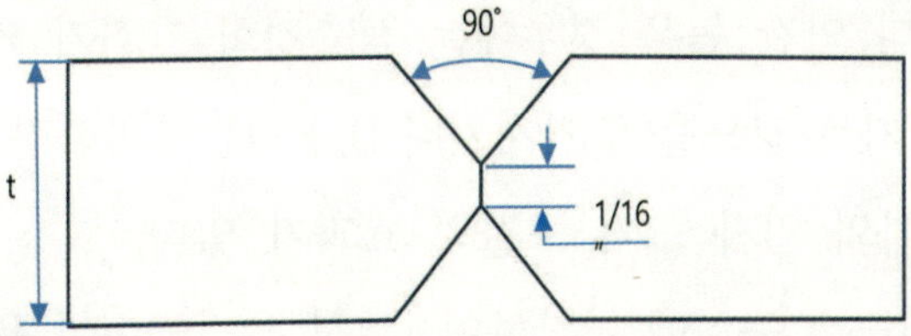

그림 1.135 이중 V 홈 용접 기계 시편에 사용된 접합 형상

2519-T87 자체 GMAW 용접 이음 효율[24)]은 50% 내외로 용접봉 ER2319와 75%He-25%Ar 혼합가스를 사용했다. 취약한 용접부 연신율에 따른 용접부의 구조적인 취약성을 극복하기 위해 내충격 용접 조인트 설계 및 용접조건 선정이 중요하다.

5.2.2 Al-Mg-Si 합금(6xxx 시리즈)

6xxx 시리즈의 합금은 규소와 마그네슘을 마그네슘 실리사이드(Mg_2Si) 형성에 필요한 비율로 대략 포함하므로, 열처리가 가능하다. 대부분의 2xxx 및 7xxx 합금만큼 강하지는 않지만, 6xxx 시리즈 합금은 중간 강도로 성형성, 용접성, 기계가공성 및 내식성이 좋다. 이 열처리 가능 그룹의 합금은 T4 템퍼(용체화 열처리는 되지만 석출 열처리는 되지 않음)에서 성형할 수 있으며 석출 열처리로 완전한 T6 특성으로 성형한 후 강화할 수 있다. 그림 1.136은 6xxx 시리즈에서 가장 일반적으로 사용되는 합금 중 일부 간의 관계를 보여준다.

6xxx 계열의 주 합금원소는 Mg과 Si로 경화 성분인 Mg-Si 화합물(Mg_2Si)이 형성되는 비율로 첨가된다. 이러한 합금은 각각 1%보다 적은 양의 Si와 Mg을 포함하고, 적은 양의 Mn과 Cu와 Zn과 Cr으로 합금할 수도 있다.

Mg_2Si는 알루미늄과 2원 공정을 형성하며 공정온도(595℃)에서 1.85%의 고용도를 갖고, 온도 저하에 따라 고용도가 급격히 떨어지므로 열처리를 할 수 있다. Mg_2Si 비율보다 더 높은 함량의 Mg이 있는 경우에는 Mg_2Si상의 고용도가 저하한다. 따라서 이 합금이 도달할 수 있는 최대강도는 떨어지게 된다. Si의 함량이

에서 발행한 기술 보고서, J. H. Devletian, S. M. DeVincent, S. A. Gedeon.

24) 한화에어로스페이스 용접성 시험 결과, 2002.10

Mg_2Si 비율보다 약간 높은 경우에는 석출경화 효과가 커지므로 강도가 증가하게 된다. Cu의 첨가로 강도를 증가시키나 0.4%를 초과하면 내식성이 저하하게 된다. Cr은 강도 증가와 입자 크기 조절의 효과가 있다.

이 합금은 용접금속 균열에 민감하며, 특히 용접금속이 용접의 루트 패스에서와 같이 모재에서 풍부할 때이다. 다행히도 균열은 4043과 같은 Si의 높은 비율을 포함하는 용접봉의 사용으로 쉽게 방지할 수 있으며, 5356과 같은 고Mg 합금은 열간균열 위험을 약간 증가시킨다.

이 열처리 합금은 구조와 기계적 성질은 변하며, 사용된 용접상태에 따라 강하고 복잡하다. 모재 성분의 용접봉을 사용하거나 용접봉 없이 용접하는 것은 용접금속 열간균열의 위험이 있어 좀처럼 하지 않는다. 용접금속 성분은 자연시효경화의 모재와 비슷하거나 근접 강도에 도달하는 인공시효이다. 그러나 시효된 모재와는 절대로 일치하지 않는다.

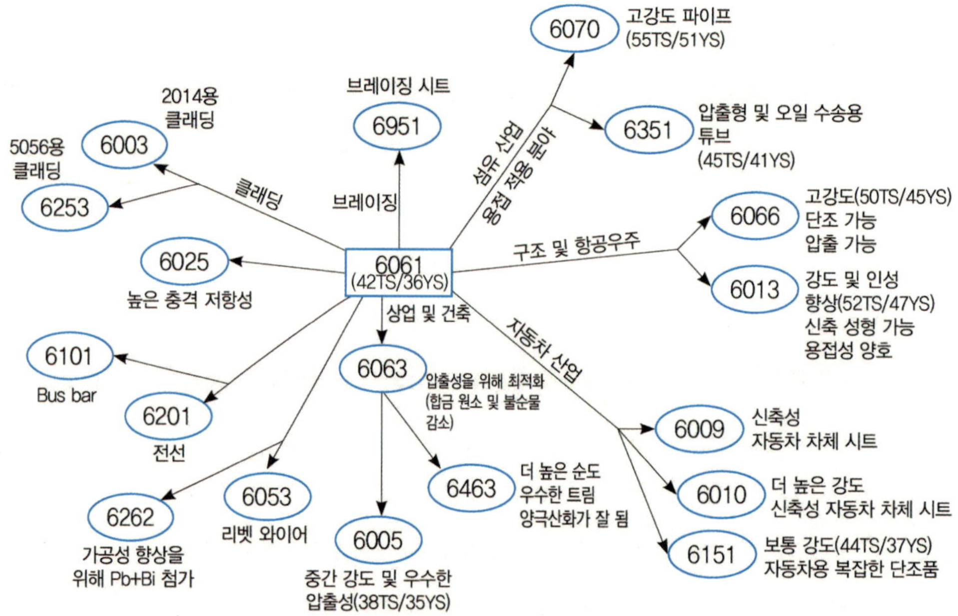

※인장강도(TS)와 항복강도(YS)는 ksi 단위

그림 1.136 6xxx 시리즈(Al-Mg-Si)에서 일반적으로 사용되는 합금 간의 관계

용융 선에 가장 가까운 열영향부는 과열된 구역으로 입자 경계에 부분 용융이 일어난다. 온도는 높고 냉각 속도가 빨라 용체화 처리가 일어나며, 용접 후 시효가 일어나도록 해준다. 이곳의 인접부는 약간의 석출이 용해 속에서 일어나고, 용체화 처리 구역에 부분적으로 용접 후 약간의 경화를 발생하며, 용해되지 않고 거칠게 된다. 이것의 바깥은 거친 석출이 발생하고 강도가 크게 떨어지는 과시효 구역이 된다. 6xxx 합금에 있어 강도 손실은 인공시효 합금보다 자연시효 합금이 적다. 인공시효 상태 합금의 열영향부와 용접강도는 일반적으로 용접의 좁은 용체화 처리 구역의 어느 한 면과 함께 자연시효 합금에 맞춰 떨어진다. 그리고 이 과시효 구역을 지나서 T6 상태보다 약해진다. 저 입열 용접 조절의 용접 절차의 강도는 풀림 구조보다 떨어지지 않으나 T4 상태에 가깝다.

그림 1.137은 A6061과 용접봉 ER5356의 균열 감수성을 제한하는 이음 설계 권장 사항으로 모재의 희석률이 80% 이상인 I형 맞대기 용접에서는 균열 발생으로 사용하지 않는 것이 좋다.

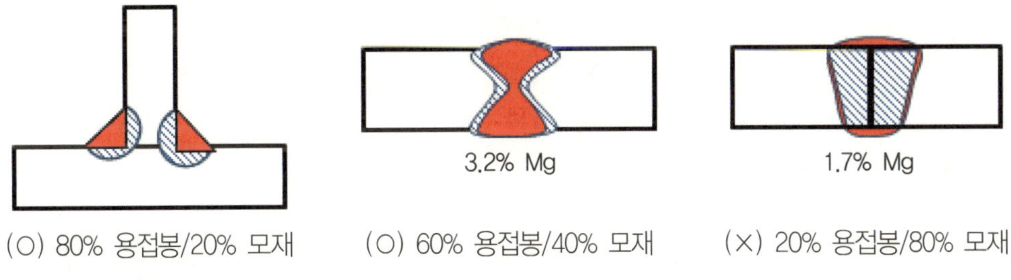

그림 1.137 **A6061+ER5356의 균열 감수성을 제한하는 이음 설계 권장 사항**

그림 1.138 **6xxx 계열의 탱크(이미지 출처: etrucks, https://etrucks.co.kr/)**

6xxx 계열에서 가장 많이 사용하는 것은 6061 합금으로서 금속박(foil)을 제외한 거의 모든 형태로 사용한다. 이것은 1.0% Mg, 0.6% Si(Mg_2Si 형성 비율) 0.25% Cu, 0.2%의 Cr을 함유하고 있으며 가공성, 내식성, 용접성이 모두 우수하다. 6061 합금은 주로 T6 상태로 사용하며, 열처리 후의 강도는 5xxx 계열의 고강도 합금과 비슷하다. T6 상태에서도 가공성과 내식성이 우수하다. 6061 합금은 용접 가능한 합금으로서 트럭, 트레일러, 강력 구조물, 내화 압력용기와 파이프에 주로 사용한다.

합금명	특성	용도	용접성	가공성	내식성	전도성	표면 처리
6061	열처리 합금, 내식성 양호	토목용재, 스포츠용품	A	C	B	C	B
6063	압출성, 표면 처리성 우수	건축재, 가전제품, guard rail	A	C	A	A	A
6151	단조성, 내식성, 표면 처리성 우수	기계 자동차 부품	A	C	B	C	B
6262	내식성, 쾌삭성 우수	카메라 경통, brake 부품	B	B	B	C	B
6351	내식성, 용접성 우수	선박용재	A	D	A	C	C

6071 합금은 이론적 Mg_2Si 비율보다 Si를 더 함유한 새로운 합금으로서 강도가 6061보다 높고 2xxx 계열과 5xxx 계열의 중간 정도가 된다. 6071-T6는 6061-T6보다 인장강도와 항복강도는 각각 26%와 30%가 더 높으며, 연신율은 6071-T6 17%이고 6061-T6가 10% 정도이다. 즉, 6071-T6는 6061-T6보다 강도는 더 높으나 연성이 떨어진다.

5.2.3 Al-Zn-Mg 합금(7xxx 시리즈)

(1) Al-Zn-Mg 합금(7xxx 시리즈) 개요 및 합금 구성

Al-Zn-Mg계 7xxx 시리즈 합금은 아연(Zn)을 3.5~7%, 마그네슘(Mg)을 1.25~3.5% 포함한 고강도 열처리 강화형 알루미늄 합금이다. 이들 합금은 중간에서 매우 높은 강도를 제공하며, 경우에 따라 구리(Cu, 0.6~2.0%)나 크롬(Cr), 스칸듐(Sc) 등을 소량 첨가해 특성을 조절한다. 특히 Sc는 미세조직을 정제하고 강도 및 인성을 개선하는 역할을 한다.

① 기계적 특성 및 응용 분야

7xxx 계열은 Al-Cu 합금(2xxx 시리즈)보다 강도 범위가 더 넓으며, 최대 강도는 2xxx 합금 대비 약 50% 이상 높다. 이로 인해 항공기 구조물, 이동 장비, 고응력 부품, 방탄 및 고압용기 등 다양한 분야에 널리 사용된다. 특히 Al-Zn-Mg-Cu 계열은 F~T6 템퍼에서 높은 기계적 성능을 제공하여 항공우주 산업에서 주로 활용된다(예: 7075, 7079, 7178 등).

② 내식성과 시효 조건

고강도 Al-Zn-Mg-Cu 합금은 응력 부식 균열(SCC)에 민감하므로 내식성과 인성을 확보하기 위해 약간 과시효된 상태로 사용되는 경우가 많다. 대표적으로 T73이나 T76 템퍼가 이 목적에 활용된다. 반면, Cu가 없는 Al-Zn-Mg 합금은 비교적 용접성이 좋아 방탄 구조용이나 압력용기에 사용된다(예: 7039). 그림 1.139는 7xxx 시리즈에서 가장 일반적으로 사용되는 합금 중 일부 간의 관계를 보여준다.

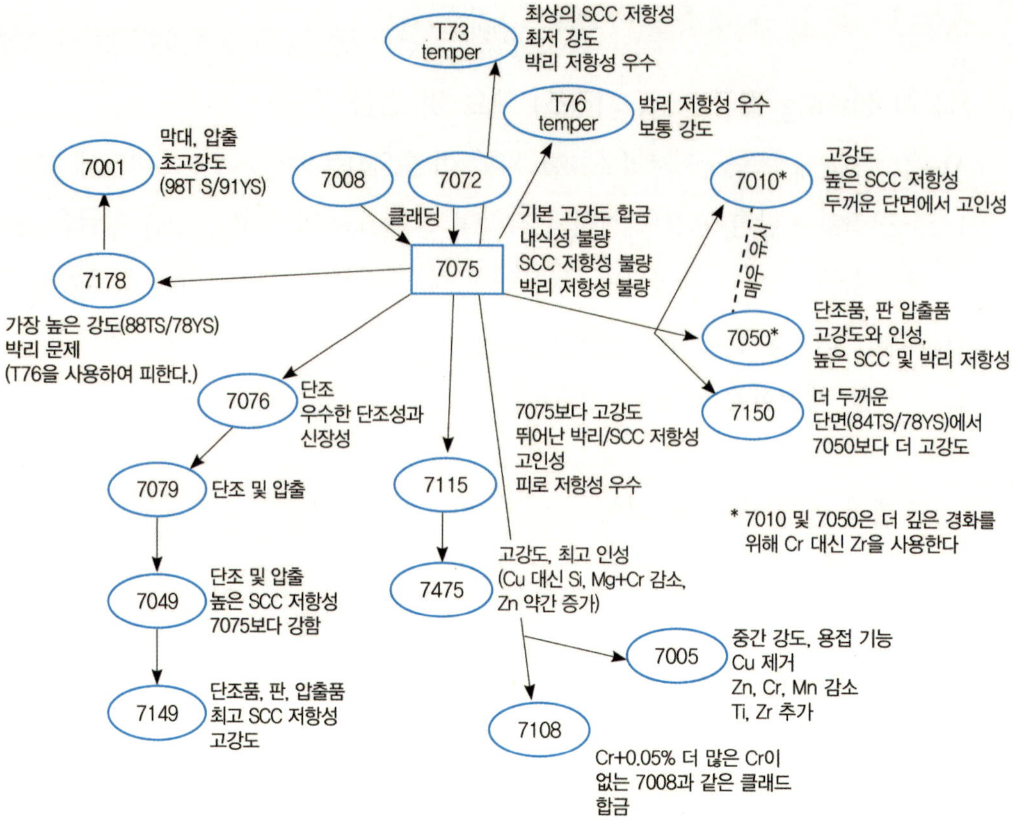

※ 인장강도(TS)와 항복강도(YS)는 ksi 단위

그림 1.139 7xxx 시리즈(Al-Zn-Cu-Mg-Cr)에서 일반적으로 사용되는 합금 간의 관계

③ 용접성과 적용 방식

7xxx 계열은 용접 시 아연의 산화 반응과 표면 장력 변화로 인해 융합부 결함이 발생하기 쉬우며, 이로 인해 GMAW에서는 5xxx 합금보다 10~15% 높은 용접 전류가 요구된다. 금속 이행 방식은 짧은 아크를 사용하는 것이 유리하다. 일반적으로 고강도 Al-Zn-Mg-Cu 계열은 아크 용접이 어렵고, 점 용접, 시임 용접, 플래시 용접 등의 저항 용접이 더 적합하다. 한편, Cu가 포함되지 않은 Al-Zn-Mg 계열은 용접성이 우수하며 MIG/GTAW 적용이 가능하다. Al-Zn-Mg 합금은 용접성이 우수하지만 2219나 5456 합금보다는 떨어지게 된다.

④ **석출 및 강화 메커니즘**

이 계열 합금의 강화는 $MgZn_2$ 등의 금속간 화합물 형성 및 석출경화에 기반한다. Al-Zn계는 공정 반응계로 Al 내에 최대 83% Zn까지 고용될 수 있으며, Mg 첨가 시 삼원계 공정 상태 및 복잡한 금속간 화합물($MgZn_2$, $Al_2Mg_3Zn_3$ 등)을 형성해 강도를 증가시킨다. Cu 첨가는 $CuAl_2$, Cu-Zn계 금속간 화합물 등을 생성하며 추가적인 강화효과를 유도한다.

⑤ **균열 및 응력부식 감수성**

Al-Zn-Mg 합금은 특히 두께 방향에서 응력 부식 균열이 발생하기 쉽다. Cu의 첨가는 이 균열에 대한 저항성을 증가시켜 주지만, 용접성은 저하된다. 이러한 균열 문제는 주로 고강도 템퍼와 고응력 구조물에서 고려되어야 하며, 적절한 열처리 및 설계 보완이 요구된다.

⑥ **대표 합금과 분류**

7xxx 계열은 용접 관점에서 편의상 Al-Zn-Mg-Cu와 Al-Zn-Mg의 두 그룹으로 나눈다. 첫 번째 그룹은 구리가 1% 이상 포함하는 고강도 합금으로 일반적으로 항공우주산업에 사용되고, 비용접 방법으로 이음이 된다. 두 번째 그룹은 용접을 위해 개발된 중간 강도의 Al-Zn-Mg 합금이다.

전형적인 Al-Zn-Mg-Cu계 합금으로는 7075, 7175, 7475 등이 있으며, Al-Zn-Mg계로는 7039, 7020, 7010 등이 있다.

그림 1.140 7xxx 계열의 용접구조물(출처: 한화에어로스페이스)

합금명	특성	용도	용접성	가공성	내식성	전도성	표면 처리
7001	압출성 양호	스포츠용품	D	B	C	C	C
7003	용접성, 압출성 양호	차량용재, 구조재	B	C	C	D	D
7050	내식성 우수, 압출성 양호	항공기 구조재, foil류	C	B	A	C	A
7075	Al 합금 중 강도 최고	항공기 부품, 금형 소재	D	B	C	C	C

(2) Al-Zn-Mg 합금(7xxx 시리즈) 용접성

① 구리를 포함하지 않는 Al-Zn-Mg계 합금(7017, 7020, 7039 등)

7017, 7020, 7039와 같이 구리를 포함하지 않는 저강도 Al-Zn-Mg계 합금은 비교적 용접성이 우수하다. 이들 합금은 6xxx 시리즈와 유사하게 열영향부(HAZ)의 강도 손실이 발생하지만, 일부는 적절한 열처리를 통해 기계적 성질의 회복이 가능하다. 자연시효 특성을 가지며 시효 완성까지 약 30일이 소요되며, 6xxx 시리즈에 비해 용접 시 강도 저하가 적다. 이러한 특성 덕분에 현장 수리 및 구조물 보수 등 실용적인 적용에 적합하다.

② Al-Zn-Mg-Cu계 고강도 합금(7075, 7178, 7002, 7079 등)

Al-Zn-Mg-Cu계 합금은 용접 시 균열에 매우 민감하며, 모재와 같은 조성의 용접봉을 사용할 경우 균열 발생 위험이 크다. 이러한 경우, 5556, 5356, 5180과 같은 용접봉을 사용하면 균열 감수성이 다소 낮아지나, 여전히 주의가 필요하다. 특히 4043 용접봉은 균열 저항성은 우수하지만, 용접부 강도가 현저히 낮아지는 단점이 있다. 고강도 합금의 경우, 적절한 비드 형상과 좁은 열영향부를 확보할 수 있는 용접 절차의 설정이 필수적이다.

③ 용접 시 강도 손실과 균열 문제

7075 및 7022와 같은 고강도 열처리 합금은 용접 시 강도 손실이 심각하며, 이 손실은 열처리로 어느 정도 회복할 수 있다. 그러나 연성 저하는 지속되며, 용접부는 열간균열에 민감하다. 이러한 이유로 고강도 Al-Zn-Mg-Cu계 합금

은 일반적으로 용접보다는 리벳 접합이나 접착제로 결합하는 방식을 사용한다.

④ 입열 조건과 용접속도 영향

용접 중 균열을 방지하려면 특정 입열 하한선을 유지해야 한다. 예를 들어, 5080, 5356, 5556 용접봉을 사용한 TIG 용접에서는 3.2mm 및 6.4mm 두께의 7075 및 7178 합금에 대해 50~200cpm의 높은 속도로 용접이 수행되었다. 용접 속도가 빠를수록 가로 방향 균열이 증가하였고, 4145 용접봉을 200cpm으로 사용한 경우는 5080 용접봉을 50cpm으로 사용한 것보다 용접 강도가 낮았다.

짧은 아크 혹은 딥 트랜스퍼(DIP transfer)를 사용하는 MIG-SA 공정은 강도 향상에 효과적이지만, 자동화된 TIG 용접 시 헬륨 가스를 병용하는 것이 더 바람직하다.

⑤ 국부 열처리에 의한 강도 개선

7178과 같은 고강도 합금의 용접 성능은 국부 열처리로 개선 가능하다. 470℃에서 10분간 적외선 가열 후 냉수 퀜칭하고 인공시효처리한 경우, 인장강도는 T6 기준 87%, 벌지강도는 115% 수준으로 회복되었다.

⑥ 용접봉 종류에 따른 용접 성능 비교

7075 및 7178 합금에 5180과 7106 용접봉을 적용한 결과, 용접 직후 상태에서는 5180이 높은 강도를 나타냈다. 하지만 고속 MIG 용접 시 5180은 균열 발생이 쉬워 사용에 제약이 있다. 모재의 응고 온도가 5180보다 낮아 응고 중 수축 응력에 의해 용접 종단부 모재에 균열이 생길 수 있다. 또한, 7106 용접봉을 사용하여도 시효처리를 통한 강도 회복 효과는 제한적이며, 시효 과정 중 연성이 저하되고 파괴 양상은 벌지 방향에서 가로 방향으로 전이된다.

⑦ 새로운 Al-Zn-Mg계 합금(7003, 7005, 7038, 7039, 7106 등)

이들 합금은 구리를 포함한 기존 고강도 합금보다 균열 감수성이 낮고, MIG 및

TIG 용접에서 우수한 용접성을 보인다. 특히 7106은 7039보다 약간 더 나은 용접 특성을 가지며, 두 합금 모두 Al-Cu계 합금인 2014보다 월등한 용접성을 제공한다. 이러한 합금의 용접강도는 표 1.67에 함께 나타내었다.

표 1.67 Al-Zn-Mg-Cu계 합금의 용접강도

합금 형태	두께 mm	용접 방법	용접봉	용접 후 처리	덧붙이 용접	T.S MPa	Y.S MPa	신율 %	파단 위치
7075-T6	6.4	TIG & MIG	5052	용접 그대로	쌓지 않음	296	–	–	일정 않음
			5154			365	344	1.0	
			5556			310	–	–	
			7075			331	–	–	
7075-T6			5154	열처리 & T6 시효	쌓지 않음	455	–	0.5	일정 않음
			5556			462	–	0.5	
			7075			544	–	1.0	
7075-T6	3.2	MIG	716	용접 그대로	on	365	P.F [a)]	1.0	용접부
				용접 그대로	off	326	344	1.0	
				시효	on	374	P.F	0.5	
				시효	off	374	P.F	0.5	
7178-T6	1.6	TIG & MIG	5154	용접 그대로	쌓지 않음	406	365	1	일정 않음
			5556	용접 그대로		434	393	1	
			5154	열처리 & T6 시효		592	544	3	
			5556	열처리 & T6 시효		579	551		
7178-T6	3.2	MIG	716	용접 그대로	on	384	379	1.0	용접부
				용접 그대로	off	338	318	1.0	
				시효	on	373	P.F	1.0	
				시효	off	364	P.F	0.5	
7002-T6	3.2	TIG	MRD7-5	용접 그대로	쌓지 않음	377	251	5.0	일정 않음
				열처리 후 시효		424	318	14.0	
						391	276	5.4	
7079		MIG	5183	용접 그대로	on	255	–	–	일정 않음
			5039		off	324	–	–	
					on	310	–	–	
					off	331	–	–	

표 1.67 Al-Zn-Mg-Cu계 합금의 용접강도(계속)

합금 형태	두께 mm	용접 방법	용접봉	용접후 처리	덧붙이 용접	T.S MPa	Y.S MPa	신율 %	파단 위치
7106-T6	3.2	MIG	716	용접 그대로	on	331	289	1.8	용접부
				용접 그대로	off	296	248	1.5	
				시효	on	641	351	2.8	
				시효	off	331	327	0.8	
			5180	용접 그대로	on	380	276	5.0	과열부
				용접 그대로	off	299	231	3.7	용접부
				시효	on	377	309	6.0	모재
				시효	off	316	269	3.3	용접부
7106-T63	4.8	TIG	5180	자연시효	on	383	278	3.2	일정 않음
	4.8	TIG	5356			364	261	3.4	
	4.8	MIG	5180			391	278	4.0	
	4.8	MIG	5356			378	271	3.7	
	12.7	TIG	5180			369	247	13.4	
		MIG	5180			360	240	8.0	
	25.4	TIG	5180			332	245	-	
		TIG	5556			364	265	13.8	
		MIG	5180			329	274	7.3	
		MIG	5556			314	266	8.2	
7039-T61	9.5	MIG	5039	자연시효	off	355	214	13.3	일정 않음
	19.1	MIG				350	218	10.8	
	9.5	TIG				348	218	10.6	
	19.1	TIG				349	215	13.5	
7005-T6	3.2	TIG	5180	자연시효 3개월	-	351	248	8.5	일정 않음
	9.5	MIG	5180			338	276	13.5	
	3.2	TIG	5356			324	220	5.0	
	9.5	MIG	5356			324	248	13.5	

주: a. 조기 파괴(premature failure)

⑧ 7106 합금의 용접 특성

7106 합금의 용접부 강도는 7039보다 약간 우수하며, 이 두 합금은 조인트 옵셋(joint offset)에 의한 강도 저하 영향이 적다. 7002나 2024와 같은 합금에 비해 용접 시 형상 편차의 영향이 덜하다. 또한 7106, 7039, 7002는 7075처럼

저항 용접 및 시임 용접이 가능하다.

7106은 Zr(지르코늄)이 포함된 모재 조성의 전용 용접봉으로도 용접할 수 있으나, 일반적으로 5556, 5180, 5356 용접봉을 사용하는 것이 균열 위험이 낮고 작업성이 우수하다. Zr 첨가는 미세조직을 정제하고 입계 석출을 억제해 균열 저항성을 높이는 효과가 있다.

⑨ 7106의 시효 경화 및 용접 성능

7106-T63 합금은 자연시효를 통해 인장강도가 현저히 증가하며, 특히 7106-T3 상태에서 30일간의 자연시효 효과가 뚜렷하게 나타난다. 그림 1.141에서처럼 7106-T3는 자연시효(30일)에 따라 인장강도가 현저히 증가하는 것을 알 수 있다.

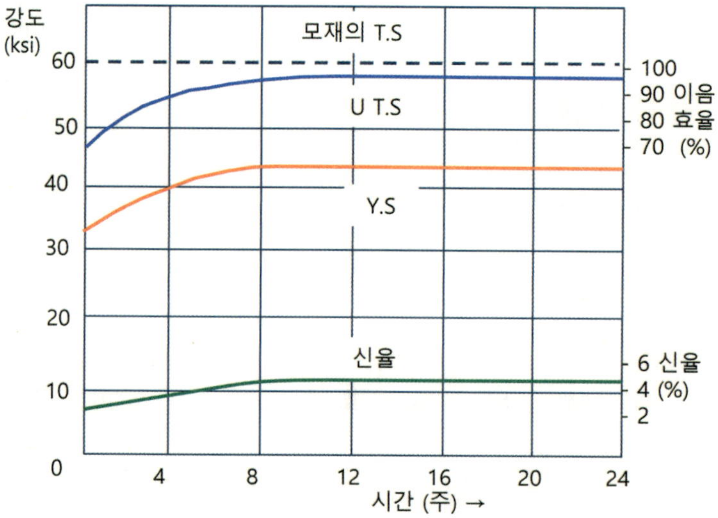

그림 1.141 TIG-7106/5180 용접부의 자연시효 효과

TIG와 MIG 용접 시 두께가 4.7mm 또는 12.7mm인 경우에는 강도 차이가 거의 없으나, 25.4mm 두께에서는 TIG 용접이 더 높은 인장강도를 나타낸다(MIG: 303~327MPa, TIG: 330~362MPa). 특히 TIG에서 5556 용접봉 사용 시 가장 높은 강도가 측정되었다.

두께 12.7mm 모재를 I형 맞대기 또는 양면 V형으로 용접한 경우, 5356은 5556 및 5180보다 다소 낮은 인장강도 및 항복강도를 보였으며, 5556과 5180 간에는 성능 차이가 크지 않다.

⑩ 7106의 균열 감수성 및 비교

Modified Houldcroft 시험에서 7106/5180, 5356, 5556 조합은 2014-T6/4043 조합과 유사한 수준의 열간균열 감수성을 보였고, 2219-T87/2319보다는 다소 높은 감수성을 나타냈다. 그러나 필릿 용접 균열 시험 결과에 따르면, 7106/5180 및 5356 조합은 2219/2319 조합보다 동등하거나 더 우수한 용접성으로 평가된다.

⑪ 7039 합금의 용접 특성

7039 합금은 과도한 구속 상태에서도 5039 용접봉을 사용할 경우, 양호한 용접성을 나타낸다. 만일 Y형 크레이터 균열이 발생하더라도 이후 용접 전에 제거할 수 있다. 5183 및 5356 용접봉도 사용 가능하며, 과도한 구속 조건에서도 수용 가능한 용접 품질을 제공하나, 강도는 5039보다 다소 낮다. 장갑재로 7039를 사용할 경우 연성이 중요한 요소가 되며, 이 경우 5183과 같은 연성 중심의 용접봉이 권장되며, 모재는 T64 상태가 적합하다.

⑫ 5039 용접봉의 특성

5039 용접봉은 7039 합금 전용으로 개발된 용접봉으로, 용접 직후의 인장강도가 5356이나 5183보다 높다(5039: 293~357MPa, 5356/5183: 281~302MPa). 특히 압력용기용으로 사용되는 7039-T61 합금과 함께 사용할 경우, 뛰어난 용접 성능을 발휘한다.

⑬ 7005 합금의 용접 특성

7005는 Al-Zn-Mg계 합금으로 우수한 용접성을 가지며, 5180 용접봉을 사용하면 균열 없이 쉽게 용접할 수 있다. 또한 5356, 5556, 5554(Al-Mg계), 4043(Al-Si계) 용접봉도 사용할 수 있다.

5180으로 용접한 후 자연시효(약 1개월) 또는 짧은 인공시효를 거치면 인장강도는 334MPa 이상으로 향상된다. 브레이징 적용 시에도 상용 플럭스 또는 플럭스 프리 신기술을 활용하여 343MPa 이상의 강도를 얻을 수 있어, 기존 브레이징용 알루미늄 합금보다 성능이 우수하다. Zr이 함유된 7005는 용접 시 금속 유동성이 뛰어나고 균열 저항성이 높다.

7005의 용접성은 사용 용접봉에 따라 다음과 같이 정리된다:

- 매우 우수: 5180, 5356, 4043
- 양호: 5556
- 보통: 모재 조성 용접봉

7005 모재는 T6 템퍼 상태에서 용접 후 자연시효하여 사용할 수 있으며, 성형가공이나 인공시효가 필요한 경우에는 W 템퍼 상태에서 용접하는 것이 적합하다. Zn이 포함된 5180 및 5039 용접봉은 인공시효를 통해 최대강도를 발현할 수 있는 반면, 5356이나 5556과 같은 Al-Mg계 용접봉은 응력부식균열(SCC)의 우려로 인해 인공시효는 권장되지 않는다.

[1] 7039 용접 절차 인증시험

알루미늄 7039의 용접 절차 인증시험을 TACOM 용접규격을 적용하여 시험하는 과정에서 용접봉 직경이 작을수록, 아크 길이가 길수록 용접부 인장강도에 유리하게 영향을 주는 것으로 판단된다. 표 1.68은 7039 PQ-test 용접조건으로 수평 자세의 용접 로봇과 수동용접을 나타내었다.

또한 시험편을 제작한 후 그림 1.142처럼 최소한 1주일 이상 1개월 정도 자연시효를 거치는 것이 용접부 인장강도나 굽힘시험에서 유용한 것으로 판단되었다.

표 1.68 7039 PQ-test 용접조건표

Group	패스	Arc Length	용접 속도** (cpm)	전류 (A)	전압 (V)	입열 (kj/cm)	인장강도 (MPa)
Robot Φ1.6	1	−5	70	240	21.8	4.5	293~297 287~295
	2	2	60	241	22.0	4.5	
	3	5	65	254	21.6	4.7	
수동용접 Φ1.2	1	0.80	33	258	25.5	12	305~310
	2	1.05	51	238	26.8	7.5	
	3	1.08	47	227	27.2	7.9	

참고: * 모재 7039, 용접봉 ER5356, 직경 Φ1.6mm, 층간 온도 50~55℃
** 아크 길이는 용접기에 설정된 기준에서 상대적인 값을 표시

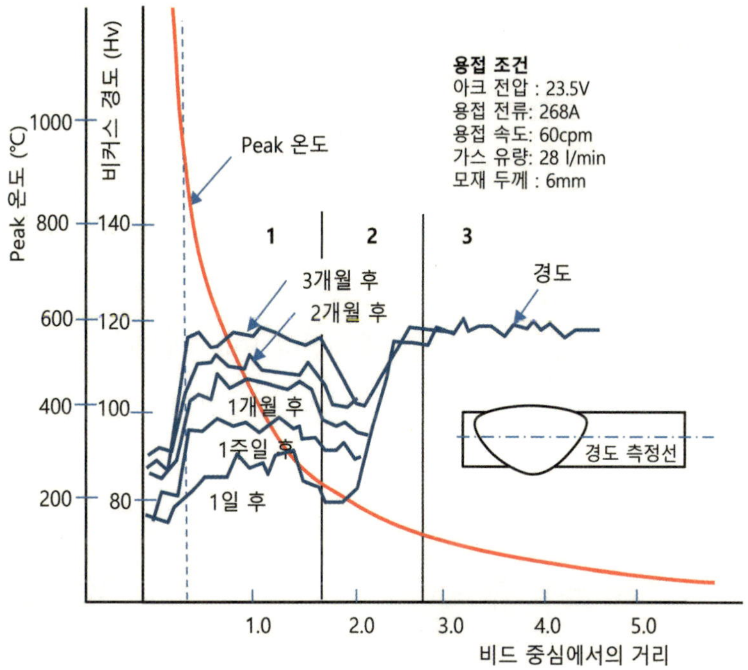

그림 1.142 Al-Zn-Mg계 합금 용접부 및 HAZ 경도 분포

표 1.69는 용접구조물에 많이 사용하는 7xxx 계열 합금의 화학적 · 물리적 특성을 나타낸 것이다. 7005, 7020, 7039의 경우 비슷한 특성을 가지며 7039는 Mg 함량이 다소 높아 상대적으로 강도가 높은 것을 볼 수 있다. 용융범위가 넓고 용융온도가 낮아 용접 특성이 차이가 있음을 알 수 있다.

표 1.69 Al-Zn-Mg계 합금 특성 비교

구분	7005	7020	7039	구분	7005	7020	7039
기계적 특성				합금 조성(%)			
탄성계수 GPa	70	70	69.6	Cr	0.060-0.2	0.1-0.35	0.15-0.25
파단 연신율, %	10-20	8.4-14	9-13	Cu	0-0.1	0-0.2	0-0.1
전단강도 MPa	120-230	110-230	255	Fe	0-0.4	0-0.4	0-0.4
인장강도 MPa	200-400	190-390	414-450	Mg	1.0-1.8	1.0-1.4	2.3-3.3
항복강도 MPa	95-350	20-310	352-380	Mn	0.2-0.7	0.050-0.5	0.18
용융 완료 ℃	640	650	638	Si	0-0.35	0-0.35	0-0.3
녹는점 ℃	610	610	482	Ti	0.01-0.06	0-0.25	0-0.1
열전도도, W / m-K	14-170	150	140	Zn	4.0-5.0	4.0-5.0	3.5-4.5
열팽창, μm / m-K	23	23	23.4	Zr	0.08-0.2	0.08-0.25	-
밀도, g/cm^3	2.9	2.9	2.7	잔여	0-0.15	0-0.15	0-0.15

[2] 7xxx 합금의 용접 절차

7xxx 합금의 용접 절차 인증시험(PQ-test)에서 고온균열 위험성 방지-감소의 방법으로 입열의 감소는 수지상(Dendrite) 조직의 거침과 방향성 형성을 억제하여 무방향, 미세입자의 조직을 형성한다. 응고할 때 입자 성장으로 상호 충돌로 인한 편석의 집중 현상은 용접 속도 저하로 방지한다. 이 경우에 그림 1.143처럼 응고 비드의 눈물방울 모양(tear drop) 형상에서 타원 형상이 결정 입자 성장 방향을 용접 방향으로 유도할 수 있다.

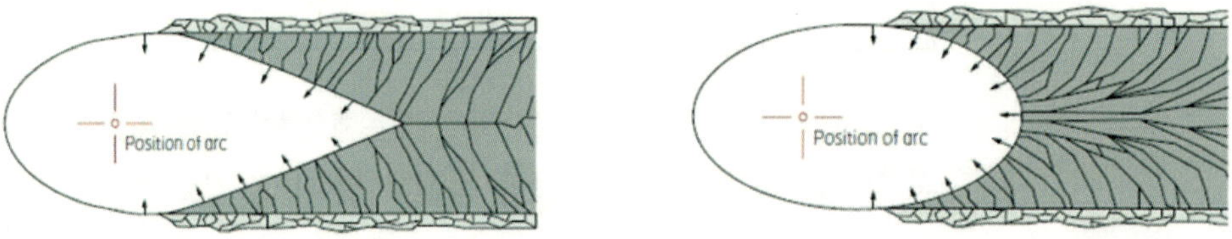

빠른 용접 속도(눈물방울 모양)
응고 조직이 비드 중앙에 충돌하여 용착부 중앙에 편석이 집중하여 경쟁적인 성장을 한다.

느린 용접 속도(타원 모양)
타원형 응고 조직이 상호 충돌하여 편석 집중을 방지, 분산하여 경쟁력 있는 성장을 한다.

그림 1.143 용착부 비드 형상 및 응고 조직에 미치는 용접 속도의 영향[25)]

25) ssab_welding_handbook_Hardox 103KRV32024

좁고 깊은 비드 형상은 결정이 성장할 때 결정의 직접적인 충돌로 편석이 집중적으로 발생하므로 그림 1.144처럼 이를 회피하여야 한다. 이는 직경이 작은 용접봉을 사용하여 전류를 낮게 하고, 위빙 비드를 금지하며 직선 비드를 사용하여 용융지 크기를 작게 하는 것이 도움이 된다.

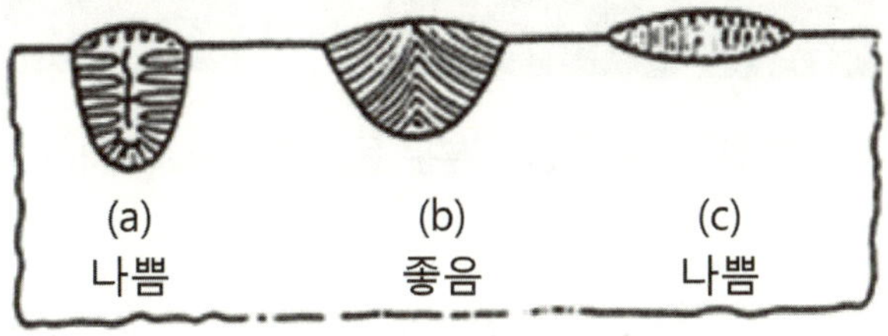

(a) 용착 중앙부에 저융점의 잔류 상이 다량 분포되어 고온균열, 기공을 형성한다.
(c) 저융점 잔류 상이 표면부상이 쉽지만, 결정화 상태가 주응력에 수직 방향이라 부적절하다.

그림 1.144 **비드 형상에 따라 형성되는 저융점 잔류 상의 결정화**[26]

PQ-test 결과에 따르면, 그림 1.145는 희석률에 영향을 주는 용입 형상을 보여주며, 7039 합금의 경우 아크 중심을 모재 방향에서 약간 벗어나게 조정하여 과도한 희석을 방지하는 것이 바람직하다. 7039의 PQ-test에서는 루트 패스나 다층 패스에서 모재와 용착금속 간, 또는 용착금속 상호 간 융합 상태가 불량하게 나타나며, 이는 맞대기 파단 시험에서 그림 1.145와 같은 형태로 확인된다. 이러한 불량 융합의 원인은 표 1.70에서 보듯이, 용융온도가 낮은 아연 화합물이 입자 경계면에 존재하기 때문으로 판단된다.[27]

이 문제를 방지하기 위해서는 다층 비드를 쌓기 직전에 이전 층 비드 표면의 산화막을 철저히 제거하고, 용접전류를 높이며 빠른 용접 속도로 진행하여 용융지의 온도를 낮게 유지하는 것이 효과적인 방안이다.

26) ssab_welding_handbook_Hardox 103KRV32024
27) 편집자 주, 2016, A7039 PQ-Test 결과

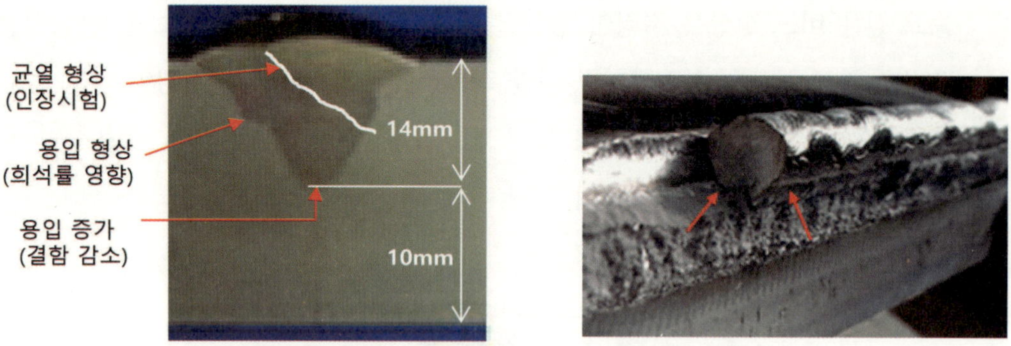

그림 1.145 7039 알루미늄 합금의 부분 용입 PQ-test의 다층 패스에서 비드 형상의 분리

표 1.70 알루미늄 합금의 구성 원소 특성

구분	녹는점	끓는점	비중	비고
Zn	420	907	7.14	늦게 응고, 침하
Mg	649	1107	1.74	2번째 응고, 부상
Al	660	1800	2.56	
Si	1414		2.33	
Cu	1083		8.96	
Mn	1247		7.2	

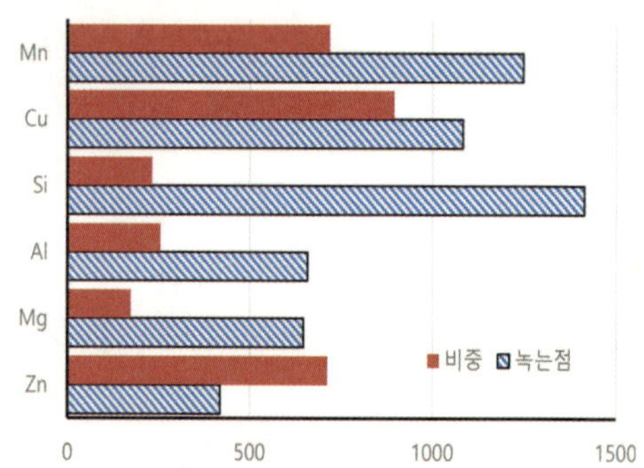

[3] 7xxx 계열 알루미늄 용접 조건 및 절차

7xxx 계열 알루미늄의 용접에서는 용접 속도를 빠르게 하여 입열을 낮추고, 얕은 용입을 통해 희석률을 조절하는 것이 중요하다. 예열 및 층간 온도는 40~60℃, 25mm 두께 기준 용접 전류는 260A±10%가 적절하며, 토치각도는 용접 방향으로 약간 후진하거나 직각으로 유지하여 비드 표면이 약간 노르스름한 색을 띠도록 한다.

용입 형상은 비드 단면이 내부로 향하고, 모재 쪽으로의 용입은 최소화하여 용접금속의 단면적 확보가 중요하다. 용접 초기의 기공 제거를 위해 엔드 탭은 약 100mm 길이로 설정하고, 그림 1.146과 같이 아래쪽 시편에 추가하는 것이 바람직하다. 표면 비드는 아연 산화물 등의 부산물을 베이비 그라인더 등으로 제거해야 하며, 알루미늄 재질의 백킹을 사용하여 백 비드의 실딩을 확보한 후 용접이 완료되면 이를 제거한다.

이종재질의 수평자세 용접 시에는 그림 1.146처럼 아래쪽에 A7039 시편이 위치하도록 배치하며, 실딩 가스 유량은 23~25ℓ/min이 적정하다. 시편 제작 후에는 시효경화가 발생할 수 있도록 일정 시간 경과 후 기계적 시험을 해야 한다.

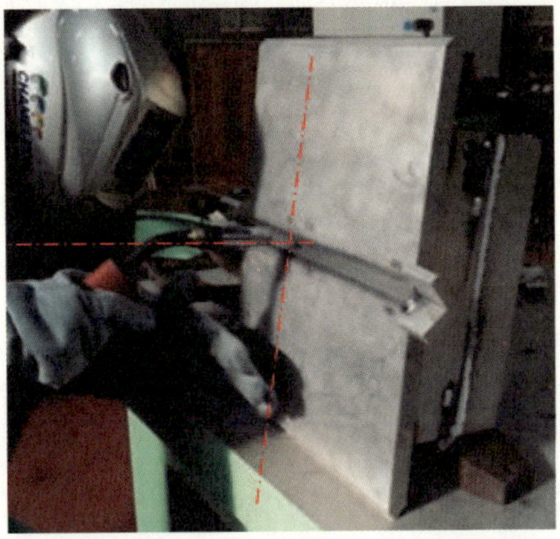

그림 1.146 7039 시험편의 PQ-Test 2G 시험

[4] 알루미늄 합금 7020[28]

(1) 용도 및 적용 산업

7020 및 7039 알루미늄 합금은 구조용 장갑재로 사용되며, 주요 성능 기준에는 저비용, 방탄 및 폭발 방호 성능, 용접 가공성, 그리고 응력부식균열(SCC) 및 박리부식(EXC)에 대한 내구성이 포함된다. 고강도가 요구되는 분야, 특히 항공우주 산업에서는 7075 합금이 널리 활용되며, 7075 및 7020의 T7xxx 과열 열처리는 T6xxx 대비 SCC 내성을 크게 향상한다. 표 1.71은 7020과 6061의 기계적 특성을 비교한 것을 나타냈다.

28) Army Reserch Laboratory, Computational Thermodynamics Characterization of 7075, 7039, and 7020 Aluminum Alloys Using JMatPro, by John F. Chinella and Zhanli Guo, ARL-TR-5660, September 2011

표 1.71 7020과 6061의 기계적 특성 비교

EN AW-7020(AlZn4.5Mg1) [EN AW-7020(AlZn4.5Mg1)] 인발관							
상태	치수 e[3]	인장강도 Rm MPa		항복강도 Rp0.2 MPa		A %	A_{50}mm %
		min.	max.	min.	max.	min.	min.
T6	≤20	350	–	280	–	10	8
합금 EN AW-6061(AlMg1SiCu) [EN AW-7020(AlZn4.5Mg1)] 인발관							
O, H111	≤20	–	150	–	110	16	14
T4	≤20	205	–	110	–	16	14
T6	≤20	290	–	240	–	10	8

(2) 7020 합금의 특성 및 용접성

7020 알루미늄 합금(AlZn4.5Mg1, EN AW-7020)은 Al-Zn-Mg계 비Cu 첨가형 비열처리 경화형 합금으로, T6 조건에서 인장강도 350~450MPa, 항복강도 280~370MPa, 연신율 8~15%의 기계적 성질을 갖는다. 내식성은 해수 환경에서는 보호가 필요한 중간 수준이며, 항공기, 방위산업, 자동차 구조물 및 프레임 등에 사용된다. 용접성도 우수하여 TIG(GTAW) 및 MIG(GMAW) 방식이 적용 가능하며, 권장 용접봉은 ER5356 또는 ER5556이다. 다만, HAZ에서 연화가 발생하고 자연시효에 따른 기계적 성질 변화가 있으므로 용접 후 인공시효 또는 T6/T651 열처리를 고려해야 하며, 표면 처리(도장, 아노다이징 등)도 권장된다.

(3) 열처리 및 미세조직 거동

Al-Zn-Mg-(Cu)계 7xxx 합금은 높은 고용해성을 통해 시효경화 반응을 유도하며, 고경도 및 우수한 유동성의 미세조직을 형성한다. 7020은 7075보다 고온균열에 덜 민감하고, TTT 및 CCT 곡선에서 상변태 시작 시간이 길어 낮은 냉각 속도 사용이 가능하다. 이는 잔류응력 감소 및 SCC 억제에 유리하며, 용접 후 일반적으로 자연시효 또는 T6/T651 조건으로 기계적 특성 복원이 이루어진다.

(4) 용접 후 열처리 절차

7020-T6 합금은 용접 전후에 열처리가 필요하며, 주로 내부응력 완화와 기계적 특성 회복을 위해 용체화 및 이중 단계 인공시효가 수행된다. 본격적인 인공시효는 90℃±10℃에서 8시간, 145℃±10℃에서 16시간의 2단계 노(Furnace) 열처리가 일반적이며, 열처리 전 구조물은 20℃에서 2일 보관 또는 60℃에서 2시간 예비 열처리가 가능하다. 이 공정은 구조물 수명 동안 제한된 횟수만 수행될 수 있으므로 관리가 중요하다.

(5) 제한적 보수 및 규격 기준

제한된 용접 보수는 125℃ +20℃/−5℃에서 24시간 라디에이터 방식의 인공시효로 처리해야 하며, 해당 작업 영역은 넓게 차단 및 명확하게 식별되어야 한다. 저온 시효(예: 20℃에서 90일 또는 60℃에서 60시간 가속 시효)는 허용되지 않는다. 관련 규격으로는 DIN EN 754-2:2025-02가 있으며, 이는 냉간 인발 봉, 바 및 튜브의 기계적 물성 한계를 정의한다. 제품 및 시험 요건은 EN 754-1, 열처리 조건은 EN 515, 화학조성 한계는 EN 573-3에 각각 규정되어 있다.

[5] A7020 및 알루미늄 GMAW 용접 기술 지침[29)]

다음은 A7020 및 알루미늄 GMAW 용접 기술을 요약한 것이다. 알루미늄의 일반적인 용접 지침으로써 사용할 수 있다.

(1) 예열 적용

용접공정의 한계 조건, 허용할 수 있는 용접 온도 범위는 제어된 예열공정은 재료표면의 응축수와 그리스 또는 오염물질을 증발시키는 데 도움이 되고, 용융지를 장기간 액체 상태로 유지하여 용해된 수산화물이 알루미늄에서 빠져나갈 수 있도록 한다. 또한, 특히 이음 앞쪽에서 융합부족 위험이 줄어든다.

---

29) Manufacturing instruction, AA 7.5-1.10-Korea, GDELS Nr. applies, Date:4.03.2019

- 용접할 부품의 두께가 10mm를 초과한다.
- 부품의 단면이 서로 다르다.
- 용입(필요시)이 보장되어야 한다.
- 용접재료의 조기 응고를 방지해야 한다.
- 습도가 60% 이상이다.
- 외부 온도가 5℃ 미만일 때는 용접작업을 수행하지 않아야 한다.
- 구성요소의 온도가 15℃ 미만이면, 가능하면 용접 감독자와 상의한 후 예열해야 한다.
- 금속판의 두께와 크기에 따라, 특정 용접 온도 범위 또는 입력 에너지를 관찰하여, 재질 품질의 차이를 고려한다.
- 예열온도는 미온(35℃)과 표 1.72에서 얻을 수 있는 최대값 사이에 있어야 한다.
- 아세틸렌-산소 불꽃의 예열 작업은 불꽃을 중성 또는 아세틸렌 과잉으로 설정해야 한다(주의: 수증기가 발생하므로 프로판 사용 금지).
- 지정된 온도는 용접 이음에 인접한 약 20mm 지점의 적절한 온도 측정기로 확인해야 한다.
- 용접 이음이 긴 경우 열 제거를 점검하고, 필요에 따라 예열을 반복해야 한다.

표 1.72 알루미늄 합금의 예열온도

재질	최대 예열온도	최대 예열 시간
AlMg4,5Mn0,7 (EN AW 5083)	120℃	수 시간
	150℃	10분
AlMgSi 합금 (6005, 6060, 6061, 6082)	150℃	수 시간
	200℃	수 초
AlZn4,5Mg1 (EN AW 7020)	120℃	수 시간
	200℃~300℃	2분 결정 영역
	380℃~420℃	수 초

(2) 모재의 용접봉 선택

- 용접봉은 최소 18℃, 최대 60%의 습도에서 보관해야 한다.
- 와이어는 건조하고 깨끗하며 원래 포장에 넣어 보관해야 한다.
- 사용 중인 와이어 코일은 가능한 경우 며칠 내에 사용해야 한다.
- A7020의 경우 용접봉은 ER5183과 ER5087의 2종으로 ER5087은 연신율이 필요한 곳에 사용한다. DIN EN 1011-4를 기반으로 한 할당을 찾아본다(표 1.73 참조).

표 1.73 알루미늄 합금의 적용 용접봉(DIN EN 1011-4 참조)

모재	용접봉	비고
AlMg4,5Mn0,7(EN AW 5083)	S Al 5183(AlMg4,5Mn0,7)	
AlMgSi 합금 (6005, 6060, 6061, 6082)	S Al 4043(AlSi5) 또는 S Al 5183(AlMg4,5Mn0,7)	관련 요구사항 (AlSi5 선호)
AlZn4,5Mg1(EN AW 7020)	S Al 5183(Al Mg4,5Mn0,7) 또는 S Al 5087(Al Mg4,5MnZr)	용접 부서와 상의한다.

(3) 용접 실딩 가스

DIN EN 439(ISO 14175)에 따른 용접 실딩 가스로 100% Ar 및 아르곤과 헬륨 혼합물 70/30 Ar70%-He30%(I1 : I3)을 사용한다.

(4) 용접 이음 준비

- 알루미늄의 모든 용접 이음 결함인 융합부족 대부분은 부적절한 용접 준비로, 균열은 공정 결함으로 인해 발생한다.
- 용접사가 개선각이 충분하지 않으면 용접을 수행해서는 안 된다.
- 용접 가장자리를 깨끗하게 유지하고(오일, 그리스, 페인트와 먼지가 없음) 건조해야 한다.
- 가접 작업을 포함한 모든 용접 작업은 인증된 용접사에 의해 수행되어야 한다.
- 용접 이음 결함 방지를 위한 이음부 청소를 위한 그라인더 디스크는 알루미늄용

으로 승인받아야 한다.

- 이음 부위 청소는 스테인리스강 와이어가 있는 브러시만 사용한다.
- 산화층을 용접 이음 부위에서 약 30mm 이상 제거한다.
- 산화층은 48시간 이상이어야 한다.
- 다층 용접은 필요한 경우, 용접 전에 각 용접 비드를 청소해야 한다.

(5) 용접 작업장

- 주말이나 장시간 정지 중에 가스 배관에 축적된 응축수는 용접 이음에 적절한 품질을 보장하기 위해 해당 작업장에서 시험 용접을 시행하여 배출되어야 한다.
- 가스 실딩 아크 용접의 용입부족 방지를 위해, 스프레이형의 아크로 해야 한다.
- 하진 용접(용접 자세 PG)은 허용되지 않는다.
- 아크는 용접 홈 또는 시작 판 또는 런 오프(엔드 탭) 판에서만 시작되어야 한다.
- 구조물에 아크 스트라이크 및 안티 스패터제 사용을 금지한다.
- 맞대기 용접은 런 오프 판을 사용하여 용접된다.
  - 용접 이음을 만든 후 연삭 작업을 통해 이러한 보조판을 제거한다.
  - 충격을 통한 제거는 허용되지 않는다(균열의 위험).
- 용접작업이 옆바람으로부터 보호되는 환경에서 수행되도록 해야 한다.
- 플러그 용접 후 용접부를 피이닝한다.
- 필릿 용접의 모서리 가장자리 보수는 필요시 TIG Dressing으로 한다.
- 용접 비드의 사상은 하지 않는다.
- 리테이너(백 플레이트)는 양쪽을 용접한다.
- 모서리는 돌림 용접을 해야 한다.
- 세정–예열–용접–세정의 표준작업을 단계별로 준수한다.
- 구조물의 녹지 않은 노치는 굽힘 응력으로 파손될 수 있어 사상해야 한다.
- 가능한 경우 구조물의 보조 용접을 피해야 한다.
- 용접품에 부착된 보조 구조가 있는 경우 모재와 동일 유형의 합금을 사용해야 한다.

(6) 가접

- 가접은 용접 전에 균열 검사를 받아야 한다.
- 가접 크랙은 다시 작업해야 한다.
- 가접 길이는 가능한 경우 약 50mm여야 한다. 가접은 가늘고 길게, 조밀하게 한다.
- 용접 전에 양쪽 끝에서 그라인더 작업을 통해 가접 부위를 청소해야 한다.
- 가접으로 인한 시작 단계 융합 부족, 종점 크레이터 균열은 재용접하기 전에 제거해야 한다. 특히 가벼운 보수의 경우 적절한 예열을 수행해야 한다.

(7) 용접순서

- 다층 용접의 경우, 종료 크레이터를 재배치해야 하며, 서로 겹이 쌓이지 않아야 한다.
- 이음 교차로에서 종점의 크레이터와 용접의 시작을 피해야 한다.
- 바늘이나 엠보싱 스탬프로 인해 생기는 날카로운 노치와 표시는 피해야 한다.
- 용접순서 및 용접 자세는 관련 용접순서 계획에 따라 결정된다.
- 원칙적으로 작업은 항상 일반적인 용접 규칙을 기반으로 한다. 즉, 이음을 한 방향으로 용접해야 하고, 중간부터 반대 방향으로 다시 마무리하며, 종방향 이음 전에 가로 이음이 용접된다.
- 변형과 균열을 방지하기 위해, 가능하면 용접품을 자유롭게 수축시켜야 한다.
- 용접부 연결은 틈새를 최소화하여 변형을 줄이기 위해 경사각, 직각도, 길이, 평면도 등을 관리해야 한다.
- 원형 이음은 용접금속의 응고 단계에서 균열의 위험이 증가하므로 피해야 한다.
- 모재의 기계적 · 기술적 특성을 최대한 유지하기 위해 고온에 노출되는 경우, 위빙 용접보다 직선 용접기법을 사용하는 것이 좋다.

(8) 루트 용접

- 루트 용접은 백킹 스트립에서만 수행해야 한다.
- 영구 백킹 스트립은 모재에 맞게 조정해야 한다.
- 임시 백킹 스트립은 STS 또는 특수 제작된 세라믹으로 제작되어야 한다. 이 방

법이 가능하지 않으면 루트 영역을 제거하고, 반대를 용접해야 한다.

- 한면 맞대기 용접의 경우 용접 전에 루트 모서리를 약간 모따기해야 한다.

(9) 용접 후 열처리, 알루미늄

- AlZn4.5Mg1 합금(EN AW 7020)으로 제작된 모든 용접구조물은 표준에 따라 용접 후 열처리를 받아야 한다.
- 용접 후 열처리는 구조물 수명 동안 몇 번만 수행할 수 있다.
- 모든 냉간 시효 절차는 설계나 용접전문가에게 문의한 후에만 수행할 수 있다.
- 이 절차에는 응력 부식, 표면 부식 및 층 부식의 위험이 많이 증가한다. 용접 후 열처리는 부품 변형을 줄이고, 강도 값을 높이며, 부식에 대한 최적의 보호 기능을 제공한다.
- AlMg4.5 Mn0.7(EN AW 5083) 합금으로 제작된 모든 용접구조에는 용접 후 열처리가 수행되어서는 안 된다.
- MG/Si 합금 시스템(6000형)으로 제작된 용접구조물은 설계와 용접 감독자에게 문의한 후 용접 후 열처리 또는 냉간 시효를 받아야 한다.

5.2.4 할당되지 않거나 다른 합금: 8xxx 시리즈

8xxx 시리즈 합금은 광범위한 화학조성을 구성한다. 예를 들어, 분말 야금 가공으로 만든 분산 강화 Al-Fe-Ce 합금(예: 8019) 또는 Al-Fe-V-Si 합금(예: 8009)을 사용하면 고온 성능이 향상된다. 리튬 함유 합금(예: 8090)에서는 밀도를 낮추고 강성을 높일 수 있다. 석출경화가 가능한 후자의 합금은 일부 항공기/항공우주 적용 분야(예: 헬리콥터 구성 요소)에서 중간~고강도 2xxx 및 7xxx 합금을 대체했다. 항공(air-craf)/항공우주 적용 분야(예: 헬리콥터 구성 요소)에서 중간~고강도 2xxx 및 7xxx 합금을 대체했다.

8xxx 시리즈는 8001(Al-Ni-Fe)와 8020(Al-Sn)과 같은 합금은 편의상 다른 그룹에 속하지 않는 것에 사용된다. 이 8xxx 그룹 안에 포함된 것은 Al-Li 합금이며,

15% 이상의 무게 절감과 다른 고강도 합금과 비교하여 영률(Yong's modules)이 더 높다. 1%의 Li을 첨가했을 때 3% 가까운 무게 감소를 준다. 장점은 2xxx 시리즈와 같은 용접 불가한 고강도 합금을 대신하여 가벼운 Al-Li 합금의 용접으로 항공우주 구조물의 설계에서 무게 절감을 의미한다.

Al-Li 합금은 일반적으로 약 2~3%의 Li과 Cu와 Mg의 소량을 포함하고 있다. 그들은 충분히 열처리되고 다수의 다른 석출이 있으며, 중요한 하나는 Al_3Li이다. 이 합금의 대표적인 것은 8090(AlLi2.5Cu1.5Mg0.7Zr)과 8091(AlLi2.6Cu1.9Mg0.8Zr)이다. Li는 크게 산소와 동족 관계이며 가열을 수반하는 공정에 크게 주의를 요구하는 반응이다. 산화층의 부족한 제거는 큰 기공을 준다. 산화층의 0.2mm는 기계가공을 하여 완전히 제거해야 한다. 기공과 산화를 막기 위해 불활성 가스로 용접하는 뒷면에 퍼지(purge)가 필요하다. 7xxx 합금과 함께 Al-Li 합금은 열영향부의 강도는 손실이 크나 용접 후 인공시효처리는 큰 비율로 강도를 회복할 수 있다. 용접열에 유사한 반응을 한다.

그 이상의 합금 분류(족)는 이 그룹에서 Sc를 포함한 명칭으로 나눈 것을 배당한다. 이것은 새 합금으로 아직 상의 개발에 있어 범위가 넓다. 지구상 희소 원소인 Sc는 강도 증가에 있어 시효경화와 입자 정제를 통하여 높은 효과를 준다. 입자 정제는 특히 용접금속에 있어 유용하다. Sc는 시험실 시험에서 도달할 수 있는 인장강도가 600MPa을 넘는 Li과 또는 Zr, Mg, Zn 같은 다른 합금원소와 함께 사용한다.

5.2.5 가공용 알루미늄의 용접 특징

앞서 설명한 가공용 알루미늄은 다음과 같은 용접 특징을 갖고 있다.

- 알루미늄 용접은 모재보다 137~206MPa의 강도 저하가 일어난다. 상용 알루미늄 합금 중에는 열처리 후의 강도가 617~686MPa 정도의 것이 있으며, 용접성이 양호하며 강도가 높은 합금은 2219(Al-Cu)와 7039(Al-Zn-Mg)로서 모재 강도는 각각 480, 412MPa 정도가 된다.
- 용접 가능한 합금 중에서 용접부의 강도가 최고로 되는 것은 용접 후에 자연시효

시킬 수 있는 7039, 7106, 7005 등과 같은 Al–Zn–Mg 합금이다. 또한, 이 합금 용접부의 연성은 Al–Mg 합금과 거의 같다. 7039–T61/5039를 자연시효하면 인장강도 343MPa 연신율 10% 정도가 된다.

- 용접 후에 인공시효처리한 2219–T37/2319는 7039–T61/5039보다 인장강도 309MPa 신율 2%로 낮다. 그러나 2219–T37/2319는 T–이음 용접 균열 시험에 의하면 열간균열 발생 경향이 적게 된다.
- 2219/2319와 7039/5039는 실온과 저온에서 모두 노치 인성이 양호하다. 노치 인성이 좋은 5456과 5083 용접부를 비교하여 볼 때 노치–인장비는 거의 같고, 노치–항복비는 다소 낮다(–253℃에서 노치–인장비가 0.85 이상).
- 일반적으로 용접으로 인하여 5xxx(Al–Mg), 6xxx(Al–Mg–Si) 또는 2219–T8X(Al–Cu) 합금 등은 응력부식 균열성이 변화하지 않는다. 7xxx (Al–Zn–Mg) 합금은 전술한 합금보다 응력부식 균열이 일어나기 쉬우며, 이것은 특히 두께 방향에서 심하므로 설계 시 이를 반드시 고려해야 한다. 7xxx합금 용접은 응력부식 균열성은 증가시키지 않는 것으로 생각되나 특정한 경우 용접 후에 인공시효처리하면 증가된다.

5.2.6 용접 스머트를 최소화하는 방법[30)]

알루미늄 합금을 용접할 때 용접부 위에 검은색에서 밝은 회색으로 덮게 된다. 가스 텅스텐 아크 용접(GTAW)을 할 때 그것을 볼 수 있지만, 가스 금속 아크 용접 (GMAW)은 나빠질 수 있다. 알루미늄 용접에서 흔히 발생하는 이 코팅을 용접 스머트(smut)라고 한다.

실딩 가스에 산소가 유입되면 공기, 습기 및 오염물질을 통해 용접봉의 연소(산화)가 증가하여 변색, 스패터 및 얼룩이 발생한다.

GTAW 또는 GMAW로 제작된 모든 용접은 밝고 빛나며, 용접 자체에 회색 또는

30) Aluminum Workshop: How to recognize, minimize weld smut, Practical Welding Today March/April 2003, April 10, 2003 / By Frank Armao

검은색 코팅이 없어야 한다. 또한, 너비가 1.6mm~3.2mm인 광택이 있는 청소용 줄무늬(cleaning stripe)가 용접면 양쪽에서 볼 수 있어야 한다. 이러한 청소 줄무늬는 역극성 GMAW 아크 또는 AC GTAW 아크의 역극성 부분이 용접 중에 알루미늄으로부터 음극적으로 산화물 코팅을 제거한 영역을 나타낸다. 이러한 용접은 그림 1.147에 있다. 청소 줄무늬의 바깥쪽 모재에 작은 양의 얼룩이 있으면 좋다. 출발, 정지(stops) 및 모퉁이에서 스머트를 지키는 것도 일반적이다.

그림 1.147 **GMAW 용접은 용접 자체에 스머트가 없고, 깨끗하게 보이는 세척 라인(cleaning stripe)과 그 바깥쪽에 약간의 스머트가 있다.**

(1) 스머트(Smut)와 그 원인

많은 용접사는 검은색으로 나타나는 스머트(smut)를 탄소나 그을음 같은 오염물질로 오해하지만, 이는 잘못된 인식이다. X선 분석 결과(그림 1.148)에 따르면, 용접 스머트는 주로 알루미늄과 마그네슘 산화물로 구성되어 있으며, 소량의 금속 상태의 알루미늄과 마그네슘도 포함된 것으로 확인되었다.

실제로 스머트 발생의 원인은 알루미늄과 마그네슘의 비등점이 아크 온도보다 낮기 때문이다. 용접 중 일부 알루미늄과 마그네슘이 증발한 뒤, 산화물을 형성하고 차가운 비드 표면이나 모재에 응축되어 스머트를 만든다. 예를 들어, 5356 용접봉(약 5.5% Mg)으로 GMAW 용접 시, 증발 손실로 인해 용착된 금속의 마그네슘 함량은 용접봉 원래 성분보다 낮으며, 경우에 따라 0.5%까지 감소할 수 있다.

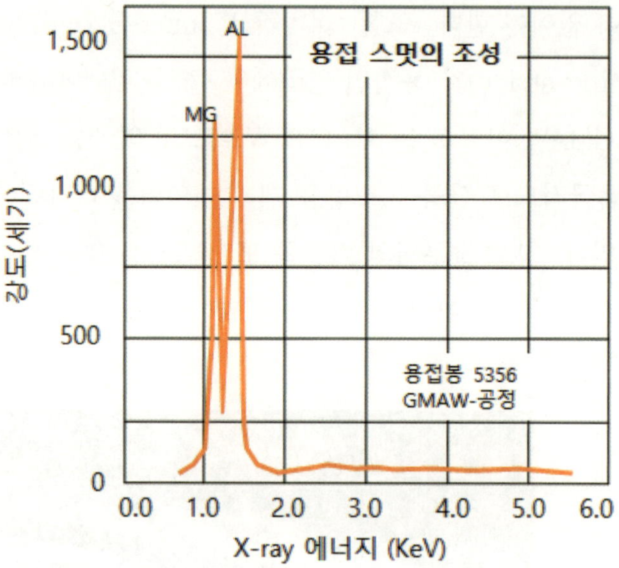

그림 1.148 이 X-선 분석은 용접 스머트가 알루미늄과 마그네슘으로 만들어졌다는 것을 보여준다.

(2) 스머트의 최소화[31]

스머트가 알루미늄과 마그네슘 산화물로 구성되어 있음에도 불구하고 검은색으로 보이는 이유는, 이들 산화물이 원래는 흰색이지만 입자 크기가 매우 작아 빛을 산란시키지 못하고 오히려 흡수하여 검게 보이기 때문이다. 즉, 미세 산화물 입자가 빛을 가두는 역할을 하여 시각적으로 검은색 스머트로 나타난다.

GMAW(금속 가스 아크 용접)에서 스머트가 GTAW(텅스텐 가스 아크 용접)보다 더 많이 발생하는 이유는, GMAW에서는 용접 와이어가 아크를 직접 통과하면서 더 높은 온도에 노출되고, 이에 따라 알루미늄과 마그네슘 증기 생성량이 많아지기 때문이다. 이 상태에서 실딩이 불완전하면 산화물이 더 많이 생성되어 스머트가 심해진다. 반면 GTAW는 국부적인 고온 상태만 형성되므로 증기 발생이 상대적으로 적다.

스머트 자체는 용접의 기계적 특성(강도 등)에 직접적인 영향을 주지 않지만, 스머트가 많은 용접부는 가스 실딩이 불충분했음을 나타내며, 이에 따라 기공(porosity)

31) https://www.thefabricator.com/article/aluminumwelding/how-to-recognize-minimize-weld-smut
Horbar & Miller, The Welder's Choice for Quality Aluminum Weld Wire

발생 가능성이 커지고, 결과적으로 인장강도와 항복강도가 저하될 수 있다. 따라서 알루미늄 용접은 밝고 깨끗하며 반짝이는 외관을 가져야 하며, 가장자리에 소량의 스머트는 허용될 수 있지만, 전체 비드가 스머트로 덮여 있다면 용접조건이나 기술의 개선이 필요하다.

스머트가 단지 산화된 알루미늄과 마그네슘이라면, 충분하고 안정적인 가스 실딩이 유지되는 한, 증발된 금속들은 아크 영역 내에서 다시 용접금속으로 흡수될 수 있다. 그러나 가스 실드가 부족하거나 교란될 경우, 증발된 알루미늄과 마그네슘이 실드 외부에서 산화되어 스머트로 남게 된다. 따라서 스머트를 최소화하려면, 용접 중에 균일하고 완전한 가스 실딩을 유지하는 것이 핵심이다.

알루미늄 용접 시 좋은 가스 실드를 유지하려면 다음을 관리해야 한다.

- 컵-작업 거리(cup-to-work distance)는 GTAW와 GMAW 모두의 15.8mm를 넘지 않아야 한다. 이 거리가 너무 커지면 용접이 검게 변한다.
- 건 또는 토치각도이다. GTAW와 GMAW 모두에 미는 각도를 사용해야 한다. 토치를 끌면 용접이 검게 변한다. 반대로, 심한 미는 각도도 용접이 검게 변한다. 이 경우 심한 미는 것으로 인해 벤투리 효과가 발생하여 실딩 가스 덮개 뒤쪽으로 공기가 빨려 들어간다.
- 이음(seam) 전체의 건 각도는 랩 및 필릿 용접에도 중요하다. 이음 전체의 건 각도를 변경하기만 하면 용접의 한쪽에서 다른 쪽으로 스머트를 옮길 수 있다. 올바른 각도를 찾으면 어느 쪽에도 스머트가 없을 것이다.
- 오염된 실딩 가스나 용접 와이어 또는 모재 표면의 탄화수소 오염물질과 같은 다른 요인도 실딩이 부적절한 원인이 될 수 있다. 공기에는 산소와 습기가 포함되어 있어 용접 변색과 뭉침 현상을 일으킨다.
- 5356 용접봉으로 용접할 때 4043보다 더 많은 스머트가 발생한다. 5356에는 마그네슘이 들어 있고 4043에는 들어 있지 않기 때문이다. 마그네슘은 알루미늄보다 끓는점이 낮고 아크에서 증발하기 쉬워 더 많은 스머트가 발생한다. 4xxx

용접봉과 5xxx를 사용한다.

- 실딩 가스의 공기를 최소화하려면 다음을 수행한다.
  - 건 각도를 줄인다(일반적인 전진 각도는 수직에서 10°~15°).
  - 가스 컵 크기를 늘린다.
  - 가스 컵을 모재에 가깝게 잡는다.
  - 횡풍에서 방패를 가린다.
  - 가스 컵에서 쌓인 먼지를 깨끗이 한다.
  - 건과 호스에 누수가 있는지 점검한다.
  - 건이 사용되지 않을 때 용접 건 냉각수를 차단한다.
- 용접기 또는 보관실에 있을 때 용접봉을 덮어 두어 산화, 수분 응결 및 기타 오염을 차단한다.
- 올바른 용매로 모재를 제거한다.

(3) 용접 청소 줄무늬(stripes) 최소화[32)]

가스 금속 아크 용접(GMAW)과 알루미늄 발판(tread plate)을 사용하여 상자를 제작하는데 용접부 양쪽의 세척 줄무늬가 넓어서 용접 상자의 외관을 손상한다. 용접하는 동안 알루미늄 표면의 산화물을 제거하기 위해 전극 양극 GMAW 아크에서 아크 청소가 필요하지만, 적절한 청소를 유지하면서도 너비를 최소화할 수 있는 몇 가지 방법이 있다.

- 일반적으로 용접 폭을 최소화해야 한다. 박판 용접에 사용되는 얇은 시트(3.2mm 정도)에 0.9mm 와이어를 사용하는 것이 좋다.
- 일반적인 것보다 작은 가스 노즐(예: 9.6mm ID)을 사용해야 한다.
- 아크 길이를 짧게 유지하기가 중요하므로 접촉 팁과 작업 거리가 12.7mm를 넘

32) Aluminum Workshop: Minimizing weld cleaning stripes,
Practical Welding Today September/October 2007, September 11, 2007, By Frank Armao

지 않아야 한다.

- 아크 전압을 줄인다. 스프레이 이행 모드를 유지해야 하지만 날카로운 딱딱거림이 사라질 때까지 아크 전압을 조정해야 하며 그 이상은 조정하면 안된다.
- 실딩 가스의 유량을 11.8~14.2ℓ/min로 낮추는 것을 고려한다. 작은 가스 노즐을 사용하면 이를 수행할 수 있고 여전히 적절한 실딩 가스를 사용할 수 있다.

5.3 주물용 알루미늄 합금

주물용 알루미늄 합금도 크게 열처리와 비열처리 합금으로 나눈다. 열처리 합금의 주 합금원소는 Cu, Si, Mg 등이며 고온 중에 사용하는 합금은 Ni을 함유한다. 비열처리 합금은 Cu, Si, Mg과 Zn을 포함하고 있다.

주물용 합금은 주물 방법에 따라 사형, 금형, 다이캐스팅(die casting)의 3가지로 나눈다. 다이캐스팅은 내부에 고유의 기공이 있어 열처리하게 되면 수포(blister)가 생기기 쉽다. 따라서 이것은 열처리하거나 용접하여서 사용하지는 않는다. 새로운 다이캐스팅 방법인 Acurad process의 주물은 납땜과 용접 그리고 열처리할 수 있다.

비열처리 주물용 합금의 인장강도는 138~241MPa 정도이며 배관, 밸브 하우징, 해양 장비 및 음식 취급 장비 등 비교적 구조적으로 중요하지 않은 곳에 사용한다.

열처리 주물용 합금의 인장강도는 392MPa 정도로 항공기와 미사일의 구조물에 많이 사용한다(표 1.74, 1.75 참조).

표 1.74 알루미늄 주물 합금에 대한 선택된 적용 분야

합금	대표적인 적용	합금	대표적인 적용
100.0	직경이 152mm보다 큰 전기 로터	360.0	선외 모터 부품, 악기 케이스, 커버 플레이트, 해양 및 항공기 주물
201.0	구조적 구성품, 실린더 헤드와 피스톤, 기어, 펌프 및 항공우주 하우징	A360.	커버 플레이트, 악기 케이스, 관개 시스템 부품, 선외 모터 부품, 경첩
208.0	범용 주물, 밸브 본체, 매니폴드 및 기타 압력 밀폐 부품	380.0	잔디 깎는 기계 및 무선 송신기용 하우징, 에어 브레이크 주물, 기어 케이스
222.0	부싱, 미터 부품, 베어링 캡, 자동차 피스톤; 실린더 헤드	A380.0	고온에서 강도가 요구되는 용도
238.0	전기 손다리미용 밑판	384.0	피스톤 및 기타 가혹한 서비스 애플리케이션, 자동 변속기
242.0	견고한 피스톤, 공냉식 실린더 헤드, 항공기 발전기 하우징	390.0	내연기관 피스톤, 블록, 매니폴드, 실린더 헤드
A242.0	디젤과 항공기 피스톤, 공냉식 실린더 헤드, 항공기 발전기 하우징	413.0	건축, 장식, 해양, 식품 및 유제품 장비 적용 분야
B295.0	기어 하우징, 항공기 설비, 압축기 커넥팅로드, 철도용 카시트 프레임	A413.0	선외 모터 피스톤, 치과 장비, 타자기 프레임, 가로등 하우징
308.0	범용 영구 주형 주물, 장식용 그릴 및 반사경	443.0	조리기구, 파이프 피팅, 해양 설비; 타이어 몰드, 기화기 본체
319.0	엔진 크랭크 케이스, 휘발유 및 석유 탱크, 오일 팬, 타자기 프레임, 엔진 부품	514.0	화학물질 및 하수용 피팅, 유제품 및 식품 취급 장비, 타이어 몰드
332.0	자동차 및 고강도 피스톤, 풀리, 시브	A514.0	건축 부속품 및 장식용 하드웨어의 영구 주형 주물
333.0	가스계량기와 조절기 부품, 기어 블록, 피스톤, 일반 자동차 주물	518.0	건축 및 장식용 주물, 컨베이어 부품 항공기 및 해양 주물
354.0	항공우주 산업을 위한 최고 강도의 주물	520.0	항공기 설비, 철도 승객 관리 프레임, 트럭 및 버스 프레임 섹션
355.0	사형: 공기 압축기 피스톤, 인쇄기 침대판, 워터 재킷, 크랭크 케이스 영구형: 임펠러, 항공기 설비, 타이밍 기어, 제트 엔진 압축기 케이스	535.0	치수 안정성이 중요한 기기 부품 및 기타 적용
356.0	사형: 플라이휠 주물, 자동차 변속기 케이스, 오일 팬, 펌프 본체 영구형: 공작 기계 부품, 항공기 바퀴, 기체 주물, 다리 난간	A712.0	후속 브레이징이 필요한 범용 주물
		713.0	자동차 부품, 슬리퍼, 트레일러 부품, 광산 장비
		850.0	철도용 부싱 및 저널 베어링
A356.0	고강도가 요구되는 구조 부품, 기계 부품, 트럭 섀시 부품	A850.0	압연기 베어링 및 유사한 응용 분야
357.0	부식 방지 및 압력 밀폐 응용 분야		
359.0	항공우주 산업을 위한 고강도 주물		

표 1.75 주물용 알루미늄 열처리 합금의 조성과 기계적 성질

상업 호칭	합금명 (A.A)	화학성분				기계적 성질			
		Cu	Si	Mg	기타	temper	T.S MPa	Y.S MPa	신율(%)
122	222.0	10.0	–	0.2	–	T61	282	276	–
A132	A332.0	1.0	12.0	1.0	2.5 Ni	T551	248	193	0.5
F132	F332.0	3.0	9.5	1.0	–	T5	248	193	2.0
142	242.0	4.0	–	1.5	2.0 Ni	T77	207	158	2.0
A142		4.1	–	1.5	2.0 Ni	T75	214	–	2.0
195	295.0	4.5	–	0.8	–	T6	248	165	5.0
220	520.0	–	–	10.0	–	T4	331	179	16.0
319	–	3.5	6.0	–	–	T6	248	165	2.0
333	330.0	3.5	9.0	–	–	T6	289	207	1.5
354		1.8	9.0	0.50	–	T62	393	317	3.0
355	355.0	1.3	5.0	0.5	–	T6	289	186	4.0
C355	C355.0	1.3	5.0	0.5	–	T61	317	234	6.0
356	356.0	–	7.0	0.30	–	T6	220	186	5.0
A356	A356.0	–	7.0	0.30	–	T61	282	207	1.0
A357		–	7.0	0.50	–	T61	358	289	5.0
359		–	9.0	0.6	–	T61	324	255	7.0
비열처리 합금									
43F		–	5.0	–	–	–	158	62	10.0
108F		4.0	3.0	–	–	–	145	96	2.5
A214F		–	–	4.0	1.8Zn	–	186	110	7.0
A612F		0.5	–	0.7	1.8Zn	–	241	172	5.0

보통 주물에 관한 문헌은 거의 없으나 용접은 가공용 알루미늄 합금과 비슷하다. 용접봉의 선택은 가공용 합금과 같은 방법으로 한다. 열처리 합금은 용접부와 열영향부에서 강도가 저하하게 되며, 용접 후에 열처리하기 위해서 열처리가 될 수 있는 용접봉을 사용하여야 한다. 부유물, 기공, 수축관, 개재물과 같은 주물결함이 있는 경우에는 용접특성이 나빠진다. 표면 산화물이나 결함은 용접하기 전에 반드시 제거하여야 한다. 사형이나 금형에 의한 주물은 주물이나, 가공용 합금 어느 것과도 용접이 가능하나, 다이캐스팅은 밀도가 낮기 때문에 용접하기가 어렵다.

주물과 가공용 합금의 맞대기 용접강도는 가공용 합금의 열영향부 강도가 주물의

그것보다 크다면, 주물의 강도에 따라 달라진다. 주 합금원소가 Si인 주물품은 강도와 연성을 최고로 하기 위해서 Si를 함유한 용접봉을 사용하여야 한다. 또한, Mg을 함유한 주물도 마찬가지로 Mg을 함유한 용접봉을 사용해야 한다.

주물과 5086, 5456 합금의 용접성은 Mg 함량이 4%와 7%인 비열처리 Al-Mg 주물 합금은 5356 용접봉으로 TIG 용접할 수 있다. 주물/용접봉/5086의 용접은 Si와 Mg이 주 합금원소이므로 Mg_2 Si를 형성하여 강도와 연성이 저하하게 된다. 그 후에 Mg의 함량이 7%와 4%인 비열처리 Al-Mg 주물 합금의 5456 합금과의 용접 연구에 발표된 것에 의하면 5183이나 5556 용접봉으로 TIG 용접을 하면 그 용접성은 상당히 좋다.

용접봉의 종류에 따라 강도는 크게 변화하지 않는데, 이것은 주로 파괴가 약한 주물에서 일어나기 때문이다. 이음 효율은 95% 이상이 된다. 열처리가 가능한 Al-7Si-0.3Mg 주물용 합금을 5556이나 4043 용접봉으로 TIG 용접을 할 때 이음 효율은 53% 정도로 상당히 낮다. 보통 용접 파괴는 주물 영향부의 과시효 부분에서 일어나게 된다. 이와 같은 합금의 용접강도는 154MPa 정도로서 Al-4%Mg 합금과 비슷하며 Al-7%Mg 합금(254MPa)보다는 상당히 낮다.

5.4 주물 합금 분류[33)]

알루미늄 주물 합금은 가공 알루미늄 합금과 같은 합금 시스템을 기반으로 하며 같은 메커니즘(일반적으로 변형경화 제외)으로 강화되고 열처리 불가 및 열처리 가능 유형으로 분류된다. 가장 큰 차이점은 가장 많은 양으로 사용되는 주물 합금에 대부분의 가공 합금보다 훨씬 많은 실리콘 합금 첨가물이 포함되어 있다는 것이다. 실리콘은 대량 알루미늄 주물 산업의 상업적 생존 가능성을 가능하게 하는 합금원소이다. ~4%에서 ~12% 공정 수준까지의 실리콘 함량은 스크랩 손실을 줄이고, 단면 두께의 변화가 더 큰 훨씬 더 복잡한 디자인을 생산할 수 있으며, 표면 및 내부 품질

33) Alloying:Understanding the Basics J.R. Davis, p351-416 Davis,p351-416DOI:10.1361/autb2001p351

이 더 높은 주물을 생산한다. 이러한 이점은 유동성을 증가시키고, 균열을 줄이며, 수축 기공을 최소화하기 위해 공급을 개선하는 실리콘의 효과에서 비롯된다.

그림 1.149는 이원(binary) 알루미늄-실리콘 시스템의 완전한 상 다이어그램을 보여준다. 이것은 제한된 최종 용해도를 갖는 단순한 공정(eutectic) 시스템이며 4xx.x 합금의 기초가 된다. 순수한 성분과 여러 중간 조성의 금속 조직은 전형적인 형태를 보인다. 중간 조성은 고체 용액에서 ~1% Si를 함유한 알루미늄의 혼합물이며, 연속상으로 본질적으로 순수한 실리콘 입자가 있다.

주물 합금 시리즈의 일반적인 특성은 다음과 같다. 주물 알루미늄 합금의 강도 범위, 공칭 조성 및 적용 분야는 각각 표 1.13, 1.24에 있다.

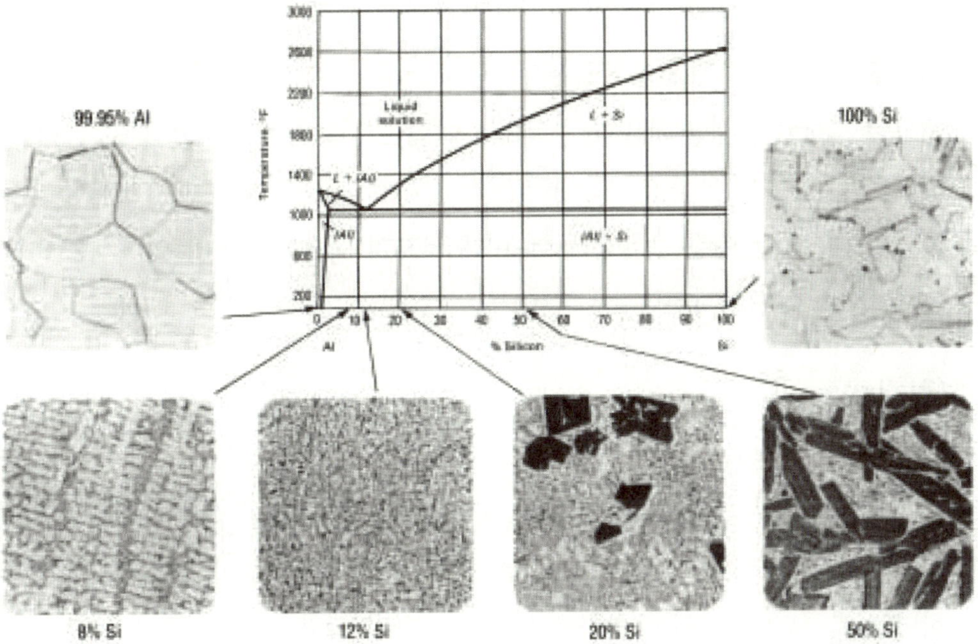

Si〈12%인 합금: 아공정 합금, Si 12% 합금: 공정 합금, Si〉12% 합금: 과공정 합금이라고 한다.

그림 1.149 **순수 성분과 다양한 조성의 합금 알루미늄-실리콘 상도 및 주물 미세구조**

(1) 2xx.x 시리즈

2xx.x 알루미늄-구리 그룹은 모든 주조 합금 중 가장 높은 강도를 발현할 수 있는 조성을 포함하며, 이러한 합금은 강도 발현이 주요 요건인 경우에 사용된다. 이 합금(A201.0, 202.0, 204.0, A206.0)은 4~6%의 Cu와 0.25~0.35%의 Mg를 함유하며, 불순물(철 및 규소) 함량은 매우 엄격하다. 경우에 따라 0.25~0.35%의 Mn 또는 Cr과 (합금 201.0, A201.0, 202.0의 경우) 0.7%의 Ag를 함유하기도 한다. 이러한 합금의 기계적 물성을 완벽하게 구현하고 일관된 고품질을 유지하려면 우수한 주조 설계 및 주조 기술을 사용해야 한다.

2xx.x 합금은 또한 높은 온도(최대 300℃)에서 모든 주물 합금 중 가장 높은 강도와 경도를 가지며, 합금 222.0, 224.0, 238.0, 240.0, 242.0, 243.0(일부는 최대 2% Mg과 더 높은 구리 함량(합금 240.0는 6%), 망간, 니켈, 바나듐, 지르코늄이 첨가됨)은 주로 고온에서 사용된다.

최고의 강도와 연성을 개발하려면 2xx.x 합금에 열처리가 필요하며, 응력 부식 균열에 대한 높은 저항성을 보장하려면 적절하게 적용되어야 한다. 이러한 합금의 일반적인 내식성은 다른 주물 합금에 비해 낮으며 중요한 적용 분야에서는 표면 코팅을 통한 보호가 필요하다.

(2) 3xx.x 시리즈

가장 많이 사용되는 합금은 3xx.x 그룹에 속하는 합금으로, 실리콘 외에도 마그네슘, 구리 또는 두 가지 모두를 포함하고 특정 경우에는 니켈이나 베릴륨을 추가로 첨가한다. 일반적으로 Al-Si-Mg, Al-Si-Cu, Al-Si-Cu-Mg의 세 가지 유형 중 하나로 분류된다. 실리콘 함량은 5~22%, 구리 함량은 0%(합금 356.0~361.0)~최대 4.5%이다. 이들 합금의 대부분은 고강도 구성의 경우 0.3%~0.6%Mg, 피스톤 합금 332.0와 336.0의 경우 1.0%Mg 함량을 갖는다. 낮은 마그네슘 함량(최대 0.10%)을 요구하는 이 그룹의 주요 합금은 다이캐스팅 구성 380.0~384.0이다. 구리와 마그네슘은 모두 고용체 경화 증가를 통해 주물(F) 템퍼에서 강도와 경도를 증가시킨다. 인공시효만(T5형 템퍼) 또는 완전 용체화와 인공시효처리(T6, T7형 템퍼)를 사용하면 더욱 큰 증가가 가능하다. 조성에 따라 석출경화는 Mg_2Si, Al_2Cu, Al_2CuMg 또는 이들 상의 조합을 기반으로 하는 석출 구조의 결과이다. 구리와 마그네슘을 모두 함유한 합금은 고온에서 더 높은 강도를 갖는다.

영구(permanent) 주형 및 다이캐스팅 공정에 의한 주물에는 Si 함량이 높은 합금이 선호된다. 열팽창 계수는 Si과 Ni 함량이 증가함에 따라 감소한다. 낮은 팽창 계수는 피스톤, 실린더 블록과 같은 엔진 적용 분야에 유리하다. 합금 390.0~393.0에서와 같이 Si 함량이 12%를 초과하면 1차 실리콘 결정이 존재하며 미세하고 잘 분포되어 있으면 내마모성이 향상된다.

(3) 4xx.x 시리즈

2원(binary) 알루미늄-실리콘 시스템을 기반으로 하고 5~12% Si를 함유하는 4xx.x 그룹의 합금은 적당한 강도와 높은 연성 및 내충격성이 요구되는 분야에서 사용된다. 교량 난간 지지 주물이 대표적인 예이다.

(4) 5xx.x 시리즈

5xx.x 그룹의 알루미늄-마그네슘 합금은 본질적으로 중간에서 높은 강도와 인성 특성을 가진 단일 상 이원 합금이다. 특히 해수와 해양 대기에 대한 높은 내식성은 Al-Mg 합금으로 만든 주물의 주요 장점이다. 최상의 내식성은 불순물 함량이 낮아야 하므로 합금은 고품질 금속으로 제조하고 주물 소에서 매우 조심스럽게 취급해야 한다. 이러한 합금은 용접 조립에 적합하며, 종종 건축, 기타 장식 또는 건물 요구사항에 사용된다. 알루미늄-마그네슘 합금은 또한 양극 처리 시 가공성이 좋고 외관이 매력적이다.

(5) 7xx.x 시리즈

7xx.x 알루미늄-아연-마그네슘 합금은 우수한 마감 특성, 우수한 일반 내식성, 열처리 없이 자연시효(aging)를 통해 고강도를 실현하는 능력이 결합한 것이다.

(6) 8xx.x 시리즈

8xx.x 그룹의 합금에는 강화를 위해 ~6% Sn과 소량의 구리, 니켈이 포함되어 있다. 이러한 합금은 디젤 엔진용 커넥팅 로드와 크랭크 케이스 베어링과 같은 베어링 용도(주석은 윤활성을 부여)를 위해 개발되었다.

5.5 알루미늄 합금의 사용상 구분

산업현장에서 사용되고 남은 알루미늄 합금 재료는 철강과는 달리 시간과 더불어 재료의 구분이 어렵게 된다. 특히 2xxx 계열과 5xxx 계열의 서로 다른 재질의 용접으로 균열과 색상조화 등의 문제가 발생한다. 또한, 알루미늄은 열처리와 가공 등으로 제품의 형태가 다양하여 이러한 상태를 구분하기가 매우 곤란하다. 이런 경우 금속 전기전도도의 차이를 이용하여 알루미늄의 소재를 구분할 수 있고 또한 열처리에 의한 경도 변화를 측정하여 구분할 수 있다.

알루미늄과 그 합금은 열처리와 용접으로 인하여, 모재 및 열영향부의 전기전도도가 달라진다. 즉, 용체화 열처리 후 냉간 압연하여 단면적 7%로 압착시킨 후 인공시효처리한(T87) 제품의 전기전도도와 용접하여 열 영향을 받은 상태(용체화 열처리 효과와 냉간압연 효과 일부를 상실)에서의 전기전도도는 다르다. 이것은 냉간압연한 제품은 질량이 높아져서 저항이 증가하여 전기전도도가 낮아진다. 따라서 측정에 주의해야 한다.

알루미늄의 전기전도도 수치는 다른 재질에서도 중복되는 범위가 있으며, 동일 재질에서 열처리 상태에 따라 같은 범위를 가질 뿐만 아니라 그 값이 변화하기도 한다. 표 1.76은 알루미늄 합금의 전기전도도를 나타내었다. 그림 1.150은 와류전도도 측정기와 측정하는 모습이다.

표 1.76 가공용 알루미늄 합금에 대한 전도 요구 조건

합금	상태	경도 (Rockwell E)	전도도 (% IACS)
2004	T6, T62	92-99	35.5-42.0
2014	O	80 max	43.5-51.5
	T4, T42, T4511	96 min	31.5-35.0
	T6, T62, T6510, T6511	103 min	37.0-41.5
2219	O	70 max	46.0-52.5
	T4, T42, T31, T37, T351, T3511	94 min	27.0-31.0
	T6, T62, T81, T86, T851, T8511	100 min	32.0-35.0
2024/2124 (bare)	O	70 max	46.0-51.0
	T4, T42, T3, T36, T351, T3511, T361	95 min	27.5-32.5
	T6, T62	100 min	34.0-42.5
	T81, T84, T86, T8511, T861	100 min	35.0-42.5
	T851 - 최대 1인치 두께	100 min	35.0-42.5
	T851, T8151 - 두께 1인치 이상	100 min	37.5-42.5
	T72	95.5-102.5	38.0-45.0
2097/2297	T861	100 min Info only	21.0 max.
3003	All Conditions	60 max	38.0-52.0
5052	All Conditions	61 max	34.0-40.0
5083	All Conditions	90 max	26.0-32.0
5454	O	75 max	32.0-35.0
6013	T4	81 min	34.0-39.0
	T6	96 min	40.0-44.0
6061	O	40 max	44.0-51.0
	T4, T42, T451, T4510, T4511	63 min	35.5-43.0
	T6, T62, T651, T6511	85 min	40.0-53.0
6063	T5, T52	60-85	50.0-60.0
	T4	40 min	48.0-58.0
	T6	70-85	50.0-60.0
7039	T73	105 min	40.0-42.0
7050	T73651, T7451, T73652, T7452	105 min	38.0-44.0
7075/7175	O	70 max	44.0-48.0
	T6, T62, T6510, T6511, T651, T652	105 min	30.5-37.0
	T736, T74	103 min	40.0-42.0
	T73, T7351, T7352, T7354, T73510, T73511	103 min	40.0-42.0
	T76, T76510, T76511, T7651	105 min	38.0-42.0
7475	T7351	103 min	40.0-44.5
	T76511, T7651	105 min	38.0-42.0

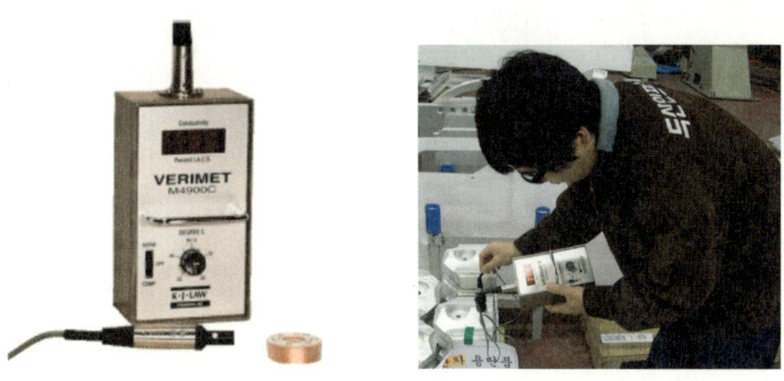

그림 1.150 와류전도도 측정기(eddy current conductivity meter)

표 1.77은 상용되는 알루미늄 합금 판재(plate)의 규격이다.

표 1.77 상용 알루미늄 판재(aluminum plate) 규격

재질	열처리	사용두께 (mm)	인장강도 (MPa)	항복강도 (MPa)	신율(%)	적용 규격
2519	T87 –가로 방향	12.7~38.1	466 이상	398 이상	7 이상	MIL-DTL-46192
		38.2~50.8	466 이상	398 이상	7 이상	
		50.9~76.2	466 이상	405 이상	6 이상	
		76.3~101.6	466 이상	405 이상	5 이상	
	T87 –세로 방향	12.7~38.1	453 이상	405 이상	10 이상	
		38.2~50.8	453 이상	405 이상	9 이상	
		50.9~76.2	460 이상	412 이상	8 이상	
		76.3~101.6	466 이상	418 이상	7 이상	
5083	O	1.30~38.10	275~351	124~199	16 이상	QQ-A-250/6
		38.1~76.20	269~344	118~199	16 이상	
	H321 (후판)	4.78~38.10	303~385	214~296	12 이상	
		38.1~76.20	282~385	200~296	12 이상	
	H323 (박판)	1.30~3.18	310~371	234~303	8 이상	QQ-A-250/6
		3.19~6.32	310~371	234~303	10 이상	
	H343 (박판)	1.30~3.18	345~406	269~337	6 이상	
		3.19~6.32	345~406	269~337	8 이상	
	H112	6.35~38.10	275 이상	124 이상	12 이상	
		38.1~76.20	269 이상	118 이상	12 이상	
	Armor	6.35~12.69	310 이상	241 이상	8 이상	MIL-DTL-46027
		17.70~50.80	310 이상	241 이상	8 이상	
		50.81~76.20	303 이상	255 이상	9 이상	
6061	T4	0.15~6.32	206 이상	241 이상	10~16 이상	QQ-A-250/11
	T42	0.15~76.2	206 이상	110 이상	10~16 이상	
	T451	6.35~101.6	206 이상	96 이상	16~18 이상	
	T6 & T62	0.15~6.32	288 이상	240 이상	4~10 이상	
	T62 & T651	6.35~101.6	288 이상	240 이상	6~10 이상	
	T651	101.7~158	274 이상	240 이상	6 이상	
7039	Armor	38.1 이하	414 이상	352 이상	9 이상	MIL-DTL-46063
		38.1 이상	393 이상	330 이상	8 이상	

표 1.78과 1.79는 용접구조물에 상용되는 알루미늄 합금 튜브, 파이프, 시트 및 판재의 규격의 화학성분과 기계적 성질을 요약한 것이다.

표 1.78 상용 Tube, Pipe, Sheet & Plate Alloy 화학성분

무게 %		Si	Fe	Cu	Mn	Mg	Cr	Ni	Zn	Ti	V	Zr	기타	
종류	EN 화학기호												각각	총
1100	AW-Al 99.0Cu	0.95 Si+Fe		0.05–0.2	0.05	–	–	–	0.10	–	–	–	0.05	0.15
2024	AW-Al Cu4Mg1	0.50	0.50	3.8–4.9	0.3–0.9	1.8	0.10	–	0.25	0.10	–	–	0.05	0.15
2219	AW-Al Cu6Mn	0.20	0.30	5.8–6.8	0.20–0.40	0.02	–	–	0.10	0.02–0.10	0.50–0.15	0.10–0.25	0.05	0.15
2519-T87		0.25max.	0.30max.	5.3–6.4	0.1–0.5	0.05–0.4		–	0.10max.	0.02–1.0	0.05–0.15	0.1–0.25	0.05	0.15
5052	AW-Al Mg2.5	0.25	0.4	0.1	0.1	2.2–2.8	015–0.35	–	0.1	–			0.5	0.15
5083[2]	AW-Al Mg4.5Mn0.7	0.40	0.40	0.10	0.40–1.0	4.0–4.9	0.05–0.025	–	0.25	0.15			0.05	0.15
6061	AW-Al Mg1SiCu	0.40–0.8	0.7	0.15–0.40	0.15	0.8–1.2	0.04–0.35		0.25	0.15			0.05	0.15
6063	AW-Al Mg0.7Si	0.02–0.6	0.35	0.10	0.10	0.45–0.9	0.10		0.10	0.10			0.05	0.15
7020	AW-Al Zn4.5Mg1	0.35	0.40	0.20	0.05–0.50	1.0–1.4	0.10–0.35		4.0–5.0				0.05	0.15
7039[3]	AW-Al Zn4Mg3	0.30	0.40	0.10	0.10–0.40	2.3–3.3	0.15–0.25		3.5–4.5	~	0.15		0.05	0.15
7050	AW-Al Zn6CuMgZr	0.12	0.15	2.0–2.6	0.10	1.9–2.6	0.04		5.7–6.7	0.06		0.08–0.15	0.05	0.15
7075	AW-Al Zn5.5MgCu	0.40	0.50	1.2–2.0	0.30	2.1–2.9	0.18–0.28		5.1–6.1	0.20			0.05	0.15

표 1.79 상용 Tube, Pipe, Sheet & Plate Alloy 일반적인 기계적 특성

종류	Temper	인장(.0625" 직경 시편)					경도	전단		피로*		탄성률	
		극한		항복		신장/4D	브리넬 500kg 10mm	최종 전단강도		피로한계-R.R. Moore Type		탄성계수	
		ksi	MPa	ksi	MPa	%		ksi	MPa	ksi	MPa	ksi×10^3	Gpa
1100	O	13	90	5	35	35	23	9	60	5	35	10	69
	H14	18	125	17	115	9	32	11	75	7	50	10	69
	H18	24	165	22	150	5	44	13	90	9	60	10	69
1100 일반	O	16	110	6	40	30	28	11	75	7	50	10	69
	H14	22	152	21	145	16	40	14	96	9	62	10	69
2024	O	27	186	11	76	22	47	18	124	13	90	10.6	73.1
	T4, T351	68	469	47	324	19	120	41	283	20	138	10.6	73.1
	T361	72	496	57	393	13	130	42	290	18	124	10.6	73.1
	T851	65	448	60	414	6	–	40	276	–	–	10.6	73.1
	T861	70	483	66	455	6	–	42	290	–	–	10.6	73.1
2219	T351	52	359	36	248	17	95	–	–	–	–	10.6	73.1
	T851	66	455	51	352	10	125	–	–	15	103	10.6	73.1
	T37	57	393	46	317	11	–	–	–	15	103	10.6	73.1
	T87	69	476	57	393	10	–	–	–	15	103	10.6	73.1
2519													
			455		400	10							
5052	O	28	195	13	90	25	47	18	125	16	110	10.2	70
	H32	33	230	28	195	12	60	20	140	17	115	10.2	70
	H34	38	260	31	215	10	68	21	145	18	125	10.2	70
5083	O		270–345		115–200	12–16	70–73						71
	H32		305–385			10							71
	O/H111		270		115		70						70
	H116		305		215	10							
	H321		305–385		215	10–12							
6061	T451	35	241	21	145	25	65	24	165	14	97	10.0	68.3
	T6, T651	45	310	40	276	17	95	30	207	14	97	10.0	68.3
6063	O	13	90	7	50	–	25	10	70	8	55	10.0	69
	T1	22	150	13	90	20	42	14	95	9	60	10.0	69
	T4	25	170	13	90	22	–	–	–	–	–	10.0	69

표 1.79 상용 Tube, Pipe, Sheet & Plate Alloy 일반적인 기계적 특성(계속)

Temper		인장(.500" 직경 시편)					경도	전단		피로*		탄성률	
		극한		항복		신장/4D	Brinell 500kg 10mm	최종 전단강도		피로한계-R.R. Moore Type		탄성계수	
		ksi	MPa	ksi	MPa	%		ksi	MPa	ksi	MPa	ksi×10^3	Gpa
6063	T5	27	185	21	145	12	60	17	115	10	70	10.0	69
	T52	–	–	–	–	–	–	–	–	–	–	–	–
	T6	35	240	31	215	12	73	22	150	10	70	10.0	69
	T832	42	290	39	270	12	95	27	185	–	–	10.0	69
7050	T7651	80	552	71	489	11	150	47	324	–	–	10.2	70.3
	T7451	76	524	68	469	11	140	44	303	–	–	10.2	70.3
			455		400	10							
7039	T64/12~38mm		413		351	9	135			–	–	10.2	70.3
	T64/38-100mm		393		331	8	135			–	–	10.2	70.3
7020	O		220			12-15	45						
	T4, T451		320			11-14	92						
	T6, T651, T62		350			7-10	104						
	T651		350				-04						
7050	T7651	80	552	71	489	11	150	47	324	–	–	10.2	70.3
	T7451	76	524	68	469	11	140	44	303	–	–	10.2	70.3
7075	T7651	83	572	73	503	11	150	48	331	23	158	10.3	71.0
	T7351	73	503	63	434	13	–	44	303	23	158	10.3	71.0
	T7651	73	503	63	434	13	–	44	303	23	158	10.3	71.0

*5×10E8 역응력 사이클, 출처: Kaiser Aiuminum,https://www.kaiseraluminum.com/

출처: 1. Alloy 2519-T87 Chemical composition(%) MIL-DTL-46192,

2. Smiths Metal Centres 2023 data

3. Kaiser Aiuminum,https://www.kaiseraluminum.com/ & EN 573-3:2007(E)

4. EN 573-3:2007(E), 4.

6 용접을 위한 금속 준비

알루미늄을 용접할 때 항상 좋은 청소 방법이 중요하다. 용접에 요구되는 청결도 및 금속 준비 수준은 용접물에 요구되는 품질수준에 달려 있다. AWS D1.2와 같은 제조 코드의 용접 품질 요구사항을 충족시키기 위해 제작이 필요한 경우 용접 전 적절한 준비가 중요하다.
고품질 용접은 강철보다 알루미늄에서 달성하기가 훨씬 어렵다. 알루미늄은 강철보다 융해 부족, 용입 부족 및 기공과 같은 품질 문제를 일으킬 가능성이 훨씬 크다. 알루미늄 위에 있는 거친 산화물 표면 필름은 융합결함을 발생할 수 있다. 알루미늄의 높은 열전도율은 용입 문제가 발생하지 않을 수 있다. 용융 알루미늄에서 수소의 높은 용해도는 기공 문제를 일으킬 수 있으며 용접 전에 모든 수분과 탄화수소를 제거해야 한다. 과도한 수분의 존재로 인해 알루미늄 위의 산화막의 두께가 조절되어 수화되지 않도록 해야 한다.
좋은 용접은 올바른 장비를 갖춘 좋은 용접사가 성실하게 작업한 결과이다. 그러나 최종 결과에 영향을 미치고 충분한 주의를 기울여야 하는 용접작업 이외의 여러 요인이 있다. 여기에서는 이러한 요인을 설명하고 탈지와 산화물 제거 및 알루미늄의 저장과 취급, 용접 전 합금의 절단, 가공 및 산 세척 및 세척에 사용할 수 있는 선택을 검토한다. 여기서 절단 또는 용접 준비를 위해 제조자가 사용할 수 있는 열 공정이 다양하다. 선택적으로 용접에 앞서 합금의 절단과 청정, 기계 가공과 산 세척을 이용할 수 있다. 탄소와 저합금강의 절단에 널리 사용되는 산소 가스 공정은 알루미늄의 절단에 사용하지 말아야 한다. 대신에 아크, 빔 출력 또는 기계 가공은 적절한 용접을 위한 가장자리의 준비를 하는 데 사용된다.

6.1 용접 표면 준비

용접을 위한 표면 준비는 용접할 알루미늄 시트와 판은 깨끗하고 건조하게 보관하고 취급해야 한다. 알루미늄은 용접 전에 프라이밍하거나 페인트칠해서는 안 된다. 야외 보관은 판을 덮거나 가장자리에 간격을 두어 얼룩이 생기지 않도록 보관해야 한다. 어떤 경우에도 한 소재가 다른 소재 위에 평평하게 놓인 상태로 덮개를 덮지 않은 상태로 보관하면 안 된다. 이것은 가장자리에서 판 사이로 물이 "흡수"되고 두꺼운 수화 산화물이 판 표면에 매우 빠르게 형성되어 두 판을 떼어내기 어렵게 만든다. 수분 응축과 층간 수질오염을 최소화하기 위해 금속을 수직으로 보관한다.

틈의 습기로 발생한 금속 표면의 두꺼운 산화물은 와이어 브러싱, 그라인딩 또는 화학적 에칭으로 제거할 수 있지만, 비용이 많이 들고, 원래의 금속 외관을 복원하지 못한다. 시트, 판, 돌출부 또는 기타 모양을 수직으로 배치하고 충분한 간격을 두어 과도한 수분이 흐르고 정상적인 공기 순환으로 표면이 건조될 수 있도록 하는 것이 좋다.

적당한 온도의 건식 저장에서는 산화물이 매우 느리게 성장하지만, 고온에서는 특히 습기가 있는 경우 산화물이 훨씬 더 빠르게 성장하고 상대적으로 두꺼워질 수 있다. 온도 변화로 인해 따뜻하고 습한 공기가 차가운 금속 표면에 닿을 때 응결로 인해 습기가 생길 수 있다.

알루미늄의 표면이 상처를 입지 않도록 저장하는 것이 중요하며, 깨끗하고 통풍이 잘되는 건조한 실내에 저장되어야 한다. 판재는 항상 따로 저장하고 공기 통풍이 잘되도록 가장자리를 이상적으로 중첩해야 한다. 편평한 표면에 오염과 물 축적을 피하고 판재 위에 다른 품목이 저장되는 것을 막아야 한다. 중첩된 판재는 질질 끄는 것으로부터 스크래치에 주의한다.

용접에서 기공과 드로스(dross)의 가능성을 줄이기 위해 용접 표면의 청결도는 중요하다. 수소는 기공을 유발하고 산소는 드로스를 유발할 수 있다. 산화물, 그리스 및 유막에는 산소와 수소가 포함되어 있어 용접할 가장자리에 남아있으면, 불량 용접이 발생한다. 용접 기공을 방지하기 위해 알루미늄은 용접할 때 깨끗하고 건조해야 한다. 보관 및 취급에 주의하면 비용을 절약할 수 있다.

모든 알루미늄은 얇고 단단하며 잘 부착된 산화막으로 덮여 있어 알루미늄을 보호한다. 반면에 산화막은 다공성이어서 용접 기공의 원인이 되는 습기와 먼지를 가둘 수 있다. 불활성 가스 용접공정은 얇은 자연 산화물인 경우, 산화물을 제거할 수 있지만 두꺼운 산화물은 이음의 가장자리와 용접봉의 유착이 있는 경우 피해야 한다. 산화물이 매우 두꺼워지고 습기나 먼지로 오염된 경우, 용접 기공이 발생하고 아크 불안정과 융합 부족이 발생할 수 있다. 적절한 보관은 용접을 위해 금속 표면을 준비하는 데 필요한 노력을 줄이는 데 도움이 된다.

알루미늄이 촘촘하게 쌓여 있고 환경이 완전히 건조하지 않은 경우, 다음 메커니즘 중 하나 이상에 의해 층 사이의 틈으로 습기가 유입될 수 있다.

- 가장자리에서 물에 노출되는 경우 모세관 작용
- 종이가 끼워져 있고 가장자리에서 물에 노출된 경우, 심지 현상(Wicking action) 또는
- 부분적인 압력 차이와 온도 변동이 결합하여 접촉면에 응결이 발생한다.

6.2 알루미늄 재료의 용접 준비[34)]

용접할 조각은 일반적으로 용접 작업 전에 성형, 절단, 톱질 또는 가공된다. 이러한 작업에서 모든 윤활유를 완전 제거하는 것은 고품질 용접을 위한 전제 조건이다. 용접하기 전에 톱으로 자르거나 절단한 가장자리에서 모든 오일, 기타 탄화수소 및 느슨한 입자를 제거하기 위해 특별한 주의를 기울여야 한다. 잘린 가장자리는 깨끗하고 부드럽거나 울퉁불퉁하지 않아야 한다. 손쉬운 청소를 위해 제조에 사용된 윤활유는 즉시 제거해야 한다.

알루미늄판의 산화물은 전동 와이어 브러싱, 샌딩, 그라인딩 또는 화학적 에칭으로 제거할 수 있다. 그러나 적절하게 보관하면 산화물의 형성을 방지할 수 있다. 알루미늄은 건조한 환경에서 실내에 보관해야 한다.

34) Metal Preparation, Lincoln Electric, www.lincolnelectric.com, Section 4 Welding Preparation Metal Storage And Weld Joint Preparation - Do's And Don'ts

(1) 용접 전 청결

용접 전 세척에는 오일 및 그리스 제거와 산화물 제거라는 두 가지 작업이 필요하다. 다른 작업을 하기 전에 표면에서 오일, 그리스 또는 수증기를 제거한다. 와이어 브러시로 이 작업을 시도할 수 있지만, 와이어 브러시로는 이러한 물질을 제거할 수 없으므로 잘못된 방법이다. 와이어 브러시는 이러한 물질을 주변에 퍼뜨리고 표면에 작은 긁힘과 기타 틈새를 만들어 오일과 그리스를 잡아두어 나중에 제거할 수 없게 만들기 때문이다. 와이어 브러시를 먼저 사용하지 말고 항상 오일, 그리스 및 기타 오염물질을 먼저 제거한다.

용접 준비가 완료되면 용접 이음이 서로 조립 전에 오염물질을 제거해야 한다. 이러한 오염물질은 어느 방법을 사용하든 다음에 설명된 산화물 제거 절차를 수행하기 전에 용접할 부품을 탈지한다. 그렇지 않으면 오일과 그리스가 산화물 제거로 퍼지고 제거하기 어려워진다.

(2) 오일과 그리스

오일 및 그리스 제거는 여러 가지 방법으로 수행할 수 있다. ① 탈지 용매를 적신 깨끗한 천으로 닦는다. ② 약한 알칼리성 용액은 좋은 탈지제로 탈지할 부품에 이러한 용액을 분사하거나 용액이 들어있는 탱크에 담글 수 있다. 이러한 세척제는 일반적으로 수성이므로 탈지 후 부품을 완벽히 건조하는 것이 중요하다. ③ 많은 공급업체에서 알루미늄 세척을 위한 산성 기반 세척 방법을 판매한다. 이것들은 일반적으로 효과적이다. 물이 포함되어 있으므로 용접하기 전에 조각을 완벽히 건조해야 한다. 어떤 방법을 사용하든 다음에 설명된 산화물 제거 절차를 수행하기 전에 용접할 부품의 그리스를 제거하는 것이 중요하다. 그렇지 않으면, 오일과 그리스가 산화물 제거 때문에 퍼지고 제거하기 어려울 것이다.

이런 오염물질 제거는 두 종류의 액체가 효과적인 탈지제를 만든다. 아세톤과 같은 유기 용매와 강한 비누와 같은 약한 알칼리성 용액이다.

알코올은 좋은 탈지제가 아니며 알루미늄을 세척하는 데 사용해서는 안 된다. 휘발성 화합물이 공기 중으로 방출되어 대부분은 환경적 이유로 많은 유기 용매 사용을 중단했다. 탈지 용매의 선택은 종종 시설마다 다를 수 있다. 아세톤, 메틸에틸케톤(methyl ethyl ketone), 래커 희석제 및 톨루엔은 모두 좋은 용매(solvents)이다. 용매를 선택한 후, 깨끗하고 보푸라기가 없는 걸레에 용매를 묻혀 용접할 부분을 닦는다. 부품을 조립하기 전에 용매가 완벽히 증발했는지 확인하고, 이미 조립된 용접 이음에 용매를 붓지 말아야 한다. 용접 아크가 이러한 용매에 닿으면 유독 가스가 방출될 수 있다.

판매되는 약한 알칼리성 용액(solutions)은 유기 용매의 대체품으로 사용할 경우, 효과적인 탈지제가 될 수 있다. 이는 적용 분야에 따라 부품을 담그거나, 고압 세척하거나, 걸레에 물을 묻혀 용접 부위를 닦아서 적용한다. 어떤 경우든 물로 알칼리성을 씻어내고 용접하기 전에 부품을 건조한다. 이러한 화학 용액은 최대 세척 작용을 위해 종종 뜨겁게(71℃) 사용한다.

세척은 용접 직전에 이루어져야 한다. 일반적인 청결 절차에 대한 요약은 표 1.80에 있다. 오일, 그리스 필름은 일반적으로 알루미늄 시트나 판을 솔벤트로 담그거나 분무하거나 닦아 화학적으로 제거한다. 용접 중에 유독 가스를 방출하지 않는 약알칼리성 용액과 상업용 탈지제를 사용할 수 있다.

모든 용접 표면은 용접 전에 건조되어야 한다. 천이나 흡수 종이가 일반적으로 효과적이다. 압축 건조 공기로 건조하는 것은 접근하기 어려운 곳에 자주 사용된다. 일부 세척액, 특히 알코올이나 아세톤이 함유된 세척액은 다른 세척액보다 훨씬 빨리 증발한다.

알루미늄을 용접하기 전에 다음 단계를 따른다.

① 용매(solvent)나 약한 알칼리를 사용하여 오일, 그리스, 수증기를 제거한다.
② 와이어 브러시나 강한 알칼리 또는 산으로 표면 산화물을 제거한다.
③ 이음을 조립한다. 즉시 용접하지 않으면 이음을 갈색 종이로 덮어 공기 중의 먼지와 연마재(dirt and grit)가 이음에 들어가지 않도록 한다.
④ 이음을 건조하게 유지한다.
⑤ 며칠 이내에 용접한다. 그 시간 내에 용접하지 않으면 이음을 다시 청소한다.

(3) 청결 절차의 예

예 1: GTAW 용접 판의 국부 세척

오일과 그리스를 제거하기 위해 아세톤에 적신 헝겊으로 모든 용접 표면을 닦는다. 깨끗한 헝겊으로 표면을 닦는다. 용접 표면의 산화물 제거는 동력 구동 스테인리스강 와이어 브러시가 바람직하다. 산화물을 제거하는 다른 기계적 방법은 줄질, 그라인딩, 밀링(윤활제 없음), 브러시로 문지르기, 스크레이핑과 같은 와이어 브러싱을 대체할 수 있다.

예 2: GTAW 용접 판의 전체 청소

시트 또는 판은 스프레이 터널을 통과한다. 터널은 4개의 구역으로 나뉜다. 첫 번째 구역에서는 Oakite 161과 같은 화합물이 포함된 71℃ 수용액을 1oz/gal의 비율로 판에 분사하여 그리스를 제거한다. 두 번째 구역에서는 판을 실온에서 물 분무로 헹군다. 세 번째 구역에서는 0.5oz/gal의 Oakite 34를 포함하는 수용액을 상온에서 판에 분무하여 산화막을 화학적으로 제거한다. 네 번째 구역에서는 판을 다시 실온의 담수로 헹군다. 오일이 없는 건식 공기 분사 장치로 금속이 터널에서 나온 후 금속을 건조한다.

예 3: GTAW 용접 판의 전체 청소

시트나 판에 기름기가 많은 경우 아세톤, 알코올 또는 적절한 알칼리성 용액으로 탈지해야 한다. 재료가 약간 기름기가 있는 경우 접시를 71℃에서 20~60초 동안 5% 알칼리성 용액(물 3.8ℓ당 수산화나트륨 204g)에 담근다. 그런 다음 한 통의 깨끗한 물로 헹군다. 실온에서 30초 동안 농축 질산 탱크에 판을 담근다. 냉수 탱크에서 다시 헹구고 뜨거운 물로 헹군다. 무급유 에어 블라스트 알루미늄 용접에서 강판을 건조하되 전기저항 스폿 용접에서는 청결도가 충분히 재현되지 않기 때문에 건조하지 않는다.

(4) 과잉산화물

① 기계적인 제거

오일과 그리스를 제거한 후에는 여러 가지 방법으로 산화물을 제거할 수 있다. 가장 일반적인 방법은 전동 또는 수동 스테인리스강 와이어 브러시를 사용하는 것이다. 브러시는 깨끗하고 알루미늄 이외의 재료에는 사용하지 않아야 한다. 상당히 부드럽고 가는 강모가 있는 브러시를 선택하며, 강한 꼬인 강모가 있는 전동 브러시는 종종 부드러운 브러시만큼 산화물을 제거하는 데 효과적이지 않다. 강한 브러시는 산화물을 제거하기보다는 윤이 나게 하는 경향이 있다. 브러시는 상대적으로 유연해야 하며 알루미늄 표면을 불필요하게 거칠게 만드는 것을 방지하기 위해 가벼운 압력으로 사용한다.

특히 항공우주 산업에서는 강 스크레이퍼를 사용하여 산화물을 기계적으로 제거하거나 회전 줄(draw filing)을 사용하여 이음이 함께 결합하기 직전에 최종 산화물 제거가 수행된다. 청소가 수행되면 이음을 가능한 한 빨리 결합한다. 이것은 산화물 제거에 매우 효과적인 방법이다.

② 화학적으로 산화물을 제거

강알칼리성 용액에 부품을 담가서 산화물을 제거할 수도 있다. 이러한 용액은 부식성이 강하고 알루미늄 표면을 에칭할 수 있으므로 각별한 주의가 필요하다. 일반적으로 부품을 이러한 용액에 담근 다음 뜨거운 물에 헹군 후 건조한다. 많은 용접 공급업체도 국소 적용을 위해 스프레이 또는 압착 병에 산화물 제거 용액을 판매한다. 이 중 대부분은 인산 기반이며, 다수는 불산도 포함한다.

③ 산화물을 제거 후 용접

알루미늄과 그 합금은 공기에 노출되면 자체 제한 산화물 표면 필름을 빠르게 생성한다. 이 산화물의 융점은 1982℃ 이상 또는 순수한 알루미늄의 융점보다 약 1315℃ 이상이다. 이 산화막은 용접봉과 모재 사이의 습윤을 방지하거나 산화물 조각 또는 찌꺼기가 용접금속 내에 갇히게 되어 용접의 연성을 감소시킬 수 있다.

일반적으로 용접 직전에 표면 산화물을 기계적으로 제거하는 것이 필요하다. 화학적으로 탈산된 부품은 탈산 후 하루 이상이 경과하면 산화물의 기계적 제거가 필요할 수도 있다. 용접은 산화물 제거, 청소 작업 후 가능한 한 빨리 수행되어야 하며 일반적으로 저항 용접의 경우 24시간 이내에 수행되어야 한다. 용융 용접 시 산화물 제거 후 2~3일이 경과할 수 있다. 단, 중점 영역은 용접하기 전에 즉시 와이어 브러싱 처리된다. 과도하게 검거나 더럽게 보이는 내부 가스 용접부는 과도한 판 산화물을 나타낼 수 있다.

와이어 브러싱, 스크래핑, 줄(filing) 및 연삭은 알루미늄판에 사용되는 일반적인 기계적 세척 방법이다. 와이어 브러싱에서 스테인리스 브러시가 선호되지만 필수 사항은 아니다. 탄소강 브러시 사용의 주요 단점은 습기가 있는 경우 강모에 남아 있는 철 침전물이 녹슬 수 있다는 것이다. 많은 양의 산화철이 용접금속 개재물을 초래할 수 있다. 탄소강 브러시는 그리스가 없고 브러시와 작업물이 모두 건조하게 유지된다면 만족스럽다. 탄소강 브러시를 사용하지 않는 수분막은 알루미늄판을 다시 청소해야 한다.

산화물을 제거 후 용접까지는 적용 분야에 따라 다르다. 많은 사람이 1~2시간이라고 말하는데, 와이어 브러시로 조심스럽게 제거한 산화물이 빠르게 다시 형성되기 때문이다. 사실은 다르다. 와이어 브러시로 제거한 직후(몇 초 이내) 알루미늄에 20~50Å 두께의 얇은 산화물 코팅이 형성된다. 알루미늄을 건조하고 실온에 보관하면 산화물 두께가 증가하지만 느리게 증가한다. 중요한 항공우주 적용 분야가 아닌 다른 적용 분야에서는 산화물 두께가 용접에 영향을 미칠 정도로 증가하기까지 몇 주 또는 몇 달이 걸린다. 그보다 훨씬 전에 공기 중의 먼지와 연마재(dirt and grit)가 이음에 쌓여 용접에 영향을 미친다. 그러나 알루미늄이 젖는 경우 용접하기 전에 다시 청소해야 한다.

(5) 층간 청결에서 용접 표면은 일반적으로 산화물 영역과 용접 영역이 있다.

이 회색에서 검은색의 스머트는 산화알루미늄과 산화마그네슘으로 구성된다. 다른 용접 패스를 하기 전에 용접 스머트와 산화물을 제거하는 것이 좋다. 스머트와 산화물은 용융 결합 부족을 유발할 수 있기 때문이다.
산화물을 제거하는 가장 쉬운 방법은 수동, 전원 구동 방식의 와이어 브러시를 사용하는 것이다. 와이어 브러시는 깨끗해야 하며 알루미늄에만 사용해야 한다. 유연하고 가벼운 압력으로 사용해야 한다.

6.3 금속 가공 방법과 용접 준비

알루미늄의 경우 크기와 모양에 맞게 절단하고 가우징하는 작업이 강과 다르다. 강에 가장 널리 사용되는 도구 중 하나인 산소 연료 가스 절단은 알루미늄에 적합하지 않다. 이는 산화물이 플럭스로 작용하지 않고 내화성 표피로 작용하기 때문이다. 산화물의 녹는점은 산화물이 녹기 훨씬 전에 기본 금속의 녹는점보다 3배 이상 높으며 그 결과 매우 거칠게 절단되어 필요한 목적에 전혀 적합하지 않다. 대신 사용할 수 있는 효과적인 아크 및 기계적 절단 방법이 있다.
가장 단단한 알루미늄 합금조차도 고속도강이나 초경 절삭 공구보다 훨씬 부드럽다. 특수 공구를 사용하여 알루미늄을 절단할 수 있지만, 원형 톱, 레이디얼 암 톱 등을 사용하여 알루미늄을 쉽게 절단할 수 있다. 최종 준비는 목공 라우터를 사용하여 파이프 또는 튜브에 넣을 수 있다. 일반적인 규칙은 "목재를 자르면 알루미늄을 자를 것"이라고 했다.
알루미늄은 산소 절단 장비를 사용하여 절단할 수 없지만, 플라스마 절단 장비를 사용하면 쉽게 절단할 수 있다. 두께가 4.8mm 미만인 얇은 알루미늄도 고성능 레이저로 절단할 수 있다. 그러나 열처리 합금의 플라스마 또는 레이저 절단에는 주의가 필요하다. 이러한 합금은 절단 모서리에서 3.2mm까지 확장될 수 있는 미세균열을 형성하기 쉽다. 따라서 열처리 합금의 레이저 또는 플라스마 절단 모서리는 일반적으로 용접 전에 모서리를 제거하기 위해 가공된다.
정확한 모서리 준비는 알루미늄에서 결함 없는 용접을 생산하는 데 필수적이다. 가장자리 준비는 조인트 루트까지 완전 침투하고, 용접금속의 정확한 분석을 가능하게 하고, 용접사가 결함 없는 제품을 생산하고 이를 허용 가능한 비용으로 수행하고 도움을 주는 데 필요하다.

백 가우징은 양면 용접할 때는 뒷면 용접을 하기 전에 뒷면의 건전한 금속을 제거한다. 이 작업을 게을리하고 뒤쪽을 용접하지 않으면 융합 부족이 종종 발생한다. 백 가우징 이음새의 일반적인 형상은 60°의 각도와 3.2mm 반경의 V 준비 폼이다. 이 백 가우징을 수행하는 방법에는 여러 가지가 있다.

(1) 열 절단 기술

알루미늄은 산소 연료 절단 장비를 사용하여 절단할 수 없지만, 플라스마 및 레이저 절단 장비를 사용하여 쉽게 절단할 수 있다. 열처리 합금은 용융 균열로 인해 마이크로 균열이 발생하기 쉽고, 이는 절단 가장자리에서 3.2mm까지 연장될 수 있다. 따라서 용접 전에 열처리 가능한 합금의 레이저 또는 플라스마 절단면을 가공하여 가장자리를 제거한다.

(2) 플라스마 절단

89cpm의 이동 속도를 가진 400A 전원을 사용하여 38mm 두께의 알루미늄에 허용할 수 있는 품질을 생성할 수 있다.

(3) Gouing

에이 가본 이그 또는 플라스마 아크 공정과 그라인딩을 사용한 아크 가우징 대부분은 기계 도구로 수행된다. 직선 가우징은 이 목적을 위해 특별히 설계된 회전식 커터 기계를 사용하여 수행하는 것이 가장 좋다.

일부 제작자는 톱날을 필요한 모양으로 연마한 커터로 교체하여 알루미늄 가우징용 소형 휴대용 동력톱(보통 100mm 톱)을 선택했다. 텅스텐 카바이드 절단기는 모든 가우징 기계의 표준이다.

공압 치핑(penumatic chipping)은 공장 대부분에서 허용되는 기술은 아니지만 생성되는 과도한 소음 수준으로 인해 사각지대 및 기타 어려운 위치에 구멍을 뚫는 유일한 효과적인 방법인 경우가 있다. 두 가지 주요 요소가 효과를 결정한다. 하나는 건을 선택하는 것으로, 각 스트로크마다 정을 앞으로 움직일 수 있도록 정에 강한 타격을 줄 수 있을 만큼 충분히 커야 하지만 작업자가 쉽게 조작할 수 없을 정도로 크지 않아야 한다. 다른 요인은 강철용 정과는 매우 다른 정(chisel)의 올바른 모양이다. 그것은 강에 사용하는 다이아몬드 모양보다는 둥근 반경을 가져야 하며 경사각과 여유 각도가 더 커진다. 그림 1.151은 알루미늄 가우징의 효과적인 정 모양을 보여준다.

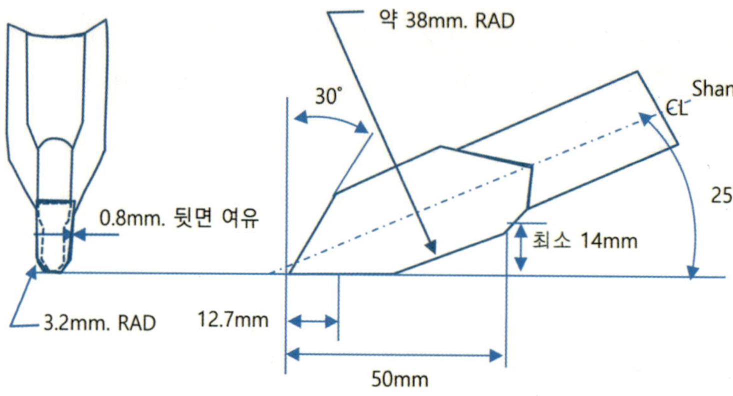

그림 1.151 알루미늄 가우징을 위한 효과적인 정 모양[35)]

(4) 아크 커팅, 면취(Beveling) 및 가우징

플라스마 아크 절단은 알루미늄에 가장 널리 사용되는 아크 절단 공정이다. 플라스마 아크 절단의 우수한 절단 품질과 속도가 필요하지 않은 응용 분야를 위한 유일한 대안 공정은 에어 카본 아크 절단이다. 후자는 일반적으로 사용되지는 않지만 유용하다고 생각하는 사람들을 위해 간략한 설명이 포함되어 있다.

(5) 공기 탄소 아크 절단(면취(Beveling) 및 가우징)

공기 탄소 아크 공정은 탄소 전극에서 DC(EN) 아크 주변의 공기 제트를 사용하여

35) Welding Aluminum: Theory and practice, The aluminum association.1997, p4.6

절단에서 금속을 제거한다. 절단에는 가우징만큼 효과적이지 않으므로 일반적인 가우징에 사용된다. 최대 25mm 깊이의 홈이 단일 패스로 만들 수 있지만, 일반적인 기술은 더 나은 제어를 제공하는 약 6.4mm씩 증가하여 절단하는 것이다. 홈의 폭과 모양은 전극의 모양과 크기에 따라 결정된다. 깊이는 주로 전극 각도와 이동 속도에 의해 결정된다.

모든 용융금속이 절단 부위에서 날아가도록 작동 조건을 제어해야 한다. 효과적인 금속 제거에 필요한 긴 아크를 생성하려면 높은 아크 전압이 필요하다.

공기 탄소 공정의 가장자리 또는 홈 표면은 용접에 적합하지 않다. 탄소 침전물을 제거하려면 추가 작업이 필요하다. 와이어 브러싱은 부분적인 효과로 약간의 가공을 권장한다.

공기 또는 플라스마 아크 가우징은 균일한 백 가우징를 얻기 위해 작업자의 기술과 노력에 의존한다. 또한 일반적으로 용접 전에 가우징 홈에 탄소 침전물을 남기는 에어 아크 가우징의 경우 연삭 디스크로 청소해야 한다. 탄소가 제거되지 않으면 뒷면 용접에 기공이 생길 수 있다.

(6) 플라스마 아크 절단(면취(Beveling) 및 가우징)

플라스마 아크 공정은 알루미늄을 절단하고 가우징하는 매우 생산적인 방법으로 적용 분야가 빠르게 성장하고 있다. 최대 152mm 이상의 두께를 절단할 수 있지만 두꺼운 금속을 절단할 때 소음 수준이 매우 높다. 그것은 기계화되고, 팬터그래프 기계에서 자동 형상 절단에 일반적으로 사용된다.

플라스마 아크 절단 모서리에는 약간의 거칠기가 있으며 일반적으로 완벽하게 정사각형이 아니다. 수동으로 만든 플라스마 아크 절단은 상당히 매끄럽고 정사각형일 수 있지만, 더 정밀한 절단은 더 높은 전류와 이동 속도가 가능한 기계화로 만들 수 있다. 또한 일부 기계에서는 플라스마에 물을 주입하여 절단 품질을 더욱 향상할 수 있다.

플라스마 아크 절단은 개발된 특수 장비로 수행된다. 아크 플라스마는 작은 오리피스를 통해 집중 열원과 높은 가스 속도를 생성하고 금속을 녹이고 방출하여 절단한다.

플라스마 아크 절단 작업을 위한 가스 선택은 가스 비용, 절단할 금속의 두께 및 필요한 절단 품질과 같은 요소를 기반으로 한다. 공기는 가장 저렴한 가스이기 때문에 얇은 판금을 절단하도록 설계되었다. 중간 두께의 경우 아르곤과 질소가 일반적이다. 가장 두꺼운 금속과 최고 품질의 절단을 위해 일반적으로 아르곤/수소 혼합물이 플라스마 가스용으로 지정된다.

아크 절단은 열영향부와 결정립계의 일부 부분 용융을 남긴다. HAZ는 2014, 2024 및 7075와 같은 고강도, 열처리 가능한 합금의 내식성을 감소시킨다. 따라서 일부 적용 분야에서는 기계적 수단으로 열영향부의 일부 또는 전체를 제거해야 할 수 있다. 입계가 부분적으로 녹으면 절단면에 미세한 균열이 생길 수 있다(그림 1.152). 2xxx, 6xx 및 7xxx 계열(열처리) 합금은 이러한 균열이 발생하기 쉽지만 1xxx, 3xxx 및 5xxx 계열(열처리 불가) 합금은 그렇지 않다. 두꺼운 금속은 응고되는 금속에 더 큰 구속을 가하기 때문에 균열 경향은 금속 두께에 따라 증가한다. 알루미늄 연마에 대한 표준 대부분은 약 3.2mm의 깊이로 플라스마 절단 가장자리를 가공하여 거칠기와 균열을 모두 제거하도록 요구한다. 이는 금속이 동적 응력을 받는 경우에 특히 필요하다.

플라스마 아크 공정의 절단 품질은 여러 요인에 따라 달라진다. 예를 들어, 6xxx 시리즈 합금은 5xxx 시리즈 합금보다 매끄러운 절단을 제공한다. 절단속도가 너무 빠르거나 너무 낮으면 절단 품질이 저하될 수 있기 때문이다.

플라스마 아크 공정을 사용한 알루미늄 가우징은 상당히 최근에 개발된 것이지만 에어 카본 아크 가우징과 달리 매우 효과적일 수 있으며, 깨끗하고 매끄러운 표면을 남기고 가우징이 건전한 금속에 도달했을 때 이를 명확하게 나타낸다.

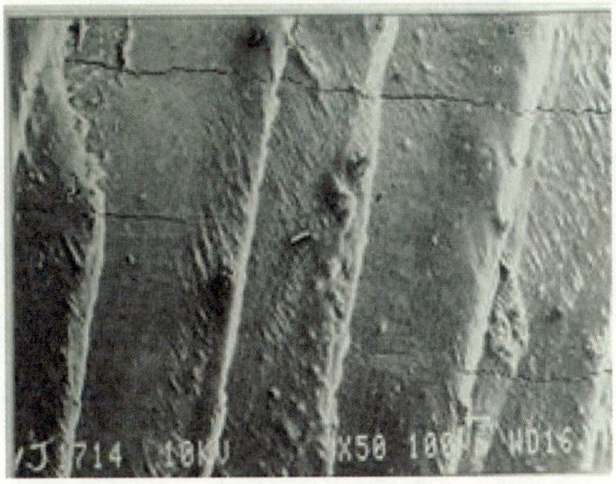

그림 1.152 알루미늄 가장자리에서 플라스마 아크 절단의 미세 균열

(7) 레이저 절단

레이저 절단은 금속 가공 산업에서 사용할 수 있는 기술에 비교적 최근에 추가된 기술이다. 비금속 재료 및 일부 금속의 얇은 판을 절단하는 데 널리 사용되는 방법이다. 그러나 알루미늄의 높은 반사율로 인해 레이저 에너지를 알루미늄으로 전달하는 것은 매우 비효율적이어서 알루미늄을 레이저 절단하기 위해서는 출력이 높은 (최소 2.5kw) 레이저가 필요하다.

알루미늄의 높은 반사율과 높은 전도성 때문에 레이서 절단은 다른 준비 방법만큼 효과적이지 않다. 따라서 고상 레이저 절단은 알루미늄을 절단할 때 최상의 결과를 제공한다. 이 공정은 일반적으로 9.5mm 두께의 재료로 제한된다.

6.4 기계적 절단(면취(Beveling) 및 가우징)

앞서 언급한 아크 절단 방법은 일부 제조 작업에 적용될 수 있지만, 실제 제작 현장에서는 기계적 절단 방법이 더 경제적이고 다재다능하다는 점을 자주 확인할 수 있다. 알루미늄은 대부분의 가공 공장에서 사용하는 일반적인 공작기계로도 쉽게 가공할 수 있으며, 목재와 유사하게 같은 공구를 거의 같은 커터 속도로 사용할 수 있다. 다만, 알루미늄은 이러한 속도를 유지하기 위해 더 큰 절삭력이 요구된다는 점에서 목재와 차이를 보인다. 또한, 고속 절삭 조건에서도 알루미늄은 윤활제나 냉각수 없이 절단하는 것이 실용적인 경우가 많다.

(1) 톱 Sawing

톱은 알루미늄을 원하는 크기와 형태로 절단하는 데 효과적이고 다재다능한 도구이다. 원형 톱은 휴대형과 바닥 고정형이 있으며, 휴대용 띠톱은 블레이드 속도가 부족하여 고속 절단에는 적합하지 않으므로, 일반적으로 바닥 고정형 톱이 더 적절하다. 휴대용 띠톱(Saber saw)은 스크롤 절단에 사용할 수 있다.

알루미늄의 효과적인 톱질은 블레이드 속도, 톱니 모양 및 톱니 간격의 세 가지 요소가 중요하다. 높은 절단 속도와 양호한 절단면을 얻기 위해서는 높은 블레이드 속도가 필수이며, 다음은 권장되는 블레이드 표면 속도이다.

- 고속강 원형 블레이드: 2438mpm.
- 텅스텐 카바이드 팁 원형 블레이드: 3658mpm
- 띠톱 날: 1524mpm

또한, 톱은 절단 중에도 이러한 속도를 유지할 수 있을 만큼 충분한 동력을 갖춰야 하며, 동력이 부족할 경우 절단 품질과 성능이 저하된다.

알루미늄 절단에 적합한 톱니 형상은 톱날 제조업체에 의해 특별히 설계되었으며, 이러한 블레이드는 일반 강재용 블레이드보다 더 큰 갈퀴각(rake angle)과 더 넓은 간극(clearance)을 갖는다. 원형 톱날의 일반적인 톱니 간격은 알루미늄 절단에 적합하며, 칩이 쉽게 배출될 수 있도록 적절한 간격 유지가 필수적이다.

반면, 띠톱(blade saw) 날은 다른 금속 절단에 사용하는 것보다 더 큰 간격이 필요하며, 인치당 3~4개(또는 cm당 1~1.5개)의 톱니 수가 권장된다. 일반적으로는 절단 중 항상 2~4개의 이가 동시에 절단부에 접촉하는 것이 바람직하다는 경험 법칙이 있지만, 알루미늄 절단 시에는 매우 높은 절단 속도 덕분에 이 규칙이 반드시 적용되지는 않으며, 심지어 얇은 금속도 날에 끼지 않고 원활하게 절단될 수 있다.

띠톱(band saw)은 공작물이 톱 테이블에서 다룰 수 있는 한 나선 절단(scroll

cutting)에 이상적인 장비이다. 공작물이 크거나 복잡하여 테이블에서 다루기 어렵다면, 앞서 언급한 휴대용 세이버 톱(saber saw)을 대안으로 사용할 수 있다. 알루미늄 절단용으로 설계된 전용 블레이드는 이러한 기계들에 적용할 수 있다.

띠톱은 절단면이 가공 면처럼 매끄럽지는 않지만, 가장자리의 면취(beveling) 준비에는 효과적인 장비이다. 다만, 거친 절단면은 오염된 오일이나 먼지를 쉽게 가둘 수 있어, 고품질 용접을 위해 청소가 어렵다는 단점이 있다. 따라서 밀링, 대패질, 파일링 등의 2차 가공을 통해 표면을 매끄럽게 처리하면, 용접 전 청소가 쉬워지고 품질도 향상된다.

띠톱과 원형 톱은 알루미늄 용접 준비에 일반적으로 사용되는 도구로, 강재 절단보다 더 빠른 블레이드 속도와 거친 톱니가 필요하다. 권장되는 블레이드 표면 속도는 원형 톱: 8000sfpm(surface feet per minute), 띠톱: 5000sfpm이다.

띠톱날의 경우 인치당 4개 이하의 거친 톱니를 사용하는 것이 적절하며, 원형 톱은 매우 매끄러운 절단면을 제공하기 때문에 추가 가공이 필요 없는 경우도 많다. 반면, 띠톱은 거친 절단면을 남기므로 보통 샌딩이나 연마 작업이 필요하다.

(2) 라우터 및 초경 숫돌 Routers & Carbide Burrs

보수 및 백 가우징을 위해 라우터를 사용할 수 있다. 공기 작동식 라우터를 사용하는 경우 라인에 건조기가 있어 습기가 작업물에 들어가지 않도록 한다. 보수작업이나 백 가우징용으로 사용할 때 건전한 금속으로 제거되었는지 확인한다.

(3) 워터제트 절단

워터제트 절단은 연마재(abrasive garnet)를 포함한 고압의 물을 사용한다. 수압은 km^2당 100kw에 도달할 수 있으며, 물의 속도는 마하 3(또는 2283 마일) 이상의 속도에 도달할 수 있다. 온도는 90℃에 이르며 액화 균열 없이 알루미늄을 절단할 수 있다. 이 방식은 특정 응용 분야에서 최대 235mm 두께의 알루미늄을 절단할 수 있는 장점이 있다. 다만, 플라스마 아크 절단에 비해 절단 속도가 느리다. 예를 들어, 38mm 두께의 알루미늄을 절단할 경우, 620MPa 수압으로 절단 시 분당 약

9.6cm(cpm)의 절단 속도가 일반적이다. 또한, 워터제트 절단 시스템은 고가이고 일반적으로 휴대성이 떨어지는 단점이 있다.

(4) 가공 Machining

용접 준비 가공은 다양한 도구를 통해 수행할 수 있으며, 밀링머신, 베드 대패, 셰이퍼 등이 대표적으로 사용된다. 이들은 일반적으로 초경 절삭공구와 함께 사용되며, 절삭은 윤활제 없이 건식으로 작업하는 것이 이상적이다. 윤활제를 사용하면 오일(탄화수소계) 또는 수성 윤활제가 사용되지만, 용접 전에 반드시 잔류물을 완전히 제거해야 하며, 그렇지 않으면 기공(porosity)이 과도하게 발생할 수 있다.
백 가우징(back gouging)을 균일하게 가공하기 위한 가장 이상적인 방법은 밀링머신에 용접부를 장착하여 작업하는 것이지만, 실제로는 이 방식이 실용적이지 않은 경우가 많다. 이를 보완하여, 직경 102mm의 밀링 커터가 장착된 공압식 원형 톱을 사용하는 방법이 널리 활용된다. 이 커터는 팁 반경 3.2mm를 가진 60° V형 톱니 형태로 연마되어 있으며, 절단 깊이를 조절하여 백 가우징 깊이를 설정할 수 있다. 또한, 곧은 백 가우징을 얻기 위해 톱의 가이드로 직선자를 함께 사용하면 정밀한 가공이 가능하다.

(5) 그라인딩과 샌딩

일반적인 그라인딩 또는 샌딩 작업은 디스크에 포함된 유기 바인더가 용접 시 기공(porosity)을 유발할 수 있는 유기 잔류물을 남기기 때문에 권장되지 않는다. 그러나 최근에는 알루미늄 전용으로 개발된 연삭 및 샌딩 디스크가 다양하게 출시되어, 용접 준비를 위한 작업에서 우수한 결과를 제공할 수 있다.
예를 들어, 3.2mm 두께의 얇은 연삭 디스크는 백 가우징이나 후가공 작업에 효과적이며, 고속 반플렉시블(flex) 연삭 디스크의 등장으로 알루미늄 연삭은 보다 효과적이고 유연한 작업 방식이 되었다. 이러한 디스크는 특히 면취(beveling) 작업에 탁월하고, 다른 방식이 실용적이지 않을 경우 가우징에도 활용할 수 있다. 또한, 표면 오염이 허용되는 경우에는 별도의 추가 작업 없이도 용접이 가능한 표면 마감을 형성할 수 있다.

그라인딩은 용접 비드의 보강부를 제거하는 데 효과적인 방법이며, 기계적 방법과 비교해 주변 금속 표면과 부드러운 접합을 유도하는 장점이 있다.

알루미늄 연삭용 디스크는 일반적으로 직경 180mm, 입자 크기 24~120의 사양을 가지며, 최대 정격 회전 속도는 약 8600rpm이다. 이 속도로 작동하면 금속 제거 효율이 높고, 부드러운 합금을 연삭할 때도 디스크가 알루미늄으로 막히는 현상이 적다. 그러나 강철 가공용으로 설계된 일부 수동 연삭기는 이 정격 속도를 달성하지 못하므로 알루미늄 연삭에는 적합하지 않다. 또한, 일부 고속 작동이 가능한 연삭기라 하더라도, 실제 하중이 가해지면 회전 속도가 저하될 수 있다.

예를 들어, 경량 공압식(공기 구동) 그라인더는 하중 상태에서 충분한 토크를 발휘하지 못해 알루미늄 연삭에 부적합할 수 있다. 따라서, 알루미늄 연삭 작업에서는 작업 속도와 힘을 모두 안정적으로 제공할 수 있는 적절한 그라인더 선택이 중요하다.

(6) 전단 Shearing

전단은 시트 또는 판을 크기에 맞게 절단하는 데 매우 유용하지만 가장자리 품질은 용접에 거의 허용되지 않는다. 비교적 거칠고 틈새가 많아 기름, 그리스 등이 끼일 수 있다. 전단 후 기계 가공, 연삭 또는 샌딩으로 가장자리를 매끄럽게 하는 것이 좋다.

(7) 다른 방법

다양하고 유용한 절단 방법이 있으며, 상황에 따라 적절히 활용할 수 있다. 예를 들어, 공작물이 너무 커서 고정식 기계로 가공할 수 없는 경우, 휴대용 전원 플래너(power planer)와 같은 목공 도구를 사용하여 직선 모서리를 다듬거나 면취(beveling) 작업을 수행할 수 있다.

작은 조각 부품을 다룰 수 있는 경우에는, 카펜터 조인트(Carpenter joint)와 같은 기계를 사용하여 면취 또는 평활화(smoothing) 작업을 수행할 수 있다. 이 장비는 정밀한 절단이 가능하여 용접 자격시험용 시험편을 준비할 때 일반적으로 사용된다.

또한, 스크롤 컷이나 복잡한 마무리 작업에는 라우터(router)를 사용할 수 있으며, 이를 통해 성형 커터를 장착하여 J 홈, U 홈 및 기타 형상의 홈을 가공해 용접 준비를 효율적으로 수행할 수 있다.

6.5 저장과 취급[36)]

이 장에서는 알루미늄의 탈지, 산화물 제거, 저장 및 취급 방법에 대해 다룬다. 필요에 따라, 용접 전에 합금을 절단하거나 청정, 기계 가공 또는 산 세척하는 공정을 선택적으로 적용할 수 있다. 탄소강이나 저합금강의 절단에 널리 사용되는 산소 가스 절단 공정은 알루미늄에는 부적합하며, 사용해서는 안 된다. 대신, 아크 절단, 빔 가공 또는 기계 가공 방법이 적절한 용접을 위한 모서리 준비에 사용된다.
알루미늄 부품은 흠집 없이 고객에게 공급되어야 하며, 이를 위해 취급 시 특별한 주의가 필요하다. 알루미늄은 상대적으로 부드러운 재료이기 때문에, 서툰 취급이나 부적절한 인양 장비 사용 시 쉽게 긁히거나 움푹 패일 수 있다. 예를 들어, 그림 1.153에서처럼 일반 철재용 그립(grip)이나 클램프를 사용할 경우, 판재 가장자리나 중앙부에 긁힘이나 손상이 발생할 수 있으며, 철 체인은 표면에 오목한 자국이나 스크래치를 남길 수 있다. 이를 방지하기 위해서는, 클램프의 조(jaw) 사이에 나무 또는 폴리에틸렌 블록 같은 부드러운 소재를 덧대어 보호해야 하며, 인양 시에는

---

36) Aluminum Workshop: Cleaning aluminum before welding, Practical Welding Today September/October 2004, December 29, 2014 / By Frank Armao
Horbart&Miller, The Welder's Choice for Quality Aluminum Weld Wire Weld Preparation & Treatments
c8100-AL Welding Guide line
MetalPrep_lincoln _Storage_of_Aluminum
Welding Aluminum: Theory and practice, The aluminum associations. 4.1p~4.6p
The Procedure Handbook of Arc welding, The James F. Lincoln Arc Welding Foundation, weldablity of aluminum and aluminum alloys 9.1-5~9.1-6
The Welding of aluminum and its alloys, Gene Mathers, CRC press, p51~p52 www.l incolnelectric. com

(a) Grip (b) clamp

그림 1.153 클램핑(clamping)에 의한 흠집 발생

나일론 로프나 가죽끈과 같은 부드러운 재질의 인양 장비를 사용해야 한다. 또한, 알루미늄은 철보다 훨씬 손상이 쉬운 재료이므로, 인양 장비는 정기적으로 점검 및 유지관리해야 하며, 포장 내부의 단단한 이물질이나 인양용 줄 자체도 흠집의 원인이 될 수 있음을 주의해야 한다.

알루미늄 표면이 손상되지 않도록 적절한 저장 방식을 유지하는 것이 매우 중요하다. 알루미늄은 깨끗하고 통풍이 잘되는 건조한 실내에 보관해야 하며, 특히 판재는 평평한 상태로 장기간 보관 시 표면에 수분이 응축되어 얼룩이 생기거나 부식될 수 있다. 이러한 현상은 판재가 다른 판재와 밀착되어 겹쳐지면 더욱 심화되며, 접촉면에 수화산화물층이 빠르게 형성되어 손상을 유발할 수 있다.

따라서, 판재는 서로 겹치지 않도록 따로 저장하고, 가급적 가장자리를 중첩하되 공기 순환이 원활하도록 배치하는 것이 이상적이다. 또한, 판재의 평평한 표면에 오염물이나 물이 고이지 않도록 주의해야 하며, 위에 다른 물품을 올려놓는 것도 피해야 한다. 특히 중첩된 판재를 끌어당길 때는 표면 스크래치가 발생하지 않도록 주의가 필요하다.

6.6 알루미늄 청정과 탈지(Cleaning, degreasing and removing oxide film)

6.6.1 일반적인 세척 절차

알루미늄 용접 때 용접 전에 산화피막과 표면의 오염물을 제거하는 것은 용접품질 향상에 꼭 필요한 절차이다. 수소와 산소는 기공과 부유물(dross)을 일으키는 원인이 된다. 기름이나 그리스는 산소나 수소를 포함하고 있어, 이것이 모재 표면에 남아있는 경우 용접부에는 결함이 생기게 되어 기계적, 전기적 성질이 저하하게 된다.

용접할 부품은 용접하기 전에 대부분 절단, 밀링, 벤딩 등 성형과 기계 가공을 하여 표면에 윤활유가 남게 된다. 따라서 용접 전에 이것을 제거해야만 양호한 품질의 용접을 할 수 있게 된다. 또한, 모서리부는 세척이 가능하도록 평탄해야 한다.

알루미늄은 산소와의 친화력이 커서 공기 중에 버려두면 즉시 산화피막이 형성되며, 이것은 알루미늄 모재의 융점이 660℃ 정도인 데 비해서 2000℃에서 녹게 된다. 따라서 산화피막은 모재와 용접부 사이의 융합을 방해하여 융합 불량이 쉽게 발생한다. 산화피막이나 부유물은 용착금속 내에 들어가면 연성이 나쁘게 된다. 일반적으로 알루미늄 용접 전 세척은 다음의 두 단계를 거치게 된다.

- 1단계: 탈지(degreasing)
- 2단계: 산화막 제거(deoxidizing)

이러한 용접 전 세척에서 요구되는 세척의 정도는 용접방법과 요구되는 용접 품질에 따라 달라진다. 세척 절차는 단순히 표면의 오염과 기름을 제거하기 위하여 용제를 사용하는 것으로부터 탈지 후에 표면 산화물을 산 세척(pickling)과 세척(rinsing)하는 단계까지 매우 다양하다. 또한, 전부 또는 국부 세척할 수 있으며, 알루미늄의 일반적인 세척 절차는 표 1.80과 같다.

교류 TIG 용접과 직류 역극 MIG 용접에는 아크가 음극 청정작용(catholic cleaning action)이 있으므로 솔벤트 세척(solvent cleaning)만 하여도 양질의 용접을 할 수 있다. 이것은 특히 홈 용접에 현저하게 나타나며, I형 맞대기 용접에는 아크가 접촉면까지 미칠 수 없으므로 반드시 용접 전에 산화피막을 제거하여야 한다.

표 1.80 알루미늄의 일반적인 세척 절차

혼합물의 제거	국부 클리닝 (용접 표면만 처리)	전체 클리닝 (전체 부분을 처리)
1단계: 기름, 그리스, 습기, 먼지 제거 (방법 중 하나만 사용)	• 알칼리 용액으로 방해물을 세척한다. • acetone, alcohol, methyl-ethyl-ketone, trichorethylene*, benzene*과 같은 용제로 세척한다. • 전매품(oakite, turco, kelite 등)으로 세척한다. • 위의 용액 중에 끝을 살짝 담근다.	• 증기 세척 • 분사 세척 • 살짝 담근다. 전매품 용액 또는 알칼리 용액 등을 사용하여 살짝 담금.
2단계: 산화물 제거 (어느 방법이라도 사용)	• 끝을 강알칼리 용액에 담근다. 그다음 물속에, 다음에 질산에 그리고 물로 씻어낸다. • 전매품 탈산제로 세척한다. • 다음과 같이 기계적으로 산화막을 제거한다. ⓐ wire brushing ⓑ filing ⓒ grinding ⓓ scraping 등 모든 이음과 인접한 표면을 0.02mm 정도 용접 직전에 윤활제를 사용하지 않고 제거한다.	• 강알칼리(부식) 용액에 침전-수세-질산-물로 세척한다. • 전매품 탈산제에 침전한다.

주) 특정 수질 유해 물질: trichlorethylene, benzene 등

보통 아크 용접의 사전 세척은 아세톤과 같은 용제로 탈지한 후 기계적인 방법으로 산화물을 제거한다. TIG I형 맞대기 용접 때 스테인리스 와이어 브러시로 산화피막을 제거하는 것이 효과적이며, MIG I형 맞대기 용접에는 모서리부가 산화가 심하지 않았거나 물 얼룩(water stain)이 없는 경우에는 용제로 탈지하는 것만으로도 충분하고, 심하게 오염된 경우에만 그라인더(disk sanding)가 필요하다. 보통 미사일 용접과 같이 높은 품질이 요구되는 경우의 세척 절차는 용제로 세척한 후 스크래핑하는 것이 좋다. 스크래핑은 와이어 브러시보다 산화물을 제거하는 것이 효과적인데, 이것은 와이어 브러시를 하는 경우 산화물이 표면에 박히기 쉽고 양산시에는 브러시를 청결하게 유지하는 것이 어렵기 때문이다.

6.6.2 화학 전처리(chemical pre-treatment)

열처리로 인하여 산화물이 표면에 두껍게 형성되었을 때는 이를 제거하기 위해 화학 처리를 하는 것이 좋다. 보통 화학 처리는 점 저항 용접이나 시임 용접 그리고 열처리 합금을 브레이징할 경우에 많이 사용한다. 화학 처리 방법은 종류가 많으며 알루미늄 용접에 주로 사용하는 방법은 다음과 같다.

용제로 탈지한 후 고온 알칼리 욕에 탈지 → 70℃의 5% NaOH에 10~60초 동안 담금 → 냉수로 세척 → 강 질산(HNO_3)에 30초 동안 담금 → 온수로 세척 → 건조

전술한 방법은 세척 정도가 충분하지 못하므로 점 저항 용접에는 사용하지 않는다. 점 저항 용접의 세척 절차에 대해서는 표 1.81에 참고로 수록하였다.

표 1.81 점 저항 용접할 때의 화학 처리 절차

방법	재질	클리닝 방법			산화막 제거 방법			
		사전 세척	알칼리 용액	세척	산화막 제거	세척	건조	지체 시간
A	미규정	미규정	CBA 10~15분	물, 실온	Delco No.42, 3~10분	물, 5분	미규정	미규정
B	통상의 모든 합금	증기 세척, Kelite 28 약제, 온수 린스	Kelite 14, 7~8분, 77~88℃ 중요하지 않음	—	Kelite 822, 10~15분, 61S, 18~23분, 실온,	물, 실온, 물 분사 린스	미규정	최고 72h
C	6061-T6를 제외한 모든 합금	없음	Ridoline 3192, 10분, 71~82℃, 중요함	물+황산+ Derft, 0.5~3분. 최고 32℃	Hydrofluo-silicic, Nacconol NR Wettant, 0.5~10분, 실온	물, 크롬산, 2분, 실온	정지 공기 54~77℃ 압축공기, 77~82℃	36h
D	1100, 3003, 2024, 5052, 6053, 6061, 7075-박판	증기세척	Okite 61, 최소 10분, 88~93℃ 중요하지 않음	물, 5분, 60~66℃	Okite34, 3~8분, 18~27℃ 중요하지 않음	물, 최소 5분, 최고 24℃ 중요하지 않음	실내 공기	24h
E	모두	Trichlor ethylene	Turoo aviation, 3~6분 71~82℃, 중요	물, 82℃	Clepo 180k+ HF +HNO_3, 3~6분, 실온, 중요하지 않음	물, 실온	실내 공기	8h

6.6.3 전처리 용액(solution in pre-treatment)

화학 전처리의 용도는 용접 중 기공 생성의 원인인 수소를 제거하기 위해 탈지와 산화막을 제거하는 것이다. 내식성이 요구되는 경우 도장할 때 부착성을 얻기 위해 실시하는 화성 피막처리, 크로메이트 공정에서 color punch라는 결함을 유발하는 탈지 불량과 산화피막의 영향을 제거한다.

알루미늄 소재의 산화막의 종류는 다음과 같다.

- 물 얼룩(water stain): 자연 발생 산화막으로 산소와의 화합력이 강하며, 수산화 피막은 급격한 온도 차에 의한 표면의 이슬 맺힘 현상 원인이 된다.
- 기름얼룩(oil stain): 부식 방지용
- 밀 스케일 얼룩(mill scale stain): 압연에 발생하는 것으로 단조품, 압출품보다 부식 정도가 심하다.
- 염소 피막: 해상 운송 때 염분 침투와 염소나 산성을 띤 빗물에 발생한다.
- 페인트 자국(paint mark): 에칭에서 완전 제거가 안 되므로 추가적인 질산 용액의 스멋 제거공정에서 완전히 제거된다. 스멋 제거(desmutting)란 산세나 알칼리 침지로 인해 표면에 생긴 스멋을 제거하는 작업을 말한다.

에칭 용액은 주로 알칼리 성분으로서 알루미늄 표면을 부식시켜 알루미늄의 산화막을 제거한다. 이때 알루미늄 합금 성분의 에칭률(etch rate) 차이 때문에 스멋이 발생하게 된다. 주요 알칼리 용액인 수산화나트륨(NaOH, sodium hydroxide)은 산화물에서 강한 용해력과 금속에서 화학작용(부식)을 가지며, 비누, 종이 제조, 화학 지시약으로 사용된다.

중화 공정은 주로 산을 사용하며, 에칭 공정에서 발생한 스멋을 제거하기 위해 공업용 질산(60%)을 사용한다.

억제제는 산과 알칼리 용액의 부식 속도를 조절하는 것으로 규산소오다, 가성소오다 용액, 탄산소오다, 3인산소오다의 억제제와 알칼리 클리너의 억제제인 규사와 반응속도를 조정하는 질산과 유용한 보호막을 제공하는 인산, 중수소인산소오다가 있다.

세척제는 화학적 처리를 효과적으로 작용시키기 위해 사용하며, 물속의 칼륨, Mg 비누는 불용해성 금속염을 형성하므로 다가 인산을 사용한다.
물은 비광천수(칼슘이온, Mg이온, 제철이온, 탄산수소이온), 연수가 적당하며, 수세 방법으로는 스프레이 수세가 탱크 침적 수세(기계적 교반 필요)보다 우수하다. 또한, 가성소오다 용액이 규산 용액, 탄산 용액보다 훨씬 많은 수세가 필요하다.

6.6.4 작업 방법

큰 용량의 화학 전처리방법으로는 알칼리에서 에칭(etching)하고 산 중에 중화하는 알칼리 처리(base)와 산 용액으로 에칭하고 알칼리로 중화하는 산 처리(base)법이 있으며, 후자는 수세와 비용이 과다하게 소요된다.
알칼리 부식제로는 일반적으로 5% 수산화나트륨을 사용하며, 60~82℃ 침전시간 1~5분, 침전 때 수산화 알루미나 석출물을 발생하고 회색 또는 검은색으로 변색하며 산으로 중화 처리하면 없어진다. 99.99% 순 알루미늄, 규소, 망간을 다량 함유한 제품은 수산화나트륨과 잘 반응하지 못한다. 실리콘 성분의 Al-Si 합금은 산 및 알칼리에 쉽게 부식되지 않으므로 75% 질산+25% 불산을 사용한다.
산은 부식성이 강하므로 탄소벽돌, 플라스틱 타입의 라이닝 탱크가 필요하다. 복불소 암모니아 10% 수용액은 금속 제거 없이 알루미늄 표면을 하얗게 하며, 에칭 얼룩이 없다.
화학전처리의 표준작업 방법 절차는 수산화나트륨 침지, 앞 공정의 오염을 씻어 내는 냉수세, 산 중에 중화, 앞 공정 냉수세, 수분을 제거하는 온수세로 하며 사용하는 작업 방법은 다음과 같다. 표 1.82는 판재 부식 정도에 따른 작업 방법이다. 그림 1.154는 화학 전처리 작업의 실례를 나타냈다.

① 용액: 수산화나트륨 ② 농도: 2.5±1.0% ③ 작업온도: 60±5℃	→	① 냉수세척 ② 작업온도: 상온	→	① 용액: 질산 ② 농도: 20±10.0% ③ 작업온도: 상온	→	① 냉수세척 ② 작업온도: 상온	→	① 온수세척 ② 작업온도: 60±5℃

표 1.82 화학 전처리 작업공정

구분	제품 상태	에칭 공정	냉수세 공정	중화 공정	냉수세 공정	온수세 공정
A	• 판재 부식이 약하게 진행된 부품 • 압출품, 단조품, 또는 insert 박힌 부품[1)]	2분	2분	2분	2분	2분
B	• 판재 부식이 심하게 진행된 부품 • 방법 A를 적용해도 부식이 제거되지 않는 부품	2분	2분	20분	2분	2분
C	• 판재 부식이 아주 심하게 진행된 부품 • 방법 B를 적용해도 부식이 제거되지 않는 부품	2분	2분	20분	2분	(반복)
		1분	2분	20분	2분	2분

주) 1. 질산 용액에 최소한 3분을 지나면 안 됨(steel 등이 결합된 제품은 부식됨)
2. 에칭률을 수시로 측정하여 과도한 에칭(40㎛ 이상)을 방지할 것

그림 1.154 화학 전처리 작업 과정: 부식 표면, 수산화나트륨 용액 속 반응(거품)과 부품의 적재 방법

7 용접봉(filler metal)

7.1 용접봉의 선정[37)]

용접봉의 선택은 일반적으로 요구되는 특별한 특성에 의해 결정된다. 선택 방법의

37) Lincoln Electric, PRODUCT PACKAGING
Gas Metal Arc Welding of Aluminum, ESAB, PRAXAIR

이해는 용접사에게 매우 유용할 수 있고, 제작 중에 발생할 수 있는 사태 문제에 때때로 유용하다. 사용된 명칭은 산업용 용접봉과 용접 용접봉 표준화를 위해 미국 용접학회(American Welding Society)에 의해 확립되었다. 분류체계는 생산된 용착금속의 강도와 합금의 화학성분에 근거가 되었다.

(1) 용접봉 특성 및 분류

용접봉을 선택할 때는 균열을 방지하고, 용접 이음부의 최적 강도를 확보하는 것이 가장 중요하다. 또한, 적용 목적에 따라 연성, 고온에서의 거동, 양극 산화 피막 처리 후의 색상 조화, 크리프 강도 등도 함께 고려해야 한다. 이러한 요소들을 종합적으로 고려한 용접봉 선택은 알루미늄 공급자, 용접 장비 제조사, 기타 기술 자료 등을 통해 참고할 수 있다.

용접봉의 성분은 일반적으로 기계적 성질, 부식 저항성, 외관 등의 특성이 모재와 일치하는 것이 이상적이다. 하지만 실제 알루미늄 합금 용접에서는 이러한 특성들이 모재와 일부 또는 전부 일치하지 않는 용접봉이 사용되는 경우가 많다. 이에 따라 용접봉 성분의 최적 선택이 복잡해지며, 철강 용접과는 다른 접근이 요구된다.

용접봉 선택의 첫 단계는 용접 이음에 사용될 모재 합금을 정확히 파악하는 것이다. 이 지식을 바탕으로 하나의 모재에 대해 여러 종류의 용접봉 선택이 가능하며, 적용 조건에 따라 강도, 연성, 내식성, 용접성 등의 특성 간 '균형(trade-off)'을 고려하여 가장 적합한 첨가 합금을 선택하게 된다.

고려할 특성은 (1) 용접성(ease of welding, 균열에서 상대적으로 자유로운), (2) 용접강도(weld strength), (3) 연성(ductility), (4) 부식저항(corrosion resistance) 및 (5) 10℃ 위의 서비스 온도(service temperatures above 65℃)와 (6) 양극처리(anodizing) 후 색상 일치이다. 이런 요소의 중요성을 평가함으로써 가장 적합한 첨가 합금을 선택할 수 있다.

알루미늄 모재 합금 및 용접 이음부의 전형적인 강도와 설계 허용 강도를 설정하는데 사용할 수 있는 주요 간행물은 다음과 같다.

- www.aluminum.org에서 알루미늄 협회의 알루미늄 표준 및 데이터
- AWS D1.2: 2003, 구조 용접 코드-알루미늄, Global Engineering Documents, www.global.ihs.com
- www.aluminum.org에서 알루미늄 구조에 대한 알루미늄 설계 매뉴얼 사양

미국용접협회(AWS)는 비피복 알루미늄 및 알루미늄 합금 용접봉과 봉(TIG 용접봉)에 대한 표준인 AWS A5.10을 제정하여, 해당 용접봉의 규격 역할을 충족하고 있다. 이 규격은 1xxx, 2xxx, 4xxx, 5xxx 시리즈의 15개 용접봉을 분류하고 있으며, 주물 용접에 사용되는 시효경화형 용접봉 5종도 포함하고 있다. 또한, 건전성 및 유용성 확보를 위한 요구시험 항목과 납품 상태에 대한 내용도 규정하고 있다. 영국에서는 이와 유사한 규격으로 BS 2019 Part 4가 있으며, 이는 현재 CEN 규격으로 대체되고 있다. 이 규격은 1xxx, 3xxx, 4xxx, 5xxx 시리즈의 11개 용접봉 형상을 다루며, 납품 상태를 상세히 명시하고 있다. 단, BS 2901은 시효경화형 용접봉은 포함하지 않는다.

순알루미늄 용접봉인 ER1100과 Al-Cu계 합금인 2319를 제외하면, 가공용 알루미늄 합금에 사용되는 용접봉 대부분은 Al-Si계 또는 Al-Mg계 합금이다. 여기에는 5039 용접봉과 더불어 7xxx 계열 합금의 용접에 사용되는 개발 중인 용접봉도 포함된다.

알루미늄 용접봉은 생산 형태에 따라 스풀 및 바스켓(MIG 용접용), 벌크 드럼(Bulk/Drums), 직선형 TIG 용접봉으로 제공된다. 이러한 생산 형태는 표 1.83에 정리되어 있다. GMAW(금속 가스 아크 용접)용 와이어의 단가는 와이어의 직경과 구입 단위(스풀, 코일, 드럼)의 무게에 반비례한다. 예를 들어, 0.5kg 스풀에 감긴 0.5mm 와이어의 단가는, 450kg 드럼으로 구입한 3mm 와이어보다 5배 이상 비쌀 수 있다. 따라서, 경제성을 고려할 때는 가장 큰 단위의 스풀, 코일 또는 드럼에 적용 가능한 최대 직경의 용접봉 와이어를 사용하는 것이 바람직하다.

용접봉의 표시 방법도 모재와 같으며, 접두에 ER이나, R을 붙이게 되는데 이는 피복되지 않은 용접봉을 의미하며 x는 개발 중인 것을 의미한다. 1100과 4043은 피

복 아크 용접(SMAW)의 피복 용접봉으로서도 사용한다. 표 1.91에는 주물용 용접봉도 나타내었는데 이는 모재와의 조성이 같으며 주물 결함을 보수하는 데 사용한다. 가공용 합금의 용접봉도 모재의 조성과 거의 같다. 예를 들면, ER5154는 Be 함량을 제외하고는 5154와 같으며 ER5183은 5083을 약간 변화시켜 Mg을 증가시키고 Be을 첨가한 것이다. 보통 알루미늄 용접봉은 합금량을 많게 하고, 모재보다 융점이 낮게 하여 균열을 방지하고 강도와 연성을 증가시킨다. 용접봉 2319와 5180의 Zr과 V은 입자를 미세하게 한다. 예를 들면, 5180은 5080의 개량이며 0.15%의 Zr을 첨가한 것이다.

(2) 브레이징 용접봉은 Al-Si 합금이며 Si는 취성 없이 알루미늄의 융점을 저하한다. 상용 브레이징 용접봉을 표 1.87에 나타내었다. 이 합금은 봉, 시트, 분말(powder) 또는 브레이징 시트(brazing sheet)의 클래딩으로 사용하며, 브레이징 시트는 3003이나 6951 core 합금의 한쪽 또는 양쪽에 브레이징 용접봉을 피복한다. 3003은 BAlSi-2, 6951은 BAlSi-2나 BAlSi-5로 피복한다.

그림 1.155 알루미늄 GMAW 용접봉

표 1.83 알루미늄 합금 용접봉 형태

<table>
<tr><th rowspan="2">합금형식</th><th rowspan="2">표준 합금</th><th rowspan="2">포장단위
(kg)</th><th colspan="2">크기(mm)</th></tr>
<tr><th>길이</th><th>직경</th></tr>
<tr><td>스풀(spool) 형태
용접봉(MIG)</td><td>1100, 4043, 5356, 5556, 5554, 5154, 2319, 718, 356, 5654</td><td>0.5, 2.3, 4.5, 6.3
스풀</td><td></td><td>1# 스풀: ϕ0.8~1.6
5# 스풀: ϕ1.2~1.6
10# 스풀: ϕ0.8~8.9
14# 스풀: ϕ8.4~2.4</td></tr>
<tr><td>용접봉(TIG)</td><td>Al 협회 등급을 따름</td><td>2.3, 통</td><td rowspan="2">915</td><td rowspan="2">1.6, 2.4, 3.2,
4.0, 4.8, 6.4</td></tr>
<tr><td>No.718-브레이징봉
AWS & ASTM 호칭
BASi-4</td><td>576~582℃ 용융범위의 토치 브레이징에 설계
저온에서 유동성이 좋은 Si를 높게 포함</td><td></td></tr>
</table>

주) 美 UNIBRAZE(주) 생산품

7.2 용접봉의 선택 기준

아크 용접 구조물 개발에서 알루미늄 용접봉 선택은 알루미늄 용접부의 알루미늄 모재 강도, 알루미늄 용접봉 강도 및 용접된 알루미늄 접합 강도, 알루미늄에 대한 AWS 용접봉 분류 시스템의 세 가지 부분으로 나누어야 한다.[38] 그들은 용접봉의 최소 인장강도를 포함하는 철강 분류와 달리, 용접봉 강도를 주지 않는다.

(1) 알루미늄 모재 합금강도

알루미늄 모재 합금의 기계적 물성에 관한 정보에 대한 가장 광범위하게 사용되는 참조 자료 중 하나는 알루미늄협회가 발행한 알루미늄 표준 및 데이터이다. 이 설명서에는 화학조성의 한계, 기계적 및 물리적 특성, 허용 오차 및 다양한 알루미늄 및 알루미늄 합금 가공제품의 기타 특성과 관련된 유용한 정보와 데이터가 포함되어 있다.

38) Welding junaul Al Q, 2003년에 출판

(2) 알루미늄 용접봉 강도 및 용접된 알루미늄 접합 강도

알루미늄 용접봉의 강도와 아크 용접 이음의 용접강도는 매우 광범위하다. 여기에서 초점은 횡 방향 홈 용접 인장강도와 필릿 용접의 종횡 및 전단강도가 될 것이다. 횡 방향 홈 용접 인장강도는 용접절차 검증 시험을 수행할 때 홈 용접의 성능을 평가하는 데 자주 사용되는 특성이다. 관련 용접 코드 및 표준을 사용하여 최소 허용 인장강도 값을 찾을 수 있다. 예를 들어, AWS D1.2, 구조 용접 코드 – 알루미늄은 표 3.2에 나열된 값을 갖는다.

용접상태에서 아크 용접된 알루미늄 홈 용접의 횡 방향 인장강도는 용접 열영향부(HAZ)의 인장강도에 좌우된다. 비열처리 알루미늄 합금에서 HAZ는 모재 합금의 열처리된 상태에 가깝다. 열처리 가능한 합금에서 HAZ는 일반적으로 용접 전 모재 합금의 원래 템퍼 및 용접 중 입열에 따라 부분적으로 어닐링되고 시효된다. AWS D1.2와 같은 용접 코드에 제공된 인장강도 값은 시험 평가 목적이며, 용접 절차의 개발 및 자격 부여를 지원한다. 이 값은 설계 계산에 사용되지 않는다.

알루미늄 용접봉 제조업체는 종종 공급하는 용접봉의 일반적인 필릿 용접 전단강도 값을 게시한다. 이 값은 여러 가지 용접봉을 비교한 것으로 필릿 용접 전단강도 시험을 시행할 때 얻을 수 있는 값이다. 이 값은 설계 계산에 사용되지 않는다.

설계 목적을 위해, 홈 용접 인장강도 및 필릿 용접 전단강도에 대한 값이 있으며, 알루미늄협회의 알루미늄 설계 매뉴얼, 파트 IA, 섹션 7에 게시되어 있다. 이 값은 장점이다. 적절한 안전계수를 사용하여 감소시켜야 한다. 알루미늄 설계 매뉴얼은 건물 유형 구조물에 대한 1.95의 용접에 대한 안전계수를 규정한다. AWS D1.2, 구조용 용접 코드–알루미늄, 섹션 2.1, 구조 설계의 측면에서 "계약 서류가 요구하지 않는 한 구조물 용접은 알루미늄 설계 매뉴얼 사양에 따라 이 코드의 2절에 정의된 유효 영역을 사용하여 강도 요구사항에 맞게 크기가 조정된다."

표 1.84는 상용 알루미늄합금의 용접후 기계적 성질을 나타낸 것이다.

표 1.84 상용 알루미늄의 용접 후 기계적 성질

모재 Temper	Si%	Mg%	UTS (non-HAZ) ksi	UTS (용접) ksi	최소 예상 UTS(용접) ksi	일반적인 최소, 예상 UTS(용접) VS UTS(비HAZ) %
열처리 6xxx 모재						
6061						
T6	0.6	1.0	45	27	24	53
T4(PWA)			45	37	32	71
T6(PWA)			43	33	27	61
T6(PWH&A)			45	44	38	84
6063						
T6	0.4	0.7	35	20	17	54
비열처리 5xxx 모재						
5052						
H32		2.5	35	28	25	71
H34			38	28	25	66
5454						
H34		2.7	44	35	31	70
5086						
H34		4.0	47	39	35	74
5083						
H116&H321		5.0	46	43	40	87
5456						
H116		5.1	51	46	42	82

참조: PWA 용접 후 시효처리, PWH&A 용접 후 열처리 시효처리

(3) 알루미늄용 AWS 용접봉 분류 시스템

알루미늄용 AWS 용접봉 분류 시스템은 용접봉의 강도와 관련된 정보를 제공하지 않는다. 알루미늄 용접봉 분류 시스템이 강철과 다른 이유를 이해하려면 두 금속 간의 용접봉 선택의 전반적인 차이를 고려해야 한다.

강철 용접의 경우, 용접되는 모재 합금의 화학적 특성 및 강도와 매우 유사한 용융 금속을 사용하는 것이 일반적이다. 알루미늄을 용접할 때는 종종, 주어진 알루미늄 모재 합금을 결합하는 데 사용될 수 있는 다수의 용접봉이 있다. 가장 적합한 용접

봉의 선택은 일반적으로 제조된 부품의 서비스 조건에 달려 있다. 어떤 경우에는 완료된 용접의 특성 중 중요도 순서대로 선택해야 하는 절충적인 상황이 발생한다. 강과 다른 알루미늄용 용접봉을 선택하기 위한 몇 가지 고려사항은 다음과 같다.

① 용접의 쉬움. 이것은 용접 균열에 대한 상대적인 자유이며, 종종 용접에서 결합할 때 모재 합금과 용접봉 사이에 개발된 화학적 성질에 기반한다. 강과는 달리, 알루미늄 모재 합금은 높은 균열 감도를 피하고자 모재 합금의 화학물질과는 매우 다른 화학조성의 용접봉으로 용접된다.

② 연성. 실제 다른 연성을 갖는 두 개의 용접봉 금속 중에서 선택하는 것이다.

③ 부식 저항. 모재 합금과 화학적으로 다른 용접봉을 사용할 가능성이 있기 때문에 모재 합금과 용접봉 사이에 용액 전위가 다를 가능성이 있다.

④ 지속적인 온도 서비스. 지속적인 고온에서 일부 용접봉 화학물의 반응은 응력 부식 균열로 인한 조기 부품 파괴를 촉진할 수 있다.

⑤ 색상 일치. 아노다이징 후 모재 합금 및 용접봉 색상 일치는 일부 적용 분야에서 주요한 화장품 관심사가 될 수 있다.

⑥ 용접 후 열처리. 용접봉 화학 및 이음 설계와 관련된 용접 후 열처리에 응답하는 용접봉의 능력. 일부 용접봉은 열처리에 반응하지 않는다. 다른 것들은 용접 중에 모재로부터 충분한 양의 합금원소를 얻는 경우에만 열처리에 반응한다.

알루미늄 용접을 위한 용접봉의 선택에 사용되는 시스템이 강의 시스템과 상당히 다른 것은 분명하다. 알루미늄용 용접봉 선택 시스템은 주로 화학적 문제에 기초한다. 알루미늄 용접봉의 분류 시스템은 기계적 특성이 아닌 화학적 성질을 기본으로 한다. 특정 알루미늄 용접 응용 분야에 가장 적합한 용접봉을 선택할 때 고려해야 할 변수를 다루는 용접봉 선택 차트를 사용하는 것이 일반적이다.

4xxx 시리즈 그룹 내의 알루미늄 합금은 열처리가 가능하고 비열처리가 가능한 합금이다. 주요 차이점은 비열처리 합금은 열처리 가능성을 허용할 수 있는 다른 원소가 첨가되지 않은 주요 합금원소로서 실리콘을 갖는 알루미늄을 포함한다는 것이다. 열처리가 가능한 4xxx 계열 합금은 실리콘을 함유하고 마그네슘 및 구리의 첨가량

을 제어하여 재료에 반응할 수 있는 기회를 제공하고 열처리를 통해 강도를 높인다. 4xxx 시리즈 합금은 용접 또는 납땜 공정에서 용접봉으로 사용될 때 가장 자주 접하게 된다. 이 합금 중 가장 일반적인 것은 4043과 4047이다. 4043은 5.0% Si 합금으로 용접용 금속으로 광범위하게 사용된다. 4047은 12.0% Si 합금으로 용접 및 브레이징에 사용된다. 이 4xxx 시리즈 합금은 모두 비열처리이다. 정확히 말하자면, 이 합금만으로는 석출경화에 반응하지 않는다.

6xxx 계열 합금 또는 356.0 또는 357.0과 같은 열처리 가능한 주조 알루미늄 합금 중 하나와 같은 열처리 가능한 기본 재료를 용접하려는 경우 이러한 비열처리성 용접봉을 사용할 때 고려해야 할 사항이 있을 수 있다. 용액 열처리 및 인공시효와 같은 후 열처리(postweld)를 수행할 수 있다.

(4) 용접 후 열처리

열처리 가능한 4xxx계 알루미늄 합금은 용접과 열처리가 모두 가능한 알루미늄 기반 합금의 용접 후 열처리 과정에서 자주 사용된다.

일반적으로 6061-T6과 같은 열처리 가능한 모재는 용접 후 기계적 강도가 크게 저하된다. 예를 들어, 6061-T6은 용접 전 약 310MPa의 인장강도를 가지지만, 용접 후에는 약 186MPa로 감소한다.

이러한 강도 손실로 인해 제조된 부품의 기계적 성능을 회복하려면 용접 후 열처리가 필요한 경우도 있다. 이때, 열처리에 반응하는 용접봉의 성능 평가가 필수적이다. 일반적인 4xxx 계열 용접봉(예: 4043, 4047)은 자체적으로는 열처리할 수 없다. 이러한 용접봉이 용접금속으로 증착될 경우, 열처리에 반응할 수도 있고 그렇지 않을 수도 있다는 점을 이해하는 것이 중요하다. 용접 후 열처리에 대한 반응성은 주로 사용된 용접 절차와 용접봉이 모재로부터 충분한 합금원소를 흡수할 수 있는지 여부에 따라 달라진다. 그러나 모재의 희석 정도에 영향을 미치는 용접변수들이 다양하므로, 열처리 불가능한 용접봉으로는 열처리 후에도 일관된 기계적 성능을 확보하기 어려울 수 있다.

열처리할 수 있는 모재를 용접한 후 열처리를 수행할 경우, 반드시 열처리할 수 있는 용접봉을 사용하는 것이 중요하다. 예를 들어, 4643 용접봉은 6xxx 시리즈 모재와의 용접 및 용접 후 열처리 조건에서 우수한 기계적 성능을 발휘하도록 설계되었다. 이 합금은 기존의 4043 합금에서 실리콘 함량을 줄이고, 0.10~0.30%의 마그네슘을 첨가하여 개발된 것이다. 이러한 화학적 조정은 열처리 후 Mg_2 Si(마그네슘 실리사이드) 화합물 형성을 가능하게 하며, 열처리에 반응하는 4xxx 계열 용접금속을 형성한다.

일부 열처리할 수 있는 4xxx 계열 용접봉은 알루미늄 주조 합금용으로 개발되었다. 예를 들어, 356.0 및 A356.0(Al-Si-Mg 계) 합금은 모래 및 영구 주형 주물에 널리 사용되며, 다양한 열처리를 통해 원하는 기계적 특성을 부여할 수 있다. 이 중 A356.0 합금은 356.0보다 낮은 철 함량을 가지며, 고성능 주조 부품에 적합한 인장 특성을 제공한다. A356.0 합금으로 제작된 용접 와이어는 356.0 및 A356.0 주물의 접합 및 보수용으로 적합하며, 단조 와이어 형태로 제조된 이 합금은 알루미늄협회에 4010 합금으로 등록되어 있다. 또한 4008 용접봉도 사용할 수 있으며, 이는 A356.0(4010)의 화학조성을 엄격히 제어한 열처리 가능한 버전이다. 4008 합금은 일반적으로 AMS 4181 사양 요건을 충족하도록 설계된다.

알루미늄 주조 합금 355.0, A355.0, C355.0(Al-Si-Cu-Mg 계열)은 구리를 포함해 열처리에 잘 반응하는 특성을 가진다. 이 중 C355.0 합금은 낮은 철 함량으로 인해 프리미엄 주조에서 높은 인장강도를 발휘하도록 설계되었다. C355.0 용접봉은 355.0, A355.0, C355.0 주물의 접합 및 수리에 적합하도록 개발되었으며, A355.0 합금으로 만든 단조 와이어 제품은 알루미늄협회에 열처리 가능한 Alloy 4009로 등록되어 있다.

(5) 알루미늄 와이어 품질의 선택[39)]

5xxx 계열의 모재는 합금원소 고용체 강화를 통해 최대 기계적 특성을 얻으며 냉간가공으로 추가 강도를 얻는다. 용접작업은 모재의 고용체 강화에 영향을 미치지 않고 열영향부의 냉간가공 부분만 이 열처리된 영역으로 변형되어 어닐링된 상태로

39) Horbart & Miller, 알루미늄 용접 지침

변형된다. 그림 1.156은 5083 모재 금속의 일반적인 어닐링 인장강도가 296MPa (43ksi)임을 보여준다.

가장 자주 용접되는 6xxx 및 5xxx 시리즈 모재 금속에 대한 비용접 및 용접된 기계적 특성으로 그림 1.156은 용접된 6061-T6 및 5083-H321 단조 모재의 열 영향지역에서의 강도 손실을 비교한다.

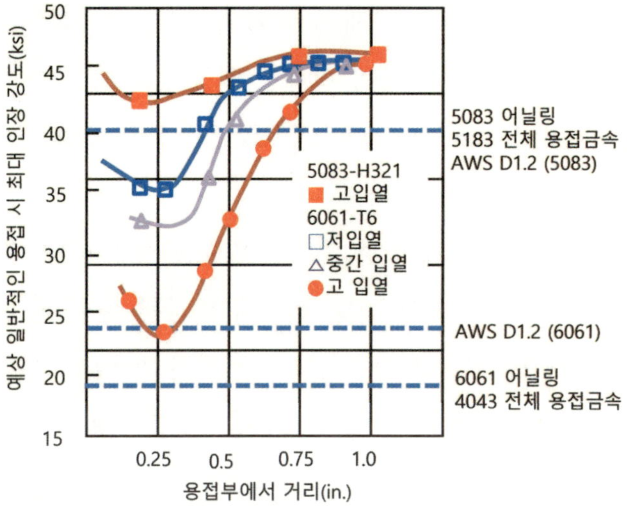

그림 1.156 **고온 또는 저열로 용접된 5083-H321 대 3가지 다른 입열로 용접된 6061-T6의 일반적인 특성**

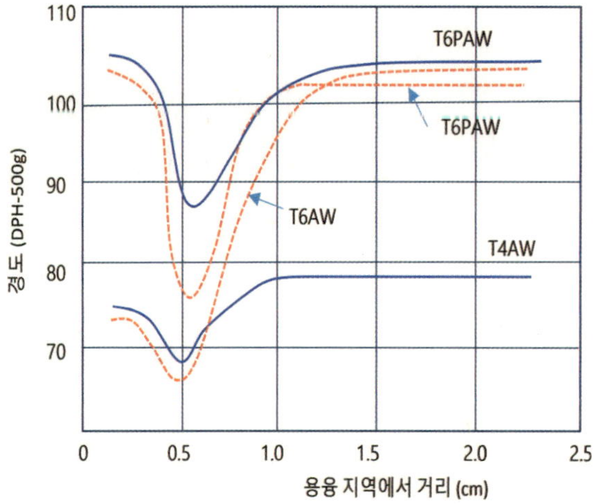

그림 1.157 **6061-T4 & T6의 일반적인 특성**

그림 1.157은 6061-T4 및 T6 모재의 열영향부 강도 손실을 용접 후 시효와 비교하고, 5xxx 및 6xxx 시리즈 모재의 용접 전후 기계적 성질 차이를 설명한다. 이 차트는 다음과 같은 주요 사항을 보여준다.

- 강도 손실 비교: 5xxx계 모재는 용접 후 강도 손실이 6xxx계보다 훨씬 적다.
- 희석 영향: 6xxx계 모재는 4043 용접봉과의 희석 정도(≥20%)에 따라 특성이 달라진다. 반면, 5xxx계 모재는 희석에 의존하지 않는다.
- 열전도율과 입열: 6xxx계 모재는 5xxx계보다 30% 높은 열전도율을 가져, 더 많은 입열이 필요하고, 이는 용입 확보는 어렵게, 변형 발생 가능성은 높게 만든다.
- 응고 균열 민감성: 4xxx계 모재가 5xxx 용접봉으로 용접될 경우, 5xxx계 모재보다 응고균열에 더 민감하다.
- 용접변수 민감도: 6xxx계 모재는 입열 및 이음설계 등 용접 변수에 매우 민감하며, 5xxx계는 이러한 변수에 덜 민감해 일관된 품질 확보가 용이하다.
- 기계적 성질 우수성: 5xxx 용접봉으로 용접된 5xxx계 모재는 열처리된 6xxx계 모재(4043 용접봉 사용)보다 연성, 인성, 균열 저항성이 더 우수하다.

올바른 합금 선택 외에도, 용접이음의 성능에 영향을 미치는 첨가용접재(와이어)의 조합 요소들을 신중히 결정해야 한다. 알루미늄은 수소 오염에 매우 민감하기 때문에, 와이어는 표면이 극도로 청결해야 하며, 기공의 원인이 되는 수소 함유 물질로부터 자유로운 상태로 제조되어야 한다.
또한, 와이어는 우수한 송급 특성을 가져야 하며, 송급이 원활하지 않으면 생산성이 저하될 수 있다. 직경의 일관성은 용접 시 아크의 안정성과 과정 일관성 유지에 중요하다. 결국, 전반적인 와이어 품질과 물리적 특성은 화학 성분 선택 과정과 밀접하게 관련된다.

(6) 양극 처리된 색상과 일치하도록 올바른 용접봉 선택[40]

용접 후 양극산화(아노다이징)를 수행할 경우, 모재와 색상이 잘 일치하도록 적절한

40) Horbart & Miller, Technical Assistance: 877-629-2564, To Place An Order: 800-424-1543, ITW Welding

용접봉을 선택하는 것이 매우 중요하다. 잘못된 예로는, 6xxx 시리즈 모재를 4xxx 용접봉으로 용접한 후 양극산화 처리하는 경우가 있다. 6xxx 모재는 밝고 깨끗한 색상으로 처리되지만, 4xxx 용접봉은 실리콘 함량이 높아 어둡고 회색조로 처리되어 색상 불일치가 발생한다. 따라서 합금의 화학 성분표를 확인하고, 양극산화 처리 후 색상에 대한 권장 사항을 따르며, 알루미늄 용접봉 선택 차트에서 아노다이징 후 색상 일치 등급도 반드시 고려해야 한다.

(7) 비용접 알루미늄 모재(아크 용접)

“용접 불량”으로 지칭되는 알루미늄 모재는 높은 응고균열 경향을 보이며, 경우에 따라 용접된 상태에서 응력부식 균열에 대한 민감성이 증가하는 모재이다. 이러한 모재는 아크 용접 적용에 적합하지 않다.

① 6262 and 2011

저장 적용 기계용 스크류에 사용한다. 이 2가지 모재는 소량으로 첨가된 납, 비스무트 또는 주석이 피삭성을 좋게 한다. 이러한 저융점 금속의 첨가는 응고균열 경향을 심각하게 증가시킨다. 따라서 이러한 모재는 일반적으로 용접보다는 기계적으로 고정된다.

② 알루미늄-구리-마그네슘을 포함하는 2xxx 시리즈 합금

2017 및 2024 합금으로 우주항공 및 기타 고성능 응용 분야에 사용된다. 이러한 유형의 모재는 아크 용접 시 응력부식 균열 및 조기 파손의 위험이 있다. 용접이 가능한 것으로 간주하는 마그네슘을 첨가하지 않은 알루미늄-구리 합금인 2219와 같은 기타 2xxx 계열 모재가 있다.

③ 7xxx 시리즈 합금, 알루미늄-아연-구리-마그네슘

7075, 7178, 7050, 7150과 같은 고강도 7xxx 계열 합금은 아크 용접 시 응력부식균열(SCC)과 조기 파손의 위험이 크다. 반면, 구리가 첨가되지 않은 Al-Zn-Mg

계 합금인 7005는 용접이 가능한 7xxx 계열로 간주된다. 2xxx 및 7xxx 계열의 비용접 합금은 아크 용접 시 열영향부에서 다음과 같은 문제가 발생한다.
저융점 원소가 입계에 침전되어 응고온도 범위가 낮고 넓어진다. 이에 따라 결정입계가 마지막에 응고되고, 응고수축 응력으로 인해 균열이 쉽게 발생한다. 또한 결정입계와 결정립 내부 사이의 전위차가 증가하여 응력부식균열(SCC)에 대한 민감성이 높아진다. 이러한 이유로, 이들 고강도 합금은 일반적으로 아크 용접보다 기계적 체결로 접합되며, 일부는 마찰교반 용접(FSW) 방식으로 접합되어 용융 문제를 회피하고 응고 균열 위험을 제거하고 있다.

(8) 고온 적용 분야에 대한 지침

5xxx 시리즈 알루미늄 합금은 고온 환경에서 응력부식균열(SCC)에 취약할 수 있다. 특히, 마그네슘 함량이 3% 이상인 합금은 66~177℃ 범위에 장시간 노출될 경우, SCC 위험이 증가한다는 현장 성능 데이터가 보고되었다. 이러한 고온 노출 조건에서는 Mg 함량이 높은 석출물이 알루미늄-마그네슘 매트릭스 내에서 매우 양극으로 작용하고, 석출물이 결정입계를 따라 연속적인 네트워크를 형성하면서 응력부식균열에 대한 민감성과 조기 파손 가능성을 증가시킨다.
5454 모재는 고온 환경에서 우수한 강도와 연성을 발휘하도록 특수 개발된 합금이다. 이에 대응하는 ER5554 용접봉은 5454 모재의 용접을 위해 설계되었으며, 두 합금 모두 Mg 함량이 2.4~3.0%로, 고온 적용에 적합하며 SCC(응력부식균열)에 대한 내성이 우수하다. 반면, ER4043 용접봉은 Mg를 포함하지 않기 때문에, 2.5% Mg를 함유한 고온용 5xxx 시리즈 모재나 1xxx, 3xxx, 6xxx 계열 모재의 고온 용도 용접에 사용될 수 있다.
이 구성요소는 66℃ 이상의 지속적인 고온 환경에서 사용되며, 이 조건은 용접봉 선택에 결정적인 영향을 미친다. 또한, 해당 부품은 용접봉 및 재료 취급 장비와 함께 사용될 예정이므로, 용접봉의 전단강도 특성 또한 중요한 고려사항이다.
고온 사용 조건에서는 마그네슘 함량이 3% 이상인 5356, 5183, 5556 등의 용접봉은 제외해야 하며, 대안으로는 4643, 4043, 4047, 5554 용접봉이 적합하다. 한편, 4043과 5356 합금은 전체 알루미늄 용접의 85% 이상에서 사용되며, 용접 요구사항을 충족할 수 있다면 이들 중 하나를 선택하는 것이 일반적이다. 이는 구매비용이 저렴하고, 특히 큰 직경의 와이어를 사용할 경우 비용 효율성이 높기 때문이다. 5xxx 및 6xxx 계열 모재를 용접할 때 가장 적합한 용접봉을 선택할 때 다음 사항을 고려한다.

- 6xxx 계열 및 3% 미만의 Mg를 함유하는 5xxx 계열 모재의 경우 4043 또는 5356을 사용한다.
- Mg 3% 이상 함유한 5xxx 계열 모재의 경우 5356 용접봉을 사용하고 4043 용접봉을 사용하지 마라.
- 양극 처리된 색상 매칭을 위해 5356을 사용한다.
- 더 높은 연성과 인성을 위해 5356을 사용한다. 이것은 균열 전파에 대한 저항력을 증가시킨다.
- 장기간 고온 노출이 65℃ 이상이면 5554 또는 4043을 사용한다. 5356을 사용하지 마라.
- 더 높은 전단강도를 위해서는 5356을 사용한다. 경험상 가장 좋은 방법은 5356의 1 패스의 전단강도와 같도록 4043의 필릿 패스를 3번 쌓는다.
- 절단 및 수축 균열을 줄이려면 4043 또는 4047을 사용한다.
- 용접 변형을 줄이려면 4043 또는 4047을 사용한다.
- 더 적은 용접 smut 사용을 가진 더 밝은 용접을 위해 4043을 사용한다.
- 용접 건에서 더 나은 송급성을 위해 5356, 5356은 4043보다 2배나 강하며, 따라서 더 잘 공급된다.

(9) 가장 적절한 용접봉 선택 지침(4043 또는 5356)

6061-T6 알루미늄(두께 3.2~13mm)으로 제작된 운반기계 부품 구조물에 GMAW 용접을 적용할 때, 4043과 5356 중 어떤 용접봉이 적합한지가 가장 일반적인 질문이다. 이 구조물은 필릿 용접 이음 설계이며, 용접상태로 직접 사용되고 후 열처리는 실시하지 않는다. 또한, 완성된 용접물은 용접 후 산화피막 처리가 이

루어지며, 고온(121℃)에 지속적으로 노출되는 환경에서 사용된다. 따라서, 적합한 송급성, 양호한 전단강도, 연성 및 인성이 핵심 고려사항이며, 이러한 조건을 충족하는 가장 적합한 용접봉을 선택해야 한다.

용접부의 작동 조건을 고려할 때, 모든 알루미늄 모재를 4043 또는 5356 용접봉으로 문제없이 용접할 수 있다는 일반적인 믿음은 잘못된 것이다. 실제로는 요구 조건에 따라 4043이나 5356 이외의 용접봉이 필요하며, 이에 따라 적절한 용접절차를 수립해야 하는 경우가 많다.

업계에서 가장 널리 사용되는 알루미늄 용접봉은 4043과 5356이며, 일반적인 구조용 알루미늄 모재 합금도 대부분 이 두 용접봉으로 용접 가능하다. 예를 들어, 마그네슘 함량이 2.5% 미만인 5xxx계 합금(예: 5052)은 4043 또는 5356 용접봉으로 잘 용접되며, 알루미늄 제조에 광범위하게 사용되는 6xxx 시리즈(예: 6061, 6063) 역시 이들 용접봉으로 용접할 수 있다.

(10) 4043과 5356 사이 선택

용접봉 선택 차트에서 4043과 5356이 모두 허용 가능한 것으로 표시되더라도, 최종 선택 전에 다음의 특성을 고려해야 한다.

- 4043은 5% 실리콘 함량의 알루미늄 용접봉으로, 고온(65℃ 이상) 환경에 적합하다. 그러나 양극산화(아노다이징) 처리 시 어두운 회색으로 변색되어, 외관상의 색상 일치가 중요한 경우에는 적합하지 않다.
- 5356은 5% 마그네슘 함량의 알루미늄 용접봉으로, 양극산화 후 6xxx 시리즈 모재와의 색상 매칭이 우수하다. 하지만 고온 환경(65℃ 이상)에서는 장기 노출 시 균열 등 조기 파손의 위험이 있어 사용에 주의해야 한다.
- 4043은 용접 후 상태에서 5356보다 연성이 낮으며, 용접 후 성형이 필요한 경우 이 점을 고려해야 한다. 또한 4043을 사용할 경우, 용접사 및 절차 검증 시 유도 굴곡 시험에 특수한 굽힘 조건이 필요할 수 있다.
- 전단강도 측면에서도 차이가 크다. 4043의 전형적인 횡방향 전단강도는 약 103MPa(15ksi)이며, 5356은 약 179MPa(26ksi)이다. 이러한 전단강도의 차이

는 필릿 용접 크기 산정에 중요하며, 이를 제대로 고려하지 않으면 용접구조물의 성능에 부정적 영향을 줄 수 있다.

- 4043은 5356보다 부드러운 합금으로, 스풀 형태의 용접 와이어로 사용 시 송급성이 더 민감하게 작용한다. 특히 직경이 작은 알루미늄 와이어의 경우, 철강보다 송급이 어려울 수 있으며, 1100이나 4043과 같은 연질 합금은 이러한 문제를 더욱 악화시킬 수 있다.
- 5083이나 5086처럼 마그네슘 함량이 2.5%를 초과하는 5xxx 시리즈 모재를 용접할 경우, 4043은 추천되지 않는다. 이는 4043의 5% 실리콘이 고마그네슘 모재와 반응하여 바람직하지 않은 기계적 특성을 유발할 수 있기 때문이다.
- 반면, 4043은 균열 감도가 낮고, 외관이 우수하며, 스패터와 스머트가 적어 표면이 부드러운 용접을 형성하기 때문에, 용접사 입장에서는 작업성이 좋은 용접봉으로 평가되기도 한다.

7.3 상용 용접봉의 기능과 특성

가장 적합한 용접봉의 평가에서 적용 고려사항은 사용될 수 있는 4643, 4043, 4047, 4943 및 5554의 4개 용접봉의 기능과 특성에 따라 4가지 용접봉의 각각을 평가한다. 표 1.85는 가장 널리 사용되는 알루미늄 용접봉과 화학조성을 나타냈다.

① 용접봉 ER4643

이 용접봉은 6xxx 시리즈 모재 합금의 용접 및 용접 후 열처리를 통해 높은 기계적 특성을 얻기 위해 개발되었다. 4043 합금에서 Si 함량을 줄이고, Mg를 0.10~0.30% 범위로 첨가하여 용접 후 열처리가 가능하도록 설계된 특수 용접봉이다. 그러나 이 용접봉의 장점은 열처리 후에만 발휘되므로, 용접 후 열처리를 적용하지 않을 때에는 사용할 이유가 없는 비경제적인 선택이 된다.

- 4643은 용체화 처리 반응을 개선하기 위해 소량의 Mg을 가한 6xxx 합금의

용접에 사용된다.

- 6xxx 용접 및 용접 후 열처리 조건에서 높은 기계적 특성을 가진다.
- ER4643은 용접 후 열처리용으로 일반 적용에는 부적합하다.

  용접봉 4643은 용접 후 열처리 기능을 위해 설계되었으며, 따라서 특정 적용에 적합하지 않다.

표 1.85 알루미늄 용접봉과 화학조성

용접봉	Si	Fe	Cu	Mn	Mg	Cr
ER1100	Si+Fe<0.95	Si+Fe<0.95	0.05–0.20	0.05	–	–
ER2319(AlCu6MnZrTi)	0.20	0.30	5.8–6.8	0.20–0.40	0.02	–
ER4043(AlSi5)	4.5–6.0	0.80	0.30	0.05	0.05	–
ER4047(AlSi12)	11.0–13.0	0.80	0.30	0.15	0.10	–
ER4145	9.3–10.7	0.80	3.3–4.7	0.15	0.15	0 .15
ER5183(AlMg4.5Mn0.7)	0.40	0.40	0.10	0.50–1.0	0.3–5.2	0.05–0.25
ER5356(AlMg5CR(A)	0.25	0.40	0.10	0.05–.20	0.5–5.5	0.05–0.20
ER5554(AlMg2.7Mn)	0.25	0.40	0.10	0.50–1.0	2.4–3.0	0.05–0.20
ER5556(AlMg5Mn1Ti)	0.25	0.40	0.10	0.50–1.0	4.7–5.5	0.05–0.20
ER5654	Si+Fe<.45	Si+Fe<0.45	0.05	0.01	3.1–3.9	0.15–0.35

② 용접봉 ER4043

4043 용접봉(5% Si 함유)은 주로 6061과 같은 6xxx 시리즈 알루미늄을 용접할 때 사용되며, Si 성분은 용융금속의 유동성을 촉진한다. 그러나 전단강도가 중요한 조건에서는 일반적으로 권장되지 않는다, 왜냐하면 4043은 5xxx 시리즈 용접봉(예: 5356, 5554)에 비해 전단강도가 현저히 낮기 때문이다.

6xxx 시리즈는 응융 용접 시 응고 균열에 민감하며, 이를 완화하기 위해 Ti 또는 Zr을 용접봉에 첨가하면 입자 정제를 통해 열간균열을 줄일 수 있다. 또한, 4043 및 4047 용접봉은 5554보다 전단강도가 낮아 구조적 강도가 요구되는 경우 부적절할 수 있다.

③ 용접봉 ER4047

4047은 4043과 같은 Si계 용접봉이지만, 약 12%의 높은 Si 함량을 가져 뛰어난 유동성과 빠른 용접 속도, 낮은 입열 특성을 제공한다. 좁은 응고 온도 범위 덕분에 응고 균열 저항성이 매우 우수하며, 납땜 합금으로도 분류되어 박판의 누설밀봉 이음에 널리 사용된다.

기계적 특성 면에서 4043과 4047은 유사하나, 4047이 약간 더 높은 인장강도를 가진다. 그러나 두 용접봉 모두 연성과 전단강도가 낮으며, 5xxx 계열 용접봉(예: 5356, 5554)보다 강도가 낮다. 이에 따라 송급 시 문제 발생 가능성이 커 주의가 필요하다.

또한, 높은 희석률이나 구속된 이음부에서 균열 방지를 위해 4047을 사용하기도 하며, 구리 함량이 4% 이상인 2xxx 계열(예: 2219) 합금을 제외한 저구리 알루미늄에는 4047이 용접봉으로 선택될 수 있다.

④ 용접봉 4943

4943 용접봉은 4043의 용접 용이성과 우수한 부식 저항성을 유지하면서도 강도를 개선한 고강도 대체재로 개발되었다(그림 1.158 참조). 이는 낮은 용융온도, 낮은 수축률, 우수한 유동성, 낮은 열분해 민감성을 가져 용접 마찰과 변색이 적고, 모재 희석 없이도 높은 강도를 발휘한다. 4943은 4043 및 4643과 같은 용접절차 규격(PQR)으로 사용할 수 있으며, 용접 후 자연시효 또는 열처리 시 4043/4643보다 우수한 강도를 제공한다.

현재 4043과 4643은 Mg 함량 3% 미만인 1xxx, 3xxx, 4xxx, 5xxx계 합금(예: 5052) 및 6xxx 시리즈 모재에 적용되고 있다.

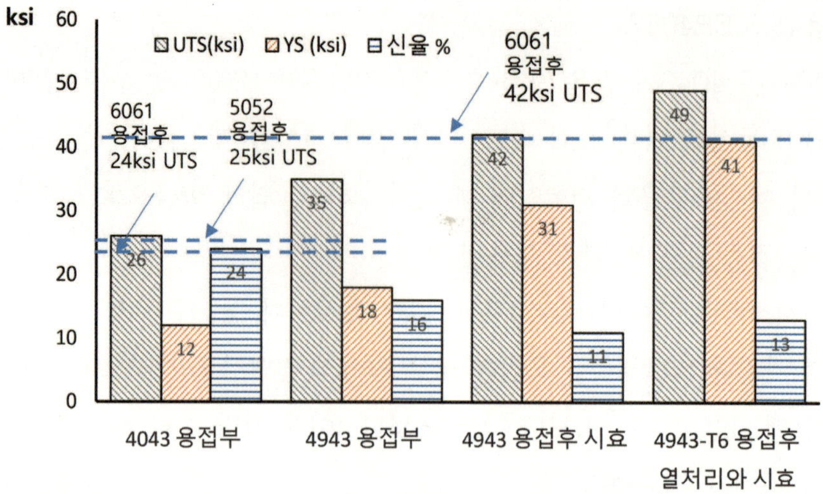

그림 1.158 **강도 비교, 4043 대 4943(모든 용접금속, MIG, 모재 희석 없음)**

⑤ 필릿 용접 강도

4943 용접봉의 가장 큰 장점은 필릿 용접에서 일관되게 더 높은 강도를 제공한다는 점이다. 구조용 부품에서는 홈 용접보다 필릿 용접이 훨씬 많이 사용되며, 필릿 용접의 전단강도는 주로 사용된 용접봉의 강도에 의해 결정된다.

전단강도는 인장강도에 비례하므로, 4943은 4043보다 우수한 성능을 보인다. 예를 들어, 4943의 전형적인 전단강도는 약 107MPa(15.5 ksi)로, 4043의 79MPA(11.5 ksi)보다 높다.

⑥ 필릿 용접의 횡 전단강도(표 1.86 참조)

- ER5356: 179 MPa — 5083 홈 용접 전용, 최소 인장강도 275 MPa 충족
- ER5183: 193 MPa — 5083 홈 용접 기계적 특성 충족
- ER5556: 206 MPa — ER5183보다 강도 높음, 5456 모재 및 5083 최소 인장강도 충족

그러나 5% Mg 함량을 가진 5xxx계 용접봉(예: ER5356, ER5183, ER5556)은 고온 환경(65℃ 초과)에서 Al_2 Mg 형성으로 인해 응력부식균열(SCC)에 민감해진다. 따라서 지속적인 고온 사용 조건에서는 전단강도를 우선 고려해야 하

며, 3% Mg 이상 고강도 용접봉은 피해야 한다. 이 경우 적합한 대안은 ER5454 또는 ER5554(Mg ≤ 3%)와 같은 저마그네슘 용접봉이다.

표 1.86 알루미늄 필릿 용접의 일반적인 전단강도

용접봉	종방향 전단강도		횡방향 전단강도	
	MPa	ksi	MPa	ksi
1100	51.7	7.5	51.7	7.5
2319	110.3	16.0	110.3	16.0
4043	79.3	11.5	103.4	15.0
4643	93.1	13.5	137.8	20.0
5183	127.5	18.5	193.1	28.0
5356	117.2	17.0	179.2	26.0
5554	103.4	15.0	158.6	23.0
5556	137.8	20.0	206.8	30.0
5654	82.7	12.0	124.1	18.0

⑦ ER5654는 고순도 알루미늄 용접을 위해 개발된 용접봉으로, 특히 과산화수소 환경에서의 부식 억제를 목적으로 사용된다. Mg 함량이 2% 미만인 5xxx계 합금(예: 5251)의 경우, 동일 조성의 용접봉을 사용할 경우, 열간균열이 발생할 수 있으므로, 대체로 Al-Mg5 계열 용접봉이 사용된다.

⑧ 용접봉 ER5554

ER5554는 2.4~3.0% Mg를 함유한 고온용 Mg계 용접봉으로, 응력부식균열(SCC)에 대한 감수성이 없고, 강도와 연성이 향상된 특성을 제공한다. 4043 및 4047(약 103 MPa, 15 ksi)과 비교할 때, 5554의 횡 전단강도는 약 158 MPa(23 ksi)로 약 65% 증가하여 전단강도와 연성이 모두 개선된다.

또한, 와이어의 세로강도(column strength)가 증가되어 송급성이 향상되며, 이는 자동화 용접에 유리한 장점이다. 다만, 4xxx계 용접봉보다 외관 품질은 떨어지며, 용접 시 스머트가 더 많이 발생할 수 있다. 또한, 성형성은 4xxx계에 비해 낮다.

⑨ 결론

알루미늄 모재 중 다수는 4043 또는 5356 용접봉으로 용접이 가능하지만, 가장 적합한 용접봉 선택은 적용 조건 및 서비스 환경에 따라 결정되어야 한다. 용접봉 선택 차트는 적절한 용접봉 선택에 유용한 도구이며, AWS D1.2(알루미늄 구조용 용접 코드)는 절차 개발 및 검증 시험에 유용한 참조 자료다. 선택된 용접봉은 절차 검증(PQR)을 통해 성능 특성을 확인해야 한다.

- 용접봉 4643은 용접 후 열처리를 위해 설계되었으며, 열처리가 불가능한 적용에 적합하지 않다.
- 용접봉 4043과 4047은 5554에 비해 상당히 낮은 전단강도 값이다.
- 용접봉 4043 및 4047 와이어는 5554와 비교하여 매우 낮은 인장(세로)강도를 가지고 있어 송급할 때 더 많은 주의가 필요하다.
- 4047 용접봉은 4043보다 우수한 유동성, 빠른 용접속도 및 낮은 입열 특성을 가져 박판 및 누설방지 용접에 적합하다.
- 5554 용접봉은 일반적으로 4xxx 시리즈 용접봉에 비해 높은 강도의 용접을 제공하지만, 성형성이 낮다.

7.4 용접봉 선택 표

상용하는 브레이즈 용접봉은 표 1.87에, 적절한 용접봉의 선택은 표 1.88에 나타냈으며, 이종금속의 특정 합금 용접봉은 표 1.89에 찾을 수 있다. 표 1.90의 일반구조 합금에서 약간의 특수한 성질에 도달할 수 있다. 표 1.92에서 최고 강도와 중간 이상의 균열 저항과 연성을 근거한 3가지 추천 용접봉이 있다. 권장 용접봉을 찾을 때 표에서 해당하는 열과 행이 만나는 지점을 찾아서 읽으면 된다.

표 1.87 브레이징 합금(brazing alloy)

분류	ANSI 명칭	화학성분(wt %)								융점(℃)	브레이징 범위(℃)
		Si	Cu	Fe	Zn	Mg	Mn	Cr	Ti		
B AlSi-2	4343	6.8~8.2	0.25	0.8	0.2	–	0.1	–	–	580~610	600~620
B AlSi-3	4145	9.3~10.7	3.3~4.7	0.8	0.2	0.15	0.15	0.15	–	520~585	570~605
B AlSi-4	4047	11.0~13.0	0.3	0.8	0.2	0.1	0.15	–	–	580~585	585~605
B AlSi-5	4045	9.0~11.0	0.8	0.8	0.1	0.05	0.15	–	0.2	580~590	585~605
—	4245	10	4.0		10					515~560	560~570

표 1.88 일반적인 용접봉 선택 안내[41]

모재	Al-Si 주물	Al-Mg 주물	1xxx	2xxx	3xxx	4xxx	5xxx	6xxx	7xxx
Al-Si 주물	**4xxx NS**	NR	4xxx NS	NR	4xxx NS	4xxx NS	NR	4xxx NS	NR
Al-Mg 주물	NR	**5xxx NS**	5xxx NS	NR	5xxx 3xxx NS	NR	5xxx NS	5xxx NS	5xxx NS
1xxx	4xxx NS	5xxx NS	**4xxx 1xxx NS**	NR 4047	4xxx 3xxx NS	4xxx 1xxx NS	5xxx NS	4xxx NS	5xxx NS
2xxx	NR	NR	NR 4047	**NR 4047**	NR 4047	NR 4047	NR	NR 4047	NR
3xxx	4xxx NS	5xxx 3xxx NS	4xxx 3xxx NS	NR 4047	**4xxx 3xxx NS**	4xxx 3xxx NS	5xxx NS	5xxx NS	5xxx NS
4xxx	4xxx NS	NR	4xxx 1xxx NS	NR 4047	4xxx 3xxx NS	**4xxx NS**	NR	5xxx 4xxx NS	5xxx 4xxx NS
5xxx	NR	5xxx NS	5xxx NS	NR	5xxx NS	NR	**5xxx NSS**	5xxx NS	5xxx NS
6xxx	4xxx NS	5xxx NS	4xxx NS	NR 4047	5xxx NS	5xxx 4xxx NS	5xxx NS	**5xxx NS 4xxx**	5xxx NS
7xxx	NR	5xxx NS	5xxx NS	NR	5xxx NS	5xxx 4xxx NS	5xxx NS	5xxx NS	**5xxx NS**

주) NS: not specified(지정하지 않음)　NR: not rated(제외 대상)

41) The procedure handbook of arc welding(Lincoln arc welding foundation)

표 1.88에서 표 1.90를 부연해서 설명하면 다음과 같다.

① 모재 5083의 용접봉은 구성 요소에 따라 ER5356, 5183, 5556을 추천하며, Mg 2.5% 이상 함유한 5xxx 모재는 Si를 포함하는 ER4xxx(ER4043, ER4047)로 용접하는 것을 금지한다. 이는 Mg 2% 이상 함유한 합금 용접 때 금속간 화합물 Mg_3Si를 형성하여 이음을 약하게 하고, 동적 하중에 이음의 실패를 가져온다. 그림 1.159는 Al-Mg계 합금에서 취성이 높은 Mg_2Si 화합물 형성의 모식도를 나타내었다.

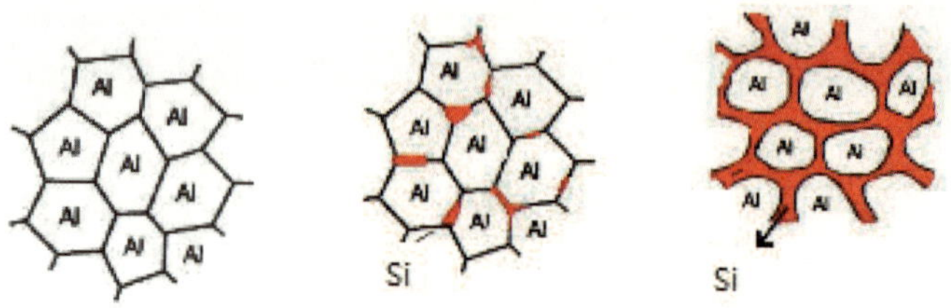

그림 1.159 Al-Mg계 합금에서 취성이 높은 Mg_2Si 화합물 형성 모식도

표 1.89 용접봉 선택 안내-특정 합금을 위한 이종금속 이음(강도, 균열 저항, 연성 기준)[42]

모재	1050 1080 1200	2219	3103 3105	5005, 5083 5251, 5454	6061 6063 6082	7005, 7019 7020, 7039	8090
8090				5556			**5556**
7039 7019 7020 7005	5556 5356 5183		5556 5356 5183	5356	5556 5356 5183	**5556** **5356** **5183** **5039**	
6061 6063 6082	5356 NS 4043		4043 5356	5356	**5556** **5356** **5183**		
5454 5251 5083 5005	5356 5356 5356 5356		5356 5356 5356	**5356** **5056**			

42) The procedure handbook of arc welding(Lincoln arc welding foundation)

모재	1050 1080 1200	2219	3103 3105	5005, 5083 5251, 5454	6061 6063 6082	7005, 7019 7020, 7039	8090
3103 3105	5356 4043	2319 NS 4043	**5356** **4043**	5356	5356 5056	5556 5356	5556
2219	2319 4043	**2319**					
1050 1080 1200	**4043** **1050** **1080**	2319 4043					

표 1.90 일반구조 합금의 특정 성질을 달성하기 위한 용접봉의 선택43)

모재	최고 강도	최고 연성	염수 부식 저항	최소 균열 경향	최고 양극
1100	4043	1050	1050	4043	1100
2219	2319	2319(2)	2319	2319	2319
3103 3003 3004	4043 5183, 5356 5554, 5356	1050 1100, 4043 5183, 4043	1050	4043	1050
5052 5083 5086 5454 5456 5050	5356, 5183 5183, 5356 5356, 5183 5356, 5554 5556 5356	5356, 5183 5356, 5183 5356, 5183 5554, 5356 5356, 5183 5183	5554 5183 5183 5554 5556	5356 5356 5356 5356 5356	5356 5356 5356 5554 5556
6061 6063 6082	5356, 4043 5356, 4043 4043	5356(3) 5356(3) 4043	4043 4043 4043	4043 4043 4043	5654 6356 4043
7005 7039	5556, 5039 5556, 5039	5356, 5183 5356, 5183	5356 5356	5356 5356	5356 5356

주) 1. "0" 템퍼 판재 추천
2. 모재의 용접 연성은 용접봉의 효과를 평가하지 않는다.
모재의 연신율은 기재된 다른 합금보다 일반적으로 낮다.
3. 6061 및 6063 용접 이음에서 최고 전기전도도는 4043 용접봉을 사용한다. 강도와 전기전도도는 5356을 사용하고, 5356의 낮은 전기전도도의 보상은 용접보강을 증가시킨다.

43) The procedure handbook of arc welding(Lincoln arc welding foundation)

표 1.91은 알루미늄 합금 용접봉 규격의 성분을 나타내었으며, 표 1.92는 일반 용접용 알루미늄 용접봉 가이드, 실딩 금속 아크 용접용 AWS A5.3 알루미늄 및 알루미늄 합금 용접봉을 나타낸 것이다.

표 1.91 알루미늄 합금 용접봉의 적용 규격의 성분

종류		Si	Fe	Cu	Mn	Mg	Cr	Zn	Ti
1100[H]		[B]	[B]	0.05~0.2	0.05	–	–	0.1	–
2319		0.2	0.3	5.8~6.8	0.2~0.4	0.02	–	0.1	0.1~0.2
4043		4.5~6	0.8	0.3	0.05	0.05	–	0.1	0.2
5052		[C]	[C]	0.1	0.1	2.2~2.8	0.15~0.35	0.1	–
5654		[C]	[C]	0.05	0.01	3.1~3.9	0.15~0.35	0.2	0.05~0.15
5183		0.4	0.4	0.1	0.5~1	4.3~5.2	0.05~0.25	0.25	0.15
5356[D]		0.25	0.4	0.1	0.05~0.2	4.5~5.5	0.05~0.2	0.1	0.06~0.2
5556[E]		0.25	0.4	0.1	0.5~1	4.7~5.5	0.05~0.2	0.25	0.05
6061		0.4~0.8	0.7	0.15–.4	0.15	0.80~1.2	0.15~0.35	0.2	0.15
6063		0.2~0.6	0.35	0.1	0.1	0.45~0.85	0.1	0.1	0.1
주물용	242[G]	0.7	1	3.5~0.45	0.35	1.2~1.6	0.25	0.35	0.25
	295	0.7~1.5	1	4.0~5	0.35	0.03	–	0.35	0.25
	355	4.5~5.5	0.8[F]	1.0~1.5	0.5[F]	0.40~0.6	0.25	0.35	0.25
	356	6.5~7.5	0.6	0.25	0.35	0.2~0.4	–	0.35	0.25
	718	11~13	0.8	0.3	0.15	0.1	–	0.2	–

주) (A) Be 총량은 다른 함량 포함 0.0008(5052, 6061, 6063은 없음)
(B) Fe+Si =0.95 max, (C) Fe+Si =0.4 5max
(D) QQ-R566B가 요청되었을 때, Fe+Si 0.050을 넘지 않음
(E) QQ-R566B가 요청되었을 때, Fe+Si 0.040을 넘지 않음
(F) 만약 Fe가 0.45 초과 시 Mn은 철의 1/2에 상당하는 것이 존재
(G) Ni 1.7~2.3
(H) 나머지 성분은 Al이나 알루미늄이 최소 99.00, 기타 합금은 소계 0.050이며(5052, 6061, 6063 제외) 합계 0.150이다.

주의: 보여주는 모든 단수 값은 지정하지 않는 한 최대이다.

표 1.92 일반 용접용 알루미늄 용접봉 가이드, 실딩 금속 아크 용접(SMAW)용 AWS A5.3 알루미늄 및 알루미늄 합금 용접봉44)

Base metal	319, 333, 354, 355, C355	13, 43, 344, 356, A356, A357, 359	214, A214, B214, F214	7039, 7005k, A612, C612, D612	6070, 6071	6061, 6063, 6101, 6151, 6201, 6951	5456	5454	5157, 5254a
1060, EC	4145c, i	ER4043i, f	ER4043e, i	ER4043i	ER4043i	ER4043i	ER5356e	ER4043e, i	ER4043e, i
1100, 3003									
Alclad 3003	4145c, i	ER4043i, f	ER4043e, i	ER4043i	ER4043i	ER4043i	ER5356e	ER4043e, i	ER4043e, i
2014, 2024	4145g	ER4145			ER4145	ER4145			
2219	4145g,c, i	ER4145c, i	ER4043 i	ER4043i	ER4043f, i	ER4043f, i	ER4043	ER4043i	ER4043i
3004									
Alclad 3004	ER4043i	ER4043i	ER5654b	ER5356e	ER4043e	ER4043b	ER5556e	ER5654b	ER5654b
5005, 5050	ER4043i	ER4043i	ER5654b	ER5356e	ER4043e	ER4043b	ER5556e	ER5654b	ER5654b
5052, 5652a	ER4043i	ER4043b, i	ER5654b	ER5356e,h	ER5356b,c	ER5356b,c	ER5356b	ER5654b	ER5654b
5083		ER5356c, e, i	ER5356e	ER5183e, h	ER5356c	ER5356e	ER5183e	ER5356e	ER5356e
5086		ER5356c, e, i	ER5356e	ER5356e,h	ER5356e	ER5356e	ER5356e	ER5356b	ER5356b
5154, 5254a		ER4043b, i	ER5654b	ER5356b,h	ER5356b,c	ER5356b,c	ER5356b,	ER5654b	ER5654a,b
5454	ER4043i	ER4043b, i	ER5654b	ER5356b,h	ER5356b,c	ER5356b,c	ER5356b,	ER5554c, e	
5456		ER5356c, e, i	ER5356e	ER5556e, h	ER5356e	ER5356c	ER5556e		
6061, 6063, 6101									
6201, 6151, 6951	ER4145c. i	ER4043b, i	ER5356b, c	ER5356b, c. h, i	ER4043b, i	ER4043b, i			
6070, 6071	ER4145c. i	ER4043e, i	ER5356b, c	ER5356c, e, h, i	ER4043e, i				
7039, 7005k									
A612, C612									
D612	ER4043i	ER4043b, h, i	ER5356b,h	ER5039e					
214, A214		ER4043b, i							
B214, F214			ER5654b,d						
13, 43, 344									
356, A356									
A357, 359	ER4145c. i	ER4043d i							
319, 333									
354, 355, C355	ER4145d, c, i								

							ER5183e	ER5356e	5086
						ER5654a, b, c	ER5356e	ER5356e	5083
					ER4043d, e	ER4043e, i	ER5356e	ER5356e	5052, 5652a
									5005, 5050
									3004
				ER4043e	ER4043e	ER4043e, i	ER5356e	ER5356e	Alclad 3004
			ER2319c, f, i	ER4043	ER4043	ER4043i	ER4043	ER4043	2219
		ER4145g	ER4145g						2014, 2024
									1100, 3003
	ER110c	ER4145	ER4145	ER4043e	ER4043e	ER4043e, i	ER5356c	ER5356c	Alclad 3003
ER1260c, j	ER1100c	ER4145	ER4145	ER4043	ER1100c	ER4043i	ER5356c	ER5356c	1060, EC
1060, EC	1100, 3003, Alc. 3003	2014, 2024	2219	3004, AlLc. 3004	5005, 5050	5052, 5652a	5083	5083	Base metals

44) Aluminum filler metal guide for general purpose welding, AWS A5.3 Aluminum and Aluminum Alloy Electrodes for Shielded Metal Arc Welding(SMAW)

참고: 1. 담수 또는 염수 침수, 특정 화학물질 노출 또는 지속적인 고온(65℃ 이상)과 같은 사용 조건은 용접봉 선택에 제한을 줄 수 있다.

참고: 2. 이 표의 권장 사항은 가스 실드 아크 용접 공정에 적용된다. 가스 용접의 경우 일반적으로 R110, R1260 및 R4043 용접봉만 사용된다.

참고: 3. ER 접두사로 지정된 필러 합금은 AWS 규격 A5.10에 나열되어 있다.

a. 모재 합금 5652 및 5254는 과산화수소 사용에 사용된다. ER5654 용접봉은 두 합금 모두 저온 사용(65℃ 이하)에 사용된다.

b. 더 높은 용접강도. ER5554는 고온 서비스에 적합하다.

c. ER4043은 일부 용도에 사용될 수 있다.

d. 모재와 같은 분석 기준을 가진 용접봉이 때때로 사용된다.

e. ER5183, ER5356 또는 ER5556을 사용할 수 있다.

i. ER4047은 일부 용도에 사용될 수 있다.

f. ER4145는 일부 용도에 사용될 수 있다.

j. ER1100은 일부 용도에 사용될 수 있다.

g. ER2319는 일부 용도에 사용될 수 있다.

h. ER5039는 일부 용도에 사용될 수 있다.

참고 4. 용접봉이 나열되어 있지 않은 경우, 모재 합금 조합은 용접에 권장되지 않는다.

7.5 용접봉의 관리

용접 전에 알루미늄과 알루미늄 와이어를 부적절하게 보관하면 용접 준비 비용이 훨씬 더 많이 든다. 최악의 경우 부적절한 품질의 용접이 발생할 수 있다. 공기에서 이 코팅은 매우 얇아서 약 100−150 Å (1 Å $=10^{-10}$m) 두께이다. 주변 온도와 70% 이하의 상대습도에서 보관하면 산화물 두께가 매우 느리게 증가한다. 이러한 조건에서 보관된 알루미늄과 알루미늄 와이어는 몇 년 동안 사용할 수 있다. 또한 역극성 아크는 산화물을 벗겨내는 경향이 있다. 따라서 알루미늄을 건조한 곳에 보관하면 용접 전 산화물 제거가 매우 쉽거나 불필요하다.

그러나 알루미늄이 93℃ 이상의 온도 또는 매우 높은 습도 수준에 노출되면 산화층의 두께가 급격히 증가할 수 있다. 이 때문에 다음 지침을 준수한다.

- 젖어 있는 알루미늄 와이어는 폐기해야 한다.
- 알루미늄 와이어는 가급적 내부에 보관하여야 한다.
- 모든 용접 와이어와 모재를 최소한의 온도 변화로 건조한 곳에 보관한다. 용접

와이어는 건조한 난방실 또는 캐비닛에 보관한다.

- 와이어는 원래 상자와 그것이 들어 있던 플라스틱 내부 가방에 보관해야 한다.
- 상대습도를 낮추기 위해 주변 온도보다 약 20℉(6℃) 이상으로 가열된 밀폐된 캐비닛에 와이어를 보관하는 것이 좋다. 캐비닛 내부에 낮은 와트의 전구 설비를 하고, 전구를 계속 켜둔다.
- 와이어의 응축은 냉간 저장 후 따뜻한 작업 현장에 노출되었을 때 형성할 수 있으며, 높은 습도와 수분의 상태에서 와이어에 다시 한 번 형성된다. 이것을 방지하기 위해 와이어 송급장치를 가열하기도 한다. 그러나 응축이 고질적이고 지속적이면 효과가 없다. 와이어 송급상자에 40W 전구를 켜 충분한 열을 발생시켜 와이어를 건조한 상태로 유지할 수 있다.
- 모든 용접봉과 모재를 용접 24시간 전에 용접 영역으로 가져와서 실온으로 만든다.
- 와이어를 하루 이상 또는 일주일 넘게 용접 기계에 남겨둔다면 플라스틱 포장으로 릴을 덮어 오염으로부터 방호가 되어야 한다. 최상의 방법은 용접 기계로부터 릴을 제거하고, 사용 기간 사이에 건조함 안에서 저장해야 한다.
- 용접 와이어는 항상 덮어 둔다.
- ER2319 용접봉과 Mixer Gas 적용은 Spatter 발생이 많다.
- 혼합가스 사용은 아크 소리가 거칠다.
- 용접봉은 6개월 또는 그 이상 상당한 기간 저장되며, 포장된 것은 기공 발생을 주거나 악화할 수 있는 곳에 저장될 수 있어 선입선출 방식의 건조와 용접봉을 사용한다.
- 용접봉 저장창고는 방화구조, 대기 차단벽, 환기설비 등이 있고, 용접봉은 밀봉된 상태로 저장되어야 하고, 개봉 및 밀봉이 훼손된 용접봉은 즉시 건조 로에 넣어야 한다.
- 용접봉은 상대적으로 작은 크기 때문에 표면 대 부피 비율이 높다. 전극 표면에 부주의하게 작용하는 모든 인발 화합물, 윤활제는 용접금속 특성에 악영향을 줄 수 있다. 이러한 이물질은 알루미늄, 강 합금에서 용접금속 기공을 초래할 수 있고, 고강도 강재에서 용접금속, 열영향부 균열을 유발할 수 있다. 용접봉은 고품

질 표면으로 제조되고, 이음새나 랩에서 오염물질이 수집하지 않도록 조심해서 다루어야 한다.

위의 권장 사항에 따라 보관된 알루미늄 와이어는 성능이 저하된 상태에서 최소 2년 동안 사용할 수 있다. 이보다 오래된 용접봉은 폐기해야 한다.

7.5.1 와이어 송급성 관리

와이어 송급 케이블 입구에 그림 1.160처럼 와이어를 둘러싸는 모(wool) 패드를 설치하여 케이블 안으로 와이어 통과 시 부드럽게 오염제거와 청소를 한다. 이것은 와이어 표면의 그리스, 기름, 먼지 등을 매우 효과적으로 제거할 수 있다.
그림 1.161에서 릴에 감긴 와이어에서 발생한 부분 및 층간 손상 용접봉 둘 다 사용할 수 있으나, 부분 손상이 가장 흔하다.

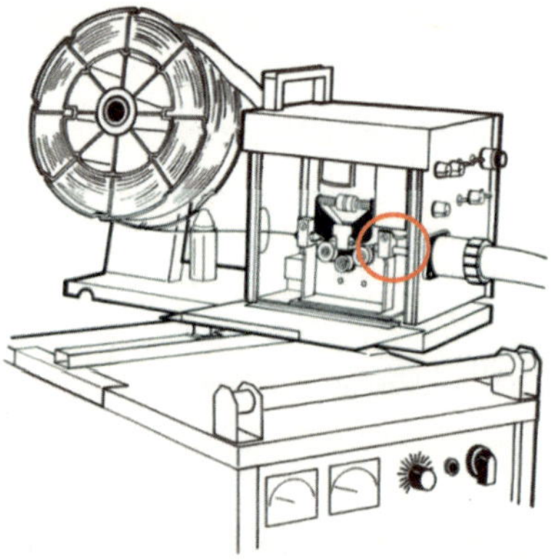

그림 1.160 모직 패드 설치

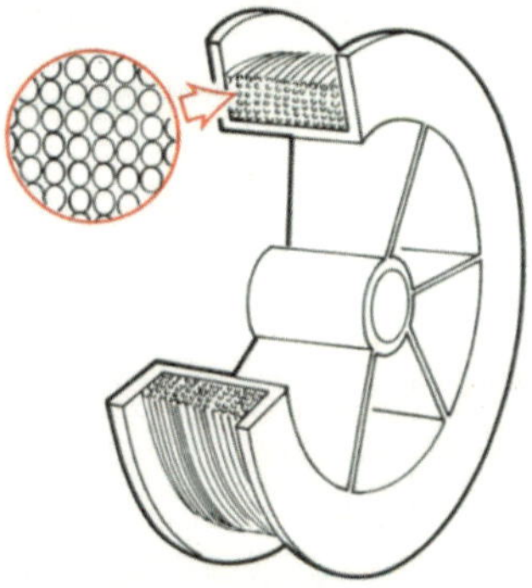

그림 1.161 용접봉의 손상 층

용접 와이어 표면 불량은 라이너 막힘, 불안정 아크, 용접부 기공의 원인으로 5xxx 합금의 Cast 치수는 중요하다. 용접 와이어 표면은 라이너 및 접촉 팁의 교체 빈도에 영향을 주며, 와이어 표면의 산화물이나 오염은 불안정한 아크로 인한 기공 발생의 원인과 라이너에 충격 발생으로 아크는 불안정해진다. 그림 1.162처럼 와이어를 깎는 것(shaving)이 표면 산화물과 오염을 제거할 뿐만 아니라 와이어를 경화시키며, 감기는 것을 적게 하고 송급을 쉽게 한다. 와이어의 표면 처리가 알루미늄 부스러기를 최소화하는 표면 처리는 라이너 막힘 방지와 마찰 감소, 접촉부 팁 수명 늘리기와 아크 개시 개선으로 생산성을 향상한다.

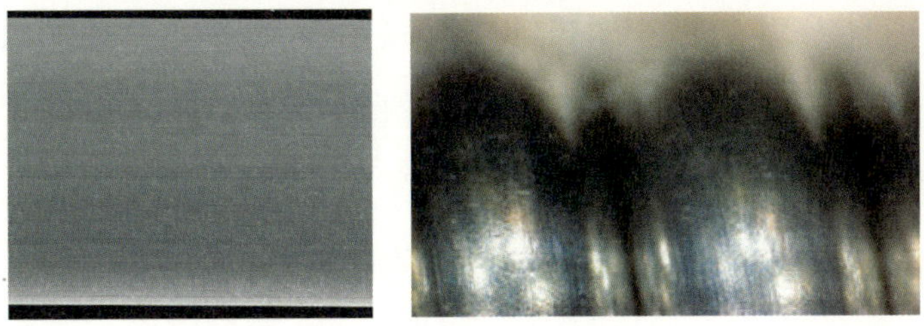

표면 처리 양호

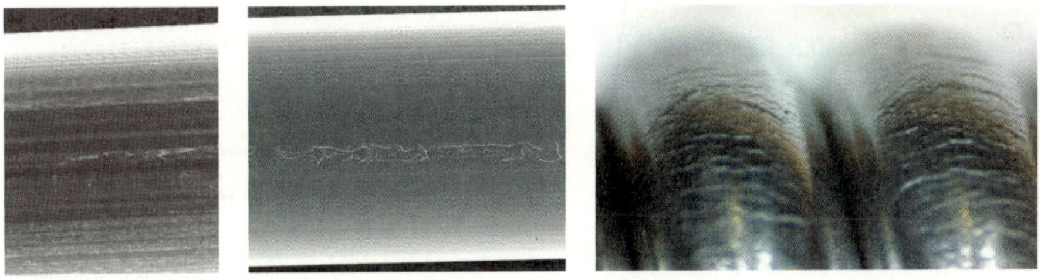

일반적인 표면 처리 상태

그림 1.162 **양호한 와이어 표면과 바람직하지 못한 표면(ER5356 1.2mm, Mandreltest)**

용접봉(와이어)은 일반적으로 편리한 크기의 스풀, 코일에 권선된다. 권선의 균일성이나 꼬임이나 구부러짐이 없는 것이 전극의 적절한 공급에 중요한 고려사항이다. 권선 작업의 중요한 특성은 전극의 감김과 나선이다. 감김(cast)은 루프를 형성하기에 충분한 와이어가 스풀 또는 코일에서 절단되고 그림 1.163(1)과 같이 평평한 표면에 고정되어 있을 때 만들어지는 와이어 한 루프의 직경을 나타낸다. 나선은 평평한 표면 위의 와이어 끝의 양을 측정한 것이다.

송급 성능을 결정하는 요소로 그림 1.163처럼 원료 코일을 감은 감김 직경과 나선 간격(pitch)이 있다. 감김 직경이 클수록, 나선의 간격이 작을수록 균일한 송급에 유리하다. 이것은 와이어가 접촉 튜브를 빠져나감에 따라 마찰력이 감소한 결과이다. 그러나 감김직경이 과대할 경우 전기접촉이 문제가 되며, 큰 나선은 접촉 팁에서 전극 끝이 나선형으로 되거나 갑자기 뒤집힐 수 있다. 이 조건 중 하나는 특히 자동 장비의 홈 용접에서 이상한 비드 윤곽과 불규칙한 용입이 초래된다.
과소할 경우 전극 팁 내에서 움직임으로 송급 문제가 발생하므로 감김의 적정 직경은 400~1200mm 정도이며, 나선의 크기는 25mm 이내이어야 한다. 작은(Ø300~400mm) 감김은 팁 마모와 라이너 마찰 증가가 예측되어 많은 비가동 시간이 소요된다. 강철 와이어의 규격은 일반적으로 허용 가능한 감김 범위와 나선의 최대 범위를 요구한다. 알루미늄 와이어의 경우 "용접봉은 자동, 반자동 장비에서 방해받지 않고 공급된다"와 같이 더 일반적인 요구사항이 지정된다.

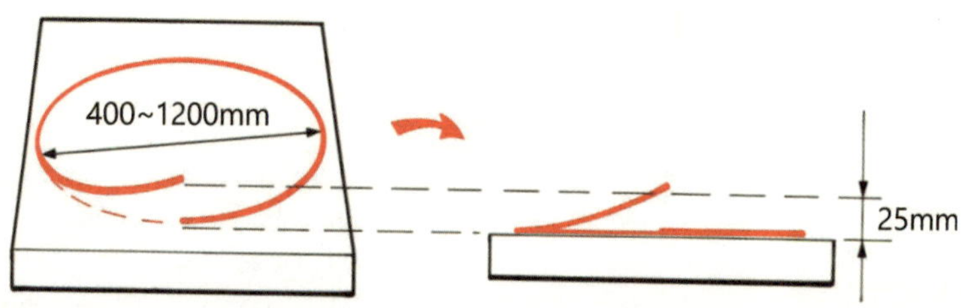

(1) 감김 직경　　　(2) 나선의 간격

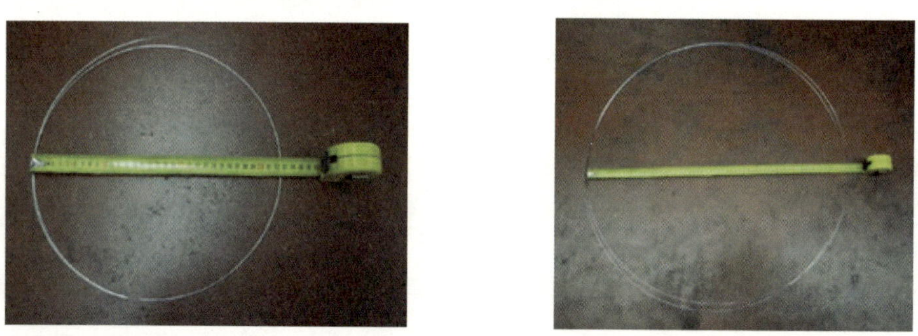

(3) 불만족 ER5356 1.2mm, CastØ 320mm　　　(4) 양호 ER5356 1.2mm, CastØ 640mm

그림 1.163 코일 감김 직경의 점검

MEMO

용접장비

02

CHAPTER 02

용접장비

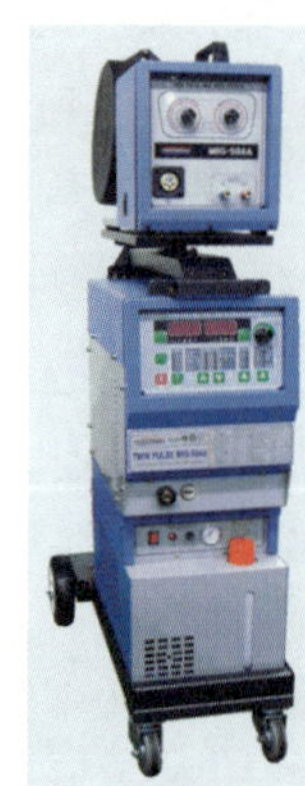

알루미늄 소재의 용접 품질을 확보하기 위해서는 용접기(Welding Power Source)의 성능이 핵심적인 요소로 작용한다. 특히 MIG 용접에서는 기울기가 매우 작은 정전압 특성을 갖는 전원이 요구되며, 최근에는 인버터 기반의 펄스 용접기가 MIG 및 TIG 공정 모두에서 주류를 이루고 있다. 이러한 장비는 디지털 제어, 프로그램 설정, 원격 모니터링 기능까지 제공되어, 보다 정밀하고 안정적인 알루미늄 용접이 가능하게 되었다.

본 단원에서는 먼저 용접기의 역사적 발전 흐름과 함께, 알루미늄 용접에 사용되는 MIG 및 TIG 인버터 펄스 용접기의 구조와 동작 원리를 이해한다. 이를 통해 용접기의 정상 작동을 위한 점검 항목과 간단한 유지보수 방법을 습득할 수 있도록 한다. 또한, 실용적인 관점에서 용접 구성요소 중 하나인 실딩 가스의 특성, 용접부 형상에 영향을 미치는 금속 이행 방식, 용접 품질 측정 장비, 그리고 생산성 향상을 위한 용접 로봇 시스템의 설치 요건에 대해서도 다룬다. 이 단원은 알루미늄 용접 품질 향상을 위해 용접기 선택과 활용에 대한 이해를 넓히고, 기계화 및 자동화를 고려한 실무 지식을 제공하는 데 중점을 둔다.

1 용접기(power source)

일반적으로 아크 용접기는 SMAW, GMAW, GTAW, SAW, EGW, PAW, 스터드 용접 등의 다양한 아크 용접 공정에 필요한 용접전류와 전압을 공급하며, 공정에 따라 추가로 요구되는 기능을 포함한다. 아크 용접기는 용접공정에 따라 약간의 차이는 있지만, 다음과 같은 단위 기기로 구성되어 있다.

- 용접공정에 따라 아크를 발생시키기 위한 전류와 전압을 공급하는 전원장치
- 전극을 지지하고 용접기로부터 전류를 전극에 공급하는 토치

• 와이어 송급장치
• 아크를 이동시키는 주행장치

용접공정에 따라서 위 4개의 장치는 일부만 사용되거나, 변형된 기능이 사용된다. 용접기를 분류하는 방법으로 용접기 출력 특성, 전류 파형, 아크 보호 기구, 토치 조작 방식, 아크 발생 방식 등이 있다. 알루미늄 MIG 용접용으로 사용하는 최신 인버터 디지털 펄스 용접기의 기능은 아래와 같다(그림 2.1 참조).

• 용접기는 직류전원을 공급
• 반도체 정류 또는 트랜지스터 인버터 변압기
• 아크 전압, 송급 속도 조정은 인덕턴스를 조정
• 아크 전압은 아크 길이를 조정
• 정전압 또는 약간의 기울기를 가진 전압 전원(자기 제어 작용)
• 와이어 속도만 조절하는 시너지 타입 : 용접봉 종류와 직경, 실딩 가스에 맞는 것을 제공(펄스 변수와 전압을 조정)

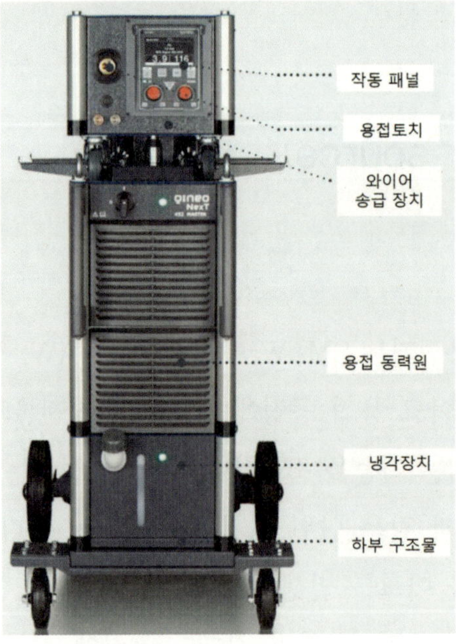

그림 2.1 인버터 디지털 펄스 용접기(출처: CLOOS, Qineo Welding M/C)

1.1 용접기 역사

전기 아크 용접의 발달은 전기에너지를 편리하게 이용할 수 있는 수단이 발명된 이후라 할 수 있다. 1885년 N.Benardos와 S.Olszeski는 축전지를 여러 개 병렬로 연결하여 이 전원장치와 탄소전극을 사용하여 아크를 일으켰다.

1988년에는 소련의 N.G.Slavianoff는 탄소봉 대신 금속 전극봉(비피복)을 이용하여 아크를 일으켜 주물을 대상으로 용접하는 방법을 특허로 출원하였다. 또한, 미국의 C.L.Coffin 역시 1982년에 Slavianoff와는 독립적으로 금속 전극봉을 이용하여 주로 보수 용접 구조물을 대상으로 용접하는 방법을 특허 출원하였다. 스웨덴의 Kjellberg가 비피복 금속봉 대신 아크 안정을 목적으로 피복 전극봉과 1912년 결합제(규산나트륨)를 이용한 두꺼운 피복 전극봉을 개발함에 따라 오늘날 피복 아크 용접법(SMAW)이 널리 사용되었다.

제1차 세계대전이 끝난 후 미국의 H.M.Hobart와 P.K.Devers는 아르곤 혹은 헬륨 가스 분위기에서 용접하는 방법을 특허 출원하였으며, 이 방법은 가스 텅스텐 아크 용접(GTAW) 방법으로 발달하였다. 또한, 그들은 노즐을 통해 실딩 가스를 공급하고 용접봉을 공급하는 가스 금속 아크 용접(GMAW)으로 발달하였다. 표 2.1은 GAW 용접기의 역사를 나타냈다.

표 2.1 용접기의 역사

년도	용접 관련
1831	M. Faraday 자계 내에서 움직이는 도체 양단에 전압 발생
1885	Benardos & Olszewski : 탄소전극을 +, 모재를 −로 탄소 아크 용접법 특허출원
1907	미국에서 처음으로 금속 아크 용접법 사용. Lincoln 사, 가변전압 직류용접기 제조
1909	Westinghouse: 자사 사용 목적의 직류용접기 제조
1925	GE사 − 비피복 와이어 자동 용접기를 판매
1926	Lincoln 사 − 탄산가스 용접법 특허 취득
1930	Henry Hobart와 P · Devers. 불활성 가스 분위기에서 용접법 특허 취득
1936	Miller 용접기 − 고주파 중첩 교류 아크 용접기 발매
1939	Nelson : Stud 용접 특허 취득
1942	Meredith : TIG 용접 토치 특허 취득
1954	A. Bermard: Flux cored wire에 의한 CO_2 용접 발표

한편 제2차 세계대전 중 마그네슘과 알루미늄 용접을 위하여 불활성 가스를 이용한 용접법이 항공 산업 분야에서 연구되기 시작하여 1941년 Meredith에 의하여 Heliarc라는 이름으로 특허 출원되었다. GTAW 용접은 처음에 발전형 직류용접기로 전류가 공급되었으나, 교류전원에 고주파가 중첩되도록 고안되었고, 다시 직류에 아크 기동을 위한 고주파 장치가 부착된 것이 1950년에 고안되었다. 또한, 앞서 Hobart와 Devers에 의해 이루어진 GMAW의 개념은 1948년 Battel 연구소에 의해 더욱 발전하여, 연속적으로 공급되는 가는 용접봉과 전원장치로 정전압형 전원장치의 개발이 이루어졌다.

1953년에는 Lyubavskii와 Novoshilov가 탄산가스 분위기에서 용접하는 것을 제안, 단락 이행을 적절히 이용함으로써 1959년에 실용화되었다. 1957년에는 Rovert Gage에 의하여 GTAW를 발전시켜 플라스마 아크 용접법이 개발되었다. 그림 2.2는 서유럽에서 용접방법의 사용 추세를 나타냈다.

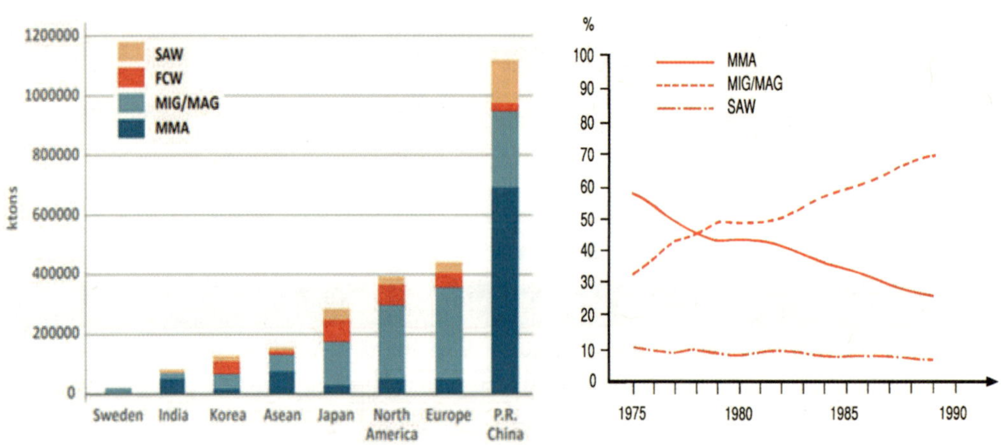

(a) 2004년 일부 국가 및 지역의 용접금속 소비량(출처: B. Pekkari)[1]

(b)

그림 2.2 서유럽에서 용접법 사용 비율

1) https://iiwelding.org/, 42p Improving Global Quality of Life Through Optimum Use and Innovation of Welding and Joining Technologies

한편 국내에서는 1960년대 초반에 조선 분야에서 알루미늄 용접 등을 목적으로 가스 텅스텐 아크 용접법의 미국 연수가 이루어지고 국내에 보급되기 시작하였다. 1960년 말 해안경비용 알루미늄 경비정이 국내에서 건조되면서 불활성 가스 용접(GMAW/GTAW)이 활발히 적용되었다.

1.2 용접기의 분류와 특성

1.2.1 아크 용접 동력원의 분류

용접하기 위한 요소로 크게 용접기, 용접재료, 용접사로 나누고 있다. 여기에서는 아크 용접에 사용되는 동력원(power sources)에 관한 일반적인 내용 및 알루미늄 용접에 적용되는 동력원의 특성, 종류 및 선택 방법에 관하여 기술한다.

아크 용접의 동력원을 구분하는 방법에는 여러 가지가 있으나, 총괄적인 구분을 표 2.2로 나타내며 다음과 같이 분류한다.

표 2.2 아크 용접 동력원의 분류

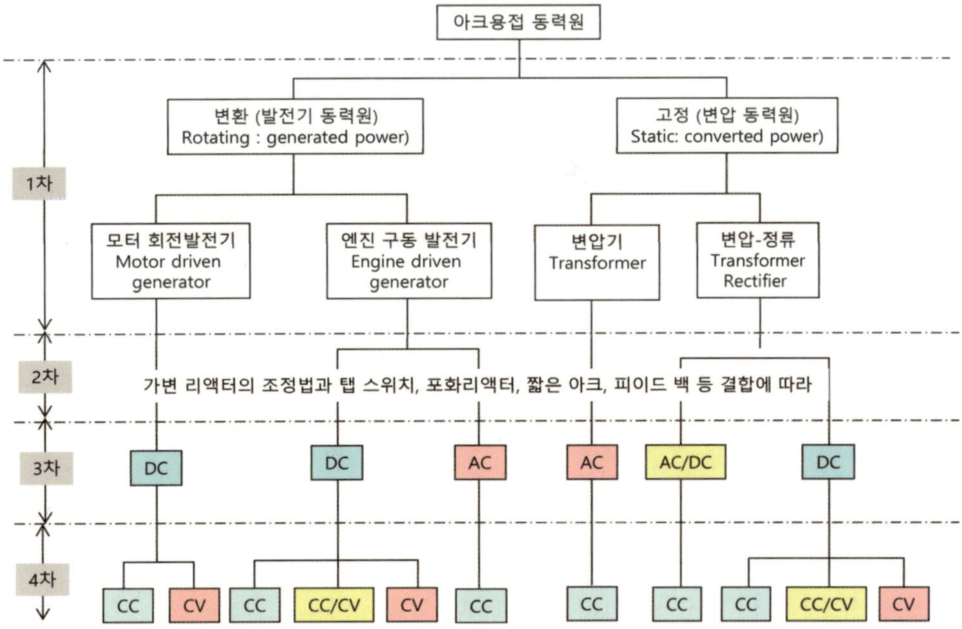

(1) 1차 구분

① 사용 관점에서 동력 발생 또는

② 공급 전력원이 변환되어 이용되는 동력에 따라 구분

전력 변환에는 2가지 종류가 있다. 즉, 비교적 높은 전압(공급 전원)을 교류 용접에 알맞도록 낮은 전압으로 변환시키는 변압기와 높은 전압을 낮은 전압으로 변화시키는 동시에 교류를 직류로 정류시키는 변압기-정류기(transformer rectifier)가 있다.

(2) 2차 구분: 용접 동력원의 조정 방법에 따라 구분

아크 진행에서 동력조정은 자장(magnetic field)의 강도 변경으로 이루어진다. 발전기의 경우 다른 권선(coil)을 재연결시키는 스위치에 의해 행하여지며, 정적(static machine)인 경우는 인덕턴스(inductance)를 기계적, 전기적 또는 권선의 연결을 변화시킴으로써 자장이 변경된다. 그것은 전자기적으로 회로를 조정하는 피드백 신호로 실현할 수도 있다.

(3) 3차 구분: 공급되는 용접전류에 따라 구분

즉, 교류용접기, 직류용접기, 교류 및 직류 겸용 용접기로 분류된다.

(4) 4차 구분: 정전압-전류 특성곡선에 따라 구분

즉, 정전류(constant current: CC) 용접기는 수하 특성곡선을 가지며 정전압(constant voltage: CV) 용접기는 정전위(constant potential) 용접기라 불리며 비교적 편평한 정전압-전류 특성곡선(flat curve)을 가진다.

(5) 5차 구분: 용접기의 정격(rating)에 따라 구분

정격이란 용접기 내부의 온도를 극단적으로 상승시키지 않고 용접기로부터 얻어질 수 있는 부하전류를 말한다. 모든 용접기는 주어진 정격 사용률(duty cycle)로 특정의 부하전압에서 부하전류를 내도록 규정되어 있다. 미국에서는 국제 전기제조자 협회(NEMA: national electrical manufacturers association) 표준의 "전기 아크 용접 장치"의 사양서에 따라 정해져 있다.

(6) 6차 구분: NEMA 등급에 따라 구분

① Class 1: 정격 사용률 60%, 80% 또는 100%에서의 정격 출력

② Class 2: 정격 사용률 30%, 40% 또는 50%에서의 정격 출력

③ Class 3: 정격 사용률 20%에서의 정격 출력

여기에서 정격 사용률은 작업 10분 동안의 순수 아크시간의 비를 말한다. 용접기의 정격은 시험에 의해 결정되며 정전압-전류 특성곡선과 관계된다. 장비는 정격 사용률과 특정의 부하전압에 따라 정격이 된다. 표준부하 전압은 용접기의 크기에 따라 다르지만 보통 28~44V이다. 시험은 장비 내의 온도가 특정 온도를 넘지 않도록 특정의 정격사용률 하에 행해지며, 허용 상승온도는 사용된 절연물의 등급에 따른다. 권선에 대한 NEMA 절연등급은 다음과 같다.

① Class A: 목면, 종이, 셀룰로스, 아세테이트 필름 및 비슷한 유기물질

② Class B: 운모, 유리섬유, 기계적 강도만을 위한 유기물질을 포함한 석면(약간 높은 상승)

③ Class F: 고온 상승이 허용되도록 적당한 접착제를 사용하는 것 이외에는 "B"와 비슷

④ Class H: 석면, 유리섬유, 운모, 적당한 접착제, 예를 들면 실리콘 수지를 사용한 실리콘 탄성중합체(elastomer)

용접기는 종종 정격출력 전류보다 높은 전류를 내는 것이 필요한 때가 있다. 이것은 전격 사용률을 감소시키면 가능하다. 또한, 장비를 자동화 용접 또는 60% 정격 사용률의 장비를 100% 사용률로 하는 것이 필요한 경우 전류를 정격의 이하로 낮추어 사용하면 가능하다.

이런 관계를 식으로 나타내면 다음과 같다.

$$\text{사용률}(\%) = \frac{(\text{정격 전류})^2}{(\text{사용 전류})^2} \times \text{정격 사용률}(\%)$$

1.2.2 정전류와 정전압 전류 특성곡선, 기울기

(1) 수하 특성곡선(drooping characteristic curve)

그림 2.3의 곡선은 정전류 용접기의 수하 특성곡선이다. 정전류 용접기는 교류 및 직류 출력이 가능하고, 아크 시작을 쉽게 하려고 높은 개로 전압이 요구된다. 개로 전압은 무부하 상태에서 작동될 때 용접기의 출력단자에 나타나는 전압을 말한다. 개로 전압은 아크 안정성 관점에서 높을수록 좋지만, 안전성과 비용 측면에서는 과도한 것을 피하는 것이 좋다.

NEMA 표준은 개로 전압을 수동 용접에서는 80V, 자동 · 반자동 용접에서는 100V를 넘지 않도록 규정하고 있다. 이 곡선에서 아크 전압은 용접사가 아크 길이를 변경함으로써 조정되며 용접전류는 전류 손잡이를 설정함으로써 조정된다.

정전류 용접기 특징은 다음과 같다.

- 한정된 단락 전류를 가진다.
- 아크 길이의 정상적인 변화에서 비교적 일정한 전류 유지가 가능하다.

그림 2.3에서 빗금친 부분이 정상적인 아크 전압 범위이며, 전류를 조정함으로써 많은 수하 특성곡선을 얻을 수 있다.

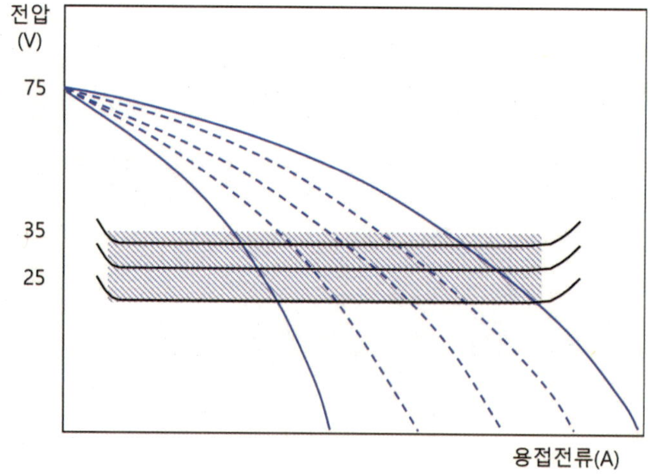

그림 2.3 수하 특성곡선

(2) 정전압 특성곡선(flat characteristic curve)

그림 2.4의 곡선은 정전압 용접기의 특성곡선이다. 이 곡선의 특징은 전류와 관계 없이 전압이 거의 일정하다. 개로 전압은 보통 40~50V이며 정격전류에서는 약 35V이다. 아크 길이는 전압 설정에 따라 조정되며, 용접전류는 와이어 송급 속도에 따라 변한다.

그림 2.4의 곡선은 비교적 적은 기울기 때문에 전류의 급격한 변화는 용접이 저전류 밀도로 행해질 때이다. 이런 이유로 전류 안정화 시스템이 GMAW에 요구될 수도 있다. 대부분 정전압 용접기는 그림 2.5처럼 특성곡선의 기울기 변환장치가 있다.

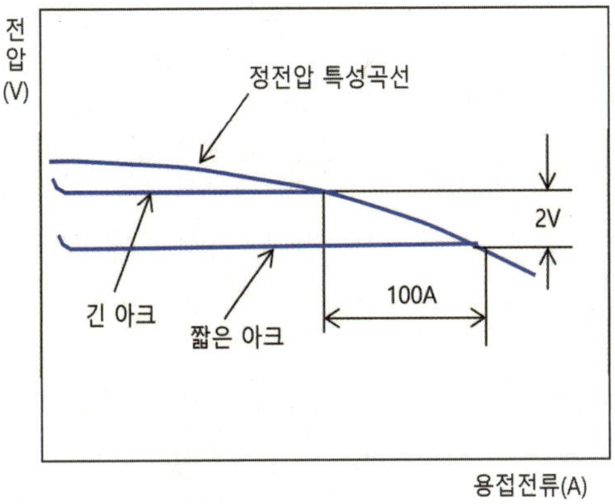

그림 2.4 정전압 특성

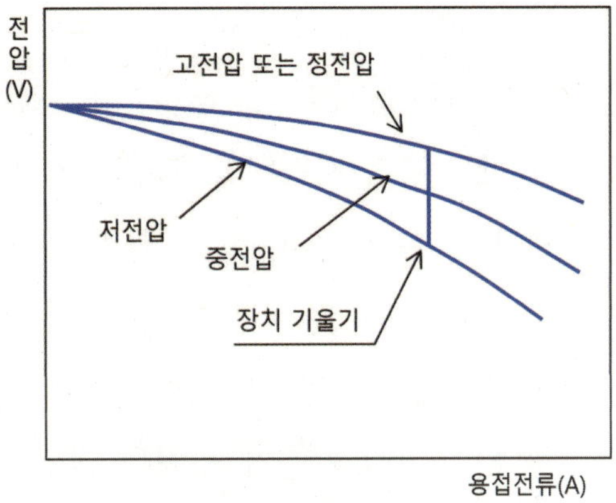

그림 2.5 기울기의 조정

기울기 조정은 전원이 단락 전류량을 제한하는 효과를 가지며 아크 안정장치(stabilizer)라고도 불린다. 이것은 스프레이(고전류 밀도) 아크에서는 항상 필요한 것은 아니나, 직경이 작은 와이어(0.5~1.2mm)로 비교적 저전류-저전압에서 용접할 때 기울기 조정이 필요하다.

정류기에서 기울기 조정을 가장 효율적으로 하는 방법은 1차 공급 회로(교류 측)에 변환장치(reactor)를 사용하는 방법과 직류 측에 저항장치(resistor)를 사용하는 방법이 있다.

또한, 가변 인덕턴스도 정전압 동력원의 특징이다. 출력 회로에 가변 인덕턴스의 첨가는 φ 0.5~1.2mm 와이어, 탄산가스 실드 사용의 직류 저전류 단락 이행 용접의 안정화에 도움이 된다. 기울기 조정은 최대 단락 전류를 제한하고 인덕턴스 조정은 용접전류의 증감을 조정한다.

인덕턴스가 불충분하면 용접 와이어가 용융지 속으로 들어갈 때 단락전류가 일어나며, 용접전류가 급속히 상승하여 스패터가 많이 생기고 용융물이 용융지 밖으로 튀는 현상이 많이 생긴다. 너무 높은 인덕턴스는 전류 상승률을 불충분하게 하고 전압이 너무 낮게 걸리는 것처럼 용접 와이어를 몽톡하게 한다. 인덕턴스 조정은 2차 전류(직류 측)의 가변 변환장치의 사용으로 한다.

(3) 기울기(slop)

기울기란 출력 전류의 변화에 따라 출력전압이 변하는 것으로 정의되며, Volt/100Amp로 표현된다. 제조업체가 지정한 이 기울기는 출력단자에서 측정되며 아크 용접 시스템의 총 기울기가 아니다. 용접 시스템(예: 전원 케이블, 열악한 연결, 느슨한 단자, 오염 접촉 등)에 저항성을 추가하는 것은 기울기에 추가된다. 따라서 기울기는 주어진 용접 시스템에서 아크에서 가장 잘 측정된다.

정전압 특성이 있어야 하는 알루미늄 용접의 경우 그 값이 적을수록 아크 안정성이 좋다. 여기서 기울기 조정은 개로 전압 가감 저항기(rheostats) 및 전류조정으로 이루어진다. 정전압 용접기는 보통 3개의 기울기가 널리 적용된다. 상승 기울기(rising slope)가 알루미늄의 GMAW에 권장되지만 그렇게 보편화된 것은 아니다.

정전압 동력원의 기울기에 따른 적용 용접은 다음과 같다.

① 기울기 1.5~2V/100A: 불활성 가스를 사용하는 비철의 GMAW, SAW, 굵은 직경의 와이어를 사용하는 FCAW에 적합

② 기울기 2~3V/100A: 탄산가스 용접, 작은 직경의 와이어를 사용하는 FCAW에 적합

③ 기울기 3~4V/100A: 단락 이행 용접에 적합

그림 2.6과 같이 정전압 용접 시스템의 기울기를 계산하기 위해서는 두 가지 작동점이 필요하다. 즉, 10V의 변화로, 전류는 100A로 변한다. 따라서 기울기는

10V/100A가 된다.

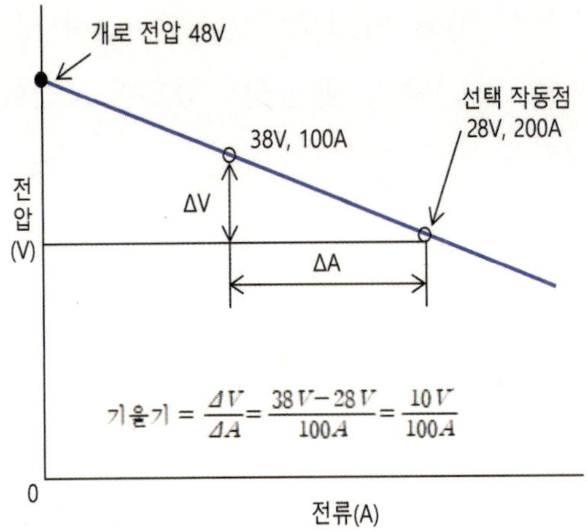

그림 2.6 **전원에 대한 기울기 계산**

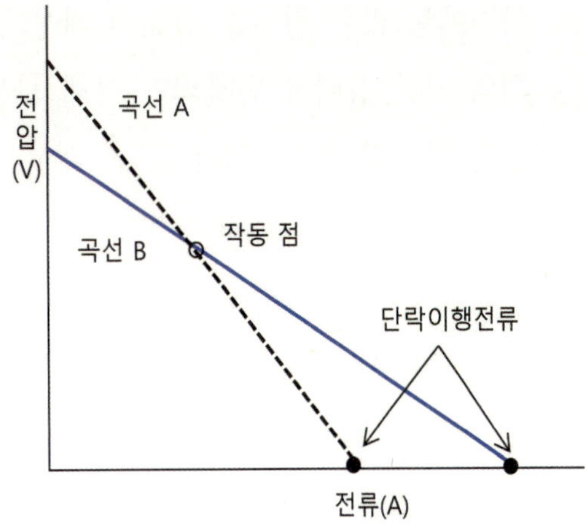

그림 2.7 **가변 기울기의 효과**

기울기는 GMAW의 단락 이행 모드에서 주요 기능을 한다. 이것은 전극이 공작물에 단락될 때 흐르는 전류량인 단락 전류의 크기를 제어한다. GMAW에서 용융된 방울이 전극으로부터의 분리는 전자기 핀치 효과라고 하는 전기적 현상에 의해 제어된다. 단락 전류 및 핀치 효과 힘은 그림 2.7과 같이 전원의 V-A 곡선 기울기의 함수이다. 작동 전압과 두 전원의 전류는 같지만, 곡선 A의 단락 전류는 곡선 B의 단락 전류보다 작다. 곡선 A는 100A당보다 가파른 기울기(전압강하)를 가진다. 곡선 B는 단락 전류가 낮고 핀치 효과가 낮다.

단락 이행에서 핀치 효과가 용융 방울이 전극에서 분리되는 방식을 결정하기 때문에 단락 전류의 양이 중요하며 아크의 안정성에 영향을 미친다. 전원 회로에 기울기가 거의(전혀) 없는 경우는 단락 전류가 급격히 상승하여 핀치 효과도 높아지며, 용융 방울이 와이어에서 격렬하게 분리된다. 과도한 핀치 효과는 갑자기 금속을 압착하여 단락을 제거하고 과도한 스패터를 만든다.

전원에서 단락 전류가 가파른 기울기로 낮은 값으로 제한되는 경우 전극은 최대 전류를 전달하지만 핀치 효과가 너무 낮아 방울을 분리하고 아크를 다시 설정할 수 없어 전극은 공작물에 쌓이거나 용융지에 동결할 수 있다. 단락 전류가 수용할 수 있는 값일 때, 전극으로부터 용융된 방울의 분리는 매끄럽고 스패터는 거의 발생하지 않는다.

과거에는 많은 정전압 전원에 기울기 조정 메커니즘이 장착되었지만, 전자 제어장치의 기본 장비가 변경되면 현재 사용할 수 있는 수가 제한되어 있으며 조정할 수 있는 기울기 제어장치만 있다. 대부분 전원은 가장 일반적인 용접조건을 위해 미리 설정된 고정된 기울기를 가지고 있다.

(4) 역률(power factor)

① 직류 용접기

역률이란 전압과 전류를 통하여 걸린 부하전력(VA, kVA)에 대해 실제 소비된 전력(W, kW)의 비율을 말한다.

$$역율 = \frac{전력}{전압 \times 전류} = \frac{W}{EI} \times 100\%$$

역률이 낮다는 것은 실제 효력을 발휘하는 전력이 적다는 것이며, 높은 전력을 공급하여도 그 이용률이 낮다는 뜻이므로 바람직하지 않다. 보통은 유도 리액턴스(reactance)가 있으므로 역률이 낮게 되기 때문에 반대의 작용을 하는 유도 리액턴스가 있는 콘덴서를 넣어 역률을 높게 한다. 이것을 역률 개선이라 한다. 일반적으로 직류 회로에서는 회로에 들어가는 전류, 전압의 곱이 모두 사용할 수 있으므로 역률이 아주 높다.

② 교류 용접기

역률이 낮다는 것은 보통 역률이 나쁘다고 알려져 있으나 용접기의 경우는 역률이 낮다. 즉, 나쁘다는 뜻과 통하지 않는다. 용접기에서 입력 P(kVA)와 개로 전압 E와 용접전류 I의 곱과 같고, 출력은 아크 전압(30~40V)과 용접전류의 곱과 같으므로 역률은 다음 식과 같이 표시된다.

$$역률(p.f) = \frac{입력 kW}{입력 kVA} = \frac{출력 kW \div 효율}{입력 kVA} = \frac{(30 \sim 40 V) \times I \div 효율}{E \times I}$$

$$= \frac{30 \sim 40 V}{E} \times \frac{1}{효율}$$

따라서 개로 전압이 낮게 됨에 따라 역률이 크게 되는 것은 입력 kVA도 절약되어 역률이 높다고 할 수 있다. 그러나 효율이 적게 되면 상기 식에서 역률은 크게 된다. 이것은 개로 전압이 일정하면 입력 kVA는 그대로 내부 손실이 늘게 되어 역률이 크게 되는 것이므로 좋다고 볼 수 없다. 즉, 교류 아크 용접기에서는 개로 전압이 같으면 역률이 나쁜 용접기란 뜻이다. 또한, 입력 kVA가 적게 됨에 따라 역률이 크게 되는 경우는 역률이 높을수록 좋다고 할 수 있다. 표 2.3은 용접 동력원의 정전압-전류 특성곡선에 따른 적용 용접법 종류를 나타냈다.

표 2.3 용접 동력원의 정전압-전류 특성곡선에 따른 적용 용접법 종류

정전압-전류 특성 용접기 / 용접법	CC-DC (정전류)	CV-DC (정전압)	CC-AC (교류 정전류)
SMAW(shielded metal arc welding) or stick	○	×	○
GTAW(gas tungsten welding) or TIG	○	×	○
PAW(plasma arc welding)	○	×	×
CAW(carbon arc welding, cutting & gouging)	○	△	○
SW(stud arc welding)	○	△	×
SAW(submerged arc welding)	○	○	○
GMAW(gas metal arc welding : inert gas)	○	○	×
GMAW(CO_2)	△	○	×
GMAW(shorting arc)	×	○	×
FCAW(flux cored arc welding)	○	○	△

○: 사용 △: 사용 가능 ×: 사용하지 않음(not used)

1.2.3 기본 회로도 및 변압기의 출력조정 방법

변압기식 동력원의 출력조정 방법으로 가변 저항기, 탭 절환, 가동 코일, 가동 저항 철심, 과포화(reaction), 가동 철심형이 있다. 정류기 시스템의 파형 제어는 그림 2.8과 같다.

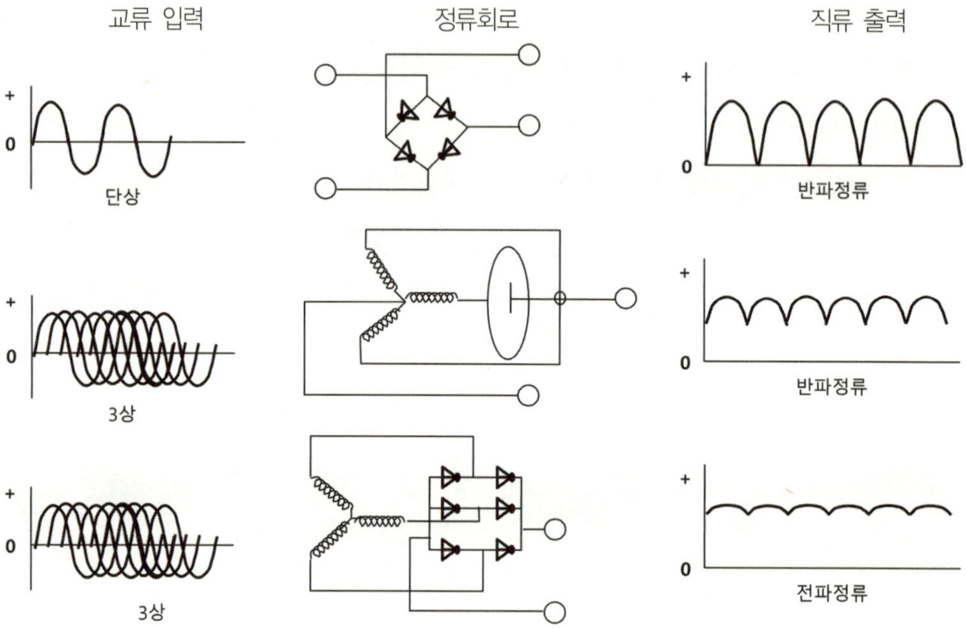

그림 2.8 정류기 시스템의 파형 형태

1.2.4 GMAW 용접기 선택법

GMAW 용접기는 적어도 다음 4가지 관점에서 용도에 따라 선택된다.

① 동력의 이용도: 동력공급 여부에 따라 발전기형 또는 변압기-정류기형 결정

② 장비 정격: 용량, 즉 출력 전류 결정

③ 전류 특성: 정전류 또는 정전압 결정

④ 복잡성 정도와 다용성

모터-발전기와 변압기-정류기의 선택은 용접이 이루어지는 곳에서 이용되는 공급전류에 영향을 받는다. 공급전류가 충분하면 변압기-정류기를 선택하는 것이 좋다. 그 이유는 모터-발전기보다 값이 싸고 유지가 쉽기 때문이다. 선택할 때 가장 중요한 요소로 전류용량이 있는데 이것은 필요 또는 사용 예상되는 최대 전류에 따라 정해진다.

정전류 용접기가 아직 사용되고 있지만, GMAW에 사용되는 장비는 보통 정전압 용접기이다. 그것은 정전압 용접기의 전류 특성이 용접에 더 적합하기 때문이다. 복잡성 정도, 즉 출력의 조정 형태 및 범위도 주요한 선택요건이다. 같은 용량의 정전압 정류기형 용접기도 가격에 영향을 주는 인자가 2~3가지 있다. 가장 간단한 형은 고정된 정전압-전류 특성곡선을 가지고 회로에 고정된 인덕턴스 양을 가진다. 가장 복잡한 형은 무단 기울기 조정, 무단 인덕턴스 조정의 광범위한 전압 조정을 한다.

용접기가 주로 고정된 용접조건으로 양산에 사용되면 간단하고 비교적 값이 싼 용접기를 선택하는 것이 좋고, 여러 용접 조건을 사용하는 경우이면 다소 비싸더라도 다양성이 있는 장비를 선택하는 것이 좋다.

용접기 구매에 있어 경험이 부족하거나 신설 또는 증설하는 경우 담당자는 가성비를 염두에 두고 많은 인자를 비교하지만, 때로는 사용자 측면에서 과잉 용접기를 사들이거나, 용량이 부족하여 추가로 사들이게 된다. 용접기를 구매할 때 우선 고려할 사항으로 용접기의 용량이다. 사용할 제품군의 최고 사용전류를 파악하고 이 전류보다 높게 선택하여야 한다. 용접기의 용량은 사용률(duty cycle)이 40~60%일 때 모델의 출력 전류에 가깝게 나타난다. 사용률이 100%일 때는 용접전류를 70% 이하로 적용해야 한다. 표 2.4와 표 2.5는 용접기를 구매할 때 고려할 사항과 용접기 사양을 나타내었다.

표 2.4 용접기 제작사별 구입 품목 상세 특성 조사(2025.05.07.)

item	Fronius(Austria)	Lincoln(U.S.A)	Miller(U.S.A)	Remark
Power model	TPS 500i	POWERWAVE S500	AlumaPower & Deltaweld	
스위치 모드	2 & 4 Step	2 & 4 Step	2 & 4 Step	
Remote control or	선택	없음	없음	
Remote control torch	있음	없음	있음	편리성
Drive Roll (4 Roll)	있음	있음	있음	
토치 바디 타입	장목, 단목, 직선	장목, 단목, 직선	장목, 단목, 직선, 플렉시블	접근성
아크 길이 조정	Arc Length(−30∼+30%)	Trim(−50∼+50)	Arc Length (0∼99)	
아크 콘트롤	Dynamic +/− 5%	−10∼10(주파수 변조로 비드 파형 제어)	Arc Control (sharp Arc)	스패터 관련
시너지 모드	있음	있음	있음	
정전류 특성	있음	있음	있음	일정한 용입
저항 측정 (거리 증가)	있음	있음	있음	
전용 용접 모드 탑재 수	Steel & ER5183, 5356, 4043 + 직경, 실딩 가스 유형	Steel & ER5356, 4043 + 직경, 실딩 가스 유형	Steel & ER5356, 4043 + 직경, 실딩 가스 유형	A2519 용접 모드 부재
펄스 유형	Syncro pulse(GTAW 비드 모양) STANDARD: LSC(Low Spatter Control) PMC(Pulse Multi Control)	Pulse on Pulse (GTAW 비드 모양) STANDARD: CC PULSE(정전류), Power Mode™ (출력 전류 조절)	RMD(GTAW 비드 모양) STANDARD: HD MIG(고용착률) Accu Pulse(CTWD 편차 보정) Short Circuit	Alumium 박판의 고속 용접 가능
Stick out 적응	있음	있음	있음	
Hot Start 기능	있음	있음	있음	초기 결함 감소
Creater 처리 기능	있음(0–200%)	있음(0–10초)	있음	종점부 균열 처리

표 2.5 용접기 제작사별 전기적 상세 특성 조사(2025.05.07.)

제품명	입력 전압	출력 범위	정격 출력 전류/전압/듀티 사이클	정격 출력 시 입력 전류	크기(높이 x 너비 x 깊이) (mm)	중량 파운드 (kg)
Lincoln TECHNICAL DATA(SPECIFICATIONS)						
Power Wave 455M	208/230/460/ 575/ 3/50/60	5-570A	60Hz: 450A/38V/100% (570A/43V/60%)	60Hz: 58/53/25/22A (82/78/37/31A)	26.1×19.9×32.9 (663×505×835)	286 lb (130)
Power Wave 455M/STT		5-570A	50Hz: 400A/36V/100% (500A/40V/60%)	50Hz:49/45/23/18A (67/61/31/25A)		293 lb (133)
Power Wave® S500 Power Wave® S500/Power Feed® 84 Ready-Pak® Power Wave® S500/Power Feed® 84 One-Pak®	200/208/220/ 230/380/ 400/415/460/ 575/ 3/50/60	5-550A	GMAW: 550A/41.5V/40% GMAW: 450A/36.5V/100% SMAW: 550A/42V/40% SMAW: 450A/38V/100% GTAW-DC: 550A/32V/40% GTAW-DC: 450A/28V/100%	3 Ph / 40% Duty Cycle: 80/73/41/37/29 3 Ph / 100% Duty Cycle: 60/54/30/27/21	22.5×14×24.8 (571×355×630)	150 lb (68)
Fronius TECHNICAL DATA(SPECIFICATIONS)						
TPS 3200	3 x 400V (+/- 15%)	3-320A	40% d.c. / 320A 100% d.c. / 220A		24.6×11.4×18.7 (625×290×475)	76.3 lb (34.6)
TS 4000/TPS 4000	3 x 400V (+/- 15%)	3-400A	50% d.c. / 400A 100% d.c. / 320A		24.6×11.4×18.7 (625×290×475)	77.6 lb. (35.2)
TS 5000/TPS 5000	3 x 400V (+/- 15%)	3-500A	40% d.c. / 500A 100% d.c. / 360A		24.6×11.4×18.7 (625×290×475)	78.5 lb. (935.6)
Miller TECHNICAL DATA(SPECIFICATIONS)						
Millermatic® 355	3-phase	20-400A	310A at 29.5V, 60% duty cycle	208V 240V 460V 575V 32.3A 28.8A 18.2A 15.4A	19.25/13.75/26.25 (489/349/667)	99 lb. (45 kg)
	1-phase, 460 or 575 V	20-400A	310A at 29.5V, 60% duty cycle	208V 240V 460V 575V -/-/35.6A/32.3A	32×13.75×45 (813×349×,143)	163 lb. (74 kg)

1.2.5 알루미늄 합금 용접의 GMAW 동력원 및 와이어 송급장치

정전류 동력원-변속 와이어 송급장치, 정전압 동력원-정속 와이어 송급장치가 알루미늄 합금 용접에 가능하며, 정전류 동력원-정속 와이어 송급장치도 가끔 알루미늄 합금 용접에 사용된다. 보통 정전압 동력원은 아크 개시와 조정이 쉬워 작은 직경의 와이어를 사용하여 박판 용접에 사용된다. 정전류 동력원은 굵은 직경의 와이어를 사용하여 후판 용접의 용접 품질 향상에 사용된다.

보통 처짐(medium droop, 15~20V/100A)의 정전류 동력원과 정속 와이어 송급장치는 가장 안정한 입력(power input)을 가지며 가장 높은 용접 품질을 만든다. 최근 펄스 전류 용접법이 알루미늄 용접에서 널리 사용되고 있다. 이는 보통 GMAW 동력원에 펄스 전류 발생장치를 추가한 것으로 동력원은 주로 정전압 동력원을 이용하고 있다.

가스 금속 아크 용접(GMAW)은 MIG 용접이라고도 하며 외부에 추가된 실드 가스가 있는 금속 소모 용접봉을 사용하여 다양한 아크 모드와 용접봉 크기, 실드 가스 혼합으로 많은 철 및 비철금속을 용접한다. 모재의 크기는 0.5mm의 박판에서부터 원하는 판 또는 파이프의 두께까지 다양하다. 적절한 절차를 통해 전 자세 용접을 수행한다. 변수가 적절하게 균형이 잡힌다면 SMAW, GTAW보다 GMAW에 필요한 숙련도가 낮다.

와이어 송급 아크의 중요한 변수 중 하나는 용접봉이 콘택트 팁의 끝을 지나 작업물로 돌출하는 거리로서 용접봉 돌출(extension)이라고 한다. 용접봉은 매우 작은 도체이므로 전기저항이 높다. 정전압 시스템에서 용접봉의 돌출이 1/n 증가하면, 전류는 용접봉 예열에 더 많은 전류가 사용되어 빠르게 감소한다. 전류는 와이어 송급 속도와 용접봉 돌출 기능이다. 전류는 와이어 송급 속도에 따라 직접 변하지만, 돌출은 반대로 다르다. 용착 속도는 와이어 송급 속도의 함수이다. 와이어 송급이 일정하면, 돌출이 변화함에 따라 전류가 변화하더라도 용착 속도는 일정하다.

1.3 MIG 용접기 구성

1.3.1 용접 토치(welding torches)

그림 2.9는 MIG 용접기의 구성을 나타냈다. MIG 용접은 토치 안의 콘택트 팁을 거쳐 용접전류가 이동하도록 일정한 속도로 용접 토치에 용접 와이어를 전달하는 것을 요구한다. 토치는 용접의 시작과 끝점에서 실딩 가스의 개폐가 용접사에 의해 가능하도록 보통 토치 핸들에 장착된 방아쇠에 의해 이뤄진다.

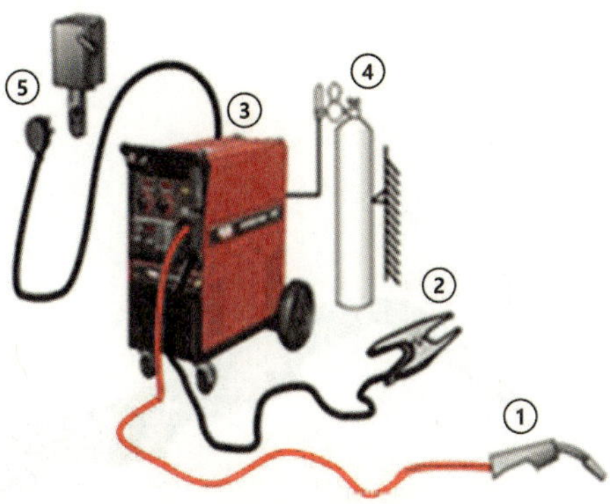

1. 토치 케이블 2. 접지 케이블
3. 용접기 4. 가스 공급장치
5. 전원

그림 2.9 MIG 용접기 구성요소

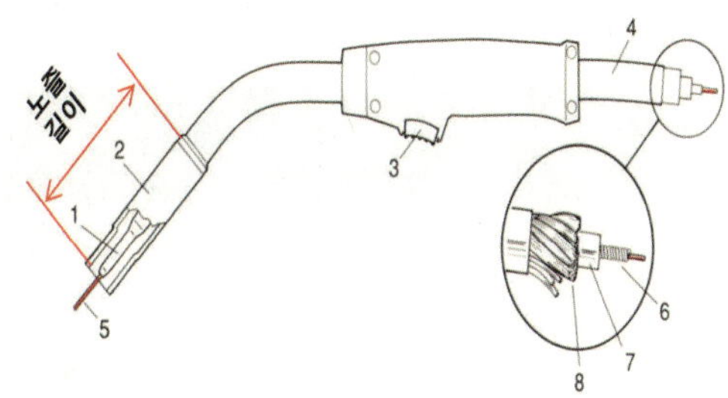

1. 팁 2. 가스 노즐 3. 방아쇠
4. 호스 5. 용접봉 6. 플렉시블 도관
7. 실딩 가스 호스 8. 전원 케이블

그림 2.10 MIG 토치 분해도

방아쇠를 작동하면 실딩 가스 흐름이 시작되고, 작업물 표면에 와이어를 접촉하면 전류가 흐르고 와이어를 송급한다. 방아쇠를 놓으면 와이어 송급과 전류와 실딩 가스가 정지한다. 또한, 용접 중에 토치에 발생하는 용접열은 수냉 토치가 요구된다. 이 모든 시설은 와이어 송급 도관, 용접전류 케이블, 가스 호스, 냉각수 입·출 호스, 조정 케이블을 포함한 배꼽 케이블을 통해 토치에 전달된다. 그림 2.10은 MIG 토치를 나타냈다. 토치 용량은 250A, 320A, 400A, 500A, 700A까지 제작업체에 따라 다양하다.

또한, 토치는 용접사가 토치를 쉽게 조정할 수 없게 무겁거나 다루기 힘들어서는 안 된다. 따라서 좋은 토치는 가볍고, 튼튼하고, 정비가 쉽고, 유연성이 있는 배꼽 케이블이 필요하다. 이것은 매우 중요하며 용접사에게 유용한 최고의 토치가 일관된 품질을 제공한다.

경험에 의하면 그림 2.11처럼 MIG 구부림 토치는 용접부에 거의 수직에 가깝고, 구부림 각도 θ가 크고 손잡이와 노즐까지의 거리 L_2가 짧을수록 떨린 정도가 작으며, 구부린 길이 L_1이 짧을수록 좁은 작업 공간에 쉽게 사용할 수 있다. 그림 2.12처럼 최근 구부림 조정이 가능한 토치와 흄을 빨아들이는 토치도 사용된다. 일반적으로 토치 구부림 각도는 20°, 30°, 45° 등이 있다.

토치길이 L max	θ (°)	L_1	L_2
3200	30	130	150
–	40	150	260
–	40	150	240
3240	30	130	170
–	45	180	220

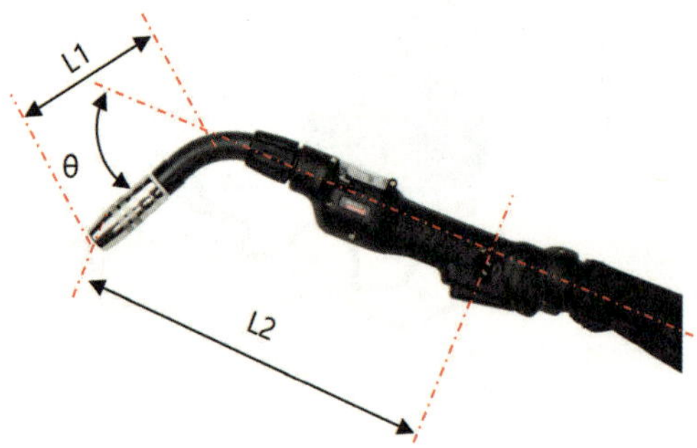

그림 2.11 MIG–토치의 형상 치수(mm)

그림 2.12 자유 구부림 및 흄 토치(flexible torch and fume torch)

노즐(nozzle)의 경우 끝의 직경(bore size)에 따라 실딩 가스의 유속에 영향을 준다. 실딩 가스 유속은 용융지 표면에 작용하여 전류 및 스패터의 발생과 기공 등에 영향을 주므로 노즐 직경은 신중하게 선택하여야 한다. 노즐은 일반적인 크기가 9.5mm, 12.7mm, 15.8mm, 19mm의 4종류로 노즐 직경의 크기에 따른 유속의 세기는 다음 식과 같다.

$$V(cm/\sec) = \frac{Q}{A}$$

[Q: 유량 cm^3/sec, V: 유속 cm/sec A: 단면적 cm^2]

상용 유량 18.9ℓ/min의 경우를 노즐별로 비교하면 표 2.6과 같다. 가장 많이 사용하는 노즐(ϕ15.8mm)의 경우 유속이 약 1.6m/sec이다. 노즐의 직경이 다른 경우 이것을 기준으로 유량을 조절하여 사용해야 한다.

표 2.6 노즐(nozzle) 직경과 유속

노즐 직경(mm)	9.5	12.7	15.8	19.0
유속(cm/sec)	443.8	248.3	158.4	109.8

1.3.2 와이어 송급장치(wire feed systems)

전류는 와이어 이송기구에 의하여 제어되며, 와이어 이송기구의 다이얼(dial)을 세팅(용접부에 용착될 용접봉 양을 증가)하면 자동으로 여분의 와이어를 녹이는데 필요한 전류가 되도록 증가시킨다.

그림 2.13처럼 와이어 송급장치의 구성은 다음과 같다.

- 와이어 릴(wire reel)과 피이더 유닛으로 구성
- 릴은 송급이 멈췄을 때, 릴을 잡아주는 브레이크 필수
- 와이어 송급장치는 용접 토치(호스)의 전기 도관으로 와이어 가이드에 용접봉을 송급
- 롤러의 홈은 사용 와이어 직경에 맞도록 두 개의 다르거나 같은 직경의 홈

그림 2.13 와이어 송급장치(4 and 2 roll type)

와이어 송급의 형태는 미는 형(push system), 당기는 형(pull system), 밀고 당기는(push-pull system) 3가지 기본형이 있다. 이것들은 사용되는 용접 와이어, 성분, 크기 및 와이어 릴과 용접 토치의 거리에 따라 선택한다. 미는 형은 큰 직경의 용접봉에 쓰이며, 당기는 형은 작은 직경의 용접봉에 쓰인다. 또 그림 2.15처럼 가볍고 휴대하기 편한 특수한 토치도 있으며 용접봉 릴은 토치 핸들 내에 있다.
이 시스템 모두는 와이어가 공급 전압의 변화 또는 온도 변동과 연속적인 작동에 영향 없이 일정한 비율로 조정되고 구동되어야 한다. 또한, 안정적인 아크 시작을 위해 와이어 송급 속도가 가능한 한 빠르게 원하는 속도에 도달해야 한다. 송급 속도의 조정은 와이어 송급장치 또는 토치에 장착되어야 한다.
수동 용접은 언급한 어떤 시스템도 사용할 수 있으나, 알루미늄 용접 로봇의 경우 고속의 일관된 송급 속도와 아크 시작의 결함이 없는 것을 필요로 해서 밀고 당기는 형은 로봇의 와이어 송급에 사용된다.
대부분 와이어 송급장치는 정속 송급형으로 송급 속도는 용접이 시작되기 전에 설정된다. 시작과 중단은 반자동 용접 토치의 스위치로 행해진다. 변속 송급형(voltage-sensing type)은 정전류 용접기에만 적합하며, 정속 송급형보다 사용이 적다.

(1) 미는 형 와이어 송급장치

대부분의 와이어 송급장치는 미는 형이다. 그림 2.14처럼 와이어를 송급 롤러로 릴에서 당겨 유연한 도관(conduit) 속으로 밀어내는 형이다. 알루미늄 와이어의 유연성은 도관 안에서 찌그러지거나(buckle), 그림 2.15처럼 끼어 움직이지 않게 되는(jam) 것을 의미한다. 결과적으로 용접 토치에 와이어 송급을 불규칙하게 하고, 극심한 경우 와이어 송급 유닛에 와이어가 새 둥지처럼 엉키게 된다.

이 와이어 송급장치는 일반적으로 와이어 송급 케이블을 3.5m로 제한하며, 단단한 용접봉(hard solid wire)의 경우 직경 1.2~2.4mm까지 이용할 수 있다. 여기서 hard, soft란 보통 철 계통 및 비철 계통으로 나누어지는 의미이다.

와이어가 스풀 또는 코일 형태로 사용되는 경우 송급 모터가 중지될 때 와이어의 과도한 풀림을 방지하기 위하여 여러 형태의 제동장치(friction braking device)가 보통 릴의 스핀들(spindle)에 장치되어 있다.

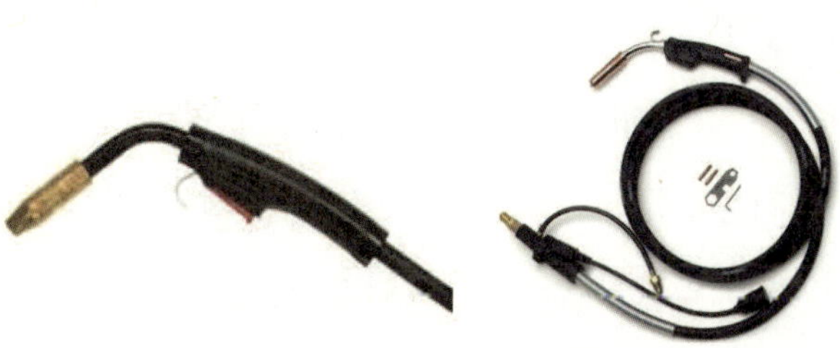

그림 2.14 미는 형 토치(push torch)

그림 2.15 와이어 멈춤(Wire Jam)

(2) 당기는 형 와이어 송급장치

당기는 형은 그림 2.16처럼 와이어 릴로부터 와이어를 당기도록 토치 손잡이에 작은 구동 모터가 달려 있다. 이것의 한 종류인 휴대용 토치는 외경 100mm의 스풀이 장착되어 있다. 이 롤은 릴로부터 짧은 거리에서 팁으로 와이어를 민다. 배꼽 모양 케이블의 길이는 길이에 따른 전압강하와 토치 냉각에 필요한 수냉 공급 문제로 제한된다.

그림 2.16 당기는 드라이브 롤이 장착된 MIG 토치와 휴대용 토치(potable torch)

토치 내에 구동장치가 있는 경우는 토치의 무게를 증가시키고 와이어의 이송 거리를 증가시킬 수 없어 약 3.5m까지 제한된다. 와이어 직경은 1.2mm 이하 0.4mm까지 사용된다. 이 장치는 특히 박판 용접, 용착금속의 양이 적은 경우, 작업이 한정된 지역에서만 하면 아주 유용하다.

(3) 밀고 당기는 형 와이어 송급장치

밀고 당기는 형은 그림 2.17처럼 토치 안과 와이어 릴 송급장치 양쪽에 드라이브 롤이 조합된 시스템이다. 용접 토치는 모터와 구동 롤러가 장착되어 있고 와이어 송급 속도를 조정하는 주된 장치이다. 이것은 유연한 도관을 통하여 와이어를 당기며, 다른 한쪽 끝은 원격 와이어 송급 기구와 연결되어 있다. 원격 와이어 송급 기구의 속도는 와이어를 인장 상태로 유지하도록 조정된다. 도관은 지연(drag)을 감소시키기 위하여 플라스틱 라이너를 가질 수도 있다. 이 형은 특히 알루미늄 등 연한 재질의 와이어 사용에 적합하며, 작은 직경의 와이어를 와이어 릴로부터 15m까지 송급이 가능하다.

그림 2.17 밀고 당기는 형(push-pull gun)

(4) 변속 와이어 송급장치(voltage-sensing or variable wire feed type)

와이어 송급 속도 증감이 아크 전압의 변화에 의존하기 때문에 이 송급장치는 정전류 용접기에만 사용된다. 이 장치는 보통 변속권선 직류 모터(variable speed series wound D.C motor)를 적용하고 있으며, 가변 저항기를 가진 모터(series wound motor)는 용접 아크와 병렬로 연결되어 있다. 표 2.7은 동력원에 따른 와이어 송급장치를 나타냈다.

전류 계전기는 용접전류가 흐르지 않을 때 구동 모터 작동을 방지하기 위하여 용접회로에 있다. 용접 와이어를 접지(grounding)하여 아크를 발생하고 아크가 시작하면 단락 전류가 제어 계전기(control relay)를 닫고 구동 모터의 작동이 시작된다. 변속 와이어 송급장치는 와이어 송급 속도가 설정되면 전압 변화가 모터 속도에 대응하게 변화시키므로 자동 조정된다. 한 예로 표면 불규칙으로 전압강하가 생기면 구동 모터가 천천히 작동하여 아크 길이를 재조정하게 된다. 용접은 아크를 중단함으로써 중지되는데 이때 전류 계전기(current relay)가 떨어져 와이어 송급을 멈춘다.

표 2.7 동력원의 종류에 따라 추천되는 와이어 송급장치

동력원 형태	와이어 송급 형태	
	가변속도	일정 속도
DC-CV	• 조정이 어려워 좀처럼 사용하지 않는다. • 한계 내에서 자동조정	• GMAW, FCAW에 최적 • 작은 직경의 SAW에 사용 • 자동조정
DC-CC	• SAW의 큰 직경의 와이어 사용에 최적 • 알루미늄의 GMAW에 사용 • 자동조정	• 조정이 어려워 사용하지 않는다. • 자동조정이 안 됨
AC-CC	• 중간-큰 직경의 SAW에 사용 • FCAW에 사용 • 자동조정	• 조정이 어려워 사용하지 않는다. • 자동조정이 안 됨

1.3.3 와이어 드라이브 롤(wire drive rolls)

알루미늄 와이어는 철강보다 매우 부드러워 송급이 어렵고, 과도한 롤 압력에 의해 쉽게 변형되며, 팁 또는 송급 도관에서 와이어 잼의 원인이 된다. 드라이브 롤은 와이어 송급의 어떤 장애에서도 와이어를 밀어내어야 하고, 팁에서 와이어 인발 가루나 금속 부스러기에 강해야 한다. 팁의 스패터나 와이어 송급 라이너 안의 뒤틀림은 그림 2.18과 같이 송급 도관 안에서 와이어 꼬임(kinking)의 원인이 된다.

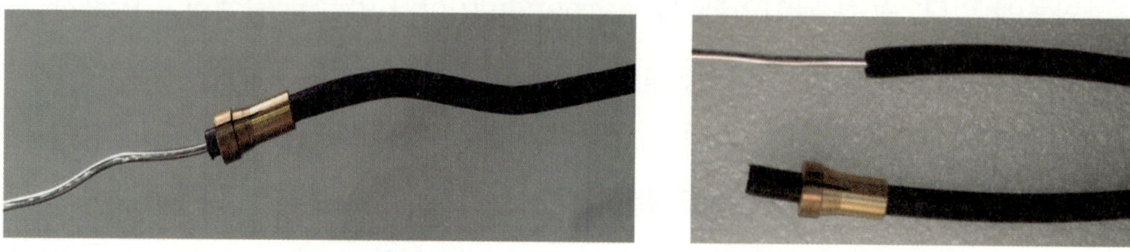

그림 2.18 **와이어 꼬임(kinking)의 형상**

알루미늄 와이어 송급 롤은 오돌토돌해서는 안 된다. 편평한 롤과 60° V 및 U 홈으로 구성되고 V(U) 홈이 있는 롤은 흔들림이 없고 매끈해야 한다. 알루미늄 와이어 송급 시스템은 그림 2.19처럼 철강 와이어 송급에 사용하는 전통적인 2개 롤보다 4개의 드라이브 롤을 사용한다. 롤 압력은 와이어 송급 문제가 발생하므로 롤 압력에 의해 와이어가 납작해지거나 흠이 되어서는 안 된다.

Lincoln(U.S.A) Cloose(Germany) Fronius(Austria)

그림 2.19 **MIG 와이어 드라이브 유닛 4롤**

송급 롤 기구에는 2 롤러(driver roll), 4 롤러가 있는데 구동은 일반적으로 하부 롤에 의해 작동된다. 그림 2.20과 같이 보통 하부 롤은 V 홈을 가지고, 상부 롤은 홈을 가지지 않으나 때때로 와이어의 미끄럼을 방지하도록 오돌토돌(knurl)하게 한 것도 사용된다. 송급 롤의 종류와 관계없이 송급 롤은 와이어의 롤 압력을 필요한 만큼 증감할 수 있게 되어 있다.

드라이브 롤 키트 및 가이드에서 사용하는 와이어 종류와 크기에 따라 그림 2.20에서 드라이브 롤 키트(Drive roll kits)를 선택한다. 드라이브 롤 키트에는 드라이브 롤 4개와 필수 가이드가 포함되어 있으며, 입구 가이드용 내마모 슬리브가 장착되어 있다.

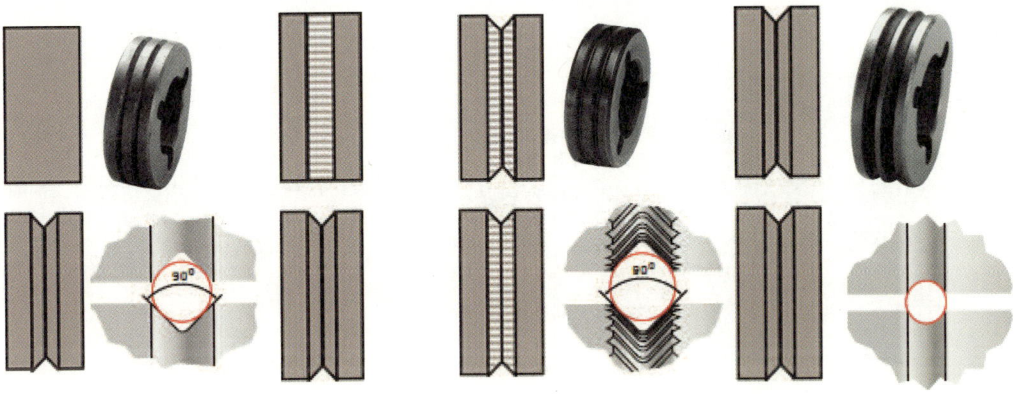

-경질 와이어용 V형
-스테인리스강
-스틸용 V형 홈

-경질 쉘 코어드 와이어용 V형 널링
-플럭스 코어 와이어용 널링 V-그루브

-연질 와이어 또는 소프트 쉘 코어드 와이어용 U형
-매우 부드러운 소프트 쉘 코어드 와이어(예. 경질 표면 타입)용 U형

(a) 평면+V홈 (b) 널링 평면+V홈 (c) 양면 널링 V홈 (d) 양쪽 V(U)홈

그림 2.20 구동 롤러(driver roll)의 여러 가지 형태

알루미늄 용접 시 와이어 송급의 문제는 대부분 드라이브 롤의 부적절한 선택 및 설계에서 기인한다. 특히 와이어 표면의 손상과 부스러기(wire shavings) 생성은 드라이브 롤의 설계 결함으로 인해 발생하며, 이는 와이어의 원활한 이송을 방해하

고 아크의 불안정성을 초래할 수 있다. 권장되는 드라이브 롤 설계 예시는 그림 2.21을 참조한다.

- 표면 마감이 거친 드라이브 롤은 홈(groove)에 미세한 알루미늄 입자가 축적되며, 날카로운 모서리나 롤 정렬 불량은 와이어를 절삭해 부스러기를 발생시킨다.
- 이 부스러기와 입자는 라이너(liner) 및 용접 토치 팁(tip)을 막아 와이어 이송 장애 및 아크 안정성 저하를 유발한다.
- 공급 롤에 알루미늄이 축적되면 와이어가 구부러지거나 변형되어 공급 불량, 비정상적인 용접 비드 형성, 아크 스타트 실패 등이 발생할 수 있다.

따라서 "절삭 부스러기 없음(No Shavings)" 상태는 우수한 와이어 공급성, 안정적인 아크, 탁월한 아크 시작성을 실현하는 핵심 요소로 작용한다.

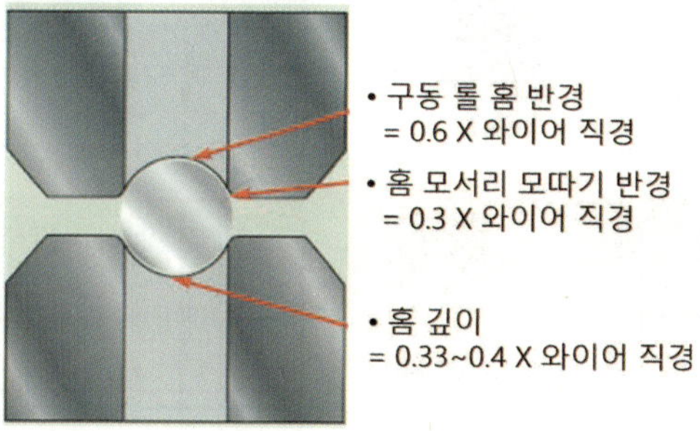

참고: 모든 홈 표면을 연마하고, 두 롤이 정렬되었는지 확인하고, 와이어 공급 중 와이어가 변형되는 것을 방지하기 위해 와이어를 공급할 수 있는 가장 낮은 구동 롤 압력을 항상 사용해야 한다.

그림 2.21 구동 롤러(driver roll)의 설계 개념도

와이어는 가능한 한 청결하게 해야 하고 와이어 릴은 먼지로부터 보호하기 위해 덮어야 하며, 덮개는 가열되는 것이 가능해야 한다. 이것은 고품질이 요구되는 곳에 필요하다. 또한, 와이어 주위에 모직 패드나 천 등으로 고정하여 와이어에 청결하거나, 알코올 또는 아세톤과 같은 액체 세제에 담가 청결을 할 수 있다. 이것은 그리스, 인발 가루, 단단하지 않은 절삭 부스러기 입자가 도관에 들어가기 전에 와이어의 산화물 제거에 사용할 수 있다. 그림 2.22는 드라이브 롤 시스템을 나타냈다. 4점 지지를 사용한 U-홈 표면을 HRC 60 정도로 경화시킨다.

그림 2.22 드라이브 롤 시스템의 예

1.3.4 콘택트 팁(contact tip)

콘택트 팁은 용접 전원 회로 부품으로 팁은 와이어가 잘 미끄러지도록 만들어졌다. 그림 2.10에서처럼 토치 헤드에 나사로 고정되고 용접전류를 용접 와이어에 전달한다. 팁은 구리 또는 황동 재질로 교체할 수 있다. 알루미늄 용접용 팁을 그림 2.23에 나타내었다. 긴 팁은 최고의 전류 이행 상태를 제공하므로 안정적인 용접상태가 된다.

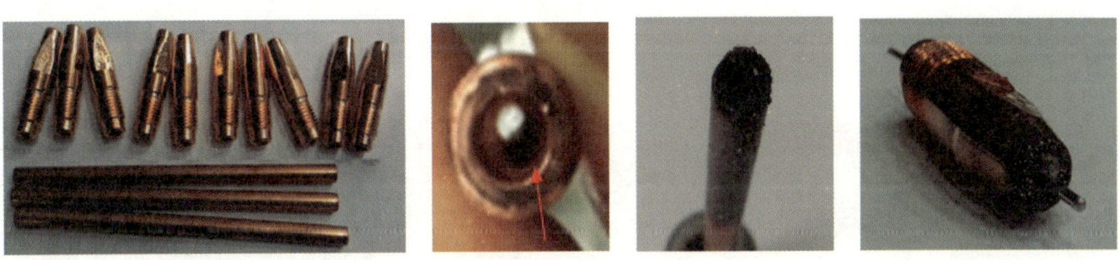

(타원형 마모) (소착)

그림 2.23 콘택트 팁(contact tip) 종류와 사용 중 마모된 팁

그림 2.23과 같이 마모된 팁은 와이어 잼의 원인이 되어 결과적으로 와이어 드라이브 롤에 엉키게 된다. 또한, 마모된 팁은 와이어에 전류를 불규칙하게 제공하여 아크 불안정의 용접 품질 문제가 일어난다. 이것은 용입 부족과 아크 불안정을 가져오고, 전압을 변동시켜 와이어 돌출길이를 효과적으로 변화시키지 못한다. 팁과 와이

어 사이에 접촉 불량은 팁 안에서 원하지 않는 아크 발생의 원인이 되며, 아크 불안정과 와이어 송급 문제를 발생한다. 스패터로부터 팁의 손상은 우발적인 접촉 때문에 기계적인 손상의 원인이 된다.

팁은 스프레이 이행에서 용접할 때 최소한 3~5mm 정도 가스 컵에서 들어가게 한다. 만약 팁이 가스 컵에 너무 가까우면 팁 손상의 원인인 스패터의 위험을 증가시키며, 팁이 가스 컵으로부터 튀어나오면 용융지 안으로 녹거나 팁 접촉의 위험이 있다. 이것은 용융지 균열의 원인이 되며, 용접부는 새 둥지가 일어나는 것처럼 되며 팁 교체가 요구된다.

콘택트 팁 크기는 직경은 사용 와이어 +0.2mm이며, 길이는 35~120mm까지 다양하며. 재질은 높은 경도의 Zr-Cu가 좋다. 관리는 콘택트 팁 내부를 표면 처리하여 전기 전도도를 증대시킨다. 오랜 사용으로 노화된 콘택트 팁은 전기접촉성의 불안정을 만든다. 노즐-콘택트 팁 간 거리를 유지하여 발열과 노화 증대가 되지 않도록 한다.

콘택트 팁의 수명은 숙련자 기준(ER2319, Φ1.6mm, 1-spool)으로 3~5개 정도이다. 콘택트 팁의 노즐 내 위치는 와이어가 감긴 릴에서 구부림을 고려하여 동심 또는 약간 위로 쏠리도록 한다. 그림 2.24처럼 콘택트 팁이 너무 짧거나 노화되어 구멍이 커지면 전기적 전달이 면 접촉에서 선이나 점 접촉으로 바뀌게 되어 아크가 불안정하게 된다.

(짧으면 점 접촉 경향)

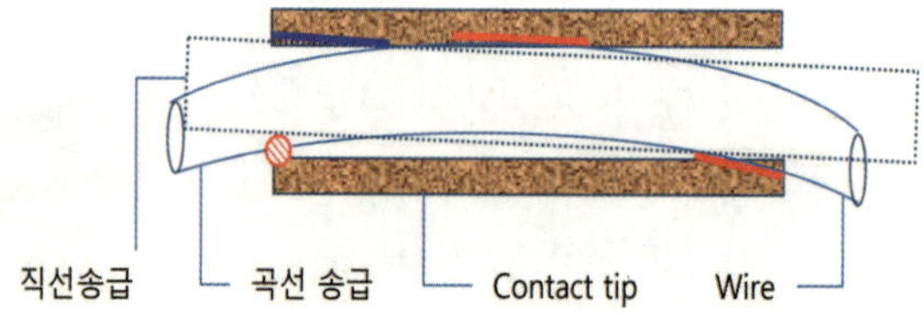

(길수록 선 접촉 경향)

그림 2.24 콘택트 팁의 길이와 노화 정도에서 전기 전달의 접촉성

1.3.5 라이너(liner)

그림 2.25와 같이 라이너는 부드러운 알루미늄 와이어를 토치의 팁까지 최소 저항

으로 원활하게 보내는 것으로 알루미늄보다 부드러운 재질을 사용한다. 주로 테플론(teflon), 그래파이트(graphite) 계통이 경직성과 마찰력이 우수하고, 라이너가 굵힘이나 표면이 미끄러워 송급 저항이 적다. 한편 테플론은 부드러워 소모성이, 그래파이트는 견고하나 열에 민감하다.

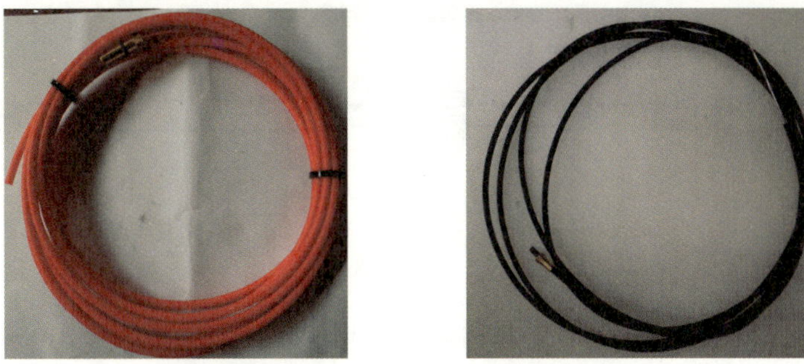

그림 2.25 **알루미늄 와이어 라이너**

라이너를 와이어 가이드에 넣으면 라이너의 절단은 그림 2.26과 같은 전용 칼로 직각 되게 잘라야 하며, 라이너 끝이 찌그러짐이나 거스러미가 없어야 한다. 라이너는 소모성 부품으로 일정한 주기로 교환해야 한다. 라이너의 끝부분이 그림 2.27처럼 토치의 팁과 맞닿아서는 안 된다. 맞닿으면 용접열에 의한 팁의 과열로 라이너의 끝이 녹아 와이어의 송급을 방해할 수 있다. 라이너를 도관 내부에 넣기 전에 내부의 이물질과 장애물을 제거해야 한다. 퀵타입(quick type) 토치 라이너의 구조를 그림 2.28에 나타냈다.

그림 2.26 **라이너 절단용 공구(플라스틱 튜브 커터)**

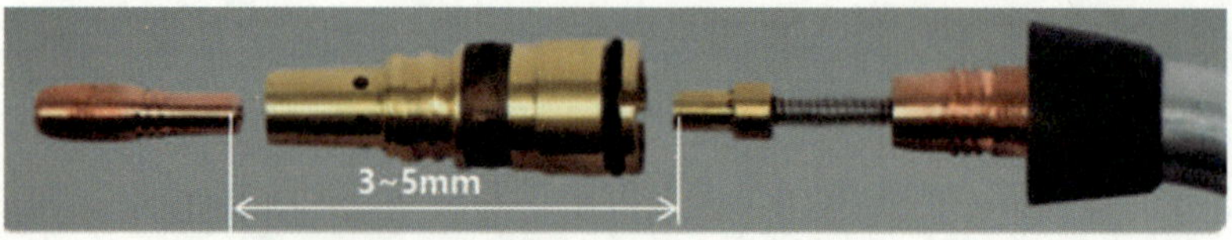

그림 2.27 라이너와 콘택트 팁과 떨어진 거리

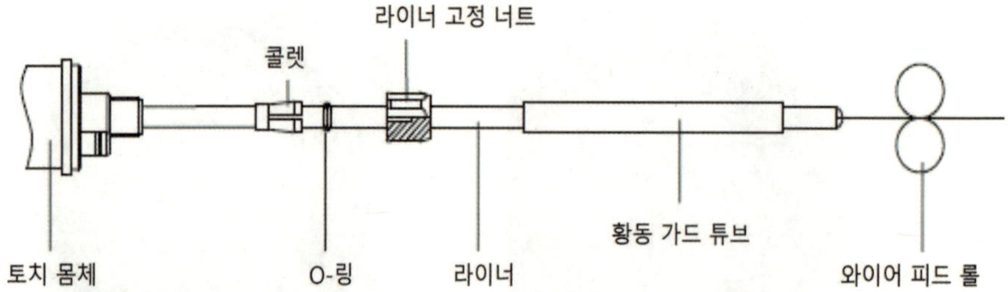

그림 2.28 퀵타입 토치의 라이너 연결구조(quick-connect torch)

1.3.6 가스 조정기(gas regulator & flowmeter)

MIG 용접에서는 실딩 가스의 흐름을 정확히 제어하는 것이 매우 중요하다. 그림 2.29와 같이 유량계는 ℓ/min 또는 ft^3/h로 표시된 유량계의 가스관과 그 속에 작은 볼(ball)로 구성되어 있다.

그림 2.29 GMAW에 사용하는 가스 조정기(출처: 명신산업 캡쳐)

가스 조정기는 그림 2.29와 같이 사용하는 가스의 종류에 따라 형식이 다르다. 가스 조정기는 가스 종류 및 밀도에 맞는 것을 사용해야 하며, 조정 게이지는 용기 압력과 가스 유량을 표시한다. CO_2 가스를 사용하는 경우 기화열에 의한 결빙작용으로 가스 흐름이 단절될 수 있어 히터가 부착된 가스 조정기를 사용한다.

조정기(regulator)는 그림 2.30처럼 1단 감압(one-stage nozzle type)과 2단 감압(two- stage regulator)이 있으며, 2단 감압이 1단 감압보다 가스 흐름의 변동이 작다.

MIG 용접에서 일반적으로 유량은 18~25ℓ/min, 사용압력은 2.7~6.8 kg/cm^{2}를 사용하므로 가스누설에 특히 주의하여야 한다. 즉, 상용하는 내경 ϕ8mm의 가스 호스에 흐르는 가스의 압력이 높게 작용하므로 모든 호스는 압력에 충분히 견뎌야 하고, 특히 연결부의 누설에 주의해야 한다. 또 이음매 없는 호스와 강철 밴드(steel band)를 사용하여 연결하여야 한다. 피이더 박스나 용접기 본체에 설치된 가스 전자밸브(gas solenoid valve)의 작동상태도 점검해야 한다.

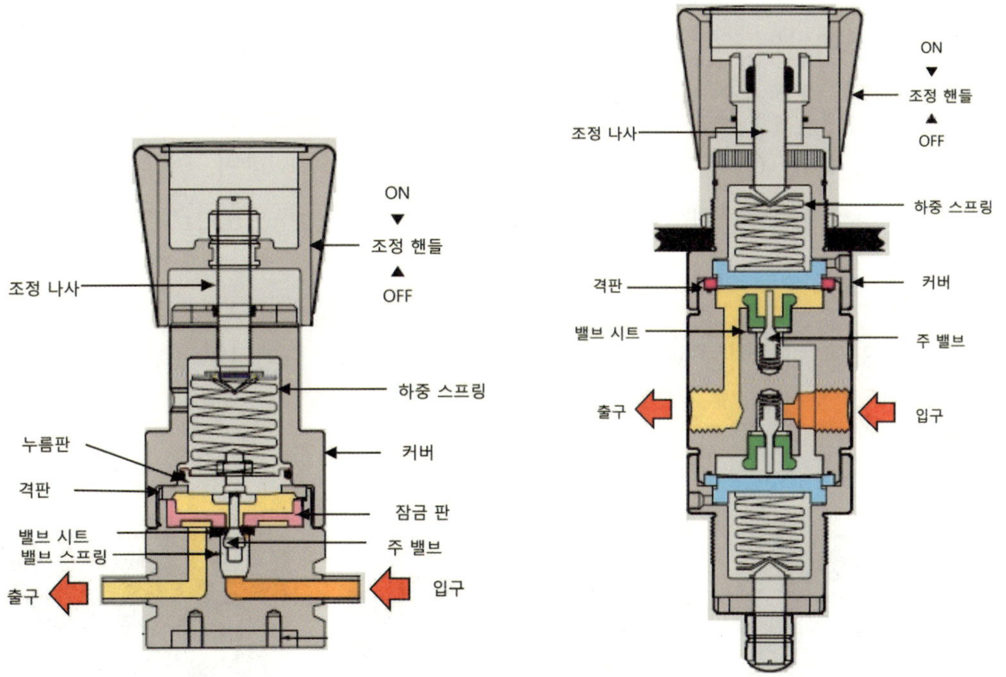

(a) 1단 감압형 조정기 (b) 2단 감압형 조정기

그림 2.30 조정기의 형태

1.3.7 MIG 용접기의 관리

전술한 것과 같이 MIG 용접기를 사용상 최적 상태로 유지하는 것이 용접 품질 향상에 도움이 된다. 따라서 MIG 용접기의 관리는 표 2.8 및 다음 내용을 주기적으로 점검하고 보수를 시행한다.

- 전자회로부의 접촉부는 함부로 취급하지 않는다.
- 교정 롤러(wire straightener)를 조절하여 롤러를 통과한 와이어가 직선으로 되는지 확인한 후 와이어 호스(wire guide hose)의 라이너에 넣는다.
- 피이더 박스와 와이어 릴 커버는 덮는다.
- 송급 조정기(wire speed dial)는 무리한 힘을 가하지 않도록 한다.
- 가스 노즐과 팁과의 거리는 3~5mm로 한다.
- 와이어의 끝부분을 라이너에 넣을 때는 반드시 줄 등으로 둥글게 한 후 넣는다.
- 라이너 교환은 새로운 팁을 끼운 후 적정 길이로 조정 후 절단한다. 이때 끝부분의 절단은 반드시 칼을 사용하여 끝부분이 망가지지 않도록 한다(nipper 등의 사용을 금지).
- 토치 부분의 절연재(insulator)를 주기적으로 점검하고 교환한다.
- 용접이 끝난 후 와이어 절단 길이는 10mm 이상으로 하며, 이때 손으로 흔들어 절단하는 것을 금지하며, 반드시 사이드 커터(side cutter)로 절단한다.
- 가스 조정기는 적정 유량을 사용한다.

그림 2.31은 알루미늄 MIG 용접에서 가스 노즐 안의 스패터와 소손된 가스 노즐을 보여준다.

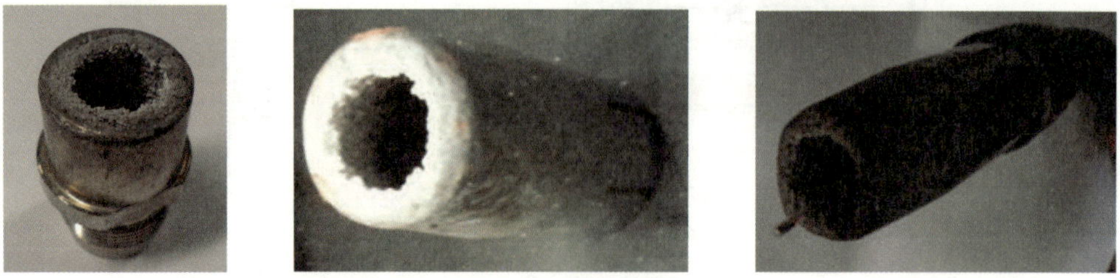

그림 2.31 가스 노즐 안의 스패터와 소손된 가스 노즐

표 2.8 MIG 용접기의 점검 사항

구분	점검 내용	조치사항	확인
피드 박스	1. 송급 롤러의 표면 상태(녹, 먼지, 오염 등)	• #320~#400 사포로 제거	
	2. 토치 입구 안내 플라스틱 노즐의 파손 및 소손	• 즉시 교환	
	3. 교정 롤러의 유무와 교정상태	• 설치 및 상태의 조정	
	4. 교정 롤러 입구의 플라스틱 가드의 유무, 파손	• 설치 및 보수	
	5. 피드 박스의 외피 소손 및 파손	• 교환 및 보수	
	6. 와이어 릴 고정대 손상 및 커버의 부착상태	• 보수	
토치	1. 팁 고정나사의 파손 여부	• 즉시 교환	
	2. 가스 노즐의 손상 및 나사 상태	• 교환 또는 청소	
	3. 가스 노즐 내의 스패터	• 리이머 등으로 제거	
	4. 스위치 방아쇠의 상태	• 교환	
	5. 토치 몸체 절연 외피의 파손 여부	• 보수 또는 교환	
	6. 절연재(insulator)의 소손 및 형상 파괴	• 교환	
용접기 본체	1. 접지 클램프의 파손	• 교환	
	2. 접지 연결부의 상태 및 발열의 여부	• 죄임 확인과 보수, 용량 확인	
	3. 냉각수의 수위	• 보충	
	4. 냉각수의 오염	• 교환	
	5. 게이지의 부착상태 및 파손	• 교환 또는 상태조정	
	6. 용접기 내부의 먼지나 오염상태	• 월 1회 이상 청소	
	7. 볼트의 죄임 상태	• 확인 및 점검	

1.4 실딩 가스(shielding gases)

1.4.1 실딩 가스 기능[2)]

GAW(gas arc welding) 용접에서 실딩 가스는 아르곤과 헬륨 또는 이 둘을 조합한 불활성 가스를 사용한다. 반면에 산소나 질소 같은 활성 가스는 작은 양일지라도 기공과 오염 문제를 일으킨다. GAW는 용융지에 공기가 혼입되면 강도가 저하하므로 용융지, 전극, 아크를 주위 공기로부터 보호하는 실딩 가스가 필요하다. 실딩 가스의 목적은 용접부가 대기로부터 오염(산화)되는 것을 보호하는 작용을 한다.

2) ESAB Gas Metal Arc Welding of Aluminum, PRAXAIR

알루미늄 용접에 사용되는 실딩 가스는 불활성으로 아르곤, 헬륨, Ar-He 혼합 가스를 가장 많이 사용하고 있으며 그 특성은 각기 다르다. 산업용으로 사용하는 일반적인 가스의 성질을 표 2.9에 나타내었다. 표 2.10은 한국산업규격 KS B ISO 14175에서 분류하는 가스의 성질을 나타내었다.

일반적으로 용접과 관련된 제조에 사용된 모든 금속은 고온에서 직면한 주변 대기로부터 산화된다. 모든 용접공정은 산소, 질소와 용접 환경에 존재하는 수분에 노출로부터 용융금속을 보호하는 몇 가지 형태의 보호를 제공한다.

표 2.9 가스의 화학 · 물리적 성질

가스 명칭	분자량	비점 1atm	융점 1atm	비중 공기=1	가스 밀도 g/ℓ	용기 색상
Ar	39.95	-185.8	-189.2	1.38	1.664	회색
C_2H_2	26.04	-75.1	-81.5	0.96	1.171	황색
CO_2	44.01	-78.5	-	1.521	1.977	청색
O_2	32.00	-183.3	-218.8	1.105	1.429	녹색
H_2	2.016	-252.9	-257.1	0.096	0.090	적색
N_2	28.01	-195.8	-209.9	0.967	1.250	회색
He	4.003	-268.9	-272.1	0.137	0.16	회색

표 2.10 가스의 성질(한국산업규격 KS B ISO 14175:2003)

종류	화학기호	0℃, 1.013 bar에서의 규정		1.013 bar에서의 끓는 점(℃)	용접 중 반응 거동
		밀도(kg/m^3) (공기=1.293)	공기 대비 밀도		
아르곤	Ar	1.784	1.380	-185.9	비활성
헬륨	He	0.178	0.138	-268.9	비활성
이산화탄소	CO_2	1.977	1.529	-78.5[1)]	산화성
산소	O_2	1.429	1.105	-183.0	산화성
질소	N_2	1.251	0.968	-195.8	무반응[2)]
수소	H_2	0.090	0.070	-252.8	환원

1) 승화 온도(고체에서 기제로의 천이온도)

2) 질소의 작용은 물질에 따라 다르며, 가능한 부작용도 고려한다.

GMAW이나 GTAW 중에 사용되는 실딩 가스의 중요한 기능 중에서 (1) 대기로부터 용융지를 보호, (2) 아크 플라스마 생성, (3) 아크 안정성과 금속 이행(GMAW) 특성에 영향, (4) 용접공정의 생산성 영향이 있다.
알루미늄 용접에 사용되는 일반적인 가스는 표 2.11에 근거한다.
특히 알루미늄의 용접에서 아크 주위로부터 산소뿐만 아니라, 어떤 수소의 근원도 못 들어오게 하는 안정적인 실딩 가스의 공급은 중요하다. 일반적으로 수소의 근원은 아크 주변 공기 속의 습기와 실딩 가스 내의 습기이다.
알루미늄 용접에서 기공 유형은 응고 금속에 갇히게 되는 수소 기포의 결과이다. 용융 알루미늄은 냉각 알루미늄인 고체 알루미늄보다 70배나 더 많이 수소를 흡수할 수 있으며, 그것은 수소가 금속 안에 갇히게 되는 이유이다.

표 2.11 실딩 가스 구성의 선택과 이온 가전압

가스 종류	특성	이온 가전압(eV)
Argon	불활성 "cool"	15.76
Helium	불활성 "hot"	24.59
Oxygen	고산화성	3.62
Carbon dioxide	산화성(해리)	13.77
Nitrogen	일반적인 불활성	14.50

(1) 실드 가스의 조성과 분류

실드 가스의 조성은 용융 용접봉에서 용융지로의 재료 이행, 스패터의 양과 크기, 비드의 외관 및 용접 형상, 그리고 가능한 용접 속도에 직접적인 영향을 미친다. 또한, 실드 가스는 비드 표면에서의 합금원소 연소(burn-off) 및 산화물 형성에도 관여하여 용착금속의 강도와 품질에 영향을 미친다.
실드 가스는 일반적으로 불활성(inert) 또는 활성(reactive) 상태로 분류된다. 불활성 가스는 아크와 용융지에서 발생하는 화학 반응에 참여하지 않으며, 활성 가스는 금속과 반응하여 산화, 환원 등 다양한 반응을 유도한다.

(2) 실드 가스의 표준 분류 체계

아크 용접 및 절단에 사용되는 실드 가스는 유럽표준 EN ISO 14175(구 EN 439)를 기준으로 분류된다. 이 규격은 실드 가스의 화학 성분, 물리적 특성, 분류 체계, 순도, 수분 함량, 공급 형태를 정의하며, 실드 가스 품질 관리에 대한 기준을 제공한다. 우리나라에서는 KS B ISO 14175가 이를 바탕으로 제정되었으며, 국제표준과 같은 체계를 유지하고 있다. 이는 EN 439와 거의 같은 구성으로, 용접용 실드 가스를 분류하는 기술적 내용을 포함하고 있다(표 2.10 및 표 2.11 참조).

EN ISO 14175(구 EN 439)는 유럽규격위원회(CEN) 산하 기술위원회 TC 121, 분과위원회 SC3에서 1993년 제정한 규격으로, 용접 및 절단 공정에서 사용되는 실드 가스의 표준 분류법을 제공한다.

실드 가스는 주로 다음과 같은 종류로 구성된다.

- 불활성 가스: Ar, He
- 산화성 가스: O_2, CO_2
- 환원성 가스: H_2
- 질소: N_2

이들 가스는 불활성 특성, 산화 특성, 환원 특성에 따라 용접 품질과 금속 거동에 서로 다른 영향을 미친다. 실딩 가스 그룹 분류에 사용된 기호는 다음과 같다.

- R: 환원성 혼합 가스
- I: 불활성 가스와 가스 불활성 혼합 가스
- M: 이산화탄소 또는 이 두 성분을 함유하고 산화성 혼합 가스
- C: 강산화성 가스와 강산화성 혼합 가스
- F: 무반응 가스 또는 환원성 혼합 가스

미국에서는 이에 대응하는 표준으로 ANSI/AWS C5.10-04(Recommended Practices for Shielding Gases for Welding and Plasma Arc Cutting)를 운용하고 있으며, 실드 가스의 실무 적용 지침을 제시하고 있다.

표 2.12는 각기 다른 6개 그룹과 가스 구성을 조사한 것이다.

(3) 실딩 가스의 순도 및 혼합비 관리

실딩 가스의 순도는 EN ISO 14175에 의해 규제되며, 다양한 그룹의 가스별 순도 기준은 표 2.12에 제시되어 있다. 혼합 가스의 비율 허용오차는 가스 산업에서 일반적으로 적용되는 규정을 따른다.

- 단일 성분이 5% 미만일 경우: 명시된 부피 기준 ±0.5%
- 5~50% 범위일 경우: 지정된 값의 ±10%

표 2.12 각기 다른 6개 그룹과 가스 구성과 특징(한국산업규격 KS B ISO 14175:2003)

기호[1] 그룹	기호[1] 분류	구성 %(V/V) 산화성 CO_2	산화성 O_2	불활성 Ar	불활성 He	환원성 H_2	무반응 N_2	대표적 적용	비고
R	1			잔량[2]		0–15		TIG, PAW, PAC, 이면 보호	환원성
	2			잔량[2]		15–35			
I	1			100				MIG, TIG, PAW, 이면 보호	불활성
	2				100				
	3			잔량[2]	0–95				
M1	1	0–5		잔량[2]		0–5		MAG	약 산화성
	2	0–5		잔량[2]					
	3		0–3	잔량[2]					
	4	0–5	0–3	잔량[2]					
M2	1	5–25		잔량[2]					↓
	2		3–10	잔량[2]					
	3	0–5	3–10	잔량[2]					
	4	5–25	0–8	잔량[2]					
M3	1	25–50		잔량[2]					
	2		10–15	잔량[2]					
	3	5–50	8–15	잔량[2]					
C	1	100							산화성
	2	잔량	$0 < O_2 \leq 30$						
F	1						100	PAC, 이면 보호	무반응
	2					0–50	잔량		환원성

1) 표에 없는 가스 성분이 위에 분류된 것 중 하나에 첨가되면, 이는 특수혼합 가스로 분류되어 첨자 S를 추가한다.

2) Ar은 최고 95%까지 He으로 대체될 수 있다.

MIG(금속 불활성 가스) 용접은 불활성 가스인 아르곤(Ar), 헬륨(He) 및 이들의 혼합 가스를 사용하며, 알루미늄과 그 합금, 구리와 그 합금 등의 비철금속에 주로 적용된다. 미 육군 조달규격 TACOM12472301은 실딩 가스의 품질 기준으로 ANSI/AWS A5.32/A5.32M을 적용하며, 관련 내용은 표 2.14에 수록되어 있다.

(4) 용접 비용과 실딩 가스의 경제성

실딩 가스의 단가는 용접 비용의 일부에 불과하지만, 실제 용접 품질과 효율성에는 용접 속도, 스패터 발생량, 후처리(청소 등) 소요 시간, 용입 및 결함률과 같은 요소가 더 큰 영향을 미친다. 예를 들어, 순수 스프레이 아크(spray arc) 또는 펄스 아크(pulsed arc) 용접에는 산소(O_2)를 사용할 수 없다. 반면, TIG 용접 및 플라스마 아크 용접에서는 모든 재료에 대해 절대적으로 불활성인 아르곤이 보편적으로 사용된다.

용접의 생산성과 품질 향상을 위해 헬륨 및 수소를 아르곤에 혼합하는 사례가 많으며, 이들의 열전도율 특성은 모재에 더 많은 열을 전달한다.

- 스테인리스강 용접에서는 수소가 1~7% 범위로 첨가되어 용입 깊이 및 속도를 증가시키고,
- 알루미늄 용접에서는 30~70% 수준의 헬륨이 혼합되어 용입 및 아크 안정성 향상에 기여한다.
  이때 혼합비는 모재의 두께에 따라 결정된다.

(5) 실딩 가스의 순도 및 수분 측정

실딩 가스의 순도 측정은 불순물의 측정으로 이루어지며, 주요 불순물에는 산소(O_2), 질소(N_2), 수분(H_2O), 먼지 및 탄화수소류가 포함된다. 산소 및 질소는 반응성 반도체 센서를 통해 감지하며, 수분은 이슬점(Dew Point) 측정 방식을 통해 확인된다(표 2.13 참조).

수분 함량은 용접 품질에 매우 민감한 영향을 주며, 최근에는 전기적 방식으로 수분을 측정하는 기술도 활용되고 있다. 예를 들어,

- 수분이 콘덴서의 정전용량 변화를 유발하거나,
- 전해액의 이온도 변화를 통해 측정하는 방식이다.

기공 발생의 주요 원인 중 하나는 실딩 가스 내의 수분 및 수소, 또는 외부 공기 혼입에 따른 수분 오염이다. 이에 따라 ANSI/AWS A5.32/A5.32M-97에서 정의한 아르곤 실딩 가스의 품질 규격 일부가 표 2.14에 수록되어 있다. 이때 수분 채취용 가스 시료는 35℃ 이상, 100kg/cm^2 이상의 조건에서 채취해야 하며, 가스 분류에 필요한 시험 항목은 표 2.15에 정리되어 있다.

표 2.13 EN 439에 따른 단일 및 혼합 가스의 순도와 노점

그룹	최저 순도 %(V/V)	1.013bar에서의 최대 노점, ℃	최대 습도, ppm
R	99.95	−50	40
I	99.99	−50	40
MI	99.70	−50	40
M2	99.70	−44	80
M3	99.70	−40	120
C	99.70	−35	200
F	99.50	−50	40
산소	99.50	−35	200
질소	99.50	−50	40

표 2.14 실딩 가스 구성의 가스 유형, 순도 및 노점 요구사항

(ANSI/AWS A5.32/A5.32M-97 An American National Standard)

가스	AWS 분류	생산 형태	최소 순도 %	최대 수분[a] ppm	이슬점 최대 수분 1기압, ℃	CGA 등급	
Ar	SG-A	가스	99.997	10.5	−60	Type I	G-11.1 Grade C
		액화	99.997	10.5	−60	Type II	G-11.1 Grade C
He	SG-He	가스	99.995	15	−57	Type I	G-9.2 Grade C
		액화	99.995[b]	15	−57	Type II	G-9.2 Grade C

주: a. 수분 사양은 실린더가 분석되는 전체 실린더 압력에서 보장된다.

표 2.15 분류에 필요한 시험

	가스 순도	이슬점	혼합물 구성
단일 가스	요구	요구	해당 없음
다 성분 가스	요구[a]	요구[b]	요구[c]
특수 가스 혼합	요구	요구	필요하지 않음

주: a. 혼합된 각 가스는 특정 가스의 순도 요구사항을 시험하고 충족해야 한다.
b. 혼합 가스는 혼합물에서 개별 가스의 최고 이슬점보다 크지 않은 이슬점 요건을 충족해야 한다.
c. 개별 실린더 또는 각 매니폴드 그룹의 하나의 실린더는 혼합물 구성 시험, 절차 및 요구 사항을 시험하고 충족해야 한다.

(6) 실드 가스 유량

실드 가스의 유속은 용착물의 품질에 영향을 미친다. 과소 유속은 용접부가 대기 오염으로부터 적절하게 보호되지 않을 수 있다. 과잉 유속은 가스가 건 노즐에서 나올 때 난기류가 생성되어 산소와 질소가 용접구역으로 유입될 수 있다. 두 경우 모두 포획된 산화물, 질화물, 기공으로 오염된 용접이 될 수 있다.

적절한 유속의 선택은 사용되는 가스, 토치 노즐 크기에 따라 달라진다. 헬륨과 같은 가벼운 불활성 가스는 무거운 가스인 아르곤으로 얻은 것과 같은 실드 무결함을 달성하기 위해서는 더 높은 유속이 필요하다. 토치 노즐 크기가 증가함에 따라 유량 요구사항은 일반적으로 비례하여 증가한다.

적절한 유속의 선택은 특정 적용을 위한 시행착오의 대상이 된다. 재료, 이음 설계, 용접 자세, 이동 속도, 용접봉 유형과 같은 요인을 고려한다.

다양한 두께의 GMAW의 일반적인 유량은 표 2.16에 있다.

표 2.16 맞대기 용접 아래 보기 자세에서 알루미늄 GMAW의 일반적인 조건(스프레이 이행)

재료 두께 mm	용접봉 직경 mm	전류 A	전압* V	용접 속도 mm/s	실딩 가스	가스 유량 ℓ/min
3.2	0.8	125	20	186	Ar	14
4.8	1.1	160	23	116	Ar	16
6.4	1.1	205	24	142	Ar	16
9.5	1.6	240	26	91	Ar	19
19	1.6	240	28	91	75%He-25%Ar	42
76	2.4	400	33	76	75%He-25%Ar	70

* 직류 전극 양극.

① 층류와 난류

가스 컵-작업물 확장은 대기의 높은 유량비가 혼합되거나 가스 기둥이 깨어지기 때문에 유량조절 범위 내에서 매우 짧게 유지해야 하는 이유다. 이것은 난류 또는 무방향 흐름이라 부르며 그림 2.32에 나타냈다.

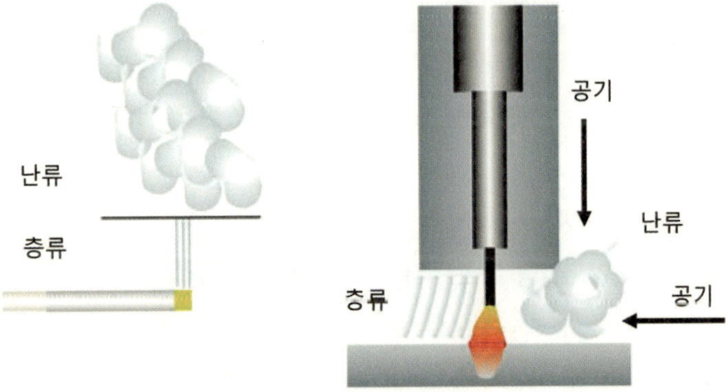

그림 2.32 층류와 난류

② 실딩 가스 유량과 층류 유지 조건[3)]

실딩 가스 유량은 용접 품질을 좌우하는 중요한 변수로, 가장 적절한 유량 측정 지점은 노즐 끝단이다. 그림 2.33 및 2.34는 최적의 유량 측정 위치를 시각적으로 보여준다.

시험에 따르면, 16mm 내경(ID)의 노즐과 400A 용접 건을 사용하여 14~33ℓ/min 범위의 아르곤 유량을 설정한 경우, 33ℓ/min 이하에서는 가스 기둥이 층류(laminar flow) 상태를 유지하였다. 그러나 33ℓ/min을 초과하면 난류(turbulent flow)가 발생하며, 외부 공기와 혼합이 일어나 실딩 효과가 저하된다. 이 현상은 담배 연기로도 쉽게 관찰할 수 있다. 연기가 필터를 떠날 때는 곧고 안정적인 흐름(층류)을 보이나, 몇 인치 위에서는 공기와 섞이며 난류로 변화한다. 실딩 가스 역시 유사한 방식으로 공기와 혼합될 수 있으며, 이에 따라 표면 기공(surface porosity), 일명 벌집 모양 결함이 발생하게 된다.

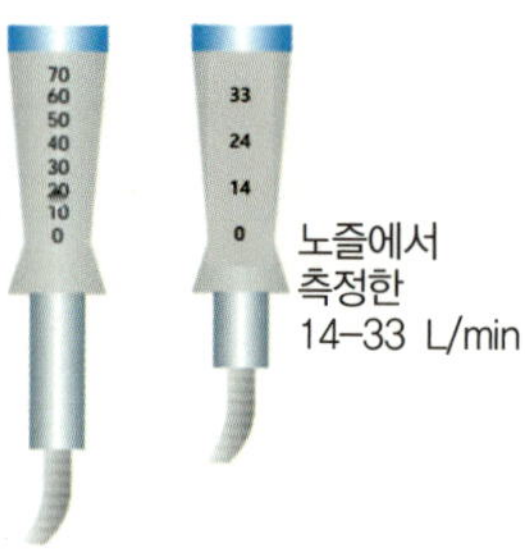

최고 층류 유량	
12.7mm 노즐	23 ℓ/min
15.8mm 노즐	33 ℓ/min
19.1mm 노즐	47 ℓ/min

노즐 크기	내경 (mm)	Std. Collet (ℓ/min)	Gas Lens (ℓ/min)
4	6.4	2.4-4.7	2.4-7.1
6	4.8	4.7-9.4	4.7-11.8
8	12.7	7.1-11.8	7.1-11.8
10	15.8	9.4-14.1	9.4-16.5

*층류 범위는 큰 노즐은 증가시키고, 작은 노즐은 감소시켜야 한다.

그림 2.33 GMAW 실딩 가스 유량 측정 **그림 2.34** GTAW 실딩 가스 유량 측정

③ 적정 유량 범위 및 가스 종류별 흐름 특성

실드 가스를 사용한 용접에서, 용착률과 가스 유량 사이에는 일반적인 상관관계가 존재한다. 일반적으로 다음과 같은 유량이 권장된다.

- 아르곤 사용 시: 16~21ℓ/min의 유량은 공기 혼입을 방지하고 안정적인 층류를 유지하는 데 적절하다.

---

3) Gas Metal Arc Welding Praxair , Copyright 2004, Praxair Technology, Inc.

- 헬륨 사용 시: 헬륨은 아르곤보다 밀도가 낮아 가스 기둥 형성이 어렵기 때문에, 5~7ℓ/min 더 높은 유량이 요구된다.

실제 용접조건에서 횡풍(cross draft)이나 연풍(down draft)이 존재하는 경우, 유량은 더 높은 값으로 조정되어야 한다. 가스 컵과 모재 사이의 거리를 최소화하는 것도 실딩 효과 향상에 도움이 된다.

(7) 가스 누설

가스 누설은 알루미늄 용접과 관계가 있다. 그림 2.35에서처럼 가스 라인에 누출구가 있으면, 가스가 새어 나가거나 공기가 새어 들어온다. 누설되는 가스 라인은 가스의 기류를 오염시키며, 외관과 품질을 조악하게 할 수 있다. 또한 거품이 생기거나 겉보기에 좋지 않다. 가스가 흐르면 벤투리 효과에 의해서 공기는 가스 라인 안으로 흡인한다. 이 누설은 용접기에 연결된 가스 호스 내부 또는 떨어진 것에서 분배 배관시스템 내부에 어떤 연결을 할 수 있다.
호스나 파이프 안에서 빠르게 흐르는 가스는 압력이 낮아진다. 대기 압력이 가스 기류 안으로 공기가 새어 들어와 실딩 가스를 오염시킨다. 가스 라인을 오염시키는 두 번째 기구는 농도 기울기로 작동되는 뒷면 확산이라 하며, 그림 2.36에 보여준다. 가스 흐름이 멈추면 고속의 구멍 중심선 밖의 가스 누설 과정은 빠른 속도로 빠져나간다. 벽의 마찰 때문에 가스 속도는 벽 주위에서는 흐름이 느리다.

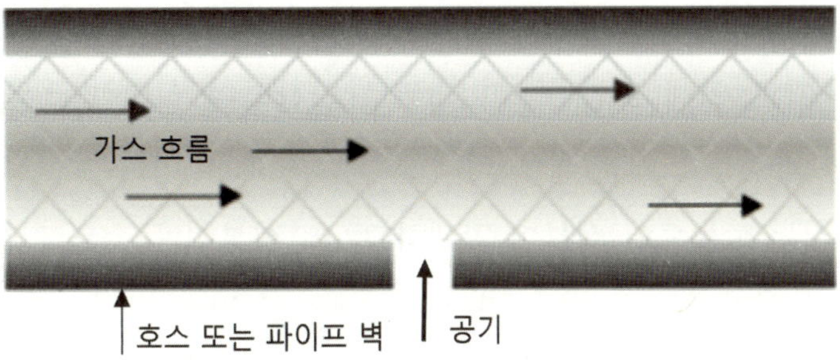

그림 2.35 벤투리 효과

① 가스 누설과 실딩 품질 저하 메커니즘

가스 누설은 알루미늄 용접에서 기공, 산화물 형성 등 품질 문제의 주요 원인 중 하나이다. 그림 1.36과 같이 가스 라인에 미세한 누출부가 존재할 경우, 실딩 가스가 외부로 유출되거나 대기 중 공기가 내부로 흡입될 수 있다. 이러한 누설은 실딩 가스 기류를 오염시켜 용접 비드 외관을 조악하게 만들고 품질을 저하한다. 특히 표면에 기공이나 거품이 발생할 수 있다.

이때 발생하는 대표적인 현상이 벤투리 효과(Venturi effect)이다. 가스가 호스나 배관 내에서 고속으로 흐르면 그 부위의 정압이 낮아지고, 상대적으로 높은 대기압에 의해 외부 공기가 가스 라인 내부로 흡입된다. 이 과정은 특히 가스 공급 호스 또는 분배 배관 내 이음부 등에서 발생할 수 있으며, 토치에 도달하는 실딩 가스를 오염시키는 주요 기구이다.

② 뒷면 확산(Back Diffusion)에 의한 오염

가스 라인 오염의 또 다른 메커니즘은 뒷면 확산(back diffusion)으로, 이는 그림 2.36에 나타나 있다. 가스 흐름이 멈춘 상태에서는 가스 라인의 중심부에서는 빠르게 누출되지만, 벽면 부근의 유속은 마찰에 의해 매우 느려지며 사실상 속도 0인 경계층(boundary layer)이 형성된다. 이 경계층의 두께는 2~3원자 또는 분자 수준에 불과하다.

경계층은 강물의 흐름에서도 관찰할 수 있다. 하천의 제방 가까이에서는 물의 속도가 매우 느리며, 중심부에 비해 거의 정지한 상태로 보인다. 이처럼 가스 라인의 벽면에서도 같은 현상이 나타나며, 경계층 외부의 산소, 질소, 수분 등 오염물질의 고농도 영역과 내부의 저농도 영역 사이에 농도 기울기가 형성된다. 이 기울기로 인해 오염물질이 내부로 확산하여 실딩 가스를 오염시킨다.

이 확산 과정은 뜨거운 물에 티백을 넣었을 때 일어나는 현상과 유사하다. 티백 표면에서는 고농도의 성분이 발생하고, 이 성분이 물속으로 점차 확산하며 농도 기울기가 완만해진다. 가스 라인 내부에서도 같은 방식으로 외부 공기 속의 오염물질이 내부로 유입된다.

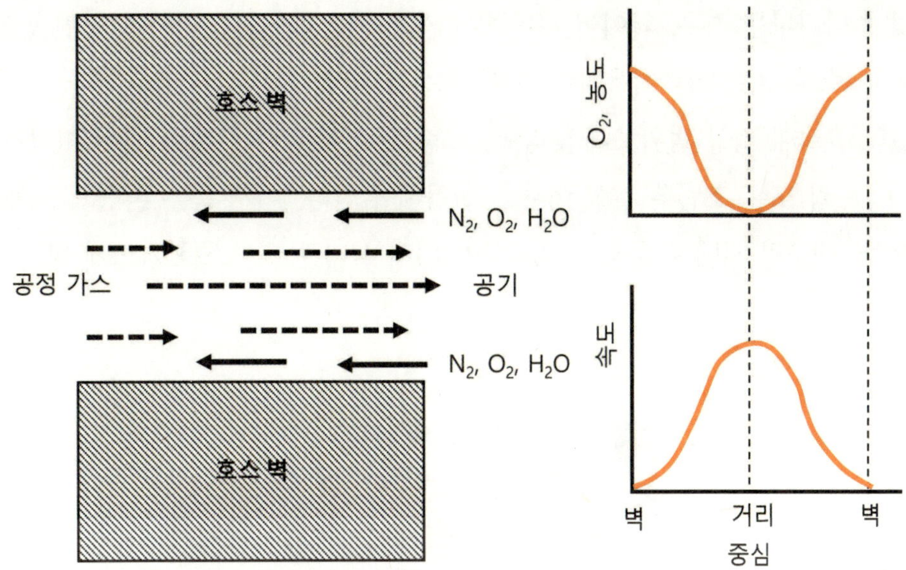

그림 2.36 압력 라인 누설의 공기 후면 산포

③ **사용 간 정지 시 오염 포켓 형성**

가스 공급시스템은 작업자가 자리를 비우거나 공정을 일시적으로 중단하는 등 사용하지 않는 시간 동안에도 누설이 발생할 수 있다. 이때 가스 라인의 누설점 부근에서는 오염된 가스가 잔류하는 오염 포켓(pocket)이 형성된다.

용접작업을 재개하면, 이 오염된 가스가 토치 쪽으로 흡입되어 용융풀에 도달하게 되며, 그 결과 기공 발생 또는 비드 표면 산화로 이어질 수 있다. 이러한 현상은 하루 중 시간대나 주간 작업 패턴에 따라 다양한 용접 위치에서 불규칙하게 나타날 수 있어, 품질관리에 주의가 요구된다.

(8) 실딩 가스 누설 진단 및 주요 오염원

실딩 가스 시스템의 누설은 용접 품질 저하의 중요한 원인이며, 이를 진단하고 예방하는 다양한 절차가 필요하다.

일부 제조 현장에서는 실딩 가스공급을 순간적으로 중단한 후, 액체 누설 검출기를 사용하여 누설 여부를 확인한다. 또한, 토치에서 측정되는 유량이 정상 측정점보다 낮게 나타나는 경우, 와이어 피더에서 가스공급 호스를 분리하여 원인을 조사한다. 이때 토치 유량계를 사용하여 실제 흐름을 확인하는 것이 중요하다.

만약 유량이 정상 범위보다 낮다면, 그림 2.37에 나타난 바와 같이 피더 가스 포트의 O-링 또는 조립부 누설 여부를 점검해야 한다. 이 부품은 손쉽게 교체할 수 있으며, 재조립 시에는 손상을 방지하기 위해 실리콘 그리스를 가볍게 발라주는 것이 좋다.

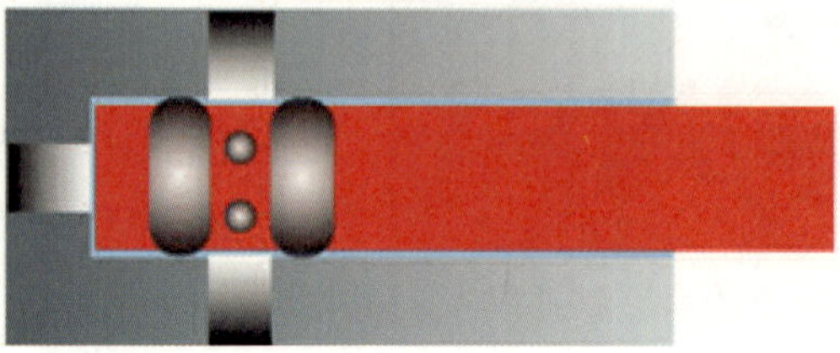

설치 전 실리콘 그리스로 오링에 윤활

그림 2.37 **피이더 가스 포트 O-링 실(Seal)**

① **가스 디퓨저 막힘 및 토치각도의 영향**

가스 흐름이 막히는 또 다른 주요 원인은 가스 디퓨저(diffuser)이다. 디퓨저는 콘택트 팁과 노즐 사이에 위치하며, 실딩 가스를 균일하게 분산시켜 노즐 외부에 안정된 층류를 형성하는 기능을 한다. 그러나 디퓨저에 스패터가 쌓이면 가스 흐름이 부분적으로 차단되고, 이는 실딩 영역의 불균형을 초래한다. 결과적으로 디퓨저 내의 잔여 구멍을 따라 불균형 난류가 발생하며, 공기를 실딩 가스 기둥 내부로 유입시키는 원인이 된다. 이 역시 기공(porosity) 발생으로 이어질 수 있다.

또한 토치각도가 너무 작을 경우, 노즐과 판재 사이에 벤투리 효과(Venturi effect)가 발생하여 공기가 흡입되며, 실딩 가스가 오염된다(그림 2.38).

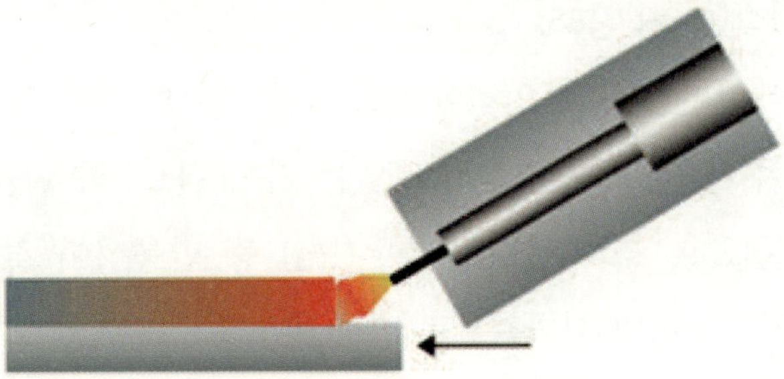

그림 2.38 벤투리 효과에 의한 공기 흡입은 실딩 가스를 오염할 수 있다.

② 외부 충격과 케이블 연결 느슨함

현장에서는 일부 용접사가 스패터를 제거하기 위해 노즐을 장비나 구조물에 가볍게 두드리는 행위를 하기도 한다. 이런 행동은 시간이 지나면서 케이블 연결부를 느슨하게 만들며, 결국 토치 핸들 부근에서 실딩 가스 보호 범위를 상실하게 된다. 이에 따라 공기가 토치 내부로 유입되고, 용접 품질에 영향을 줄 수 있다.

③ 유량계 오차와 압력 불일치 문제

마지막으로 중요한 한 가지는 유량계의 인입 압력 불일치이다. 모든 유량계는 특정 인입 압력에서 보정(calibration)되어 있으며, 실제 인입 압력이 설정값과 다를 경우 표시된 유량과 실제 유량 사이에 오차가 발생한다.

예를 들어, 그림 2.39는 20psig로 보정된 유량계가 50psig 압력 라인에 부착된 경우를 보여준다. 이때 실제 유량은 유량계가 지시하는 값보다 약 26% 더 높다. 가장 정확한 확인 방법은 토치 유량계를 사용하는 것으로, 이는 출구에서 내기압 상태의 유량을 직접 측정하므로 신뢰성이 높다.

예: 40cfh의 50psig 라인에서 20psig가 측정되었을 때

$$실유량 = 지시유량 \times \sqrt{\frac{실압력(psi'a)}{측정압력(psi'a)}}$$

$$실유량 = 40scfh \times \sqrt{\frac{50+14.7}{20+14.7}} = 40 \times 1.37 = 54.6scfh$$

그림 2.39 유량계의 압력 교정

(9) 불활성 가스(inert gas)

불활성 가스란 어떤 온도나 압력에서도 다른 재료와 화학적으로 결합하지 않는 성질을 가지며, 주기율 0족을 점유하고 있는 기체 원소, 즉 헬륨(He), 네온(Ne), 아르곤(Ar), 크립톤(Kr), 크세논(Xe), 라돈(Rn) 등 반응성이 결핍된 기체를 총칭해서 말한다. 원자가가 0이며 화학적으로 반응성이 없으므로 통상 화학 분석에서는 검출되지 않는다. 그러나 방전관 중에서 모두 특이한 스펙트럼을 발하므로 이 방법으로 검출할 수 있다. 표 2.17은 불활성 가스 종류의 특성을 나타냈다. 불활성 가스의 성질은 다음과 같다.

- 상온에서 무색, 무미, 무취의 단(single)원자 분자의 기체이며, 다른 원소와 화합하지 않고 원자의 배열이 극히 안정되어 있다.
- 낮은 압력에서 방전시키면 특수한 빛깔을 나타낸다.
- 분자 간에 반데르발스(van der Waals force) 힘만 존재하므로 비등점이 낮다.
- 원자가, 전자가가 8개(He만 2개)이므로 화학결합이 어렵다.

표 2.17 각종 가스의 방전 색상

원소기호	2 He	10 Ne	18 Ar	36 Kr	54 Xe	86 Rn
방전 발광색	황백색	주황색	적색	녹자색	청자색	청록색
용도	기구, 저온 연구	네온사인	진공관, 전구	특수전구	특수전구	–

용접용 실딩 가스로 아르곤이 헬륨보다 더 많이 사용되고 있다. 왜냐하면

- 더 쉽게 이용할 수 있고 헬륨보다 싸다.
- 용융지의 조절을 쉽게 할 수 있다.
- 매끄럽고 조용한 아크와 더욱 큰 클리닝 작용과 아크 시작을 쉽게 한다.
- 특별하게 보다 작은 유량이 요구될 때
- 헬륨보다 나은 횡풍(cross-draft) 저항이 필요할 때
- 광택 금속이 작고(작업자는 더 쉽게 용융지를 본다), 작은 리플(무늬)이 요구될 때

아르곤 실딩 가스의 아크 전압은 낮고 아크 길이도 짧다. 아르곤의 낮은 아크 전압 특성은 극히 얇은 재료의 교류 수동 용접에 있어 중요하다. 이 같은 특성은 용융금속의 처짐이나 용락을 적게 하므로 수직과 위 보기 자세에 유리하다.

일반적으로 용접용 실딩 가스로는 표 2.18과 같이 사용된다.

표 2.18 용접용 실딩 가스의 종류

가스 조성	적용	적용 금속	특징	비고
Ar	T.M	모든 비철류	값이 싸다.	얇은, 중간재료
Ar+2~4%H_2	T	Ni, STS 300	기공이 적고, 외관 양호	—
Ar50%+He50%	M.T	Al, Mg, Cu와 그 합금	아크열이 높고, 기공이 적다.	MIG 권장
Ar+1~2%O_2	M	연강, 저합금강, STS	—	—
Ar+3~5%O_2	M	STS	—	O_2는 아크 안정제
Ar75%+$CO_2$25%	M	연강, 저합금강, STS	용접 표면 양호, 용입 얕음	—
He	T	Al, Mg, Cu와 그 합금	고온	
He90%+Ar7.5%+$CO_2$2.5%	M	STS, 합금강	아크 안정, 전 자세	고가. Ar 유량 2배
He75%+Ar25%	T.M	Al, Cu와 그 합금	고온, Ar보다 기공이 적음	—
CO_2	M	연강, 저합금강	—	TIG 권장

주) T: TIG, M: MIG

① 실드 가스의 선택요령은 다음과 같다.

- 용접 중의 아크와 금속 이행 특성
- 용입, 용융 폭, 강도 형태
- 용융 속도와 언더컷의 영향 등 완성된 용접의 모든 결과, 즉 비용을 고려해야 한다.

② 실딩 가스 유량의 선택과 유해물 발생

알루미늄 용접에서 실딩 가스의 적정 유량은 TIG 용접 시: 5~12ℓ/min, MIG 용접 시: 20~30ℓ/min 정도이며 용접 품질 유지에 필수적이다.

그림 2.40처럼 (a) 과소 유량: 주변 공기의 침입으로 실딩 효과가 약화하고, (b) 과잉 유량: 흐름이 난류로 전환되어 아크 영역에 공기 혼입이 된다. 이러한 불균형은 아크 안정성을 해치고, 기공 발생 및 용착 불량으로 이어진다.

실딩 가스는 용접 중에 발생하는 유해 오존과 흄(fume)의 생성에도 관여한다. 예를 들어, 혼합 가스인 Ar + CO_2(8%)는 Ar + CO_2(20%) 대비 약 50%의 흄 감소 효과를 보인다. 이는 작업자의 건강과 작업환경 개선에도 중요한 요인이다.

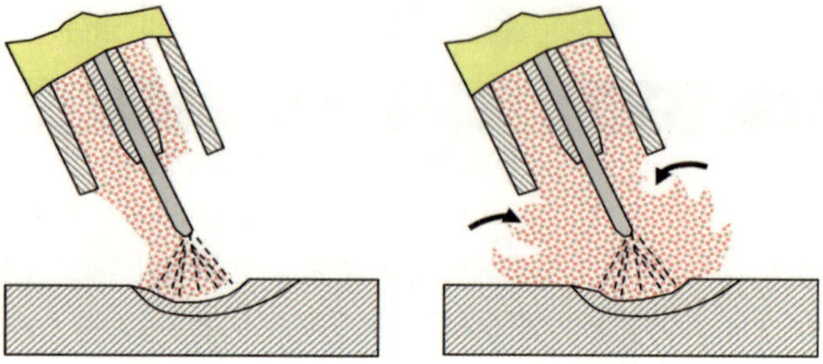

(a) 과소 유량　　(b) 과잉 유량

그림 2.40 실딩 가스 유량

③ 가스공급 형태와 장비 오염 방지

실딩 가스는 가스병(Cylinder), 가스병 집합체(Manifold), 액화가스 탱크(Tank)의 세 가지 공급 형태로 제공된다.

가스의 순도는 공급업체에서부터 토치까지 일관되게 유지되어야 하며, 사용 전에는 조정기와 호스 등 미사용 장비를 실딩 가스로 세척해야 한다. 호스 및 연결부 누설 검사, 용접조건에 적합한 유량 설정, 토치가 과도하게 경사지거나 모재에서 멀어지지 않도록 유지 사항을 철저히 준수해야 한다.

④ 혼합 가스 사용 시 비중 차에 의한 주의점

아르곤과 헬륨을 혼합한 가스병의 경우, 두 기체 간 비중 차이(약 1:10)로 인해 사용 초기에는 헬륨이 먼저 분출되고 이후 아르곤과 혼합되는 특성이 있다.

이를 방지하기 위한 실무 조치는 가스병을 흔들어서 사용하고, 병을 수평으로 보관하거나, 사용 전 밸브를 2~3회 빠르게 개폐하여 이물질을 제거하는 크래킹(cracking) 행위를 수행한다.

⑤ 가스병 순환 사용 시의 오염 문제와 해결책

가스병은 공급업체를 통해 반복적으로 순환 사용되므로, 공급 시 서로 다른 병이 제공되고, 이는 잔압, 산화물, 잔류가스 등 오염 원인이 될 수 있다. 같은 순도의 가스를 사용할 때도 이러한 오염이 용접 품질에 영향을 줄 수 있으므로, 가능한 경우 전용병을 지정하여 사용하는 방식이 추천된다.

⑥ 실딩 가스 순도 기준 및 측정 방법

실딩 가스의 순도는 용접 품질을 결정짓는 핵심 요소로 순도 최소 99.997% 이상 또는 노점(Dew Point) -50℃ 이하(TACOM12472301 기준 section 4.3.1에서는 -52.7℃ 이하)와 같은 조건이 요구된다. 이는 가스병 조정기가 아닌 토치 기준점에서 적용되어야 한다.

이슬점 측정기 등 간접 측정 기기를 이용하거나, 유경험자의 관찰을 통한 평가도 병행하여야 한다. 이슬점이 높다는 것은 산소, 수소, 수분의 오염 수준이 높다는 것을 의미하며, 이는 용접결함 발생과 직결된다.

⑦ 실딩 가스 불량 시 발생 징후

실딩 가스의 순도나 공급 상태가 불량할 경우 다음과 같은 이상 현상이 발생할 수 있다.

- 용접부에 그을음이 많이 발생하며, 용접 표면이 검거나 산화된 상태가 발생한다. 즉, 클리닝 작용 상태가 불량하다.
- 스패터가 많이 발생하며, 기공이 비드 양면에 부상되고 용입 부족이 된다.
- 비드의 폭이 좁고, 용입 및 용착이 불가능하고, 전류가 상승하여도 모재가 용융하지 않는 상태가 발생한다.
- 비드의 면이 거칠고 산화된 상태가 발생한다.

1.4.2 아르곤 가스(Argon gas)

아르곤은 1894년 스코틀랜드의 화학자 윌리엄 램지(W. Ramsay)와 영국의 물리학자 로드 레일리(Lord Rayleigh)에 의해 발견된 비활성기체다. 대량 생산은 공기의 분별 증류를 통해 이루어진다. 즉, 공기를 냉각하여 액화한 뒤, 온도를 서서히 높여 기체 성분을 분리하는 방식이다. 또한 천연가스 정제 과정의 부산물로도 아르곤이 얻어진다.

아르곤은 대기 중에서 질소, 산소에 이어 세 번째로 풍부한 기체로, 색 · 맛 · 냄새가 없고 화학적으로 매우 안정적이다. 공기보다 무겁고, 물이나 유기 용매에도 어느 정도 용해되며, 고온에서도 반응성이 거의 없어 실딩 가스로 적합하다.

① 아르곤의 물리적 특성과 산업용 용도

- 비열: 20.768J/mol · K(25℃)
- 이온화 전위: 15.7eV(공기 = 0 기준)
- 전기적 도체 성질이 우수하며, 아크 형성에 유리함

  아르곤은 단독으로 사용되거나 He, O_2, CO_2, H_2 등과 혼합되어 다양한 용도에 적용된다.
- TIG, MIG, 플라스마 아크 용접
- 전자빔 용접, 플라스마 절단, 브레이징 및 표면 처리(surfacing)
- 고온 취급이 필요한 Ti, Zr, Nb, Ce, Th, Cs, Ta 등의 금속 가공

② 아르곤의 용접 특성 및 장단점

대부분의 수동 및 자동 아크 용접에서 아르곤이 TIG와 MIG 용접 둘 다에 실딩 가스로 사용된다. 헬륨보다 저렴하고, 조용하며 안정적인 아크 형성이 가능하다. 그림 2.41처럼 아르곤 아크는 넓은 버섯 모양의 용입 단면과 매끄러운 비드 형상을 제공한다. 아르곤은 입열이 상대적으로 적기 때문에 용접 속도가 가장 느리다. 따라서 용입 부족의 위험이 있고 두꺼운 단면에 기공이 발생하기 쉽다. 아르

곤은 용접 표면에 그을음을 발생하나 와이어 브러시로 쉽게 제거할 수 있다. 장점은 우수한 아크 안정성, 쉬운 아크 개시와 좋은 비드 형상 제어에 있다. 그러나 열전달이 저하한다. 기공(알루미늄의 수소 민감성에 기인하는)과 용합부족은 아르곤 보호를 사용하는 알루미늄 용접에서 가장 큰 문제이다. 최소 기공의 고품질 용접을 보증하기 위해 가스 순도는 적어도 99.995%이어야 한다. 가스 호스와 분배 시스템은 누설되지 않아야 하고, 아르곤 설비 안에서 사용되도록 설계해야 한다. 오염된 실딩 가스에 관련된 대부분의 품질 문제는 공급시스템의 누설로부터 발생한다.

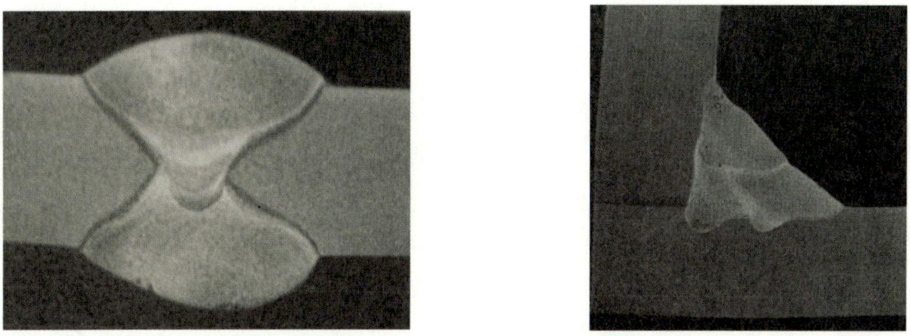

(a) 두께 12mm 아래 보기 2 패스 양면 맞대기 (b) 두께 12mm, 각장 15mm 수평 필릿

그림 2.41 아르곤 실딩 가스 MIG 용접

1.4.3 헬륨 가스(Helium gas)

헬륨은 원자번호 2의 비활성기체로, 우주 질량의 약 25%를 차지하며 수소 다음으로 풍부하다. 상온 · 1기압에서는 단원자 상태로 존재하고 화학 반응성이 극히 낮다. 모든 원소 가운데 끓는점이 가장 낮아 1기압에서는 절대 영도에서도 고체가 되지 않으며, 밀도는 0.1786으로 공기의 약 1/7에 불과하다. 수소 다음으로 높은 열전도율과 비열을 갖고, 물에 대한 용해도는 기체 중 가장 작다. 완전한 전자배치를 지닌 덕분에 이온화 에너지는 24.5eV로 모든 원소 중 최고다.

산업적으로 헬륨은 주로 천연가스에서 저온 · 고압 분별로 추출한다. 경제성이 있는 매장량이 제한적이어서 '희귀 가스'로 분류되며, 상업용 표준 순도는 99.99%이고 고순도 등급은 99.999% · 99.9995% · 99.9999%까지 제공된다. 가볍고 불연성이므로 고진공 장치나 고압용기의 누설 시험, 그리고 극저온 분야에서 널리 쓰인다. 헬륨은 아르곤보다 열전도율이 높아(그림 2.42) 같은 조건에서 더 높은 아크 전압 · 전류 · 아크 길이를 형성한다. 따라서 알루미늄이나 구리 합금처럼 열전도율이 큰 두꺼운 판재를 용접할 때 적합하다. 동일 아크 길이에서 헬륨의 전압은 아르곤보다 약 20% 높으며(그림 2.43), 이에 따라 아크 온도가 상승해 용입과 입열이 증가하고 비드 폭도 넓어진다. 넓은 비드는 아크 위치 허용 범위를 넓혀 용입 부족이나 끝의 어긋남 결함을 줄인다. 고온의 용융지는 서냉 과정에서 수소 방출을 촉진해 기공 발생을 억제하며, 증가한 열 투입 덕분에 용접 속도는 아르곤 대비 2-3배 빨라진다.

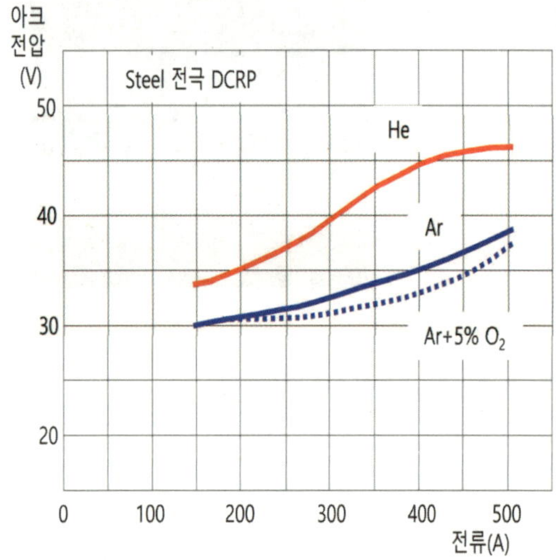

그림 2.42 실딩 가스 3종의 아크 전압-전류변화

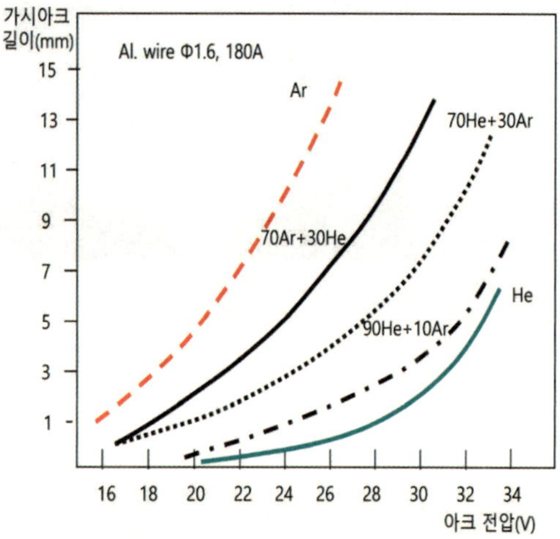

그림 2.43 아크 전압-길이에 관계하는 실딩 가스 영향

아크 전압-길이 특성(그림 2.43)을 보면, 가시 아크 길이는 Ar가 He보다 크게 나타난다. 한편 아르곤은 공기보다 약 1.4배 무겁지만, 헬륨은 매우 가벼워 동일 실드 효과를 얻으려면 헬륨 유량을 아르곤의 약 2배로 높여야 한다. 헬륨은 가격이 더 비싸고 아크 안정성이 다소 떨어지므로, 순 헬륨은 주로 기계 · 자동화 용접에서 사용하며 수동용접에서 그림 2.44와 같은 용입 형상을 형성한다.

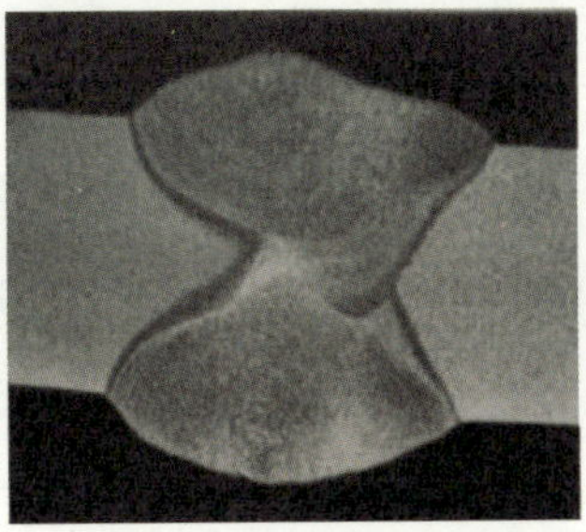

(a) 두께 12mm 아래 보기 2 패스 양면 맞대기

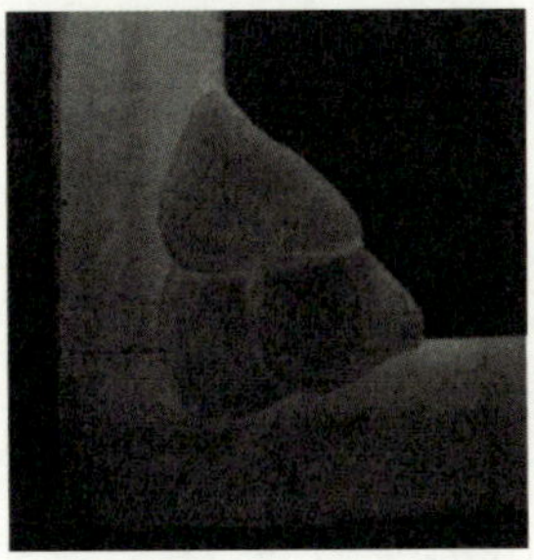

(b) 두께 12mm, 각장 15mm 수평 필릿 용접

그림 2.44 헬륨 실딩 가스 MIG 용접

1.4.4 수소 가스(hydrogen gas)

지구상에 존재하는 가장 가벼운 원소로 무색 · 무미 · 무취의 기체다. 수소는 산소(O_2), 염소(Cl_2)와 결합하면 높은 폭발성을 가진다. O_2–H_2 불꽃 온도는 2,200℃이며, 무독성의 가연성가스로 대기압에서 산소 또는 공기와 결합하여 566℃ 부근에서 연소(발화)한다. 비열 28.84J/mol · K(25℃), 밀도 0.08988g/ℓ이다. 이슬점은 −46℃이며 원자 수소 용접의 수소 1mol은 6100℃ 열을 수반한다. 액화 수소 1부피는 192부피의 기체 수소로 변하며, 수소의 상업용 등급은 99.8% H_2, 300ppm O_2, 1200ppm N_2 정도이다.

수소 기체는 수소 원자 두 개가 결합한 상태의 수소 분자(H_2)로 존재한다. 실온에서는 반응성이 작지만, 온도가 높아지면 반응성이 커진다. 수소는 연소하기 쉬운 기체로 공기나 산소와 접촉하면 쉽게 불이 붙는다. 수소–공기 혼합 기체는 불꽃을 튀겨주면 폭발적인 연소반응을 보인다. 불이 붙는 발화 에너지가 작아 아주 미세한 정전기에도 쉽게 발화된다.

수소는 공업적으로는 보통 천연가스와 탄화수소를 열분해하여 제조된다. 그 밖에 수성가스 코크스로(coke oven) 가스 등에서 분리하거나, 물의 전기분해 등의 방법으로 제조한다. 암모니아, 염산, 메탄올 등의 합성에 대량으로 사용되고, 기름을 경화시키기 위한 수소 첨가, 액체연료의 제조, 산소–수소 불꽃 및 플라스마 불꽃으로 금속의 절단과 용접에 사용된다.

1.4.5 질소 가스(nitrogen gas)

질소는 비금속 원소로 지구 대기의 약 78% 정도를 차지하고 있다. 비열 29.124J/mol · K(25℃)이며 상온에서 주로 이원자 분자(N_2)를 이루고 냄새, 색깔, 맛이 없는 기체 상태이고 전기적, 열적으로 부도체이다. 액체질소는 비자성체로 액체질소 1부피는 696.5 기체 부피로 변한다.

질소는 약품, 반도체 제조에 사용되며, 금속의 열처리, 일반 냉매와 저장 탱크의 퍼지(세척)용 가스로 사용된다. 비활성으로 상온에서는 다른 원소와 거의 반응하지 않으나, 높은 온도에서는 금속이나 비금속 원소와 반응하여 암모니아, 산화질소 등의 질소화합물을 만든다.

1.4.6 혼합 가스(mixed gas)

헬륨(He)은 아르곤(Ar)의 성능을 보완하기 위해 혼합되어 사용되며, 특히 열 전도성 향상을 목적으로 첨가된다. 헬륨이 포함된 혼합 실딩 가스는 아크 에너지를 증가시키고, 3.2mm 이상의 두꺼운 알루미늄 합금에 대한 용접에 적합하다.

헬륨이 첨가된 혼합 가스의 주요 이점은 기공 감소, 융합불량 결함의 감소, 아크 안정성 향상, 용융지 유동성 증가, 용접 속도 및 생산성 향상이다. 이는 열전달 증대 효과에 기인한 결과이며, 특히 두꺼운 모재의 알루미늄 MIG 및 TIG 용접에 유리하다.

GAW 공정에서의 헬륨-아르곤 혼합 가스의 특성은 다음과 같다.

① 실딩 가스의 열 전도성을 증가시켜 아르곤 성능을 개선하려면 헬륨이 혼합된다. 이것은 아크 에너지의 증가로 3.2mm 이상의 두꺼운 알루미늄 합금 용접에 이상적이다. 증가한 열전달의 이점은 기공 감소와 융합부족 감소, 안정적인 아크 특성과 유동성에 기인하는 용융지의 용접 속도 증가이다.

② MIG 용접의 아르곤에서 헬륨-아르곤 혼합의 변화는 스패터가 없는 스프레이 아크 용접 상태의 안정을 유지하기 위해서 아크 전압과 실딩 가스 유량의 증가가 필요하다. 용접속도, 용입과 생산성은 일반적으로 두 구성요소의 혼합과 전

환으로 증대된다. 실딩 가스에 추가하는 헬륨의 양은 미세 금속 이행 방울과 아크 안정성, 아크 개시에 미칠 수 있는 부정적 효과에 의해 제한된다.

③ 헬륨은 일반적으로 TIG에서 아크의 안정성을 감소시키고, AC 전원을 사용할 때 특별한 문제가 되는 아크 개시 특성을 나쁘게 한다. MIG 용접에서 실딩 가스에 헬륨 증가는 스패터 수준의 증가와 금속 이행이 더욱 불규칙하게 된다. 헬륨 증가는 일반적으로 용접 풀이 고온의 유동성이 되어, 용입은 넓고, 깊지 않은 바람직할 수 없는 용입 단면을 의미한다. 이 효과는 그림 2.45에 나타냈다.

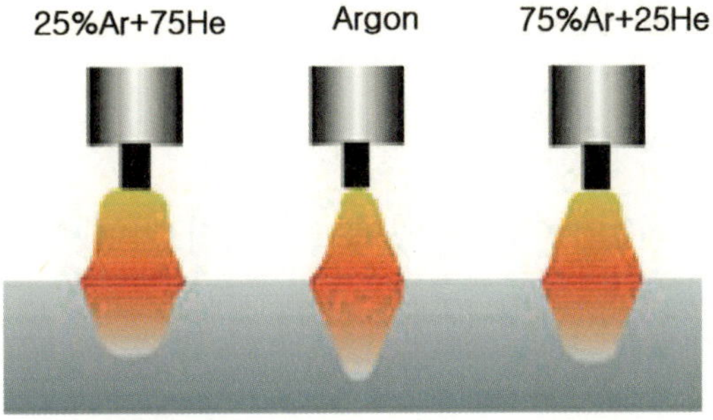

그림 2.45 용접 용입에서 헬륨의 효과

수동 용접과 기계 용접에 적용되는 아르곤과 헬륨의 혼합은 두 가스 사이의 중간 성질로 좋은 용접 결과를 준다. 이 혼합 가스는 순 아르곤보다 용접변수를 더 넓게 사용할 수 있고 입열 증가로 두꺼운 재료에 유용하다. 또한, 빠른 용접 속도가 가능해 생산성을 향상한다.

GMAW의 아르곤 헬륨 혼합 형태는 75Ar-25He과 50Ar-50He이며, 더 높은 헬륨은 일반적으로 더 두꺼운 재료에 추천한다. 75Ar-25He의 전형적인 혼합은 열입력이 향상된 특정한 GTAW에 사용한다. He-Ar 실딩 가스를 사용한 용접 형태는 그림 2.46에 나타낸다. 이것은 그림 2.41과 2.44의 순 헬륨 용접과 순 아르곤 용접 사이의 중간 형상 비드를 보여준다.

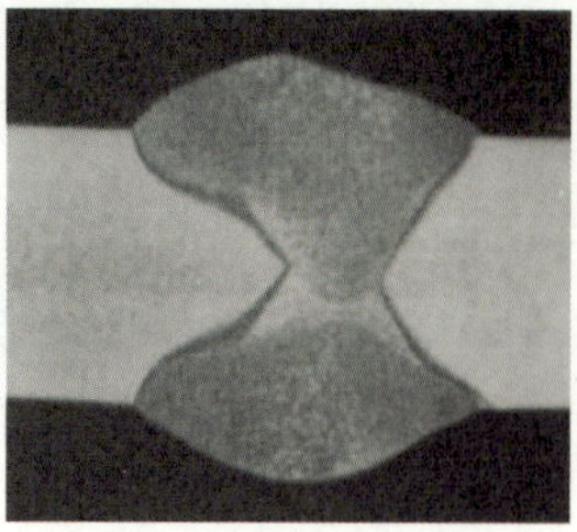

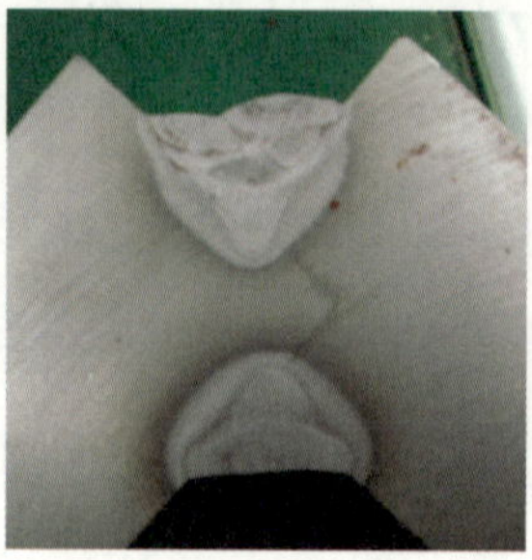

(a) 두께 12mm 아래 보기 2 패스 양면 맞대기 (50% He+50% Ar)

(b) 두께 38mm, 각장 15mm 수평-수직 필릿 용접 (75% He+25% Ar)

그림 2.46 He-Ar 실딩 가스 MIG 용접

순수한 아르곤은 저합금강, 탄소강의 용접 때 비드 끝(toe) 및 용접 선이 구불구불하게 되고 금속으로부터 분리되어 용착 불량이 발생하며, 금속 이행이 변덕스러워 사용하지 않는다. 금속의 이행에 있어 스프레이 이행은 플라스마 제트효과 때문에 중앙부의 용입이 깊다. 그림 2.47과 2.48은 실딩 가스에 따른 용입 형상을 나타냈다.

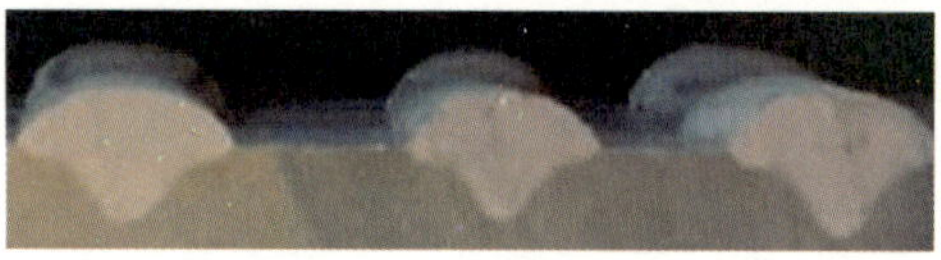

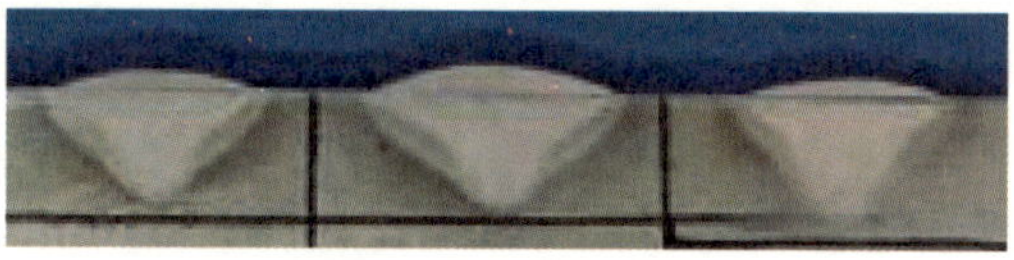

(a) 아르곤 가스(DCEP)

(b) 75% He+ 25% Ar 가스(DCEP)

그림 2.47 아르곤 및 혼합 가스의 용입 형상(알루미늄 줄 비드, 아래 보기)

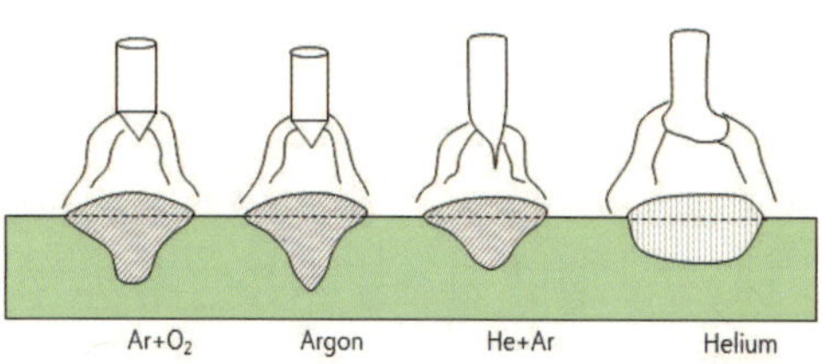

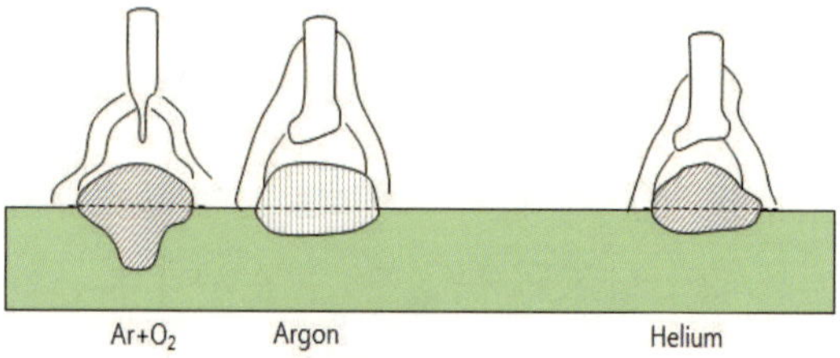

DCEP(용접봉 +)

DCEN(용접봉 −)

그림 2.48 실딩 가스에 따른 용입과 비드의 형태

1.4.7 GTAW 용접을 위한 실딩 가스

아르곤, 헬륨과 이들 혼합 가스는 알루미늄 합금 GTAW의 실딩 가스로 사용되며, 실딩 가스의 선택은 사용전류의 형태에 다소 좌우된다. 교류 용접은 헬륨 또는 아르곤이든 강도나 건전성에 있어 약간의 차이가 있다. 헬륨 실딩 가스는 용입이 더 깊으나 높은 유량이 요구된다. 그러므로 헬륨은 보통 두꺼운 접합 부분이나 높은 용접 속도에 사용된다.

아르곤, 헬륨의 혼합 가스는 교류 용접에 사용된다. 아르곤은 아크를 안정하게 하고 아크 조절을 쉽게 하므로 직류역극성(DCEP)이 사용되고, 헬륨이나 Ar–He 혼합 가스는 알루미늄의 직류정극성(DCEN)에 사용되며, 최소 열영향부와 가장 큰 특성인 깊고 좁은 용입에 도움이 된다. 헬륨 실딩 가스는 아르곤 실딩 가스를 사용한 직류정극성 용접 표면 형태에서 리플의 발달을 억제한다. 실딩 가스의 유량은 텅스텐 아크를 보호할 수 있도록 충분해야 한다. 한편 클리닝 띠의 확장 원인인 가스 유량의 증가는 실딩 가스의 낭비를 가져온다.

GTAW에서 실드 가스는 중요한 역할을 한다. 실드 가스의 주요 기능은 용융–가열된 금속, 텅스텐 용접봉을 주위 공기의 손상 효과로부터 보호하고 아크에 적합한 조건을 제공하는 것이다. 공기가 용융–가열된 금속과 접촉하면 공기 중 산소가 금속을 산화, 텅스텐 용접봉을 파괴할 수 있다. 질소는 용접금속에서 기공, 취성을 일으킬 수 있으며 공기 중 수분은 기공을 유발할 수 있다.

1.4.8 아크 플라스마

실딩 가스는 그림 2.49에 표시한 것과 같이 용접봉과 작업물 사이의 틈새를 가로질러 용접전류를 전송하는 아크 플라스마를 제공한다. 플라스마는 전류 전송의 이온화 또는 대전체 가스이다. 전류는 자유전자에 의해 전달된다. 이온화 가스(또는 플라스마)는 두 가지에서 일반가스와 다르다.

① 전류를 운반할 수 있고,

② 자기장에 영향을 받는다.

실딩 가스는 또한 아크 플라스마의 안정성에 영향을 준다. 순 아르곤은 매우 안정된 아크를 제공하며, Al과 Ti 같은 반응 금속의 용접에 사용한다. 헬륨은 아크열을 증가시키기 위해 추가할 수 있다. 헬륨의 이온 전압은 표 2.11에 보여준 것과 같이 아르곤보다 훨씬 더 높다.

이온 전압은 가스 원자로부터 전자를 분리하는데 요구되는 에너지이다. 헬륨은 아주 작은 원자가 되며, 이온화에 더 많은 에너지가 요구되며 아크에 유효한 전체 에너지를 증가시킨다. 그림 2.49에서처럼 아크에 의해 생성된 열의 80%는 전기적 양극의 표면에 관한 것이며, 20%는 음극 표면으로 가는 것을 표시한다. 이런 이유로 AC 또는 DCEP 연결 중 하나를 실행해야 할 때 GTAW 토치는 수랭을 사용할 필요가 있다.

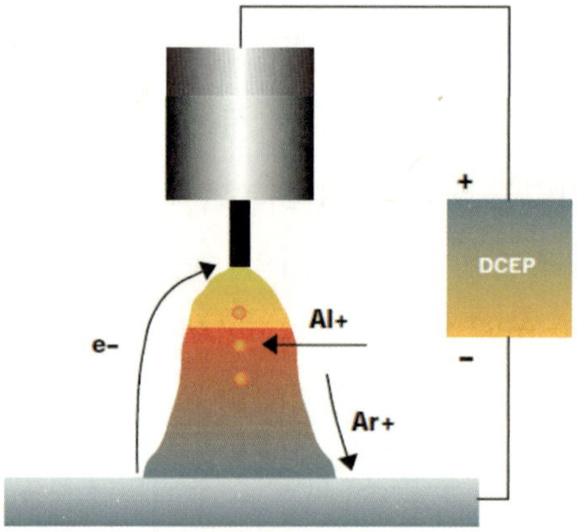

그림 2.49 아크 플라스마를 가로지르는 전류의 이행

1.4.9 알루미늄의 음극 청정(Cathodic Cleaning of Aluminum)

알루미늄 산화물(Al_2O_3)은 알루미늄 표면의 노출에 거의 즉시 형성한다. 산화물은 매우 안정적이고 매우 얇다. 산화물 제거를 위해 표면을 브러시한 후, 조차도 아주 미세하게 새로운 층이 거의 즉시 형성한다. 알루미늄 산화물은 아주 단단(다이아몬드에 가깝다)하고, 흔히 연마제로 사용한다. 이 산화물의 용융온도는 2050℃이며, 대부분의 알루미늄 합금 용융점(약 649℃)보다 훨씬 높다. 산화막은 용융 용접봉이 모재에 침투할 수 있도록 제거되어야 한다. 전원장치가 DCEP 극성(그림 2.50)에 연결되었을 때 작업물은 음극(- 단자)이 된다.

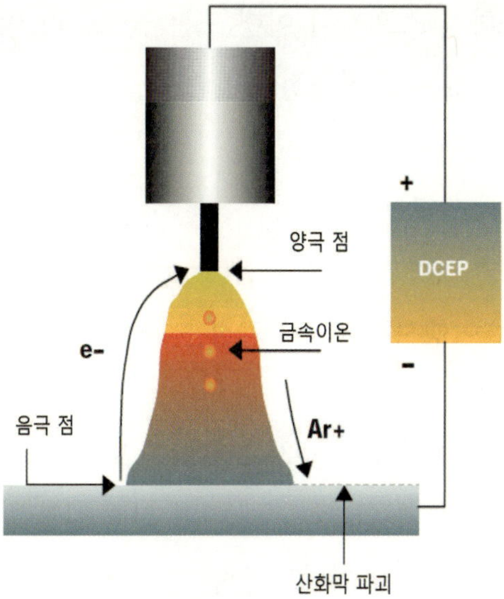

그림 2.50 음극 청정

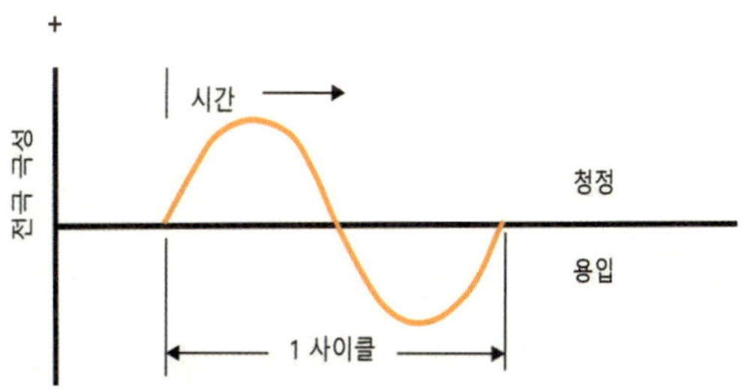

그림 2.51 GTAW AC 파형

전자는 재료의 표면 산화물을 파괴하는 산화물층에 의해 방출된다. 이것이 산화물층을 제거하기 위해 플럭스의 사용 없이도 알루미늄을 용접할 수 있는 이유이다. AC GTAW(그림 2.51)를 사용했을 때, 파형에서 용접봉의 양극 부분에서만 음극 청정이 발생한다. 사이클에서 용접봉이 음극인 부분에서만 용입이 증가한다.

2 펄스 MIG 용접기(pulse MIG welding machine)[4)]

펄스 MIG 용접은 용접 품질 향상과 비용 절감을 동시에 달성할 수 있는 고효율 용

4) Pulsed MIG Welding Provides Increased Savings and Quality, By Chris Kenny, Product Manager, The Lincoln Electric Company

접공정이다. 이 공정은 전극과 용융지 사이에서 비접촉식 금속 이행(non-contact metal transfer)이 일어나는 방식으로, 전극이 용융지에 직접 닿지 않도록 전류를 제어하여 작동한다.

펄스 MIG는 전기 출력을 고속으로 변조하여 스프레이 이행 또는 글로블러 이행에 비해 낮은 열 입력으로 작동하는 스패터 없는 용접공정이다.

① 펄스 MIG의 동작 원리

펄스 MIG는 펄스 전류를 통해 펄스당 하나의 금속 방울(droplet)을 형성하고, 이 방울을 아크를 가로질러 용융지로 이행시킨다. 이 과정은 다음과 같은 순서로 이루어진다.

- 피크 전류 구간: 금속 방울이 형성될 때 전류가 최고점에 도달
- 백그라운드 전류 구간: 방울 이송 후 전류가 급격히 감소하여 전체 열입력 감소
- 냉각 기간: 아크를 유지하되 금속 이송은 일어나지 않음

이러한 주기적인 전류 제어는 얇은 재료 용접, 변형 억제, 저속 와이어 송급 조건에서도 안정적인 용접을 가능하게 한다.

② 펄스 파형 제어의 중요성

펄스 MIG에서 전류 파형은 정전압(CV) 방식의 직선형 출력과는 달리, 아크 및 열 입력을 세밀하게 제어한다.

용접 품질에 영향을 미치는 주요 파라미터는 피크 전류의 높이 및 지속 시간(방울 형성 및 이행 제어), 백그라운드 전류의 크기(열전달 제어 및 아크 안정화)이다. 이러한 제어를 통해 전체적인 용입 제어, 스패터 감소, 아크 안정성 향상을 도모할 수 있다.

③ 적용 공정과 기술 발전

펄스 전류 기술은 1970년대 초기에 처음 상용화되었으며, 현재는 GMAW(MIG/MAG), GTAW(TIG), SMAW, FCAW, SAW 등에도 응용할 수 있는 용접공정에서 사

용된다.

특히, 아르곤 또는 아르곤 기반 혼합 가스를 사용하는 MIG에서는 비교적 낮은 전류에서도 스프레이 아크 상태가 가능하여 펄스 방식이 효율적으로 활용된다.

최근에는 인버터 기술과 전류 파형 제어 기술의 발전으로, CO_2 용접에서도 단락 아크 주파수를 제어하는 펄스 CO_2 용접기가 개발되었다.

④ 기존 이행 방식과의 비교

전통적인 MIG 용접에서 용접이행의 종류로는 박판 용접에 사용되는 단락 이행, 탄산가스 용접에 적용되는 글로블러 이행 및 후판 용접에 사용되는 스프레이 이행이 있다.

펄스 MIG 용접은 이들 중 스프레이 이행의 변형으로, 스프레이와 단락 이행의 중간 성격을 가지며 양쪽의 장점을 결합한 공정으로 평가된다. 따라서 비드 외관 개선, 스패터 감소, 아크 안정성 향상을 원하는 용접조건에서 매우 유용하다.

2.1 펄스 아크 용접 원리

펄스 아크 용접은 GMAW 공정에서 임계 전류 이하의 전류 영역에서도 스프레이형 금속 이행이 가능하도록 인위적으로 조정된 아크 방식이다. 이 공정은 펄스 전류를 사용하여 금속을 비접촉 상태로 아크를 통해 이행시키며, 이 방식은 일반적으로 아르곤이 우세한 실딩 가스 혼합물에서 사용된다.

펄스 전류 하에서 용접 와이어의 용융 및 이행은 다음과 같은 단계로 이루어진다(그림 2.52 참조).

- 백그라운드 전류 단계: 낮은 전류로 아크는 유지되지만, 열이 부족해 와이어는 녹지 않음(그림 ①)
- 피크 전류 상승 단계: 전류가 급상승하여 아크 에너지가 증가, 와이어 및 모재가 동시에 용해되기 시작(그림 ②)

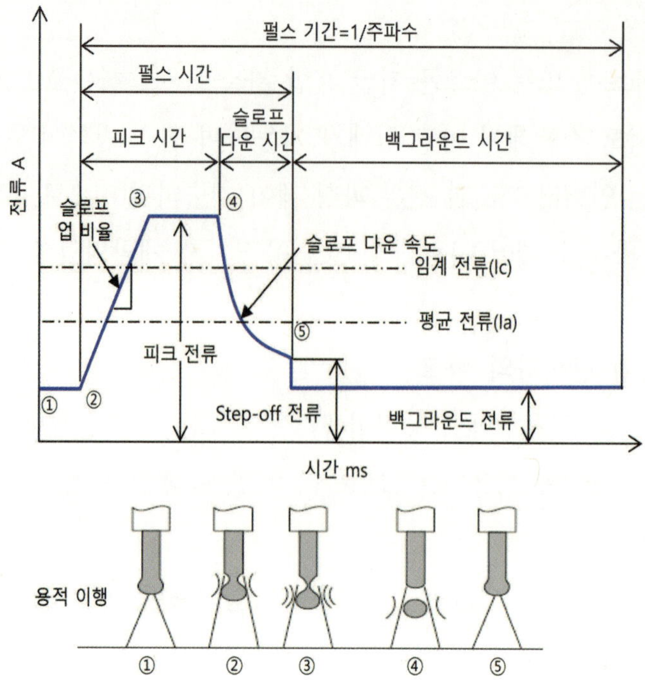

그림 2.52 **GMAW 펄스 아크 전류 파형과 용적 이행 변수**

- 전자 핀치에 의한 방울 형성 단계: 높은 전류로 인한 전자적 핀치력에 의해 와이어 끝에 용적(melt drop)이 형성됨(그림 ③)
- 방울 이행 단계: 방울이 와이어에서 떨어져 스프레이 형태로 모재에 이행됨(그림 ④). 이후 다시 백그라운드 전류로 돌아가며, 이 사이클이 반복된다.

① 전자 핀치력과 이행 제어

펄스 아크 용접에서 전자 핀치력은 전류의 제곱에 비례하며, 피크 전류 동안 시간적 적분값이 임계값을 초과하면 방울 이행이 발생한다.

- 이때 방울은 표면 장력을 초과하는 힘으로 분리되며,
- 피크 전류 1회에 대해 한 개의 방울 이행이 일어난다.

이 방식은 스프레이 이행과 유사하면서도 스패터가 거의 없는 방식으로, 펄스 주파수를 조절하여 용융량을 정밀하게 제어할 수 있다.

② 파형 설계와 용접조건 최적화

펄스 아크 용접의 주요 제어 요소는 다음과 같다.

- 피크 전류: 방울 형성 및 이행을 주도
- 백그라운드 전류: 아크 유지 및 냉각 제어
- 펄스 폭 및 주파수: 용융량과 입열 제어
- 슬로프 업 속도(A/ms): 전류 상승 속도
- 스텝 오프 전류(step-off current): 전류 감소 시 중간 구간 제어

파형은 와이어 직경, 재질, 가스 조성, 두께, 이음 형상, 케이블 길이 등 다양한 인자에 따라 조정되며, 정확한 파형 설계를 통해 평탄한 비드 형상, 깊고 안정된 용입, 낮은 스패터 및 팁 마모 등을 실현할 수 있다.

③ 알루미늄 용접에서의 펄스 아크 활용

알루미늄은 열전도율이 매우 높고, 입열이 많으면 과도한 보강(reinforcement)이 발생한다. 기존 방식으로는 박판 용접이 어려웠으나, 백그라운드 전류를 높이고 펄스 주파수를 낮추는 펄스 용접을 통해 모재를 충분히 가열하면서도 과도한 입열 없이 와이어 공급이 가능해졌다.

④ 펄스 아크 용접의 장점과 한계

장점은 더 큰 와이어 직경 사용 가능, 생산성 향상, 두꺼운 모재에서 우수한 용입, 전 자세 용접이 가능하다. 한계로는 장비 가격이 일반 GMAW보다 높고, 파형 세팅 민감성 있음이다.

펄스 전류의 백그라운드 및 피크 전류 진폭, 지속 시간은 실딩 가스의 종류, 용접봉의 합금 종류와 크기에 따라 정확히 조정되어야 한다.

(1) 펄스 전원(Pulsed Power Sources)

펄스 용접 전원은 전자 기술의 발전에 따라, 매우 빠른 속도로 전류 출력을 변화시

킬 수 있는 장치로 발전해왔다. 초기 펄스 전원 시스템은 두 개의 전원장치를 결합한 형태로 구성되었다. 하나는 항상 작동하며 백그라운드 전류와 전압을 공급하고, 다른 하나는 초당 60~120회 스위칭 작동하여 피크 전류와 전압을 공급하는 방식이었다.

이 구조는 기초적인 펄스 용접 기능을 수행하는 데는 적합했으나, 다기능성 부족, 높은 장비 비용, 응용 범위의 제한 등의 문제점을 안고 있었다.

① 사이리스터 및 트랜지스터 기반 전원의 한계

이후 개발된 사이리스터(SCR, Silicon Controlled Rectifier) 방식 용접기는 상용 주파수(60Hz)에 동기화된 펄스 발생 방식으로, 일반적으로 30Hz, 60Hz, 120Hz 수준의 고정된 주파수만을 사용할 수 있었다(그림 2.53 참조). 이러한 구조는 펄스 폭과 주파수 조절 범위가 제한적이므로, 펄스 용접이 제공할 수 있는 다양한 장점을 충분히 활용하기 어려웠다.

그 다음 단계로 등장한 트랜지스터 기반 전원장치는 펄스의 폭, 피크 전류, 펄스 수 등을 조절하여 평균 전류를 제어할 수 있었지만, 여전히 정밀한 파형 제어에는 한계가 있었다. 그림 2.53은 사이리스터 제어방식의 펄스 전원을 나타낸다.

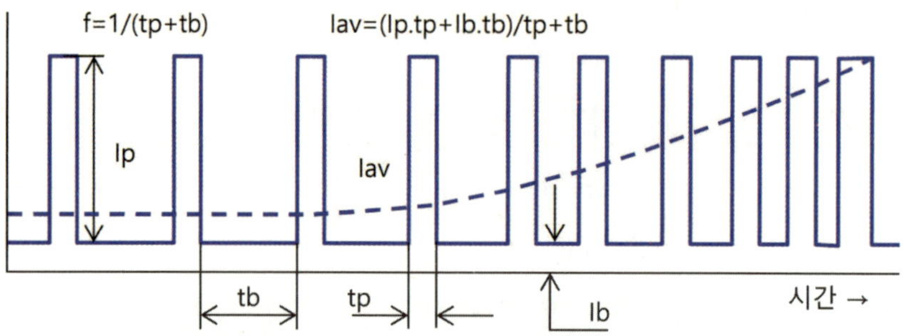

그림 2.53 사이리스터 제어방식의 펄스 전원

② 인버터 기반 펄스 전원의 등장과 정밀 제어

최근의 인버터 기반 펄스 전원장치는 내부의 파형 발생 회로(waveform

generator)를 통해 피크 전류와 지속 시간, 백그라운드 전류와 지속 시간, 전류 상승 및 하강 속도(슬로프), 펄스 주파수(10~500Hz, GMAW 기준) 요소를 정밀하게 조절할 수 있게 되었다. 이러한 고정밀 제어 기능으로 인해 펄스 GMAW의 적용 범위가 대폭 확대되었으나, 반대로 세부 설정이 복잡하다는 문제점도 나타났다.

③ 시너지 제어(Synergic Control) 시스템

이러한 복잡성을 해결하기 위해 최근 전원장치에는 시너지 제어(Synergic Control) 기능이 도입되었다. 이것은 작업자가 와이어 송급 속도만 조정하면, 피크 전류, 백그라운드 전류, 펄스 주파수 등이 자동으로 동기화되어 최적화된다. 이와 동시에 사용자는 개별 매개변수를 수동으로 조정할 수도 있어, 자동화된 편의성과 수동 설정의 유연성을 동시에 확보할 수 있다. 시너지 전원 시스템에는 마이크로프로세서 기반의 제어 회로가 내장되어 있으며, 사전 설정된 프로그램을 기반으로 다양한 용접조건에 맞는 펄스 아크 특성값을 자동으로 호출하거나, 사용자가 이를 자유롭게 조정할 수도 있다.

④ TIG와의 비교 및 주파수 범위

펄스 MIG(GMAW-P)에서 사용되는 펄스 주파수는 10~500Hz 수준으로, 주로 고속 펄스가 사용되며, 이는 TIG 펄스 용접에서 사용되는 주파수 범위보다 일반적으로 더 높다.

(2) 금속과 실딩 가스의 물리적 특성

용접재료의 물리적 성질은 공정 효율과 적용 범위를 결정짓는 핵심 요소다. 특히 실딩 가스는 플럭스 분해, 아크 흐름 제어, 플라스마 보호 영역 형성 등 여러 기능을 수행해 최종 용접부 품질을 좌우한다. 모재의 열전도율과 열팽창 계수는 용접부 변형에 직접적인 영향을 미치며, 전기저항 · 열전도도는 저항 용접과 아크 용접 모두에서 전원 설계와 에너지 분포, 열 입력 효율을 규정한다. 저항 용접에서는 모재

의 저항력 · 비열 · 열전도도가 전원 요구 조건을 결정하고, 아크 용접에서는 실딩 가스 내 전자 전이와 금속 · 플럭스 증기의 이온화 전압이 아크 개시성 · 안정성을 지배한다.

용접봉과 모재의 열이온화 특성은 아크를 통한 에너지 전달 효율을 결정짓는 핵심 인자다. 전기 비저항은 접촉 팁 · 홀더 · 공작물 사이의 접촉저항 가열에 영향을 미치며, 용접봉 자체의 저항 가열도 총 열 입력에서 중요한 몫을 차지한다. 비드 형상은 실딩 가스나 액체 플럭스 같은 주변 매체와 용융금속 사이의 계면 에너지에 의해 결정되므로, 이들 물리적 요소는 용융금속의 젖음성과 유동성을 실질적으로 제어한다.

모재의 산화 속도는 상대적 용접성을 가늠하는 기준이자 필요한 실딩 수준을 정하는 지표다. 산화물 생성 경향과 안정성은 실딩 가스 선택과 용접조건 설정에 직접적인 판단 근거로 작용하며, 실딩 가스의 비열과 밀도 역시 아크열 분포와 가스 보호 범위를 결정하는 주요 설계 변수다.

펄스 아크 제어 기술은 두께와 자세에 따라 달라지는 스프레이 이행 한계를 극복한다. 펄스화된 전류 · 전압으로 아크 에너지를 정밀 조절해 낮은 평균 전류에서도 스프레이 이행을 구현할 수 있으므로, 박판과 후판 모두에 적합한 조건을 제공한다(표 2.19). 기본형 펄스 전원은 60~120pps 범위의 단일 주파수에서 백그라운드 전류와 펄스 전류를 독립 제어하고, 고도화된 시너직 전원은 재료 · 실딩 가스 · 전극 직경 · 와이어 송급 속도 등을 입력하면 두 전류의 최적 조합을 자동 설정해 용접 품질의 일관성과 작업 효율을 크게 향상한다.

표 2.19 알루미늄 용접봉에 대한 글로블러-스프레이 이행 전류

용접봉 형태	용접봉 직경 mm	실딩 가스	최소 스프레이 아크 전류 A	최소 평균 펄스 스프레이 전류 A
알루미늄	0.8	Ar	95	–
	1.1		135	44
	1.6		180	84

2.1.1 디지털 제어 용접기

DSP 기반 디지털 제어 용접기는 완전 소프트웨어화된 정밀 제어, 간소화된 하드웨어, 고신뢰 직렬 통신, 현장 편의장치 통합, 그리고 산업용 네트워크 호환성을 통해 GMAW 공정의 품질 · 생산성 · 유연성을 한 단계 끌어올린다.

(1) 기술적 배경과 의의

디지털 제어 GMAW 장비는 전자공학 · 아크 물리 연구의 발전 덕분에 모재-용접봉 간 물리적 차이에서 비롯되던 제약을 크게 줄였고, 복합 소재 접합에서도 높은 신뢰성을 확보했다. 최신 장비는 용접 시작 안정성뿐 아니라 주변 장치와 연동되는 고급 기능까지 통합해 성능을 입증하고 있다.

(2) 아날로그에서 디지털로의 전환

과거 컴퓨터 제어식 용접기는 마이크로 컨트롤러 기반이었지만 핵심 연산은 아날로그 회로에 의존했다. 최근에는 DSP(Digital Signal Processor) 채택으로 모든 제어를 소프트웨어화해 완전 디지털 시스템으로 진화했다. 이 변화는 오디오 산업이 LP에서 CD로 넘어간 것에 비견된다.

(3) DSP 적용 효과

- 정밀 · 재현성 향상: 고속 디지털 연산으로 아크 · 전류 파형을 미세 제어해 일관된 결과를 보장.
- 품질 안정성: 온도 변화에 민감한 아날로그 부품을 제거해 장시간 작업에서도 품질 편차를 최소화.
- 신뢰성: 부품 수가 크게 줄어 고장 확률이 낮아지고 유지 보수가 간편해짐.

(4) 디지털 통신 구조

직렬 데이터 통신을 도입해 복잡한 아날로그 배선을 대체하고, Hot plug-and-play

기능으로 외부 장치(와이어 송급 드라이버, 원격제어기 등)의 실시간 연결 · 분리가 가능하다. 이 구조는 배선 수를 줄이고 데이터 전송 · 교체를 단순화한다.

(5) 작업 편의성 향상

토치 손잡이에 디스플레이와 기능 조작부를 내장(그림 2.54)해 별도의 리모컨 없이도 주요 파라미터를 현장에서 바로 조정할 수 있어 작업 효율과 인체공학적 편의성이 크게 향상된다.

(6) 산업용 네트워크 호환성

Interbus, Profibus 등 필드 버스 시스템과 디지털 데이터를 상호 연결(그림 2.55)할 수 있어, 용접기–로봇–전용기 간 양방향 통신 · 공정 제어가 실시간으로 이루어진다.

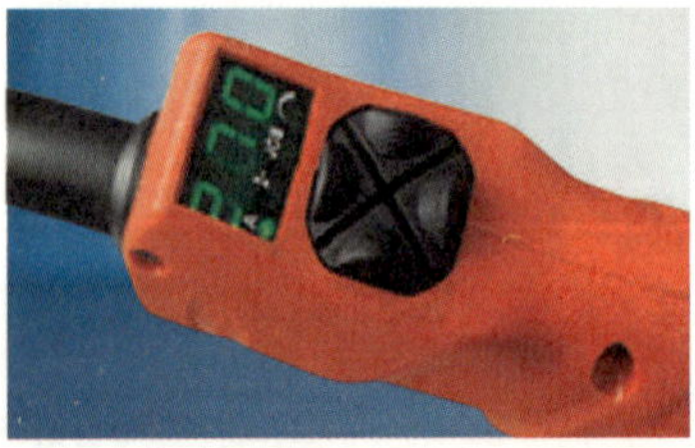

그림 2.54 리모트 컨트롤 겸용 용접 토치

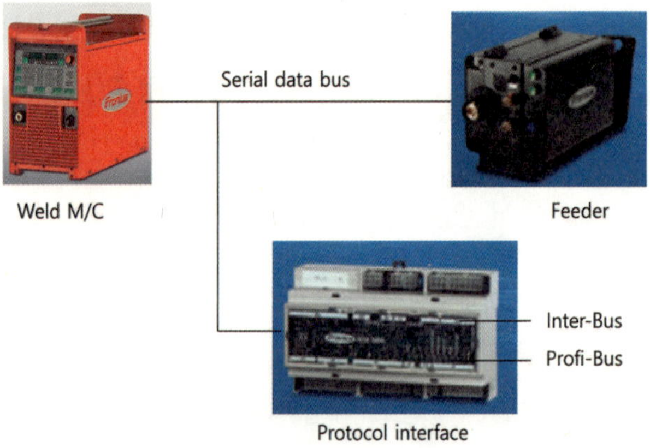

그림 2.55 프로토콜 인터페이스(protocol interface)

2.2 시너지 조정 및 제어(synergic mode)

펄스 아크 용접은 스프레이나 단락 이행 방식보다 훨씬 많은 변수(약 60개)를 동시에 다뤄야 하므로, 숙련된 전문가조차 세팅이 부담스러웠다. 시너지 모드는 이러한 복잡성을 해소하기 위해 핵심 파라미터(와이어 직경 · 실딩 가스 등)를 미리 프로그램화하고, 내부 메모리에 저장된 최적 파형 데이터를 한 개 노브로 불러오게 설계됐다. 사용자는 용접 와이어 종류만 선택하면 내장 마이크로프로세서가 전류 범위 전체에서 연속적으로 조건을 자동 조정하며, 모재 두께나 필릿 목두께도 표시 기능을 통해 쉽게 맞출 수 있다.

실제 조작은 두 손잡이로 끝난다. 첫 번째 노브(와이어 송급 속도)를 돌리면 해당 속도 · 실딩 가스 · 스틱 아웃 · 용접 속도 · 케이블 길이 등을 가정해 이상적인 아크 길이(전압)를 갖는 파형이 자동 호출되고, 나머지 변수도 함께 동기화된다(이것이 '시너지 효과'다). 두 번째 노브는 이 기준 전압을 상 · 하로 미세 조정(trimming)해 아크 길이와 열입력을 세밀하게 다듬는다. 또한 디지털 통신 기능으로 특정 용접 프로그램을 외부에서 직접 불러와 장비에 적용할 수 있어, 초보자도 복잡한 펄스 조건을 손쉽게 구현하고 일관된 고품질 용접을 얻을 수 있다. 그림 2.56은 시너직 모드를 나타내었다.

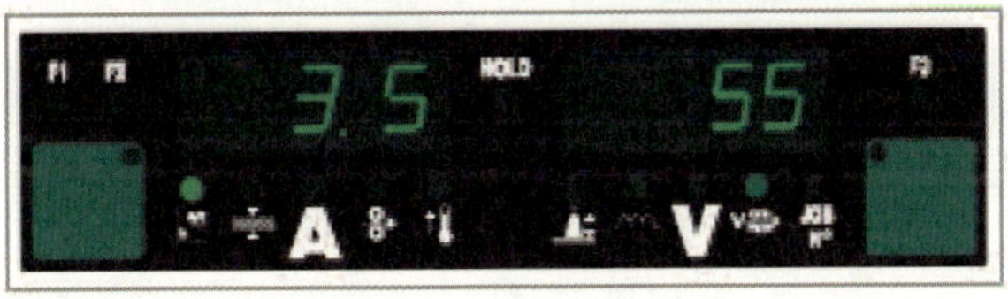

그림 2.56 **목 두께 선택 때 와이어 송급 속도의 자동 표시**

2.3 디지털 제어 용접기의 금속 이행

그림 2.57과 같이 전류의 밀도와 아크 형태, 사용하는 실딩 가스에 따라 매우 다른 형식의 금속 이행이 일어나며, 금속 이행은 아크 종류 특성에 의해 만들어진다. 사용할 아크 유형의 결정은 모재 두께와 작업의 종류에 달려 있다.

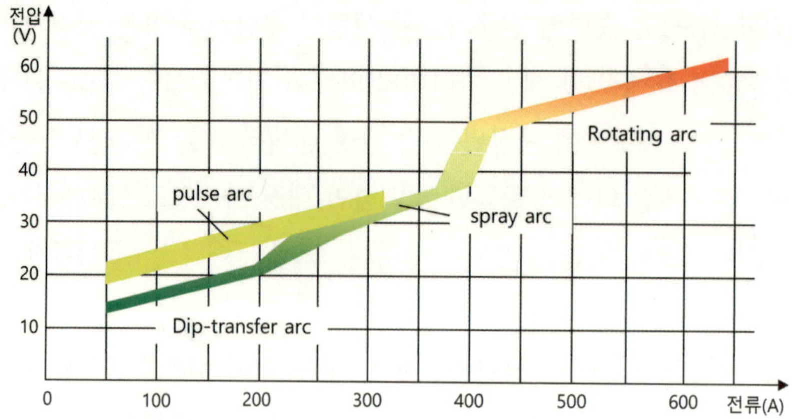

그림 2.57 GMA 용접에서 아크 범위(제공: Linde AG)

디지털 제어 용접기를 사용하면 특히, 단락 이행이나 펄스 아크 용접 때 금속 이행에 있어서 우수한 성능의 개선을 볼 수 있다. 그것은 인버터 용접기의 반응속도가 빠르고, 소프트웨어가 금속 이행에 알맞은 데이터를 줄 수 있기 때문이다. 표 2.20은 DIN 규격 아크 형태의 분류이다.

표 2.20 DIN 1910에 따른 분류, Part 4

아크 형태	기호	용적 크기	금속 이행
짧은 아크 (dip-transfer arc)	k	미세(fine)	단락 이행에서만
중간 아크 (intermediate arc)	O	미세~거침 (fine to coarse)	단락 이행에서 부분적, 불규칙한 단락형
스프레이 아크	s	미세~극미세 (fine to super-fine)	단락 이행의 자유 형태
긴 아크	l	거침(coars droplets)	단락 이행에서 불규칙한 부분적 단락 이행의 자유 형태
펄스 아크	p	조절 가능	단락 이행의 자유 형태

(1) 짧은 아크 이행(dip-transfer arc)

짧은 아크의 특징으로 그림 2.58처럼 금속 이행이 일어나는 용융 단락에 이어지는 아크 발생을 들 수 있다. 탭 전환 용접기(사이리스터)에서 용융 단락에 이어지는 아크 발생을 개선할 수 있는 것은 인덕턴스 탭 전환에 의한 방법뿐이다. 반면 디지털 용접기에서 이러한 현상은 와이어의 품질이나 직경, 실딩 가스로 '미세조정'될 수 있다. 그 결과 CO_2 가스를 사용해도 아크는 눈에 띄게 안정되고 스패터 발생률은 훨씬 낮아진다.

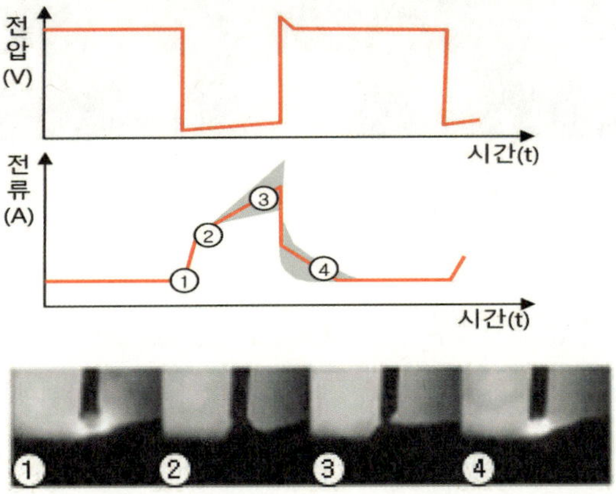

그림 2.58 TR 용접기에서 연속조정 가능한 인덕턴스를 사용함으로써 정교하게 처리되는 단락형

(2) 펄스 아크(pulsed arc)

아르곤이나 아르곤 함유량이 많은 실딩 가스를 사용하면 그림 2.59처럼 백그라운드 전류와 펄스 전류에 알맞은 변수를 선택함으로써 단락형 아크에서도 안정할 수 있다. 최적의 변수를 선택하면 각 펄스마다 정확히 한 방울의 용융 방울이 와이어의 전극봉으로부터 이탈한다. 그 결과 용접에 있어서 사실상 스패터가 발생하지 않는다. 펄스 형태에는 각기 다른 용가재와 실딩 가스가 필요하며, 모든 단일 용가재에 사용되는 '맞춤형'의 펄스까지 가능하다.

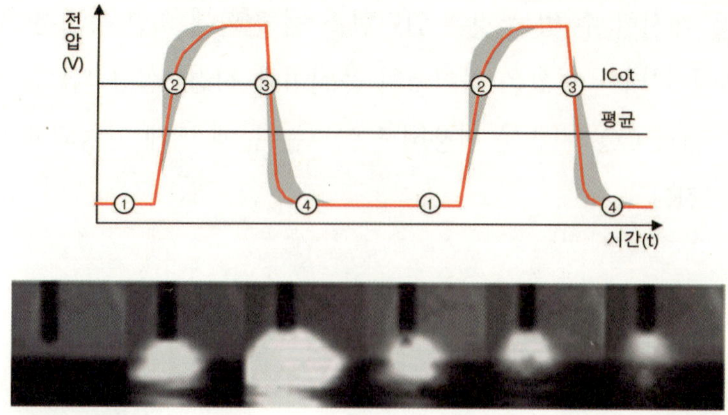

그림 2.59 **디지털 제어 인버터에 있어서 다양한 펄스의 종류**

최적의 용적 이행이 이루어지는 펄스 용접기를 사용하면 1.2mm의 와이어로 0.8mm 알루미늄판을 용접할 수 있다. 특히 알루미늄의 경우 좀 더 굵은 와이어를 사용하는 것이 유리하다. 굵은 와이어는 표면상의 용적 비율이 유리하며, 이것은 용융지로 들어오는 산화물을 줄일 수 있다는 것을 의미한다.

모드 설정 방법은 다음과 같다.

① 일반 Pulse Mode의 아크를 미세조정

펄스 모드 세팅 후, 아크 조정 버튼을 누르면 아크의 조정이 가능하다. 기본은 OFF로 세팅되어 있으며 +10 ~ −10까지 조절할 수 있다. 아크의 피크 시간, 피크 전류, 백그라운드 전류, 주파수 등을 조절한다. (−)는 반자동 용접에 적합하며, 용접 속도와 용융지 크기가 감소한다. (+)는 자동 용접에 적합하며, 용접 속도의 증가와 아크를 더 정밀하게 관리할 수 있다(그림 2.60 참조).

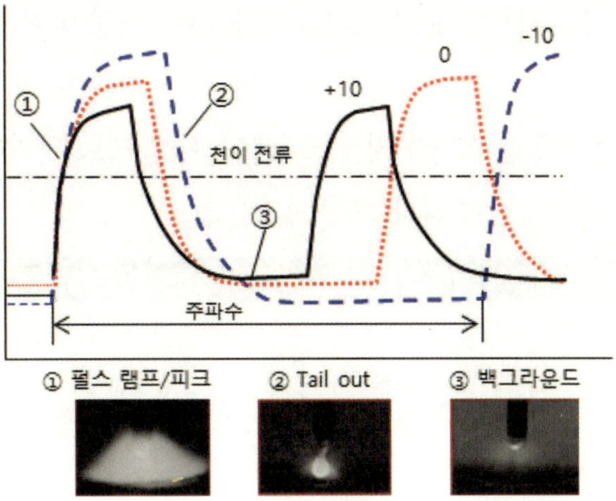

그림 2.60 일반 Pulse Mode의 아크 미세조정 및 금속 이행 형태

② CC Pulse

기존의 펄스 모드는 CV 펄스로 비드 외형을 일정하고 우수하게 만들 수 있는 기능이 있다. CC 펄스는 전류를 일정하게 유지함으로써 용입 양을 일정하게 유지할 뿐만 아니라 CV 펄스의 비드 외형을 일정하고 우수하게 만드는 기능이 있다. CC 펄스 파형은 실제 정전류로 생성되며, 프로그래밍한 모든 변수는 전류와 관련된다(예: 피크 전류, 피크시간 등).

특징으로는 더욱 일관된 용접 용입과 기존의 펄스 스프레이 모드보다 더 안정적인 아크로 "휘젓기(whipping)" 또는 "끌기(shuffling)" 기법에 선호되는 모드이다.

③ Pulse on Pulse

조정 방법은 일반 펄스 방법과 같으며, 비드 파형(Ripple) 간격을 조절(예: (+)는 간격이 좁아짐)한다. Pulse-On-Pulse는 다양한 맥파 모양을 사용하여 GTAW와 같은 비드 모양을 만든다. 같은 펄스 주기에서 두 가지의 다른 펄스 유형이 사용된다. 6.4mm 미만의 얇은 알루미늄에 가장 적합하다.

④ Power Mode

용입과 후판 용접에 유리하며, 용접 속도 증가와 일정한 용입량 등의 특징을 갖고 있다. Power Mode는 에너지(V×I = W)를 사용하여 아크 길이를 조절한다. 실제 전력을 감지하여 실시간으로 출력 전류를 조정하며, 직경이 큰 용접 와이어에 권장된다. 특징으로는 더욱 일관된 용입과 용접의 융합 결함이 적고, 안정적인 아크 성능과 적은 전류 변동을 제공한다. 스프레이 이행 모드 및 알루미늄 용접에서 CV보다 전류 안정성이 우수하다(그림 2.61 참조).

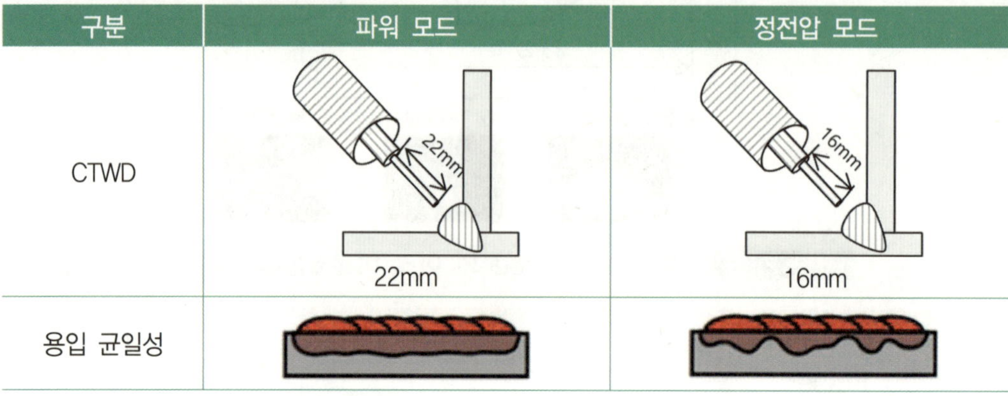

그림 2.61 Power mode의 용입 단면

⑤ AC 알루미늄 펄스

AC 펄스 공정은 모재에 에너지를 집중시키고 아크의 극성을 전환하여 열 입력을 줄인다. 0.8mm~3.0mm 재료에 이상적이다. 얇은 재료의 용락이 적어 재작업이 적고, 감소한 열 입력으로 HAZ를 최소화하며, 빠른 용접 속도로 전체 생산성이 향상되며, 틈새(Gap) 용접 능력이 향상되어 불량률이 감소한다(그림 2.62 참조).

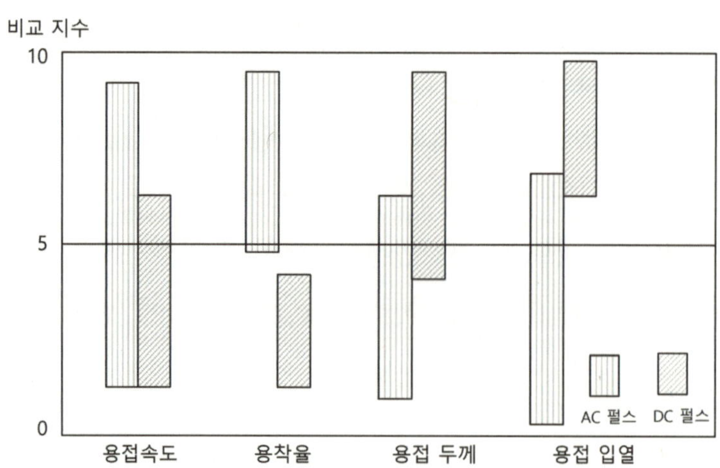

그림 2.62 AC 알루미늄 퍼스와 일반적인 펄스의 비교

와이어 돌출길이의 변화가 이상적일 때 스패터는 거의 발생하지 않는다. 이것은 돌출길이의 변화가 일어날 때 조정 과정이 '펄스당 한 방울의 용적 이행(1 pulse 1 drop)'을 유지할 수 있는 경우만을 말한다. 그림 2.63은 돌출길이 변화에 따른 아크 길이의 조정을 나타냈다.

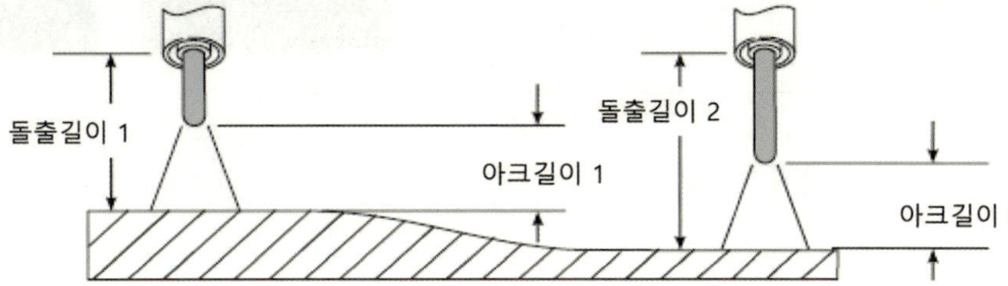

그림 2.63 용접 중 돌출길이 변화의 아크 길이 조정

(3) 아크 점화

트랜지스터 용접기는 정확하고 비틀어짐이 없이 아크가 점화되는 데 필요한 전류가 와이어의 지름과 품질로 결정된다. 또한, 단락 이행이나 스프레이 이행에서 용접 때 와이어가 콘택트 팁에 달라붙는 현상은 무부하가 높거나 와이어 송급 속도가 늦을 때 발생하는데, 그림 2.64처럼 디지털 용접기는 번 백(burn back)을 자동으로 제거해주는 기능이 있다. 그 결과 용접 시작 역시 비틀어짐이 발생하지 않는다. 이것은 용접 시작에서 아크가 발생하지 않아 기계가 정지되는 등의 자동화율 저하 요인을 제거할 수 있어 특히 자동화 구축 부분에 있어 중요하다.

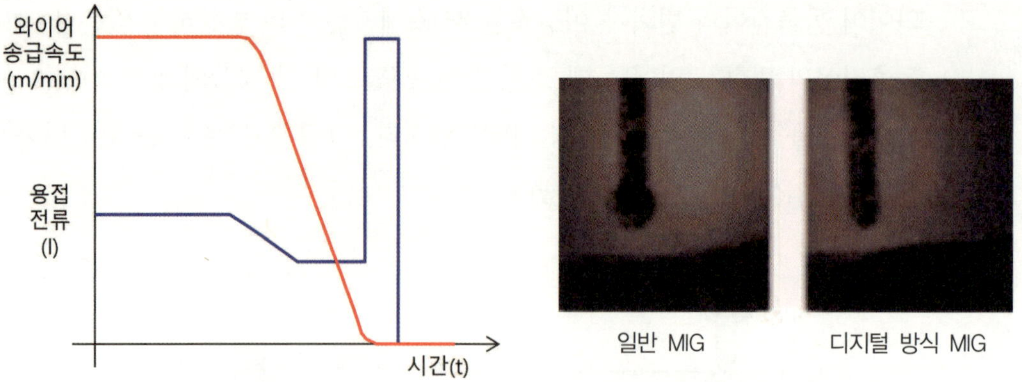

그림 2.64 디지털 방식으로 조정되는 번 백 기능

알루미늄은 그림 2.65(a)처럼 밀도가 낮고 높은 열전도체 특성으로 용접의 시작에서 불충분한 용융이 일어난다. 아크가 발생하는 초기에는 용접봉과 모재가 냉각되어 있어 입열이 부족하며 아크가 불안정하다. 따라서 그림 (b)와 같이 아크 초기 용접전류를 특별히 크게 하는 장치로 '알루미늄 시작 프로그램(aluminium start-up program)'이 있다.

여기서는 용접을 시작할 때 본 용접전류보다 더 높은 전류를 불러올 수 있다. 이런 식으로 모재는 용접 시작에서도 용융하며, 일단 충분한 열이 용융지로 들어가게 되면 정상 용접전류로 낮아진다. 용접 끝부분에서 앞쪽으로 진행해오는 열에 의하여 용락의 위험이 있을 때 다시 용접전류는 크레이터 채우기 전류로 낮아진다.

(a) 일반 용접기 (b) aluminium start-up program

그림 2.65 일반 용접기와 알루미늄 시작 프로그램의 비교

그림 2.66은 아크 제어가 되는 인버터 펄스 용접기의 와이어 끝 용융 형태를 보여주는 것으로 끝이 고르게 편평한 것이 아크 발생에 유리하다.

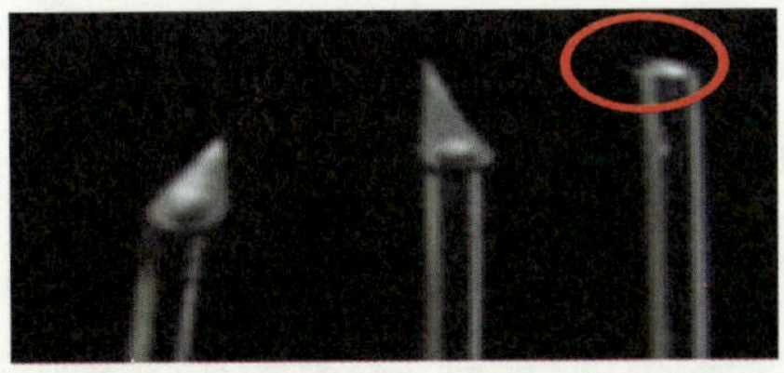

그림 2.66 용접 자료수집과 아크 발생에 영향을 주는 와이어 끝 모양(오른쪽 유리)

2.4 펄스 아크 용접의 분류

펄스 아크 용접법의 분류는 표 2.21과 같으며 고주파와 저주파 펄스 아크 용접 특징을 비교한 것이다.

표 2.21 펄스 아크 용접법의 분류 및 용접 특징의 비교

항목		고주파 펄스 용접	저주파 펄스 용접
용접 재료	와이어	솔리드 와이어(sold wire)	
	실딩 가스	Ar(Al 재료 등) Ar+CO_2, Ar+O_2(철강재 등)	Ar + CO_2(5~20%)
용접 장치	전원 특성 펄스 주파수 와이어 송급 방식	정전압. 정전류 특성 50~300Hz/sec 일정 속도	정전압 특성 수 Hz 이하 가변속도
용접 자세		전 자세	철강재의 전 자세 용접
용접 성능	용착금속 성능 비드 형상 용입 깊이 아크 안정성	양호 비드 형이 좁고 편평한 비드 용접조건에 따라 제어가 가능 양호	
	스패터 용적 이행	거의 발생하지 않음 사출(projection) 이행	적다 스프레이 이행
	이음 정도	CO_2 용접과 비교하여 약간 민감하다.	

(1) 고주파 펄스 아크 용접

이 용접은 일반적으로 1초에 50~400Hz의 펄스 전류를 백그라운드 전류에 중첩하여 용적 이행성, 자세 용접성의 개선, 용접 입열 제어를 주목적으로 철강, 비철금속에 이용된다. 즉, 저전류의 백그라운드 전류에 고전류의 펄스 전류를 중첩하여 원칙적으로 매 펄스마다 용적을 이행시키는 것으로 용적 이행성이 불량한 재료 또는 저전류에 의한 자세 용접에서도 양호한 용접이 가능하다. 또 입열 설정상 임계전류 범위의 전류값으로 용접하는 경우 스패터 발생이 많은 문제가 되나, 이 경우도 펄스 용접 때 안정한 용접이 가능하다.

(2) 저주파 펄스 아크 용접

저주파 펄스 아크 용접법은 상기 펄스 용접과는 달리 용융금속의 응고 제어를 주목적으로 한 주파수 수 Hz/sec 이하의 전류변화 용접법이다. 단락 아크와 스프레이 아크를 교대로 발생시키고, 아크 안정화를 위하여 와이어의 송급 속도를 용접전류의 대소 변화에 따라 고속 및 저속으로 변화시키고 있다.

저주파 펄스 용접의 목적은 전술한 것처럼 용융금속의 응고 제어에 있고, 대전류 스프레이 아크에 따라 용입을 양호하게 하고, 동시에 소전류 단락 아크로 용융재를 주변부로부터 응고 축소 때 용융금속의 용락을 방지시켜 양호한 비드 외관 및 건전한 용접부를 얻을 수 있어 수평 용접, 전 자세 용접 등에 적용할 수 있다.

2.5 펄스 아크 용접 전원의 종류 및 용접조건 설정

(1) 변압기(transformer) 분리형 펄스 용접 전원

이 형식의 전원에서는 백그라운드 전류, 펄스 피크 전류, 펄스폭, 펄스 주파수를 개별적으로 조정 가능하며, 일반적으로 저전류(느린 와이어 송급 속도)의 경우는 50~60Hz/sec, 고전류(빠른 와이어 송급 속도)의 경우 100~120Hz/sec 이용한다.

(2) 변압기 일체형(transistor 방식) 펄스 용접 전원

트랜지스터 방식의 펄스 용접 전원에서는 안정한 1 펄스, 1 용적을 실현하기 위하여 용접 전류, 즉 송급 속도에 따라 펄스 주파수를 조정하여 용적의 크기를 거의 일정하게 유지한다. 용접 조건의 조정이 간단하며, 또 아크 길이 및 와이어 돌출길이의 변동에 대해서도 펄스 주파수 또는 펄스폭을 자동으로 조정하여 평소의 일정 아크 길이를 유지하는 상태로 제어되어 있어 용접조건의 조정이 간편화되어 용접조건 설정이 아주 쉽다.

2.6 펄스 아크 용접의 특징[5)]

펄스 MIG 용접은 입열 제어, 스패터 감소, 자세 용접 가능성, 넓은 전류 범위 활용, 다양한 와이어 직경에 대한 적응성 등에서 기존 방식 대비 확실한 장점을 제공한다. 또한, 시너지 기능을 탑재한 전원장치는 숙련도가 낮은 작업자도 고품질 용접이 가능하도록 지원한다. 결과적으로 펄스 MIG는 생산성, 경제성, 품질, 작업 안전성 모두에서 탁월한 성과를 발휘하는 차세대 용접 기술이다.

펄스 전원 방식은 펄스 가스 금속 아크 용접(GMAW-P)으로 정의되며, 신중하게 설정된 매개변수 내에서 작동하면 다양한 이점을 통해 폭넓은 적용이 가능하다. 이 공정은 비용 절감과 품질 향상을 동시에 실현할 수 있는 대표적인 고효율 용접 방식으로, 다음과 같은 장점이 있다.

(1) 용접전류 범위 확대

스프레이 이행과 단락 이행은 각기 다른 적정 전류 범위를 갖기 때문에 같은 전류로 적용하기 어렵다. 그러나 펄스 아크 용접은 주어진 와이어 직경에 대해 임계전류 이하에서도 스프레이 이행이 가능하므로, 단락 아크 범위와 스프레이 아크 범위를

5) Pulsed MIG Welding Provides Increased Savings and Quality, By Chris Kenny, Product Manager, The Lincoln Electric Company

모두 포함하는 넓은 전류 범위를 사용할 수 있다(그림 2.67 참조).

(2) 작업 효율 및 생산성 향상

펄스 아크 방식은 아크 안정성이 우수하고 운봉이 쉬워 작업성이 탁월하다. 단락 이행 방식보다 스패터가 적고 고속 용접이 가능하므로 청소 시간이 줄어들고 용착 속도가 향상된다. 특히 최신 장비는 설정이 간단하여 작업자 교육 시간이 단축되고 적응이 쉬워 생산성 향상에 기여한다.

(3) 전 자세 용접 가능

수직, 수평 자세 등 비전형 자세의 용접 시에도 펄스 아크는 용융금속의 중력 영향이 적고, 강한 핀치 효과로 인해 용적 이행이 안정적으로 이루어진다. 따라서 전류를 낮게 유지하지 않아도 되고, 용입 부족 문제도 최소화할 수 있다.

(4) 입열 감소

펄싱은 평균 전류를 낮게 유지하면서도 필요한 순간에 고전류를 제공하므로, 전체 열 입력이 줄어들고 변형이 감소한다. 이는 스테인리스강, 니켈 합금 등 열에 민감한 재료에 특히 유리하다.

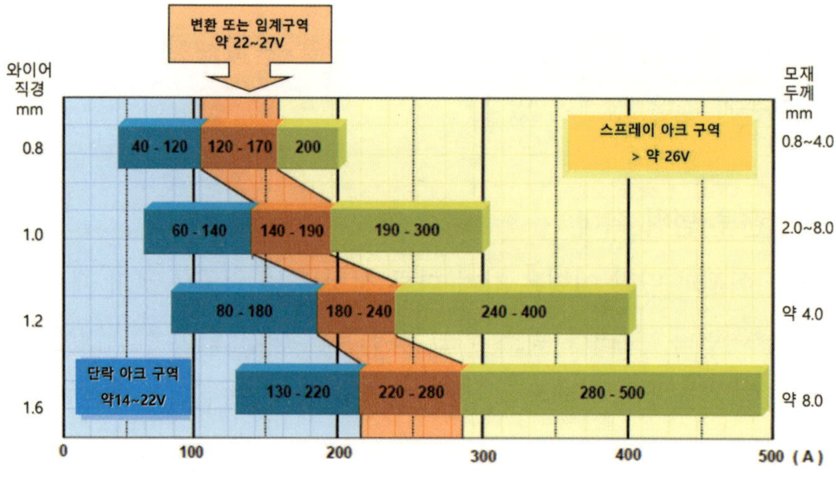

그림 2.67 와이어 직경에 따른 용접 와이어의 용량

(5) 굵은 와이어 사용 가능 및 재고 최소화

일반적으로 스프레이 이행을 위해서는 가는 직경의 와이어가 요구되지만, 펄스 전류는 순간적으로 높은 전류 밀도를 제공하므로 굵은 와이어로도 스프레이 이행이 가능하다. 이에 따라 재고 품목 수를 줄일 수 있으며, 송급 문제(꼬임, 감김 등)도 방지할 수 있다. 예를 들어, 1.14mm 와이어 하나만으로 저속 및 고속 용접 모두 대응이 가능하여, 0.9mm, 1.27mm 와이어의 별도 재고 보관이 불필요해진다.

(6) 스패터 및 흄 감소

펄스 용접은 스패터와 흄 발생을 현저히 줄여준다. 스패터 감소는 제품 표면 오염을 방지하고 청소 작업을 줄여주며, 흄 감소는 작업 환경의 안전성과 위생을 크게 개선한다.

(7) 용접부 품질 향상

펄스 아크 용접은 일정한 고전류 밀도와 우수한 아크 집중성, 강한 플라스마 기류로 인해 안정적인 아크 형성과 균일한 비드 형성이 가능하다. 고품질 비드, 낮은 결함률, 우수한 융합성 및 충분한 용입이 확보되며, 입열 민감 재료에서도 우수한 이음 품질을 보장한다. 특히 모재에 대한 입열 제한을 통해 구조적 성능도 향상된다(표 2.22 참조).

표 2.22 펄스 용접과 일반 용접조건의 입열 비교

		전압 V	전류 A	용접 속도 cpm	입열 kJ/cm	입열** 비교	각장 mm	용입 mm
사이리스터	Ar	29	280~285	32.7	149~152	100%	9.7~9.7	1.5~1.6
	혼합 가스*	31	240~255	32.3	138~147	95%	9.8~10.0	1.8~1.9
인버터 펄스 혼합 가스		29	220~230	32.5	118~123	80%	10.5~10.6	2.1~2.2

주) * 혼합 가스: 75% He – 25% Ar

** 입열은 사이리스터, 100% Ar 기준이며 용접재료는 A2519/ER2319이다.

2.7 MIG 용접시공 요령

펄스 아크 용접의 시공법은 일반적인 MIG 용접과 근본적으로 큰 차이는 없다. 다만, 기존 MIG 용접으로는 적용이 어려웠던 박판 용접 분야에서도 펄스 방식은 안정적으로 사용 가능하다는 점에 주목해야 한다.

(1) 모재의 준비

용접 전에 모재 이음부의 청결 상태는 용접의 건전성을 결정짓는 중요한 요소이다. 이음 표면에 존재하는 산화물, 녹, 기름, 그리스, 먼지 등의 이물질이 완전히 제거되지 않으면 외관 불량, 기공 발생, 융합 부족과 같은 용접결함으로 이어질 수 있다. 이음 형상은 일반적으로 판 두께가 0.6~4mm인 맞대기 반자동 용접의 경우, 개선 가공 없이 I형 맞대기 이음으로 충분하다. 두께가 6mm 이상일 경우에는 60~90°의 V형 개구 가공이 필요하다. 한 면만 용접할 경우, 뒷면 비드 보호 및 용융금속의 낙하 방지를 위해 뒤판(backing)의 사용이 요구된다. 뒤판은 임시형과 영구형으로 구분되며, 특히 가스 백킹이 가능한 치구를 활용하는 것이 바람직하다.

가접은 TIG 방식으로 최소화하는 것이 좋으며, 양면 용접 시에는 그라인딩 또는 가우징을 통해 앞면 비드와의 융합성을 높여야 한다. 이때는 모재 재질, 이음 형상, 용접 자세 등을 고려하여 적절한 전처리를 실시해야 한다.

(2) 용접 기법

반자동 용접 시에는 토치를 용접 진행 방향에 대해 약 5~10° 후방 기울기로 운봉하는 전진 각도법을 적용한다. 특히 알루미늄 합금에서는 이 전진법을 사용하지 않으면 비드 양측 보호가 불량해져 흑분이 부착되는 결함이 발생하기 쉽다.

또한, 가스 컵과 모재 사이의 거리는 약 10~15mm로 일정하게 유지해야 한다. 간격이 너무 좁으면 가스 컵의 소손 위험이 있고, 반대로 너무 멀면 차폐 성능 저하로 용접 결함이 생기기 쉽다.

아크 길이는 육안 기준 4~8mm가 적당하다. 다만, 펄스 아크 용접에서는 동일 전압 하에서도 일반 MIG 용접보다 아크가 약간 길어 보이는 특성이 있으므로 주의가 필요하다. 수평 또는 수직 자세의 용접에서는 아크를 짧게 유지하는 것이 용융금속의 흘러내림을 방지하는 데 효과적이다.

운봉법은 용접조건에 따라 다음과 같이 선택할 수 있다.

- 직선 비드: 박판 용접 또는 개선부 1층 용접에 적합
- 위빙 비드: 넓은 비드가 필요한 경우에 적용
- 삼각 위빙법: 수직 필릿 용접에 사용

2.8 MIG 용접조건의 설정

펄스 아크 용접의 조건 설정은 기존의 MIG 용접과 마찬가지로, 피용접물의 구조, 용접 방법, 요구되는 용접부의 품질 등에 따라 다음과 같은 요소들을 적절히 조합하여 결정해야 한다. 즉, 사용 와이어의 재질과 직경, 실딩 가스의 종류 및 유량, 용접 전류, 용접 속도, 아크 전압 등을 통합적으로 고려해야 한다.

(1) 와이어 및 실딩 가스

펄스 아크 용접에 사용되는 소모재료는 기본적으로 일반 MIG 용접과 같다. 원칙적으로 모재와 동일 계열의 와이어를 선택하며, 아크 발생 중의 성분 손실이나 용착금속 내의 야금학적 반응 등을 고려하여 적절한 와이어를 선정해야 한다.

실딩 가스 역시 스프레이 이행을 유도할 수 있는 조성이 바람직하며, 일반적으로 순수 Ar이 사용된다.

(2) 용접전류 범위와 와이어 용융 속도

펄스 아크 용접은 와이어 용융 속도와 송급 속도가 균형을 이룰 때 안정적인 아크 길이 유지가 가능하다. 이 균형이 무너질 경우, 소착(burn back) 또는 달라붙음(stick) 등의 문제가 발생하여 연속 용접이 곤란해진다.

와이어의 용융 속도는 실딩 가스, 와이어 직경 및 재질, 전류, 전압, 팁 돌출길이

등에 의해 영향을 받으며, 가장 큰 인자는 용접 전류이다. 펄스 아크 용접에서도 MIG와 마찬가지로 직류 정전압 전원과 일정 속도 송급 방식의 조합을 통해 아크 길이를 제어할 수 있다.

특히 알루미늄 합금 와이어는 전류에 비례해 송급 속도가 선형적으로 증가하며, 반자동 용접에서는 손의 흔들림에 따른 토치 높이 변화 → 돌출길이 변화 → 전압 강하가 가는 와이어일수록 큰 영향을 준다.

(3) 아크 전압의 선정

아크 전압은 아크 길이를 결정하므로 용접 품질에 직접적인 영향을 미친다. 300A 이하의 반자동 용접에서는 전압이 지나치게 높으면 아크가 길어져 실딩 가스 효과 저하, 와이어 소착 발생 등의 문제가 생긴다. 반대로 전압이 너무 낮으면 아크는 짧아지나, 단락 발생과 스패터 증가로 이어진다. 일정한 송급 속도에서는 전압 저하에 따라 전류도 감소하게 된다.

펄스 아크 용접도 가능한 짧은 아크 길이가 바람직하나, 과도하게 짧으면 아크 불안정, 전류 변동, 스패터 발생 등의 문제가 발생한다. 적정 아크 길이는 가스와 와이어 종류에 따라 다르지만, 대체로 10mm 이하가 권장된다(그림 2.68 참조).

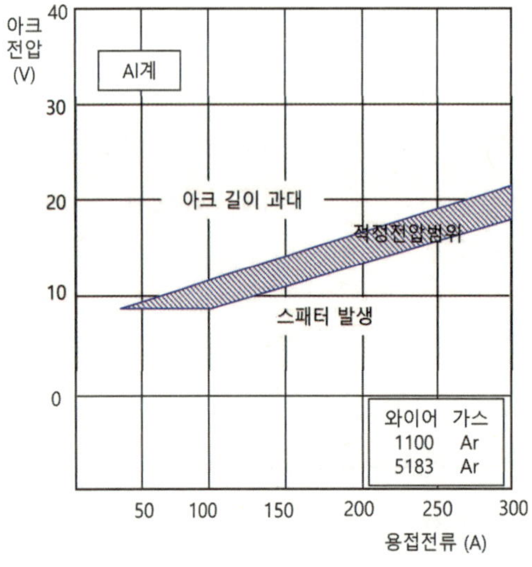

그림 2.68 펄스 용접의 Al계 와이어의 적정 전압 범위

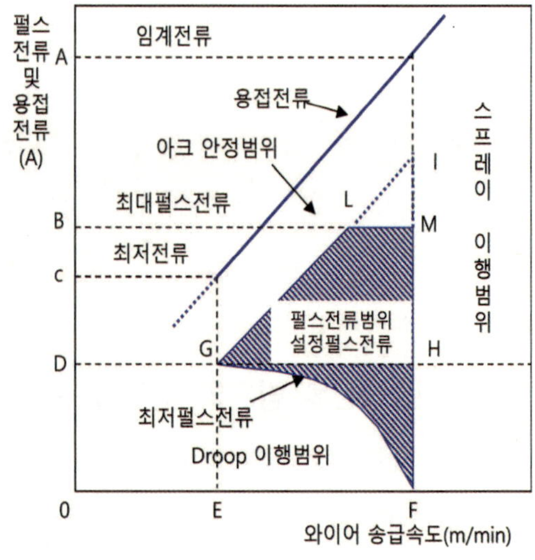

그림 2.69 펄스 전류의 선정 방법

(4) 펄스 전류의 선정

펄스 아크 전류는 주기적 피크를 갖는 전류 파형으로 구성되며, 이 중 피크 전류를 펄스 전류라 한다. 펄스 전류의 평균값은 펄스 폭, 피크 전류, 주파수에 의해 결정된다. 그림 2.69는 특정 와이어와 가스 조건에서 송급 속도에 따른 적정 펄스 전류의 설정 방법을 나타낸다.

- F-G-I 영역: 펄스 아크 용접이 가능한 조정 범위
- F-G-L-M(빗금 영역): 적정 펄스 전류 범위
- B 이상: 펄스 전류 과다로 아크 길이 증가 및 차폐 불량
- D-G-H 선상: 합리적인 펄스 전류 설정
- C 이하: 펄스 아크 적용 가능 최소 전류

펄스 전류 D를 설정하면 송급 속도(=용접 전류)가 달라져도 백그라운드 전류가 안정적으로 유지되며, 임계전류 A~C 사이 구간은 펄스 아크 용접의 유효 확장 범위가 된다.

표 2.23은 알루미늄 와이어의 직경별 최소 전류(C), 권장 펄스 전류(D)를 정리한 것이다.

표 2.23 알루미늄 와이어 사용에 의한 설정 펄스 전류

와이어		임계전류		최저전류		설정 펄스 전류 D (A)
재질	경 (φmm)	A (A)	F (m/min)	C (A)	E (m/min)	
5183	1.2	130	6.7	55	2.8	30
	1.5	170	4.2	70	2.1	45
	2.4	240	3.2	100	1.2	70
1100	1.2	100	4.0	60	2.5	25
	1.5	130	3.3	80	2.0	35
	2.4	135	2.1	110	1.2	60

(5) 용접 속도 범위

용접 속도는 전류와 함께 비드의 용입 형상을 결정하는 주요 요소이다. 그림 2.70

은 알루미늄 합금의 용접전류 및 용접 속도에 따른 용입 형상 변화를 보여준다.

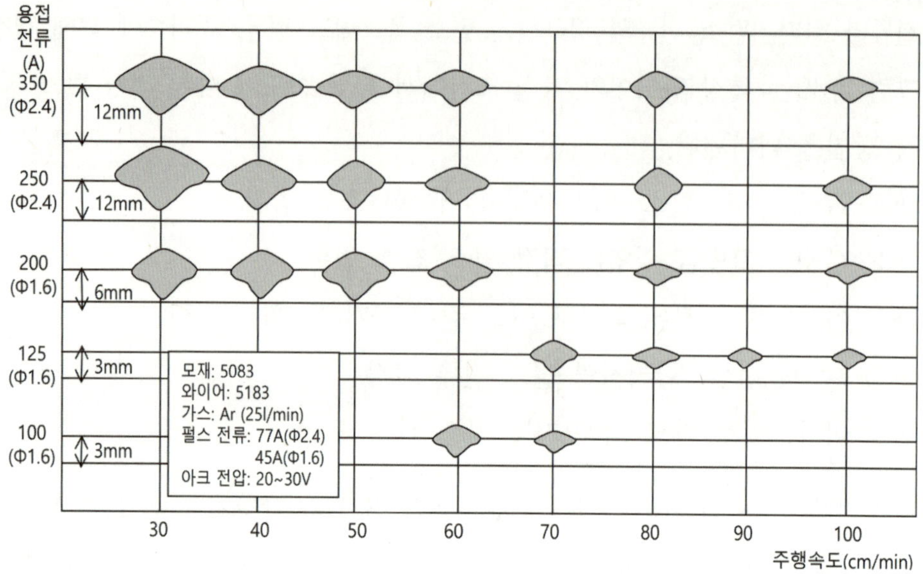

그림 2.70 용입 형상에 미치는 용접전류, 용접 속도의 영향(Al 합금)

같은 전류 조건에서도 판 두께, 와이어 직경, 속도에 따라 용입 형상이 크게 달라지며, 이는 최적 조건 설정에 중요한 자료가 된다.

- 판 두께가 클수록 더 많은 입열이 요구되며, 용입이 판 두께의 절반을 넘을 경우, 용입 심도가 급격히 증가한다.
- 박판에서는 용입에 대한 용접 속도의 영향이 완만한 경향이 있다.

2.9 알루미늄 합금의 펄스 아크 MIG 용접

펄스 아크 용접법은 반자동에 많이 이용되며, 알루미늄 합금 용접의 문제점은 TIG, MIG 용접법에 따라 대부분 해결되고 있지만, MIG 반자동 용접은 박판 용접 곤란, 용착금속의 기공 발생, 연한 재질의 가는 와이어의 송급 곤란 등의 문제점이 있다. 펄스 아크 용접은 주기적–순간적인 펄스 전류에 따라 스프레이 형태의 안정한 아크가 얻어지며 알루미늄 합금 용접에 필요한 클리닝 작용이 충분하다. 또 용착금속의 기공이 적은 용접부를 얻을 수 있다. 이것은 클리닝 작용의 증가와 굵은 와이어 사용으로 용착금속당 와이어 표면적 감소 등이 그 원인이다.

알루미늄 1100, 4043 등의 와이어는 다른 Mg계(5xxx)의 와이어보다 유연하며, 특히 직경 1mm 이하의 와이어 송급은 매우 곤란하다. 그러나 펄스 아크 용접은 직경 1mm 이상의 와이어로 저전류 범위까지 용접할 수 있다. 펄스 아크 용접은 저전류서도 안정한 아크가 되어 전 자세 용접이 쉽고 작업 범위가 확대된다.

3 인버터 펄스 용접(inverter pulse welding)

3.1 아크 용접 관련 기술의 진보

1936년 TIG(tungsten inert gas) 용접, 1948년 MIG(metal inert gas) 용접의 발명에 이어, 1953년에는 CO_2 용접법이 개발되었다. 이와 같은 아크 용접 기술은 우수한 기계적 성능과 높은 생산성 덕분에 기존의 기계적 접합이나 리벳, 볼트, 납땜 등과 비교해 산업 전반에 걸쳐 적용이 빠르게 확대되었다.

한편, 용접 전원장치 역시 공정 방식에 따라 전류-전압 특성이 달라지며, 지속적으로 진화해 왔다. 초기에는 과포화 리액터(reactor) 방식이 사용되었으며, 1957년 사이리스터(thyristor)의 발명이 전기를 마련하였다. 이후 1969년부터는 사이리스터를 출력 제어 소자로 사용하는 용접기가 등장하였다.

전자공업의 발달로 인해 오늘날에는 인버터 방식의 고주파 전원장치가 주류를 이루고 있으며, 마이크로컴퓨터를 탑재한 지능형 용접기가 보편화되어 더욱 정밀한 용접 공정 제어가 가능하게 되었다.

이에 따라 용접 전원장치는 기술 세대에 따라 다음과 같이 분류된다.

- 제1세대: 과포화 리액터 방식의 자기 제어(magnetic control) 용접기

- 제2세대: 사이리스터(반도체 스위치 소자)를 사용하는 용접기
- 제3세대: 인버터 기반의 고효율 용접기
- 제4세대: 마이크로컴퓨터 탑재 및 파형 제어 기능 보유 용접기
- 제5세대: AI 기반 최적화 데이터베이스와 결합된 지능형 용접기

이러한 발전은 용접 전원의 안정성 향상뿐 아니라, 장비 무게와 전력 효율 측면에서도 획기적인 개선을 이뤄냈다. 예를 들어, 초기 용접기는 약 300kg에 달했으나, 동일 성능을 제공하는 현대의 인버터 용접기는 30kg 수준으로 경량화되었고, 역률 또한 50%에서 95% 이상으로 개선되어 에너지 소모도 크게 줄어들었다.

한편, 직류 용접은 아크 안정성과 용입 깊이가 우수해 교류 대신 점차 널리 채택되고 있으며, 최근에는 입열량을 세밀히 제어하여 특수재질 및 다양한 용접 자세에서도 고품질 용접이 가능한 펄스 용접(Pulsed Arc Welding)이 광범위하게 적용되고 있다. 표 2.24는 최신 용접기의 주요 기술적 특징을 정리한 것이다.

표 2.24 최신 용접기의 특징

용입 안정기	아크 길이 안정기	싱크로 펄스
- 일정한 용입 깊이 - 손쉬운 운영(작업물에 토치의 자세 잡기) - 융착 불량의 안정적인 운영	- 용접 전원 이상의 아크 길이 자동 재조정 - 작업단계 감소 - 균일하게 제어되는 아크 - 손쉬운 운영 - 용접 속도 향상	- 새로운 파라미터 ⇒ 듀티 사이클 - 제어할 수 있는 에너지 입력 - 확장된 Syn. P. 파라미터 - 고속 하드웨어의 장점 활용 - 용접 자세를 잡기 쉬움

3.2 인버터 용접기

3.2.1 구성과 동작 원리

사이리스터 용접기는 상용 변압기를 통해 공급 전압을 용접에 필요한 저전압으로

강하시킨 뒤, 사이리스터가 출력 제어와 정류의 두 가지 기능을 겸하게 구성되어 있다.

반면, 인버터 용접기는 그림 2.75와 같이 3상 교류 입력을 정류하여 직류로 변환한 후, 인버터 회로를 통해 수 kHz~수십 kHz의 고주파 교류로 바꾸고, 이를 고주파 변압기를 이용해 용접에 적합한 저전압으로 강하시킨 뒤, 다시 정류하여 최종적으로 용접 전원으로 사용한다.

사이리스터 용접기는 게이트(Gate) 단자에 인가되는 점호 신호를 통해 위상 제어를 수행하는 방식이며, 인버터 용접기는 전원용 트랜지스터의 통전 시간을 제어하는 방식으로 펄스폭 제어(PWM: Pulse Width Modulation)와 주파수 제어가 사용된다. 그러나 실제로는 PWM 방식이 주로 활용된다.

인버터 방식은 사이리스터 방식에 비해 회로 구성이 복잡하고 유지관리에 주의가 필요하지만, 다음과 같은 장점으로 인해 그 적용 범위가 지속해서 확대되고 있다.

- 전원 제어가 쉬워 GTAW(텅스텐 아크 용접), GMAW(가스 금속 아크 용접), 플라스마 절단기, 저항 점 용접기 등 다양한 용접 및 절단 장비에 활용 가능
- 고주파 스위칭으로 장비의 소형화 및 경량화 실현
- 에너지 효율 향상 및 역률 개선

특히 알루미늄 용접에는 교류 TIG 용접이 사용된다. 이는 알루미늄 표면의 산화피막(높은 용융점을 가지며 매우 견고)을 제거하기 위해, 클리닝 효과가 있는 역극성(EP: Electrode Positive)과 용입이 우수한 정극성(EN: Electrode Negative)을 번갈아 반복 적용(교반)해야 하기 때문이다.

이러한 특성에 대응하기 위해, 인버터 용접기에는 출력단의 극성을 연속적으로 전환할 수 있는 이중 인버터(Double Inverter) 방식이 적용된다. 그림 2.71은 이러한 이중 인버터 방식의 원리를 보여준다.

이중 인버터 방식의 주요 장점은 다음과 같다.

- 역극성과 정극성의 비율을 임의로 조정 가능 → 역극성 비율을 줄여 전극 소모량 감소

- 출력 파형 주파수를 적절히 조절함으로써, 기존 교류 용접기에서 필수였던 고주파 고전압 발생기 없이도 안정적인 아크 유지 가능
- 고주파 발생기의 영향을 민감하게 받는 로봇 제어 및 자동화 설비에 적합

결과적으로, 이중 인버터 방식은 알루미늄 및 고정밀 용접 환경에서 뛰어난 성능을 발휘하며, 최신 자동화 시스템과의 호환성 또한 매우 우수하다.

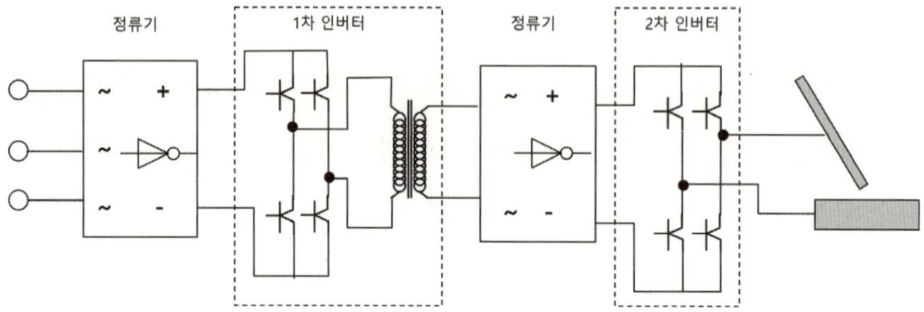

그림 2.71 **이중 인버터 용접기의 구성**

3.2.2 인버터 용접기의 특징

인버터 용접기는 고주파 전력 변환 기술과 고속 제어 기술을 적용함으로써, 기존의 사이리스터 방식이나 상용 주파수 기반 용접기에 비해 다음과 같은 장점이 있다.

(1) 소형화 및 경량화 가능

기존 용접기는 상용 전원(60Hz)을 용접에 필요한 전압으로 낮추기 위해 대형 변압기를 사용하였고, 이 변압기의 무게가 전체 용접기 중량의 대부분을 차지하였다. 반면 인버터 용접기는 수 kHz~수십 kHz의 고주파 인버터 회로를 사용함으로써, 고주파에서 동작 가능한 소형 고주파 변압기를 적용할 수 있다. 다음 관계식에서 확인할 수 있듯이, 동작 주파수(f)가 높아질수록 변압기의 크기를 줄일 수 있다.

$$(S \cdot B) \times (N \cdot A) \propto \frac{P}{f}$$

여기서 (S: 철심의 단면적, B: 자속 밀도, N: 권선 수, A: 전류, P: 출력, f: 동작 주파수)

이처럼 주파수 상승은 변압기 크기의 축소뿐 아니라, 권선 수도 줄여 리액턴스 감소 및 응답성 향상, 에너지 손실 감소 효과도 가져온다.

(2) 고속 제어 가능

기존 사이리스터 용접기는 60Hz 상용 주파수에서 동작하며, 3상 정류 시 출력 리플 주기가 약 2.8ms였다. 이에 비해 20kHz 주파수의 인버터 용접기는 단상 정류 시 리플 주기가 약 25㎲로, 제어 응답 속도가 약 110배 빠르다.

$$\frac{2.8ms}{25\mu s} \approx 110$$

이에 따라 인버터 용접기는 출력 변화를 신속하게 감지하고 제어할 수 있으며, 아크 안정성과 용접 품질 향상에 직접적으로 기여한다.

(3) 에너지 절감

인버터 용접기는 상용 주파수 변압기를 사용하지 않기 때문에 무부하 손실이 사실상 없다. 또한 고주파 변압기의 권선 수가 적고, 리액턴스 손실도 작아 전력 변환 효율이 높다.

같은 출력 조건에서 입력 피상전력(KVA)이 줄어들며, 이는 에너지 소비량 감소와 전력 사용 효율 향상으로 연결된다.

(4) 용접 품질 향상

인버터 방식은 전원의 안정성과 고속 제어 능력을 기반으로 아크의 안정성과 정밀성을 크게 향상한다. 그 결과 아크 개시가 확실하고 외관이 우수, CO_2 용접에서도 스패터가 매우 적고, 출력 리액턴스가 작아 축적 전기에너지 감소 때문에 자동 용접 시 소착(burn back) 현상 최소화와 같은 품질상의 장점이 나타난다.

이러한 특성으로 인해, 인버터 용접기는 정밀 용접, 고속 자동화 용접, 박판 용접 등 다양한 고난이도 용접 분야에서 폭넓게 적용되고 있다.

3.3 펄스 TIG 용접기 전원

가스 텅스텐 아크 용접(GTAW)에는 정전류 전원이 사용된다. AC 및 DC 용접에 필요한 전력은 변압기 정류기 전원이나 AC/DC 발전기를 통해 공급할 수 있다. 최근에는 반도체 전자 기술의 발전으로 변압기-정류기형 전원이 널리 보급되었지만, 발전기 전원은 여전히 현장 작업에서 많이 사용된다. GTAW 전원(그림 2.72 참조)은 일정한 전류 또는 실제에 가까운 정전류 출력 특성을 제공한다.

펄스 TIG에서 펄싱의 목적은 용융 용접금속에 주기적인 가열과 냉각을 반복시켜 용접부 제어성을 높이는 데 있다.

- 가열 사이클(피크 전류)은 홈 면의 과도한 융합이나 용락(burn-through) 없이 적절한 용융지 크기를 형성하는 데 중점을 둔다.
- 반면, 냉각 사이클(백그라운드 전류)은 아크를 유지하면서도 응고 속도를 높이고, 용융지의 크기를 효율적으로 줄이는 역할을 한다.

이러한 펄싱 제어는 용융지의 크기를 주기적으로 늘리거나 줄일 수 있게 하며, 결과적으로 아크 조작 없이도 용융금속을 안정적으로 제어할 수 있게 한다. 이에 따라 펄스 전류는 수동 GTAW 작업에서 특히 유용하다.

펄스 TIG의 적용에서는 용융지의 크기 및 용입 깊이의 변동이 펄싱 변수와 밀접하게 연관되며, 이에는 이행 속도, 모재의 재질, 두께, 질량, 용접봉의 크기, 용접 자세와 같은 요소들이 영향을 준다.

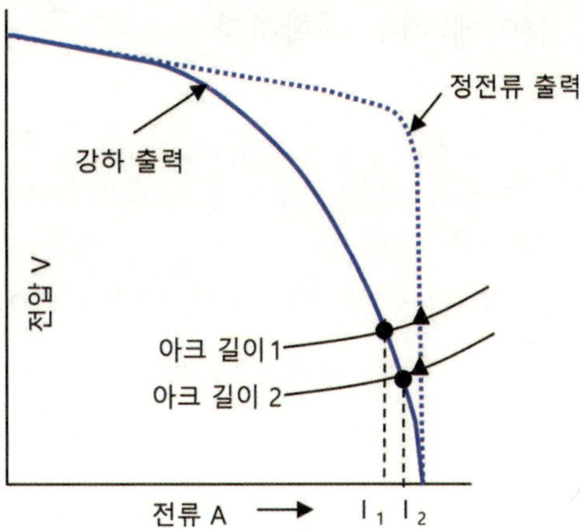

그림 2.72 하강 및 정전류 전원의 정전압 전류 특성

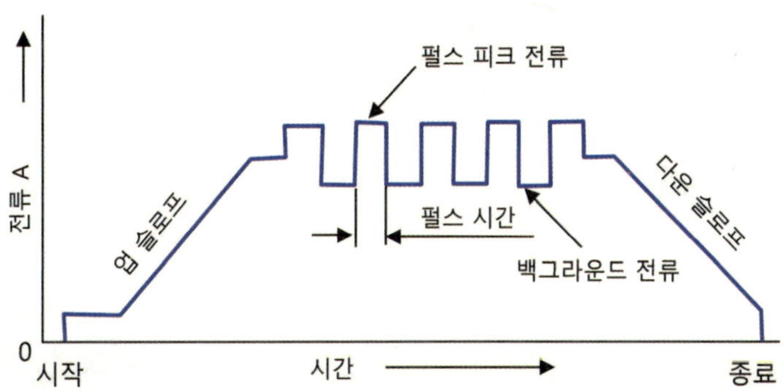

그림 2.73 상향과 하향 경사의 전형적인 펄스 GTAW 프로그램

일반적으로 GTAW 펄스 주파수는 GMAW보다 낮으며, 초당 2~10 펄스 범위가 사용된다. 비교적 낮은 주파수를 사용함으로써 전류의 시작 및 시간에 따른 기울기 제어 등 세밀한 설정이 가능해지며, 이는 펄스 용접의 품질을 향상하는 데 기여한다(그림 2.73 참조).

GTAW-P(펄스 TIG)는 아크 전류가 백그라운드 전류(낮은 값)와 피크 전류(최대값) 사이를 반복적으로 변화하는 것이 특징이다.

- 피크 전류 및 백그라운드 전류 수준은 넓은 범위에서 조정할 수 있으며,
- 두 전류의 지속 시간도 각각 독립적으로 제어할 수 있다.

이러한 제어성은 정밀한 용접 품질을 요구하는 박판 용접, 고속 자동화 용접, 열입

력 제어 등 다양한 분야에 매우 적합하다.

3.3.1 전류조정

수하 전압-전류 특성은 가변 코일, 가변 분로, 가변 코어 리액터, 포화 리액터 또는 자기 증폭기 모델과 발전기 전원 설계를 포함한 자기 제어식 전원 모델의 전형적인 특성이다.

전자 제어 전원으로 진정한 정전류 출력을 얻을 수 있다. 수하 특성은 수동 용접에서 이점이다. 수하 특성으로 용접기는 아크 길이를 변경하여 전류 수준을 약간 변경할 수 있다. 아크 길이를 변경함으로써 가능한 전류 제어의 정도는 그림 2.75에서 추론할 수 있다.

3.3.2 전자 제어

전자 제어식 전원장치는 직렬 선형 조정기, 실리콘 제어 정류기(SCR), 보조 스위처, 인버터 등의 다양한 방식으로 구성되며, 이들을 통해 정전류의 전압-전류 특성을 구현할 수 있다.

정전류 특성의 핵심은 설정된 전류 수준을 높은 정확도와 반복성으로 유지할 수 있다는 점으로, 이는 특히 기계식 또는 자동화 용접 시스템에서 큰 이점을 제공한다. 대부분의 정전류 전원은 폐쇄 루프 제어 방식(closed-loop control)을 사용하며, 실제 출력 전류를 실시간으로 측정하여 설정값과 비교하고, 용접조건의 변화에 따라 전원을 자동 조정하여 일정한 전류를 유지한다.

전자 제어 전원의 주요 특징은 다음과 같다.

- 빠른 응답성을 갖추어 펄스 전류 제어에 적합하며,
- 정밀한 전류 제어 및 다양한 파형 출력이 가능하다.

전원 유형에 따른 특징은 다음과 같다.

- 직렬 선형 조정기 및 스위칭 보조형 모델은 단상 또는 3상 입력 전원을 사용하며, DC 전류만 출력한다.
- SCR(실리콘 제어 정류기) 모델은 단상 전원에서는 AC 및 DC 모두 출력 가능, 3상 전원에서는 DC 출력이 가능하다.
- 인버터형 전원장치는 단상 또는 3상 입력 전원으로부터 AC 및 DC 출력 모두 제공할 수 있으며, 설계에 따라 다양한 파형 제어 기능을 내장하고 있다.
  특히 인버터 전원장치는 다양한 용접조건에 유연하게 대응할 수 있는 다기능성(multi-process capability)과 가변 출력 제어를 갖추고 있으며, 동급 전류 등급의 다른 전원보다 소형·경량이라는 장점도 있다.

전자 제어 전원의 이점은 다음과 같다.

- 빠른 응답 속도
- 다양한 전류 파형 및 시퀀스 제공
- 우수한 반복성
- 원격제어 기능

그러나 단점으로는 운영 및 유지 보수의 복잡성, 상대적으로 높은 비용 등이 있다. GTAW에 사용되는 전원은 용접 전류의 유형에 따라 적절히 선택해야 한다. 사용할 수 있는 전류 유형은 AC 사인파, AC 구형파 및 가변 극성 AC, DC 및 펄스 DC이다. 이 외에도, 현대의 전원장치는 냉각수 및 실딩 가스 제어, 와이어 피더 및 이송 메커니즘 시퀀싱, 전류 상승 및 하강 경사 제어, 다중 전류 시퀀스 프로그래밍 등 복합적인 제어 기능을 포함하여, 정밀하고 자동화된 용접 품질 제어를 가능하게 한다.

3.3.3 펄스 직류 용접

펄스 직류 용접(Pulsed DC Welding)은 직류전원을 사용하여 용접 전류를 펄스 형태로 공급하는 방식이다. GTAW-P는 낮은 백그라운드 전류에서 높은 피크 전류로 반복 변화하는 펄스 전류를 적용하며, 일반적으로 정극성으로 사용된다. 펄스 전원은 피크 전류와 시간, 백그라운드 전류와 시간 등을 조절하여 적절한 출력 전류 파형을 형성한다. 그림 2.74는 전형적인 펄스 전류 파형을 나타낸다. 일반적으로 1초당 1~20회의 펄스 주파수 내에서 시간 및 전류값을 조정할 수 있다.

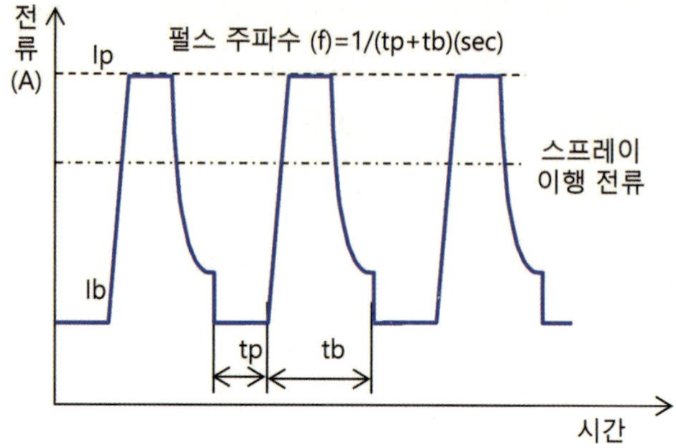

그림 2.74 인버터 용접기 펄스 전류

펄스 TIG 용접에서 주요 변수는 피크 전류(IP), 백그라운드 전류(Ib), 피크 전류 시간(tP), 백그라운드 전류 시간(tb)이며, 이들의 조합으로 최적의 용접조건을 설정한다. 일반적으로 피크 전류는 백그라운드 전류의 약 2~10배로 설정되며, 높은 용입력과 낮은 평균 입열을 동시에 달성할 수 있다. 피크 전류는 아크 구동력과 용융능력을 제공하며, 백그라운드 전류는 아크 유지를 담당하고 모재를 냉각시킨다.
이러한 펄스 전류 방식은 같은 평균 전류 조건에서 연속 DC 용접보다 더 깊은 용입과 더 적은 변형을 제공하며, 특히 열에 민감한 재료나 판 두께가 다른 모재의 용접에 효과적이다. 박판 용접이나 정밀 용접에서 유리하지만, 일반 DC 용접에 비해 용접 속도가 다소 느릴 수 있다. 수평 파이프의 원주 용접, 개방 루트 틈새 용접, 전 자세 용접 등에서 주로 활용된다.
펄스 용접은 자동화 또는 기계화된 GTAW 공정에서 가장 널리 사용되며, 수동 용접의 경우에는 펄스 주기로 비숙련 용접사의 토치 이동이나 용접봉 제어 타이밍을 보조하여 품질 향상에 기여한다. 숙련 용접사에게는 얇은 재료, 이종금속 및 두께 차이가 있는 부재의 용접을 더 쉽게 수행할 수 있도록 한다.
초기의 펄스 TIG 용접기는 사이리스터 기반으로 상용 주파수(60Hz)에 동기화된 제한적인 펄스 주파수와 정현파 기반의 파형을 사용하여 펄스 제어에 제약이 많았다. 그러나 최근 인버터 기술의 발전으로 피크 및 백그라운드 전류, 시간, 파형 등의 미세조정이 가능해졌으며, 펄스 주파수도 최대 500Hz 이상까지 구현할 수 있게 되어 적용 분야가 크게 확대되었다. 또한, 전자회로를 통해 시퀀스 제어 기능이 탑재되어, 용접 종료 시 전류를 서서히 감소시키는 프로그래밍이 가능해졌고, 이는 용접 중 모재의 과열을 방지하는 데 유용하다.

3.3.4 고주파 펄스 용접

스위치드 직류(Switched DC)는 일정한 고정 주파수에서 낮은 전류 수준과 높은 전류 수준 사이를 신속하게 전환하는 방식으로, 일반적으로 고속 스위칭이 가능한 전원에서 사용된다. 그림 2.75는 이러한 스위치드 DC 펄스 전류 파형을 나타낸다. 평균 전류는 피크 전류 및 지속 시간의 조합으로 조절되며, 스위칭 주파수는 약 20kHz에 달할 수 있다.
이 방식의 주요 목적은 수축한(stiff) 아크를 생성하여 더욱 집중된 열원을 제공하는 것이다. 수축 아크는 고밀도 에너지를 형성하며, 아크 강성의 척도인 아크 압력은

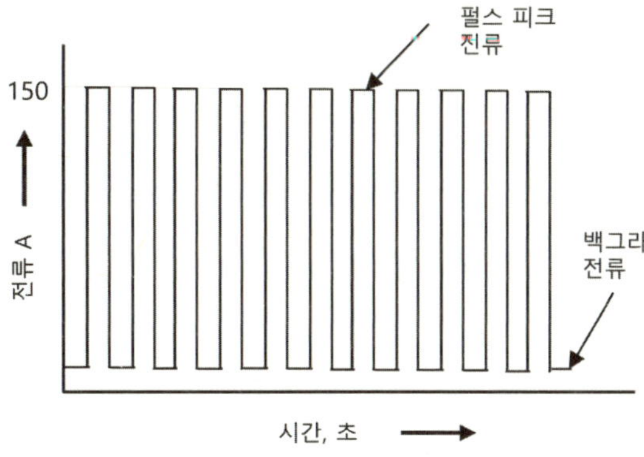

그림 2.75 스위치드 DC 펄스 용접을 위한 전류 파형

그림 2.76에서 보듯이 스위칭 주파수가 약 10kHz에 근접할수록 직류 안정 아크에 비해 약 4배까지 증가할 수 있다. 아크 압력이 증가하면 자기장(arc blow)에 의해 발생하는 아크의 횡 방향 불안정성과 외부 바람에 의한 실드 가스 흐름 교란이 감소하여 아크 안정성이 향상된다.

고주파 스위치 DC는 우수한 방향성과 안정성이 요구되는 기계화 및 자동화 용접공정에 매우 적합하다. 특히 매우 낮은 평균 전류에서도 안정적인 아크 유지를 가능하게 하므로, 박판 용접이나 정밀 용접 분야에서 활용도가 높다. 그러나 이러한 방식은 다음과 같은 단점도 존재한다. 첫째, 고주파 스위칭 기능이 탑재된 전원 장비는 일반 직류전원에 비해 고가이다. 둘째, 스위칭 주파수가 가청 주파수 범위(약 20kHz 이하)에 위치하면 아크 소음이 크고 작업 환경에 거슬릴 수 있다.

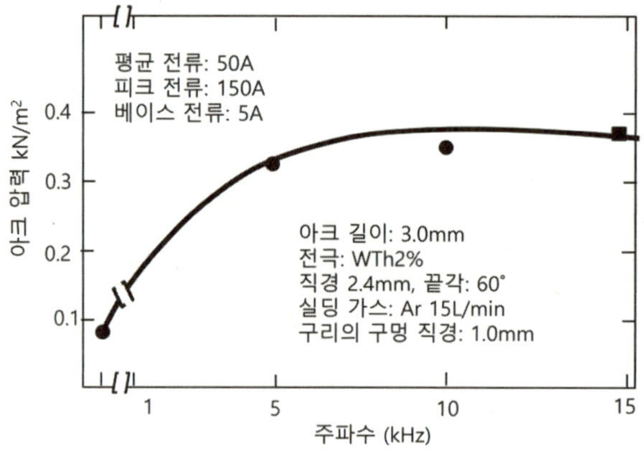

그림 2.76 아크 압력과 펄스 주파수 사이의 관계

표 2.25는 국내에서 널리 사용되는 세 개의 주요 용접기 제조사에서 제공하는 MIG 펄스 파형을 비교한 것으로, 제조사마다 명칭은 다르지만 기본적인 펄스 파형을 기반으로 일부 파형 변형을 통해 응용하고 있음을 보여준다.

표 2.25 용접기 제조사별 내장 용접 프로그램의 분석(2025.05.07. 정점진)

(1) Common Waveforms - Modified CV : Lincoln Electric

명칭	장점	파형
STT	개방형 루트 파이프, 갭 브리징 Gap Bridging, 얇은 재질, 스패터 없음	
AC-STT	매우 얇은 금속, 스패터 없음	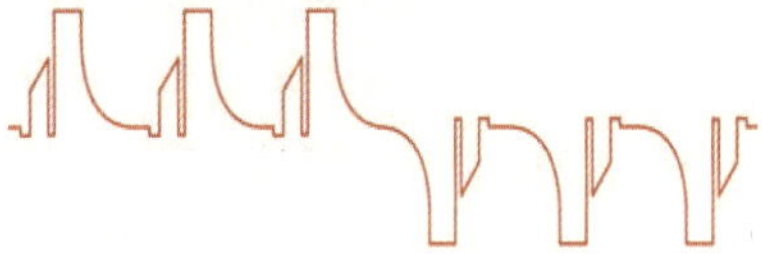
Power Mode	전류 안정성 향상, 얇은 금속 및 두꺼운 알루미늄	
Basic Pulse	CV 대비 사용 편의성, 더 넓은 WFS 사용 가능 범위	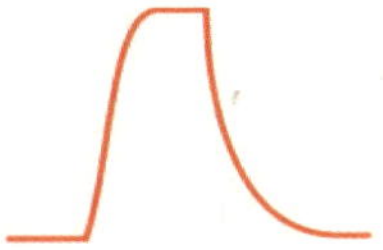
Precision Pulse	퍼들 제어, 정밀한 아크 배치	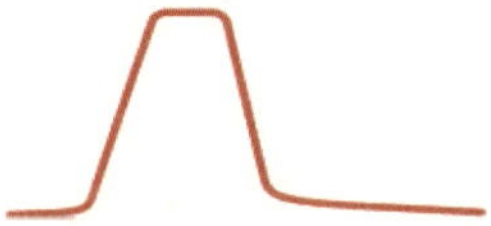
Rapid Arc	매우 빠른 이동 속도	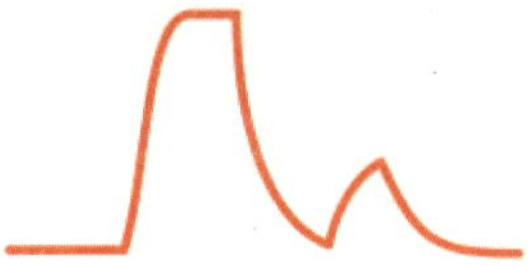

(2) TPS-기반의 아크 용접기 TPS/ii www.bestfa.co.kr

명칭	장점	파형
PMC (Pulse Multi Control)	• 최적화된 펄스 특성과 향상된 점화 • 감소한 입열에 의한 더 우수한 안정성 • 우수한 완전용입의 용융지 안정화	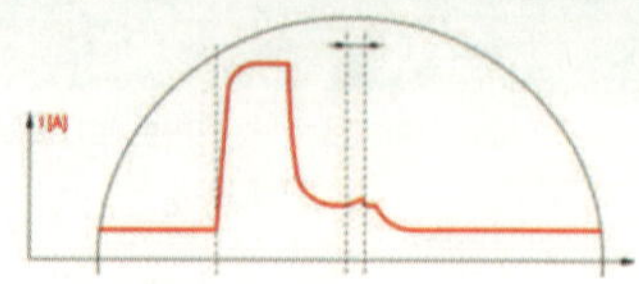
CMT (Cold Metal Transfer)	• 정확한 아크 길이 조정 • 스패터가 거의 없음 • 극히 높은 아크 안정성 – 알루미늄에서 • 초경량 합금 접합 • 더 빠른 용접속도 • 우수한 갭브릿지 능력	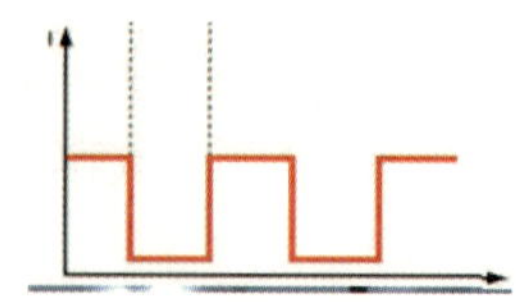
MIG/MAG|PM CAC AC-power balance for Aluminium	• AC 전원 균형을 통해 열 입력을 각 응용 분야에 대해 개별적이고 정확하게 조정	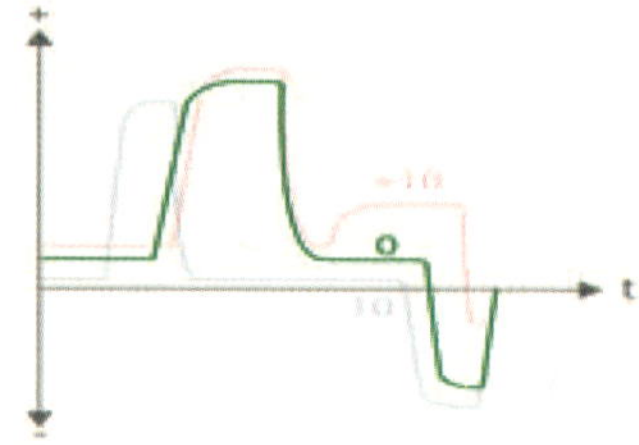
MIG/MAG, CMTAC	• 더 낮은 열 입력	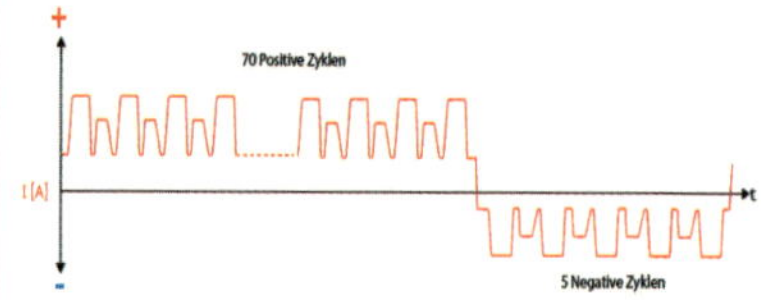
LSC (Low Spatter Control)	• 용융지 안정화 기능 • LSC는 단락이행 모드 기반	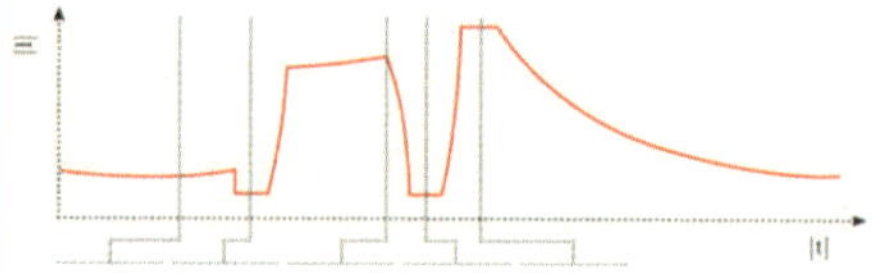
PMC Ripple Drive	• 정지 시간이 정의된 PMC 프로세스 • 용접 고품질 외관을 위한 가공(Real TIG Look) • 와이어 공급이 멈추고 아크가 꺼진다. • 미용적인 측면이 중요한 경우에 사용되는 시너지 라인	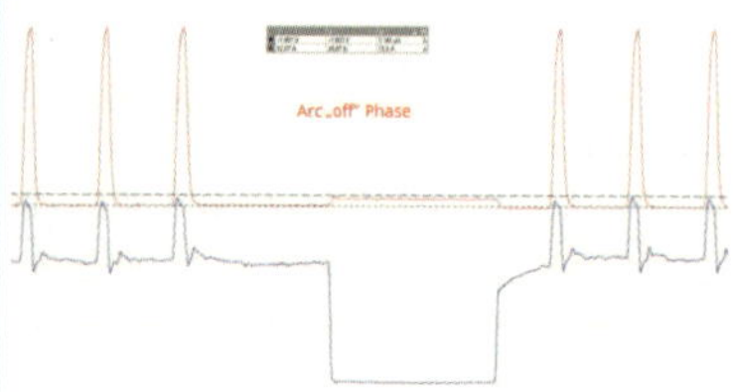

(3) Advanced Pulse – Miller Welder

명칭	장점	파형
Accu-Pulse	• 반복적인 일정한 전압 파형을 제공(초보자도 쉽게 사용 가능) • Spay 모드에 비해 입열량이 낮다. • 모든(박판, 후판) 용접에 적용 가능	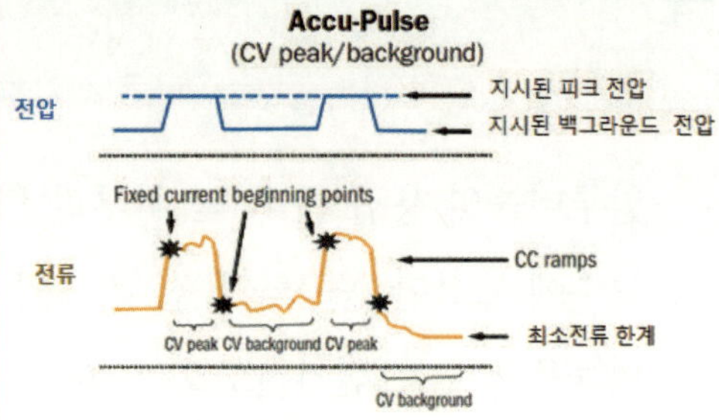
Versa-Pulse	• 속도를 위한 펄스형 GMAW • 각 펄스 후의 짧은 아크와 그 제거 방식 • 스패터가 적고 강직하고 일관된 아크	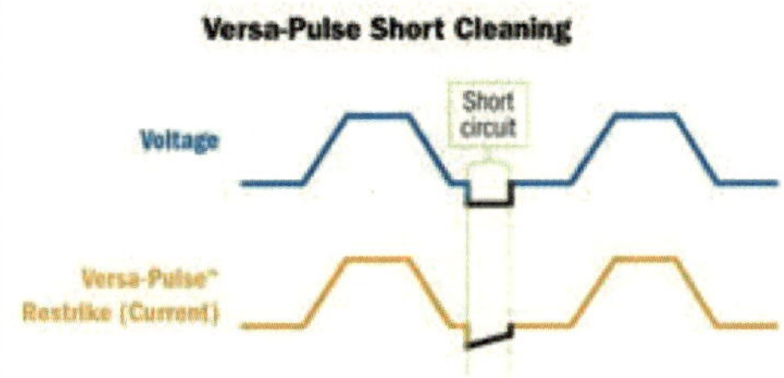

(4) Modified CV – Miller Welder

명칭	장점	파형
HD-MIG High-Deposition MIG	• 고용착 용접 모드(스틱 아웃 확대). • Spray 모드에 비해 입열량이 적다. • 표준 노즐보다 긴 노즐을 사용하여 (CTWD)를 확장	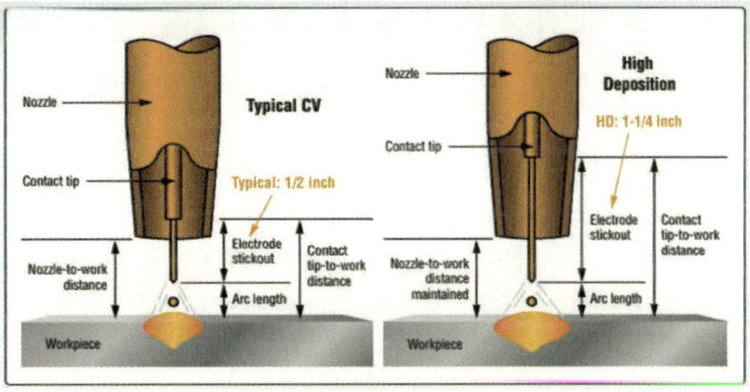
RMD Regulated Metal Deposition	• 단락 이행 방식에서 더욱 개선된 용융지 제어 가능 • 단락 이행 방식에 비해 스패터가 적다. • open roots, 박판 및 갭 브릿지 용접에 이상적	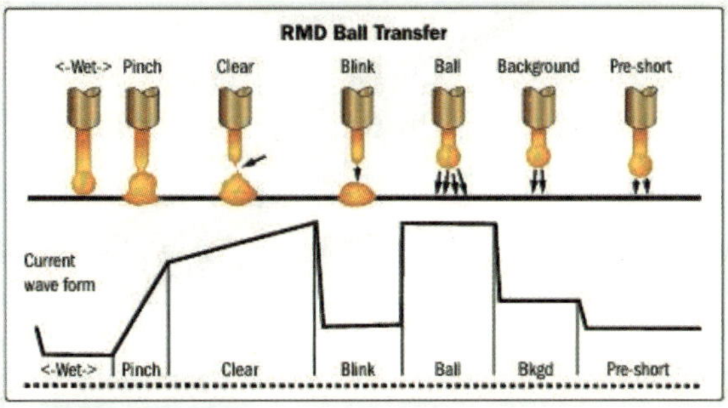

4 공기구와 용접 계측기

알루미늄의 용접 준비 및 마무리 단계에서 기계적인 표면 처리나 용접부의 수정과 보수에 필요한 공구와 용접 비드의 크기를 측정하는 계측기에 대해 언급한다. 알루미늄용 공구는 전기전도도가 높은 비산 칩이 전동장치 등에 침입하여 고장이 날 수 있고, 전동공구는 모터 등으로 무거워져 무게 감소를 위해 에어 공구를 사용하는 것이 좋다. 또한, 에어 공구는 접촉저항에 따른 회전력이 감소하여도 공구에 영향을 주지 않으며 회전도 매우 빠르다.

4.1 알루미늄 용접용 공구

(1) 치핑 해머 및 정(pneumatic chipping hammer & chisel)

치핑 해머(pneumatic chipping hammer)는 주로 절단 및 가우징 후의 표면 정리, 비드 제거, 용접결함 제거 등을 위한 도구로, 그림 2.77에 나타낸 바와 같이 공기압력으로 작동하는 충격 공구이다. 해머와 유사한 방식으로 작동하지만, 장착된 '정(chisel)'이 고속 왕복 운동을 하여 용접 부위를 가공한다.

그림 2.77 2.78 치핑 해머

정은 인성과 내식성이 우수한 특수강으로 제작되며, 치핑 해머에 부착되어 다양한 용접부 형상과 작업 목적에 따라 사용된다. 평면작업용, 홈 파기용 등으로 정 형태가 다양하며, 모두 공압으로 작동되므로 공기구에 속한다. 기존에는 정을 망치로 타격해 수작업을 했지만, 치핑 해머는 반복 작업이 간편하고 대면적 작업에 효율적이어서 시간과 노동력을 크게 절약할 수 있다.

그러나 치핑 해머는 고주파 진동과 소음을 동반하며, 작업 중 금속 칩이 흩날려 부상의 위험이 있다. 따라서 작업자는 반드시 보호안경, 귀덮개, 방진장갑, 마스크, 작업복 등 개인 보호장비(PPE)를 착용해야 한다.

정의 제작은 작업 형태에 따라 약간의 차이는 있지만, 일반적으로 그림 2.78과 같이 강재를 해머로 단조하여 형상을 만들고, 그라인더로 날 끝을 다듬는다. 이후 날 끝 약 10mm 부분을 산소-아세틸렌 불꽃으로 가열한 뒤, 기름에 급속 냉각(퀜칭)하여 열처리한다. 마지막으로 입자가 고운 사포 등을 이용해 날 끝을 정삭(마무리 연마)함으로써 마찰저항을 최소화한다. 사용 중 마모가 발생하면 수시로 재연마 작업이 필요하다.

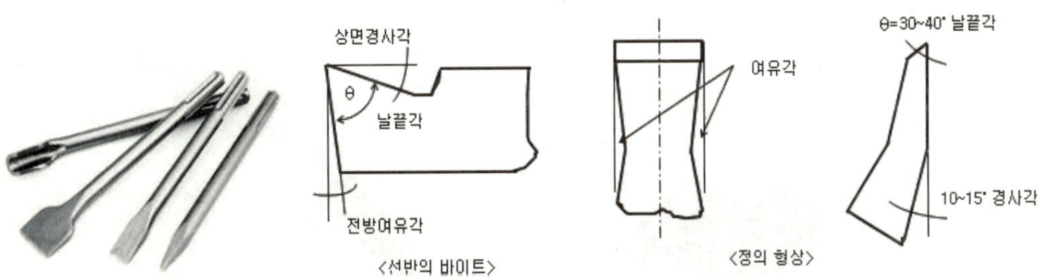

그림 2.78 정(chisel)의 형상

사용 방법은 그림 2.79처럼 치핑 해머를 잡고 시작에는 약하게 힘을 가하여 정의 날 끝이 자리를 잡도록 하고, 자리가 잡히면 강하게 깎으며, 마무리에는 안전과 칩 흩날림 등을 고려하여 다시 약하게 한다. 치핑 자세는 손목의 보호를 위해 오른쪽 팔꿈치를 옆구리에 밀착한 후 몸 전체로 힘을 쓰도록 한다. 칩의 두께 및 폭의 조절은 정의 작업 각도 및 절입 양으로 한다.

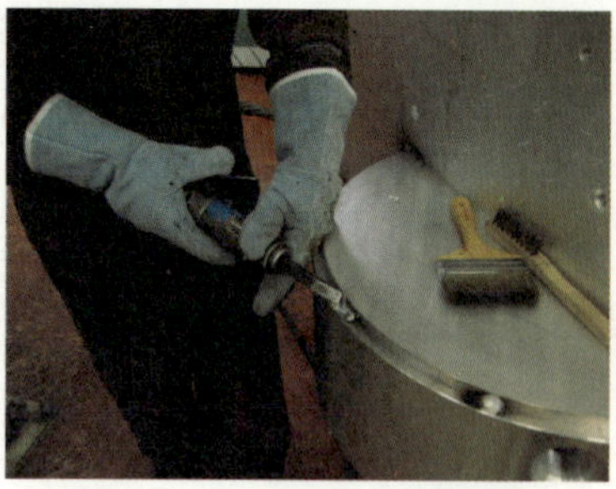

그림 2.79 **평면 및 홈의 치핑 해머 작업**

(2) 평면 사상용 그라인더(disc grinder)

알루미늄은 표면이 철강에 비해 약하므로 숫돌 그라인더로 표면을 사상하는 경우 숫돌의 경직성으로 표면이 패이기 쉽고, 숫돌 입자가 약한 알루미늄 표면에 박혀 용접부에 결함을 일으키기 쉽다. 따라서 부드러운 고무판 또는 플라스틱 뒤판(pad)에 사포를 부착하고 사용하여 표면이나 용접부를 사상한다. 또한, 국부적인 평면작업을 위해 벨트형 그라인더를 사용한다. 그림 2.80은 디스크 그라인더와 벨트 그라인더를 나타냈다.

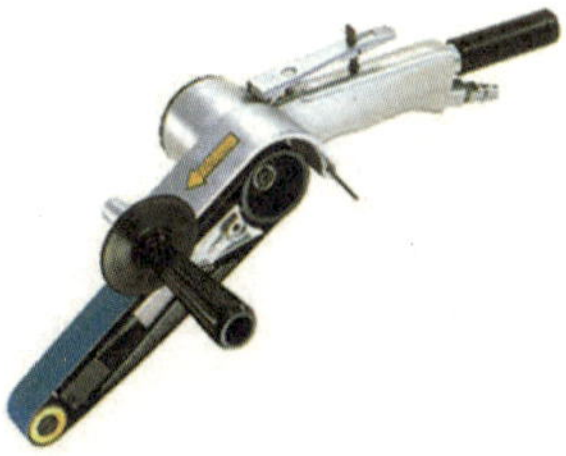

그림 2.80 **7인치 디스크 그라인더 및 벨트 그라인더**

(3) 평면 가공 및 절단용 블레이드(blade grinder)

앞서 언급한 치핑 해머는 소음과 진동을 수반하여 작업자에게 귀와 손목 등에 바람직하지 않다. 그라인더의 경우 넓은 면을 얇게 가공하는 곳에 편리하지만, 그 절입 양이 적어 효율적이지 못하다. 따라서 그림 2.81과 같은 블레이드 그라인더는 고속 회전하는 칼날을 사용하여 재료를 깎아주는 기계로 직경 100mm 또는 180mm 디스크 그라인더에 블레이드(또는 사이드 커터)를 부착하여 평면 가공이나, 깊은 홈 등의 가공에 사용한다. 블레이드의 경우 안전 커버 부착 등의 특별한 안전조치가 필요하다.

그림 2.81 평면 및 홈 가공용 블레이드

(4) 베이비 그라인더(baby grinder)

용접 시작부 및 용접이 끝난 크레이터의 결함 등을 제거하거나 국부적인 사상에 사용하는 공구이다. 한편 치핑 해머, 블레이드 등은 모재나 용접 비드 접촉부에 노치나 거친 표면을 만들고 좁은 면의 사상이 어렵다. 따라서 그림 2.82와 같은 알루미늄용 로터리 파일(rotary file)을 부착한 회전이 매우 빠른 베이비 그라인더를 사용하면 편리하게 된다.

그림 2.82 로터리 파일 및 베이비 그라인더

(5) 지그 소오(Jig Saw)

지그 소오는 얇고 가느다란 톱날이 수직으로 왕복 운동하며, 목재를 직선 또는 곡선 형태로 절단할 수 있는 전동 톱이다(그림 2.83 참조). 톱날의 길이가 짧아, 주로 판재나 소형 각재의 가공에 적합하다. 지그 소오용 톱날은 절단 대상 재료에 따라 목재용, 금속용, 플라스틱용 등으로 구분되어 있으며, 작업 목적에 따라 적절히 선택해야 한다.

지그 소오에 장착되는 톱날은 금속재로 제작되며, 고속도강(high-speed steel) 등의 재질이 주로 사용된다. 이들 톱날은 얇고 유연하여 곡선 절단 작업에 특히 유리하며, 날의 형상, 길이, 두께, 산 수(tpi: tooth per inch)에 따라 다양한 절단 조건에 대응할 수 있다.

같은 용도의 톱날이라도 용도별로 세분되어 있다. 예를 들어, 목공용 블레이드는 두꺼운 재료 절단용, 정밀 곡선 절단용, 마감용 등으로 나뉜다. 톱날의 길이가 길수록 큰 재료 절단에 적합하며, 짧은 톱날은 절단 시 진동이 적어 안정적인 작업이 가능하다. 또한 산 수가 많을수록 절단면이 매끄럽게 마감되며, 절삭력이 우수한 블레이드를 선택하면 절단 속도와 가공 품질이 모두 향상된다.

그림 2.83 **지그 소오 및 소오용 톱날(출처: makita makpa, LENOX)**

(6) 라우터(Routers)와 비트(bit)

라우터는 다양한 형태와 크기의 목재를 가공하는 데 사용되는 전동공구로, 비트를 장착하여 목재를 깎거나 홈을 내는 작업에 사용된다(그림 2.84 참조). 라우터가 본체 역할을 한다면, 비트는 절삭 기능을 수행하는 날(blade)로서, 원하는 모양과 깊이로 재료를 가공하는 데 핵심적인 부속품이다.

라우터 비트는 다양한 형태와 크기로 제공되며, 각각 고유의 절삭 형상이나 단면(protile)을 형성하도록 설계되어 있다. 일반적인 비트 유형에는 직선 홈을 가공하는 스트레이트 비트(Straight Bit), 모서리를 절단하는 챔퍼 비트(Chamfer Bit), 모서리를 곡면 처리하는 라운드 오버 비트(Round-Over Bit) 등이 있다.

비트는 섕크(shank)의 직경에 따라 여러 규격이 있으며, 1/2인치, 12mm, 10mm, 3/8인치, 8mm, 1/4인치, 6mm 섕크가 가장 일반적으로 사용된다. 라우터에 비트를 장착할 때는 비트의 섕크 지름과 라우터의 콜릿(collet) 크기가 정확히 일치해야 한다. 일치하지 않을 경우, 공구나 콜릿에 영구적인 손상이 발생하거나, 작동 중 비트가 빠져 위험한 사고로 이어질 수 있다.

최근 출시되는 라우터는 회전 속도 조절 기능을 갖추고 있어, 절삭 직경이 큰 비트도 저속 회전으로 안전하게 사용할 수 있다. 라우터의 일반적인 속도 범위는 8,000~30,000rpm이며, 작업 재료와 비트 크기에 따라 적절한 속도를 선택해야 한다.

그림 2.84 라우터 및 비트(출처: https://keyang.kr/, https://alltimeprice.com)

(7) 목재 절단 7인치 원형 톱 전동공구(Portable Circular saws)

원형 톱 전동공구는 다양한 재료를 직선으로 절단하는 데 사용되는 공구이다(그림 2.85 참조). 목재, 플라스틱, 금속 등을 손쉽게 자를 수 있다. 원형 톱은 목재, 석조물, 플라스틱, 금속 등 다양한 재료를 절단하는 도구로, 손에 들고 사용하거나 기계에 장착하여 사용할 수 있다.

그림 2.85 원형 톱 전동공구(출처: https://www.festool.co.kr/, https://www.bosch-pt.co.kr/kr/ko/)

(8) 각도 절단기(Sliding compound mitre saws)

각도 절단기(또는 드롭 쏘)는 주로 목재를 각도에 맞춰 절단하는 데 사용된다(그림 2.86 참조). 특히, 몰딩, 트림, 장식용 목재와 같은 재료를 정확하고 빠르게 자를 수 있다. 슬라이딩 기능으로 인해 넓은 목재 절단이 가능하며, 다양한 각도 설정이 가능하여 다양한 목공 작업에 활용된다.

대부분의 마이터 쏘는 비교적 작고 휴대성이 뛰어나며, 일반적인 톱날 크기는 200~300mm(8~12인치)이다.

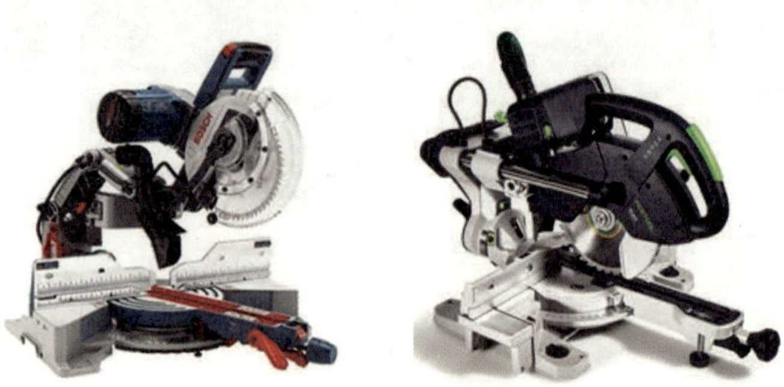

그림 2.86 각도 절단기(또는 드롭 쏘)(출처: BOSCH & FESTOOL)

(9) 진공청소기

진공청소기는 먼지, 작은 쓰레기, 털 등을 빨아들여 청소하는 데 사용되는 청소기이다. 산업용 진공청소기는 다양한 환경에서 활용된다(그림 2.87 참조).

집진기와 청소기의 차이점은 기본적으로 집진기는 규모가 크고 무거워 이동식보다는 설치 방식으로 사용되며, 대기 중 먼지를 흡입하는 방식에서 청소기와 차이가 있다. 청소기는 내부를 진공상태로 만들어 먼지를 흡입하고 필터로 걸러내는데, 집진기는 공기의 순환 흐름을 유지하고 그 과정에서 먼지가 분리되는 방식이다.

그림 2.87 **산업용 진공청소기**

(10) 판금 망치

판금 망치는 금속 판재를 다듬거나 펴는 작업에 사용된다(그림 2.88 참조). 주로 금속 판재의 모양을 바꾸거나, 찌그러진 부분을 복원할 때 사용된다. 또한, 금속 판재를 부드럽게 펴거나, 결합하는 용도로도 사용될 수 있다.

그림 2.88 **판금 망치**

(11) 나무 해머 및 고무망치

나무망치는 작업 표면에 흠집이 생기지 않아야 하거나, 조용한 작업환경이 요구될 때 사용하는 타격 도구이다(그림 2.89 참조). 주로 가구 조립, 목공 작업, 금속 세공, 자동차 수리 등 다양한 분야에서 활용된다. 나무망치의 재질은 떡갈나무, 느티나무, 참나무, 대추나무 등 단단하고 내구성이 뛰어난 목재가 사용되며, 머리 부분은 비교적 크고 양쪽 타격면은 평평하게 되어있어 정확한 힘 전달이 가능하다.

고무망치는 손잡이와 타격면이 서로 다른 재료로 구성되며, 손잡이는 일반적으로 나무 또는 유리섬유 재질로 제작된다. 손잡이 길이는 다양하게 제공되어 작업자의 사용 목적에 따라 다양한 각도와 타격력을 구현할 수 있다. 망치의 헤드(머리)는 단단한 고무로 덮여 있어 충격을 흡수하고, 작업물에 손상을 주지 않도록 설계되어 있다. 고무 헤드는 원통형, 직사각형 등 다양한 형태로 제공되며, 경도 역시 작업 목적에 따라 다양하게 선택할 수 있다.

그림 2.89 나무 해머 및 고무망치

(12) 노즐 유량계(flowmeter of nozzle)

알루미늄의 MIG 및 TIG 용접에서 가스병 출구의 압력 조정기를 통과한 유량계의 유량은 토치 케이블 등을 거치면서 저항이나 누설로 인하여 실제 용접부에 접촉하는 가스 노즐에서의 유량은 차이가 있을 수 있다. 따라서 그림 2.90과 같은 가스 노즐 출구의 유량을 측정하는 게이지가 필요하다. 사용에 주의할 점은 가스 노즐에 유량계를 수직되게 하여 측정하도록 한다.

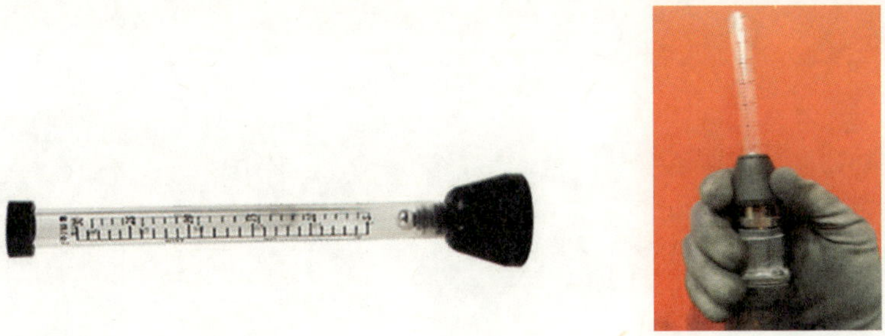

그림 2.90 **노즐 유량계(출처: (주)일흥, https://www.ilhung.com/)**

(13) 각장 게이지(leg size gauge)

용접부의 기계적 성질과 건전성에 영향을 주는 각장, 목 두께, 비드 높이 등을 측정하는 게이지로 그림 2.91과 같은 각장 게이지가 있다. 그림에서처럼 근래에는 비접촉식 레이저 각장 측정기가 사용되고 있다. 이것은 3.5인치 LCD 터치스크린의 3차원 비접촉식 측정기로 소형이며 경량화로 휴대가 편리하고 수동 각장 게이지 대비 측정시간이 단축된다.

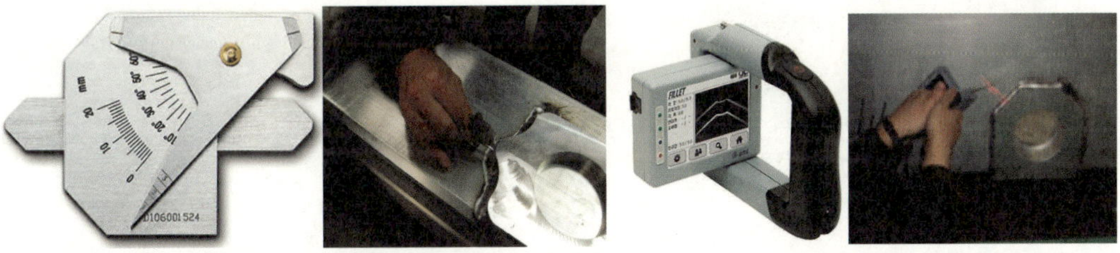

(a) 수동 각장 게이지(NIIGATASEIKI) (b) 레이저 각장 측정기((주)로봇밸리)

그림 2.91 **용접 각장 게이지**

용접법

03

CHAPTER 03

용접법

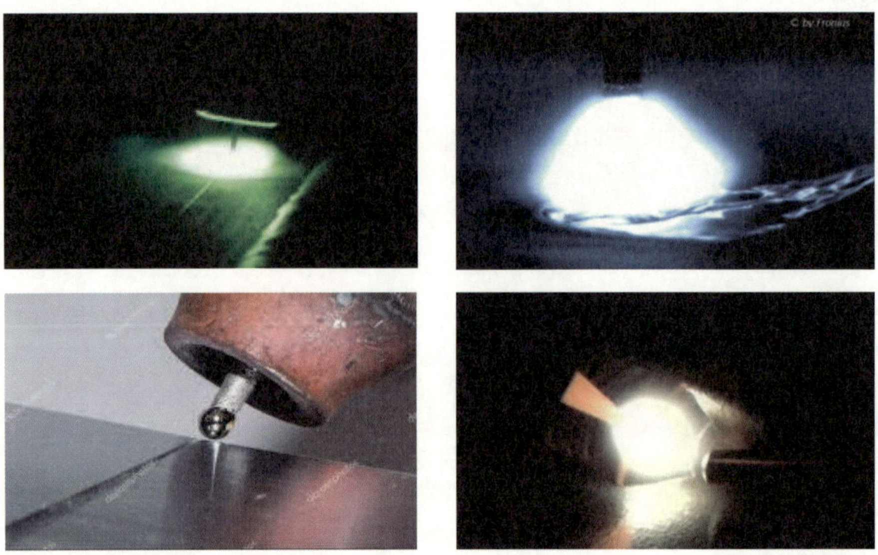

본 단원에서는 알루미늄 용접에 사용되는 주요 응용 용접 방법에 대해 다룬다. 특히 산업 현장에서 가장 널리 사용되는 MIG(Metal Inert Gas) 용접법과 TIG(Tungsten Inert Gas) 용접법을 중심으로, 각 공정의 아크 특성과 용접금속의 이행 현상에 대해 자세히 설명한다. 또한, 알루미늄 용접 전 준비 작업 및 보수 작업에 활용되는 플라스마 절단과 가우징 공정의 원리와 적용 방법도 함께 서술하였다.

더불어, 알루미늄 용접에서 피할 수 없는 문제 중 하나인 용접변형에 대해서도 그 발생 원인과 메커니즘을 설명하고, 실제 현장에서 활용할 수 있는 변형 방지대책을 제시한다. 이 단원은 알루미늄 용접의 실질적 이해와 품질 확보를 위한 기술적 기초를 제공하는 데 목적이 있다.

1 개요

용접이란 원자 간의 결합으로 두 개 이상의 물체를 국부적으로 접합시키는 것으로, 재료를 용융온도까지 가열하는 방법과 가열 · 가압하여 접합 면을 밀착시키는 방법이 사용된다. 용접봉을 사용함으로써 용접이 가능해지거나 쉽다고 정의하고 있다. 용접성은 어떤 방법으로 용접할 때 만족한 접합부를 얻을 수 있는지, 또는 용접 이음부가 그 구조물의 사용 목적을 만족할 수 있는지를 나타내는 정도를 말한다. 즉, 적절하게 설계된 특정 구조물에 반영할 수 있는 시공조건으로 용접될 수 있거나, 설계된 사용 여건을 만족시킬 수 있는 재료의 능력을 말한다.

용접법의 분류는 사용하는 방식, 에너지원(energy source), 자동화 정도 등 여러 가지 관점에서 분류할 수 있다. 표 3.1은 AWS 접합기구의 분류이다.

표 3.1 접합기구의 분류(AWS)

공정	방법	공정 종류
재료 접합 (Material Joining)	기계적 체결 (Mechanical Fastening)	
	접합(Joining)	응융 용접 (Fusion Welding)
		고상 용접 (Solid State Welding)
		브레이징과 납땜 (Brazing and Soldering)
	접착제 접합 (Adhesive Bonding)	

표 3.2와 표 3.3은 용접법, 브레이징(brazing) 및 납땜법(soldering)의 분류 약어 표시이다. 경납과 납땜의 구분은 용접봉의 용융온도를 기준으로 하며, 450℃ 이상이면 브레이징이라 하며, 그 이하이면 납땜으로 분류한다.

용접 기술은 리벳이나 볼트 등 기계적 체결법보다 이음의 형상과 구조가 단순하고, 재료의 절약과 생산성이 높다. 이음 효율과 기밀 · 수밀이 우수하며, 판 두께에 제한이 없는 장점을 갖고 있다. 그러나 용접열에 의한 재질 변화와 열변형과 잔류응력이 발생하며, 재료의 용접성이 열악할 수가 있다. 또한, 용접결함이 구조물 전체의 파괴로 진전하거나, 품질검사가 기술적으로 곤란할 수가 있는 단점도 갖고 있다.

표 3.2 용접법의 영문 약어 표시(AWS)

명칭	용접공정	명칭	용접공정	명칭	용접공정
BMAW	bare metal arc	FSW	friction stir	PW	projection
EBW	electron beam	GMAW	gas metal arc	RSEW	resistance seam
EGW	electro gas	GTAW	gas tungsten arc	RSW	resistance spot
ESW	electro slag	LBW	laser beam	SAW	submerged arc
FCAW	flux cored arc	OAW	oxyacetylene	SMAW	shielded metal arc
FRW	friction	PAW	plasma arc	SW	stud arc

표 3.3 브레이징 및 솔더링의 영문 약어 표시(AWS)

명칭	용접공정	명칭	용접공정	명칭	용접공정
AB	arc brazing	FS	furnace soldering	RB	resistance brazing
DB	dip brazing	IB	induction brazing	RS	resistance soldering
DS	dip soldering	IS	induction soldering	TB	torch brazing
DFB	diffusion brazing	IRS	infrared brazing	TS	torch soldering
FB	furnace brazing	IRS	infrared soldering	USS	ultrasonic soldering

2 용접금속의 이행(droplet transfer or metal transfer)

가스 금속 아크 용접의 특성은 금속이 전극에서 작업물로 이행되는 기본 수단으로 가장 잘 설명된다. 용융 금속의 이행이란 소모성 전극을 이용한 아크 용접에서 용융된 금속이 아크 지역을 통해서 용융지로 여러 가지 크기와 모양으로 옮겨가는 과정에서 생기는 현상을 말한다. 넓은 의미에서는 스패터와 같이 불필요한 이행까지도 포함한다.

IIW의 GMAW의 용적 이행 형태의 분류는 적정한 용접을 하는 기준이 되지만, 현재 용적 이행 안에는 메커니즘이 잘 알려지지 않은 것, 분류가 애매한 것 등이 있다. 용적 이행 형태의 분류는 아크 현상의 설명뿐만 아니라 와이어, 실딩 가스, 전원 제어의 공정개발에도 사용이 된다. 전류 밀도(전류 크기)는 스프레이 이행, 글로블러 이행, 단락 이행으로 낮아진다.

가스 금속 아크 용접의 금속 이행 모드는 전통적으로 스프레이 이행, 글로블러 이행, 단락 이행의 세 가지로 나누지만, 현재 IIW에서 제안하는 용적 이행 분류 예는 그림 3.1과 같고, 다양한 조건에 따라 변화하는 이들의 이행 형태를 이해하여야 용접 안정성 개선이 예상된다. 단락, 글로블러, 스프레이 이행과 같은 금속 이행 모드의 유지가 GMAW 아크 용접의 적절한 제어에 중요하다.

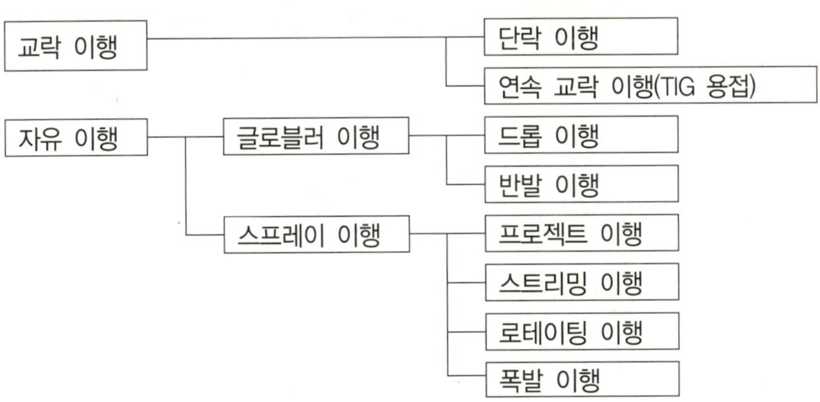

그림 3.1 용적 이행 형태의 분류 예

그림 3.2는 이러한 아크 모드를 전류 밀도의 함수로 요약하여 각각의 위치를 서로 비교하여 보여준다. 사용 실딩 가스의 유형은 아크 모드에 영향을 끼친다.

금속 이행 모드는 스패터, 용입, 용접 형상, 언더컷, 용융 부족 등 불연속성의 존재에 큰 영향을 미친다. 조립 변수로 인한 CTWD의 변화와 같은 공정 장애로 인해 이행 모드가 변경될 수 있다. 금속 이행 모드의 제어는 이행 모드를 감지하고 용접 변수를 조정하여 원하는 모드를 유지-달성한다.

수 Hz의 주파수는 단락과 글로블러 이행 모드를, 수백 Hz의 주파수는 스프레이 이행 모드를 나타낸다. 컴퓨터 제어 용접 전원의 발전은 전류와 전압 파형의 제어를 통해 추가 이행 모드 제어의 가능성을 높인다. 이행 모드는 용접 전류 크기, 유형과 극성, 전극 직경, 전극 구성, 전극 돌출(extension), 실딩 가스 조성의 여러 요인에 의해 결정된다. 여기에서는 알루미늄 MIG 용접의 용적 이행 형태를 소개한다.

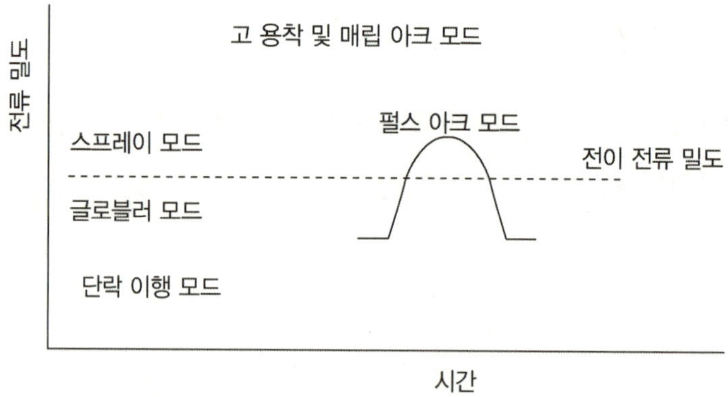

그림 3.2 가스 금속 아크 용접 이행 모드 비교

2.1 용적(drop)의 크기, 형상, 동작에 미치는 인자

GMAW는 몇 가지 금속 이행 형태와 특성이 있으며, 하나 이상의 변수를 변경하면 그림 3.2와 같이 다른 금속 이행 형태가 된다. 이 용적 이행은 와이어, 실딩 가스 종류, 전류, 전압값과 극성에 따라 변화한다. 또한, 와이어 끝의 용적이 이행할 때 와이어와 용적 사이에 표면 장력, 중력, 전자기 핀치력, 아크력, 플라스마 기류의 압력 등의 힘이 작용하며, 이 힘은 용적 이행 형태를 결정하는 요인이 된다.

그림 3.3은 아크 발생에서 와이어 끝 용적에서 각종 힘의 방향을 보여준다. 중력, 전자기 핀치력, 플라스마 기류는 와이어 끝에서 용적을 이탈하도록 힘이 작용하고, 반대로 표면 장력, 아크력은 이탈을 막는 힘이 된다. 표 3.4는 금속 이행에 미치는 실딩 가스 영향의 영향을 나타냈다.

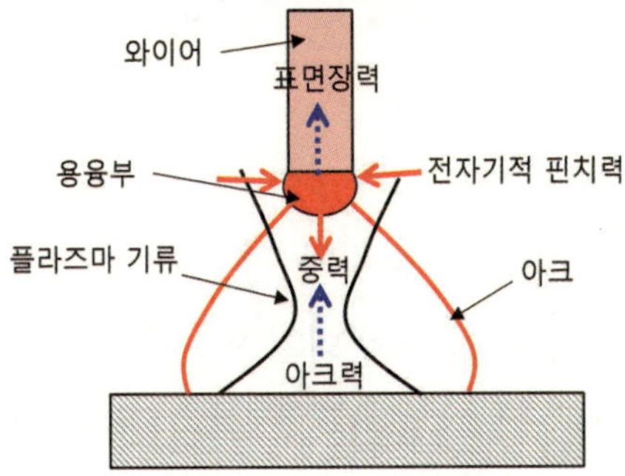

그림 3.3 MIG/MAG 용접 아크의 각종 힘 방향

표 3.4 금속 이행에 미치는 실딩 가스 영향

실딩 가스	특징
Ar	• 전극의 표면에서 전자가 골고루 방출 • 핀치력이 용융지까지 작용하여 스프레이 이행을 주로 한다.
CO_2	• 전극 끝부분에서 전자가 국부적으로 방출하여 에너지 밀도가 높아진다. • 그 결과 금속 증기압(부력)이 증가하여 용적을 위로 밀어 올려 용접비가 커지게 된다. 이러한 과대 용적의 무게가 부력보다 크게 되면 용융지에 떨어지고, 그 지점의 온도는 상대적으로 낮아 스패터가 발생한다.
Ar+2% O_2	• Ar 가스와 거의 유사한 경향을 나타낸다.
30% 이상 CO_2	• 스프레이 이행은 일어나지 않는다.

2.2 단락 이행(short circuit or drop transfer)

교락 이행(bridge transfer)은 그림 3.4와 같이 와이어 끝 용적부와 용융지가 접촉

한다. 따라서 교락을 형성하여 이동한다. 교락 이행은 총칭하여 단락 이행과 연속 교락 이행으로 구별된다.

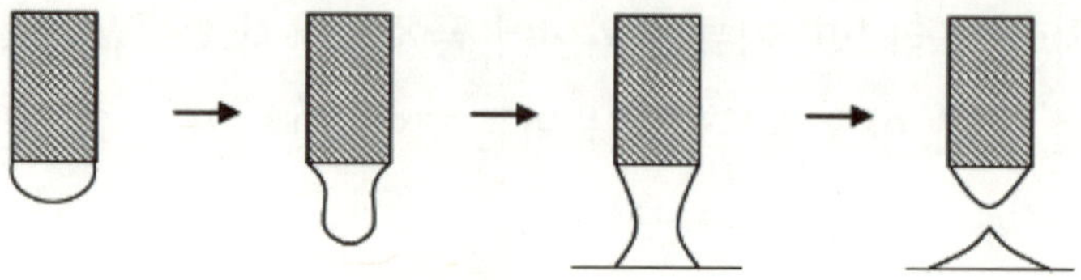

그림 3.4 교락 이행

단락 이행은 GMAW의 저전류 영역에서 와이어 끝에 형성된 용적이 용융지에 닿으면서 전기회로상으로 전극이 용융지와 접촉하는 기간인 단락된 상태에서 용융지로 이행되며, 아크를 통해 금속이 이행되지 않는다. 단락 이행의 발생은 아크 길이 크기의 영향이 가장 크다. 다른 요인으로 극성 변화, 전류, 용접 자세 등이 있다. 단락 이행 모드는 최저 전류 밀도에서 얻어진다. 단락 중 금속 이행이 발생하여도, 사용된 실딩 가스 조성은 용융 금속의 표면 장력에 극적인 영향을 한다. 실딩 가스의 조성 변화는 융융 방울 크기 및 단락 기간에 큰 영향을 줄 수 있다. 사용 가스의 종류는 아크의 작동 특성 및 모재 용입에 영향을 미친다. 전 자세에 적용되는 이 모드에서 사용되는 실딩 가스 혼합은 일반적으로 아르곤이 풍부하다. 아르곤에 헬륨 첨가는 비철금속의 용입 증가와 용접봉에 의한 모재의 용착을 촉진할 수 있다. 박판 이음, 루트 개구부 연결에 적합한 작고 신속하게 응고되는 용접을 생성한다. 저전류 아크의 단락 아크 모드는 불충분한 전류로 모재와 융합이 거의 없다. 이 모드의 사용은 올바르게 설계된 용접 절차를 신중하게 따라야 한다.

2.3 스프레이 이행(spray transfer)

자유 이행(free transfer)은 그림 3.5처럼 용적이 와이어 끝에서 떨어져 용융지로 이행하는 모양이 자유 이행이 된다. 와이어 끝에서 이탈하는 용적의 크기에 의해 자유 이행은 글로블러 이행과 스프레이 이행으로 구별한다.

스프레이 이행 모드는 천이(임계) 전류밀도 수준 이상으로 전류 밀도가 상승할 때 활성화된다. 스프레이 이행 아크에서, 용접봉 금속은 안정된 지향성 아크를 통해 작은 용융 방울로 이행한다. 실딩 가스 혼합에서 아르곤이 우위에 있어야 한다.

글로블러 이행은 용적 크기가 와이어 직경 이상까지 와이어 끝에 매달려 비교적 큰 용적이 낙하하는 이행을 가리키고, 스프레이 이행은 와이어 직경 이하의 작은 용적이 빠르게 용융지로 떨어지는 이행을 가리킨다.

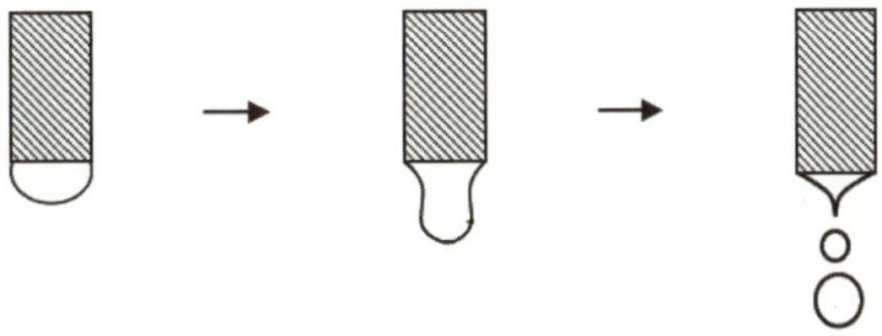

그림 3.5 자유 이행

스프레이 이행은 높은 전류 밀도로서 그림 3.6과 같이 작은 용융 금속 입자가 용접 와이어 끝에서 원뿔꼴을 이루며 모재로 용융 입자가 분사되는 이행으로 사용하는 와이어 직경보다 작은 용융 입자가 발생하여 아크가 안정되며, 아크의 지향성이 높다. 낮은 점성의 용융지일 때 쉽게 발생한다.

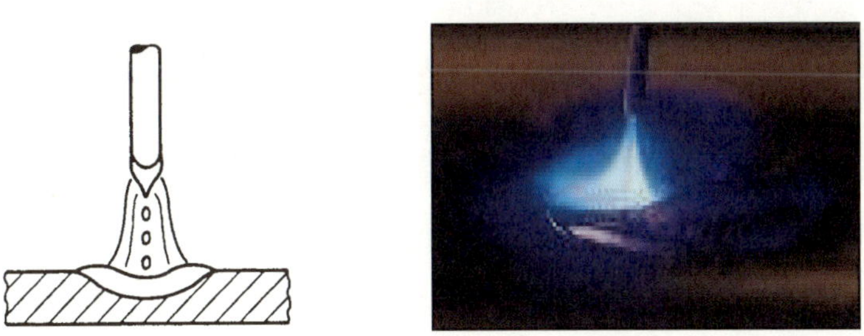

그림 3.6 스프레이 아크는 아르곤 또는 아르곤이 풍부한 혼합 가스에서만 발생

스프레이 이행은 중력보다 강한 지향성 때문에 수평, 수직 등의 용접 자세에 편리하

며, 스패터의 발생이 적고 깊은 용입을 얻을 수 있어 구조물, 중장비, 알루미늄 용접에 주로 사용한다.

액상 금속의 표면 장력에 의존하는 이행 전류는 전극 직경에 반비례하며, 전극 돌출에 대해서는 적다. 이는 용융 금속의 용융온도 및 실딩 가스의 조성에 따라 변한다. 스프레이 이행은 아르곤 보호의 불활성 특성으로 대부분 금속 용접에 사용될 수 있다. 스프레이 아크 생성에 필요한 높은 전류로 인해 박판에 이 공정을 적용하는 것은 어려울 수 있다. 높은 용착 속도는 수직, 위 보기 자세에서 표면 장력으로 지지가 되기에는 너무 큰 용융지를 생성할 수 있다.

3 용접 아크의 현상

용융 용접에서 발생하는 아크 현상을 파악함으로써 용융지 제어에 대한 이해를 갖고자 한다.

3.1 클리닝 작용(cleaning action: oxide film removal during welding)

아르곤 기류 중에서 알루미늄 모재를 음극으로 하여 아크를 발생하면, 용접 아크는 5000℃ 이상의 고온의 플라스마 상태로 되며, 양극 이온에서의 플라스마류의 충돌(bombing)로 알루미늄 표면의 산화막이 제거되어 그림 3.7처럼 비드 양 끝에서 샌드블라스트(sand blast)한 것과 같이 된다. 즉, 역극성(모재 −극)에서는 아르곤 가스 이온이 모재 표면에 충돌하여 산화물을 제거하는 작용으로 이것은 산화막의 존재가 문제 되는 재료의 용접에 활용되고 있다.

그림 3.7 아르곤 가스 산화막 제거의 클리닝 작용(MIG)

클리닝 영역은 역극과 정극의 비율이 같은 경우에는 전류의 증대와 함께 넓어지나 한계가 있으며, 또 용접 속도를 증가시켜도 많이 감소하지 않는다. 사이리스터형과 인버터형에서는 역극과 정극의 비율 조정에 의해 클리닝 작용의 폭 조정이 가능하다. 역극성에서는 전류용량 때문에 큰 지름의 전극이 필요하고 용접 시공상 바람직하지 못하다. 따라서 알루미늄 합금이나 Mg 합금의 TIG 용접에는 통상 교류가 사용된다. 헬륨은 클리닝 작용이 거의 없다.

3.2 핀치 효과(pinch effect)

그림 3.8(a)에서처럼 원주상의 유체에 전류를 흘려보내면 그 유체 내의 미소 전류 요소에는 다른 전류가 만든 자계가 작용(렌쯔 법칙)해 안쪽의 힘을 발생시키고 유체는 압축된다. 이것을 핀치 효과라고 한다. 유체 안의 압력 구배는 이 안쪽의 전자력과 조화되기 때문에 유체 중심의 압력은 상승하게 되고 전류와 전류 밀도의 곱에 비례한다.

전극 끝의 용융 금속이 그림 3.8(b)와 같이 잘록해지고 아크가 점선과 같이 발생하고 있으면 P 점의 액압은 Q 점의 그것보다도 높아지며 화살표와 같은 이동이 일어나고, 잘록함이 한층 더 커지고 마침내는 하부용적은 이탈한다. MIG 용접에서는 이 핀치 효과를 이용해 용적 이행을 하고 있다. 또 같은 그림 3.8(c)와 같이 단락 상태를 타파하는 것에도 핀치 효과가 도움이 된다. 단락 이행방식의 탄산가스 아크 용접 등에서는 이것을 적극적으로 쓰고 있다.

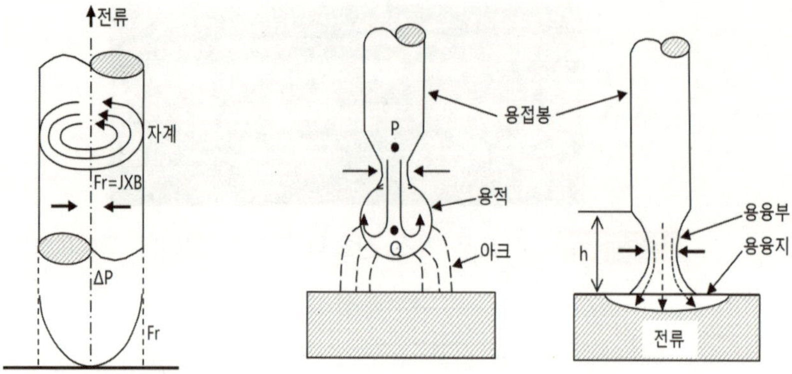

(a) 핀치 효과 (b) 핀치력과 용적의 이탈 (c) 핀치력에 의한 단락의 해소

그림 3.8 Pinch 효과의 설명과 이용

3.3 플라스마 기류(plasma stream)

아크는 일반적으로 전극 영역에서는 수축하며, 특히 용접 아크와 같이 용접봉과 모재 사이에 아크를 점하는 경우 용접봉에서 아크 기둥 방향으로 아크(전류 흐름)는 넓어지고 있다. 따라서 그림 3.9와 같이 전자력에 의하여 실선과 같은 플라스마류가 생긴다. 이것을 플라즈마 기류 혹은 플라스마 제트라고 한다. 이 기류의 유속은 10~100m/s 정도이고 용접 아크 현상에 여러 가지 영향을 미치게 한다.

아크 공간에 있는 용적은 이 기류에 의해 모재 방향에 가속되고 용융지는 압력 때문에 오목해진다. 또 아크 기둥 플라스마를 모재 쪽으로 가까이하면 양극 강화 전압을 현저하게 감소시키거나 양극 입열을 증가시키거나 한다.

한편 모재 쪽 아크의 전극 영역도 충분하게 수축하고 있는 경우에는 모재로부터 아크 기둥에 향하는 플라스마 기류의 발생이 있지만, 모재 때문에 기체 흐름의 저항이 크고 일반적으로는 용접봉 측에서의 기류가 지배적으로 된다. 아크 전류가 비교적 큰 경우에는 이 기류 때문에 아크 기둥은 일종의 지향성을 가지고 전극봉을 기울여도 그 연장 방향에 향한다(그림 3.10). 이것을 아크의 경직성이라고 하며 용입도 아크 방향으로 깊어지는 예도 있다.

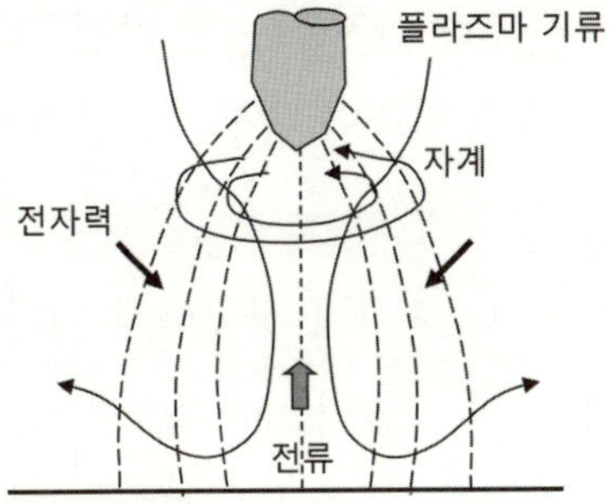

그림 3.9 플라스마 기류의 발생

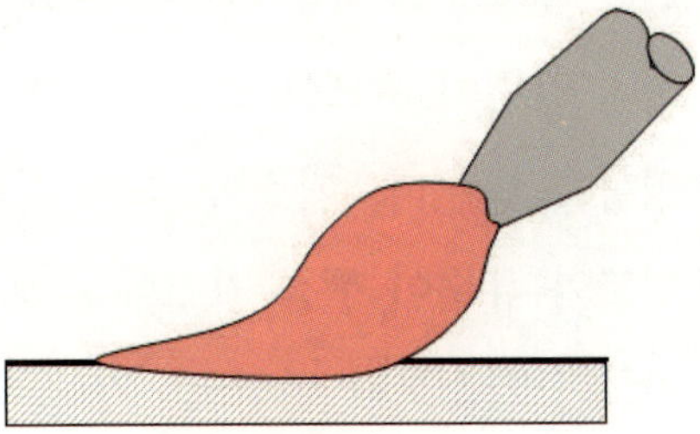

그림 3.10 아크의 경직성

3.4 아크력(arc force)

아크는 항상 용접봉에서 모재로 퍼지는 원뿔 형상이므로 용접봉 부근과 모재 부근의 단면적이 다르므로 압력 차에 의해 유동이 발생하며, 항상 용접봉에서 모재로 향하므로 아크의 방향성과 강성을 갖게 된다. 모재로 향하는 유동은 가스 입자의 운동 에너지에 의해 모재에 압력을 가하게 되며 이를 아크력이라고 한다. 그림 3.11은 전류의 아크력 발생을 나타냈다.

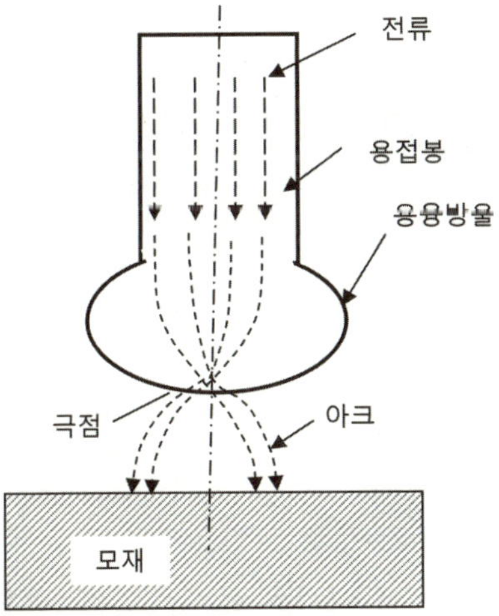

그림 3.11 극점부의 전류집중과 아크력의 발생

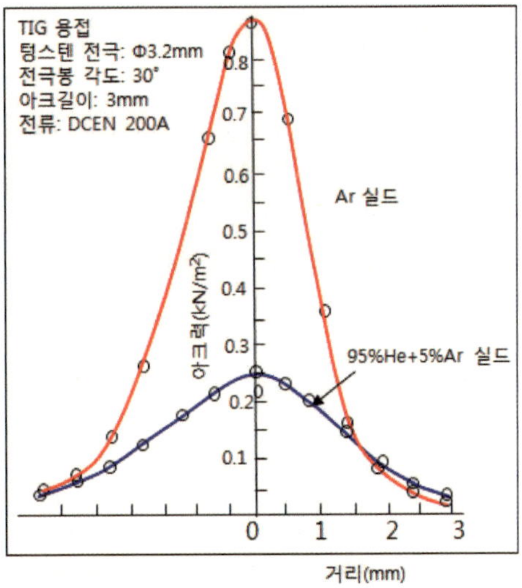

그림 3.12 플라스마 제트 압력(GTAW)

TIG 아크가 모재에 미치는 아크력은 플라스마 기류가 가져오는 동적 압력과 아크의 정적 압력이 주요한 요인으로 이들은 가스의 종류나 전극의 형상, 그 배치에 강하게 영향을 받는다. 가스에 따라 압력의 크기와 분포의 변화는 아르곤의 경우 가스의 밀도와 유속이 헬륨 가스에 비해 높아 압력이 높고, 중심에 집중하게 된다. 헬륨은 아르곤 가스보다 열전도도가 높아 외부로 열이 쉽게 방출되므로 아크를 유지하려면 아크의 반경이 감소하고 원뿔 형상의 아크가 원통 형상으로 변화한다(열적 핀치 효과). 원통 형상의 아크에서는 용접봉 부근과 모재 부근의 압력 차가 크지 않기 때문에 유속이 감소하여 완만한 압력 분포를 나타낸다. 그림 3.12는 TIG의 플라스마 제트 압력을 나타냈다.

소모성 전극 아크(GMAW)는 봉 끝 용융 금속층의 하부에 작용하는 아크력이 이것을 밀어 올리고 스패터나 불규칙한 용적 이행의 원인이 된다. 이 봉 끝 용융 금속에 작용하는 아크력은 봉이 음극인 경우의 쪽이 양극인 경우보다도 크고, 그때 봉 끝 용융 금속의 하부에 음극점이 형성된다. 이와 같은 봉 끝 용융 금속을 밀어 올리는 아크력의 원인은 봉 하단에서 플라스마 기류가 형성될 때의 반작용력과 플라스마 압력이다.

3.5 스패터(spatter)

아크 용접에서는 봉 끝 또는 용융지에서 작은 입자의 용적이 흩날리는 스패터 현상이 있고 이것이 용접 작업성을 나쁘게 한다. 그림 3.13은 스패터의 다양한 발생 형태와 그 원인을 나타낸 것이다.

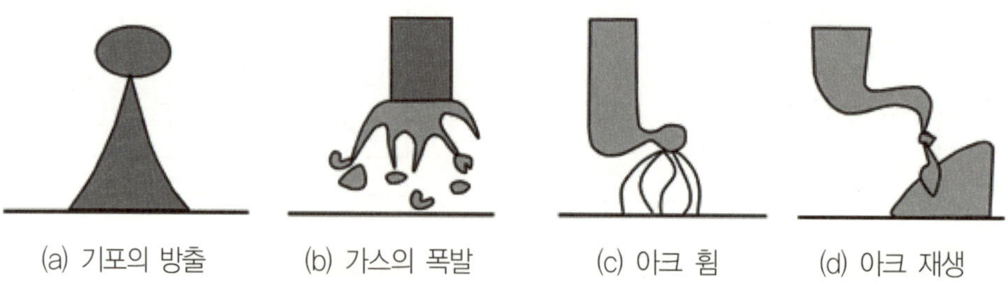

그림 3.13 스패터의 발생 형태와 원인

4 TIG 용접(TIG welding or GTAW: gas tungsten arc welding)

4.1 개요

불활성 가스 아크 용접(inert gas arc welding)은 피복 아크 용접이나 가스 용접으로는 어려운 다양한 금속의 용접에 널리 사용되는 방법이다. TIG 용접법이 개발되기 이전인 1940년대 중반까지는 알루미늄이 용접에 어려운 재료로 인식되었으나, 이 용접법의 도입 이후 높은 열원을 활용할 수 있게 되었고, 용제를 사용하지 않아도 안정적인 용접이 가능해져 알루미늄을 구조용 재료로 적극 활용하게 되었다. TIG 용접은 비소모성 텅스텐 전극을 사용하는 공정으로, 이를 가리켜 불활성 가스 텅스텐 아크 용접(inert gas tungsten arc welding, GTAW)이라 한다. 아크는 텅스텐 전극과 모재 사이에서 형성되며, 용접봉은 별도로 아크 영역에 공급되어 용융된다. 이와 달리, MIG 용접은 소모성 전극 와이어를 연속적으로 송급하여 아크를 생성하며, 불활성 가스 금속 아크 용접(inert gas metal arc welding)이라 한다. GTAW는 아크 공정 중 가장 다목적으로 평가되며, 1mm 미만의 얇은 소재까지 정밀하게 용접할 수 있다. 또한, 철 및 비철금속 전반에 걸쳐 전 자세 용접이 가능하여 다양한 산업 분야에서 널리 활용된다. 수동 공정 외에도 자동화 및 로봇 시스템에 적용이 가능하며, 용접사는 아크 형성과 동시에 용융지를 형성하고 필요시 용접봉을 정밀하게 추가할 수 있어 용접 품질 제어가 우수하다. 특히 용접 시작부에서의 뛰어난 용융 및 결합 특성은, GMAW에서 종종 발생하는 초기 불완전 융합 결함을 방지하는 데 효과적이다(그림 3.14).

실딩 가스로는 주로 아르곤이 사용되며, 깊은 용입이 필요한 경우 헬륨이나 아르곤-헬륨 혼합 가스가 사용된다. GTAW에서 사용하는 실딩 가스는 대부분 불활성으로, 용접 아크와 용융지를 대기로부터 차단하여 비반응성 분위기에서 안정된 용접이 이루어지도록 한다. 다만 불활성 가스는 유해 반응을 억제하는 동시에 일부 유익한 반응도 제한할 수 있다. 이에 따라, 수소나 질소와 같은 반응성 가스를 특정 비율로 혼합하여 원하는 용접 특성을 구현하기도 한다. 그러나 텅스텐 전극은 일부 가스와 바람직하지 않게 반응할 수 있으므로, 실딩 가스 선택에는 일정한 제약이 따른다.

4.2 원리 및 분류

4.2.1 원리

불활성 가스 아크 용접은 그림 3.14와 같이 아르곤(Argon) 또는 헬륨(Helium) 등 고온에서 금속과 반응하지 않는 불활성 가스(inert gas)의 분위기 속에서 텅스텐봉 또는 금속 전극 선과 피용접물과의 사이에 아크를 발생시켜 그 열로 용접을 하는 것이다. 이것은 그림 3.14와 같이 TIG 용접과 MIG 용접의 두 가지 방법이 있다.

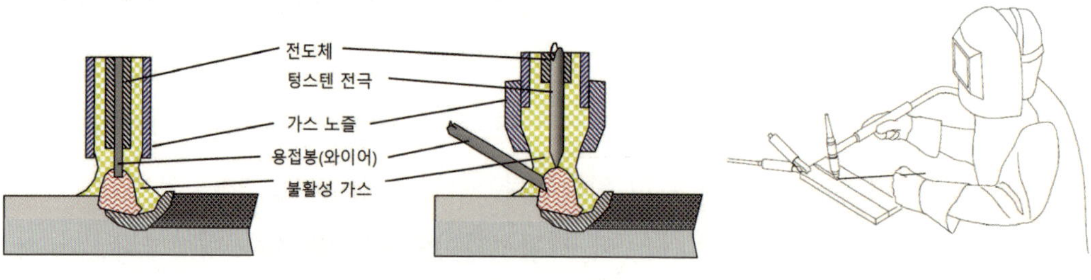

(a) MIG 용접법 (b) TIG 용접법 (c) TIG 용접 모습

그림 3.14 불활성 가스 용접의 형식

TIG 아크는 그림 3.14(b)와 같이 비소모성 전극봉과 모재 사이에서 발생하고 전극봉은 녹지 않는다. 박판은 용접봉을 사용하는 경우가 적으며, 용접봉은 합금 등을 사용하여 통상 1m 길이의 봉 또는 연속적인 와이어로써 필요량을 용융지에 공급한다. 극성은 용입 및 대전류 사용 등에 의한 직류정극성(모재+)이 사용되며, 용융지

는 불활성 가스에 의해 아크 영역이 공기로부터 보호되며, 실딩 가스로는 아르곤 단독 또는 헬륨과의 혼합 가스가 사용된다. 알루미늄 합금과 같은 산화막이 있는 경우 클리닝 작용이 있는 직류역극성(모재−)과 교류전원을 사용한다. 표 3.5는 TIG와 MIG의 용접전압과 전류 특성을 비교한 것을 나타내었다.

표 3.5 TIG와 MIG의 용접전압과 전류 특성 비교

MIG	TIG
• 정전압(CV) 용접기의 특성으로 전류에 관계없이 전압이 거의 일정하다. • 개로 전압은 보통 40~50V이며 정격 전류에서는 35V 정도이다. • 아크 길이는 전압설정에 따라 조정한다. • 용접 전류는 와이어 송급 속도 조정에 따라 변화한다.	• 정전류 용접기(CC)의 특성으로 교류와 직류출력이 가능하다. • 아크 개시를 쉽게 하도록 높은 개로 전압이 요구된다. • 아크 전압은 용접사가 아크 길이를 변경함으로써 조정 • 용접 전류는 전류 손잡이를 설정하여 조정한다. • 특징: 한정된 단락 전류로 아크 길이의 정상적인 변화에서 비교적 일정한 전류 유지가 가능하다.

4.2.2 특징

가스 텅스텐 아크 용접(GTAW: Gas Tungsten Arc Welding)은 미국식 명칭이며, 유럽에서는 텅스텐 이너트 가스 용접(TIG: Tungsten Inert Gas Welding)이라 한다. 때때로 아르곤 아크 용접(Argon Arc Welding)이라고도 불리며, 일반적으로 수동 또는 자동 작업 형태로 사용되고, 전류 10~500A, 전압 10~28V 범위에서 작동한다.

본 공정은 불활성 가스 분위기에서 용접이 이루어지므로 플럭스가 불필요하며, 고품질 용접부를 얻을 수 있는 장점을 지닌다. 특히 산화 및 질화에 민감한 재료인 스테인리스강, 알루미늄 합금, 티타늄 합금, 고합금강 및 피복 아크 용접이 어려운 내열합금, 동합금 등에 적용된다. 이로 인해 압력용기, 원자력 발전소 부품, 화학 플랜트, 항공기 엔진 및 동체 등 고신뢰성이 요구되는 구조물의 용접에 널리 사용된다. TIG 용접은 또한 황동과 구리, 연강과 스테인리스강처럼 이종금속 간의 용접에도 적합하다. 용입 제어가 쉬워 파이프와 튜브의 백 비드(back bead) 용접에서도 활용

된다. 용착효율을 높이는 방법으로는 다수의 전극봉을 병렬로 사용하는 텐덤(tandem) 방식과 별도의 전원으로 용접 와이어를 예열하는 핫 와이어(hot wire) 방식이 있으며, 특히 자동화된 오비탈 웰더(orbital welder) 시스템은 관 이음부 용접에 적용된다. 용접 시 텅스텐 전극과 용융 금속은 토치에서 공급되는 불활성 가스(주로 아르곤)에 의해 대기로부터 보호된다. 아르곤이나 헬륨과 같은 가스는 화학적으로 반응하지 않으며 투명하여 아크 시야 확보가 쉽다. 경우에 따라 수소를 소량 첨가함으로써 용접 속도 향상을 꾀하기도 한다. 아크 온도는 약 2000℃에 달하며, 토치는 국부적으로만 열을 전달한다. 용접 시 용접봉이 필요한 경우에는 산소-아세틸렌 용접과 유사한 방식으로 용융지에 첨가한다.

TIG 용접의 장점

- 아크 집중: 입열 제어의 바늘처럼 뾰족한 용입 모양의 끝은 좁은 열영향부를 만든다.
- 슬래그 없음: TIG는 플럭스가 필요 없어 용융지에 시야를 가리는 슬래그가 없다.
- 아크가 안정하여 스패터가 없고 외관이 좋다.
- 다른 용접법보다 많은 금속과 합금을 용접한다.
- 낮은 전류를 사용할 수 있어 박판 용접에 좋다.
- 입열(전류)과 용착량의 독립적인 제어로 대부분의 이음 형상과 전 자세 용접이 가능하다.

TIG 용접 단점

- 용착 속도가 느려 고속 · 고능률 용접에 적합하지 않다.
- 실딩 가스가 비교적 비싸고 바람의 영향을 받는다.
- 다른 용접법보다 자외선(UV rays)이 많다.
- 다른 용접법보다 장비 가격이 비싸다.

4.2.3 텅스텐 전극(tungsten electrode)

텅스텐 전극으로는 순 텅스텐, 토륨-텅스텐(ThO_2 1~2%) 봉이 주로 사용되며, 지르코늄-텅스텐도 사용된다. 정극성에서는 전자방출로 전극 끝이 냉각 작용을 받고, 전류를 증가시키면 전극 끝 중앙이 용해된다. 그러나 전자방출 능력(냉각 작용)이 큰 토륨-텅스텐 전극은 용해되지 않는다.

냉각 작용이 없는 역극성에서는 작은 전류로 전극 끝이 용융하고, 전류 증가에 따라 용적이 성장 낙하한다. 따라서 허용 전류는 정극성에 비해 작다. 전극은 전원의 종류와 전류에 따르며, 순 텅스텐 전극은 아크가 정상적일 때 열음극으로서 아크가 안정하지만, 아크 시동 때에는 냉음극의 특성을 나타낸다. 한편 정극에서는 아크 시동이 나쁘지만, 교류에서는 전극(+) 기간에 선단이 가열되어 열 음극화되므로 사용할 수 있다. 표 3.6은 텅스텐 전극의 종류 및 지름에 따른 허용 전류를 나타냈다.

표 3.6 텅스텐 전극 지름과 허용 전류

전극 지름 (mm)	허용 전류 범위(A)			
	교류		정극성	역극성
	W	ThW	W, ThW	W, ThW
0.5	5~15	5~20	5~20	-
1.0	10~60	15~80	15~80	-
1.6	50~100	70~150	70~150	10~20
2.4	100~160	140~235	150~250	15~30
3.2	150~210	225~325	250~400	25~40
4.0	200~275	300~425	400~500	40~55
4.8	250~350	400~525	500~800	55~80
6.4	325~475	500~700	800~1100	80~125

주) 정극성의 전류 범위 하한은 순 텅스텐에 대한 최저 전류를, 상한은 ThW에 대한 최대 전류 표시(W: 순 텅스텐, ThW: 토륨-텅스텐)

4.2.4 분류

아크 구속(입열 밀도 제어)의 여부, 입열 제어방식에 따라 TIG 용접(통상방식), TIG hot wire 용접, 대전류 DCSP TIG 용접, TIG pulse 용접, TIG arc spot 용접으로 분류된다.

(1) TIG 용접법(통상방식)

용접의 시작 및 종료 외에는 일정 전류가 흐르도록 작동되며, 비교적 취급과 조작이 간편하고 용접 품질이 안정되어 백 비드(back bead) 용접, 박판 용접 및 각종 자세에 적합하다.

용접시공 때 이음 부분의 청정과 기계적 정밀도가 중요하며, 수동 용접 조건 선정 때 피복 아크 용접 속도(10~20cm/min)를 기준으로 전류 값이 선정된다. 대전류 · 고속 용접하는 자동 용접과 달리 용착 속도를 크게 할 수 없다.

(2) TIG 가열 와이어 용접법(TIG hot wire)

그림 3.15처럼 와이어 타입의 용접봉에 통전하여 저항 열로 가열하여 용접봉의 첨가 속도를 늘려 용착 속도의 향상을 도모하는 것으로, 용접봉(와이어) 끝은 반용융 상태에서 용융지에 송급되어 보통 3배 정도까지 용착 속도를 향상한다. 후판 용접의 능률화 및 박판에서도 2배 정도의 고속 용접이 가능하다. 표 3.7은 TIG 가열 와이어 용접법의 속도를 비교한 것이다.

용접봉의 가열에는 정전압 특성의 교류전원이 사용되고 구조용강, 합금강, 스테인리스강 등의 자동 용접에 사용되며, 저항 발열이 적은 알루미늄 합금 등에는 사용이 곤란하다.

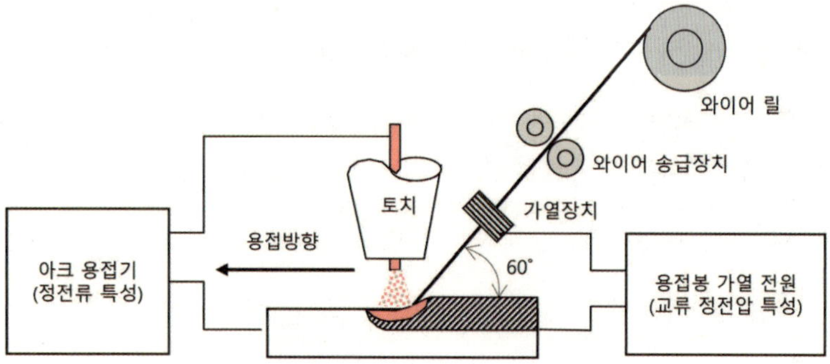

그림 3.15 TIG hot wire 용접법

표 3.7 박판 용접에서의 hot wire 법의 용접 속도

판 두께 (mm)	hot wire 법		보통 와이어 법	
	전류(A)	용접 속도(cpm)	전류(A)	용접 속도(cpm)
1.6	300	89	160	64
2.4	360	76	220	38
3.2	410	64	250	30
4.0	450	30	350	18
6.4	480	18	400	10

주) 스테인리스강, I형 맞대기, 실딩 가스: 75%He+25%Ar

(3) 대전류 DCEN TIG 용접법

후판 알루미늄 합금의 아래 보기 맞대기 용접을 목적으로 안정된 깊은 용입과 전극의 허용 전류 관점에서 정극성(DCEN)이 사용된다. 클리닝 작용이 없어 개선 면 등 접합 면은 산화막의 제거가 필요하며, 전극은 토륨-텅스텐이 사용되고, 아크력을 억제하고, 안정화를 위해 큰 지름의 전극이 사용된다.

(4) TIG 펄스 용접법

전류를 주기적으로 변화시켜 용접하는 것으로 통상 주파수는 1~수Hz, 10~수10Hz, 10~20kHz의 3대 영역이 사용되고, 저주파 펄스 아크는 용융지의 응고시간을 기준으로 선정되며, 백 비드 용접의 용락과 수직 모서리 용접의 비드 처짐 방지에 효과가 있다. 중간 주파수는 펄스의 대 전류에 의한 대류작용을 활용하고 대류형의 백 비드 용접을 안정하게 하도록 사용한다.

(5) TIG 아크 스폿 용접법

그림 3.16처럼 겹친 판의 접합 부분에 토치 선단의 가스 노즐을 누르고 전극과 모재 사이에 아크를 0.5~5초간 발생시켜 국부적으로 용융시켜 용접하는 방법이다. 실딩 가스는 주로 아르곤이 사용되며 헬륨 가스가 용접 직경이 작고 깊은 용입이 된다. 저항 스폿 용접과 비교하여 측면 용접이 가능하고 설비비가 싸지만, 작업 속

도가 늦고 접합 면의 밀착이 요구된다.

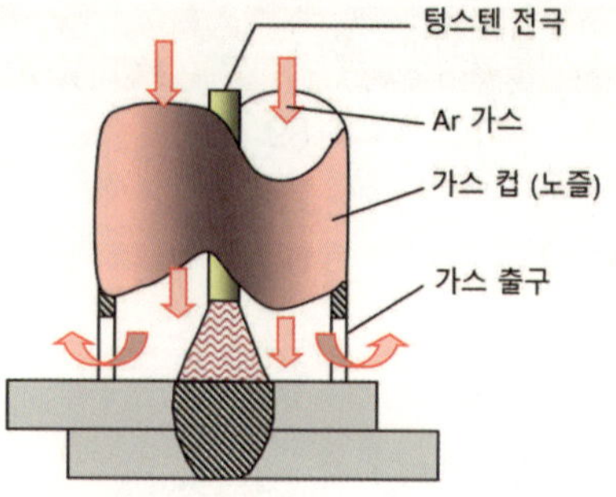

그림 3.16 TIG spot 용접

4.3 용접기와 장치

4.3.1 장치의 구성

TIG 용접장치는 조작 면에서 수동 용접, 반자동과 자동 용접 및 아크 스폿 용접으로 구별되며 장치는 그림 3.17처럼 용접 전원, 제어장치, 용접 토치 및 부속품으로 구성되고 반자동용은 이것에 용가 와이어 송급 장치가 있고, 자동용은 토치 위치결정 센서 및 주행기구가 부가된다.

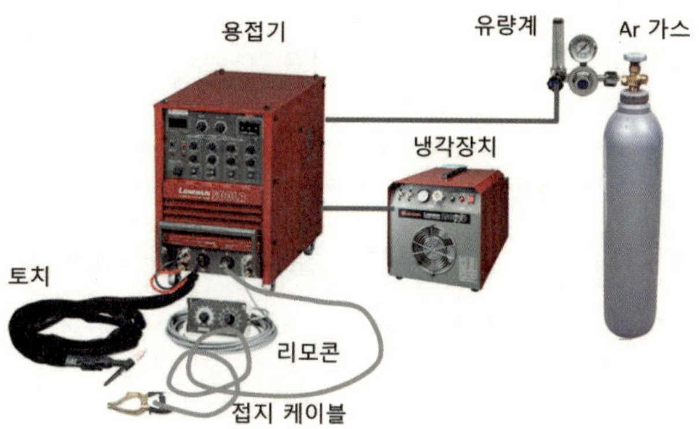

그림 3.17 TIG 용접장치

4.3.2 용접 전원(용접기)

수하 특성 전원의 정격 사용률이 높아야 하므로 높은 전원 용량의 직류, 교류 모두 사용되며, 수동 아크 플라스마 전원과 같은 유형이다. 용접 전원으로는 3상 직류 전원, 교류 전원, 교직 전원 및 펄스용 전원이 있으며 통상의 피복 아크 용접기(교류, 직류)에 제어장치를 접속해 사용하기도 한다.

토치는 200A 정도 이하에서는 공랭식이며, 150A 이상은 폐회로의 수랭식이다. 텅스텐 전극봉의 길이는 일반적으로 175mm로 돌출길이(stick out)는 8mm 정도 유지하며, 노즐(nozzle)과 모재 사이의 거리는 보통 12mm~25mm 정도로 유지한다. 노즐의 직경은 여러 가지가 있으며, 구리, 세라믹 재질로 되어 있다.

TIG 용접 전원의 선택은 용접하려는 두께와 재질 종류에 따른다. 이것은 알루미늄 또는 모든 용접성 금속에 대해 요구하는 교류 또는 직류 용접기를 결정한다.

고려항목은 다음과 같다.

- 용접금속의 종류(알루미늄, 강, 스테인리스강 등)
- 용접금속의 두께
- 적용 용접에 적합한 해결 패키지(package)
- 시스템 수행에 추가하는 구성 부속품

(1) TIG 고주파 교류전원의 특징

- 텅스텐 전극봉을 모재에 접속하지 않아도 아크가 발생하므로 용착금속이 텅스텐에 오염되지 않는다.
- 아크가 더욱 안정하다.
- 긴 아크를 유지할 수 있으므로 표면 덧살 용접이나 표면 경화 작업에 쉽다.
- 텅스텐 전극봉의 수명이 연장된다.
- 텅스텐 전극봉이 많은 열을 받지 않는다.
- 같은 텅스텐 전극봉 크기로 사용할 수 있는 전류 범위가 넓고, 더 낮은 전류로 용접이 가능하다.

(2) 직류역극성/교류(DCEP/AC)의 비교

직류역극성의 경우 최대의 청정효과가 있으나 텅스텐 전극의 과열이 문제가 있으며, 전극의 전류용량이 떨어지는 단점이 있다. 반면에 교류(square wave)는 그림 3.18처럼 정극성 및 역극성 효과를 모두 가진다. 즉, 전극의 과열을 막을 수 있고, 청정효과가 있어 알루미늄 용접에 널리 사용된다.

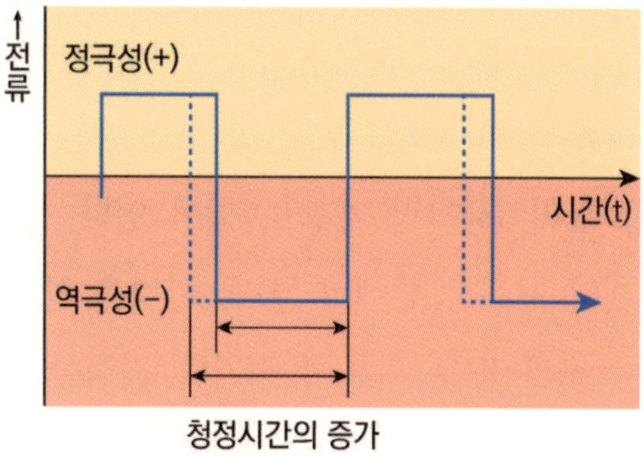

그림 3.18 교류 square wave

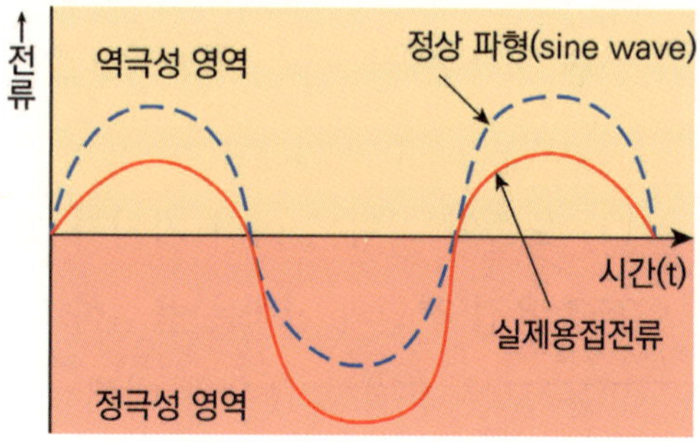

그림 3.19 알루미늄 교류 용접의 정류 효과

(3) 알루미늄 교류 용접 때 정류 효과(rectifier effect)

알루미늄 교류 용접에서 정류 효과란 그림 3.19처럼 용접기 자체의 정류작용이 아닌 텅스텐 전극과 알루미늄의 전자방사 능력의 차이에 의해서 전극의 양극(+) 구간에서 전류가 적게 흐르는 현상을 말한다. 특히, ThO_2−텅스텐 전극의 경우 더욱 심하다.

(4) 용접 시퀀스(welding sequence)

그림 3.20은 직류 TIG 용접의 예이며 아크 발생 후 고주파는 자동으로 소멸하는 회로이나 교류 TIG 용접의 경우 아크 시동 및 용접 중에도 아크의 재점호 때문에 고주파가 필요하다. 그러나 인버터형에서는 극성의 반전 시간이 극히 짧아 아크가 소멸하지 않으므로 아크 발생 이후에는 고주파가 필요하지 않다.

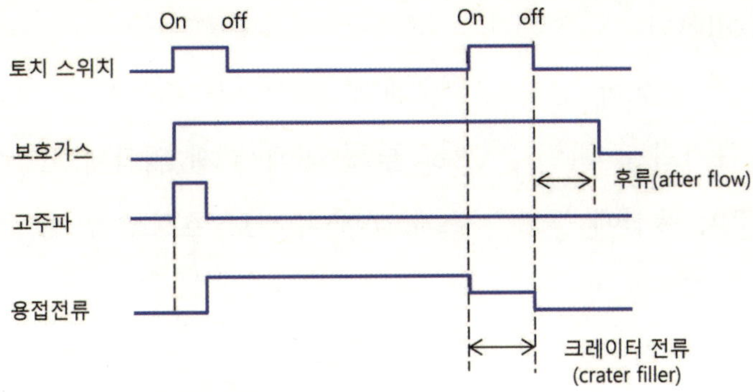

그림 3.20 직류 TIG 용접의 시퀀스

4.3.3 용접장치

(1) 용접 토치(welding torch)

TIG 토치는 텅스텐 전극을 중심으로 동심원상에 가스 노즐이 배치되어 있고, 노즐 선단에서 전극 돌출길이는 용접물 형상이나 이음의 종류 등에 따라 조정한다. 토치의 정격은 통상 500A, 최대로 3~4종이 있으며 150A까지는 공랭식이고 그 이상은 전극과 노즐의 과열 때문에 수랭식을 사용한다. 그림 3.21은 공랭식 TIG 토치 구조를 나타냈다.

TIG 용접 토치의 점검은 그림 3.22처럼 노즐 상태, 죄임 상태 등을 점검한다. 콜렛 본체의 구멍이 막혀 난류가 발생하거나, 작은 노즐에 다량의 가스를 보냈을 때 난류가 발생하여 공기가 유입되는지를 확인한다.

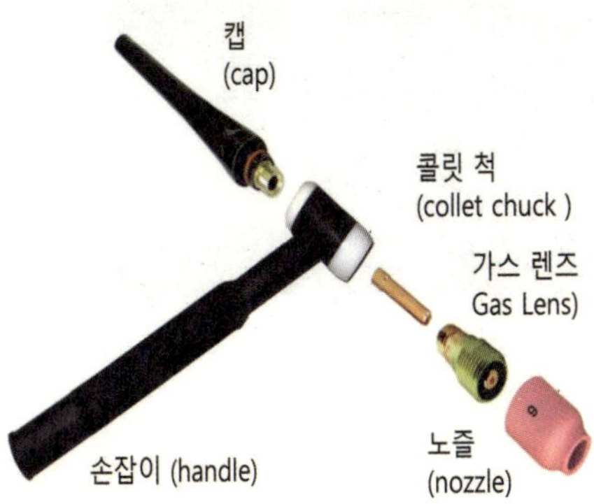

그림 3.21 TIG 토치의 구성품

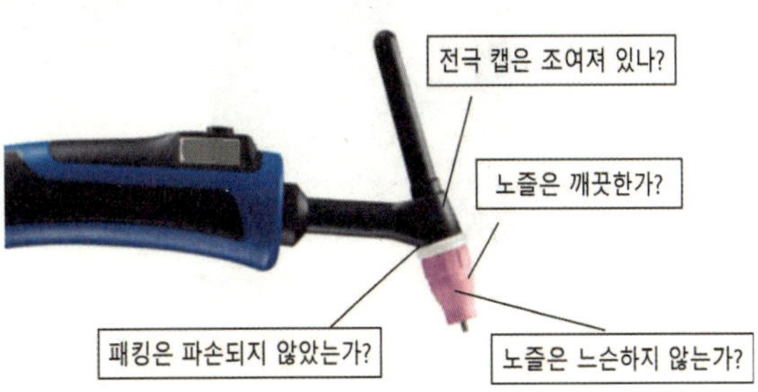

그림 3.22 토치 이상 점검의 예

(2) 콜렛(Collets)

콜렛은 전극을 토치에 고정하는 클램핑 장치이다(그림 3.21). 다양한 직경의 전극은 적절한 크기의 콜렛(척)을 통해 토치 내에서 제 위치에 고정된다. 콜렛 몸체는 텅스텐을 토치 중심에 놓고 가스가 콜렛 주위로 흐르고 콜렛 몸체의 구멍을 통해 노즐 밖으로 흐르게 한다.

콜렛 및 콜렛 바디는 일반적으로 구리 합금으로 만들어진다. 토치 캡이 제 위치에서 조여지면 콜렛 몸체에 대해 콜렛이 강제로 밀려난다. 적절한 전류 전달과 전극 냉각을 위해 전극과 콜렛 몸체의 내부 직경 사이의 접촉이 필수적이다.

(3) 가스 렌즈(Gas Lenses)

실딩 가스의 층류 확보에 사용되는 장치는 가스 렌즈라고 하는 부착물이다. 가스 렌즈는 구멍이 있는 디퓨저를 포함하며 전극이나 콜렛 주위에 적합하도록 설계되었다. 가스 렌즈는 그림 3.23처럼 더 길고 방해받지 않는 실딩 가스 흐름을 생성한다. 작업자가 공작물로부터 25mm 이상의 노즐로 용접할 수 있게 하여 노즐 이상 텅스텐 전극을 더 크게 확장할 수 있다. 이것은 용접사의 용융지 관찰을 개선하고 용접기가 내부 모서리와 같이 접근이 제한된 장소에 도달할 수 있게 한다. 가스 렌즈는 표준 가스 노즐보다 효과적인 보호를 유지하면서 모서리에 접근하기 위해 더욱 기울어진 토치 경사를 허용한다.

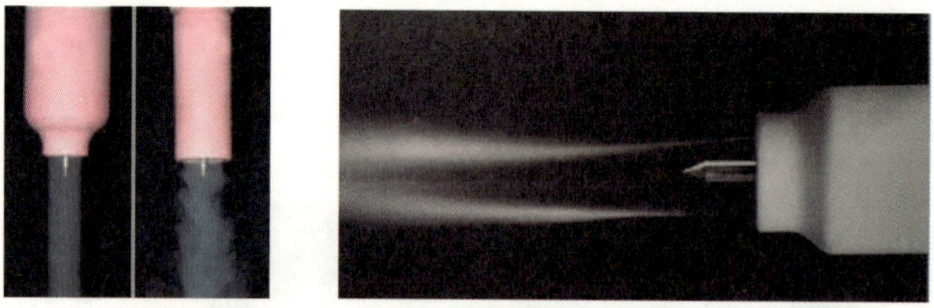

그림 3.23 가스 렌즈 사용의 비교(출처: 인터넷)

(4) 노즐(Nozzles)

실딩 가스는 그림 3.23처럼 토치의 가스 노즐에 의해 용접 구역으로 보내진다. 노즐은 실딩 가스를 공급하는 디퓨저에 의해 토치 몸체에 결합한다. 디퓨저의 목적은 기존 가스 보호의 층류를 생성하는 것을 돕는 것이다. 가스 노즐은 모양, 지름, 길이가 다른 다양한 내열 재료로 만들어진다. 이 노즐은 토치에 나사 결합하거나 마찰로 고정된다.

① 노즐 재료

노즐은 고강도 알루미나, 금속, 금속 재킷 세라믹, 유리(석영), 기타 재료의 다양한 세라믹 재료로 만든다. 세라믹 노즐은 가장 비싸지고 인기가 있지만 부서지기 쉬워 금이 가거나 부서지면 교체한다. 유리 노즐은 투명하며 아크와 전극을 더 잘 볼 수 있다. 용접부의 금속 증기로 오염으로 인해 유리 노즐이 불투명해지며 부서지기 쉽다. 수냉식 금속 노즐은 오래가며, 용접 전류가 높은 기계와 자동 용접 적용 분야에 사용된다.

② 노즐 크기와 모양

가스 노즐은 용융 영역과 주위의 뜨거운 모재의 실딩 가스 범위를 제공할 만큼 충분히 커야 한다. 노즐 직경은 보호 제공에 필요한 가스의 양과 보호 범위 유지에 필요한 강성에 적합해야 한다. 노즐 직경과 유속 사이에 미세한 균형이 존재한다. 주어진 직경에 유량이 과도하면 난기류와 주위 공기의 흡입 때문에 보호 효과가 감소한다. 고전류에서 필수적인 높은 유속은 난류를 줄이기 위해 대구경의 노즐이 필요하다.

노즐 크기 선택은 전극 크기, 이음 형태, 효과적으로 보호될 용접 영역과 이음의 접근에 따라 달라진다. 대형 노즐(내부 치수)은 용접의 최적 보호를 제공하므로 가능한 가장 큰 크기를 사용해야 한다. 다양한 전극 직경에 대해 제안된 가스 노즐 크기는 표 3.8에 있다.

표 3.8 가스 노즐 규격

호칭	#5	#6	#7	#8	#9	#10
내경(mm)	8	10	11	12.5	13	15

표 3.8에서 가장 작은 노즐은 제한된 영역에서의 용접을 허용하며 용접에 더 나은 시각을 제공한다. 그러나 너무 작은 노즐을 사용하면 실딩 가스의 난류가 발생하고 노즐이 녹을 수 있다. 큰 노즐은 중요한 적용에 요구처럼 더 나은 실딩 가스 범위를 제공하며, 티타늄, 기타 반응성 금속 용접과 같은 적용을 위한 대체 보호를 함께 선택한다.

그림 3.24처럼 다양한 이음 형상과 노즐-공작물의 간격을 수용하기 위해 다양한 길이의 노즐을 사용할 수 있다. 긴 노즐은 일반적으로 더 강하고 덜 난류성 가스 보호를 생성한다. 대부분의 가스 노즐은 직선형, 테이퍼형 끝이 있는 원통형이다. 실딩 가스 난류를 최소로 하기 위해 내부 합리화 노즐을 사용할 수 있다.

그림 3.24 다양한 형상과 크기의 TIG 노즐

용융지의 뒤쪽 부분을 추가로 덮을 수 있는 긴 후행 단면, 플레어 끝이 있는 노즐도 사용할 수 있다. 이렇게 하면 고온의 고형 금속을 불활성 대기에서 냉각시켜 티타늄과 같은 반응성 금속 용접에서 더욱 우수한 보호를 제공할 수 있다. 티타늄은 고온에서 오염되기 쉽다.

트레일링 실드(trailing Shield)는 그림 3.25처럼 일반적으로 일련의 천공된 구멍이 있는 금속으로 구성되거나 가스 확산기 역할을 한다. 가스 노즐에 외부 부착된 방호 보호는 용접의 연장된 길이에 걸쳐 추가적인 가스 적용 범위를 제공할 수 있다.

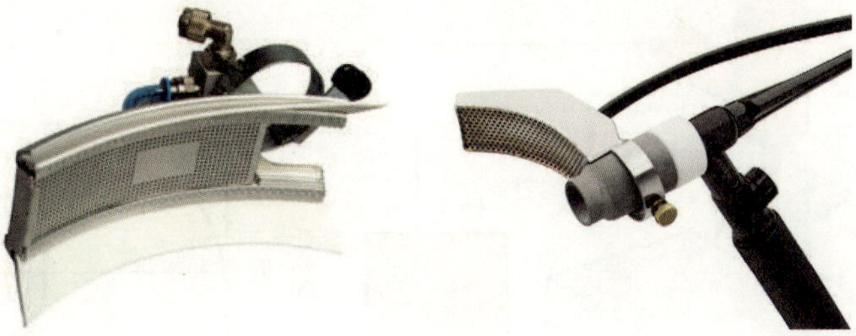

그림 3.25 트레일링 실드(trailing Shield,https://www.weldtrailingshields.com/)

4.4 용접부 형성 현상과 용접 조건의 영향

4.4.1 극성과 모재의 용융

대부분 TIG 용접은 직류정극(DCEN)으로 용접하며, 직류정극성은 모재에 고입열을 공급할 수 있어 용입이 깊고, 빠른 속도로 용접할 수 있다. 반면에 직류역극(DCEP)으로 용접하는 경우는 아크 클리닝 작용(clean action)이 일어나 산화피막의 제거가 쉽다.

직류 용접은 그림 3.26과 같이 용접봉을 음극(−)에 접속한 경우를 정극성(EN: electrode negative)이라 하고, 양극(+)에 접속한 경우를 역극성(EP: electrode positive)이라 한다. 일반적으로 전자의 충격을 받는 양극 쪽이 음극보다 발열이 커 정극성 쪽이 용접봉의 용융 속도가 느리고 모재의 용입은 깊게 된다. 이것과 반대로 역극성은 용접봉의 용융 속도가 빠르고 모재의 용입은 얕게 되는 경향이 있다.

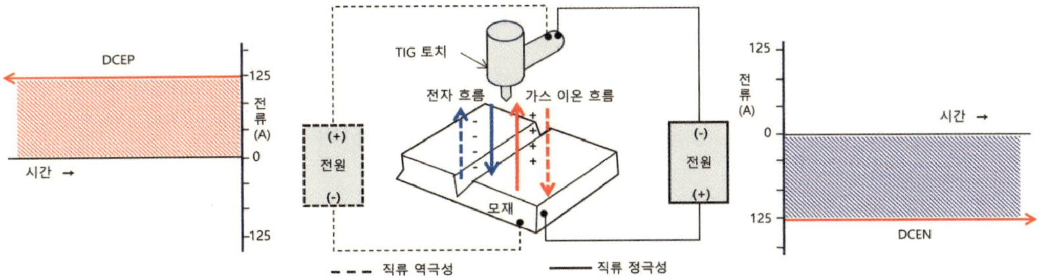

그림 3.26 직류정극성(DCEP, 모재 음극)과 직류역극성(DCEN, 모재 양극)

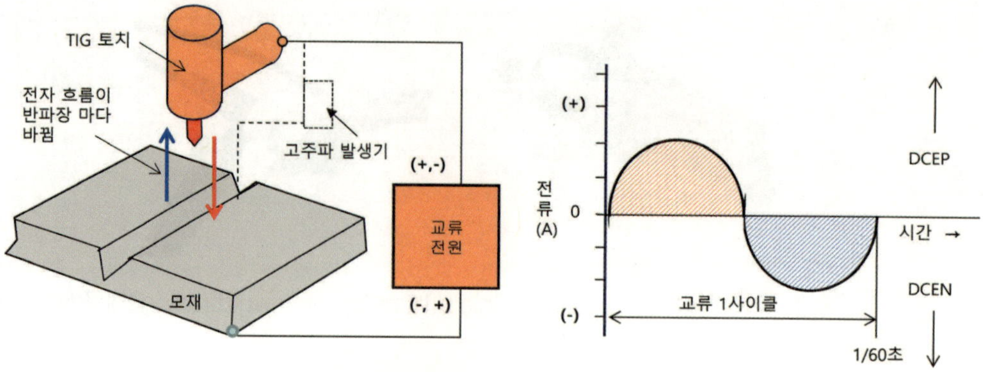

그림 3.27 교류 용접(ACHF)

(1) 직류정극성(DCEN)

직류 용접에서 아크가 발생 때 흐르는 전자 및 이온의 흐름은 그림 3.28과 같다. 정극성에서는 금속 증기 및 불활성 가스 이온이 전극을 향하고, 전자는 모재를 강하게 충격함으로써 용입이 깊고, 전극은 속도가 늦은 이온의 충돌로 별로 발열하지 않아 직경이 적어도 큰 전류를 흐르게 할 수 있다. 역극성에서는 전자가 전극을 향하고 가스 이온이 모재 표면을 넓게 충격하므로 폭넓고, 얕은 용입이 얻어진다.

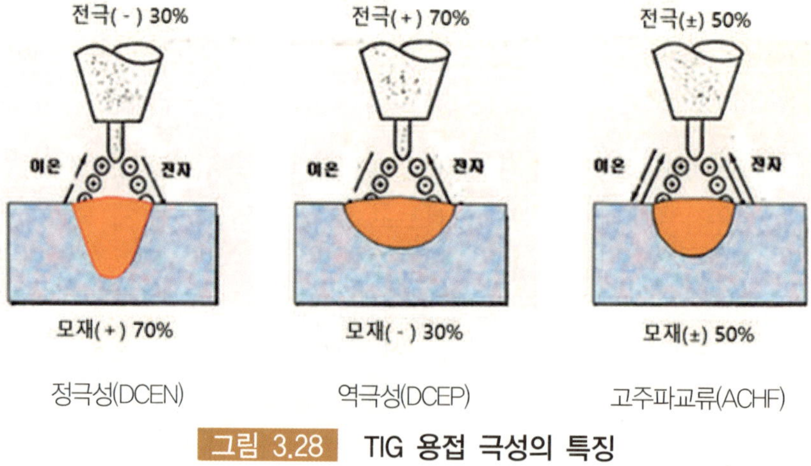

그림 3.28 TIG 용접 극성의 특징

정극성은 전자가 모재에 매우 빠른 속도로 부딪히기 때문에 모재에 상당한 열을 발생시킨다. 그러므로 모재가 빨리 녹게 되고 양전하를 띤 가스 이온이 텅스텐 전극봉

쪽으로 느린 속도로 움직이므로 모재 표면의 산화막을 제거하는 클리닝 작용이 없다. 전극의 극성은 아크의 형태 및 입열과 용입에 영향을 주며, 전극봉이 음극인 정극성은 철강류에 사용되며, 전극봉이 냉각되고 전자가 높은 에너지를 가지고 모재에 이행되기 때문에 아크 지향성이 강하다. 정극성에서는 같은 크기의 전극봉으로도 높은 전류를 사용할 수 있으므로 그림 3.29와 같이 용입이 깊고, 용접 속도가 빠르고, 비드의 폭이 작아진다. 이런 이유로 응력의 집중은 작아지고, 고온균열 발생의 염려가 적어 후판 용접에 더 유리하다.

(2) 직류역극성(DCEP)

텅스텐 전극봉이 모재보다 열을 많이 받기 때문에 전극봉 끝이 녹아내릴 염려가 있으므로 같은 전류에서 정극성보다 4배 정도의 큰 용접봉을 사용해야 한다. 그러므로 역극성은 비교적 낮은 전류를 사용하는 용접에 이용되며, 모재가 받는 열량이 비교적 적기 때문에 용입이 작아 박판 용접에 적합하다. 표 3.9는 극성별 전류 특성을 나타냈다.

표 3.9 TIG 용접 때의 전류별 특성

용접 특성	직류정극(DCEN)	직류역극(DCEP)	교류(AC)
전원의 연결	용접봉－, 모재＋	용접봉＋, 모재－	장비에 별도 표시
열의 발생	모재 70%, 용접봉 30%	용접봉 70%, 모재 30%	용접봉 50%, 모재 50%
용접 속도	빠름	늦음	중간
용접봉 직경	작다	크다	중간
적용 방법	자동 용접	수동 용접	수동, 자동 용접
적정 아크 길이	1.6~3.2mm	4.8~6.4mm	용접봉 직경과 동일(3.2mm)
용접 전류	높음	낮음	중간
용입	깊고 좁다	얕고 넓다	중간
클리닝 작용	작다	크다	중간

역극성은 클리닝 작용이 있으며, 아크 집중이 완만하여 넓은 폭의 얕은 용입이 된다. 그러나 동일 전류에서는 역극성이 전극의 발열이 커 큰 지름의 전극이 필요하다. 정극성 산화막 때문에 용접이 어려운 금속도 플럭스 없이 용접할 수 있다.

이러한 직류역극성은 알루미늄과 같이 특히 산화피막이 생기기 쉬운 금속의 용접에 매우 유리하나, 입열이 전극(70%)에서 발생하여 비드 폭과 단면적이 커진다. 클리닝 작용이 있어 알루미늄, Mg 등과 같이 표면의 산화가 용접봉에서 발생하게 되므로 용접봉이 과열되며, 용입이 얕게 되는 결점이 있어 이 방법은 거의 사용하지 않는다. 따라서 알루미늄의 TIG 용접은 주로 교류를 이용하게 된다. 교류(AC)에 의한 용입은 직류역극과 직류정극의 중간 정도가 되며 교류 사이클의 역극 부분에서는 클리닝 작용도 일어나게 된다.

(3) 교류

교류는 알루미늄 합금 등의 클리닝 작용이 필요한 곳에 사용하며 그림 3.29(a)와 같이 아크 거동은 반 사이클마다 역극과 정극이 나타나기 때문에 절반 음극은 냉각 사이클이고 절반 양극은 클리닝 효과 부분이다. 따라서 비드 폭과 용입이 중간 정도이며 통상 아르곤 가스보다 헬륨 가스 분위기가 상대적으로 용입이 깊다.
클리닝 효과는 모재 표면의 산화막을 파괴하는 데 필요하다. 그리고 아크는 전류가 0인 지점부터는 다시 발생하여야 한다. 이때에는 이 주파수 부분에서 그림 3.29(b)처럼 전압이 제일 높은 부분을 겹치게 하여 아크 발생을 쉽게 해준다. 알루미늄 용접에서는 정류 효과가 일어난다. 이 경우 양극인 절반 부분은 억제되고 아크가 불안정하게 되며, 클리닝 효과가 감소하여, 모재 표면의 약한 전자방출 및 낮은 온도의 결과로 아크의 재발생도 힘들다. 이것을 방지하기 위하여 균형 있는 전류가 공급되게 축전기를 사용한다.

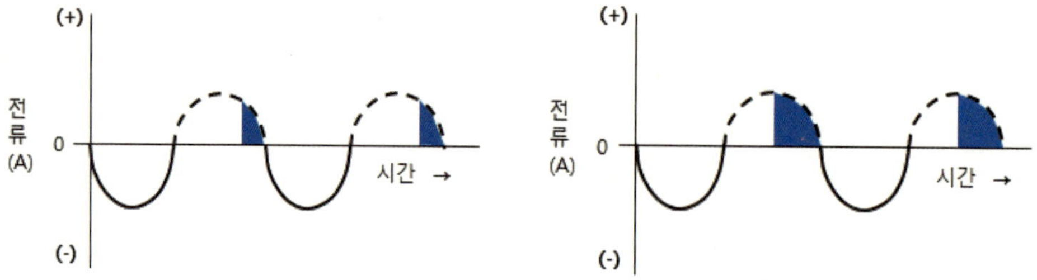

(a) 교류 파형 또는 아래와 같이

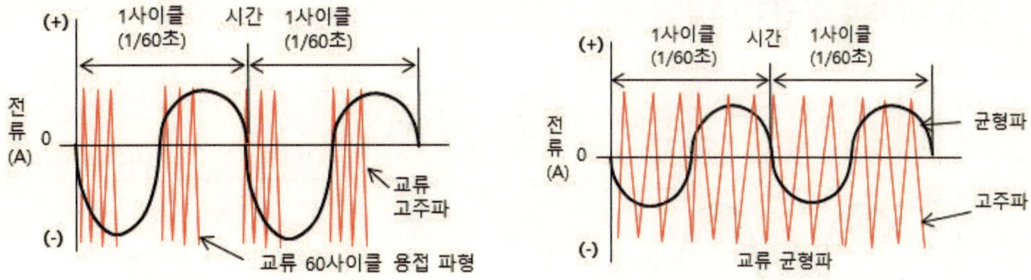

(b) 교류 고주파 중첩

그림 3.29 교류 및 교류 고주파

일반적으로 알루미늄 및 마그네슘과 그 합금은 교류전류를 사용해야 한다. 전극봉이 음극일 때 전극봉이 냉각되고 전자가 높은 에너지를 가지고 모재에 이행되기 때문에 용입이 깊어진다. 전극봉이 양극이면 에너지가 높게 전극봉으로 이행되기 때문에 전극봉이 가열되어 녹기 쉽다. 그러므로 낮은 전류에서 용접해야 하며, 용입은 편편하다.

교류의 경우에는 그 주파수에 따라서 단위시간에 그 2배의 아크가 소멸하므로 직류 용접보다 아크의 유지가 곤란하여 전원의 무부하 전압을 높게 하여야 한다. 용접봉의 용융 속도는 직류의 정극성과 역극성의 평균으로 생각하면 된다.

이론적으로 교류에서는 1사이클당 절반은 직류역극, 그리고 나머지 절반은 직류정극이 되나 실제적으로는 그림 3.30처럼 알루미늄 모재 표면의 산화피막이 정류작용을 하여 전류가 역극보다는 정극으로 쉽게 흐르게 된다. 따라서 이러한 정류작용으로 인하여 그림 3.31처럼 부분적으로 또는 완전히 역극 부분이 없어지게 된다. 이러한 결함을 없애기 위하여 고전압, 고주파수의 장비를 사용하여 가스의 경로를 이온화하고, 역극 부분에서의 아크를 재발생시킬 수 있는 전압을 용접전압에 중첩 공급한다.

그러나 교류를 안정시키기 위하여 고주파수를 사용하는 때도 부분정류가 일어날 가능성이 있다. 따라서 급증 분사(surge injector)를 사용하여 100% 아크 재발생이 요구되는 특정한 자동 용접에 용접할 수도 있다. 이 급증 분사는 전류가 0이 되는 순간에 고전압을 아크에 공급해 주게 된다. 작동(trigger) 회로는 아크 전압과 전류가 0이 될 때 공급되는 고전압과 아크 전압을 감지한다. 따라서 고전압은 아크 재발생을 위하여 공급된다.

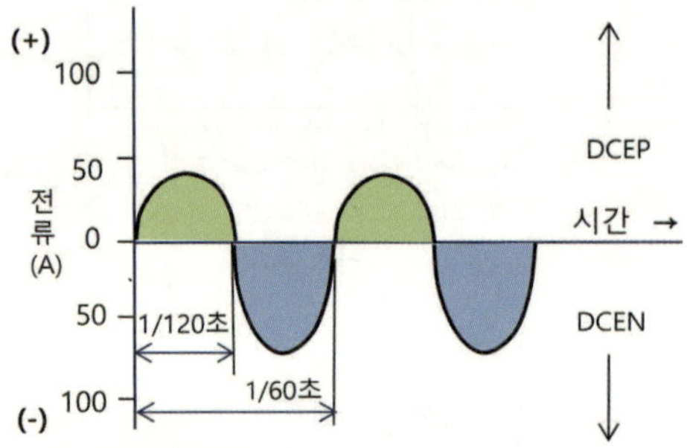

그림 3.30 교류 용접의 불균형 파

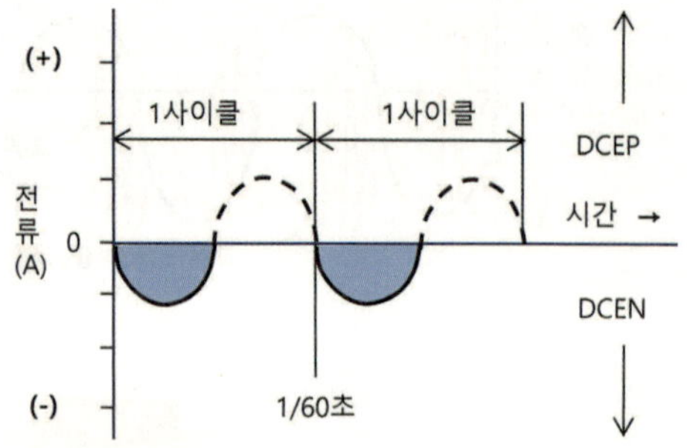

그림 3.31 불안정한 TIG 완전 정류

고주파수 또는 급증 분사 안정 방법을 사용할 때 전류는 연속적으로 이용할 수 있으나, 불균형을 이루게 된다. 즉, 그림 3.32처럼 역극 부분의 진폭과 기간이 정극 부분보다 적게 된다. 불균형파(unbalanced wave)는 균형파의 정극 부분의 직류로 되어 있다고 할 수 있다. 그림 3.33과 같이 이러한 불균형 파에서는 정극 부분의 양과 기간이 역극 부분보다 커 전극의 과열 없이 고전류를 공급할 수 있게 되고, 용입을 크게 하여 용접 속도를 빠르게 할 수 있다. 불균형파는 클리닝 작용이 다소 감소하게 되나 실제 작업에는 큰 지장이 없다.

불균형파의 단점은 직류 부분이 변압기의 철심(core)을 포화시켜, 높은 1차 전류를 흐르게 하며, 클리닝 작용이 감소한다는 점이다. 그러나 대부분의 수동용접 때 균형 흐름이 필요하지 않으나, 높은 속도의 자동화 용접에서는 필수이다.

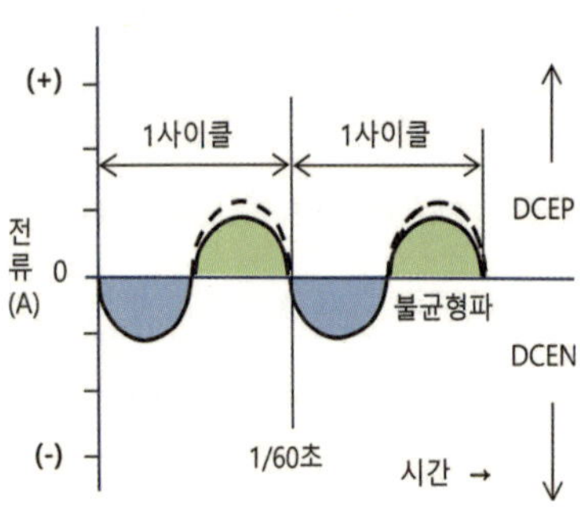

그림 3.32 부분 정류

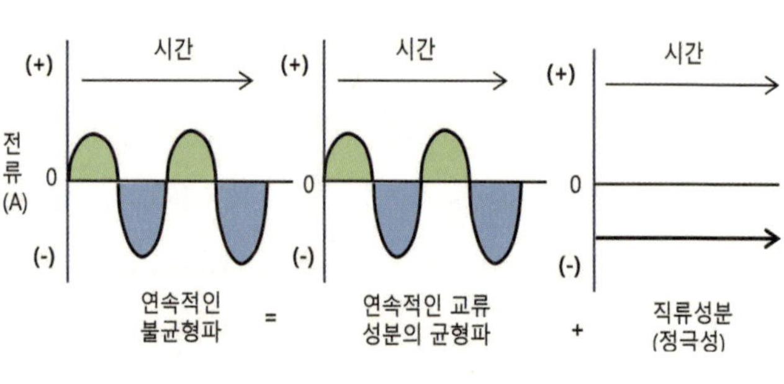

그림 3.33 통상의 교류 용접 변압기

4.4.2 용입에 미치는 펄스의 영향

아크 형성 능력, 즉 아크 가능 출력은 AC 주파수 제어와 독립적인 전류 제어의 평형 제어 개선으로 증대된다. 백 비드 용접에서는 중간 정도의 용입 깊이와 펄스 피크 전류를 적용하고, 주파수는 용적의 공진주파수가 가장 효율적이다. 고주파 펄스 아크는 아크의 경직성이 우수하고, 비교적 평균 전류가 낮아도 아크가 안정하여 박판의 용접에 적합하다.

펄스 아크는 평균 전류가 같아도 피크 전류가 증가하면 비드 폭 및 용입이 커지며, 아크 길이가 커지면 아크열의 집중도가 감소하여 펄스의 유무와 관계없이 용입이 얕아진다. 이 외에 펄스의 효과는 알루미늄 합금 등의 응고 조직에 결정립의 미세화를 유발한다. 표 3.10은 용입에 미치는 펄스의 영향을 나타내었다.

표 3.10 용입에 미치는 펄스의 영향

용접 형상 / 제어 부분	용입 형상	
	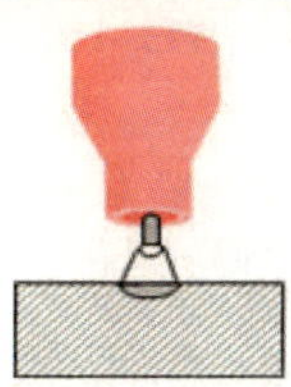	
평형 제어	양극 시간이 많으면 얕은 용입과 클리닝 및 비드 폭 증가	음극 시간은 깊은 용입과 빠른 용접 속도
독립적 전류조정	양극 전류가 많음	음극 전류가 많음
주파수 제어	낮은 AC 주파수	높은 AC 주파수

(1) 평형 제어(balance control)

양극 시간(EP time)이 많으면 얕은 용입이 되고 음극 시간(EN time)이 많으면 깊은 용입과 빠른 용접 속도가 된다.

(2) 독립적 전류조정

양극 전류(EP Amperage)가 많으면 넓고 얕은 용입이 되며, 음극 전류(EN Amperage)가 많으면 좁고 깊은 용입과 빠른 용접 속도가 된다.

(3) AC 주파수 조정 제어

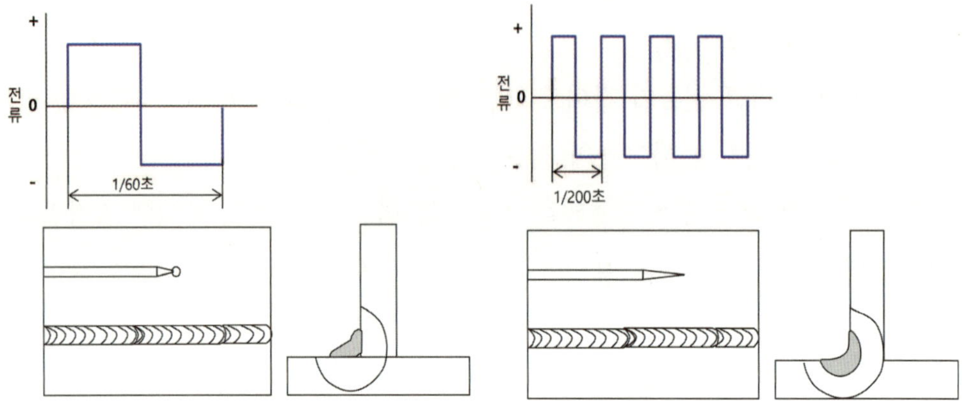

(a) AC 파형(60Hz) (b) AC 파형(200Hz)

그림 3.34 AC 파형과 용접의 비교

그림 3.34(a)처럼 낮은 AC 주파수(예 60Hz)는 용입이 얕은 부드럽고 넓은 원뿔 아크를 형성한다. 따라서 AC 파형 비드는 두꺼운 알루미늄에는 완전 용입이 되지 않는다. 그림 3.34(b)과 같은 높은 AC 주파수(200Hz)는 깊은 용입의 집중성 아크(좁은 원뿔 아크)를 형성하므로 두꺼운 금속에 용입이 깊고 비드는 더욱 조밀하다.

4.5 용접 조건 설정 방법

4.5.1 일반사항

TIG 용접 조건은 재질, 판 두께, 이음 형상, 용접 자세 등에 따라 전류, 전압, 용접 속도 등이 설정되며, 개선 및 맞춤의 정도, 이면 용접의 여부, 사용기기의 종류, 현장 조건 등에 따라 조정된다. 또한, 경제성과 능률 향상에 영향을 받는다. 따라서 경우에 따라 시공시험을 하기는 곤란하며, 과거의 시험조건 등을 기초로 하여 표준 용접 조건을 만들어 사용한다.

그림 3.35에서 가스 컵 내경은 적당한 실딩 가스공급을 위해 최소한 텅스텐 직경의 3배이다. 예를 들면, 텅스텐 전극 직경이 1.6mm일 경우 가스 컵 지름직경은 최소 4.8mm이다. 텅스텐 돌출은 토치의 가스 컵 바깥으로 텅스텐 봉이 연장된 거리로 가스 컵의 안지름보다 커서는 안 된다. 아크 길이는 텅스텐에서 작업물과의 거리다.

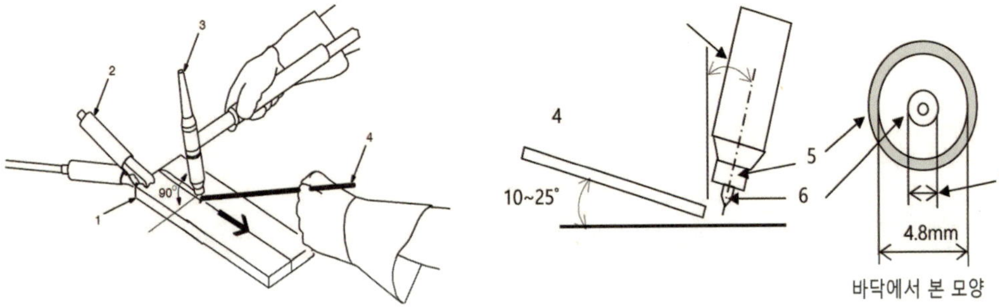

1. 작업물 2. 접지(가능한 용접부 가까이 고정) 3. 토치
4. 용접봉(사용할 경우) 5. 가스 컵 6. 텅스텐 전극

그림 3.35 TIG 용접의 일반적 사항

4.5.2 모재의 종류에 따른 극성의 선정

가능한 실용적인 면에서 교류 용접보다 직류 용접을 사용한다. 탄소강, 저합금강, 스테인리스강, 동합금, Ti 등은 아크가 안정하고 용입이 깊은 직류정극성을 사용하고, 알루미늄과 그 합금에는 클리닝 효과가 있는 교류전원을, 또 Be 동합금의 경우 산화피막 제거를 목적으로 교류전원을 사용한다. 표 3.11은 모재에 따른 TIG 전원 극성을 나타낸다.

표 3.11 모재에 따른 TIG 전원 극성

재질	직류전원		교류 전원
	정극성	역극성	
탄소강	○	×	×
저합금강	○	×	×
스테인리스강	○	×	×
알루미늄과 그 합금	△	△	○
구리	○	×	×
Be 구리	×	△	○
티탄	○	×	×

주) ○ 최적, △ 사용 가능, × 부적당

4.5.3 전극의 선정

(1) 텅스텐 전극(ELECTRODES)

GTAW(Gas Tungsten Arc Welding)에서 사용되는 텅스텐 전극은 순수 텅스텐뿐 아니라 다양한 합금 형태의 전극을 포함한다. 이들 전극은 비소모성(non-consumable) 전극으로, 올바르게 사용하면 용접 중 용융되지 않으며 용접금속으로 이행되지 않는다. 텅스텐 전극은 아크를 형성하여 용접에 필요한 열원을 제공하는 전기적 매개체 역할을 수행한다.

텅스텐의 융점은 약 3,410℃로 매우 높아, 이 고온에서 열이온(thermionic ion)으로 작용하며 전자의 방출원이 된다. 전극은 아크 발생 시 전류에 의해 저항 가열(resistive heating)로 고온에 도달하며, 전극 팁에서 방출되는 전자는 냉각 작용하여, 팁 주변부보다 전극 끝이 상대적으로 낮은 온도를 유지하게 된다. 이러한 냉각 효과가 없을 경우, 전극 팁은 국부적으로 과열되어 손상될 수 있다.

사용되는 전극의 직경은 일반적으로 1.0mm에서 6.4mm까지이며, 용접 전류가 증가할수록 더 굵은 전극봉이 필요하다. 텅스텐 전극은 보통 순도 99.5% 이상의 순텅스텐 또는 전극 수명 및 아크 안정성을 향상하기 위해 토륨(ThO_2)을 1~2% 첨가한 토륨-텅스텐 전극이 사용된다.

- 직류정극성(DCEN) 용접에는 토륨-텅스텐 전극이 널리 사용되며,
- 직류역극성(DCEP) 또는 교류(AC) 용접에는 순 텅스텐 전극이 선호된다.

최근에는 아크 성능 개선과 방사능 우려를 줄이기 위해 란타넘(La_2O_3), 이트륨(Y_2O_3), 세륨(CeO_2) 등을 소량 첨가한 희토류계 전극에 관한 연구와 실용화도 활발히 이루어지고 있다.

(2) 전극에 대한 전류의 영향

주어진 전극 크기와 팁 구성에 권장 수준을 초과하는 전류는 텅스텐이 부식되거나 녹을 수 있다. 텅스텐 입자가 용융지에 떨어지면 용접 이음의 결함으로 간주할 수 있다. 전극 직경보다 너무 낮은 전류는 아크 불안정을 유발할 수 있다. 직류양극인 전극 끝은 전자의 증발로 냉각되지 않고 충격으로 가열되기 때문에 주어진 수준의 전류를 지원하기 위해 훨씬 더 큰 직경의 전극이 필요하다. 표 3.12는 전류형식에 따른 전극 형상의 선택을 나타내었다.

표 3.12 전류형식에 따른 전극 형상의 선택

전류 종류	전류 강도			
	너무 낮음	너무 높음	올바름	
직류 (-)			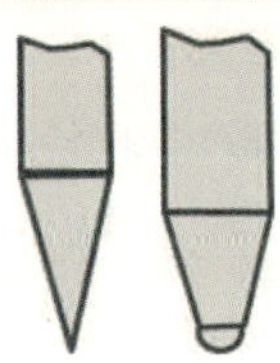 (a)	(a) 클래딩 및 TIG-spot 용접의 높은 전류에 적합
교류			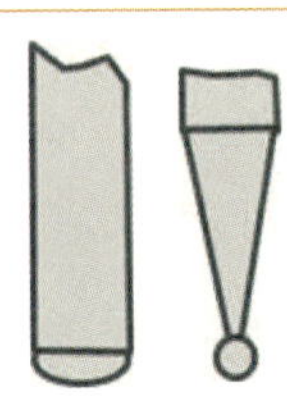 (b)	(b) 루트 패스 및 얇은 공작물에 적합

일반적으로 DCEP에서 주어진 전극 지름은 DCEN 전류의 10% 정도이다. 교류로 끝은 전극-음극 사이클 동안에 냉각되고 양극이면 가열된다. 따라서 AC 전극의 전류 전달은 DCEN과 DCEP의 용량 사이에 있다. 일반적으로 DCEN보다 50% 적다. TIG 전극의 크기 결정은 사용전류에서 전극봉 끝이 녹아내리지 않을 정도의 가장 작은 크기의 전극봉을 선택한다. 표 3.13은 TIG 전극봉 크기에 따른 적정전류 범위를 나타낸다.

표 3.13 TIG 전극봉 크기와 전류 범위

전극 직경 (mm)	전류 범위 · 가스 종류 · 극성[1]	
	교류(AC) 평형 제어 65% 전극봉 음극 (알루미늄에 사용) 직류	정극성(DCEN) (연강, STS에 사용)
2% 세륨(오렌지 띠), 1.5% 란타늄(회색 띠) 또는 2% 토륨(빨강 띠) 합금 텅스텐		
1.0	20~80	25~85
1.6	50~150	50~160
2.4	130~250	135~235
3.2	225~360	250~400
4.0	300~450	400~500
4.8	400~500	500~750
6.4	600~800	750~1000
1.0	10~60	아르곤-직류정극성에 순 텅스텐은 추천하지 않음.
1.6	50~100	
2.4	100~160	
3.2	150~210	

1) 일반적인 아르곤 실딩 가스의 유량은 5~17ℓ/min.
표는 전극 제작자와 AWS 추천의 혼합된 지침이다.

(3) 볼링(Balling)

AC 용접(순 또는 Zr 텅스텐)은 반구형 선단부가 적절하다. 이는 용접 전에 전극을 수냉식 구리 블록이나 AC, DCEP로 아크를 발생하여 둥글게 만드는 것이 가능하다. 용접 전류는 전극 끝이 뜨거워지고 텅스텐이 녹기 시작하여 전극 끝에 작은 볼이 생길 때까지 증가한다. 전류는 빗나가게 되고 소멸하여 텅스텐 전극 끝에 반구형 볼이 남는다. 반구의 크기는 전극 직경의 1.5배를 초과해서는 안 된다. 초과 때는 응고 전에 떨어질 수 있다. 토륨, 세륨, 란탄 전극은 순 및 Zr 전극만큼 쉽게 둥글지 않고, 평탄 끝 모양을 훨씬 잘 유지한다. 이것은 교류에 사용을 금지한다.

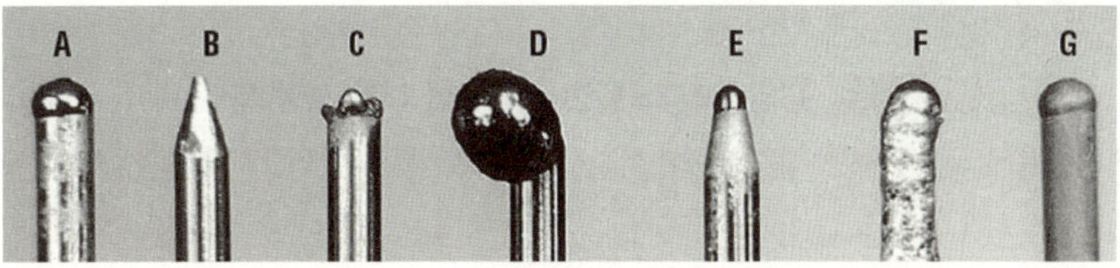

형상	설명	형상	설명
A	• 전극의 직경보다 형상 치수가 크다(Φ1.6→2.4mm). • 순 텅스텐 표면에서 발생	D	• 과도한 볼 형성
B	• 선명한 형상과 둥근 끝으로 아크 초점이 향상한다. • 옴폭(dimple) 정도는 산화물 혼합과 입자 크기 등 제조업체에 따라 다르다.	E	• 교류/텅스텐의 추구 형상(볼) • 토륨 텅스텐 표면
C	• 둥근 끝의 전극이 돌기, 교점, 단괴로 융합된 것이다. • 토륨 볼 표면은 다양한 옴폭과 뜯김 현상이다.	F	• 산화된 형상
		G	• A형에서 산화

그림 3.36 **텅스텐 전극의 사용에 따른 형태**

(4) 전극 오염

텅스텐 전극 오염은 용접사가 실수로 텅스텐을 용융지에 담그거나 용접봉이 텅스텐에 닿을 때 발생한다. 텅스텐 전극은 용접 중, 아크 소멸 후에 부적절한 실딩 가스, 불충분한 가스 흐름으로 산화될 수 있다. 다른 오염원으로는 아크 용융지의 금속 증기, 가스 포착, 증발된 표면 불순물에 의한 스패터가 있다. 텅스텐의 오염방지를 위해 깨끗한 장갑을 껴야 한다.

(5) 전극의 분류

텅스텐 전극 분류는 표 3.14처럼 전극의 화학적 조성을 기반으로 한다. 표 3.14는 다양한 종류의 텅스텐 전극에 대한 색상 식별 체계를 보여준다. 텅스텐 전극 요구사항의 자세한 내용은 AWS A5.12 최신판 아크 용접과 절단용 텅스텐과 그 합금 전극에 있다. 전극은 표면 불순물이나 결함이 없어야 하므로 성형 작업 후에 표면 불순물이 제거되는 화학적인 마무리, 연삭에 의한 표면 불완전이 제거되는 센터 리스 그라운드 마무리가 있다.

표 3.14 다양한 텅스텐 전극 합금에 대한 색상 코드 및 합금원소

AWS 분류	DIN EN 26848	색상[a]	합금원소	합금 산화물	합금 산화물 %
EWP		녹색 green	–	–	–
EWCe-2		주황 orange	Cerium	CeO_2	2
	WC 20	회색 gray	Cerium	CeO_2	2
EWLa-1	WL 10	검정 black	Lanthanum	La_2O_3	1
EWLa-1.5		황금 gold	Lanthanum	La_2O_3	1.5
EWLa-2	WL 20	청색 blue	Lanthanum	La_2O_3	2
EWTh-1	WT 10	노랑 yellow	Thorium	ThO_2	1
EWTh-2	WT 20	빨강 red	Thorium	ThO_2	2
	WT 30	자주색 purple	Thorium	ThO_2	3
	WT 40	주황색 orange	Thorium	ThO_2	4
EWZr-1	WZ 3 [c]	갈색 brown	Zirconium	ZrO_2	0.25
	WZ 8	흰색 white	Zirconium	ZrO_2	0.8
EWG	WS 2 [d]	회색 gray	명시 않음 [b]	–	–

a. 색상은 전극 표면상의 임의의 지점에 밴드, 점 또는 다른 형태로 할 수 있다.
b. 제조자는 희토류 또는 다른 산화물 첨가물의 유형과 명목상 함량을 확인한다.
c. 상업용 표준이 아님
d. 현재 표준이 아님

① EWP 전극

순 텅스텐 전극(EWP)은 최소 99.5%의 텅스텐을 포함하며 의도적인 합금 요소가 없다. 순 텅스텐 전극의 전류 용량은 합금 전극의 전류 용량보다 낮다. 순 텅스텐은 교류, 평형파, 연속 고주파와 함께 사용될 때 우수한 아크 안정성을 제공한다. EWP 전극의 끝은 깨끗한 볼 끝을 유지하여 양호한 아크 안정성을 유지한다. EWP는 직류도 사용할 수 있지만, 토륨, 세륨, 란타늄 전극의 아크 개시와 안정성 특성을 제공하지 않는다. 순 텅스텐 전극은 저렴한 전극으로, 알루미늄 및 마그네슘 합금의 용접에 사용된다.

② EWTh 전극

EWTh 전극은 토륨 산화물(ThO_2, 토리아)을 첨가한 토륨계 텅스텐 전극으로, 텅스텐의 열이온 방출 능력을 향상하기 위해 개발되었다. 이는 텅스텐에 일 함수(전자의 표면 방출에 필요한 적은 양의 에너지)가 낮은 금속 산화물을 첨가함으로써 달성되며, 결과적으로 더 높은 용접 전류 조건에서도 안정적인 아크 형성이 가능하다.

토륨-텅스텐 전극은 일반적으로 두 가지 유형이 있으며, 각각 1%의 토리아를 함유한 EWTh-1, 2%를 함유한 EWTh-2로 구분된다. 첨가된 토리아는 전극 전체에 균일하게 분산되어 있으며, 표준 색상 규정(표 3.14 참조)에 따라 외관상 식별이 쉽도록 제작된다.

토륨계 전극은 순 텅스텐 전극에 비해 다음과 같은 장점을 지닌다.

- 20% 이상 높은 전류 운반 능력
- 수명 증가 및 내오염성 우수
- 낮은 전류에서도 안정적인 아크 개시 가능
- 스패터가 거의 없음
- 우수한 아크 집중도 및 정밀 용입 구현 가능

이러한 특성 덕분에 EWTh 전극은 특히 불활성 가스 아크 스폿 용접, 직류정극성(DCEN) 용접에서 널리 사용된다. 용접 중에도 날카로운 전극 끝 형상을 유지할 수 있어 아크의 정확한 제어가 가능하다.

다만, 직류역극성(DCEP) 또는 교류(AC) 용접에서는 아크 불균형과 전극 마모 문제가 발생할 수 있어 적합하지 않으며, 일반적으로는 순 텅스텐 전극이 선호된다. 또한, EWTh-2는 EWTh-1보다 더 우수한 열적 · 전기적 특성을 제공하지만, 단가가 상대적으로 높다는 점도 고려해야 한다.

한편, 토륨은 미량의 방사성을 지닌 물질로, 일반적인 사용 환경에서는 큰 문제가 되지 않으나, 밀폐 공간에서의 반복 작업이나 전극 연마 시 발생하는 분진 흡입이 우려될 때는 적절한 환기설비 및 안전조치가 반드시 마련되어야 한다.

③ EWCe 전극

세륨(Ceriated) 텅스텐 전극은 1980년대 초 미국 시장에 처음으로 도입되었다. 이 전극은 토륨과 달리 세륨이 방사성 원소가 아니므로 가능한 한 배제된 전극의 대체품으로 개발되었다. EWCe-2 전극은 2% 세륨 산화물(CeO_2)을 포함하는 텅스텐 전극이며 세리아라고 한다. 순 텅스텐과 비교하여 세륨 전극은 아크 시동을 촉진하고 아크 안정성을 향상하며 기화 또는 연소율을 감소시킨다. 세륨 전극의 이러한 장점은 증가 세륨 함량에 비례하여 향상된다. EWCe-2 전극은 AC 또는 DC에서도 작동한다.

④ EWLa 전극

EWLa 전극은 산화 란탄(La_2O_3)을 첨가한 텅스텐 전극으로, 방사성을 지니지 않으며, 세륨계(CeO_2) 전극과 거의 같은 시기에 개발되었다. 이 전극은 비방사성 특성을 가지며, 작동 특성과 성능 면에서 EWCe-2(세륨 첨가 전극)과 유사한 장점을 제공한다.

La 텅스텐 전극은 3가지 유형이 있다.

- EWLa-1 전극은 1%의 산화 란탄(lanthana: La_2O_3)을 포함한다. 이들 전극 장점과 작동 특성은 세륨을 함유한 텅스텐 전극과 매우 유사하다.
- EWLa-1.5는 1.5%의 산화 란탄을 포함하며, EWLa-1보다 더 뛰어난 아크 개시 성능, 전류 범위 확장성, 팁 침식 감소 효과를 나타낸다. 해당 전극은 2% 함량의 토륨 텅스텐 전극에 대한 비방사성 대체재로 사용할 수 있다.
- EWLa-2 전극은 2% 분산된 란타늄 산화물을 함유한다. EWLa-2 전극은 특

정 단일 첨가제, AWS 지정 전극 유형 중 가장 많은 양의 산화물을 함유하고 있다. 고산화물 함량은 아크 시작과 안정성 향상, 끝 침식속도를 감소, 작동 전류 범위를 확장한다.

실제 작업 현장에서는 다양한 산화물 농도의 차이에 따른 체감 성능 차이는 크지 않은 편이며, 작업자는 주로 아크 안정성과 비방사성 안전성 면에서 EWLa 전극을 선호한다. 특히 EWLa-2 전극은 고성능을 요구하는 DC 용접 및 정밀 용접 응용 분야에서 유용하게 사용된다.

⑤ EWZr 전극

지르콘 텅스텐 전극(EWZr)은 0.25%의 산화지르코늄(ZrO_2)을 포함한다. 지르콘 텅스텐 전극은 일반적으로 순수 텅스텐과 토륨 텅스텐 전극 사이의 용접 특성을 갖는다. AC 용접에서 EWZr은 바람직한 아크 안정성 특성과 토륨 텅스텐의 전류 용량, 시작 특성과 순 텅스텐의 전형적인 볼 끝을 결합한다. 순 텅스텐보다 오염에 저항성이 높고, 텅스텐 오염을 최소화하여 RT 촬영 품질의 용접 적용 분야에 선호한다.

⑥ EWG 전극

EWG 전극 분류는 위의 등급에서 다루지 않은 합금에 할당된다. 이 전극은 불특정 다수의 산화물 또는 산화물 조합(희토류, 기타)의 불특정 분자 첨가를 함유한다. 첨가 목적은 제조자가 정의한 아크의 특성을 향상하는 것이다. 제조자는 특정 추가 및 추가된 명목상의 양을 명시해야 한다.

몇몇 EWG 전극은 상업적 이용이나 개발 중이다. 이들은 산화 이트륨, 산화 마그네슘을 첨가한 전극을 포함한다. 이 분류에는 위에서 열거한 것 이외의 양으로 또는 다른 산화물과 함께 이들 산화물을 함유하는 세륨계 및 란탄계 전극이 포함된다. Tri-mix 전극도 사용되고 있다. 표 3.15는 전극의 특성에 대한 불순물 첨가의 영향을 나타내었다.

표 3.15 전극의 특성에 대한 불순물 첨가의 영향

구분	일반특성	알루미늄 적용
WP	• 불순물이 첨가되지 않은 전극 • 교류에서 정류 효과가 작아 아크 안정성 우수 • DC 용접에 부적합 • 매끄럽고, 전극 끝이 둥글다. • 전극에 첨가물이 없어 보다 싸다.	• 연속 AC 고주파 필요 • 용접기에 따라 사용 제한
토륨-1 토륨-2	• WP보다 저전류에서 아크 발생, 스패터 없고, 전류 용량 크다. • 소모가 적어 Spot 전극, 직류정극성 사용 • DCEP, AC 용접에서 불균형 전류 증대 • EWTh-2는 전극연마 때 분진이 호흡기에 영향 • 산화토륨의 증가는 전극 소모를 절약한다. • 전류 용량과 수명 연장을 제공한다.	• 알루미늄에 부적합 • AC에서 과열 토륨 전극은 둥글지 않고 종방향으로 분할
WLa10 WLa15 WLa20	• 란탄 전극봉은 DC와 AC 용접에 적용 • 마이크로 플라스마 용접에 사용 가능 • 란탄 산화물(La_2O_3)의 양을 높여 초기 아크 발생을 강화 • 다른 전극보다 수명이 길다(플라스마 공정).	• 비합금과 고합금강, Al, Ti, Ni, Cu와 Mg 합금
WCe20	• 산화세륨(CeO_2)을 첨가, WP보다 생산성 향상 • WCe 전극은 WL 전극보다 생산능력이 낮다. • 비합금과 고합금강, Al, Ti, Ni, Cu와 중 · 저전류 범위의 Mg 합금의 DC와 AC 용접	• 알루미늄 AC 용접에 더 좋은 선택 • 과열 시 뾰족에서 둥근 모양의 경향 • 2.4mm 세륨 전극은 WP 2배 전류 수행
WZr08	• Zr 함유 전극은 텅스텐 용착에 의한 오염 위험 저하 • AC 용접과 DC 용접에는 적합성이 한정 • 전극에 의해 오염된 풀을 작게 한다. • EWTh 전극보다 아크 발생 특성이 저하한다.	

4.5.4 텅스텐 전극봉의 준비

텅스텐 전극의 그라인딩은 화재 발생과 상해의 원인인 비산 불꽃과 먼지를 일으킨다. 그라인더에 국소 배기(강제 환기) 또는 승인된 마스크를 착용하고 안전 정보를 위해 MSDS를 읽는다. 토륨(Th) 대신에 텅스텐 기본의 란타늄(La) 또는 2% 세륨(Ce)이 포함된 것의 사용을 고려한다. 토륨 먼지는 낮은 수준의 방사능을 포함하고 있다. 안전과 환경 측면에서 그라인더의 먼지를 올바르게 처리하고, 얼굴과 손, 몸을 보호하는 적절한 것을 입는다. 그라인더는 가연성으로부터 떨어져야 한다.

(1) 전극 끝 구성

텅스텐 전극 끝의 모양은 GTAW에서 중요한 변수이다. 텅스텐 전극은 다양한 끝 준비로 사용될 수 있다. AC 용접은 순 또는 지르콘 텅스텐 전극이 반구형 끝을 형성한다. 직류 용접은 텅스텐, 세륨 또는 란탄 텅스텐 전극이 사용되며, 전극 끝은 특정 각도로 연마하고 자른다. 그림 3.37처럼 전극 끝의 다양한 형상이 용접 비드 모양과 크기에 영향을 준다. 경사각 증가는 용입이 증가하고 용접 비드 폭이 감소한다. 작은 직경 전극은 DCEN 용접을 위한 사각 마감 준비와 함께 사용될 수 있지만, 원뿔 끝은 향상된 용접 성능을 제공한다.

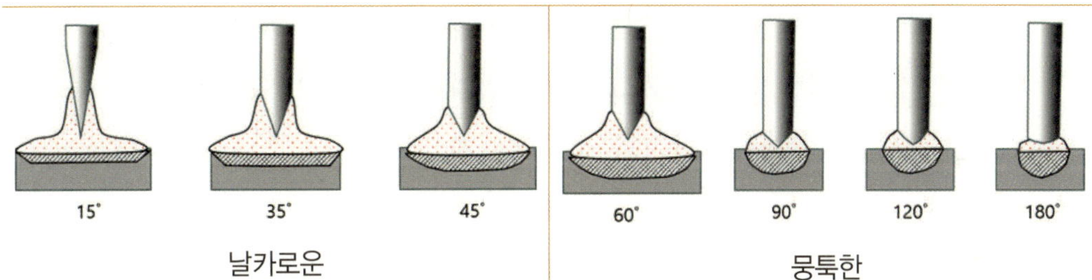

날카로운	뭉툭한
• 넓은 비드와 아크 발생이 쉽다. • 낮은 전류에 사용하며, 아크 안정성이 향상 • 용입이 저하하며, 전극 수명이 단축된다.	• 좁은 비드로 아크 발생이 불리하다. • 높은 전류에 사용하며, 아크 쏠림이 증가 • 용입이 향상되고, 전극 수명이 길어진다.

그림 3.37 텅스텐 전극(선단) 가공

선택된 전극 팁 구조와 관계없이 용접 절차가 수립되면 전극 형상이 같게 유지되는 것이 중요하다. 전극 구조의 변화는 아크 특성, 용입, 비드의 크기와 모양에 크게 영향을 줄 수 있다. 전극 끝 구성은 용접 절차의 개발 중에 연구되어야 하는 용접변수이다. 텅스텐 전극 구조는 수동 용접의 요소이지만, 아크 특성과 용접보증에 영향은 기계 용접에서 더욱 중요하다. 텅스텐 팁은 일반적으로 연삭, 볼링 및 화학작용이 적은 연마로 준비된다. 테이퍼 전극 팁은 AC 용접에서 나중에 볼이 구부러질 때조차도 가장 작은 전극을 제외한 모든 전극에 준비된다.

(2) 그라인딩(Grinding)

최적 아크 안정성을 위해 텅스텐 전극 연삭은 연삭 휠의 축에 수직인 전극 축을 사용하여 수행한다. 텅스텐은 원주 방향이 아닌 직선 방향으로 연마한다. 그라인딩 휠은 그라인딩 중에 텅스텐 팁에 이물질 부착 가능성을 없애기 위해 텅스텐만 그라인딩할 수 있도록 한다. 전극 연삭은 작업 영역의 공기에서 연삭 먼지 제거를 배기 후드 또는 집진기를 사용한다.

직류정극성(DCEN) 또는 인버터 용접기의 교류 용접을 위한 텅스텐 전극봉의 가공 방법은 다음과 같다.

- 전극봉의 연마는 아크를 안정되게 하도록 그림 3.38(a)처럼 그라인더 연마석의 회전 방향으로 길게 놓고, 전극봉을 회전하면서 가공한다.
- 그림 3.38(b)처럼 전극봉을 그라인더 연마석의 회전 방향 직각으로 가공할 때는 자기 발생으로 인하여 아크가 불안정하게 된다.

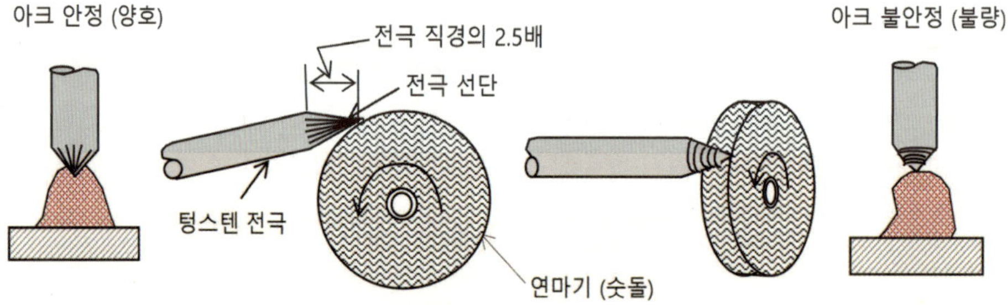

(a) 바람직한 전극가공(원주방향에 평행)　　(b) 나쁜 전극가공(원주방향에 직각)

그림 3.38 TIG 전극봉 가공

- 미세입자의 단단한 연마 휠에 텅스텐을 연마한다. 다른 작업에 사용했던 휠을 사용할 경우 텅스텐은 오염이 된다.

- 일정한(flat) 직경은 전류 용량을 결정한다.
- AC 전류 적용의 순 텅스텐 전극은 둥근 끝(balled end)을 추천한다.

텅스텐 끝의 볼은 그림 3.39처럼 용접 중에 만들어진다.

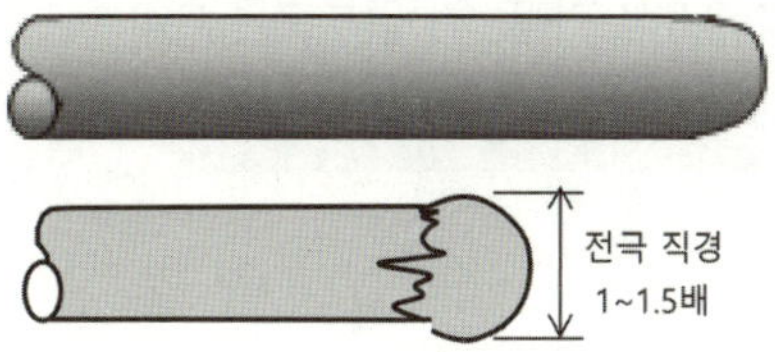

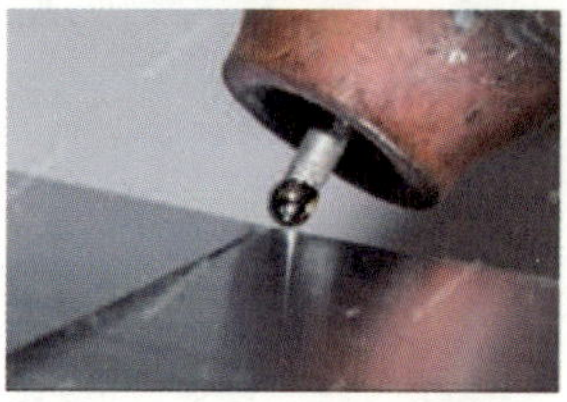

그림 3.39 알루미늄 AC 용접의 텅스텐 또는 Zr이 들어간 전극의 가공 및 용융 형상

- 전극봉 끝이 용융지가 닿거나 오물이 묻지 않도록 한다. 사용 중 텅스텐 전극봉이 훼손되면 그림 3.40과 같이 수정하여 사용한다.

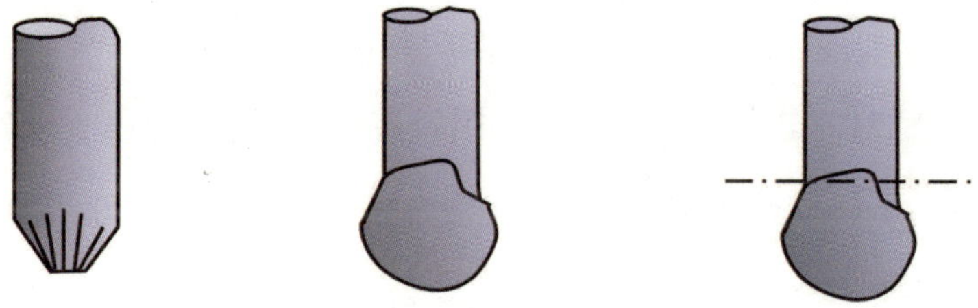

(a) 양호 상태 (b) 훼손 상태 (c) 손상 부분을 잘라내고 (a)와 같이 가공한다.

그림 3.40 텅스텐 전극 끝부분의 처리

- 순 텅스텐 및 Zr이 들어간 전극의 끝부분은 날카롭게 가공하지 않는다. 전극봉의 선단은 표 3.16의 그림처럼 DC 전류의 경우 20~30°의 원뿔(cone) 형태로 가공 후 사용하며, AC 전류의 경우 봉(90°) 상태로 가공, 또는 끝을 가공하여 사용한다. 전극의 직경에 따른 가공 치수는 표 3.16에 나타내었다.

표 3.16 텅스텐 전극 끝의 가공 치수

<table>
<tr><th colspan="2">직류(Th1~2%+W 들어간 전극)</th><th colspan="3">교류(순 텅스텐, Zr 전극)</th></tr>
<tr><td colspan="2">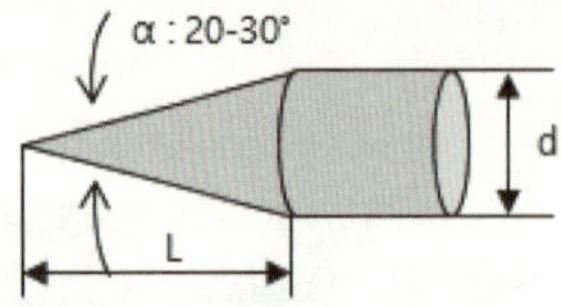
</td><td colspan="3">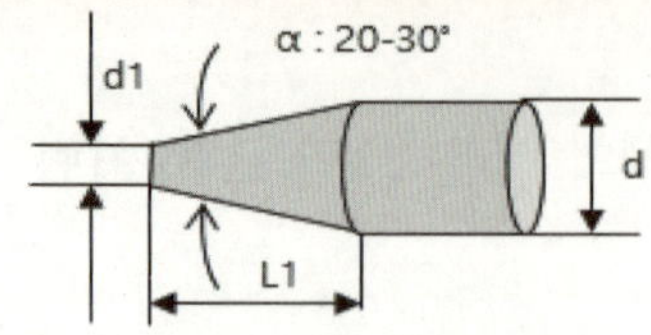

직경의 약 2.5배 가공 후, 끝부분은 0.4mm 정도 자른다.
또는  처럼 가공한다.</td></tr>
<tr><td>d</td><td>L</td><td>d</td><td>d_1</td><td>L_1</td></tr>
<tr><td>1.0</td><td>2.5</td><td>1.0</td><td>0.5</td><td>1.2</td></tr>
<tr><td>1.6</td><td>4.0</td><td>1.6</td><td>0.8</td><td>2.0</td></tr>
<tr><td>2.4</td><td>6.0</td><td>2.4</td><td>1.2</td><td>3.0</td></tr>
<tr><td>3.2</td><td>8.0</td><td>3.2</td><td>1.6</td><td>4.0</td></tr>
<tr><td>4.0</td><td>10.0</td><td>4.0</td><td>2.0</td><td>5.0</td></tr>
</table>

(3) 화학 연마

화학 연마는 텅스텐 전극의 적색 끝부분을 질산나트륨 용기에 잠기게 하여 만든다. 뜨거운 텅스텐과 질산나트륨 사이의 화학 반응은 텅스텐이 전극의 둘레와 끝 전체에 균일한 비율로 침식되도록 한다. 텅스텐을 질산나트륨에 반복적으로 가열하고 담그면 끝이 가늘어진다.

4.5.5 용접봉 및 실딩 가스의 선정

용접봉은 기본적으로 모재의 재질과 같은 것을 선택한다. 수동 용접용으로 ϕ 1.2~5.0mm를 사용하고, 자동 용접에서는 ϕ0.8~2.4mm의 스풀에 감은 것을 사용한다. 실딩 가스는 일반적으로 아르곤을 사용하며 아크 전압 상승을 목적으로 헬륨, He+Ar 혼합 가스를 사용하거나 구리의 경우 질소 가스를 혼합하여 사용하는 예도 있다.

4.5.6 용접 개선의 선정(joint selection)

개선은 이음의 형상, 두께, 용접 방법, 용접 자세, 층수, 이면 용접 및 제거의 여부, 작업제약 조건, 요구품질 등에 따라 결정된다.

4.5.7 용접시공

(1) 개선 청소와 맞춤

TIG 용접은 일반적으로 피복 아크 용접으로 시공이 곤란한 재질, 이음 형상, 용접 자세에 따라 사용하며, 고품질을 요구하므로 용접 전의 산화피막의 제거와 기름 등의 오염제거와 청정은 특히 중요하다. 표면처리법으로는 용제에 탈지한 다음 와이어 브러시, 샌드블라스트 등의 기계적 처리법과 불소, 질산, 수산화나트륨 등의 용액으로 산화물을 제거하는 화학처리법이 있다.

개선 맞춤은 TIG 용접에서는 특히 중요하며 가접부는 본 용접 전에 제거를 원칙으로 하고 곤란할 경우 본 용접 조건과 같은 조건으로 시공한다. 또한, 백 비드 용접 때 백 비드의 형성과 보호의 목적으로 금속 및 아르곤 가스 뒤판(baking) 등이 일반적으로 사용된다.

(2) 용접 조건의 선정

① 용접 전류

용접 조건은 텅스텐 전극 직경에 따라 최적값을 설정하며 전극의 재질, 팁 형상, 돌출길이, 극성, 직류 전류와 펄스 전류의 범위 등에 따라 다르다. 즉, 그림 3.41처럼 직류역극성이나 교류의 경우 동일 크기의 전극에서도 허용전류가 직류정극성에 비해 낮다.

또 그림 3.42처럼 전극이 콜렛으로부터 돌출길이가 커지면 용접 전류에 의해 저항 발열이 커져 허용 전류가 저하한다. 따라서 허용 전류를 초과한 전극의 사용은 전극의 용융을 초래하거나, 전극 끝이 변형되어 안정한 용접을 할 수가 없으므로 전극 직경은 여유 있게 선정할 필요가 있다.

1~2% 정도의 토륨을 함유한 텅스텐 전극봉은 높은 전류 용량을 가지며, 전극봉 수명이 증가한다. 전극봉의 일반적인 전류 범위는 전극봉 직경에 관계된다. 전극봉의 형상은 전류 형태와 전류 밀도에 따라 다르며, 적정 전류에서는 선단부가 약간 녹은 공(ball) 모양의 상태가 된다. 박판 및 입열 양에 민감한 재질의 수직 용접의 경우 펄스 용접의 적용으로 용접 에너지를 감소시킬 수 있다.

펄스 시간 동안 최대의 에너지가 이행되고, 낮은 전류 때 부분적으로 용융 금속이 응고된다. 근래의 용접기에서는 펄스 주파수와 시간을 조정할 수 있어 에너지의 조절이 가능하다. 헬륨 가스는 아크 에너지가 높아 아르곤 가스 사용의 예열을 삭제하여도 비슷한 용입을 얻을 수 있다.

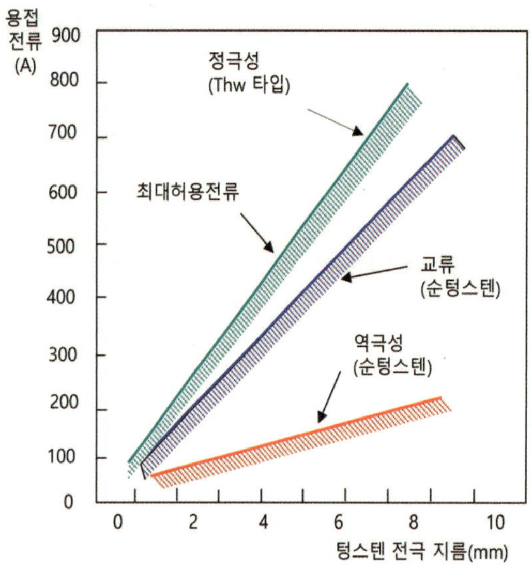

그림 3.41 텅스텐 전극 지름-최대 허용 전류의 관계

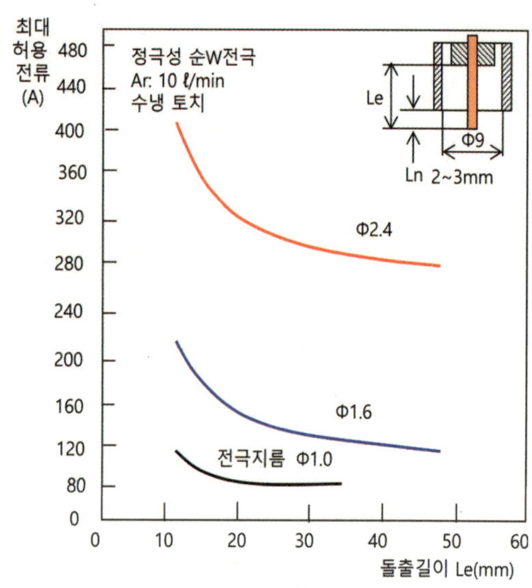

그림 3.42 전극 돌출길이-최대 허용 전류의 관계

② 아크 전압

그림 3.43과 3.44에서 아크 전압은 아크 길이나 실딩 가스의 종류에 따라 변화하고 용입, 비드 형상에 영향을 준다. 아르곤 가스 쪽이 헬륨보다 아크 기둥에서의 외부로부터 열 손실이 적기 때문에 동일 전류에서 아크 길이가 일정하면 아

크 전압은 작아진다. 또 용접 전류가 증가하면 동일 아크 길이에서는 아크 전압이 높게 되고, 아크 길이가 길어질수록 아크 전압은 높아진다.

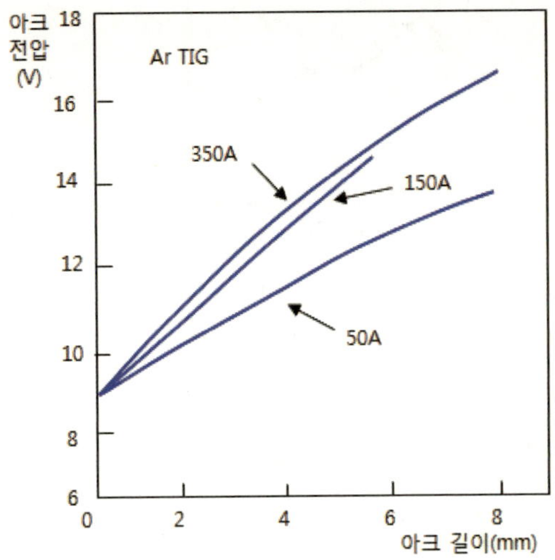

그림 3.43 TIG 아크 길이와 아크 전압과의 관계

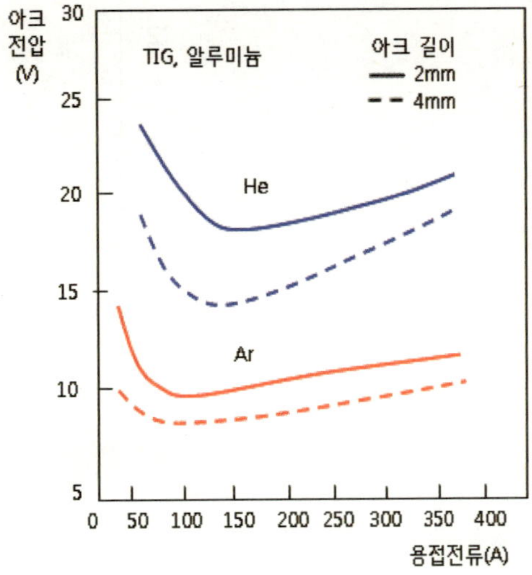

그림 3.44 Ar 및 He 분위기 TIG 아크 전압

③ 용접 속도

TIG 용접에서 입열의 제한과 능률향상 등에서 높은 용접 속도를 바라지만, 한계 범위를 초과하면 언더컷이나 불균일 비드가 생긴다. 따라서 용접 전류에 따른 적정 용접 속도의 선정이 중요하다. 그림 3.45는 각종 TIG 용접의 용착량을 나타냈다.

④ 와이어 송급 속도

박판의 경우 용접봉 없이 용접을 행하는 경우가 많지만, 후판 등과 같이 용접봉이 있어야 하는 경우 용접봉을 사용하며 TIG 와이어 공급량은 전류, 전압의 값과는 독립해 임의 조정할 수 있다. 수동 TIG 용접의 경우 간헐적 용접봉 삽입이 가능하며, 자동 TIG 용접의 경우 용접 와이어에 통전하지 않는 냉간 와이어

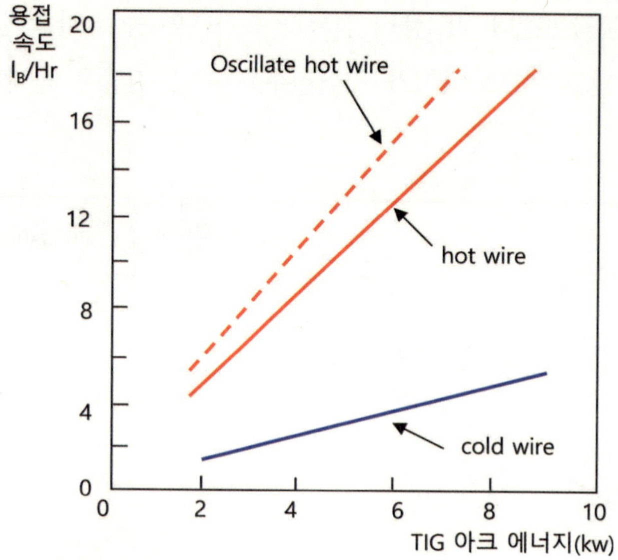

그림 3.45 각종 TIG 용접의 용착량 비교

(cold wire) 법과 통전하여 주울 열을 이용하여 용융량을 증가시키는 가열 와이어(hot wire) 법이 있다. 가열 와이어 법의 경우 와이어에 흐르는 전류의 자기 작용으로 아크 간섭이 일어나 양호한 용접이 곤란할 수가 있으며, 특히 고전류 영역에서 현저하다.

⑤ 실딩 가스와 유량

TIG 용접에서 실딩 가스는 아크 안정성과 용착 품질에 직접적인 영향을 미치는 중요한 요소이다. 일반적으로 아르곤(Ar)과 헬륨(He)이 단독 또는 혼합하여 사용되며, 각 가스의 특성과 용접 조건에 따라 선택된다.

아르곤은 아크를 부드럽고 안정적으로 유지하며, 취급이 쉽고 가스 소모량이 적다는 장점이 있다. 이로 인해 TIG 용접에서 가장 일반적으로 사용되는 실딩 가스이다. 반면, 헬륨은 아르곤보다 이온화 에너지가 높아 아크 전압이 약 75% 정도 증가하며, 그에 따라 아크 에너지가 높아져 깊은 용입이 가능해진다. 따라서 열전도성이 높거나 두께가 두꺼운 재질을 용접할 때 헬륨 또는 헬륨 혼합 가스가 사용된다.

실딩 가스의 순도는 용접 품질에 큰 영향을 주며, 특히 탄소강, 스테인리스강,

구리와 대부분의 비철금속은 고순도(99.95% 이상)의 가스를 요구한다. 일부 특수 용접에는 99.99% 이상의 초고순도 가스가 사용된다. 실딩 가스 내 오염물질(산소, 질소, 기름, 수분 등)은 용착금속 내에 기공(porosity)을 유발할 수 있으므로 반드시 제거되어야 한다.

헬륨의 단점으로는 초기 아크 발생이 어렵고, 아크가 다소 불안정하며, 가스 소비량이 많고, 가격이 아르곤의 약 3배로 고가라는 특성이 있다.

이러한 특성 차이를 보완하기 위해 혼합 가스가 사용된다. 예를 들어,

- 50% 헬륨 + 50% 아르곤 혼합 시 아크 에너지가 약 25% 증가하며,
- 10% 수소 + 아르곤 혼합 시에는 약 20% 증가한다.

단, 수소는 많은 금속에서 용접결함을 유발할 수 있으므로, 일부 스테인리스강 등 특정 재료에 한정하여 사용된다. 그림 3.46은 다양한 실딩 가스 조합에 따른 TIG 용접부 단면 형상을 비교하였으며, 표 3.17에는 각 실딩 가스의 특성과 용도에 대한 정리가 수록되어 있다.

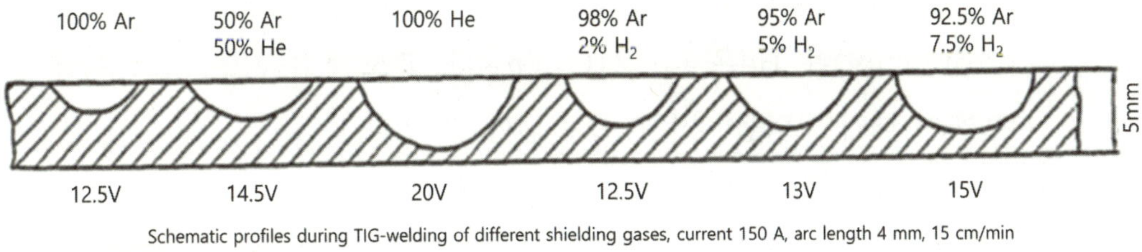

그림 3.46 다양한 실딩 가스, 전류 150A, 아크 길이 4mm, 15cpm, TIG 용접 중 단면 모양

용접 중 가스 사용량은 가스의 종류, 토치와 모재와의 간격 및 주위 바람의 속도에 관계된다. 보호 효과에 영향을 주는 인자로는 가스 노즐과 용융지 크기, 노즐과 모재 사이의 거리 및 2.2m/s 이상의 횡풍이며, 노즐 크기는 용융지 주변의 고온 영역도 충분하게 보호할 수 있는 것이 필요하고, 작은 노즐에 많은 유량이 적용되면 난류가 발생하여 공기의 혼입을 유발하고, 노즐-모재 간의 거리가 크면 공기의 혼입과 바람의 영향을 받는다.

표 3.17 실딩 가스의 특성

특성	아르곤	헬륨	아르곤/헬륨 혼합
용접 속도	감소	빠름	아르곤보다 향상
용입	감소	증가	아르곤보다 향상
클리닝 작용	좋다.	더 적다.	아르곤에 가까운 특성
아크 개시	쉽다.	어렵다.	헬륨보다 향상
아크 안정성	좋다.	낮은 전류에서 더 적다.	헬륨보다 향상
아크 원뿔	집중성 원뿔	나팔꽃 모양 원뿔	헬륨보다 집중성 원뿔
아크 전압	낮다.	높다.	아르곤과 헬륨 중간
유량	낮은 유량 5~14ℓ/min	높은 유량(2배)	아르곤보다 높은 유량
비용	낮은 비용과 높은 이용성	아르곤보다 높다.	아르곤보다 높다.

따라서 노즐은 용접부의 관찰이 가능한 범위에서 이음에 가장 근접할 수 있는 것이 바람직하다. 콜렛의 방해를 고려한 노즐 단면적에 비례하여 유량을 증가한다. 가스 노즐 직경은 용융지 크기, 용접금속의 반응성에 맞게 선택된다. 최소유량은 아크열과 횡풍 극복 가스 흐름 필요성으로 결정한다. 일반적으로 Ar은 7~16ℓ/min이며, He은 14~24ℓ/min이다. 과도한 유속은 가스 흐름에 난류를 유발하여 대기 오염을 용융지로 흡인할 수 있다.

가스 렌즈를 노즐에 삽입하고 헬륨을 실딩 가스로 사용하여 비류 열성 가스 흐름의 높은 속도를 얻을 수 있다. 비용면에서 실딩 가스 유량을 증가시키는 것보다 공기 흐름을 차단하는 보호 스크린이 바람직하다. Ti, Mg 등의 활성 재료는 챔버(chamber) 내의 아르곤 가스 분위기 속에서 용접한다. 표 3.18은 각종 금속에 대한 용접 전류, 텅스텐 전극 및 실딩 가스의 권장 유형을 나타내었다.

표 3.18 각종 금속에 대한 용접 전류, 텅스텐 전극 및 실딩 가스의 권장 유형

재질	두께(mm)	전류 형태	전극*	실딩 가스
알루미늄	모든 두께	AC	순 또는 Zr	Ar 또는 Ar–He
	3.2 이상	DCEN	Th	Ar–He 또는 He
	3.2 이하	DCEP(드물게)	Th or Zr	Ar
구리, 구리 합금	모든 두께	DCEN	Th	He, Ar–He
	3.2 이하	AC	순 또는 Zr	Ar, Ar–He
Mg 합금	모든 두께	AC	순 또는 Zr	Ar, Ar–He
	3.2 이하	DCEP(드물게)	Zr or Th	Ar
니켈, 니켈 합금	모든 두께	DCEN	Th	Ar, Ar–He, Ar–H_2
탄소, 저합금강	모든 두께	DCEN	Th	Ar, Ar–He
	3.2 이하	AC(드물게)	Th or Zr	Ar, Ar–He
STS	모든 두께	DCEN	Th	Ar, Ar–He, Ar–H_2
	3.2 이하	AC	순 or Zr	Ar, Ar–He
Ti	모든 두께	DCEN	Th	Ar, Ar–He

* 토륨 전극이 권장되는 경우, 세륨 또는 란탄 처리가 사용될 수 있다.

(3) TIG 파형

일반적인 교류 직각 파형(conventional square wave AC)은 사인 파형보다 전극봉의 양극과 음극 사이에서 시간 변이가 빠르다. 따라서 아크가 안정하다.

그림 3.47에서 사인파의 0 분기점(zero crossover)에서 시간의 비율은 용접 아크의 품질에 영향을 주는 0의 분기 지역에 많은 소모를 하며, 사인 파형에 편승하는 직각 파형은 직각 파형 출력에서 0 분기점에 낭비하는 시간이 적다.

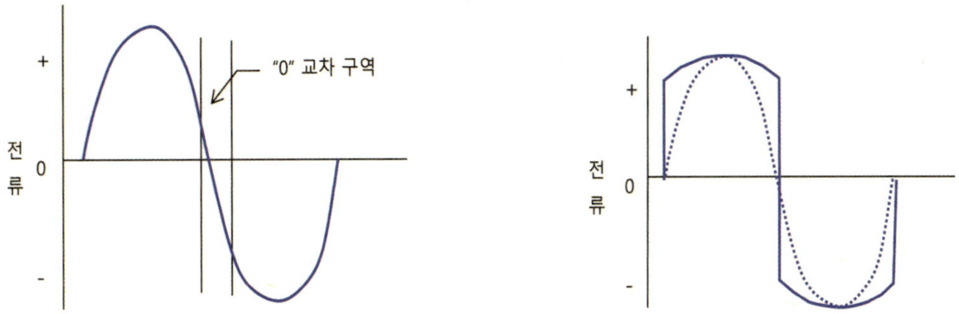

그림 3.47 사인 파형과 직각 파형의 비교

4.5.6 TIG 아크 발생 방식

초기 아크 발생에는 다음과 같은 방법이 사용된다.

(1) 긁기법(scratch start)

이것은 수동 용접에 사용된다. 전극봉으로 모재를 가볍게 긁어 아크를 발생시키며, 모재와 전극봉 간의 간격을 3mm 정도 유지해 용융지에 의한 전극봉의 오염을 방지하여야 한다. 구리판이나 별도의 철판에서 발생시켜 용접할 모재로 아크를 끌고 갈 수 있고, 용접할 모재에서 바로 할 수도 있다. 오염의 위험이 있는 탄소 블록(carbon block)에서는 피하는 것이 좋다.
두꺼운 구리판 위에서 전극을 가볍게 긁어서 아크를 발생한 후, 실제 용접하고자 하는 초기 위치로 아크를 옮기는 것은 아크 발생 때 전극 끝단의 오염을 막고, 텅스텐 혼입의 결함을 막기 위해서이다.

(2) 들어 올림 법(retract start or lift-arc start)

직류 고전압을 걸은 상태에서 그림 3.48처럼 전극을 작업물에 접촉한 후 들어 올림(retract)으로써 아크를 발생한다. 고전압이 위험하므로 자동화된 직류 용접에서 사용된다.

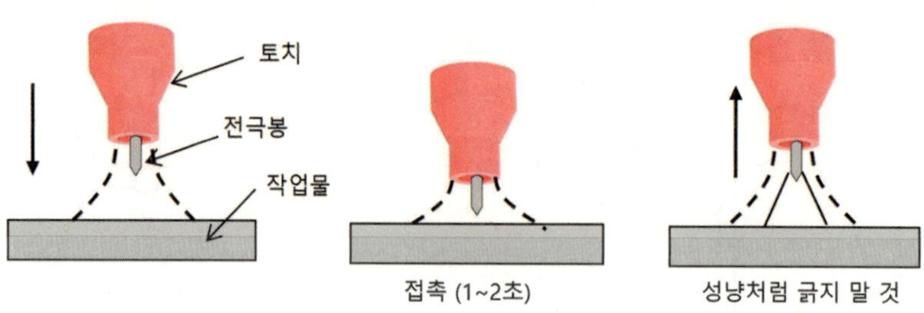

그림 3.48 들어 올리기(lift-arc start)

작업물의 용접 시작점에 텅스텐 전극봉을 접촉하고 토치 방아쇠(발, 손)와 함께 출력된다. 1~2초 정도 작업물에 전극봉을 유지하고, 전극봉을 천천히 들면 아크는 형성된다. 보통 개로 전압은 작업물에 텅스텐 전극봉이 접촉하기 전에 나타나지 않는다. 단지 낮은 의미의 전압이 작업물과 전극봉 사이에 나타난다. 반도체를 이용한 접촉기는 전극봉이 작업물에 접촉할 때까지 전압을 가하지 않는다. 이것은 작업물에 과열, 붙음, 오염이 없이 접촉하는 것을 전극봉에 허용한다. 들어 올리기는 DCEN 또는 교류에 사용한다. 고주파(HF) 개시 방법의 GTAW 용접은 긁기 법을 대신하거나, 사용하지 않는다.

(3) 고주파 아크법(high frequency start)

DC, AC 방식 모두 적용되며, DC의 경우 고주파에 의해 아크가 발생한 후 용접 전류가 발생하고, 교류의 경우 아크를 안정시키기 위해 용접 중 전 시간 동안 고주파를 병행하여 사용한다.

텅스텐 혼입 등을 미리 방지하며, 고주파 잡음이 주변 기기에 영향을 끼칠 우려가 있다. 아크 개시를 촉진하기 위해 고주파를 켜면 출력할 수 있다. 아크가 개시되었을 때 고주파는 소멸하고 아크가 끊어져 재개시 때마다 켜진다. 용접기의 형태와 출력 극성이 고주파를 사용하지 않는 아크 개시에 영향을 준다. 고주파(HF) 아크 개시는 DCEN에 사용하며, 비접촉 아크 개시 TIG 용접에 사용한다.

4.6 알루미늄 합금의 TIG 용접

4.6.1 알루미늄 용접 특성

① 다양한 용접법으로 알루미늄 용접을 할 수 있지만, 얇은 재료에서 기계적 강도와 우수한 외관은 대부분 TIG 용접이다. 통상 TIG 용접이 MIG 용접으로 용접하는 것보다 용접 품질이 우수하다. 그러나 TIG 용접은 알루미늄에 가장 적합하지만, 알루미늄이 쉽게 양질의 조화로 용접되려면 반드시 고려해야 할 금속의 특성이 있다.

② 순 알루미늄은 650℃보다 낮은 용융점과 대부분 금속의 특성처럼 녹기 전에 색상의 변화를 나타내지는 않아 색상 변화로 녹거나 뜨거운 것을 알기가 어렵다. 표면 산화물의 막 형태는 3배 정도 높은 용융점(1760℃)을 갖고 있지만, 알루미늄은 낮은 온도(1582℃)에서 비등한다. 산화막은 알루미늄보다 무거워 녹았을 때 용융 알루미늄의 통풍구를 막거나 침전하는 경향이 있다. 이런 이유로 표면의 산화막은 용접 전에 반드시 제거해야 한다. 다행히도 교류 아크의 반인 역극성은 용접에 앞서 이 산화막을 어느 정도 제거한다.

③ 알루미늄은 우수한 열전도체이므로 용접 시작 때 큰 입열이 요구되며, 열이 모재 주위로 전달되어 손실된다. 용접 중 이 열의 대부분은 아크의 앞으로 이동하여 판재를 가열하여 전류를 감소시키지 않는 한 용접을 어렵게 만든다. 전류조정이 필요할 경우, 직각 파형(square Wave) TIG는 용접과 동시에 전류 변화 조정을 쉽게 할 수 있게 한다.

④ 알루미늄 합금 중의 일부는 균열에 민감한 경향을 나타낸다. 이것은 고용체 합금의 온도 범위에서 부분적으로 고체와 액체가 공존하거나, 고체로 변하는 과정에서 수축 응력에 대한 인장강도가 충분하지 않아 냉각 때 변형과 함께 균열이 발생한다. 적당한 용접봉의 선택과 더 작은 용접 비드는 이러한 문제점들을 제거하는 데 도움이 된다. 전문가 중 일부는 조금씩 움직이는 백스텝을 추천하고 있다.

⑤ 용접봉으로 용접하는 경우, 용융지의 금속이 대부분 강도와 연성을 하고 있어 균열에 영향을 받지 않고 모재와 용접봉에 결합한다. 그리고 부식 저항은 사용 목적에 따라 요구된다. 여러 알루미늄 합금의 용접봉은 추천하는 표를 참고한다.

(1) 실딩 가스

수동 용접의 경우 주로 3.2mm 이상의 두께에서 용접하며, 자동 용접은 얇은 두께에 주로 적용된다. 아르곤 가스가 주로 사용되나, 재료가 두꺼울 경우 아르곤과 헬륨 혼합 가스가 사용되며, 기공 감소와 용입 형상에 영향을 준다. 헬륨을 사용하면 용접 속도를 높일 수 있지만, 표면 처리가 깨끗하지 못하면 기공의 위험이 있다. 아르곤-헬륨 혼합 가스도 용접 속도를 높일 수 있으나, 용착 불량 및 기공의 위험이 있다.

아르곤 가스가 아르곤-헬륨 혼합 가스나 헬륨 가스보다 TIG 스폿(spot) 용접에는 매우 좋다. 즉, 전극봉의 수명이 증가하며, 용접 결이 보기 좋게 퍼진다. 파이프 용접에도 아르곤 가스가 실딩 가스 및 퍼징(세정) 가스로 사용된다.

알루미늄 용접은 아르곤 가스와 고주파 병용 교류 용접일 경우 수동 용접으로도 좋은 결과를 얻을 수 있다. 교류 전류에서 아르곤 가스 사용은 아크 발생이 쉽고 외관 형상 및 클리닝 효과도 헬륨 가스의 사용 때보다 우수하며, 가스 가격이 저렴하다.

(2) 용접변수

알루미늄의 교류 TIG 용접의 용접변수는 용접 참고문헌이나, 알루미늄 제조업자나, 장비 공급업자로부터 구할 수 있다. 최근에는 직류정극성의 자동 TIG 용접이 헬륨 가스를 실딩 가스로 하여 항공 분야에 많이 사용되는 경향이 있다.

전류는 전극 지름에 최적치를 설정해야 하며, 전극 재질, 팁 형상, 돌출길이, 극성, 직류, 펄스 전류의 범위 등으로 전극의 전류 범위를 설정한다. 전류 범위는 전극 직경에 비례한다. 아크 전압은 아크 길이, 실딩 가스 종류에 변화하며, 용입과 비드 형상에 영향을 준다. 용접 속도는 TIG 용접에 입열을 제한하는 것으로 능률향상 등에서 높은 용접 속도가 좋지만, 한계 초과는 언더컷, 불균일 비드 발생의 원인이 된다. 용접 전류에 따른 적정 용접 속도의 선정이 중요하다.

(3) 이음 형상

모재의 두께가 3.2mm 미만이면 통상 I형 이음으로 용접하며, 3.2~12.7mm인 경우에는 한쪽 V-이음이나, 양쪽 V-이음으로 용접한다. 그리고 12.7mm 이상이면 MIG 용접으로 용접한다. 또한, 후판을 I형 홈이나, 홈을 좁게 하여 용접하는 방법의 개발도 하고 있다.

(4) 용접봉

용접봉은 봉이나, 와이어 상태로 주로 사용되며, 모재와 같거나 동등한 재질을 사용한다. 최고 용착 비율은 높은 용접 전류와 가장 큰 직경의 용접봉으로 얻을 수 있고, 최고 와이어 직경은 용접할 때 사용할 수 있는 전류에 따른다. 즉, 전류는 이용되는 동력, 이음 설계, 합금 형태, 두께, 용접 자세에 따라 달라질 수 있다.

용접 품질은 용접봉의 청정상태와 품질에 따라 결정되므로 용접봉이 깨끗하지 않다면, 용융지에 많은 양의 오염물을 끌어들이며, 이것은 상대적으로 용접봉의 넓은 표면에 침전되는 용접금속의 양이 많아진다. 용접봉의 오염물은 대부분 기름이나 수산화물이다. 용접열은 오염으로부터 용접에 기공의 원인이 되는 수소를 방출한다. 용접봉은 용융지에 모재와 함께 합금되거나 희석되므로 용접의 품질에 영향을 미치는 모재만큼 중요하다.

(5) 용접 준비

용접물은 용접작업에 앞서 절단되고 가공되는 기계 작업이 선행된다. 이런 작업에 사용되는 윤활유의 완전한 제거는 높은 용접 품질의 필수조건이다. 용접 전에 톱날 자국 또는 절단면 끝의 입자가 제거되어야 한다. 절단 끝은 청정하고 평탄해야 한다. 용접에서 불순물이나 기공의 감소를 위해 용접부 표면의 청결은 매우 중요하다. 수소는 기공의 원인이고 산소는 용접에서 불순물의 원인이다. 산화물과 그리스, 기름 막은 산소와 수소를 포함하고 있어 용접부에 남아있다면 전기적 특성과 기계적으로 약한 불건전한 용접부의 원인이 된다. 용접 전에 반드시 청결해야 하며 일반적인 청결 절차의 요약은 앞서 표 1.80에 나타내었으며, 표 3.19에 5083의 TIG 양면 맞대기(양쪽 면에 1 패스씩 용접) 용접 조건을 나타내었다.

표 3.19 TIG 용접에 의한 5083 판재의 용접 조건과 기계적 성질

판 두께 (mm)	전류 (A)	전압 (V)	용접 속도 (cpm)	텅스텐 직경(mm)	보호 가스	인장강도 (MPa)	신율 (%)
4.8	180	10	60.9	3.2	He	307	10.0
4.8	180	10	53.3	3.2	혼합#	307	10.0
6.4	185	10	50.8	3.2	혼합#	303	15.0
6.4	200	10	50.8	3.2	He	310	17.0
9.5	260	11	25.4	4.8	혼합#	300	17.0
9.5	300	12	35.5	4.8	He	303	15.0
12.7	250	15	16.5	4.8	혼합#	303	–
12.7	275	25	38.1	4.8	He	296	19.5
15.9	250	20	15.2	6.4	혼합#	279	19.5
15.9	300	25	33.0	6.4	He	282	21.5
19.1	360	25	25.4	6.4	He	287	28.5
22.2	400	25	22.8	6.4	He	281	26.0
25.4	425	25	19.0	6.4	He	282	26.0

주) 1. # 75%Ar+25%He 혼합 가스 2. 아래 보기, I형 이음, 양쪽 1 패스 용접

표 3.20은 모재 두께에 따른 용접 조건을 나타내었다. 두께 10mm까지는 뒤판(back up-bar) 없이 한쪽에서 1 패스 용접할 수 있으며, 10~15mm까지는 한쪽 면에서 2 패스 용접할 수 있고, 그 이상 25mm까지는 양쪽에서 1 패스씩 용접한다.

표 3.20 2219 합금의 전 자세 용접 때 TIG 용접 조건

두께 (mm)	이음 형상	전류 (A)	전압 (V)	이송속도 (cpm)	항복강도 (MPa)	인장강도 (MPa)	신율 (%)
5.7	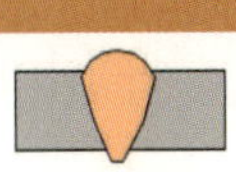	220	12	25.4	165	282	4.4
10.2	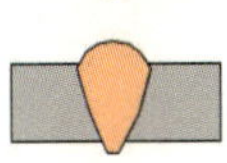	225	12	15.2	155	262	3.5
12.7	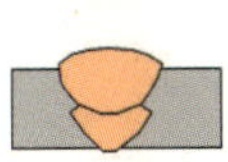	290	12	17.8	158	269	4.0
17.8	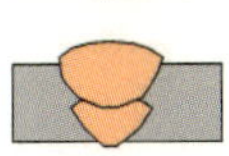	420	11.5	17.8	169	296	5.5
25.4	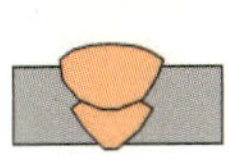	450	12	10.2	152	282	5.5

(6) 수동 용접 기술

그림 3.49에서처럼 아크가 시작되면 전극은 원하는 용융지가 형성될 때까지 작은 원운동으로 움직인다. 토치는 수직에서 15°의 각도로 유지되고 이음을 따라 움직여 공작물의 접합 면을 점진적으로 녹인다. 이때 용접봉이 용융지 앞쪽의 가장자리에 공급된다.

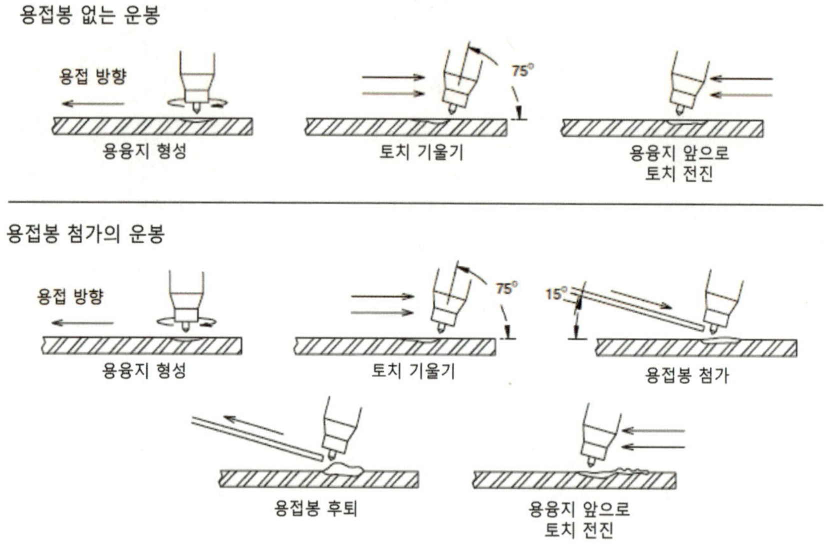

그림 3.49 **용접 중 토치 이동**

토치와 용접봉은 점진적으로 부드럽게 움직여야만 용융지, 용접봉 끝 및 용접금속 영역이나 열영향부를 오염시킬 수 있는 공기에 노출되지 않는다. 용접 중, 용접봉의 고온 끝은 불활성 가스 보호의 보호 장치에서 제거되어서는 안 된다. 용접이 끝나면 봉은 오염을 방지할 만큼 충분히 냉각될 때까지 실딩 가스 보호 안에 있어야 한다. 로드의 끝이 오염되면 오염된 부분을 차단해야 한다. 일반적으로 큰 보호 비닐봉지(envelope)는 공기에 노출되는 것을 방지한다.

용접 중에 텅스텐 전극이 오염되지 않도록 하고, 텅스텐 전극의 오염된 끝부분은 아크 특성에 악영향과 용접금속에 텅스텐 개재물이 생길 수 있다. 이 경우 용접을 중단하고 전극의 오염된 부분을 제거한다. 오염된 텅스텐 전극은 오염된 부분을 차단하고 제조업체의 권장 절차에 따라 원하는 팁 형상을 다시 설정하여 적절히 보수한다.

실딩 가스 유량이 지나치지 않도록 조정하여 사용 전류는 전자의 흐름을 원활하게 하도록 텅스텐 전극 크기의 허용 범위 내 상위 쪽 전류를 사용한다. 지그 등의 사용으로 아래 보기 자세가 이루어지도록 한다. 박스나 구조물은 용접 변형이 작도록 바깥 부분을 우선하여 용접하고 내부를 용접한다. 그림 3.50은 알루미늄 TIG 맞대기 시험편 용접 비드를 나타내었다.

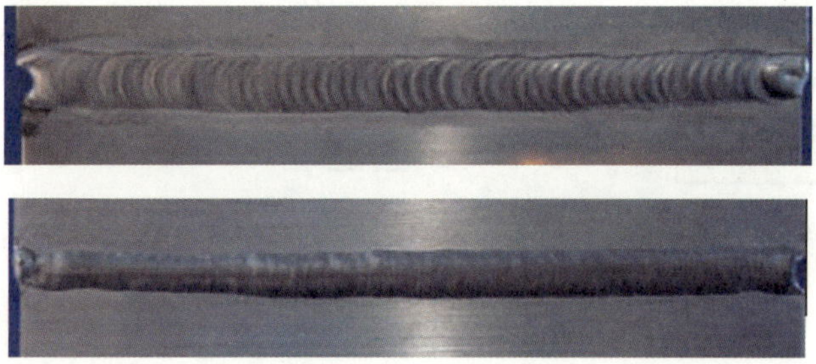

그림 3.50 알루미늄 TIG 맞대기 시편 용접 비드(A5083, 두께 3.2mm, ER5356, Ar gas)

ThO_2 텅스텐 전극(빨강색)은 알루미늄에 사용하지 말아야 한다. 그림 3.51은 TIG 용접에서 용접부의 열을 차폐하는 손가락 보호대(Finger Guards)를 보여준다.

그림 3.51 TIG 용접 장갑에 열을 차폐하는 손가락 보호대(Finger Guards)

4.6.2 TIG 용접 기술

(1) 텅스텐 전극의 돌출길이(stick out of tungsten)

전극의 돌출길이는 이음 형상에 따라 다르며, 그림 3.52와 같이 모서리 용접할 때는 다른 이음 형상보다 돌출길이가 짧아야 한다. 돌출길이가 길면 이음부는 실딩 가스로부터 잘 보호되지 않는다.

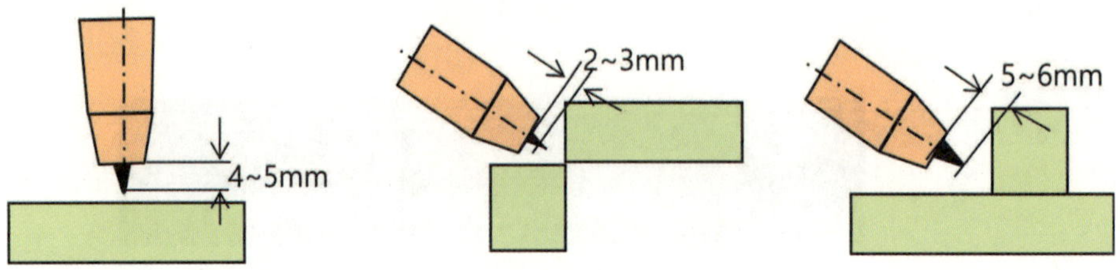

(a) 맞대기 이음 (b) 모서리 이음 (c) 필릿 이음

그림 3.52 이음의 종류에 따른 전극 돌출길이

(2) 맞대기 이음의 토치 위치

기법(techniques)은 아크를 발생하고 유지하는 것을 충분하게 습득한 후 용접봉을 사용하여 편편한 평판에 용접금속 비드를 쌓기를 연습한다. 토치는 작업물의 수직에 가깝도록 유지하고, 진행 방향의 전방으로 적절한 각도로 기울인다(그림 3.53 참조).

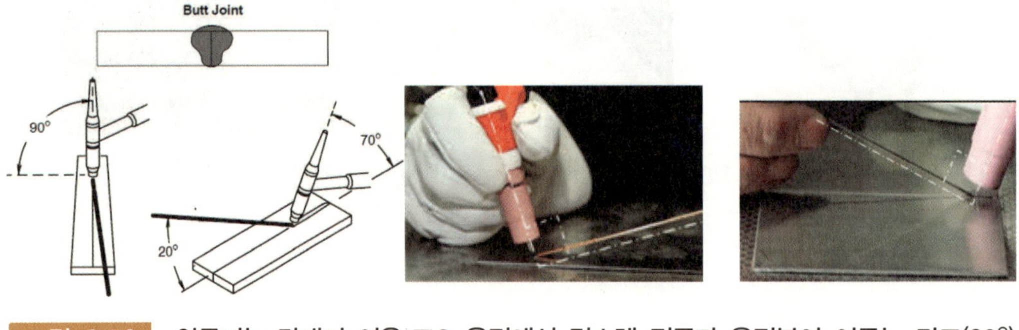

그림 3.53 알루미늄 맞대기 이음 TIG 용접에서 텅스텐 전극과 용접봉이 이루는 각도(90°)

짧은 아크를 유지하고, 일정한 용접 속도와 용융지에 일정한 비율로 그림 3.53과 같이 아래쪽으로 용접봉을 공급한다. 알루미늄에서는 용융 방울이 가벼워 실딩 가스에 흩날릴 수 있어 텅스텐 전극과 용접봉이 이루는 각은 그림 3.53처럼 90° 기준으로 운봉을 해야 한다.

용접봉 투입은 그림 3.54처럼 용접봉 끝이 가스 실딩 범위를 이탈하지 않도록 하여 용융지 가장자리에 용접봉을 투입하며, 용접봉을 위에서 아래로 떨어뜨리는 방식으로 투입해야 한다. 용접봉을 잡는 손은 흔히 사용하는 2점 지지이지만, 3점 지지를 사용하면 용접봉 송급 양이 2점 지지보다 대폭 증가할 수 있다.

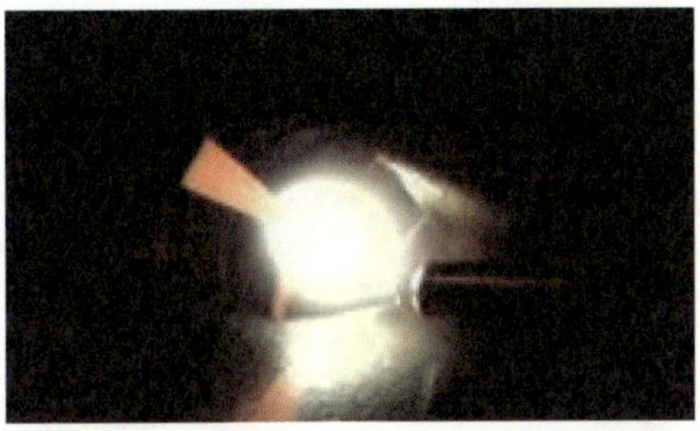

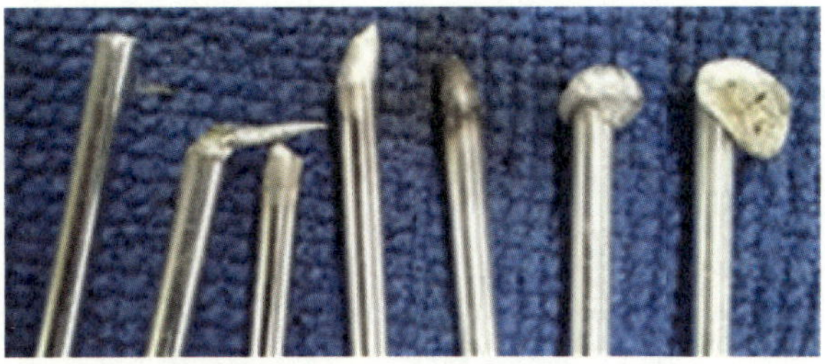

그림 3.54 **알루미늄 TIG 용접에서 올바른 용접봉 투입 및 바람직하지 못한 용접봉 끝 모양**

(3) T-이음의 토치 위치

용입 증가는 용접 전류를 높게 하고, 비드 폭을 좁게 하려면 용접 속도를 빠르게 한다. 용융지에 용접봉 공급은 토치와 직각 또는 여각이 되게 유지하고, 작업각은 용융물이 중력으로 인하여 각장 비대칭이 되지 않도록 바닥으로 약간 기울어지게 한다. 용접 방향에서 전진법과 후진법을 병행하여 필릿 용접을 한다. TIG에서 후진법은 모서리 내부의 용접 방향 전환에서 용접봉 투입이 원활하지 않을 때 실시하며, 이는 비드 형상이 볼록해지고 용입이 증가한다. 필릿 용접의 토치 운봉 기법은 아크 발생 열이 70%는 바닥 판에, 30%는 수직 부재에 향하도록 한다(그림 3.55 참조).

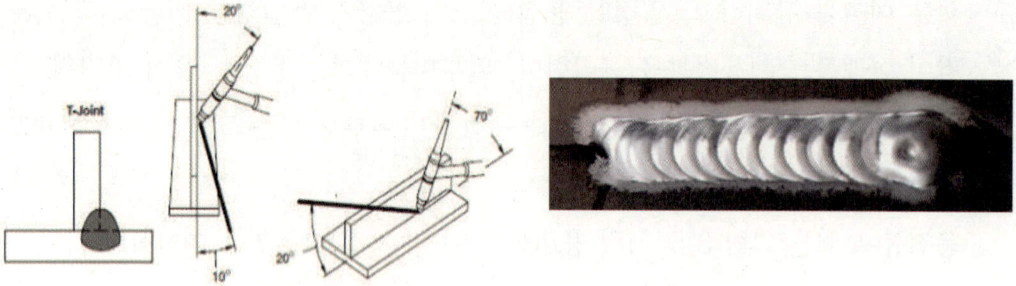

그림 3.55 **T-이음의 토치 위치와 용접 비드**

그림 3.56은 겹치기 이음과 모서리 이음의 토치 위치를 보여준다.

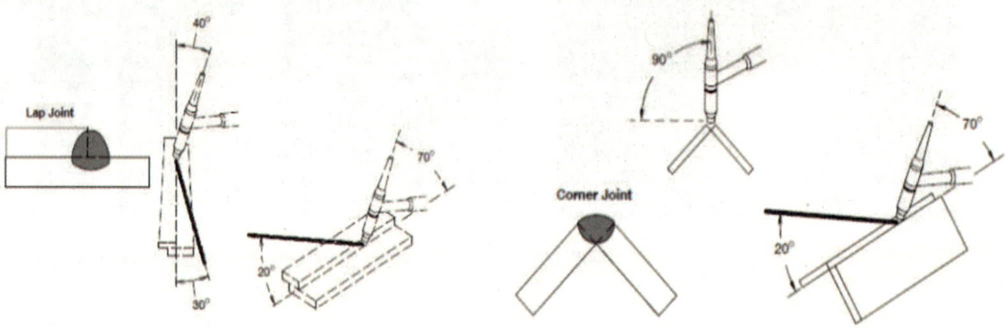

(a) 겹치기 이음의 토치 위치 (b) 모서리 이음의 토치 위치

그림 3.56 **이음 형상에 따른 토치의 위치**

(4) 파이프 용접

파이프 용접부 표면에 쌓인 산화물은 용접 전에 제거한다. 가능한 한 파이프 용접 지그를 활용하여 작업물을 회전하며 용접한다. 작업물과 토치 간의 거리는 짧게 유지하여 용융지 산화가 되지 않도록 한다. 용접기의 클리닝 폭 조정 기능을 활용한다. 아크 발생 열이 파이프 양면에 골고루 퍼지도록 한다. 아크 불안정 개선을 위해 안정적인 자세를 취하고 비드 표면은 파형이 나타나게 일정하게 용접봉을 첨가한다. 파이프의 용접은 둥근 면을 따라 토치 진행각을 조정한다(그림 3.57 참조).

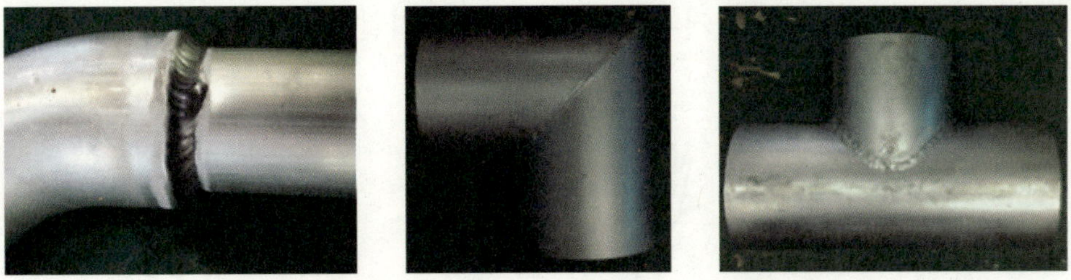

그림 3.57 알루미늄 파이프 용접 이음 형상

표 3.21은 알루미늄 용접에서 교류 용접을 사용할 때 클리닝 폭과 용입을 조정할 수 있는 아크 밸런스 조작의 예이다. 이를 용접부 형상에 따라 적용하여야 한다.

표 3.21 아크 밸런스 조작(AC에서 클리닝 폭과 용입 조정)

클리닝 폭	극성 비율	결과	응용
(+)	정극성 증가	용입 증가	필릿 용접
(−)	역극성 증가	클리닝, 비드 폭 증가	맞대기, 모서리

(5) 비드 표면 다듬기

용접봉 첨가 없이 비드 표면을 고르기 위한 작업으로 완성된 비드 표면에 쌓인 산화물은 사전에 제거하고, 토치 동작은 오실레이션 기법으로 용접봉 첨가가 필요할 경우 첨가하거나 하여 비드 파형을 만든다.

(6) 용접시험

그림 3.58에서 보여주는 것과 같이 용접 이음을 방향에 따라 망치로 친다. 좋은 용접부는 파괴되지 않고 구부러지며, 만약 용접부가 파괴되면 원인을 조사한다. 용접부에 많은 기공이 발생했다면, 이것은 아크 길이가 너무 길었다는 것이다.
용접부에 소량의 슬래그가 있다면 아크가 너무 길거나, 용융지에 용융 슬래그가 침입하도록 용접봉의 움직임이 부적당했다는 것이다. 이것은 V-홈 이음의 다층 용접에 일어나며, 층간에 부가적인 청정을 해야 한다. 용접부 표면 경사가 크다는 것은

용접 속도를 빠르게 하였거나, 적절하지 못한 입열로 충분히 녹지 않았다는 것이다.

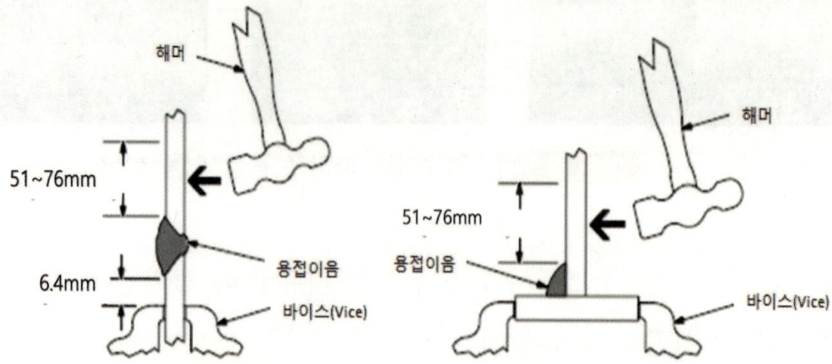

그림 3.58 맞대기 및 필릿 용접의 파괴시험

(7) 운봉법

직선 비드는 용융지를 밀면서 진행하고, 위빙은 노즐이 용착금속에 닿지 않을 때는 손목을 이용하고, 닿으면 손목을 회전시키면서 지그재그로 운봉하며 진행한다. 표 3.22는 비드 폭에 따른 운봉 요령을 나타내었으며, 표 3.23과 표 3.24는 알루미늄 홈-용접과 필릿 용접의 일반적인 TIG 용접 조건을 나타내었다.

표 3.22 운봉법

		비드 폭	
전극봉 길이	짧다	작다	비드 마크 간격 적고 폭이 좁아짐. 손목 회전을 크게 하는 운봉을 실시
	길다	크다	비드 마크 간격이 커지고 폭이 넓어짐. 손목 회전을 작게 하는 운봉을 실시

표 3.23 알루미늄 홈-용접의 일반적인 TIG 용접 조건

두께	용접 자세[2]	루트 간격	예열[3]	층수	용접봉 직경(mm)	전극 직경 (mm)	가스 컵 내경(mm)	Ar 유량(ℓ/min)	AC (A)	용접 속도 (cpm)
1.6	F.H.V	0-1.6	없음	1	2.4	1.6~2.4	9.6	10	70-100	20-25
	O	0-1.6	없음	1	2.4	1.6	9.6	12	65-75	20-25
2.4	F	0-2.4	없음	1	3.2	2.4~3.2	9.6	10 10 12 25	95-115	20-25
	V, H	0-2.4	없음	1	2.4-3.2	2.4	9.6		85-110	20-25
	O	0-2.4	없음	1	2.4-3.2	2.4~3.2	9.6		90-110	20-25
3.2	F	0-3.2	없음	1-2	3.2-4.0	3.2	11.0	10	125-150	25-30
	V, H	0-2.4	없음	1-2	3.2	3.2	11.0	10	110-140	25
	O	0-2.4	없음	1-2	3.2-4.0	3.2	11.0	12	115-140	25-30
4.8	F	0-3.2	없음	2 2 2	4.0-4.8	4.0-4.8	11.0-12.7	12	170-190	25-30
	V	0-2.4	없음		4.0	4.0	11.0	12	160-175	25-30
	H	0-2.4	없음		4.0	4.0	11.0	12	155-170	25-30
	O	0-2.4	없음		4.0	4.0	11.0	14	165-180	25-30
6.4	F	0-3.2	없음	2	4.8	4.8-6.4	12.7	14	220-275	20-25
	V	0-2.4	없음	2	4.8	4.8	12.7	14	200-240	20-25
	H	0-2.4	없음	2-3	4.0-4.8	4.0-4.8	12.7	14	190-225	20-25
	O	0-2.4	없음	2	4.8	4.8	12.7	14	210-250	20-25
9.6	F	0-3.2	선택 ~최고 120 ℃	2	4.8-6.4	6.4	15.8	16	315-375	20-25
	F	0-2.4		2	4.8-6.4	6.4	15.8	16	340-380	20-25
	V	0-2.4		3	4.8	4.8-6.4	15.8	16	260-300	20-25
	V,H,O	0-2.4		2	4.8	4.8-6.4	15.8	16	240-300	20-25
	H	0-2.4		3	4.8	4.8-6.4	15.8	16	240-300	20-25
	O	0-2.4		3	4.8	4.8-6.4	15.8	19	260-300	20-25

1. 알루미늄 및 알루미늄 합금 파이프의 가스 보호 아크 용접의 권장사례, AWS D10.7 참조.
2. F = 아래 보기 V = 수직, H = 수평, O = 위 보기
3. 과도한 온도 또는 시간 연장의 예열은 용접강도를 줄일 수 있다. 이것은 특히 열처리 모재 템퍼에 중요

표 3.24 알루미늄 필릿 용접의 일반적인 TIG 매개변수

두께	용접 자세[1]	예열 (°F)[2]	층수[3]	용접봉 직경 (mm)	전극 직경(mm)	가스 컵 내경 (mm)	Ar 유량 (ℓ/min)	AC (A)	용접 속도 (cpm)	용접봉 소모량 (kg/m)
1.6	F.H.V	없음	1	2.4	1.6~2.4	9.6	7.5	70–100	20–25	0.15
	O	없음	1	2.4	1.6~2.4	9.6	9.4	65–90	20–25	0.15
2.4	F	없음	1	2.4~3.2	2.4~4	9.6	8.5	110–145	20–25	0.23
	H, V	없음	1	2.4	2.4~3.2	9.6	8.5	90–125	20–25	0.23
	O	없음	1	2.4	2.4~3.2	9.6	9.4	110–135	20–25	0.23
3.2	F	없음	1	3.2	2.4~4	9.6	8.5	135–175	25–30	0.30
	H, V	없음	1	3.2	2.4~3.2	9.6	8.5	115–145	20–25	0.30
	O	없음	1	3.2	2.4~3.2	9.6	9.4	125–155	20–25	0.30
4.8	F	없음	1	4.0	4.8-6.4	12.7	11.8	190–245	20–25	0.76
	H, V	없음	1	4.0	4.8-6.4	12.7	11.8	175–210	20–25	0.76
	O	없음	1	4.0	4.8-6.4	12.7	14.2	185–225	20–25	0.76
6.4	F	없음	1	4.8	4.8-6.4	12.7	14.2	240–295	20–25	1.37
	H, V	없음	1	4.8	4.8	12.7	14.2	220–265	20–25	1.37
	O	없음	1	4.8	4.8	12.7	16.5	230–275	20–25	1.37
9.6	F H, V O	선택 ~최고 250°F	2	4.8	6.4	15.8	16.5	325–375	20–25	2.89
			2	4.8	4.8-6.4	15.8	16.5	280–315	20–25	2.89
			3	4.8	4.8-6.4	15.8	16.5	270–300	20–25	2.89
			3	4.8	4.8-6.4	15.8	18.9	290–335	20–25	2.89

1. F = 아래 보기 V = 수직, H = 수평, O = 위 보기
2. 과도한 온도 또는 시간 연장의 예열은 용접강도를 줄일 수 있다.
   이것은 특히 열처리 모재 템퍼에 중요.
3. 소모 전극과 패스 수는 한쪽 면 용접 기준

4.7 TIG 용접의 문제 해결

전원을 끄고 문제 해결 전에 전원을 분리해야 한다. 표 3.25는 TIG 용접에서 발생하는 문제점의 원인과 대책으로 내용에 따른 조치를 하도록 한다.

표 3.25 TIG 용접의 문제 해결

텅스텐의 빠른 소모(연소)	
원인	조치
불충분한 가스 유량	탱크의 가스 유출 또는 토치 누설이 없다면 호스, 밸브를 점검. 가스 유량은 일반적으로 7~9ℓ/min 세팅
용접봉 양극(DCEP)	용접봉을 음극으로 전환(DCEN)
사용 전류에 부적당한 텅스텐 크기	텅스텐 교체 일반적으로 텅스텐 2.4mm 직경은 최대전류 235A
토치 몸체의 과열	공랭식 토치는 과열이 쉽다. 수랭식 토치는 냉각수 순환, 냉각수 수위를 점검. 적절한 콜렛 접촉을 확인
냉각 중 텅스텐의 산화	아크 중단 후 10~15초 동안 실딩 가스를 흘린다. (용접 전류 10A당 1초)
컵 안쪽에 텅스텐 녹음(AC)	순 텅스텐을 사용한다면 세륨과 란타늄으로 교환. 기계가 평형 제어되면 최대 용입 쪽으로 조정. 텅스텐 크기 증가(사용된 전류에 너무 작은 텅스텐 직경)

노랑 분말 또는 컵의 연기 – 텅스텐 변색	
원인	조치
실딩 가스 유량이 너무 낮음	유량을 증가. 가스 유량은 일반적으로 7~9ℓ/min 조정
부적합한 실딩 가스 또는 혼합	아르곤 가스 사용
불충분한 초류	초류 시간을 증가. 10~15초 조정
부적당한 텅스텐 크기 또는 컵 크기	용접 이음에 맞는 가스 컵과 텅스텐 크기를 선정한다. 일반적인 순 텅스텐 크기는 직경 2.4mm와 8mm 컵이다.
텅스텐 오염	텅스텐을 용융지로부터 멀리 한다. 텅스텐과 작업물과 거리 3.2~6.4mm로 토치를 들어 올린다.

DC 용접 중 불안정한 아크와 아크 쏠림	
원인	조치
바르지 못한 용접 극성	용접기의 극성 스위치를 점검.
텅스텐 오염	오염된 텅스텐의 1/2을 제거하고 텅스텐을 뾰족하게 한다.
모재 오염	모재의 녹, 먼지, 기름, 그리스, 페인트를 제거한다.
부적당한 아크 길이, 불충분한 상태의 텅스텐	텅스텐과 작업물과의 거리 1.6~3.2mm 아크 길이를 짧게 한다. 텅스텐을 뾰족하게 하고 청결하게 한다.
	텅스텐 종류 또는 크기를 점검
부적당한 텅스텐 준비	그라인더 자국은 텅스텐에 원형이 아닌 세로로 되어야 한다. 적당한 그라인더 방법과 휠을 사용한다.
텅스텐 끝의 외관이 밝은 회색으로 덮임	텅스텐의 1/2을 제거하고 뾰족하게 한다.
부적당한 가스 유량	가스 유량은 일반적으로 7~9ℓ/min 조정

AC 용접 중 불안정한 아크와 아크 쏠림	
원인	조치
아크의 과도한 정류	용접 속도 증가. 용입 증가 쪽으로 평형 제어를 증가. 용접봉 첨가
부적당한 실딩 가스 부적당한 보호 유량	실딩 가스 교체 두께 9.5~12.7mm 알루미늄의 경우 아르곤/헬륨을 사용. 가스 유량은 일반적으로 7~9ℓ/min 조정
부정확한 아크 길이	아크 길이를 바르게 한다. 텅스텐과 작업물과 거리 3.2~6.4mm로 토치를 조정한다.
모재 오염	모재의 녹, 먼지, 기름, 그리스, 페인트를 제거한다. 적절한 화학 세제, 와이어 브러시 또는 연마재 사용
텅스텐 오염	오염된 텅스텐의 1/2을 제거하고 텅스텐을 뾰족하게 한다.
부적당한 텅스텐 준비	인버터 용접기와 직각 파형은 텅스텐을 뾰족하게 사용한다. 뾰족한 것은 용접 후에 둥글게 된다.
부적당한 텅스텐 크기와 종류	적당한 크기와 종류를 선택한다. 일반적인 순 텅스텐과 세슘, 토륨 크기는 직경 2.4mm이다.
고주파가 너무 낮음	조절 가능한 AC 고주파 용접기의 경우 적당한 직지성과 아크 안정을 위해 주파수를 증가시킨다. 100~180Hz가 적당. 높은 주파수는 용입을 좁고 깊게 한다.
부정확한 평형 제어	용입 증가 쪽으로 평형을 증가시킨다. 보통 평형 제어 조정은 70~90이다.

5 MIG 용접(GMAW welding or MIG welding)

5.1 개요

알루미늄 용접에 중요한 아크 용접법 중의 하나인 MIG는 1948년경에 개발되었다. MIG 용접에서는 용극식 용접봉과 모재 사이에서 아크를 발생시켜 접합시키며, 아크와 용융금속은 불활성 가스에 의해 보호된다. 알루미늄 합금 등 비철합금 용접과 연강, 저합금강, 스테인리스강에 사용된다.

MIG 용접은 높은 전류 밀도를 사용하게 되므로 용착효율(93~97%)이 높고, 용접 속도가 빠르다. 따라서 후판의 용접은 이 방법을 많이 사용하게 된다. 또한, 저입열 용접이 가능하여 변형과 수축을 감소한다. 일반적으로 전류는 직류-역극성을 사용하며 아크 클리닝 작용이 있다. MIG 용접법은 높은 생산성과 자동화가 쉽다. 알루미늄에서는 아르곤과 헬륨 가스를 실딩 가스로 사용하며, CO_2를 사용하여 철강 용접에도 사용한다. 그림 3.59는 용접 극성에 따른 용입 관계를 나타냈다.

MIG/MAG 용접의 획기적인 산업발전은 1960년 초에 이루어졌으며 용접봉 개발, 우수한 용접기와 실딩 가스 등에서 개선, 발전하고 있다.

MIG 용접의 제한은 다음과 같다.

- 휴대 제한(토치 길이 4.5m)
- GMAW 장비는 SMAW보다 고가이다.
- 옥외 용접 때 실딩 가스가 바람에 영향을 받는다.
- 스프레이 아크는 높은 복사열을 수반한다.
- 용접기가 복잡하다.
- 용접 토치의 근접성에 제약이 있다.

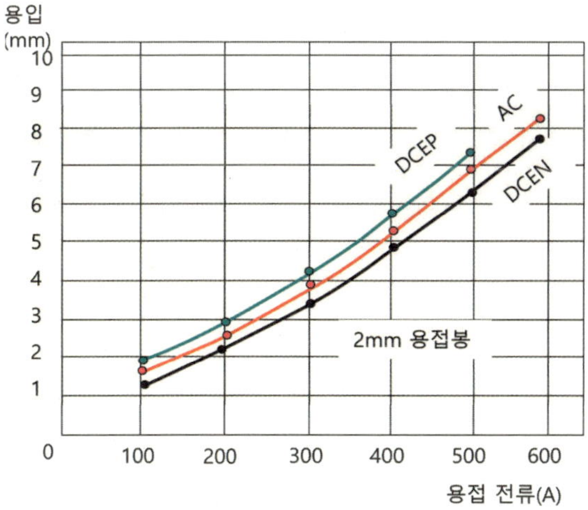

그림 3.59 용접 극성과 용입

그림 3.60 알루미늄의 MIG 용접

알루미늄 MIG 용접은 연강 용접과 다른 기술을 필요로 한다. 알루미늄의 재료의 최소 두께는 2mm 정도이며, 이보다 얇은 알루미늄 용접은 전문적인 펄스 MIG 또는 AC TIG 용접 장비가 필요하다. 그림 3.60은 알루미늄 구조물 MIG 용접의 모습을 나타냈다.

이음 설계는 두께 6.4mm까지는 I형 이음, 그 이상이면 60~90°로 한 면 또는 양면 V 이음으로 한다. 용접 전 알루미늄 모재는 기름을 제거해야 하며, 이것은 솔벤트가 가장 효과적이다. 산화물 제거는 기름을 제거한 후에 스테인리스 재질의 수동 와이어 브러시 또는 컵 와이어 브러시로 한다. 이때 모재를 오염시키지 않도록 항상 알루미늄에 사용했던 와이어 브러시를 사용해야 한다.

알루미늄 용접봉은 모재 합금과 용접 후 사용하는 목적에 따라 결정하지만, 가장 쉽게 이용할 수 있는 알루미늄 용접봉은 ER4043과 ER5356 2종이다. 용접봉은 통상 직경이 0.8~1.6mm인 것을 사용하며 가끔 후판의 아래 보기 용접에서 ϕ2mm, ϕ4mm를 사용하는 예도 있다.

5.2 원리

MIG 용접은 일반 아크 용접과 같이 작업물과 용접봉 사이에 아크를 발생하여 모재를 녹이면서 용접한다. 그림 3.61에서 용접봉은 와이어 릴에서 송급 롤러를 거쳐 호스로 공급되며, 용접토치 내부의 전기 튜브를 거치면서 전기적인 접촉으로 전기를 공급받은 용접봉이 모재와 용접봉 사이 용융 금속 위에 아크를 발생한다.

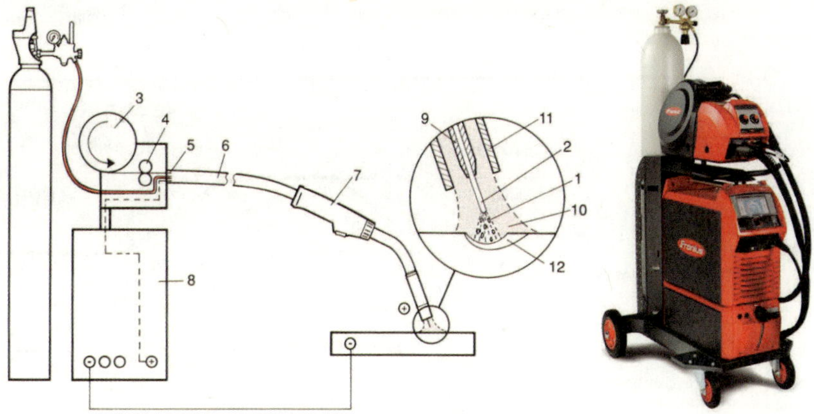

1. 아크 발생 2. 용접봉 3. 와이어 릴 4. 송급 롤러 5. 가용성 관로 6. 호스 패키지
7. 토치 8. 용접 전원 9. 콘택트 팁 10. 실딩 가스 11. 가스 노즐 12. 용융지

그림 3.61 MIG/MAG 용접 원리

전기에너지는 역극성으로 용접기에서 공급된다. 불활성 또는 활성 실딩 가스는 용접봉, 용융지 그리고 대기로부터 아크를 보호하도록 가스 노즐을 통해 흐른다. 용접 작업은 작업물에 접지를 연결하고, 용접봉의 종류와 직경을 선택한다. 그리고 실딩 가스를 선택하고 전원을 공급한 다음, 용접기의 출력, 즉 와이어 송급 속도와 전압을 조정한다. 이후 실딩 가스의 유량을 조정하는 순서로 이루어진다. 용접부의 구성은 용접봉, 아크, 용융지, 실딩 가스, 응고 용접금속으로 된다.

그림 3.62에서 토치 스위치를 작동하면, 실딩 가스가 흐르고 와이어 공급과 동시에 용접기의 출력이 이루어져 아크가 발생한다. 아크가 발생하면 전류가 급상승하여 설정한 용접 전류가 출력되며, 용접이 끝나는 전에서 방아쇠를 당기면 와이어의 송급은 중단되고 이때 크레이터 채우기 기능을 사용하면 와이어 송급과 전류가 서서히 하강한다. 이후 실딩 가스는 설정 시간에 따라 용접부를 보호하기 위해 일정 시간 흐른 후 차단된다.

토치의 스위치 작동 방법에는 그림 3.62처럼 방아쇠를 잡는 동안만 전류가 흐르는 a접점(수동) 방식과 방아쇠를 당기면 아크가 발생하고, 이후 방아쇠를 놓으면 전류가 흐르고 용접 끝점에서 방아쇠를 다시 당겼다가 놓으면 아크가 중단되는 b접점 방식(자동)이 있다.

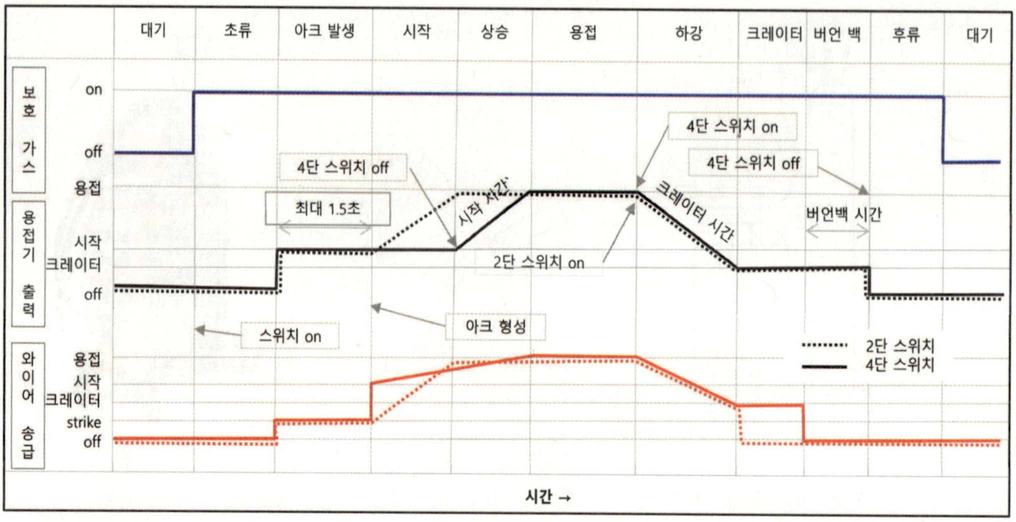

그림 3.62 a–접점(수동/2–step mode)과 b–접점(자동/4–step mode) 토치 스위치 작동

5.3 MIG 용접기의 구성

MIG 용접기는 특수하게 설계된 용접기가 필요하다. 보통 60% 사용률(duty cycle)보다는 100% 사용률이 사용된다. 전원은 DC 정류기나 발전기가 사용된다. 일반 아크 용접기와는 달리 정전압(CV) 용접기를 사용하며, 용접기의 전류조정 장치가 없으므로 일반 용접기(SMAW)로는 사용할 수가 없다.

용접기는 직류전원을 공급하며 반도체 정류 또는 트랜지스터 인버터 변압기를 사용한다. 아크 전압, 송급 속도 조정은 인덕턴스를 조정하여야 한다. 아크 전압은 아크 길이를 조정하고 정전압 또는 약간의 기울기를 가진 전압 전원(자기제어 작용)이 사용된다. 펄스 아크 용접을 위한 와이어 속도만 조절하는 시너지 타입은 용접봉 종류와 직경, 실딩 가스에 맞는 것을 제공(펄스 변수와 전압을 조정)한다.

MIG 용접기는 2장에서 전술하였으며, 다음과 같이 구성되어 있다(그림 3.63 참조).

- 케이블을 갖춘 아크 용접기
- 호스, 조정기 등이 조합된 가스공급 장치
- 용접봉 이송기구(wire feed mechanism)

- 용접봉(reel 또는 spool)
- 호스와 케이블을 갖춘 용접 토치(torch or gun)

그림 3.63 MIG 용접기

송급 장치(wire feed unit)는 와이어 릴(wire reel or drum)과 송급 유닛으로 구성되며, 릴은 송급이 멈췄을 때 릴을 잡아주는 브레이크가 필수적이다. 와이어 송급 장치는 용접 토치(호스)의 전기 도관으로 와이어 가이드에 용접봉을 송급하는 것으로 다음과 같은 것이 있다.

- 2 feed roller(구동+압력)
- 2 drive rollers(1개 모터)
- 4 drive rollers(1개 모터)
- 4 rollers driven(2개 직렬 연결 모터)

일반적으로 미는 형(push system)이 많이 사용되고, 밀고 당기는 형(push-pull system)은 알루미늄 등의 연한 재질에 사용된다. 롤러의 홈은 사용 와이어 직경에 맞도록 선정해야 하고, 보통 두 개의 다른 직경의 홈이 있다.
용접 토치와 호스에서 토치는 굽은형과 직선형이 있다. 굽은형은 접근성이 우수하여 주로 수동 용접에서 사용하며, 직선형은 주로 로봇 등 자동 용접에서 사용한다.

사용전류 크기와 실딩 가스, 용접 형태, 사용률에 따라 수랭식과 공랭식이 있다. 가스와 냉각수 및 전원 케이블을 포함한 호스 전체 길이는 3m, 4.5m 두 종류가 있다. MIG 용접은 용융지의 실딩 가스가 필요하므로 가스 공급장치가 필수적이다. 실딩 가스로는 주로 알루미늄에는 아르곤을, 철 금속에는 CO_2와 CO_2+Ar 혼합 가스를 사용한다.

실딩 가스가 용접부에 이르는 경로는 실린더에서 가스 조정기(압력+유량)를 거쳐 솔레노이드 밸브 작동으로 호스 패키지로 전달되며, 용접 토치에 이른다. 그림 3.64에서 가스 조정기는 가스 종류 및 밀도에 맞는 것을 사용하여야 하며 조정 게이지는 용기 내 압력과 가스 유량을 표시한다.

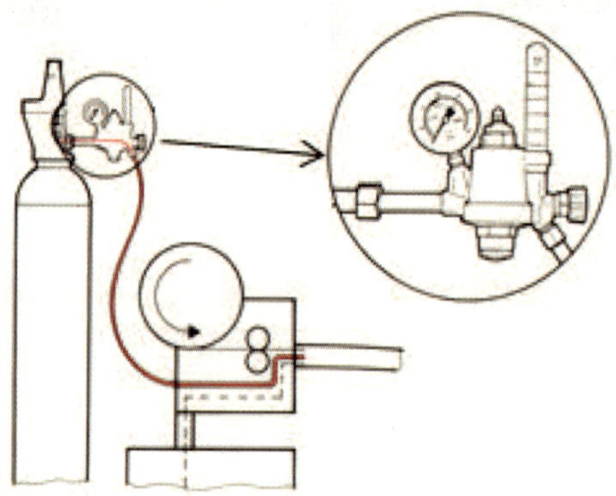

그림 3.64 가스 병 형태의 가스공급 장치

5.4 용접 절차와 기술

5.4.1 용접변수(welding parameters)

MIG 용접의 모든 변수는 최적의 용접을 위해 소재 종류와 두께, 이음 형상, 용접 자세, 용접봉, 실딩 가스의 종류에 맞게 조정하여야 한다. 용접부의 품질과 성능은 송급 속도, 아크 전압과 실딩 가스, 인덕턴스 회로에 영향을 받지만, 용접과정에서 용접법, 용접 속도, 용접 토치각도, 팁과 모재 거리 등 용접변수의 영향을 받는다. 가스 노즐의 크기는 용접 전류, 전압 등에 따라 적당한 크기를 사용해야 하며, 일반적으로 노즐 직경(mm)은 용접 전류×1/20(Φ12mm 이상)로 설정한다. MIG 용접의 변수는 다음과 같다.

- 전압(아크 길이)
- 와이어 송급 속도(용접 전류 조정)
- 인덕턴스(아크 시작 상태)
- 실딩 가스 형태
- 용접 속도
- 용접 토치각도
- 용접봉 돌출길이

스프레이 아크 용접에서 그림 3.65처럼 전원공급 장치에 약간의 인덕턴스를 사용하게 되면, 유용한 용접 전류의 마지막 양을 감소시키지 않고도 아크의 시작은 부드러워진다. 스패터는 출력 상승전류의 비율에 맞고 충분한 전류를 포함한 상태에서 최소가 된다. 용접 회로에 너무 많은 인덕턴스는 불규칙 아크가 발생하게 된다. 표 3.26은 MIG 용접변수 값의 예를 나타내었다.

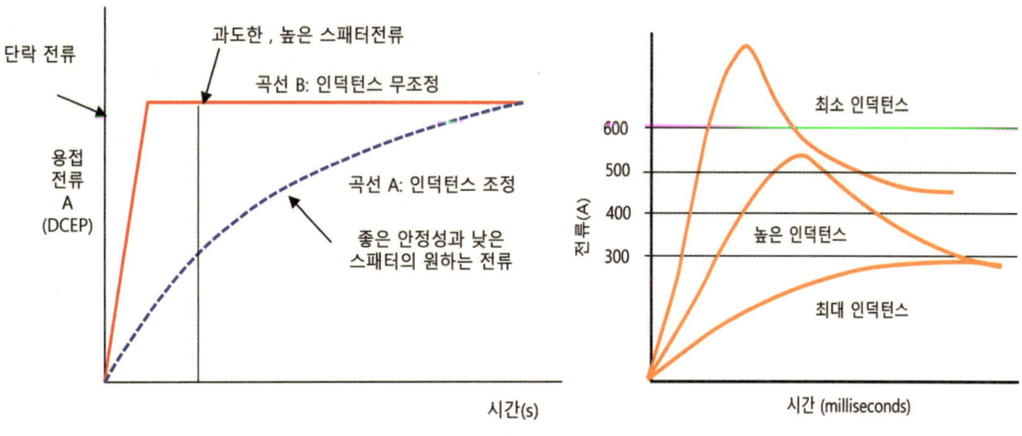

그림 3.65 인덕턴스에 의한 용접 전류 상승의 변화

인덕턴스(Inductance)란 코일에 흐르는 전류의 변화로 코일을 관통하는 자속이 변화하고, 자속의 변화를 방해하는 기전력이 유도된다. 이 현상을 자기유도 작용이라 하고, 인덕턴스가 증가하면 전류 시간의 변화율은 느려진다. 전극이 가공물과 단락되면 전류가 더 빠르게 상승한다. 이 전류 증가의 시간 비율에 영향을 미치는 회로 특성은 인덕턴스이며, 일반적으로 헨리(H)로 측정된다.

인덕턴스의 영향은 그림 3.65에 그려진 곡선으로 설명된다. 커브 A는 일부 인덕턴스가 회로에 있을 때 단락 직후의 전류-시간 곡선의 예이다. 곡선 B는 회로에 인덕턴스가 없으면 전류가 취했을 경로를 보여준다.

표 3.26 MIG 용접변수의 예

	모재 두께 mm	틈새 mm	용접봉		용착 속도 kg/m	송급 속도 m/min	용접 전류 A	용접 속도 cpm
			소모량 kg/m	직경 mm				
I형 맞대기	1.5	0.5	0.02	0.8	1.2	6.0	90	80
	2	1.0	0.03	0.8	1.5	6.8	110	83
	3	2.0	0.06	0.8	1.8	8.0	125	55
60° V형 맞대기	4	1	0.09	1.0/_	2.2/-	6.4/-	160/-	40/-
	5	1	0.09	1.0/-	2.2/-	6.4/-	160/-	28/-
	6	1.5	0.17	1.0/1.2	2.1/2.9	6.8/8.5	150/200	60/43
	8	1.5	0.30	1.0/1.2	2.1/3.9	6.0/7.6	150/260	43/28
	10	2	0.50	1.0/1.2	2.1/5.1	6.0/10.0	150/320	35/21
T형 필릿	2	2 또는 이상	0.05	0.6	1.2	8.4	70	40
	3		0.10	0.8	1.9	8.3	130	32
	4		0.16	1.0	2.7	8.2	190	28
	5		0.25	1.2	3.9	7.8	260	26
	6		0.33	1.2	3.9	7.8	260	20
	8		0.58	1.2	4.8	9.5	300	14
모서리	2	2 또는 이상	0.03	0.8	1.6	6.8	110	88
	3		0.05	0.8	1.9	8.2	130	63
	4		0.07	0.8	2.0	9.0	140	48
	5		0.10	1.0	2.6	7.5	180	43
	6		0.15	1.2	3.5	7.0	240	38
	8		0.26	1.2	3.7	7.5	250	30
	10		0.40	1.2	5.0	10.0	320	20

주) T형 모재 두께는 목 두께임

최종 단락 전류 수준만큼 즉각적인 핀치 효과는 순간 전류에 의해 제어되므로 전류-시간 곡선의 모양이 중요하다. 회로의 인덕턴스는 전류 상승률을 제어한다. 인덕턴스가 없으면 핀치 효과가 빠르게 적용되고 용융강화가 전극에서 심하게 압착되어 과도한 스패터 현상이 발생한다. 인덕턴스가 높을수록 초당 단락 횟수가 감소하고 아크 발생 시간이 증가한다. arc-on 시간이 길어지면 용접 풀이 더 유동적으로 되어 보다 평평하고 매끄러운 용접 비드가 된다. 그러나 인덕턴스가 높을수록 아크 발생에 부정적인 영향을 줄 수 있다.
스프레이 이행 모드에서 전원에 인덕턴스를 추가하면 정상상태 용접 조건에 영향을 주지 않으면서 보다 부드러운 아크 시작이 발생한다. 최소 스패터 조건에 필요한 전원 조정은 전극 재료와 직경에 따라 다르다. 일반적으로 직경이 큰 전극의 경우 더 높은 단락 전류와 높은 인덕턴스가 필요하다. 전원 소스는 고정, 증분 또는 지속해서 조정할 수 있는 인덕턴스 수준에서 사용할 수 있다.

5.4.2 인버터 디지털 용접기의 조작

최신의 디지털 인버터 용접기는 모든 제어가 그림 3.66처럼 와이어 송급 상자(feed box)에 위치하고, 용접사가 용접 직후 일정 시간 동안 디스플레이 창을 통하여 전압과 전류를 확인할 수 있는 장점이 있다. 시너지 모드에서 와이어 송급 속도(WFS: wire feed speed)를 조정하면 그에 상응하는 전압이 조정되며, 용접봉 종류와 직경, 모재 두께, 실딩 가스에 따라 용접변수를 선택하는 모드가 있다. 표 3.27은 인버터 디지털 용접기의 조정변수의 내용을 나타냈다.

표 3.27 용접변수 조정의 내용

옵션 종류	단위(초)	내용	비고
Pre flow time	0~10	• 용접 시작 전 가스 흐름 • 초기 기공 방지(혼합가스 등)	시작 옵션 (start option)
Run-in WFS (초기 송급 속도)	Off /50~150 (in/min)	• 스위치 작동 후 아크 발생까지 송급 속도 • 빠를수록 아크 발생 시간 빠름 • 가접에 영향	
Start time	0~10	• 용접 시작 후 일정 시간 동안 송급 속도와 전압을 기본 세팅 값과 다르게 조정할 수 있는 기능 • 냉간 개시의 형상을 줄이려면, 용접 조건보다 용접 변수를 낮추고, 융합 부족은 높인다.	
Post flow time	0~10	• 용접 직후 실딩 가스를 분출하는 시간 • 통상 GTAW에 사용	종료 옵션 (end option)
Crater time	0~10	• 용접 종료 때 crater의 WFS와 전압값을 조정 • 고전류 사용 때 사용 권장	
Burn back	0~0.25	• 용접 직후 stick out의 길이를 조정 • 와이어의 crater에 용착 방지	
Spot timer	0~10	• 아크 스폿 용접의 스위치 작동(용접)시간 조정 • 2단 모드 사용	
Arc control	−10~10	• 주파수 변조로 비드 파형 제어	

5.4.3 정전압 용접기의 시너지 모드(synergic mode)

전통적인 정전압 동력원의 특징은 전압과 송급 속도(WFS)를 각각 조정할 수 있다는 것이다. 즉, 아크 특성의 유지는 송급 속도가 만든 변화를 바로잡기 위해 작업자가 전압을 조정하면 된다는 것이다. 반면에 최신의 인버터 디지털 용접기는 각각의 와이어 속도에 상응하는 전압이 소프트웨어로 용접기에 프로그램되어 있다. 그림 3.66은 조작판을 나타냈다.

프로그램된 전압은 와이어 송급 속도가 주는 가장 평균적인 전압이며, 선택하여 조정이 가능하게 되어 있다. 와이어 송급 속도를 조정하게 되면 용접기는 자동으로 송급 속도 범위에서 아크 특성을 유지하기 위해 상응하는 전압 수준이 조정된다.

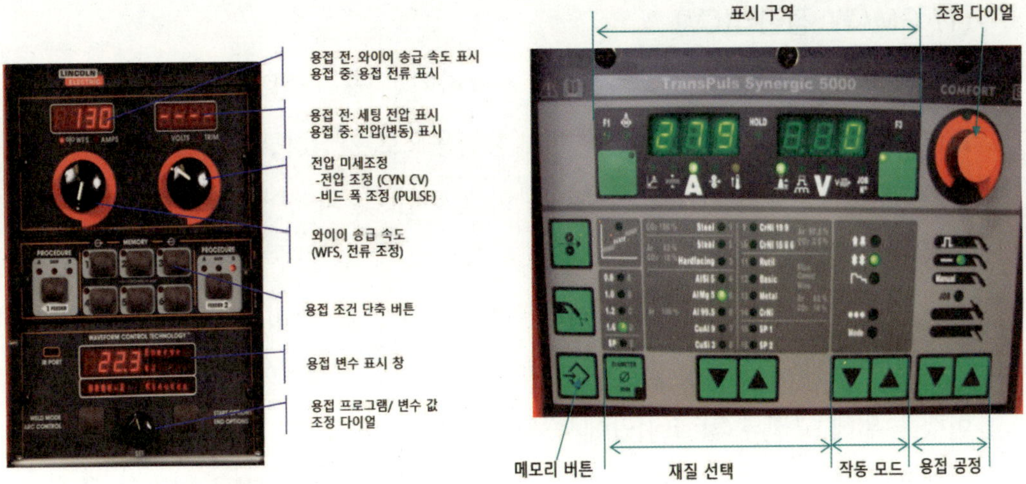

그림 3.66 디지털 인버터 용접기의 조작 패널의 예

한편, 일반(CV) 모드일 때보다 펄스 모드일 때 소착(burn back) 현상이 증가하는 이유는 펄스 모드의 초기 아크 발생 때 파일럿(pilot) 전류(750A, 1/100초) 발생 후 용접 전류로 전환하게 되는데, 이때 접촉 불량 등으로 전환이 되지 않으면 용접기 회로보호 프로그램이 작동한다. 이 경우 30A가 흐르게 되어 아크가 소멸되거나 불안정하게 된다. 따라서 용접 전 와이어 끝을 뾰족하게 절단하는 조치를 하거나, 주로 아크의 점멸이 많은 가접에서는 일반 모드(CV mode)를 사용하고 크레이터 처리 기능을 활용한다. 표 3.28은 시너지 모드의 용접 전류와 와이어 송급 속도의 관계를 보여주는 프로그램의 예이다.

표 3.28 내장 프로그램 용섭변수의 예(SYN. mode)

WFS (ipm)	Peak 전류(A)	Pulse 폭	Base 전류(A)	주파수 (Hz)
80	280	1.2	20	50
100	280	1.2	40	60
150	280	1.2	60	80
200	280	1.2	80	90
250	280	1.2	100	100

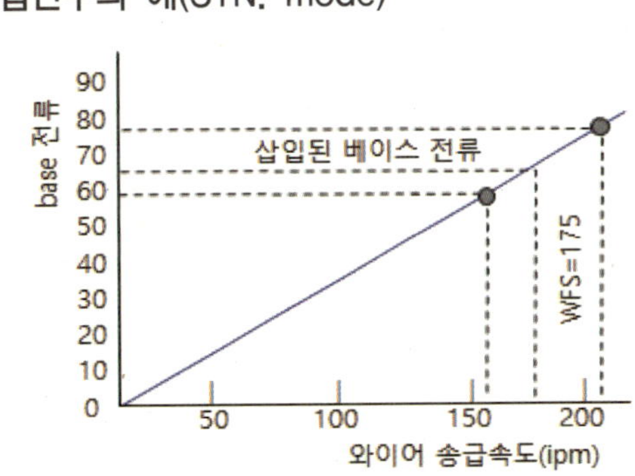

(1) GMAW 정전압(CV)

CV 전원은 가스 금속 아크 용접에 사용하기 위해 개발된 제품으로 최신 기술의 Pulsed GMAW 전원, 특히 알루미늄 용접용으로 가장 보편적으로 사용되는 전원이다. CV 전원공급 장치에서 사용자는 아크 전압 및 와이어 피드 속도(WFS)를 사전 설정하며 전원공급 장치는 용접 중에 아크 전압을 일정하게 유지한다. 아크 전압(아크 길이)을 일정하게 유지하기 위해 용접 전류를 변화시킴으로써 이를 수행한다. 이러한 전원공급 장치는 단락 이행 때 저전류 및 저전압에서 사용하거나 스프레이 이행을 위해 고전류 및 고전압에서 사용할 수 있다. 그러나 알루미늄 용접에는 단락 이행을 사용하지 않는 것이 좋다. 더 얇은 소재에는 천이 전류 미만의 용접 전류를 사용해야만 단락 이행이 천이될 수 있기 때문이다. 펄스 스프레이, AC GMAW 또는 이중 펄스 모드가 얇은 재료에 더 적합하다.

(2) 전원 모드(Power Mode)

전력 모드는 정전류(CC)와 정전압(CV) 모드의 조합이다. 전력 모드에서는 전류나 전압이 일정하게 유지되지 않는다. 대신에 용접력은 일정하게 유지된다. 그림 3.67은 CV, CC 및 전력 모드에 대한 전압-전류 곡선의 비교를 보여준다. 전력 모드에서 와이어 공급 속도와 전력 수준(KW)은 사전 설정되어 있다. 전원(Power)은 사전 WFS에 대한 적절한 아크 길이를 얻기 위해 조정된다.

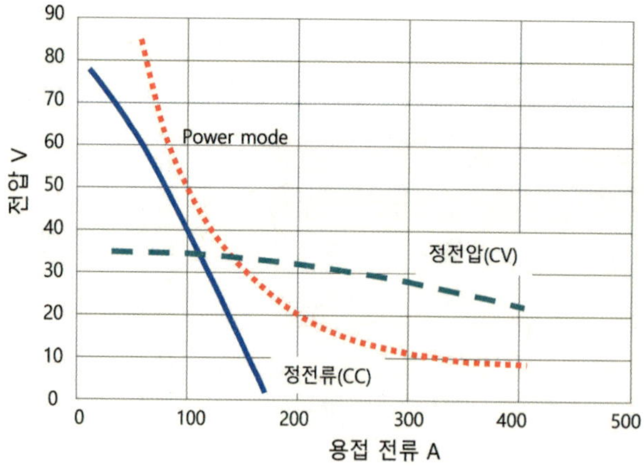

그림 3.67 CC, CV 및 전력 모드의 출력 특성

CV와 마찬가지로 전력 모드는 전선 공급 속도의 전체 범위에서 사용되어 단락 이행 및 축 방향 스프레이 이행을 제공한다. 그러나 알루미늄의 높은 열전도도는 여전히 단락 회로 이행을 권장하지 않으므로 더 높은 와이어 송급 속도에서 더 두꺼운 재료에 전원 모드를 사용한다. 이러한 방식으로 사용될 때 전원 모드는 기존 CV 모드에 비해 상당한 이점을 나타낼 수 있다. 특히, 전원 모드는 CV보다 일관된 용입력과 안정된 아크를 제공한다.

(3) 이중 펄스 모드(Pulse On Pulse® Mode)

이중 펄스 모드는 펄스 스프레이 용접과 유사하다. 종래의 펄스 스프레이 용접에서는, 하나의 펄스파 형태가 무한히 반복된다. 대조적으로, 이중 펄스에서 많은 수의 고에너지 펄스 뒤에는 같은 수의 저에너지 펄스가 이어진다(그림 3.68 참조). 이러한 펄스파는 파형의 저에너지 부분에 있을 때 용접 리플을 만든다. 이중 펄스는 TIG 용접의 독특한 "적층 동전형(stacked dimes)" 모양으로 매우 균일한 용접 비드를 얻는 방법이다. 용접 리플 간격은 파형 제어 설정을 변경하여 변경할 수 있다.

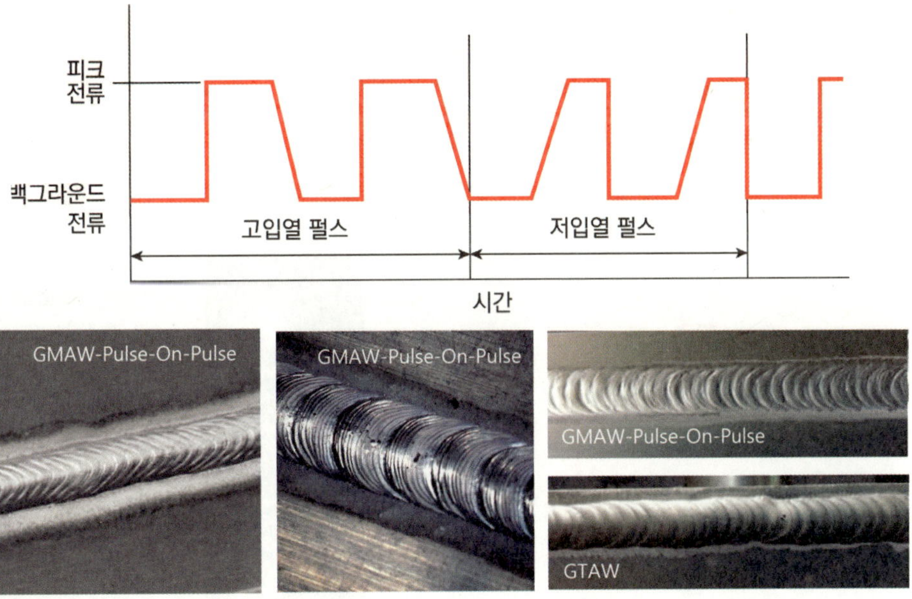

그림 3.68 펄스 온 펄스 파형(Pulse–On–Pulse on 3mm Aluminum)과 GTAW 비드 파형 비교

특성은 용어 그대로 펄스 위 펄스라는 이름이며 펄스 파형을 이중으로 사용하여 용접의 안정성을 유도한 파형(Wave form)으로 알루미늄만 적용할 수 있다. 장점으로는 이중 펄스를 이용하여 스패터가 최소화되며, 특히 연한 재질의 2319 와이어 사용은 스패터가 많아 이중 펄스의 적용은 탁월한 효과를 확인할 수 있다. 용접 변형 최소화는 고속 용접이 가능하므로 입열량을 최소화할 수 있다. 파형(ripple) 모양이 비드가 우수한 외관을 얻을 수 있다.

단점으로는 용입이 얕으므로 단품 용접에 적합하지만, 하중이나 응력집중 구간은 피해야 한다.

(4) AC 펄스(AC Pulse)

용접기는 최근에 GMAW에 교류(AC)를 사용하는 공정을 도입했다(그림 3.69 참조). 이 공정의 장점은 GMAW에서 직류 전극 양극(DCEP)이 입열과 용입을 증가시키는 반면 직류 전극 음극(DCEN)은 입열을 감소시키고 용착 속도를 증가시킨다. AC GMAW는 두 가지 방법으로 사용할 수 있다. 첫째, 와이어 공급 속도를 일정하게 유지하면서 열 입력을 줄이고 매우 얇은 재료를 용접할 수 있다. 둘째, 열 입력을 같게 유지하기 위해 용착(이동) 속도를 늘려 두꺼운 재료인 2mm 이상 두껍게 용접할 수 있다.

AC GMAW의 용접변수는 표 3.29에 있다.

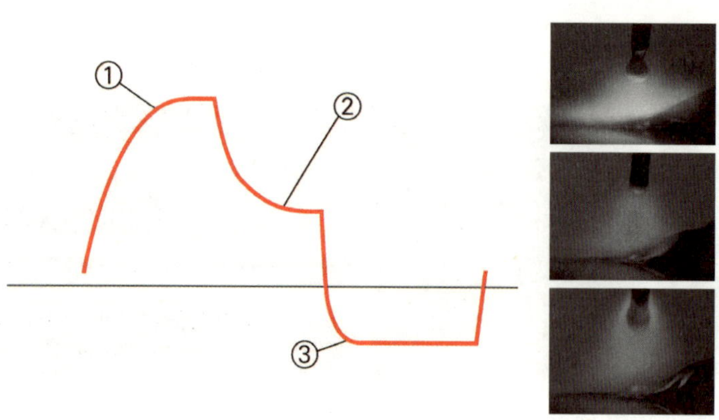

그림 3.69 AC GMAW 파형

표 3.29 AC GMAW 용접변수(아크 길이 13mm, Ar 실딩 가스)

용접봉 종류 /직경(mm)		판 두께 (mm)	WFS (ipm)	전류 (A)	전압 (V)	파형 제어
4043	1.1	2.5	465	110	20.4–22.4	0.0
		2.0	390	100	19.5–21.5	0.0
		1.5	300	83	19.0–21.0	0.0
		1.0	155	56	17.5–19.5	–5.0
	1.2	3.0	300	140	20.5–22.5	0.0
		2.0	210	105	19.2–21.2	0.0
		1.5	175	95	18.7–20.7	0.0
		1.0	110	70	17.9–19.9	–5.0
	1.6	3.0	150	149	20.5–22.5	0.0
		2.0	115	129	20.0–22.0	–5.0
5356	1.1	2.5	525	118	18.4–20.4	5.0
		2.0	460	107	18.1–20.1	2.5
		1.5	365	91	17.2–19.2	0.0
		1.0	200	58	16.3–18.3	–5.0
	1.2	3.0	400	154	18.5–20.5	5.0
		2.0	275	118	17.9–19.9	0.0
		1.5	210	95	16.7–18.7	0.0
		1.0	120	64	15.3–17.3	–5.0
	1.6	3.0	245	171	19.6–21.6	0.0
		2.0	125	107	16.9–18.9	0.0
		1.5	100	88	16.7–18.7	–10.0

(5) 초기 아크 개시 모드 적용(Hot Start)

알루미늄은 밀도가 낮을 뿐만 아니라 열전도율이 높은 소재이기도 하다. 이러한 알루미늄의 특성 때문에 용접의 시작에서 충분하게 용융이 일어나지 않게 된다. 이를 방지하기 위해 용접 초기에 전류를 높게 하는 기능이 실행되며 그에 따라 시작점에서도 모재의 용융이 일어난다(그림 3.70 참조). 이후에 용접 이음부 가장자리로 계속하여 열이 누적되고 용융지로부터 용융 방울이 떨어질 위험이 있게 되면 시작 프로그램(aluminum start up program) 때문에 자동으로 더 낮아지게 된다.

아크 시작 프로그램 없음
-이음 시작 부분의 융합 결함

아크 시작 프로그램 적용
-융합 결함 없음

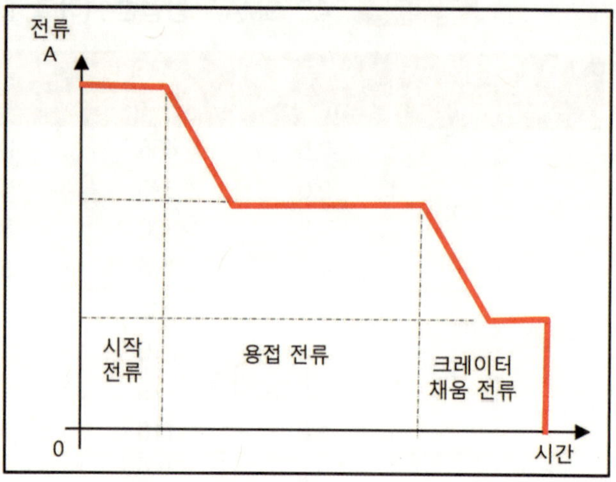

모재: 6063, 판 두께: 2.3mm, 와이어 직경: 1.2mm, 실딩 가스: Ar, 용접 속도: 200cpm

그림 3.70 **알루미늄 수평 자세 맞대기 용접 단면과 용접 시작에서 융합 불량 방지를 위한 프로그램**

5.4.4 이음부 준비(joint preparation)

기본적으로 수동 금속 아크 용접과 같은 이음 종류를 사용하며, 맞대기 이음에서 박판은 간격 유무와 후판의 V 이음에서 루트면 유무를 확인한다. 그리고 용접 시작 전 이음 표면과 주변을 청소한다. 수분, 먼지, 산화물, 기름 및 기타 불순물은 용접 결함의 원인이 된다.

3.4.5 실딩 가스와 용접봉의 선택

용접 전 실딩 가스와 용접봉 선택은 적절한지 확인하고, 용접봉 및 크기는 제조자 용접 핸드북에서 구할 수 있다. 용접봉의 크기를 변경하면 도관, 송급 롤러와 전기 튜브, 콘택트 팁을 변경하여야 한다. 가스 유량은 용접 이음이나 형상, 용접 전류에 따라 증감한다. MIG 용접의 적정 가스 유량(ℓ/min)은 보통 노즐 내경(mm)에 0~5mm를 더한 수치를 선택하면 된다. 표 3.30은 가스 노즐 크기에 따른 최소 유량을 나타냈다. 그림 3.71은 와이어 직경에 따른 금속 이행 모드를 나타내었다.

표 3.30 추천되는 노즐 크기와 최소 가스 유량

재료 두께 (mm)	가스 노즐 직경(mm)	실딩 가스 유량(ℓ/min)	
		Ar	He
~1	9.5	3.4	7.5
1~3	9.5	4.5	9.5
3~5	12.5	5.6	11.8
5~9	12.5	7.0	14.2
9~12	16.0	8.0	16.5
12~	25.0	12.0	21.0

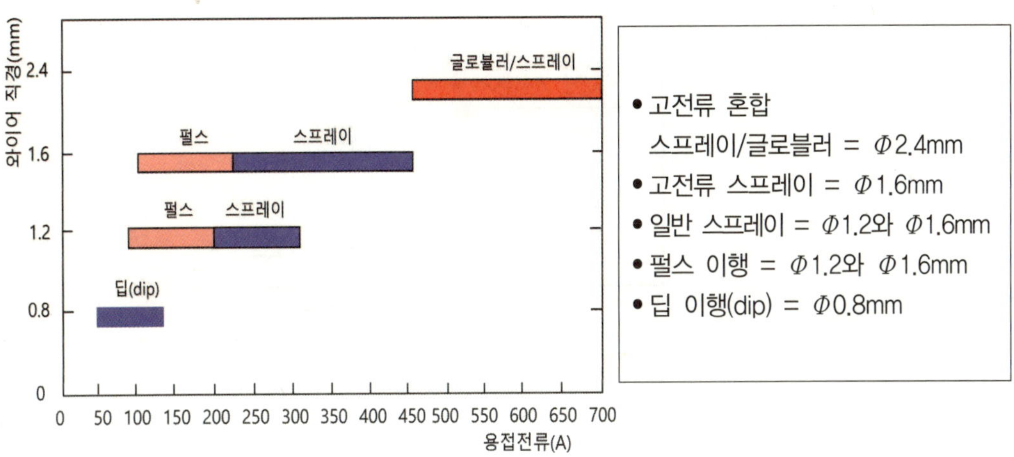

그림 3.71 와이어 직경의 용접 전류에 따른 금속 이행 범위

5.4.6 용접변수의 중요성

GMAW 용접변수 설정은 용접 품질의 중요한 요소로 용접기와 작업자로 구분한다. 용접기의 변수로는 와이어 송급 속도, 아크 전압, 인덕턴스의 조절이 있으며, 작업자가 용접 중에 조정하는 것으로는 용접 속도, 토치각도, 작업물과 팁 거리(CTWD)이다. 그리고 용접 전에 가스 유량을 조정하는 것이다. 가스 유량은 일반적으로 17~20ℓ/min이며 바람의 영향이 있는 곳에는 20ℓ/min 정도이다.

(1) 송급 속도와 아크 전압의 조정

송급 속도(전류)와 전압 조정은 재질 및 두께, 이음 형상, 용접 자세, 용접봉, 실딩 가스에 따라 다르며, 변수의 안내 값은 그림 3.72와 같이 적정 작업지점 또는 용접 자료표에서 선택한다. 주의할 점은 작업 범위 안에 존재하고, 모재에 충분한 열 입력을 주어야 한다.

작업자는 용접하는 동안 변수를 볼 수 없지만, 아크를 관찰하여 용접 품질의 예측이 가능하다. 올바른 설정은 적당한 아크 길이와 안정적인 아크가 발생하고, 용접물에 열 입력이 바르게 되며, 스패터가 최소화되고 용접 비드가 매끈(smooth)하게 된다.

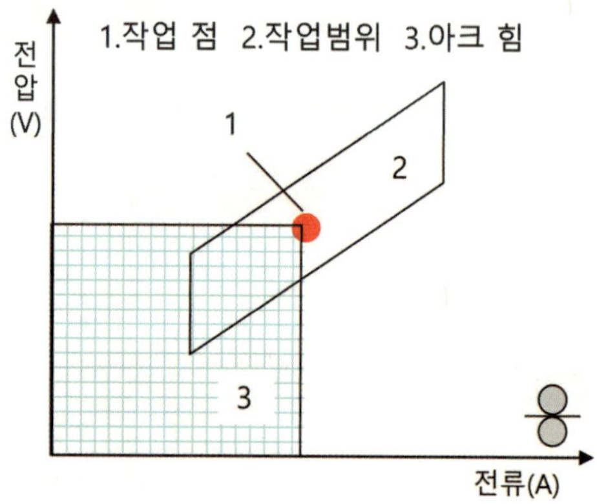

그림 3.72 **용접변수 용어**

반면에 동일 송급 속도에서 전압이 상승하면(Ar+CO_2, 그림 3.73(a)처럼 아크 길이가 길어 불안정하고, 불규칙한 단락 아크가 발생하며 스패터와 언더컷의 원인이 된다. 그림 3.73(b)에서 아크는 다시 안정되나, 작업 점이 너무 높아 열 입력이 많다. 열 입력이 너무 높으면, 박판 용접의 경우 용락 발생의 위험이 있다.

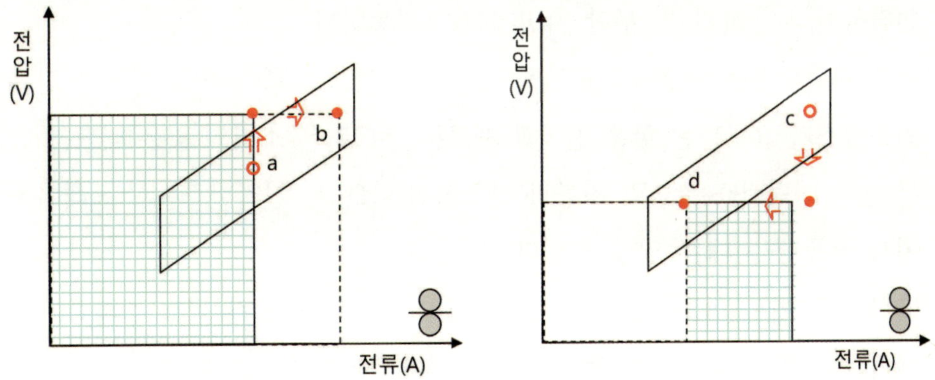

a: 송급 속도보다 아크 전압이 너무 높음
b: 아크 전압과 송급 속도가 너무 높아 용접부에 과도한 입열 초래

c: 송급 속도보다 너무 낮은 아크 전압
d: 너무 낮은 전압과 송급 속도는 입열 부족을 가져온다.

그림 3.73 송급 속도와 아크 전압의 조정

아크 전압을 줄여 그림 3.73(c)와 같이 높은 와이어 송급 속도를 유지한다면, 다시 작업 범위 밖으로 작업 점이 이동한다. 이때 전압은 와이어 송급 속도보다 너무 낮은 상태로, 용착 속도와 관련하여 열 입력은 불충분하여 아크는 매우 짧고 용접봉은 용착금속에 접촉하게 된다. 이때 작업자는 용접 토치가 들려지려고 하는 것을 느낄 수 있다. 입열의 감소는 역시 용융지에 용입 감소와 높고 둥근 용접 비드를 만든다. 작업구역을 후퇴시켜 송급 속도를 줄이면 작업 점은 그림 3.73(d)처럼 위보다 낮아진다. 이 경우 아크는 안정을 회복하고 열 입력은 낮아진다. 너무 낮게 되면 용입 불충분의 냉간 용접이 형성된다. 따라서 바른 작업 점을 찾기 위해 전압과 송급 속도를 증가(전압과 송급 속도 관계)시킨다. 작업 점은 실딩 가스, 용접봉의 조합으로 작업 범위 내에 있어야 하며, 아크의 열에너지는 모재에 정확히 집중해야 한다.

인버터 디지털 용접기의 용접변수 조정에서 비드 폭 조정(arc control)은 철강과 스테인리스강의 펄스 용접에 적용되며, 아크 형상과 집중을 조정(파형 또는 인덕턴스 제어)한다. 즉, 전압 및 송급 속도 조정뿐만 아니라 인덕턴스(전원) 변수 조정도 가능하다. 이것은 용접 전원의 2~3개의 다른 터미널 중 하나에 용접 전류 케이블을 연결하여 사용하거나, 무단 가변제어가 가능하다.

낮은 인덕턴스는 선명하고도 집중력이 있는 아크로 좁은 비드 단면을 만든다. 높은 인덕턴스가 요구되는 굵은 전극과 재료는 부드러운 소리의 넓은 비드를 만든다. 너무 높은 인덕턴스는 단락 경향과 안정성이 나쁘다. 인덕턴스는 스프레이 아크 모드에서 작동했을 때는 영향이 없다.

그림 3.74에서 아크 조정(arc control)이 0.0보다 크면 펄스 주파수가 증가하고, 베이스 전류가 감소하여 강성 아크가 된다. 따라서 판재의 고속 용접에 적합하다. 반면에 아크 조정이 0.0보다 작으면 펄스 주파수가 감소하고, 베이스 전류가 증가하여 부드러운 연성 아크가 되어 외부 외관 용접에 좋다.

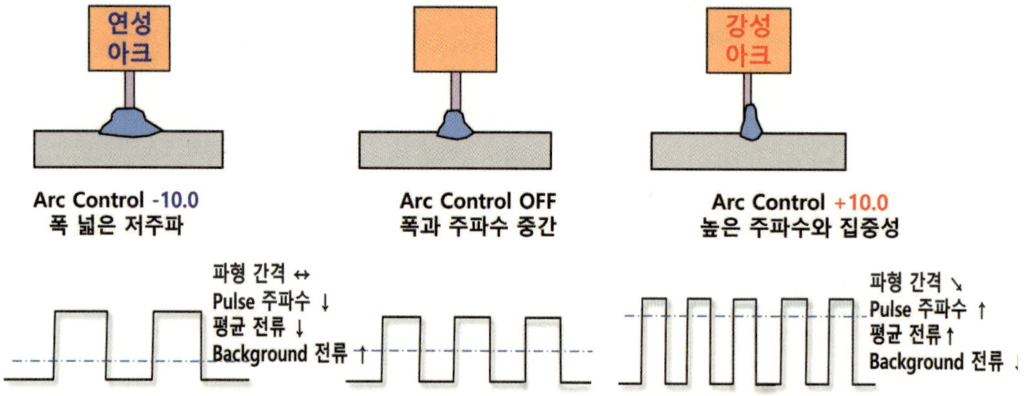

그림 3.74 용접변수 조정(비드 폭 조정: arc control)

그림 3.75와 그림 3.76은 용접 결과에 관계하는 아크 전압과 전류를 나타냈다. 그림에서 용입은 전류에 비례하고 용접 속도에 반비례한다. 비드 폭은 전류에 비례하고 전압에 비례한다. 또한, 아크 길이가 길수록 전압이 높아 비드 폭은 넓어진다.

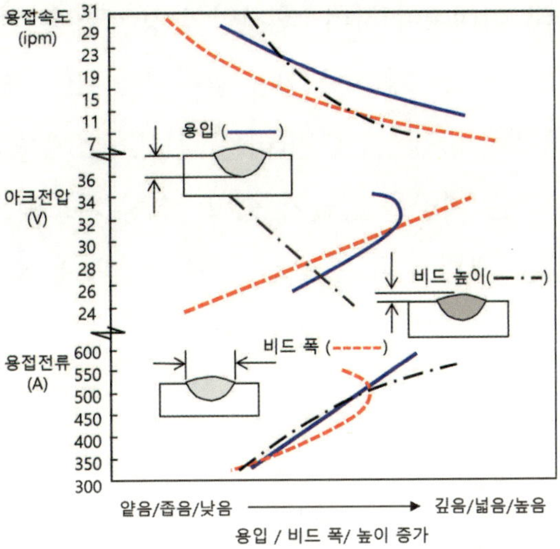

그림 3.75 용입, 비드 폭에 관계하는 변수

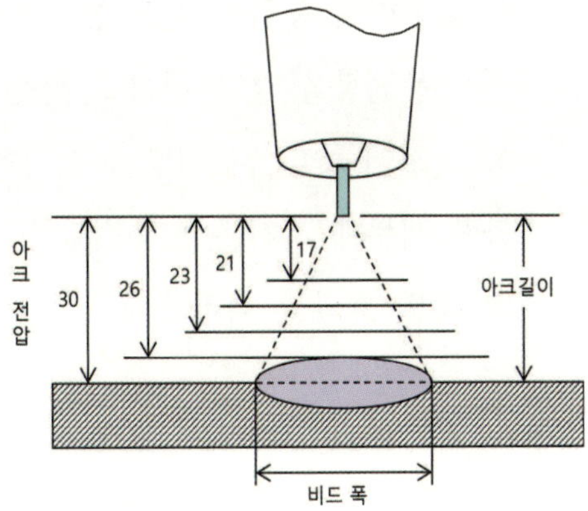

그림 3.76 아크 길이-비드 폭 관계

(2) 용접 토치각도(welding torch angle)

2차 조정할 수 있는 변수들은 최소한 돌출길이, 토치 또는 전극 각을 포함한다. 이러한 변수들은 일차적인 변수의 하나에 영향을 주기 때문에 용접 특성을 바꾼다. 용집 토치각도는 비드 형상과 용입에 크게 영향을 준다. 그림 3.77에는 여러 유형의 용접 단면과 일반적인 용접 토치의 각도를 나타낸다. 알루미늄 필릿 MIG 용접의 경우 중력으로 인한 용융지의 처짐 현상과 수평 모재의 용입을 위해 용접봉 직경 크기만큼 수평 모재(바닥 판) 쪽으로 아크 중심을 이동하여 용접한다.

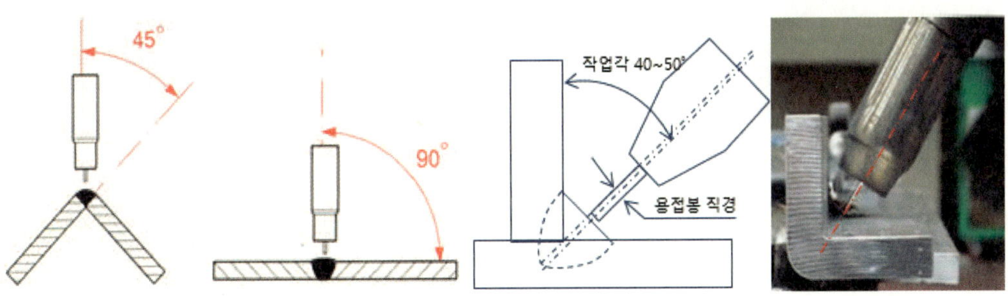

그림 3.77 여러 이음의 용접 방향에 수직한 용접토치의 각도

용접 진행 방향으로 토치의 각도는 15° 이내여야 하며, 후진법의 경우 용융지에 열이 집중하여 용입이 깊고 중·후판의 철강(steel)에 적용한다. 알루미늄 MIG 용접은 먼저 용접봉을 양(+)극으로 하는 직류역극성으로 전진법(미는 각 10~15°)을 사용하는 것이 좋다. 후진법을 사용하는 것은 기공을 만들기 쉽고, 실딩 가스의 보호 불량 때문에 지저분한 용접부를 만든다. 그림 3.78은 용접 진행 방향과 용접 토치의 각도 효과를 나타냈다.

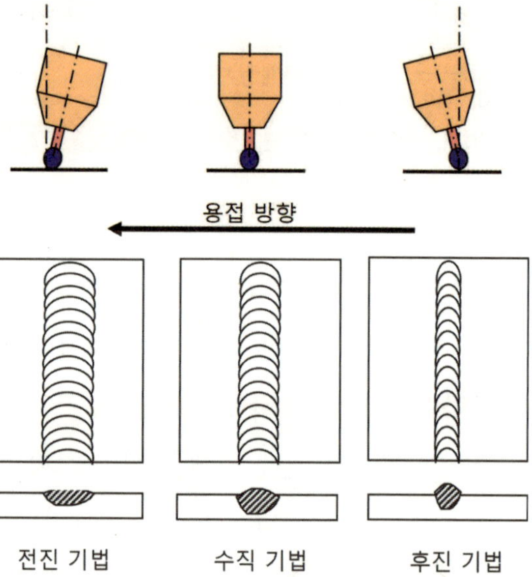

전진법(미는 각)	후진법(끌기 각)	특징
용입이 얕다.	깊은 용입	용융금속이 아크 발생 점보다 앞에 있어 용융금속 위로 아크가 나와, 모재에 직접 아크가 닿지 않을 가능성이 크다(전진법).
비드 형상이 평평	비드 형상이 볼록	선행한 용융금속 바로 위에서 아크가 눌러 비드가 넓어진다(전진법).
가스 보호가 양호	가스 보호 효과 조금 불량	토치가 움직이면 실딩 가스가 뒤로 날리기 쉽다(후진법).
용접 중 홈을 보기가 쉽다.	용접 중 비드 형상을 보기 쉽다.	

그림 3.78 용접 진행 방향과 용접 토치의 각도 효과

알루미늄에서 용접 기법에 따른 용입을 비교한 결과 직선 비드(Stringer bead)가 오실레이션 비드(Oscillation bead)보다 1.6배 용입이 깊으며, 후진법이 전진법보다 약 1.5배 용입이 깊은 것으로 확인되었다. 표 3.31은 용접기법에 따른 용입 비교를 나타내었다.

표 3.31 용접기법에 따른 용입 비교

구분		전류(A)	전압(V)	용입(mm)	비고(%)
전진법	Oscillation	250~261	32.1	1.5~2.1	100
	Stringer	250~260	32.1	2.5~3.4	161
후진법(Stringer)		258~260	32.1	2.7~5.0	238

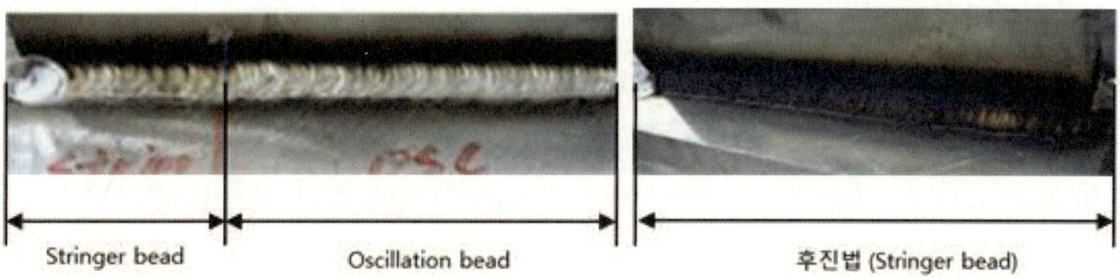

※ 용접 조건(PowerWave 455M, Lincoln, WFS 294 ipm/ Trim 1.02, He Mixer gas)
※ 토치 진행 각도(미숙)에 따른 Perkling 발생

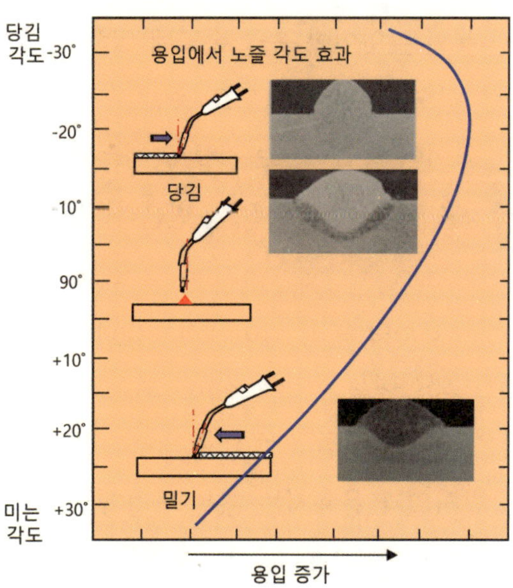

그림 3.79 진행 각도와 용입 관계

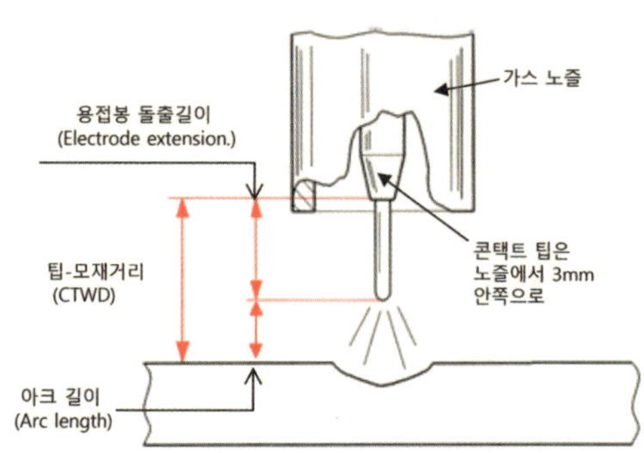

그림 3.80 용어 설명

그림 3.79에서 진행 각은 전극 또는 용접 토치의 중심선과 용접 축선의 면에 있는 용접의 축선에 수직한 기준선이 만드는 각이다. 이동 각은 당김 각(drag angle) 또는 미는 각(push angle)으로 설명된다. 이동 방향에서 뒤를 가리키는 당김 각은 후진법(back hand welding)이다. 이동 방향의 앞을 가리키는 미는 각은 전진법(foreward welding)이라고 한다. 15~20°의 끌기 각이 사용될 때 최대 용입이 얻어진다. 토치의 진행 각(travel angle)이 최적 조건에서 바뀌면 용입은 줄어든다. 그림 3.79에서처럼 15°의 끌기 각에서 30°의 미는 각까지 용입과 분사각의 관계는 거의 직선이다.

(3) 용접 속도(welding speed)

용접 속도는 용접 형상과 용입에 영향을 준다. 전압과 송급 속도와 관련하여 과대한 용접 속도는 입열 부족으로 좁은 비드와 용입이 얕아지며, 과소한 용접 속도는 단위 용접 길이에 재료의 용융량과 입열이 높아 큰 용융지와 큰 열영향부를 만든다.

(4) 모재-팁과 거리

CV 용접 시스템을 사용할 때, 용접 전류는 전극 와이어 송급 속도에 의해 제어된다. 그러므로 다른 모든 조건이 같을 때 용입은 와이어 송급 속도에 의해 직접 영향을 받는다. 용접 전류는 쉽게 측정할 수 있으므로 일반적으로 용입은 용접 전류가 와이어 송급 속도보다 더 관련이 있다. 와이어 송급 속도-전류 관계는 실딩 가스, 전극 와이어 크기, 돌출길이 그리고 극성을 바꾸는 것에 의해 변한다. 돌출길이는 그림 3.80에서 볼 수 있다.

그림 3.80에서 팁과 작업물 거리(CTWD: contact tip-to-work distance)는 일반적으로 10~12mm 정도이며, 솔리드 와이어는 10~20mm, 코어드 와이어는 15~25mm로 한다. 그리고 콘택트 팁은 가능한 노즐 안쪽으로 3mm 정도로 넣는다. 알루미늄 MIG 용접에서 발생하는 반사열과 용융지는 매우 뜨겁다. 따라서 팁을 확실하게 고정하는 것은 다른 송급 문제와 콘택트 팁에 와이어가 붙는 것을 막는다. CTWD는 아크 소리로 확인할 수 있다. 거리가 짧으면 용접봉이 팁에 단락하고, 편

평한 비드(전압 증가)와 스패터와 언더컷을 발생한다. 반면에 길이가 길면, 불량 볼록 비드(전압 감소)와 스패터와 가스 보호 불량이 발생한다. 표 3.32는 와이어 직경에 따른 적정한 돌출길이를 나타냈다.

표 3.32 와이어 돌출길이

와이어 직경(mm)	돌출길이(mm)	비고
Φ0.9	10	와이어 직경의 10~15배
Φ1.0	13	
Φ1.2	15	
Φ1.6	20	

CTWD는 용접 중에 용접물에 대하여 상대적 위치를 바꿔 용접사에 의해 제어되는 것으로, 용융지의 관찰이 중요하다. 용접 중에 거리는 일정하게 유지하여야 하며, 균일한 이송 속도를 사용해야 한다. 용접 중 거리의 변화는 용접부 입열과 전류의 변화가 따른다.

그림 3.81에서 그림 3.82는 돌출길이(stick out or extension)와 용접 전류(용입),

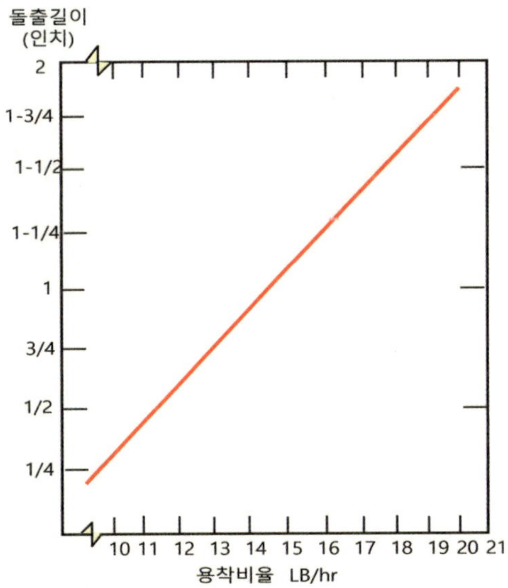

그림 3.81 돌출길이와 용착 비율 관계

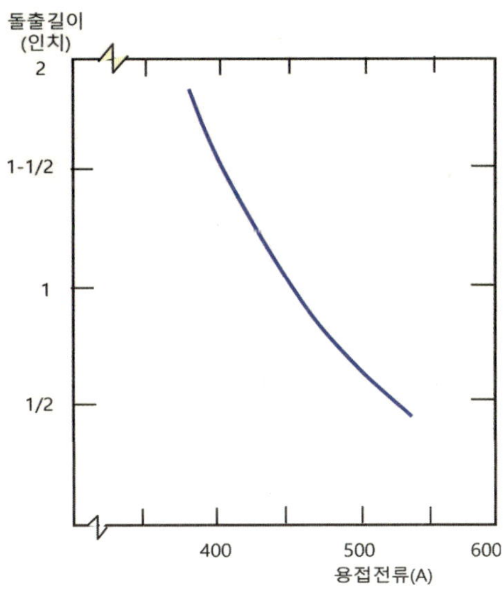

그림 3.82 돌출길이와 용접 전류 관계

용착 비율을 나타낸 그림이다. 그림 3.82에서 돌출길이는 I^2R 열이라 불리는 전극의 예열이 일어나는 곳이며, 이것은 와이어를 통해 전달된 많은 양의 전류에 의해 가열된 전극 와이어가 전류가 유도(pickup)된 팁에서 아크까지 확장하기 때문이다. 전극 와이어의 이 부분에서 생성된 열은 I^2R와 동등하다. 전극 와이어의 저항 열은 전류의 제곱이다. 전극 와이어를 예열하게 되면 이것은 아크에 들어갈 때 용융비를 증가시키는 높은 온도가 된다.

증가한 돌출길이는 와이어 송급 속도가 충분히 증가하여 끊임없는 전류 값을 유지했을 때만 용착 비율을 증가시킨다(그림 3.81 참조). 절연된 가이드 튜브를 가진 긴 형태의 노즐은 와이어를 예열하는 전기적 돌출길이를 만들기 위해 이용된다. 이런 요소는 가스 금속 아크, 서브머지드 아크 및 플럭스 코어드 아크 용접에서 용착 비율을 증가하기 위하여 이용된다.

돌출길이와 용접 전류 사이 관계는 그림 3.83에 있다. 돌출길이가 증가하는 것은 와이어 송급 속도 비율이 바뀌지 않으면 약 100A 정도 아크의 용접 전류를 감소시킨다. 따라서 용입을 감소시킨다. 반자동 용접에서는 돌출길이가 용접사에 의해 조정되며, 돌출길이는 용접을 중단하지 않고 이음 변화를 바로잡는 좋은 수단이다. 표 3.33은 와이어 돌출길이 1mm당 실딩 가스에 따른 용접 전류 변화량을 나타냈다.

표 3.33 돌출길이 1mm당 용접 전류 변화량

사용 가스	전류 변화량(A/mm)
CO_2(100%)	3~4
Ar(80%) + CO_2(20%)	5~6
Ar(98%) + O_2(2%)	7~8

돌출길이는 그림 3.83에 보이는 것과 같이 용접 전류에 대한 영향을 통해 용입에 영향을 미친다. 용접 전류를 좌우하는 돌출길이는 용접하는 동안 이렇게 제어한다. 전극 돌출길이의 증가는 회로의 저항을 증가하게 되고 전압은 일정하므로 전류는 옴의 법칙에 따라 감소한다. 팁에 전달된 전류와 작업물 사이의 전압은 아크를 통한 전압과 전극 돌출길이에 있는 전압 강하의 합계이다.

돌출길이, 즉 거리가 증가하면 회로 저항은 증가하고 발열이 많아져 일정 송급 속도의 전원으로부터 용접에 필요한 용접 전류는 작아진다. 즉, 정전압 전원의 자기제어 특성 때문에 용접 전류가 감소한다. 전원의 출력전압은 일정하게 남아 있다. 따라서 전압이 돌출길이에 더 많이 걸리고, 아크에 더 적게 발생한다. 전압과 전류의 감소는 아크의 용입을 감소시킨다. 반대로, 돌출길이가 감소하면 예열효과는 감소하고 용접 전원은 더 큰 전류를 제공한다. 용입은 용접 전류 증가에 비례한다. 표 3.34는 돌출길이 증가 현상에 따른 영향을 나타냈다.

표 3.34 돌출길이 증가 영향

돌출길이 증가 현상	영향
저항 증가 = 전류 감소	용입 감소(I=V/R)
횡방향 바람 영향	기공 증가
아크력	감소
스패터	증가
비드 폭	감소
용접봉 끝 구부러짐	용접선 조절 필요

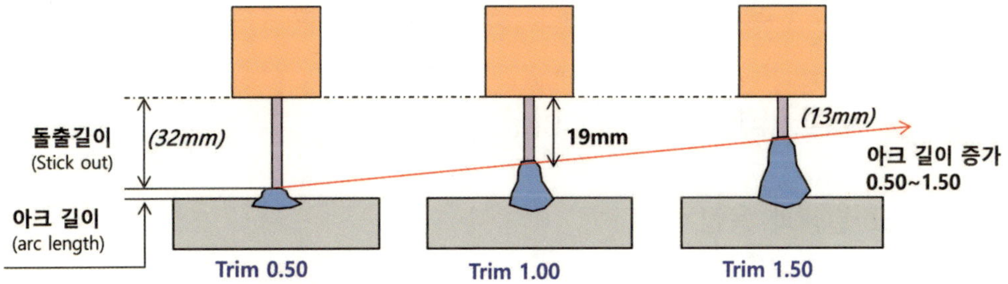

그림 3.83 미세 조정(trim)값과 아크 길이의 변화

인버터 디지털 용접기의 펄스 용접기에서 시너지 모드의 용접변수 조정에서 전압의 미세조정(pulse trim)은 아크 길이를 조정하게 된다. 따라서 아크 길이가 조정되면 전압 및 전류가 자동으로 조정된다. 예를 들면, 그림 3.83에서 보통 Trim 1.00(와

이어 돌출길이 19mm) 기준값에서 1.00보다 크면 아크 길이가 증가하며(돌출길이 19mm 이하) Trim 값이 1.00 이하이면 아크 길이가 감소(돌출길이 19mm 이상)하여 전류와 전압이 조정된다.

(5) MIG 용접기의 자주 관리

용접 품질을 유지하기 위해서는 용접기의 관리가 중요하다. 일일, 주간, 월간 및 연간 단위의 주기적인 일정으로 점검 및 보수 계획을 세워 관리하는 것이 중요하다. 표 3.35는 MIG 용접기 점검표의 예를 나타냈다.

표 3.35 MIG 용접기 점검의 예

점검 사항	점검 사항	점검 사항
• 각부의 청결 상태 • 스위치의 작동 상태 • 베어링, 기어의 이상 유무 • 기름의 누설 여부 • 송급 롤러의 표면 상태 • 송급 장치의 나사 죈 상태	• 가스 컵 손상 여부 • 가스 분배기 파손 여부 • 가스 호스의 누설 여부 • 각 연결부 누설 여부 • 유량계의 작동 및 연결 상태	• 콘택트 팁의 상태 • 가스 전자밸브의 작동 상태 • 송급 모터의 급정지 상태 • 냉각장치 누설 상태 • 냉각수 흐름의 유무

5.5 용접기법(welding skill)

(1) 아크 발생과 용접

아크 발생 방법은 찍기법과 긁기법이 있다. 아크의 발생은 이음부 위에 토치를 위치시킨 다음, 눈과 얼굴을 보호하는 보안 면을 착용하고, 방아쇠를 당겨 용접을 시작한다. 긁기법(scratch method)은 그림 3.84처럼 모재 위를 용접봉으로 긁어 아크를 발생시키는 방법이며, 찍기법(tapping method)은 그림 3.85와 같이 용접봉 끝으로 모재 위를 살짝 찍어 아크를 발생시키는 방법이다.

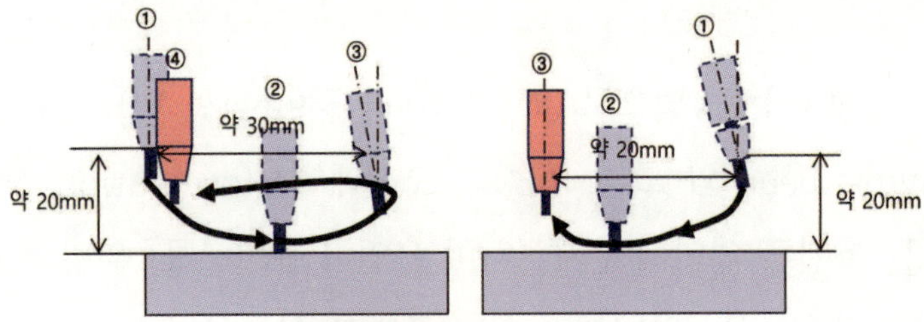

그림 3.84 긁기법

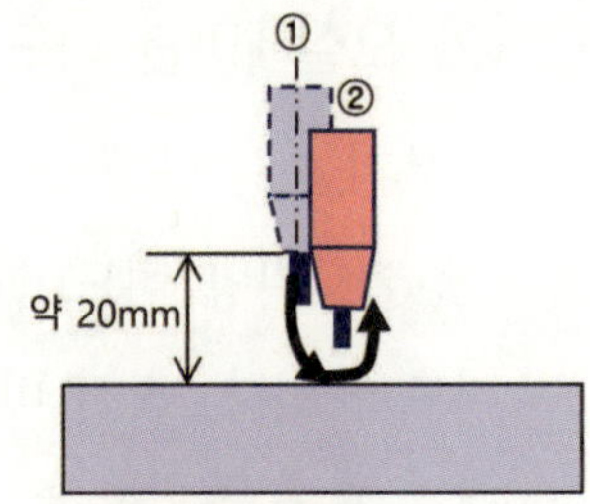

그림 3.85 찍기법

크레이터 채우기(fill the crater)는 용접부가 끝나는 지점에서 일시 중지하거나, 약간 뒤로 물러나는 것으로 크레이터를 채운다. 또한, 작업물에서 아크를 끌어낸 후 토치를 당겨 방아쇠를 놓는다. 다른 방법으로는 크레이터 채우기 프로그램을 사용한다. 큰 크레이터는 균열의 원인이 된다. 그림 3.86은 크레이터 균열을 나타냈다.

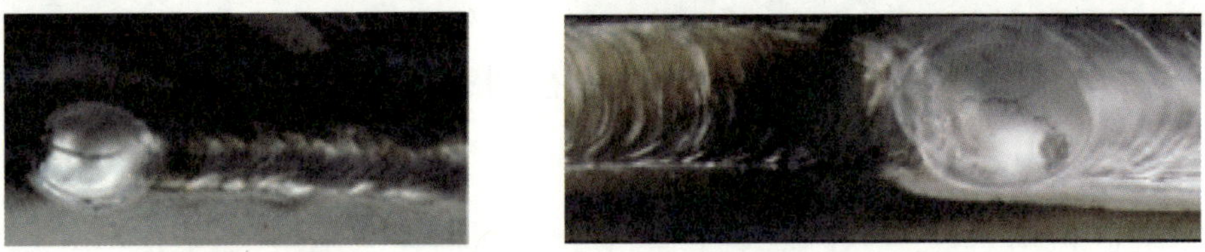

그림 3.86 크레이터 균열과 바람직하지 못한 비드 연결

비드 연결(restarting a bead)은 그림 3.87(a)처럼 마지막 크레이터에서 아크를 발생시켜 아크를 뒤로 후퇴하여 용접 비드를 다시 만들어 전진한다. 이 기법은 이음이 없는 용접 비드를 만든다. 또한, 그림 (b)처럼 비드 연결 부분 옆에서 아크를 발생하여 충분히 가열한 다음 비드를 연결한다.

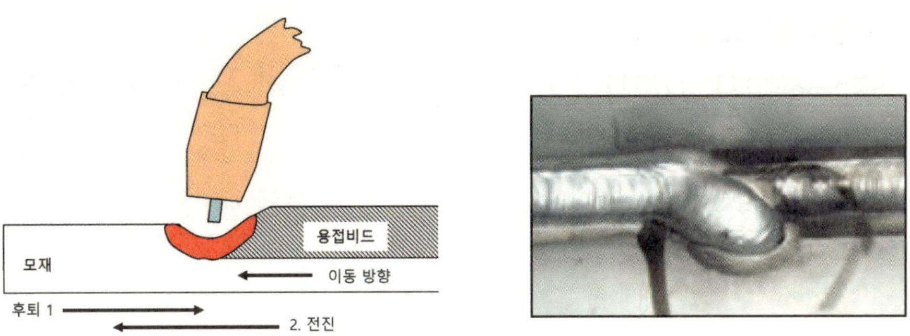

(a) (b)

그림 3.87 비드 연결 방법

(2) 오실레이션 비드

알루미늄 MIG 용접에서 운봉하는 방법으로 그림 3.88과 같이 직선 비드(stringer bead), 위빙 비드(weaving bead)와 그림 3.89의 오실레이션(oscillation bead) 비드가 있다. 직선 비드는 고전류 영역에서 사용하며 용입이 균일하다. 위빙 비드는 넓은 용접 공간을 한 번에 채워 넣는 방법으로 위빙 폭으로 인하여 용접 속도가 늦어 상대적으로 입열이 증가한다.

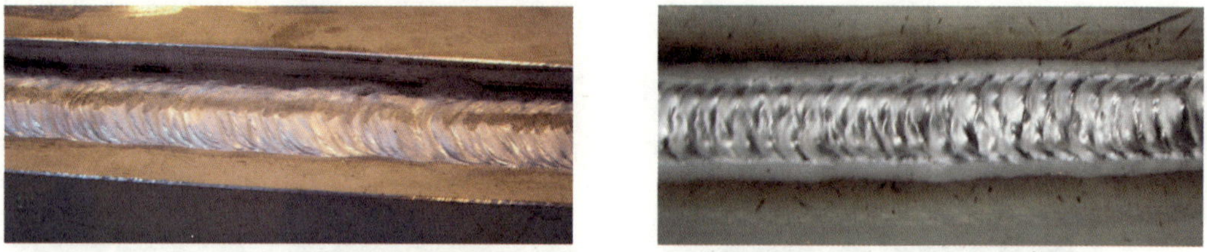

그림 3.88 **직선 비드와 위빙 비드**

오실레이션 비드는 그림 3.89와 같이 용접 토치를 용접 진행 방향으로 3보 전진과 2보 후퇴를 반복하면서 용접을 진행하는 것으로, 저전류 영역의 입열을 분산시켜 박판 용접에 많이 사용한다. 또한, 용접부의 냉각 지연과 냉각된 용융지를 재용융시켜 기공 배출에도 효과가 있다. 그 폭은 10mm 전후로 하며 1초간에 1회 정도 왕복 운동을 행한다.

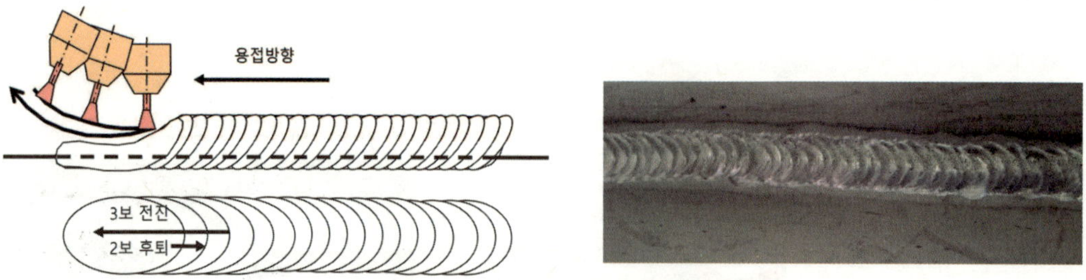

그림 3.89 **오실레이션 비드**

(3) 버터링 비드

그림 3.90과 같이 알루미늄 7039 용접 때 비드 가장자리의 모재 두께 방향의 용접 열영향부는 사용 중 시간이 지나면서 용접 열영향부는 마치 겹친 골판지가 수분으로 인하여 접합부가 떨어지는 것처럼 층간 균열이 일어나기 쉽다. 따라서 가장자리의 두께 방향 표면을 얇게 바르는 형식으로 비드를 만들어 주면 이런 결함을 예방할 수 있다. 이것을 버터링 비드(buttering bead)라고 한다. 주로 낮은 전류를 사용하여 열영향부 전체 면을 덮어 주는 위빙 형식이 많이 사용된다.

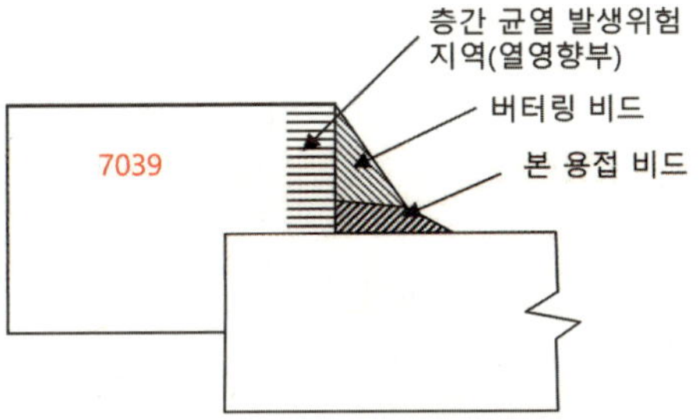

그림 3.90 버터링 비드(buttering bead)

(4) 시·종점 결함방지 비드(tail-in & out bead technic)

일반적으로 용접의 시작부는 냉각된 모재와 낮은 입열로 용입 부족과 기공이, 종점부는 입열 집중 및 크레이터 생성으로 인한 표면 기공과 크레이터 균열이 발생하기 쉽다. 알루미늄 용접의 경우 용접 시작과 종점부에 일정한 길이로 용접 선상을 벗어나도록 하여, 이러한 결함을 방지한다. 이러한 비드 기법을 끌어내기 법(tail-in & out bead technic)이라고 한다. 사용상 문제가 없는 한 비드는 제거하지 않는다. 그림 3.92는 이 기법을 실제 적용한 예를 나타냈다.

그림 3.91 **알루미늄 용접부의 끌어내기 법의 적용(수동, 로봇 용접)**

끌어내기 비드는 용접 시작과 종점부에서 그림 3.92(a)처럼 본 용접 비드와 45° 범위 각도로 하며, tail in & out의 비드 길이는 15~30mm 정도이다. 비드 처리는 그림 3.91처럼 가능한 동일 제품에서 일정한 모양이 되도록 한다. 또한, 크레이터 비드는 인버터 용접기의 경우 크레이터 처리 전류를 사용하여 용접 선상에서 그림 3.92(b)처럼 크레이터 폭만큼 벗어나도록 끌어내어야 한다(관련 근거 TACOM12472301).

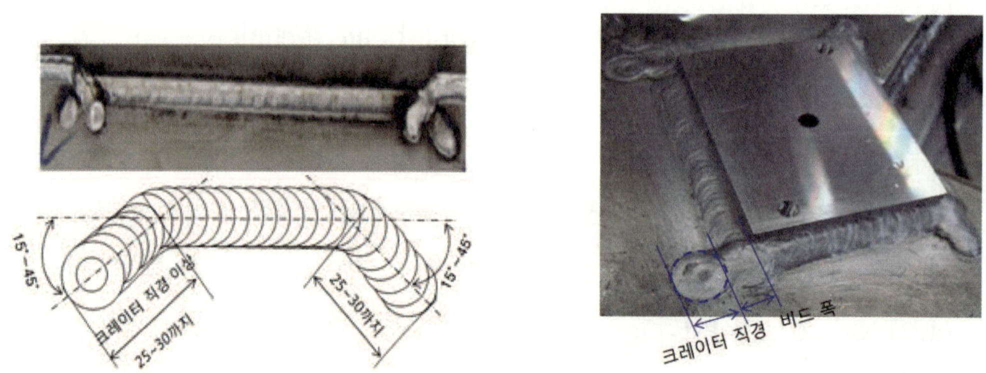

(a) (b)

그림 3.92 **알루미늄 용접부의 끌어내기 법**

(5) 저주파 펄스 비드

디지털 인버터 용접기의 저주파 펄스 특성의 용접 모드(mode)를 선택하면 박판 용접에 적합한 비드 파형을 만드는 프로그램을 사용할 수 있다. 이것은 저주파 펄스 파형을 이중으로 겹치게 한 것으로, 비드 결(ripple)이 그림 3.93처럼 동전을 옆으로 쌓은 것 같은 외관을 만들며, TIG 용접과 비슷하다. Pulse-on-pulse, alu-pulse, synchro-pulse 등으로 불리며 비철금속인 알루미늄에만 적용된다. 두께 2~3mm 박판의 용접에 매우 유용하며, TIG 용접을 대용할 수 있고, 고속 용접을 할 수 있어 입열이 적다. 스패터가 최소화되고 반면에 용입이 얕다.

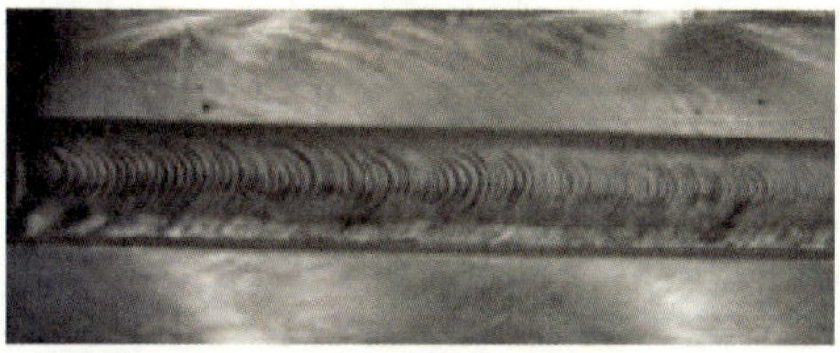

그림 3.93 디지털 인버터 용접기의 저주파 펄스 비드

5.6 기타 용접법

(1) 미세 와이어 MIG(fine wire MIG)

가는 와이어 MIG 용접은 주로 직경이 1.2mm보다 적은 0.4mm의 작은 와이어를 사용하나, 0.6mm의 와이어를 사용하기도 한다. 일반적으로 작은 직경의 와이어는 송급이 어렵고, 송급 문제를 제거하기 위해 작은 와이어 릴과 용접토치에 직접 탑재되는 드라이브 롤을 사용한다.

용접변수는 전류는 50~140A 범위와 전압 17~22V를 사용하며, 결과적으로 금속 이행 모드는 단락 이행을 한다. 용접 속도는 일반적으로 320mm/min로 낮은 입열을 준다. 과도한 용입과 돌출길이를 피하도록 하고 용락 없이 약 1mm 두께 정도의 박판 용접을 가능하게 한다. 미세 와이어 용접은 현재 펄스 MIG 용접에 의해 크게 대체되고 있다.

(2) 쌍 와이어 MIG(twin wire MIG)

쌍 와이어 용접은 비교적 최근에 개발되었다. 높은 용접 전류는 용접 전류의 강한 플라스마 제트 형성으로 단일 와이어 용접에서는 제한된다. 이 제트는 불규칙한 비드 형상, 기공 또는 과잉 용입을 준다. 따라서 쌍 와이어 용접은 같은 용융지에 독립된 두 아크의 작동으로 단점을 극복하며, 생산성 향상을 가능하게 한다.

이것의 기본은 와이어 송급 장치와 유닛을 마이크로프로세서로 직접 조정하는 2개의 인버터 펄스 MIG 전원을 직렬로 연결하여 사용한다. 두 유닛은 한 유닛이 펄스 피크 전류로 용접할 때 다른 유닛은 베이스 전류로 하며, 각기 다른 유닛으로부터 동시에 발생하는 펄스의 조정 장치로 연결된다. 이것은 안정한 용접 상태의 각각 독립적으로 작동되는 두 아크가 발생한다. 와이어는 평행 또는 이음의 채움과 비드 폭의 생성이 가능한 사이에서 어떤 각도로 텐덤(직렬) 방식으로 위치한다.

쌍 와이어 MIG 용접은 오직 기계적 용접 또는 로봇 용접에 적용할 수 있는 공정이다. 정확한 조정을 하면 각장 3mm 필릿 용접에 매우 높은 용접 속도(2m/min)를 가지고 있다. 용접토치는 부피가 크고, 접근 문제를 만들 수 있으며 장비 비용이 많이 든다.

5.7 대전류 MIG 용접 현상의 특징

최근에는 직경이 큰 용접봉을 사용하여 대전류로 MIG 용접하는 것에 관하여 많은 연구와 적용이 진행되고 있다. 예를 들면, 두께 38.1mm의 판을 ϕ5.6mm 용접봉으로 양쪽 1 패스씩 용접한 이 방법은 9.1kg/hr 정도(보통의 MIG 용접은 2.3~4.5kg/hr)가 되어 용착효율을 더욱 높게 되었다. 반면에 용접봉의 전류밀도는 보통 방법보다 약 1/3 정도로 전류밀도가 낮아, 금속 이행은 스프레이 형태가 아닌 글로블러 형태가 된다.

후판에 대한 I형 맞대기 MIG 용접이 1958년 이후 계속 관심 분야가 되고 있는데, 이전의 후판 알루미늄 용접은 V-홈으로 많은 수의 구상(globular)을 용착시켰다.

따라서 원가절감과 품질 향상의 목적으로 구상 수의 감소를 위하여 대전류로 용접하는 기술이 개발되었다.

그림 3.94 용접부 퍼커링(puckering)과 흑분

대전류 MIG 용접의 문제점은 사용전류가 퍼커링(puckering) 한계 전류를 넘으면 그림 3.94처럼 용접부에 퍼커링(거칠고 검은색의 용접 표면 형상) 비드라 불리는 부정 비드가 발생한다. 이것은 음극점이 용융지 내에 들어가 아크력으로 용융 금속을 밀어 올려 용융 금속 내에 심한 교반이 일어나 실딩 가스가 분산되어 클리닝 작용이 없어지고, 대기 중의 산소와 산화물을 형성하여 이것이 용접부에 들어감으로써 생기게 된다. 따라서 충분한 보호 대책이 필요하다. 그림 3.95는 알루미늄 합금의 대전류 MIG 용접 조건 범위를 나타낸 것이다.

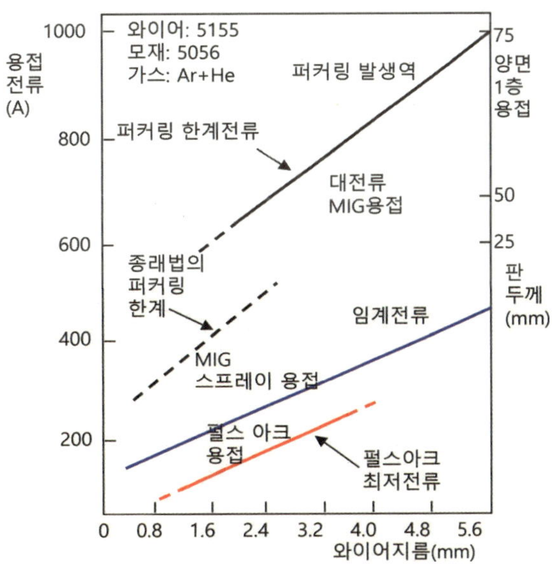

그림 3.95 알루미늄의 대전류 MIG 용접 조건

이러한 퍼커링 없이 대전류로 용접하기 위하여 특수용접 노즐이 개발되었다. 이 노즐은 본래 토치 노즐 주위에 고리 모양의 링(ring)이 있어 이것으로 아르곤 가스가 별도의 실딩 가스로서 나오게 한 것이다. 이것은 실제 사용이 어렵다. 용접 조건의 세심한 조절은 두께 25.4mm 판을 퍼커링 없이 양쪽에서 1 패스씩 2 패스로 용접할 수 있다.

토치 운봉각, 아크 전압, 아르곤 가스의 유량 등에 따라 퍼커링의 정도가 달라진다. 운봉각은 15~20°로 진행 방향에 뒤쪽으로 눕힌다. 퍼커링이 발생하는 값 이하의 전류와 용접봉 직경에 따른 적정 전압이 있으며, 이 값 이상에서는 아크가 너무 길어 충분한 용입을 기대할 수 없다. 아르곤의 유량은 28~46ℓ/min로 하여 퍼커링을 방지한다.

두께가 19mm인 모재는 틈이 없이 I형 맞대기로 1 패스 용접하여 충분한 용입을 얻을 수 있다. 이때 용접봉 직경만큼의 틈은 허용되나, 이보다 큰 경우에는 아크는 용접이 되지 않고 이음을 통하여 절단하는 경향이 있다.

I형 맞대기 MIG 용접 때 아르곤 가스보다는 헬륨 가스가 더 유용하다. 특정 용접 속도에서 헬륨 가스에 의한 최대 안정 전류는 아르곤 가스에서보다 약 200A 정도가 더 높다. 후판의 맞대기 용접 때 헬륨 가스를 이용하여 용접 조건의 허용 한계를 크게 하고, 더욱 안정된 아크로 100%까지 용접 속도를 증가시킬 수 있다. 예를 들면, 이중 보호 노즐 방식으로 실딩 가스에 50% 정도의 He을 혼합한 Ar 가스를 사용하면 양호한 보호 상태가 된다.

5.8 이종금속과의 접합(joints for dissimilar metal)

알루미늄은 탄소강, 내식강, 구리, 티타늄, 은합금 등 다양한 이종금속과의 접합이 가능하나, 이들 간의 직접 용접은 금속간화합물 형성, 물성 차이에 따른 열응력 등으로 인해 고도의 기술이 요구된다. 이종금속과 알루미늄을 접합시키는 방법을 표 3.36에 나타내었다.

표 3.36 알루미늄과 이종금속의 접합 방법

접합방법	합 금										내화금속 (Mo, Ta, W)	전기도금 또는 열간 용융도금
	Fe	Cu	Ni	Mg	Ti	Ag	Zn	Pb	Sn	귀금속		
가스 용접	C	C	C	X	–	–	X	X	X	–	–	–
아크 용접	B	B	C	X	–	–	X	X	X	–	C	C
저항 용접 (점, 시임)	B	X		X	–	–	–	–	–	–	–	C
플래시 용접	X	A	X	X	–	–	–	–	–	C	–	–
토치 또는 爐 brazing	B	C	B	X	B	–	X	X	X	C	C	C
dip brazing	A	X	C	X	–	–	X	X	X	–	–	C
아연 납땜	A	A	A	C	C	C	C	X	X	–	–	A
주석 납땜	A	A	A	B	B	A	A	A	A	A	B	A
확산 접합	B	B	C	–	–	A	–	–	–	C	C	C
압접	A	A	C	A	A	C	A	C	C	C	–	–
초음파 용접	A	A	A	A	A	A	–	A	A	A	–	A
접착 접합	A	A	C	A	–	C	C	A	C	C	C	C

주) A: 용접성 우수(특수기술 불필요) B: 용접성 양호(특수기술 필요)
C: 용접할 수 있으나 제한 사용 X: 용접 불가능

(1) 중간층을 이용한 간접 접합

직접 용접이 어려운 경우, 중간 매개 금속(intermediate dissimilar metal)을 사용하여 간접적으로 용접한다. 중간층은 피복(cladding), 용융도금(dip coating), 전기도금(electroplating), 브레이징 또는 버터링(buttering)과 같은 방법으로 형성된다.

이후 일반적인 용접법(TIG, 저항 용접, 납땜, 브레이징 등)을 적용할 수 있으며, 확산접합, 압접, 초음파 용접도 활용 가능하다. 경우에 따라 양측 금속에 모두 용접이 용이한 전이 금속(transition piece)을 삽입하여 플래시 또는 마찰 용접으로 접합하는 방법도 있다.

적절한 기술을 적용하면 접합 강도는 알루미늄 자체 강도의 약 20% 수준이며, 피로한도 및 폭발 확장 응력에 대한 저항성과 내식성은 우수한 편이다.

(2) 금속간화합물 형성 억제와 고온 사용의 한계

이종금속 간 접합에서 가장 큰 문제는 취성이 높은 금속간화합물(intermetallic compound)의 형성으로 인한 용접 강도 저하다. 이를 방지하기 위해 접합 전 표면처리 및 접합 조건을 조절하며, 용접 후에는 후열처리를 피하고 고온 사용을 제한한다. 예를 들어, 알루미늄-탄소강 마찰용접 시 400℃ 이상, 내식강과의 경우 590℃ 이상에서는 금속간화합물이 현저히 증가한다. 이는 확산 속도의 차이에 기인한다.

(3) 알루미늄과 강의 접합 기술

알루미늄과 강의 접합은 상호 보완적인 물성(강의 강도와 내마모성, 알루미늄의 경량성 · 내식성 등)을 결합할 수 있어 산업적으로 중요하다. 사용할 수 있는 주요 접합법은 TIG, 저항 용접, 브레이징, 압접, 마찰용접, 초음파 용접 등이다.

TIG 용접 시 직접 접합이 어려운 주요 원인은 다음과 같다.

- 용점 차이: 알루미늄 660℃, 강 1540℃
- 열팽창 계수 차이: Al 23.8×10^{-6} / 강 11.9×10^{-6}
- 열전도율 및 비열 차이에 따른 열응력
- Fe-Al계 합금 형성 시 $FeAl_3$, Fe_2Al_5 등 취성 화합물 형성

Fe 함량이 40%를 넘는 경우 취성이 높은 금속간화합물을 형성하며 Fe 함량이 12% 이상 75~80%까지 되면 연성이 없어진다.

이를 해결하기 위해 강 표면에 도금 또는 피복 보호층(protective layer)을 형성한다. 사용할 수 있는 금속으로는 Cu, Ni, Sn, Zn, Ag, Al, Brass 등이 있으며, 피복 두께는 일반적으로 40~50μm 이내로 제한한다.

피복 후에는 5~12% Si를 함유한 상용 알루미늄 용접봉을 사용하며, 아크는 알루미늄 측을 향하게 하고, 용융 알루미늄이 강의 피복면을 적시도록 한다.

이음 형식으로는 필릿, 겹치기, 맞대기 이음 등이 있으며, 양면 용접의 경우 후면도 실딩 가스로 차폐한다. 접합 강도는 피복 금속의 접착력과 이음 설계에 따라 크게

달라지며, 일반 Zn 도금 강과 알루미늄의 접합 강도는 약 96~137MPa 수준이다.

(4) 강도 향상 방안

접합 강도는 다음과 같은 방법으로 향상할 수 있다.

- Si, Cu, Zn 함유 용접봉 사용: 중간층 두께 억제 → 접합 강도 약 3배 증가
- Cu 전착 후 Zn 도금: 접착력 증가 → AMg_3M 알루미늄의 접합 강도 96 → 192MPa 상승
- 피로한도: 탄소강과 5xxx계 알루미늄의 피로 특성은 유사하며, 비드 형상에 따라 파괴 위치는 용착금속으로 집중
- 폭발 확장 응력 저항성: 용접봉의 기계적 특성에 따라 달라지며 이종금속 접합이 우수하다.

예시로, AMg6 알루미늄과 연강의 TIG 용접 시 바닷물에 대한 내식성이 양호하며 국부부식이 발생하지 않는다. 저항 용접 시에는 Ag 도금이 가장 효과적이며, Sn, Zn은 취성 용접부를 유발할 수 있다.

(5) 브레이징 및 용접 사례

① 브레이징에서도 중간층 또는 전이 금속을 사용하여 금속간화합물 생성을 억제한다. 예를 들어, 321 내식강 링과 3003 알루미늄 합금 링을 브레이징할 경우, Ti을 내식강에 도금한 후 상용의 브레이징 합금을 사용한다. 최소 전단강도는 57MPa가 된다.

② 알루미늄 5083과 주강의 용접

알루미늄 5083과 주강(steel)을 용접할 때는, 먼저 강 내면의 플러그 용접부를 베이비 그라인더로 연마하여 산화막을 제거한다. 이후 구멍 전체에 용접금속이 고르게 분포되도록 플러그 용접하고, 크레이터 처리한 후에 마무리 작업을 수행한다. 용접 후에는 망치 등을 이용한 피이닝 작업으로 잔류응력을 완화한다(그림 3.96 참조).

플러그 용접 이후 강 표면에 보호층(protective layer)을 형성한 후에는, 5~12% Si를 함유한 상용 알루미늄 용접봉을 사용하여 본 용접을 실시할 수 있다. 이때 아크는 알루미늄 측을 향하게 하여 강의 보호 피막이 손상되지 않도록 하고, 용융 알루미늄이 피복된 강 표면을 충분히 적시도록 한다.

용접부의 파괴는 일반적으로 강 표면의 이음부에서 발생하며, 이음 강도는 취성 금속간화합물의 억제 또는 강 표면 피복의 접착력 향상을 통해 개선될 수 있다.

③ 알루미늄 5083과 스테인리스강 스크린의 용접

알루미늄 5083과 스테인리스강 스크린을 접합할 경우, 먼저 알루미늄 접합부의 산화막을 그라인딩하여 제거한다. 이후 스크린 내부의 알루미늄에 비드를 쌓기 용접하고, 스크린 와이어의 세밀한 구조를 손상하지 않도록 조심스럽게 비드를 적층한다.

비드의 높이는 스크린 와이어 높이와 동일하게 조절하며, 비드가 스크린 와이어를 덮도록 용접을 완료한다. 용접이 끝난 후에는 해머 피이닝 작업을 통해 용접부의 응력을 제거한다(그림 3.96 참조).

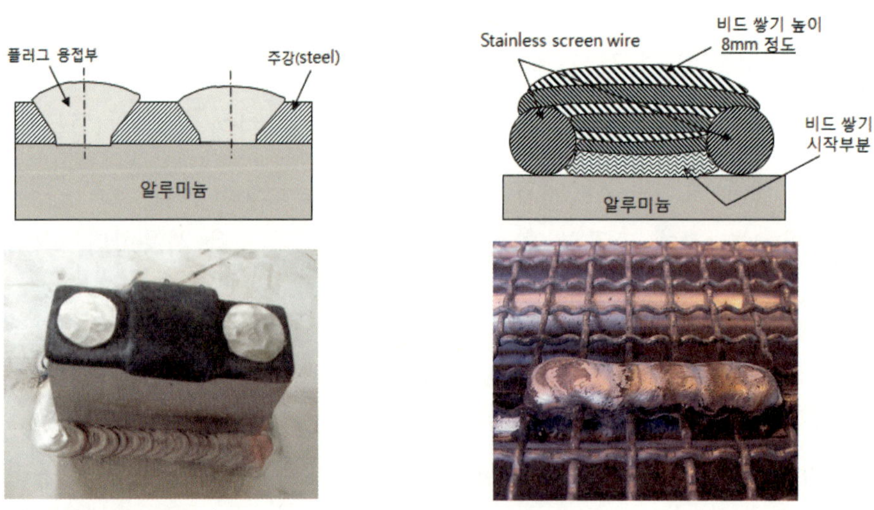

그림 3.96 알루미늄과 강의 용접 및 스테인리스강과의 접합

6 플라스마 절단과 가우징(plasma cutting & gouging)

6.1 개요

플라스마 절단과 가우징은 열 절단(Thermal Cutting, TC) 공정의 일종으로, 전극과 공작물 사이에 발생하는 아크 열을 이용하여 금속을 절단하거나 일부를 제거하는 방법이며, 가우징(Gouging)은 절단된 금속을 녹이거나 연소시켜 경사면 또는 홈을 형성하는 변형된 열 절단 공정이다(그림 3.97 참조).

그림 3.97 플라스마 절단

(1) 플라스마 아크 절단의 원리

플라스마 아크 절단(Plasma Arc Cutting, PAC)은 수축된 고온 아크를 사용하여 가공물의 일부를 국부적으로 용융시키고, 이온화된 고속 플라스마 가스 제트로 이를 제거하는 방식이다.

플라스마 아크 온도는 일반적으로 10,000~14,000℃에 이르며, 강력한 열과 속도로 절단면을 형성한다. 절단 시, 작업물 자체가 전기회로의 한 극을 구성하며, 아크는 직류음극(DCEN) 극성에서 작동한다. 플라스마 아크 토치의 오리피스는 과열된 플라스마 스트림을 집중시켜 공작물로 향하게 하고, 아크가 금속을 용융시키면 고속 가스 제트가 이를 제거하여 커프(kerf)를 형성한다(그림 3.98 참조).

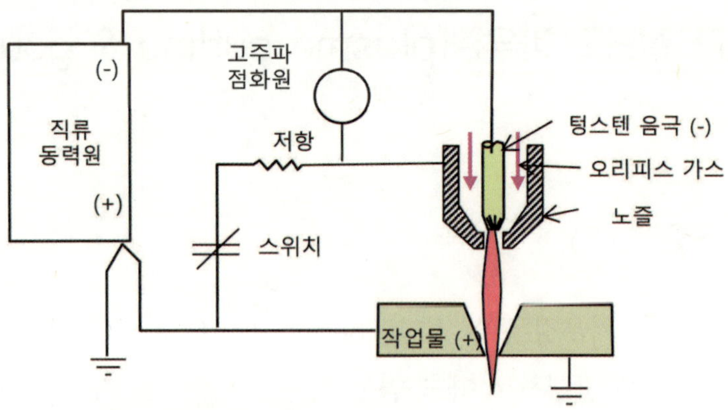

그림 3.98 플라스마 아크 절단 회로의 구성

(2) 절단 및 가우징 공정의 분류

플라스마 절단과 유사한 아크 기반 열 절단 공정에는 다음이 포함된다.

- 플라스마 아크 절단 및 가우징(PAC)
- 공기 탄소 아크 절단 및 가우징(CAC–A)
- 피복 금속 아크 절단(SMAC)
- 가스 금속 아크 절단(GMAC)
- 가스 텅스텐 아크 절단(GTAC)
- 산소 아크 절단(AOC)
- 탄소 아크 절단(CAC)

(3) 적용 및 특징

플라스마 아크 절단은 특히 스테인리스강 및 비철금속, 알루미늄 합금 등의 절단에 널리 사용된다. 수동, 기계식, 자동 절단 모두에 적용할 수 있으며, 고품질 자동 절단의 경우 최대 두께 250mm까지 절단할 수 있다.

연강 박판 절단 시에는 산소 절단보다 10배 이상 빠른 절단 속도로 작업 효율이 매우 높고, 경제적이다.

(4) 사용 가스

절단 시 사용되는 가스는 재료에 따라 선택된다.

- 알루미늄 및 스테인리스강: $Ar+H_2$, N_2+H_2 혼합가스
- 연강: 산화성 가스로서 압축공기 사용

(5) 기술 발전

1970년대 이후, 기존의 건식 플라스마 절단(dry plasma cutting) 외에도 습식 플라스마 절단(water injection plasma cutting) 공정이 개발되면서, 연강을 포함한 다양한 재료에 대해 절단 품질이 크게 향상되었다. 또한, 플라스마 토치 설계 개선과 복수 토치(multiple torch)의 도입으로 자동화 및 고정밀 절단 공정이 산업 현장에 널리 보급되었다.

(6) 산소 절단과 플라스마 아크법의 비교

플라스마 아크 절단은 기존 산소-연료가스 절단(Oxy-Fuel Cutting)을 적용할 수 없는 재료를 대상으로 개발된 공정이다.

산소 절단은 탄소강 절단에 널리 사용되는 화학 반응 기반의 절단 방식으로, 가열된 철이 산소 기류와 접촉하여 연소함으로써 절단이 이루어진다. 이때 철과 산소는 고온에서 급속히 반응하며 산화철(FeO, Fe_2O_3, Fe_3O_4)을 생성한다. 산화철의 용융점이 철보다 낮기 때문에, 형성된 산화철은 지속적으로 산소 기류에 의해 절단선에서 제거되고, 새로운 철 표면이 다시 산소와 반응함으로써 절단이 유지된다.

그러나 스테인리스강 및 비철금속(예: 알루미늄, 마그네슘 등)에 포함된 Cr, Ni, Al, Mg 등의 산화물은 그 용융점이 모재보다 높아 산화에 의한 절단이 불가능하거나 매우 비효율적이다. 이러한 금속은 산소 절단에 적합하지 않으며, 절단 과정에서 오히려 절단을 방해하는 산화피막을 형성하게 된다(표 3.37 참조).

표 3.37 각종 재료와 그 산화물의 용융점

종류	온도 ℃	종류	온도 ℃
Fe	1535	FeO	1382
Al	660	Al_2O_3	2031
Cr	1799	Cr_2O_3	2260
Cu	1082	Cu_2O	1227
Mg	649	MgO	2739
Ni	1454	NiO	1947

이에 따라, 플라스마 아크 절단법은 산화 반응이 아닌 고온 플라스마 제트의 열에너지를 이용한 물리적 용융 방식을 통해 금속을 절단한다. 플라스마 아크 온도는 대부분 금속 및 산화물의 용융점을 초과하므로, 고온 플라스마 제트에 의해 절단 대상 금속이 직접 녹고, 고속 가스 흐름에 의해 용융 금속이 제거된다. 단, 플라스마 아크 절단은 전도성 금속에만 적용할 수 있으며, 비전도체 절단에는 사용할 수 없다.

(7) 장점과 제한

① 장점

플라스마 아크 절단은 탄소강 및 비철금속의 절단에 있어, 기존의 산소-연료가스 절단(OFC)이나 기계적 절단(전단, 천공 등)에 비해 다음과 같은 여러 장점이 있다.

- 비접촉 방식: 플라스마 아크 절단은 비접촉식 공정으로, 절단 시 공작물을 고정된 상태로 유지할 수 있어 토치 이동이 쉬우며, 기계식 절단보다 정밀하고 유연한 공정이 가능하다.
- 고속 절단 가능: 산소 절단보다 훨씬 높은 에너지 밀도로 작동하여, 절단 속도가 매우 빠르며 작업 효율이 높다.
- 예열 불필요, 즉시 절단 가능: 예열이 필요 없고, 즉각적인 절단이 가능하여 메쉬(mesh), 격자 구조, 확산 금속 등 중단 절단(interrupted cutting)이 요구되는 작업에 특히 효과적이다.

- 열영향부 최소화: 생성된 열영향부(HAZ)가 좁아, 공작물의 기계적 강도와 내식성, 내균열성이 향상되며, 고품질 절단면을 제공한다.
- 광범위한 재료 적용성: 전도성 금속 전반에 적용할 수 있으며, 탄소강에 국한되는 산소 절단보다 적용 범위가 넓은 다목적 절단 공정이다.

② 제한사항

플라스마 아크 절단은 다목적성과 고속 절단 등 많은 이점을 지니지만, 산소 절단과 비교했을 때 다음과 같은 제한이 존재한다.

- 두께 제한 및 형상 정밀도 한계: 절단할 수 있는 두께가 제한되며, OFC보다 넓은 커프(kerf)가 형성되고, 절단 모서리는 항상 정사각형이 아닐 수 있다. 또한, 아크 반복 시 토치 소모 부품의 마모가 발생한다.
- 위험 요소: 고온 아크에 의한 화재, 감전, 자외선 및 적외선, 유해 흄 · 가스 발생, 고소음 등 위험이 존재하며, 작업 안전관리가 필요하다.
- 정밀도 제한: 고정밀 공차가 요구되는 일부 정밀 가공 작업에는 부적합하며, 기계 절단 대비 절단 품질 제어가 어려울 수 있다.
- 고비용 및 높은 전력 요구: 장비 비용이 산소 절단보다 높고, 많은 전력 공급이 필요하다. 그러나 전체 공정 효율과 품질, 절단 속도, 유지 보수를 고려하면 종합적으로 경제성이 우수한 공정이다.

6.2 플라스마란

플라스마란 기체를 수천 도의 고온으로 가열하면, 그 속의 가스 원자가 원자핵과 전자로 유리하여 음양의 이온 상태가 되며 이것을 플라스마라 한다. 그런데 물이 증기로 변할 때 잠열이 필요한 것과 같이 가스가 플라스마로 변환될 때는 플라스마 토치에서 에너지를 공급하게 된다.

그리고 다시 플라스마가 가스로 변할 때는 고온의 열을 방출하게 되며, 이 열이 노즐의 오리피스(orifice)를 통해서 나올 때는 다른 어떤 불꽃보다도 높은 초음속, 고온의 형태로 된다(그림 3.99 참조). 이 열은 지금까지 알려진 어떤 형태의 금속도 녹일 수 있으며, 높은 속도로 용융 금속을 불어낸다. 일반적으로 아크를 이용하며 가스를 가열하여 고속으로 분출시켜 절단염(plasma flame)으로 이용한다. 보통 유리 에너지에 의해서 최고 4000℃를 얻을 수 있다.

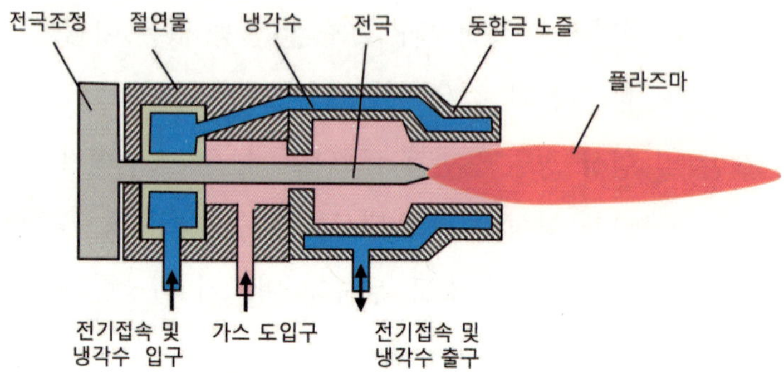

그림 3.99 **플라스마 제트의 원리**

(1) 작동 원리

앞서 정의된 바와 같이, 플라스마는 아크에 의해 이온화된 상태로 가열되거나, 전류를 전도하는 지점으로 부분적으로 이온화된 가스이다. 플라스마는 모든 전기 아크에 존재하지만, 플라스마 아크는 독점적으로 수축 아크를 생성하는 토치와 관련된다. 플라스마 아크 토치와 다른 아크 토치를 구분하는 주요 특징은 압축 노즐, 보호를 위한 제2 가스의 사용, 사용전류 및 가스 유량에 대한 수축 아크의 높은 아크 전압이다.

플라스마 아크 절단 토치의 기본 구성요소가 그림 3.99에 있다. 아크는 전극의 하류에 있는 작은 노즐 오리피스를 통과할 때 수축한다. 플라스마 가스가 아크를 통과함에 따라, 플라스마 가스는 고온으로 급속 가열된다. 공작물을 향해 압축 오리피스를 통과하면서 팽창하고 가속한다. 플라스마의 강도 및 속도는 사용되는 가스의 유형, 가스의 압력 및 유량 패턴, 전류, 오리피스의 크기 및 모양, 공작물까지의 거리 등 여러 변수에 의해 결정된다.

(2) 아크 개시(Arc Initiation)

절단 아크를 시작하는 데는 3가지 시작 방법의 하나인 파일럿 아크, 직접 고주파 및 전극(팁) 후퇴 중 하나를 사용할 수 있다.

파일럿 아크는 전극과 토치 노즐 사이의 아크이다. 이 아크는 이행된 아크와 달리 공작물에 부착되거나 이송되지 않기 때문에 비이행 아크라고도 한다. 파일럿 아크는 직류전원으로부터 토치, 노즐, 저항기, 릴레이 접점 및 백의 전극을 통해 주 절단 아크가 시작될 수 있도록 전기 전도성 경로를 제공한다. 가장 일반적인 파일럿 아크 기동 기술은 전극과 토치 노즐 사이의 고주파 스파크를 발생시키는 것이다. 파일럿 아크는 생성된 이온화된 경로를 통해 설정된다. 토치가 가공물에 충분히 근접하여 파일럿 아크의 기둥이 공작물에 닿으면 전극에서 공작물까지의 전기전도 경로가 설정된다. 절단 아크는 공작물에서 이 경로를 따른다.

직접 고주파 시동은 파일럿 아크 시동과 유사하지만, 이 경우를 제외하고는 고주파 스파크가 전극과 공작물 사이에 직접 충돌하여 필요한 이온화된 경로를 설정한다. 세 번째 방법인 전극(또는 팁) 수축 시작 기술에는 전극 수축 시작 토치가 사용된다. 이러한 토치에는 움직일 수 있는 노즐 또는 전극이 있어 노즐과 전극을 동시에 잠깐 단락시킨 다음 분리 또는 수축시켜 절단 아크를 만든다.

(3) 적용

플라스마 아크는 금속 및 비금속 절단 작업과 용접 등에 이용한다. 플라스마 용접은 고온 상태의 플라스마를 작동 모체로 금속의 접합부를 국부적으로 급속 가열하여 용융시켜 용접한다. 레이저처럼 렌즈로 집속도 못하고, 전자-빔처럼 대전입자를 가속하지도 못하므로 에너지 밀도를 높이기 어렵다.

플라스마는 기체와 유사한 성질을 가지고 있으며, 용접에 중요한 성질은 전류를 잘 통하게 하는 자유전자를 가지고 있다. 아크 집중의 크기는 오리피스 직경, 플라스마 가스 유량, 전극과 팁의 거리(간격)이며 가스 유량이 많고, 간격이 클 때 최대의 집중이 일어나며, 반대인 경우 부드럽고(softer) 덜 집중적이다. 용접의 경우 큰 크기의 오리피스, 낮은 가스 유량, 낮은 아크 전류로 플라스마의 흐름을 약하게 하여 사용하고 절단의 경우 반대로 사용한다.

(4) 특징

플라스마 절단은 비소모 전극으로 금속 절단을 위해 압축되고 운반된 아크를 이용한다. 동력원은 그림 3.100처럼 직류전원 동력원의 수하 출력(drooping volt-ampere) 특성을 사용한다.

고주파 발전기와 점화 아크(pilot arc) 회로는 아크 발생을 위하여 사용된다. 절단 가스는 일반적으로 23~165ℓ/min 범위를 사용한다. 실딩 가스는 절단을 보조하며, 모든 절단 가스는 오리피스를 통하여 유출된다. 절단 아크는 전극과 절단 재료 사이에 일어나며, 토치 내에 충만한 아크의 열에 직면한 가스는 급속 확산하여 오리피스를 통하여 고속 제트가 강제적으로 흐른다. 아크열은 절단 지역에만 집중하고 용융온도까지 상승시킨다. 용해한 분자는 연속적으로 절단 자국으로부터 플라스마 제트(plasma jet)에 의해 이동된다.

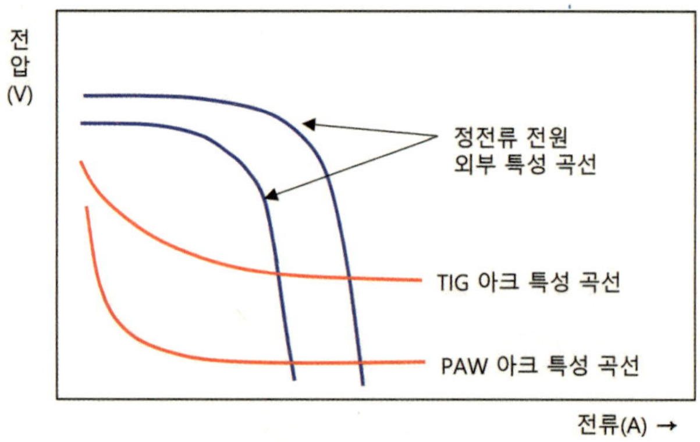

그림 3.100 **전원 특성곡선**

(5) 장비

플라스마 아크 절단 및 가우징 장비에는 토치 및 액세서리, 전원, 제어 장치 및 고정 장치 또는 포지셔너가 포함된다.

(6) 토치

플라스마 아크 절단 공정은 수동 또는 기계 작동을 위해 설계된 토치와 함께 적용된다. 수동 토치는 손에 들고 사용할 수 있도록 설계되었다. 기계식 토치는 트랙터 또는 컴퓨터 제어 절단기 또는 로봇에 장착할 수 있다. 몇 가지 유형 및 크기의 수동 또는 기계식 토치 사용 선택은 절단 금속의 두께에 따라 다르다.

100A 이상에서 작동하도록 설계된 수동절단 토치는 일반적으로 토치를 보호하고 강력한 열에 의해 소모될 수 있는 토치 부품을 냉각시키기 위해 수랭된다. 기계식 토치는 기계식 절단에 사용되는 높은 동력 때문에 보편적으로 수냉식이다. 고전류 용접작업에 사용되는 재순환 냉각기는 일반적으로 토치 냉각을 제공하기 위해 전원에 내장된다. 일반적인 플라스마 아크 절단 토치의 개략도가 그림 3.101에 있다. 오리피스의 직경은 사용할 수 있는 최대 전류량을 결정한다. 오리피스의 직경이 클수록 그것을 통과할 수 있는 전류가 더 커질 수 있다. 플라스마 아크 절단 토치는 일반적으로 저전력 토치는 30A 이하, 중간 파워 토치는 30A~100A, 고전력 토치는 100A~1000A에서 작동한다. 서로 다른 동력 수준은 서로 다른 적용에 적합하며 높은 동력 수준은 더 빠른 속도로 두꺼운 금속을 절단하는 데 사용된다.

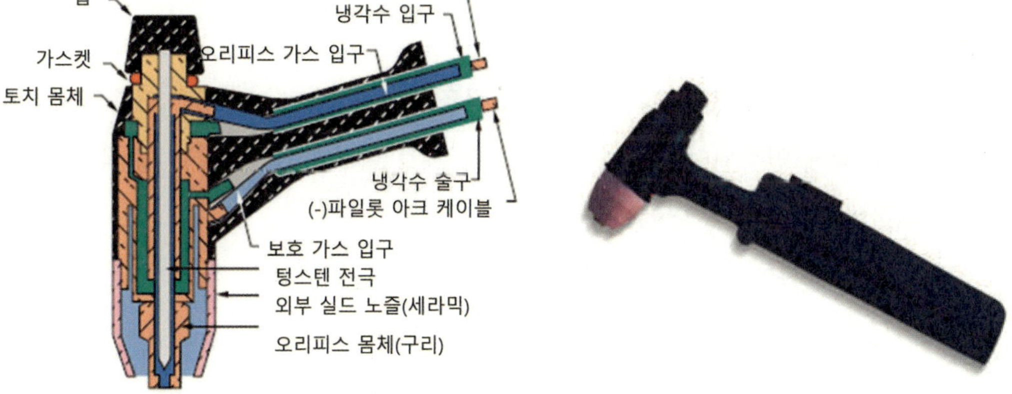

그림 3.101 전형적인 플라스마 아크 절단 토치

일부 토치는 공작물과 직접 접촉하여 끌 수 있지만, 대부분은 절단 품질을 높이기 위해 토치 노즐과 공작물 사이의 거리를 유지해야 한다. 떨어진(standoff) 거리는 균일한 결과를 얻기 위해 상대적으로 가까운 공차 내에서 유지되어야 한다. 많은 기계화 토치에는 토치와 공작물 사이의 고정된 거리를 유지하기 위해 아크 전압 제어를 기반으로 하는 자동 이격 제어장치가 장착되어 있다. 다른 경우 기계식 추종자가 사용된다.

플라스마 아크 절단 토치는 매우 높은 온도에서 작동하기 때문에 토치의 여러 부분을 소모품으로 간주해야 한다. 노즐과 전극은 절단 중 마모에 특히 취약하다. 따라서 절단 성능은 일반적으로 마모됨에 따라 저하된다. 고품질의 절단을 유지하려면 소모품 토치 부품을 때에 맞게 적절하게 교체해야 한다.

현대식 플라스마 토치에는 자체 정렬 및 자가 조정 소모품이 있다. 제조업체의 지침에 따라 조립되는 한 적절한 작동을 위해 더 이상 조정할 필요가 없다.

다른 토치 부품은 마모 또는 손상되면 정기적인 검사 및 교체가 필요할 수 있다. 토치 부품의 검사 및 교체 빈도에 관한 제조업체의 지침을 따라야 한다.

(7) 종류

① 장비 및 종류

기계식과 수동식이 있다. 절단 토치는 토치 노즐 안에 오리피스에 관계되는 전극 끝의 중심을 지지하는 기본적인 구조로 되어 있다. 전극과 노즐의 수명은 수냉에 의해 연장된다. 가스는 플라스마 제트류와 오염물로부터 전극을 보호하기 위하여 직접 토치 내에 공급된다.

수동식 토치는 스테인리스강 50mm, 알루미늄 75mm 두께의 절단 능력이 있으며, 기계식 토치는 1000A 용량으로 스테인리스강 175mm, 알루미늄 250mm 두께의 절단 능력이 있다. 여러 직경의 오리피스를 가진 노즐은 토치의 형태에 따라 만들어지며, 오리피스의 직경은 절단 전류에 따라 사용되며, 높은 전류는 큰 직경의 오리피스가 요구된다.

절단 조정은 가스와 물의 전자밸브, 이송을 포함한다. 사용 절단 가스의 종류에 따라 유량이 공급되며, 물은 절단하지 않는 동안에도 공급된다. 절단 동작은 수동 토치 손잡이의 스위치나 기계식의 리모컨에 의해 조정된다. 기계식 토치는 산소 절단의 자동 이송 장치에 붙여서 사용할 수 있다. 표 3.38은 플라스마 아크 절단의 장비 사용 현황이다.

표 3.38 플라스마 아크 절단 사용 장비 현황

장비명	토치 형식	재료	사용 가스	형식
NC plasma punching press	water injection plasma arc(Hypertherm)	연강 Al STS	N_2 N_2 N_2	NC
plasma arc cutting M/C (NC shape cutting M/C 부)	dual flow plasma arc (Messer G.)	연강 Al STS	N_2, H_2 Ar, H_2 Ar, H_2	NC
NC plasma shape cutting M/C	dual flow plasma arc (Messer G.)	연강 Al STS	N_2, H_2 Ar, H_2 Ar, H_2	NC
plasma arc cutting M/C	conventional plasma arc (Tanaka)	연강 Al STS	N_2+H_2 N_2+H_2 Air	광선 추적
plasma arc cutting M/C	air plasma arc (Tanaka)	연강 Al STS	Air Air Air	수동

② 절단 동력원

플라스마 아크 절단에는 수축된 플라스마 아크의 전기적 특성을 수용할 수 있도록 특별히 설계된 전원이 필요하다. 이 전원은 일반적으로 고전압 직류정극성(DCEN) 방식이며, 정전류형(Drooping V-A characteristic) 곡선을 따른다. 대표적인 전압-전류 특성곡선은 그림 3.102에 나타낸다.

절단기의 작동 전압 범위는 약 50~200V로, 아크 시동 안정성 확보를 위해 개로 전압(open-circuit voltage)은 작동 전압의 약 2배 수준이 필요하다. 중절단(heavy cutting) 작업에서는 개로 전압이 400V 이상이 요구되며, 플라스마 절단 전원장치는 보통 150~400V 이상의 개로 전압을 가진다.

- 예: 개로 전압 400V, 정격전류 250A, 사용률(duty cycle) 100%의 전원장치는 50mm 두께 재료에 대한 피어싱(구멍 뚫기) 능력을 제공한다.
- 250A 이상이 필요한 경우, 여러 전원을 병렬 연결하여 사용한다.

플라스마 절단용 전원은 구성 방식에 따라 다음과 같이 분류된다:

1) 고정 출력형 전원(Fixed Output Type)
   - 변압기와 정류기로 구성된 단순한 구조
   - Drooping 특성: 절단 전류가 증가하면 출력 전압이 감소
   - 스위칭 회로를 활용하면 하나의 전원으로 다양한 출력 구성 가능
2) 가변 출력형 전원(Variable Output Type)
   - 포화 리액터(saturable reactor) 및 전류 피드백 회로 내장
   - 사용자가 설정한 전류에서 출력 전류를 안정화
3) 전자 제어형 전원(Electronic Controlled Power Supply)
   - 고속 · 고전류용 반도체 스위치를 사용하여 출력 제어
   - 구성 방식: 표준 직류 전원에 출력 제어장치 부착, 고성능 초퍼(chopper) 제어, 인버터 타입 전원(inverter-type power source)
   - 이들 전원은 고효율, 소형 · 경량화가 가능하며, 이동성과 다기능성이 요구되는 작업에 적합하다.

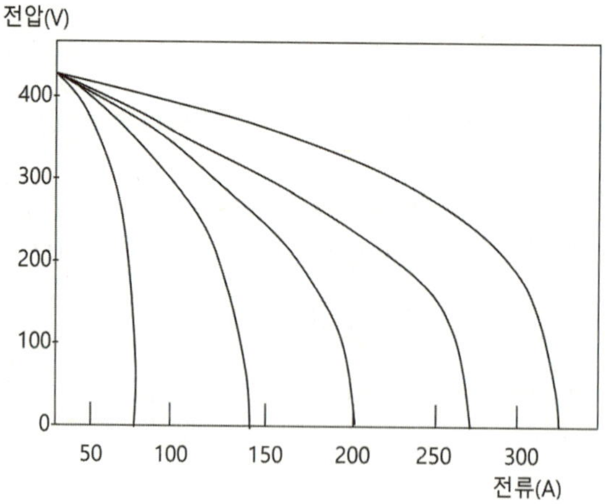

그림 3.102 플라스마 아크 절단 동력원의 전압-전류 곡선의 종류

(8) 절단 공정 제어

대부분의 수동 토치는 트리거 스위치로 제어된다. 스위치가 눌러져 절단 아크가 시작되고 절단되면 절단이 중지된다. 기계 절단의 경우, 절단 아크의 시작 및 정지는 푸시 버튼을 사용하여 수동으로 수행하거나 시스템 내의 컴퓨터 수치 제어(CNC)와 같은 동작 제어를 사용하여 자동으로 수행할 수 있다.

플라스마 아크 절단 조정은 가스 유량, 물 공급 및 전력 수준 변경을 포함하여 필요한 경우 절단 작업을 위한 적절한 순서를 제공한다. 플라스마 토치가 적절한 가스공급 없이 작동하면 토치가 내부 아크에 의해 손상될 수 있다. 이러한 이유로 토치가 작동하기 전에 적절한 가스 압력이 존재하도록 가스 압력 스위치가 회로에 포함된다. 이 연동장치는 또한 절단 중 가스공급 장애시 토치를 차단한다.

(9) 장비의 운전

다양한 동작 장비를 플라스마 아크 절단 토치와 함께 사용할 수 있다. 이 장치는 직선 트랙터부터 부품 제어 기능이 있는 수치 제어 또는 직접 제어 컴퓨터 제어 형상 절단기에 이르기까지 다양하다. 플라스마 아크 절단 장비는 3차원 부품을 절단하기 위한 로봇 작동에도 적용할 수 있다.

(10) 재료

플라스마 아크 절단에 사용되는 재료에는 가스, 전극과 소모품인 토치 부품이 포함된다. 전극과 토치 노즐은 강렬한 열이 발생하며 녹거나 변형될 수 있다. 따라서 그들은 소모품으로 간주된다. 필요시 마모 여부를 확인하고 교체해야 한다.

(11) 전극(Electrodes)

불활성 가스 또는 환원 가스를 사용하는 단일 및 이중 가스 토치는 가스 텅스텐 아크 용접(GTAW) 및 플라스마 아크 용접(PAW)에 사용되는 것과 유사한 텅스텐 합금 전극을 사용한다. 공기 또는 산소와 같은 산화 가스에서 작동하도록 설계된 토치는 공기 또는 수냉식 하프늄 삽입 전극을 구리합금 몸체로 사용한다. 전극은 일체형 소모품이다.

6.3 플라스마 절단(plasma arc cutting)

플라스마 절단 구조는 아크 주변을 구리 재질의 수축 노즐이 냉각시키므로 열 핀치 효과에 의해 아크는 집속되어 에너지 밀도가 높아진다. 대 전류용은 수냉 노즐을 사용한다. 열전달의 종류는 플라스마 가스의 변화(conversion), 복사(radiation), 플라스마 가스의 절단 모재에서 재결합(recombination)에 의한 열 발생이 있고, 재결합의 영향이 가장 크다.

6.3.1 플라스마 아크 절단 특성

(1) 아크 수축(arc constriction)

1950년대 초에 TIG 용접 아크와 같은 개로 아크(open arc)의 전극봉(음극)과 작업물(양극) 사이에 수랭식의 구리 노즐을 끼우고 이 노즐을 통하여 아크를 분사시키는 아크 수축 방식을 사용하여 아크 성능이 크게 개선될 수 있다는 것을 발견하였다. 개로 아크를 통해서 아크를 분사하는 대신에 노즐을 사용하여 아크가 작은 단면을 통해 압축될 수 있다. 이렇게 하여 아크의 저항 열이 많이 증가하고, 아크 온도와 전압이 상승한다. 따라서 노즐을 통과한 아크는 그림 3.103에서와 같이 고온의 강한 플라스마 제트가 고속으로 분사된다. 이 요인은 노즐이 플라스마 제트를 적절히 조절하고 전압을 2배 정도로 높여 동일 조건의 개로 아크보다 훨씬 더 높은 플라스마를 발생시킨다.

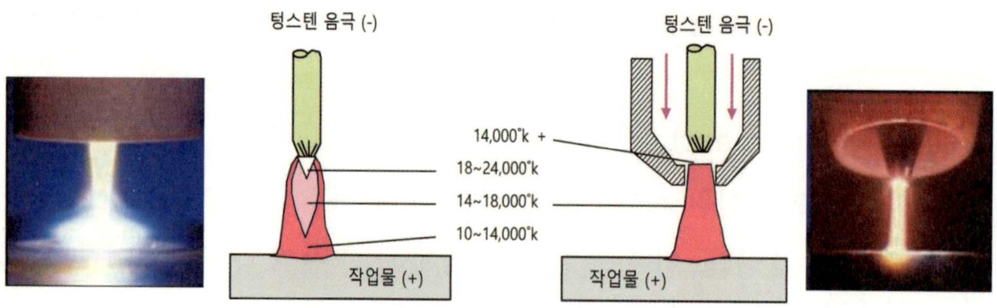

(a) TIG 용접　　(b) 플라스마 용접

그림 3.103 온도의 차이

플라스마 제트는 이행(transferred)과 비이행(non transferred)의 2가지 형태로 구분하며, 그림 3.104에 표시된 바와 같다. 아크가 전극과 작업물 사이에 일어나는 것을 이행 아크 플라스마, 전극과 노즐 사이에 일어나는 것을 비이행 아크 플라스마 아크라 한다. 두 가지 형태가 모두 노즐에서 고온의 플라스마가 발생하지만, 플라스마 절단에서는 보통 이행형이 사용된다. 왜냐하면, 아크가 전기적으로 작업물과 연결될 때 사용되는 열이 가장 효과적으로 반응하기 때문이다.

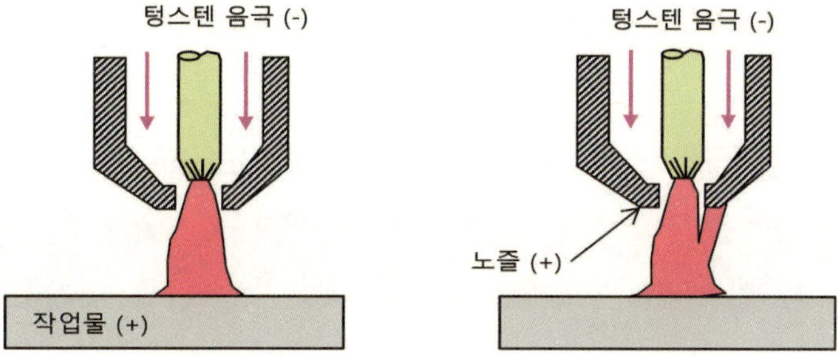

(a) 이행형 플라스마 절단　　(b) 비이행형 플라스마 절단

그림 3.104 아크 수축의 기본 형태

플라스마 제트의 특징은 가스의 형태, 가스 유량, 아크 전류, 노즐 크기의 변화에 따라 크게 달라질 수 있다. 예를 들면, 낮은 가스 유량이 사용되면 플라스마 제트는 용접에 이상적인 열원이 되고, 반대로 가스 유량이 증가하면 플라스마 제트는 작업물을 절단하여 용융금속을 불어내기에 충분할 정도로 속도가 높아진다. 여기서는 플라스마 절단 공정(높은 가스 유량과 높은 전류에서 발생하는 플라스마 아크 이용)에 관해서만 설명한다.

(2) 적용

수동 플라스마 아크 절단은 자동차 차체 수리, 판금 제조 및 탄소강, 고강도 및 저합금강, 스테인리스강을 포함한 대부분의 상용 합금으로 만들어진 판이나 제품의 절단에 필요한 일반 제조 작업에 널리 사용된다, 알루미늄 합금, 니켈 합금 및 구리 합금을 포함한다. 즉각적인 아크 개시 및 높은 이동 속도는 열 입력을 줄이고 비금속 특성을 유지하는 데 도움이 된다.

플라스마 아크 절단의 최초 상용 적용은 알루미늄 철도 탱크차의 부착 구멍을 기계적으로 절단하는 것이었다. 이 공정은 이후 다양한 알루미늄 적용에 표준 선택이 되었다. 표 3.39는 알루미늄 합금 판을 기계적 절단을 위한 일반적인 조건을 보여 준다.

플라스마 아크 공정은 탄소강, 스테인리스강과 알루미늄의 스택 절단에도 사용되었다. 플라스마 아크 절단 공정은 산소 연료 가스 절단보다 판 사이의 더 넓은 갭을 견딜 수 있지만, 적층 절단될 판은 함께 클램핑되어야 한다.

표 3.39 알루미늄 합금의 플라스마 아크 절단의 일반적인 조건

두께 (mm)	속도 (mm/s)	오리피스 직경*(mm)	전류 (DCEN)	전력 (kW)
6	127	3.2	300	45
13	86	3.2	250	37
25	38	4.0	400	60
51	9	4.0	400	60
76	6	4.8	450	67
102	5	4.8	450	67
152	3	6.4	750	150

* 오리피스 직경과 사용된 플라스마 가스 유량은 3.2mm 오리피스에서 약 47~120L/min, 6.4mm 오리피스에 사용된 가스는 질소 또는 아르곤으로 수소 첨가량은 최대 35%이다. 장비 제조업체는 각 적용에 대해 상담해야 한다.

용접 이음 준비를 위한 판 및 파이프 모서리의 경사 가공은 산소 연료가스 절단에서 사용되는 것과 유사한 기술로 수행된다. 필요한 이음 준비에 따라 1~3개의 플라스마 아크 절단 토치를 사용할 수 있다.

(3) 공정 변화

수동 및 기계 적용을 위한 기존의 단일 가스 플라스마 아크 절단 외에도 플라스마 아크 절단은 이중 흐름 플라스마 아크 절단, 공기 플라스마 아크 절단, 습식(water shield) 플라스마 아크 절단, 물 분사(water injection) 플라스마 아크 절단, 수중 절단, 산소 플라스마 아크 절단 및 고밀도 플라스마 아크 절단이 있으며, 각각의 변형에는 특수 장비가 필요하다. 장비 제조업체는 장비에 적합한 설치, 사용, 유지 보수 및 안전 수행에 관해 상담해야 한다.

6.3.2 플라스마 아크 절단의 종류

(1) 일반 플라스마 절단(conventional plasma cutting)

일반 건식 아크 수축(conventional dry arc constriction) 방식으로 이루어진 플라스마 제트는 높은 절단 속도로 어떠한 재질의 금속도 절단할 수 있다. 절단 가능한 판 두께는 3mm부터 토치의 전류 용량과 금속의 재질 특성에 따라 다르다.

일반 플라스마 절단은 재질이 다르고 판 두께가 다양한 금속을 절단하려면 불편하다. 예를 들면 스테인리스강, 알루미늄 또는 연강에 따라 적절한 절단 품질을 얻으려면 3가지의 다른 절단 가스가 필요하며, 이런 일은 공정이 복잡하고 비싼 절단 가스가 필요하다.

두께가 두꺼운 범위의 플라스마 절단은 일반적으로 절단면이 경사지게 나타난다. 경사 절단면이 생기는 것은 열이 절단면에 불균일하게 입열되기 때문이다. 그림 3.105처럼 절단면 상부에 대한 열의 입열이 하부의 입열보다 클 때 양각(positive cut angle)이 생긴다.

이러한 입열의 불균일을 줄이기 위하여 그림 3.105에 표시한 아크 수축 원리가 적용된다. 개선된 아크 수축은 플라스마 제트 온도를 더욱 균일하게 하여 상대적으로 절단면을 보다 수직이게 한다.

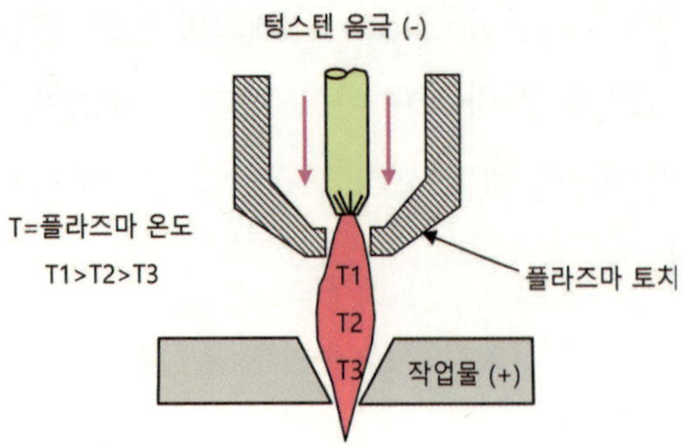

그림 3.105 절단면의 양각

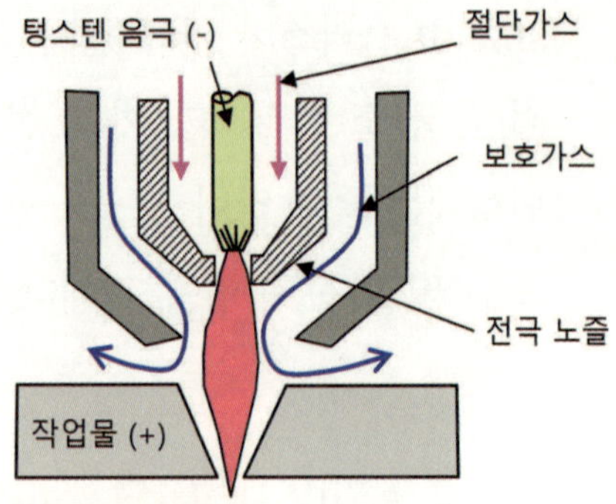

그림 3.106 이중 플라즈마 절단

(2) 이중 플라즈마 절단(dual flow plasma cutting)

1965년경에 개발된 이중 흐름 기술은 일반 플라즈마 절단을 약간 개조한 것이다. 그림 3.106처럼 노즐 주위에 2차 실딩 가스를 첨부한 것 이외에는 일반 플라즈마 절단과 근본적으로 같다. 일반적으로 절단 가스는 질소 가스를 사용하고 2차 보호 가스는 절단할 금속에 따라 선택된다. 이중 흐름 기술은 절단되거나 깎인 금속의 유형, 마감된 모서리에 필요한 야금학적 특성 및 드로스의 존재, 사각형의 정확도, 베벨 컷, 매끄러움 및 평탄도 또는 가장자리의 물리적 특성에 따라 선택된다. 2차 실딩 가스는 보통 연강에는 공기(air), 알루미늄에는 $Ar+H_2$, 스테인리스강에는 CO_2가 사용된다.

절단 속도는 연강에 있어서는 약간 좋으나 절단 품질이 여러 분야의 적용에는 부적합하다. 스테인리스강과 알루미늄에서는 절단 속도와 절단 품질이 거의 같다.

(3) 공기 플라즈마 절단(air plasma cutting)

그림 3.107에 나타낸 공기 절단은 1960년대 초에 소개되었다. 공기 중의 산소는 용융 금속과 화학 반응으로 부가적인 에너지를 제공하며, 이 부가 에너지는 약 25% 정도 절단 속도를 증가시킨다. 이 방법은 스테인리스강과 알루미늄 절단에도 사용될 수 있지만, 절단면이 거칠게 산화되어 적용에는 부적합하다. 그리고 절단 가스가 산소를 포함하면 텅스텐 봉(전극)이 수초 안에 부식되므로 지르코늄(Zr) 또는 하프

늄(Hf)으로 만들어진 특수한 전극봉이 사용된다. 그러나 이러한 특수한 전극봉도 일반 플라스마 절단 공정에서 사용되던 것보다 훨씬 수명이 짧다.

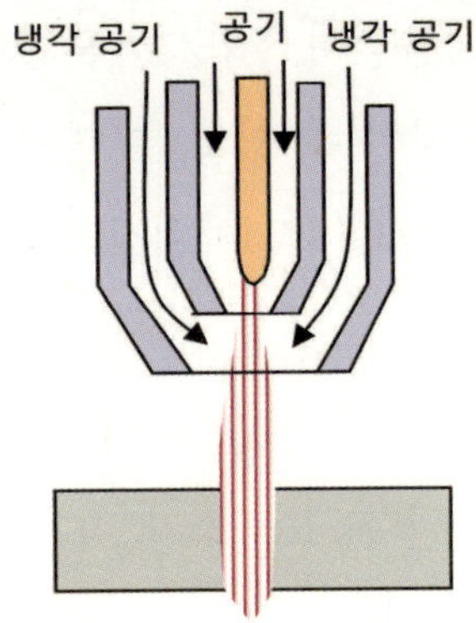

그림 3.107 공기 플라스마 절단

특징으로는

- 산소의 부가적인 화학반응 열로 절단 속도가 빠르다.
- 산화작용으로 절단면이 비교적 거칠다.
- 전극봉 수명이 짧다.
- 절단 장비가 간단하여 주로 반자동 또는 수동절단에 사용한다.
- 절단 품질은 떨어지나 절단 가스가 필요 없다.

표 3.40은 공기 플라스마 절단의 변수를 나타냈다.

표 3.40 공기 플라스마 절단의 추천 변수

재료 두께 (mm)	플라스마 가스	보호 가스	전류 (A)	이격 거리 (mm)	절단 속도 (cm/min)
1.2	공기	공기	70	2	380
2	공기	공기	70	2.5	254
4	공기	공기	70	2	180

주: HT-PAC 절단 : high-tolerance plasma arc cutting

(4) 산소 분사 플라스마 절단(oxygen injection plasma cutting)

이 공정은 그림 3.108에서처럼 절단 가스로 질소를 사용하고, 노즐 안쪽에 산소를 불어 넣어 공기 절단에서 문제가 되었던 전극봉의 수명 문제를 해결한다. 이 공정은 연강의 절단에 전용으로 사용되며, 적당한 혼합가스(80% N_2 + 20% O_2)를 사용하면 25%까지 절단 속도를 증가시킬 수 있다. 이때의 중요한 결점은 절단면의 직각도가 떨어지고, 노즐의 수명이 짧으며, 다른 재질의 금속에 이용할 수 있는 다양성이 제한되어 있다(연강에만 적합).

산소는 높은 절단 속도와 우수한 절단 품질로 모든 등급의 강재를 절단하기 위한 플라스마 가스로 널리 사용된다. 드로스가 적은 산소로 생산되며 절단면의 질화물 수준이 매우 낮다. 낮은 수준의 질화물은 산소 플라스마 아크 절단으로 준비된 모서리가 용접될 때 용접금속에서 더 적은 기공을 초래한다.

산소가 플라스마 가스로 사용되면 전극 수명이 단축된다. 아크 시작 및 중지 기술은 하프늄 전극을 보존하기 위해 수정할 수 있으며, 하프늄 인서트의 침식을 제어하도록 설계된 특수 전극을 사용하여 전극의 수명을 늘릴 수 있다.

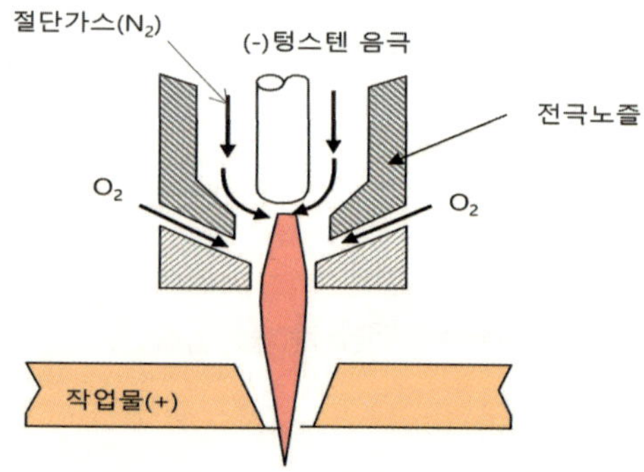

그림 3.108 **산소 분사 플라스마 절단**

(5) 습식 보호 플라스마 절단(water shield plasma cutting)

습식 보호 플라스마 절단은 실딩 가스가 물로 대체된 것 이외에는 이원 플라스마 절단법과 비슷하다. 절단면의 품질과 노즐의 수명은 물의 냉각 효과로서 향상되었으나 절단면의 직각도, 절단 속도, 절단면에 드로스가 붙는 경향은 물이 부가적인 아크 수축 효과를 주지 못하기 때문에 크게 향상되지 못한다.

습식 플라스마 아크 절단은 실딩 가스 대신에 물을 사용하는 기계식 플라스마 아크 절단의 이중 흐름 기술의 변형이다. 이 기술은 주로 스테인리스 강재 절단에 사용된다. 물의 냉각 효과로 인해 토치 노즐의 수명이 길어지고 절단 표면이 더 깨끗하다. 그러나 이 기술은 절단 속도, 절단 커프의 직각도 및 절단면의 드로스 제거가 중요할 때는 사용되지 않는다.

(6) 물 분사 플라스마 절단(water injection plasma cutting)

절단 품질의 향상에 있어 중요한 점은 아크-수축을 증가시키는 것이다. 물 분사 플라스마 절단법은 그림 3.109처럼 물이 아크 주위를 방사선 모양으로 균일하게 분사된다.

물 분사 플라스마 아크 절단은 일반적으로 250A~750A를 사용하는 기계화 공정이다. 물은 고속 방사형 또는 접선 스프레이로 아크 주변에 주입된다. 물은 소용돌이치는 동작을 부여하고 아크에 충돌하여 종래의 공정보다 더 수축된 아크를 생성한다. 이 기술의 장점은 정사각형 또는 베벨 컷의 정확도 향상, 절단 속도 증가 및 드로스 형성 최소화이다. 주입된 물의 냉각 작용으로 세라믹 섹션을 사용할 수 있어 이중 아크가 거의 없다. 이 기술은 천공(piercing) 작업을 쉽게 한다.

이와 같은 방사선 형태의 물 분사 기술은 일반 방법과는 다르게 적정한 절단 품질이 한 종류의 가스(질소)로서 모든 재질의 금속에 얻어진다.

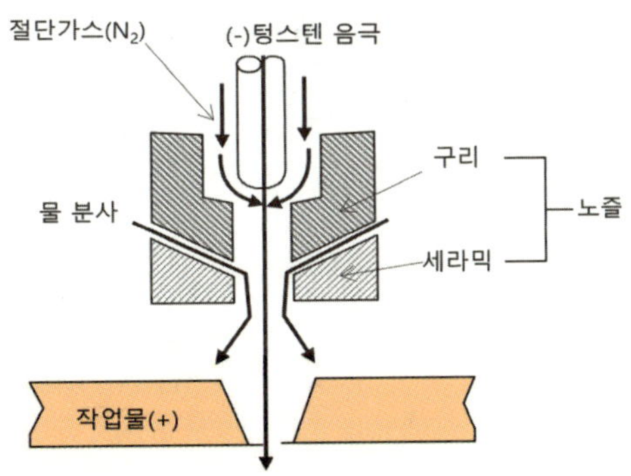

그림 3.109 물 분사 플라스마 절단

단일가스 사용의 이 방법은 더욱더 경제적이고, 사용하기 쉽게 되었다. 질소 가스가 물리적으로 아크로부터 발생하는 열을 작업물에 전달시키는데 우수한 능력을 갖추고 있어 플라스마 절단에 이상적이다. 표 3.41은 각 절단법의 특성을 비교한 것이며, 그림 3.110은 연강 소재의 두께에 따른 절단법의 절단 속도를 비교한 것이다.

표 3.41 플라스마 아크 토치에 따른 사용범위의 비교

토치 형태	특성	사용범위	비고(사용 예)
Water injection plasma arc	• 절단 품질이 우수하다. • 모든 절단에 질소 가스만으로 가능 • 노즐 및 전극봉 수명이 다른 절단법에 비해 길다. • 물 분사로 물 받침대가 필요	• 절단 물량이 많을 때 주로 NC 장비에 사용 • 10t 이하의 연강 절단에 효과적	• NC 플라스마 아크 절단 장비 • 플라스마 아크 절단 장비(NC shape cutting)
Dual flow plasma arc	• 노즐이 실딩 가스 컵 내에 있어 아크열로부터 보호된다. • 일반 플라스마 아크와 기타 특성은 동일 • 물 받침대가 필요 • 재질에 따라 절단 가스 선택 필요	• 절단 품질은 다소 떨어지나 물 받침대 없이 작업하므로 작업 중 토치와 작업 물 사이의 절단성 등 체크가 좋다.	• plasma punching press • P&H boom plate 절단 장비
Air plasma arc	• 산소의 부가적인 화학반응 열로 절단 속도가 빠르다. • 절단면이 거칠다(산화작용). • 전극봉 수명이 짧다. • 절단 장치가 간편하다.	• 절단 품질은 떨어지나 절단 가스가 필요 없고 절단 장비가 간단하여 반자동 또는 수동 절단에 사용	• 반자동 플라스마 아크 절단 장비 • 수동 플라스마 아크 절단 장비

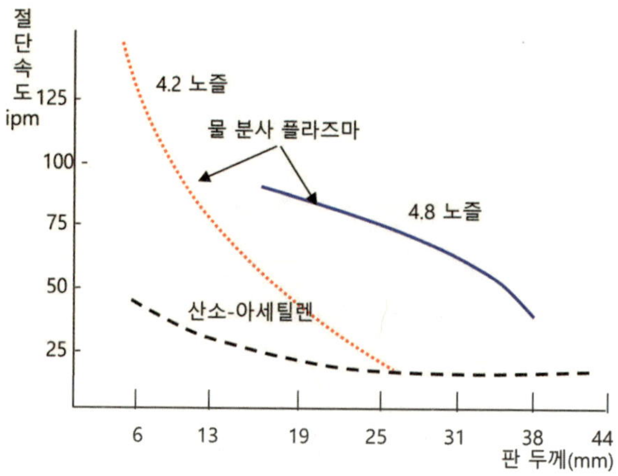

그림 3.110 연강 절단 속도의 형태

물 분사 플라스마 절단법이 일반 플라스마와 다른 절단법에 비해 다음과 같은 장점이 있다.

- 높은 절단 속도에서 드로스가 없는 깨끗한 수직 절단면을 얻을 수 있으며
- 절단 가스로는 모든 금속에 질소 가스의 사용이 가능하고
- 노즐 밑 부분을 세라믹으로 절연시키므로 노즐 수명 연장과 이중 아크 현상을 방지한다.

6.4 작업 자료(work data)

플라스마 절단은 비철뿐만 아니라 연강 박판에서도 절단 속도와 품질이 산소 연료 가스 절단보다 우수하다. 특히 장비의 선택은 재질, 품질 수준, 경제성 등을 검토하여 최적의 장비 및 플라스마 아크 토치의 선정이 필요하다. 그림 3.111의 그래프는 절단 작업조건의 예이므로 가공 대상물이나 가공 목적에 따라 변화를 주어야 양호한 절단을 할 수 있다.

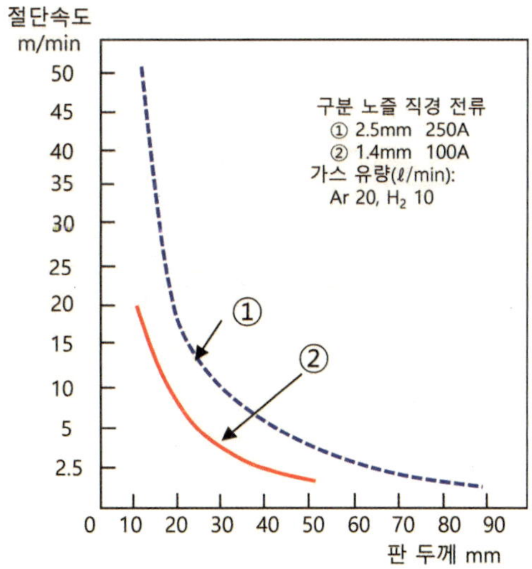

그림 3.111 알루미늄 플라스마 절단 조건 그래프

표 3.42는 알루미늄 합금의 두께에 따른 플라스마 절단 조건과 실딩 가스를 나타냈다. 노즐 안에 물의 분사는 오리피스의 가스에 첨가하여 사용할 수 있다. 이것은 플라스마 제트를 방해하고 더욱 직각을 이루게 하여 좋은 품질을 만든다. 그러나 두께가 50mm 이상이 되면 이러한 현상이 줄어든다.

표 3.42 알루미늄 플라스마 아크 절단 조건

두께 (mm)	속도 (cpm)	orifice 직경(mm)	DCEN 전류(A)	전원용량 (kw)	유량 (ℓ/min)
6	762	3.2	300	60	$38Ar-19H_2/61N_2-14H_2$
12	508	3.2	250	50	$31Ar-17N_2/66N_2-28H_2$
25	228	4.0	400	80	$31Ar-17N_2/66N_2-28H_2$
50	51	4.0	400	80	$31Ar-17H_2/66N_2-17H_2$
75	38	4.8	450	90	$61Ar-33H_2/66N_2-28H_2$
100	30	4.8	450	90	$61Ar-33H_2/66N_2-28H_2$
150	20	6.4	750	170	$76Ar-42H_2$

(1) 전류

전류 선택은 일반적으로 원하는 금속 제거량의 함수이다. 대부분의 플라스마 아크 가우징 작업에 최소 전류는 일반적으로 100A이다. 그러나 적은 전류로도 보수와 작은 결함 제거가 가능하다.

(2) 절단 가스

플라스마 아크 절단에서 사용되는 절단 가스(plasma gas)는 절단 재료의 종류, 두께, 절단 품질 및 경제성을 고려하여 선택된다. 절단 공정에는 주 가스(primary gas)와 2차 가스 또는 냉각 가스(secondary or shielding gas)가 사용된다.

① 일반 절단용 가스

- 수동 절단용 가스: 수동 플라스마 아크 절단에서는 주로 공기, 질소, 아르곤, 아르곤-수소 혼합 가스가 사용된다. 장비의 냉각을 위해 이산화탄소, 공기,

질소, 산소 등이 사용될 수 있다.

- 기계 절단용 가스: 기계화 절단에서는 질소, 공기, 산소가 주로 사용되며, 물 주입 방식(water injection)으로 아크 수축을 강화한다. $Ar-H_2$ 혼합가스는 75mm 이상의 두꺼운 재료 절단에 효과적이다.
- 재료별 추천 가스: 알루미늄(Al) 및 마그네슘(Mg): N_2, N_2-H_2, $Ar-H_2$
- 두꺼운 공작물 절단 시: 높은 유량 필요, 절단면 평활도에 따라 유량 조절

② 가우징용 가스

- 가우징에는 아르곤+수소 35~40% 혼합가스가 가장 일반적으로 권장된다.
- 이 혼합가스는 실린더 공급 또는 현장 혼합장치를 통해 공급될 수 있다.
- 헬륨은 $Ar-H_2$의 대체 가스로 사용할 수 있으나, 금속 제거 깊이가 얕아진다.
- 2차 가스 또는 냉각 가스: 아르곤, 질소, 공기 사용 가능
  선택 기준: 가우징 밝기, 흄(fume) 발생, 비용 등

③ 고합금 재료용 가스

- 불활성 플라스마 가스는 알루미늄, 스테인리스강, 고합금강에 적합하다.
- $Ar-H_2$ 혼합가스는 높은 아크열을 제공하여 금속 제거율이 높고 표면 산화 없이 고품질 가공이 가능하다.
- 질소는 금속 제거율이 낮지만, 비용 측면에서는 유리할 수 있다.

④ 이중 가스 토치 사용 시

- 이중 가스 토치(double gas torch)의 경우, 2차 가스도 반드시 불활성 가스여야 하며, 아르곤이 최적, 필요시 질소를 사용할 수 있다.
- 200A 이상의 고전류 조건에서 알루미늄 가우징 시에는 이중 가스 토치가 필수이다.
  이 경우, 2차 보호가 없으면 대기 중 산소와의 반응으로 용융 금속이 산화되어 절단 품질이 저하된다.

(3) 절단 품질

절단 품질의 평가는 절단 표면의 평활도, 절단 폭과 각도, 절단면의 평행, 절단 바닥의 드로스 부착, 절단 윗부분의 둥근(round) 정도 등이다. 절단 품질은 절단 재료의 유형, 사용 장비 및 절단 조건인 절단 속도와 개로 전압과 가스 형태, 가스 유량에 영향을 받는다. 높은 가스 유량과 고전압은 절단의 직각도를 개선할 것이며, 기계화된 절단은 외관 개선을 준다. 플라스마 아크 절단 품질을 평가할 때 야금 효과도 고려해야 한다.

두께 100mm의 평판 플라스마 절단은 산소 절단과 띠톱 절단 정도의 평활한 면을 얻을 수 있다. 더 두꺼우면 절단면은 과도한 용융으로 절단 속도가 더 느리게 되어 거칠어지는 경향이 있다. 플라스마 절단 폭은 50mm 두께에서 산소 절단의 0.5~2배나 된다. 절단 두께가 증가함에 따라 폭도 증가한다.

플라스마 제트는 하부보다 상부의 금속을 더 많이 제거하는 경향이 있어 아래쪽보다 위쪽의 폭이 넓은 경사면(bevel) 절단이 된다. 탄소강 25mm의 경우 양면 각이 4~6°이다. 경사(bevel) 각은 절단 속도가 증가함에 따라 증가한다. 직각을 원할 때는 수직으로부터 한쪽 면으로 어느 정도의 토치각에 의해서 절단의 한쪽 면을 직각으로 만들 수 있다. 또 다른 방법은 다량의 가스 유량을 사용하고 높은 전류 밀도를 얻기 위하여 압축 아크를 증가시켜 플라스마 제트를 보강한다. 표 3.43은 플라스마 절단 결함의 종류와 원인을 나타냈다.

드로스는 절단되는 동안 재료의 용융물이 절단면 끝 바닥에 달라붙는 것이다. 플라스마 아크 절단은 일반적으로 적절한 절단 가스를 사용하거나, 적당한 절단 조건이면 드로스가 없다.

플라스마 절단 끝은 일반적으로 완전한 직각이 아니다. 절단 재료 상부는 특히, 두꺼운 판재 절단과 얇은 재료의 고속 절단 때 절단 에너지가 높으면 1~2mm 정도 둥글다. 주어진 두께의 절단에 과전류를 사용하면 절단 윗부분이 둥글며, 또한 얇은 재료에 상대적으로 높은 절단 속도를 사용한 결과이다.

표 3.43 절단 결함의 유형

결함 유형 \ 재료명	결함 원인	
	스테인리스강	알루미늄
	• 수소 함량 혼합 잘못	• 절단 거리가 크다.
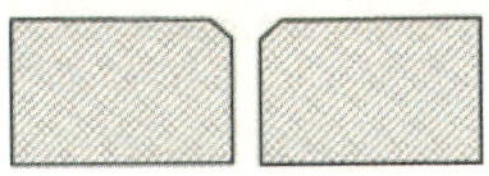	• 절단 거리가 크다. • 절단 속도가 빠르다.	• 수소 함량 불충분함
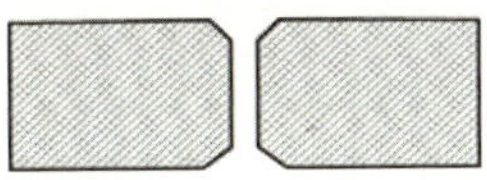	• 절단 거리가 크다. • 절단 속도가 빠르다.	• 절단 속도가 빠르다. • 수소 함량이 많다.
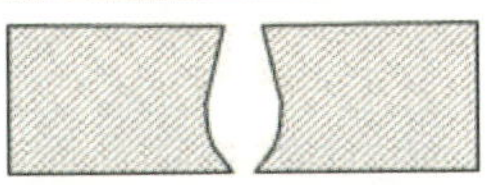	• 절단 속도가 느리다.	• 절단 속도가 느리다. • 수소 함량 많음.
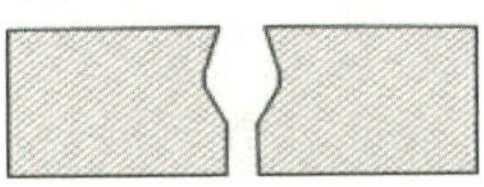	• 수소 함량 많음	• 절단 속도가 느리다. • 수소 함량 불충분함
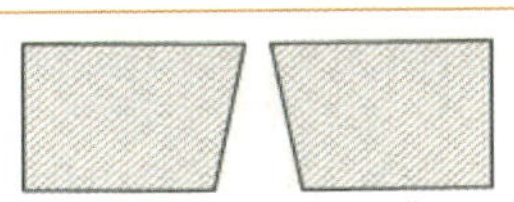	• 절단 속도가 빠르다. • 수소 함량 불충분	• 절단 속도가 빠르다.

플라스마 아크 절단 중, 절단 표면의 재료는 용융온도까지 가열되고 플라스마 제트의 힘으로 배출된다. 이는 절단면을 따라 용접작업과 유사한 열영향부를 생성한다. 열은 이 구역에서 금속구조 변화와 절단 표면에서 금속의 급격한 팽창 및 수축으로 내부 인장응력을 발생한다.

아크열이 작업물을 관통하는 깊이는 절단 속도에 반비례한다. 알루미늄판의 절단에서 금속 조직 검사는 알루미늄판의 열영향부가 동일한 두께의 스테인리스 강판보다 나쁘게 나타낸다. 이것은 알루미늄의 높은 열전도도 때문이다. Micro hardness 조사에서 25mm 두께 판재에 열이 약 5mm 침투를 나타낸다. 시효 합금인 알루미늄 2000과 7000계열은 절단면에서 미세균열을 만든다. 균열은 입계 공정 막이 용융되어 응력하에서 분리될 때 나타나는 것으로 보인다. 용접되지 않는 모서리에 균열을 제거하기 위한 가공이 필요할 수 있다. 두께가 증가하면 균열도 증가하는 가능성이 있다. 이런 이유로 특히 구성이 동적인 하중에 사용한다면 플라스마 절단 끝을 약

3mm 정도 기계 가공을 해야 한다.

긴, 좁은 또는 테이퍼된 공작물이나 외부 모서리를 절단할 때 다양한 야금학적 반응이 발생할 수 있다. 선행 절단 때 발생하는 열은 후속 절단 품질에 악영향을 미칠 수 있다.

6.5 작업 준비

(1) 작업 준비

그림 3.112처럼 토치의 전극봉 및 노즐의 조정은 보호 캡(cap)을 손으로 돌려 전극 고정나사를 푼다. 연마한 전극봉을 끼우고, 노즐 구멍에 전극 세트 게이지를 넣어 전극봉을 밀어 넣고, 전극봉-노즐 사이의 간격 조정을 하고 나서, 전극봉이 움직이지 않도록 살짝 죄고, 간격을 확인한 다음, 전극봉 고정나사를 꽉 조여 고정한 후 세트 게이지를 뽑는다. 이때 전원 스위치를 반드시 끈(off) 상태에서 행한다. 토치의 조정은 절단 성능에 큰 영향을 미치기 때문에 순서를 틀리지 않도록 조정한다.

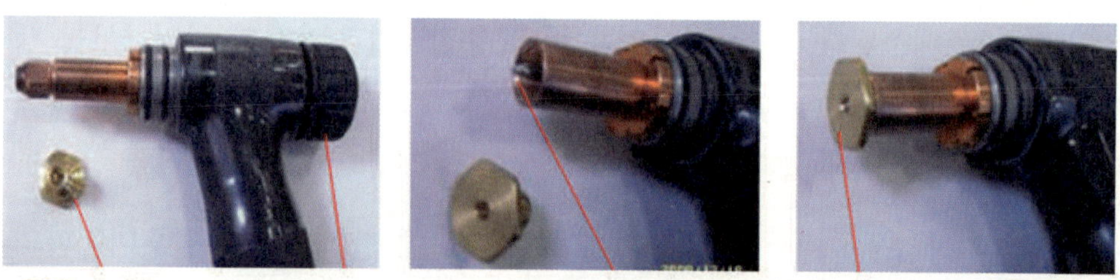

그림 3.112 텅스텐 전극봉의 세팅

전극봉 끝의 연마는 성능을 좌우하는 중요한 요소로 정확하게 연마한 후 그림 3.113과 같이 각도, 중심 정도 등을 게이지로 측정한다. 그림 3.114에서처럼 전극 세트 나사의 길이 및 전극의 연마 각도는 사용하는 노즐에 따라 다르다. 표 3.44는 전극봉 나사의 치수를 나타냈다.

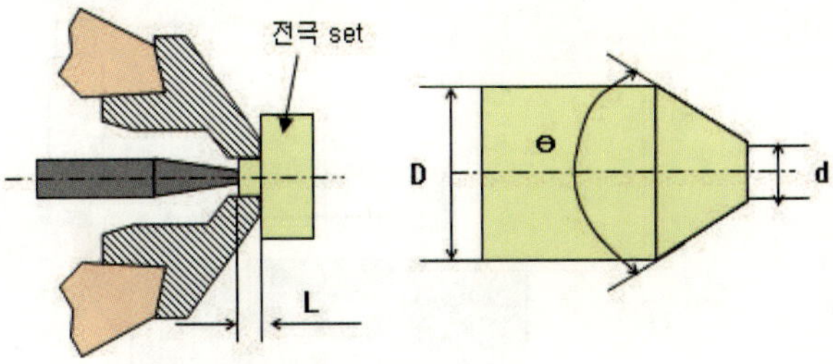

그림 3.113 전극 set 나사의 치수

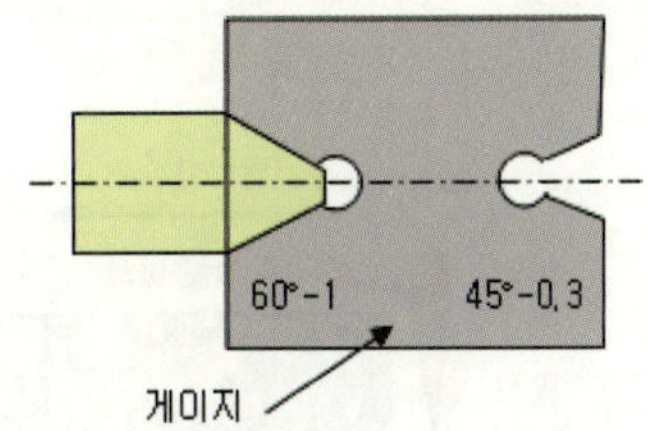

그림 3.114 전극 set 나사 측정

표 3.44 전극 set 나사의 치수

노즐 크기 φ mm	전극봉 크기 φ mm	전극연마 각 θ°	전극 선단의 평탄 치수 d mm	전극 나사 L mm	최대사용 전류 A
1.4	4	45	0.3	3	100
2.5		60	1.0	4	250
1.4	3.2	45	0.3	3	100

플라스마 아크 전류의 설정은 표준작업 절단 조건을 참고하여 플라스마 아크 전류를 조정한다. 가스의 공급과 가스 유량을 표준작업 절단 조건의 가스 유량으로 조정한다. 각 가스 상호 간에 압력 차가 있으면 절단 성능에 악영향을 미친다.

(2) 절단 작업

① 플라스마 아크의 개시

토치의 선단을 그림 3.115처럼 절단 재료 선단에서 약간 떨어진 곳에 있고, 토치의 스위치를 누르면 자동으로 노즐에서 초류(pre flow)가 설정 시간 동안 나온 후에 고주파가 발생하고 파일럿 아크(pilot arc)가 점화한다. 파일럿 아크의 발생과 동시에 고주파 아크는 자동으로 소멸한다. 토치를 절단 방향으로 절단 재료 끝부분까지 이동하면 자동으로 플라스마 아크가 발생한다.

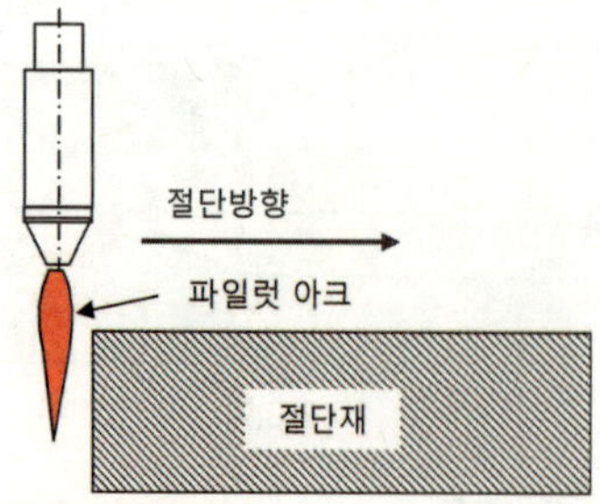

그림 3.115 절단 재료 세팅

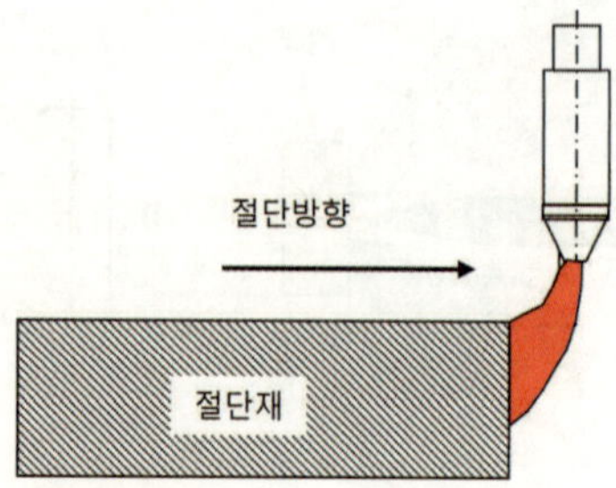

그림 3.116 절단 종료의 나쁜 방법

절단 재료까지 이동 후 플라스마 아크가 발생하면 토치의 이동을 중단하고 플라스마 아크가 절단 재료를 관통한 후 표준작업 절단 조건의 이송 속도로 토치를 이동시켜 절단한다.

토치의 노즐 선단과 절단 재료표면은 약 10mm가 되도록 한다. 너무 가까우면 노즐의 소모가 심하고, 너무 멀면 플라스마 아크의 개시가 나쁘게 된다. 또 이송 속도는 일정하게 유지하고, 특히 노즐이 절단 재료에 접촉하지 않도록 한다. 절단은 절단 재료 끝에서 행하는 것이 바람직하고, 절단 재료의 중앙 부분에서 행하는 경우는 용융 금속이 튀어서 되돌아오므로 토치의 파손이 빠르고, 특히 노즐의 소모와 보호 캡(cap)의 파손이 빠르게 된다.

② **플라스마 아크의 정지**

절단 종료 점에서 토치의 스위치를 누르면 플라스마 아크가 없어져서 절단이 끝난다. 이때 가스만 계속 흘러서 후류(after flow)가 행해지며 Ar 가스의 흐름이 5~6초 뒤에 정지한다.

플라스마 아크의 정지는 토치를 절단 재료 끝에서 멀리하거나, 위 방향으로 멀리하여 정지시켜서는 안 된다. 플라스마 아크가 그림 3.116과 같이 절단 재료 방향으로 잡아당기거나, 위 방향으로 멀어진 경우는 부하전압이 이상 상승하기 때문에 노즐이 손상한다. 또 플라스마 아크의 정지는 전원공급을 멈추거나, 전원 스위치를 꺼서(off) 정지시켜서는 안 된다. 플라스마 아크의 정지 후에는 잠깐 냉각이 필요하므로 이처럼 하면 냉각수 펌프와 팬이 정지해버리기 때문에 본체 및 토치에 악영향을 미친다.

노즐에서 나오는 플라스마 가스량이 표준작업 절단 조건보다 매우 적은 경우, 플라스마 아크열에 의해 토치의 소손을 초래하므로 주의한다. 아크가 발생하고 있는 때에는 노즐에 전기가 증가하고 있으므로 이 부분에는 절대로 손을 접촉해서는 안 된다. 토치 선단 부분은 정밀 부품으로 취급에 주의한다. 그림 3.117은 플라스마 절단기와 그 소모품을 나타냈다.

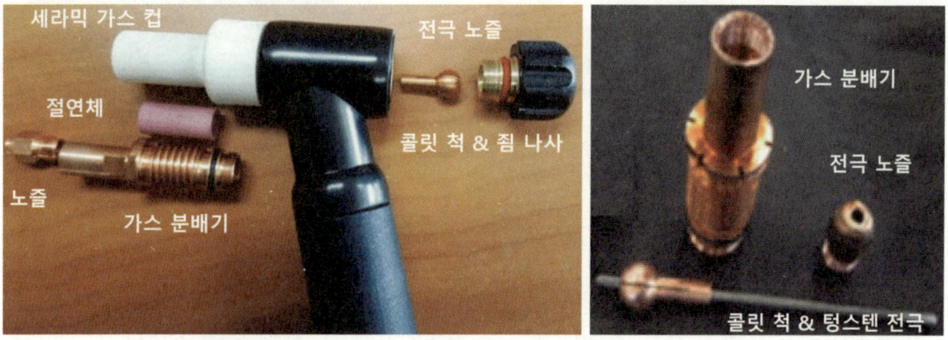

그림 3.117 **플라스마 아크 절단 토치의 소모품**

6.6 플라스마 아크 가우징(plasma arc gouging)

플라스마 아크 가우징은 플라스마 아크 절단 공정의 변형이다. 그림 3.118에 보여주는 이 플라스마 제트 토치를 비스듬한 각으로 표면에 겨누어 표면을 불어내고 홈을 형성한다. 이 기법은 용접부 반내 면의 백 가우징과 용접 준비와 결함을 파내고, 과잉금속 제거에 사용된다. 조건에 맞는 표면을 만들기 위해 경험이 필요하고, 매우 빠르게 많은 양의 금속을 제거할 수 있어 숙련이 필요하다.

플라스마 아크 절단의 목표는 플라스마 아크를 수축시켜 최대한의 에너지 집중과 절단 성능을 제공하도록 최대한 집중시키지만, 플라스마 아크 가우징은 절단에 사용되는 아크보다 훨씬 큰 아크를 생성하도록 압축 오리피스의 크기를 증가시켜 약간 흐려지게(defocus) 된다. 절단 아크는 용융된 금속을 아래쪽으로 향하게 하여 절단면을 통해 용융 금속을 불어내어 2개의 금속 조각을 분리시키며, 덜 집중된 가우징 아크는 가공물에 대한 각도로 기울여서 흄을 불어내고 재료의 표면과 용융된 금속을 옆으로 날려 버린다. 강도 있고 단단히 집중된 절단 아크가 이러한 방식으로 사용되면, 생성된 홈은 깊고 매우 좁은 모양이 되어 대부분의 적용에서 쓸모가 없다.

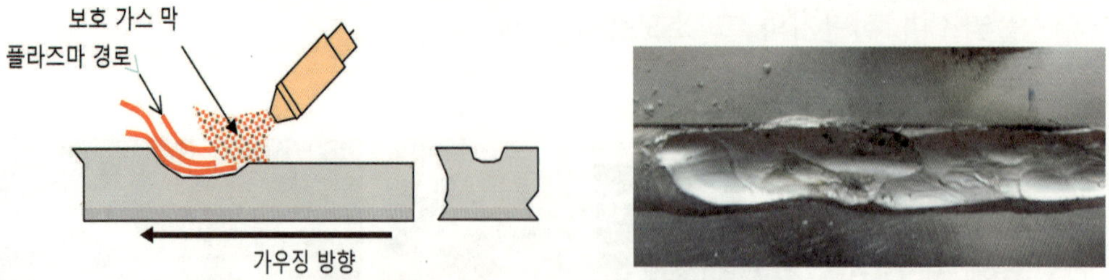

그림 3.118 플라스마 가우징 원리

(1) 특징

플라스마 아크 가우징은 여러 가지 이유로 가우징 작업 수행에 선호되는 방법이다. 낮은 흄 생성과 고품질의 가우징으로 용접할 때 특히 중요하다. 이는 가우징 작업의 전체 비용에서 가장 저렴한 대안일 수 있다.

가우징의 일부는 대량의 기화된 흄을 생성한다. 이것은 공기 탄소 아크 가우징보다 훨씬 적은 격렬함으로 용융 금속의 기화가 현저히 줄어들고 주변 환경과의 금속 증기 및 반응의 발생이 훨씬 적다.

공기 플라스마는 플라스마 기류가 공기와 반응하고 일부 흄이 생성되지만, 흄의 양은 공기 탄소 아크 가우징 양보다 상당히 적다. 플라스마 가스에 불활성 가스를 사용하여 플라스마 아크 가우징을 수행하면 흄 감소가 매우 크다. 가우징 내의 용융 금속은 플라스마 기류의 불활성 가스에 의해 주변 대기로부터 보호되고 주변 대기와 반응할 기회가 거의 없다. 대부분의 경우 매우 낮은 흄 수준이다. 알루미늄은 알루미늄의 가벼움과 강한 친화력으로 용융된 알루미늄이 가우징에서 배출되어 주변 공기와 반응하여 일부 연기가 발생할 수 있다.

플라스마 아크의 강한 자외선 함량 때문에 일산화탄소, 오존 및 질소산화물의 양이 약간 증가한다. 그러나 이들 가스의 양은 일반적으로 한계값 미만이다.

플라스마 아크 가우징에 사용되는 가스는 최종 홈의 상태를 결정한다. 스테인리스강, 알루미늄 및 기타 내식 합금을 가우징할 때 플라스마 가스로 불활성 가스를 사용해야 한다. 불활성 가스는 홈을 오염 대기로부터 차단하고, 홈은 일반적으로 산화 및 다른 오염이 없다. 대부분의 경우 홈은 추가적인 청결 없이 거의 모든 용접 공정으로 용접할 수 있다.

가우징에서 아크는 덜 수축되어 아크 속도가 느려진다. 아크 온도와 가스 흐름의 속도는 결합하여 다른 가우징 공정과 유사한 방식으로 금속을 용융 및 배출한다. 특히 알루미늄 및 스테인리스강과 같은 재료는 아르곤-수소 플라스마 가스가 사용된다. 플라스마 가우징된 표면이 용접될 때 사실상 후 세정은 필요하지 않다.

(2) 장비(EQUIPMENT)

효과적인 플라스마 아크 가우징 시스템은 전원, 가우징 토치 및 액세서리 장비를 선택하는 것이다. 대부분의 플라스마 아크 장비 제조업체는 기존 플라스마 아크 절단 토치에 맞는 구멍의 노즐을 제공한다. 그러나 단순히 토치에 다른 노즐을 넣는 것보다 더 많은 것이 관련되어 있다. 전원 및 토치의 설계는 효과적인 플라스마 아크 가우징에 중요하다(그림 3.119 참조).

(3) 동력원

플라스마 아크 가우징은 일반적으로 100A 이상의 고전류 조건에서 수행되며, 이로 인해 플라스마 아크 절단보다 더 높은 전기적 요구를 갖는다.

① 전류 조건

- 대부분의 플라스마 아크 가우징은 100A 이상의 전류에서 작동한다.
- 낮은 전류(100A 미만)에서도 작업은 가능하지만, 금속 제거율 감소, 가공 깊이 및 홈 폭이 작아지고, 생산성 저하와 같은 한계가 있다.

② 아크 전압 특성

- 플라스마 아크 가우징은 동일 전류 조건에서도 절단보다 높은 아크 전압이 요

구된다. 그 이유는 토치가 판에 대해 기울여져 작동하므로, 노즐-공작물 간 거리가 절단보다 길다.
거리 증가에 따라 아크 전압 요구량 증가, 보수 작업에서는 작업 위치 특성상 거리 증가와 전압 불안정이 빈번하다.

- 일반적으로 200V 이상의 아크 전압이 요구되며, 이는 절단용 전원으로는 대응이 어려운 경우가 많다.

③ 전원 장치의 요건

- 대부분의 플라스마 아크 절단용 전원장치는 높은 아크 전압 구간에서 출력 전류 유지 불가, 전류 강하(drop) 발생 또는 아크 정지 위험과 같은 한계가 있다.
- 따라서, 생산 현장용 플라스마 아크 가우징 전원 장치는 다음 요건을 만족해야 한다. 고아크 전압(200V 이상)에서도 정격 전류(100A 이상)를 안정적으로 공급할 수 있어야 하고, 출력 전류를 일정하게 유지하는 정전류 특성(drooping V-A curve)과 높은 개로 전압 용량을 갖추어야 한다.

요약하면, 플라스마 아크 가우징은 절단보다 높은 아크 전압과 고전류를 필요로 하며, 기존 절단용 전원을 그대로 사용할 경우 성능이 부족할 수 있다. 따라서 전용 전원 장비의 적용이 필수적이다.

그림 3.119 플라스마 아크 동력원

(4) 가우징 토치(Gouging Torches)

가우징 토치의 설계는 플라스마 아크 가우징 공정에서 매우 중요하다. 일반적인 플라스마 절단에서는 열과 용융 금속이 토치 하부로 방출되므로 토치 본체가 직접적인 열이나 비산된 금속에 노출되지 않는다. 반면, 플라스마 아크 가우징에서는 아크가 판재 상단에서 형성되어 토치 헤드에 직접적으로 열이 가해지고, 이는 토치 수명을 단축하는 주요 요인이 된다.

특히, 가우징 중 홈 주위의 장애물은 용융 금속의 일부를 토치 헤드 방향으로 편향시켜 열화와 손상을 가속화시킬 수 있다. 이러한 문제를 해결하기 위해, 고온 유리 충진 중합체로 성형된 특수 토치 헤드를 사용하며, 추가로 파이버글라스 실리콘 절연체나 '미튼(mittens)'과 같은 보호 덮개를 장착해 외부 열로부터 토치 헤드를 보호한다.

가우징 시 사용하는 가스 종류도 중요하다. 공기 플라스마 아크 토치는 주로 탄소강에 사용되며, 다소 높은 수준의 흄을 발생시킨다. 이에 비해 불활성 가스를 사용하는 플라스마 토치는 흄 발생을 줄이며, 스테인리스강이나 알루미늄과 같은 고급 재료 가우징에 적합하다. 특히 듀얼 가스 토치는 2차 실딩 가스를 통해 가우징 영역을 대기 오염으로부터 추가 보호하고, 동시에 홈 내 용융 금속 제거에도 효과적이다.

(5) 작동 절차

플라스마 아크 가우징의 조건과 변수는 성공의 보장에 매우 중요하다. 가스 선택 및 전류는 주요 고려사항이다. 다른 매개변수는 토치각도, 이동 속도, 홈 크기와 홈 구성이다.

(6) 홈의 크기 및 구성

플라스마 아크 가우징의 홈 크기는 전류 수준, 이동 속도 및 토치각도의 함수이다. 홈 구성은 여러 가지 요소의 영향을 받는다. 전류가 증가하거나 이동 속도가 느려지면 가우징 폭이 증가한다. 홈 깊이는 이동 속도에 약간의 영향을 받지만, 전류의 크기에 따라 크게 영향을 받는다. 수동의 경우 토치를 얕은 각도로 잡고 세정 동작에서 좌우로 움직여 금속을 훑어 내거나 표면 경화(hard facing)를 제거할 수 있다. 가우징에 적합한 토치각도는 35°~40°이며 아크 길이는 13~25mm이다. 아래 보기 자세에서 가우징할 때 한 번에 제거되는 금속의 양 상한선이 있다. 플라스마 아크 가우징은 공기 탄소 아크 가우징만큼의 힘으로 가우징에서 금속을 배출하지 않기 때문에 한 번의 패스로 깊은 홈의 금속을 제거하는 것이 어려울 수 있다. 예를 들어, 150A에서 1회 권장되는 최대 홈 깊이는 8mm이다. 더 깊은 홈은 다중 패스로 얻을 수 있다.

(7) 적용

플라스마 아크 가우징은 다양한 산업현장에서 금속 제거의 효율성, 낮은 흄 발생, 우수한 접근성 등의 장점으로 널리 사용되고 있다. 특히 스테인리스강, 알루미늄, 내식합금과 같은 고부가가치 금속의 가공 및 보수작업에 효과적인 방법으로 평가받고 있다.

① 자동차와 수송기기 분야

- 알루미늄과 스테인리스강으로 제작된 탱크, 승용차, 트럭 등은 구조 특성상 좁은 공간에서의 작업이 빈번하다.
- 플라스마 아크 가우징은 기계적 가공보다 접근이 쉬우며, 깔끔하고 정밀한 제거가 가능하여 차체 수리 및 개조 작업에 적합하다.

② 중장비 및 산업 기계 유지 보수

- 비포장도로 장비, 석탄 분쇄 롤, 제강공장의 마모 부품, 종이 캘린더 롤 등은 사용 중 표면이 경화 코팅되어 있으며, 이를 보수 전 제거해야 한다.
- 플라스마 가우징은 하드 코팅층 제거 시 금속 손상을 최소화하며, 작업 시간도 단축된다.

③ 주조 및 금속가공 분야

- 주조공정에서 핀 및 라이저 제거는 플라스마 가우징이 특히 효과적이다.

- 기존의 절삭 또는 연삭 공정보다 정밀하고 표면 오염이 적다.

④ **압력용기 및 극저온 구조물**

- 압력용기, 극저온 탱크 등 고무결성 부품은 일반적으로 양면 용접(back gouging)이 요구된다.
- 플라스마 가우징은 기존 탄소 아크 가우징 대비 흄이 적고 잔류 탄소 제거 효과가 우수하여, 후속 용접 품질이 크게 향상된다.
- 추가 연삭 및 세척 공정이 불필요해져 작업 시간과 비용이 절감된다.

⑤ **국방 및 특수합금 구조물**

- 알루미늄 장갑차, 군수 운반선 등은 기계적 제거 또는 탄소 아크 방식으로는 작업이 어렵고 시간이 오래 걸린다.
- 플라스마 가우징은 이러한 고합금 구조물에 대해 신속하고 정밀한 용접 제거가 가능하며, 재작업과 청소 부담도 현저히 줄일 수 있다.

플라스마 아크 가우징은 단순 용접 제거 이상의 기능을 수행하며, 고정밀 금속 가공 및 유지보수 기술로 점차 산업 전반에 보편화되고 있다.

6.7 건강과 안전

플라스마 아크 절단 및 가우징은 고전압, 고온, 유해 가스, 방사선, 금속 흄, 소음 등 다양한 위험 요소가 동반되므로, 모든 작업은 관련 안전 지침과 법규를 철저히 준수해야 한다.

(1) 전기적 안전

- 플라스마 장비는 보통 400V 이상의 개로 전압을 사용하며, TIG보다 높은 아크 전압을 요구한다.
- 감전 위험이 크므로, 장비는 반드시 훈련된 작업자에 의해 사용되어야 하며, 장

비 본체 및 커버는 확실한 접지, 전기 연결부, 터미널 등은 절연 및 보호 커버 적용, 전기 배선, 절연 상태는 정기적으로 점검을 준수해야 한다.

(2) 수분 및 수소 관련 위험

- 습식 절단(water shield / water injection)에서는 물 받침대에 절단 슬래그가 쌓여 시간이 지나면 수소 발생위험이 생긴다.
- 수소는 물과 반응하여 발생하며, 폭발 위험이 있으므로 정기적인 청소와 물 순환 시스템 적용이 필요하다.

(3) 방사선 및 가스 발생

- 플라스마 아크는 자외선(UV), 적외선(IR)을 방출하며, 이는 피부 화상과 눈 손상을 초래할 수 있다.
- 공정 중 오존(O_3), 질소산화물(NO_x), 일산화탄소(CO) 등의 유해 가스가 발생할 수 있으며, 이는 기준치를 초과하지 않더라도 지속적인 노출은 유해할 수 있다.
- 염료를 포함한 물 분사 절단은 광 차단 효과가 있으며, 수중 절단에서는 방사선량도 감소한다. 그러나 눈 보호구 착용은 필수이다.

(4) 보호구 착용

- 눈 보호: 전류 세기에 따라 적절한 차광 번호의 용접 헬멧을 착용해야 한다.
  권장 차광 번호는 표 3.45를 참조한다.

표 3.45 플라스마 아크 절단 및 공기 탄소 아크 절단을 위한 권장 안구 보호

공정	사용 전류 A	최소 보호 렌즈 차광(shade)	권장 렌즈 차광(shade) 번호
플라스마 아크 절단	300 이하	8	9
	300–400	9	12
	400–800	10	14
공가 탄소 아크 절단	500 이하	10	12
	500–1000	11	14

- 피부 보호: 자외선과 고온으로부터 피부를 보호하기 위해 긴 소매 난연성 작업복, 알루미늄 처리 장갑, 백패드, 작업 재킷 등을 착용
- 귀 보호: 플라스마 아크는 일반적으로 조용하지만, 고출력 작업 시 소음 노출로 인한 청력 손상 가능성 존재
- 호흡 보호: 밀폐 공간에서 불활성 가스 사용 시 산소 결핍 위험이 있어, 국소 환기장치 또는 공기 공급식 호흡 보호구 사용 필수

(5) 인화성 물질 및 화재 예방

- 플라스마 가우징 중 금속이 흩날리므로, 작업구역 내 인화성 물질 제거, 소화기 비치가 필요하다.
- 토치 부품 교체 전에는 반드시 전원 차단이 이루어져야 한다.
- 습기 있는 장소에서의 작업은 감전 위험이 크므로, 작업자는 절연된 장비 및 환경에서 작업해야 한다.

(6) 환기 및 질식 위험

- 공정 중 발생하는 흄 및 가스는 작업환경의 유해도를 높이므로, 작업장은 충분히 환기되어야 하며, 국소 배기장치가 설치되어야 한다.
- 아르곤, 수소 등의 불활성 가스를 밀폐 공간에서 사용할 경우, 산소 결핍 및 질식 위험이 있다. 수소는 공기보다 가벼워 상부에 축적되므로, 상부 환기가 필요하다.

(7) 수중 절단 장비의 주의 사항

- 수중 플라스마 절단은 작업물 전체를 물에 담가 방사선 및 소음을 줄인다. 하지만 절단 중 작업물을 볼 수 없기 때문에 CNC 시스템에만 사용된다.
- 토치 위치 조정 및 무부하 상태 확인을 위해 수위를 주기적으로 낮춰야 하며, 일반 작업자에게는 적합하지 않다.

(8) 제조사 안전 지침 준수

무엇보다도, 장비 제조업체가 제공하는 안전 지침서를 숙지하고 철저히 준수해야 하며, 절단 작업에 참여하는 모든 작업자는 해당 내용을 충분히 이해하고 있어야 한다.

사고 예방을 위한 핵심 위험 요소는 전기 감전, 고온 금속 및 불꽃, 자외선 및 복사선, 유해 가스 및 흄, 질식 위험, 소음 노출, 화재 발생이 있다.

그림 3.120은 알루미늄의 플라스마 가우징하는 모습이다.

그림 3.120 플라스마 가우징

7 변형의 방지

용접 변형은 구조물의 사용 강도, 특히 압축 하중 하의 좌굴 강도 저하를 가져오고, 구조물 조립 정도 저하로 생산성을 떨어뜨리며, 교정을 위한 비용을 초래한다. 또한, 최종 정도 불량을 초래하며 나쁜 외관을 만든다.

용접 변형은 용접 잔류응력 발생이 원인으로, 잔류응력은 국부적으로 급속 가열 및 냉각되는 용접부의 팽창과 수축이 용접부 내에서 균일하지 않고, 이에 따라 발생한 영구(소성)변형 성분이 용접부가 완전히 냉각한 후에도 용접부에 남게 된다. 영구변형에 대한 용접부의 탄성변형 성분이 잔류응력이며, 탄성 성분 이외의 영구변형이 용접 변형으로 남는다.

장기적인 사용 면에서 용접부의 건전성이 중요하다면, 변형 방지는 제품이 완성되기까지 목적하는 품질을 확보하는 것이다. 따라서 용접부의 열 영향 특성을 이해하고 적절한 조치를 하여 변형이 최소화되도록 하는 것이 중요하다. 그림 3.121은 알루미늄 용접부의 변형을 나타냈다.

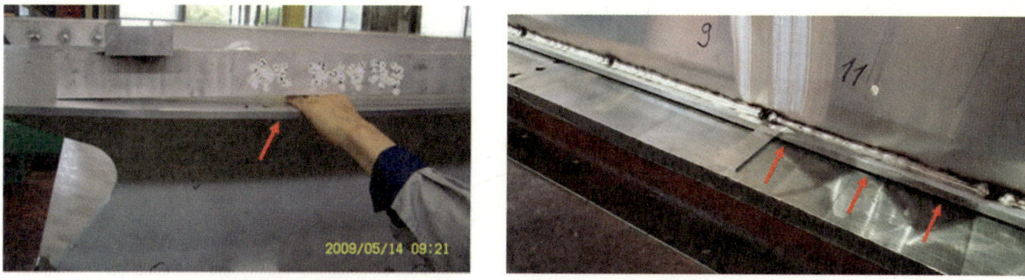

그림 3.121 알루미늄 용접부의 변형(A2519, A5083)

7.1 개요

용접물에서의 변형은 용착금속과 인접 모재의 불균일한 확장과 수축으로부터 발생한다. 이 현상은 용접공정 중의 가열, 냉각 주기 동안 일어난다. 그림 3.122는 이런 현상이 왜, 어떻게 발생하는가를 보여준다.

만일 상온에서의 그림 3.122(a)에서 빗금치지 않은 단면의 강판이 완전히 균일하게 가열된다면, 판은 점선으로 표시된 것처럼 모든 방향으로 팽창한다. 그리고 판이 구속되지 않아 상온으로 다시 돌아올 때, 판은 원래의 치수대로 균일하게 수축한다. 그러나 만일 강판이 그림 (b)처럼 가열 전에 바이스(vise)에 물려있다면 횡 방향의 확장은 발생할 수 없다. 같은 체적의 확장이 일어나야만 하나, 판의 횡축 방향의 확장이 방해되므로 비정상적인 확장이 두께와 넓이 방향으로 발생한다.

그리고 가열되었던 열이 사라지고 변형된 판이 상온으로 되돌아오면, 판은 모든 방향에서 수축하여 줄어들려고 할 것이다. 냉각 후의 모양은 그림 (c)처럼 판은 더 짧고, 두껍고, 넓게 되어 영구 변형되거나 뒤틀려진다.

금속의 확장, 수축이 어떻게 변형을 유발하는가는 첫째로 용착금속에 어떤 현상이 일어나고, 둘째로 모재에 어떤 현상이 일어나는가를 알아야 한다.

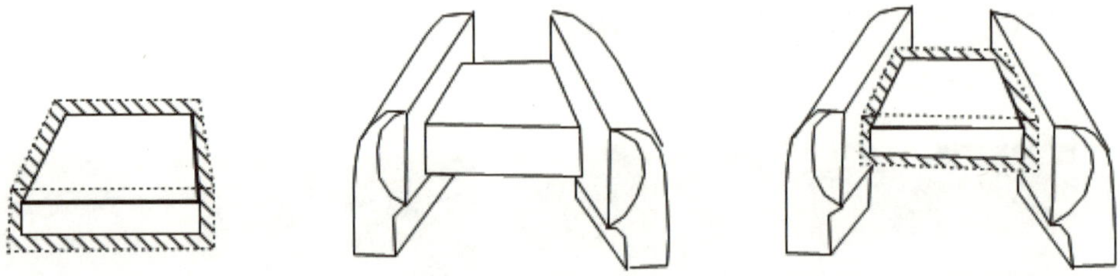

(a) 특정 온도에서 균일하게 가열된 자유 상태의 판 (b) 구속된 상태에서 균일하게 가열된 판 (c) 구속된 판이 가열 후 냉각 때 넓이와 두께 방향으로 짧아진다.

그림 3.122 변형의 원리

7.2 용착금속의 수축

모재와 함께 녹은 용착금속은 응고되는 시점에서 최대로 확장된 상태이며 실제로 용착금속이 고체(solid) 상태로서 가질 수 있는 최대의 체적을 갖는 때이다. 냉각이 진행됨에 따라 용착금속은 보통 상온에서 점하고 있던 체적 상태로 수축하려고 하지만, 인접한 모재 때문에 수축이 억제된다. 그 결과 용접부에 응력이 발생하고 마침내 그 응력은 용착금속의 항복강도까지 도달하게 되는데, 이 시점에서 용착금속은 용접 접합부에서 요구되는 부피를 채우기 위하여 가늘게 늘어나서 결국 항복하게 된다. 그러나 단지 용착금속의 항복강도를 초과하는 이와 같은 응력은 다음의 조정으로 구제될 수 있다.

용접부가 상온에 도달할 때(이때 용착금속은 모재의 완전한 구속력 때문에 움직일 수 없다) 용접부는 항복강도와 거의 대등한 구속 인장 응력을 갖는다. 만일 작업물을 잡은 클램프와 같은 구속력 중 하나 또는 그 이상을 제거하면, 모재가 움직일 수 있게 되어 구속 응력이 부분적으로 해제되는 것으로 볼 수 있다. 그 결과 용접물은 변형되거나 뒤틀리게 된다.

7.3 모재의 수축

용접부에 인접한 모재의 수축이 용착금속의 수축에 더해지므로 변형을 일으키는 응력을 증가시킨다. 용접하는 동안 아크 부근의 모재 또한 용융점까지 가열된다. 그러나 아크 부근과 떨어져 있는 곳의 모재 온도는 대체로 더 낮다.

만일 접합될 부분이 구속되었다면 이와 같은 급격한 온도 차로 불균일한 팽창이 생겨 모재의 이동이나 금속 변이가 수반된다. 아크가 접합부 아래로 진행되고 열원이 사라짐에 따라 모재는 용착금속과 같이 냉각되어 수축하기 시작한다. 만일 용접부 인접 모재가 주위를 둘러싸고 있는 금속들로 인해 정상적으로 수축할 수 없다면 내부응력이 생기게 된다. 이처럼 인접 모재에 생긴 응력과 용착부에 생긴 응력이 결합하여 변형하려고 하는 경향을 증가시킨다. 변형의 원인이 되는 이와 같은 인접 모재의 체적은 용접 절차(welding process)에 의해 억제될 수 있다.

7.4 변형의 형태

변형을 최소로 하는 설계와 시공 실무는 실제 목적을 위해서 여러 가지 형태의 용접 구조물에서 수축력에 영향을 미치는 요소들이 연결되어 일으키는 현상과 이러한 현상들이 서로 어떻게 작용하는가를 이해하는 것이 바람직하다. 그림 3.123은 변형의 실제 이해를 주기 위한 예를 표시하였다. 용접부가 수축하면 여러 가지 형태의 변형과 치수 변화가 생길 수 있다. 맞대기 용접에서는 횡 방향의 수축 때문에 용접물의 폭이 그림 (a)처럼 변한다. 또한, 그림 (b)처럼 각 변형(angular distortion)이 일어난다. 여기서 용접부 위쪽의 용착금속 양이 많을수록, 용접구조물 상부 면의 수축이 커져 판 양쪽 끝을 끌어올린다. 면취 각이나 용착 양이 증가하면 훨씬 더 변형이 커진다. 같은 용접부에서 길이 방향의 수축으로 용접된 판은 그림 (c)처럼 변형을 일으키는 경향이 있다.

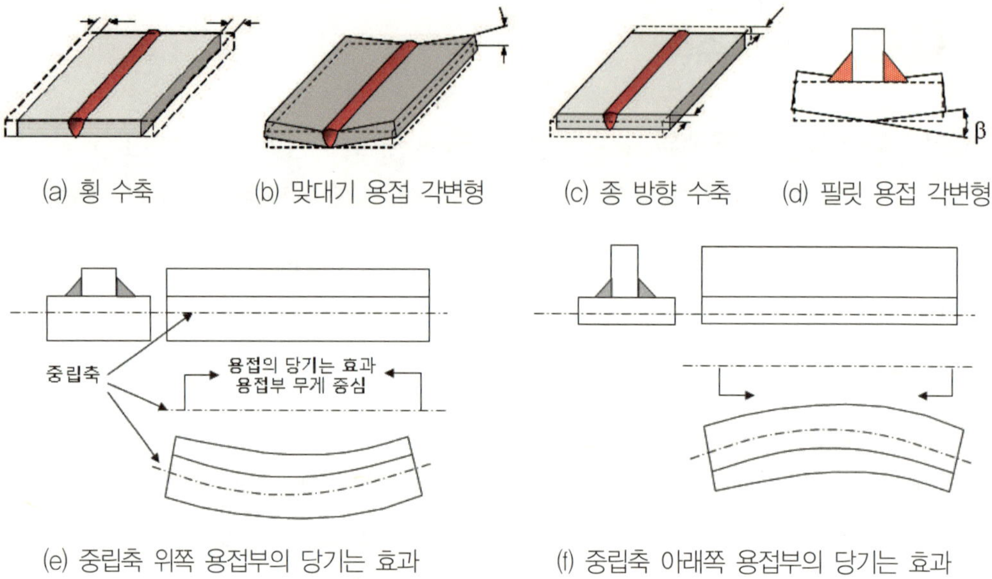

그림 3.123 용접부의 수축

또한, 그림 (d)처럼 각 변형이 필릿 용접에서는 문제가 된다. 만일 T형 조립에서 필릿 용접 선이 용접구조물의 중립축 또는 무게 중심선 위쪽에 있다면, 구조물의 끝은 그림 (e)처럼 위쪽으로 구부러지려고 한다. 만일 용접 선이 중립축 아래에 있다면 구조물의 휨은 반대 방향 즉, 그림 (f)처럼 양 끝이 아래쪽으로 구부러진다.

7.5 수축의 억제 방법

만일 용접물에서 변형을 방지하거나 최소화하려면 설계 및 시공 작업 때 가열, 냉각 주기 중의 영향을 극복하기 위한 기술적 대책을 사용해야 한다. 수축은 방지될 수는 없으나 억제될 수는 있다. 수축에 의한 변형을 최소화하는 데는 여러 가지 방법이 있다.

(1) 접합부에 요구되는 용착금속 양을 꼭 필요한 만큼만 사용하여 수축력을 낮게 한다.

즉, 과도한 용접(over weld)을 하지 말라는 것이다. 접합부에 용착금속이 많을수록 수축력은 그만큼 많아진다. 접합부의 요구 조건에 맞는 용접부의 치수를 결정하는 것이다.

용착금속의 양은 필릿 용접에서는 비드의 모양을 편평하게 또는 약간 볼록하게 하며, 맞대기 용접에서는 적절한 면취(edge preparation), 틈새(root gap), 보강 등에 의해 최소화할 수 있다. 필릿 용접에서 용접부 강도는 유효 목 두께가 사용된다. 그러므로 높은 볼록 비드로 인해 용착 양이 과다해지면, 실제 작업 때 허용 강도는 증가하지 않고 수축력만 더 한다.

또한, 맞대기 용접에서는 적절한 면취와 틈새로 용착금속 양을 최소로 할 수 있다. 맞대기 이음에서 가장 경제적인 방법은 판 틈새를 0.8~1.6mm로 유지하고, 양쪽 면취 각도는 30°를 넘지 않을 때 용접 루트부에서 용융이 적절하게 이루어지며, 최소 용착금속이 사용된다.

루트 간격을 증가시켜 면취 각도를 감소시킬 수 있고, J 또는 U형의 면취가 후판에서 용착금속을 줄인다. 양쪽 용접은 한쪽 용접보다 약 1.5배의 용착금속이 필요하다. 용착금속을 최소화하는 또 다른 방법은 연속 용접보다는 단속 용접을 사용하는 것이다. 판에 보강을 붙인 후 단속 용접할 경우 용착금속을 1/4로 줄이고도 요구 강도를 얻을 수 있다.

(2) 용접 패스(pass)를 가능한 한 적게 한다.

변형은 굵은 용접봉으로 용접 패스를 적게 하는 것이 가는 용접봉으로 용접 패스를 많이 하는 것보다 적다. 매 패스 발생하는 수축력은 누적되는 경향이 있어 수축력이 증가한다.

(3) 중립축 부근에 용접부를 위치시킨다.

이것은 용접 수축력이 중심선에서 벗어나 판을 끌어당길 때 지렛대 작용을 하는 거리를 작게 하여(용접구조물의 중심선과 용접 중심선의 거리가 클수록 지렛대 작용으로 수축력은 커진다) 변형을 줄인다. 설계 방법과 용접순서를 효과적으로 이용하여 변형을 억제할 수 있다.

(4) 용접 중심이 중립축을 중심으로 평행을 이루도록 한다.

이 방법은 한쪽의 수축력과 그에 대응하는 다른 쪽의 수축력이 평행을 이루도록 하는 것이다. 역시 설계 방법과 용접순서로 변형을 효과적으로 억제할 수 있다.

(5) 백스텝(back step) 용접법을 사용한다.

일반적인 용접의 진행은 왼쪽에서 오른쪽으로 진행되지만, 이 용접법에서는 각각의 비드가 왼쪽에서 오른쪽으로 쌓아진다. 비드가 쌓임에 따라 용접선 끝에서 생긴 열이 팽창되고, 이 열팽창에 의하여 판이 잠시 벌어지게 된다. 그러나 열이 판을 따라 사라짐에 따라 바깥쪽 끝 부위로 팽창되었던 판은 다시 제 위치로 돌아오게 된다. 이러한 판의 팽창은 첫 번째 비드가 쌓여질 때 가장 현저하다. 성공적인 용접 비드에서는 먼저 한 용접의 구속 효과로 판의 팽창은 거의 없다. 백스텝 용접법은 어떤 경우는 거의 효과가 없고, 특히 전자동 용접에서는 경제적인 면에서 사용할 수가 없다.

(6) 수축력이 희망하는 방향으로 작용하도록 한다(역변형을 준다).

용접 전에 부품의 위치를 정위치에서 벗어나도록 배치하고, 수축력이 구조적으로 이용될 수 있도록 한다. 용접 조립품 중 대부분은 용접 전에 정위치에서 벗어나서 사전 설정(presetting)될 수 있다. 그리고 설정량은 수축력이 철판을 끌어당겨 정위치에 오도록 하기 위한 양만큼으로 정해진다. 그림 3.124처럼 용접될 부품의 역변형(prebending)이나 사전 설정은 기계적으로 반대되는 힘을 가하여 용접 수축력에 대응하도록 하는 방법의 일례이다.

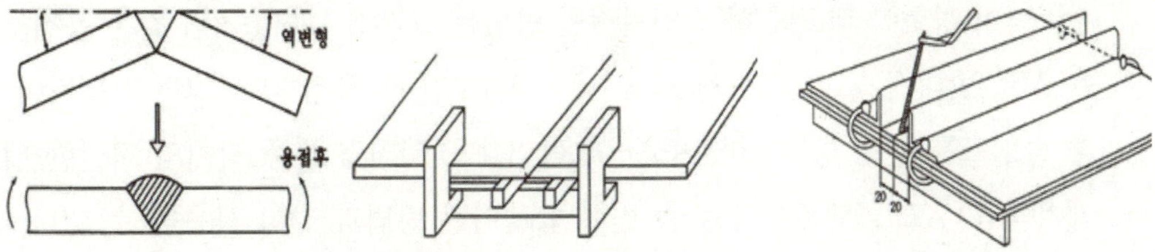

(a) 역 변형법 (b) 크램 램프 또는 스트롱백(strong-back) (c) 보강재(carling 또는 stiffening)

그림 3.124 과대 용접 변형의 방지 대책

판을 벤딩하면 용접 홈의 상부는 길어지고 표면은 볼록한 모양을 갖게 된다. 그리고 이 용접 홈 안에 용착량의 대부분이 용접된다. 그러므로 완성된 용접부는 편편한 판 위에 홈을 만들어서 용접했을 경우보다 약간 길게 된다. 용접 후 클램프를 제거하면 판은 편편한 모양으로 되돌아오고, 또한 용접부 직선 길이가 줄어들므로 길이 방향의 수축 응력이 줄어든다. 이와 같은 두 가지 현상이 부합되어 용접된 판은 요구하는 평면도를 얻을 수 있다.

(7) 수축력과 반대 힘이 평형이 되도록 한다.

수축력과 반대되는 힘은 다른 방향의 수축력, 클램프와 지그 및 기구에 의한 구속력, 중력으로 인해 부재가 처짐으로써 생기는 힘이 있다. 그림 3.125는 턴버클에 의한 반대되는 힘을 이용한 예이다.

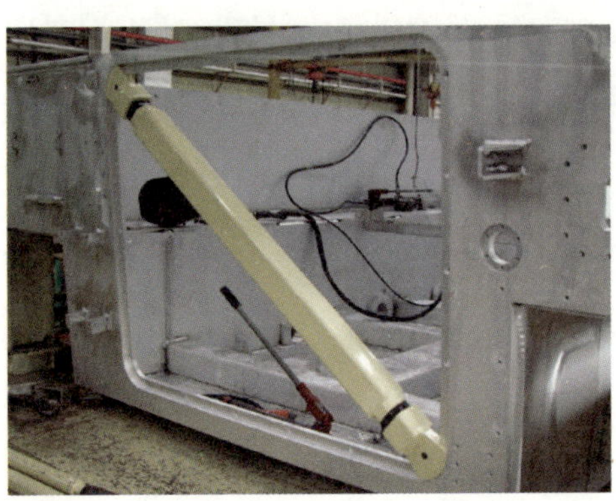

그림 3.125 클램프와 턴버클을 이용한 변형 방지대책

수축력이 평형이 되도록 하는 일반적인 방법은 그림 3.126(a)처럼 같은 용접구조물을 서로 맞대게 놓고 함께 견고하게 클램프 시킨 후 용접한다. 그리고 냉각이 끝난 후 클램프를 푸는 방법이다. 또한, 그림 3.126(b)처럼 부품 사이의 적절한 위치에 쐐기를 끼우고 클램프시키는 역 변형법도 이런 방법과 같이 사용될 수 있다. 그림 3.127(c)는 테이블에 나사력을 이용하여 역 변형을 적용한 예이다.

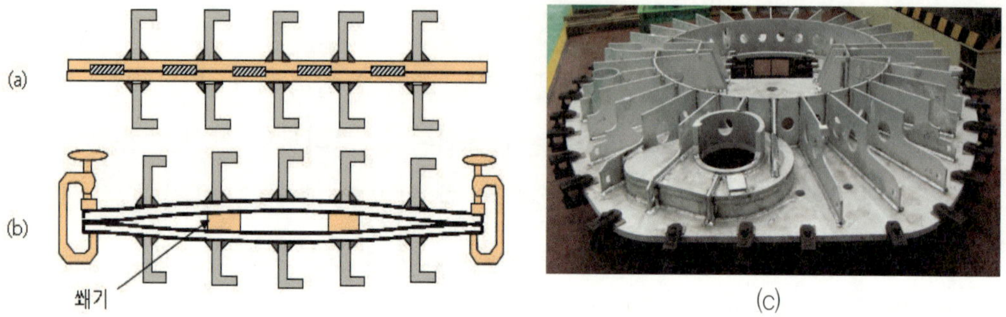

그림 3.126 클램프와 나사를 이용한 용접부 구속

작은 용접 조립품이나 부품의 변형을 억제하는 도구로서 클램프나 지그 및 기구가 가장 널리 사용되며, 이 경우 그림 3.127처럼 클램프나 지그 및 기구는 부품을 요구하는 위치에 고정해 용접이 끝날 때까지 유지시켜 준다. 이때 클램프에 의하여 생긴 구속력은 용접구조물에 내부응력을 생성시키고, 용착금속이 항복점에 도달할 때까지 허용된다.

특히 두꺼운 용접물에서는 부재의 강성률과 서로 상관되는 배열로 필요한 평형력을 얻을 수 있다. 그러나 만일 이러한 본래의 평형력이 없다면 용접물에서 수축력에 대응하기 위한 다른 수단이 필요하다. 이것은 한쪽 수축력이 다른 쪽의 수축력에 대해 평형을 이루도록 하거나, 기구 등을 이용하여 반대 힘이 생기도록 한다.

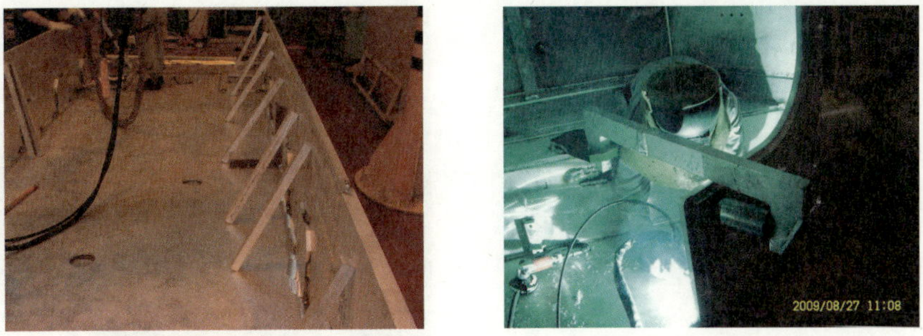

그림 3.127 보강대(bar)와 유압잭을 이용한 용접부 구속

(8) 용접순서

용접순서를 잘 계획하면 서로 반대되는 수축력이 평형을 이루도록 하는 데 도움이 된다. 즉, 어떤 구조물에 대하여 서로 다른 위치에서 용접이 이루어지도록 계획하므로 용착금속이 한쪽으로 수축될 때 그 수축력은 이미 완료된 용접 수축력에 대해 반대 방향으로 작용하게 될 것이다. 이런 방식의 간단한 예는 맞대기 용접에서 중립축을 교대로 용접하는 것이다.

그림 3.128은 대형 용접구조물의 변형을 최소화하기 위해 서브 용접하는 과정이며, 용접순서는 용접은 긴 루트 용접→ 긴 표면 용접 → 짧은 루트 용접→ 짧은 표면 순으로 용접한다.

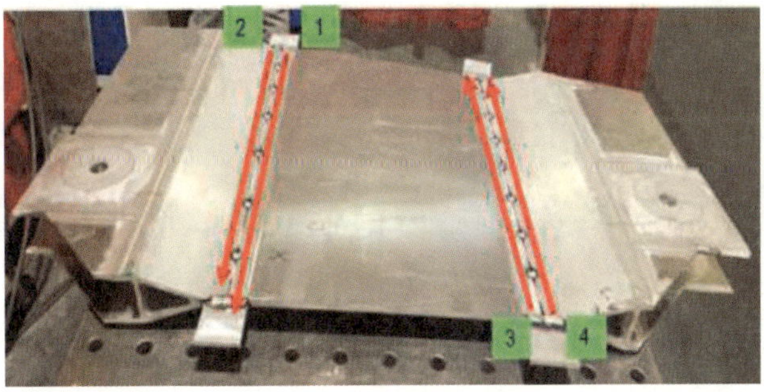

그림 3.128 알루미늄 대형 용접구조물의 변형을 최소화하기 위해 서브 용접하는 과정

그림 3.129의 용접순서는 바닥 판 부품 위의 빔 사이에 대해, 프레임 부품의 루트 용접한 다음, 용접은 중앙에서 바깥쪽으로 한다.

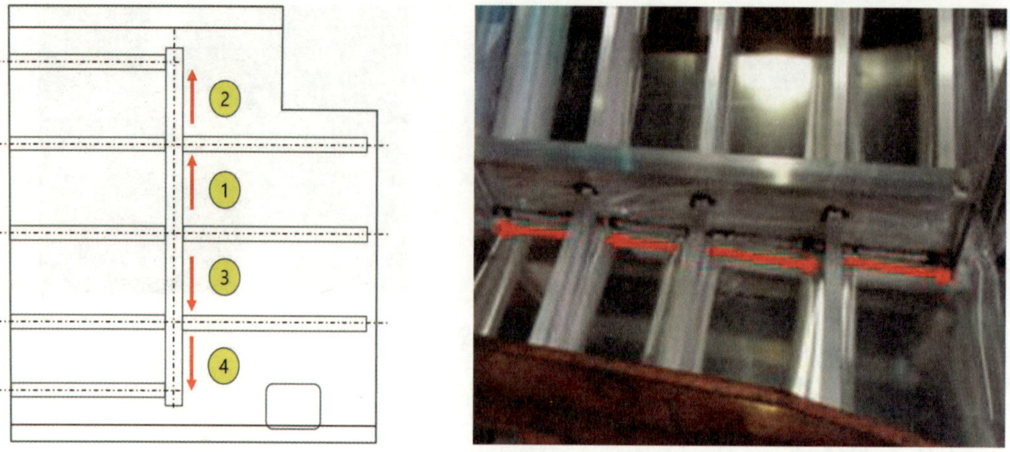

그림 3.129 바닥 판과 빔 용접은 중앙에서 바깥쪽으로 한다

(9) 용접 중이나 용접 후에 수축력을 제거한다.

피이닝(peening)은 이런 목적으로 사용되는 한 가지 방법이나 문제가 되는 점도 있다. 피이닝은 기계적인 방법으로 용접부에 힘을 가하여 용접부를 얇고 길게 하므로 잔류응력을 경감시킨다. 루트 비드를 피이닝할 경우 균열이 감춰지거나, 균열이 생길 위험이 있으므로 절대로 피이닝해서는 안 된다. 일반적으로 마지막 패스에 피이닝이 허용되지 않는다. 왜냐하면, 균열이 숨겨져 검사가 방해될뿐더러 경화 효과의 가능성이 있기 때문이다.

이처럼 피이닝의 이용은 제한되지만, 패스 간의 피이닝은 변형이나 균열 문제에 유일한 해결 방안이라는 것이 증명되었다. 어떤 경우는 같은 용접물을 서로 맞대어 함께 클램프시키고 용접한다. 그리고 그 상태로 지속하는 동안 응력이 제거된다. 그러므로 용접물에서 변형을 일으키려고 하는 잔류응력은 제거되어야 한다.

(10) 용접 시간을 감소시킨다.

용접 중에는 가열과 냉각이 반복되는 복잡한 열 사이클이 발생하며, 열이 전달되는 데에는 일정한 시간이 소요되므로 이 시간적 요소가 모재의 팽창 및 변형에 영향을 미친다. 일반적으로 모재가 과도하게 팽창되기 전에 용접을 신속하게 완료하는 것이 변형을 줄이는 데 효과적이다.

따라서 용접공정의 선택, 즉 용접봉의 종류, 전류, 속도 등은 수축량과 최종 변형량에 큰 영향을 미친다. 예를 들어, 철분계 수동 용접봉이나 자동화된 고속 용접장비를 활용하면 용접 시간과 열 영향을 받는 모재 범위를 줄일 수 있으며, 이에 따라 변형도 감소시킬 수 있다.

실제로 후판을 용접할 때

- 175A, 25V, 75mm/min 조건에서는 입열량이 3500J/mm이며,
- 310A, 35V, 200mm/min 조건에서는 입열량이 3255J/mm이다.

이 비교를 통해 입열량이 과도하면 열이 더 넓은 영역에 전달되어 온도 상승, 모재 팽창, 그리고 결과적으로 더 큰 변형을 유발하게 된다.

7.6 변형에 미치는 금속의 성질

열은 금속의 성질을 변화시킨다. 바꾸어 말하면 이러한 변화가 열의 흐름과 열확산의 균일성에 영향을 미친다. 그림 3.130에서 보면 온도가 증가함에 따라 항복강도 및 탄성계수는 감소하고 온도확장계수는 증가한다. 또한, 열전도도는 감소하고 비열은 증가한다. 그리고 변형은 가열, 냉각의 효과로부터 일어나는 현상이므로 앞에서 말한 금속의 물리적 성질은 변형량과 관계가 있다는 것이 분명하다. 그러므로 용접구조물에서 재료의 열팽창 계수, 열전도도, 탄성계수, 항복강도 등은 변형 문제를 예측할 수 있다.

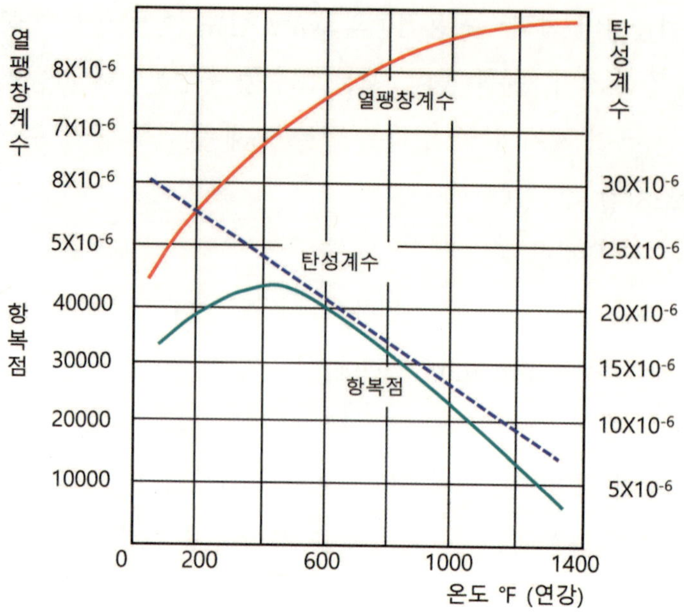

그림 3.130 **변형에 영향을 미치는 금속의 제 성질**

열팽창 계수는 금속이 높은 온도로 가열될 때 그 금속에서 일어나는 팽창량이나, 냉각될 때 일어나는 수축량을 측정하는 측정 단위이다. 온도팽창계수가 클수록 팽창량이 크다는 것을 의미하며, 결과적으로 수축량이 커지게 된다. 즉, 온도확장계수가 높으면, 용착금속과 용접부에 인접된 모재의 수축량이 증가하므로 결국 용접물에서의 변형 가능성이 증가한다.

열전도도는 금속을 통한 열 흐름의 어려움을 측정하는 측정 단위이다. 열전도도가 상대적으로 낮은 금속에서는 열이 열원으로부터 낮은 비율로 흘러나가게 될 것이다. 용접에 있어서 열전도도가 낮으면, 급격한 온도 구배를 갖게 되므로 용착금속과 용착금속에 인접된 판의 수축 효과를 증가시킨다. 비열이 높은 재료의 용접을 위해서는 상대적으로 큰 입열이 요구되므로 용접 후 큰 변형이 발생한다. 표 3.46은 각종 재료의 열팽창 계수를 나타냈다.

표 3.46 **각종 재료의 열팽창 계수**

재질	10^{-6},/°F		10^{-5},*/℃	
	최고	최저	최고	최저
Mg 합금	16	14	2.8	2.5
Al과 그 합금	13.7	11.7	2.5	2.1
구리	9.8	7.7	1.8	1.4
Ni과 그 합금	9.2	6.8	1.7	1.2
합금강	8.6	6.3	1.5	1.1
초 고장력강	7.6	5.7	1.4	1.0
Ti과 그 합금	7.1	4.9	1.3	.9
STS(주물)	10.4	6.4	1.9	1.1
Austenitic STS	10.2	9	1.8	1.6
Ferrite STS	6	5.8	1.1	1.0
Martensitic STS	6.5	5.5	1.2	1.0
시효경화 STS	8.2	5.5	1.5	1.0

주) – 값은 대표 값 범위의 최고, 최저 값을 나타낸다.
  – 상온에서 값, 상온과 100~390°C와 540~980°C에 대한 범위 값

용착금속의 항복강도는 용접 후 냉각 과정에서 접합부에 요구되는 수축을 따라가며 충분히 늘어나고 가늘어질 수 있어야 한다. 이처럼 가늘게 늘어난 용착금속과 그에 인접한 모재는 거의 항복점에 가까운 응력을 받게 되며, 용접부의 항복강도가 클수록 더 큰 잔류응력이 남아 구조물 전체에 변형을 일으킬 가능성이 커진다. 반면, 항복강도가 낮은 경우에는 잔류응력과 변형 발생 가능성이 줄어든다.

또한, 탄성계수는 재료의 단단한 정도, 즉 변형에 대한 저항성을 나타내는 지표로, 이 값이 클수록 재료는 외부 하중에 대해 변형되기 어려운 특성을 가진다. 예를 들어, 강, 스테인리스강, 알루미늄, 구리 등 다양한 금속의 항복강도 및 탄성계수를 비교한 표 3.47을 통해 이들 재료로 제작된 용접물에서 발생할 수 있는 상대적인 변형 정도를 예측할 수 있다.

표 3.47 재료의 물리적 성질

금속 종류	탄성계수	열팽창계수 (21~38℃)	열전도율 (cal/cm.sec.℃)
Steel	30×10^{6}	7.0×10^{-6}	0.12
STS	29×10^{6}	10.0×10^{-6}	0.04
Al	10.3×10^{6}	12.0×10^{-6}	0.50
Cu	16×10^{6}	9.0×10^{-6}	0.90

(1) 스테인리스강 용접물의 예상 변형량

스테인리스강은 연강과 항복강도가 거의 같고, 탄성계수도 비슷하거나 약간 낮기 때문에 기본적인 기계적 특성만 고려하면 변형 차이는 크지 않다. 그러나 스테인리스강의 열전도율은 연강의 약 1/3에 불과하여 열이 국부에 집중되면서 수축 효과가 더 커지고, 열팽창계수는 연강보다 약 1.5배 높아 용접부 인접부에서의 수축 응력을 증가시킨다. 결과적으로, 같은 조건에서 용접할 경우 스테인리스강이 연강보다 더 큰 변형을 나타낸다.

(2) 알루미늄 용접물의 예상 변형량

알루미늄은 열팽창계수가 강보다 약 2배 커 수축 효과가 크고, 열전도율은 강의 4배에 달해 열이 빠르게 분산되므로 온도 구배에 의한 국부 팽창 · 수축이 줄어 변형을 감소시킨다. 그러나 탄성계수는 강의 약 1/3로, 동일한 잔류응력에 대해 더 큰 변형이 발생한다. 항복강도는 합금 종류와 열처리에 따라 다양하지만, 변형에는 제한적 영향을 미친다. 종합적으로 보면, 두 가지 특성이 변형을 증가시키고 하나는 감소시키므로, 알루미늄은 전체적으로 변형이 증가하는 경향이 있다.

(3) 고장력강 용접물의 예상 변형량

고장력강은 항복강도가 매우 높아 잔류응력이 커지고, 이에 따라 변형이 증가한다. 또한 항복강도가 높기 때문에 용접부의 필요 단면이 작아져 국부 집중이 심화하며,

이 역시 변형 증가 요인으로 작용한다. 따라서, 고장력강은 다른 금속에 비해 용접 후 변형이 큰 편에 속한다.

7.7 변형 억제를 위한 실제의 예

7.7.1 용접순서와 변형 문제

용접 변형을 억제하려면 설계단계에서부터 이음 형상과 용착량을 최소화하고, 시공단계에서는 용접 자세와 순서를 적절히 선택해야 한다. 변형은 용접부와 인접 판재에 생기는 수축 응력이 항복강도를 넘는 경우에만 문제가 되므로, 용접부가 단면에 비해 작거나 중립축에 대칭인 구조에서는 순서의 영향이 크지 않다.

(1) 이음의 설계

① 이음 형상 선정

- 판 두께 ≤ 6mm: I형 이음이 가장 경제적이다.
- 6mm 〈 판 두께 ≤ 20mm: V형 이음을 채택한다.
- 20mm 초과: X, U, H형 이음이 유리하다. X형은 후판에서 효과적이지만 뒷면 제거가 어렵기 때문에 가능한 한 넓은 루트 간격과 작은 루트 면을 취한다. 완전 대칭일 필요는 없으며 비대칭 X형이 실무에서 흔하다.
- U형은 V형보다 홈 폭이 좁고, 루트 간격 0mm도 가능해 작업성과 용입이 좋다. 매우 두꺼운 판에는 H형을 쓴다.

② 루트 간격과 홈 각도

I, V형의 루트 간격 최대치는 사용 전극 직경이 한계이며, U, X, H형도 같다. 홈 폭을 지나치게 줄이면 루트 관통이 불량해지고, 덮개판(strapped) 이음에서는 간격을 넓힐 수 있어 홈 각도를 크게 할 필요가 없다.

③ **코너, T형 필릿**

베벨 홈은 V형보다 작업성이 떨어지므로 구조부가 홈 쪽을 방해하지 않도록 설계하고, 수평 용접에서는 홈이 아래쪽이 되지 않도록 한다. K형은 베벨보다 변형이 작지만, 뒷면 따내기가 곤란하다는 점은 같다.

④ **설계 시 주의 사항**

- 용접금속 소요량이 최소가 되는 이음을 선택한다.
- 가능한 한 깊은 용입 공정과 I형 이음을 사용한다.
- 홈 각도와 루트 간격을 최소화해 전극 소요량을 줄인다.
- 두꺼운 판에서는 단면 변형을 보정하고 용착량을 줄이기 위해 양면 V · U 홈을 적용한다.
- T 조인트는 피로 하중 확산과 변형 저감을 위해 양면 필릿으로 전체 두께를 관통시킨다.
- 양면 홈 각도가 30° 미만 등 루트 용융이 어려운 형상은 피한다.

이처럼 이음 형상, 홈 치수, 루트 간격을 합리적으로 설계하면 필요한 용접금속을 줄이고, 열입열과 수축 불균형을 최소화하여 용접 변형을 효과적으로 억제할 수 있다.

(2) 용접 설계 때 주의할 점

- 용접에 적합한 설계를 한다. 필릿 용접은 결함을 수반하기 쉬우나, 맞대기 용접은 건전한 이음을 쉽게 얻을 수 있다.
- 용접 길이는 될 수 있는 한 짧게, 용착 강도상 필요한 최소로 한다. 용접량이 과도하면 변형이 증대하고, 과대한 덧붙이는 피로강도가 저하한다.
- 용접하기 쉽도록 설계한다. 용접봉도 들어가지 않도록 하는 경우가 있다.
- 용접 이음이 한 곳에 집중하거나 너무 접근하지 않도록 한다. 변형이 커지며 균열이 생기기 쉽다. 용접 열영향부가 될 수 있는 한 멀리하도록 설계한다.
- 약한 필릿 용접 이음을 피한다.

- 결함이 생기기 쉬운 용접을 피한다. 보강재(stiffener)의 필릿과 판의 맞대기 용접을 교차하지 않도록 하고, 모서리에 용접 선의 집중이나 교차를 피한다.
- 구조상 노치를 피한다. 모서리는 완만한 곡선으로 하고, 판 두께가 다른 경우 단면 변화를 적게 한다.

(3) 용접순서 결정 때 고려할 기본원칙

- 수축은 자유로이 일어나도록 한다.
- 수축량이 가장 크게 될 가능성이 있는 이음을 먼저 하고, 수축량이 적은 것은 나중에 한다. 즉, 맞대기 용접을 먼저 하고 필릿 용접을 나중에 한다.
- 좌, 우는 될 수 있는 한 동시에, 대칭으로 용접한다.
- 용접물의 중립축을 생각하고, 그 중립축에 대하여 용접으로 인한 수축력 모멘트의 합이 0이 되도록 한다.

(4) 용착법(welding sequence)

긴 맞대기 용접에 있어 용착법은 여러 가지가 있으며, 잔류 응력과 변형의 감소를 위해 용착법의 적절한 선택은 중요하다. 특히 복잡한 조각을 만드는 곳이나, 높은 구속력이 있는 조인트 등에 있어 더욱 중요하다. 용착법의 효과는 잔류 응력의 감소를 위해 연구되고 일반적으로 맞대기 용접, 원주 용접에 있어 잔류응력과 구속력의 감소를 가져온다.

용칙법에는 그림 3.131과 같이 여러 가지가 있다. 용접 방향에 따라 전진법(progressive method), 후퇴법(back step method), 대칭법(symmetric method), 스킵법(skip method)으로 나누어진다. 또한, 적층법에 따라 빌드-업법(build-up sequence), 카스케이드법(cascade sequence), 블록법(block sequence) 등이 있다. 이러한 방법들은 용접에 수반하는 변형과 수축 및 잔류 응력의 경감, 공수의 절감, 모재의 재질 및 용접방법에 따라 적당히 선택된다.

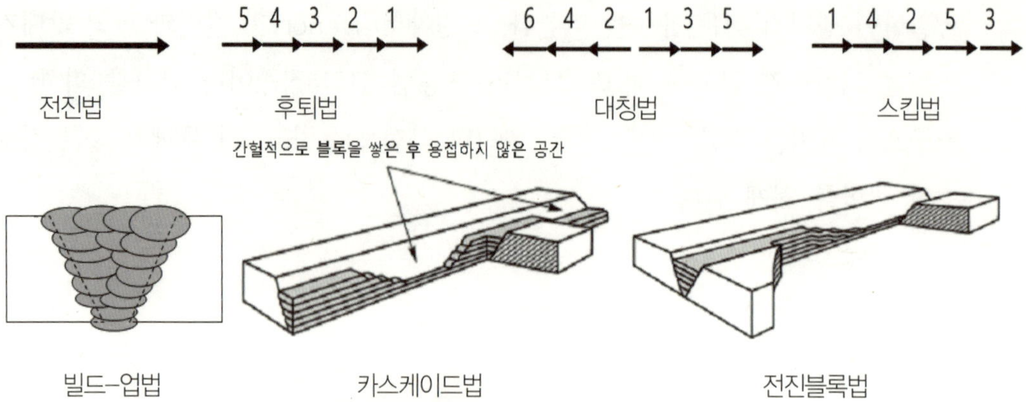

그림 3.131 **여러 가지 용착법**

전진법은 가장 간단한 방법이며, 자동 용접에서는 주로 이 방법이 쓰인다. 그러나 용접 길이가 길어지면 길이 방향으로 수축과 잔류응력이 커지므로, 이러한 결점을 피하려면 후퇴법, 대칭법, 스킵법을 사용하는 것이 좋다. 잔류응력 감소에는 후퇴법이 좋고, 변형의 비대칭을 피하기 위해서는 대칭법을 쓰도록 한다. 박판에서는 변형을 적게 해야 하므로 스킵법이 바람직하다.

다층 용접에서는 그림 3.131과 같이 빌드-업법으로 비드를 쌓는 것이 보통이나, 변형 및 잔류응력을 적게 하려고 카스케이드법 또는 블록법을 써서 부분적으로 용접을 완료한 다음 전체 용접을 완성하는 방법이 자주 쓰인다.

용착법에 있어 주의할 점은 다음과 같다.

- 다층 용착법의 첫 층은 전체 용접 길이를 따라 완성한다. 직선 전진, 백스텝, 스킵법 등을 적용한다.
- 블록 용착법을 이음의 길이 또는 블록 단위로 전체 용접으로 할 수 있다. 잔류응력의 존재는 용접에 따라서 관계한다.
- 다른 용착법은 가로 방향의 감소에 따른 고려의 원인이 된다.

(5) 맞대기 이음

루트 간격이 일치하지 않는다면, 용착금속의 양은 이음을 따라 위치한 장소에 변화를 줄 것이다. 결과적으로 수축과 변형은 일치하지 않는다. 용접부의 루트를 따라 어긋남은 루트 표면의 양쪽 또는 국부적인 용입 부족의 원인이 된다. 그림 3.132는 맞대기 이음의 루트부 치수이다.

다음은 맞대기 이음의 용접 시 주의할 점을 나타냈다.

- 루트 간격이 좁으면 조인트 전체에 용입 부족의 원인이 된다.
- 과대한 간격은 용접을 어렵게 하고 조인트에 많은 용착금속이 필요하게 된다. 이것은 비용을 더하는 것이다.
- 과소한 간격은 윗면에 과도한 용착의 원인이 된다.

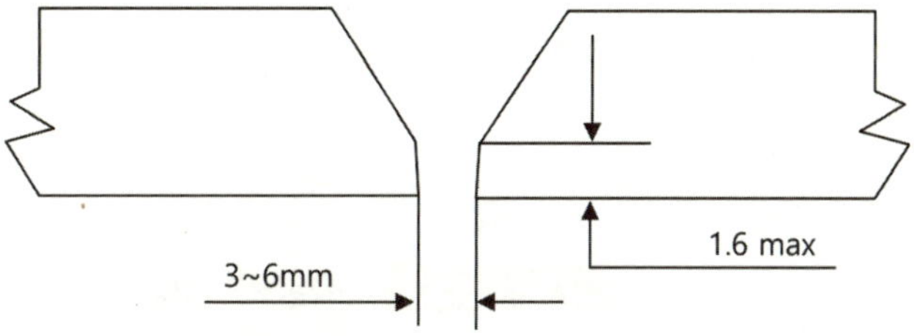

그림 3.132 맞대기 이음의 루트부

7.7.2 좌굴과 비틀림

좌굴은 특히 얇은 재료에서 생기는 까다로운 변형의 일종이다. 용접의 수축력이 재료 두께의 세제곱에 비례하는 함수이므로, 패널 용접에서 좌굴은 두께가 감소할수록 직접 증가한다는 것을 알 수 있다.

만일, 설계단계에서 보강을 붙일 수 없다면 좌굴에 대한 최선의 방지법은 판 두께를 늘이고 용착량을 줄이는 것이다. 얇은 재료에서는 비틀림 저항이 낮아 비틀림이 또한 문제가 된다. 그림 3.133(a)처럼 부재의 중앙선을 따라 아래로 용접될 때 중심선은 수축하여 짧아지려고 하는 성질이 있다. 이것은 마치 그림 (b)처럼 턴버클(turnbuckle)이 부재의 중심선에 설치되고 아래쪽으로 조여지는 것과 같다. 기하학적으로 평평한 패널은 더는 유지될 수 없다.

바깥쪽이 중심선보다 더 길게 되기 위해서는 부재는 비틀려야만 하고, 그로 인해 그림 (c)처럼 용접물은 비틀리게 된다. 여기서 용접물이 비틀리지 않도록 반대 힘을 작용시키는 것은 효과가 없는 일이다. 왜냐하면, 작용한 힘이 원래의 평면 상태로 되돌릴 만큼 충분히 커지면, 그 부재는 그림 (d)에서처럼 반대의 회전 방향으로 비틀리게 되기 때문이다.

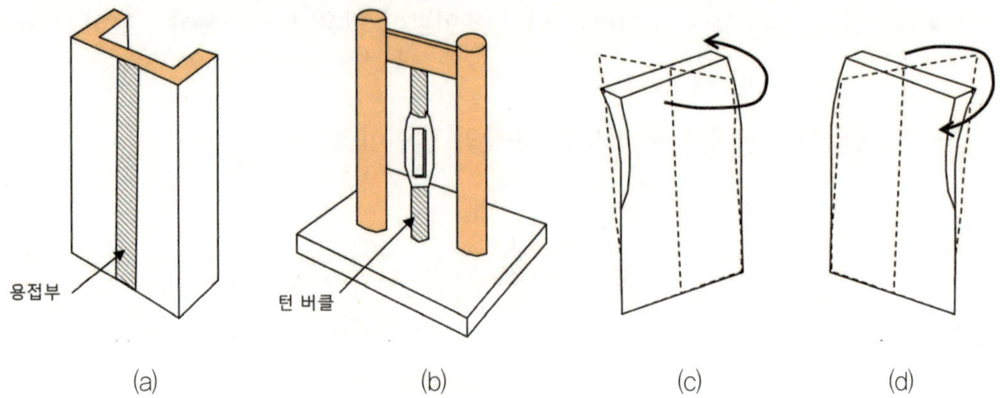

그림 3.133 **좌굴의 개념**

그러나 다음과 같은 방법으로 비틀림을 예방할 수 있다.

- 용착량을 적게, 빠른 속도의 용접시공법을 이용하여 수축력을 최소화하거나, 부재가 길이 방향에서 짧아지도록 하는 설계 방법을 사용한다.
- 적절한 비틀림 저항을 하는 설계법을 사용한다.

종종 매우 길고, 얇은 용접물 보(beam)에서는 용접이 끝난 후 형상을 벗어난 비틀림이 생긴다. 이것을 설명하기 위하여 그림 3.134(a)에 완전히 용접된 보와 그림 (b)에 세 부분으로 나누어진 그림을 예시하였다. 각 플랜지의 중심선을 따라 아래쪽으로 용접하면 플랜지의 중심부는 짧게 될 것이며, 플랜지 바깥쪽의 길이는 변하지 않은 채로 유지된다. 넓고 얇은 플랜지에 부적절한 비틀림 저항이 생겨 그림 (c)처럼 비틀림이 생긴다. 플랜지의 바깥쪽을 가열, 수축하는 것이 교정에 도움이 된다.

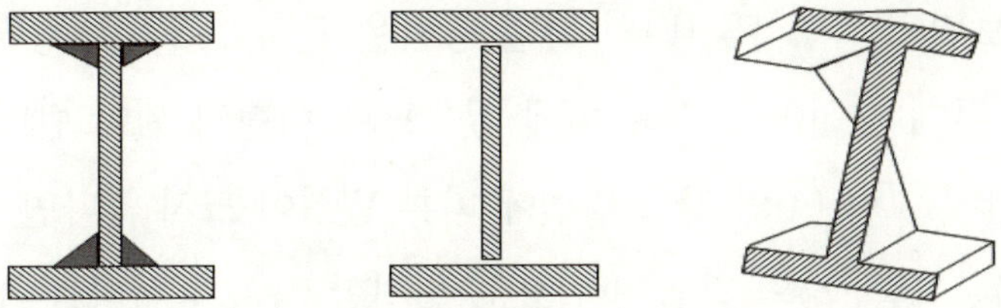

(a) (b) (c)

그림 3.134 보의 비틀림

7.7.3 보강판(cover plate)을 갖는 보의 변형

보의 모든 부품을 함께 가접한 후 전체 조립품을 용접하는 경우, 보의 하부에는 4곳의 필릿 용접부가 있고, 상부에는 2곳의 필릿 용접부가 있으므로 균형이 맞지 않는 상태이다. 이 예에서 6곳의 용접부의 무게 중심은 그림 3.135(a)에서처럼 보의 중립축에서 아래로 93.2mm 떨어져 있다. 이것은 보의 양 끝이 아래로 휘어져 휨을 일으키려고 한다는 것을 의미한다. 이 경우 더 좋은 작업 방법은 그림 3.135(b)처럼 플랜지에 덮개판을 먼저 용접하는 것이다. 만일 변형이 생기면, 이때 조립품을 교정하는 것이 어렵지 않다. 그리고 이 조립품과 상부 판을 Web과 용접하면, 단지 4곳의 필릿 용접이 변형에 영향을 미치게 된다.

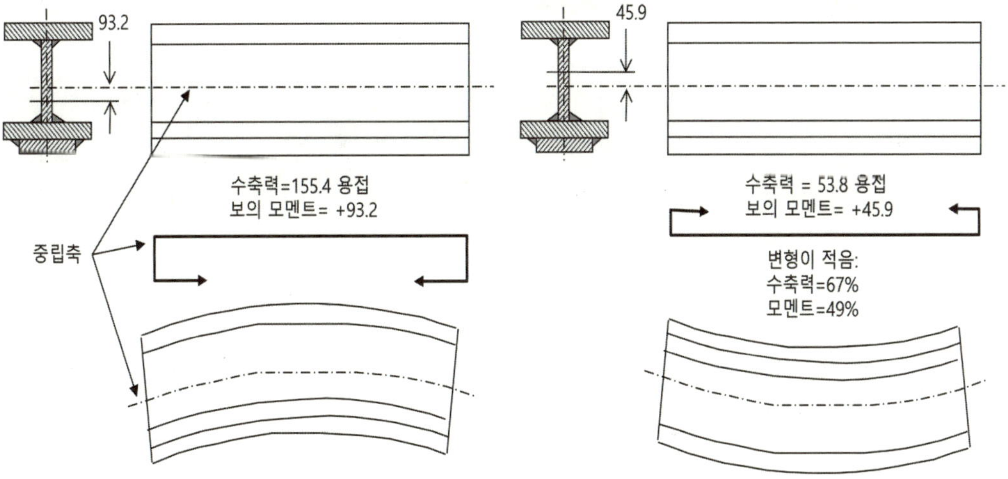

(a) 모든 부품을 가접하고 용접 (b) 덮개 판을 용접하고 가접과 용접

그림 3.135 Cover plate를 갖는 보의 변형

이론적으로 보면 그림 3.135(b)의 작업 방법은 단지 1/3의 변형만큼만 생기고, 이 경우 용접부 무게 중심이 중립축 위에 있으므로 변형의 휨이 반대 방향이 될 것이다. 그러나 만일 그림 (a)의 작업 방법에 따른 변형이 크지 않다면, 플랜지 덮개판을 교정해야 하는 그림 (b)의 작업 방법으로 변경할 가치가 없다는 것을 알아야 한다. 또한, 변형의 감소는 용접부의 크기와 수, 그리고 플랜지와 덮개판의 크기에 달려있다. 만일 덮개판이 플랜지 판의 크기가 비슷하다면 그림 (a) 방법으로도 그렇게 변형이 크지 않다. 그러므로 2가지 작업 방법이 상황에 따라 잘 조사되어야 한다.

7.7.4 수평 Web와 수직 Web의 변형

그림 3.136처럼 Web가 수평일 때 플랜지를 90°보다 작은 각도로 기울이거나 회전시켜 유지하는 것이 어렵다. 만일 Web의 반대쪽을 용접하여 이것이 교정되지 않는다면, 제조자는 플랜지를 90°보다 큰 각으로 준비하여 첫 번째 용접을 선택해야 한다. 그러나 이 경우 최종 용접이 끝나고 수축이 되었을 때 90°를 맞추기 위하여 어느 정도 여분의 각을 적용해야 하는가를 조사해야 하며, 또한 이 용접 절차가 변하지 않도록 확실하게 해야 한다.

	(a) 용접 전	(b) 처음 용접 후	(c) 회전 후 마무리 용접
문제점	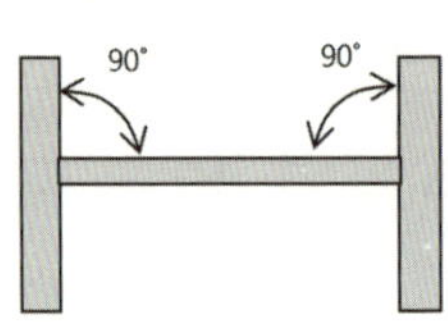	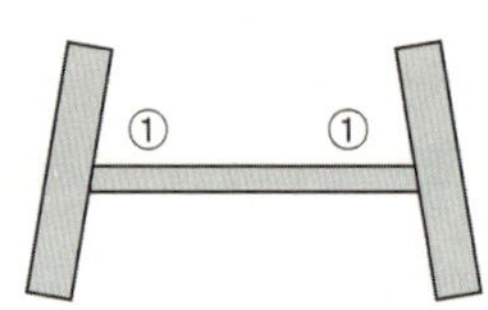	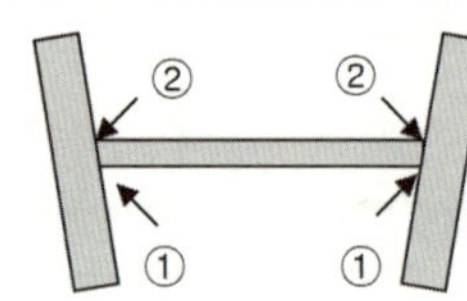 두 번째 용접으로 플랜지는 완전히 당겨지지 않는다.
조치 사항	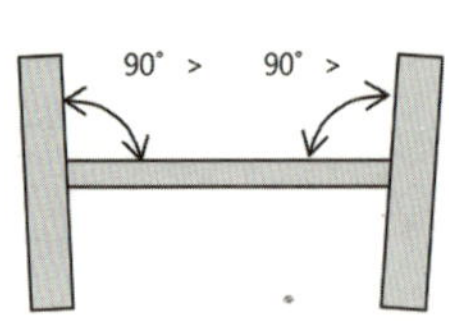	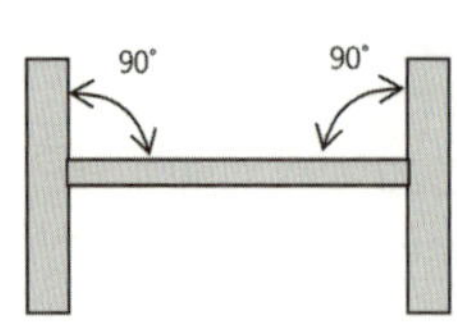	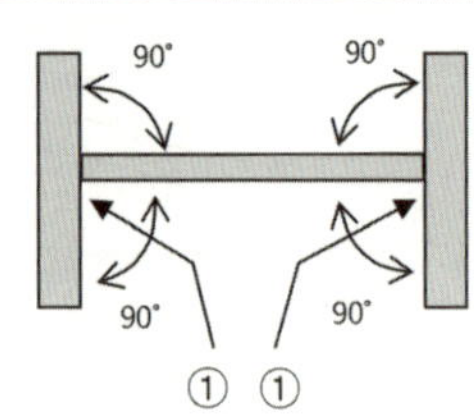

그림 3.136 Web의 용접

일반적으로 두 곳의 용접을 한꺼번에 할 만큼 치구와 장비가 가능하지 않을 경우라도 자동 용접법으로 큰 변형을 일으키지 않고, 제관 조립한 보에서 4곳의 필릿 용접을 다양한 순서로 할 수가 있다. 일반적으로 용접순서는 사용되는 치구의 형태와 한쪽 용접 위치로부터 다른 위치로 보를 회전시키는 방법에 따른다.

단일형태(single type)의 자동 용접이 사용될 때는 아래 보기 자세로 용접이 되도록 일반적으로 30°~40°의 각도에 위치된다. 이것은 용접 속도가 빠르므로 바람직하다. 또한, 아래 보기 자세는 비드 모양의 조절에 좋고, 필요시 용착량을 크게 하는 것이 가능하다.

7.8 변형의 교정

변형이 표시된 방법보다 크다면 변형 억제 효과는 없고, 변형을 바로잡는 교정 방법이 필요하다. 이것은 철강에 사용되는 것을 기초로 하며 여기에 사용되는 기술은 연습과 대단한 주의가 필요하다. 교정 방법의 가장 중요한 효과는 기계적인 작업 형태의 약간을 사용하거나, 또는 스트레칭을 하여도 보재의 기계적 성질에 큰 영향을 주지 않는 것이다. 용접 빔에 있어 길이 방향의 곡선 변형은 압력(구속)하에 냉각될 때 더 좋아지고, 부풀어진 판은 편평하게 눌러진다.

마지막 수단으로 국부적인 점 또는 선 가열은 용접 때문에 변형된 제품의 열 수축에 사용된다. 알루미늄의 높은 열전도도는 산소 가스 토치의 국부가열 수단이 효과가 작다. 전기 유도가열의 사용은 제품에 충분한 열을 유입하는 매우 효과적인 방법이 된다.

만약 알루미늄에서 열을 사용한다면 비열처리 합금에서는 400℃를 초과해서는 안 된다. 가공경화 상태의 합금에서 250℃ 이상의 온도는 완전 연화를 한다. 시효경화 열처리 합금은 150℃ 이상 가열해서는 안 된다. 이것은 석출의 과시효에 기인하는 연화의 원인이 된다. 이 기술은 강도의 손실 가능성이 있으므로 설계 엔지니어와 확인하여 사용한다.

7.8.1 변형 억제를 위한 현장 기술

용접물에 관한 변형 억제를 위하여 여러 가지의 현장 기술이 개발되었다. 그리고 모든 기술이 앞에서 논술한 구속, 팽창, 수축의 원리를 사용한다. 박판 용접에서는 그림 3.137에 예시한 수냉 지그(water cooled jig)가 유용하다. 이는 구멍(slot) 모양을 한 구리 클램프에 구리 관을 납땜한 것으로서 용접하는 동안 관속으로 물이 통한다. 이 목적은 과다한 열을 빠르게 뺏어 작업물로 열이 전파되는 것을 방지한다.

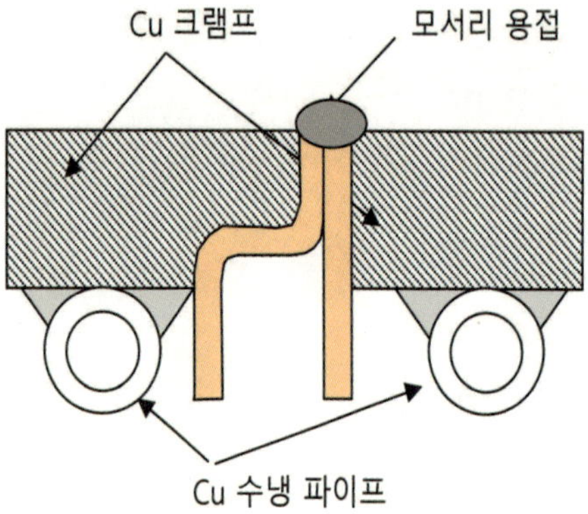

그림 3.137 용접부의 수냉 지그

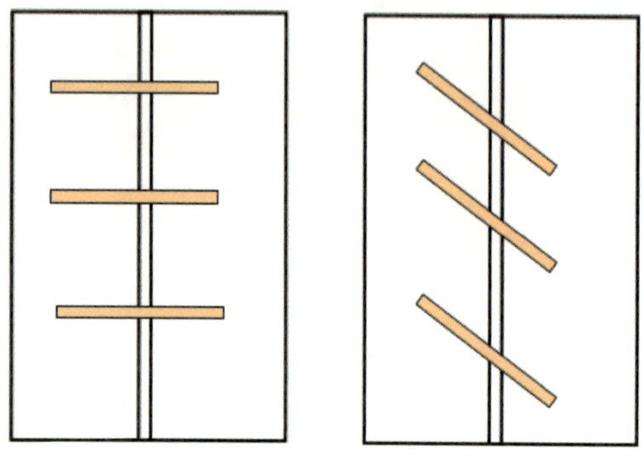

그림 3.138 Strong back의 사용 예

후판에서 스트롱백이 용접 수축력으로 생기는 횡 방향의 이동에 대항해 과다하게 접합부를 구속하는 것이 염려되면(용접 균열의 가능성이 커진다.) 스트롱백은 그림 3.138에서처럼 45° 각도로 설치될 수 있다. 이렇게 함으로써 구속력에 손실 없이 횡 방향의 이동을 길이 방향으로 허용할 수 있다.

7.8.2 화염 수축 교정법

화염 수축법은 용접물의 변형교정을 위한 한 방법이다. 용접 후의 결과로 과다한 금속이 모인 부분을 가스 토치를 이용하여 가열하면 요구하는 방향으로 금속의 변이가 일어나게 되며, 그 결과 변형이 없어지거나 줄어들게 된다. 물론 작업자는 과도한 금속이 모인 부분을 알 수 있어야 하며, 가열해야 할 열의 양에 관한 판단을 해야만 한다.

그림 3.139는 화염 교정법으로 불리는 화염 수축 방법에서 일반적으로 팽창, 수축이 어떻게 적용되고, 조절되는가를 보여준다.

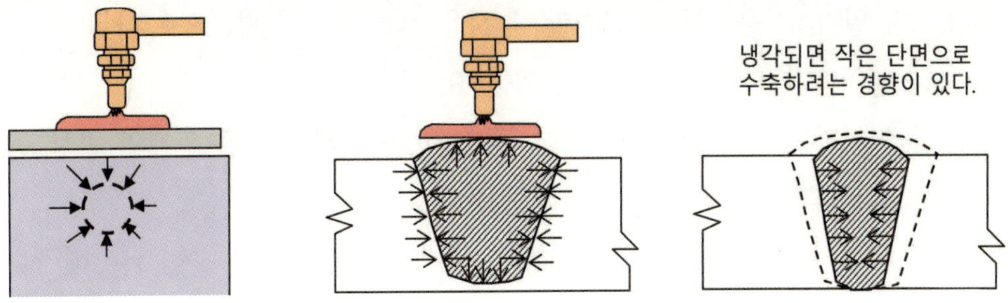

(a) 가열되었을 때 점 팽창은 주변 판의 저항을 받는다

(b) 팽창은 주변의 저항을 받는다.

(c) 판의 저항은 수축 응력을 야기한다.

그림 3.139 화염 수축법의 원리

그림 3.139(a)에서 가스 토치의 화염이 변형된 판의 중심부 지점을 향해 가해진다. 그 지점은 급속하게 가열되어 팽창된다. 그러나 그림 (b)에 표시한 것처럼 그 지점은 주위의 가열되지 않은 판으로 인해 판의 평면을 따라 팽창은 방해를 받는다. 그 지점이 유일하게 팽창할 수 있는 길은 그림 (c)처럼 두께 쪽으로 팽창하는 것이다. 따라서 열을 받는 지점의 판은 두꺼워진다. 그리고 냉각됨에 따라 그 판은 모든 방향에서 균일하게 수축하려고 한다.

가열, 냉각 주기에서 생기는 수축력을 잘 계획하고 작업이 주의 깊게 행해진다면, 점 가열은 변형의 교정에 유용하게 사용될 수 있다. 화염수축법에서는 높은 온도는 요구되지 않으나 큰 토치가 사용되어야 한다. 이 작업의 효율은 급격한 온도 구배의 실행에 달려있으므로, 큰 토치로 빠른 입열을 주어 충분한 온도 차이를 주는 것이 요구된다. 비틀린 패널(panel)의 끝부분이나 빔의 플랜지부와 같은 재료를 길이 방향으로 가열하며, 수축시킬 때는 변형의 교정 효과를 중간 점검하면서 토치를 길이 방향을 따라 점진적으로 이동시키거나, 선택된 점들을 각각 가열, 냉각시켜야 한다.

그림 3.140처럼 용접 변형교정의 가열 방법의 종류와 특징은 다음과 같다.

① 선 열처리, 배면 열처리, 선상 가열: 변형교정의 기본이며 이면 열처리에 많이 이용된다. 주로 가로 굽힘 변형교정에 많이 쓰인다.

② 솔잎 열처리: 각 방향으로 변형교정의 효과가 작용하기 때문에 균일한 교정이 되고, 다듬질이 아름답다. 비슷한 방법으로는 십자 열처리부가 있다.

③ 격자 열처리: 큰 변형을 교정할 때 사용한다. 비교적 평균으로 다듬질한다. 지나친 열처리가 되기 쉬우므로 주의를 요구한다.

④ 점 열처리(불꽃): 수축력이 적고 주로 6mm 이하의 얇은 판재의 변형교정에 이용된다. 혹이 되기 쉬우므로 주의를 요한다.

⑤ 삼각 열처리(쐐기상 가열): 주로 골재의 굽힘 변형이나 굽힘 가공에 적용된다.

⑥ 링 열처리: 대단히 효과적인 열처리 방법으로 다듬질이 매우 아름답다.

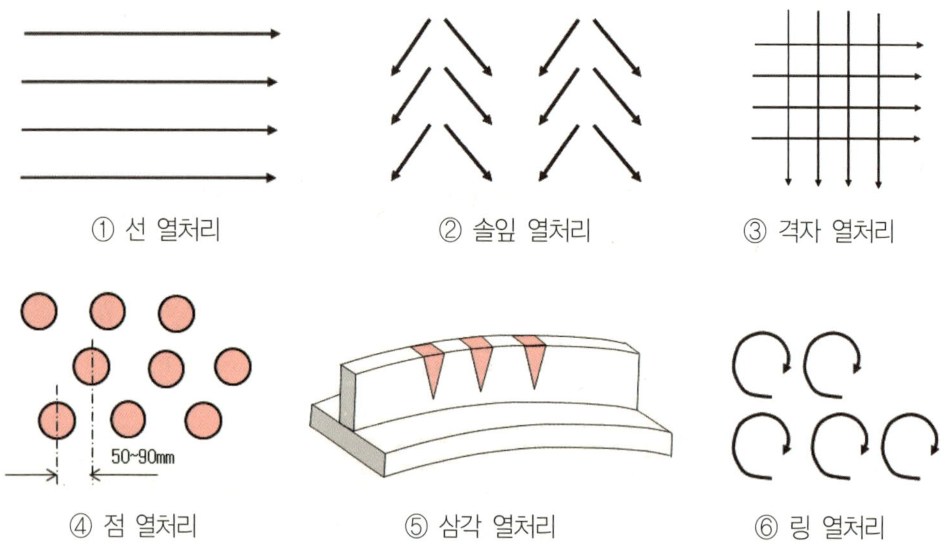

그림 3.140 **용접 변형교정의 가열 방법의 종류**

7.8.3 알루미늄의 화염 교정

알루미늄의 경우 재질 특성상 가열처리를 할 수 없거나, 화염 수축법을 사용하여도 열전도율 등으로 효과가 크지 않다. 일반적인 교정은 변형이 일어난 부분(용접하지 않은 부분=늘어난 부분)을 MIG 용접 비드를 형성하여 수축하는 방법을 사용하기도

하며, 박판의 경우 산소-아세틸렌 불꽃으로 점 모양으로 가열한 후 압축공기 등으로 급랭하면 효과가 있다.
이 방법은 3.2mm 이하의 박판 재료의 용접 변형교정에 사용하는 것으로 그림 3.141의 고속전철 루프 후드(roof hood)의 부분 교정에 사용한 것을 나타내었다. 그림 3.142에서 팁 크기 #400의 산소-아세틸렌 용접 토치와 압축공기, 교정용 받침대를 사용한다. 변형의 볼록 부분은 산소-아세틸렌 토치로 알루미늄의 색상이 변하지 않도록 가열하고, 표면이 볼록해지면 볼록 부분을 망치로 타격하여 오목하게 한 다음, 신속하게 압축공기로 가열 부위를 급랭시킨다.
오목 부분에서는 반대로 오목하게 들어간 부분을 망치 등으로 밀어 올린 상태에서 가열하고 볼록 부분과 같은 방법으로 교정한다.

그림 3.141 알루미늄 화염 교정의 적용(고속전철 roof hood)

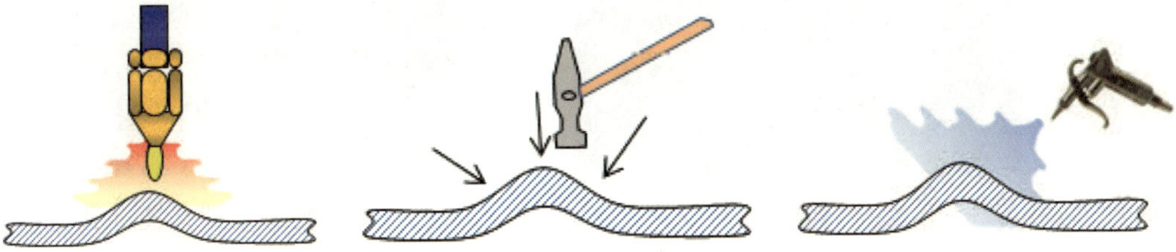

그림 3.142 알루미늄 박판의 화염 교정

그림 3.143은 알루미늄 박판 용접구조물의 열원으로 MIG 줄 비드를 사용하여 교정하는 것을 나타내었다. 이때 주의할 점은 가열 측의 오목하게 들어간 곳을 턴버클

이나 크레인 인장력을 사용하여 평면 또는 볼록하게 하여야 한다.

그림 3.143 알루미늄 박판 용접구조물의 용접 변형교정

7.8.4 유압 교정

두꺼운 판의 경우 조립구조물의 부분품 상태에서 항복 응력에 상응하는 압축응력을 사용하여 프레스나 그림 3.144와 같은 교정기 등으로 변형을 교정하는 유압 교정법을 많이 사용하고 있다.

그림 3.144 유압잭을 이용한 변형의 교정

7.9 응력제거 처리하는 이유

특별한 경우를 제외하면 가열에 의한 응력제거는 변형을 제거하기 위한 방법이 아니다. 왜냐하면, 응력이 줄어드는 현상이 바로 변형이기 때문이다. 그러나 용접물이 최종 완성상태가 되기 전에 변형이 더 크게 진행되는 것을 방지하기 위해 응력제거 처리한다. 용접물의 잔류 인장 응력은 금속의 항복강도와 평형을 이루고 있다. 만일, 이 인장 응력의 균형이 깨지면 용접물은 항상 압축응력을 받게 된다. 이와 같은 평형을 유지하기 위해 충분한 변형이 생기면, 용접물에는 더 이상의 변형은 없게 된다.

만일, 응력을 받는 재료의 많은 부분이 가공되어 없어지면, 새로운 응력의 불균형이 생기고, 그 부재는 다시 인장과 압축응력이 평형을 이루는 상응하는 변형이 일어나야만 한다. 이러한 새로운 변형은 가공이 진행됨에 따라 점진적으로 일어난다. 이와 같은 변형을 피하려고 용접물은 가공 전에 응력제거 처리한다.

용접사

04

CHAPTER 04

용접사

용접품질은 단순히 우수한 장비와 재료의 선택만으로 확보되기 어렵다. 실제 현장에서는 다양한 품질 문제가 지속해서 발생하며, 그 원인을 추적해 보면 대부분 인간요소, 특히 용접사의 숙련도와 작업 습관에 기인함을 알 수 있다. 다시 말해, 용접품질은 용접사 개인의 역량과 이를 감독하는 관리자들의 관리 체계에 따라 좌우된다고 할 수 있다.

특히 알루미늄 용접은 철강 용접에 비해 상대적으로 활용 빈도가 낮고, 이에 따른 전문지식 부족과 체계적인 교육 기회의 부족으로 인해 품질 문제가 더욱 빈번하게 나타난다.

본 장에서는 알루미늄 용접 품질에 영향을 미치는 인적 요소를 중심으로, 용접사 자격인정과 교육 훈련 체계, MIG 용접의 기초실기 내용, 비파괴 검사(NDT)의 개요 및 특징, 그리고 용접규격에 따른 육안검사 기준과 실제 사례에 대해 다룬다.

1 용접사 인정·검정(welder approval)

용접 및 접합 기술의 신뢰성은 해당 작업에 종사하는 사람의 역량에 크게 의존하며, 특히 용접 구조물의 품질과 생산성은 자동화(하드웨어), 전문화(인적 자원과 소프트웨어), 관리 기술(사람과 기계의 관계) 간의 유기적인 조화에 따라 좌우된다. 용접사 또는 용접기술자의 지식, 경험, 기능이 적절히 조합되지 않으면, 품질과 생산성 향상은 기대하기 어렵다.

여기에서는 국방 용접규격인 TACOM 12472301-Aluminum과 KS B ISO 9606-2의 용접사 인정시험 요구사항을 비교하고, 용접기술자에 대한 인정제도를 함께 살펴봄으로써 각 규격 간 차이를 이해하는 데 목적이 있다.

1.1 용접기술자 검정제도(응용 용접)의 필요성

용접 구조물의 제작에는 용접설계자, 용접관리기술자, 그리고 용접사가 핵심적인 역할을 담당하며, 이들의 충분한 기능 수행은 품질이 안정되고 안전한 구조물을 효율적으로 제작하는 데 필수적이다. 특히 요구 조건을 만족하는 이음을 확보할 수 있는 숙련된 용접사의 역할은 매우 중요하며, 이에 따라 전 세계적으로 용접사의 시험 제도가 운영되고 있다.

현대 용접 기술은 다양한 대상물과 재료의 등장으로 인해 용접법, 용접재료, 시공,

시험 및 검사, 기술 관리, 안전 위생에 이르기까지 폭넓은 지식과 활용 능력을 요구한다. 이러한 복합적 조건에서 품질과 안전성, 경제성을 동시에 확보하기 위해서는 경험과 기술 관리 능력을 갖춘 용접기술자가 작업의 책임을 져야 한다. 실제로 많은 용접 결함, 사고, 파손 사례는 기술자의 부재 또는 기술력 부족에서 기인한다.

이에 따라 선진공업국들은 용접 구조물의 품질을 보장하기 위해 용접 전문기술자 인정제도를 도입하고 있으며, 고품질 용접제품을 경제적으로 생산하기 위해서는 관련 기술과 설비, 숙련된 용접사와 오퍼레이터를 갖추고, 이들을 용접기술자 중심의 체계적인 용접관리조직이 관리하는 것이 필요하다.

1.2 적용 범위

(1) TACOM에서는 재료의 대분류와 관계없이 인정시험 방법은 같고, 모재와 용가재를 각각 화학조성, 기계적 성질로 구분하여 재료의 변화를 대분류의 하나 인자로 취급하고 있다.

실제로 한 생산업체가 취급하는 재료의 종류가 어느 정도 한정되며, 재질에 따라 용접성이 다양한 점을 고려하여야 한다.

① 용접 인력이 실제 용접생산물의 품질에 크게 영향을 준다고 인정한다. 용접사가 인정받고자 하는 용접법, 대상 재료 등에 대한 지식 확인을 요구한다. TACOM에서는 용접사의 기량만을 평가대상으로 한다.

② TACOM에서는 수동, 자동, 기계 용접 모두를 한 가지 규정으로 통합해서 간단한 대신에 규정의 내용이 좀 더 복잡하다.

③ 공인검사, 발주, 기타 계약에 따른 검사자의 제출 요구 때 필요

④ 각 필수 변수의 변화가 기능인정을 새롭게 수행해야 하는 인자

⑤ 기능시험의 시행은 시험편을 용접한다.

참고로 TACOM의 주요 일반사항은 다음과 같다.

- 용접사 기본은 용접사가 건전한 용착금속을 육성할 능력이 있는지, 오퍼레이터(operator)의 경우는 작동용접기를 운전할 기계적 조작 능력을 확인
- 용접사 자격은 각 용접 방법별로 필수 변수
- 오퍼레이터 자격도 필수 변수에 의하여 제한된다.
- 시편 준비, 시편 가공, NDT, DT 외에는 일체 외주를 할 수 없다.
- 인정된 자는 반드시 개별 ID를 가져야 하고, 실제 용접에서 사용해야 한다.
- 허용 알루미늄 합금 중 어느 하나의 인정시험된 공정은 다른 알루미늄 합금에도 인정한다.

(2) 표 4.1은 알루미늄 소재 A7020 기준으로 시행하는 용접사 인정의 용접규격을 비교한 표이며, 다음은 국방 용접규격과 KS B ISO 용접사 인정규격의 비교 내용을 간략하게 설명한 것이다.

- 용접성 시험 시편 제작 후 시행할 시험의 경우, 양쪽 규격 모두 인장시험, 굽힘시험, 에칭시험에서 같은 방법으로 적용하도록 하고 있다.
- 용접사 인정시험에서 GMAW의 경우, RT 검사와 굽힘시험을 추기
- 두 용접규격의 차이점은 시편의 Back plate 적용의 유무이나, KS B ISO 9606-2에서는 오히려 Back plate가 없는 용접이 수준이 높은 것으로 표현하고 있다.
- 제조업체가 갖춰야 할 용접 문서에서 필릿 다층 용접의 경우, ISO에서는 다층과 단층 용접의 호환성이 없으나, TACOM의 경우 호환성을 보완하고 있다.
- 용접사 인정 유효기간이 ISO의 경우 최초 인정 후 유지가 4년 이후이면 갱신 시험이 필요하다.
- 용접방법: 두 규격 모두 GMAW(131) 및 GTAW(141), 맞대기 용접과 필릿 용접을 포함하나, KS B ISO 9606-2는 국제 표준 분류 번호를 명시한다.
- 사용 용접봉: TACOM은 A7020에 ER5356을 기본으로 하나, AWS 분류 체계에 따라 F22, F23, F25 그룹을 설정하고, ISO는 ISO/TR 1767-4에 따른 분류를 따르며, AlMg 계열과 AlSi 계열 용접봉의 상호 사용 조건을 명확히 제시한다

(예: AlMg는 AlSi로 대체 가능하나, 역은 불가).

- 용접재료 분류: TACOM은 M-Number를 기준으로 알루미늄 재료 군을 분류(M21~M27)하고, ISO는 ISO 15608에 따라 W-Number를 기반으로 분류(W21~W26)하며, 열처리 유무와 주요 합금 성분별로 더 세분화한다.
- 자격인정 조건: ISO는 특히 TIG(141) 공정에서 용접봉이 없는 경우와 있는 경우의 자격 상호 인정 여부를 명확히 제시하여 실용적 적용성을 높인다.

1.3 관련 규격

다음의 규격은 이 규격에 인용됨으로써 이 규격의 규정 일부를 구성한다. 이러한 인용규격은 그 최신판을 적용한다.

다음은 용접사 인정시험과 관련된 규격을 나타내었다.

- TACOM 12472301 : 2008, 지상 전투 차량 용접 코드 – 알루미늄
- ISO 857-1 : 1998, 용접 용어 – 금속 용접
- ISO 2437 : 1972, 두께 5~50mm의 알루미늄과 그 합금 그리고 마그네슘 및 그 합금의 용융 용접된 맞대기 이음부의 방사선 검사방법
- ISO 3452 : 2008, 비파괴시험 – 침투탐상검사 – 일반원리
- ISO 4063 : 2009, 공정 및 참조 번호의 명칭 – 용접, 브레이징, 납땜
- ISO 4136 : 2012, 용접 – 금속재료 용접의 파단 시험 – 가로 방향의 인장시험
- ISO 5713 : 용접 – 금속재료의 맞대기 용접 – 굽힘시험
- ISO 6520 : 1998, 금속 용융 용접의 결함 분류 및 설명
- ISO 6947 : 1990, 용접자세 – 회전 및 경사각의 정의
- ISO 9956-4 : 2005, 금속재료 용접 절차의 사양과 승인 – part 4. 알루미늄과 그 합금의 아크 용접의 용접 절차 시험
- ISO 10042 : 2005, 알루미늄과 그 합금의 아크 용접 이음 – 결함의 품질 등급 지침
- ISO 9017 : 2001, 금속재료 용접부의 파괴시험 – 파단 시험

표 4.1 용접사 인정의 용접규격 비교(A7020 소재 기준)

<table>
<tr><th>구분</th><th>TACOM 12472301 알루미늄
(한국 국방 용접규격)</th><th>KS B ISO 9606-2 알루미늄
(2004, 2021년 1월 26일 개정)</th></tr>
<tr><td>용접 방법</td><td>GMAW / GTAW, 맞대기 용접 / 필릿 용접</td><td>GMAW(131) / GTAW(141), 맞대기 용접 / 필릿 용접</td></tr>
<tr><td>용접봉</td><td>ER5356(or A7020)
<table>
<tr><th>그룹 명칭</th><th>AWS 용접봉 분류</th></tr>
<tr><td>F22</td><td>ER5183, ER5356, ER5554, R5183, R5356, R5554</td></tr>
<tr><td>F23</td><td>ER4043, ER4047, ER4145, R4043, R4047, R4145</td></tr>
<tr><td>F25</td><td>ER2319, R2319</td></tr>
</table></td><td>ER5183(용접봉 분류: ISO/TR 1767-4)
- 141(TIG)에서 용접봉 자격인정은 용접봉 없는 용접 인정, 그 반대는 불인정
- AlMg 용접봉은 AlSi 용접봉 사용 인정, 그 반대는 불인정</td></tr>
<tr><td>용접 재료</td><td>A5083(or A7020)
<table>
<tr><th>M-Number Listing</th></tr>
<tr><td>M21 - 1060, 1100, ALCLAD 3003, 5005 5050
M22 - 3004, ALCLAD 3004, 5052, 5254, 5456, 5652
M23 - 6005, 6061, ALCLAD 6061, 6063, 6351
M24 - 2219
M25 - 5059, 5083, 5086, 5456
M26 - A201.1, 354.0, 355.0, 356.0, A356.0, 357.0, A357.0, 359.0, 514.0, 535.0
M27 - 7005, 7039</td></tr>
</table></td><td>A7020(ISO 15608:2000, ISO/TR 15608:2000 그룹화)
<table>
<tr><th colspan="2">구분</th><th>M-Number Listing</th></tr>
<tr><td rowspan="3">가공</td><td>W21</td><td>순 알루미늄</td></tr>
<tr><td>W22
22.1
22.2
22.3
22.4</td><td>비열처리 알루미늄 합금
Al-Mn
Al-Mg(≤1.5%)
Al-Mg(≤3.5%)
Al-Mg(3.5%)</td></tr>
<tr><td>W23-
23.1
23.2</td><td>열처리 알루미늄 합금
Al-Mg-Si 합금
Al-Zn-Mg 합금</td></tr>
<tr><td rowspan="3">주물</td><td>W24
24.1
24.2</td><td>Cu ≤1%인 Al-Si 합금
Al-Si 합금(Cu≤1%, Si 5-15%)
Al-Si-Mg 합금(Cu≤1%, Si 5-15%, Mg 0.1-0.8%)</td></tr>
<tr><td>W25</td><td>Al-Si-Cu 합금</td></tr>
<tr><td>W26</td><td>Al-Cu 합금</td></tr>
</table></td></tr>
<tr><td>재료 두께/크기의 두께 인정 범위</td><td>맞대기 102×203, 필릿 102×203

표. 용접사의 인정 두께 범위(판의 시험)
<table>
<tr><th rowspan="2">용접 유형</th><th rowspan="2">용접 시편 두께(T) mm</th><th colspan="2">인정 판 두께 mm</th></tr>
<tr><th>최소</th><th>최대</th></tr>
<tr><td>홈</td><td>〈9.5</td><td>T</td><td>2T</td></tr>
<tr><td>홈</td><td>9.5</td><td>3.2</td><td>2T</td></tr>
<tr><td>홈</td><td>9.5-25.4</td><td>3.2</td><td>2T</td></tr>
<tr><td>홈</td><td>≥25.4</td><td>3.2</td><td>무제한</td></tr>
</table></td><td>맞대기 150×300, 필릿 150×300

표. 맞대기 용접 시편의 재료 두께와 용착금속 두께(다층)의 자격인정 범위
<table>
<tr><th>시험재료의 두께 t</th><th>자격인정 범위</th></tr>
<tr><td>t ≤ 6</td><td>0.5t-2t</td></tr>
<tr><td>t 〉 6</td><td>≥6</td></tr>
</table></td></tr>
</table>

<table>
<tr><th>구분</th><th>TACOM 12472301 알루미늄</th><th>KS B ISO 9606-2 알루미늄</th></tr>
<tr><td>인정 범위 (생산 적용 소재)</td><td>• 1개 종류의 재료 용접 인정 시, 타 재료의 용접 인정 Sec. 5.22.1
예: 5.22.1 이 코드에 허용하는 알루미늄 합금 중 어느 확정 인정은 인정시험에 사용된 공정과 함께 다른 알루미늄 합금의 가접, 용접에 인정하는 것으로 간주한다.

※ 소재 그룹 : M21~M27, 7개 그룹으로 분류
• 재질 그룹 중 한 개의 재질로 인정 후, 모든 소재 용접 가능(Sec.5.22.1)</td><td>• 23 Group 열처리와 22 Group 비열처리 합금으로 구분
• 열처리 합금 인정자는 비열처리 합금 용접 가능
<table>
<tr><th rowspan="2">시험 재의 재료 그룹</th><th colspan="3">자격인정 범위</th></tr>
<tr><th>21</th><th>22</th><th>23</th></tr>
<tr><td>21</td><td>○</td><td>○</td><td>–</td></tr>
<tr><td>22</td><td>○</td><td>○</td><td>–</td></tr>
<tr><td>23</td><td>○</td><td>○</td><td>○</td></tr>
</table>
※ 소재 그룹 : 순Al(W21), 비열처리(W22), 열처리(W23) 3개 그룹
• 열처리 소재 인정 시 비열처리 소재 용접 가능
예) W23 → W22, W21 가능
• 비열처리 소재 인정 시 열처리 소재는 용접 불가
예) W21, W22 → W23 불가</td></tr>
<tr><td>적용 형상</td><td>• 5.22.7 한쪽 면 용접의 완전용입 용접에 백킹 재료의 누락은 재인정을 요구한다.

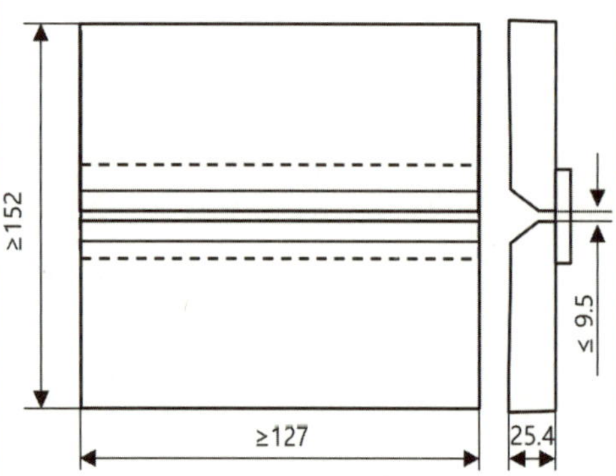

그림. 무제한 두께의 시험 판재–
선택 1. 전 자세</td><td>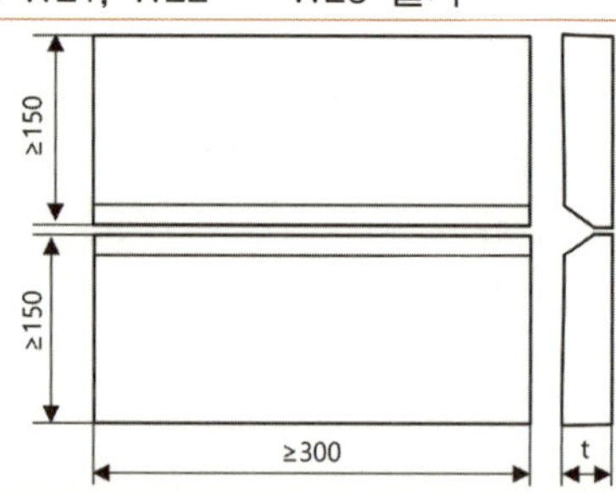

<table>
<tr><th rowspan="2">시험 재의 재료 그룹</th><th colspan="3">자격인정 범위</th></tr>
<tr><th>단면 용접/백판 없음 (ss nb)</th><th>단면 용접/백판 있음 (ss mb)</th><th>양면 용접 (bs)</th></tr>
<tr><td>단면 용접/백판 없음 (ss nb)</td><td>○</td><td>○</td><td>○</td></tr>
<tr><td>단면 용접/백판 있음 (ss mb)</td><td>–</td><td>○</td><td>○</td></tr>
</table></td></tr>
<tr><td>용접사 분류</td><td>용접사, 가접사, 오퍼레이터</td><td>용접사, 오퍼레이터</td></tr>
</table>

<table>
<tr><th>구분</th><th>TACOM 12472301 알루미늄</th><th>KS B ISO 9606-2 알루미늄</th></tr>
<tr><td>시험 방법</td><td>

표. 용접사와 자동 용접사의 인정 두께 범위 및 시편의 종류와 수

<table>
<tr><th rowspan="3">용접 유형</th><th rowspan="3">용접 시편 두께(T) mm</th><th rowspan="3">육안 검사</th><th colspan="3">시편의 수</th></tr>
<tr><th colspan="3">모든 자세의 굽힘시험*</th></tr>
<tr><th>표면</th><th>루트</th><th>측면</th></tr>
<tr><td>홈</td><td>〈 9.5</td><td>Yes</td><td>1</td><td>1</td><td>—</td></tr>
<tr><td>홈</td><td>9.5</td><td>Yes</td><td>1</td><td>1</td><td>—</td></tr>
<tr><td>홈</td><td>9.5–25.4</td><td>Yes</td><td></td><td></td><td>2</td></tr>
<tr><td>홈</td><td>≥ 25.4</td><td>Yes</td><td></td><td></td><td>2</td></tr>
</table>

</td><td>

표. 시험방법

<table>
<tr><th>시험방법</th><th>맞대기 용접 (판 또는 파이프)</th></tr>
<tr><td>ISO 17637의 육안검사</td><td>필수</td></tr>
<tr><td>ISO 176376의 방사선검사</td><td>필수[a, b]</td></tr>
<tr><td>KS B ISO 5173 굽힘시험</td><td>필수 [a, b, c]</td></tr>
<tr><td>KS B ISO 9017 파단시험</td><td>필수 [a, b, c]</td></tr>
<tr><td>KS B ISO 10042 육안 검사 등급 지침</td><td></td></tr>
</table>

a. 131(MIG)을 제외하고, 방사선 또는 굽힘 또는 파괴시험 사용
b. 굽힘 또는 파괴시험은 131(MIG)에 대한 방사선 시험에 추가로 사용
c. 파괴시험은 ISO 17639에 따라 최소한 2개의 단면 매크로시험으로 대체 가능

</td></tr>
<tr><td>용접 자세</td><td>

1G(Flat Position)
표. 용접사의 수행인정-용접 및 자세 제한의 종류

<table>
<tr><th colspan="2" rowspan="2">인정시험</th><th colspan="2">용접 인정의 자세와 유형</th></tr>
<tr><th colspan="2">판</th></tr>
<tr><th>용접</th><th>판 또는 파이프 자세*</th><th>홈</th><th>필릿</th></tr>
<tr><td rowspan="2">판–홈</td><td>1G</td><td>1G</td><td>1F, 2F</td></tr>
<tr><td>2G</td><td>1G, 2G</td><td>1F, 2F</td></tr>
</table>

</td><td>

2G(Horizontal Position)
표. 용접자세의 인정 범위

<table>
<tr><th rowspan="2">시험재의 용접자세</th><th colspan="3">인정 범위</th></tr>
<tr><th>PA(1G)</th><th>PB(2F)</th><th>PC(2G)</th></tr>
<tr><td>PC(2G)</td><td>○</td><td>○</td><td>○</td></tr>
</table>

</td></tr>
<tr><td>재시험</td><td>5.26.1 (자동)용접사, 가접사가 만족스러운 결과를 얻는 데 필요한 기술을 가지고 있지 않은 것으로 시험을 시행하는 감독관에게 명백해질 때마다 수행 시험은 시험 절차의 어느 단계에서나 종료될 수 있다.
5.26.2 (자동)용접사, 가접사가 하나 이상의 용접시험의 요구사항을 충족하지 못하는 경우, 재검사가 아래 조건에서 허용될 수 있다.</td><td>• 용접사 기량 부족의 직접적인 원인이 아닌 경우, 추가 시험 가능</td></tr>
<tr><td>유효 기간</td><td>5.27 유효기간: (자동)용접사, 가접사 자격은 이 코드 규정(5절, Part D)에서 (1) (자동)용접사, 가접사 인정이 있는 자가 6개월 초과 동안 주어진 용접공정에 참여하지 않거나, (2) (자동)용접사, 가접사의 능력에 의문의 특별한 이유가 없는 한 효력이 지속되는 것으로 본다.</td><td>• 2년 유효: 자격인정 범위 내 작업수행 요구사항 확인(6개월 단위)
• 연장: 기록 증거 추적 가능 조건, 6개월 중에 용접된 2개 시편의 검사 결과 첨부</td></tr>
</table>

1.4 용어 정의

- 용접사(welder): 손에 용접 건(토치)을 잡고 조작하는 사람이다.
- 자동 용접사(welding operator): 작업물과 용접 건, 토치, 용접홀더와의 사이에 부분적으로 기계와 관련된 진행, 용접 장비를 조작하는 사람. 자동 용접사는 용접 이음에 장비 안내서 지침을 제공할 수 있다.
- 가접사는 최종 용접이 이루어질 때까지 부품을 함께 유지하기 위해 조립자의 지시에 따라 또는 조립자로서 조립 용접하는 사람이다.
- 용접절차서(welding procedure specification): 반복 보증을 특별하게 적용한 요구된 변수를 상세하게 제공하는 문서이다.
- 시험편(test piece): 승인시험에 사용된 용접으로 된 조립품.
- 시험표본(test specimen): 파괴시험에 명확히 요구된 지시를 수행하기 위한 시험품으로부터 채취한 일부분.
- 시험(test): 용접시험품의 마킹을 비롯하여 비파괴시험 또는 파괴시험을 하고 결과를 기록하는 일련의 행위.

1.5 시험 용접 구조물의 준비

(1) 시편(test piece)의 크기

표 4.2 용접사 인정 시편 크기의 용접규격 비교

TCOM 12472301	KS B ISO 9606-2
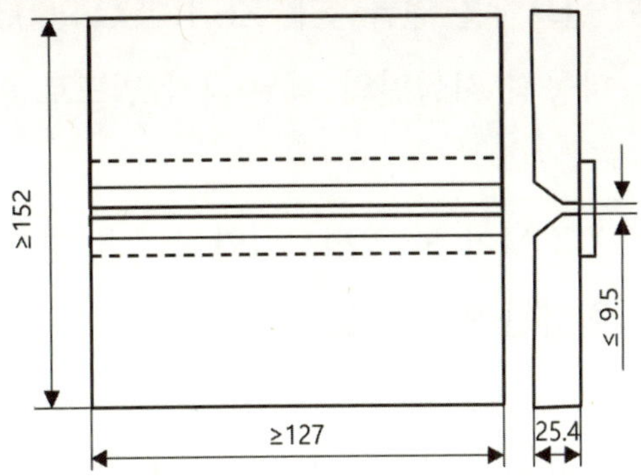 **그림.** 무제한 두께의 시험편-전 자세 (규격 그림 5.24 및 Sec. 5.21.1 참조)	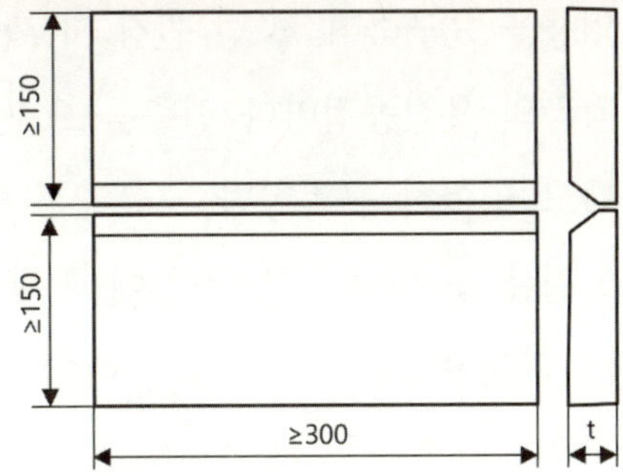 **그림.** 알루미늄의 맞대기 용접 시험편 크기 (시험재의 형상, 개수 및 치수 참조) (규격 그림 1 및 Sec. 6.2 참조)
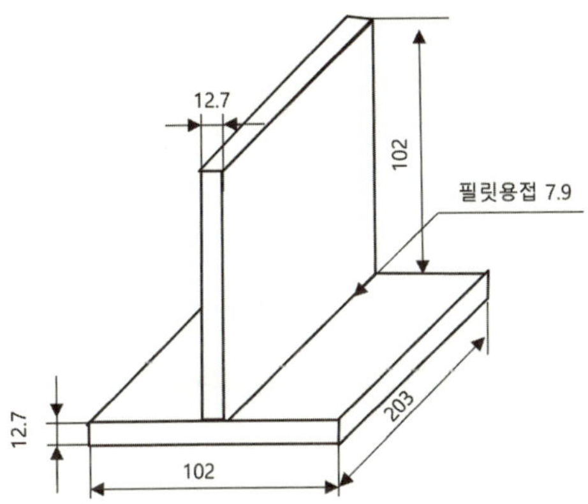 **그림.** 필릿 용접용 시험 시편 (규격 그림 5.32 및 Sec. 5.21.5.1 참조)	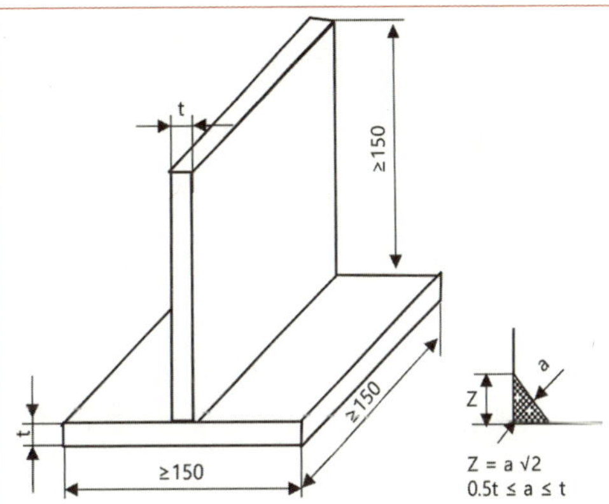 **그림.** 알루미늄의 판재 필릿 용접 시험편의 크기 (시험재의 형상, 개수 및 치수 참조) (규격 그림 3 및 Sec. 6.2 참조)

1.6 필수 변수와 인정요건

TACOM 12472301과 KS B ISO 9606-2는 모두 알루미늄 및 알루미늄 합금에 대한 용접사의 수행 능력을 인증하기 위한 기준을 제시하고 있다. 그러나 두 규격은 그 적용 방식과 인증 범위 설정에 있어 일부 차이를 보인다.

우선 재료 인정 범위에 있어, 두 규격 모두 시험에 사용된 공정이 같다면 다른 알루

미늄 합금에 대해서도 인증이 유효하다고 간주한다.

용접공정에 대한 인증 범위에서도 유사한 구조를 가진다. TACOM은 공정별로 개별 인증을 요구하며, 공정 변경 시 재인증이 필요함을 언급한다. KS B ISO 9606-2은 각각의 용접공정마다 인증을 요구하고, 다공정 시험편의 경우 각각 별도로 인정된다고 명확히 규정한다.

용접봉 및 실딩 가스 조합에 대해서는 TACOM이 보다 명시적인 규정을 하고 있으며, KS B ISO 9606-2은 이에 대한 직접적인 언급은 없지만, 실무에서 유사하게 적용되는 것으로 판단된다.

자세 변경에 따른 인증 유효성은 TACOM이 엄격한 기준을 제시하고 있다. KS B ISO 9606-2 역시 자세 변경에 대해 인정 범위의 한계를 두고 있으나, 세부 조건은 TACOM 규격보다 간략하게 다루고 있다.

시험편 형태 및 치수 기준은 두 규격 모두 파이프 외경과 자세에 따라 판과 파이프 간의 상호 인정 조건을 제시한다. 마지막으로 용접 종류에 따른 인정 범위에서 TACOM은 맞대기 용접을 기반으로 필릿 용접도 일정 조건으로 인정된다고 보며, KS B ISO 9606-2 역시 필릿과 맞대기 용접 간의 상호 인정 조건을 명확히 구분하고 있다.

표 4.3은 용접사 인정에서 변수의 변화에 대한 두 규격의 인정요건을 나타내었다.

표 4.3 용접사 인정 변수의 변화에 대한 두 규격 비교

TACOM 12472301	KS B ISO 9606-2
5.22 변수의 제한-용접사 수행인증 5.22.1 이 코드에 허용되는 알루미늄 합금 중 어느 확정 인증은 인증시험에 사용된 공정과 함께 다른 알루미늄 합금의 임의의 가접 또는 용접에 인증하는 것으로 간주한다. 5.22.2 용접사는 사용되는 각 용접공정에 대한 인증이 있어야 한다. 5.22.3 승인된 용접봉과 보호 가스 조합의 확립된 인증은 보호 가스와 기타 승인된 용접봉과 인증시험에 사용된 공정과 용접 또는 가접 인증으로 간주한다.	4.1.6 필수 변수와 인정요건 (1) 용접법 용접법은 ISO 857에, 용접법 기호의 참고번호는 ISO 4063에 수록되어 있다. • 기본적인 공정은 아래와 같고, 그 외 공정은 협의에 따른다. 131 GMAW(metal arc inert gas welding) 141 GTAW(tungsten inert gas welding) 5.2 용접공정 • 일반적으로 각각의 자격시험은 한 용접공정에만 인정된다. 용접공정 변경은 새로운 자격인정 시험이 요구된다. 그러나 한 시험편(다중 공정 이음)에 두 가지 이

TACOM 12472301	KS B ISO 9606-2
5.22.4 5.6에 정의된 용접이 수행되는 자세 변경과 표 5.6의 제한 밖은 재인증을 요구한다. 5.22.5 표 5.7에서 하나의 직경-벽(diameter -wall) 파이프 그룹에서 변화는 다른 재인증을 요구한다. 5.22.6 판이 3G 또는 3F 수직자세에, 또는 파이프가 5G, 6G 또는 6GR 자세에 있을 때, 수직 용접의 방향의 변화는 재인증을 요구한다. 5.22.7 한쪽 면 용접의 완전 용입 용접에 백킹 재료의 누락은 재인증을 요구한다.	상의 용접공정으로 자격인정 시험을 한 경우, 각각의 용접공정에 대하여 인정된다. 5.3 시험편의 종류 • 파이프 바깥지름 D>25mm의 용접은 판재 용접으로 인정 • 판재 용접을 파이프 용접으로 인정 -PA, PB, PC 용접자세는 파이프의 바깥지름 D≥150mm -이외의 전 자세 용접은 파이프의 바깥지름 D≥500mm (4) 용접의 종류 • 맞대기 용접은 지관 연결(branch connection)을 제외한 모든 종류의 맞대기 용접을 인정한다. • 작업 대부분이 필릿 용접: 필릿 용접 시험으로 인정되며, 작업 대부분이 맞대기 용접: 맞대기 용접으로 필릿 용접을 인정한다.

(1) 용접자세의 인정 범위

TACOM 12472301과 KS B ISO 9606-2는 용접사의 자격인정 시, 시험 자세와 실제 용접자세 간의 유효 범위를 표로 정의하고 있으나 그 범위와 적용 원칙에는 차이가 있다.

표 4.4에서 TACOM 12472301은 각 용접자세를 기준으로 맞대기(홈 이음)와 필릿 용접의 인정 범위를 구체적으로 구분한다. 또한 TACOM 규격은 파이프와 판재의 구분 없이 동일 자세의 용접에 대해 교차 인증을 허용하는 범위가 비교적 넓으며, 현장 적용성과 실무 유연성에 초점을 맞춘 형태로 보인다.

반면 표 4.4의 KS B ISO 9606-2는 자세별로 홈 용접 및 필릿 용접 각각에 대해 별도로 인정 범위를 표시하고 있으며, 자세 변경 시 시험의 유효성도 명확히 제한한다. 이 규격은 자세 변화에 따른 성능 차이를 중요하게 반영하여, 인증의 정확성과 재현성을 높이기 위한 엄격한 기준을 적용하고 있다.

요약하면, TACOM 12472301은 용접사의 실제 적용 범위를 넓게 인정하여 현장 유연성을 강조하는 반면, KS B ISO 9606-2는 정확하고 제한된 인증 범위를 통해 품질 신뢰성을 확보하는 데 중점을 둔다. 이러한 차이는 군수·방산 분야에서의 실용성과 국제 표준 기반 인증체계의 차이를 반영한다고 볼 수 있다.

표 4.4는 TACOM과 KS B ISO 9606-2 용접자세의 인정 범위를 나타내었다.

표 4.4 TACOM과 KS B ISO 9606-2 용접자세의 인정 범위의 비교

용접 및 자세 제한의 종류(TACOM 12472301)			
인정시험		용접 인정의 자세와 유형	
		판	
용접	판 또는 파이프 자세*	홈	필릿
판-홈	1G	1G	1F, 2F
	2G	1G, 2G	1F, 2F
	3G	1G, 3G	1F, 2F, 3F
	4G	1G, 4G	1F, 2F, 4F
	3G 및 4G	전자세	전자세
판-필릿	1F		1F
	2F		1F, 2F
	3F		1F, 2F, 3F
	4F		1F, 2F, 4F
	3F 및 4F		전자세

용접자세의 인정 범위(KS B ISO 9606-2)						
시험재의 용접 자세	인정 범위[a]					
	PA (1G)	PB[b] (2F)	PC (2G)	PD[b] (4F)	PE (4G)	PF (판재, 3G)
PA(1G)	×	×	—	—	—	—
PBb(2F)	×	×	—	—	—	—
PC(2G)	×	×	×	—	—	—
PDb(4F)	×	×	×	×	×	×
PE(4G)	×	×	×	×	×	×
PF(판재, 3G)	×	×	—	—	—	×

식별 부호

× 용접사 자격을 인정받은 재료 그룹을 표시

— 용접사 자격을 인정받지 않은 재료 그룹을 표시

표 4.5는 ISO 9606-2의 맞대기 및 필릿 용접의 상세 인정 범위를 나타냈다.

표 4.5 ISO 9606-2의 맞대기 및 필릿 용접의 상세 인정 범위

표. 맞대기 용접의 용접 상세에 대한 자격인정 범위

시험재 용접 상세	인정 범위		
	단면 용접/붙임 없는 용접 (ss nb)	단면 용접/뒤붙임 있는 용접 (ss nb)	양면 용접 (bs)
단면 용접/뒤붙임 없는 용접(ss nb)	×	×	
편면 용접/뒤붙임 있는 용접(ss mb)	-	×	×
양면 용접(bs)	-	×	×

식별 부호

×: 용접사가 자격을 인정받은 용접자세를 표시

-: 용접사가 자격을 인정받지 않은 용접자세를 표시

표. 필릿 용접에서 적층 기법의 자격인정 범위

시험재 a	자격인정 범위	
	단층(sl)	다층(ml)
단층(sl)	×	-
다층(ml)	×	×

a 목 두께는 0.5t≤a0.7t≤의 범위가 되어야 한다.

(2) 재료의 분류

시험편의 재료 그룹에 따라서 용접사가 승인되는 재료의 범위는 KS B ISO 9606-2 기준으로 표 4.5 및 4.6과 같다. 알루미늄 그룹의 어디에도 포함되지 않는 알루미늄 합금에 대하여 용접사는 단지 그 알루미늄 합금에 대해서만 승인시험을 실시하여야 한다.

가공용 재료 그룹에 대한 승인시험은 같은 재료 그룹 내에서 주물 재료와 주물 및 가공용 재료의 혼합에 대한 승인을 부여한다.

- 기술적으로 같은 시험을 불필요하게 반복하는 것을 방지
- 기능 인정시험 측면에서 금속학적 용접 특성이 같은 것끼리 분류
- 기능 인정시험은 모재 분류와 상응하는 화학조성을 갖는 용착금속의 육성 인정을 포함
- 동일 재료와 이종 재료의 용접 인정요건은 표 4.6과 같다.
- 분류되지 않은 재료를 사용한 경우는 해당 재료 용접에만 유효
- 알루미늄에 대한 분류에서 알루미늄 주물 합금은 아래의 그룹에 포함된다. 그러나 용접봉은 같은 그룹 내에서 관련 재료에 대해 사용되는 용접봉과 호환성이 있어야 한다.

표 4.6 시험편 모재의 인정요건(KS B ISO 9606-2)

시편 인정 재료 그룹	동일 재료 인정 범위			이종 재료 인정 범위	비고
	W21	W22	W23		
W21	+	×	–	W22에 용접된 W21[1]	1) 이종금속 이음부에 대해 용접봉은 모재 금속 중 한 개의 그룹에 상응해야 한다.
W22	×	+	–	21에 용접된 W22[1]	
W23	×	×	+	21에 용접된 W22[1] 21에 용접된 W23[1] 22에 용접된 W23[1]	

주) +: 인정시험에서 인정된 용접사가 하는 재료 그룹을 표시
×: 인정된 용접사가 용접하는 재료 그룹을 표시
—: 인정되지 않은 용접사가 하는 재료 그룹을 표시

① 모재

표 4.7에서는 두 규격의 알루미늄 제품의 구분에 관한 것으로 코드 사용의 승인된 알루미늄 합금은 냉간압연 및 압출, 인발 형태의 시트와 판, 로드, 바, 와이어, 형강, 튜브와 파이프 등이며 주물을 포함한다. 다른 알루미늄 합금은 승인 또는 기술자료에 대안으로 등재된 경우에만 사용할 수 있다(TACOM 12472301 표 1.1 참조). 용접 절차 인정 요구의 수를 줄이기 위해, 모재의 그룹이 확립되었다. 이들은 조성물, 용접성, 기계적 특성과 같은 비교 가능한 모재 특성을 기반으로 한다.

표 4.7 구조물 적용에 대한 사용 가능한 알루미늄 합금 제품의 분류 비교

ISO 분류 (ISO 15608에 그룹화)	TACOM 분류
Group W21: 순 알루미늄 Al99.8, Al99.5, AlMn1	M21 - 1060, 1100, ALCLAD 3003, 5005, 5050
Group W22: 비열처리 합금(Al-Mg) AlMg1.5(AW-5050) AlMg5(AW-5056) AlMg3 Mn(AW-5454) AlSi(AW-4xxx)	M22 - 3004, ALCLAD 3004, 5052, 5254, 5456, 5652
Group W23: 열처리 합금 AlMg1SiCu(AW-6061) AlSi1MgMn(AW-2xxx) AlSiMg(주물, AW-6xxx) AlZn4.5Mg1(AW-7020)	M23 - 6005, 6061, ALCLAD 6061, 6063, 6351 M24 - 2219 M26 - A201.1, 354.0, 355.0, 356.0, A356.0, 357.0, A357.0, 359.0, 514.0, 535.0 M27 - 7005, 7039

② 용접봉

TACOM에서 용접봉은 ANSI / AWS A5.10과 KS B ISO에서는 KS B ISO/TR 17671-4의 표 B-1 용가재 그룹 체계에서 비피복 알루미늄과 알루미늄 합금용 용접봉 및 로드(TIG 용접봉) 사양으로 표 4.8의 용접봉 목록은 일반 구조 적용의 기본 알루미늄 합금에 사용하는 것이 좋다.

표 4.8의 TACOM은 용접봉의 특성을 기초로 F—번호 그룹으로 배열한 것으로 이러한 그룹화는 야금 및 기계적 특성, 설계 및 서비스 요구사항의 관점에서 같

은 그룹화를 한 용접봉이다.

표 4.8 알루미늄 용접봉 그룹 특성

TACOM 12472301		KS B ISO 9606-2		
표. 알루미늄 용접봉 목록		KS B ISO/TR 17671-4, 표 B-1 용가재 그룹 체계		
그룹 명칭	AWS 용접봉 분류	종류	합금분류 번호	화학성분 분류 번호
F21	ER1100, ER1188, R1100, R1188	Type 1	R-1450 R-1080A	Al99.5Ti Al99.8
F22	ER5183, ER5356, ER5554, ER5556, ER5654, R5183, R5356, R5554, R5556, R5654	Type 3	R-3103	AlMn1
F23	ER4043, ER4047, ER4145, ER4643, R4043, R4047, R4145, R4643	Type 4	R-4043A R-4046 R-4047A R-4018	AlSi5 AlSi10Mg AlSi12(A) AlSi7Mg
F24	R206.0, R357.0, R-A356.0, RA357.0, R-C355.0	Type 5	R-5249 R-5754 R-5556A R-5183 R-5087 R-5356	AlMg2Mn0.8Zr AlMg3 AlMg5.2Mn AlMg4.5Mn0.7(A) AlMg4.5MnZr AlMg5Cr(A)
F25	ER2319, R2319			

(3) 용접봉, 실딩 가스

표 4.9는 용접봉 및 실딩 가스의 규정에 관한 것으로 TACOM 12472301은 군수 산업 목적의 보수적이고 정밀한 인증체계로, 시험 조건 재현성과 일관성 확보를 중시힌다. KS B ISO 9606-2는 산업 전반에 적용할 수 있는 국제 표준으로, 상호 인정 가능성과 실용성, 시험 자원의 효율적 사용을 중시하는 규격이다.

① 실딩 가스 규정

- TACOM에서 실딩 가스로는 -52.7℃ 이하의 노점을 갖는 고순도 아르곤/헬륨 또는 그 혼합물을 사용해야 한다고 명시한다.
- KS B ISO 9606-2에서는 일반적인 산업 표준에 맞춘 요구사항 중심으로, 유럽 및 국제 범용성을 중시한다.

표 4.9 용접봉 및 실딩 가스의 비교

TACOM 12472301	KS B ISO 9606-2
4.1.1 용접봉은 ANSI / AWS A5.10의 비피복 알루미늄과 알루미늄 합금 용접봉과 로드(TIG 봉)에 대한 사양의 최신 버전에 명시된 모든 요구사항에 적합해야 한다(주: 필요한 경우 용접봉은 방사선 건전성 요건을 충족시키는 능력을 갖춰야 한다.). 4.1.2 용접봉 합금이 특정 모재와 조합으로 사용될 모재는 표 1.2에 나타낸다. 4.3.1 보호 가스의 아르곤, 헬륨 또는 아르곤과 헬륨의 혼합물은 -52.7℃ 이하의 노점을 갖는 용접등급이어야 한다. 5.22.3 승인된 용접봉과 보호 가스 조합의 확립된 인증은 보호 가스와 기타 승인된 용접봉과 인증시험에 사용된 공정과 용접 또는 가접 인증으로 간주한다.	• 용접봉의 인정 범위는 KS B ISO/TR 17671-4에 정의된 것과 같은 종류에 해당하는 다른 용접봉을 포함한다(KS B ISO 15614-2, 8.4.4). • 131(GMAW) 공정은 표면과 뒷면 실딩 가스에 부여된 인정은 용접 절차시험에 사용된 KS B ISO 14175에 따른 규정에 제한된다(KS B ISO 15614-2, 8.5.1.1). • 141(GTAW)공정은 표면과 뒷면 실딩 가스의 인정은 용접 절차시험에 사용된 KS B ISO 14175에 따른 가스로 제한된다(KS B ISO 15614-2, 8.5.2). • 131(GMAW) 공정에 부여된 인정은 용접 절차시험에서 사용된 와이어 시스템(단일 또는 다중 와이어 시스템)에 제한된다. • 용접공정 141(GTAW)과 같은 용접봉 자격인정 시험은 용접봉 없는 용접은 인정하지만, 그 반대는 안 된다(5.6 참조). • 용접공정 131(GMAW)은 실딩 가스의 헬륨 함량이 50% 이상 증가할 경우, 새로운 자격인정 시험이 요구된다(5.6 참조).

② 용접봉 · 가스 인정 범위

- TACOM에서는 자격인정 시험에서 사용한 용접봉 및 실딩 가스 조합만을 제한적으로 인정하고, 예외적 변경은 재시험을 요구한다.
- KS B ISO 9606-2에서는 인정된 용접봉이 같은 그룹(예: ISO/TR 17671-4 기준)의 다른 용접봉까지 포함 가능하다고 하여 유연성을 부여한다.

③ 용접공정별 제약

- GMAW(131) 및 GTAW(141) 공정에서 KS B ISO는 단일 또는 다중 와이어 시스템 사용 여부, 헬륨 함량 변화 등에 따라 새로운 자격시험이 필요하다고 규정한다.

• 반면, TACOM은 공정 변경이 아닌 실딩 가스나 용접봉 조성의 유사성을 중심으로 인정 범위를 판단한다.

(4) 치수

TACOM 규격은 시편 두께 구간에 따라 정해진 수치 범위를 적용하며, 시편 두께가 커질수록 인정 범위가 확장되며, ISO 규격은 재료 두께(t)에 대한 상대적 비율(예: 0.5t~2t)을 적용하며, 단순하고 정량적이다. 필릿 용접의 경우 TACOM은 특정 두께 시편으로 무제한 인정을 허용하고, ISO는 시험재 두께에 따라 인정 조건을 설정한다. 판의 두께 인정요건은 표 4.10에 나타냈다.

표 4.10 용접 시험재와 생산에 인정되는 판 두께의 비교

TACOM 12472301

용접 유형	용접 시편 두께(T)mm	인정 판 두께 mm	
		최소	최대[1]
맞대기 홈	< 9.5	T	2T
	9.5	3.2	2T
	9.5–25.4	3.2	2T
	≥ 25.4	3.2	무제한
필릿 선택 1	12.7	무제한	
필릿 선택 2	9.5	무제한	

표 4.7 용접사와 자동 용접사의 인정 두께 범위 및 시편의 종류와 수(TACOM 12472301 표 5.7 참조)

KS B ISO 9606–2

용접 유형	시험재의 재료 두께 t	자격인정 범위
맞대기 홈	t≤6mm	0.5t~2t
	t>6mm	≥6mm
필릿 용접	t<3mm	t~3mm
	t≥3mm	≥3mm

KS B ISO 9606–2, 5.7 치수의 표 3 및 표 5 참조

알루미늄 시편의 파단시험은 TACOM 12472301에서는 노치가 없이 시험을 하도록 하고 있으나, KS B ISO 9017에서는 노치를 적용하여 용접부를 파단하도록 하고 있다. KS B ISO 9017의 파단시험은 시편의 크기는 그림을 참조하고, 노치 형상과 맞대기 용접과 필릿 용접의 길이 방향 노치 적용의 예는 그림 4.1, 4.2를 참조한다.

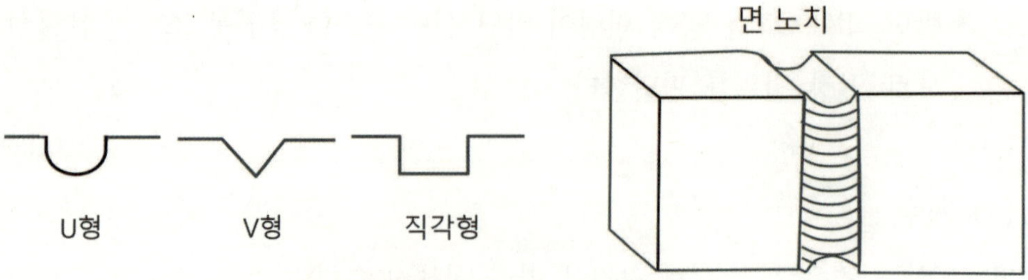

그림 4.1 **노치 단면 및 면 노치**

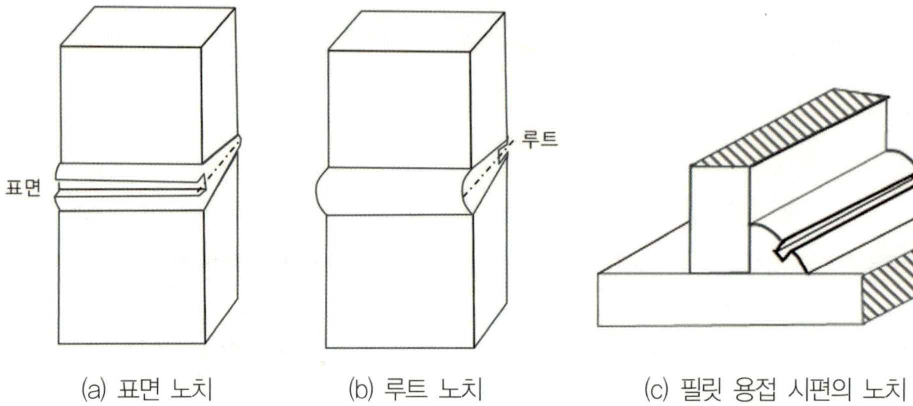

그림 4.2 **맞대기 용접 및 필릿 용접 길이 방향 노치**

위와 같이 시험편을 제작하고 아래의 시험 절차에 따라 맞대기 용접은 해머를 이용한 타격(그림 4.3(a), (b), (c) 참조), 바이스, 굽힘기계, 프레스로 압착하여 인장하중이 노치부에 적용하도록 하여 파단시험을 한다.

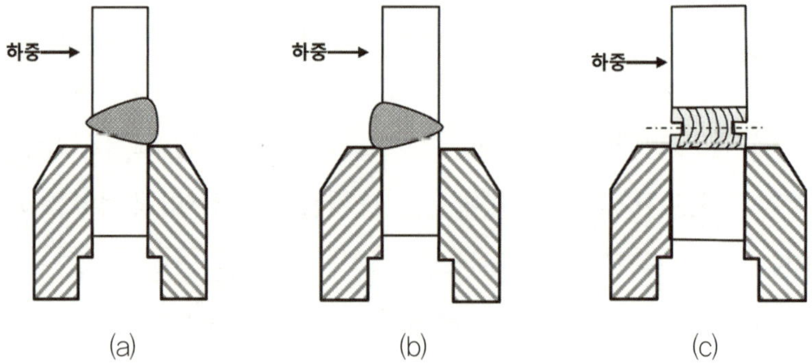

그림 4.3 **맞대기 용접(BW)의 시험방법의 예**

(5) 용접자세(Position of Test Welds)

각 용접 절차에서 요구되는 자세 및 인증 자세는 시험재의 용접 방식에 따라 규정되며, 이는 그림 4.4 및 4.5에 제시된 바와 같이 아래 보기, 수평, 수직, 위 보기 자세로 분류된다(TACOM 5.6.1 참조). 또한 ISO 6947의 용접자세에 대한 이해를 돕기 위해 그림 4.6에 이를 도식화하였다. ISO 6947와 TACOM 12472301 간의 용접자세 비교는 표 4.11에 정리되어 있다.

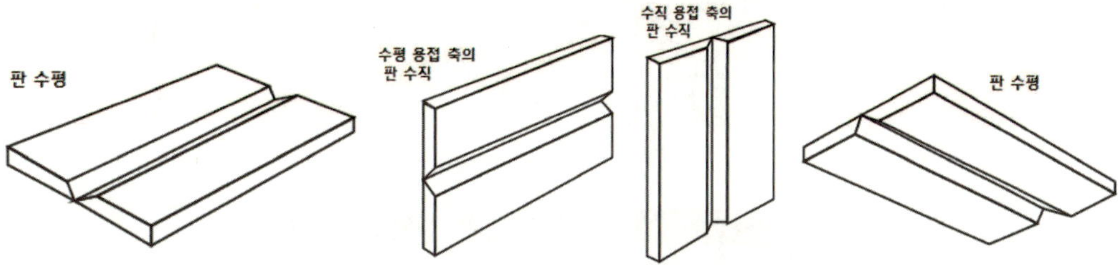

(a) 1G(아래 보기) (b) 2G(수평) (c) 3G(수직) (d) 4G(위 보기)

그림 4.4 홈 용접 시편의 자세

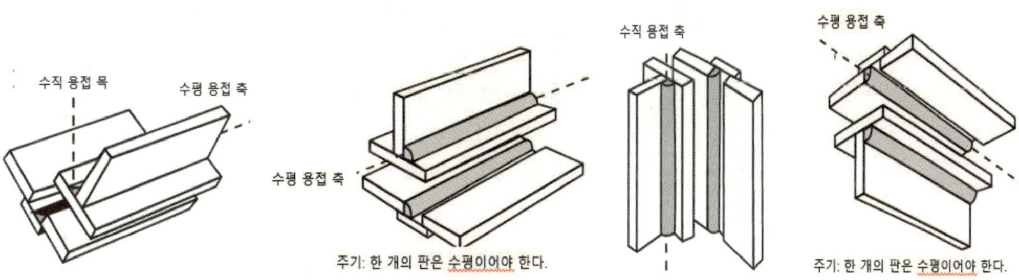

(a) 1F(아래 보기) (b) 2F(수평) (c) 3F(수직) (d) 4F(위 보기)

그림 4.5 필릿 용접의 시편 자세

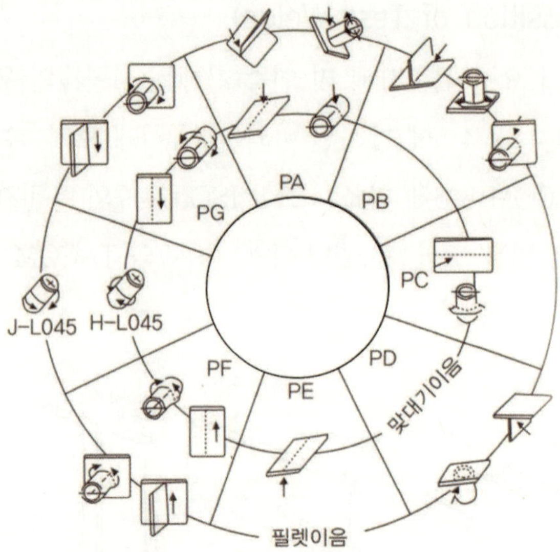

그림 4.6 용접자세의 설명(ISO 6947)

표 4.11 용접규격 ISO와 TACOM에서 용접자세에 대한 기호의 비교

용접자세(판 기준)		
ISO 6947	설명	TACOM12472301
PA	아래 보기 자세	1G/1F
PB	필릿 수평 자세	2F
PC	수평 자세	2G
PD	필릿 위 보기 자세	4F
PE	위 보기 자세	4G
PF	수직 상향 자세	3G & 3F
PG	수직 수직 하향 자세	3G

1.7 용접기술자 교육·훈련

국제 용접학회 용접 교육위원회에서는 용접전문가 및 기술자의 교육[1)]과 훈련에 대

1) PERSONNEL WITH QUALIFICATION FOR WELDING, COORDINATIONIAB-INTERNATIONAL AUTHORISATION BOARD, IAB-252r5-19/SV-01

해 검토하고 있으며, 각국의 용접기술자는 먼저 기술자로서 공인 자격을 가지고, 그 위에 용접 기술의 전문지식을 쌓은 사람이지만, 그 교육과정의 수준이나 내용에 따라 각국의 사회적 자격도 각각 다르다.

대학에서 금속, 조선, 기계, 건축, 토목 등의 학과에 용접에 관한 강좌가 있고, 이 공학 기초를 쌓은 다음, 다음과 같은 용접 교육이 폭넓게 때로는 깊이 실시되고 있다.

① 용접방법 및 장치

이는 여러 가지 용접방법의 원리 및 실제 용접 조작에 대해 교육한다. 또 용접장치의 특성, 자동화, 용접 현상에 관해서도 이론과 실제를 교육한다.

② 재료 · 야금

용접재료의 기초, 용접 과정 및 용접 후의 재질 변화에 관한 모든 지식, 즉 용접야금, 용접성 및 취성파괴 등을 교육한다.

③ 설계, 역학 및 응용

용접에 의한 응력 거동의 이론과 일반적인 혹은 공학상의 특수한 응용, 압력용기, 각종 운반기기 등의 용접 구조물 강도계산, 용접순서와 시험검사 등에 대해서 교육한다.

교육 · 훈련의 상태는 그 대상자에 따라 다르지만, 크게 나눠 기초교육(학과)과 실기훈련(실과)이 있다. 각각의 교육 · 훈련 교재는 항상 새로운 지식과 기술을 받아들이고 시대의 요구에 일치하도록 교육 설비, 교육 기간, 교육과정의 확립, 교원, 지도원의 자질과 배치 등이 충분히 고려되어야 한다. 교육 · 훈련의 기본계획표의 예를 표 4.12 및 표 4.13에 나타내었다.

표 4.12 기초교육(학과)의 기본 계획표

과목	주요 내용
용접개론	각종 금속 접합법, 용접 일반 등
금속재료	강의 용접성을 주안으로 여기에 알루미늄과 Ti 합금 등 비철금속을 더한다.
용접 야금	야금 일반, 용접부의 조직과 성질, 용접 결함과 방지대책
피복 아크 용접봉	용접봉의 개요, 연강용 용접봉의 종류, 특성 적용을 기본으로 특수강용, 비철금속용 용접봉을 더한다.
아크 용접기	전기기초지식, 용접기의 구조, 전원 특성, 취급법, 제어, 자동화, 로봇화 등
용접설계	용접설계 상의 원칙 및 용접 이음의 강도, 용접비 산정요령 등
용접시공	시공 일반 및 표준 운봉 기술, 변형, 잔류응력의 대책 등 용접시공관리를 더한다.
특수강의 용접	고장력강, 저온용강, 내열강, 스테인리스강, 경화, 덧살 용접 등의 개요
주철, 비철금속의 용접	대략적인 지식
반자동 아크 용접	용접사의 반자동 아크 용접 지식은 필수, 최근의 각종 자동 아크 용접의 개요
가스절단과 가스 용접법	가스절단 및 용접의 정확한 지식(실습과도 관련)
용접시험 검사	파괴시험, 비파괴시험, 각종 용접성 시험
재해방지법	용접작업과 안전대책
용접 관계 규격	용접 용어, 용접기호, 용접 기술검정 등
용접 관계 법규	안전 위생법, 노동 안전 위생 규칙 등 관계 법규의 해설
기타	저항 용접법, 기계공작법, 재료역학, 제도 등

표 4.13 실기훈련 기본 계획표

구분	과목	주요 내용
기초실기	실습 준비	보호구 착용 요령, 실습 자세
	용접기의 취급	
	플라스마 가스절단 및 용접	가스절단에서는 특히 개선가공 요령
	아래 보기 비드의 연습	스트레이트 운봉, 위빙 운봉 비드의 겹침
	아래 보기 맞대기 용접	이면 판 유/무(중판, V형 개선)
	수평 모서리 용접	1층, 다층
	수직 비드 연습	스트레이트 운봉, 위이빙 운봉
	수직 맞대기 용접	이면 유/무(중판, V형 개선)
	수직 모서리 용접	상진, 하진
	얇은 판 아래 보기 용접	맞대기, 모서리, 겹침 용접 등
	얇은 판 수직 용접	맞대기, 모서리, 겹침 용접 등
	수평 맞대기 용접	이면 판 유/무(중판, V형 개선)
응용실기	비철금속의 용접	비철금속용 용접봉을 사용
	파이프의 용접	수평/수직 관의 용접
	반자동 용접	GMAW, GTAW 등의 실습

2 MIG 기초 실습(primary practice in MIG)

여기에서는 알루미늄 MIG 용접 실습에 대한 전반적인 이론뿐만 아니라, 단계별 용접자세에 대해 설명한다. 알루미늄 용접 초보자의 MIG 용접에 요구되는 기능을 반복적으로 연습하고, 학습할 수 있어 기량 증가에 도움이 될 것이다.

알루미늄 후판의 구조물 용접(전자세)을 위한 기본 실습시간은 용접 유자격자 및 많은 부자재와 시편을 바탕으로 경험상 48시간 이상 소요되며, 그 내용은 표 4.14[2]와 같다. 알루미늄은 소재 특성상 고가이며, 절단 등에서도 별도의 장비가 필요로

2) 김사훈, 도진영, 조정관. 알루미늄과 그 합금의 용접, (구)대우중공업 연수보고서. 1983을 적용한 사례

하는 등 용접사 양성에 비용뿐만 아니라, 시간이 많이 소요된다. 따라서 효율적인 소재의 활용과 실습계획이 필요하다.

표 4.14 알루미늄 MIG 용접 실습의 내용

NO.	용접자세	시간
1	줄 비드 쌓기(아래 보기 자세)	16
2	V-홈 비드 쌓기(아래 보기 자세)	8
3	V-홈 맞대기 용접(아래 보기 자세)	8
4	양면 V-홈 맞대기 용접(아래 보기 자세)	4
5	T형 필릿 이음(수평 자세)	8
6	모서리 이음(수평 자세)	4

이 단원에서는 알루미늄 MIG 용접 실습을 위하여 용접기 조작, 용융지의 특성, 이음별 용접 특징의 내용을 다룬다. 각 실습 영역에서는 실습 지시서, 실습 설명자료, 그림 자료를 수록하였으며 실습의 진행은 자세별 비드 만들기 특성의 학습 목표와 실습 지시서를 제시하고 실습내용 및 도면 중요내용의 전개와 안전 및 주의사항을 설명한다. 그림 4.7은 용접 실습의 첫 단계인 줄 비드 쌓기를 나타냈다.

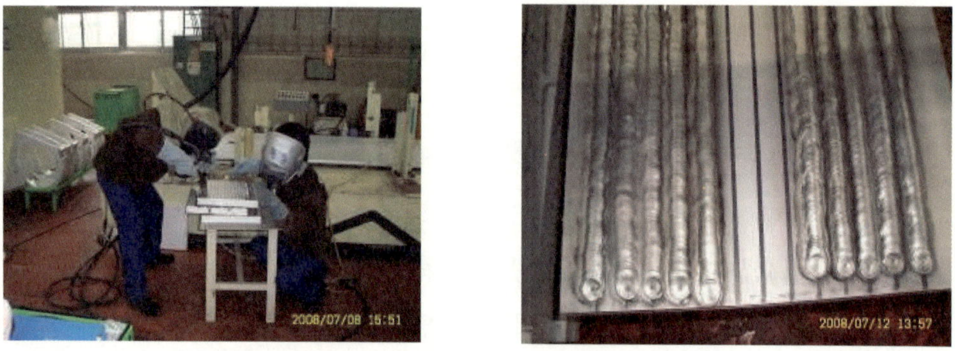

그림 4.7 아래 보기 줄 비드 쌓기 실습

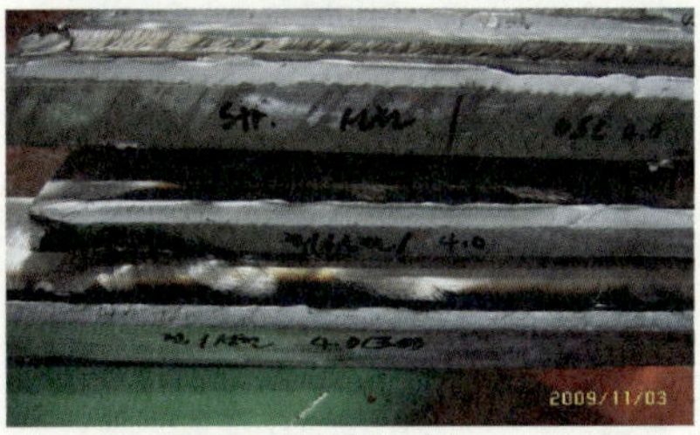

그림 4.8 필릿 용접의 파단 시험

실습의 진행은 실습 지시서를 제시하고 순서에 맞게 실습하도록 지도한다. 실습 순서는 실습 준비, 전류 조절, 아크 발생 준비, 아크 발생, 크레이터 처리, 검사, 정리 정돈으로 한다.

용접부 검사는 용접사 스스로 할 수 있도록 하고, 순회 지도하면서 교사가 2차 확인하고 지도하도록 한다. 예를 들면, 검사내용은 그림 4.7과 같이 비드의 시점, 직선도, 크레이터 처리, 파형, 폭, 높이 등을 세밀히 검사하고 비드의 언더컷과 오버랩의 결함 유무를 검사한다. 필릿 용접의 경우 그림 4.8과 같이 파단 시험을 하여 용입 형태와 깊이를 검사한다. 양호한 비드가 생성될 때까지 반복하여 실습한다.

정리단계에서 각 단원의 실습에 대한 실습 순서, 방법, 검사 등의 내용을 정리, 요약하고 중요한 부분을 다시 상기하도록 내용을 제시한다.

실습의 마지막 단계인 기량 시험 평가의 소요 비용 요소는 표 4.15와 같으며, 시험편 및 RT 필름은 재시험 또는 불가피한 불량률을 참작하여 20% 정도 추가하고 용접 및 가공 부자재 등도 포함하도록 한다.

표 4.15 기량 시험 평가 소요 비용의 예

항목	산출	소요 금액
시험편 소재	소재 비용 산출 또는 잔재 활용	
소모성 재료	Ar 가스, 용접봉, 콘택트 팁, 엔드 탭, 백플레이트	
시험 비용	R/T = 0,000원/매×2매/인×00명+20% 굽힘시험 또는 파단시험	
시험편 절단 비용	두께 12.7 또는 38.1mm: 000원/장×00장=00,000원	
작업 공수	시험편 가공: OO Hr	

실습의 기대 효과는 다음과 같다.

- 용접변수를 기록하여 기록에 의한 data 관리로 개별 용접 특성을 확인할 수 있다.
- 용입에 영향을 주는 토치 전진 각도 문제를 인식할 수 있다.
- 용접 이음부에서 균일한 용입의 중요성을 확인할 수 있다.
- 다른 용접사와 비교할 수 있어 용접사 개별특성에 대한 차이점 인식 및 균일화
- 디지털 용접기로 개별특성 수치화 효과와 기량 우수자의 용접 data를 공유할 수 있다.
- 특정 재질의(예: ER2319 용접봉) 전류, 전압, 용입 등 용접 특성을 이해할 수 있다.

그림 4.9는 알루미늄에서 용접 진행 각도에 대한 중요성을 보여주는 것으로 초보 실습자들의 용접 토치에 관한 전진각 조정을 습득하는 과정의 모습이다. 사진의 첫 번째에서 세 번째까지의 올바른 자세는 팔꿈치가 어깨보다 높게 형성됨으로써 전진각을 최대한 세울 수 있다는 것이다. 네 번째 및 다섯 번째의 그릇된 자세는 팔꿈치가 어깨보다 낮음으로써 전진 각이 눕혀지게 되어 스패터가 많이 발생하고 용입이 얕아지게 된다.

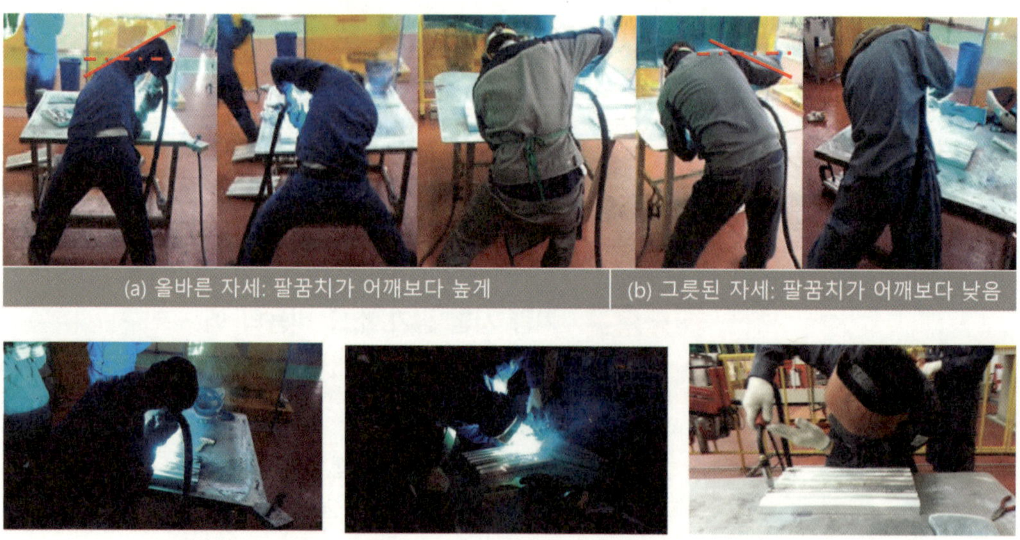

그림 4.9 **토치 전진 각의 적용에 따른 용접사 자세의 비교**

표 4.16은 실습 종료 과제로 최종 기량 시험의 하나인 맞대기 용접의 시편 제작을 나타낸 것으로 외관 검사 및 RT 촬영한다. TACOM12472301 용접규격 적용의 맞대기 X-홈 후판 시편 제작의 일례는 다음과 같다.

표 4.16 맞대기 다층 용접의 용접조건 예

Pass/면	WFS(ipm)	전류(A)	전압(V)	용접 속도(cpm)
앞쪽 1	210	176~180	27.5~28.1	75
앞쪽 2~4	220	180~190	27.4~27.9	38~42
뒤쪽 5~7		175~185		34~38
앞쪽 8~10				33~45
뒤쪽 11~13				36~42
앞쪽 14				32

주) • 용접기: Lincoln 455M(Pulsed mode), 사용 가스: He75%+Ar25%, 모재: 2519, 두께 : 25.4mm
- 용접변수: Program No. Mode #159(ER2319, Pulse)
- 역 변형은 필요 없음. End Tab 사용할 것.
- 층간 온도: 60~65℃, 용접 후 시편 온도: 78~82℃, 대기 온도: 12.7~14.2℃

(1) 맞대기 앞면 용접: 1~4 pass

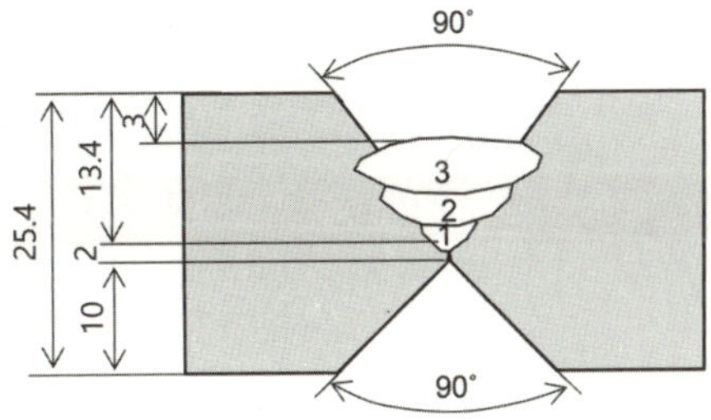

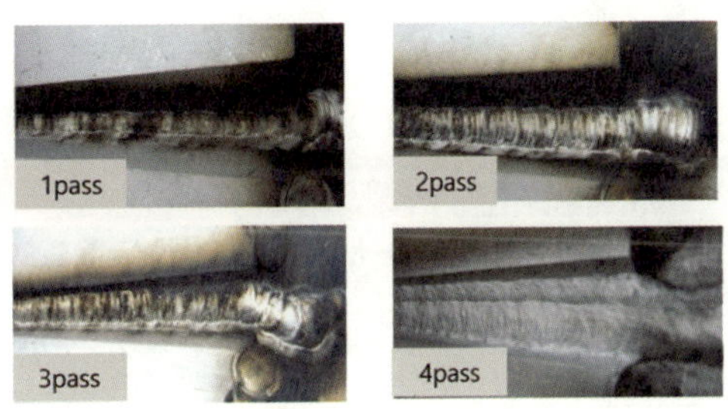

(2) 맞대기 뒷면 불용착부 제거(back chipping): 클램프와 치핑 작업

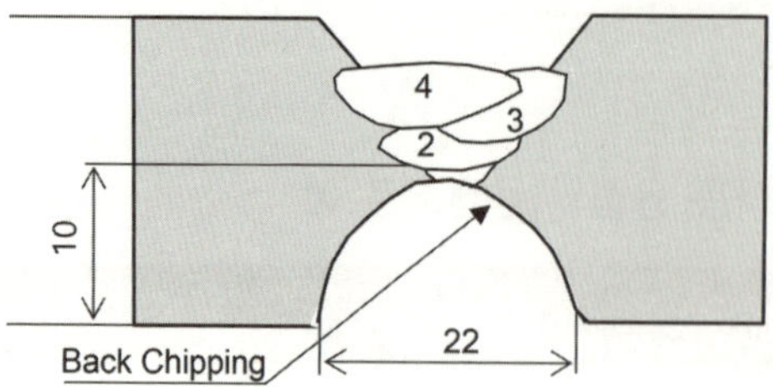

(3) 맞대기 뒷면 용접: 5~10 pass 및 마무리 용접: 11~13 pass

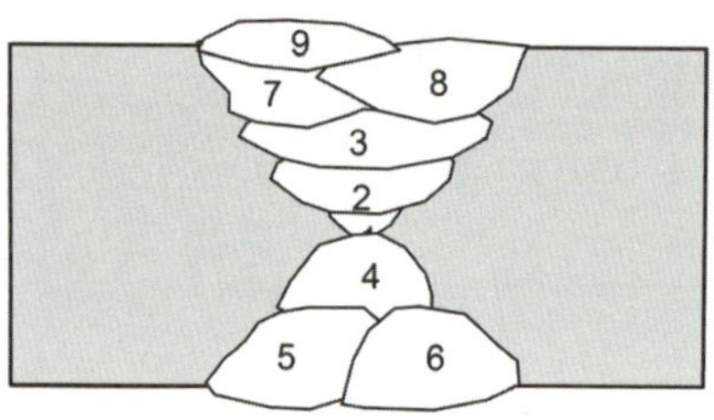

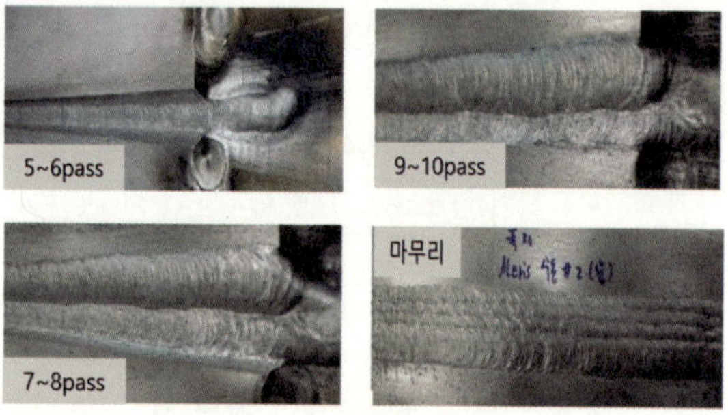

다음은 KS B ISO 9606-2에 근거한 알루미늄 맞대기 V-홈 후판 시편 제작의 일례는 다음과 같다. 표 4.17은 최신펄스 용접기를 사용한 GMAW 실습 자료이다.

(1) 용접 자료:

구분	내용	비고	맞대기 용접부 형상
용접기	Fronius-MTW500i	펄스 모드	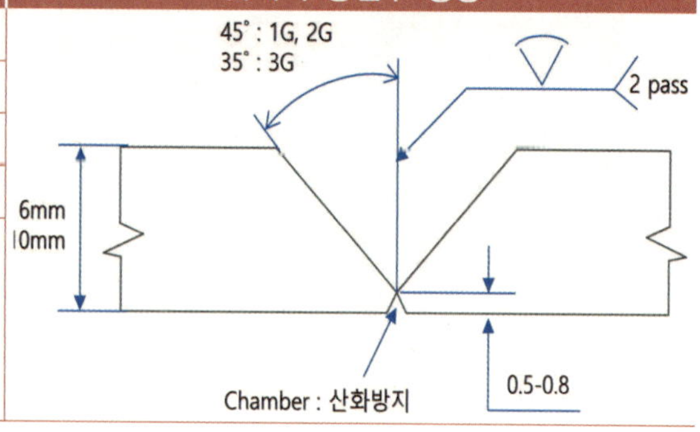
용접봉	ER5183	Φ1.2	
모재	A7020	6mm	
가스 노즐	Cu	Φ12	
용접변수	전류: 1G	120~140A	
	전류: 3G	90~120A	
	Arc length: 1G	-4	
	Arc length: 3G	-2	

(2) KS B ISO 9606-2에 근거한 알루미늄 맞대기 V-홈 용접기법은 다음과 같다.

- 맞대기 시편 용접자세는 1G(아래 보기) & 2G(수평)이며 두께는 6mm이다.
- 2-pass 기준으로 비드 폭을 만들어야 하며 1-pass는 직선 비드로, 2-pass는 1-pass 직후에 바로 위빙 용접한다.

  ※ pass 간 온도를 측정한 결과: 90~120℃
- 맞대기 시편의 루트면 뒤쪽은 챔버를 준다(산화막 형성 방지, 위 그림 참조).
- 시험편의 중앙에서 아크를 중단하고, 재시작하는 행위를 해야 한다.
- 비드 외관의 양호한 기준은 백 비드와 표면 비드의 폭이 균일하여야 한다.
- 백 비드의 높이는 최대 3mm이다(ISO standard).
- 용접전류가 높으면 용접 속도가 빠르게 되어 hot crack의 원인이 된다.

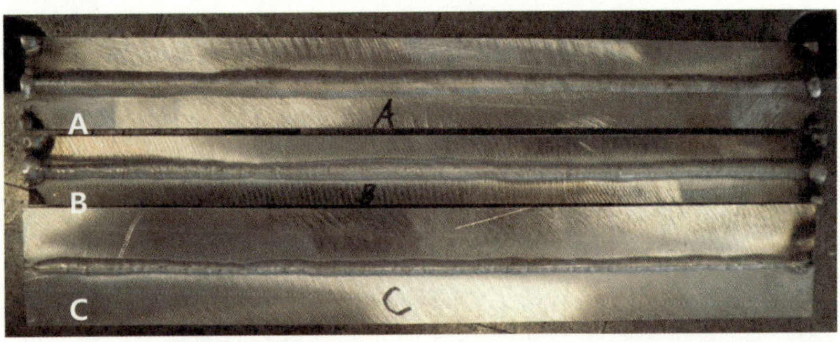

a: 전류 너무 높음, b: 전류 높음, c: 전류 적정

그림 4.10 용접 시편의 백 비드 상태(2G)

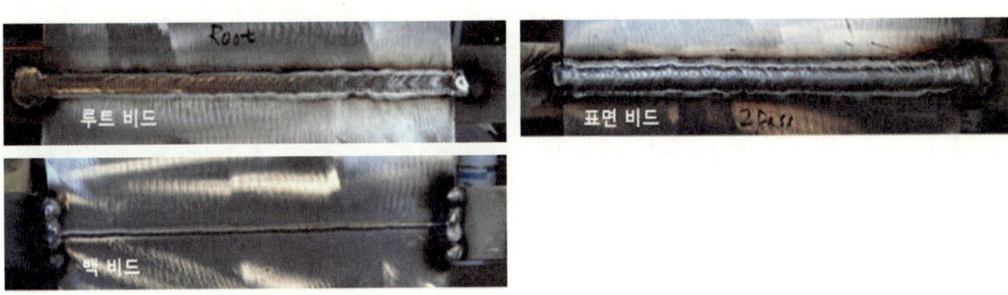

그림 4.11 2-pass 용접부의 비드 형상(2G)

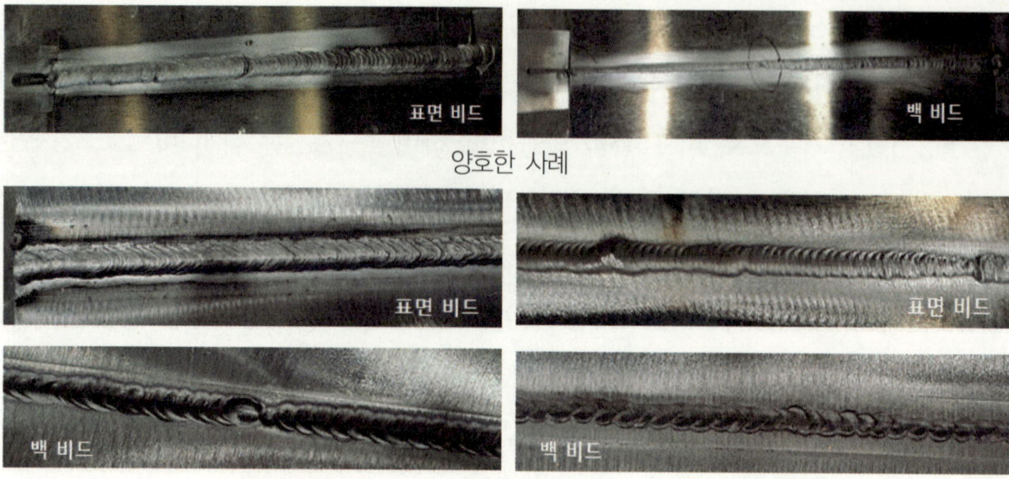

그림 4.12 맞대기 시험편의 비드 형상 비교(2G)

표 4.17 GMAW 실습 자료: 최신펄스 용접기 실습 데이터(Fronius-MTW500i)

<table>
<tr><td colspan="4">성명: ○○○</td><td></td><td></td><td></td><td></td><td></td><td></td><td></td><td rowspan="2">모드 No.</td><td>1</td><td>2</td><td>3</td><td>4</td></tr>
<tr><td colspan="4">일자: 2025-01-16</td><td></td><td></td><td></td><td></td><td></td><td></td><td></td><td>Standard</td><td>PMC</td><td>Sync</td><td>Pulse</td></tr>
<tr><td rowspan="2">Pass</td><td rowspan="2">전류 (A)</td><td rowspan="2">전압 (V)</td><td rowspan="2">비드 길이 (mm)</td><td rowspan="2">용접 시간 (s)</td><td rowspan="2">용접 속도 (cpm)</td><td rowspan="2">입열량 (kJ/cm)</td><td colspan="2">시점 비드 형상</td><td colspan="2">종점 비드 형상</td><td rowspan="2">WFS (ipm)</td><td rowspan="2">모드</td><td colspan="3" rowspan="2">비고(아크 제어)</td></tr>
<tr><td>폭</td><td>높이</td><td>폭</td><td>높이</td></tr>
<tr><td>1</td><td>236</td><td>22.5</td><td>485</td><td>66</td><td>44.09</td><td>7.23</td><td>14.0</td><td>4.0</td><td>12.0</td><td>3.0</td><td>310</td><td>2</td><td colspan="3">아크 안정○/용입 안정○</td></tr>
<tr><td>2</td><td>288</td><td>21.4</td><td>245</td><td>32</td><td>45.94</td><td>8.05</td><td>12.0</td><td>3.0</td><td>12.0</td><td>3.0</td><td>310</td><td>2</td><td colspan="3">아크 안정○/용입 안정×</td></tr>
<tr><td>3</td><td>236</td><td>23</td><td>480</td><td>57</td><td>50.53</td><td>6.45</td><td>14.0</td><td>3.5</td><td>14.0</td><td>3.5</td><td>310</td><td>2</td><td colspan="3">아크 안정×/용입 안정○</td></tr>
<tr><td>4</td><td>232</td><td>22.4</td><td>290</td><td>35</td><td>49.71</td><td>6.27</td><td>13.0</td><td>3.0</td><td>12.0</td><td>3.5</td><td>310</td><td>2</td><td colspan="3">아크 안정×/용입 안정×</td></tr>
<tr><td>5</td><td>273</td><td>24.5</td><td>455</td><td>48</td><td>56.88</td><td>7.06</td><td>14.0</td><td>3.5</td><td>14.0</td><td>3.5</td><td>355</td><td>2</td><td colspan="3">아크 안정○/용입 안정○</td></tr>
<tr><td>6</td><td>264</td><td>24.7</td><td>320</td><td>35</td><td>54.86</td><td>7.13</td><td>13.0</td><td>3.0</td><td>14.0</td><td>3.0</td><td>355</td><td>2</td><td colspan="3">아크 안정○/용입 안정×</td></tr>
<tr><td>7</td><td>280</td><td>25</td><td>450</td><td>48</td><td>56.25</td><td>7.47</td><td>15.0</td><td>3.0</td><td>14.0</td><td>3.5</td><td>355</td><td>2</td><td colspan="3">아크 안정×/용입 안정○</td></tr>
<tr><td>8</td><td>260</td><td>24.6</td><td>350</td><td>39</td><td>53.85</td><td>7.13</td><td>14.0</td><td>3.5</td><td>14.0</td><td>3.5</td><td>355</td><td>2</td><td colspan="3">아크 안정×/용입 안정○</td></tr>
<tr><td>9</td><td>270</td><td>24.8</td><td>435</td><td>49</td><td>53.27</td><td>7.54</td><td>14.5</td><td>3.0</td><td>14.5</td><td>3.0</td><td>355</td><td>2</td><td colspan="3">아크 안정○/용입 안정○/아크 길이-1.0</td></tr>
<tr><td>10</td><td>258</td><td>24.6</td><td>370</td><td>46</td><td>48.26</td><td>7.89</td><td>15.0</td><td>3.0</td><td>15.0</td><td>3.0</td><td>355</td><td>2</td><td colspan="3">아크 안정×/용입 안정×/아크 길이-1.0</td></tr>
</table>

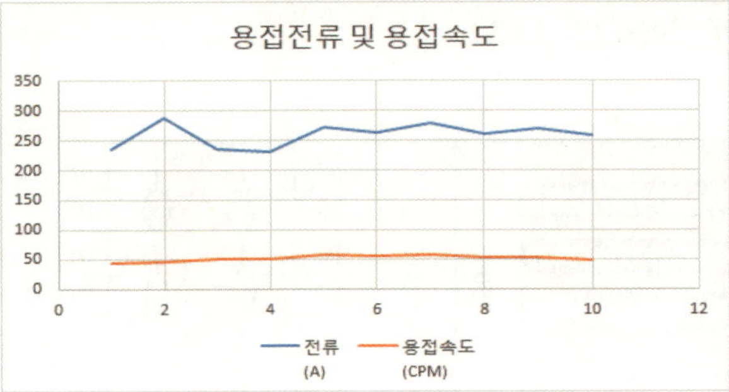

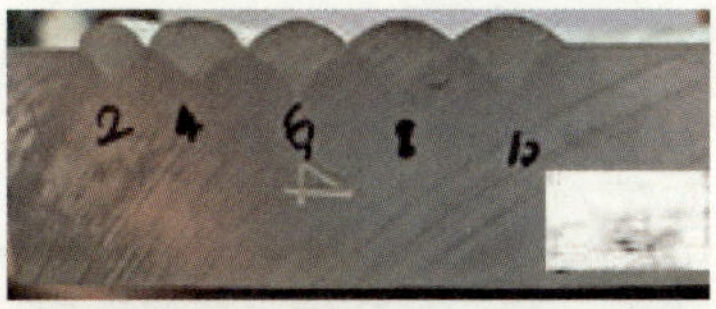

시점 1.

시점 2.

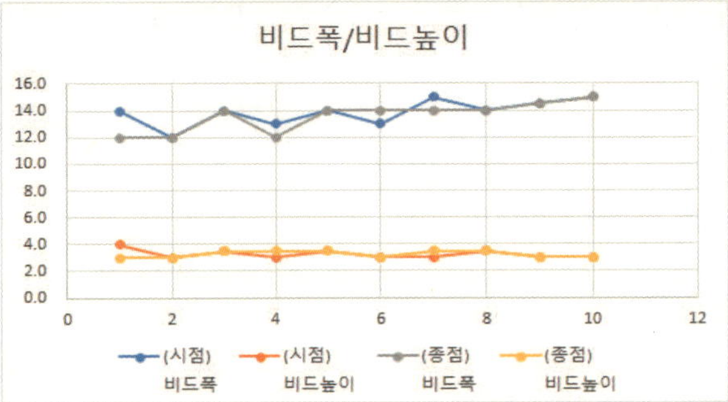

종점 1.

종점 2.

2.1 줄 비드 쌓기(stringer bead up)

실습도면	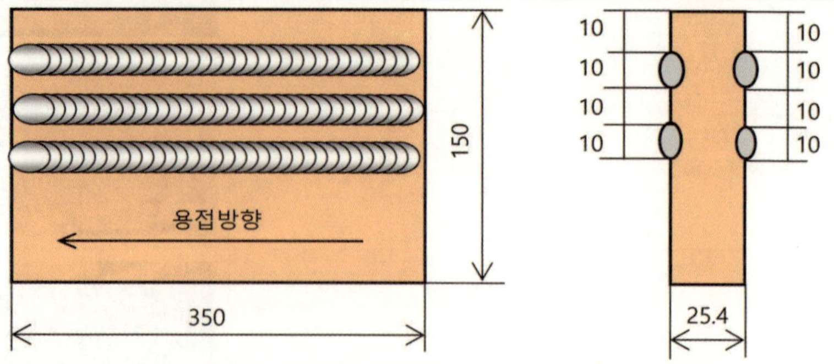		
실습제목	줄 비드 쌓기(stringer bead up : 아래 보기 자세)		
실습목표	MIG 용접기의 조작과 용접방법 및 용접 상태의 인지		
실습시간		사용재료	알루미늄 5083 판재, ER5356 Φ1.6mm, Ar 가스
사용공구	HELMET, G/R, STS BRUSH, 금 긋기 바늘, 스패너, NIPPER, 용접보호구		

용접방법 및 주의사항

1. 주의사항

(1) 가스 게이지의 취급 안전

① 연결부의 먼지, 기름 등을 제거한 후 용기에 수직 되게 고정한다.
② 붙이고 뗄 때 정확한 크기의 스패너로 풀고 조인다.
③ 용기의 밸브는 천천히 조용하게 개폐한다.
④ 용기 밸브의 개폐 및 조정기 조정의 경우 용기 출구의 정면에 서지 않는다.

(2) 가스 게이지의 취급 방법

① 용기 밸브를 열기 전에 압력조정 나사를 반시계 방향으로 풀어 준다.
② 조정압력(2차 측 사용압력)의 최대는 3㎏/㎠이지만, 보통 1.5~2㎏/㎠ 정도로 한다.
③ 유량계 부착 압력 조정기의 경우 유량계 개폐를 조용히 한다.
④ 작업 종료 때는 조정 핸들을 닫아 누설을 방지한다.
⑤ 압력 조정기의 안전밸브 작동 때 전문가에게 수리를 의뢰한다.

(3) 가스의 누설검사 순서

용기 밸브 → 조정기의 연결부 → 호스 연결부→ 가스 전자밸브(gas solenoid valve) → 토치 입구 → 가스 노즐

(4) 용접 안전

① 적정한 차광유리의 헬멧을 사용한다.
(아크나 불빛으로부터 얼굴, 눈을 보호한다.)

② 가죽제품의 용접보호구
(장갑, 용접복은 아크 및 스패터로부터 피부 등을 보호한다.)
③ Eye flash에 주의한다.
(보호구 없이 아크 빛을 보았을 때 눈에 모래가 들어갔을 때와 같이 쓰라리며, 불에 덴 것 같이 따갑다.)

2. 용접방법

① 안전 장구의 착용 및 안전 작업
② 용접기의 조작을 정확히 한다.
③ 준비된 시편을 그라인더, 브러시 등으로 전처리 한다.
④ 패스마다 브러시를 한다.
⑤ 적정한 용접 조건을 설정한 후 용접한다.
⑥ 시편 온도는 60℃ 이하로 유지한다.

유량 (ℓ/min)	He75+Ar25	15~17
	Ar	14~15
전류(A)	230~280	
전압(V)	혼합가스	31
	Ar 가스	28
wire speed(ipm)		365~400

⑦ 토치의 각도(그림 4.13)

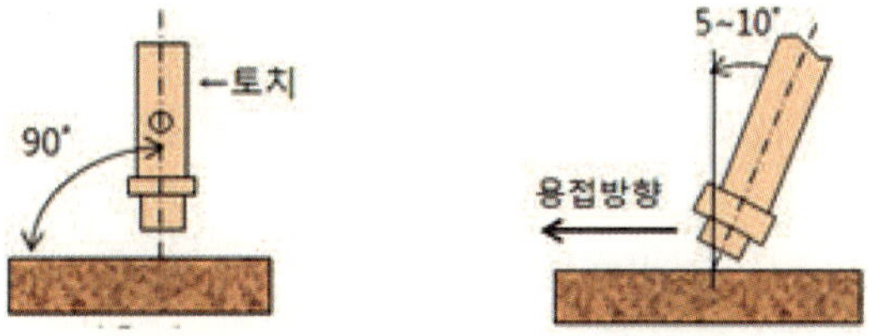

(a) 좌우 각도 (b) 전진 각도

그림 4.13 MIG 토치의 용접 각도

⑧ 모재와 가스 컵 간의 거리는 10~15mm(실제 아크 길이는 4~8mm: 그림 4.14(a))
⑨ 가스 컵과 팁 끝의 간격은 3mm 이내로 한다(그림 4.14(b)).

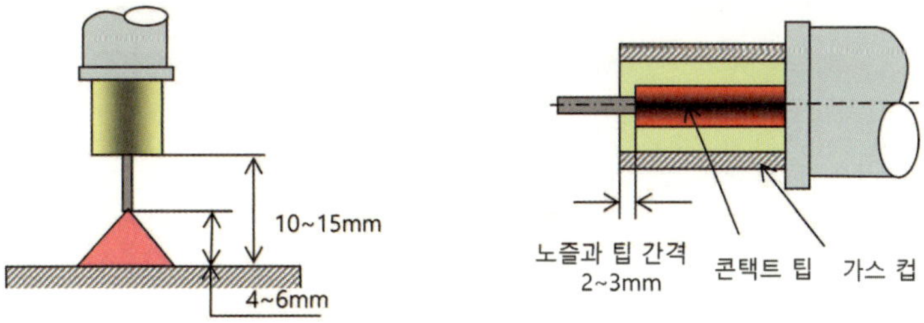

(a) 적정 아크 길이 (b) 와이어 돌출 길이

그림 4.14 아크 길이와 팁과 가스 컵 거리

⑩ 와이어의 송급 이상은 콘택트 팁, 송급 롤러, 라이너의 순으로 점검한다.

2.2 V 홈 비드 쌓기(V-groove bead up)

실습도면

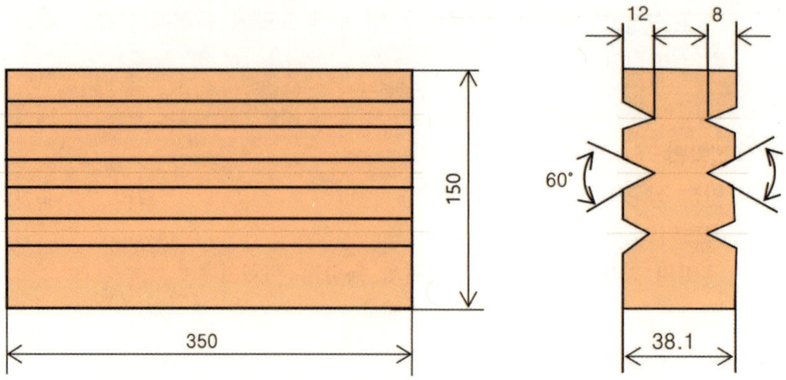

실습제목	V홈 비드 쌓기(아래 보기 자세)		
실습목표	V홈 맞대기 용접에 앞서 용입과 용착 양의 조절		
실습시간		사용재료	알루미늄 5083 판재, ER5356 Φ1.6mm, Ar 가스
사용공구	HELMET, G/R, STS BRUSH, GAUZE, NIPPER, 용접보호구, 둥근톱, 에칭 액		

용접방법 및 주의사항

1. 용접방법
   ① 시편의 전 처리순서: 그라인더 → STS 브러시 → 거즈(gauze)
   ② 용접기의 상태 점검 및 조작
   ③ 용접 조건 설정 후 용접한다.

유량(ℓ/min)	He75+Ar25	15~17
	Ar	14~15
전류(A)	270~290	
전압(V)	혼합가스	31
	Ar 가스	26~28
wire speed(ipm)		365~400

   ④ 모재와 가스 컵의 거리는 최대한 밀착시킨다.
   ⑤ 토치의 전진 각은 가능한 한 세워서(5~10°) 작업하며, 좌우 각은 수직 되게 한다.
   ⑥ 와이어 송급 속도가 빠른 전류를 사용한다. 즉, b의 상태로 한다. 나머지 패스 및 외관은 정상상태 또는 a의 상태(전압이 높은)로 사용한다(그림 4.15).

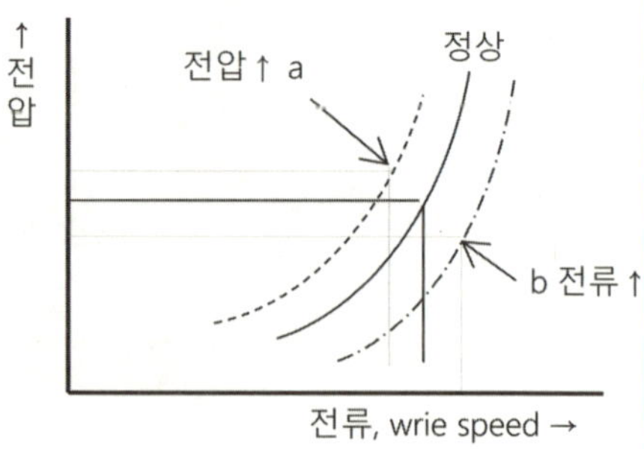

그림 4.15 전압-전류 선도

⑦ 마지막 용접 전의 표면 형상은 V-홈의 양 모서리가 남아있어야 하며, 오목하거나, 평면이 되게 한다(그림 4.16).

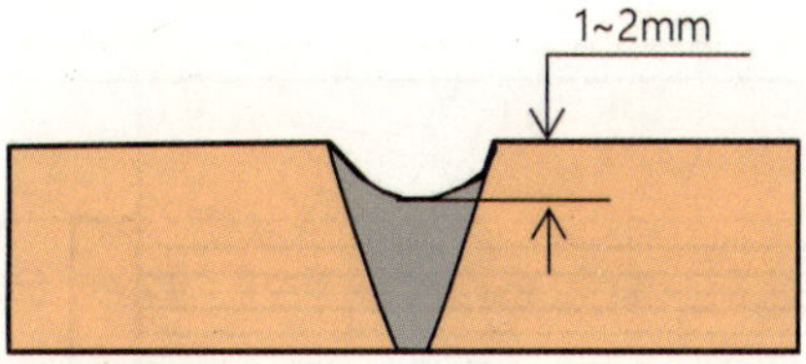

그림 4.16 마무리 단계의 비드 쌓기 표면 형상

2. 주의사항

① 용접 속도는 줄 비드 쌓기의 약 2배의 속도로 백 비드(back bead)를 만든다(비드 폭 5~6mm 정도의 속도).

② 노즐-팁의 간격은 가능한 한 가깝게(-3~0mm) 하여 1 패스 용접 후 정상적인 거리로 한다.

③ 용접 중에 절대로 아크를 중단하지 않는다(결함이 발생함).

④ 용접 중 용접조건이 맞지 않을 때의 현상

- 용접 속도, 와이어 송급 속도, 아크 거리, 전진 각이 맞지 않을 때는 스패터가 많이 발생한다.
- 정상적인 용접 때 프라이팬의 기름이 끓는 소리가 발생한다.

3. 각종 가스의 용입 형상

① 준비물: NaOH + H_2O, 물통, 둥근 톱(circular saw), 그라인더

② 용접 후 시편을 둥근 톱으로 절단하고 그라인더를 한 후 에칭(etching)하여 세척 후 검사한다(그림 4.17과 그림 4.18을 참조).

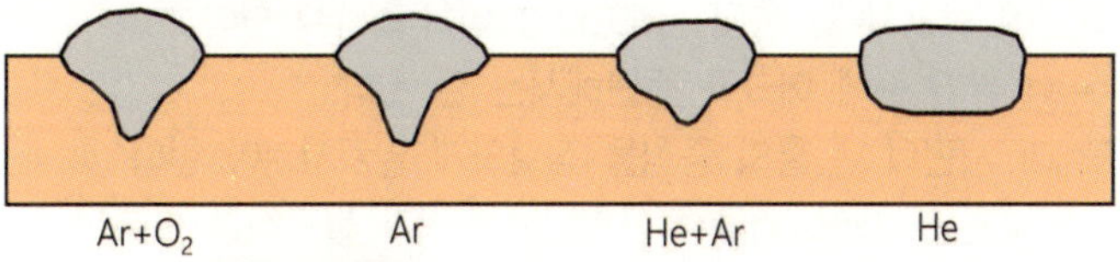

그림 4.17 보호 가스에 따른 용입 형상

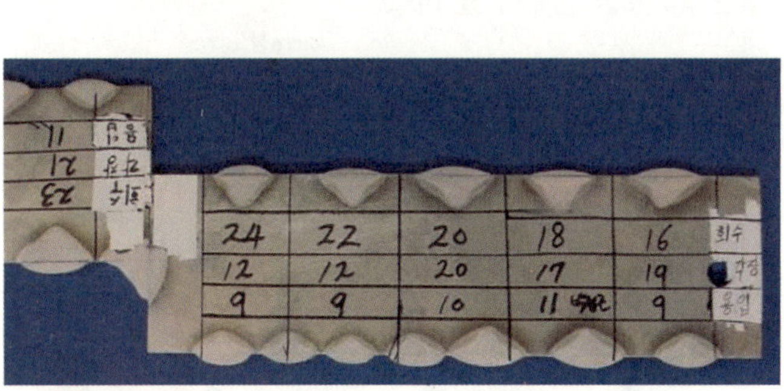

그림 4.18 용접전류에 따른 비드 용입 깊이(Ar 가스)

2.3 V 홈 맞대기(V-groove butt joint)

<table>
<tr><td>실습도면</td><td colspan="3">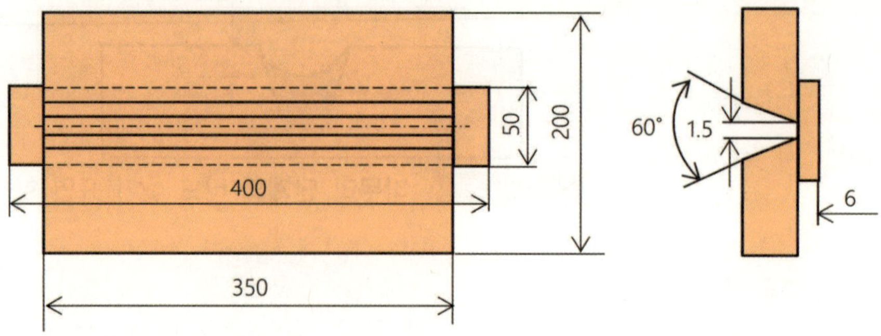
</td></tr>
<tr><td>실습제목</td><td colspan="3">V홈 맞대기 용접(아래 보기 자세)</td></tr>
<tr><td>실습목표</td><td colspan="3">V홈 맞대기 이음의 BACK BEAD 쌓기와 그 용접법</td></tr>
<tr><td>실습시간</td><td></td><td>사용재료</td><td>알루미늄 5083 판재, ER5356 Φ1.6mm, Ar 가스</td></tr>
<tr><td>사용공구</td><td colspan="3">HELMET, G/R, STS BRUSH, NIPPER, 용접보호구, Chipping Hammer, 둥근톱</td></tr>
<tr><td colspan="4">용접방법 및 주의사항</td></tr>
</table>

1. 용접방법

① 시편 및 뒤판(back plate)의 전처리(용접 방향으로 STS 브러시를 한다.)

② 견고하게 6곳에 가접한다(그림 4.19).

③ 용접 전 용접기를 정비한다(특히 와이어 송급 장치).

④ 매 패스 간에 브러시 및 층간 온도(60℃ 이하)를 유지한다.

⑤ Back bead 쌓기 중에 아크를 중단해서는 안 된다.

⑥ 아크 중심과 시편의 V-홈의 중심을 정확하게 일치시켜야 한다.

⑦ 중간 패스 부분은 chipping을 허용한다(산화막과 불규칙한 부분의 제거).

⑧ 완성(외관) 용접의 마지막 단계에서는 평면 또는 표면보다 낮게 -1mm 이내로 한 후 완성 비드를 쌓는다(4~5줄 정도의 줄 비드).

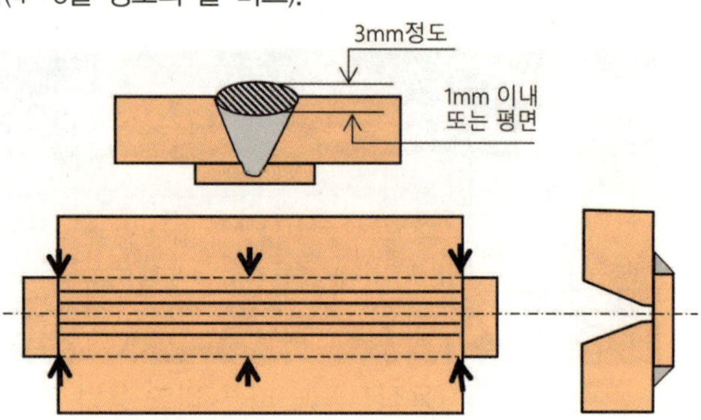

그림 4.19 비드 단면 형상 및 가접 부위

2. 용접조건

1) 시험편 두께가 12.7mm의 경우

유량(ℓ/min)	He75+Ar25	15~17	
	Ar	14~15	
전류(A)	250~260		
pass 수	①	②	② 이상
전압(V)	26	26	28
wire speed(ipm)	360~370	360~370	370~380

2) 시험편 두께가 25.4mm인 경우

유량(ℓ/min)	He75+Ar25	15~17	
	Ar	14~15	
전류(A)	290~320		
pass 수	①	②	② 이상
전압(V)	28	31	31
wire speed(ipm)	365~380	380~400	365~380

※주의: 팁과 가스 컵의 거리는 0~1mm(back bead 쌓기만 적용)

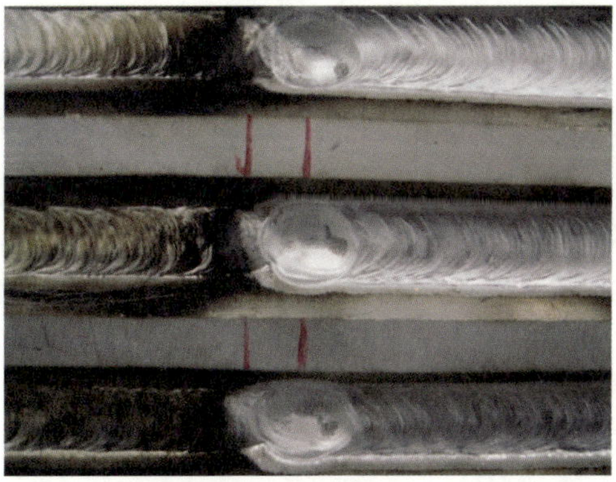

그림 4.20 V-홈 비드 쌓기

2.4 양면 V 홈 맞대기(double V butt joint)

실습도면	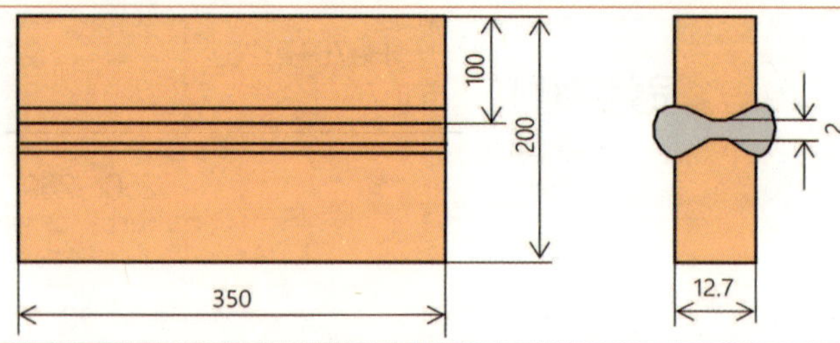		
실습제목	양면 V–홈 맞대기 용접(아래 보기 자세)		
실습목표	양면 V–홈 맞대기 용접법 및 chipping hammer의 사용법		
실습시간		사용재료	알루미늄 5083 판재, ER5356 Φ1.6mm, Ar 가스
사용공구	HELMET, G/R, STS BRUSH, NIPPER, 용접보호구, Chipping Hammer		

용접방법 및 주의사항

1. 용접방법

① 시편의 전 처리순서: 그라인더 → STS 브러시 → 거즈(gauze)

② End–tab을 이용해 가접한다(견고하게 4곳).

③ 용접 조건을 설정 후 용접한다.

유량(ℓ/min)	He75+Ar25		15~17	
	Ar		14~15	
전류(A)	250~290(Ar 기준)			
pass 수	①	②	③	④
전압(V)	26	28	28	28
wire speed (ipm)	365~370	370~380	365~370	370~380

④ 용접순서 및 방법(그림 4.21)

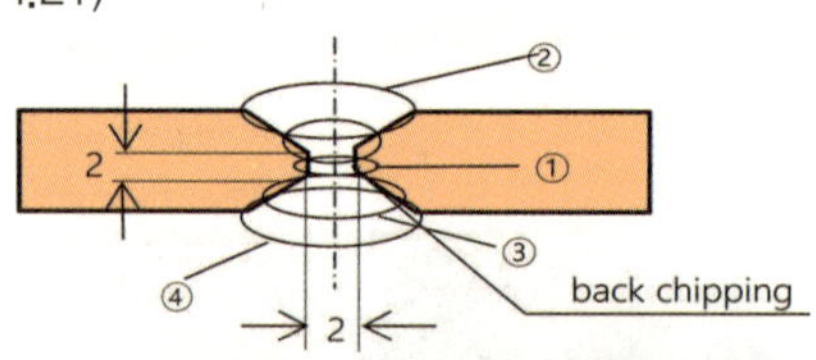

그림 4.21 양면 V–홈 용접순서

⑤ 백 비드는 가능한 한 많이 나오도록(높이 약 2mm) 한 후 ②번 순서까지 용접하고 뒷면에 불용착부가 나올 때까지 chipping을 한다.

⑥ 백 비드는 전기 용접, 가스 용접과 달리 key–hole을 만들지 않고, 강한 스프레이 현상을 이용하여 홈의 양면에 아크를 발생시키면서 진행한다(그림 4.22).

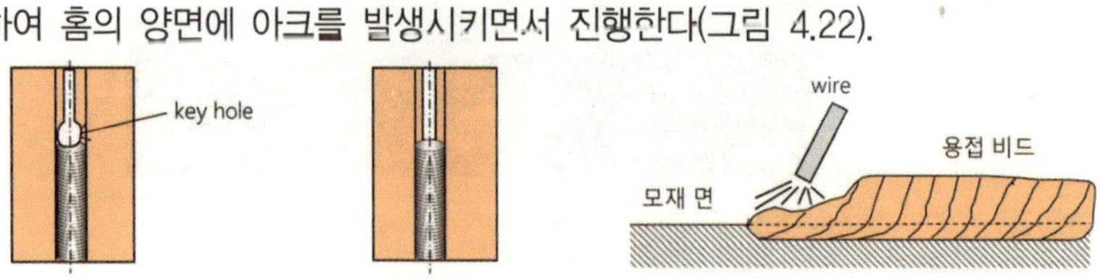

(a) 아크 용접 (b) MIG 용접 (c) 백 비드 생성원리

그림 4.22 백 비드 쌓기 원리

2. 정(chisel)의 제작 방법 및 chipping hammer의 사용법

(1) 정의 형상 및 제작

제작공정: 형상 제작(단조) → 황삭(G/R) → 열처리(유중 냉각) → 정삭(sand paper)

(2) 정의 형상(그림 4.23)

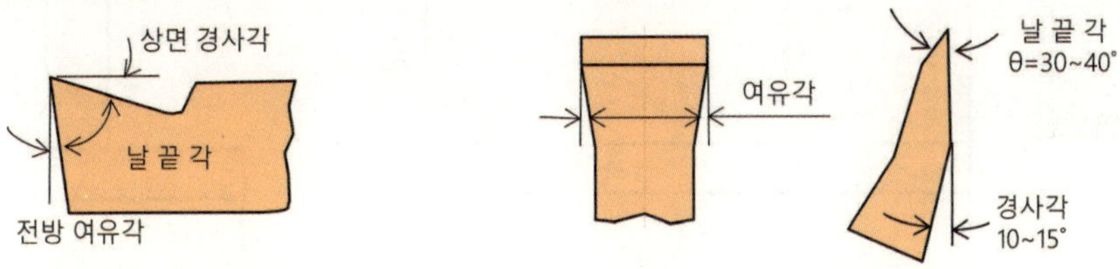

(a) 선반의 바이트 (b) 정의 형상

그림 4.23 정의 제작 형상

(3) 그라인더로 황삭한 후 열처리 때 산소-아세틸렌가스 불꽃으로 날 끝부분(약 10mm)만 가열하고 유중 냉각(급냉)시킨다.

(4) 마찰저항을 최소로 하기 위하여 sand paper로 정삭한다. 그리고 사용 중에도 마모 때는 수시로 sand paper로 정삭한다.

(5) Chipping hammer의 사용 방법

① Chipping hammer를 쥐는 법(그림 4.24)

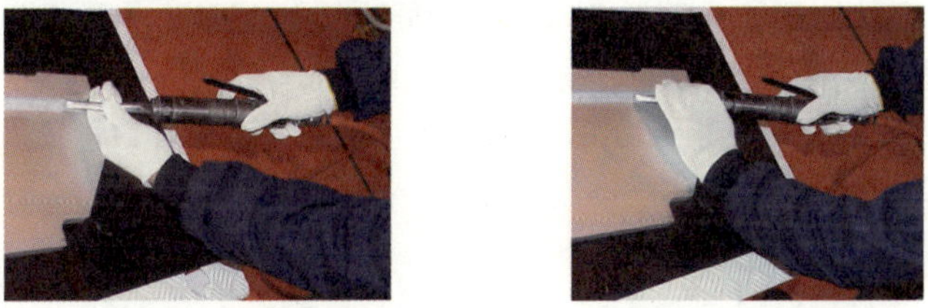

(a) 약하게, 정밀 (b) 강하게, 황삭

그림 4.24 치핑 해머의 작동법

② 힘의 분배는 시작은 약하게 하여 정의 날 끝이 자리 잡도록 하고, 이후 강하게 깎으며, 마무리는 안전 등을 고려하여 약하게 한다(그림 4.25).
(약 → 강 → 약)

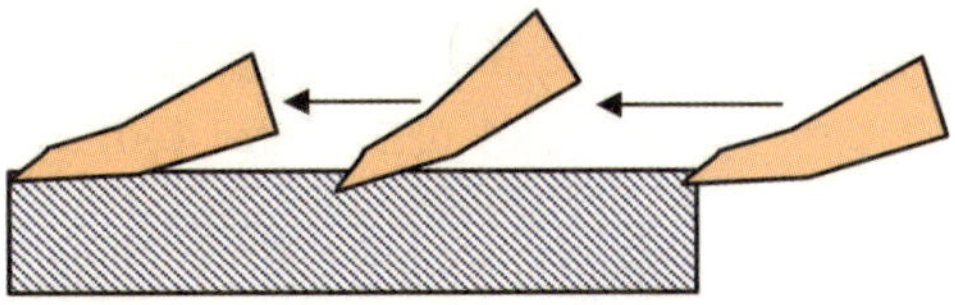

그림 4.25 치핑 작업의 주의할 점

③ 자세는 오른쪽 팔꿈치를 옆구리에 밀착시켜 몸 전체의 힘을 사용한다(팔목 보호).

④ 칩(chip)의 두께 및 폭의 조절은 정의 작업 각도 및 절입량으로 한다.

2.5 T형 필릿 용접(T-fillet)

실습도면	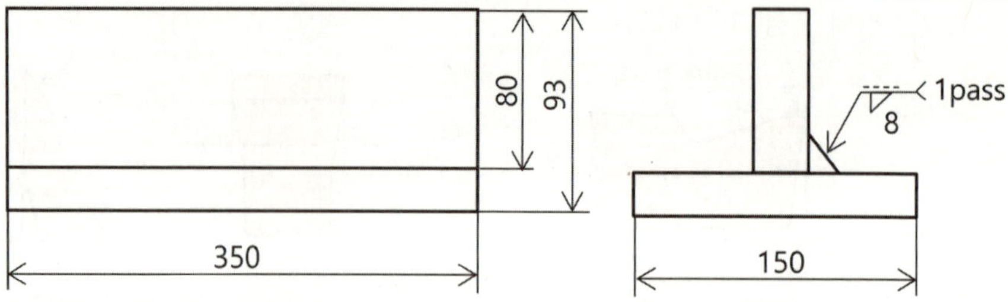		
실습제목	T형 필릿 이음(수평 자세)		
실습목표	T형 필릿 이음의 용접법과 용입량의 조정		
실습시간		사용재료	알루미늄 5083 판재, ER5356 Φ1.6mm, Ar 가스
사용공구	HELMET, G/R, STS BRUSH, 스패너, NIPPER, 용접보호구		

용접방법 및 주의사항

1. 용접방법

① 변형된 시편의 교정과 전 처리한다(G/R → STS brush).

② 시편의 가공된 면을 최대한 활용하기 위하여 필릿 용접의 한쪽 면만 용접한 후 파괴시험을 하여 용입을 확인한 후 재사용할 것.

③ 토치의 좌우 각도는 35~40°, 전진 각은 5~10°로 한다(그림 4.26).

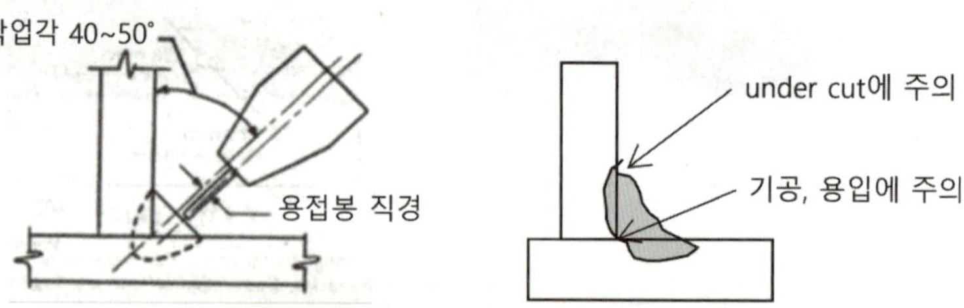

그림 4.26 **필릿 용접의 토치 위치**

④ 팁-가스 컵 간격을 -1~0mm로 하고 아크 길이를 가능한 한 짧게 하여 용입을 최대로 한다.

⑤ 와이어의 속도가 빠른 전류를 택하여 아크의 발생 음이 정상적인 소리가 나도록 한다.

유량(ℓ/min)	He75+Ar25	14~15
	Ar	14~15
전류(A)	270~290	
전압(V)	혼합가스	31
	Ar 가스	26~28
wire speed(ipm)		360~380

2.6 모서리 용접(corner joint)

실습도면	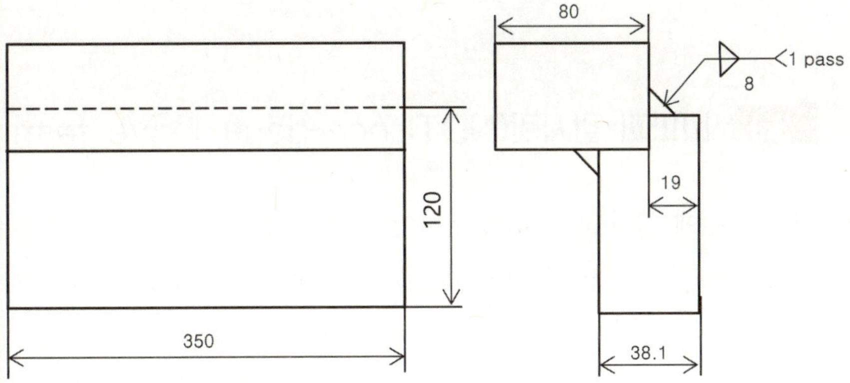		
실습제목	수평 모서리 이음		
실습목표	REBATED-JOINT의 용접과 용입		
실습시간		사용재료	알루미늄 5083 판재, ER5356 Φ1.6mm, Ar 가스
사용공구	HELMET, G/R, STS BRUSH, GAUZE, CIRCULAR SAW, 에칭액(NaOH)		

용접방법 및 주의사항

1. **용접방법**

① 시편의 전 처리순서: 그라인더 → STS 브러시 → 거즈(gauze)

② 가접은 견고하게 양면에 하고 용접은 바깥쪽을 먼저 한 다음 안쪽을 한다.

③ 용접 중 과도한 스패터는 용접조건이 부적절하여 발생한다.
(와이어 속도, 전진각, 아크 거리 등에 영향을 한다.)

유량(ℓ/min)	He75+Ar25	15~17
	Ar	14~15
전류(A)	280~300	
전압(V)	혼합가스	31
	Ar 가스	28
wire speed(ipm)		360~400

④ 아르곤 가스에서 He75%+Ar25% 혼합 가스로 교체 때에는 전압의 변환에 유의한다. 혼합 가스 사용은 아크 전압을 아르곤 가스 때보다 약 10% 정도 높게 설정한다.

3 비파괴시험

3.1 비파괴 검사란(NDT: non-destructive testing)

형상 치수에 변화를 주지 않고 어떤 종류의 입력을 주어서 그의 투과, 흡수, 산란, 반사, 침투, 누설 등 현상의 변화를 검출하여 표준들과의 비교로 시험물을 파괴하지 않고 이상의 유무나 그의 크기, 또한 분포 상태 등을 조사하는 검사법을 말한다. 현재는 용접물, 주조물, 압연재 등에 널리 사용되고 있다.

비파괴 검사는 검사 대상물을 파괴해 검사하는 파괴검사와는 달리 외부에 아무런 손상 없이 검사하므로 품질평가 및 보수검사에 이용된다. 이 검사법은 제품의 성질, 상태, 내부구조 등을 조사할 수 있어 재료의 선택이나, 가공법의 결정 그리고 제품의 신뢰성 등을 확인할 수가 있다.

가장 기본적인 육안검사, 표면 탐상법, 방사선 투과검사법 그리고 기타 비파괴시험 방법에 대하여 설명한다. 국내에서 많이 적용되고 있는 비파괴검사법으로는 방사선 투과검사, 초음파탐상검사, 자분탐상검사, 침투탐상검사, 와류탐상검사(Eddy Current Examination), 누설시험(Leak Testing) 등 6가지가 있다.

결함 위치에 따른 비파괴 검사의 종류 및 적용 분류는 표 4.18과 같다.

표 4.18 비파괴 검사의 종류 및 적용

종류	에너지원	기본원리	검출 대상과 적용	결함검출 위치
RT	방사선	투과성	내부 결함검출	내부
UT	초음파	펄스 반사	내부 결함검출, 두께 측정	내부
MT	자기장	자기 흡인 작용	강자성체 재료(표면 및 표면 직하)	표면
PT	표면장력	모세관 현상	비다공성 재료의 개구부	표면
ECT	와전류	전자유도 작용	철강, 비철 재료의 표면 및 표면 근처	표면
VT	시력	시각	비파괴시험 대상물의 이상 유무 파악	표면
IRT	적외선	적외선 변화	재료표면의 결함의 고감도 검출	표면

(1) 방사선투과검사(RT: radiographic testing)

방사선투과검사는 X-선, 감마선 등의 방사선을 시험체에 투과시켜 X-선 필름에 상을 형성시킴으로써 시험체 내부의 결함을 검출하는 검사방법으로, 내부 결함을 검출하는 비파괴 검사 방법 중 현재 가장 널리 이용되고 있다(그림 4.27).

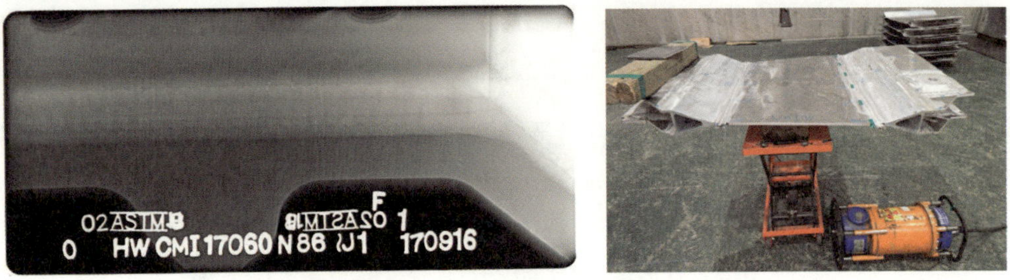

그림 4.27 알루미늄 방사선 투과시험

(2) 침투탐상검사(PT: liquid penetrant testing)

침투탐상검사는 표면결함의 검출에 효율적인 방법으로, 다른 비파괴 검사방법들보다 원리가 단순하고, 사용이 간편하여 많이 적용되고 있다.

침투탐상검사는 용접부, 주강품, 단조품 등의 금속재료와 세라믹, 플라스틱, 유리 등의 비금속재료에도 폭넓게 이용할 수 있으며, 시험체의 형상이 복잡하더라도 검사할 수 있다. 그러나 표면결함만 검출할 수 있고 다공성 시험체에는 적용할 수 없는 단점이 있다(그림 4.28).

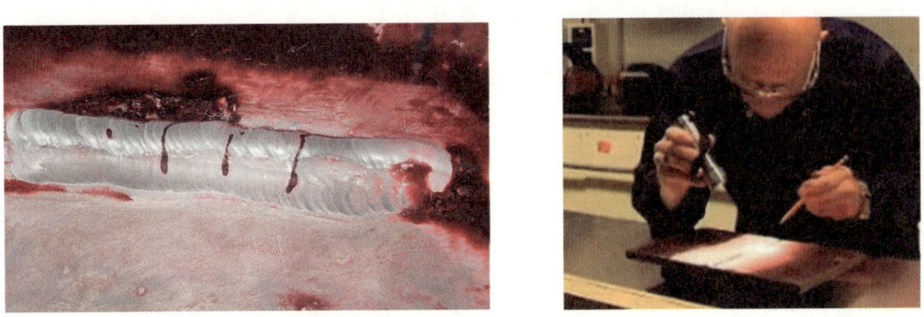

그림 4.28 침투탐상검사

(3) 초음파탐상검사(UT: ultrasonic testing)

초음파란 사람의 귀로 들을 수 없는 파장이 짧은 음파(소리)를 말하며, 금속 등의 물체 속을 쉽게 전파하고, 서로 다른 물질과의 경계면에서는 반사하는 특성이 있다. 초음파를 시험체 내부로 전파하면 시험체 내부에 불연속(결함)이 존재하는 경우 불연속에 의해 초음파가 반사하게 되는데, 이 반사파를 검출하고 반사파에 대한 정보를 음극선관(CRT) 또는 다른 기록 장치에 나타내어 분석하면 결함의 유무와 위치, 크기 등을 판별할 수 있다.

초음파탐상검사는 용접부, 주단강품 등의 내부 결함을 검출할 수 있으며, 재료의 두께 및 배관 등의 부식 정도를 측정할 수 있다(그림 4.29).

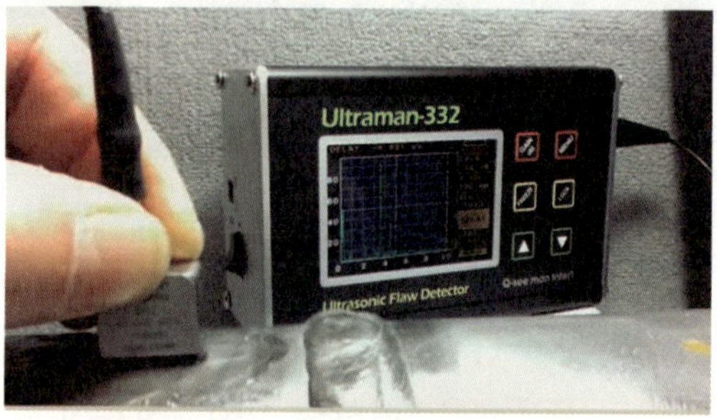

그림 4.29 초음파탐상검사

(4) 누설검사(LT: leak testing)

누설시험은 기체나 액체와 같은 유체가 시험체 외부와 내부의 압력 차에 의해 시험체의 미세한 구멍이나 균열 또는 틈 등의 결함을 통해 흘러 들어가거나, 흘러나오는 성질을 이용하여 결함을 찾아내는 방법이다.

이 시험으로 누설 여부와 누설이 있을 때 누설 개소와 누설량을 검출하여 시험체의 안전성을 확보할 수 있으므로 각종 분야에서 널리 이용되고 있다. 누설시험의 종류로는 기포 누설시험, 압력변화 측정시험, 할로겐 누설시험, 헬륨 누설시험, 초음파에 의한 누설시험 등이 있다.

위의 검사방법은 각각의 장단점들이 있어 검사 대상의 특성에 따라 검사방법을 선정하며 필요에 따라 둘 이상의 방법을 병용하기도 한다. 한국공업규격 KS에는 각

방법에 대한 적용 범위, 검사 장치, 검사방법, 판정 규정 등이 제시되어 있다. 각 시험의 장단점을 표 4.19에 나타냈다.

표 4.19 비파괴시험방법의 비교표

시험 구분	측정	적용	장점	단점
침투탐상	피검물 표면의 균열 혹은 기공 등 표면의 열린 결함	• 비흡수성의 모든 피검물 • 주의: 다공성 표면은 불가능	• 저렴하다. • 휴대용이다. • 육안으로 지시를 잘 볼 수 있다. • 결과를 쉽게 판독	• 코팅, 스케일, 오염된 금속과 같이 표면의 얇은 막은 결함검출을 방해한다. • 피검물 검사 후 세척 필요
자분탐상	균열이나 이음매, 기공, 게재물 등과 같은 표면이나 표면 바로 밑의 결함	봉, 단조, 용접부, 압출 등의 강자성 물질	• 특히 게재물과 같은 내부 표면에 있는 결함을 검출하는 데에는 침투 탐상보다 유리하다.	• 복잡한 형상의 피검물에는 자장의 배치가 곤란함 • 검사 후 탈자와 세척 필요 • 두꺼운 표면에 곤란
방사선투과 (γ 선)	기공, 게재물, 균열, 융합 불량, 기하학적 변화, 부식 등과 같은 내부 결함과 변화	일반적으로 X-선 장비가 피검물의 작은 구멍에 적용이 어렵거나, 전원이 없을 경우에 적용됨	• 초기 비용이 저렴 • 영구기록-필름 • 작은 구멍이 있는 피검물에 작은 선원으로 설치 가능 • 휴대성	• 선원당 1개의 에너지 준위뿐 • 선원의 붕괴와 장해 • 조작자의 훈련 • 필름상의 분해능 감소 • 비용이 에너지 준위에 관계
방사선투과 (X-선)		• 주조품 • 전기(전자) 조립품 • 용접부 • 작고, 얇고, 복잡한 가공품 • 비금속 재질	• 영구기록-필름 • 에너지 준위 조절 가능 • 농도변화에 고감도 • 접촉 매질 필요 없음 • 기하학적 변화는 X-선속의 방향에 영향이 없음.	• 초기 비용이 높다. • 피검물 표면에 평행한 결함검출 불가 • 방사선 장해 • 결함의 길이측정 불가 감도가 낮아짐
초음파탐상	• 균열, 융합 불량, 기공, 게재물, 적층, 접착 불량 등의 내부 결함과 변화 • 두께나 속도	• 가공품 • 용접부 • 경납땜부 • 접착부 • 비금속 재질 • 가동 중 검사	• 균열에 최대 감도 • 결과 즉시 확인 • 자동과 영구기록 가능 • 휴대성 • 높은 투과력	• 접촉 매질이 필요함 • 작고 얇고, 복잡한 피검물은 곤란함 • 비교 규격이 요구됨 • 검사 절차서에 따른 조작자의 훈련

시험 구분	측정	적용	장점	단점
와류탐상	• 표면과 내부 표면의 균열과 이음매 • 합금 상태 • 열처리 상태 • 벽두께, 코팅 두께, 균열 깊이 • 전도도, 투자율 • 침탄 두께	• 튜브 • 와이어 • 볼베어링 • 모든 표면의 발휘 검사 • 모든 금속체	• 조작자의 특별기술이 요구되지 않음 • 신속, 저렴 • 대칭 피검물의 자동화 • 대칭 피검물의 영구기록 • 접촉 매질이나 탐촉자의 접촉 불필요	• 전도체이어야 함 • 투과 깊이가 엷은 벽 정도 • 피검물의 기하학적 형상과 같이 변화에 민감하여 기지시를 만들거나 지시를 방해함 • 비고 규격이 요구됨
누설시험	• 누설	• 용접부, 경납땜의 접착부 •봉합된 조립품	• 다른 비파괴 검사 방법으로는 검출되지 않는 작고 좁은 틈에 확실하게 고감도이다.	• 피검물의 양면에 접근 가능해야 함 • 오염된 금속은 검출을 방해 • 비용이 감도에 관계

3.2 방사선 투과시험

3.2.1 개요

병원에서 X선 검사를 받아본 경험이 있을 것이다. X선은 몸을 투과하여 사진 필름을 감광시키고, 이 필름을 현상하면 촬영부에 대한 음화가 나타나며 이를 판독하여 이상 유무를 판단한다.

현상된 필름상에는 뼈는 희게, 살은 검게 나타나는데 흰 부분은 X선이 투과하는 중에 흡수되어 X선을 적게 받아 감광이 덜된 곳이고, 검은 부분은 X선을 많이 받아 감광이 많이 된 곳이다. 이처럼 X선은 어떤 물질을 투과할 때 밀도가 높거나 두꺼우면 물질을 통과하는 중에 많이 흡수되어 투과량이 줄어들기 때문에 뼈가 살보다 필름상에 희게 나타나는 것이다.

방사선 투과검사의 원리도 이와 같으며, 방사선 투과검사는 검사 대상이 금속 등의 물체이다. 방사선 투과검사는 X선과 γ선이 많이 사용된다. 공업용 방사선은 의료용과는 달리 에너지가 높고 투과력이 훨씬 강한 것이 사용된다.

방사선이 물체 내부를 투과하여 필름을 감광할 수 있는 특성을 이용하여 대상의 내부에 존재하는 불연속을 탐지하는데 적용한다. 모든 종류의 재료에 적용할 수 있으나 용접부의 위치, 모양 또는 두께에 따라 제한받는다.

3.2.2 원리

그림 4.30과 같이 용접 이음의 한쪽에서 방사선을 입사시켜, 다른 한쪽의 방사선에 의하여 감광되는 필름을 놓고, 모재와 용접부의 두께 차에 의해(보통 덧살 때문에 용접부 쪽이 두껍다) 방사선의 투과량(필름의 투과량)이 달라지고 용접부는 모재와 구별된다.

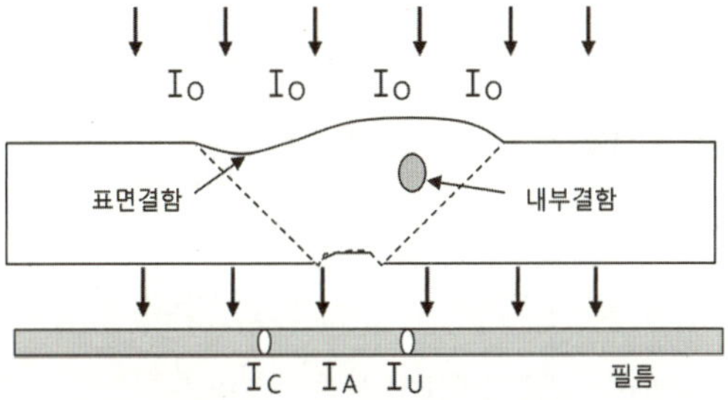

그림 4.30 방사선 투과검사의 원리

또 용접부의 표면 또는 내부에 큰 결함이 있다면, 그 부분의 투과량(감광량)이 다른 부분과 다르므로 이것을 쉽게 검출할 수 있다. 이처럼 RT는 검사물을 투과한 방사선을 감광한 필름의 농도 차(contrast)에 의하여 판정하는 검사법이며, 검출되는 결함으로는 균열, 융합 불량, 용입 부족, 기공, 슬래그 혼입, 언더컷 등이 있다.

3.2.3 장비와 보조재

(1) X-ray 장비

X선 발생 장치는 그림 4.31과 같이 전기를 이용하여 X선을 발생시키는 장비로, 전

원 스위치를 켰을 때 가속된 전자가 중금속으로 된 표적에 충돌하면 X선이 발생하는 원리를 이용한 장비이다. X선은 전자파의 일종으로 파장이 짧을수록 검사물의 투과 능력이 크게 되는데, 이 투과 능력을 이용하여 검사물의 결함을 발견할 수 있다.

그림 4.31 X선 발생 장치의 세트

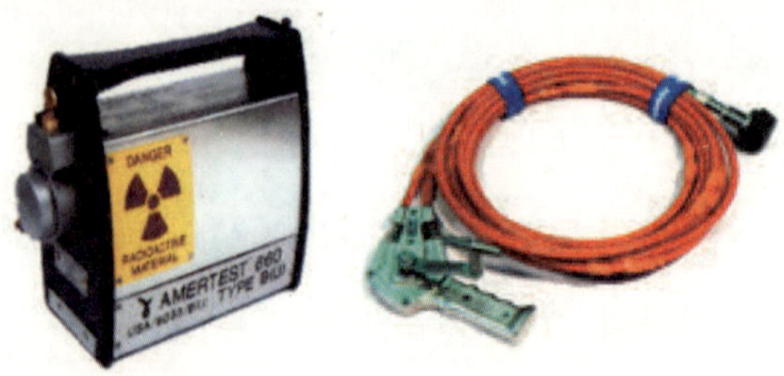

그림 4.32 γ선 조사기 장비 세트

(2) γ선 조사기

γ선 조사기는 그림 4.32와 같은 방사선을 방출하는 방사성 동위원소가 들어있는 장비를 말한다. γ선은 X선으로는 투과하기 힘든 두꺼운 판 등의 검사에 이용되는데, X선보다 파장이 짧고 투과력이 강하므로 많이 사용되고 있다. γ선의 발생은 방사성 동위원소가 붕괴할 때 발생한다.

3.2.4 RT에 사용되는 보조재 종류

① 투과도계

방사선 투과검사 때 반드시 검사물 위에 올려놓고 함께 촬영하는 것으로서 사진의 질을 판정하는 데 이용된다. KS에서는 침금형으로 투과도계라 부르고, 원형인 ASME는 I.Q.I(상질계: image quality indicator) 또는 penetrameter, penny라 부른다.

방사선 투과 사진의 상질을 점검하는 데는 표준시험편을 사용하며, 투과도계는 촬영한 필름이 요구하는 기준 이상이 되었는지를 판단하는 기준이 된다. 그림

4.33에 원형과 선형 투과도계를 나타내었다.

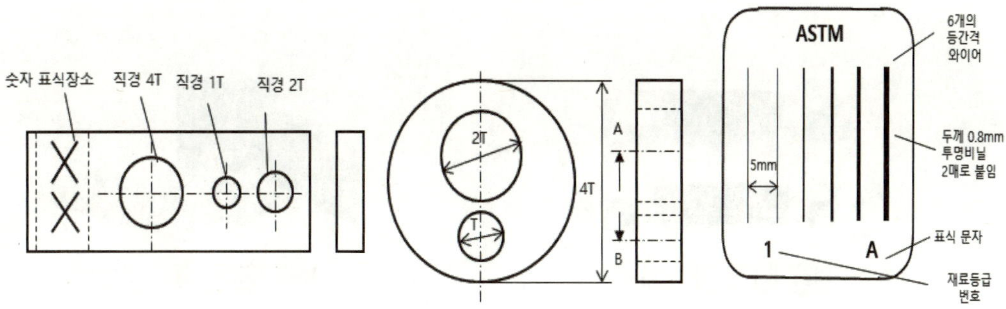

(a) 원형 투과도계　　(b) 선형 투과도계

그림 4.33 투과도계

② 카세트

필름을 넣는 흑색 비닐 또는 고무주머니로 빛으로부터 필름을 보호한다.

③ 납 스크린

필름 양면에 부착시켜서 카세트에 함께 넣는 것으로서 노출 시간을 단축한다.

④ 납 숫자

필름이나 검사물에 밀착시켜 함께 촬영하여 다른 사진과 구분하기 위해 사용한다.

⑤ 납판

카세트 뒷면에 놓아 필름 뒤쪽으로부터 산란하여 들어오는 방사선을 막는다.

⑥ 판독 등

촬영된 필름을 관찰하여 판독하기 위한 기구

⑦ 농도계

촬영된 필름의 각 부분의 농도를 측정하여 규정된 농도 범위 내에 있는가를 판정하는 기구

⑧ **자석**

카세트를 고정하기 위한 기구(그림 4.34)

그림 4.34 **자석**

그림 4.35 **계조계**

⑨ **계조계**

JIS와 KS에서 사용되는 것으로서 촬영조건을 결정하기 위해 사용되며, 각 부분의 농도 차를 구하기 위하여 사용된다. I형과 Ⅱ형이 있다(그림 4.35).

3.2.5 촬영 방법

(1) 방사선원의 선택

방사선 투과시험에 사용되는 선원에는 여러 가지가 있으며, 선원의 선택기준은 우선 만족할 만한 상질을 얻어야 하는데, 기준을 두고 시험편의 두께를 투과할 수 있는 선원을 선택해야 한다(그림 4.36).

일반적으로 선원으로 동위원소(γ선)를 이용하는 경우보다는 X선을 이용한 경우가 방사선 사진의 상질이 우수하며, 같은 X선을 사용할 때 노출 시간을 고려하지 않는다면, 저전압(low energy)을 사용하는 것이 좋은 상질을 얻는 데 유리하다.

표 4.20은 방사선원에 따라 적용할 수 있는 최대 두께를 나타내었다.

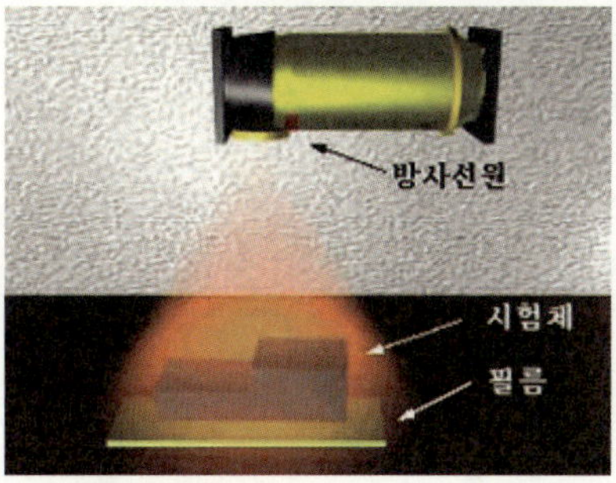

그림 4.36 X선 촬영원리

표 4.20 γ선을 사용하는 경우 허용되는 최소 두께(mm)

물질	Ir-192	C0-60
강(steel)	19.1	38.1
동 또는 고Ni	16.5	33.0
알루미늄	63.5	

(2) 방사선 투과 시험법

① 작업의 순서

시험 물체를 X선 발생 장치 또는 γ선 조사 장치로부터 적당한 거리에 방사선이 투과하는 두께가 최소가 되는 방향으로 두고, 필름을 넣은 카세트를 시험체의 뒷면에 밀착시킨 후 방사선을 조사하여 적당한 시간 동안 노출한다. 노출 시간은 시험체의 재질, 두께, 방사선의 에너지, 시험체와 필름 간의 거리, 필름의 종류, 요구되는 흑화도에 의해 결정된다.

노출된 필름은 암실에서 현상, 정착한 후 물로 세척하고 건조한다. 건조된 필름은 관찰기(film viewer) 위에 놓고 관찰하여 결함의 종류를 판단하며, 그 크기나 종류, 수량 등을 조사하여 적용 기술 수준에 따라 결함의 등급을 분류한다.

② 용접부 촬영 때의 배치

시험체의 구조나 용접 이음의 위치에 따라 여러 형태로 배치할 수 있다. 또 기공이나 수축공(shrinkage)과 같이 부피를 가진 3차원적인 결함의 탐상에는 크게 방향성이 없으나 크랙, LF, LP, lamination과 같은 2차원적인 결함 탐상 때에는 방사선의 조사 방향과 결함의 방향이 가능한 한 서로 평행하도록 방사선을 조사하지 않으면 검출이 매우 어렵다. 그림 4.37에 용접부 방사선 투과시험 때의 몇 가지 배치도를 나타내었다.

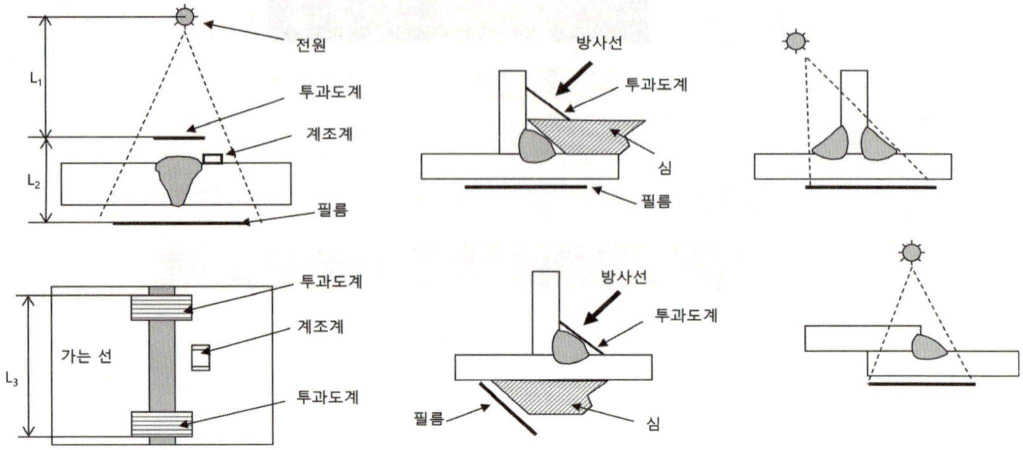

(a) 맞대기 용접부 촬영 요령　　(b) 필릿 용접부 촬영 요령

그림 4.37 방사선 투과시험의 lay-out 예

(3) 필름의 종류 및 선택

X선 필름은 투명한 아세테이트(acetate) 재질의 전 · 후면에 감광제인 할로겐의 화합물을 바르고, 그 위에 보호막을 바른 구조로 되어 있으며, 방사선에 노출되면 감광된다. ASTM E94에 의하면 필름은 크게 Type 1~4의 4종류로 분류되며 이를 표 4.21에 표시하였다.

표 4.21 ASTM E94에 의한 필름의 종류 및 특성

필름 종류	속도	명암도	입도
Type 1	저속	매우 높다	매우 낮다
Type 2	보통	낮다	낮다
Type 3	고속	높다	높다
Type 4	초고속 (형광 스크린 사용)	매우 높다 (형광 스크린 사용)	형광 스크린의 입도에 의존

3.2.6 RT의 특성(방사선 투과 시험법의 장단점)

(1) 장점

- 표면 결함 및 내부 결함을 모두 검출할 수 있다.
- 모든 종류의 재료에 적용할 수 있다.
- 영구적인 기록 수단이 된다.
- 결함을 눈으로 확인할 수 있다.
- 결함의 종류를 알 수 있다.
- 국내에서 가장 많이 사용되고 있는 검사법이다.

(2) 단점

- 일반적으로 T형 이음에의 적용에는 적합하지 않다.
- 결함의 방향성에 비교적 민감하다(투과 방향과 수직면을 형성하는 결함).
- 시간 및 비용이 많이 든다.
- 방사선 피폭에 주의 등과 방사선 안전 문제가 따른다.
- 양방향 접근이 가능해야 하고 제품 형상이 복잡한 경우 적용이 어렵다.
- X선은 얇은 두께의 물체 촬영에, γ선은 두꺼운 물체의 촬영에 보통 쓰인다.

3.2.7 촬영 결과

KS B 0845에서 규정한 결함의 분류 및 등급 분류에 대한 사항을 나타낸다. 투과 사진은 어두운 곳에서 충분히 밝은 필름 관찰기로 관찰한다. 결함의 분류는 제1종(기공 및 이와 유사한 둥근 결함), 제2종(슬래그 혼입 및 이와 유사한 결함), 제3종(터짐 및 이와 유사한 결함)으로 분류하고 있다. 그림 4.38에는 용접부에 존재하는 몇 가지 종류의 결함에 대한 방사선 투과 사진을 나타내었다.

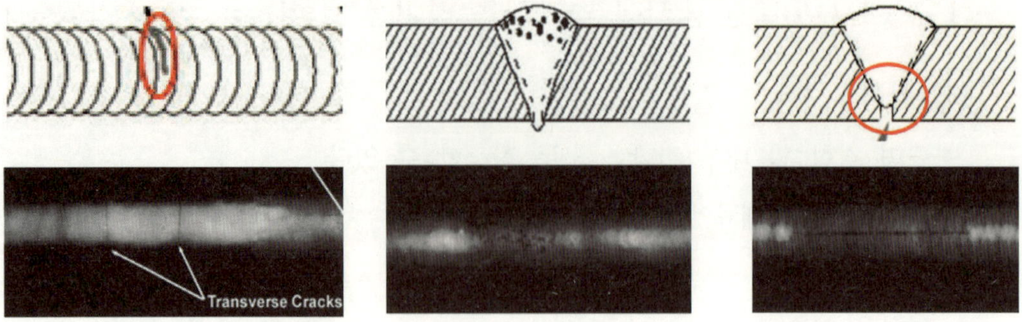

(a) 횡 방향 균열　(b) 가스 기공　(c) 루트 용입 부족

그림 4.38 용접 결함의 방사선 투과 사진

3.3 방사선 투과검사 결함 사진

알루미늄 용접부의 방사선 투과검사는 MIL-STD-1895, ASTM E1742, 또는 KS D 0242를 기준으로 수행한다. ASTM E1742는 방사선 투과시험의 전반적인 절차 수립을 위한 표준 지침으로, 검사 준비, 촬영조건, 감도 평가, 판독 및 보고에 이르는 전 과정을 포함한다. 이 표준은 결함 허용기준을 직접 규정하지 않지만, ASME, AWS, MIL 규격과 연계되어 폭넓게 활용된다.

알루미늄 용접부의 결함등급 분류와 허용기준은 KS D 0242의 부속서 D에서 제시되어 있으며, MIL-STD-1895에서는 기준 영상(reference radiographs)과 함께 결함 유형별 등급 및 허용기준을 명확히 제시하고 있으며, 기공 결함(FSP, CSP, LP, GS)은 STD 3등급까지 허용되고, 용입 부족(Lack of Penetration) 및 융합 불량(Lack of Fusion)은 STD 2등급까지 허용된다. 반면, 균열(Crack)은 전면 불허된다.

다음은 방사선 투과 사진의 결함의 예를 종류별로 나타냈다.

(1) 균열(crack)

결함 명: 용접선 길이 방향의 중앙부 균열(MIG)
설명: 너무 큰 용융지를 만들었을 때(4.8mm)

결함 명: 용접선 길이 방향의 시작 부분 균열(MIG 기계화)
설명: 부적합한 용접봉을 선택, 아크 길이가 너무 짧다(6.4mm, 7039).

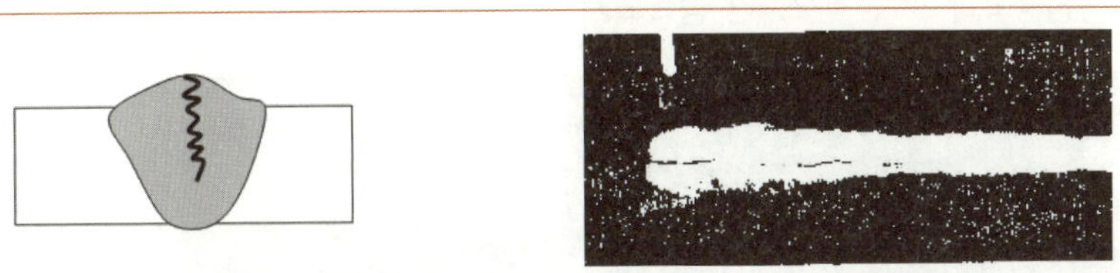

결함 명: 용접선 길이 방향의 가장자리 균열(MIG)
설명: 부적합 용접봉의 사용과 높은 희석(6.4mm)

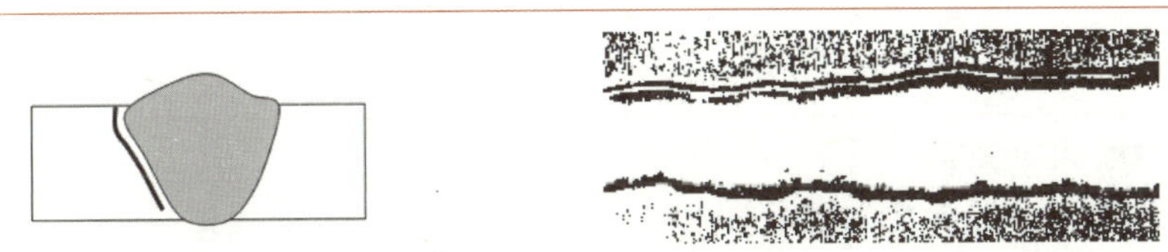

결함 명: 크레이터 균열(TIG)
설명: 다음의 비드에 의해 부분적으로 덮어쓸 때(용융 불량 t=12.7mm)

결함 명: 횡균열(MIG)
설명: 용접 길이 방향의 과도한 구속

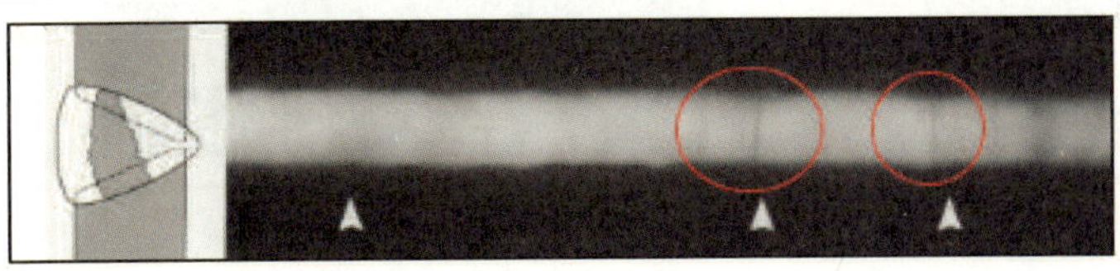

(2) 용입 및 융합 불량(lack of penetration and incomplete fusion)

결함 명: 용입 부족(MIG)
설명: 불충분한 용접열, 부적절한 이음 설계

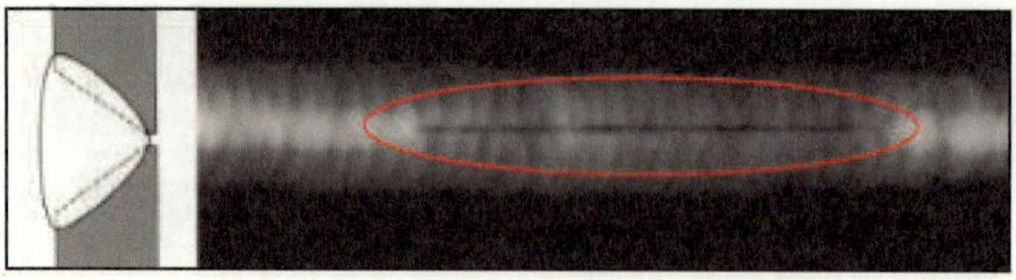

결함 명: 융합 불량(MIG):
설명: 용접금속과 모재, 패스 간 융합되지 않은 상태, 부적절한 이음 설계

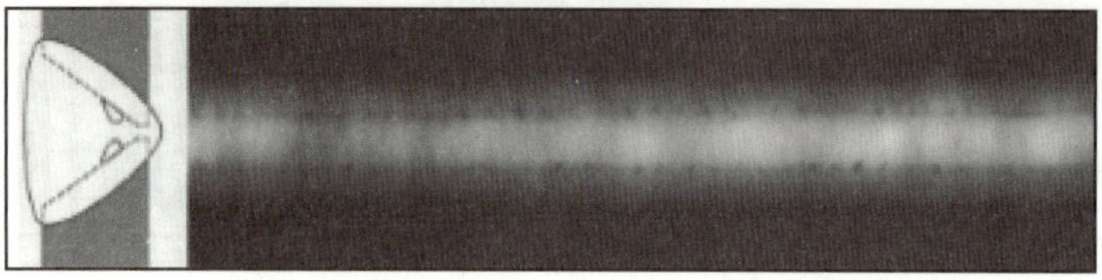

(3) 기공(porosity)

결함 명: 기공(MIG)
설명: 용접금속의 응고 과정에서 가스가 용접금속 내에 갇혀서 발생

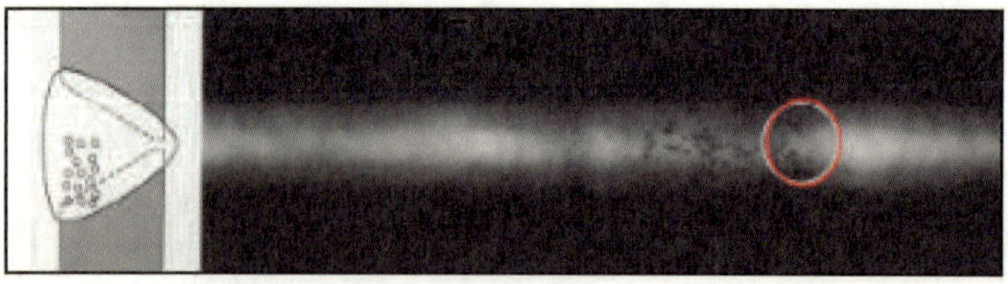

결함 명: PP 용융 부족에 조합된 선형 기공(MIG t=3.2mm)
설명: 틈새의 공기, 토치각도 불량, 낮은 전류 사용, 용접 속도가 빠를 때

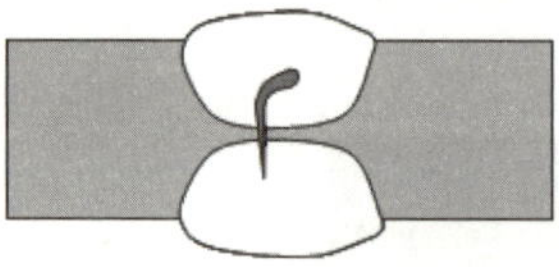

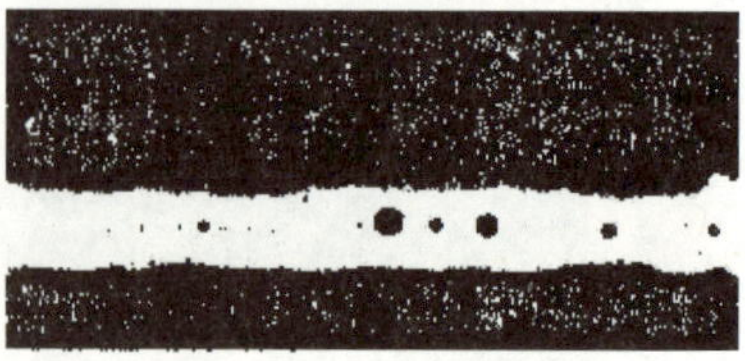

결함 명: PP 선형 기공(MIG t=7.9mm)
설명: 뒤판에 밀착에 틈새가 있을 때

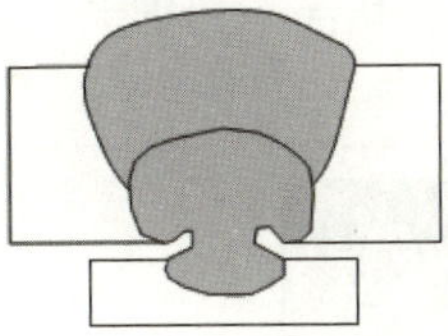

결함 명: PU 고르게 분포된 기공. 광의의 C 등급(MIG t=6.4mm)

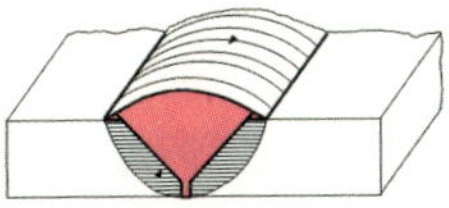
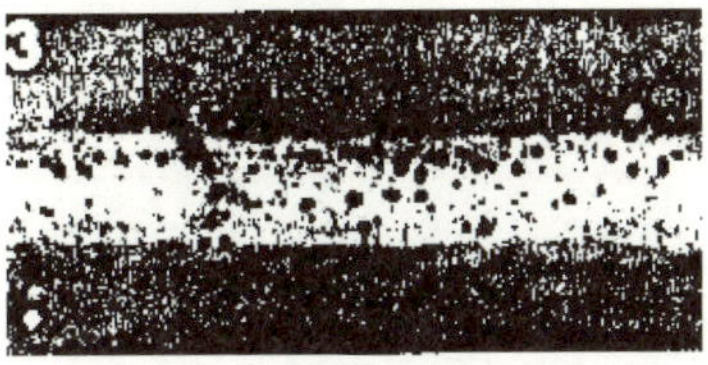

결함 명: PU 고르게 분포된 기공. 광의의 B 등급(MIG t=6.4mm)

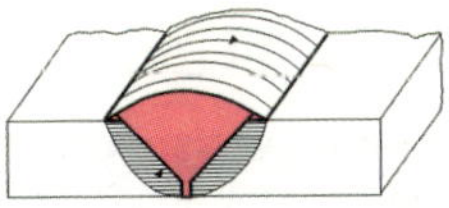
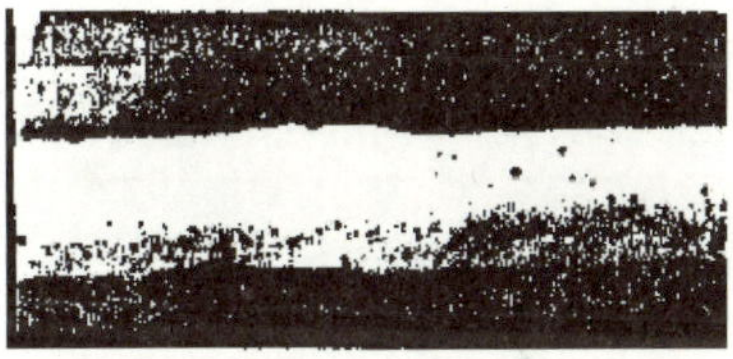

결함 명: PU 고르게 분포된 기공 광의의 A 등급(MIG t=6.4mm)

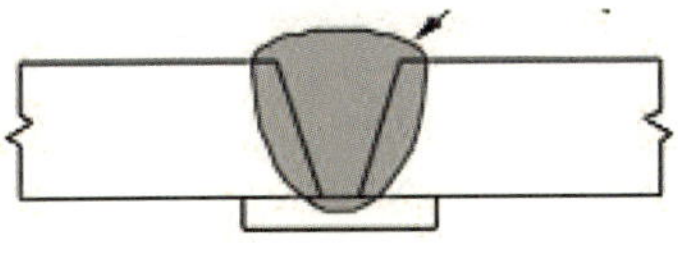
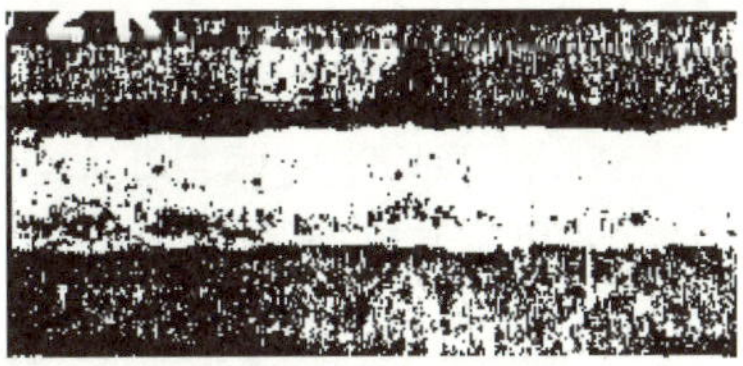

(4) 개재물

결함 명: 슬래그 개재(MIG)

설명: 용접 패스 사이 혹은 용접 패스와 모재 사이에 갇힌 비금속 개재물
용접 작업자의 기량 미숙

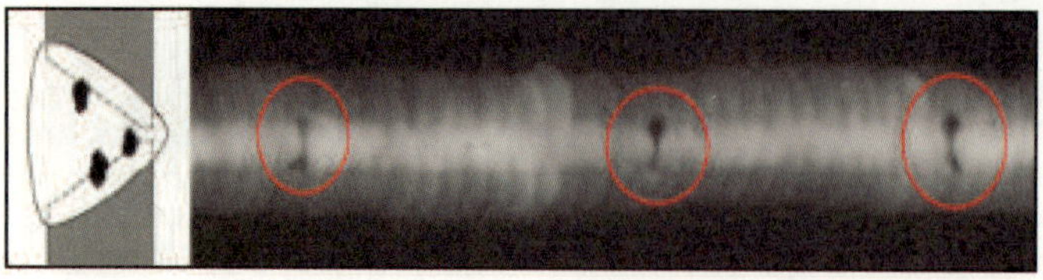

결함 명: IO 산화물(oxide) 섞임(MIG t=12.7mm)

설명: 다층 용접 때 첫 층에서 puckering이 일어난 부분을 용융금속이 덮음

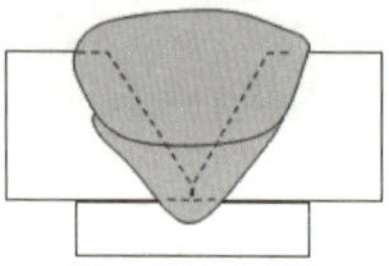

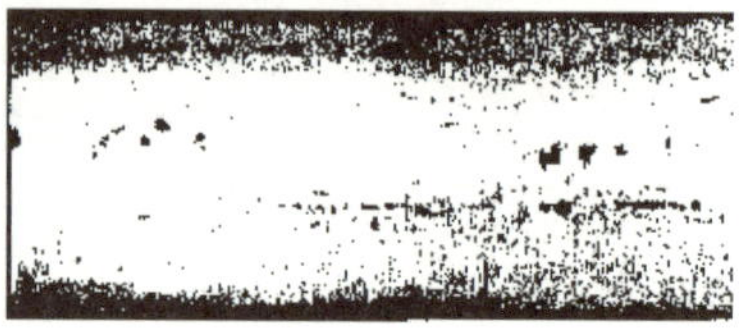

결함 명:IC 구리(copper) 섞임(MIG t=12mm)

설명: 흰 얼룩점이 구리이며, 노즐이 과열되거나 팁의 burn back이 원인

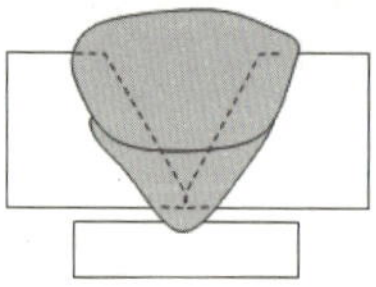

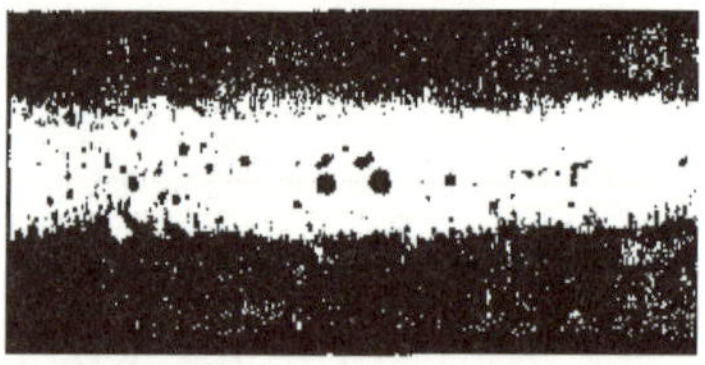

결함 명: IT 텅스텐이 산재한 섞임(TIG)

설명: 텅스텐 전극의 적정전류보다 너무 높게 사용.
용접봉의 속도가 너무 빠를 때

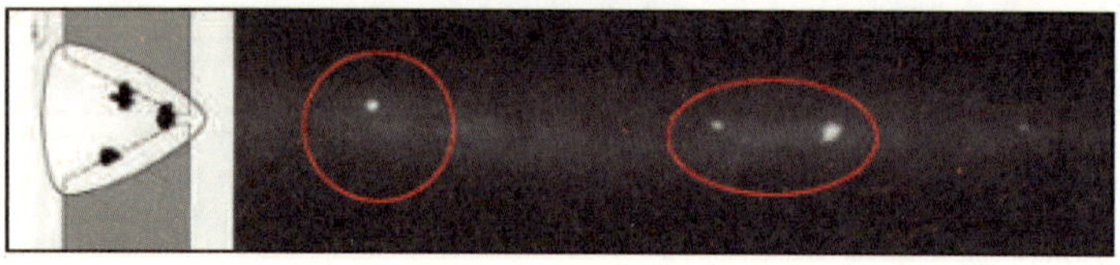

(5) 언더컷(undercut)

결함 명: 언더컷(MIG)
설명: 언더컷: 용접부와 모재와의 연결부의 파인 홈
용접 속도가 빠르고, 용접전류가 높아 아크가 길어질 때 발생

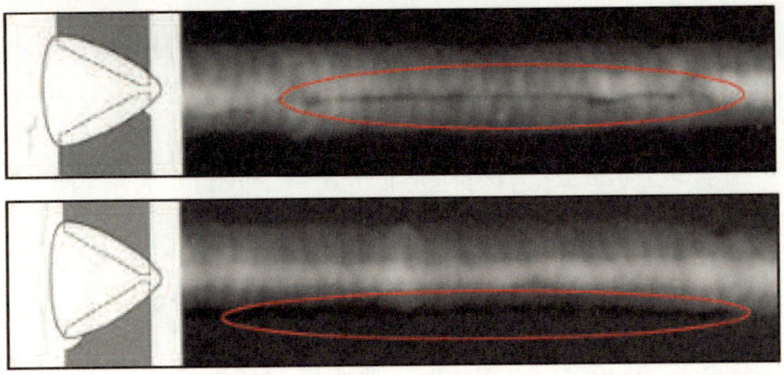

내부

외부

3.4 (액체)침투 시험(PT: (liquid) penetrate test)

3.4.1 원리

PT는 표면으로 열린 결함을 탐지하는 기법으로, 침투성이 강한 액체를 표면에 뿌리거나 칠하면 결함이 있는 곳으로 침투액이 스며든다. 거기서 표면의 침투액을 닦아내고, 다시 현상액을 뿌리면, 결함 중에 침투되어 있던 침투액이 배어 나와 액의 소재가 명확히 나타나므로 이것으로 결함을 찾아내는 방법이다. 침투 및 현상 재료에 따라 여러 가지 기법이 있으며, 시공 및 제작 현장에서는 주로 용제 제거성 염색 침투 탐상 기법이 적용된다.

3.4.2 검사방법

침투검사에는 형광물질을 함유한 침투액을 사용하는 형광 침투검사와 염료를 함유한 침투액을 사용하는 염료침투검사가 있다. 여기서는 많이 적용되는 염료(염색) 침

투탐상검사에 관해 설명한다.

염료 침투탐상검사법은 적색 염료를 첨가하여 착색한 침투액을 사용하여 자연광이나 백색광 아래에서 관찰하는 방법이다. 여기서 검사에 사용되는 기본 약품에는 침투액과 세척액, 현상액이 있으며 침투액 등을 닦아낼 걸레 등이 필요하다.

- 침투액: 적색의 액체로서 미세한 틈으로도 강력히 스며드는 성질을 가진 것으로, 뿌리거나 붓으로 칠하여 검사 면에 적용한다.
- 세척액: 대개 솔벤트 성질의 것으로, 검사 면의 불순물 제거와 침투액을 닦아낼 때 사용한다.
- 현상액: 침투액을 표면으로 흡출시킬 수 있는 성질을 갖는 분필 가루와 비슷한 흰 가루를 용제에 녹인 것을 사용한다. 이 액을 뿌리면 결함 속의 침투액이 스며 나와 붉은 무늬를 형성하므로 이것을 판독하는 것이다.

(1) 탐상법의 분류

침투탐상시험은 사용된 염료의 종류와 과잉침투액을 제거하는 방법에 따라 ASME Sec. 5 SE-165(nondestructive examination)에서는 다음과 같이 분류한다. 표 4.22와 4.23은 ASME section 5 part. 24 침투탐상시험 절차를 나타내었다.

표 4.22 형광 침투탐상시험(type 1)의 절차

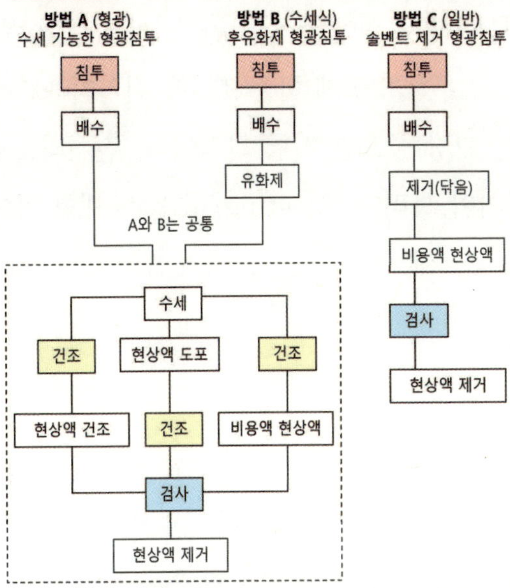

표 4.23 염료침투 탐상시험(type 2)의 절차

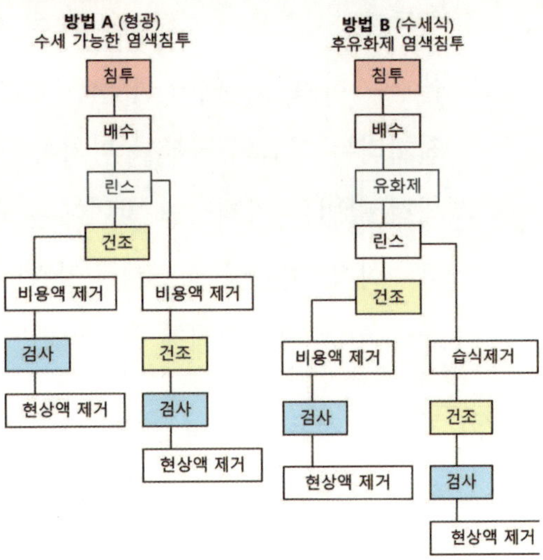

Method A 형광 침투탐상 시험법	Method B 염료 침투탐상 시험법
Type 1 형광 침투 수세법	Type 1 염료 침투 수세법
Type 2 형광 침투 유화법	Type 2 염료 침투 유화법
Type 3 형광 침투 용제법	Type 3 염료 침투 용제법

(2) 탐상 절차

침투탐상시험의 탐상 절차는 크게 나누어 ① 전처리, ② 침투처리, ③ 세정처리, ④ 현상 처리, ⑤ 관찰, ⑥ 후처리의 순서로 한다(그림 4.39, 표 4.22, 표 4.23 참조).

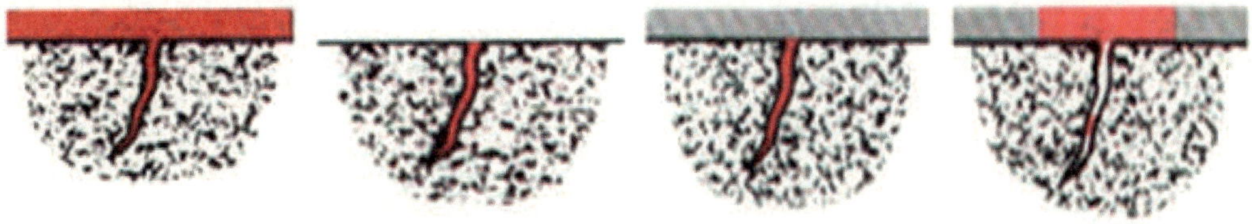

(1) 침투 과정 (2) 과잉 침투액의 제거 (3) 현상

그림 4.39 액체 침투탐상시험 절차

① **전처리**

침투탐상시험을 실시하기 위하여 시험체의 표면에 부착된 먼지, 기름 등의 이물질을 제거하여 침투액이 불연속 내부로 침투하기 쉽게 하는 조작을 전처리라고 한다. 전처리는 시험의 적부를 판가름하는 가장 중요한 시험 과정이다. 전처리를 위한 세척 방법은 기계적인 방법에는 와이어 브러시, blasting, 초음파 세척 등이 있고, 화학적인 방법으로는 알칼리, 산 세척법이 있고, 용제법으로는 solvent spraying, 증기 세척 등이 있다.

② **침투액 적용(그림 4.39의 1)**

시험 면에 침투제를 적용해 표면에 열려있는 불연속부 속으로 침투제가 충분하게 침투되도록 하는 과정으로 전처리한 시험체의 표면에 침투액을 적용한다. 침투액의 적용 방법에는 분무법, 솔질법, 침적법, 퍼붓는 방법이 있으며, 시험품의 형상, 수량, 작업조건, 경제적인 측면 등을 고려하여 적절히 선택해야 하지만, 일반적으로 분무법이 가장 효과적이다. 침투제를 적용한 후 과잉 침투제를 제거하기 전까지 일정한 침투 시간을 두는데, 이러한 침투 시간은 검사규격에서 권고한 기준을 따라 적용한다.

③ **세척 처리(과잉 침투액 제거: 그림 4.39의 2)**

침투 시간이 경과한 후 불연속 내에 침투된 침투제는 제거하지 않고, 시험 면에 남아있는 과잉 침투제를 제거하는 과정을 세척 처리라 한다.

침투제는 물의 세척이 가능한 수세성과 솔벤트 세척의 용제 제거성, 유화제로 유화를 시켜야 물로 세척이 되는 후유화성 침투제가 있다. 과잉 침투제를 제거할 때는 과잉 세척으로 결함의 틈에 스며들어 간 침투액이 씻겨 나오지 않도록 주의해야 한다. 세척은 주로 물 또는 용제를 사용하여 수행하는데 침투제의 종류에 따라 세척 방법이 달라진다.

④ **현상 처리(그림 4.39의 3)**

세척 처리가 끝난 후 불연속부 안에 남아있는 침투제를 시험체 표면으로 노출해

지시를 관찰하는 과정을 현상 처리라 한다. 현상제는 건식과 습식의 2가지가 있으며, 과잉 침투액을 제거한 시험체의 표면을 건조한 다음 바로 현상제를 적용하는데, 일반적으로 시험체 표면의 색채가 현상제의 도포층을 통해 보이지 않을 정도로 두껍게 바르지 않도록 한다. 현상제의 적용은 불연속 지시의 선명도 및 명암도가 높아지는 범위 내에서 가능한 한 얇고 균일하게 발라야 한다.

⑤ **건조**

가스, 전열 또는 증기로 건조하는 때도 있지만 회전 열풍식으로 건조함이 가장 바람직하며 온도는 107℃를 초과해서는 안 된다.

⑥ **관찰(판독)**

침투탐상검사에서 나타나는 지시는 시간이 지남에 따라 지시의 형태가 변하고 크기가 점점 커져서 나타나는데, 이는 시험체의 합격 여부 판정을 결정하는 중요한 과정이기 때문에 관찰 시점이 매우 중요하다.

관찰할 때 지시 모양의 크기에 변화가 없을 때는 그 이상 시간이 지난 후라도 무방하다. 지시가 나타났을 때는 관련 지시인지 무관련 지시인지를 확인해야 하는데, 명확하지 않은 경우는 재검사해야 한다.

현상 면을 육안으로 관찰하여 지시의 발생 여부를 확인한다. 형광법을 사용한 경우는 자외선 등을 사용하여 관찰한다. 일반적인 침투제의 침투 시간은 표 4.24와 같다.

표 4.24 침투 시간(Sec. 5 part. 24)

재질	형태	불연속의 형태	침투 시간(분)	
			침투	현상
강, Al, Mg, 황동,	주조, 용접	cold shut, 기공, 용융 부족, 크랙(모든 형태)	5	7
청동, Ti, 내열강	압출, 단조, 판재	겹침, 크랙(모든 형태)	10	7
탄화물 팁 공구		용융 부족, 기공, 크랙(모든 형태)	5	7
플라스틱, 유리	모든 형태	크랙	5	7
세라믹	모든 형태	크랙, 기공	5	7

⑦ **후처리(후세정)**

모든 불연속부의 지시를 판독한 후 시험체에 남아있는 현상제는 제거하는 것이 원칙이다. 검사가 완료된 후 시험체 표면에 남아있는 시험제가 다른 공정에 지장을 줄 우려가 있는 경우 시험체 표면에 남아있는 침투제 및 현상제와 같은 검사제를 제거해야 하며, 특별한 언급이 없다면 후처리를 하는 것을 원칙으로 한다. 후처리는 시험체 표면에 손상을 주지 않으면서 검사제가 완전히 제거되는 방법으로 하며, 보통 물 또는 용제를 사용한다.

(3) 침투탐상시험 방법 선택의 고려사항은 다음과 같다.

① 요구되는 탐상 강도

② 시험품의 크기, 수량 및 형태

③ 시험품의 표면 상태

④ 물, 전기 등의 사용 가능성 유무

⑤ 불연속의 발생 근원

3.4.3 PT의 특성

- 탐상 기구 및 탐상 방법이 비교적 간단하다.
- 용접물의 크기에 제한받지 않는다.
- 자분탐상법보다 비자성체에도 적용할 수 있다.
- 표면이 열린 결함만 검출할 수 있고 내부 결함은 검출할 수 없다.
- 다공성 물질을 제외한 금속, 비금속재료 검사가 모두 가능하다.
- 시험방법의 선택에 따라 설비 등이 필요 없이 간편하게 검사할 수 있다.
- 결함 모양을 눈으로 확인할 수 있다.

4 육안검사(visual test)

가장 기본이 되는 비파괴검사법으로서 대상의 개괄적인 상태를 파악하고 취약부를 선정하며, 비교적 큰 불연속을 탐지하는데 적용된다. 필요 때는 보조 수단으로 확대경, 내시경 또는 거울 등을 이용하여 결함을 크게 보이게 하거나, 접근이 쉽지 못한 부위를 관찰한다.

이러한 육안검사는 육안 관찰이라는 한계에도 불구하고 매우 효과적인 검사법이다. 용접 결함 중 형상적 결함(여러 가지 노치)은 모두 이 육안검사로 찾을 수 있어 다른 비파괴시험 이전에 불필요한 결함을 미리 제거할 수 있기 때문이다.

따라서 육안검사는 반드시 이 과정과 같은 교육을 이수한 자격이 인정된 요원이 수행하여야 하며, 다른 비파괴시험과 마찬가지로 기록을 남겨야 한다. ASME Sec. 6 육안검사 방법은 다음과 같다.

(1) 직접 육안검사

- 검사 때 눈의 위치: 검사 표면에서 61cm 이내, 30° 이상의 각도
- 시계의 각도를 향상: 거울 및 확대경과 같은 보조 장치를 사용 가능
- 검사 부위: 일반적인 조명+직각과 빗각으로 조명
- 분해능: 표면에서 18% 회색 카드의 폭 0.8mm 검정 선을 구별 가능

(2) 원격 육안검사

- 망원경, 잠망경, 내시경, 광섬유 또는 TV 카메라 그리고 기록 장치가 부착된 감시 장치의 보조 장비를 사용 가능
- 보조 장치의 분해능은 직접 육안검사 때 얻을 수 있는 분해능 이상

4.1 알루미늄 용접부 육안검사

- 용접 결함(weld defects)은 용접부에서 발생한 외관상 또는 성능상의 각종 결함을 총칭한다. 넓은 의미로 용접 이음의 성능을 열화시키는 요인을 용접 결함이라고 정의한다면, 용접열에 의한 재질적 불균일도 포함될 수 있다. 그러나 이러한 불균일 현상은 용융 용접법을 채용하는 한 피할 수 없어 일반적으로는 이러한 현상 이외의 이음부 성능 열화 요인을 용접 결함이라고 한다.
- 용접 결함은 크게 비드의 형상 불량, 내부 결함, 균열 등으로 나눌 수 있다. 용접부의 형상 불량에는 오버랩, 언더컷, 험핑 비드, 용입 부족 등이 있으며, 내부 결함에는 블로우홀, 웜홀, 피트 등의 기공과 비금속 개재물의 혼입, 은점, 선상 조직 등이 포함된다.
- 용접 균열은 발생온도에 따라 고온균열, 저온균열, 재열균열 등으로 구분되며, 그 외에도 발생 장소, 조건 등에 따라 여러 종류로 분류되고 있다. 이러한 용접 결함은 용접설계의 불량, 부적당한 용접법의 선택, 부적정한 용접재 및 시공조건의 선정, 용접시공의 전후 처리 및 용접 분위기의 불량 등 다양한 요인에 의해 발생한다.
- 외관검사는 용접검사의 기본 검사로 용접부의 형상과 결함을 육안이나 계측기로 검사하는 방법을 말하며, 외관시험이라고도 한다. 외관검사는 육안검사와 치수 계측시험으로 구분하지만 실제로는 외관검사와 육안검사가 같은 의미로 사용되고 있다.
- 용접부의 형상으로는 목 두께, 오목도, 볼록도 등이 있고, 결함검사로는 기공, 오버랩, 언더컷, 용입 불량, 용접균열, 아크 스트라이크 등이 있다.
- 불연속성 결함은 대부분 부적절한 용접 절차, 용접환경 또는 용접사의 기량 미숙 등에 기인하는 경우가 대부분이라 할 수 있으며, 특성상 현재 존재하는 거시적인 구조적 결함을 탐지하는 것이 주목적이다. 미래에 발생할 수 있는 재료의 미시적 결함의 조사는 용접절차서 인정시험, 용접공정 중 검사 등을 통한다.

이 단원은 알루미늄 합금 군용 차량의 용접에 발생하는 용접 결함의 종류와 등급을 정의하고, 용접부 외관 기준을 마련하여 용접부 품질 향상과 용접사와 용접 검사원의 눈높이를 같이 하여 자주 검사에 활용하는 데 있다.

4.2 알루미늄 합금 소재의 용접규격과 용접부 외관검사 기준 (TACOM 12472301)

4.2.1 적용 범위

이 규격은 장갑 및 비장갑 알루미늄 합금의 GMAW와 GTAW 용접 절차와 합격 기준에 관하여 규정한다. 이 규격의 육안검사 기준은 최소 합격 용접 품질을 결정하기 위하여 일솜씨(work-man ship)와 시편에 적용할 수 있으며 알루미늄 스터드 용접에도 적용할 수 있다.

이 규격은 GTAW(gas tungsten arc welding), GMAW(gas metal arc welding), PAW(plasma arc welding) 방법에 따라 제작된 알루미늄 합금의 용융 용접 외관 허용기준에 관하여 규정한다.

(1) 분류(classification)

① 비치명적 용접(non-critical welding)은 실패가 사람에게 손상 또는 부여된 임무의 수행할 수 없는 것을 초래하지 않는 모든 용접부에 적용할 수 있다. 이 등급은 방탄 이음에 적용할 수 없다.

표준 사양이 용접이 다음 요구사항을 준수하는 경우 비치명적인 용접이 적용된다.

- 모든 용접은 다음과 같은 특성을 충족해야 한다.
  - (a) 용접은 필릿 용접을 해야 하며, 7.9mm 이하여야 한다.
  - (b) 용접은 연속 457.2mm 이상 수행하지 않는다.
- 차량 내의 모든 용접물(브래킷, 행거, 클립, 풋 맨 루프 등)에 지지가 되는 물

품의 제한은 15.8kg을 초과하지 않아야 한다.

- 차량 외부의 모든 용접물(브래킷, 행거, 클립, 풋 맨 루프 등)에 지지가 되는 품목은 22.7kg를 초과하지 않아야 한다.

② **치명적 용접(방탄 구조 제외, critical welding)**

용접의 이 등급은 이음의 실패 가능성이 인명 피해, 인명 손실, 중요한 오류가 발생할 수 있는 모든 용접 이음에 적용할 수 있다.

③ **방탄 용접**(ballistic welding)

이 용접등급은 방탄 구조의 치명적인 완전한 방탄 구조의 용접 이음에 적용할 수 있다. 방탄 구조의 완전한 방탄에 중요하지 않은 용접 이음은 비방탄 용접등급으로 지정할 수 있다. 비치명적 및 치명적에 정의된 비방탄 용접등급은 같은 방탄 구조에 지정할 수 있다.

4.2.2 관련 규격

이 규격은 TACOM 12472301의 일부를 이루고 있으며 적용 시점에서 유효한 최신판이어야 한다. 알루미늄 용접부의 부품 및 구조물 이음의 육안검사의 관련 기준과 용어는 TACOM12472301-aluminium 및 대한용접 · 접합학회 용접용어집을 사용한다.

4.2.3 육안검사 필요조건 및 분류에 따른 육안검사의 비교

용접의 육안검사는 최소한 100피트 촉광 밝기를 가지면서 밝은 지역에서 수행되어야 한다. 모든 용접은 이 표준에 따라 육안으로 검사되어야 한다.
분류에 따른 육안검사의 비교에서 표 4.25는 TACOM 12472301의 육안검사 등급의 분류이다. 9개 결함의 주요 항목 중 불완전 융합, 기공, 오버랩에서 비치명적

등급과 방탄 등급에서 차이가 있음을 볼 수 있다.

그림 4.40은 용접부 단면 형상에서 허용과 불허용의 형상을 나타냈고, 맞대기 용접에서 허용하는 용접 보강(덧살)의 기준을 나타내었다. 그림 4.41은 언더컷의 허용 기준을 도표로써 설명한 것이다. 일반적으로 맞대기의 보강 덧살은 더 높은 것을 제한하며, 필릿 용접의 각장 크기는 최소의 것을 규정하고 있다.

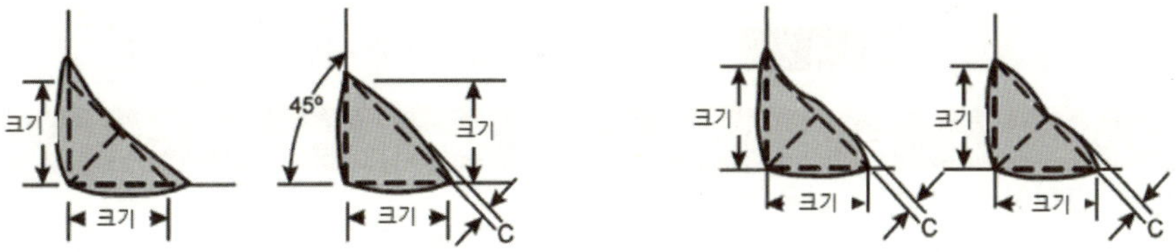

용접 및 개별 표면 비드의 볼록 C는 개별 비드 또는 실제 용접 표면 폭의 0.07배 또는 1.6mm를 초과할 수 없다.

(a) 바람직한 용접 단면 (b) 허용 용접 단면

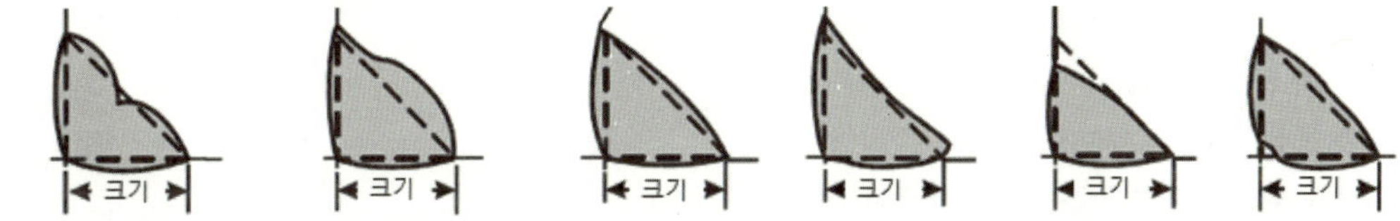

(c) 불허 용접 단면

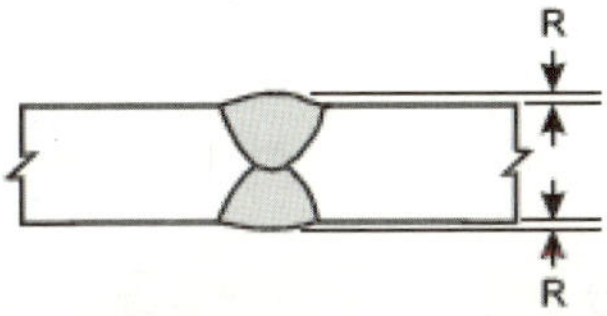

주어진 판 두께의 최대 볼록	
두께 t mm	최대 볼록 mm
t ≤ 9.5	2.4
9.5 〈 t ≤ 19.1	3.2
t 〉 19.1	4.8

(d) 허용 단면: 양면 맞대기 홈 용접

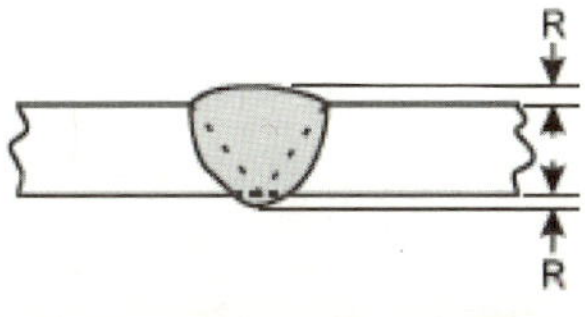

주어진 판 두께의 최대 볼록	
두께 t mm	최대 볼록 mm
t ≤ 6.4	2.4
6.4 〈 t ≤ 12.7	3.2
12.7 〈 t ≤ 25.4	3.9
t 〉 25.4	4.8

(e) 허용 단면: 한쪽 면 맞대기 홈 용접

그림 4.40 허용과 불허용의 용접 단면

과도한 볼록 불충분한 목 두께(under fill) 과도한 언더컷 오버랩

(f) 허용할 수 없는 맞대기 홈 용접 단면

그림 4.40 허용과 불허용의 용접 단면(계속)

표 4.25 육안검사의 등급 비교–생산제품 적용

Non–Critical Welding	Critical Welding	Ballistic welding
• 별도 규정이 없으면, 용접은 시작 지역을 제외한 균열 불허 시작 균열은 길이 6.4mm/용접 길이 20% 이하 중 작으면 허용(그림 8.2) • 크레이터의 크레이터 균열은 허용(그림 8.2)	• 용접 표면에 균열 불허 • 모든 크레이터는 4.8에 따라 채운다.	• 좌동
• 용접금속 층의 불완전 융합은 용접금속–모재에 5T 이하의 길이에서 모재 두께의 20% 이하 또는 1.52mm 중 작은 값	• 10% 이하 또는 1.3mm 중 작은 값	• 1T 이하 길이에서 두께의 10% 또는 0.76mm 중 작은 값
• 용접 단면(profiles)은 3.5에 따라야 한다.	• 좌동	• 좌동
• 규정 이외 언더컷은 그림 8.1의 허용값 이내, 임의의 길이 304.8mm에서 누적 길이 50.8mm 이하는 그림 4.42 허용값의 2배(단, 한쪽 언더컷은 1.6mm 이하) 용접 길이 304.8mm 미만의 언더컷 허용 길이는 실제 길이에 비례	• 허용값을 그림 4.42에 표시. • 좌동	• 허용값을 그림 4.41에 표시 • 좌동
• 단일 연속 필릿 용접 치수가 수정되지 않는 경우, 공칭 용접 치수보다 1.6mm 감소 허용 어느 경우도 치수 미달 비율이 용접 길이의 10% 이하여야 한다.	• 좌동	• 좌동
• 표면 기공은 날카로운 꼬리는 불허 기공은 용접부 면적 25.4mm^{2}당 13개 제한. 직경 0.8~2.4mm 기공은 4개 이상이거나, Φ2.4mm 초과는 불허 용접면적 250.4mm^{2}당 Φ2.4mm 이하 기공은 30개 이하	• 좌동	• 표면 기공은 날카로운 꼬리는 불허 용접부 면적 25.4mm^{2}당 6개 제한 직경 0.8~2.4mm 기공은 2개 이상, Φ2.4mm 초과는 불허

Non-Critical Welding	Critical Welding	Ballistic welding
		용접 면적 $250.4mm^2$당 Φ2.4mm 이하 기공은 15개 이하
• 오버랩은 용접 길이 304.8mm에서 2T 이하, 날카로운 반경, 균열 같은 날카로운 종단부는 제거하며, 함몰이 허용 크기 이하인 경우, 재용접할 필요 없다. 용접부 길이 304.8mm 이하는 허용 길이는 실제 길이에 비례한다.	• 1T 이하 • 좌동	용접 길이 304.8mm에서 1T 이하 • 좌동
• 모서리 용융은 언더컷으로 간주하지 않으나, 0.2T/3.2mm 중 작은 쪽 랩 이음의 가장자리 용융은 언더컷으로 간주하지 않는다. 용접부는 최소 크기를 만족해야 한다.	• 좌동	• 좌동
• 불일치는 4.6mm/0.1T 중, 작은 쪽 • 용락(Melt-through)은 결합의 성능, 조립에 방해하지 않으면 거부하지 않는다. • 용락(Burn-through)은 허용되지 않으며, 수정한다.	• 좌동 • 좌동 • 좌동	• 좌동

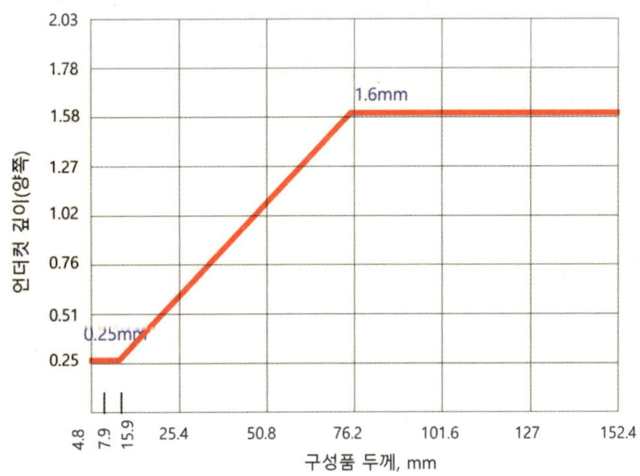

그림 4.41 허용 언더컷 값

4.2.4 육안검사의 일반적 기준

(1) 용접 길이(length of weld)

아래의 언더컷, 덧살 부족(under fill)과 작은 크기(undersize)에서 규정한 것을 제외하고는 용접 길이가 도면규격과 일치하여야 한다.

(2) 용접 크기(size of weld)

용접 크기가 도면규격과 일치하여야 한다. 그림 4.42는 용접부에 사용하는 치수 기호를 나타내었다.

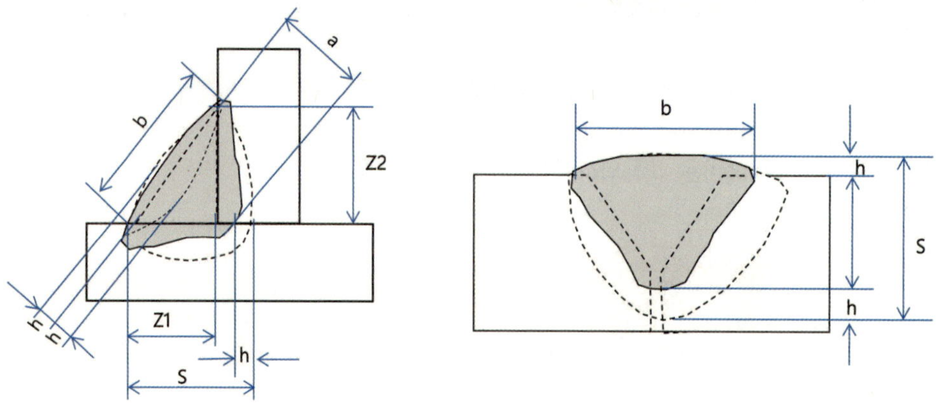

※ 사용 기호의 정의: 표에 사용되는 기호는 다음에 따른다(KS B ISO 10042).

A: 기공의 면적

a: 필릿 용접의 목 두께

b: 용접 덧살의 폭

d: 기공의 지름

h: 결함의 크기

l: 결함의 길이

S: 맞대기 용접 두께 또는 부분 용입인 경우는 규정된 용접 깊이

Z: 필릿 용접의 다리 길이(직각 2등변 삼각형의 경우 Z=a · √2)

그림 4.42 사용 기호의 정의

① 언더컷(undercut): 표 4.28 참조

② 덧살 부족(under fill)과 작은 크기(under size): 표 4.30 및 그림 4.43 참조

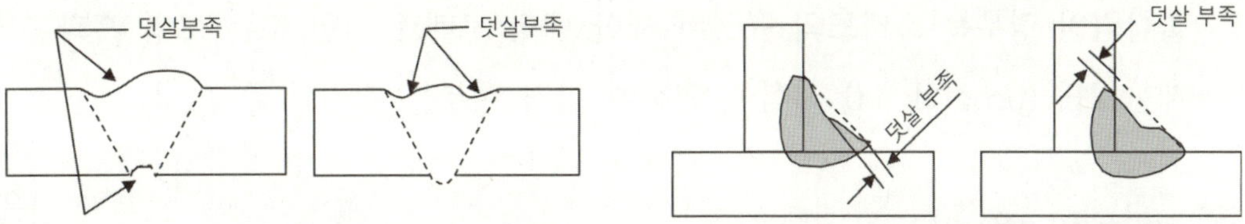

(a) 맞대기 (b) 필릿 용접부

그림 4.43 **덧살 부족**

(3) 표면 기공(분산형 또는 선형: surface porosity-scattered or linear)

(4) 용접 결함(imperfections)

그림 4.44의 예와 같이 균열, 융합 불량, 용입 부족은 허용되지 않는다.

그림 4.44 **용접부 균열(crack)**

(5) 끌어내기(tail-in or tail-out) / 시작과 정지(starts—stops)

용접부의 끌어내기는 용접부로 간주하지 않는다. 끌어내기 내에 있는 균열은 끌어내기가 용접면으로부터 분리되어 모재에 끝난 경우만 허용된다. 시작(starts)과 정지(stops)가 모재에 있지 않은 구역에 균열은 용접부가 시작과 정지구역 내의 도면상 규격 용접 크기보다 클 때만 허용된다. 끌어내기의 방향은 임의이다.

(6) 강도 시험(proof test)

보병 고리와 훅(footman loops & hooks) 또는 스터드(studs)의 육안검사 결과가 불합격인 경우는 스터드의 규정된 제한 벤딩 모멘트 시험 또는 보병 훅과 고리의 제한 하중(proof load) 시험에 의하여 합격 여부를 결정할 수 있다.

(7) 표면 거칠기(surface roughness)

용접부의 표면 거칠기는 불합격의 요인이 될 수 없다.

(8) 용접부 제거(weld removal)

모재와 용접부의 기계적인 방법에 따른 제거는 도면에 규정된 치수 한계 내에서 허용된다.

(9) 용락(melt through & Burn through): 표 4.37 참조

(10) 오버랩(Overlap) : 표 4.29 참조

(11) 조립 처치(fit-up aids)

조립 가접부와 뒤판(backing)은 조립, 기능 또는 검사에 이상이 없는 경우 용접부에 남아있어도 좋다.

(12) 용접으로 생긴 스패터와 표면 부정(surface irregularities): 표 4.35 참조

4.3 알루미늄 합금 용접부 결함의 사례

아래 내용은 용접 결함에 대한 대한용접 · 접합학회의 정의와 한계 규정이다. 용접 결함의 종류는 균열(crack), 기공(cavity), 개재물(solid inclusion), 융합 부족(lack of fusion), 용입 부족(lack of penetration), 불완전한 형상(imperfect

]shape), 혼입(miscellaneous) 등으로 분류한다.

용접 결함(weld flaws)의 실례는 아래에 나타냈으며, 표 4.26에서 표 4.38에 따라 적용된다. 알루미늄 용접부 형상결함의 종류는 다음과 같다. 토우 균열(toe cracks), 언더컷(undercut), 오버랩(overlap), 덧살 부족(under fill), 어긋남(mismatch), 용락(under bead drop through), 오목 비드(concavity), 표면 기공(surface porosity), 모서리 녹음(corner melt) 등이 있다.

4.3.1 용입 부족과 융합 불량

용입 부족과 융합 불량은 주로 알루미늄 용접의 루트 부에서 발생하고, 또 융합 불량은 발견하기가 어려워 용입 부족과 함께 복합결함으로 간주해야 한다. 결함 정도는 용접 길이와 폭에 좌우된다.

① **융합 불량**(Incomplete Fusion or Lack of Fusion)

용접 경계면이 서로 충분히 합체되지 못한 것을 말한다. 융합 불량은 용접금속과 모재와의 사이, 다층 용접부의 패스 사이 등에서 발생하기 쉽다. AWS에서는 용입 불량과 융합 불량을 함께 "Incomplete Fusion"이라고 부르고 있다(대한용접 · 접합학회).

융합 불량에 대한 실례는 그림 4.45에 나타냈으며, 표 4.26에 따라 적용된다. 융합 불량은 용착금속이 용접 모재에 완벽히 용융하지 못해 발생하는 것이다. 이것은 알루미늄 용접에서 가장 흔한 것이며, 용접부 루트 근처의 용입 부족과 관계가 있다. 융합 불량은 불완전 용입의 간섭과 실낱같이 가늘어서 방사선 사진상으로는 찾아내기가 매우 힘들다.

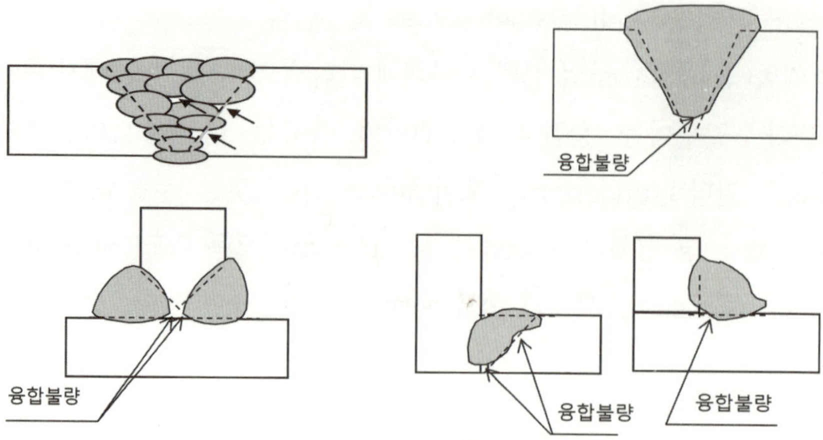

그림 4.45 **융합 불량**

참고로 완전 용융(complete fusion)에 대한 실례는 그림 4.46에 나타냈다.

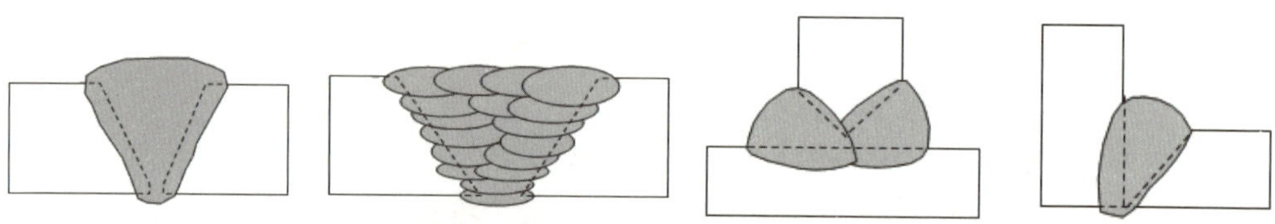

그림 4.46 **완전 용융(complete fusion)**

② **용입 불량**(Incomplete Fusion / Lack of Penetration)

용접 이음부에서 원하는 용입 깊이가 얻어지지 않은 상태의 불량을 말한다. 완전용입 용접부에서 미용착 용접부가 있으면 용입 불량이고, 부분 용입 용접부에서도 정해진 용입 깊이가 얻어지지 않으면 용입 불량이라고 할 수 있다(그림 4.47, 대한용접 · 접합학회).

그림 4.47 **용입 불량**

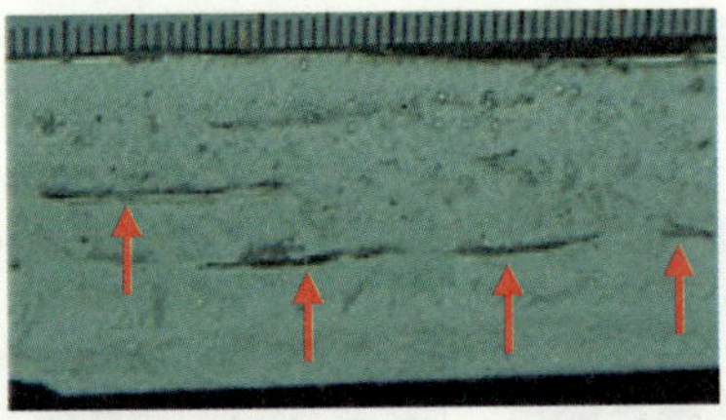

그림 4.48 층간 융합 불량

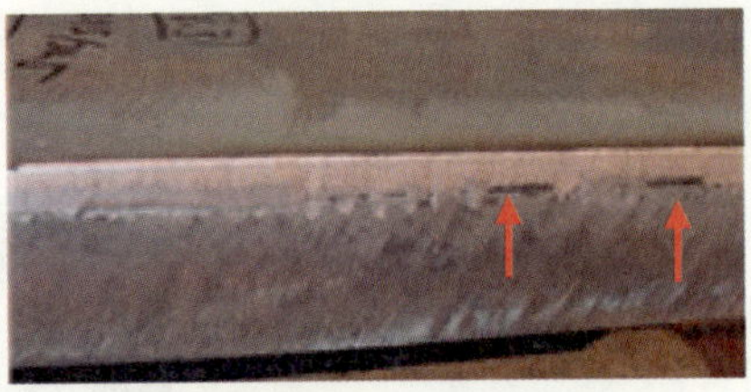

그림 4.49 용입 불량

알루미늄 용접에서 용입 불량은 V형에 주로 나타나는 과대한 비용융 면으로 인해 루트에서의 선형의 틈으로 이루어져 있다. 그림 4.48은 V형 다층 용접의 층간 융합 불량을, 그림 4.49는 필릿 용접부의 용입 불량을 나타냈다. 방사선 사진상으로는 한쪽 또는 양쪽 면에 어두운 직선으로 나타난다. 표 4.26은 알루미늄 MIG 용접에서 융합 불량의 사례를 나타내었다.

표 4.26 융합 불량 예

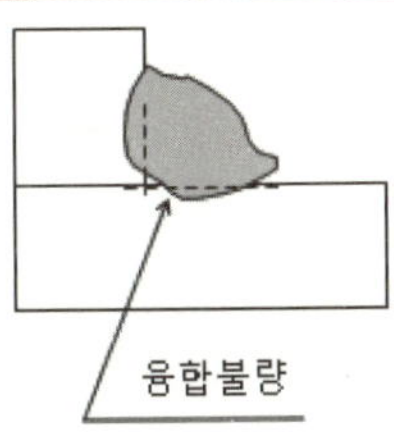

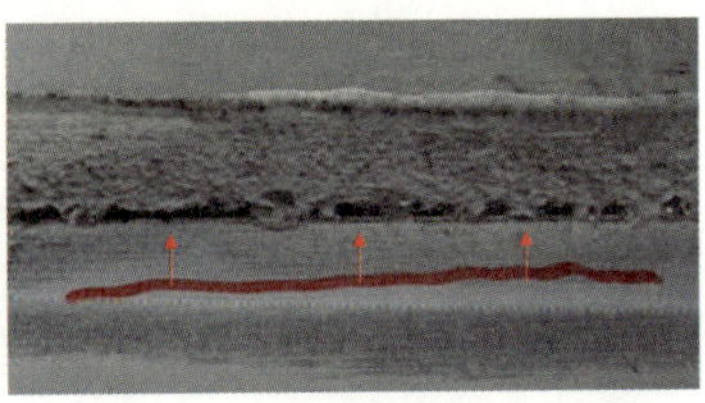

설명: L-이음 홈 용접부에 가공 후, 루트 융합 불량 발생

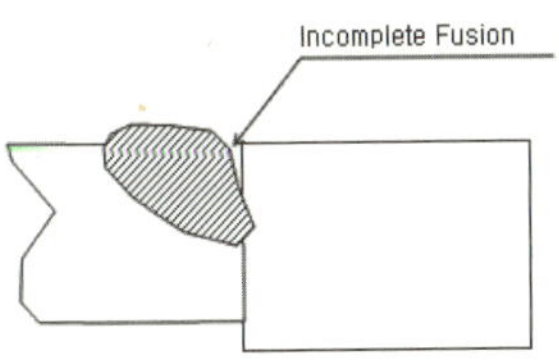

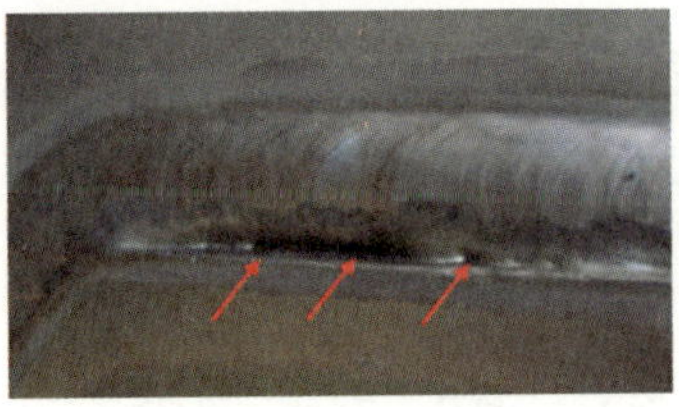

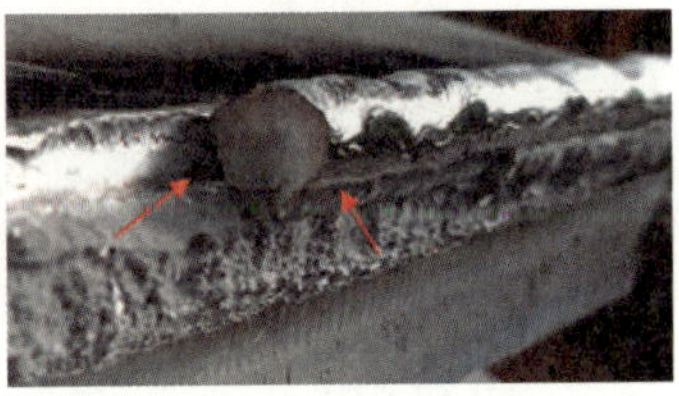

설명: 베벨(bevel) 및 V 홈 용접부의 직각 면에 융합 불량 발생

표 4.26 융합 불량 예(계속)

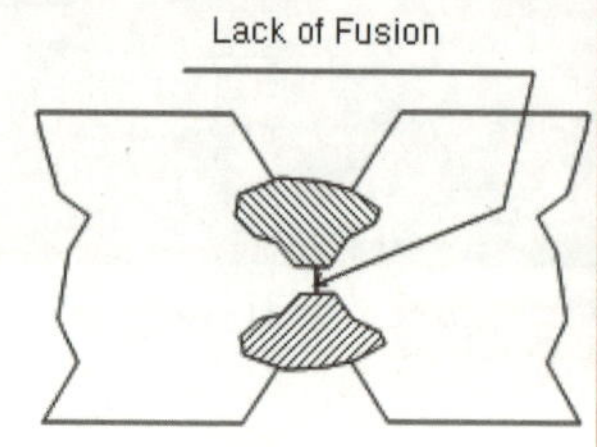

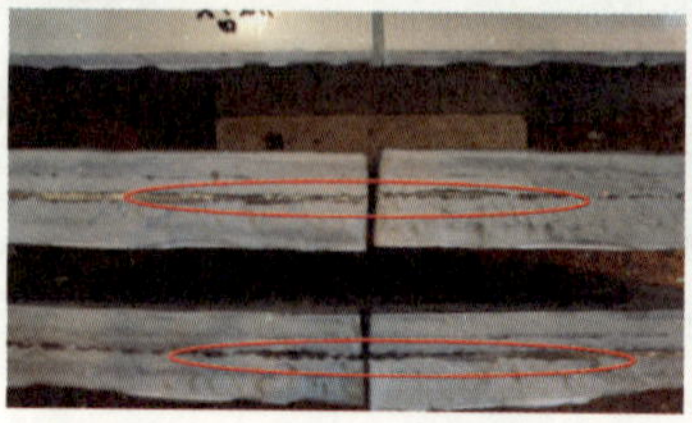

설명: 맞대기 용접 또는 비드 쌓기에서 작업 각, 전류 등의 부적절한 상태의 틈새에 발생

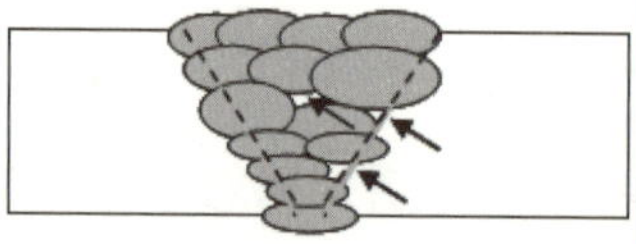
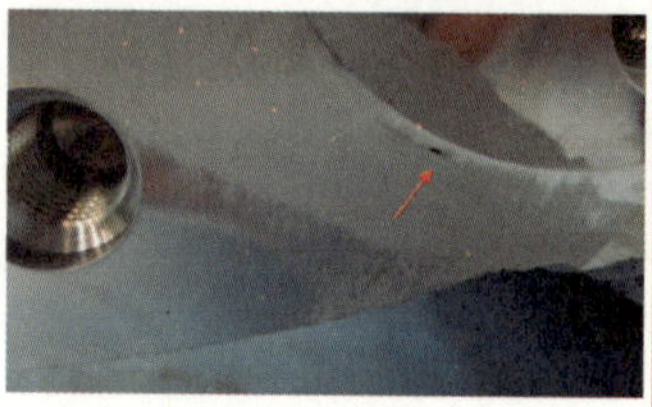
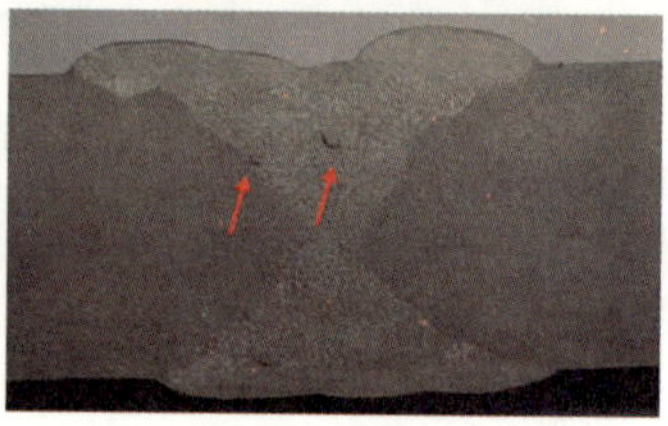

설명: V–홈 용접면 가공 후, 가공면에 융합 불량으로 인한 균열
V–홈 깊이보다 가공량이 많을 때 응력 불균일로 발생

4.3.2 용접 균열(weld crack)

용접부에서 발생하는 균열을 총칭하는 것으로, 연성이 저하하여 물질의 내부에 발생하는 새로운 표면을 말한다. 용접의 경우에는 용접 및 사용 중에 일어나는 균열 또는 파괴로 나눌 수 있으며, 용접부에는 역학적, 금속학적 응력집중 원이 발생하기 쉬우므로 특히 주의해야 한다. 용접에 의한 역학적 요인, 재질적 요인과 이들의 복합적인 요인에 의해서 발생한다.

용접 균열을 다음과 같이 분류하기도 한다.

- 발생온도: 고온 균열, 저온 균열, 재열 균열
- 발생 방향: 횡 균열, 종 균열(용접 선의 방향에 따라)
  수평 균열, 수직 균열(용접부의 횡단면에서 용입의 방향에 따라)
- 발생 시기: 지연 균열, 직후 균열
- 크기: 매크로 균열, 마이크로 균열

- 조직: 입내 균열, 입계 균열
- 발생 위치에 따른 균열의 종류는 다음과 같으며(그림 4.50 참조) 표 4.27에 따라 적용된다.

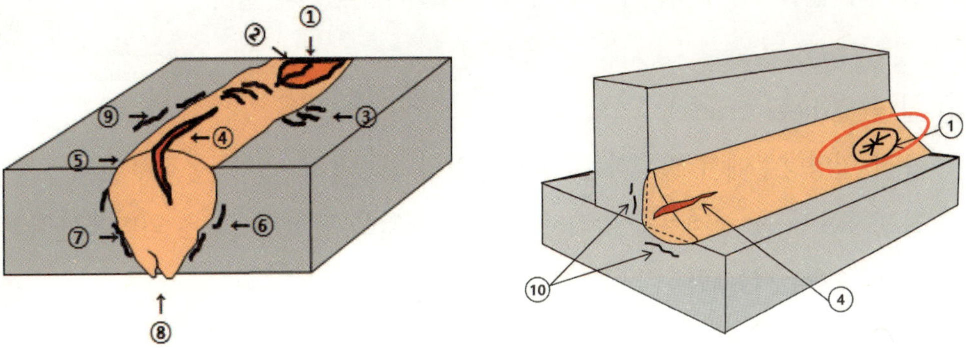

① Weld metal crater cracking
② Weld metal transverse cracking
③ HAZ transverse cracking
④ Weld metal longitudinal cracking(face crack)
⑤ Toe cracking
⑥ Under bead cracking
⑦ Fusion line cracking
⑧ Weld metal root cracking
⑨ HAZ longitudinal cracking
⑩ Lamellar Tear

그림 4.50 용접부에 나타나는 균열의 위치 및 형상

알루미늄 용접부의 크랙 발생 대책으로 예열할 경우 A5083의 예열온도는 120℃이며, 패스 간 온도는 A2519의 경우 66℃이다.

① 토우 균열(toe crack)

모재의 면과 용접 비드의 표면이 교차하는 점을 말한다. 토우부라고도 하며 이 부분에서 발생하는 균열을 토우 균열이라고 한다(그림 4.51).

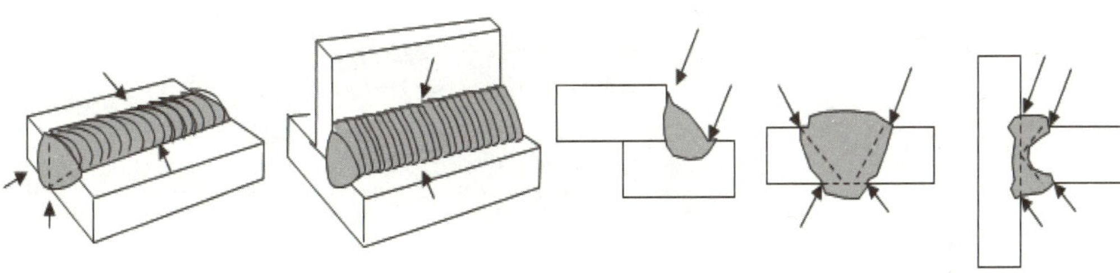

그림 4.51 토우 균열

② **크레이터 균열**(crater crack)

크레이터에서 발생하는 균열로서 용접 때 가장 많이 발생하는 고온 균열의 일종이다. 이 균열은 크레이터가 급랭 응고됨으로써 발생하며, 형상에 따라 스타 균열, 횡 균열, 종 균열 등으로 구분된다(그림 4.50의 ①).

③ **힐 균열**(heel crack)

용접 열영향부에서 발생하는 저온 균열의 일종으로, 필릿 용접부의 루트부에서 발생하여 용융 경계부를 따라 진전하는 균열을 말한다. 넓은 의미에서 루트 균열에 포함된다(그림 4.50의 ⑧).

④ **표면 균열**(surface crack, face Crack)

비드 표면에 나타나는 균열로서 발생 방향에 따라 횡 균열, 종 균열 등으로 구분한다. 표면 균열에는 단순히 표면에서 발생한 것과 내부에서 생긴 균열이 성장하여 표면에 나타나는 것이 있다.

표 4.27 용접 균열의 예

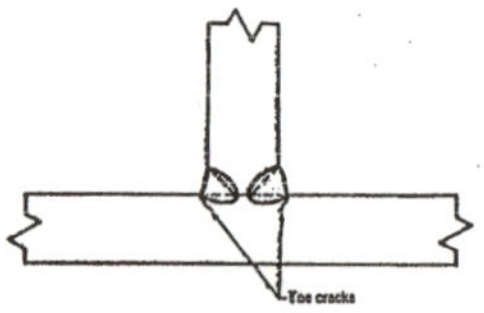 비드 끝 균열(toe cracks)	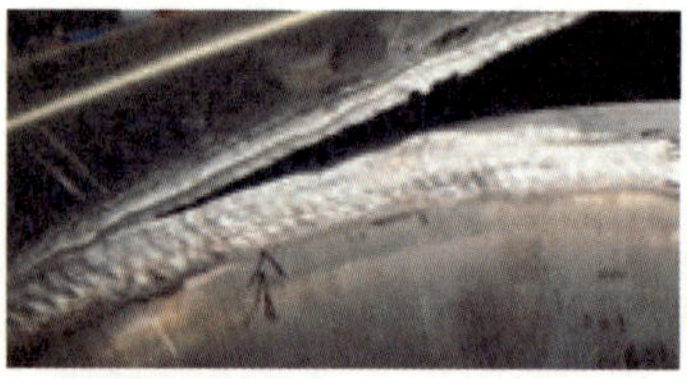	
설명: 용접봉 부적합, 예열과 후열을 적용하지 않아 모재의 toe crack 발생		
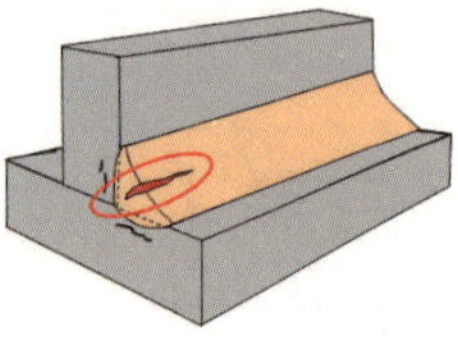 표면 균열(face crack)	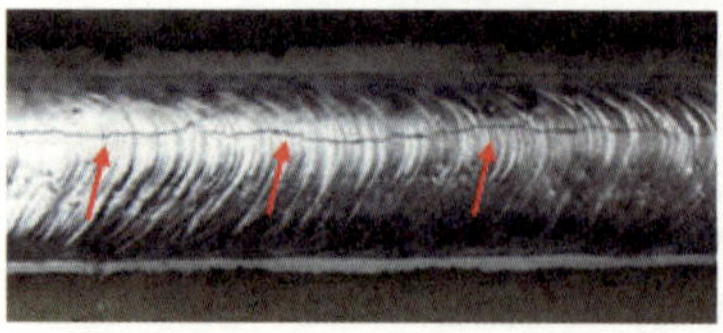	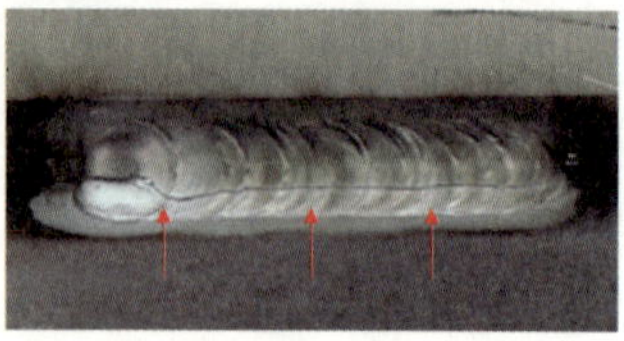
설명: 부적절한 용접봉 또는 용착금속의 희석 부적합으로 용착 비드 표면에 균열 발생		

표 4.27 용접 균열의 예(계속)

<table>
<tr><td>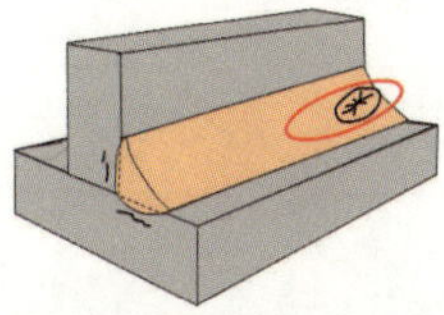
비드 중단 균열(crater crack)</td><td>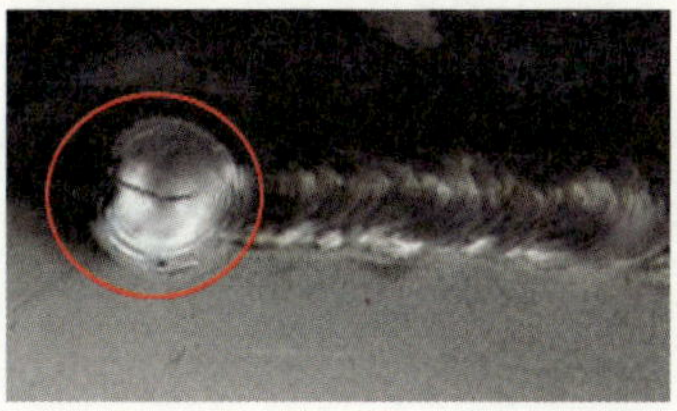</td><td></td></tr>
<tr><td colspan="3">설명: 용접 선상에서 용접을 중단하여 발생하는 crater crack은 크레이터 채움 기능을 사용하여 균열이 발생하지 않도록 한다.</td></tr>
</table>

<table>
<tr><td>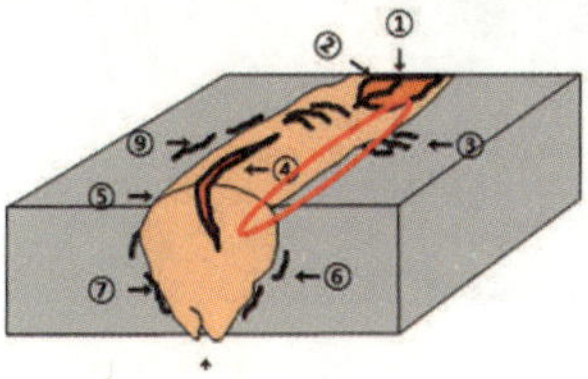
접합 경계부 균열
(weld interface crack)</td><td>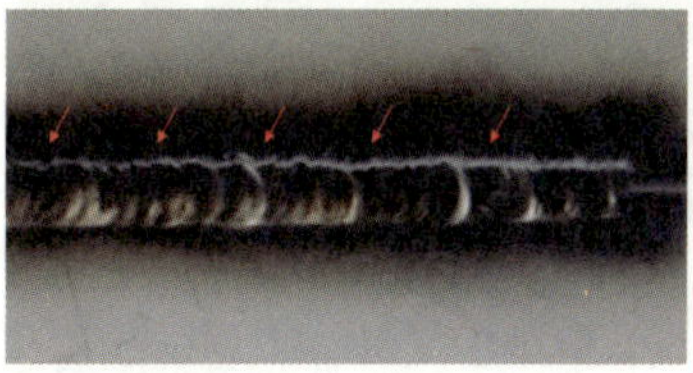</td><td>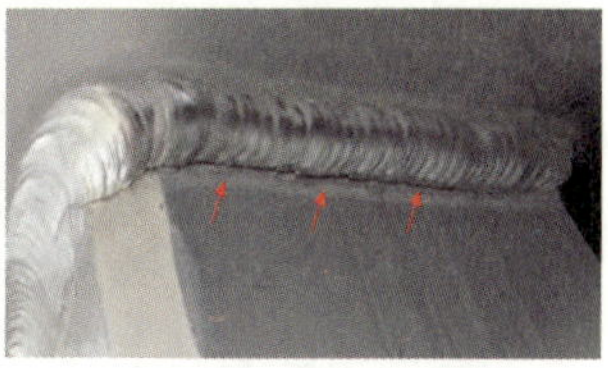</td></tr>
<tr><td colspan="3">설명: 부적절한 용접봉 선택 또는 용착금속의 희석 부적합으로 용착금속과 모재가 융합되지 않고 경계면에 균열 발생</td></tr>
</table>

4.3.3 언더컷과 오버랩

① 언더컷(Undercut)

모재와 용융금속의 경계면에 용접선 방향으로 용융금속이 채워지지 않는 홈을 말한다(그림 4.52). 언더컷이 발생한 부분에서는 단면적 감소와 응력집중 가능성이 커서 구조물의 강도를 저하시키며, 특히 반복응력을 받는 부위에서는 언더컷이 발생하지 않도록 주의해야 한다.

표 4.28은 알루미늄 MIG 용접에서 언더컷의 사례를 나타낸 것이다.

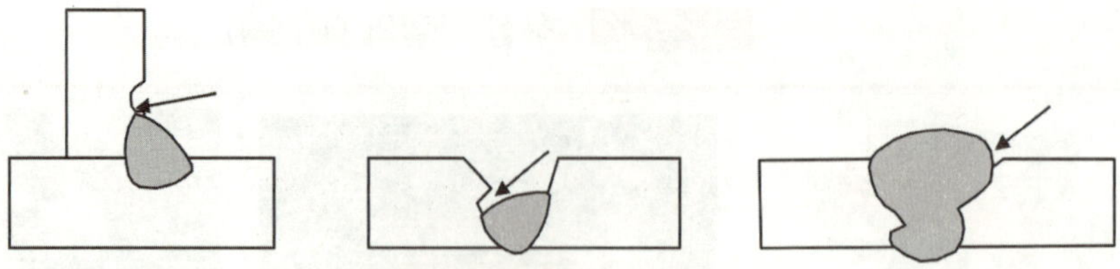

그림 4.52 언더컷

표 4.28 언더컷의 예

<table>
<tr><td>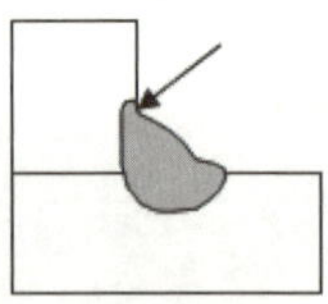</td><td>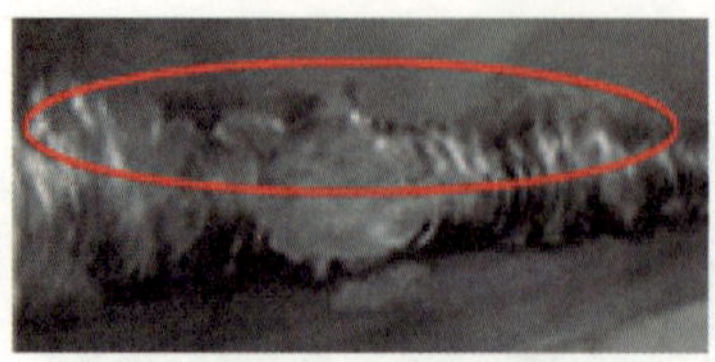</td><td>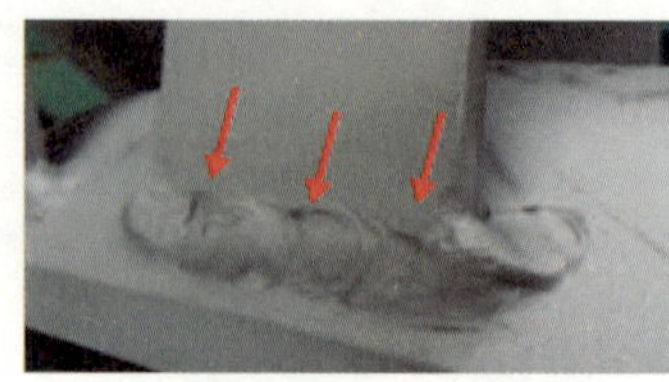</td></tr>
<tr><td colspan="3">설명: 수평 필릿 용접에서 위 모재가 녹아내려 언더컷 발생
용접봉(torch) 작업 각도를 조정하여 언더컷 방지</td></tr>
<tr><td>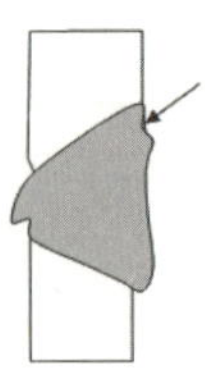</td><td>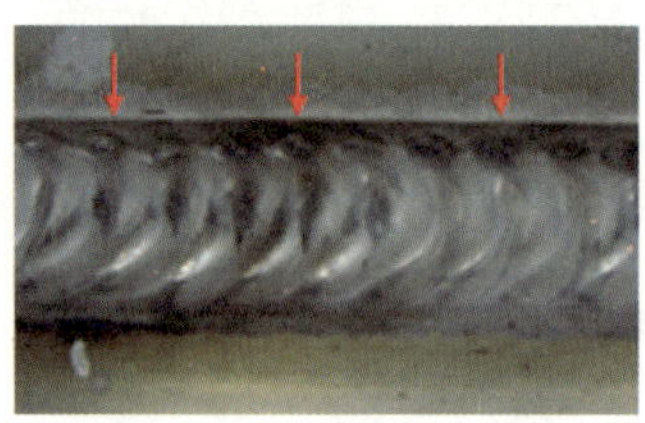</td><td>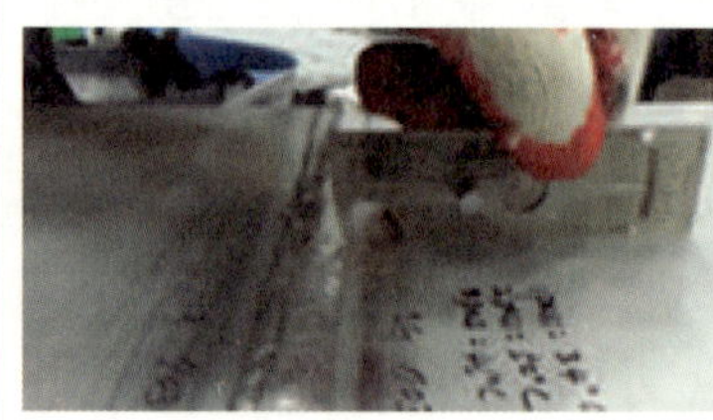</td></tr>
<tr><td colspan="3">설명: 맞대기 수평 용접 자세에서 위 모재가 녹아내려 언더컷 발생
용접봉(torch) 각도를 조정하여 언더컷 방지</td></tr>
<tr><td>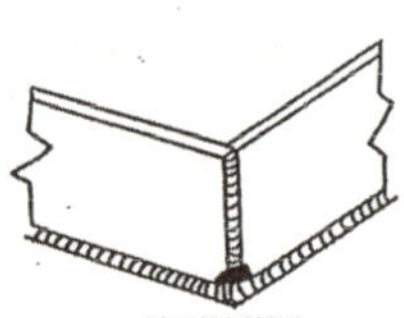
모서리 녹음(corner melt)</td><td>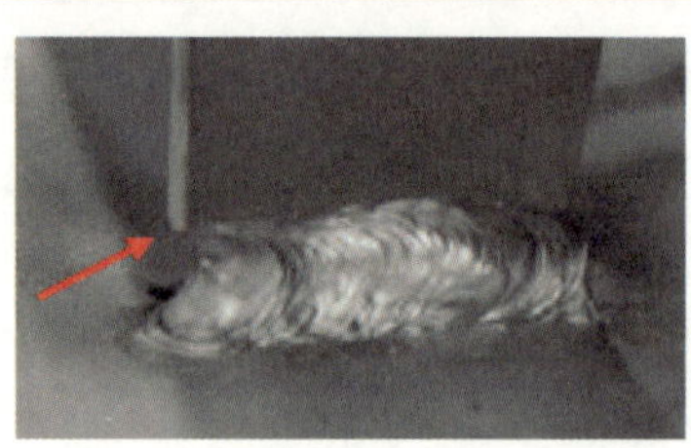</td><td>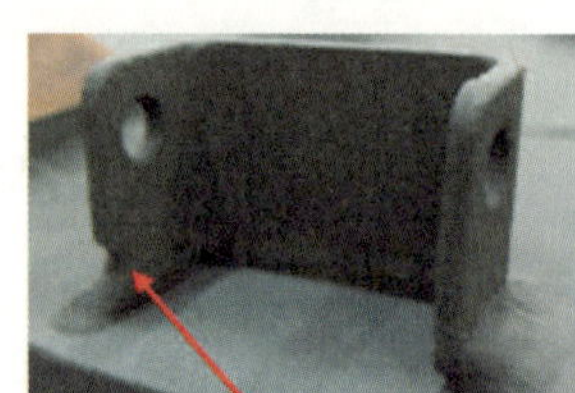</td></tr>
<tr><td colspan="3">설명: 브라켓 용접 때 얇은 모서리가 녹는 현상 발생</td></tr>
</table>

② **오버랩(overlap)**

용접부 형상 불량의 일종으로, 용착금속이 토우 부분에서 모재 또는 용착금속에 융합되지 않고 겹쳐진 부분을 말한다(그림 4.53). 맞대기 용접보다 필릿 용접에서 발생하기 쉽고, 응력집중과 부식이 촉진되는 원인이 된다. 표 4.29는 오버랩의 예를 나타낸 것이다.

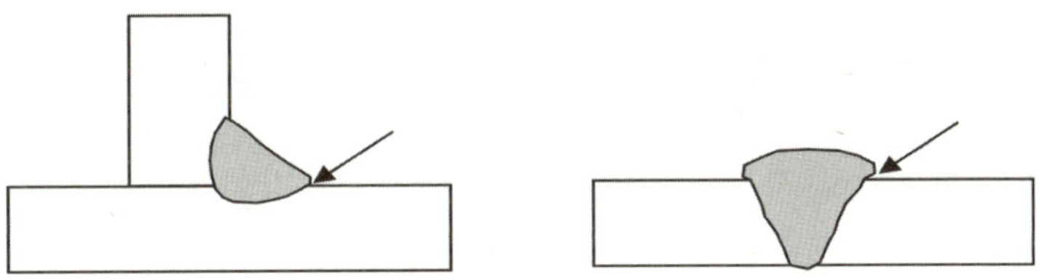

그림 4.53 오버랩

표 4.29 오버랩(overlap)의 예

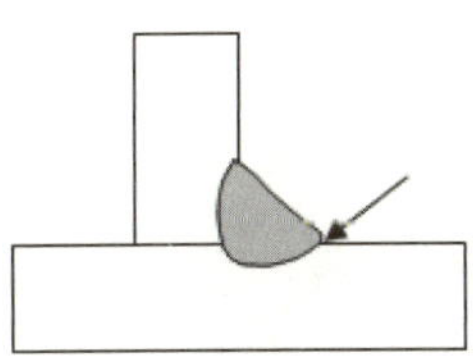		
설명: 수평 필릿 용접에서 용착금속이 흘러내려 비드 하단부가 겹침 현상 발생		

4.3.4 덧살(reinforcement of weld, excess weld metal)

이음부를 채우고 남은 여분의 용착금속을 말한다(그림 4.54). 같은 두께의 소재를 접합한 맞대기 용접부에서는 소재의 표면 위로 형성된 용착금속을 의미하지만, 볼록(convex)한 필릿 용접부에서는 각장과 각장을 연결한 직선보다 돌출된 부분을 말한다.

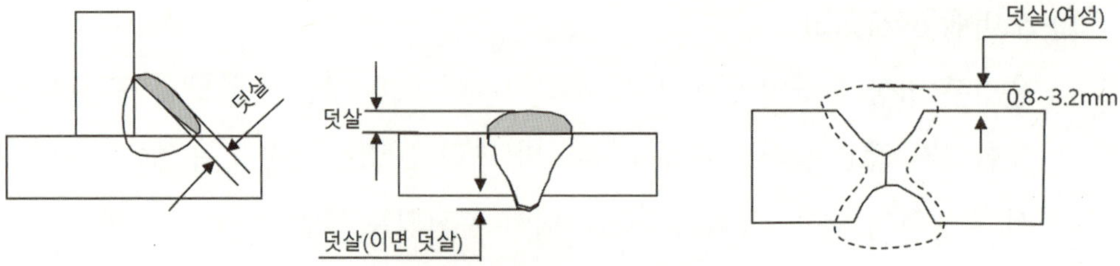

그림 4.54 덧살(여성)

4.3.5 채움 부족(Under fill과 Under size)

용가재의 불충분한 용착으로 인한 용접 표면의 종방향 연속 또는 간헐적인 홈(그림 4.55)으로, 표 4.30은 채움 부족의 예를 나타낸 것이다.

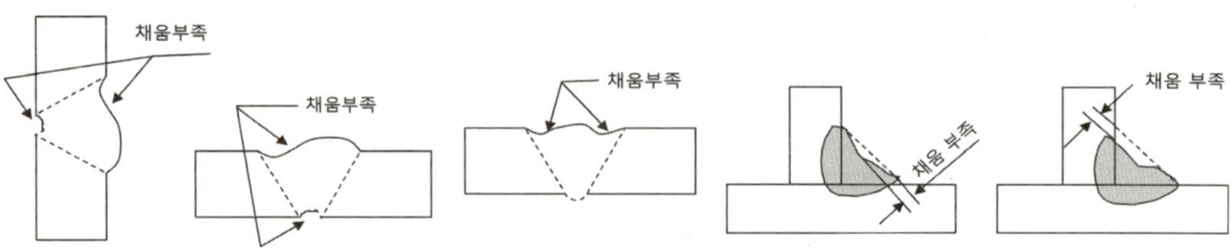

그림 4.55 채움 부족

표 4.30 채움 부족 결함의 예

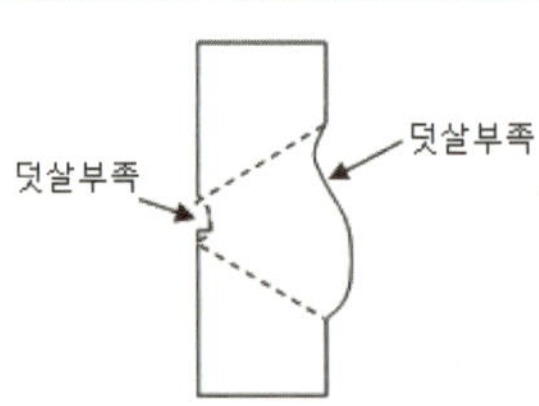	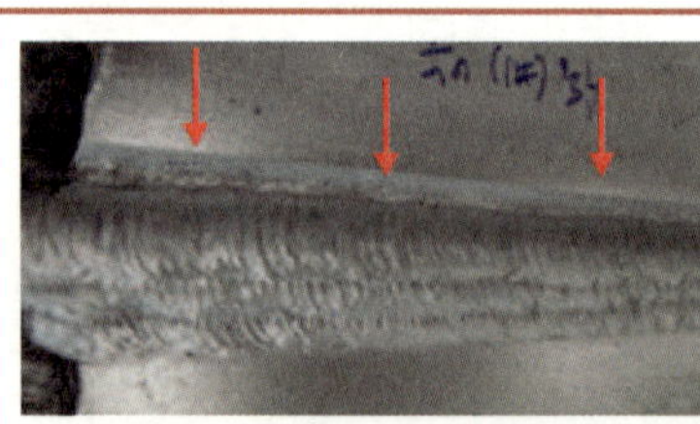	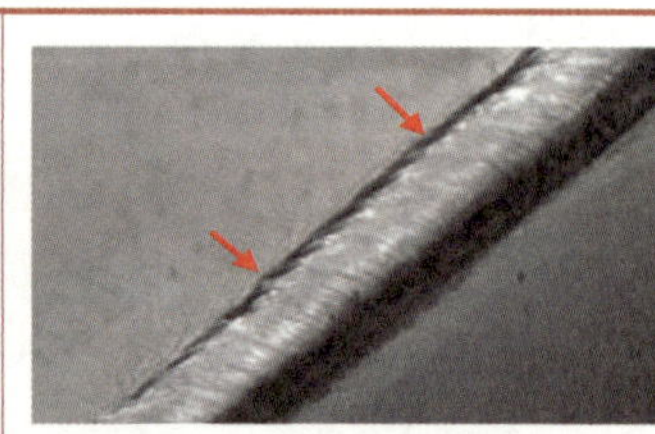
설명: 수평 V-홈 자세에서 용착금속 흘러내림으로 인해 under fill 발생		
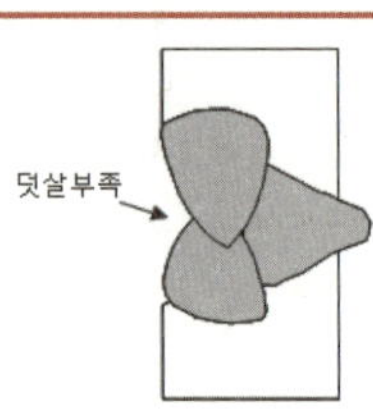	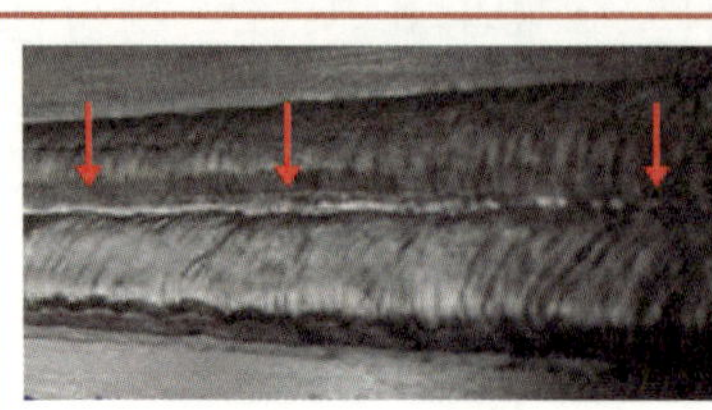	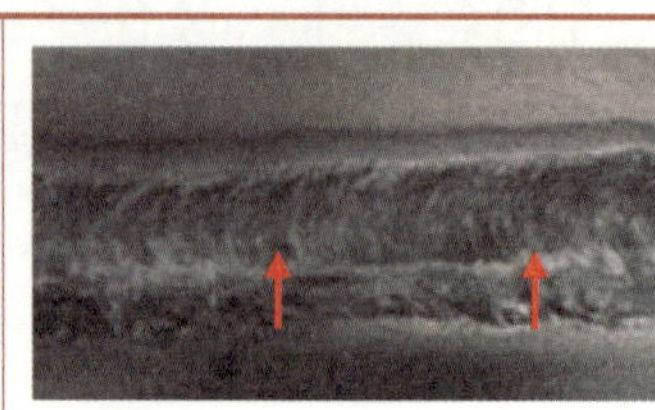
설명: 아래 보기 V-홈 자세에서 용착금속 부족으로 인한 under fill 발생		

4.3.6 필릿 용접 크기(각장)(fillet weld size, size of fillet weld or leg length)

필릿 용접의 단면에서 직각이등변삼각형의 직각 꼭짓점이 루트에 오도록 하고, 빗변이 비드 표면 내부에 위치하도록 하여 얻어지는 직각이등변삼각형의 밑변길이를 말한다(그림 4.56).

그림 4.56(a)처럼 부등 각장의 볼록 비드의 경우, 용접 크기는 수직 각장으로 정의된다. 그림 4.56(b)처럼 등각장의 오목 비드에서는 용접 크기가 수평 각장 또는 수직 각장보다 작게 된다. 표 4.31은 필릿 용접부에서 발생하는 결함을 나타낸 것이다.

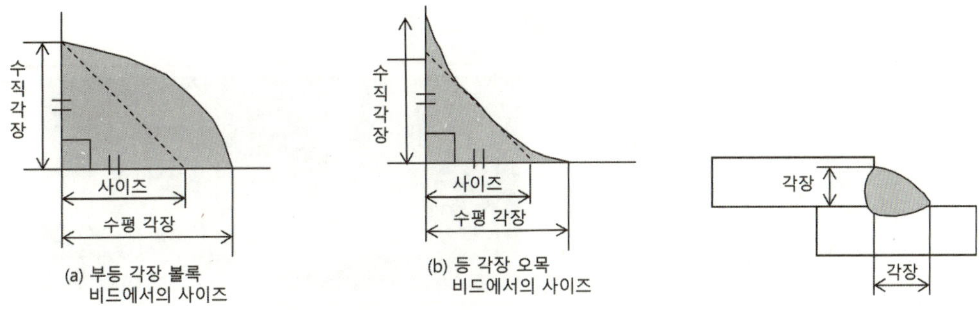

그림 4.56 필릿 용접에서 용접 크기

① **오목 용접부**(concave weld)

용접부의 표면이 맞대기 용접부에서 모재 표면보다 낮은 경우와 필릿 용접에서 45° 평면보다 낮은 용접부를 말한다(그림 4.57). 유효 목 두께의 감소와 열간 균열이 발생할 수 있어서 바람직한 비드 형태는 아니지만, 단면의 급격한 형상 변화가 없으므로 응력의 흐름이 원활하게 되어 반복응력을 받게 될 때는 유리한 비드 형상이다. 용접부 내에 기계적 결함이 없으면 잔류응력의 집중으로 인한 균열 발생을 최소화할 수 있는 이점도 있다.

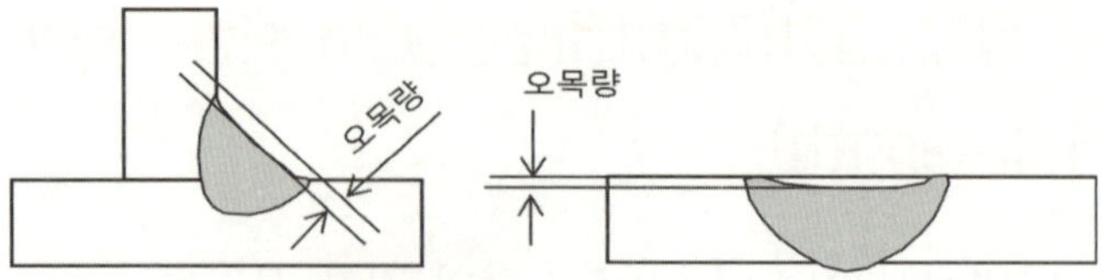

그림 4.57 오목 용접부

② 어긋남(Mismatch)

용접 변형으로 인한 단차 발생 또는 판재 두께와 이음부 가공의 깊이 차이로 인한 단차가 발생한다. 선형 어긋남은 두 용접된 부품 사이의 어긋남으로 표면 평면은 평행하고 필요한 평행 평면에 있지 않은 것이다.

표 4.31 비드 형상 결함의 예

<table>
<tr><td>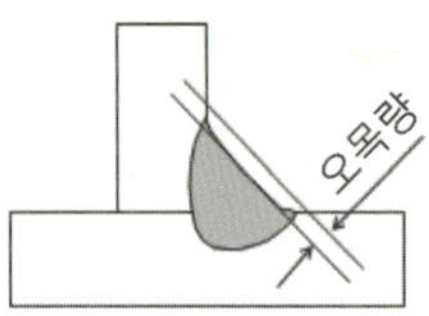
비드 오목(concavity)</td><td colspan="2">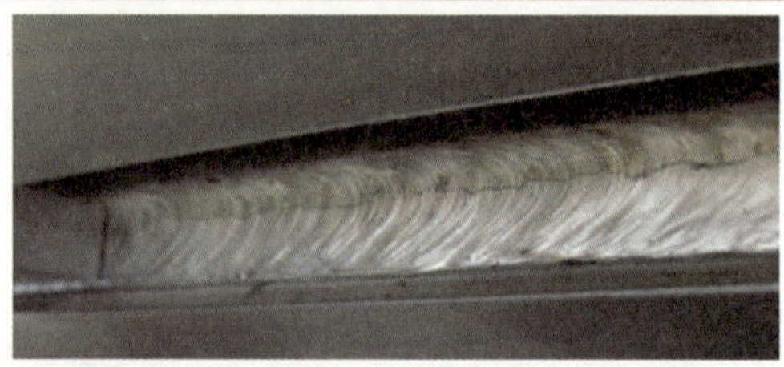</td></tr>
<tr><td colspan="3">설명: 수평 필릿 용접에서 용착금속의 비드 형상이 오목하게 발생(발생빈도 낮음)</td></tr>
<tr><td>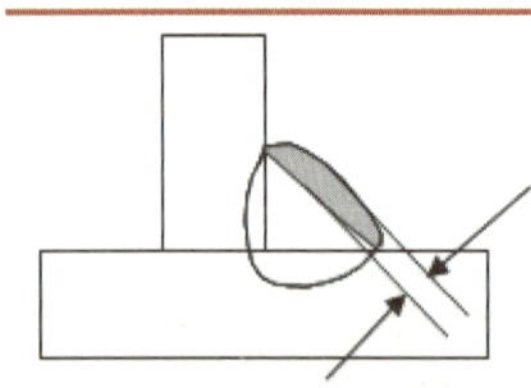
비드 볼록(convexity)</td><td>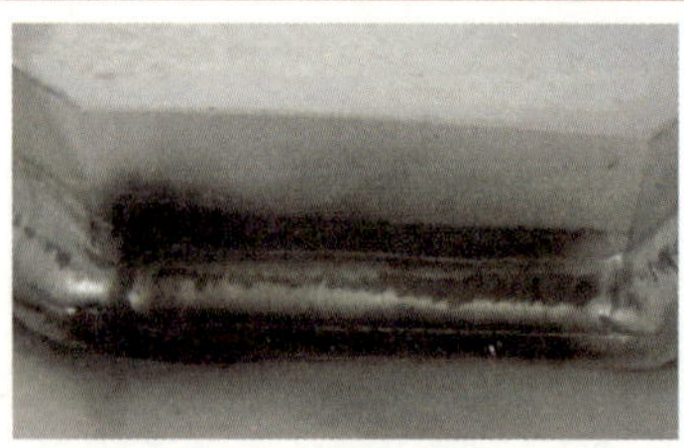</td><td>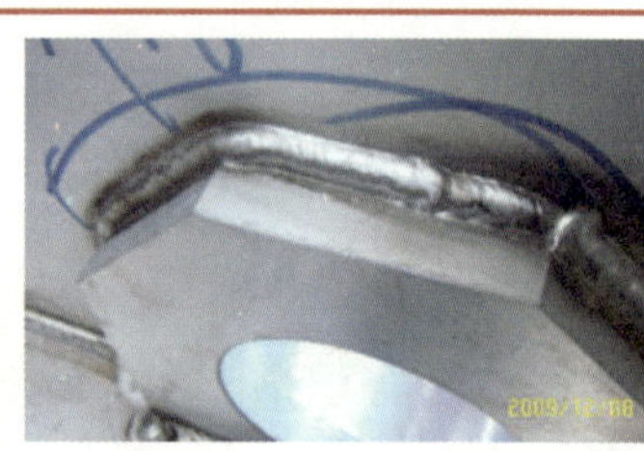</td></tr>
<tr><td colspan="3">설명: 수평 필릿 용접에서 용착금속이 볼록하게 쌓여 비드 형상이 볼록</td></tr>
<tr><td>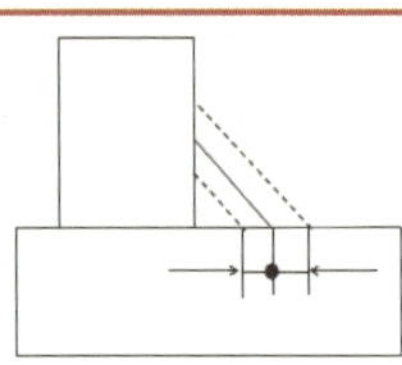
각장 비대칭
(dis-symmetric leg)</td><td>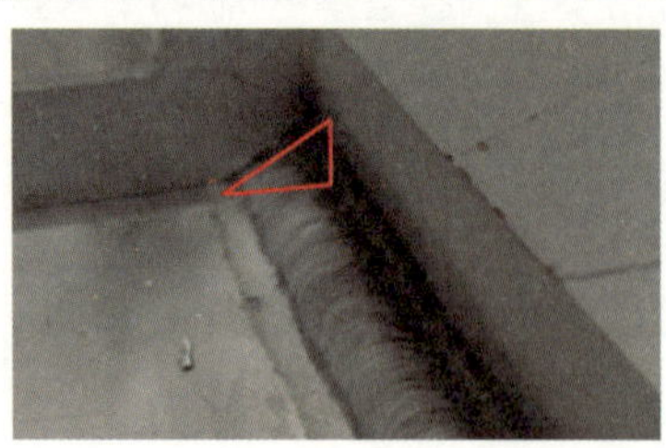</td><td></td></tr>
<tr><td colspan="3">설명: 작업 각 등 운봉의 부적절로 주로 바닥 면으로 비드가 쏠림</td></tr>
</table>

표 4.31 비드 형상 결함의 예(계속)

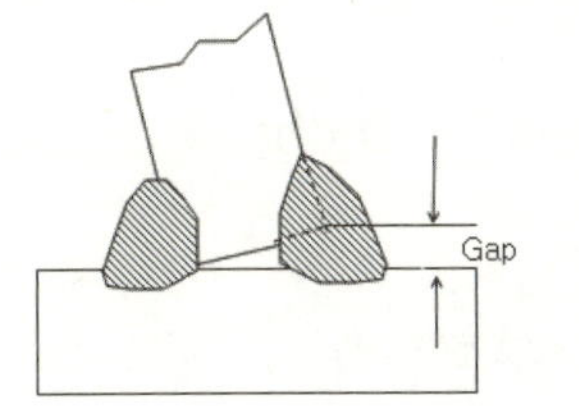 변형 틈새(deformation gap)	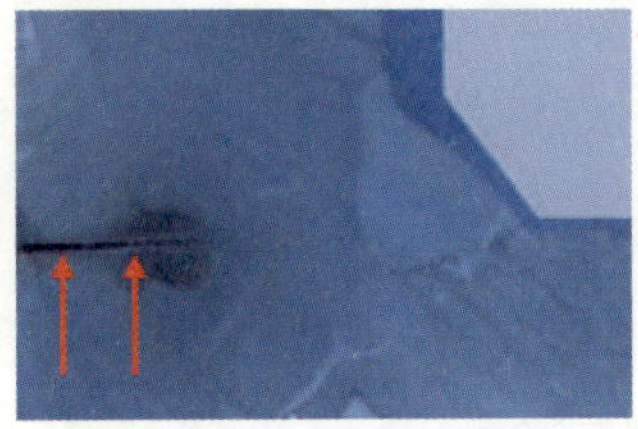	
설명: 필릿 용접 때 반대편 가접이 터진 상태로 용접하는 경우		
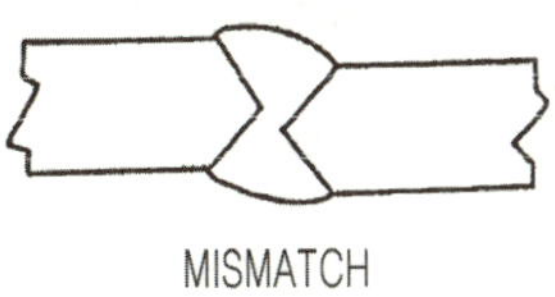 어긋남(mismatch)	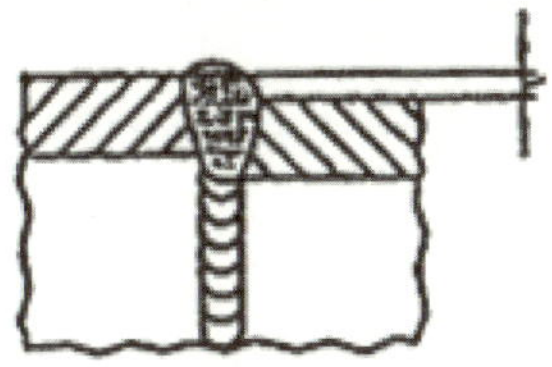	
설명: 용접 변형으로 인한 단차 발생 또는 판재 두께와 이음부 가공 깊이 차이로 인한 단차 발생		

4.3.7 기공(porosity)

그림 4.58처럼 용착금속의 내부에 생성되는 공간(cavity)을 말하며, 가스 포켓(gas pocket)이라고도 한다. 이 결함은 용융금속에 용해한 다량의 수소가 응고할 때 용접금속으로부터 방출될 때, 이 가스가 용접금속의 내부에 남거나 방출 도중에 응고가 완료함으로써 생긴다. 모재의 특성, 이음부의 오염, 수분, 용접전류와 아크 길이, 급랭 등의 조건이 나쁜 경우에 발생하기 쉽다.

기공의 특성으로는 기공이 용접 면적의 3% 미만 기공률은 정적 인상강도, 항복강도에 영향이 없다. 그러나 연성에 금속의 항복강도가 높을수록 연성에서 기공의 영향이 증가한다. 용접물 사용에서 균열 발생의 역할을 하지만 용접금속의 동적인 인성에 영향은 불확실하다. Al, Cu, Ni 등의 면심입방형 합금에서 영향은 미미하다. 용접 덧살부의 피로 강도에서 기공 영향은 표면 응력집중 때문에 가려진다. 용접 덧살을 제거하면 노출 기공이 피로 파손의 원인이 된다. 필릿 용접에서 토우, 시작-정지 위치에 있는 기공은 응력집중 효과가 증가하며, 필릿 용접 내부 기공은 서비스 성능에 영향이 적다. 맞대기 용접과 필릿 용접의 표면 기공은 영향이 있다. 표면 기공은 유효 목 두께의 증가로 경감이 가능하다. 용접 결함으로서 균열이 나쁘고, 그 다음이 내부 기공과 표면 기공 순이다(Welding Handbook 534-562p CHAPTER 13 WELD QUALITY).

기공은 형태에 따라 웜홀, 블로우홀, 핀홀의 세 가지로 구분한다. 기포의 성장 속도보다 계면의 성장 속도, 즉 응고 속도가 대단히 빠르면, 비드 표면에 침으로 찌른 것과 같이 크기가 매우 작은 핀 홀(pin hole)이 생성된다. 이보다 응고 속도가 약간 느리면, 기포가 성장한 상태로 응고하므로 구상의 블로우홀(blowhole)이 생성된다. 이처럼 블로우홀 중에서 형태가 길고 좁은 형상의 기공을 웜홀(warm hole)이라고 한다(대한용접 · 접합학회).

표 4.32는 기공 결함의 예를 나타낸 것이다.

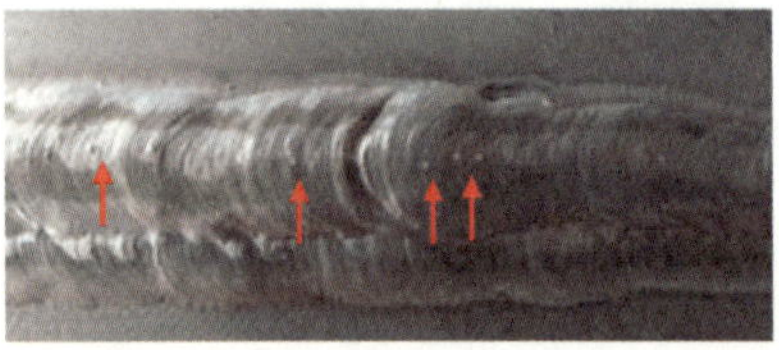

(a) 핀홀

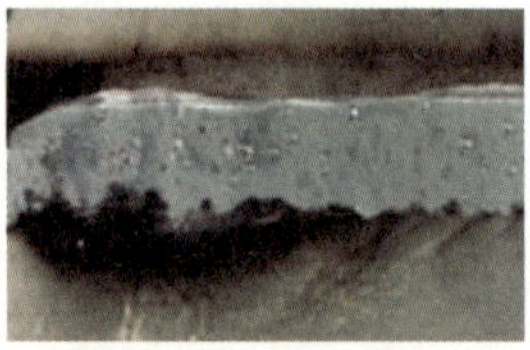

(b) 블로우홀

(c) 웜홀

그림 4.58 기공의 종류

① **분산 기공**(scattered porosity)

이 결함은 용착금속의 응고 중 빠져나가지 못한 가스에 의해 생긴 분산된 기공으로 이루어져 있다. 방사선 사진으로는 여러 가지 크기와 밀도의 검은 원형 및 늘어진 점 형태로 나타난다. 크기에 따라 미세(fine scattered)와 거친(coarse scattered) 기공으로 구분한다.

② **집단 기공**(clustered Porosity)

집단 기공은 기공들이 한곳에 집중되어 있다는 것 외에는 분산 기공과 마찬가지의 이유로서 나타난다. 일반적으로 용접의 초기 또는 차단된 아크에 의해 발생한다.

③ 선형 기공(linear porosity)

알루미늄 용접에서 나타나는 가장 일반적인 형태로, 주로 이음 면에서 발생하는 팽창 가스가 주원인이다. 기공은 용접의 루트에 선형으로 분포되어 있고 일반적으로 직경 0.8~1.6mm로 되어 있다.

④ 가스 기공(gas cavity)

이 결함은 부적절한 보호 가스나 심한 가스의 오염 때문에 발생한다. 또한, GC는 평균 기공 크기가 약 3.2mm인 것을 제외하고는 분산 기공의 경우와 같은 이유로서 발생한다.

표 4.32 기공(porosity)의 예

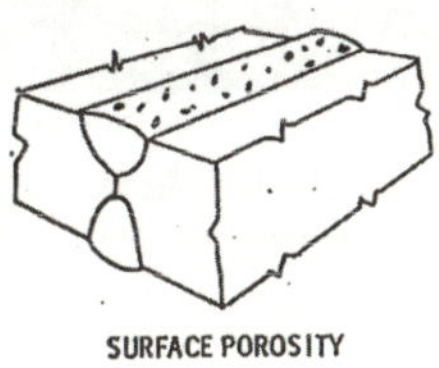

표면 기공(surface porosity)

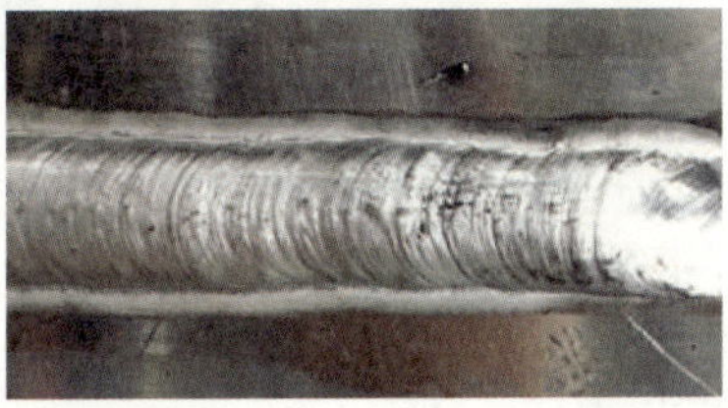

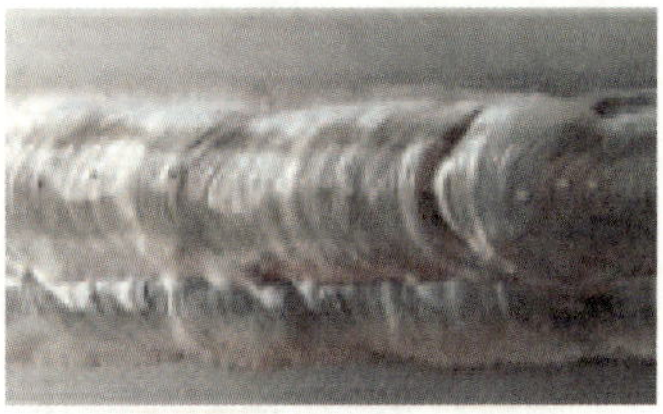

설명: 용접 후 기공이 표면에 노출된 상태

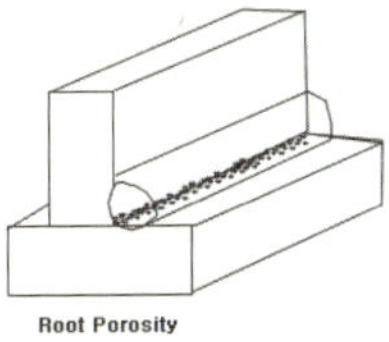

루트부 기공(root porosity)

설명: 루트부의 오염, 틈새 등으로 발생한 기공

설명: 가스 기공(gas cavity)

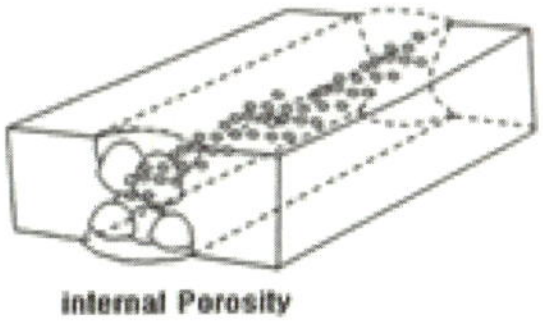

내부 기공(internal porosity)

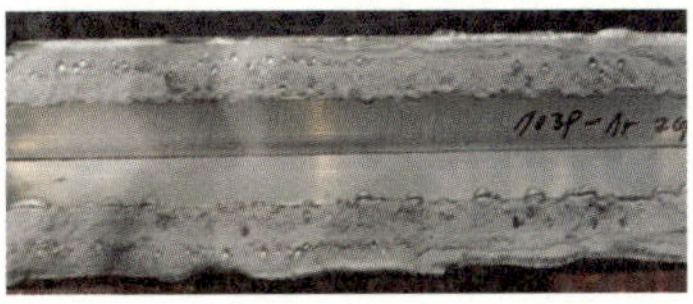

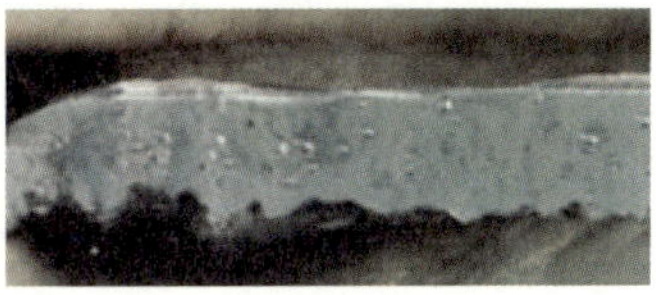

설명: 용접금속 내부 전면에 기공 발생. 용접 변수 불일치와 아크 시작점 부근에서 발생

4.3.8 기타 결함

① **개재물(inclusion)**

금속조직에서 기지조직과는 다른 형태 및 결정구조를 갖고 존재하는 산화물, 황화물, 탄화물, 질화물 등을 총칭한다. 용접부에서 편석물 또는 슬래그 등이 혼입되어 개재물을 형성할 수 있으며, 형태외 크기에 따라 용접 균열의 발생기점과 전파를 조장하는 주된 역할을 할 수도 있다(대한용접 · 접합학회).

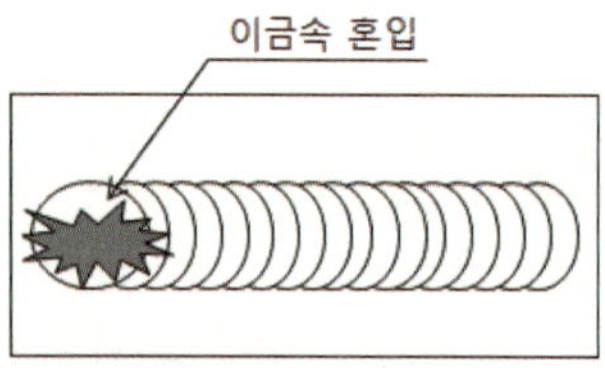

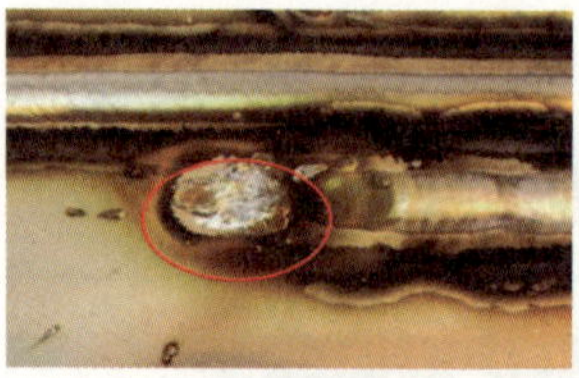

설명: 용접 중 콘택트 팁(Cu)이 소손, 용착된 매우 딱딱한 상태

설명: 와이어 브러시 잔류

② **결정립 성장(grain growth)**

금속의 결정립이 조대화하는 것을 말한다. 금속은 일반적으로 열처리 또는 사용에서 가열온도가 높거나 유지 시간이 길어지면 결정립이 성장하여 조대화된다. 특히 강의 용접 열영향부는 용접열에 의해 결정립이 쉽게 조대화할 수 있으며, 이 부분은 인성이 저하하고 균열이 쉽게 발생하여 용접 품질을 저하하는 원인이 된다(대한용접 · 접합학회).

표 4.33은 A5083 재질 용접 시험편에서 층간 온도를 준수하지 않아 발생한 조대조직을 나타낸 것이다.

표 4.33 결정립 성장(주조 조직)의 예

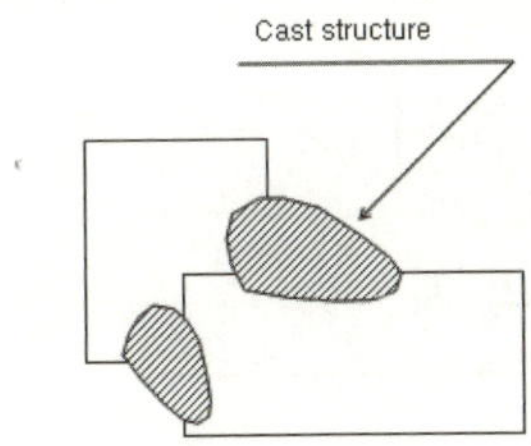

주조 조직(cast structure)

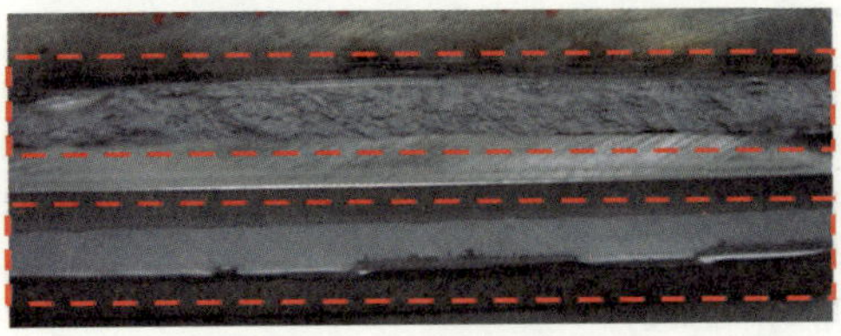

설명: 용접부의 과열로 조직이 조대(주조 조직)하여 연성 저하로 균열 원인이 되며, 입열 과잉, 층간 온도 미준수로 발생.

③ 플러그 용접(plug weld, plug welding)

겹치기 한 두 매의 판 중 한쪽에 구멍을 가공하고, 그 구멍에 아크 점 용접하여 다른 쪽 판을 용접하는 것을 말한다. 이때 구멍의 일부만 채우거나 전부를 채울 수 있다. 표 4.34는 플러그 용접의 예를 나타낸 것이다.

표 4.34 플러그 용접(plug welding) 결함의 예

플러그 용접(plug welding)

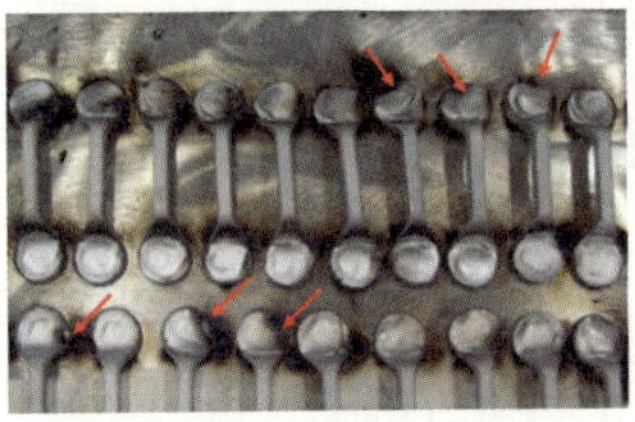

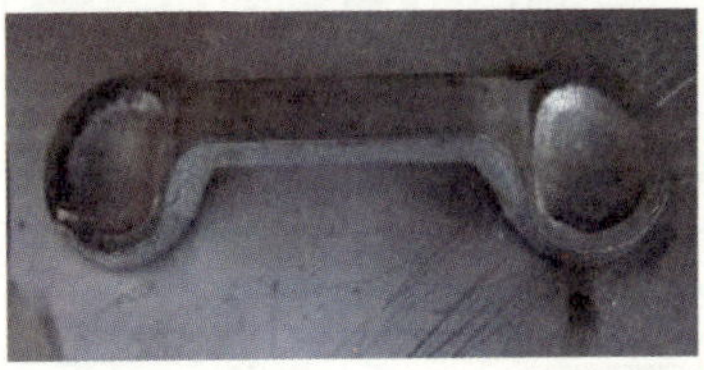

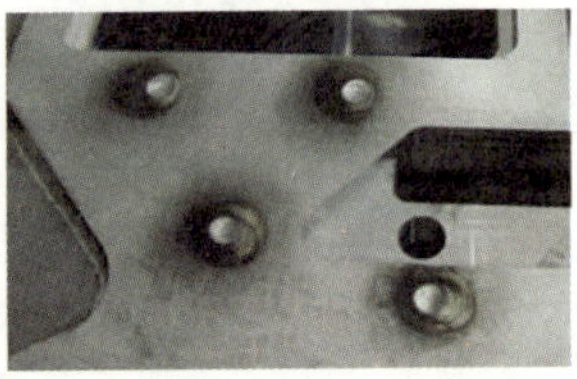

설명: 용접부의 결함이 없고, 약간 움푹 팬 형상이 좋다.
허용한계 1) 모재부 부분 용락, 2) 모재 및 용접부 함몰, 3) 용입 및 형상 양호

④ 스패터(spatter)

용융 용접 중 용융금속의 미세한 입자가 주위로 튀어 나가는 현상을 말한다. 이것은 아크력에 의해 와이어 끝에서 튀어 나가는 것이다. 단락 후의 아크 재점호에서 크게 작용하는 아크력에 의한 것 및 용융지 내부의 가스분출에 의한 것 등이

있지만, 주로 용접 아크의 안정성과 관련된다. 스패터 일부는 모재에 고착하여 외관을 나쁘게 하고 자동화에도 장애 요인으로 작용한다(대한용접 · 접합학회). 표 4.35는 스패터(spatter) 결함의 예를 나타낸 것이다.

표 4.35 스패터(spatter) 결함의 예

스패터(spatter)		
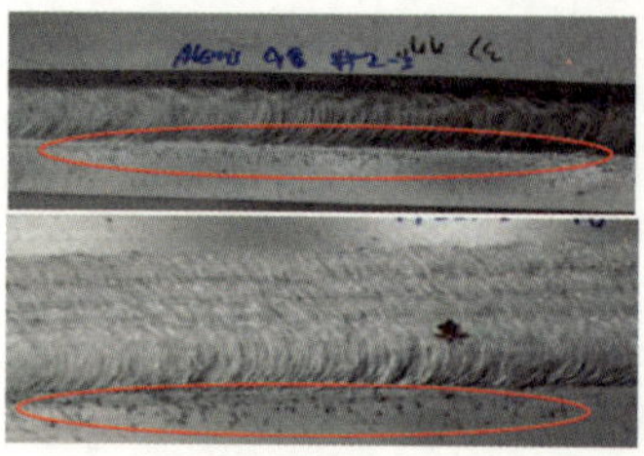		
설명: 전류 또는 아크 거리 부적절로 용접부 표면에 스패터가 부착(재질: A2519) 기능 부위는 전량 제거 요구 플라스마 가우징의 불꽃 비산으로 스패터가 판재 면에 소착		

⑤ **라멜라테어(lamella tear)**

십자형 맞대기 이음부 및 필릿 다층 용접 이음부와 같이, 모재 표면에 직각 방향으로 강한 인장 구속 응력이 형성되는 이음부의 경우, 용접 열영향부 및 그 인접부에 모재 표면과 평행하게 계단 형상으로 발생하는 균열을 말한다.

표 4.36은 라멜라티어(lamella tear) 결함의 예이다.

표 4.36 라멜라티어(lamella tear) 결함의 예

라멜라티어(lamella tear)		
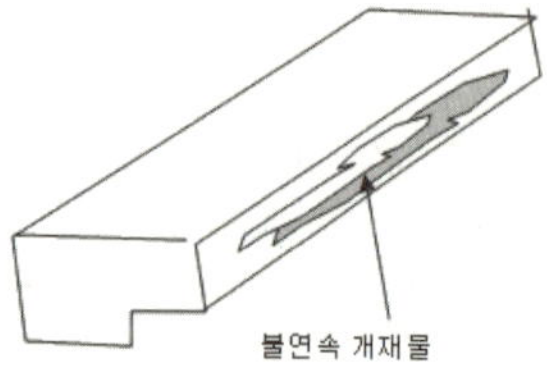	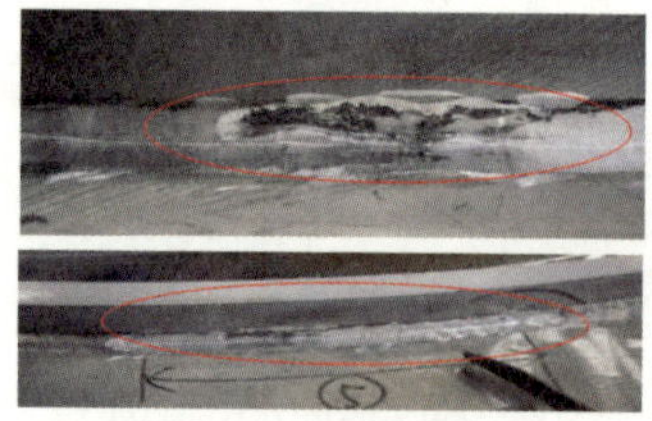	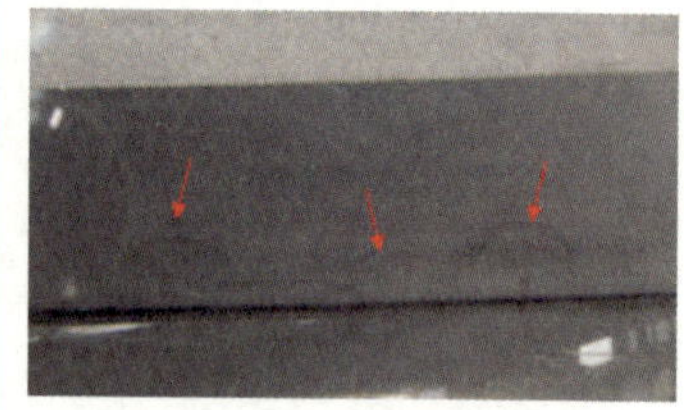
설명: V-홈 용접면 가공 후, 가공 면에 융합 불량으로 인한 균열 V-홈 깊이보다 가공량이 많을 때 응력 불균일로 발생		

⑥ 용락(burn through, melt through)

아크의 발생 때문에 형성된 용융금속이 이음의 반대 측으로 녹아떨어지는 것을 말한다. 이러한 용락은 루트 간격이 너무 크거나, 입열량이 과대한 경우에 주로 발생하게 된다.

표 4.37은 용락 결함의 예를 나타낸 것이다.

표 4.37 용락 결함의 예

용락(비드 뒷면 흘러내림: burn thru)

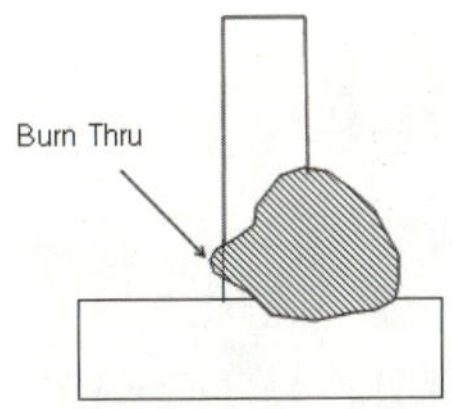

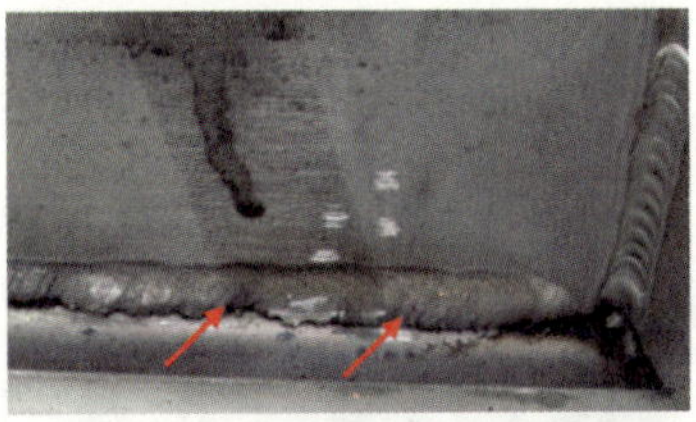
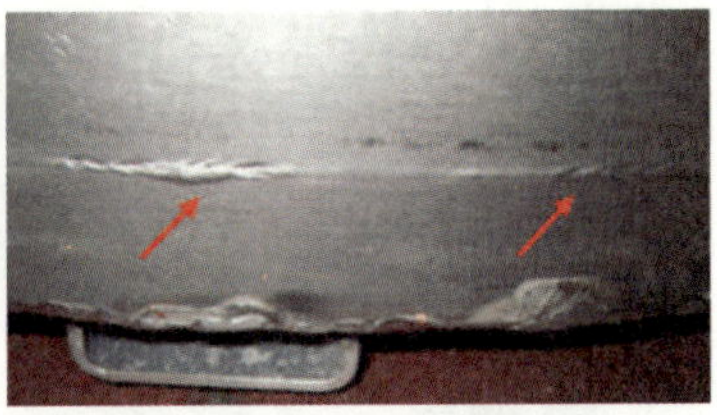

설명: 박판과 후판의 용접 때 높은 전류에 의해 박판의 용접부가 용락됨

⑦ 모서리 용융(corner melting)은 언더컷으로 간주하지 않으나, 0.2T 또는 3.2mm 중 작아야 한다. 랩 이음의 가장자리 용융은 언더컷으로 간주하지 않는다. 용접부는 최소 크기를 만족해야 한다.

표 4.38은 용접 표면 형상 결함의 예를 나타낸 것이다.

표 4.38 용접 표면 향상 결함의 예(모서리 녹음, 이종 재질 용접봉, 그을음)

모서리 녹음

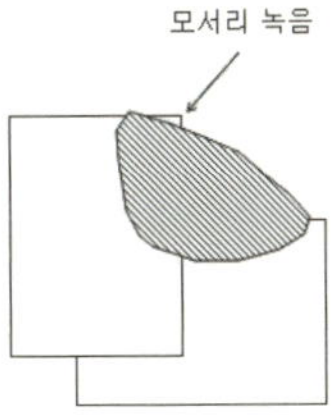

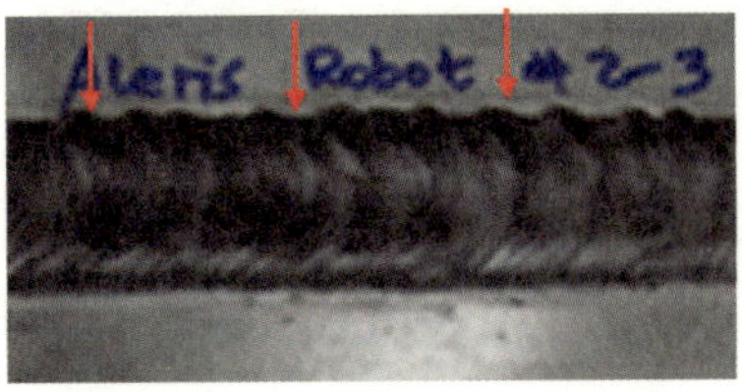
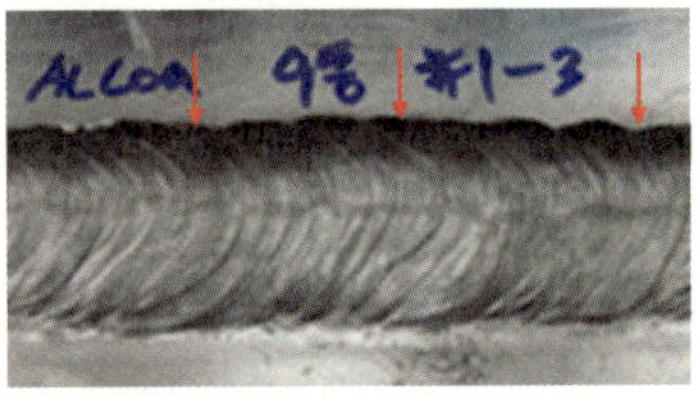

설명: 운봉 또는 과전류로 접합부의 가장자리가 녹음

⑧ 용접봉 재질 부적합은 용접 재질에 따라 고온에 노출될 경우 강도가 현저하게 저하되거나, 양극산화막 처리에서 색상 조화를 방해하는 경우가 발생한다.

⑨ 그을음(흑분, smut)은 결함이 아니며, A5083 등 Mg 함량이 높은 재질에서 많이 발생하며, 특히 후진법 용접에서 그 현상이 두드러진다. 그을음은 용접 후 와이어 브러싱이나 화학 전처리에 의해서 제거할 수 있다.

용접봉 부적합(이종 재질)

설명: 용접 소재에 부적합한 이종 재질의 용접봉 사용(5083 재료에 ER4043 사용)
화학 전처리(수산화나트륨)할 때 색상변화가 나타남

그을음(흑분, smut)

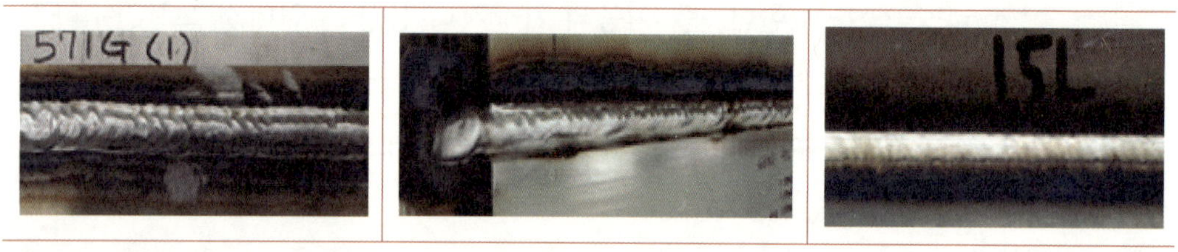

설명: 용접 중 금속 증기와 대기가 결합하여 만든 그을음
(아래 보기 맞대기, 수평 맞대기, 수평 필릿)

4.3.9 끌어내기(tail-in 또는 tail-out / starts-stops)

용접부의 끌어내기(tail-in과 tail-out)는 용접부로 간주하지 않는다. 끌어내기 용접부 내에 있는 균열은 tail-in 또는 tail-out이 용접면으로부터 분리되어 모재에 끝난 경우에만 허용된다. 시작(starts)과 종점(stops)이 모재에 있지 않은 구역에

균열은 용접부가 시작과 종점 구역 내의 도면상 규격 용접 크기보다 큰 경우에만 허용된다. tail-in 또는 tail-out의 방향은 임의이다.
표 4.39는 비드 끌어내기를 나타낸 것이다.

표 4.39 비드 끌어내기(tail-in & tail out)의 예

비드 끌어내기(tail-in & tail out)

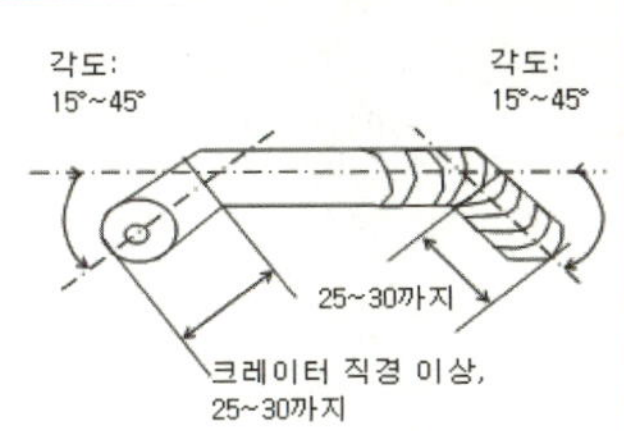

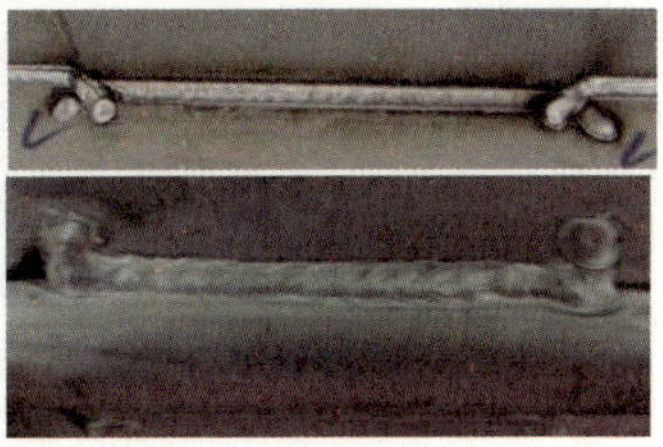

설명: 크레이터 처리 전류 사용, 크레이터는 반드시 용접선 상에서 끌어낼 것
Tail-in, out 각도: 15~45° 최소 크레이터 직경이 비드 폭을 벗어날 것
최대 비드 폭에서 25~30mm까지

4.3.10 형상 결함

① 뒤틀림(warp)

원래의 형태가 아닌 휘거나 비틀린 상태를 말한다. 뒤틀림의 양은 판재의 용접 때 용접부에서 모재로 이동되는 열의 양에 기인한다.

② 절단면(cut surface)

열 절단된 면으로 그 품질이 외관, 강도, 용접의 후공정 등에 큰 영향을 미치며, 특히 노치의 발생이나 슬래그의 부착은 절단 품질을 결정하는 중요한 요인이 된다.
표 4.40은 형상 결함을 나타낸 것이다.

표 4.40 형상 결함의 예

두께 방향 직각도	두께 방향 평면도
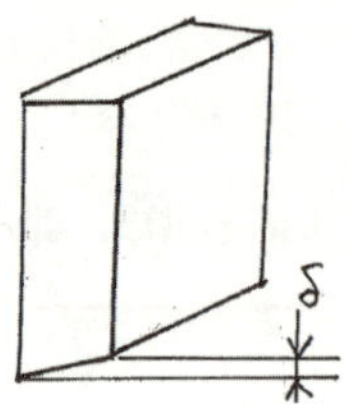	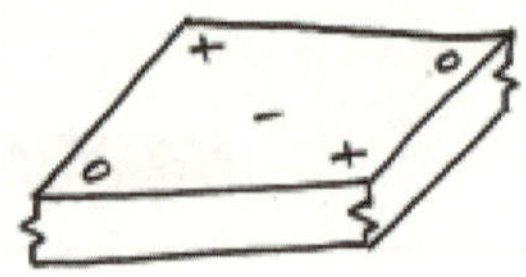
설명: 절단 용단 품에서 절단 자국(kerf)으로 인해 두께 방향으로 직각도가 훼손된 상태 허용한계 1) 0.3mm 이하/10mm, 2) 0.5mm 이하/10mm, 3) 0.7mm 이하/10mm	설명: 절단 용단 품에서 절단 열로 인해 두께 방향으로 평면도가 훼손된 상태 허용한계 1) 0.5mm 이하/1.0m² 길이×폭, 2) 0.8mm 이하/1.0m² 길이×폭, 3) 1.0mm 이하/1.0m² 길이×폭

판재 직각도(틈새; gap)	판재 진직도(straightness)
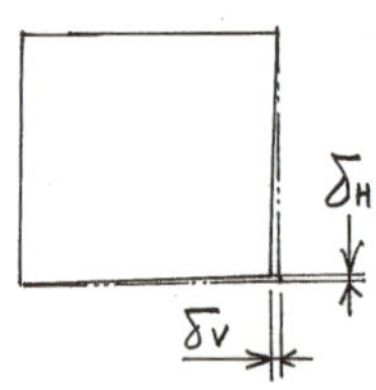	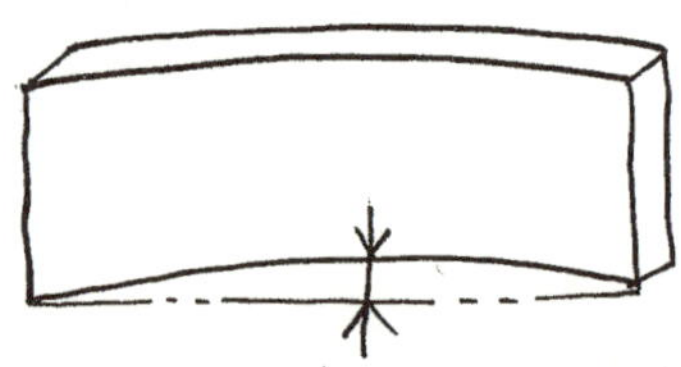
설명: 절단 용단 품에서 절단 자국(kerf)으로 인해 길이 방향으로 직각도와 진직도가 훼손된 상태 허용한계 1) 0.3mm 이하/1000mm, 2) 0.5mm 이하/1000mm, 3) 0.7mm 이하/1000mm	

찍힘(get dipped)과 표면 패임(sunken)	
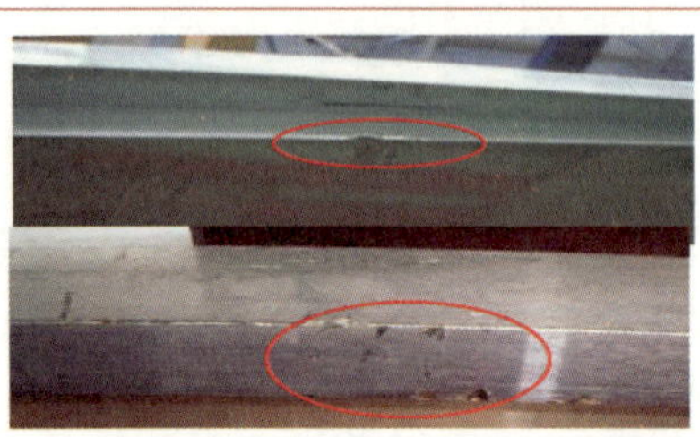	
설명: 클램프 또는 날카로운 모서리에 소재가 찍힘 망치 또는 유압 공구에 의해 표면보다 낮게 팸	

판재 산화(an oxide of aluminum)와 부식(corrosion)

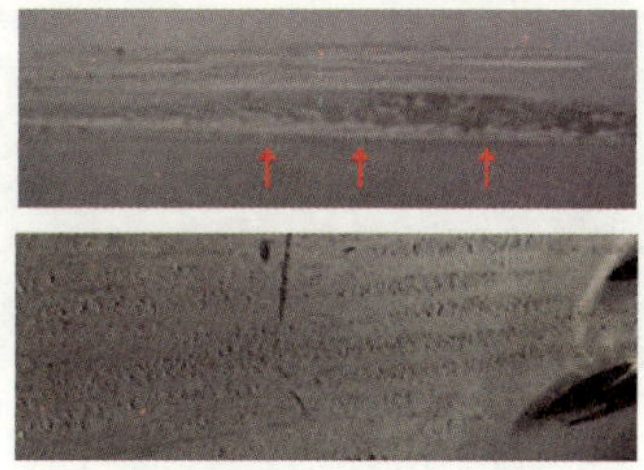

설명: 판재의 운반 및 보관 과정에서 산화막이 생성
판재의 압연 과정에서 표면에 산화막 등의 이물질이 소착

4.3.11 용접 비드의 외관 사례

표 4.41은 알루미늄 MIG 용접 비드의 우수함과 불량한 사례이다. 외관이 우수한 비드는 비드 파형과 가장자리가 선명하고 곧으며, 다층 용접에서 비드 겹침 상태 골이 없이 잘 겹쳐져 있다.

표 4.41 용접 비드 외관의 예

양호한 비드 사례 : GMAW—Aluminum

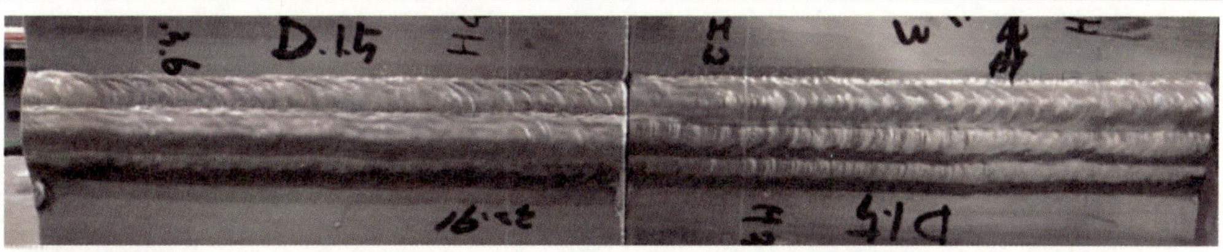

설명: 고른 비드 리플과 선명한 가장자리, 비드 겹침에 골이 없다.

불량 비드 사례 : GMAW—Aluminum

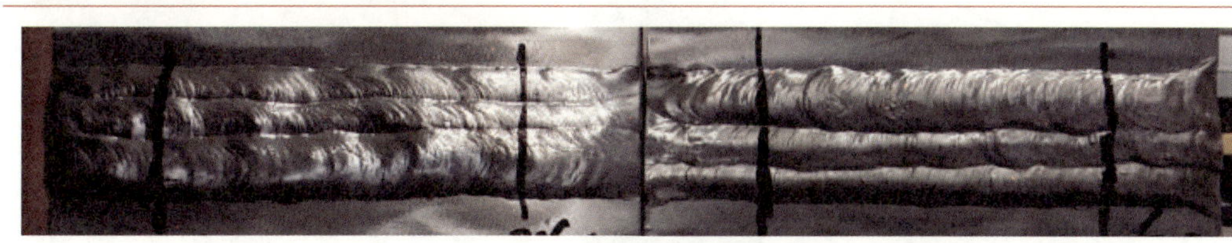

설명: 불규칙한 비드 리플과 울퉁불퉁한 가장자리, 비드 겹침에 골이 깊다.

불량 비드 사례 : 과잉 수정으로 인한 변형과 Underfill

설명: 알루미늄 MIG 용접에서 RT 불량 용접 수정의 과잉 적용으로 용접 변형이 발생

불량 비드 사례 : 용접 선 및 외관

설명: 고르지 못한 비드 직선도와 리플, 용접 선의 어긋남

4.4 알루미늄 용접부의 기공 결함 원인과 조치

알루미늄 필릿 용접부의 기공은 용접 비드 내 발생 위치에 따라 그림 4.59처럼 원인이 다르다. 따라서 기공의 발생 위치에 따른 원인을 파악하고 대책을 조치해야 한다. 예를 들면, 침상형 및 중형의 기공은 필릿 용접의 수직 모재 끝부분이 손상되지 않도록 치핑 등으로 기공을 제거하고, 낮은 전류로 첫 층을 재용접한다. 그리고 전류를 높여 2~3층의 비드를 만들어 수정 용접하는 것이 바람직하다.

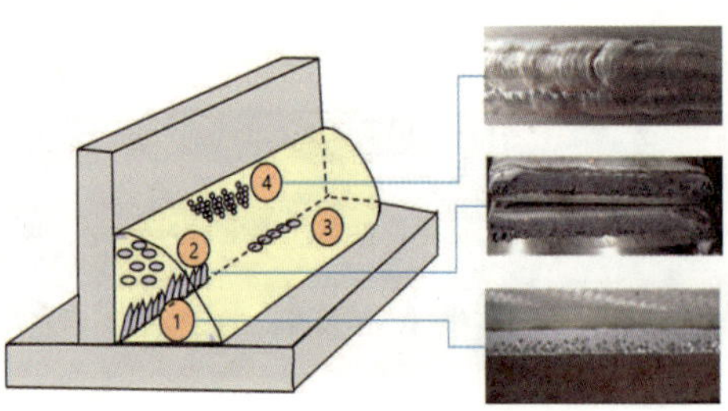

기공 종류	발생 위치	주요 원인
① 침상형	용접 선상	접촉부 오염
② 중대형	용접 비드 중간층	실드 파괴
③ 중형	용접 선에 연속성	용입 부족
④ 소형	비드 표면에 연속성	실드 가스 오염

그림 4.59 용접부 기공의 발생 분류 및 원인

References

1장 참고문헌

1. Gene Mathers. The welding of aluminum and its alloys. 235p. CRC press. 2002.
2. 日本鐵鋼 熱處理 技術 series
   열처리 기술 입문, 일본 열처리기술협회/편저 일본 금속 열처리공업회/편저, 지음/대하출판
3. UNIBRAZE Welding wire catalog, 1989
4. miller(www.millerwelds.com/)
5. 김사훈, 도진영, 조정관. 알루미늄과 그 합금의 용접, (구)대우중공업 연수보고서. 1983

〈보고서 내용 참고자료 123개〉

1. Weldable High Strength Aluminum Alloys Literature Survey-Phase I, Aluminum company of America, New Kensington, Pennsylvania, under contract No. NAS-s-5152 (August 20, 1963)
2. Welding Handbook, Fifth Edition, American Welding Society, New York(1966), Section 4, Chapter 69
3. Standards for Aluminum Mill Products, Eighth Edition, The Aluminum Association, New York (1965)
4. Hull, W.G. and Adams, D. F. "Gas-Porosity and Sources of Hydrogen in the Metal-Arc Welding of Light Alloys" British Welding Journal, 5(6), 290 (June, 1958)
5. "Physical Metallurgy of Aluminum Alloys", ASM Monograph, American

Society for Metals, Metals Park, Ohio.

6. "Acura Process Using Aluminum 390 Will Be Studied in Syracuse Program" Metalworking News (September 12, 1966)
7. Yong, J.G. "Significance of Filler Metal Composition in Al Alloy Welding" British Welding Journal, 8(12) 568-57-1 (December, 1961)
8. "Conventional Weld Joints Versus Butt Joints With 1-inch Butt Joints With 1-inch Aluminum Plate", Technology Utilization Notes, Selected Welded Techniques, Part Ⅱ, NASA SP_5,009, p1-2 (July 1964)
9. Mitchell, C. C. "Out-of-Position Gas-Shield Arc Welding of Heavy Aluminum Sections" Welding Journal, 44(9), 727-734 (September, 1965)
10. "Out of Position Gas shielded of arc Welding of Heavy-Gage Aluminum alloy in space Vehicle Applications", Technology Utilization Notes, Selects Welding Techniques, Part Ⅱ 44(9) 727-734 (September, 1965)
11. Liptak, J. A. "Gas Tungsten-Arc Welding of Heavy Aluminum Plate" Welding Journal, 44(6), Z762s (June 1965)
12. "Faster Welding-Better Heat Treating" Materials in Design Engineering, 54(7), 15 (December, 1961)
13. Smith, A. A, and Houldcroft, P. T."High Current Inert-Gas Metal-Arc Welding of Aluminum" British Welding Journal 599), 421-426 (September, 1958)
14. Cuthbort, D. and Conotatino. H. C, "Development of High Current MIG Welding for Thick Aluminum Plate" Welding and Material Fabrication. 32(10), 372-379 (October, 1961)
15. "Square-R at MIG Welding Joints Aluminum Cylinders" Welding Engineer, 46(1), 75-76 (January, 1961)
16. "Arc Welding Makers Strong Welds in Aluminum Plate" Materials in Design Engineering, 61(5) 184 (May 1963)

17. Allday, W. S. "The Advantages of Helium for MIG Machine Welding of Aluminum Welding Seminar, Chicago", Ⅲ, February, 23-25, 1966.

18. Rieppel, P. J."Metals Joining in the Space Age by High-Frequency Resistance" Journal of Metals, 16(3), pp 240-245 (March, 1964)

19. "Fluxless Vacuum Brazing Employed to Make Aluminum Space Hardware" Metalworking News (September 12, 1966)

20. James, Henry, "Electron Beam Welding", Paper No. 5, Session No. 2 Aluminum Welding Seminar, Chicago, Hlionis, February 23-25, 1966

21. Wilson, W,. A., Pars,P. G., and Schwinglamer, R. J. "Electron Beam Welding of Large Structures", Metal Progress, 85(3), 84-87 (March, 1964)

22. Brennecke, m. W. "Electron Beam Welded Heavy-Gage Aluminum alloy 2219" Welding Journal, 44(1), 27s-39s (January, 1965)

23. Groves, M. T., and Gerken, J. M. " Evaluation of Electron Beam Welds in Thick Materials" Technical Report AFML TR-66-44 Wright-Patterson Air Force Base, Ohio (February, 1966)

24. "High-voltage Electron-Beam Welding of Aluminum Alloys", Final Report, North American Aviation, Inc., Los Angeles Division, Los Angeles, California, under NASA Contract NAS 8-11085.

25. Patte, H. E., Meister, R. P., and Monrou, R. E. "Plasma-Arc Welding of Aluminum" Paper Presented at 47th Annual Meeting of the American Welding Society, Cleveland, Ohio, April 18-22, 1966.

26. Doneian, J. A. "Cold Welding Aluminum and Copper Strip", Sheet Metal Industries, p863-880 (December, 1963)

27. Stroiman, I. M. "The Cold Welding of Aluminum and Copper Conductors", Automatic Welding, 18(12), 26-28 (December, 1965)

28. Stroiman, I. M. "Investigation of the Cold Welding of Certain Aluminum

Alloys", Automatic Welding, 15(8), 7-11 (August, 1962)

29. Barta, I. M. "Low-temperature Diffusion Bonding of Aluminum Alloys" Welding Journal, 42(11), 241s-247s (June, 1964)

30. Jones, J. B. and Powers, J. J. Jr. "Ultrasonic Welding", Welding Journal, 35(9), 761-766 (August 1956)

31. Sarchenko, B. V., Kuznctsov, V, A. "The Ultrasonic Welding of Honeycomb Structures", Welding Production, 9(12), 34-36 (December, 1962)

32. Hazlett, T. H., and Gupta, K. K. "Friction Welding of High Strength Structural Aluminum Alloys" Welding Journal, 42(11), 490s-494s (November, 1963)

33. Welding Kaiser Aluminum, First Edition, Kaiser Aluminum and Chemical sales Inc., Oakland, California, (1967)

34. Patte, H. E., Anno, J. M., Randall, M. D., and Martin, D. C. "Cathodic Cleaning and Plasma Arc Welding" Battelle Memorial Institute Progress Report to Marshall Space Flight Center, NASA (December 15, 1963)

35. Patte, H. E., Monroe, r. E., and Martin, D. C. "Development of Cathodic Means for Cleaning Metals for Welding" Battelle Memorial to the Report to the Marshall Space Flight Center, NASA, October 31, 1962.

36. Hess, J. B. "Study of effect on Alloy Compositions and temper as Well as Ingot Quality and Plate Quality on the Weldability, Mechanical and Ballistic Properties of Medium and High-Strength Aluminum-Base Armor", Final Report, Kaiser Aluminum Department of Metallurgical Research, Project No. MSPR61-62 (October 17, 1961)

37. Robinson, j. B., Collins, F. R., and Dowd, j. D. "Welding High-Strength Aluminum Alloys" Welding Journal, 41(5), 221s-228s (May, 1962)

38. Banrard, M. H. "What to Look for When Welding 2014 Aluminum" Metal Progress. 88(6), 74-76 (December, 1965)

39. Burch, W. C. "Fusion Welding of 2014 Aluminum Alloys", Report No. BLR61-41(M) RCVA, Bell Aero systems Company (June 29, 1962)
40. Schillinger, d. E. Betz, A. G. Hussey, F. W., and Marcus, H. "Welding 2000 Series of Aluminum alloys at cryogenic temperatures" Welding Journal, 44(7), 317s-326s (July 1965)
41. Schillinger, d. E., Betz, A. G., Hussey, F. W., and Marcus, H. "Improved Weld Strength in 2000 Series of Aluminum alloys" Welding Journal, 42(6), 269s-275s (June, 1963)
42. Cole, d. L. "Development of Controls for time-temperature Characteristics in Aluminum Weldments" NASA Progress Report No. 4, Harvey Aluminum (July 31, 1965)
43. Baysinger, F. R. "Observations on porosity in aluminum Weldments", Kaiser Aluminum and Chemical Corporation, Spokane, Washington, paper presented at the NASA Marshall Space Flight Center Welding Symposium, Huntsville, Alabama (July 7-9, 1964)
44. Terrill, J. R. "Investigation Toward Obtaining Significantly high Mechanical Properties of As-Welded Joints in Higher Strength Heat-Treatable Aluminum alloys" First Report, 2-64-116, Aluminum company of America, New Kensington, Pennsylvania, under Contract No.1-H-O-24401-A-111-01 (July 30, 1964)
45. Conklin, D. E. Meister, R. P. and Monrou, R. E. and Martin, D. C. "A Study to Develop a Mechanized Welding procedure to join Thick-gage Aluminum alloy Plate Using Narrow-Gap Techniques" Final Report, Battelle Memorial Institute, Columbus, Ohio, under Contract NAS 8-11102.
46. Meister, R. P. and Monrou, R. E. and Martin, D. C. "Narrow-Gap Welding Process" British Welding Journal, 13(5), 252-257 (May, 1966)

47. Burch, W. l. "The effect of Welding Speed on Strength of 6061-74 Aluminum joints" Welding Journal, 37(8), 361s-367s (August 1958)
48. Dozyshrov, V, M. "The Weldability at the AVTI Aluminum Alloy", Welding Production. (6), 7.14 (June, 1962)
49. Investigation of Aluminum Alloy 6061-T4-T6. Welded and Unwelded. Report BLR 61-40 Rev. A., Bell Aerospace Co., under Contract No. AF 33(657)-8555 (June 29, 1962).
50. Dudas, J. H., and Collins, F. R. "Preventing Weld Cracks in High-Strength Aluminum Alloys", Welding Journal, 45 (6), 2418-249. (June, 1966)
51. Collins, F. R. , "Investigation Toward Obtaining Significantly Higher Mechanical Properties of As-Welded Joints in High-Strength, Heat-Treatable Aluminum Alloys", inert No. 2-63-14, Aluminum Company of ica, New Kensington, Pennsylvania under Contract No. 1-H-O-2401-A-111-01 (September 20, 1963)
52. McCrary, T.W. , and Posner, C, C. "Engineering Evaluation of Aluminum Alloys X7002, X7106, and 7039 for Future Space Vehicle Application", SID65-1220, North American Aviation, Inc, Downey, California (September, 1965).
53. Robinson, I, B. , and Baysinger , F. R. "Welding Aluminum Alloy 7039", Welding Journal, 45 (10), 432s-444s (October, 1966).
54. Burghad, H. C. , Jr , and Norris, E. B. , "Development of Welding Techniques and Filler Metals for High-Strength Aluminum Alloys", Final Report Project No. 07-1063, Southward Research Institute, San Antonio, Texas (May 27, 1966).
55. Dudas, J. H. "Joining New High-Strength Aluminum Alloy X7005", Welding Journal, 44 (8), 358s-564s (August, 1965).

56. Drits, W. E. , Kadaner, E. S., and Vaschenko, A. A. "Research Into the Structure of Welded Joints in Certain Aluminum Alloys", Automatic Welding, 18(8), 30-34 (August, 1965)
57. Gibbs, F. E. , "Development of Fillers for Welding Al-Zn-Mg Alloy 2039", Welding Journal, 45(10), 455s-453s (October, 1966)
58. Stern, D. L., Cordiano, H. R., and Digiglio, V. A. "Comparative Properties of Al-Alloy Weldments", Welding Journal, 39 (10), 424s-432s (October, 1960).
59. Adams, G. M., Jr., "Investigation of Toughness of M-Magnesium Weldments" Department of the Army Project I-H-O-240I-A-I11-01, Aluminum Company of America, New Huntington, Pennsylvania, under Contract No. Da-49-020-507-ORD-460 (May, 1963)
60. Adams, G. M., Jr. "Investigation of Toughness of Aluminum-Magnesium Weldments" Department at the Army Project I-H-O24401-A-111-01, Aluminum Company of America, New Kensington, Pennsylvania, under Contract No. DA-49-020-507-ORD-460 (May, 1963)
61. Lusher, H. D.,"Evakuation of Aluminium Alloys 5056 and 5083", Technical Memorandum MT-MYO (Unclassified), Chrysler Corporation Missile Operation, pp 1-45 (September 27, 1957)
62. Orysh, M. S., and Betz, S. G.,"Weldability of Aluminum Casting Alloys With 5086 Wrought Aluminum Alloy's Welding journal, 2998), 342s-351s (August, 1960)
63. Orysh, M. S., and Betz, S. G. "Welding 214, 356, and Almag 35 Cast Aluminum Alloys to 5456 Wrought Aluminum Alloy" Department of the Army Project No. I-H-O-24401-A-111-01, Aluminum Company of America, New Kensington, Pennsylvania (July, 1964)
64. Welding Handbook, Fourth Edition, American Welding Society, New York.

65. Andrew, D. R. "Joining Aluminum to Mild Steel by Argon Arc Welding", British Welding Journal, (912), 650-658 (December, 1962)
66. Balchuk, G. A. "The Dynamic Strength of metal Welded to Aluminium Alloys"Welding Production, 15(7), 10(11), 4-8 (November, 1963)
67. Balchuk, G. A., and Petruskin, S. V. "Corrosion Resistance of Welded Joints Between Aluminium Alloys and Steel" Automatic Welding, 15(7), 7-10 (July, 1962)
68. Ginzburg, S. K., Prokof' er, S. W., and Shtermin, L. A. "The Friction Welding of Aluminum to Steel and the Requisite Conditions for Strong joints" Welding Production, 9(12), 21-15 (December, 1962)
69. Orysh, W. s., Botz, I. G., and Hussey, F. W. "Joining of Steel and Other Wear-Resistant Metals to Aluminum", Technical Memorandum M64-8-1, Frankford Arsenal, Philadelphia, Pennsylvania, August, 1963.
70. Ryabov, V. R. "The Pressure Welding of aluminum to Steel", Automatic Welding, 6(10), 43-48 (October, 1963)
71. Ryabov, V. R., and Yumatora, V. S. "Mechanical Properties of Welded joints Between Aluminum And Steel", Welding Production, 1(1), 23-27 (January, 1966)
72. MCEwan, K. J. B., and Milner, D. R. "Pressure Welding of dissimilar Metals", British Welding Journal, 9(7), 414-420 (July, 1962)
73. Shtermin, L. A., and Prokof, S. N. "The Friction Welding og Aluminum to steel and Copper", Welding Production, 8(11), 54-58 (November, 1961)
74. Andreev, V. V., Evstof, S. G., and Fedotov, L. E. "The Resistance Welding of Copper to Aluminum", Automatic Welding, 18(6), 66-68, (June, 1965)
75. Schetonov, D. P.," Flash Butt Welding of Bronze BrAmts 9-2 With the Aluminum Alloy", Welding production, 8(4), 61-63 (April, 1961)

76. Fridlyand, T. V., Zinov, T. N., and Konove, Y. K., "The Welding of Aluminum to Titanium", Welding Production, 10(11), 8–13 (november, 1963)

77. Koziarki, J. "Some Consideration on Weldability of aluminum Alloys", Welding Journal, 32(10), 970–986 (October, 1953)

78. Riepple P. J. "Weld Defects in Aluminum Versus Base plate and Filler–Wire Composition", Battelle Memorial Institute, Columbus, Ohio, Paper presented at NASA–Marshall Space Flight Space Center, Welding Symposium Hunt ville Albanian (July 7, 9 1961)

79. Sapire, l. S., and Maslov, V. A. "The Segregation of Hydrogen in Weld", Automatic Welding, 18(5), 10–22 (May, 1965)

80. Nikforov, G. D., and Makhvrtova, A. G. "The Orients of Dissolved Hydrogen in Aluminum Welds" Welding Production, 8(4), 12–21 (April, 1961)

81. Nikforov, G. D., and Selant, S. A. "The Origin and Development of Pores in the Welding of AMg6 Alloy", Welding Production, 9(12), 1–6 (December, 1962)

82. Nikforov, G. D., and Selant, S. A., and Kainova, Eva and G. E. "Measure for Preventing Porosity When Welding the AMg6 Alloy", Welding Production, 10(1), 47–55 (January, 1963)

83. Saperstein, Z. P., Prescott, G. R., and Monroe, F. H. "Porosity in Aluminum Welds", Welding Journal, 43(10), 443s–453s (October, 1964)

84. "Research Study for Alternate Development of Saturn Manufacturing Technology for Welding Method", Aero space Division, The Boeing Company, Seattle, Washington, under Contract NAS 8–20168.

85. Rabkin, D. M., and Steblovski, B. A. "The AMg6 Alloy Welded by Gas–shielded Process With Consumable Electrodes Using a Mixture of

Argon and Chlorine" Automatic Welding, 14(4), 72–77 (April, 1961)

86. Kadalov, V. D., and Sorokin, V. N. "The Welding of Aluminum alloys With Consumable Electrodes Using a Shielding Mixture of Argon and Chlorine" Welding Production, 9(12), 29–33 (December, 1962)

87. Kasen, M. B., and Pflager, A. R. "Chlorine Additions for High–Quality Inert–Gas Metal Arc Welding of Aluminum alloys", Welding Journal, 37(6), 269s–276s (June, 1958)

88. Terent' ve, S. M., Barutkin, F. E., and Kondraov, G. S. "Influence of Welding Alloys Weld Metal", Welding production 101, 29–32 (October, 1965)

89. Heitzmann, r. J. "Effect of Discontinuities in Fusion–Welded Butt Joints", Report ADR–02–14–64.1, Grumman Aircraft Engineering Corporation, Bethpage, New York (April, 1964)

90. "Analytical and Statistical Study of the Effects of Porosity Level on Weld Joint Performance", Performance Contract NAS 8–11335, Martin–Marietta Corporation, Martin Company, Denver, Colorado(March, 1966) AD N6624588.

91. Singer, A. R. E., Jennings, P. H. " Hot Shortness of the Aluminum–Silicon Alloys of Commercial Purity", Journal of the Institute of Metals, 73, 197–212 (1946–1947)

92. Singer, A. R. E., Jennings, P. H. " Hot Shortness of some Aluminum–Iron–Silicon Alloys of High Purity", Journal of the Institute of Metals, 73, 273–284 (1946–1947)

93. Vero, J., The Hot Shortness of Aluminum Alloys" Metal Industry, 48, 431 (1936)

94. Pumphrey, W. I., and Lyons, J. V. "Cracking during the Casting and Welding of the more Common Binary Aluminum Alloys" Journal of the

Institute of Metals, 74, 439–455 (1947–1948)

95. Pumphrey, W. I. "Researches Into the Welding of Aluminum and its Alloys" Summary Report. The Aluminum Development Association Research Report No. 27, (July, 1955)

96. "Crack Sensitivity of Aluminum Alloys" Redstone Arsenal, Alabama, Metals Progress, 76(1), 116 (July, 1959)

97. Patterson, W., and Engier, S. "Thermal Cracking and Mechanical Properties of Al–Zr–Mg Alloys", Aluminum, 35, 124–130 (January, 1959)

98. Pumphrey, W. I., Moore, D. C. "A Further Examination of the Welding and Tensile Properties of Some Al–Zr–Mg Alloys Containing Copper" British Welding Journal, p206–215 (May, 1955)

99. Hoaidcroft, P. E. "A Simple Cracking Test for Use With Argon–Arc Welding", British Welding Journal 4(10), 471–475 (October, 1963)

100. Kaiser Aluminum and Chemical Company Report MS PR 98–101.

101. Nelson, F. G., and Kaufamn, I. G. "Fracture Characteristic of Welds in Aluminum Alloys", Welding Journal, 49(4) 321s–329s (July, 1965)

102. Campbell, J. F. "Aluminum Alloys for Cryogenic Service", Material Research and Standards, 4(10), 540–548 (October, 1964)

103. D'Annesa, A. T. "Fracture Toughness of X7000 Series Aluminum Alloy plate Weldments", Welding Journal, 44(2), 509s–522s (November, 1965)

104. Fricker, W. G., T., Mancy, E. G., and Anderson, W. A. "Literature Survey Weldable High Standard Aluminum Alloys", Aluminum Company of America, New Kensington, Pennsylvania, under Contract No. NAS 8–5452 (August 20, 1963)

105. Kaiser Aluminum and Chemical Corporation, Department of Metallurgical Research, Private Communication.

106. "Aluminium for Cryogenic Environment, Part 1, General Consideration

and Part 2, Alloy Groups" Cryogenic Engineering News (March and April 1, 1966)

107. Tomlinson, J. E., and Wood, J. L. "Factors Influencing the Fatigue Behavior of Welded Aluminum", British Welding Journal, 7 (4), 250–264 (April 1, 1966)

108. Newman, R. P. "Fatigue on Butt Welded Joints in Aluminum Alloys H130 and NP 5/6", British Welding Journal 6(7), 324–331 (July, 1959)

109. Gunn, K. W., and McLester, R. S. "Fatigue Strength of Welded Joints in Aluminum Alloys" British Welding Journal 9(12), 425–446 (December, 1962)

110. Haynie, F. H., and Boyd, W. K. "Stress Corrosion Cracking of Aluminum Alloys" DMIC Report 228 (July, 1966)

111. Dix, E. H., Jr., Anderson, W. A., and Shumaker, M. B. "Development of Wrought Aluminum–Magnesium Alloys" Technical paper No. 14, Alcoa Research Laboratories, Aluminum Company of America (1958)

112. Preliminary Information, Alcoa Research Laboratories, under an Air Force Contract.

113. Turner, I. T. "Corrosion Tests of Welded 2219 T81 Aluminum Alloy", Report MLR 63–111, Materials Laboratories, The Martin Company, Orlando, Florida (May 30, 1963)

114. Humphries, T. S. "Stress Corrosion of Aluminum Alloy 2219 Plate and Forging" Report 1N–RSVE–64–2, NASA–Marshall Space Flight Center, Huntsville, Alabama

115. Ochieano, M. L., and MacQuithin, J. P. "Fusion Welding Characteristic of Aluminum Copper and Aluminum–Magnesium Alloys", Report LR–15971, Lockheed Missiles and Space Company, Sunnyvale, California (May 21, 1962)

116. Preliminary Information, Bell Aero systems Company, Buffalo, New York, under an Air Force Contract.

117. Preliminary Information, Kaiser Aluminum, Spokane, Washington, under an Air Force Contract.

118. Nuernberger, H. H. "Alcoa Aluminum Alloy X7005", Alcoa Green Letter, Aluminum Company of America, New Kensington, Pennsylvania (March, 1965)

119. Nuernberger, H. H. "Alcoa Aluminum Alloy X7106", Alcoa Green Letter, Aluminum Company of America, New Kensington, Pennsylvania (January 6, 1965)

120. Suaman, F. D., and Stetman, I. G. "N Vacuum Electron-Beam Welding" 11th Monthly Report, Westinghouse Electric Corporation, Pittsburgh, Pennsylvania, under Contract No. NAS 8-11927 (June 9, 1966)

121. Schillinger, D. E. "Welding 2014-6 and 2024-T86 Aluminum Alloy sheet" Report R-1752, Frankford Arsenal, Philadelphia, Pennsylvania (March, 1965)

122. Collins, F. R. "Improved Strengths in Welded High-Strength Heat-Treatable Aluminum Alloys", Welding Journal, 41s. 337s_345s (August, 1962).

123. DeMooney, F. W. "Performance of a /New Cryogenic Aluminum alloy, 7039" Preprint of paper presented at the 1963 Cryogenic Engineering Conference August 19-21, 1963.

124. Fronius_Benefits of MIG WELD Aluminium wires, Fronius, MichaelSpiess.

125. Aluminum GMAW Gas Metal Arc Welding for Guid, c8100-AL Welding Guide line, Lincoln electric.

References

2장
참고문헌

1. 용접 · 접합편람, 공정 및 열가공, 대한용접 · 접합학회
2. GMA 용접기의 디지털 제어, Fronius, Heinrich Hack (www.fronius.com) & BEST F.A(www.bestfa.co.kr)
3. 한국기계공구 종합 카탈로그(http://www.chegim.co.kr & http://ctx.cretec.kr)
4. miller (www.millerwelding.com)
5. KWE 교육교재. 한밭대학교 산학협력단 용접공학센터.
6. W. H. Kearns, Editor. Welding Handbook. American Welding Society. 1978
   - Volume two Seventh Edition. Welding process-Arc and Gas welding and cutting.
     - GTAW 77p~112p
     - GMAW 113p~152p
7. (주) 神戸製鋼所 용접 회사 기술 개발부, MAG 용접의 溶滴 이행의 분류에 관하여. 기술 리포트[vol.45 2005-11] Izumiya Shun (한국생산기술연구원 김희진)
8. The James F. The Procedure Handbook of Arc Welding. Lincoln Arc Welding Foundation.
   - GMAW/GTAW 5.4-1~9
9. Gene Mathers. The welding of aluminum and its alloys. 235p. CRC press. 2002.
   - TIG welding 97p~115p
   - MIG welding 116p~146p
   - other welding processes 147p~166p
10. 김사훈, 도진영, 조정관. 알루미늄과 그 합금의 용접, (구)대우중공업 연수보고서. 1983.

11. Howard B. Cray. Modern welding Technology. Horbart brothers Company. 736p. 1982
12. 2002 SLV Duisburg - Branch of GSI mbH, Gas shielded welding processes EWE-1/1.12 Page 4
13. AWS WELDING HANDBOOK_2 용접법, 178 CHAPTER 4—GAS METAL ARC WELDING, Pulsed Power Sources p169
14. AWS WELDING HANDBOOK_ARC WELDING POWER SOURCES CHAPTER 1 37P-41P
15. AWS WELDING HANDBOOK Ninth Edition Volume 2 WELDING PROCESSES, PART 1 American Welding Society, 17. CHAPTER 3 GAS TUNGSTEN ARC WELDING 112p-116p-123p

References

3장
참고문헌

1. 용접 · 접합편람, 3 공정 및 열가공, 대한용접 · 접합학회
2. KWE 교육교재. 한밭대학교 산학협력단 용접공학센터.
3. 한국기계공구 종합 카탈로그(http://www.chegim.co.kr & http://ctx.cretec.kr)
4. Facts about: MIG/MAG welding, ESAB, (http://www.esab.com)
5. GMA 용접기의 디지털 제어, Fronius (www.fronius.com) & BEST F.A(www.bestfa.co.kr)
6. Guidelines for Gas Tungsten Arc Welding, miller (www.millerwelding.com)
7. Howard B. Cray. Modern welding Technology. Horbart brothers Company. 736p. 1982.
8. W. H. Kearns, Editor. Welding Handbook. American Welding Society. 1978
   - Volume two Seventh Edition. Welding process–Arc and Gas welding and cutting
     - GTAW 77p~112p
     - GMAW 113p~152p
9. The James F., The Procedure Handbook of Arc Welding, Lincoln Arc Welding Foundation.
   - GMAW/GTAW 5.4–1~9
10. Gene Mathers, The welding of aluminum and its alloys. 235p. CRC press. 2002.
    - TIG welding 97p~115p
    - MIG welding 116p~146p
    - other welding processes 147p~166p

11. TIG Welding Aluminum Source: adapted from New Lessons in arc Welding, The Lincoln Electric Company, 1990
12. 김사훈, 도진영, 조정관. 알루미늄과 그 합금의 용접, (구)대우중공업 연수보고서. 1983
13. (주) 神戸製鋼所 용접 회사 기술 개발부, MAG 용접의 溶滴 이행의 분류에 관하여. 기술 리포트 [vol.45 2005-11] Izumiya Shun (한국생산기술연구원 김희진)
14. Plasma cutting, Messer Griesheim, 1987
15. J.A HOGAN and J.B LEWIS "plasma processes of cutting and welding"(project report by bethlehem steel cooperation in cooperation with U.S maritime administration)
16. 435쪽, MONITORING AND CHAPTER 10 CONTROL OF WELDING AND JOINING PROCESSES
17. AWS WELDING HANDBOOK_150P-158P CHAPTER 4—GAS METAL ARC WELDING
18. Welding Handbook, Ninth Edition, Volume 2, WELDING PROCESSES, PART 1 American Welding Society, CHAPTER 4. GAS METAL ARC WELDING ADVANTAGES p148-
19. AWS WELDING HANDBOOK_1 용접법, CHAPTER 1 8- SURVEY OF JOINING, CUTTING, AND ALLIED PROCESSES
20. Welding Handbook, Ninth Edition Volume 2, WELDING PROCESSES, PART 1, CHAPTER 15, ARC CUTTING & AND GOUGING
21. 자주도하 용접절차서, GDELS

References

4장 참고문헌

1. 세명 검사기술(주) http://www.smndt.co.kr/
2. 삼영 검사엔지니어링 http://www.samyong.co.kr/
3. 김승대. 최신 비파괴 검사 실기. 세진사. 2010.10.25
4. 여화연. 방사선 비파괴 검사. 735p. 일진사. 2011.8.30
5. 용접 · 접합편람, 2 역학, 시공 및 검사, 대한용접 · 접합학회
6. 대한용접 · 접합학회, 용접용어집
7. 한국기계공구 종합 카탈로그(http://www.chegim.co.kr & http://ctx.cretec.kr)
8. Fronius (www.fronius.com) & BEST F.A(www.bestfa.co.kr)
9. Welding Inspection, second edition, American welding, society, 1980
10. W. H. Kearns, Editor. Welding Handbook. American Welding Society. 1978
11. Volume two Seventh Edition. Welding process-Arc and Gas welding and cutting
12. The James F. The Procedure Handbook of Arc Welding. Lincoln Arc Welding Foundation
13. Howard B. Cray. Modern welding Technology. Horbart brothers Company. 736p. 1982
14. 김사훈, 도진영, 조정관. 알루미늄과 그 합금의 용접, (구)대우중공업 연수보고서. 1983
15. 두산 DST, 창정비 작업요구서(depot maintenance work requirement), DMWR 19207(12309000)
16. 국방용접규격 TACOM12472301-알루미늄
17. KS B ISO 9606-2 용접사 자격인정 시험 — 응용 용접 — 제2부 : 알루미늄 및 알루미늄합금